Jim Steger, Mike Snyder

Arbeiten mit Microsoft Dynamics CRM 4.0

Jim Steger, Mike Snyder

Arbeiten mit Microsoft Dynamics CRM 4.0

Dieses Buch ist die deutsche Übersetzung von:
Jim Steger, Mike Snyder: Working with Microsoft Dynamics ™ CRM 4.0, Second Edition
Microsoft Press, Redmond, Washington 98052-6399
Copyright 2008 by Jim Steger und Mike Snyder

15 14 13 12 11 10 9 8 7 6 5 4 3 2 1
10 09 08

ISBN 978-3-86645-427-9

© Microsoft Press Deutschland
(ein Unternehmensbereich der Microsoft Deutschland GmbH)
Konrad-Zuse-Str. 1, D-85716 Unterschleißheim
Alle Rechte vorbehalten

Übersetzung: Frank Langenau, Chemnitz
Korrektorat: Kristin Grauthoff, Lippstadt
Satz: Silja Brands, ActiveDevelop, Lippstadt (www.ActiveDevelop.de)
Layout: Gerhard Alfes, mediaService, Siegen (www.media-service.tv)
Umschlaggestaltung: Hommer Design GmbH, Haar (www.HommerDesign.com)
Gesamtherstellung: Kösel, Krugzell (www.KoeselBuch.de)

Inhaltsverzeichnis

Vorwort .... **XIII**

Danksagung .... **XV**

Einführung .... **XVII**
    Für wen ist dieses Buch konzipiert? .... **XVIII**
    Wie ist dieses Buch aufgebaut? .... **XIX**
    Microsoft Dynamics CRM Live .... **XX**
    Systemanforderungen .... **XX**
        Client .... **XX**
        Server .... **XX**
    Codebeispiele .... **XXI**
    Zusätzliche Inhalte online finden .... **XXI**
    Support für dieses Buch .... **XXI**

Teil A – Überblick und Setup **1**

1   Microsoft Dynamics CRM 4.0 im Überblick **5**
    Leben ohne Customer Relationship Management **6**
    Einführung in Microsoft Dynamics CRM **8**
        Entwicklungsziele der Software **8**
        Bereitstellungsoptionen und Editionen **13**
        Lizenzierung **16**
        Frontoffice vs. Backoffice **18**
        Systemanforderungen **20**
    Kernkonzepte und Terminologie **21**
        Benutzeroberflächen **21**
        Entitäten **23**
        Anpassungen von Microsoft Dynamics CRM **28**
    Zusammenfassung **30**

2   Setup und allgemeine Aufgaben **31**
    Microsoft Dynamics CRM für Outlook **32**
        Standardclient und Offline-Client **32**
        Integrationspunkte **36**
        Datensynchronisierung **41**

E-Mail in Microsoft Dynamics CRM **45**
    E-Mail-Nachverfolgung **45**
    E-Mail-Vorlagen **49**
    Massen-E-Mail-Nachrichten erstellen und senden **57**
Seriendruck **62**
Datenverwaltung **69**
    Datenimport-Assistent **70**
    Datenmigrations-Manager **77**
    Duplikaterkennung **79**
Warteschlangen **82**
Zusammenfassung **83**

3 Sicherheit und Zugriff auf Informationen verwalten **85**
Die Anforderungen modellieren **86**
Sicherheitskonzepte **88**
    Sicherheitsmodellkonzepte **88**
    Benutzerauthentifizierung **90**
Benutzer verwalten **97**
    Benutzerdatensätze neu zuweisen **98**
    Lizenznutzung überwachen **101**
Sicherheitsrollen und Unternehmenseinheiten **102**
    Definitionen von Sicherheitsrollen **104**
    Zugriffsebenen **105**
    Berechtigungen **107**
    Vererbung von Sicherheitsrollen **117**
    Datensätze freigeben **119**
Zusammenfassung **122**

Teil B – Anpassung **123**

4 Entitätsanpassung: Konzepte und Attribute **127**
Anpassungskonzepte **130**
    Entitäten und Attribute **131**
    Sicherheit und Berechtigungen **135**
    Anpassungen veröffentlichen **136**
    Anpassungen importieren und exportieren **140**
    Entitäten umbenennen **148**
Attribute **155**
    Attributeigenschaften **155**
    Datentypen **157**
    Erforderlichkeitsstufen **158**
    Das aktuelle Schema überprüfen **159**

Attribute ändern, hinzufügen und löschen **163**
Attribute und Abschlussdialogfelder.. **170**
Zusammenfassung.. **175**

5   Entitätsanpassung: Formulare und Ansichten.. **177**
Formulare anpassen **178**
Allgemeine Aufgaben **181**
Formularvorschau.. **182**
Formulareigenschaften.. **183**
Beispiel für eine Formularanpassung... **187**
Abschnitte.. **192**
Felder... **194**
IFRAMEs **202**
Ansichten anpassen.. **212**
Ansichtstypen **214**
Ansichten anpassen.. **223**
Aktivitäten anpassen **232**
Aktivitätsansichten.. **234**
Aktivitätsattribute und -formulare **237**
Zusammenfassung.. **239**

6   Entitätsanpassung: Beziehungen, benutzerdefinierte Entitäten und Sitemap................ **241**
Entitätsbeziehungen verstehen **242**
Beziehungsdefinition **244**
Beziehungsattribut **248**
Beziehungsnavigation.. **248**
Beziehungsverhalten.. **249**
Entitätszuordnung **254**
Benutzerdefinierte Beziehungen erstellen **261**
Mehrere Benutzerverweise je Firma hinzufügen.................................... **262**
Übergeordnete und untergeordnete Anfragen erstellen **265**
Benutzerdefinierte Entitäten erstellen... **268**
Vorzüge benutzerdefinierter Entitäten **269**
Einschränkungen bei benutzerdefinierten Entitäten............................. **270**
Beispiel für eine benutzerdefinierte Entität.. **271**
Besitz **275**
Entitätssymbole **276**
Eine benutzerdefinierte Entität erstellen **278**
Eine benutzerdefinierte Entität löschen... **281**
Anwendungsnavigation **281**
Sitemap **285**
Anzeigebereiche von Entitäten.. **300**
Zusammenfassung.. **301**

7   Berichte und Analysen **303**

Berichts- und Analysetools **304**

Entitätsansichten und erweiterte Suche **307**

Dynamische Excel-Dateien **308**

Statische und dynamische Exporte **308**

Exportieren **312**

Mit Microsoft Dynamics CRM auf Berichte zugreifen **323**

Berichtssicherheit **324**

Berichte in der Benutzeroberfläche **325**

Einen Reporting Services-Bericht ausführen **329**

Berichte in Microsoft Dynamics CRM erstellen **333**

Erste Schritte **334**

Berichtseigenschaften **334**

Wählen Sie die Datensätze aus, die im Bericht enthalten sein sollen **335**

Layout für Felder **336**

Bericht formatieren **339**

Diagrammtyp auswählen **341**

Diagrammformat anpassen **342**

Zusammenfassung des Berichts **342**

Bestätigung **343**

Berichte mit Microsoft Dynamics CRM verwalten **346**

Berichtslisten verwalten **347**

Berichtseigenschaften bearbeiten **354**

Berichtsaktionen bearbeiten **356**

Berichtskategorien **358**

SQL Server Reporting Services **360**

Versionen von Reporting Services **360**

Microsoft Dynamics CRM 4.0-Konnektor für Microsoft SQL Server Reporting Services **361**

Interaktion mit SQL Server Reporting Services **361**

Gefilterte Ansichten **363**

SQL Server Reporting Services-Berichte **365**

Berichtserstellungstools **365**

Einen Reporting Services-Bericht bearbeiten **367**

Einen neuen Reporting Services-Bericht erstellen **373**

Berichtserstellungsparameter **376**

Filter und kontextabhängige Berichte **377**

Den Berichts-Manager von Reporting Services verwenden **379**

Tipps **386**

Allgemeine Tipps **386**

Tipps zur Performance **387**

Zusammenfassung **388**

8 Workflow **389**
  Workflowgrundlagen **390**
    Prinzipielle Architektur... **391**
    Workflowregeln ausführen **391**
    Workflowsicherheit **393**
    Die Workflowoberfläche verstehen **395**
  Workflowvorlagen **397**
  Workfloweigenschaften **397**
    Grundlegende Workfloweigenschaften **397**
    Ausführungsoptionen für Workflows.. **397**
    Gültigkeitsbereich **398**
    Triggerereignisse **399**
  Schritteditor für Workflows **401**
    Überprüfungsbedingungen.. **401**
    Wartebedingungen.. **404**
    Workflowaktionen **405**
    Phasen **413**
  Dynamische Werte in Workflows.. **415**
  Workflow überwachen **421**
    Workflowaufträge vom Workflowdatensatz aus überwachen **421**
    Auf Workflowaufträge von einem Microsoft Dynamics CRM-Datensatz aus zugreifen **422**
    Auf Workflowaufträge von Systemaufträgen zugreifen **423**
    Protokolldetails überprüfen... **424**
    Aktionen, die für Workflowaufträge verfügbar sind **425**
  Workflow importieren und exportieren **426**
  Beispiele für Workflows.. **427**
    Einen Geschäftsprozess für einen neuen Lead erstellen.................................. **427**
    Überfällige Serviceanfragen weiterleiten **434**
    Eine einfache Datenüberwachung für die Entität Firma hinzufügen.............. **439**
  Zusammenfassung... **448**

Teil C – Microsoft Dynamics CRM erweitern **449**

9 Microsoft Dynamics CRM 4.0 SDK **453**
  Überblick... **455**
  Auf die APIs in Visual Studio 2008 zugreifen.. **457**
  CrmService-Webdienst **460**
    Authentifizierung... **462**
    Identitätswechsel **464**
    Allgemeine Methoden **465**
    Die Methode Execute.. **469**
    Die Klassen Request und Response **470**
    Die Klasse DynamicEntity .... **471**·
    Attribute **472**

Der Webdienst MetadataService... **473**
Der Discovery-Webdienst **476**
Abfragen.. **477**
    Die Klasse QueryExpression **477**
    FetchXML **480**
    Gefilterte Ansichten... **481**
Plug-Ins... **482**
    Entwicklung.. **483**
    Bereitstellung... **486**
    Benutzerdefinierte Assemblies debuggen **492**
Workflowassemblies **494**
    Benutzerdefinierte Workflowassemblies entwickeln **495**
    Eine Workflowassembly bereitstellen... **498**
    Eine Workflowassembly mit der Workflowbenutzeroberfläche verwenden..................... **498**
    Beispiel für eine Workflowassembly.. **501**
Betrachtungen zur Entwicklungsumgebung... **507**
Tipps zum Kodieren und Testen.. **509**
    Microsoft .NET Framework-Versionen **509**
    Anwendungsmodus und Loader.aspx **510**
    Das Standardkontextmenü von Internet Explorer aktivieren.................................. **510**
    Parameter der Abfragezeichenfolge ansehen.. **512**
    Auf die Assemblies oder Dateien von Microsoft Dynamics CRM verweisen **513**
    Betrachtungen zur Bereitstellung und Konfiguration von Webdateien.................... **514**
    Authentifizierung und Kodierung mit gefilterten Ansichten **514**
    WSDL-Verweis **516**
    Betrachtungen zur IFD-Entwicklung **518**
    Konfiguration der Plug-In-Assembly für Offlineausführung.................................... **519**
    Verfügbare Plug-In-Meldungen nach Entität suchen.. **520**
    ILMerge für Plug-In- oder Workflowassemblyverweise verwenden **521**
    Als andere Benutzer und Rollen authentifizieren **521**
    Nachverfolgung auf Plattformebene aktivieren **522**
    Anzeigen von Entwicklungsfehlern aktivieren.. **523**
Beispielcode **524**
    Ein Feld mit automatischer Nummerierung erstellen **524**
    Ein Feld auf Gültigkeit prüfen, wenn eine Verkaufschance konvertiert wird.................. **528**
    Die Adresse eines Kontakts mit seiner übergeordneten Firma synchronisieren **533**
    Eine Systemansicht kopieren **537**
Zusammenfassung **540**

10   **Skripting und Erweiterungen für Formulare**.. **541**
    Skripting für Formulare im Überblick.. **542**
        Definitionen.. **543**
        Clientseitiges Skripting mit Microsoft Dynamics CRM verstehen **543**

Auf Microsoft Dynamics CRM-Elemente verweisen **543**
Verfügbare Ereignisse **547**
IFRAMEs und Skripting **549**
Sicherheit **550**
Beispiel für Skripting mit CRM-IFRAME **552**
ASP.NET-Anwendungsentwicklung **559**
ISV.config **562**
Integrationsbereiche **562**
Bereitstellen **574**
Die ISV.config aktivieren **574**
Tipps für clientseitiges Skripting mit Microsoft Dynamics CRM **576**
Entwicklungsumgebung **577**
Skriptsprachen **577**
Testen und Debugging **577**
Zusätzliche Ressourcen **582**
Für Microsoft Dynamics CRM Live entwickeln **582**
Clientseitiges Skript **582**
Benutzerdefinierte Webseiten **583**
Auf den Microsoft Dynamics CRM-Webdienst mit clientseitigem Skript zugreifen **583**
Microsoft Dynamics CRM SOAP XML mit Fiddler erfassen **584**
Eine Anforderung senden und das Ergebnis verarbeiten **589**
Codebeispiele für clientseitiges Skripting **591**
Telefonnummern formatieren und übersetzen **591**
Benutzerdefinierte Oberfläche für Listen mit Mehrfachauswahl **595**
Auf API-Befehle über JavaScript zugreifen **606**
Registerkarten und Felder ausblenden **607**
Auf externe Skriptdateien verweisen **613**
Auswahllistenwerte dynamisch ändern **615**
Zusammenfassung **618**

Über die Autoren **619**
Mike Snyder **619**
Jim Steger **619**

Stichwortverzeichnis **621**

Vorwort

In den letzten zwei Jahren hat Microsoft Dynamics CRM zu einer Revolution in der Welt der Kundenverwaltungssoftware – Customer Relationship Software – und einschlägiger Lösungen geführt. Von Grund auf neu konzipiert, um schnelle Anpassung an Unternehmensprozesse über eine flexible und agile Technologielösung zu ermöglichen, erweitert Microsoft Dynamics CRM alltägliche Produktivitätsanwendungen wie zum Beispiel Microsoft Office Outlook, um Unternehmen dabei zu unterstützen, ein hohes Niveau zu erreichen, um Kundenbeziehungen zu finden, zu erhalten und auszubauen.

Diese Revolution setzt sich mit Microsoft Dynamics CRM 4.0 fort.

Mit seiner umgestalteten, mehrinstanzfähigen Architektur, dem innovativen Studio für Geschäftsprozessautomatisierung und den Features für global agierende Organisationen inklusive mehrsprachiger und in mehreren Währungen ausführbarer Transaktionen bietet Microsoft Dynamics CRM 4.0 attraktive Features und Fähigkeiten für moderne globale Unternehmen.

Von den kleinsten Betrieben bis zu den größten Unternehmen bietet Microsoft Dynamics CRM 4.0 unvergleichliche Flexibilität, Sicherheit und Skalierbarkeit wenn es darum geht, ein gemeinsames Kundeninformationssystem in Ihrer Organisation zu etablieren.

Mike Snyder und Jim Steger haben erneut einen umfassenden und doch leicht verständlichen Leitfaden geschaffen, mit dem Sie sich in die neue Microsoft Dynamics CRM 4.0-Anwendung einarbeiten können. Ich bin immer noch fasziniert von ihrem Geschick, komplexe Themen wie zum Beispiel den Entwurf von Geschäftssystemen, die Geschäftsprozessautomatisierung und die Programmierung von Webdiensten aufzugreifen und in einen Satz von praktischen Beispielen zu bringen, wie man sie häufig in Kundenbereitstellungen von Microsoft Dynamics CRM findet. Darüber hinaus geben sie hervorragende Anwendungs- und Anpassungsrichtlinien, die von verschiedenen Benutzergruppen und -communitys gleichermaßen aufgegriffen werden können.

Benutzern von Microsoft Dynamics CRM bietet dieses Handbuch die Informationen und Tools, die sie brauchen, um das System zu beherrschen.

Systemimplementierer und -anpasser erhalten einen umfassenden Ressourcenführer, der es ihnen erlaubt, die alltägliche Microsoft Dynamics CRM 4.0-Anwendung an die konkreten Geschäftsanforderungen anzupassen.

Schließlich stellt dieses Buch für IT-Administratoren ein großartiges Nachschlagewerk für das Planen, Implementieren und Verwalten Ihres Microsoft Dynamics CRM-Systems dar.

Das Buch *Arbeiten mit Microsoft Dynamics CRM 4.0. Konfiguration, Anpassung und Erweiterung* bietet Ihnen die Gewähr, Ihre Organisation durch alle Lebenszyklusphasen der Systementwicklung zu führen, von Vorstellung, Planung, Entwicklung und Stabilisierung bis zu Bereitstellung und Verwaltung Ihres Kundenbeziehungsverwaltungssystems. Dieses Buch zeichnet sich dadurch aus, dass es die Grundlagen gut erklärt, aber auch echte Einblicke gewährt, die es ermöglichen, dass Sie den nächsten Schritt in Bezug auf Lösungsentwurf und Entwicklung tun können. Jede Kundenbereitstellung von Microsoft Dynamics CRM 4.0 profitiert von einem Ressourcenführer, wie ihn dieses Buch darstellt.

Ich hoffe, dass Sie diesen Führer sowohl informativ finden als auch Spaß daran haben, sich mit dem Stoff zu beschäftigen, so wie ich ihn hatte, als ich das Manuskript verfasst habe.

Ich wünsche Ihnen das Beste für Ihre erfolgreiche Bereitstellung von Microsoft Dynamics CRM 4.0.

Mit freundlichen Grüßen

Bill Patterson
Director, Product Management Microsoft Dynamics CRM Microsoft Corporation

Danksagung

Wir möchten allen danken, die uns bei diesem Buch unterstützt haben. Sollten wir jemand vergessen haben, bitten wir vorab um Entschuldigung. Folgenden Personen gilt ein spezieller Dank:

- **Bill Patterson:** Bill hat dieses Buchprojekt gefördert und dabei geholfen, dass alle Teile an den richtigen Platz kommen. Außerdem hat er zugestimmt, uns beim Vorwort zu diesem Buch zu helfen.

- **Phil Richardson:** Ohne die erstaunliche Unterstützung von Phil wäre es nicht möglich gewesen, das Buch rechtzeitig fertig zu stellen. Angefangen bei seiner Hilfe mit ersten Builds des Produkts bis zur Koordinierung von Ressourcen des Microsoft Dynamics CRM-Teams und technischem Feedback während des gesamten Projekts ist es gerade der Beitrag von Phil, der wirklich herausragend ist.

- **Neil Erickson:** In seiner Funktion als Netzwerkadministrator von Sonoma Partners haben wir Neil gebeten, mehr Microsoft Dynamics CRM-Umgebungen einzurichten, als wir guten Gewissens vertreten können. Gegen Ende schien es so, als ob er unablässig Testsysteme für uns einrichten würde! Wir möchten Neil für seine unendliche Geduld und Unterstützung danken, mit der er uns den Zugriff auf Testsysteme ermöglicht hat, die für die Beurteilung der Software erforderlich waren.

Darüber hinaus möchten wir folgenden Mitgliedern des Microsoft Dynamics CRM-Produktteams danken, die uns auf die eine oder andere Art während des Buchprojekts geholfen haben:

Karn Baker	Jeff Kelleran	Irene Pasternack
Andrew Becraft	Donald La	Dominic Pouzin
Rohit Bhatia	Amy Langlois	Dave Porter
Andrew Bybee	Chris Laver	Manisha Powar
Jim Daly	Patrick Le Quere	Michael Scott
Rich Dickinson	Elliot Lewis	John Song
Ajith Gande	Michael Lu	Derik Stenerson
Barry Givens	Andy Magee	Praveen Upadhyay
Humberto Lezama Guadarrama	Ed Martinez	Mahesh Vijayaraghavan
Nishant Gupta	Dinesh Murthy	Sumit Virmani
Peter Hecke	Kevin Nazemi	Brad Wilson
Akezyt Janedittakarn	Michael Ott	Charlie Wood

Ein Dank geht auch an die folgenden Kollegen bei Sonoma Partners, die den Inhalt kritisch durchgesehen und Feedback geliefert haben:

Brad Bosak	Brendan Landers	Kara O'Brien
Brian Baseggio	Peter Majer	Kristie Reid
Reid Rob Jasinski	Andrew Myers	Tammy Wolak

Natürlich möchten wir auch allen Beteiligten bei Microsoft Press danken, die uns in den Phasen des Schreibens und der Veröffentlichung unterstützt haben:

- **Ben Ryan:** Ben hat das Buchprojekt verfochten und hat uns freundlicherweise erlaubt, unsere Marke Sonoma Partners auf dem Buchcover zu zeigen.

- **Valerie Woolley:** Die Zusammenarbeit mit Valerie ist wieder einmal ein Vergnügen gewesen. Sie hat uns auf hervorragende Weise geholfen, die Arbeit rechtzeitig fertig zu bekommen. Außerdem hat sie den Zeitplan so ausgefüllt, damit das Buch zur Microsoft Convergence-Konferenz gedruckt vorliegen konnte.

- **Christina Yeager:** Christina hat das Buch für uns so aufbereitet, dass es den Richtlinien von Microsoft Press entspricht.

Weiterhin möchten wir Michael Ryder danken für seine Arbeit im Bearbeitungs- und Produktionsprozess und die Sicherstellung einer erfolgreichen Auslieferung des Buches.

Zu guter Letzt geht ein Dank an Corey O'Brien. Als Technical Editor für das Buch hat Corey rund um die Uhr gearbeitet, um die technische Exaktheit des Texts zu bestätigen sowie sämtliche Codebeispiele zu überprüfen und zu testen.

Danksagung von Mike Snyder

Ich möchte meiner Frau Gretchen danken, die die langen Abende und Wochenenden toleriert hat, die dieses Buch in den letzten Monaten verschlungen hat. Trotz der Tatsache, dass ich in mein Büro verschwunden bin, um heimlich einige Arbeiten zu erledigen, hat sie mich von Anfang bis Ende zu 100 Prozent unterstützt. Selbst wenn meine Kinder diese Zeilen erst in einigen Jahren lesen können, möchte ich ihnen auf diesem Wege danken – sie waren meine Motivation, um dieses Projekt anzugehen. Anerkennung gebührt auch meinen Eltern und Schwiegereltern, die meine Familie mit einem gehörigen Pensum beim Babysitten unterstützt haben. Danken möchte ich allen meinen Kollegen bei Sonoma Partners, die die Lücke ausgefüllt haben, die durch mein zeitliches Engagement für dieses Buch entstanden ist.

Danksagung von Jim Steger

Zu allererst möchte ich meiner Frau Heidi für ihre Geduld danken und dafür, dass sie es mir ermöglicht hat, diesen langen und hektischen Prozess erneut durchzustehen. Ohne ihre unbeirrte Unterstützung, ihr Verständnis und ihre Aufmunterung hätte ich dieses Unterfangen nicht abschließen können. Danken möchte ich meinen beiden Kindern, die sich während dieser letzten Monate ihrer Mutter von ihrer besten Seite gezeigt haben, was mir die zusätzliche Zeit beschert hat, die ich für das Schreiben benötigt habe! Außerdem möchte ich mich persönlich bei Phil Richardson von Microsoft bedanken, der sich die Zeit genommen hat, den Code zu überprüfen, Builds bereitzustellen und meine zahlreichen Fragen zu beantworten. Zudem habe ich Hinweise von unzähligen Mitgliedern des Microsoft Dynamics CRM-Entwicklungsteams erhalten und möchte meinen Dank ebenso auf sie ausdehnen. Schließlich möchte ich mich erkenntlich zeigen bei meinen Mitstreitern von Sonoma Partners, die ihren Einsatz und ihr Verständnis verstärkt haben, während ich gezwungen war, dem Schreiben eine höhere Priorität einzuräumen als einigen meiner täglichen Verpflichtungen.

Einführung

In diesem Abschnitt:

Für wen ist dieses Buch konzipiert?	XVIII
Wie ist dieses Buch aufgebaut?	XIX
Microsoft Dynamics CRM Live	XX
Systemanforderungen	XX
Codebeispiele	XXI
Zusätzliche Inhalte online finden	XXI
Support für dieses Buch	XXI

Wir lieben Microsoft Dynamics CRM 4.0 und hoffen, dass Sie nach dem Studium dieses Buches ebenfalls Gefallen an Microsoft Dynamics CRM gefunden haben. Wenn Sie an der Möglichkeit zweifeln, einem Stück Software verfallen zu können, haben wir vollstes Verständnis dafür, doch sollten Sie von Anfang an wissen, dass unser Ziel darin besteht, Ihnen all die wundervollen und erstaunlichen Vorzüge zu zeigen, die die Microsoft Dynamics CRM-Anwendung für Ihr Unternehmen bieten kann.

Für wen ist dieses Buch konzipiert?

Wir haben dieses Buch für die Leute geschrieben, die verantwortlich dafür sind, Microsoft Dynamics CRM in ihre Organisation zu implementieren. Wenn Sie die Person sind, die dafür verantwortlich ist, Microsoft Dynamics CRM-Software im Namen anderer Benutzer Ihrer Firma einzurichten oder zu konfigurieren, ist dieses Buch genau richtig für Sie. Vielleicht sind Sie auch IT-Experte oder einfach ein Power User aus der Vertriebs- oder Marketingabteilung. Sie sollten mit den technischen Konzepten vertraut sein und die Rolle der verschiedenen Microsoft-Technologien wie zum Beispiel Microsoft Exchange Server, Microsoft Active Directory und Microsoft SQL Server verstehen. Um von diesem Buch zu profitieren, müssen Sie kein Kodierexperte sein. Allerdings sollten Sie zumindest eine XML-Datei bearbeiten können und wissen, wie relationale Datenbanken funktionieren.

Neben Projektmanagern werden auch Softwareentwickler, die Microsoft Dynamics CRM erweitern und anpassen möchten, Gefallen an unserer Abhandlung des Microsoft Dynamics CRM SDK finden. Wir haben mehrere Codebeispiele eingebunden, die Softwareentwickler sofort erstellen und in ihren eigenen Microsoft Dynamics CRM-Installationen bereitstellen können. Und natürlich können Sie unsere Codebeispiele erweitern, um Ihre eigenen speziellen Modifikationen je nach den konkreten Gegebenheiten in Ihrem Unternehmen einzubinden.

Dieses Buch kann auch Interessenten bei ihrem Softwareauswahlprozess helfen, wenn sie die Anpassungsoptionen evaluieren, die Microsoft Dynamics CRM zu bieten hat. Möchten Sie mehr über die Fähigkeiten der Software lernen, bevor Sie eine Kaufentscheidung treffen, hoffen wir, dass dieses Buch Ihnen einige der technischen Details liefert, nach denen Sie gesucht haben.

Für wen ist dieses Buch nicht gedacht? Es richtet sich nicht an Endbenutzer, die lernen möchten, wie sie Microsoft Dynamics CRM bei ihrer täglichen Arbeit einsetzen, weil ihre Firma gerade auf diese Software umgestiegen ist. Wenn Sie keine Systemadministratorrechte besitzen, können Sie die meisten in diesem Buch beschriebenen Schritte nicht nachvollziehen, sodass es Ihnen wahrscheinlich nicht viel bringt. Falls Sie nicht sicher sind, ob Sie Systemadministratorberechtigungen besitzen – nun, dann ist dieses Buch für Sie wahrscheinlich auch nicht geeignet. Wir schreiben gerade ein Buch für Microsoft Dynamics CRM-Benutzer. Sollten Sie an diesem Thema interessiert sein, informieren Sie sich am besten online auf der Microsoft-Website, wann dieses Buch verfügbar ist.

Außerdem sagt Ihnen dieses Buch nichts darüber, wie Sie die Microsoft Dynamics CRM-Software installieren und Probleme beheben, die bei der Installation auftreten. Auch auf das Upgrading einer vorhandenen Microsoft Dynamics CRM 3.0-Installation zu Microsoft Dynamics CRM 4.0 wird nicht eingegangen. Das Microsoft Dynamics CRM 4.0 Installationshandbuch gibt Ihnen ausgezeichnete und ausführliche Unterstützung für Installation und Upgrading, sodass es nicht notwendig ist, diese Informationen hier zu wiederholen.

Wie ist dieses Buch aufgebaut?

Wir haben das Buch »Arbeiten mit Microsoft Dynamics CRM 4.0« in 3 Teile und 10 Kapitel gegliedert. Den drei Teilen sind folgende Themen zugeordnet:

- **Teil A, Überblick und Setup:** Gibt einen kurzen Überblick über die verschiedenen Komponenten von Microsoft Dynamics CRM und erläutert, wie Sie einige der häufiger verwendeten Bereiche der Software konfigurieren.

- **Teil B, Anpassung:** Geht tiefer darauf ein, wie Sie Microsoft Dynamics CRM entsprechend der Arbeitsweise Ihres Unternehmens modifizieren können. Dabei erfahren Sie, wie Sie neue Datenfelder hinzufügen, die Benutzeroberfläche überarbeiten, Berichte erstellen und Geschäftsvorgänge mithilfe von Workflow automatisieren.

- **Teil C, Microsoft Dynamics CRM erweitern:** Erläutert, wie Sie eigenen benutzerdefinierten Code erstellen können, der sich mit Microsoft Dynamics CRM über die vordefinierte Softwareschnittstelle integrieren lässt. Dieser Teil umfasst jede Menge Codebeispiele und Beispiele, die Sie unmittelbar in Ihrer Organisation implementieren können.

Offensichtlich können Softwareentwickler und Entwicklungsmanager am meisten von Teil C profitieren, doch wir erläutern die Kodierungs- und Erweiterungskonzepte so, dass jeder die Beispiele versteht, selbst wenn Sie mit Kodierungssyntax nicht vertraut sind.

In Quellen wie dem Installationshandbuch, dem SDK (Software Development Kit), dem User Interface Style Guide und der Onlinehilfe bringt Microsoft Dynamics CRM 4.0 mehr als 1500 Seiten Produktdokumentation und Einsatzhinweise für die Software mit. Dieses Buch umfasst *nur* 660 Seiten und kann damit sicherlich nicht alle Ecken und Winkel von Microsoft Dynamics CRM beleuchten. Vielmehr konzentrieren wir uns auf die Schlüsselbereiche, die die meisten Firmen benötigen, um die Software einzurichten, anzupassen und zu erweitern, und geben dazu viele Beispiele und praxisnahe Hinweise. In diesem Buch wird davon ausgegangen, dass Sie die Software installieren können und halbwegs wissen, wie Sie in der Benutzeroberfläche navigieren. Wenn Sie also mehr über den Einsatz (im Unterschied zum Anpassen) der Software lernen möchten, sollten Sie die vielen Microsoft-Trainingsoptionen nutzen, die für Microsoft Dynamics CRM verfügbar sind, wie zum Beispiel E-Kurse, Vor-Ort-Schulungen und die Foundation Library. Aufgrund des beschränkten Platzes im Buch haben wir uns dafür entschieden, keine Informationen oder Beispiele, die in der Produktdokumentation angegeben sind, hier zu wiederholen. Deshalb verweisen wir häufig auf das SDK und das Implementierungshandbuch.

Noch ein letzter Gedanke zur Organisation dieses Buches: Wir haben versucht, jedwede Marketing-Aspekte zu eliminieren, um das Buch mit möglichst vielen Informationen voll stopfen zu können. In diesem Sinne lesen Sie nichts über die Gründe, warum CRM (Customer Relationship Management)-Projekte manchmal scheitern oder wie es um die Zukunft der CRM-Software steht. Als geradlinige und direkte Menschen schätzen wir es, wenn Bücher die Informationen in der gleichen Weise präsentieren. Wir hoffen, dass Ihnen dieses Format ebenfalls zusagt.

Microsoft Dynamics CRM Live

Wie Sie in diesem Buch lernen, bietet Microsoft Dynamics CRM mehrere unterschiedliche Bereitstellungsoptionen, einschließlich einer von Microsoft gehosteten Version der Software namens Microsoft Dynamics CRM Live. Dieses Buch beschäftigt sich hauptsächlich mit der lokalen Version von Microsoft Dynamics CRM, weil Microsoft Dynamics CRM Live bei Drucklegung dieses Buches noch nicht produktionsreif war. In fast allen Bereichen arbeiten beide Versionen der Software nahezu identisch, doch heben wir bekannte wichtige Unterschiede zwischen den lokalen und gehosteten Versionen hervor.

Leider konnten wir in vielen Bereichen hierzu keine genauen Angaben machen, da Microsoft Dynamics CRM Live gewissermaßen ein bewegliches Ziel ist im Hinblick darauf, wie die endgültige Produktionsversion aussehen wird. Wenn Sie an Microsoft Dynamics CRM Live interessiert sind, sollten Sie sich die neuesten Informationen über das Produkt unter *http://www.crmlive.com* ansehen.

Systemanforderungen

Für Details zu den Systemanforderungen verweisen wir auf das Microsoft Dynamics CRM Installationshandbuch. Prinzipiell brauchen Sie folgende Hardware und Software, um die Codebeispiele in diesem Buch ausführen zu können:

Client

- Microsoft Windows XP mit Service Pack 2 (SP2) oder Windows Vista
- Microsoft Internet Explorer 6 SP1 oder Internet Explorer 7
- Microsoft Visual Studio 2005 oder Microsoft Visual Studio 2008 (für die Codebeispiele)
- Microsoft Office 2003 mit SP3 oder das 2007 Microsoft Office System mit SP1 (wenn Sie Microsoft Dynamics CRM für Microsoft Office Outlook verwenden möchten)

Server

- Microsoft Windows Server 2003 oder Microsoft Windows Small Business Server 2003
- Microsoft SQL Server 2005
- Computer / Prozessor: Dual-Pentium ab 1,8 GHz (Xeon P4) oder kompatible CPU
- Speicher: minimal 1 GB RAM, empfohlen 2 GB RAM oder mehr
- Festplatte: 400 MB freier Platz
- Netzwerkkarte: minimal 10 / 100 Mbps, empfohlen Dual 10 / 100 / 1000 Mbps

Codebeispiele

Zu diesem Buch gehört eine Companion-Website, über die Sie auf den gesamten Code zugreifen können, der im Buch verwendet wird. Die Codebeispiele sind nach Kapiteln geordnet und Sie können die Codedateien von der Companion-Site unter der Adresse *http://www.microsoft.com/mspress/companion/9780735623781/* herunterladen. Alternativ können Sie die Beispiele auch unter *http://www.microsoft-press.de/support.asp* herunterladen.

Zusätzliche Inhalte online finden

Wenn neue oder aktualisierte Zusatzinformationen zu Ihrem Buch verfügbar werden, stellen wir sie auf der Microsoft Press Online Developer Tools-Website online. Dabei wird es sich unter anderem um aktualisierte Buchinhalte, Artikel, Links zu begleitenden Inhalten, Errata und Beispielkapitel handeln. Die Website ist unter *http://www.microsoft.com/learning/books/online/developer* zu finden und wird regelmäßig aktualisiert.

Support für dieses Buch

Wir haben uns um absolute Genauigkeit in diesem Buch bemüht. Microsoft Press bietet im World Wide Web unter der Adresse *http://www.microsoft-press.de/support.asp* Korrekturen und Support zu seinen Büchern.

Falls Sie Kommentare, Fragen oder Anregungen zu diesem Buch haben, senden Sie sie bitte an folgende Microsoft Press-Adresse:

presscd@microsoft.com

Beachten Sie bitte, dass über diese Mailadresse kein Softwareservice angeboten wird. Für Supportinformationen bezüglich der Softwareprodukte besuchen Sie bitte die Microsoft-Website:

http://www.microsoft.com/germany/support.

Teil A

Überblick und Setup

In diesem Teil:

Microsoft Dynamics CRM 4.0 im Überblick 5

Setup und allgemeine Aufgaben 31

Sicherheit und Zugriff auf Informationen verwalten 85

Keine zwei Unternehmen in der Welt sind genau gleich. Jedes verwendet einen einzigartigen Satz von Tools und Abläufen, um ihre Kunden zu verwalten. Deshalb müssen Firmen sicherstellen, dass sich ihre Kundenverwaltungssoftware leicht anpassen lässt und ihren Anforderungen entspricht. Microsoft Dynamics CRM 4.0 bietet leistungsfähige Konfigurationstools, sodass Kunden die Software modifizieren und anpassen können. Selbst Administratoren werden bei diesen Tools die einfache und leicht erlernbare Weboberfläche zu schätzen wissen.

Teil A dieses Buches umfasst die ersten drei Kapitel, die einen Überblick geben und das Setup erläutern. Hier vermitteln wir Ihnen Hintergrundwissen zu Microsoft Dynamics CRM 4.0 und führen dann die Schlüsselbegriffe der Microsoft Dynamics CRM-Terminologie und die Konzepte ein, die Sie das gesamte Buch hindurch verwenden. Nach diesem Hintergrund geht es unmittelbar zu den Einzelheiten, wie Sie allgemeine Bereiche der Anwendung einrichten und konfigurieren. Bevor Sie sich den Kapiteln 2 und 3 zuwenden, sollten Sie Microsoft Dynamics CRM installieren, sich mit der Navigation durch die Benutzeroberfläche vertraut machen und eine gewisse Vorstellung davon haben, wie Ihre Firma Ihre CRM-Strategie implementieren möchte. Größtenteils finden Sie die in Teil A behandelten Verwaltungstools für Konfiguration und Einstellungen im Navigationsbereich von Microsoft Dynamics CRM unter *Einstellungen*. Natürlich brauchen Sie die geeigneten Sicherheitsberechtigungen, um auf den Bereich *Einstellungen* zugreifen zu können. Das letzte Kapitel von Teil A erläutert ausführlich, wie Sie Informationssicherheit und Datenzugriff in Microsoft Dynamics CRM konfigurieren.

Teil B dieses Buches beschäftigt sich dann damit, wie Sie Microsoft Dynamics CRM anpassen. Und schließlich geht es im letzten Teil (C) darum, wie Sie benutzerdefinierten Code bei komplexeren Anforderungen an die Anpassung und Integration von Microsoft Dynamics CRM erstellen.

Kapitel 1

Microsoft Dynamics CRM 4.0 im Überblick

In diesem Kapitel:

Leben ohne Customer Relationship Management	6
Einführung in Microsoft Dynamics CRM	8
Kernkonzepte und Terminologie	21
Zusammenfassung	30

Sicher sind Sie ganz versessen darauf, in die Details einzusteigen, wie Microsoft Dynamics CRM 4.0 funktioniert, und mehr über die großartigen Anpassungsmöglichkeiten zu erfahren. Doch bevor wir uns diesen Details zuwenden können, brauchen Sie einige Hintergrundinformationen zu Microsoft Dynamics CRM, sollten über die Kernkonzepte Bescheid wissen sowie die im Buch verwendete Terminologie kennen.

Leben ohne Customer Relationship Management

Erinnern Sie sich einmal an eine besonders schlechte Erfahrung, die Sie im Kundenservicebereich machen mussten. Vielleicht haben Sie den Kundenservice angerufen und wurden an fünf verschiedene Mitarbeiter weitergereicht, die Ihnen jeweils die gleichen Fragen gestellt haben und Sie deshalb immer wieder die gleichen Antworten geben mussten. Oder vielleicht hat ein Händler Ihnen ein Angebot unterbreitet, aber vergessen, Ihren Vorzugskundenpreis in die Offerte einzubinden. Möglicherweise hat Ihr Kreditkartenunternehmen Ihnen einen Antrag für ein neues Konto zugeschickt, obwohl Sie dort bereits seit 10 Jahren ein Konto besitzen. Wahrscheinlich haben Sie sich dann gefragt: »Warum weiß diese Firma nicht, wer ich bin?« Kommen Ihnen derartige Situationen bekannt vor?

Wie aus dem Namen hervorgeht, soll *Kundenbeziehungsmanagement* (*Customer Relationship Management, CRM*) Unternehmen in die Lage versetzen, jeglichen Umgang mit Kunden besser zu verwalten. Vor allem aber berücksichtigt die CRM-Strategie, dass sich Kundenerfahrungen über die Zeit erstrecken und dass ein typischer Kunde mit Ihrem Unternehmen 50 bis 100-mal im Verlauf Ihrer Beziehung in Kontakt tritt. Im Idealfall könnte Ihre Firma jedem Kunden eine personalisierte Erfahrung je nach dem konkreten Verlauf der Interaktionen mit Ihnen bereitstellen. Beispielsweise würden Sie treue Stammkunden nicht mehr fragen, ob sie ein Konto eröffnen möchten. Wenn Kunden Ihre Kundenserviceabteilung anrufen, würden Sie ihnen nicht immer wieder die gleichen Fragen stellen. Und Ihre wertvollsten Kunden würden immer Vorzugspreisangebote erhalten.

WICHTIG   CRM soll Unternehmen in die Lage versetzen, alle ihre Kundeninteraktionen über die Lebenszeit der Kundenbeziehung zu verfolgen und zu pflegen. CRM ist eine Unternehmensstrategie und Firmen verwenden normalerweise ein CRM-Softwaresystem als Technologieplattform, um ihre CRM-Strategien, -Prozesse und -Prozeduren besser implementieren zu können.

In heutigen konkurrierenden Geschäftsumgebungen können schlecht behandelte Kunden leicht andere Anbieter oder Lieferanten finden, die gern Ihre Stelle einnehmen würden. Wenn Sie aber auf Ihre Kunden individuell eingehen, werden sie ihre Beziehung zu Ihrem Unternehmen eher schätzen und Ihnen die Treue halten. Die CRM-Philosophie ist so sinnvoll, warum also zwingen so viele Firmen gute Kunden, dass sie jeden Tag schlechte Erfahrungen machen müssen?

Wie Sie wahrscheinlich wissen, ist es für Firmen recht schwierig, eine CRM-Strategie anzunehmen und beständig gute Kundenerfahrungen zu schaffen. So machen es unter anderem folgende Faktoren schwierig, eine CRM-Strategie zu implementieren:

- **Mehrere Kundenverwaltungssysteme:** Fast jede Firma verwendet mehrere Systeme (beispielsweise Vertriebsverfolgung, Lagerbestandsverwaltung und Finanzbuchhaltung), um die Geschäfte zu führen. Die meisten dieser Systeme können nicht ohne weiteres untereinander kommunizieren, um die Daten nahtlos gemeinsam zu nutzen. Deshalb ist es vorstellbar, dass die Mitarbeiter des Vertriebs, die ein Vertriebsverfolgungssystem verwenden, möglicherweise nicht wissen, dass ein Kunde gerade ein dringendes Problem beim Kundenservice in Ihrem Kundenservicesystem angemeldet hat.

- **Externe Mitarbeiter:** Selbst wenn Ihre Firma in der glücklichen Lage ist, mit einem einzigen System alle Kundeninteraktionen zu verfolgen, müssen externe und im Außendienst beschäftigte Mitarbeiter nicht unbedingt die Möglichkeit haben, auf Daten im Kundenverwaltungssystem zuzugreifen.

- **Sich schnell ändernde Geschäftsabläufe:** Vom französischen Autor François de la Rochefoucauld stammt der Spruch »Das einzig Konstante im Leben ist die Veränderung«. Dieser Ausdruck trifft genau zu im Hinblick auf die Geschäftsabläufe in unserer Internet-orientierten Welt. Kaum dass eine Firma einen Kundenverwaltungsvorgang abgeschlossen hat, muss sie überdenken, wie sich diese Methodologie im nächsten Monat, Quartal oder Jahr ändern wird. Sich schnell ändernde Geschäftsprozesse fordern die Mitarbeiter heraus, sich schnell anzupassen, doch die meisten CRM-Systeme können nicht adäquat reagieren und sind nicht so gut anpassbar, wie es das Unternehmen von ihnen verlangt.

- **Mehrkanalige Kundeninteraktionen:** Kunden erwarten, mit Ihrer Firma über jeden von ihnen bevorzugten Kommunikationskanal zu arbeiten. Mit der Ausbreitung unterschiedlicher Technologien können diese Kundenkommunikationskanäle Websites, Telefon, Fax, E-Mail und Instant Messaging umfassen. Möchte eine Firma alle Interaktionen eines Kunden verfolgen, muss ihr Kundenverwaltungssystem alle diese Technologien beherrschen.

- **Schwierige und starre Systeme:** Die Annahme einer CRM-Strategie verlangt normalerweise von der Firma, dass sie ein Technologiesystem als Plattform für ihre Kundenverwaltung auswählt. Frühen CRM-Systemen haftet der Ruf an, dass sie schwierig einzusetzen und kompliziert zu installieren sind. Schlechter ist aber noch, dass Firmen ihre CRM-Systeme an ihre Geschäftsanforderungen nur anpassen können, wenn sie große Summen und viel Zeit in Berater investieren, die die Software für sie anpassen.

CRM ist kein besonders neues Konzept und hat in der Geschäftswelt nicht gerade den besten Ruf. Doch was würde passieren, wenn eine Firma erfolgreich eine CRM-Strategie und -Software installieren *könnte*? Auf welche Weise würde die Firma davon profitieren?

- CRM könnte Kundeninteressen und den Verkaufsverlauf über die Zeit verfolgen und dann proaktiv neue Marketinginitiativen für Kunden basierend auf ihrer jeweiligen Historie generieren.

- CRM könnte einen Verlauf der Dienstanfragen eines Kunden protokollieren, sodass ein Servicetechniker alle diese Anforderungen auf Anhieb sehen kann, wenn der Kunde mit einem neuen Problem anruft. Die Revision des Dienstverlaufs eines Kunden kann dem Techniker helfen, das neue Problem des Kunden wesentlich schneller zu lösen.

- Ein Manager könnte sämtliche Interaktionen mit einem Kunden über verschiedene Funktionsbereiche wie zum Beispiel Vertrieb, Marketing und Kundenservice sehen. Diesen funktionsübergreifenden Verlauf bezeichnet man auch als *Gesamtbild* des Kunden.

- Marketingmanager könnten die Effektivität ihrer Marketinglisten und Kampagnen analysieren und Berichte erstellen, um zu erkennen, wie sie zukünftige Marketinginvestitionen neu zuteilen.

- Ein Analytiker könnte mit Business Intelligence-Tools Kunden und Interessenten aufgliedern, um Trends herauszuarbeiten und Vorhersagemodelle für den Vertrieb und die Kundenserviceplanung zu entwickeln.

Diese Liste umfasst nicht alle Vorteile von CRM, doch dürfte klar geworden sein, dass eine erfolgreiche CRM-Implementierung sowohl kurz- als auch langfristige Vorteile für jedes Unternehmen bieten wird.

Einführung in Microsoft Dynamics CRM

Microsoft hat den Bedarf für eine bessere CRM-Softwareplattform erkannt und mit Microsoft Dynamics CRM eine entsprechende Lösung geschaffen. Konzeptionell ist die Software für Firmen aller Größen ausgelegt, um sie als Technologieplattform für die Implementierung von CRM-Strategien verwenden zu können. Ende 2002 hat Microsoft die Version 1.0 von Microsoft Dynamics CRM veröffentlicht. Die Software wurde in den letzten Jahren mit neuen Releases und Featurepacks ständig aktualisiert. Dieses Buch behandelt mit Microsoft Dynamics CRM 4.0 das neueste Release der Software zusätzlich zum CRM-Angebot namens Microsoft Dynamics CRM Live (unter *http://www.crmlive.com* verfügbar), das von Microsoft gehostet wird. Dieses Kapitel erläutert im Überblick die Microsoft Dynamics CRM-Software und wie sie Firmen dabei hilft, CRM-Strategien zu implementieren. Dabei kommen folgende Themen zur Sprache:

- Entwicklungsziele der Software
- Optionen und Editionen für die Bereitstellung
- Lizenzierung
- Frontoffice vs. Backoffice
- Systemanforderungen

Nachdem wir Microsoft Dynamics CRM von höherer Warte aus behandelt haben, erläutern die darauf folgenden Kapitel, wie Sie die Software konfigurieren, anpassen und erweitern können, damit sie den speziellen Anforderungen Ihrer Firma gerecht wird.

HINWEIS   Dieses Buch erklärt, wie Sie die Microsoft Dynamics CRM-Software konfigurieren und anpassen, doch wir unterweisen Sie nicht in CRM-Strategien, weil diese je nach Branche und Firmengröße stark variieren können. Wenn Sie mehr über die Philosophien und Methodologien hinter CRM lernen möchten, sollten Sie eines der zahlreichen Bücher lesen, die sich mit diesen Themen in softwareunabhängiger Art und Weise befassen. Wir haben dieses Buch für Leute geschrieben, die für die Verwaltung und Bereitstellung von Microsoft Dynamics CRM verantwortlich sind.

Entwicklungsziele der Software

Microsoft hat Microsoft Dynamics CRM konzipiert, um die häufigen Fragen zu lösen, die in der Vergangenheit Probleme bei CRM-Bereitstellungen verursacht haben. Einige dieser Fragen haben wir bereits angerissen. Dazu gehören Außendienstmitarbeiter, die Remotezugriff auf die Daten benötigen, mehrkanalige Kundenkommunikationen und starrer Softwareentwurf. Um diese Probleme zu lösen, hat sich Microsoft Dynamics CRM drei Softwareentwurfsthemen gewidmet:

- Abstimmung auf Ihre Arbeitsweise
- Abstimmung auf Ihr Unternehmen
- Abstimmung auf Ihre IT-Anforderungen

Abstimmung auf Ihre Arbeitsweise

Bei früheren CRM-Systemen waren die Benutzer gezwungen, Informationen mit mehreren Systemen zu erfassen, weil in der CRM-Software nicht die gesamte Funktionalität realisiert war, die Benutzer für die Erledigung ihrer Aufgaben benötigten, wie zum Beispiel E-Mail, Kalender, Aufgabenverwaltung und Tabellenkalkulationen. Die Benutzer haben ihre Arbeit mithilfe von Produktivitätstools wie Microsoft Office Outlook, Microsoft Office Excel und Microsoft Office Word abgewickelt, doch dann mussten sie Kundendaten in ihr CRM-System kopieren! Dieser zusätzliche Schritt hat zu negativem Benutzerfeedback geführt, weil es Benutzer bremst, zusätzliche Arbeit bedeutet und verlangt, dass man sich mit einem vollkommen neuen Tool befassen muss.

Um sich dieses Problems anzunehmen, arbeitet Microsoft Dynamics CRM direkt in Office und Outlook, sodass Benutzer ihre üblichen Arbeitsaufgaben wahrnehmen *und* gleichzeitig Daten in Microsoft Dynamics CRM verfolgen können. Microsoft Dynamics CRM ist ein serverbasiertes Produkt, das Sie auf einem Webserver installieren und ausführen, und Benutzer können die Microsoft Dynamics CRM-Software für Outlook installieren, um direkt in Outlook zu arbeiten, wie es in Abbildung 1.1 zu sehen ist. Microsoft Dynamics CRM fügt Outlook eine Symbolleiste und Microsoft Dynamics CRM-Ordner in die Outlook-Ordnerliste hinzu.

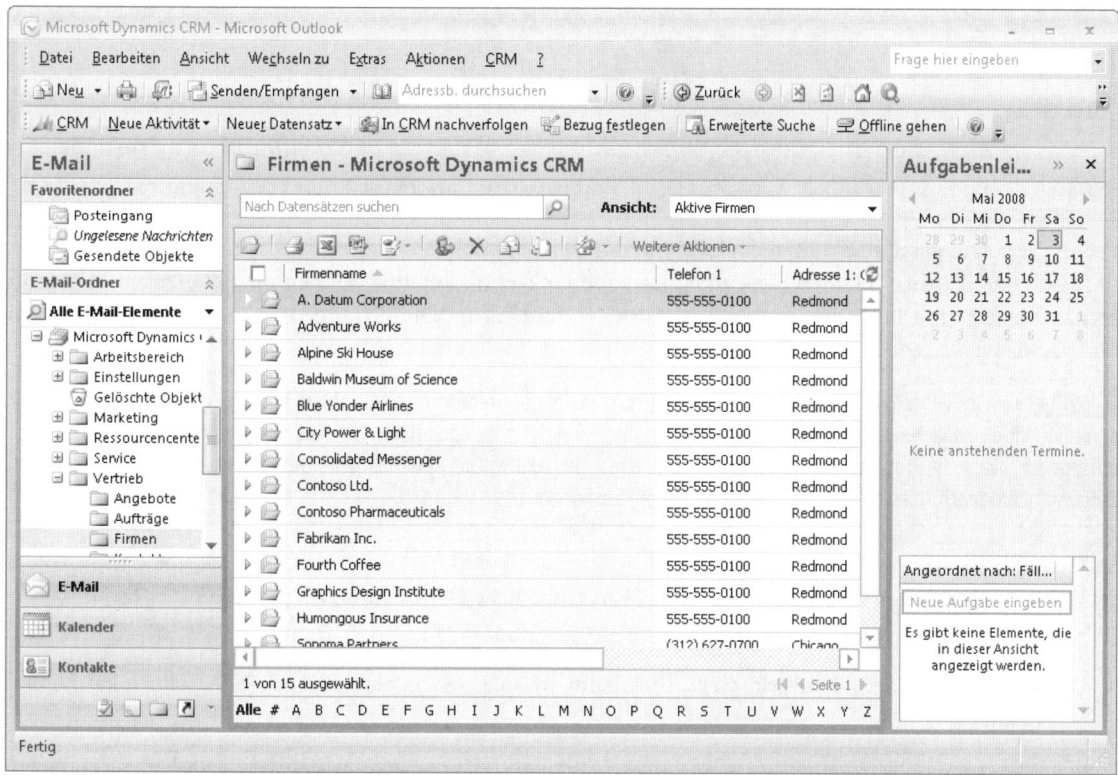

Abbildung 1.1   Microsoft Dynamics CRM-Daten in Outlook verfolgen

Wenn Ihre Benutzer mit Outlook umgehen können, wissen sie bereits, wie sie die wichtigsten Tools der Benutzerverwaltung in Microsoft Dynamics CRM einsetzen – unter anderem Kontakte, Aufgaben, Termine und E-Mail. Abbildung 1.2 zeigt die Microsoft Dynamics CRM-Symbolleiste, über die Benutzer eine E-Mail-Nachricht in Outlook zusammensetzen und dann einfach auf die Schaltfläche *In CRM nachverfolgen* klicken können, um eine Kopie der Nachricht in der Microsoft Dynamics CRM-Datenbank zu speichern.

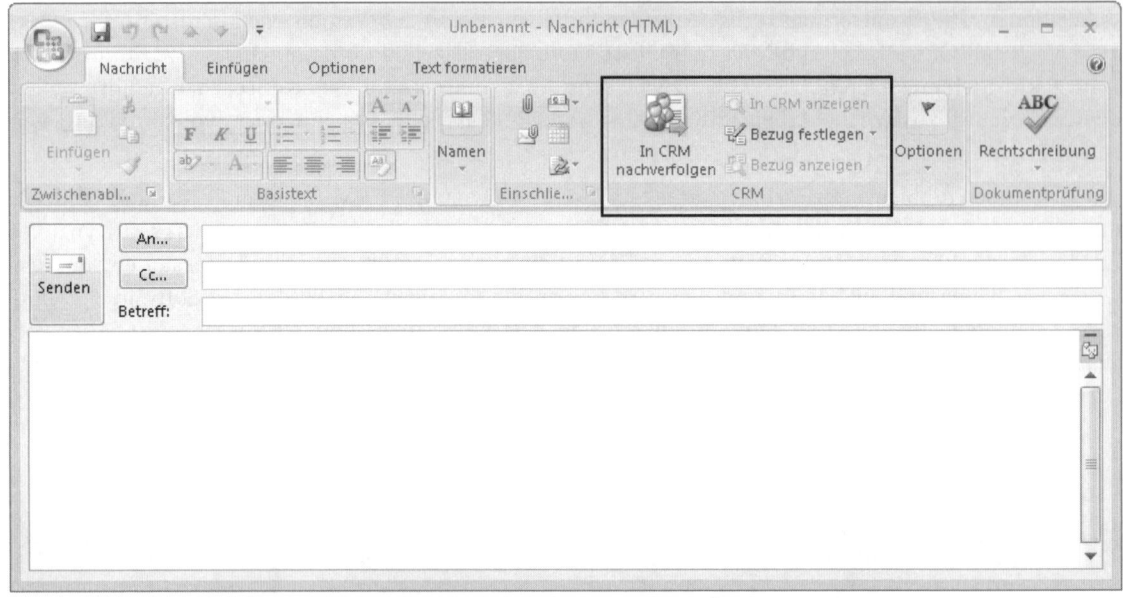

Abbildung 1.2   Die Schaltfläche In CRM nachverfolgen für das Speichern von Daten in Microsoft Dynamics CRM

Dieses Verfolgungskonzept gilt nicht nur für E-Mail-Nachrichten, sondern auch für Kalenderelemente, Kontakte und Aufgaben. Durch diese integrierte Outlook-Funktionalität können die Benutzer in Microsoft Dynamics CRM mit ihren gewohnten Tools arbeiten und auf unkomplizierte Weise CRM-Daten verfolgen und verwalten.

HINWEIS   Ob Sie es glauben oder nicht: Viele Firmen verlangen immer noch von ihren Mitarbeitern, Informationen von deren Outlook-E-Mail-Nachrichten zu kopieren und in ihre CRM-Systeme einzufügen. Es mag verrückt klingen, doch ist dieser Prozess bei vielen – großen und kleinen – Firmen gang und gäbe. Die systemeigene Outlook-Integration von Microsoft Dynamics CRM macht diese zusätzlichen Arbeitsschritte überflüssig.

Selbst wenn Ihre Firma nicht mit Outlook arbeitet oder wenn Sie Microsoft Office Outlook Web Access verwenden, bietet Ihnen Microsoft Dynamics CRM zusätzliche Optionen für die Benutzeroberfläche:

- Microsoft Internet Explorer Webbrowser
- Mobiler Zugriff über Handheld-Geräte wie zum Beispiel Mobiltelefone und PDAs (Personal Digital Assistants)

HINWEIS   Als dieses Buch in Druck gegangen ist, hatte Microsoft noch keine endgültigen Details im Hinblick auf die mobile Schnittstelle von Microsoft Dynamics CRM spezifiziert. Deshalb gehen wir in diesem Buch noch nicht auf dieses Thema ein. Auf den Microsoft-Websites erhalten Sie neueste Informationen zu diesem Modul.

Microsoft Dynamics CRM lässt sich auch direkt in Business-Produktivitätstools wie die folgenden integrieren:

- Excel
- Word
- Microsoft Exchange Server

- Microsoft SharePoint-Produkte
- Microsoft Office Communication Server

Auf die Details der Microsoft Dynamics CRM-Integration mit Excel, Word und Exchange Server gehen wir in späteren Kapiteln ein.

Durch eine enge Integration mit Tools, die Ihre Benutzer bereits kennen, ermöglicht Microsoft Dynamics CRM eine steile Lernkurve, um maximale Benutzerakzeptanz zu sichern. Vor allem aber ist es dafür konzipiert, so zu arbeiten, wie Ihre Benutzer arbeiten.

HINWEIS Bei Drucklegung des Buches hatte Microsoft die Integration zwischen Microsoft Dynamics CRM 4.0 und Microsoft SharePoint-Produkten noch nicht endgültig spezifiziert. In Microsoft Dynamics CRM 3.0 hat Microsoft ein SharePoint-Listenwebpart veröffentlicht, das Kunden verwenden konnten, um Microsoft Dynamics CRM-Tabellen direkt auf einer SharePoint-Webseite anzuzeigen.

Abstimmung auf Ihr Unternehmen

Wie Sie gesehen haben, werden mit Microsoft Dynamics CRM alle Anstrengungen unternommen, um das Leben der Benutzer zu erleichtern, die das System täglich einsetzen. Unter anderem zielt Microsoft Dynamics CRM darauf ab, der Arbeitsweise in einem Unternehmen zu entsprechen. Damit sind vor allem folgende Vorzüge verbunden:

- **Webbasierte Konfigurationstools:** Da sich Ihre Geschäftsabläufe schnell ändern, können Sie schnell und einfach Microsoft Dynamics CRM mithilfe webbasierter Konfigurationstools anpassen. Dabei ist es nicht nur möglich, Formulare zu konfigurieren und Felder hinzuzufügen, sondern auch vollkommen neue Datentypen zu erstellen, die sich in Microsoft Dynamics CRM verfolgen und verwalten lassen, ohne eine einzige Codezeile schreiben zu müssen.

- **Robustes Sicherheitsmodell:** Das rollenbasierte Sicherheitsmodell von Microsoft Dynamics CRM bietet Ihnen unglaublich detaillierte und flexible Konfigurationsoptionen. Das System können Sie so strukturieren, dass Benutzer nur auf die Informationen, die sie für ihre Jobs benötigen, zugreifen und nur diese auch bearbeiten können. Dennoch bleibt das Sicherheitsmodell agil genug, um Benutzern zu erlauben, Ad-hoc-Teams für die Zusammenarbeit an Projekten und Benutzerkonten zu erstellen.

- **Offene Programmierschnittstellen:** Da Unternehmen mehr als ein System für ihre Arbeitsabläufe einsetzen, bietet Microsoft Dynamics CRM eine offene Programmierschnittstelle, sodass Sie Microsoft Dynamics CRM mit nahezu jedem Typ von externer Anwendung verbinden können, beispielsweise mit Ihrer Firmen-Website, einem Finanzsystem oder einem Firmen-Intranet. Die Microsoft Dynamics CRM-Programmierschnittstelle stützt sich auf Webdienste, sodass Sie fast jede Integrationstechnologie oder Plattform verwenden können, die Ihren Ansprüchen gerecht wird.

- **Geschäftsprozessautomatisierung:** Microsoft Dynamics CRM umfasst ein Workflowmodul, um Geschäftsabläufe und sich wiederholende Aufgaben zu automatisieren, beispielsweise automatische Nachverfolgungsaufgaben für neue Leads erstellen oder überfällige Kundenservicefragen an einen Manager weiterzuleiten. Geschäfts-Workflows richten Sie mit einer webbasierten Benutzeroberfläche ein, sodass Sie sie leicht anpassen und überarbeiten können, ohne dass Programmcode erforderlich ist, wenn Ihr Unternehmen schnell verlagert werden muss.

- **Unterstützung globaler Bereitstellungen:** Für Unternehmen, die mit Benutzern auf der ganzen Welt zu tun haben, unterstützt Microsoft Dynamics CRM mehrere Sprachen und mehrere Währungen in ein und derselben Datenbank, sodass alle Ihre Benutzer eine einzige Microsoft Dynamics CRM-Bereitstellung verwenden. Jeder Benutzer sieht die lokalisierte Sprache, das Datumsformat und die Währungseinstellungen, die für seine Region passend sind.

HINWEIS   Die Teile B und C dieses Buches erläutern, wie Sie Microsoft Dynamics CRM an Ihre Geschäftsprozesse und -Prozeduren anpassen können.

Abstimmung auf Ihre IT-Anforderungen

Wenn Sie in der IT (Informationstechnik)-Abteilung arbeiten, haben Sie sicherlich schon mit einigen schwierigen Systemen zu tun gehabt. Vielleicht hat die Software irgendein proprietäres Datenbankformat verwendet, das nur drei Leute weltweit verstehen, oder die Software war so instabil, dass Sie aus Angst vor einem Totalabsturz kein Upgrade durchführen wollten! Microsoft Dynamics CRM ist für die Zusammenarbeit mit den vorhandenen Tools, Anwendungen und der Infrastruktur konzipiert, die IT-Profis täglich nutzen. Zu den Vorteilen von Microsoft Dynamics CRM für die IT gehören:

- **Branchenstandardtechnologien:** Microsoft Dynamics CRM baut auf branchenüblichen Netzwerkverwaltungstechniken auf und lässt sich für die Verwendung von Microsoft Active Directory-Verzeichnisdiensten sowie integrierte Windows-Authentifizierung für Benutzer- und Kennwortverwaltung konfigurieren. Diese Integration entlastet die Administratoren, weil Benutzer keine separate Anmeldung mit einem entsprechenden Kennwort benötigen, um auf Microsoft Dynamics CRM zuzugreifen.

- **Bereitstellung mithilfe von Assistenten:** Wenn Sie Microsoft Dynamics CRM installieren, prüft die Software alle Systemvoraussetzungen und sagt Ihnen, welche Anpassungen Sie gegebenenfalls vornehmen müssen. Abhängig von Ihrer Netzwerkumgebung können Sie die Microsoft Dynamics CRM-Software mit lediglich einer Hand voll Klicks installieren!

- **Failover und Notfallwiederherstellung:** Microsoft Dynamics CRM unterstützt Clustering für Web-, Datenbank- und E-Mail-Serverumgebungen, sodass Sie auf die Sicherheit für Ihre unternehmenskritischen Daten vertrauen können.

- **Zero-Footprint Clients:** Benutzer können auf Microsoft Dynamics CRM über Microsoft Internet Explorer zugreifen und trotzdem die gesamte umfangreiche Funktionalität der Software nutzen. Remotebenutzer können sich überall dort, wo sie Internet-Zugang haben, an ihrem Microsoft Dynamics CRM-System anmelden und auf ihre Kundendaten zugreifen.

- **Unterstützung der Automatisierung:** Microsoft Dynamics CRM können Sie von der Befehlszeile aus oder mithilfe von Terminaldiensten installieren. Microsoft Dynamics CRM unterstützt auch Thin-Client-Umgebungen wie Citrix und Roaming-Profile.

- **Mehrere Bereitstellungsoptionen:** Microsoft Dynamics CRM bietet mehrere Optionen, wie Sie die Software bereitstellen können. So können Sie die Software kaufen und lokal (*on premise*) in Ihrem Firmennetz installieren oder auf monatlicher Basis über Microsoft oder einen Drittanbieter mieten, wobei die hostende Firma in Ihrem Auftrag alles in Bezug auf Hardware, Software, Netzwerk und Sicherheit verwaltet. Außerdem ist es möglich, von einem Bereitstellungsmodell zu einem anderen zu wechseln, wenn sich Ihre Geschäftsanforderungen mit der Zeit ändern sollten. Unabhängig von der gewählten Bereitstellungsoption können Sie immer die Sicherheitseinstellungen konfigurieren, sodass Ihre remoten und Außendienstmitarbeiter sich problemlos anmelden und auf das System zugreifen können.

- **Serverrollenbereitstellung:** Mit Microsoft Dynamics CRM können Sie die verschiedenen Serverrollen (wie zum Beispiel den DeploymentService, DiscoverService, HelpServer, Anwendungsserver usw.) auf verschiedene Server aufteilen, um die Anwendungslast zu verteilen. Die Aufteilung der Microsoft Dynamics CRM-Serverrollen auf unterschiedliche Computer kann besonders für Kunden mit großen oder komplexen Bereitstellungen geeignet sein.

- **Unterstützung für verschiedene Typen von E-Mail:** Neben dem Arbeiten mit Microsoft Exchange Server kann Microsoft Dynamics CRM auch jedes Post Office Protocol 3 (POP3)-E-Mail-System für eingehende Mail und jedes Simple Mail Transfer Protocol (SMTP)-E-Mail-System für ausgehende Mail unterstützen.

- **Mehrinstanzfähige Architektur:** In bestimmten Editionen von Microsoft Dynamics CRM können Kunden mehrere Kopien von Microsoft Dynamics CRM auf demselben Satz von Hardware bereitstellen. Mithilfe dieser mehrinstanzfähigen Architektur ist es den IT-Abteilungen leichter möglich, mehrere Organisationen in ihrer Firma zu unterstützen.

Angesichts dieser Vorteile (und derer, die hier nicht aufgelistet sind), werden Sie feststellen, dass Microsoft Dynamics CRM so arbeitet, wie es die IT erwartet.

HINWEIS   Dieses Buch konzentriert sich auf die Konfiguration und Anpassung von Microsoft Dynamics CRM, doch behandeln wir weder die Softwareinstallation noch die entsprechende Fehlerbehebung, weil sich das Microsoft Dynamics CRM 4.0-Implementierungshandbuch auf mehr als 300 Seiten diesem Thema widmet. Die neueste Version des Implementierungshandbuches können Sie unter *http://www.microsoft.com/downloads/details.aspx?displaylang=de&FamilyID=1ceb5e01-de9f-48c0-8ce2-51633ebf4714* herunterladen.

Bereitstellungsoptionen und Editionen

Zu den größten Vorteilen, die Microsoft Dynamics CRM Kunden bietet, gehören die Auswahlmöglichkeiten in Bezug auf das Erwerben und Bereitstellen der Software. Von höherer Ebene aus können Kunden Microsoft Dynamics CRM mithilfe einer von drei Methoden erhalten und bereitstellen:

- Ständige Softwarelizenzen kaufen und die Software lokal bereitstellen

- Für die Software auf gehosteter Basis über Microsoft Dynamics CRM Live bezahlen

- Für die Software auf gehosteter Basis über Hosting-Partner von Microsoft bezahlen

Obwohl alle drei Optionen die gleiche Kernfunktionalität von Microsoft Dynamics CRM bieten, gibt es einige bemerkenswerte Unterschiede zwischen den Bereitstellungsoptionen, die Sie berücksichtigen sollten, wenn Sie sich für das für Ihre Firma am besten geeignete Bereitstellungsmodell entscheiden. Tabelle 1.1 fasst diese Optionen zusammen.

	Lokal	Microsoft Dynamics CRM Live	Durch Partner gehostet
Unterstützt integrierte Windows-Authentifizierung	Ja	Nein	Ja
Unterstützt Formularauthentifizierung	Ja	Nein	Ja
Verwendet Windows Live ID-Authentifizierung	Nein	Ja	Nein
Unterstützt Erstellung von benutzerdefinierten Attributen und Entitäten	Ja	Ja	Ja
Unterstützt Konfiguration von Sicherheitsrollen, Unternehmenseinheiten	Ja	Ja	Ja
Unterstützt Modifikation der Sitemap und *ISV.config*	Ja	Ja	Ja
Unterstützt Datenimport und -export	Ja	Ja	Ja
Erlaubt programmgesteuerten Zugriff auf die Microsoft Dynamics CRM-Webdienste	Ja	Ja	Ja
Unterstützt die Verwendung von IFRAME.	Ja	Ja	Ja
Unterstützt das Hosten von benutzerdefinierten Seiten auf Microsoft Dynamics CRM-Server	Ja	Nein	Partnerspezifisch
Unterstützt die Verwendung von Programmier-Plug-Ins	Ja	Nein	Partnerspezifisch
Unterstützt Workflow	Ja	Ja	Ja
Unterstützt benutzerdefinierte Workflowassemblies	Ja	Nein	Partnerspezifisch

Tabelle 1.1 Unterschiede zwischen den Bereitstellungsoptionen

Einige dieser Begriffe sind möglicherweise neu für Sie, werden aber in diesem Buch ausführlich erläutert.

Allgemein ausgedrückt passt Microsoft Dynamics CRM Live am besten bei Firmen, die grundlegenden Anpassungs- und Konfigurationsbedarf haben. Für Kunden mit komplexen Programmierungs- oder Integrationsanforderungen sind wahrscheinlich die Optionen *Lokal* oder *Partnersite* besser geeignet.

> **HINWEIS** Das gehostete Bereitstellungsmodell Microsoft Dynamics CRM Live lässt bestimmte Funktionalität wie zum Beispiel Plug-Ins und Workflowassemblies aufgrund von aktuellen Sicherheitseinschränkungen nicht zu. Da Plug-Ins und Workflowassemblies benutzerdefinierten Programmcode ausführen, den Sie erzeugt haben, muss die hostende Firma sicherstellen, dass der benutzerdefinierte Code keine Probleme in seinem Datencenter bereitet. Da derartige Tools der Codeverifizierung (oder Codeisolierung) bei Drucklegung des Buches noch nicht verfügbar waren, erlaubt Microsoft Dynamics CRM Live Ihnen nicht, diese Funktionalitätsbereiche zu nutzen. Allerdings können sich derartige Einschränkungen im Lauf der Zeit weiterentwickeln, sodass Sie die hostende Firma nach den neuesten Informationen abfragen sollten.

Wenn Sie Microsoft Dynamics CRM lokal bereitstellen möchten, können Sie Microsoft Dynamics CRM in einer der folgenden drei Editionen erwerben:

- Microsoft Dynamics CRM 4.0 Workgroup Edition
- Microsoft Dynamics CRM 4.0 Professional Edition
- Microsoft Dynamics CRM 4.0 Enterprise Edition

Zu den wichtigsten Unterschieden der drei Editionen gehören unter anderem:

- Die Workgroup Edition unterstützt höchstens 5 Benutzer und ist auf eine einzige Organisation und auf einen einzelnen Computer begrenzt, auf dem Microsoft Dynamics CRM ausgeführt wird.
- Sowohl die Professional Edition als auch die Enterprise Edition unterstützen eine unbegrenzte Anzahl von Benutzern.
- Die Professional Edition ist auf eine einzelne Organisation begrenzt, während die Enterprise Edition mehrere Organisationen unterstützt.
- Die Enterprise Edition unterstützt die Installation von rollenbasierten Diensten, sodass Sie die Systemleistung optimieren können, indem Sie die verschiedenen Microsoft Dynamics CRM-Serverrollen (und die entsprechenden Anwendungslasten) auf mehrere Server aufteilen.

Wenn Sie Microsoft Dynamics CRM über Microsoft Dynamics CRM Live bereitstellen, sind derzeit zwei unterschiedliche Editionen verfügbar:

- **Microsoft Dynamics CRM Live Professional Edition:** Umfasst 5 GB Datenspeicher und Zugriff auf das gesamte Microsoft Dynamics CRM außer die Verwendung von Microsoft Dynamics CRM für Outlook mit Offlinezugriff.
- **Microsoft Dynamics CRM Live Professional Plus Edition:** Umfasst 20 GB Datenspeicher und Zugriff auf das gesamte Microsoft Dynamics CRM einschließlich der Verwendung von Microsoft Dynamics CRM für Outlook mit Offlinezugriff.

Es ist zu erwarten, dass Microsoft Dynamics CRM Live im Laufe der Zeit zusätzliche Editionen anbieten wird, sodass Sie sich unter *http://www.crmlive.com* über neueste Optionen und Preise informieren sollten.

Microsoft Dynamics CRM auf Microsoft Windows Small Business Server 2003 bereitstellen

Microsoft Windows Small Business Server ist eine spezialisierte Betriebssystemversion, die Windows Server 2003, Exchange Server 2003 und Microsoft Windows SharePoint Services im Bundle anbietet, sodass sie auf ein und derselben Hardware bereitgestellt werden können. Zur Small Business Server 2003 Premium Edition gehören auch Microsoft SQL Server 2005 Workgroup Edition und ISA Server 2004. Da Microsoft Dynamics CRM eine SQL Server-Datenbank benötigt, müssen Sie Microsoft Dynamics CRM mit der Premium Edition bereitstellen.

Der Einsatz von Microsoft Windows Small Business Server ist auch für kleine Unternehmen lohnenswert, weil die Kosten des Produktpakets Tausende Euro geringer sind als wenn man alle Komponenten einzeln kauft. Obwohl die Bereitstellung von Small Business Server mehrere Vorteile bietet, sind auch einige Einschränkungen zu beachten:

- Jede Domäne kann nur eine Installation von Small Business Server 2003 enthalten.

- Small Business Server 2003 unterstützt keine Vertrauensstellungen zwischen Domänen und Sie müssen den Server an der Wurzel der Active Directory-Gesamtstruktur installieren.

- Eine Small Business Server 2003-Domäne kann keine untergeordneten Domänen haben.

- Terminaldienste können Sie nicht im Anwendungsservermodus auf Small Business Server 2003 ausführen.

- In einem Windows Small Business Server-basierten Netzwerk können Sie Verbindungen zu maximal 75 Benutzern oder Geräten herstellen. Wenn Sie Leistungsbetrachtungen einkalkulieren, kann die empfohlene maximale Anzahl von Benutzern für einen Small Business Server im Bereich von 40 bis 50 Benutzern liegen, abhängig von der Nutzung und der Systemhardware.

Abgesehen von diesen Einschränkungen arbeitet Microsoft Dynamics CRM auf Small Business Server 2003 ohne Probleme.

Lizenzierung

Genau wie Microsoft Dynamics CRM mehrere Bereitstellungsoptionen anbietet, ist Microsoft Dynamics CRM auch recht flexibel, was den Erwerb der Softwarelizenzen angeht. Microsoft Dynamics CRM verlangt zwei Typen von Softwarelizenzen für jede Bereitstellung: Serverlizenzen und Clientzugriffslizenzen (Client

Access Licences, CALs). Jede Bereitstellung muss mindestens eine Serverlizenz einbinden und für jeden aktiven Benutzer im System ist eine CAL erforderlich. Clientzugriffslizenzen bezeichnet man normalerweise als Benutzerlizenzen.

Kunden können CALs nach einem von zwei Modellen erwerben:

- **User CALs:** Die Anzahl der Benutzerlizenzen, die Sie benötigen, hängt von der Anzahl der *benannten Benutzer* in Ihrem System ab. Die CAL wird an einen bestimmten Benutzer gebunden und dieser Benutzer kann von jedem Computer aus auf Microsoft Dynamics CRM zugreifen.

- **Device CALs:** Unter diesem Modell wird die CAL an ein bestimmtes Gerät gebunden und verschiedene Microsoft Dynamics CRM-Benutzer können auf das System zugreifen, solange sie das vom selben Gerät aus tun. Geräte-CALs eignen sich am besten bei Mehrschichtbetrieb wie in Callcentern und Krankenhäusern.

WICHTIG   Benannte Benutzerlizenzierung unterscheidet sich von vielen anderen Softwareprogrammen, die ihre Lizenzierung auf der Anzahl der gleichzeitigen Benutzer basieren. Jeder aktive Benutzer in Microsoft Dynamics CRM verbraucht eine Lizenz, unabhängig davon, wie oft er auf das System zugreift oder wie viele Benutzer sich gleichzeitig anmelden. Allerdings kann der Systemadministrator bei Bedarf ganz leicht Benutzerlizenzen von einem Benutzer auf einen anderen übertragen, beispielsweise wenn der Benutzer die Firma verlässt oder wenn ein Mitarbeiter für längere Zeit ausfällt.

Unabhängig davon, ob Sie das CAL-Modell für den benannten Benutzer oder das Gerät auswählen, gibt es drei verschiedene CAL-Lizenztypen:

- **Vollständig:** Benutzer mit einer vollständigen CAL besitzen Zugriff auf die vollständige Funktionalität von Microsoft Dynamics CRM, wie sie durch ihre Unternehmenseinheit und Sicherheitsrollen definiert ist. (Kapitel 3 erläutert die Details, wie Sie Benutzerzugriff konfigurieren.)

- **Schreibgeschützt:** Benutzer mit einer schreibgeschützten CAL können Daten in Microsoft Dynamics CRM lesen, Datensätze aber weder ändern noch löschen. Manche Dokumentationen bezeichnen diesen CAL-Typ als *eingeschränkten* Benutzer.

- **Administrator:** Benutzer mit einer administrativen CAL können die Systemeinstellungen ändern und Datensätze anpassen, aber keine anderen Datensätze im System modifizieren. Administrative CALs sind gebührenfrei.

Wenn Ihre Firma eine Webfarm mit mehreren Microsoft Dynamics CRM-Webservern bereitstellt, brauchen Sie eine Serverlizenz für jeden Webserver, der Microsoft Dynamics CRM ausführt.

External Connector-Lizenz

Möchten Sie Microsoft Dynamics CRM-Daten mit externen Benutzern – wie zum Beispiel Ihren Kunden oder Partnern – gemeinsam nutzen, können Sie eine *External Connector-Lizenz* kaufen, die es Ihnen erlaubt, Microsoft Dynamics CRM-Daten für eine unbeschränkte Anzahl von Drittbieterbenutzern und -systemen freizugeben. Wenn Sie die External Connector-Lizenz verwenden, müssen Sie keine Benutzerlizenz für jeden externen Benutzer erwerben. Zum Beispiel können Sie eine Extranet-Website erstellen, wo Kunden sich anmelden und Microsoft Dynamics CRM-Daten in Echtzeit abrufen können. Außerdem könnten Sie eine spezielle Website für Ihre Partner erstellen, um Microsoft Dynamics CRM-Daten einzugeben und zu aktualisieren. Achten Sie darauf, dass die External Connector-Lizenz nicht für die Mitarbeiter Ihrer Firma zutrifft, sondern nur für externe Benutzer wie Kunden, Partner und Anbieter. Interne Mitarbeiter benötigen eine Microsoft Dynamics CRM-CAL, um auf Daten in Microsoft Dynamics CRM zuzugreifen.

WICHTIG Die External Connector-Lizenz ist lediglich eine Softwarelizenz und umfasst keine Softwarekomponenten. Deshalb müssen Sie Ihre eigenen benutzerdefinierten Portale und Authentifizierungsmechanismen erstellen, um externen Benutzern zu erlauben, auf Ihre Microsoft Dynamics CRM-Daten zuzugreifen.

Die External Connector-Lizenz gibt es in zwei Versionen:

- **External Connector:** Erlaubt externen Benutzern vollständigen Lese-Schreib-Zugriff auf Microsoft Dynamics CRM-Daten

- **Limited External Connector:** Erlaubt externen Benutzern schreibgeschützten Zugriff auf Microsoft Dynamics CRM-Daten

Eine External Connector-Lizenz brauchen Sie für jeden Server, der eine externe Anwendung hostet. Wenn Sie mehrere Server haben, die externe Anwendungen hosten, können Sie die Typen der Connector-Lizenzen je nach Bedarf mischen und abgleichen.

Die folgenden Benutzer wären für Microsoft Dynamics CRM-Nutzung unter External Connector-Lizenz nicht geeignet:

- Alle internen Benutzer

- Externe Benutzer, die in einer internen Kapazität agieren, indem sie den Microsoft Dynamics CRM-Webclient oder die Outlook-Clientoberfläche verwenden.

Derartige Benutzer müssen eine CAL erwerben, um auf Microsoft Dynamics CRM zuzugreifen.

Volumenlizenzierung

Natürlich können Sie die Microsoft Dynamics CRM-Softwarelizenzen über verschiedene Microsoft-Lizenzierungsprogramme kaufen, wie zum Beispiel Open Business, Open Value, Select Licence, Enterprise Agreement und Full-Package Product. Auf diese Programme gehen wir nicht weiter ein, weil Lizenzierung ein komplexes Thema ist. Wichtig ist vor allem, dass Sie die Software mit dem für Ihr Unternehmen am besten geeigneten Lizenzierungsprogramm kaufen können.

WICHTIG   Wenn Sie Microsoft Dynamics CRM-Lizenzen kaufen, erhalten Sie Softwareaktualisierungen und neue Versionsrechte kostenlos für eine bestimmte Zeitspanne nach dem Erstkauf. Der Zeitraum, in dem Sie Softwareupdates erhalten, hängt vom Lizenzierungsprogramm ab, das Sie für den Kauf der Lizenzen verwenden, reicht aber von 1 bis 3 Jahren. Darüber hinaus haben Sie mit *Software Assurance* während der gesamten Nutzungsdauer das Recht auf die aktuellste Software. Wenn Sie die Aktualisierungen nicht erneuern möchten, besitzen Sie dennoch die Microsoft Dynamics CRM-Softwarelizenzen auf Dauer.

Wenn Sie Microsoft Dynamics CRM-Softwarelizenzen über Volumenlizenzierungsprogramme wie Open Business, Open Value, Select und Enterprise Agreements kaufen, erhalten Sie einen Product-ID-Schlüssel, den Sie bei der Softwareinstallation eingeben. Wenn Sie diesen Product-ID-Schlüssel eingeben, lässt die Software bis zu 100.000 Benutzer zu, unabhängig von der Anzahl der Lizenzen, die Sie tatsächlich erworben haben. Auch wenn das überraschend sein mag – viele Microsoft-Produkte verlassen sich auf die eigenverantwortliche Durchsetzung der Lizenzierung, um sicherzustellen, dass Sie die korrekte Anzahl von Lizenzen gekauft haben. Es ist Ihnen sicherlich bekannt, dass es harte Strafen für die Nichtbefolgung von Softwaregesetzen gibt. Deshalb sollten Sie regelmäßig die Anzahl der gekauften Benutzerlizenzen mit der Anzahl der tatsächlich verwendeten Lizenzen abgleichen. Da Sie über die Softwarebenutzeroberfläche ohne weiteres bis zu 100.000 Benutzer hinzufügen können, passiert es leicht, dass Sie versehentlich 50, 75 oder sogar 100 Benutzer mehr hinzufügen, ohne die entsprechende Anzahl von Lizenzen gekauft zu haben!

Frontoffice vs. Backoffice

Da CRM-Strategien sich um das Verfolgen und Verwalten von Kundeninteraktionen drehen, konzentrieren sich CRM-Anwendungen normalerweise auf Kundenberührungspunkte in Abteilungen wie Verkauf, Kundenservice und Marketing. Man bezeichnet diese Kundenkontaktabteilungen auch als Frontoffice einer Firma. Folglich können Sie Abteilungen für den Support der Operationen, die nicht direkt mit Kunden interagieren, als Backoffice bezeichnen. Typische Backoffice-Abteilungen sind Informationstechnik, Personalwesen, Herstellung, Vertrieb und Buchhaltung. Meistens werden Softwareanwendungen, die Firmen bei der Verwaltung der Backoffice-Operationen helfen, als ERP (Enterprise Resource Planning) -Anwendungen bezeichnet. Genau wie CRM-Systeme verlangt das Implementieren von ERP-Anwendungen einen sehr sorgfältigen und gut geplanten Prozess, um den Erfolg des Projekts zu maximieren.

Die Microsoft Dynamics CRM-Funktionalität konzentriert sich vor allem auf Frontoffice-Features. Deshalb umfasst die Standardinstallation eigentlich keine Backoffice-Funktionalität. Natürlich können Sie die Microsoft Dynamics CRM-Software anpassen, um Ihre eigene Backoffice-Funktionalität einzubinden, doch kann sich die Entwicklung von ERP-Funktionalität als äußerst komplex und teuer erweisen. Erfreulicherweise bietet Microsoft mehrere ERP-Anwendungen aus derselben Abteilung an, die Microsoft Dynamics CRM geschaffen hat.

WICHTIG   Außer Microsoft Dynamics CRM bietet die Microsoft Dynamics-Abteilung mehrere ERP-Softwareprodukte in ihrer Produktfamilie an.

Zu den aktuellen Microsoft Dynamics CRM-ERP-Produkten gehören unter anderem:

- Microsoft Dynamics GP
- Microsoft Dynamics SL
- Microsoft Dynamics NAV
- Microsoft Dynamics AX

Jedes dieser Produkte ist mit umfangreicher Funktionalität ausgestattet. Das richtige ERP-Produkt für Ihr Unternehmen zu finden, verlangt sorgfältige Betrachtung, die weit über das hinausgeht, was wir in diesem Buch erläutern können.

Wir erwähnen diese ERP-Produkte, damit Sie wissen, dass Microsoft Software für diese Backoffice-Abteilungen anbietet, falls Sie diesen Teil Ihres Unternehmens automatisieren möchten. Außerdem bietet Microsoft Softwareintegration zwischen Microsoft Dynamics CRM und Microsoft Dynamics GP an, sodass Sie Kundendatensätze, Bestellungen und Rechnungen zwischen Ihren Frontoffice- und Backoffice-Systemen synchronisieren können, wie es Abbildung 1.3 veranschaulicht.

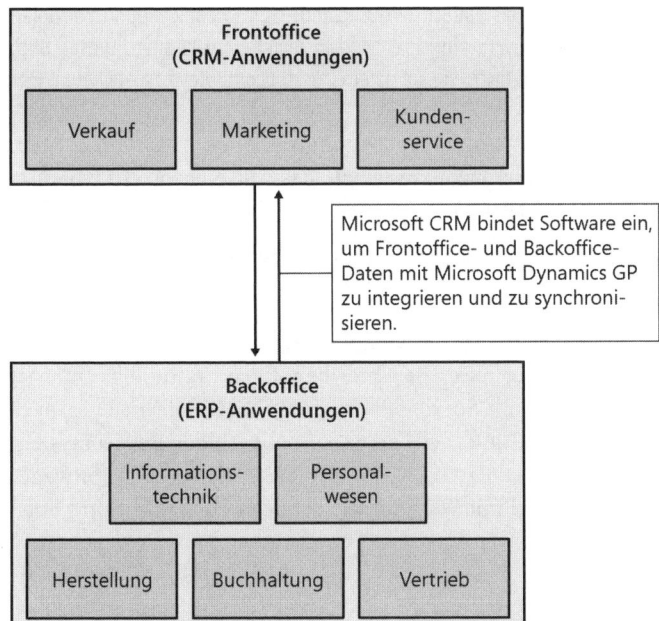

Abbildung 1.3 Synchronisierung und Integration von Microsoft Dynamics CRM mit Microsoft Dynamics GP

HINWEIS   Microsoft Dynamics CRM 3.0 umfasst die Integrationssoftware Microsoft Dynamics CRM Connector für Microsoft Dynamics GP, um Frontoffice- und Backoffice-Daten zu synchronisieren. Der Microsoft Dynamics CRM Connector für Microsoft Dynamics GP verwendet Microsoft BizTalk Server 2004 Partner Edition und unterstützt die Synchronisierung von Kunden-, Adress-, Artikel-, Preis-, Bestell- und Rechnungsdaten zwischen den beiden Systemen. Außerdem bringt diese Integrationssoftware ein eigenes Software Development Kit (SDK) mit, sodass Sie die Synchronisation anpassen können. Als dieses Buch entstanden ist, waren offizieller Name, Preis und Funktionalität dieser Integrationssoftware für Microsoft Dynamics CRM 4.0 noch nicht bekannt. Allerdings bietet Microsoft Dynamics CRM 3.0 den Microsoft Dynamics CRM Connector für Microsoft Dynamics GP-Software als kostenlosen Download für Kunden. Wir hoffen, dass Microsoft die Microsoft Dynamics CRM 4.0-Version dieser Microsoft Dynamics GP-Integrationssoftware ebenfalls kostenfrei zur Verfügung stellt.

Systemanforderungen

Wie bereits erwähnt, verwendet Microsoft Dynamics CRM branchenübliche Standardtechnologien wie zum Beispiel Windows Server, Active Directory und SQL Server als Plattform. Dabei können Sie Ihre Microsoft Dynamics CRM-Umgebung sehr flexibel konzipieren und konfigurieren. Der endgültige Systementwurf hängt unter anderem von folgenden Variablen ab:

- Anzahl der verfügbaren Server und Serverhardwarespezifikationen

- Anzahl der Microsoft Dynamics CRM-Benutzer und deren erwartete Systemnutzung

- Hardwarespezifikationen Ihrer Server und Leistung des lokalen Netzwerks

- Netzwerkstruktur und Sicherheitskonfigurationen, einschließlich Firewalls und VPN (Virtual Private Network)-Verbindungen

- Umfang der Notfallwiederherstellung und Failoversysteme, die in Ihrer Bereitstellung erforderlich sind

WICHTIG   Selbst wenn Microsoft das Microsoft Dynamics CRM als einfach einzusetzende Softwareanwendung konzipiert hat, verlangt diese Anwendung eine Serverumgebung, um die Software einrichten und installieren zu können. Dieses Buch enthält eine Evaluationsversion der Software. Versuchen Sie aber bitte nicht, sie auf einem Desktopcomputer zu installieren.

Das Microsoft CRM 4.0-Implementierungshandbuch listet empfohlene Konfigurationen basierend auf den oben aufgeführten Variablen auf. Als Faustregel können Sie davon ausgehen, dass die Microsoft Dynamics CRM-Serverumgebung die folgenden Komponenten verlangt:

- Windows Server (2003 oder 2000) oder Small Business Server 2003 Premium Edition

- SQL Server 2005 mit SQL Server Reporting Services

Natürlich müssen die Computer der Benutzer, die auf Microsoft Dynamics CRM zugreifen, ebenfalls bestimmte Hardware- und Softwareminimalanforderungen erfüllen. Benutzer benötigen mindestens Internet Explorer 6 mit Service Pack 1 (SP1) unter Windows XP mit Service Pack 2, um auf Microsoft Dynamics CRM mithilfe des Webclients zugreifen zu können. Sowohl Internet Explorer 7 als auch das Betriebssystem Windows Vista werden ebenfalls unterstützt. Microsoft Dynamics CRM für Outlook verlangt entweder Microsoft Office 2004 mit SP3 oder Microsoft Office 2007 mit SP1. Auf die genauen Hardware- und Softwarespezifikationen gehen wir in diesem Buch nicht ein, weil diese im Laufe der Zeit Änderungen unterworfen sein werden, wenn Microsoft neue Versionen seiner Software veröffentlicht. Informieren Sie sich bitte auf der Microsoft Dynamics CRM-Website unter *http://www.microsoft.com/crm* oder im Implementierungshandbuch über aktuelle Hardware- und Softwareanforderungen.

HINWEIS   Manche Kunden fragen uns, ob sich mit Microsoft Dynamics CRM auch andere Webbrowser als Internet Explorer wie zum Beispiel Mozilla Firefox oder Apple Safari einsetzen lassen. Wenn Sie eine Microsoft Dynamics CRM-Website mit einem anderen Browser als Internet Explorer besuchen, erhalten Sie eine Fehlermeldung, die besagt, dass der Browser nicht unterstützt wird, oder Sie erhalten eine vollkommen nutzlose durcheinander gewürfelte Seite. Allerdings haben wir eine Firefox-Erweiterung namens IEtab (*http://ietab.mozdev.org*) gefunden, die sich eignet, um Seiten in Firefox mithilfe des Internet Explorer-Moduls darzustellen. Dieser Trick verlässt sich darauf, dass Internet Explorer auf dem Computer vorhanden ist, weil IEtab einfach ein Internet Explorer-Fenster in einer Firefox-Shell anzeigt. Deshalb wird auch gesagt, dass dies keine qualifizierte Ausführung von Microsoft Dynamics CRM in Firefox ist. Natürlich wird diese Konfiguration von Microsoft nicht unterstützt und deshalb empfehlen wir auch nicht, sie in einer Produktionsumgebung bereitzustellen. Leider haben wir noch keinen Kniff oder Workaround gefunden, um den Safari-Browser von Apple dazu zu bringen, Microsoft Dynamics CRM korrekt anzuzeigen.

Kernkonzepte und Terminologie

Nachdem Sie nun einen gewissen Hintergrund von Microsoft Dynamics CRM kennen, können wir die Details der eigentlichen Software erläutern. Wir behandeln die Kernkonzepte und die Terminologie von Microsoft Dynamics CRM in den folgenden Bereichen:

- Benutzeroberflächen
- Entitäten
- Anpassung von Microsoft Dynamics CRM

Wir erläutern kurz diese Bereiche im Schnelldurchlauf, damit möglichst viel Raum in diesem Buch bleibt, um die Anpassung und Erweiterung von Microsoft Dynamics CRM darzustellen.

Benutzeroberflächen

Microsoft Dynamics CRM ist eine webbasierte Anwendung, die auf der Microsoft .NET Framework-Plattform aufbaut. Aufgrund seiner nativen Webarchitektur können Benutzer auf Microsoft Dynamics CRM über den Internet Explorer-Webbrowser zugreifen. Abbildung 1.4 zeigt, wie die Benutzeroberfläche aussieht.

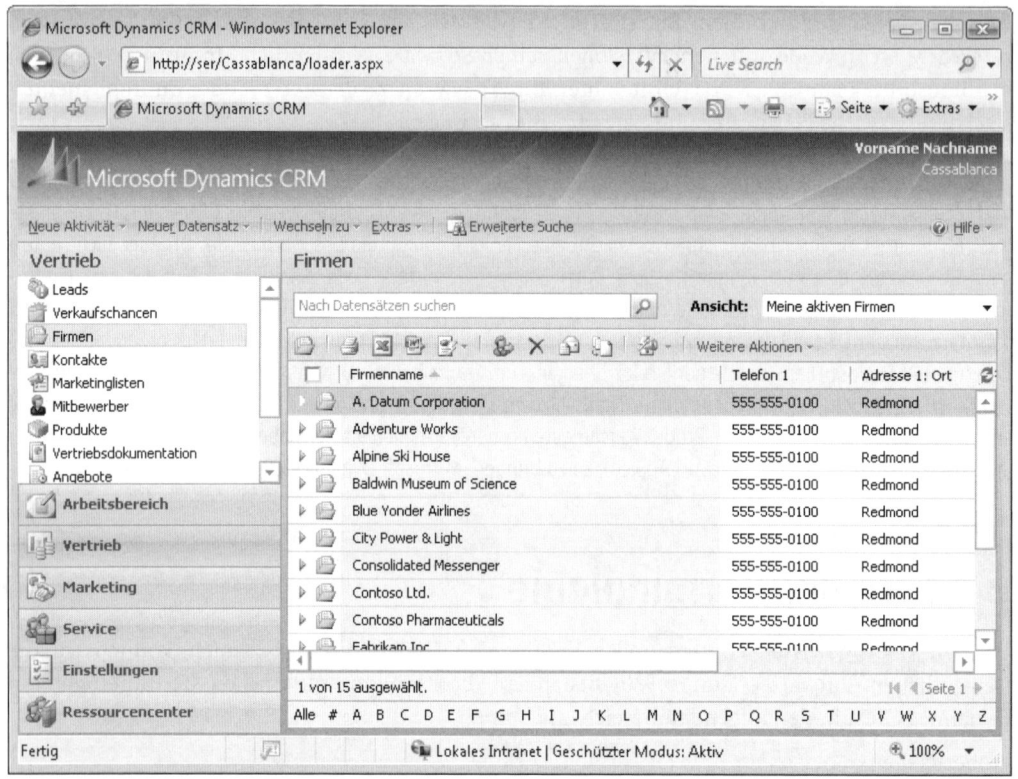

Abbildung 1.4   Internet Explorer-Benutzeroberfläche für Microsoft Dynamics CRM

Neben der Weboberfläche (auch als *Webclient* bezeichnet) können Benutzer auf Microsoft Dynamics CRM zugreifen, indem sie den Microsoft Dynamics CRM-Client für Microsoft Office Outlook auf einem Computer installieren, auf dem Outlook läuft. Weil Microsoft Dynamics CRM oder Outlook optional ist, können Sie bestimmen, welche Benutzer diese Software auf ihren Computern empfangen sollten. Microsoft Dynamics CRM für Outlook können Sie für alle, keinen oder lediglich bestimmte Benutzer bereitstellen. Weiter vorn in diesem Kapitel zeigt Abbildung 1.1 einen Beispielscreenshot von Microsoft Dynamics CRM für Outlook. Microsoft Dynamics CRM für Outlook bietet zwei Versionen:

- **Microsoft Dynamics CRM für Outlook:** Für die Verwendung mit Desktopcomputern konzipiert, die die gesamte Zeit über mit Microsoft Dynamics CRM verbunden bleiben. Verwenden Sie diesen Client nur für Onlineszenarios und wenn sich mehrere Benutzer am selben Computer mit verschiedenen Profilen anmelden.

- **Microsoft Dynamics CRM für Outlook mit Offlinezugriff:** Für Laptop-Benutzer, die auch bei getrennter Verbindung zu Microsoft Dynamics CRM mit CRM-Daten offline arbeiten müssen. Die Software kopiert die Daten vom Microsoft Dynamics CRM-Server zur Microsoft SQL Server 2005 Express Edition-Datenbank, die auf dem Computer des Benutzers installiert ist, damit der Benutzer bei getrennter Verbindung weiterarbeiten kann. Wenn der Benutzer die Verbindung zum Server wiederherstellt, synchronisiert der Microsoft Dynamics CRM-Client bidirektional die Daten zwischen dem Microsoft

Dynamics CRM-Server und der SQL Server 2005 Express Edition-Datenbank des Benutzers. Der Offline-Client kann nur von jeweils einem Benutzer auf einem einzelnen Computer verwendet werden. Microsoft Dynamics CRM bezeichnet die Prozesse für das Trennen und Herstellen der Verbindung zum Server als *Offline gehen* und *Online gehen.*

> **HINWEIS**   Wenn in diesem Buch die Rede vom Microsoft Dynamics CRM-Client für Microsoft Office Outlook ist, meinen wir damit *sowohl* die Standard- *als auch* die Offlineversionen. Die beiden Clients bieten nahezu identische Funktionalität, außer dass die Version mit dem Offlinezugriff den Benutzern erlaubt, ohne Verbindung zum Microsoft Dynamics CRM-Server zu arbeiten.

Benutzer können auf nahezu die gesamte Microsoft Dynamics CRM-Systemfunktionalität entweder vom Webclient oder von Microsoft Dynamics CRM für Outlook zugreifen. Deshalb können Sie entscheiden, ob Sie den Webclient oder Microsoft Dynamics CRM für Outlook bereitstellen möchten oder ob Sie Ihren Benutzern beide Optionen anbieten. Microsoft Dynamics CRM für Outlook kann Microsoft Dynamics CRM-Kontakte und Aktivitäten eines Benutzers zwischen dem Microsoft Dynamics CRM-Server und den Outlook-Daten eines Benutzers synchronisieren. Es lässt sich dabei konfigurieren, wie oft diese Synchronisierung stattfindet, und Sie können zudem die Kontaktdaten filtern, die die Software im Namen jedes Benutzers synchronisieren soll.

> **HINWEIS**   Außer den Endbenutzeroberflächen bringt Microsoft Dynamics CRM zusätzliche Tools für Administratoren mit, um die Bereitstellung einzurichten und zu verwalten. Einige dieser Tools wie zum Beispiel den Microsoft Dynamics CRM Data Migration Manager und den E-Mail-Router, behandelt Kapitel 2.

Entitäten

Microsoft Dynamics CRM beschreibt mit dem Begriff *Entitäten* die Datensatztypen, die im gesamten System verwendet werden. Das Konzept der Entitäten ist eines der wichtigsten Konzepte, die Sie verinnerlichen müssen, bevor Sie Microsoft Dynamics CRM anpassen können. Gelegentlich wird das Konzept der Entitäten auch mit dem Begriff *Objekt* beschrieben.

Die Standardinstallation von Microsoft Dynamics CRM umfasst mehr als 150 verschiedene Entitäten für die Nachverfolgung und Verwaltung der unterschiedlichen Datentypen. Aus Platzgründen können wir hier nicht alle Standardentitäten auflisten, zu den am häufigsten verwendeten Entitäten gehören die folgenden:

- **Lead:** Ein potenzieller Kunde, den Benutzer als Verkaufschance qualifizieren oder disqualifizieren können. Wenn Sie einen Lead qualifizieren (konvertieren), kann Microsoft Dynamics CRM automatisch einen Firmen-, Kontakt- und Verkaufschancendatensatz für Sie erstellen.

- **Kontakt:** Eine Person, die mit Ihrer Organisation interagiert. Kontaktdatensätze können Kunden sein, aber Sie können auch jeden Typ von Kontakt verfolgen, wie zum Beispiel Partner, Lieferanten, Anbieter usw.

- **Firma:** Ein Unternehmen oder eine Organisation, die mit Ihrer Firma interagiert. Die Mitarbeiter einer Firma können Sie als Kontakte mit Bezug zur Firma verknüpfen. Außerdem können Sie übergeordnete und untergeordnete Beziehungen zwischen Firmen einrichten, um Geschäftszweige oder Abteilungen innerhalb einer einzelnen großen Firma widerzuspiegeln.

- **Anfrage:** Ein Kundenserviceproblem, das von einem Kunden berichtet wird und das Ihre Organisation verfolgen und verwalten will, bis es erfolgreich aufgelöst ist.

- **Aktivität:** Eine Aktion oder ein Nachverfolgungselement, das Ihre Benutzer vervollständigen müssen, wie zum Beispiel Aufgaben, Telefonanrufe, Briefe und E-Mail-Nachrichten. Aktivitäten können Sie mit einer Entität verknüpfen, um zu spezifizieren, welche Nachverfolgungselemente berücksichtigt werden.

- **Hinweis:** Kurze Textanmerkung, die Sie mit verschiedenen Entitäten über Microsoft Dynamics CRM verknüpfen können.

- **Verkaufschance:** Ein potenzieller Verkauf für Ihre Organisation. Nachdem ein Kunde entschieden hat, ob er von Ihrer Firma kaufen möchte, können Sie die Gelegenheit als gewonnen oder verloren markieren.

Microsoft Dynamics CRM verwendet ein *Formular*, um die Attribute eines einzelnen Entitätsdatensatzes anzuzeigen (siehe Abbildung 1.5). Benutzer können Entitätsdatensätze anzeigen und bearbeiten, indem sie die Daten bearbeiten, die auf dem Formular der Entität erscheinen.

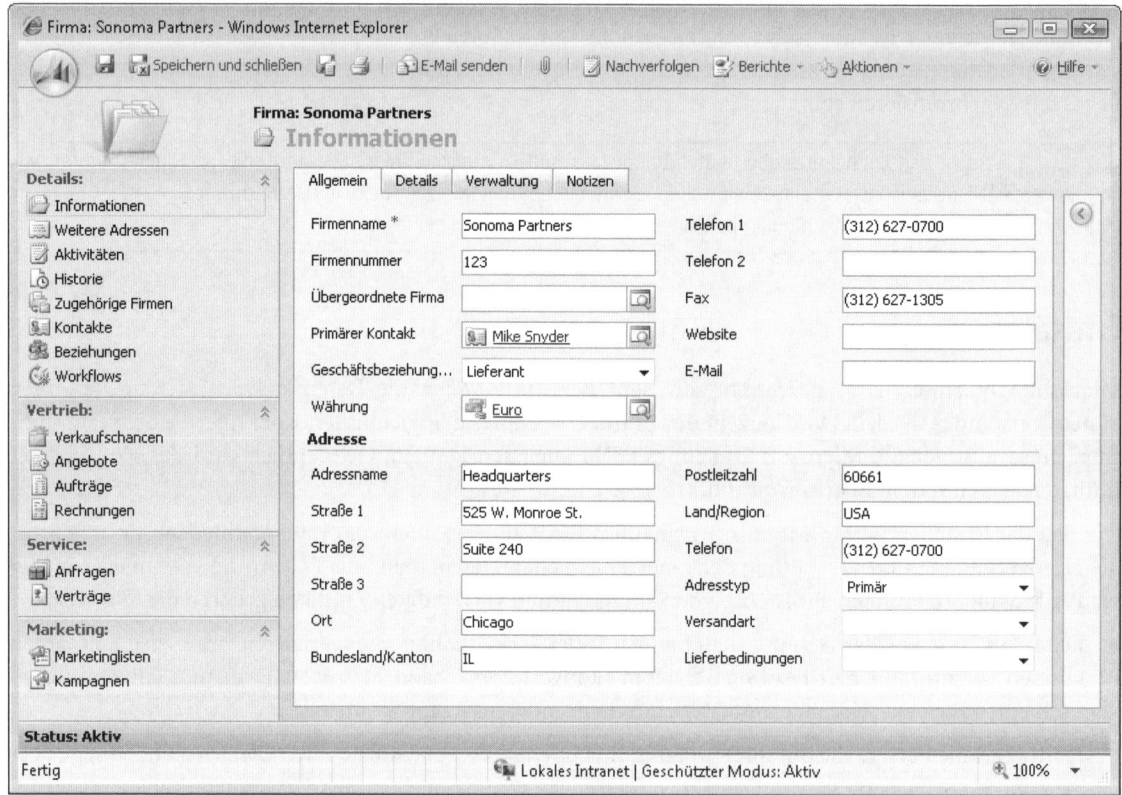

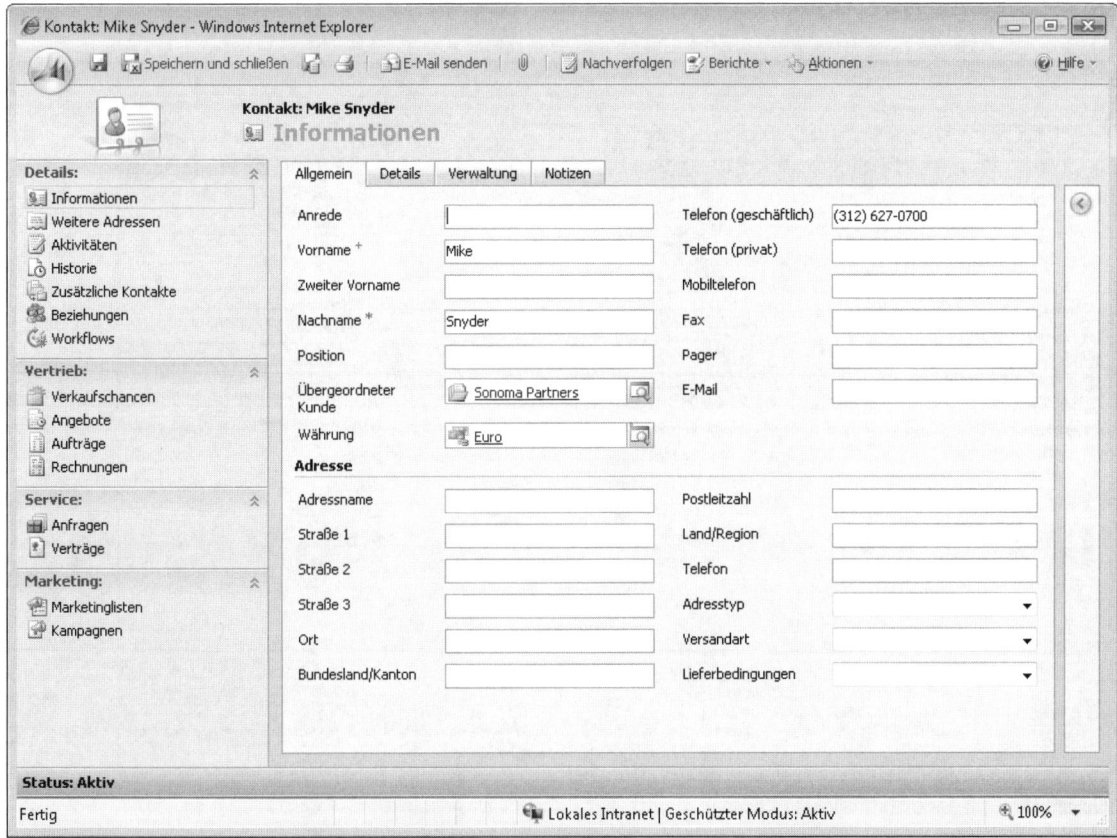

Abbildung 1.5 Firmen- und Kontaktformulare

Außer einem Entitätsformular, das jeweils einen Datensatz anzeigt, können Benutzer mithilfe einer *Ansicht* Daten für mehrere Entitätsdatensätze auf einmal abrufen. Abbildung 1.6 zeigt die Ansicht *Offene Verkaufschancen* (im Webclient).

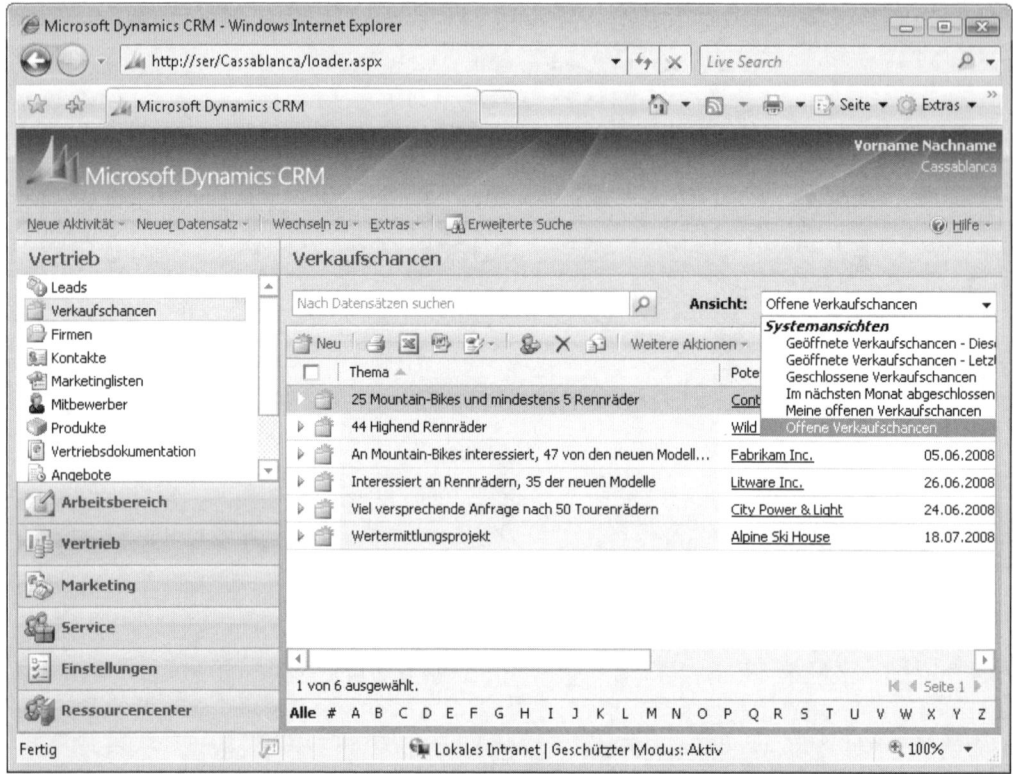

Abbildung 1.6   Die Ansicht Offene Verkaufschancen

WICHTIG   Entitäten können nur ein Formular haben, doch Sie können beliebig viele Ansichten für jede Entität erstellen. Formulare und Ansichten sind die beiden wichtigsten Komponenten der Benutzeroberfläche im System und wahrscheinlich werden Sie eine Menge Zeit investieren, um die Formulare und Ansichten für die Entitäten in Ihrem Microsoft Dynamics CRM-System anzupassen.

Microsoft Dynamics CRM kategorisiert Entitäten in vier Bereiche der Benutzeroberfläche: *Arbeitsbereich*, *Vertrieb*, *Marketing* und *Service*. Tabelle 1.2 fasst die Entitäten zusammen, die standardmäßig in den verschiedenen Bereichen erscheinen.

Arbeitsbereich	Vertrieb	Marketing	Service
Firmen	Firmen	Firmen	Firmen
Kontakte	Kontakte	Kontakte	Kontakte
Aktivitäten	Leads	Leads	Servicekalender
Kalender	Verkaufschancen	Marketinglisten	Anfragen
Warteschlangen	Marketinglisten	Kampagnen	Wissensdatenbank
Artikel	Mitbewerber	Produkte	Verträge
Berichte	Produkte	Vertriebsdokumentation	Produkte ▶

Arbeitsbereich	Vertrieb	Marketing	Service
Ankündigungen	Vertriebsdokumentation	Schnellkampagnen	Services
	Angebote		
	Aufträge		
	Rechnungen		
	Schnellkampagnen		

Tabelle 1.2 Entitäten nach Bereich

HINWEIS   In der Benutzeroberfläche können Sie neue Bereiche erstellen und auch festlegen, wo Entitäten angezeigt werden sollen. Dazu bearbeiten Sie die Sitemap, beispielsweise mit dem Ziel, dass die Entität *Ankündigungen* außer im Bereich *Arbeitsbereich* auch in den Bereichen *Vertrieb* und *Marketing* erscheint. In Kapitel 6 finden Sie weitere Informationen zum Bearbeiten der Sitemap.

Um mit Entitätsdatensätzen zu arbeiten, verwenden Ihre Benutzer hauptsächlich die verschiedenen Formulare und Ansichten des Systems. Allerdings kann der Systemadministrator sämtliche Konfigurationsdaten überprüfen, die mit einer Entität verbunden sind, wie zum Beispiel ihre Datenattribute, ihre Formulare, ihre Ansichten und alle Beziehungen, die eine Entität zu anderen Entitäten in Microsoft Dynamics CRM besitzen kann. Den Entitätsdatensatz modifizieren Sie nicht direkt in der Microsoft SQL Server-Datenbank, sondern über einen Entitätseditor. Das hat zudem den Vorteil, dass Microsoft Dynamics CRM automatisch alle Modifikationen vornimmt, die hinter den Kulissen erforderlich sind, um sicherzustellen, dass die Software weiterhin korrekt funktioniert. Abbildung 1.7 zeigt den Entitätseditor für die Entität *Firma*.

WICHTIG   Bearbeiten Sie die Microsoft Dynamics CRM-Datenbank nicht direkt in Microsoft SQL Server, weil dies unerwartete Ergebnisse verursachen kann, beispielsweise Datenverluste oder irreparable Schäden.

Rund die Hälfte der von Microsoft Dynamics CRM erzeugten Standardentitäten können Sie anpassen, während dies bei einigen Entitäten nicht möglich ist, weil Microsoft Dynamics CRM sie verwendet, um die inneren Abläufe der Software zu verwalten. Die Kapitel 4 bis 6 gehen ausführlich darauf ein, wie Sie vorhandene Entitäten anpassen und wie Sie neue Entitäten entsprechend den Anforderungen Ihres Unternehmens erstellen.

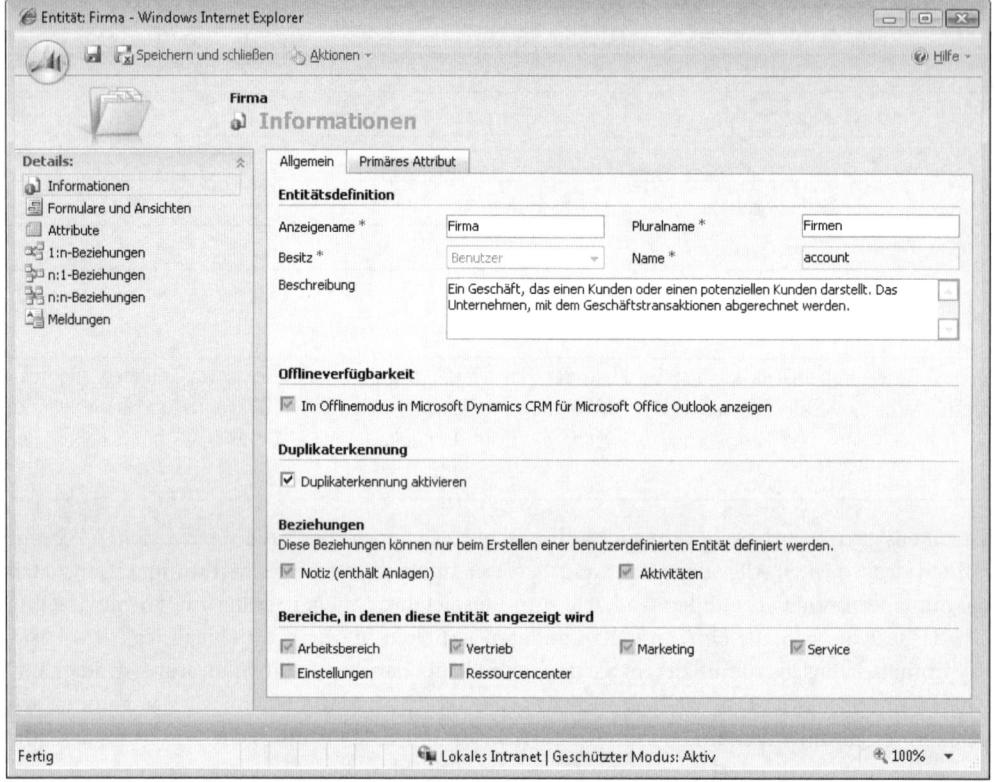

Abbildung 1.7   Entitätseditor für die Firma-Entität

WICHTIG   Entitäten können Sie mit Microsoft Dynamics CRM nicht nur anpassen, sondern auch vollkommen neu erstellen, um zusätzliche Typen von Daten zu speichern. Systemadministratoren verwenden eine webbasierte Benutzeroberfläche, um neue Entitäten zu erstellen und vorhandene Entitäten anzupassen, ohne eine einzige Zeile Programmcode schreiben zu müssen.

Anpassungen von Microsoft Dynamics CRM

Microsoft Dynamics CRM bietet großartige Funktionalität Out-of-the-Box, doch zu den größten Vorzügen zählt wohl, wie einfach Sie die Software perfekt für Ihr Unternehmen anpassen und überarbeiten können. Verglichen mit allen auf dem Markt verfügbaren CRM-Programmen bietet Microsoft Dynamics CRM einige der leistungsfähigsten und dennoch flexiblen Anpassungsoptionen. Dazu gehören vor allem die folgenden Optionen:

- **Anpassung und Erstellung von Entitäten:** Passen Sie Entitäten an, indem Sie ihre verschiedenen Eigenschaften wie zum Beispiel Attribute, Formulare, Ansichten, Beziehungen, Zuordnungen und Systemnachrichten hinzufügen, modifizieren oder löschen. Außerdem können Sie vollkommen neue benutzerdefinierte Entitäten erstellen. Die Kapitel 4 bis 6 untersuchen die Anpassung von Entitäten ausführlich.

- **Sitemap und ISV.config:** Die Benutzeroberfläche und die Navigation in der Anwendung können Sie überarbeiten, indem Sie neue Bereiche, Links und Schaltflächen hinzufügen. Kapitel 6 erläutert, wie Sie mit der Sitemap arbeiten, und in Kapitel 9 geht es um Details der Datei *ISV.config*.

- **Benutzerberichte:** Verwenden Sie SQL Server Reporting Services oder Microsoft Dynamics CRM, um die Standardberichte zu modifizieren, oder erstellen Sie mit dem Microsoft Dynamics CRM-Berichts-Assistenten vollkommen neue Berichte. Reporting Services umfassen leistungsfähige Berichtsfunktionalität, wie zum Beispiel Datenzwischenspeicherung, Berichtssnapshots und automatisierte Berichtszustellung. Darüber hinaus können Sie zusätzliche Berichts- und Analysetools erstellen, indem Sie die gefilterten Datenbankansichten verwenden, die Microsoft Dynamics CRM für Entitäten wie Leads, Firmen und Kontakte erstellt. Mit den Einzelheiten in Bezug auf die Berichtsfunktionen in Microsoft Dynamics CRM beschäftigt sich Kapitel 7.

- **Workflowregeln:** Erstellen Sie mit der Workflowfunktionalität Regeln, mit denen sich Geschäftsprozesse automatisieren lassen. Workflowregeln können auf Daten von Ihren eigenen benutzerdefinierten .NET-Workflowassemblies verweisen und diese einbinden. Beispielsweise könnte ein Workflow folgende Regel realisieren: »Stelle für jede neue Firma sicher, dass ein Verkäufer anruft und sich selbst vorstellt, indem automatisch eine *Telefonanruf*-Aktivität erzeugt wird, die einen Tag nach Erstellen des *Firma*-Datensatzes fällig wird.« Kapitel 8 erläutert, wie Sie Workflowregeln in Microsoft Dynamics CRM erstellen und verwalten.

- **Integration von Geschäftslogik:** Greifen Sie programmgesteuert auf Microsoft Dynamics CRM-Daten über Webdienste zu und aktualisieren Sie diese, indem Sie eigenen benutzerdefinierten Code erstellen. Wenn Sie sich an die von Microsoft Dynamics CRM veröffentlichten APIs (Application Programming Interfaces) halten, lässt sich Ihr benutzerdefinierter Code problemlos auf zukünftige Versionen von Microsoft Dynamics CRM aktualisieren. Zwischen Microsoft Dynamics CRM und anderen Systemen wie zum Beispiel Ihrer Firmenwebsite oder Extranet können Sie mit den SDK-Integrationstools eine bidirektionale Integration einrichten.

- **Plug-Ins:** Erstellen Sie Geschäftslogik mit .NET-Assemblies, die Sie direkt mit der Anwendungslogik von Microsoft Dynamics CRM verknüpfen können. Kapitel 9 erläutert, wie Sie mit Plug-Ins arbeiten.

- **Clienterweiterungen und Skripting:** Nutzen Sie clientseitige Ereignisse wie *onLoad*, *onSave* und *onChange*. Diesen Clientereignissen können Sie benutzerdefinierte Skripts zuordnen – Microsoft Dynamics CRM löst sie für Sie aus. Clienterweiterungen können helfen, die Benutzerfreundlichkeit zu verbessern, weil Sie erweiterte Datenprüfung und automatische Formatierung hinzufügen können, wenn Benutzer Daten auf Formularen eingeben. Ein Beispiel ist das automatische Formatieren einer Telefonnummer. Kapitel 10 geht näher auf Clienterweiterungen und Skripting ein.

Unterstützte und nicht unterstützte Anpassungen

Obwohl Microsoft Dynamics CRM nahezu unbeschränkte Anpassungsoptionen bietet, werden Sie auch mit Szenarios zu tun haben, in denen Sie die Software in einer Weise anpassen möchten, die in diesem Buch oder in der Produktdokumentation nicht beschrieben wird. Vielleicht haben Sie schon gehört, dass derartige nicht dokumentierte Anpassungen »nicht unterstützt« werden, doch was bedeutet das im Klartext? Nicht unterstützte Anpassungen lassen sich in drei Kategorien gliedern:

- Microsoft hat die Änderung nicht getestet und kann nicht bestätigen, ob sie Probleme verursacht.

- Microsoft hat die Änderung getestet und weiß, dass sie Probleme verursacht.

- Die Änderung muss nicht sofort zu Problemen führen, kann aber Probleme verursachen, wenn Sie Ihre Software mit Hotfixes, Patches oder neuen Releases von Microsoft Dynamics CRM aktualisieren.

Leider können Sie nicht wirklich wissen, in welche Kategorie eine bestimmte Anpassung fallen wird. Deshalb ist es durchaus möglich, dass Sie zwar eine nicht unterstützte Änderung vornehmen, aber keinerlei Probleme auftreten. Wahrscheinlicher ist aber, dass nicht unterstützte Anpassungen früher oder später zu Problemen führen, möglicherweise erst Monate nachdem Sie die Änderung vorgenommen haben. Wenn ein Problem mit einer nicht unterstützten Anpassung auftaucht und Sie den technischen Support von Microsoft anrufen, können Sie sich die Antwort sicherlich vorstellen: »Es handelt sich um eine nicht unterstützte Anpassung, sodass wir Ihnen nicht helfen können.« Natürlich sitzen am anderen Ende der Leitung freundliche Mitarbeiter, die Ihnen vielleicht auch einen oder zwei Tipps für Ihre Anfrage geben, doch sollten Sie keine Unterstützung durch den technischen Support von Microsoft erwarten, wenn Sie nicht unterstützte Anpassungen implementieren. Zu den nicht unterstützten Anpassungen gehören zweifellos folgende:

- Manuelle oder programmgesteuerte direkte Interaktion mit der SQL Server-Datenbank (d.h. nicht über gefilterte Ansichten)

- Modifizieren von *.aspx-* oder *.js-*Dateien

- Installieren oder Hinzufügen von Dateien zu den Microsoft Dynamics CRM-Ordnern außer den explizit zugelassenen Ordnern, die im SDK definiert sind

- Referenzieren oder Dekompilieren irgendwelcher *.dll*-Dateien von Microsoft Dynamics CRM

- Auch wenn sich viele »nicht unterstützte« Anpassungen aus technischer Sicht implementieren lassen, sollten Sie genau den Risiko / Nutzen-Kompromiss eines derartigen Vorgehens abwägen. Rechnen Sie damit, dass Ihre nicht unterstützten Anpassungen möglicherweise zu Konflikten mit Hotfixes von Microsoft Dynamics CRM 4.0 oder zukünftigen Versionen führen.

Zusammenfassung

CRM ist eine Strategie, die Unternehmen implementieren, um die Qualität ihrer gesamten Kundeninteraktionen zu verbessern. Für Firmen, die mit Branchenstandardtechnologien wie Active Directory, SQL Server und Exchange Server arbeiten, ist Microsoft Dynamics CRM eine ausgezeichnete Wahl als Technologieplattform für die Implementierung von CRM-Strategien. Microsoft hat Microsoft Dynamics CRM konzipiert, um Beschwerden des allgemeinen Benutzers und der IT in Bezug auf frühere CRM-Anwendungen Rechnung zu tragen. Insbesondere stützt sich Microsoft Dynamics CRM auf all die allgemeinen Tools, die Mitarbeiter bereits tagtäglich einsetzen, wie zum Beispiel Outlook, Internet Explorer, Word und Excel. Außerdem greift es auf Industriestandard-Netzwerktechnologien wie Active Directory, SQL Server und Exchange Server zurück, damit IT-Profis in möglichst kurzer Zeit die Software bereitstellen und administrieren können.

Microsoft Dynamics CRM bietet Kunden viele verschiedene Optionen, wie sie die Software erwerben und bereitstellen können. Kunden können unbefristete Lizenzen erwerben und die Software lokal bereitstellen, oder sie nutzen Microsoft Dynamics CRM über einen Web-gehosteten Dienst wie zum Beispiel Microsoft Dynamics CRM Live.

Microsoft Dynamics CRM verwendet Entitäten als Datenspeichermechanismus für die Datensatztypen in der Software. Dabei können Sie die Standardsystementitäten anpassen, einschließlich deren Formulare und Ansichten modifizieren. Außerdem können Sie vollkommen neue Entitäten erstellen, um Daten über neue Datensatztypen, die für Ihr Unternehmen einzigartig sind, zu erfassen. Neben der Anpassung von Entitäten bietet Microsoft Dynamics CRM ein breites Spektrum von Anpassungs- und Integrationsoptionen.

Kapitel 2

Setup und allgemeine Aufgaben

In diesem Kapitel:

Microsoft Dynamics CRM für Outlook	32
E-Mail in Microsoft Dynamics CRM	45
Seriendruck	62
Datenverwaltung	69
Warteschlangen	82
Zusammenfassung	83

Nachdem Sie nun über Hintergrund, Nutzen und Architektur von Microsoft Dynamics CRM Bescheid wissen, können wir uns näher mit Setup und allgemeinen Aufgaben im System beschäftigen. Da Firmen unterschiedlicher Größen und Branchen mit Microsoft Dynamics CRM arbeiten, konzentrieren wir uns auf die Informationen, die in der Regel für die meisten Unternehmen zutreffen. Wir gehen hier davon aus, dass Sie die Software bereits installiert haben und über den Webclient sowie über den Microsoft Dynamics CRM-Client für Microsoft Office Outlook darauf zugreifen können. Außerdem wird angenommen, dass Sie zumindest etwas mit der Benutzeroberfläche von Microsoft Dynamics CRM vertraut sind und wissen, wie Sie mit Datensätzen arbeiten, um Aktivitäten, Hinweise usw. hinzuzufügen.

> **TIPP**   Die Installation der Microsoft Dynamics CRM-Software ist ein Thema, das über den Rahmen dieses Buches hinausginge. Im Microsoft Dynamics CRM 4.0-Installationshandbuch finden Sie ausgezeichnete Informationen hierzu. Das Installationshandbuch können Sie von *http://go.microsoft.com/fwlink/?LinkID=104413* herunterladen.

In diesem Kapitel erhalten Sie weiterführende Informationen zu den Aktivitäten, die in der täglichen Praxis am häufigsten vorkommen, damit Sie Benutzern helfen können, die Investition Ihres Unternehmens in Microsoft Dynamics CRM möglichst gut umzusetzen. Außerdem erläutern wir, welche Möglichkeiten sich bieten, wenn Sie Ihre Kundendaten in Microsoft Dynamics CRM laden.

Microsoft Dynamics CRM für Outlook

Ohne Zweifel ist es vor allem die Integration in Microsoft Office Outlook, die Microsoft Dynamics CRM für unsere Kunden besonders interessant macht. Vor allem schätzen sie es, dass sie direkt mit ihren CRM-Daten in Outlook arbeiten können, ohne eine zweite Softwareanwendung öffnen zu müssen. Leider wirft die Integration zwischen Microsoft Dynamics CRM und Outlook auch einige Fragen auf, wie die beiden Systeme zusammenwirken. Wir gehen ebenfalls davon aus, dass Sie eine Menge Fragen dazu haben, und liefern Ihnen deshalb einen detaillierten Blick auf die Integration. In diesem Abschnitt geht es um die folgenden Themen:

- Standardclient und Offline-Client
- Integrationspunkte
- Datensynchronisierung
- Externe Mitarbeiter

Im nächsten Abschnitt zeigen wir auch, wie Sie mit E-Mail in Microsoft Dynamics CRM arbeiten und welche Überlappungen dabei mit Microsoft Dynamics CRM für Outlook vorkommen.

Standardclient und Offline-Client

Wie Kapitel 1 erläutert hat, bringt Microsoft Dynamics CRM zwei Versionen des Outlook-Clients mit:

- Microsoft Dynamics CRM für Outlook
- Microsoft Dynamics CRM für Outlook mit Offlinezugriff

Die Funktionalität dieser Add-Ins ist nahezu identisch, jedoch erlaubt eine Version den Benutzern, offline – ohne Verbindung zum Microsoft Dynamics CRM-Server – zu arbeiten. Microsoft Dynamics CRM für

Outlook mit Offlinezugriff benötigt beträchtlich mehr Systemressourcen als die Standardversion von Microsoft Dynamics CRM für Outlook. Deshalb empfehlen wir, Microsoft Dynamics CRM für Outlook mit Offlinezugriff nur zu installieren, wenn mit Sicherheit davon auszugehen ist, dass der Computer bzw. der Benutzer offline arbeiten muss.

Ist Microsoft Dynamics CRM für Outlook mit Offlinezugriff installiert, können Benutzer auf eine Schaltfläche klicken, um offline zu gehen. Dabei kopiert Microsoft Dynamics CRM für Outlook mit Offlinezugriff die Daten vom Server in eine lokale Microsoft SQL Server 2005 Express Edition-Datenbank, die sich auf dem Computer befindet. Der Offline-Client installiert diese Datenbank automatisch als Teil seiner Installationsroutine. Benutzer sehen ein Fortschrittsfenster, das den Status des Synchronisierungsverlaufs anzeigt (siehe Abbildung 2.1).

Im Offlinemodus können Benutzer wie gewohnt weiter mit Outlook- und Microsoft Dynamics CRM-Daten arbeiten, doch wenn sie sich Microsoft Dynamics CRM-Seiten ansehen, werden nur die Daten aus der lokalen Datenbank angezeigt.

HINWEIS   Im Offlinemodus verwendet Microsoft Dynamics CRM einen lokalen Webserver namens Cassini, um die Webseiten anzuzeigen. Cassini ist ein kompakter Webserver, der auf dem Microsoft .NET Framework aufbaut.

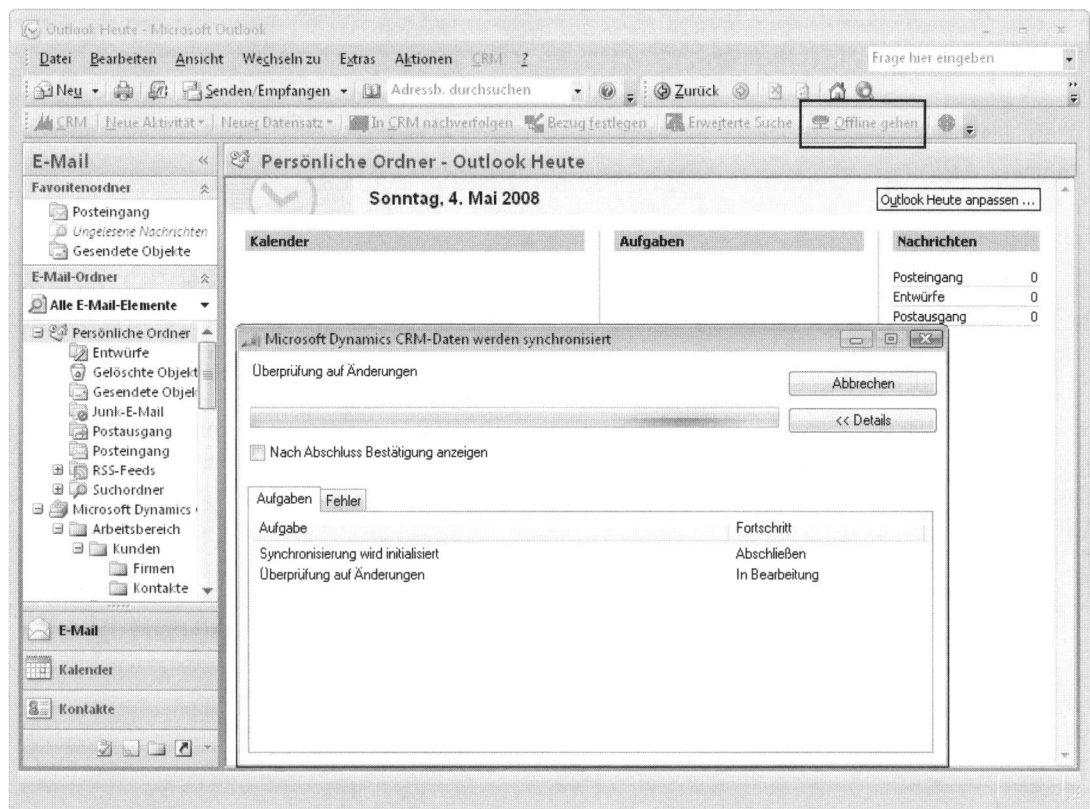

Abbildung 2.1   Benutzer können auf Offline gehen klicken und Microsoft Dynamics CRM für Outlook mit Offlinezugriff zeigt ein Fenster mit dem Synchronisierungsfortschritt an

Microsoft Dynamics CRM für Outlook mit Offlinezugriff führt die Offlinesynchronisierung durch, wenn Benutzer auf die Schaltfläche *Offline gehen* klicken. Wenn Benutzer vergessen, auf diese Schaltfläche zu klicken, können sie trotzdem mit Microsoft Dynamics CRM-Daten offline arbeiten, doch sind die Daten möglicherweise veraltet, abhängig davon, wann sie das letzte Mal mit der Offlinedatenbank synchronisiert worden sind. Um dieses Szenario zu vermeiden, können Benutzer in Microsoft Dynamics CRM für Outlook im Dialogfeld *Persönliche Optionen festlegen* auf der Registerkarte *Lokale Daten* die Einstellung wählen, sodass das System automatisch lokale Daten im Hintergrund in regelmäßigen Abständen (beispielsweise alle 15 Minuten) aktualisiert.

Möchten sich Benutzer mit dem Microsoft Dynamics CRM-Server verbinden, klicken sie auf die Schaltfläche *Online gehen*. Microsoft Dynamics CRM für Outlook mit Offlinezugriff führt dann eine weitere Synchronisierung durch. Dieser Vorgang lädt die Daten auf den Server hoch, die der Benutzer im Offlinezustand erstellt oder verändert hat. Wenn Microsoft Dynamics CRM in ein Konfliktszenario gerät, in dem ein Benutzer einen Datensatz auf dem Server modifiziert hat, während ein Offlinebenutzer denselben Datensatz ändert, übernimmt Microsoft Dynamics CRM den Datensatz mit dem neuesten Datum der letzten Änderung. CRM behält den einen oder den anderen Datensatz automatisch bei, ohne eine Bestätigung vom Benutzer zu verlangen. Es werden keine Änderungen zwischen beiden Datensätzen auf Feldebene zusammengeführt. Microsoft Dynamics CRM löst auch alle asynchronen Plug-Ins und Workflowregeln aus, die auf die im Offlinemodus erstellten oder geänderten Datensätze anwendbar sind.

In Bezug auf Microsoft Dynamics CRM für Outlook mit Offlinezugriff sind zwei Punkte besonders hervorzuheben:

- Lokale Datengruppen
- Offlineeinschränkungen

Lokale Datengruppen

Wenn Sie für eine Firma mit einer sehr großen Microsoft Dynamics CRM-Datenbank (Millionen von Datensätzen) arbeiten, stellt sich Ihnen möglicherweise die Frage, was passiert, wenn Sie mit Microsoft Dynamics CRM für Outlook offline gehen. Kopiert die Software diese Millionen von Datensätzen auf Ihren Laptop? Wie lange dauert das? Brauchen Sie eine größere Festplatte?

Erfreulicherweise können Benutzer über die Einstellung *Lokale Datengruppen* genau konfigurieren, welche Daten sie auf ihre Computer herunterladen möchten. Microsoft Dynamics CRM für Outlook mit Offlinezugriff umfasst vordefinierte lokale Datenfilter für die verschiedenen Standardsystementitäten (siehe Abbildung 2.2).

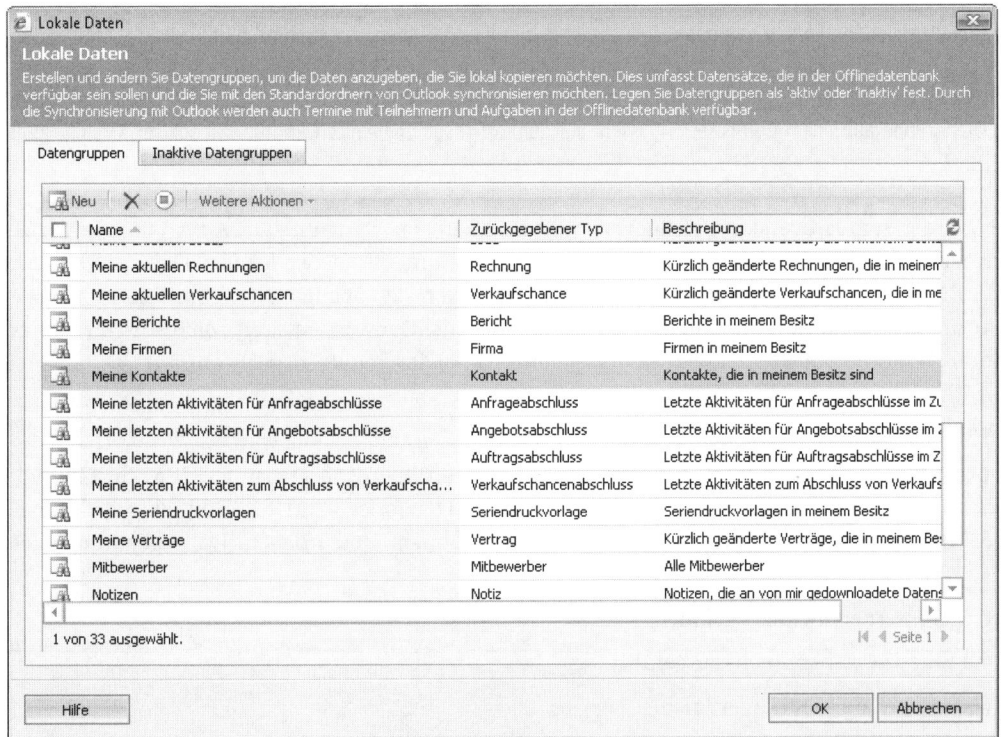

Abbildung 2.2 Standardmäßige lokale Datengruppen, die mit Microsoft Dynamics CRM für Outlook mit Offlinezugriff installiert werden

Wie Abbildung 2.2 zeigt, hat Microsoft die standardmäßigen lokalen Datengruppen konzipiert, um den Umfang der Daten einzuschränken, die das System beim Wechsel in den Offlinemodus kopiert. Zum Beispiel werden bei den Firmen- und Kontaktdatensätzen entsprechend der Standardeinstellungen nur die aktiven Datensätze heruntergeladen, die Sie besitzen. Es liegt aber auch auf der Hand, dass Sie genau auf den Umfang der Daten, die Sie beim Offlinegehen herunterladen, achten sollten, wenn Sie Millionen von Firmen und Kontakten in Ihrem Bestand haben. Gehen Sie davon aus, dass sich große Offlinedatenmengen negativ auf die Systemleistung auswirken. Um das Herunterladen sehr großer Offlinedatenmengen zu vermeiden, ändern Sie die Gruppenfilter für lokale Daten, sodass Sie für den Offlinemodus nur die tatsächlich benötigten Daten herunterladen.

TIPP Die Standardeinstellungen für lokale Datengruppen laden für die Offlineverwendung nur Berichte herunter, die Sie selbst besitzen. Ändern Sie also gegebenenfalls diese Einstellungen, um alle wichtigen Berichte einzuschließen, die Sie offline benötigen.

Außerdem umfassen die Standardeinstellungen für lokale Daten keine benutzerdefinierten Entitätsdatensätze, die Sie erstellt haben. Möchten Ihre Benutzer mit benutzerdefinierten Entitäten offline arbeiten, müssen Sie sie also instruieren, wie sie die angegebenen Datensätze in ihre lokalen Datengruppen einbinden können. Klicken Sie dazu im Outlook-Menü *CRM* auf *Lokale Datengruppen ändern*, um auf die lokalen Datengruppen zuzugreifen. Um neue Gruppen hinzuzufügen, klicken Sie in der Aktionssymbolleiste auf die Schaltfläche *Neu*. Daraufhin erscheint das Dialogfeld *Datengruppe*, in dem Sie einen Filter mit der bekannten Benutzeroberfläche der erweiterten Suche entwerfen können.

WICHTIG   Benutzerdefinierte Entitäten müssen Sie manuell in Ihre lokalen Datengruppen hinzufügen, wenn Sie mit diesen Datensätzen im Offlinemodus arbeiten möchten. Leider bietet Microsoft Dynamics CRM weder ein Tool noch einen Mechanismus für Administratoren an, um lokale Datengruppen für mehrere Benutzer auf einmal bearbeiten zu können. Deshalb müssen Sie die lokale Datengruppe auf jedem Computer anpassen, auf dem Microsoft Dynamics CRM für Outlook mit Offlinezugriff installiert ist.

Für Benutzer mit der Standardversion (Offlineversion) von Microsoft Dynamics CRM für Outlook beziehen sich lokale Datengruppen nur auf den Kontaktdatensatz. Kontakte in der lokalen Datengruppe der Version mit Offlinezugriff lassen sich mit den Outlook-Kontakten des Benutzers synchronisieren. Lokale Datengruppen für andere Arten von Datensätzen lassen sich nicht anwenden, weil Microsoft Dynamics CRM für Outlook nur die Kontaktdatensätze in der Outlook-Datei der Benutzer synchronisiert.

Offlineeinschränkungen

Größtenteils präsentieren sich Standard- und Offlineversionen von Microsoft Dynamics CRM für Outlook nahezu gleich für den Benutzer. Allerdings sind bei Microsoft Dynamics CRM für Outlook mit Offlinezugriff einige Einschränkungen zu beachten, wenn Sie im Offlinemodus arbeiten. Dazu gehören unter anderem:

- Workflowregeln werden nicht ausgeführt.

- Asynchrone Plug-Ins werden nicht ausgeführt.

- Die Duplikaterkennung funktioniert nicht.

- Es lassen sich keine Daten importieren.

- Es ist nicht möglich, auf Systemeinstellungen zuzugreifen oder benutzerdefinierte Entitäten anzupassen.

- Kein Zugriff auf das Ressourcencenter.

- Kein Zugriff auf den Servicekalender.

- Die Wissensdatenbank lässt sich nicht modifizieren, der Zugriff auf die Artikel ist aber möglich.

Wenn Benutzer wieder online gehen und sich mit dem Microsoft Dynamics CRM-Server verbinden, wendet das System die jeweiligen Workflowregeln für die neuen oder geänderten Datensätze an. Deshalb sollten Sie besonders aufmerksam sein, wenn Sie Workflowregeln erstellen, die geschäftskritische Abläufe implementieren, falls einige Benutzer mit den Daten offline arbeiten möchten. Asynchrone Plug-Ins funktionieren ebenfalls nicht im Offlinemodus. Microsoft Dynamics CRM führt asynchrone Plug-Ins gegen die jeweiligen Datensätze aus, wenn Benutzer sich mit dem Server synchronisieren, nachdem sie offline gearbeitet haben. Allerdings können Sie in Microsoft Dynamics CRM für Outlook mit Offlinezugriff synchrone Plug-Ins erstellen, die offline ausgeführt werden, wenn Sie diese Funktionalität benötigen.

Integrationspunkte

Als Nächstes untersuchen wir, wie Microsoft Dynamics CRM für Outlook in Outlook integriert wird. Nachdem Sie die Software installiert und konfiguriert haben, fügt Microsoft Dynamics CRM für Outlook folgende Elemente in die Outlook-Benutzeroberfläche ein:

- Symbolleiste *CRM*
- Ordner *Microsoft Dynamics CRM*
- Menübefehl *CRM*

Abbildung 2.3 zeigt diese Änderungen an der Benutzeroberfläche.

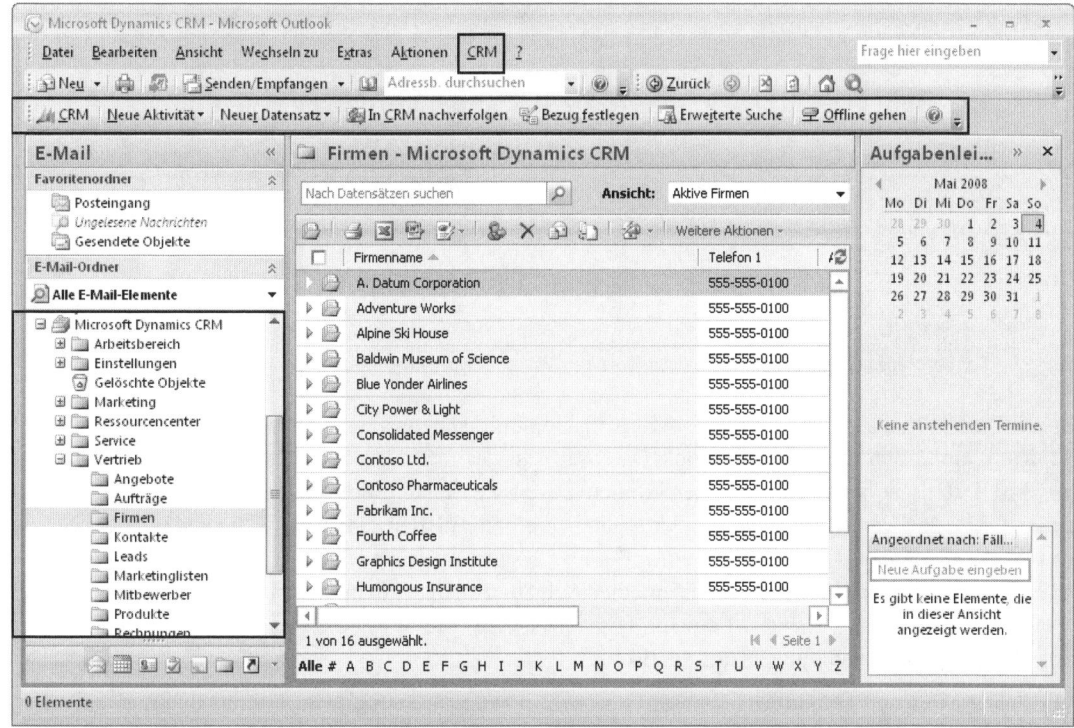

Abbildung 2.3   Änderungen, die Microsoft Dynamics CRM für Outlook an der Outlook-Benutzeroberfläche vornimmt

Wie Abbildung 2.3 zeigt, können Sie durch Klicken auf einen der Microsoft Dynamics CRM-Ordner eine CRM-Tabelle direkt in Outlook anzeigen und von hier aus auf CRM-Daten genauso wie über den Webclient zugreifen.

Über das Menü *CRM* lassen sich verschiedene Aufgaben ausführen, beispielsweise Optionen festlegen, lokale Datengruppen ändern und Daten importieren. Mit der Symbolleiste *CRM* können Sie schnell auf Funktionalität zugreifen, um neue Datensätze oder Aktivitäten zu erstellen, Datensätze nachzuverfolgen oder die erweiterte Suche zu starten.

Außerdem fügt Microsoft Dynamics CRM für Outlook einen Abschnitt *In CRM nachverfolgen* zu den folgenden Typen von Datensätzen hinzu: *Aufgaben*, *Kontakte*, *Termine* und *E-Mail-Nachrichten*. Wenn Benutzer auf die Schaltfläche *In CRM nachverfolgen* klicken, können sie die Aktivität mit dem korrekten Datensatz in Microsoft Dynamics CRM in Bezug setzen, indem sie auf *Bezug festlegen* klicken und einen Datensatz spezifizieren. Der in Bezug gesetzte Datensatz kann jeder Entitätstyp in Microsoft Dynamics CRM sein, der eine Beziehung zu Aktivitäten unterstützt, wie zum Beispiel *Leads*, *Anfragen*, *Firmen*, *Verkaufschancen* usw. (siehe Abbildung 2.4). Außerdem können Sie den bezogenen Wert auf benutzerdefinierte Entitäten setzen, die Sie erstellt haben (vorausgesetzt, Sie konfigurieren die benutzerdefinierte Entität mit einer Beziehung zu Aktivitäten).

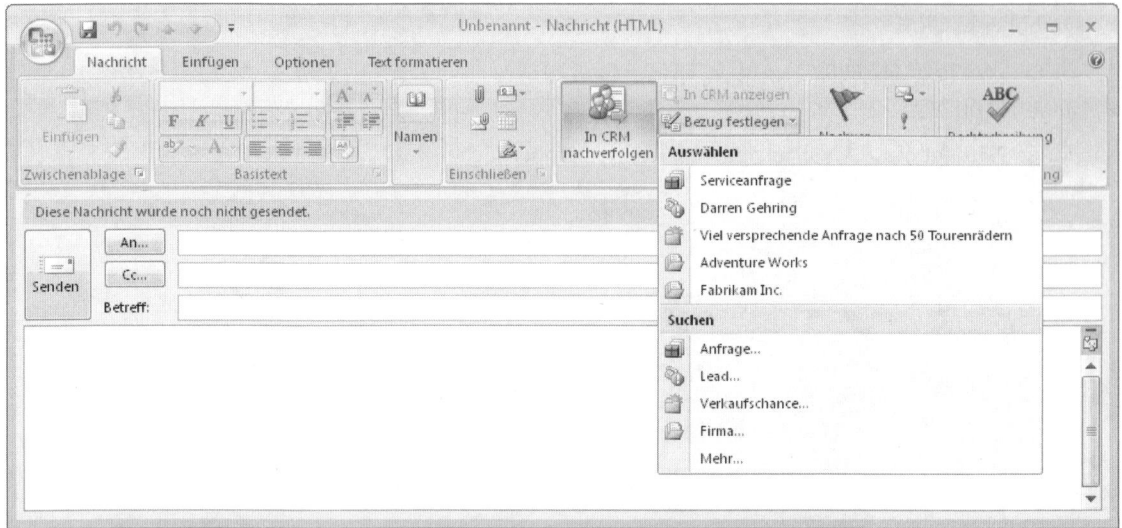

Abbildung 2.4   Den bezogenen Datensatz auf verschiedene Typen von Microsoft Dynamics CRM-Datensätzen festlegen

Indem sie E-Mail-Nachrichten, Termine und Aufgaben mit Datensätzen in Microsoft Dynamics CRM verknüpfen, können Benutzer diese Outlook-Datensätze in der Liste der Aktivitäten anzeigen, die sich auf diesen CRM-Datensatz beziehen. Benutzer können Datensätze in Outlook erstellen und sie in Microsoft Dynamics CRM nachverfolgen, oder die Aktivitäten können auf dem Microsoft Dynamics CRM-Server erstellt und dann mit der Outlook-Datei eines Benutzers synchronisiert werden. Ein typisches Beispiel für dieses Szenario ist das Erstellen und Zuweisen einer Aufgabe zu einem Benutzer mithilfe von Workflow (auf dem Server). Dann synchronisiert Microsoft Dynamics CRM für Outlook diese neue Aufgabe mit der Outlook-Aufgabenliste des Benutzers automatisch.

Schließlich legt Microsoft Dynamics CRM für Outlook ein neues Adressbuch an, auf das Benutzer zugreifen können, wenn sie E-Mail-Nachrichten verfassen (siehe Abbildung 2.5). Mit diesem Microsoft Dynamics CRM-Adressbuch können Benutzer schnell auf die E-Mail-Adressen der Kontakte in der Datenbank zugreifen, ohne dass sie eine andere Anwendung öffnen müssen, um nach diesen Informationen zu suchen. Um auf das Adressbuch zuzugreifen, klicken Sie einfach auf die Schaltfläche *An* oder *Cc*, wenn Sie eine E-Mail-Nachricht in Outlook erstellen, und wählen dann in der Dropdown-Liste das Microsoft Dynamics CRM-Adressbuch aus. Über das CRM-Menü *Optionen* gelangen Sie zum Dialogfeld *Persönliche Optionen festlegen* und können dort auf der Registerkarte *Adressbuch* wählen, welche Datensätze Microsoft Dynamics CRM für Outlook in Ihrem Adressbuch synchronisiert.

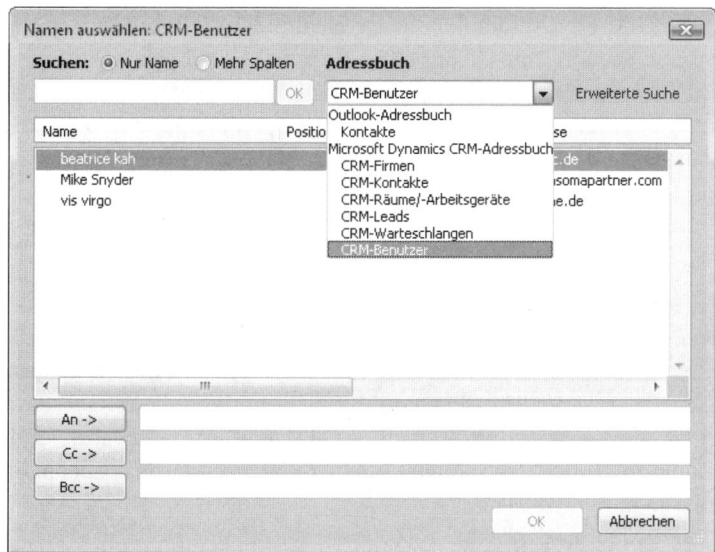

Abbildung 2.5 Das Adressbuch der Microsoft Dynamics CRM-Datensätze und E-Mail-Adressen

---

HINWEIS Die Abbildungen in diesem Buch zeigen Microsoft Office Outlook 2007. In ähnlicher Weise arbeitet Microsoft Dynamics CRM für Outlook mit Outlook 2003 zusammen. Allerdings sieht die Benutzeroberfläche für Outlook 2003 mit Microsoft Dynamics CRM für Outlook etwas anders aus.

CRM- vs. Outlook-Formulare

Mit den Kundendatensätzen in Microsoft Dynamics CRM für Outlook können Sie fast in der gleichen Weise wie mit den standardmäßigen Outlook-Datensätzen arbeiten. Wie bereits erwähnt, handelt es sich einfach um Outlook-Formulare, denen die Schaltfläche *In CRM nachverfolgen* hinzugefügt wurde. Deshalb können sich Benutzer schnell in das System einarbeiten und sofort mit dem Nachverfolgen von Daten in Microsoft Dynamics CRM vertraut machen.

Allerdings möchten manche Microsoft Dynamics CRM-Kunden die Outlook-Formulare anpassen und zusätzliche Datentypen einbinden, die sie erfassen möchten. Zum Beispiel kann es bestimmte benutzerdefinierte Attribute im Dynamics CRM-Kontaktdatensatz geben, die sie in Outlook anzeigen möchten. Ist der Datensatz bereits mit einem Microsoft Dynamics CRM-Datensatz verknüpft, kann der Benutzer im Outlook-Formular auf die Schaltfläche *In CRM anzeigen* klicken und Microsoft Dynamics CRM für Outlook öffnet ein neues Fenster, das das vollständige Microsoft Dynamics CRM-Formular anzeigt (komplett mit benutzerdefinierten Attributen usw.).

WICHTIG Benutzer sollten auf die Schaltfläche *In CRM anzeigen* klicken, um das Microsoft Dynamics CRM-Formular mit allen benutzerdefinierten Feldern anzuzeigen. Microsoft Dynamics CRM bietet keine Tools, um die Outlook-Formulare mithilfe von benutzerdefinierten Attributen anzupassen – und um eine derartige Outlook-Anpassung zu bewerkstelligen, sind spezielle Kenntnisse der Programmierung mit Outlook erforderlich.

Bei Bedarf können Sie Microsoft Dynamics CRM für Outlook konfigurieren, um das Microsoft Dynamics CRM-Formular anzuzeigen, wenn Sie einen neuen Termin-, Aufgaben-, Kontakt- oder E-Mail-Datensatz von der CRM-Symbolleiste erstellen. Diese Einstellung aktivieren Sie, indem Sie im Menü *CRM* auf *Optionen* klicken und dann auf der Registerkarte *Allgemein* auswählen, welche Datensatztypen das Microsoft Dynamics CRM-Formular anstelle des Outlook-Formulars verwenden soll, wenn Sie einen neuen Datensatz erstellen.

Aktivitätserinnerungen

Zu Outlook gehört ein Erinnerungsfeature für Aufgaben und Termine, das automatisch ein Nachrichtenfenster mit den vom Benutzer spezifizierten Werten für Datum und Uhrzeit öffnet. Dieses Erinnerungsfenster soll gewährleisten, dass der Benutzer vom Ereignis Notiz nimmt und es nicht versehentlich übersieht oder vergisst, es fertig zu stellen. Microsoft Dynamics CRM für Outlook erstellt mithilfe dieses Outlook-Features automatisch Erinnerungszeiten für die in Microsoft Dynamics CRM erzeugten Aufgaben und Termine und synchronisiert sie mit Outlook. Die Integration arbeitet in einer von zwei Formen, abhängig davon, wie der Benutzer die Aufgabe oder den Termin erstellt:

- **In Microsoft Dynamics CRM erstellte Aktivität:** Microsoft Dynamics CRM für Outlook spezifiziert automatisch die Outlook-Erinnerungszeit. Für Aktivitäten wie zum Beispiel Aufgaben und Telefonanrufe entspricht die Outlook-Erinnerungszeit dem Fälligkeitsdatum und der Uhrzeit der Aktivität. Bei Terminen erzeugt Microsoft Dynamics CRM für Outlook die Erinnerungszeit basierend auf den Standarderinnerungseinstellungen, die für diesen Benutzer in Outlook konfiguriert sind (keine, 15 Minuten, 30 Minuten usw.).

- **In Outlook erzeugte und in CRM nachverfolgte Aktivität:** Bei Terminen und Aufgaben können Benutzer die Erinnerung entsprechend ihrer Vorzugseinstellung konfigurieren. Bei Aufgaben können sie die Erinnerungszeit so konfigurieren, dass die Erinnerungszeit nicht mit dem Fälligkeitsdatum der Aufgabe übereinstimmen muss. Beispielsweise lässt sich eine Erinnerung festlegen, die 1 Tag vor der Fälligkeit der Aufgabe erscheint.

Microsoft Dynamics CRM speichert Erinnerungsdatum und -uhrzeit von Outlook nicht als Attribute der Aktivitäten. Deshalb können Benutzer vom Microsoft Dynamics CRM-Aktivitätsformular aus nicht auf die Outlook-Erinnerungszeit zugreifen. Zudem können Benutzer nicht die automatische Erinnerungserstellung für Aufgaben, Telefonanrufe, Briefe und Faxe abschalten. Wenn Sie eine dieser Aktivitäten mit einem Fälligkeitsdatum erstellen, wird eine Erinnerung in Outlook erzeugt. Der Benutzer kann den Zeitpunkt (Datum und Uhrzeit) der Outlook-Erinnerung modifizieren, nach dem die Aktivität in Outlook synchronisiert wird, jedoch setzt das Aktualisieren des Fälligkeitszeitpunkts im Microsoft Dynamics CRM-Webclient die Erinnerungszeit zurück, um dem Fälligkeitszeitpunkt der Aktivität zu entsprechen.

ACHTUNG   Erinnerungsfenster erscheinen nur, wenn Sie Outlook verwenden, und nicht im Webclient.

Outlook Web Access

Microsoft Dynamics CRM für Outlook arbeitet nur mit Outlook 2003 und Outlook 2007 zusammen und unterstützt keine Integration mit Outlook Web Access. Wenn Ihre Benutzer also nur Outlook Web Access verwenden, können sie auf die bisher beschriebene Funktionalität von Microsoft Dynamics CRM nicht zugreifen.

Ist aber Microsoft Dynamics CRM für Outlook installiert, können sich Benutzer bei Outlook Web Access anmelden und die Microsoft Dynamics CRM-Daten ansehen, die mit ihrer Outlook-Datei synchronisiert werden, wie zum Beispiel CRM-Kontakte, Termine und Aufgaben. Allerdings sieht der Benutzer nicht die Modifikationen von Microsoft Dynamics CRM für Outlook an der Benutzeroberfläche wie zum Beispiel die Symbolleiste *CRM*, die Schaltflächen *In CRM nachverfolgen* und die *Microsoft Dynamics CRM*-Ordner.

ACHTUNG   Microsoft Dynamics CRM für Outlook unterstützt keine Integration mit Outlook Web Access. Um Outlook-Daten in Microsoft Dynamics CRM zu verfolgen und Daten zwischen Microsoft Dynamics CRM und Outlook zu synchronisieren, muss jeder Benutzer Microsoft Dynamics CRM für Outlook auf einem Computer installieren, auf dem Outlook 2003 oder Outlook 2007 ausgeführt wird.

Datensynchronisierung

Die Microsoft Dynamics CRM für Outlook-Software synchronisiert Microsoft Dynamics CRM- und Outlook-Daten. Es ist es beeindruckend, dass Microsoft Dynamics CRM für Outlook die Daten bidirektional aktualisiert, sodass Benutzer Datensätze entweder im Microsoft Dynamics CRM-Webclient oder in Microsoft Dynamics CRM für Outlook modifizieren können. Änderungen in einem der beiden Systeme aktualisieren das andere System, wenn Microsoft Dynamics CRM für Outlook das nächste Mal eine Synchronisierung ausführt.

Die Datensynchronisierung wirft eine ganze Menge Fragen auf, sodass wir auf die folgenden Punkte eingehen wollen:

- Datensynchronisierung konfigurieren
- Datensätze löschen

Datensynchronisierung konfigurieren

Abbildung 2.6 zeigt die Registerkarte *Synchronisierung* von Microsoft Dynamics CRM für Outlook.

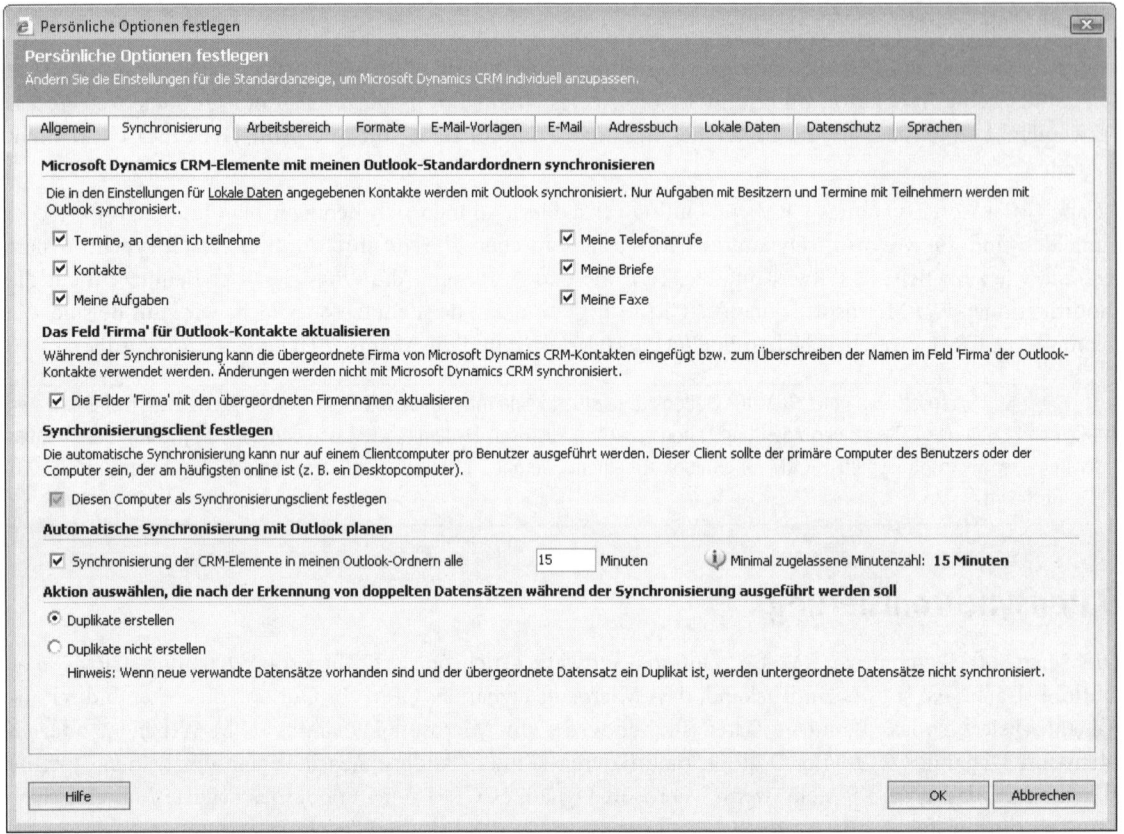

Abbildung 2.6   Die Synchronisierungseinstellungen von Microsoft Dynamics CRM für Outlook

Wenn Sie sich die Optionen einzeln vornehmen, lässt sich die Synchronisierung recht einfach konfigurieren:

- **Termine:** Nur für Termine, die Sie zu erledigen haben

- **Kontakte:** Microsoft Dynamics CRM für Outlook synchronisiert nur Kontakte, die in Ihren Filtern für lokale Datengruppen eingebunden sind

- **Aufgaben:** Nur für Aufgaben, die Sie besitzen

- **Meine Telefonanrufe:** Nur für Telefonanrufe, die Sie besitzen

- **Meine Briefe:** Nur für Briefe, die Sie besitzen

- **Meine Faxe:** Nur für Faxe, die Sie besitzen

Da Outlook keine Datensätze für Telefonanrufe, Briefe oder Faxe enthält, synchronisiert Microsoft Dynamics CRM für Outlook diese Datensätze mit Outlook-Aufgaben. Alle Datensätze, die Sie in Outlook erzeugen und für die Sie auf die Schaltfläche *In CRM nachverfolgen* klicken, werden ebenfalls in die Synchronisierung eingeschlossen, weil Sie diese Datensätze in Microsoft Dynamics CRM besitzen.

WICHTIG Das Konfigurieren lokaler Datengruppen in Microsoft Dynamics CRM für Outlook mit Offlinezugriff bestimmt, welche Datensätze das System beim Wechsel in den Offlinemodus kopiert. Außerdem können Microsoft Dynamics CRM für Outlook und Microsoft Dynamics CRM für Outlook mit Offlinezugriff die Kontaktdatensätze in Ihren lokalen Datengruppen mit Ihren Outlook-Kontakten synchronisieren.

Wenn Sie das Kontrollkästchen *Die Felder 'Firma' mit den übergeordneten Firmennamen aktualisieren* aktivieren, trägt Microsoft Dynamics CRM für Outlook den Firmennamen des Kontakts in Outlook ein. Leider verhält sich der Kontaktfirmenname gegenüber den anderen Feldern anders, weil Microsoft Dynamics CRM für Outlook keine bidirektionale Synchronisierung von Änderungen am Firmennamen des Kontakts vornimmt. Wenn Sie den Firmennamen des Kontakts in Outlook ändern, überschreibt Microsoft Dynamics CRM für Outlook diese Änderung später mit dem übergeordneten Firmennamen des Kontakts.

Abbildung 2.6 zeigt auch, dass Sie Microsoft Dynamics CRM für Outlook für eine automatische Synchronisierung konfigurieren können (das Standardintervall beträgt 15 Minuten). Diese geplante Synchronisierung gilt nur für Änderungen vom Server zu Ihrem Outlook. Wenn Sie umgekehrt einen Datensatz in Microsoft Dynamics CRM für Outlook ändern, während Sie online arbeiten, aktualisiert Microsoft Dynamics CRM diese Änderung sofort auf dem Server und wartet nicht erst auf das nächste geplante Intervall.

WICHTIG Geplante Synchronisierung gilt nur für das Herunterladen von Änderungen vom Server in Ihre Outlook-Datei. Bei Änderungen, die Sie an Datensätzen in Microsoft Dynamics CRM für Outlook im Offlinemodus vornehmen, werden die Daten auf dem Server sofort aktualisiert.

Ein weiterer wichtiger Faktor, den Sie in Bezug auf die Datensynchronisierung berücksichtigen sollten, ist, dass die Microsoft Dynamics CRM für Outlook-Software Ihre Outlook-Datensätze nur aktualisiert, wenn ein Datensatz seit der letzten Synchronisierung geändert wurde. Nehmen Sie zum Beispiel eine fiktive Firma namens *Fabrikam* an, der 10 Kontaktdatensätze zugeordnet sind. Im Ergebnis einer Fusion ändert *Farbikam* den Namen in *Contoso, Inc.* Wenn Sie in Microsoft Dynamics CRM den Firmennamen ändern, zeichnet Microsoft Dynamics CRM eine Änderung am Firmendatensatz auf, ändert aber nicht die Kontaktdatensätze, die sich auf diese Firma beziehen. Deshalb verwenden Ihre Kontakte in Outlook weiterhin den alten Namen *Fabrikam* im Feld *Firmenname*. Allerdings aktualisiert Microsoft Dynamics CRM für Outlook bei jeder Änderung eines *Contoso*-Kontaktdatensatzes den Firmennamen in Outlook bei der nächsten Datensynchronisierung in *Contoso*.

Datensätze löschen

Nachdem Microsoft Dynamics CRM für Outlook die Daten in der Outlook-Datei synchronisiert hat, werden spezielle Regeln angewendet, wie mit gelöschten Datensätzen bei der Synchronisierung zu verfahren ist. Wenn Sie zum Beispiel einen Kontaktdatensatz in Outlook löschen, wird dieser Datensatz in Microsoft Dynamics CRM nicht gelöscht. Umgekehrt bewirkt das Löschen eines Kontakts in Microsoft Dynamics CRM, dass der synchronisierte Kontakt von Outlook für alle Benutzer entfernt wird, mit Ausnahme des Outlook-Benutzers, der den Datensatz in Microsoft Dynamics CRM besitzt.

WICHTIG Microsoft Dynamics CRM für Outlook bestimmt anhand verschiedener Regeln und Bedingungen für gelöschte Datensätze, wie der Synchronisierungsvorgang Outlook und Microsoft Dynamics CRM aktualisieren soll.

Microsoft Dynamics CRM für Outlook verarbeitet gelöschte Datensätze nach den Regeln, die in Tabelle 2.1 angegeben sind.

Datensatz	Aktion	Datensatzzustand	Ergebnis
Kontakt	Löschen in Microsoft Dynamics CRM	Beliebig	Gelöscht von Outlook für alle Benutzer mit Ausnahme des Kontaktbesitzers. Verbleibt in Outlook des Kontaktbesitzers.
Kontakt	Löschen in Outlook	Beliebig	Keine Änderung an Microsoft Dynamics CRM
Aufgabe	Löschen in Microsoft Dynamics CRM	Ausstehend (in Outlook nicht fertig gestellt)	Gelöscht von Outlook
Aufgabe	Löschen in Microsoft Dynamics CRM	Vergangen (in Outlook fertig gestellt)	Verbleibt in Outlook
Aufgabe	Löschen in Outlook	Ausstehend (in Microsoft Dynamics CRM offen)	Gelöscht von Microsoft Dynamics CRM
Aufgabe	Löschen in Outlook	Vergangen (in Microsoft Dynamics CRM fertig gestellt oder abgebrochen)	Keine Änderung an Microsoft Dynamics CRM
Termin	Löschen in Microsoft Dynamics CRM	Ausstehend (in Microsoft Dynamics CRM offen)	Gelöscht von Outlook, wenn Startzeit des Termins in der Zukunft liegt
Termin	Löschen in Microsoft Dynamics CRM	Vergangen (in Microsoft Dynamics CRM fertig gestellt oder abgebrochen)	Verbleibt in Outlook
Termin	Löschen in Outlook	Ausstehend (in Microsoft Dynamics CRM offen)	Gelöscht von Microsoft Dynamics CRM, wenn durch Besitzer oder Organisierer des Termins gelöscht. Nicht gelöscht von Microsoft Dynamics CRM, wenn in Outlook weder von Besitzern noch von Organisierern gelöscht.
Termin	Löschen in Outlook	Vergangen (in Microsoft Dynamics CRM fertig gestellt oder abgebrochen)	Keine Änderung an Microsoft Dynamics CRM

Tabelle 2.1   Verarbeitung gelöschter Datensätze in Microsoft Dynamics CRM für Outlook

Wenn ein Benutzer einen Kontakt in Outlook löscht (der nicht von Microsoft Dynamics CRM gelöscht wird) und dann jemand diesen Datensatz in Microsoft Dynamics CRM modifiziert, regeneriert Microsoft Dynamics CRM für Outlook diesen Kontakt in der Outlook-Datei des Benutzers, selbst wenn der Benutzer ihn vorher gelöscht hat.

In diesem Zusammenhang sei darauf hingewiesen, dass das Deaktivieren von Kontaktdatensätzen in Microsoft Dynamics CRM nicht die Kontakte von Outlook entfernt. Benutzer müssen die deaktivierten Kontakte manuell löschen, wenn diese nicht mehr in Outlook erscheinen sollen.

E-Mail in Microsoft Dynamics CRM

Wie Sie sicherlich erwartet haben, umfasst Microsoft Dynamics CRM zahlreiche Features, mit denen Sie E-Mail-Kommunikation mit Kunden nachverfolgen und verwalten können. Prinzipiell kann Microsoft Dynamics CRM E-Mail mit einer der beiden folgenden Methoden senden und empfangen:

- Webclient
- Microsoft Dynamics CRM für Outlook

Die verfügbaren Optionen hängen von Ihrer E-Mail-Infrastruktur ab und davon, wie der Netzwerkadministrator die Software installiert hat. Microsoft Dynamics CRM unterstützt ein breites Spektrum von E-Mail-Plattformen, einschließlich Microsoft Exchange Server und aller E-Mail-Server, die mit POP3 / SMTP (Post Office Protocol 3 / Simple Mail Transfer Protocol) kompatibel sind.

Zu Microsoft Dynamics CRM gehört die Software Microsoft Dynamics CRM E-Mail-Router, die als Schnittstelle zwischen Ihrem E-Mail-System und Microsoft Dynamics CRM fungiert. Der Microsoft Dynamics CRM E-Mail-Router umfasst auch den E-Mail-Router-Konfigurationsassistenten, mit dem Sie E-Mail für Benutzer einrichten und konfigurieren können. Der Microsoft Dynamics CRM E-Mail-Router ist zwar für die Installation von Microsoft Dynamics CRM nicht erforderlich, bietet aber erweiterte Features für das Weiterleiten und Nachverfolgen von E-Mails. Kann Ihre Organisation aus irgendwelchen Gründen den Microsoft Dynamics CRM E-Mail-Router nicht verwenden, realisiert Microsoft Dynamics CRM für Outlook auf jedem Clientcomputer eine ähnliche Funktionalität für das Weiterleiten und Nachverfolgen. Da es sich dabei allerdings um eine Clientanwendung handelt, müssen Benutzer Microsoft Dynamics CRM für Outlook geöffnet halten, damit die Software die E-Mail verarbeiten kann.

HINWEIS Da das Konfigurieren von E-Mail und die Installation des Microsoft Dynamics CRM E-Mail-Routers sehr viele Bereitstellungsoptionen bietet, geht dieses Buch nicht weiter auf diese Themen ein. Im Microsoft Dynamics CRM-Implementierungshandbuch finden Sie ausführliche Anleitungen, wie Sie die E-Mail-Router-Software installieren und konfigurieren.

Wenn Sie Microsoft Dynamics CRM für die Arbeit mit Ihrem E-Mail-System eingerichtet haben, sollten Sie sich mit folgenden wichtigen Bereichen vertraut machen:

- E-Mail-Nachverfolgung
- E-Mail-Vorlagen
- Massen-E-Mail-Nachrichten erstellen und senden

E-Mail-Nachverfolgung

Haben Sie die verschiedenen E-Mail-Optionen in Microsoft Dynamics CRM erfolgreich konfiguriert, sollten Sie die automatische E-Mail-Nachverfolgung sowohl für die Organisation als auch für einzelne Benutzer konfigurieren.

| **WICHTIG** | Sämtliche hier beschriebenen Einstellungen der E-Mail-Nachverfolgung beziehen sich auf das automatische Nachverfolgen von E-Mail. Unabhängig von den gewählten Einstellungen können Benutzer mit installiertem Microsoft Dynamics CRM für Outlook die E-Mails mit dem Feature *In CRM nachverfolgen* manuell verfolgen. Manche Kunden verlassen sich lieber auf das manuelle Nachverfolgen von E-Mail, sodass die Datenbank nur die wichtigsten E-Mail-Nachrichten enthält, wie es von Ihren Benutzern festgelegt wurde. Bei automatischer Nachverfolgung erfasst Microsoft Dynamics CRM sämtliche Nachrichten, selbst wenn es sich lediglich um kurze E-Mail-Antworten, persönliche Notizen, Abwesenheitsmeldungen usw. handelt.

Einstellungen für die Organisation

Um die E-Mail-Einstellungen für die Organisation festzulegen, klicken Sie im Bereich *Verwaltung* auf *Systemeinstellungen* und aktivieren die Registerkarte *E-Mail* (siehe Abbildung 2.7).

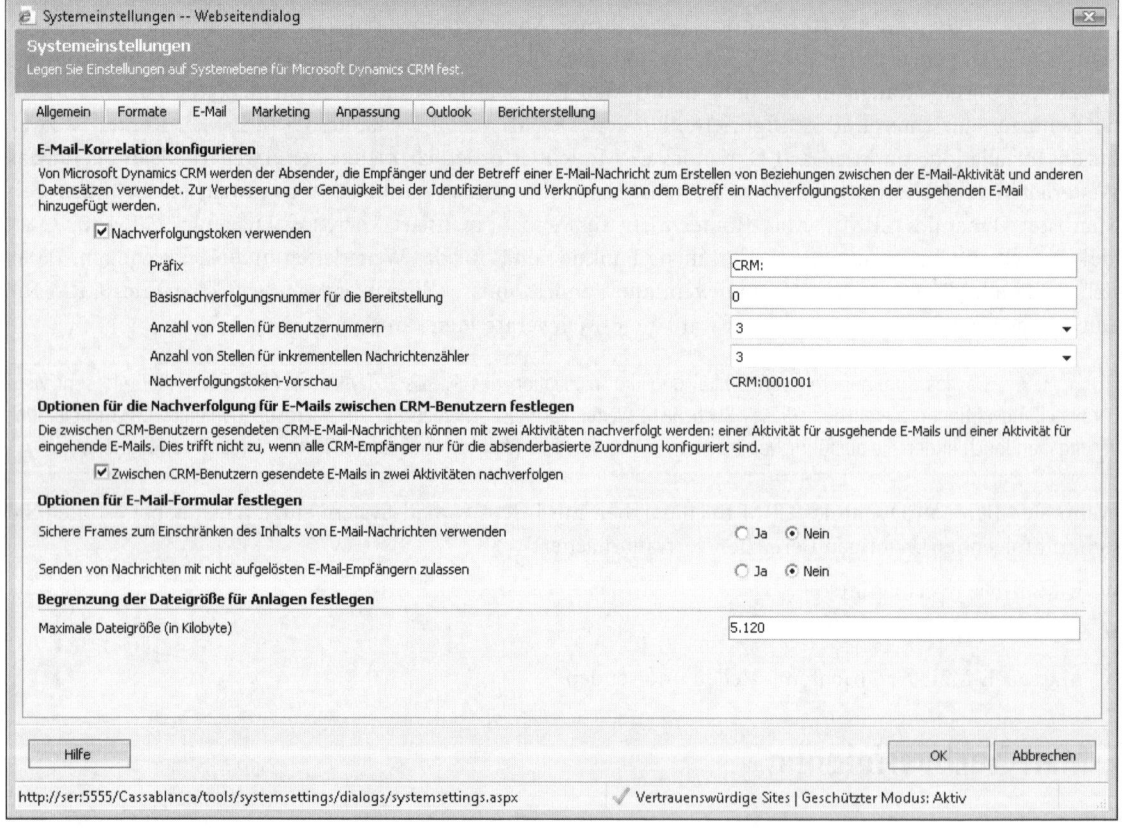

Abbildung 2.7   E-Mail-Einstellungen für die Organisation konfigurieren

Von hier aus können Sie die verschiedenen E-Mail-Einstellungen für die Organisation konfigurieren, wobei die meisten Einstellungen selbsterklärend sind. Im Abschnitt *E-Mail-Korrelation konfigurieren* haben Sie zwei Optionen:

- Nur intelligente Übereinstimmung

- Intelligente Übereinstimmung mit Nachverfolgungstoken

Ist das Kontrollkästchen *Nachverfolgungstoken verwenden* deaktiviert, verwendet Microsoft Dynamics CRM das Feature für intelligente Übereinstimmung, um E-Mail-Nachrichten automatisch mit den passenden Datensätzen zu korrelieren. Der Algorithmus bei intelligenter Übereinstimmung stellt mit den Werten für Absender, Empfänger und Betreff einer E-Mail-Nachricht die Beziehung zu dem Datensatz her, der für die E-Mail zu verwenden ist (Lead, Verkaufschance, Angebot usw.). Für Übereinstimmungen mit dem Betreff der E-Mail-Nachricht ignoriert das intelligente Übereinstimmungsfeature Präfixe (wie zum Beispiel AW: und WG:) genauso wie die Groß- / Kleinschreibung.

Sollte die Genauigkeit des intelligenten Übereinstimmungsfeatures nicht Ihren Bedürfnissen entsprechen, können Sie das Nachverfolgungstoken einbinden, das die Genauigkeit der automatischen E-Mail-Identifizierung erhöht. Ist das Nachverfolgungstoken aktiviert, fügt Microsoft Dynamics CRM einen Code in die Betreffzeile von E-Mail-Nachrichten ein, die von Microsoft Dynamics CRM gesendet werden.

Wie Abbildung 2.8 zeigt, hat Microsoft Dynamics CRM automatisch den Nachverfolgungscode *CRM:0002001* an das Ende der E-Mail-Betreffzeile angefügt. Dieser Nachverfolgungscode identifiziert eindeutig die E-Mail-Aktivität in der Datenbank. Wenn ein Kunde auf diese Nachricht antwortet, wertet Microsoft Dynamics CRM das Nachverfolgungstoken in seinem Identifizierungsalgorithmus aus, um das Feld *Bezug* der E-Mail-Aktivität auf den richtigen Datensatz zu setzen. Wenn Sie das Standardformat des Nachverfolgungstoken nicht benötigen, können Sie Ihr eigenes eindeutiges Nachverfolgungstoken konfigurieren, indem Sie das Präfix ändern und die Anzahl der Stellen für die Komponenten des Nachverfolgungstokens anpassen (siehe Abbildung 2.7 weiter vorn).

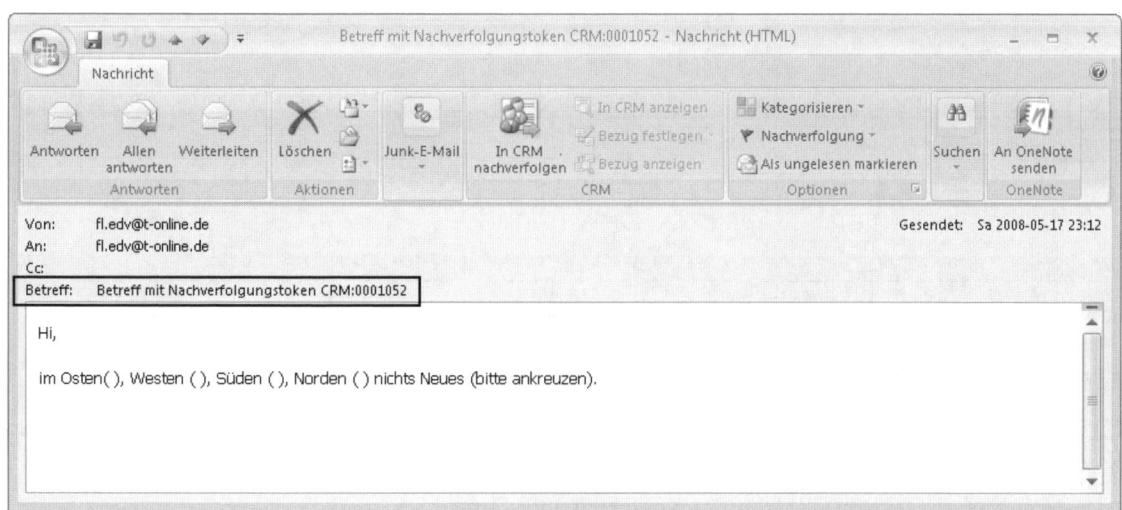

Abbildung 2.8 Nachverfolgungstoken in der Betreffzeile einer E-Mail-Nachricht

Individuelle Einstellungen

Neben den organisationsweiten E-Mail-Einstellungen können Sie auch Nachverfolgseinstellungen für E-Mail je Benutzer konfigurieren. Individuelle E-Mail-Einstellungen lassen sich an folgenden zwei Orten bearbeiten:

- Im Webseitendialog *Persönliche Optionen festlegen* auf der Registerkarte *E-Mail*

- Auf dem Benutzerformular von Microsoft Dynamics CRM

Auf der Registerkarte *E-Mail* der persönlichen Optionen können Benutzer festlegen, welche E-Mail-Nachrichten sie in Microsoft Dynamics CRM nachverfolgen möchten (siehe Abbildung 2.9).

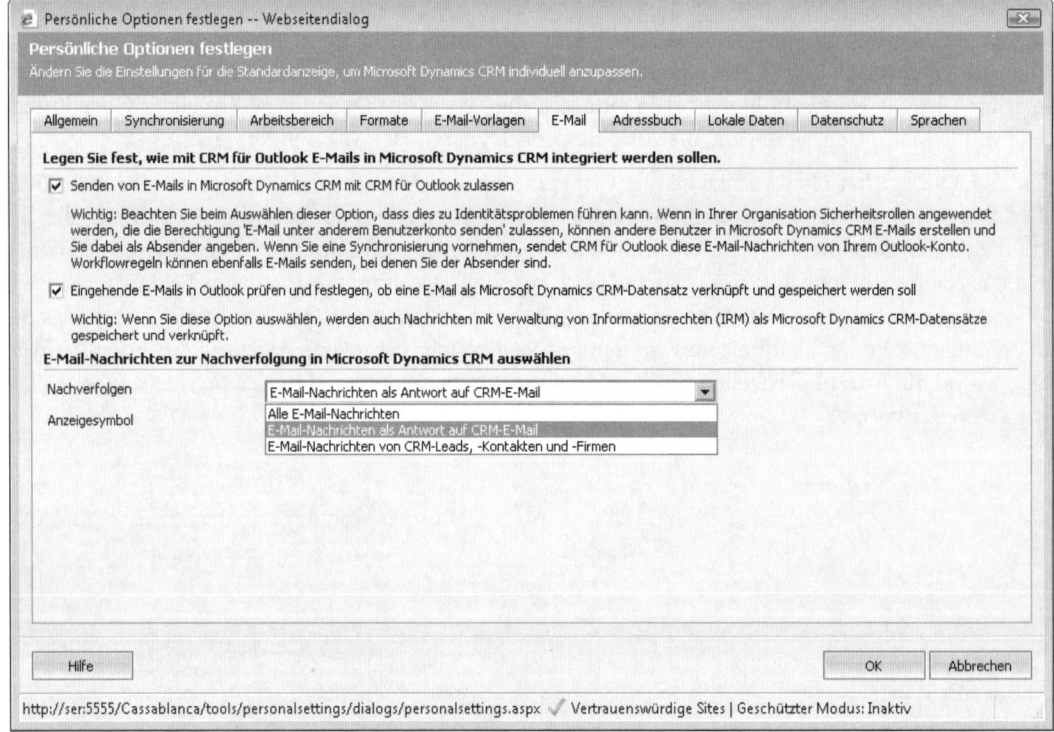

Abbildung 2.9   Benutzer können konfigurieren, welche E-Mail-Nachrichten nachverfolgt werden sollen

Es gibt drei Optionen:

- Alle E-Mail-Nachrichten

- E-Mail-Nachrichten als Antwort auf CRM-E-Mail

- E-Mail-Nachrichten von CRM-Leads, -Kontakten und -Firmen

Um die automatische E-Mail-Nachverfolgung für einen bestimmten Benutzer abzuschalten, kann ein Administrator mit den erforderlichen Sicherheitsrechten das Profil des Benutzers modifizieren und die E-Mail-Zugriffskonfiguration für den eingehenden und ausgehenden E-Mail-Zugriffstyp auf *Keine* setzen (siehe Abbildung 2.10). Die Standardsicherheitsrollen von Microsoft Dynamics CRM erlauben den Benutzern nicht, ihre eigenen Datensätze zu ändern. Deshalb ist normalerweise ein Systemadministrator erforderlich, um diese E-Mail-Einstellungen zu konfigurieren.

TIPP   Administratoren können auch den Microsoft Dynamics CRM-E-Mail-Router-Konfigurationsmanager verwenden, um die Benutzerprofileinstellungen in Bezug auf die eingehenden und ausgehenden E-Mail-Zugriffstypen zu aktualisieren. Mit diesem Tool können Administratoren die Einstellungen für mehrere Benutzer auf einmal aktualisieren.

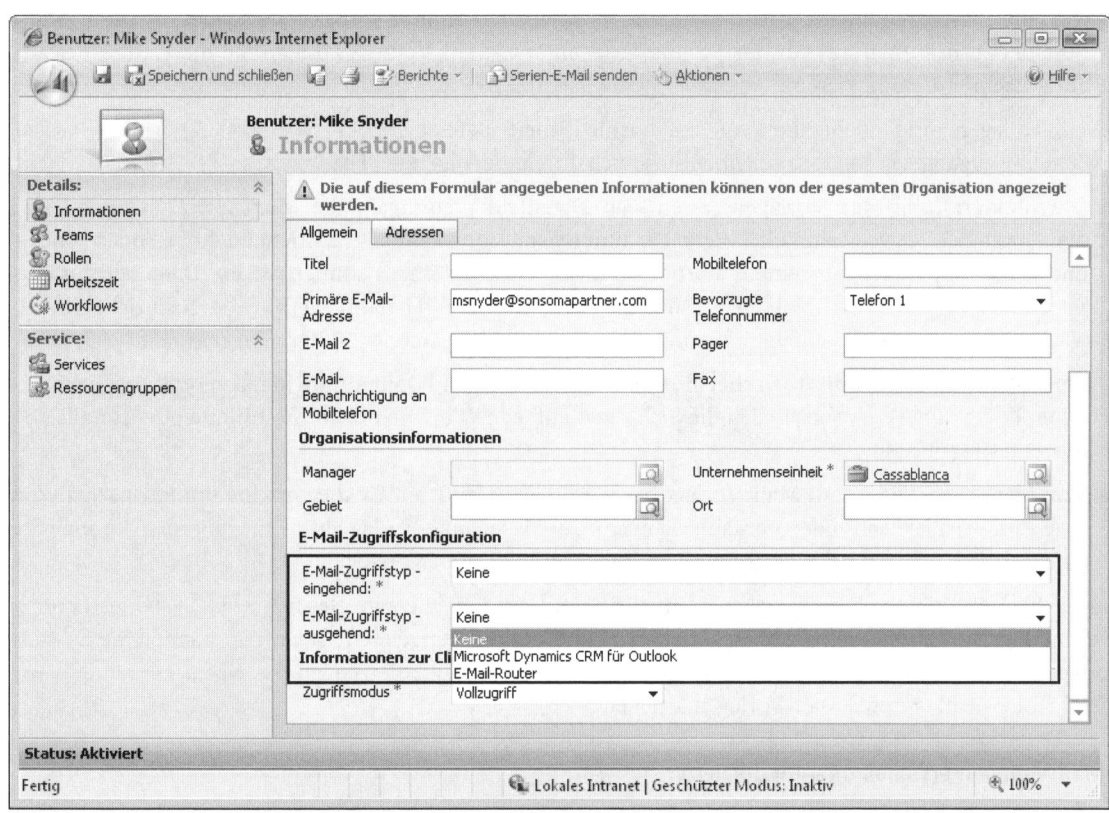

Abbildung 2.10   Die E-Mail-Nachverfolgung für einen Benutzer ausschalten, indem der E-Mail-Zugriffstyp auf Keine gesetzt wird

E-Mail-Vorlagen

Wie die Bezeichnung vermuten lässt, können Sie mit E-Mail-Vorlagen vorformatierte E-Mail-Nachrichten erstellen, auf die Sie in mehreren Bereichen überall in Microsoft Dynamics CRM zugreifen können. E-Mail-Vorlagen können Sie unter anderem wie folgt einsetzen:

- **Vorlagen in E-Mail-Nachrichten einfügen:** Wenn Benutzer E-Mail-Nachrichten im Microsoft Dynamics CRM-Webclient erstellen, können sie eine E-Mail-Vorlage in den Körper der Nachricht einfügen. Es ist auch möglich, bei Bedarf mehrere E-Mail-Vorlagen in eine einzelne E-Mail-Nachricht einzufügen. Benutzer können nicht auf E-Mail-Vorlagen zugreifen, wenn sie eine E-Mail-Nachricht in Microsoft Dynamics CRM für Outlook erstellen.

- **Serien-E-Mail mithilfe von Vorlagen senden:** Benutzer können E-Mail-Vorlagen verwenden, um die gleiche E-Mail-Nachricht an mehrere Datensätze zu senden. Zum Beispiel können Sie mit dem Feature *Serien-E-Mail* (das E-Mail-Vorlagen verwendet) die gleiche Nachricht an 500 Kontakte senden.

- **Auf E-Mail-Vorlagen in Workflowregeln verweisen:** Benutzer können auf E-Mail-Vorlagen in Microsoft Dynamics CRM-Workflow verweisen, um viele Arten von Techniken der Geschäftsprozessautomatisierung zu realisieren.

- **Benachrichtigungen für Systemaufträge:** Wenn Microsoft Dynamics CRM bestimmte Systemaufträge wie zum Beispiel Importieren von Daten oder Duplikaterkennung fertig stellt, sendet es eine E-Mail-Bestätigungsnachricht an Administratoren. Mit einer E-Mail-Vorlage können Sie die E-Mail-Bestätigungsnachricht modifizieren.

E-Mail-Vorlagen sind nicht nur von unterschiedlichen Bereichen der Microsoft Dynamics CRM-Anwendung zugänglich, sondern zeichnen sich auch durch die folgenden Features aus:

- **Datenfelder:** In E-Mail-Vorlagen lassen sich Datenfelder einfügen, die Microsoft Dynamics CRM dynamisch bei Verwendung füllt. Wenn Sie zum Beispiel eine E-Mail-Nachricht an 20 Personen senden und jeden Empfänger mit seinem Vornamen ansprechen möchten, können Sie ein Datenfeld für den Vornamen in die E-Mail-Vorlage einfügen. Wenn Microsoft Dynamics CRM die Nachricht sendet, wird automatisch das Datenfeld mit dem Vornamenwert für jeden der 20 Empfänger gefüllt.

- **Persönlicher und organisatorischer Besitz:** E-Mail-Vorlagen können individuellen oder organisatorischen Besitz aufweisen, sodass sich die Sicherheit auf jeder Vorlage nur für bestimmte oder für alle Benutzer festlegen lässt.

- **Vorlagentypen:** Für jede E-Mail-Vorlage, die Sie erstellen, müssen Sie die einzelne Entität spezifizieren (wie zum Beispiel Leads oder Verkaufschancen), auf die sich die Vorlage bezieht. Außerdem können Sie eine globale Vorlage für die Verwendung mit mehreren Entitäten erstellen.

E-Mail-Vorlagen können Sie für viele verschiedene Entitätstypen wie zum Beispiel *Leads*, *Verkaufschancen*, *Firmen*, *Angebote*, *Aufträge* und *Serviceaktivitäten* erstellen und verwenden. Außerdem können Sie E-Mail-Vorlagen für beliebige von Ihnen erstellte benutzerdefinierte Entitäten erzeugen. Als Nächstes erläutern wir ausführlich, wie man mit E-Mail-Vorlagen arbeitet.

E-Mail-Vorlagen erstellen oder modifizieren

Nachdem Sie nun eine Vorstellung davon haben, wie sich E-Mail-Vorlagen in Microsoft Dynamics CRM einsetzen lassen, können wir uns damit befassen, wie Sie neue E-Mail-Vorlagen erstellen und einrichten können. Microsoft Dynamics CRM umfasst mehr als 20 E-Mail-Vorlagen in der Standardinstallation, einschließlich *Antwort an Lead – Websitebesuch* und *Bestätigung für Anfrageabschluss*.

Diese Standardvorlagen können Sie modifizieren oder vollkommen neue E-Mail-Vorlagen entsprechend Ihren Bedürfnissen erstellen. Um die momentan im System vorhandenen E-Mail-Vorlagen anzuzeigen, gehen Sie zum Bereich *Einstellungen* von Microsoft Dynamics CRM, klicken auf *Vorlagen* und dann auf *E-Mail-Vorlagen*. Eine Tabelle zeigt alle E-Mail-Vorlagen und ihre Typen an. Doppelklicken Sie einfach auf einen Datensatz, um eine Vorlage anzuzeigen, beispielsweise auf die Vorlage *Antwort an Lead – Messebesuch*, die in Abbildung 2.11 zu sehen ist.

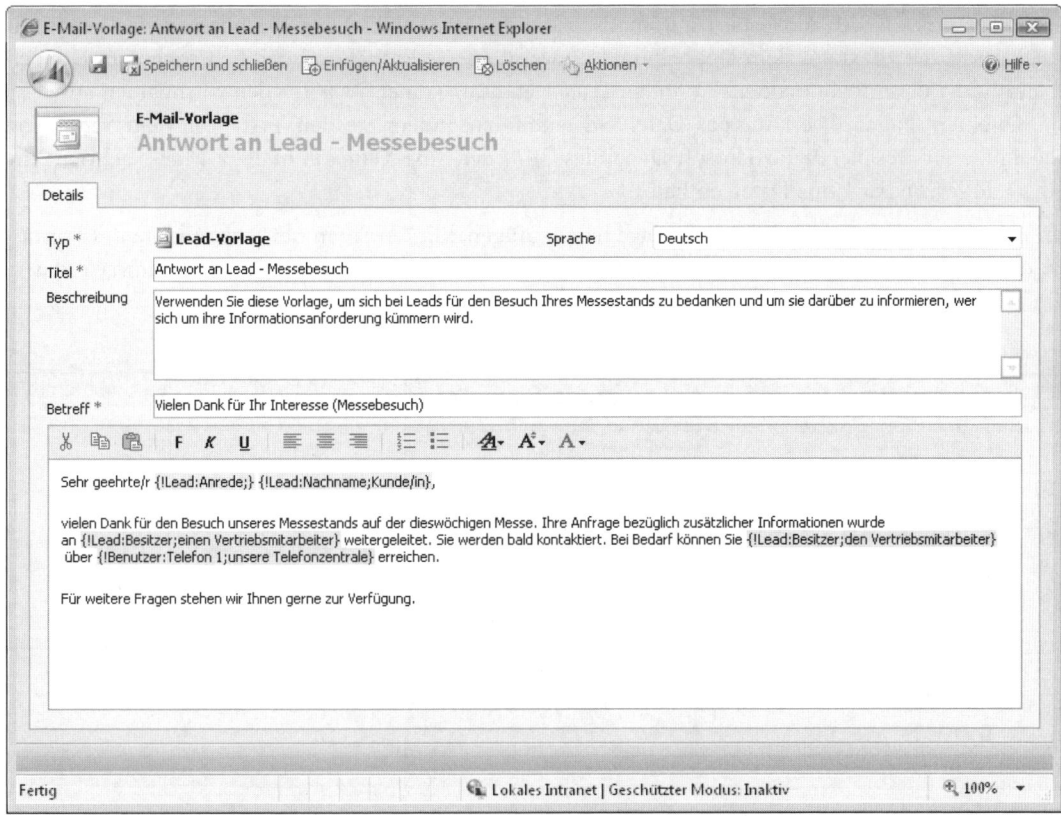

Abbildung 2.11   Die E-Mail-Vorlage Antwort an Lead – Messebesuch

Wie die Abbildung zeigt, enthält eine Vorlage verschiedene Attribute, unter anderem folgende:

- **Typ:** Gibt an, ob es sich um eine globale Vorlage handelt oder sich die Vorlage auf nur eine Entität bezieht.

- **Titel:** Kurzer Titel der E-Mail-Vorlage, der erscheint, wenn der Benutzer eine Vorlage auswählt.

- **Beschreibung:** Zusätzlicher Beschreibungstext, der die Funktion der E-Mail-Vorlage erklärt. Benutzer können auf die Beschreibung zugreifen, wenn sie eine Vorlage auswählen.

- **Betreff:** Gibt die Betreffzeile der E-Mail-Nachricht an.

- **Körper:** Auf dem Formular ist der Körper der E-Mail-Nachricht nicht beschriftet. Es handelt sich um das große Textfeld unter der Betreffzeile.

Weiterhin ist in Abbildung 2.11 zu sehen, dass die E-Mail-Vorlage ein hervorgehobenes Datenfeld der folgenden Art enthält:

```
{!Lead:Nachname;Kunde/in}
```

Microsoft Dynamics CRM konvertiert automatisch dieses Datenfeld in den Nachnamen des Leads für diesen Datensatz. Der Text vor dem Doppelpunkt verweist auf die Entität und der Text nach dem Doppelpunkt spezifiziert den Attributnamen. Wenn ein *Lead*-Datensatz keinen Wert für den Nachnamen aufweist, können Sie einen Standardwert für das Datenfeld einbinden, indem Sie den Text nach dem Semikolon angeben. In diesem Beispiel fügt Microsoft Dynamics CRM den Text *Kunde/in* in die E-Mail-Nachricht ein, wenn das Feld *Nachname* keine Daten enthält.

Um ein neues Datenfeld in eine E-Mail-Vorlage hinzuzufügen, klicken Sie in der Symbolleiste des Formulars auf die Schaltfläche *Einfügen / Aktualisieren*. Daraufhin erscheint das Dialogfeld *Datenfeldwerte*, das in Abbildung 2.12 zu sehen ist.

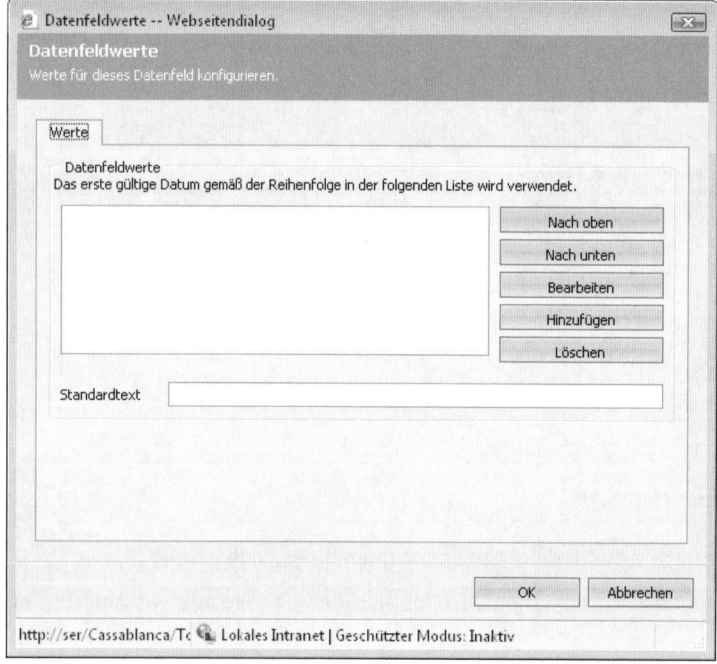

Abbildung 2.12   Das Dialogfeld Datenfeldwerte

Wenn Sie auf die Schaltfläche *Hinzufügen* klicken, fragt ein weiteres Dialogfeld den Datensatztyp und das Feld für das Datenfeld ab. Abhängig von der Entität, die Sie für den E-Mail-Vorlagentyp ausgewählt haben, können Sie Felder von unterschiedlichen verknüpften Entitäten hinzufügen. Zum Beispiel lassen sich auf den *Lead*-E-Mail-Vorlagen nur Felder von den Entitäten *Lead* und *Benutzer* hinzufügen. Dagegen können Sie bei *Verkaufschancen*-E-Mail-Vorlagen Felder von den Entitäten *Firma*, *Kontakt*, *Verkaufschance* und *Benutzer* hinzufügen. Nachdem Sie das gewünschte Feld ausgewählt und auf *OK* geklickt haben, erscheint das Feld in der Liste *Datenfeldwerte*. Dann können Sie den (optionalen) Standardtext für den Wert in das Textfeld *Standardtext* eingeben. Wenn Sie auf *OK* klicken, erstellt Microsoft Dynamics CRM automatisch das Datenfeld und fügt es in die E-Mail-Vorlage ein.

| TIPP | Datenfelder können Sie sowohl in den Betreff als auch in den Körper einer E-Mail-Nachricht einfügen. |

Wenn Sie einer E-Mail-Vorlage mehrere Datenfelder hinzufügen möchten, müssen Sie sie einzeln nacheinander wie im folgenden Beispiel hinzufügen:

```
{!Kontakt : Anrede;} {!Kontakt : Nachname;}
```

Diese Datenfelder fügen den folgenden Text in eine E-Mail-Nachricht für einen Beispielkontakt *Herr Brian Valentine* ein:

```
Herr Valentine
```

Wenn Sie jedoch beide Datenfelder über das Dialogfeld *Datenfeldwerte* hinzufügen, erstellt Microsoft Dynamics CRM wie folgt ein Datenfeld in der Vorlage:

```
{!Kontakt : Anrede;Kontakt : Nachname;}
```

Dieses Datenfeld fügt den folgenden Text für denselben Kontakt ein:

```
Herr
```

Wie dieses Beispiel zeigt, erlaubt Ihnen Microsoft Dynamics CRM, ein dynamisches Datenfeld für den Standardwert eines anderen Datenfelds einzugeben. Hier ist *Kontakt : Nachname* der Standardwert für das Datenfeld *Kontakt : Anrede*. Da jedoch der Kontaktdatensatz einen Wert für die Anrede enthält, muss er nicht den Standardwert von *Kontakt : Nachname* ausgeben.

Eine neue E-Mail-Vorlage lässt sich leicht erstellen. Dazu klicken Sie in der Symbolleiste der Tabelle auf die Schaltfläche *Neu*, wählen den Entitätstyp für die E-Mail-Vorlage aus und geben dann die gewünschten Informationen in die Vorlagenfelder ein. Nachdem Sie Ihre neue Vorlage mit Attributen und Datenfeldern eingerichtet haben, klicken Sie in der Symbolleiste der E-Mail-Vorlage auf *Speichern*. Microsoft Dynamics CRM wendet Ihre Änderungen sofort auf die E-Mail-Vorlage an und Benutzer können darauf zugreifen.

TIPP   Wenn Sie Text in den Körper der E-Mail-Vorlage eingeben und bearbeiten, wird beim Drücken von ⏎ eine zusätzliche Zeile eingefügt. Möchten Sie einen einfachen Wagenrücklauf (und keinen neuen Absatz) einfügen, drücken Sie stattdessen ⇧ ⏎ .

Vorlagen in E-Mail-Nachrichten einfügen

Wenn Sie im Webclient eine E-Mail-Nachricht schreiben, können Sie auf die Schaltfläche *Vorlage einfügen* klicken, um den Webseitendialog *Vorlage einfügen* zu öffnen, der in Abbildung 2.13 zu sehen ist. Bevor Sie eine Vorlage einfügen können, müssen Sie mindestens einen E-Mail-Empfänger auswählen, weil Microsoft Dynamics CRM wissen muss, welcher Vorlagentyp auf die Nachricht anzuwenden ist (basierend auf dem Entitätstyp der Empfänger).

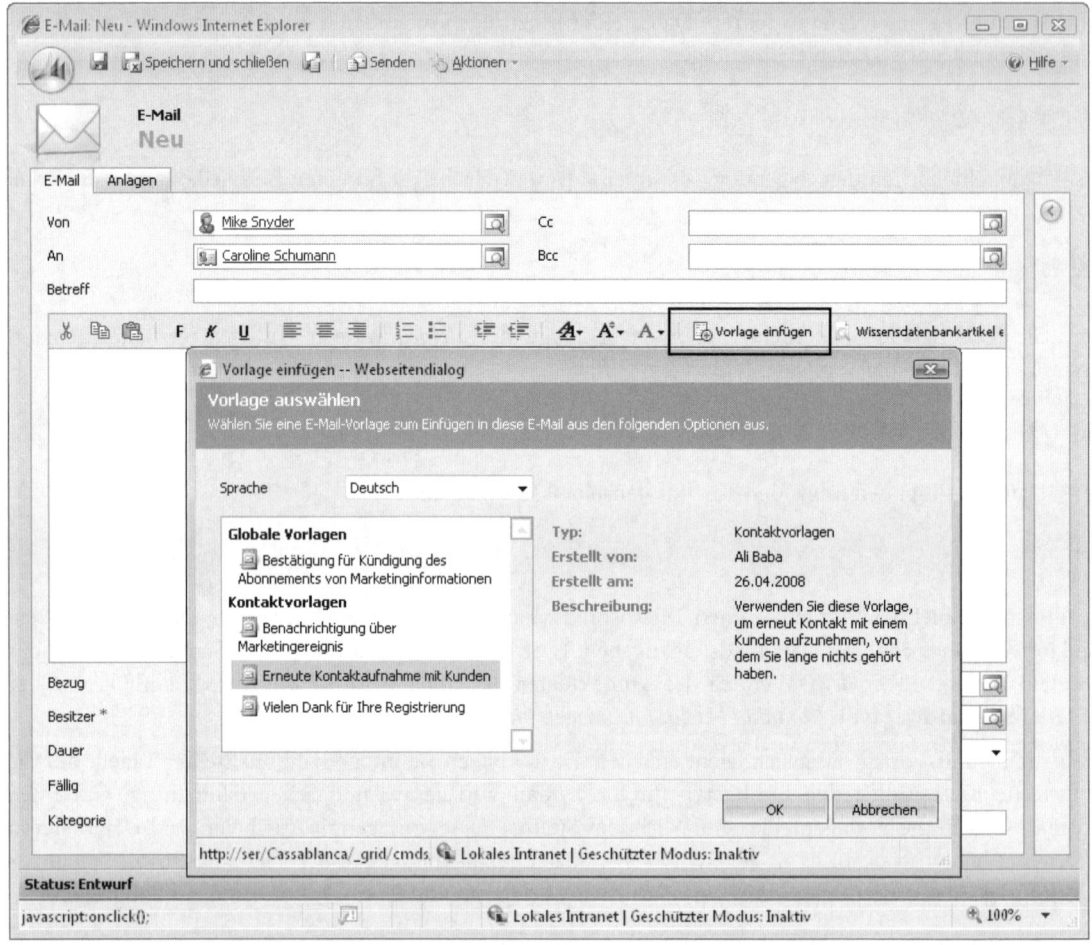

Abbildung 2.13   Eine E-Mail-Vorlage in eine E-Mail-Nachricht einfügen

Nachdem Sie eine E-Mail-Vorlage ausgewählt haben, füllt Microsoft Dynamics CRM automatisch den Vorlageninhalt im Körper der Nachricht und füllt dynamisch alle Datenfelder, die die E-Mail-Vorlage enthält. Dieses Feature ist komfortabel, wenn Sie zusätzliche Inhalte für eine E-Mail-Nachricht hinzufügen oder bearbeiten möchten, bevor Sie sie senden (etwas, was Sie mit dem Feature *Serien-E-Mail* nicht tun können). Wenn Ihre E-Mail-Nachricht mehrere Empfänger umfasst, fordert Microsoft Dynamics CRM Sie mit einem Dialogfeld auf, einen Empfänger als Ziel der E-Mail-Vorlage auszuwählen, wenn Sie eine Vorlage in die Nachricht einfügen.

ACHTUNG   Jedes Mal, wenn Sie eine E-Mail-Vorlage in den Körper einer E-Mail-Nachricht einfügen, aktualisiert Microsoft Dynamics CRM die Betreffzeile der E-Mail-Nachricht entsprechend dem Betreff der E-Mail-Vorlage. Wenn Sie also mehrere Vorlagen einfügen, wird der Betreff durch die zuletzt eingefügte Vorlage bestimmt. Dies ist zweckmäßig, wenn Sie neue E-Mail-Nachrichten schreiben, doch sollten Sie dieses Verhalten berücksichtigen, falls Sie E-Mail-Vorlagen einfügen, wenn Sie auf Nachrichten antworten.

Leider können Sie keine E-Mail-Vorlage in eine Outlook-E-Mail-Nachricht einfügen, selbst wenn Sie die Microsoft Dynamics CRM für Outlook-Software installiert haben.

Persönliche E-Mail-Vorlagen erstellen und freigeben

Der eben erläuterte Vorgang erstellt eine E-Mail-Vorlage, die die gesamte Organisation anzeigen und verwenden kann. Benutzer können aber auch persönliche Vorlagen für ihre eigene Verwendung erstellen.

Eine persönliche E-Mail-Vorlage erstellen

1. Klicken Sie in der Symbolleiste des Anwendungsmenüs auf *Extras* und dann auf *Optionen*.
2. Auf der Registerkarte *E-Mail-Vorlagen* klicken Sie in der Symbolleiste der Tabelle auf *Neu*.

Möchte ein Benutzer eine E-Mail-Vorlage mit der gesamten Organisation gemeinsam nutzen, kann er jederzeit eine persönliche Vorlage in eine Organisationsvorlage konvertieren.

Bilder und Hyperlinks in E-Mail-Vorlagen einfügen

Nachdem Sie einige E-Mail-Vorlagen erstellt haben, werden Sie möglicherweise feststellen, dass die Bearbeitungstools für den Körper der E-Mail-Nachricht etwas eingeschränkt sind. Zum Beispiel gibt es keine Schaltflächen, um einen Hyperlink oder ein Bild in die Nachricht einzufügen. Möchten Sie eine komplexere E-Mail-Vorlage mit mehreren Bildern, Links usw. entwickeln, können Sie HTML-Code mit einem Entwicklungstool wie zum Beispiel Visual Studio 2008 erstellen. Wenn Sie aber versuchen, Ihren HTML-Code zu kopieren und in die E-Mail-Vorlage einzufügen, erscheint er als einfacher Text. Der Empfänger bekommt eine Menge HTML-Code, anstelle der formatierten Version Ihrer Nachricht!

Mit einem kleinen Kniff können Sie aber recht einfach Ihren HTML-Code kopieren, in die E-Mail-Vorlage einfügen und dennoch die korrekte Formatierung beibehalten.

Nehmen Sie zum Beispiel an, dass Sie einen einfachen Firmennewsletter an Kontakte Ihrer Datenbank senden möchten, indem Sie eine E-Mail-Vorlage mit den folgenden Anforderungen verwenden:

- Das Firmenlogo in der Nachricht anzeigen
- Einen Hyperlink anzeigen, auf den Leser klicken können, um weitere Informationen zu erhalten

Das folgende Beispiel zeigt einen Firmennewsletter, der in HTML mithilfe von Visual Studio 2008 erstellt wurde. Als Nächstes können Sie den Beispielnewsletter kopieren (per Strg C) und in den Körper der E-Mail-Nachricht einfügen (Strg V). Der Kniff besteht nun darin, die gerenderte HTML-Ausgabe und nicht den HTML-Code zu kopieren und einzufügen. Das lässt sich auf verschiedene Weise erreichen:

- Kopieren und Einfügen der formatierten Nachricht von der Visual Studio 2008-Entwurfsansicht.
- Kopieren und Einfügen der HTML-Webseite aus einem Microsoft Internet Explorer-Fenster.

Nachdem Sie den Inhalt der Nachricht in den Körper der E-Mail-Vorlage kopiert und eingefügt haben, erscheint die richtig formatierte E-Mail-Nachricht mit einem Bild und einem Hyperlink. Wenn Sie den Code in die Nachricht einfügen, können Sie auch ein Datenfeld hinzufügen, um dynamisch den Vornamen des Kontakts im Newsletter anzuzeigen. Abbildung 2.14 zeigt die fertig gestellte E-Mail-Nachricht. Beachten Sie bitte, dass Sie bei Verwendung von Bildern sicherstellen müssen, dass der Bildverweis eine URL darstellt, auf die der Empfänger zugreifen kann. Diese Technik kopiert nicht die Bilddatei in die Datei, sondern verweist einfach auf die Bild-URL von der HTML-Datei aus.

ACHTUNG   In die E-Mail-Vorlage können Sie keinen HTML-Code von einem Texteditor wie zum Beispiel dem Windows Editor (*Notepad.exe*) kopieren und einfügen.

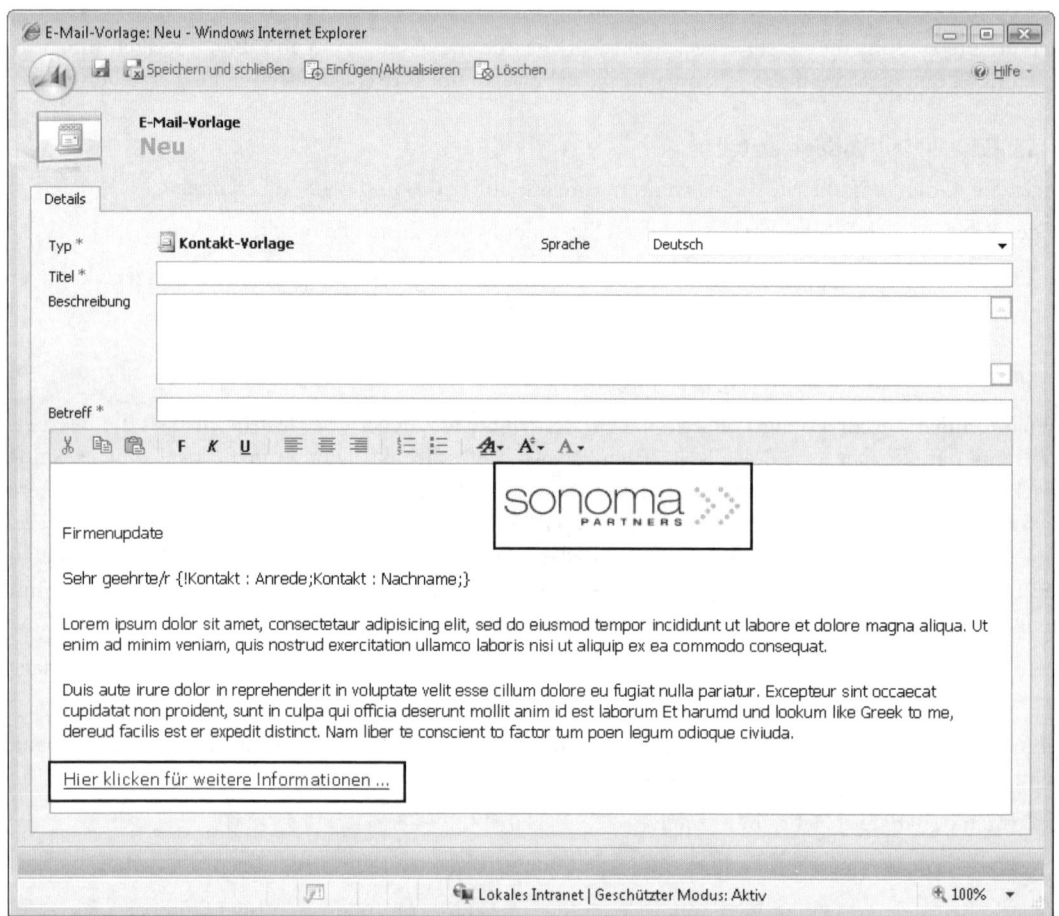

Abbildung 2.14   Bilder und Hyperlinks per Kopieren und Einfügen in E-Mail-Vorlagen hinzufügen

Falls diese Kopieren / Einfügen-Technik bei Ihnen nicht funktioniert, sollten Sie darauf achten, dass das folgende Element am Beginn Ihres HTML-Codes steht:

```
<!DOCTYPE HTML PUBLIC "-//W3C//DTD HTML 4.0 Transitional//EN">
```

Die Kopieren / Einfügen-Technik können Sie auch mit anderen HTML-Editoranwendungen ausprobieren. Nach unseren Erfahrungen hängt der Erfolg dieser Technik vom Format ab, mit dem Anwendungen Daten in die Zwischenablage kopieren.

Massen-E-Mail-Nachrichten erstellen und senden

Viele Microsoft Dynamics CRM-Benutzer möchten eine E-Mail-Nachricht an eine große Gruppe ihrer Interessenten oder Kunden senden – und natürlich umfasst Microsoft Dynamics CRM mehrere Tools für Massen-E-Mail. Ein wichtiges Kriterium für Massen-E-Mail-Nachrichten ist, dass jede Nachricht individuell an einen Empfänger adressiert werden muss. Möchten Sie beispielsweise eine E-Mail-Nachricht an 500 Kontakte senden, soll das System 500 Kopien der Nachricht erstellen, die jeweils an einen bestimmten Empfänger adressiert sind, anstatt eine E-Mail mit 500 Namen in den Feldern *An*, *Cc* oder *Bcc* zu generieren. Massen-E-Mail-Nachrichten lassen sich in Microsoft Dynamics CRM vor allem nach den folgenden drei Methoden senden:

- Serien-E-Mail
- Schnellkampagne
- Workflowregel

Die folgenden Abschnitte erläutern die einzelnen Methoden ausführlich.

Unabhängig von der gewählten Option sendet Microsoft Dynamics CRM die E-Mail-Nachrichten über den Server für ausgehende E-Mail, den Sie während der Softwareinstallation konfiguriert haben. Deshalb sollten Sie eine gewisse Zurückhaltung üben, wenn Sie eine sehr große Anzahl von Nachrichten auf einmal senden, da sich das negativ auf die Performance Ihrer Server auswirken kann. Als weitere Faktoren kommen die Hardwarespezifikationen Ihrer Server, die Netzwerkleistung, die Internetbandbreite und der Umfang der Belastung auf dem Server ins Spiel. Obwohl keine veröffentlichten Spezifikationen existieren und die Zahlen in einem weiten Bereich je nach Ihrer Infrastruktur schwanken können, sollten Sie sich besser nach einem E-Mail-Modul eines Drittanbieters umsehen, wenn Sie mehr als 10.000 oder 20.000 E-Mail-Nachrichten in einer Stunde senden müssen, anstatt Microsoft Dynamics CRM für diese Aufgabe einzusetzen. Außerdem sind die aktuellen Gesetze und Rechtsvorschriften in Bezug auf Marketing mit Massen-E-Mails zu beachten, was speziell auch auf die Vorschriften zu Spam-Mail zutrifft. Mehr zu diesen (US-)Gesetzen finden Sie unter *http://www.ftc.gov/spam/*. Das Senden großer Mengen unverlangter E-Mail-Nachrichten von Ihren E-Mail-Servern kann dazu führen, dass Ihr System blockiert oder auf eine schwarze Liste gesetzt wird.

Serien-E-Mail

Mit dem Feature *Serien-E-Mail* können Sie Empfänger in einer Tabelle auswählen und dann eine E-Mail-Vorlage wählen, die Sie versenden möchten. Wie bereits erwähnt, können E-Mail-Vorlagen Datenfelder enthalten, die Microsoft Dynamics CRM dynamisch mit Informationen speziell für jeden Empfänger füllt. Auf das Feature *Serien-E-Mail* greifen Sie über die Symbolleiste der Tabelle für Entitäten zu, die E-Mail-Vorlagen unterstützen. Abbildung 2.15 zeigt die Schaltfläche *Serien-E-Mail senden* für die Entität *Kontakt*.

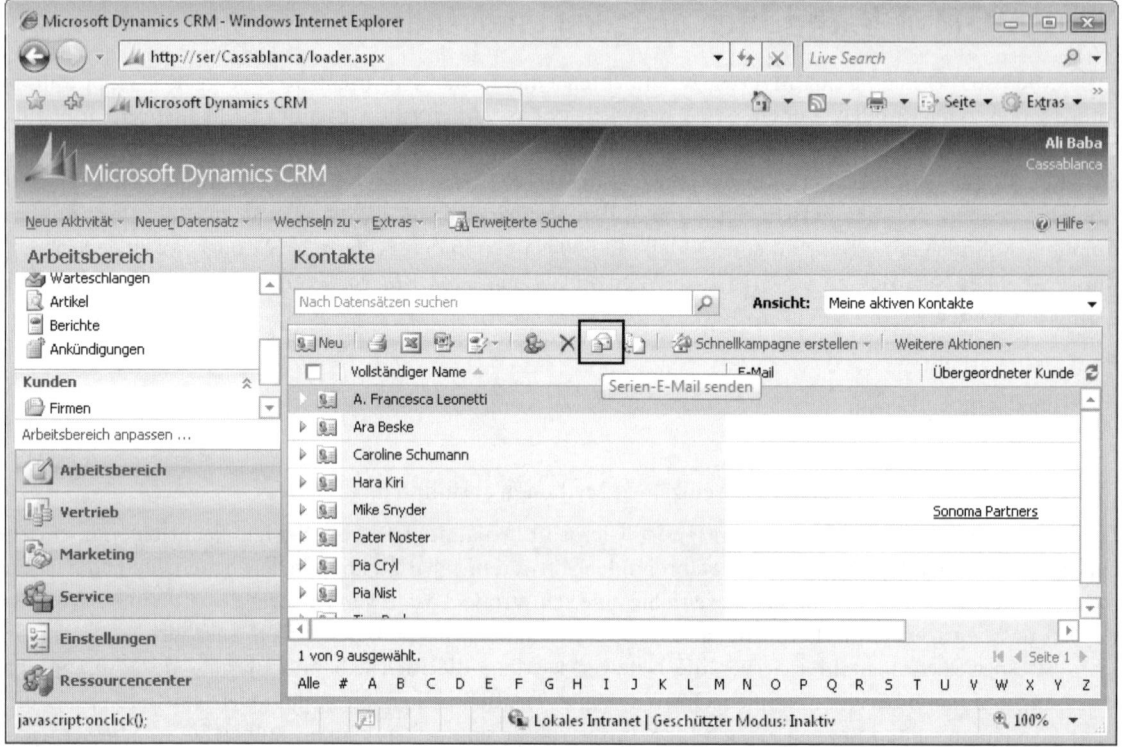

Abbildung 2.15   Die Schaltfläche Serien-E-Mail senden in der Symbolleiste der Tabelle

Wenn Sie auf die Schaltfläche *Serien-E-Mail senden* klicken, öffnet Microsoft Dynamics CRM den Webseitendialog *Serien-E-Mail senden*, den Abbildung 2.16 mit Beispieldaten zeigt.

In diesem Dialogfeld können Sie die E-Mail-Vorlage auswählen, die Sie senden möchten. Da E-Mail-Vorlagen mit einem Entitätstyp definiert werden, lassen sich nur Vorlagen spezifisch für die Entität, mit der Sie arbeiten, oder eine der globalen Vorlagen auswählen. Im Beispiel können Sie also keine Firmen- oder Lead-Vorlage von dieser Seite senden, weil die Schaltfläche *Serien-E-Mail senden* in der Symbolleiste der Kontakttabelle angeklickt wurde. Um eine andere E-Mail-Vorlage auszuwählen, klicken Sie einfach auf ihren Namen im Auswahlfeld.

Nachdem Sie die E-Mail-Vorlage ausgewählt haben, die Sie senden möchten, können Sie festlegen, an welche Datensätze die Nachricht zu senden ist. Die Nachricht können Sie nur an ausgewählte Datensätze senden, an alle Datensätze auf der aktuellen Seite oder an alle Datensätze auf allen Seiten in der ausgewählten Ansicht.

Unabhängig vom Wert, den Sie auswählen, sendet Microsoft Dynamics CRM keine Serien-E-Mail-Nachrichten an einen Lead-, Firmen- oder Kontaktdatensatz, wenn das Attribut *Massen-E-Mails nicht zulassen* oder *E-Mails nicht zulassen* für den Datensatz auf *Nicht zulassen* gesetzt ist. Diese beiden Einstellungen finden Sie auf der Registerkarte *Verwaltung*, falls Sie die Werte ändern möchten.

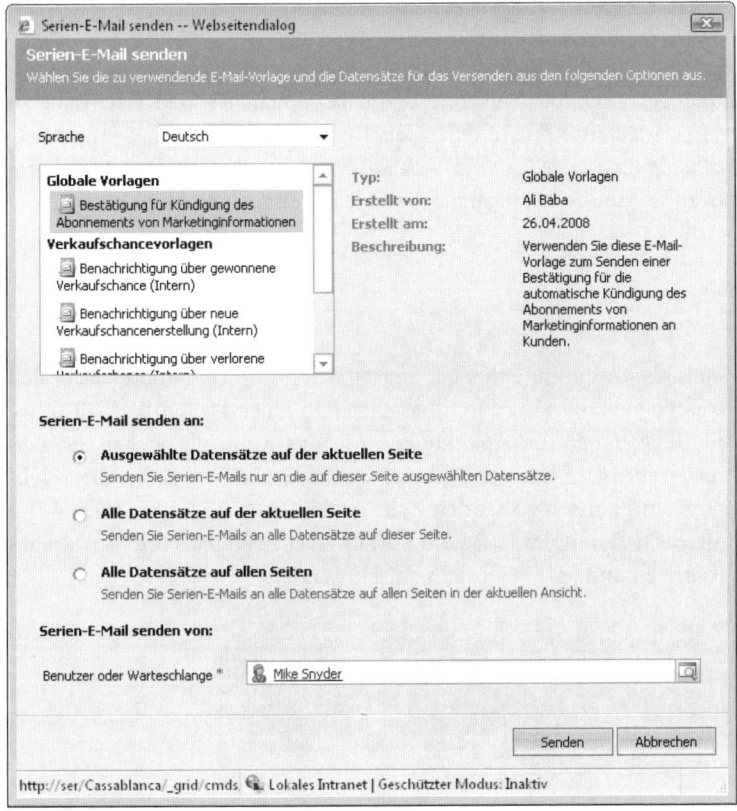

Abbildung 2.16   Das Dialogfeld Serien-E-Mail senden

Standardmäßig setzt Microsoft Dynamics CRM den momentan angemeldeten Benutzer als Absender der E-Mail-Nachricht ein. Diesen Wert können Sie ändern, indem Sie auf die *Durchsuchen*-Schaltfläche klicken und einen anderen Benutzer oder eine Warteschlange auswählen.

ACHTUNG   Gehen Sie mit dem Feature *Serien-E-Mail* vorsichtig um! Wenn Sie auf die Schaltfläche *Senden* klicken, sendet Microsoft Dynamics CRM die Nachricht unverzüglich. Es gibt weder eine Vorschau noch eine *Abbrechen*-Option – stellen Sie also sicher, dass Ihre Nachricht wirklich sendebereit ist, wenn Sie auf *Senden* klicken.

Alles in allem bietet das Feature *Serien-E-Mail* die folgenden Vorteile und Einschränkungen:

- Serien-E-Mail-Nachrichten können Sie an viele verschiedene Entitäten wie zum Beispiel *Leads*, *Firmen*, *Kontakte*, *Verkaufschancen*, *Angebote* und *Aufträge* senden.

- Serien-E-Mail verwendet vorher erstellte E-Mail-Vorlagen.

- Es ist nicht möglich, eine E-Mail-Anlage mit Serien-E-Mail-Nachrichten zu verschicken.

- Serien-E-Mail-Nachrichten lassen sich an ausgewählte Datensätze in einer Ansicht oder an alle Datensätze in einer Ansicht senden, unabhängig von der Anzahl der Seiten in dieser Ansicht.

- Die Nachricht lässt sich nicht als Vorschau anzeigen, bevor sie gesendet wird.

Schnellkampagne

Mit dem Microsoft Dynamics CRM-Feature *Schnellkampagne* können Sie eine große Anzahl von E-Mail-Nachrichten an eine Gruppe von Empfängern senden. Um eine Schnellkampagne-E-Mail-Nachricht zu senden, wählen Sie einfach eine Gruppe von Datensätzen in einer Tabelle aus, klicken in der Symbolleiste der Tabelle auf die Schaltfläche *Schnellkampagne erstellen* und wählen dann aus, welche Datensätze der Tabelle in die Schnellkampagne einbezogen werden sollen. Dabei haben Sie folgende Optionen:

- Für ausgewählte Datensätze
- Für alle Datensätze auf aktueller Seite
- Für alle Datensätze auf allen Seiten

Nachdem Sie die einzubindenden Datensätze ausgewählt haben, startet Microsoft Dynamics CRM den Assistenten zum Erstellen von Schnellkampagnen, der Sie durch das Erstellen einer Massen-E-Mail führt. Auf der Seite *Auswählen von Typ und Besitzer der Aktivität* können Sie das Kontrollkästchen *E-Mail-Nachrichten automatisch senden und entsprechende E-Mail-Aktivitäten schließen* aktivieren, um die Nachrichten nach Fertigstellung des Assistenten automatisch zu senden (wie in Abbildung 2.17 zu sehen). Wenn Sie diese Option deaktivieren, erstellt Microsoft Dynamics CRM die E-Mail-Nachrichten als offene Aktivitäten, sendet sie aber erst an Empfänger, wenn jemand jede Nachricht einzeln sendet.

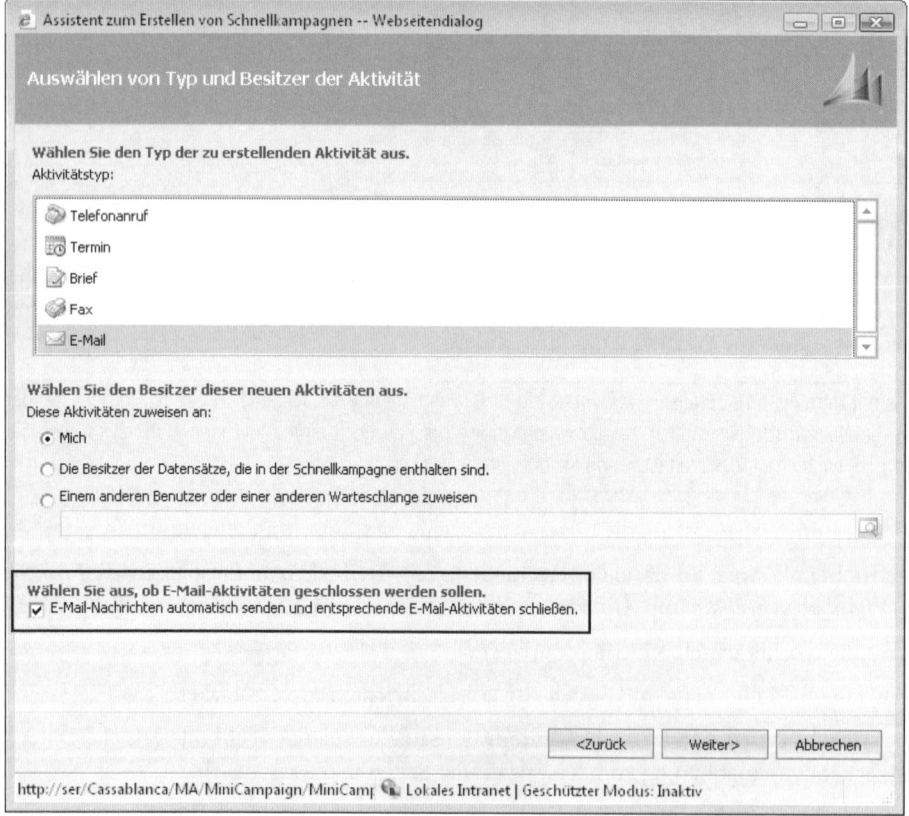

Abbildung 2.17   Festlegen, ob die E-Mail-Nachrichten der Schnellkampagne bei Fertigstellung des Assistenten gesendet werden sollen

Schnellkampagnen geben Ihnen auch die Möglichkeit, Kundeninteressen als *Kampagnenreaktionen* aufzuzeichnen. Mithilfe einer Kampagnenantwort können Sie erfassen, wie ein bestimmter Kunde auf eine Ihrer Kampagnenanstrengungen reagiert hat. Den Kampagnenantwortdatensatz können Sie manuell für jeden Empfänger erstellen oder mit einem Datenimport eine größere Anzahl von Datensätzen laden. In Schnellkampagnen erzeugt Microsoft Dynamics CRM nicht automatisch Kampagnenantworten für Sie.

Alles in allem weisen Schnellkampagnen die folgenden Vorteile und Einschränkungen auf:

- Sie lassen sich nur auf Datensätze von Leads, Firmen, Kontakten und Marketinglisten anwenden.

- Ein Assistent führt Sie durch das Erstellen von Schnellkampagnen-E-Mail-Nachrichten.

- Sie können keine E-Mail-Vorlagen verwenden, wenn Sie eine Schnellkampagne senden.

- In eine E-Mail-Nachricht, die in einer Schnellkampagne erstellt wurde, können Sie keine Anlage einbinden.

- Schnellkampagnen speichern die Gruppe der Datensätze, an die Sie die Nachricht senden, falls Sie später zurückgehen und auf diese Informationen verweisen müssen.

- Es lassen sich keine Schnellkampagnen für Nicht-E-Mail-Aktivitäten wie Aufgaben und Telefonanrufe erstellen.

- Antwortdaten können Sie mithilfe der Entität *Kampagnenreaktion* erfassen.

- Schnellkampagnen-E-Mail-Nachrichten können Sie an ausgewählte Datensätze in einer Ansicht oder an alle Datensätze in einer Ansicht unabhängig von der Anzahl der Seiten in dieser Ansicht senden.

Workflowregeln

Wenn weder das Feature *Serien-E-Mail* noch das Feature *Schnellkampagne* Ihren Anforderungen entspricht, können Sie das Workflowmodul von Microsoft Dynamics CRM für das Senden von Massen-E-Mail heranziehen. Da Kapitel 8 die Einzelheiten erläutert, wie Sie eine Workflowregel einrichten, konfigurieren und ausführen, um E-Mail zu senden, gehen wir an dieser Stelle nicht weiter darauf ein. Allerdings möchten wir schon jetzt Workflow als brauchbare Option für Massen-E-Mail hervorheben, weil sie einige Vorteile gegenüber Serien-E-Mail und Schnellkampagnen bietet:

- Workflow-E-Mail-Nachrichten können E-Mail-Vorlagen verwenden oder Sie erstellen die E-Mail-Nachricht manuell.

- Einer manuell erstellten Workflow-E-Mail-Nachricht können Sie Dateianlagen (eine oder mehrere) hinzufügen.

- Workflow-E-Mail-Nachrichten können Sie automatisch basierend auf unterschiedlichen Triggerereignissen senden, die Sie in der Workflowregel konfigurieren, beispielsweise das Aktualisieren eines Felds oder das Ändern eines Datensatzstatus.

Leider gehört zur Verwendung von Workflow für Massen-E-Mail eine signifikante Einschränkung: Sie können eine Workflowregel nur manuell auf eine einzelne Seite von Datensätzen in einer Tabelle anwenden. Wenn Sie also tausende E-Mail-Nachrichten senden möchten, müssen Sie alle Datensätze auf einer Seite auswählen und dann die Workflowregel anwenden. Dann müssen Sie zur nächsten Seite von Datensätzen gehen und das Prozedere wiederholen. Haben Sie Microsoft Dynamics CRM für die Anzeige von 100 Datensätzen je Seite konfiguriert, ist das Ganze 10-mal erforderlich, um alle tausend E-Mail-Nachrichten durch manuell angewandten Workflow zu senden. Diese Einschränkung lässt sich umgehen, wenn Sie die Workflowregel so konfigurieren, dass sie automatisch basierend auf einem anderen Kriterium auslöst.

TIPP   Es lassen sich bis zu 250 Datensätze je Seite anzeigen, indem Sie die Standardkonfiguration von 50 Datensätzen pro Seite ändern. Auf diese Einstellung greifen Sie über *Tools / Optionen* auf der Symbolleiste der Anwendung zu.

Zusammenfassung für Massen-E-Mail

Tabelle 2.2 fasst einige wichtige Unterschiede der Massen-E-Mail-Optionen für Microsoft Dynamics CRM zusammen.

	Serien-E-Mail	Schnellkampagne	Workflow
E-Mail-Vorlagen verwenden	Ja	Nein	Ja
Kann Bilder und Hyperlinks in die E-Mail-Nachricht einbinden	Ja	Ja	Ja
Verfügbare Entitäten	Leads, Kontakte, Verkaufschancen, Firmen, Angebote, Aufträge usw.	Nur Leads, Firmen, Kontakte und Marketinglisten	Jede beliebige Entität, einschließlich benutzerdefinierter Entitäten
Auswahl des E-Mail-Empfängers	Alle oder bestimmte Datensätze in einer Ansicht	Alle oder bestimmte Datensätze in einer Ansicht	Workflow lässt sich nur manuell auf alle Datensätze einer Seite anwenden (maximal 250 Datensätze)
Kann eine Dateianlage einbinden	Nein	Nein	Ja
Arbeitet mit Kampagnenantworten	Nein	Ja	Nein
Verfolgt Öffnen von E-Mail	Nein	Nein	Nein
Verfolgt Hyperlinks, die in der E-Mail angeklickt werden	Nein	Nein	Nein

Tabelle 2.2   Zusammenfassung der Optionen für Massen-E-Mail

Seriendruck

Microsoft Dynamics CRM bietet einige Optionen, sodass Sie eine große Anzahl von Briefen, Umschlägen oder Etiketten schnell und einfach erstellen können. Unter anderem sind das die folgenden Optionen:

- Die Seriendruckfunktion von Microsoft Dynamics CRM verwenden.

- Die Seriendruckfunktion in Microsoft Office Word verwenden, wobei gefilterte Microsoft Dynamics CRM-Ansichten als Datenquelle dienen.

- Die Seriendruckfunktion in Word verwenden, wobei Daten, die von Microsoft Dynamics CRM nach Microsoft Office Excel exportiert wurden, als Datenquelle dienen.

- Einen Microsoft SQL Server Reporting Services-Bericht schreiben.

- Eine spezielle Briefgenerierungsanwendung mit dem Microsoft Dynamics CRM-SDK schreiben.

Obwohl Sie wahrscheinlich vor allem die Seriendruckfunktion von Microsoft Dynamics CRM verwenden werden, können die anderen Optionen für die Dokumentgenerierung bestimmten Ansprüchen genügen, die die Seriendruckfunktion nicht bieten kann. In diesem Buch konzentrieren wir uns auf die Microsoft Dynamics CRM-Seriendruckfunktion.

Im Webclient oder in Microsoft Dynamics CRM für Outlook können Benutzer auf das Seriendruckfeature zugreifen, um Worddokumente für Datensätze in ihren Datenbanken zu generieren. Benutzer greifen auf das Seriendruckfeature zu, indem sie in der Symbolleiste der Tabelle auf die Schaltfläche *Seriendruck* (mit dem Word-Symbol) klicken. Standardmäßig umfasst Microsoft Dynamics CRM Vorlagen für die Entitäten *Lead*, *Firma*, *Kontakt*, *Angebot* und *Verkaufschance*, doch können Sie auch Seriendruckvorlagen für benutzerdefinierte Entitäten erstellen. Außerdem können Benutzer die Seriendruckfunktion von einem einzelnen Datensatz aus starten, indem sie im Menü *Aktionen* des Entitätsdatensatzes auf *Seriendruck* klicken. Wenn Sie einen Seriendruck starten, öffnet Microsoft Dynamics CRM automatisch das Dialogfeld *Seriendruck für Microsoft Dynamics CRM für Microsoft Office Word* (siehe Abbildung 2.18).

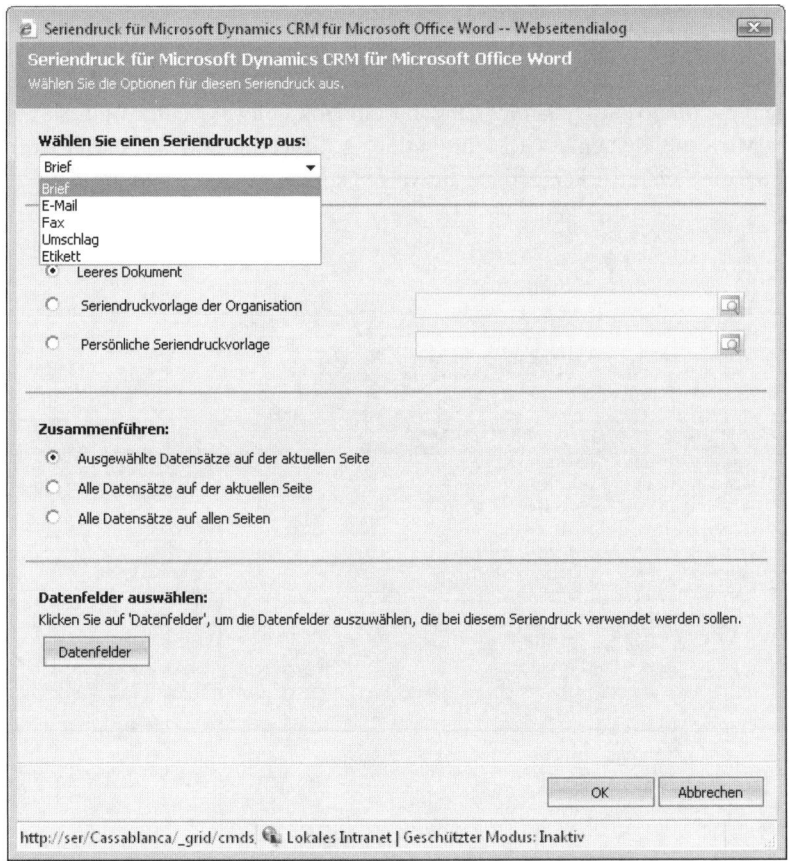

Abbildung 2.18   Das Dialogfeld Seriendruck für Microsoft Dynamics CRM für Microsoft Office Word

In diesem Dialogfeld legen Sie fest, ob Sie mit einem leeren Dokument beginnen oder eine vorhandene Seriendruckvorlage auswählen möchten. Microsoft Dynamics CRM bringt etwa zehn Seriendruckvorlagen mit.

Außerdem können Sie wählen, welche Datensätze Sie in den Seriendruckvorgang einbinden möchten. Analog zu Serien-E-Mail können Sie nur ausgewählte Datensätze, alle Datensätze auf der aktuellen Seite oder alle Datensätze auf allen Seiten zusammenführen.

Schließlich legen Sie fest, welche Datenfelder im Seriendruck verwendet werden sollen. Wenn Sie eine Seriendruckvorlage auswählen, die bereits Datenfelder enthält, brauchen Sie die Datenfelder nicht noch einmal zu spezifizieren. Wenn Sie aber eine neue Vorlage von einem leeren Dokument erstellen, müssen Sie die einzubindenden Datenfelder bestimmen. Beachten Sie folgende Punkte, wenn Sie Datenfelder auswählen:

- Sie können Felder von der Entität auswählen, für die Sie den Seriendruck ausführen, einschließlich aller von Ihnen hinzugefügten benutzerdefinierten Attribute.
- Sie können Felder von verknüpften Entitäten auswählen, einschließlich benutzerdefinierter Entitäten und Entitäten, die über benutzerdefinierte Beziehungen verknüpft sind.
- Es lassen sich keine Felder auf einer benutzerdefinierten Entität auswählen, wenn zwischen dieser Entität und der Seriendruckentität eine n:1-Beziehung besteht.
- Sie können maximal 62 Datenfelder einbinden.

Was als Nächstes erscheint, nachdem Sie auf *OK* geklickt haben, hängt davon ab, ob Sie den Seriendruck auf einem Computer ausführen, auf dem die Microsoft Dynamics CRM für Outlook-Software läuft. Wenn Sie auf einem Computer arbeiten, auf dem Microsoft Dynamics CRM für Outlook geöffnet und aktiv ist, startet Word und es erscheint eine Liste, aus der Sie die Seriendruckempfänger auswählen können (siehe Abbildung 2.19).

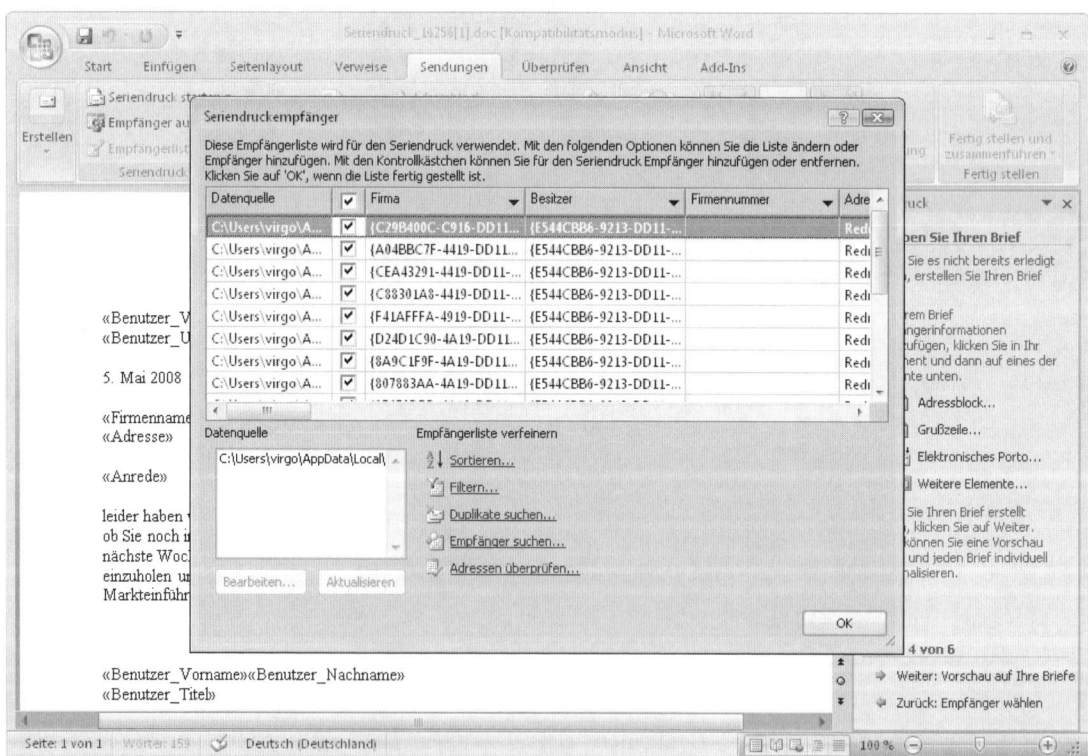

Abbildung 2.19   Seriendruckempfänger auswählen

Wenn Sie einen Seriendruck von einem Computer starten, auf dem Microsoft Dynamics CRM für Outlook nicht läuft, startet Word und zeigt ein Dokument an, das wie in Abbildung 2.20 dargestellt aussieht.

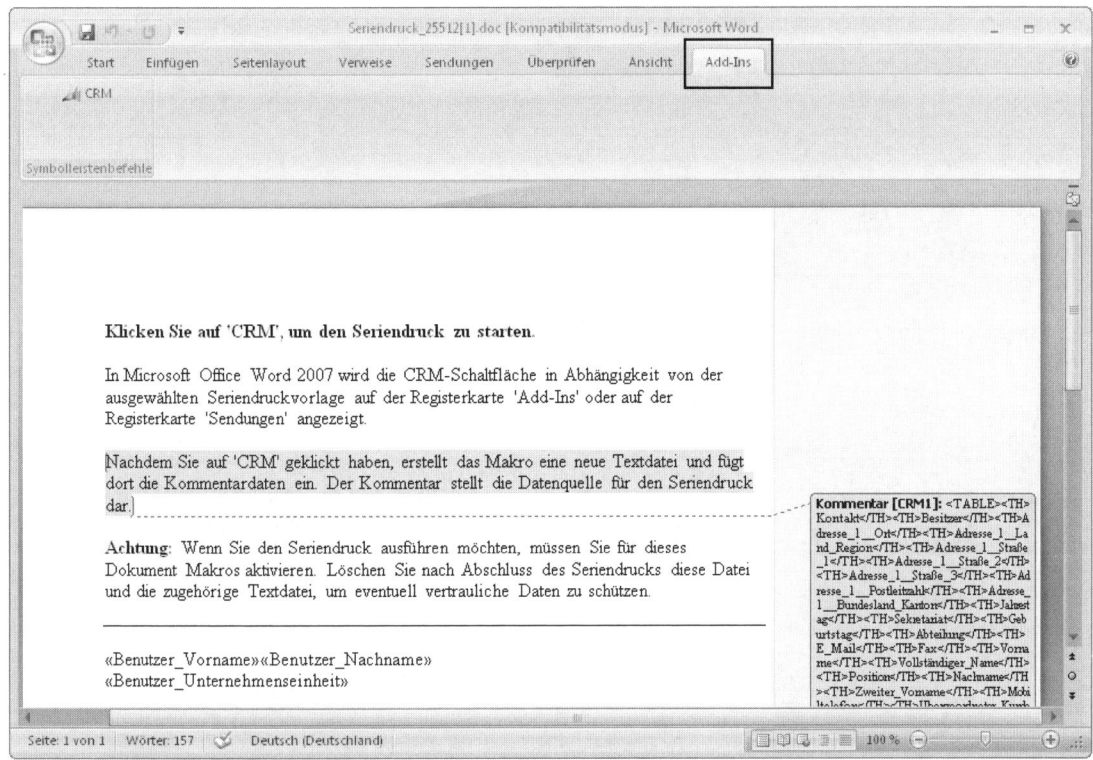

Abbildung 2.20   Das Interimdokument wird erstellt, wenn ein Seriendruck auf einem Computer gestartet wird, auf dem Microsoft Dynamics CRM für Outlook nicht läuft.

Wenn Sie auf der Registerkarte *Add-Ins* auf die Schaltfläche *CRM* klicken, führt Word ein Makro aus, das die Seriendruckdaten in das Dokument lädt. Dann erscheint die Liste der Empfänger wie sie Abbildung 2.19 weiter vorn gezeigt hat. Klicken Sie auf *OK*, um die Empfänger zu bestätigen, oder bearbeiten Sie die Liste je nach Bedarf. Von diesem Punkt an verhält sich der Seriendruck genau wie das Word-Feature Seriendruck, in dem Sie unter anderem Seriendruckfelder einfügen, das Dokument modifizieren, Regeln hinzufügen oder eine Vorschau des Briefs anzeigen können.

HINWEIS   Es ginge über den Rahmen dieses Buches hinaus, die Einzelheiten zu erläutern, wie Sie den Seriendruck in Word einrichten und verwenden. Es wird hier angenommen, dass Sie mit den Konzepten und Techniken in Bezug auf den Word-Seriendruck vertraut sind.

Wenn der Seriendruck abgeschlossen ist, haben Benutzer mit laufendem Microsoft Dynamics CRM für Outlook einige zusätzliche Optionen. Erstens können Benutzer wählen, die endgültige Version der Vorlage in Microsoft Dynamics CRM hochzuladen. Dieser Upload kann entweder eine vollkommen neue Vorlage erstellen oder er kann die Vorlage modifizieren, die Sie beim Starten des Seriendrucks ausgewählt haben (siehe Abbildung 2.21).

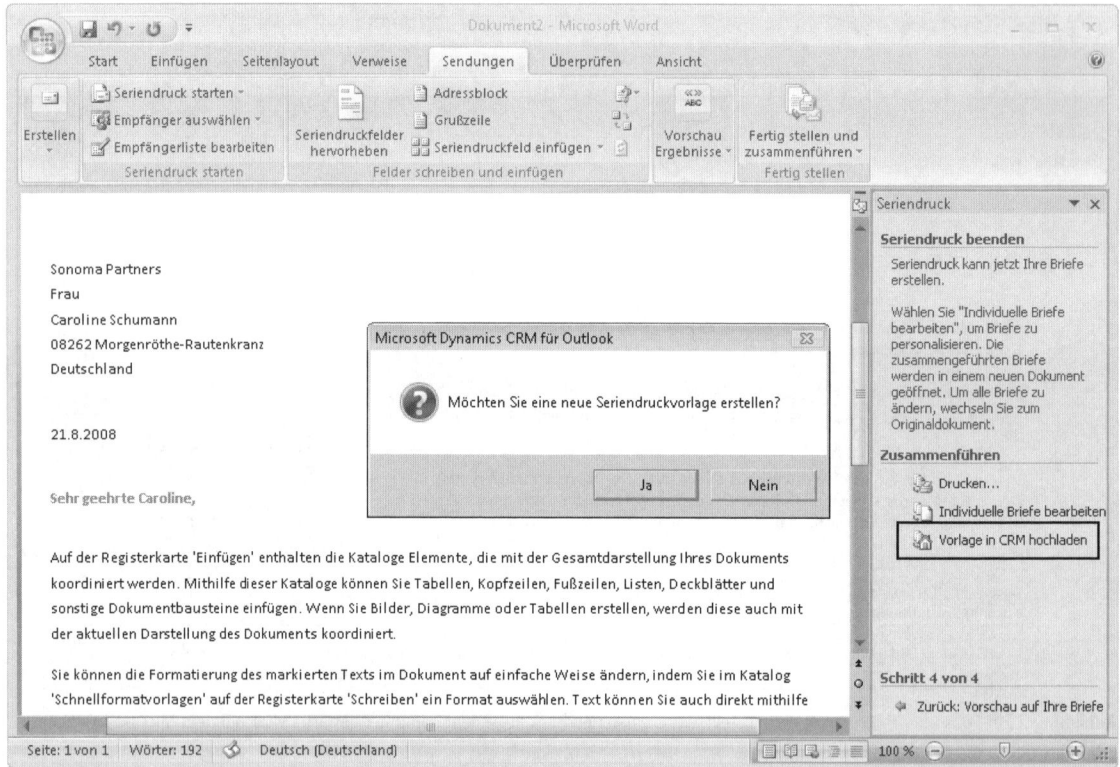

Abbildung 2.21   Hochladen einer Seriendruckvorlage in Microsoft Dynamics CRM

Zweitens können Seriendruckbenutzer mit laufendem Microsoft Dynamics CRM für Outlook *Brief*-Aktivitäten in Microsoft Dynamics CRM erstellen, um den fertig gestellten Seriendruck aufzuzeichnen. Wenn Benutzer auf den Link *Drucken* oder *Individuelle Briefe bearbeiten* klicken, wird das Dialogfeld *Aktivitäten erstellen* geöffnet (siehe Abbildung 2.22).

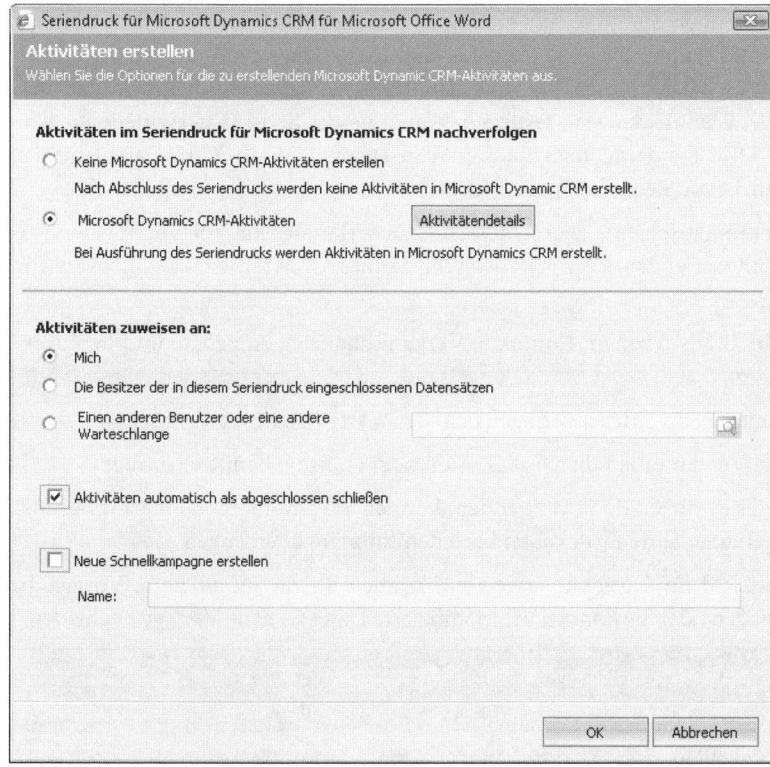

Abbildung 2.22 Das Dialogfeld Aktivitäten erstellen im Seriendruck

Wenn Sie auf die Schaltfläche *Aktivitätendetails* klicken, können Sie den Betreff der fertig gestellten Brief-Aktivität modifizieren, um den Zweck des Seriendrucks besser zu beschreiben. Außerdem bindet Microsoft Dynamics CRM automatisch die endgültige Version des Word-Dokuments (mit zusammengeführten Daten) als Anlage zur Brief-Aktivität ein.

WICHTIG   Wenn Sie den Seriendruck auf einem Computer verwenden, auf dem Microsoft Dynamics CRM für Outlook läuft, können Benutzer die Vorlage in Microsoft Dynamics CRM hochladen und Brief-Aktivitäten erstellen, die automatisch den Seriendruck im Verlauf des Datensatzes aufzeichnen. Solange Microsoft Dynamics CRM für Outlook geöffnet und aktiv ist, können Benutzer auf diese zusätzlichen Features von Outlook aus oder über den Webclient zugreifen. Wenn jedoch Outlook geschlossen ist, können Benutzer diese Features auch nicht im Webclient verwenden, selbst wenn Microsoft Dynamics CRM für Outlook auf dem Computer installiert ist.

Am Ende des Seriendruckvorgangs können Sie nicht nur eine neue Seriendruckvorlage erstellen, sondern auch neue Vorlagen erstellen und hochladen. Dazu klicken Sie auf *Einstellungen*, wählen *Vorlagen* und klicken dann auf *Seriendruckvorlagen*. Hier können Sie nun den Namen, die zugeordnete Entität, den Besitzer, die Sprache für die Vorlage, Datenfelder usw. festlegen. Wenn Sie die Seriendruckvorlage hochladen, erinnert Microsoft Dynamics CRM Sie daran, dass Sie die Word-Datei als Word-XML-Datei (mit der Erweiterung *.xml*) speichern müssen, bevor Sie sie hochladen können.

Microsoft Dynamics CRM erstellt automatisch eine abgeschlossene *Brief*-Aktivität für jeden der Datensätze in Ihrem Seriendruck. Wenn Sie mit Seriendruck in Microsoft Dynamics CRM arbeiten, sollten Sie die folgenden Punkte beachten:

- Seriendrucke können Sie nur für Leads, Firmen, Kontakte, Verkaufschancen, Angebote und benutzerdefinierte Entitäten erstellen.

- Sie können eigene benutzerdefinierte Seriendruckvorlagen erstellen.

- Als Besitzer von Seriendruckvorlagen kommen die Organisation oder einzelne Benutzer infrage.

- Wenn Sie Microsoft Dynamics CRM für Outlook verwenden, können Sie automatisch eine abgeschlossene Brief-Aktivität mit der angefügten Seriendruckdatei für jeden Empfänger erzeugen.

- Wenn Sie Microsoft Dynamics CRM für Outlook verwenden, können Sie die modifizierte Vorlage in Microsoft Dynamics CRM hochladen oder Sie können die modifizierte Datei als neue Vorlage hochladen.

Seriendruck für aktualisierte benutzerdefinierte Entitäten aktivieren

Wenn Sie ein Upgrade von Microsoft Dynamics CRM 3.0 auf Microsoft Dynamics CRM 4.0 vorgenommen haben, ist Ihnen sicherlich aufgefallen, dass Sie Ihre benutzerdefinierte Entität nicht als Ziel für eine Seriendruckvorlage auswählen können. Wenn Sie jedoch eine neue benutzerdefinierte Entität in Microsoft Dynamics CRM 4.0 erstellen, können Sie diese benutzerdefinierte Entität als Ziel der Seriendruckvorlage auswählen. Microsoft hat entschieden, den Seriendruck für aktualisierte benutzerdefinierte Entitäten standardmäßig nicht zu aktivieren. Und leider können Sie den Seriendruck in der Benutzeroberfläche nicht reaktivieren. Allerdings lässt sich der Seriendruck reaktivieren, wenn Sie die Datei *customizations.xml* für eine benutzerdefinierte Entität exportieren und ein neues Element namens *IsMailMergeEnabled* in die *.xml*-Datei hinzufügen (wie es Abbildung 2.23 mit XML Notepad 2007 zeigt). ▶

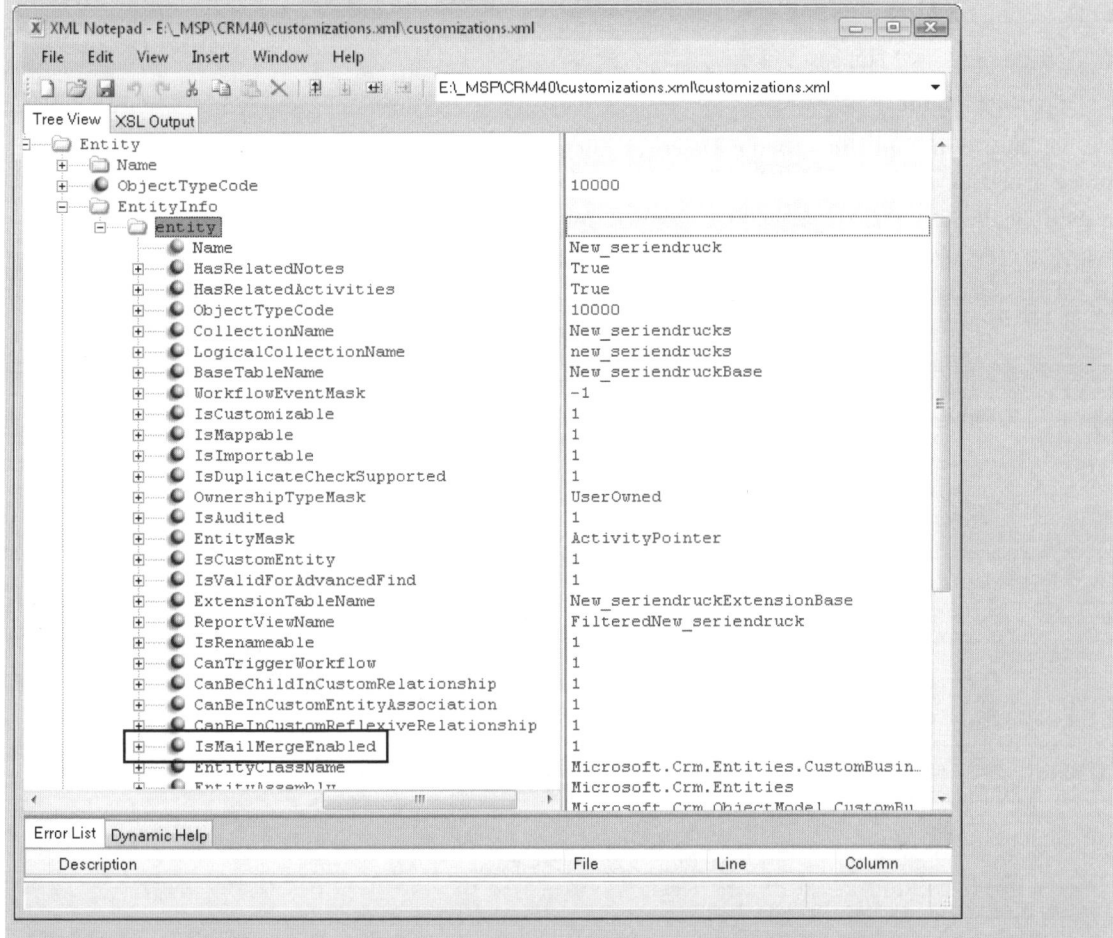

Abbildung 2.23 In XML Notepad 2007 ein neues Element einfügen, um Seriendruck für benutzerdefinierte Entitäten zu aktivieren

Setzen Sie einfach den Wert dieses neuen Elements auf 1, importieren Sie dann die Entitätsanpassungen erneut und veröffentlichen Sie die Entität. Dann können Sie diese benutzerdefinierte Entität als Ziel einer Seriendruckvorlage auswählen.

Datenverwaltung

Nur sehr selten stellt eine Firma Microsoft Dynamics CRM bereit, ohne dass bereits Kundendaten vorhanden sind. Selbst wenn Sie bisher noch nicht mit einem Softwaresystem für Kundendaten (Namen, Adressen usw.) arbeiten, haben Sie wahrscheinlich jede Menge Kundendaten in verschiedenen Excel- und Outlook-Dateien abgelegt. Folglich gehört zu jeder Bereitstellung von Microsoft Dynamics CRM auch ein Importvorgang. Und was stellen Sie fest, nachdem Sie alle Ihre Dateien in Microsoft Dynamics CRM erfasst haben? Es zeigt sich, dass in Ihrer Datenbank unzählige doppelte Datensätze vorkommen, die Sie entfernen sollten! Doch ist das kein Beinbruch! Microsoft Dynamics CRM umfasst mehrere Tools für die Datenverwaltung, zu denen unter anderem folgende gehören:

- Datenimport-Assistent

- Datenmigrations-Manager

- Duplikaterkennung

Die beiden ersten Tools importieren Daten in Microsoft Dynamics CRM. Welches Tool Sie verwenden sollten, hängt davon ab, was Sie damit erreichen möchten. Tabelle 2.3 gibt einige wichtige Unterschiede zwischen dem Datenimport-Assistenten und dem Datenmigrations-Manager an.

Kategorie	Datenimport-Assistent	Datenmigrations-Manager
Welche Benutzer können auf das Tool zugreifen?	Konfigurierbar mit Sicherheitsrollen	Nur Microsoft Dynamics CRM-Systemadministratoren
Importieren von Daten in benutzerdefinierte Entitäten und benutzerdefinierte Attribute?	Ja	Ja
Anzahl der Quelldatendateien	1 je Import	Mehrere Dateien je Import
Zuweisung importierter Datensätze	Muss alle Datensätze einem Benutzer zuordnen	Kann Datensätze mehreren Benutzern zuordnen
Duplikate beim Importieren erkennen?	Ja	Nein
Wert des Attributs *CreatedOn* von den Quelldaten setzen?	Nein, das *CreatedOn*-Datum entspricht der Zeit, zu der der Datensatz importiert wird	Ja
Alle Daten von einem einzelnen Import zum Löschen auswählen?	Nein	Ja
Automatisch Quelldaten zu Microsoft Dynamics CRM-Feldern zuordnen?	Ja, nimmt Zuordnung basierend auf Spaltenüberschriften in Quelldatei vor	Nein
Auswahllistenzuordnung	Umfasst ein Benutzeroberflächentool, um Quelldaten mit Auswahllisten abzugleichen	Muss eine Datenzuordnung von Auswahllistenwerten erstellen
Microsoft Dynamics CRM mit neuen Entitäten und Attributen en passant basierend auf importierten Daten anpassen?	Nein	Ja
Daten beim Importieren transformieren?	Nein	Ja, umfasst Zeichenfolgen- und Datumsfunktionen wie zum Beispiel Aufteilen, Bilden von Teilzeichenfolgen, Ersetzen und Verketten
E-Mail-Benachrichtigung bei Fertigstellung des Imports?	Ja	Nein

Tabelle 2.3   Unterschiede zwischen dem Datenimport-Assistenten und dem Datenmigrations-Manager

Als Nächstes sehen wir uns diese verschiedenen Datenverwaltungstools näher an.

Datenimport-Assistent

Wie aus Tabelle 2.3 hervorgeht, hat Microsoft den Datenimport-Assistenten hauptsächlich zum Importieren von Daten durch den Endbenutzer konzipiert. Es fehlen einige leistungsfähigere Features, wie sie im Datenmigrations-Manager realisiert sind. Allerdings kann der Datenimport-Assistent mit seiner ansprechenden und einfachen Benutzeroberfläche die meisten grundlegenden Datenimportbedürfnisse erfüllen. Die grundlegenden Schritte, um Daten mit dem Datenimport-Assistenten zu importieren, sehen immer gleich aus:

1. Die Importdatei vorbereiten.
2. Eine Datenzuordnung erstellen.
3. Die Datensätze importieren.
4. Die Ergebnisse anzeigen und Fehler korrigieren.

Die Importdatei vorbereiten

Zweifellos müssen Sie die Daten in einer elektronischen Datei zusammentragen, bevor Sie irgendetwas importieren können. Die Importdatei sollte die folgenden Kriterien erfüllen:

- Die Datendatei muss in einem Format mit Trennzeichen – Komma, Doppelpunkt, Semikolon oder Tabulator – vorliegen. Wenn einer Ihrer Datensätze das Trennzeichen selbst in seinem Datensatz verwendet, müssen Sie (einfache) Anführungszeichen als Datentrennzeichen hinzufügen.

- Für jeden zu importierenden Entitätstyp brauchen Sie eine Importdatei. Möchten Sie zum Beispiel Leads, Firmen und Kontakte importieren, sind drei Dateien erforderlich.

- Da alle Datensätze, die Sie über den Datenimport-Assistenten importieren, einem einzelnen Besitzer zugeordnet werden, sollten Sie Ihre Importdateien entsprechend aufteilen. Alternativ können Sie alle Datensätze zu einem einzelnen Besitzer importieren und sie nach Abschluss des Imports neu zuweisen.

- Die erste Zeile der Datendatei sollte Spaltenüberschriften enthalten. Wenn Sie die Spaltenüberschriften entsprechend den Anzeigenamen der Attribute festlegen, ordnet der Datenimport-Assistent die Spalten den passenden Feldern in Microsoft Dynamics CRM zu.

- Die erste Spaltenüberschrift darf kein Entitätsname sein. Wenn Sie beispielsweise Kontakte importieren, darf die erste Spaltenüberschrift nicht *Firmen* lauten, weil dies ein Entitätsname ist.

- Achten Sie darauf, eine Spalte für jedes durch das Unternehmen vorgeschriebene Feld in der Entität vorzusehen.

- Jedes Importfeld darf höchstens 4 MB groß sein.

- Möchten Sie Daten importieren, die sich auf zwei oder mehr Entitäten gemeinsam beziehen, muss die Spalte, die die beiden Datensätze verknüpft, dem primären Attribut des verknüpften Datensatzes entsprechen. Wenn Sie zum Beispiel Kontakte importieren und sie mit Firmen abgleichen möchten, müssen Sie den Firmennamen einbinden, weil das Attribut *Name* das Primärattribut der Entität *Firma* ist.

TIPP   Außer das primäre Attribut der bezogenen Entität einzubinden (in der Regel den Namen), können Sie auch importierte Datensätze mit vorhandenen bezogenen Microsoft Dynamics CRM-Datensätzen verknüpfen, indem Sie die GUID (Globally Unique IDentifier) in die geeignete Spalte einbinden. Die GUID für einen Datensatz finden Sie mithilfe einer gefilterten Ansicht oder Datenbankabfrage. Außerdem können Sie danach manuell in der Benutzeroberfläche für einen einzelnen Datensatz suchen. Die GUID ist eine Hexadezimalzahl mit 32 Ziffern in der Abfragezeichenfolge.

Eine Datenzuordnung erstellen

Wenn Sie Ihre Quelldatendateien vorbereitet haben, müssen Sie als Nächstes eine Datenzuordnung erstellen, um die zu importierenden Daten den richtigen Microsoft Dynamics CRM-Datenfeldern zuzuordnen. Datenzuordnungen erstellen Sie nach einem der folgenden Verfahren:

- **Automatisch:** Beim Importieren mit dem Datenimport-Assistent kann Microsoft Dynamics CRM automatisch eine Datenzuordnung für Sie erstellen, wenn alle Spalten in Ihrer Quelldatei den Attributanzeigenamen in Microsoft Dynamics CRM entsprechen.

- **Manuell:** Aktivieren Sie in Microsoft Dynamics CRM den Bereich *Einstellungen* und klicken Sie im Abschnitt *Datenverwaltung* auf *Datenzuordnungen*, um eine Datenzuordnung manuell einzurichten. Außerdem können Sie eine Datenzuordnung en passant mitten im Datenimport-Assistenten erstellen.

Die automatische Datenzuordnung ist zwar zeitsparender, weist aber einige Beschränkungen auf. Beispielsweise müssen Sie alle Spalten aus der Quelldatei in Microsoft Dynamics CRM importieren – es ist nicht möglich, nur bestimmte Spalten zu importieren. Außerdem können Sie die automatische Datenzuordnung nicht selektiv modifizieren. Sie müssen entweder alle oder keine Zuordnungen akzeptieren, die für Sie bereitgestellt werden.

Um eine manuelle Datenzuordnung zu erstellen, gehen Sie zum Abschnitt *Einstellungen / Datenverwaltung* von Microsoft Dynamics CRM, wählen *Datenzuordnungen* und klicken dann in der Symbolleiste der Tabelle auf *Neu*. Weisen Sie einen Namen zu, wählen Sie den Datensatztyp aus und klicken Sie auf *Speichern*. Nachdem Sie Ihre Beispieldaten geladen haben, können Sie mit der Zuordnung der Attribute beginnen. Um auf die Datenattributzuordnungen zuzugreifen, klicken Sie einfach im Navigationsbereich auf den Link *Attribute*.

HINWEIS   Die Beispieldatendatei darf nicht größer als 50 KB sein.

Abbildung 2.24 zeigt eine Beispieldatenzuordnung für eine Firmendatenquelle. Zu sehen sind alle Spaltenüberschriften der Beispieldaten und die Attribute der Firmenentität, denen die Daten zugeordnet werden sollen. Die rechte Seite des Fensters zeigt alle Attribute der Zielentität. Um die Zuordnung zwischen den Quelldaten und der Zielentität zu erstellen, klicken Sie auf die Zeile im Bereich *Quelle*, deren Daten Sie zuordnen möchten, wählen das entsprechende Attribut im Bereich *Ziel* aus und klicken dann auf die Schaltfläche *Zuordnen*. Alternativ können Sie auf das Zielattribut doppelklicken, anstatt auf die Schaltfläche *Zuordnen* zu klicken.

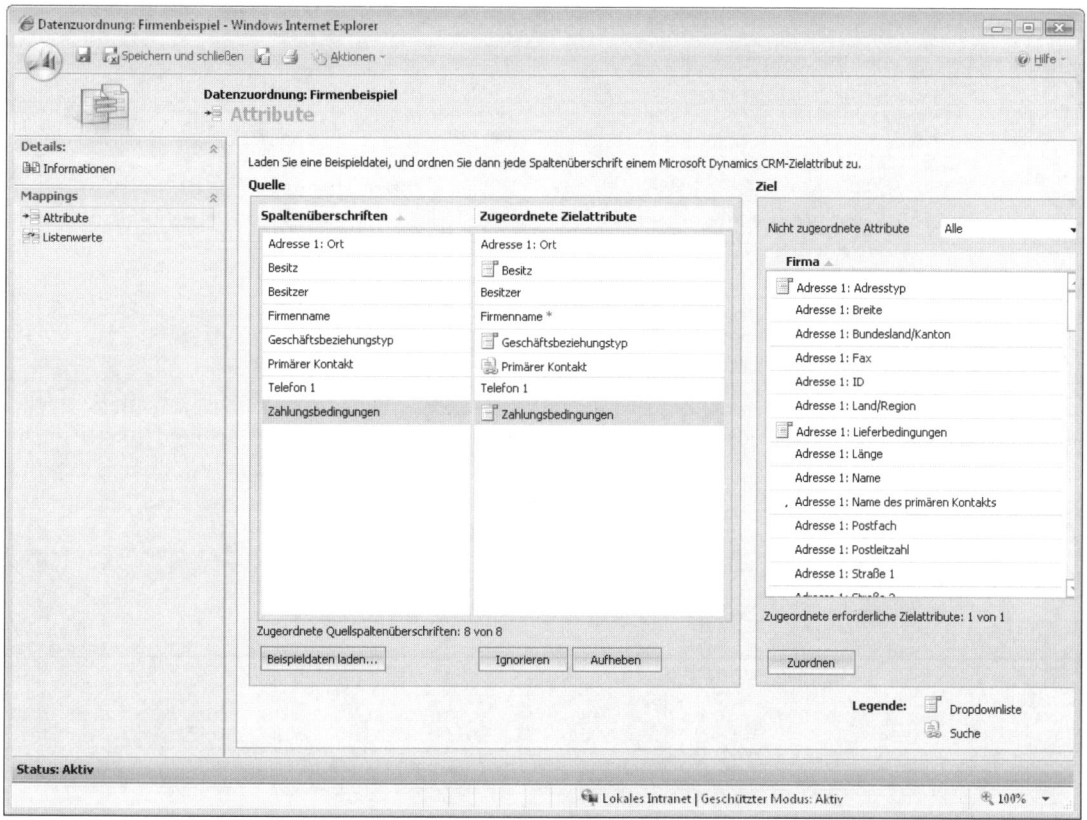

Abbildung 2.24 Beispiel einer Datenzuordnung

Die Legende in der rechten unteren Ecke zeigt an, ob es sich beim Zielattribut um eine Auswahlliste (Drop-down-Liste) oder ein Suchfeld handelt. Das Beispiel umfasst die drei Auswahllisten *Besitz*, *Zahlungsbedin-gungen* und *Geschäftsbeziehungstyp* sowie das Suchfeld *Primärer Kontakt*. Wie bereits weiter vorn erwähnt, sollten Sie darauf achten, dass die Daten in Ihren Quellsuchfeldern dem primären Attribut (bzw. der GUID) der verknüpften Entität entsprechen. Dann werden die Datensätze automatisch zugeordnet. Wenn Ihre Datenzuordnung Dropdown-Listenattribute umfasst, müssen Sie auf die Verknüpfung *Listenwerte* klicken, um einen zusätzlichen Schritt für jedes Dropdown-Listenfeld zu absolvieren und sicherzustellen, dass die Datenzuordnung korrekt funktioniert. Abbildung 2.25 zeigt den Bildschirm *Listenwerte* des Dialogfelds *Datenzuordnung*.

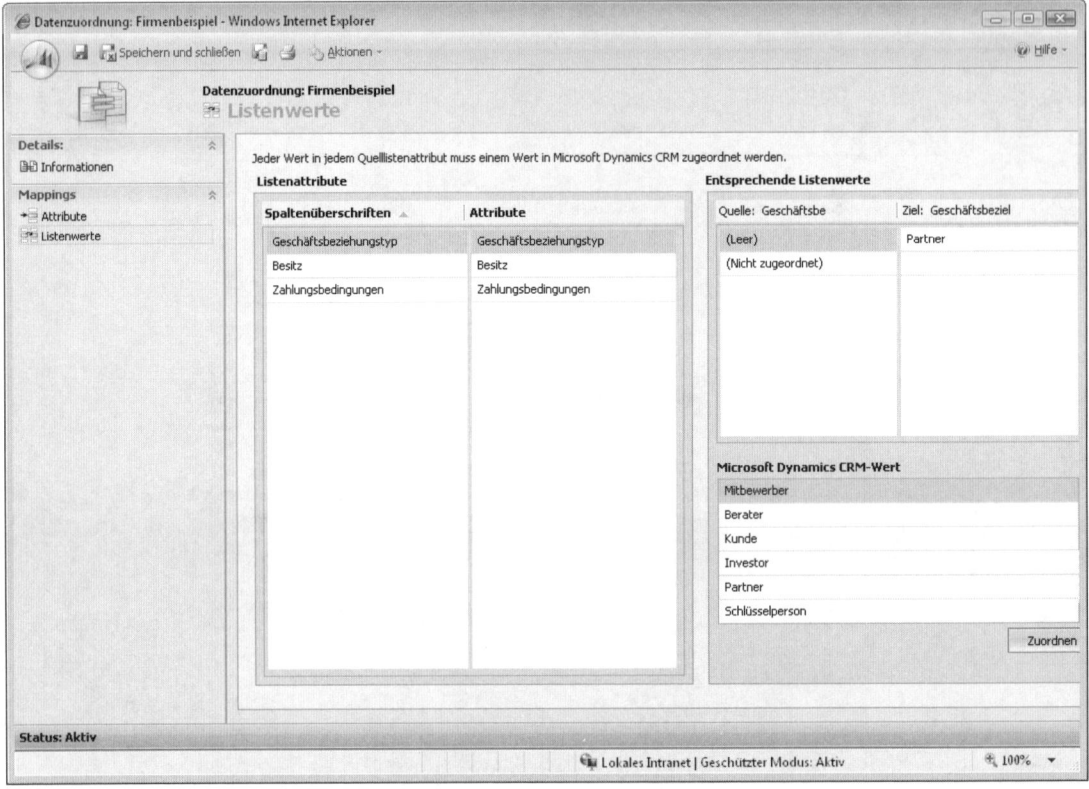

Abbildung 2.25   Zuordnung von Listenwerten

Für jede Zeile, die Sie im Bereich *Listenattribute* auswählen, werden die Werte auf der rechten Seite des Bildschirms aktualisiert. Der Bereich *Entsprechende Listenwerte* zeigt, welche Werte in der Beispieldatei erscheinen, und enthält die Optionen *(Leer)* und *(Nicht zugeordnet)*. Im Bereich *Microsoft Dynamics CRM-Wert* sind alle Werte der Dropdown-Liste für das ausgewählte Attribut aufgelistet. Um die Daten korrekt zuordnen zu können, müssen Sie einen *Microsoft Dynamics CRM-Wert* für jeden Eintrag in *Entsprechende Listenwerte* zuordnen.

WICHTIG   Wenn Sie Daten zuordnen, die Dropdown-Listen enthalten, sollten Sie unbedingt einen Datensatz mit allen möglichen Werten der Dropdown-Liste einbinden, damit Sie die Daten in der Benutzeroberfläche korrekt zuordnen können. Enthält Ihre Beispieldatei keinen Dropdown-Listenwert, den Sie zuordnen können, erhalten Sie den Fehlerwert, den Sie der Option *(Nicht zugeordnet)* zuweisen.

Wir empfehlen, dass Sie Zuordnungen für alle erforderlichen Felder Ihrer Zielentität einbinden. Nachdem Sie die Datenzuordnung konfiguriert und den Datensatz gespeichert haben, sind Sie bereit, die Daten zu importieren.

TIPP Eine Datenzuordnung können Sie im Menü *Weitere Aktionen* in der Symbolleiste der Datenzuordnung aktivieren oder deaktivieren. Jedoch ist dieser Menübefehl in einem Datenzuordnungsdatensatz nicht verfügbar. Außerdem können Sie Datenzuordnungen exportieren und importieren, sodass Sie sie von einem System auf ein anderes verschieben können (um beispielsweise eine Datenzuordnung von einer Testumgebung auf eine Produktionsumgebung zu verschieben).

Die Datensätze importieren

Nachdem Sie die Quelldatendatei und die Datenzuordnung fertig gestellt haben, können Sie die Daten in Microsoft Dynamics CRM importieren. Um den Datenimport-Assistenten zu starten, klicken Sie in der Symbolleiste der Anwendung auf *Extras* und wählen *Daten importieren*. Auf der ersten Seite des Datenimport-Assistenten können Sie Ihre Quelldatei auswählen und die in der Datei verwendeten Daten und Feldtrennzeichen spezifizieren. Auf der nächsten Seite des Assistenten wählen Sie die Entität aus, in die Sie die Daten importieren möchten. Nachdem Sie die Entität ausgewählt haben, versucht der Datenimport-Assistent, die Daten automatisch zuzuordnen (siehe Abbildung 2.26).

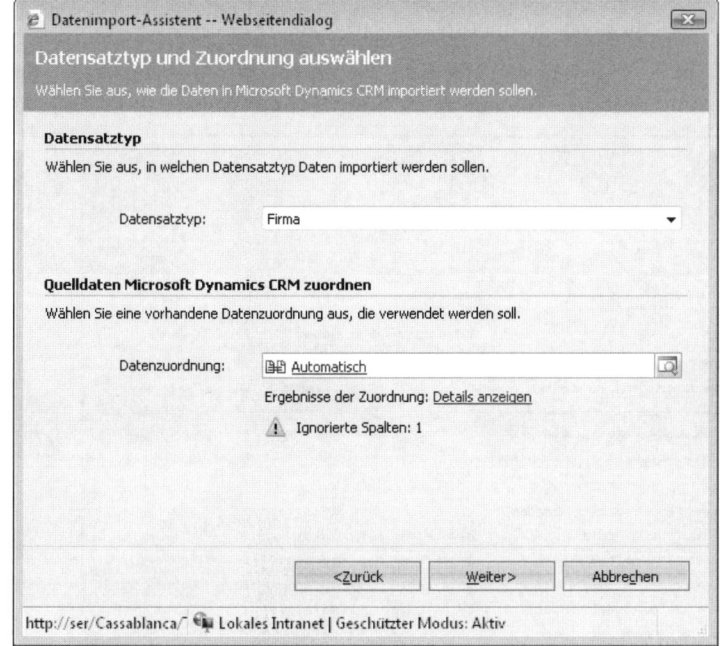

Abbildung 2.26 Auf der zweiten Seite des Datenimport-Assistenten wählen Sie Datensatztyp und Zuordnung aus

Wenn Sie möchten, können Sie auch die benutzerdefinierte Datenzuordnung auswählen, die Sie erstellt haben. Zu diesem Zeitpunkt zeigt der Datenimport-Assistent mögliche Warnungen oder Fehler an, die sich auf Ihre Zuordnung beziehen. Auf der nächsten Seite können Sie auswählen, welcher Benutzer die importierten Datensätze besitzen wird und ob Sie eine Duplikaterkennung während des Importvorgangs aktivieren möchten.

ACHTUNG   Wenn Sie keine Duplikate importieren möchten, fordert der Datenimport-Assistent Sie nicht auf, Duplikate während des Importvorgangs aufzulösen. Stattdessen importiert er den doppelten Datensatz nicht und erstellt ein Protokoll der nicht importierten Datensätze, damit Sie die Duplikate später auflösen können. Die Option, um Duplikate auszuschließen oder zu importieren, erscheint nur für Entitäten, für die Duplikaterkennung aktiviert ist.

Auf der letzten Seite des Datenimport-Assistenten können Sie einen Namen für den Import festlegen und entscheiden, ob Microsoft Dynamics CRM Ihnen eine E-Mail-Benachrichtigung bei Abschluss des Import-vorgangs senden soll. Nachdem Sie Ihre Vorzugswerte festgelegt haben, klicken Sie auf die Schaltfläche *Importieren*, damit der Assistent in Aktion tritt.

Die Ergebnisse anzeigen und Fehler korrigieren

Um den Fortschritt des Datenimports zu verfolgen, können Benutzer im Bereich *Arbeitsbereich* auf *Importe* oder im Bereich *Einstellungen* auf *Systemaufträge* klicken. Wie nicht anders zu erwarten, können Sie in diesen Ansichten eine Liste aller Importvorgänge anzeigen. Indem Sie auf einen Importdatensatz doppel-klicken, öffnen Sie ein neues Fenster, das mehr Informationen über den Import anzeigt, wie zum Beispiel die verwendete Datenzuordnung, die Anzahl der erfolgreichen Importe, die Anzahl der Fehler usw.

Wenn Sie im Navigationsbereich auf den Link *Fehler* klicken, erscheint eine Liste mit den Datensätzen, die nicht ordnungsgemäß importiert werden konnten (siehe Abbildung 2.27).

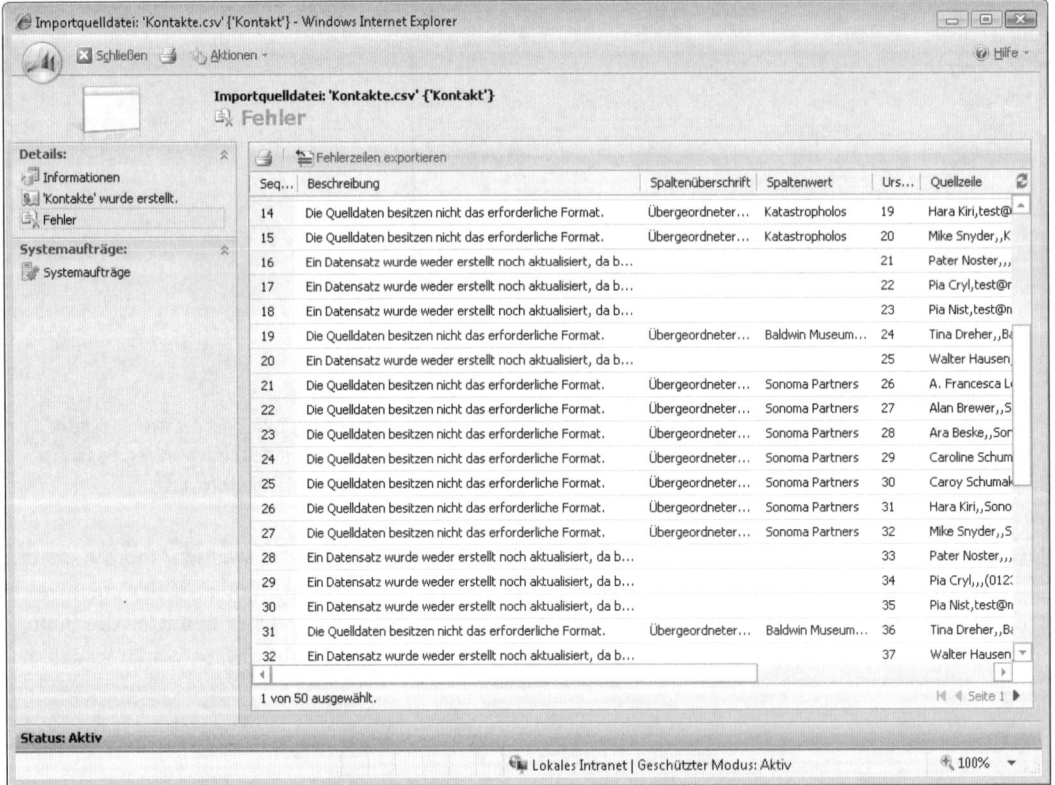

Abbildung 2.27   Datensätze, die nicht importiert werden konnten

Von hier aus können Sie mehr über den Grund erfahren, warum der Datensatz während des Importvorgangs gescheitert ist. Außerdem können Sie auf die Schaltfläche *Fehlerzeilen exportieren* in der Symbolleiste der Tabelle klicken, um eine durch Kommas getrennte Datei dieser gescheiterten Datensätze herunterzuladen (einschließlich aller ihrer ursprünglichen Quelldaten), sodass Sie die Fehler korrigieren und die Datensätze schließlich importieren können.

Datenmigrations-Manager

Wenn der Datenimport-Assistent Ihren Ansprüchen nicht gerecht wird, bietet der Datenmigrations-Manager eine robustere Datenimportfunktionalität, und zwar in folgenden drei Hauptbereichen:

- Daten migrieren
- Migrierte Daten löschen
- Datenzuordnungen verwalten

Wie bereits weiter vorn erläutert, gehört es zu den wesentlichen Vorteilen des Datenmigrations-Managers, dass sich Daten aus mehreren Quelldateien auf einmal importieren lassen, anstatt sie entitätsweise importieren zu müssen. Außerdem kann der Datenmigrations-Manager Microsoft Dynamics CRM en passant während des Importvorgangs konfigurieren, um neue Entitäten, Attribute usw. hinzuzufügen.

WICHTIG Der Datenmigrations-Manager umfasst vordefinierte Zuordnungen für *Salesforce.com*, Microsoft Office Outlook 2007 mit Business Contact Manager, Microsoft Office Outlook 2003 mit Business Contact Manager Update und ACT! 6. Durch die Verwendung dieser vorhandenen Datenzuordnungen können Sie sich eine Menge Zeit und Kopfschmerzen ersparen, wenn Sie Daten von einem dieser Systeme in Microsoft Dynamics CRM importieren.

Der Datenmigrations-Manager umfasst eine einfache Assistenten-Oberfläche, die Sie durch den Datenimportvorgang führt (siehe Abbildung 2.28). Obwohl Sie Microsoft Dynamics CRM-Systemadministrator sein müssen, um dieses Tool zu verwenden, brauchen Sie keine Programmierkenntnisse, um komplexe Datenimporte durchzuführen.

In diesem Buch gehen wir zwar nicht im Detail auf den Datenmigrations-Manager ein, empfehlen aber, dass Sie sich die Hilfedatei ansehen, die zum Datenmigrations-Manager gehört, um zusätzliche Informationen über einige erweiterte Funktionalitäten zu erhalten, die dieses Tool zu bieten hat.

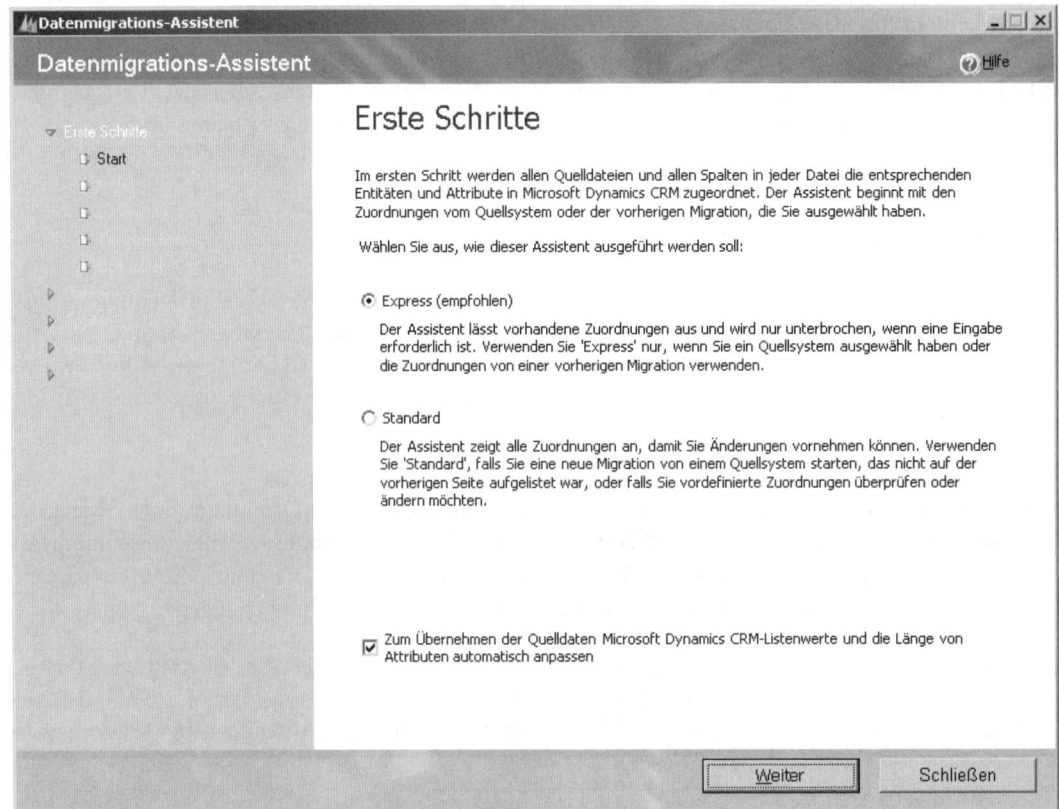

Abbildung 2.28   Der Datenmigrations-Manager umfasst eine Assistenten-Oberfläche für das Importieren von Daten

Fehler beim Datenmigrations-Manager, während die temporäre Migrationsdatenbank eingerichtet wurde

Als wir erstmals mit dem Datenmigrations-Manager gearbeitet haben, trat gelegentlich folgende Fehlermeldung auf: »Fehler beim Einrichten der temporären Migrationsdatenbank durch den Datenmigrations-Manager. Starten Sie den Datenmigrations-Manager neu, und versuchen Sie dann erneut, die Daten zu migrieren.«

Dieser Fehler wurde als bekanntes Problem des Datenmigrations-Managers aufgelistet und wir konnten es lösen, indem wir den Registrierungsschlüssel *UserReplicationID* gelöscht und den Datenmigrations-Manager neu gestartet haben. Diesen Registrierungsschlüssel finden Sie auf 32-Bit-Systemen unter *HKLM\SOFTWARE\Microsoft\Data Migration Wizard*.

Es sei darauf hingewiesen, dass Sie beim Bearbeiten der Systemregistrierung äußerst sorgfältig vorgehen müssen, da Sie sonst einen dauerhaften Schaden an Ihrem System herbeiführen können.

Duplikaterkennung

Nachdem Sie Daten in Ihr System geladen haben, möchten Sie natürlich sicherstellen, dass die Datenbank frei von doppelten Datensätzen ist. Erfreulicherweise umfasst Microsoft Dynamics CRM eine Duplikaterkennung, die Ihnen dabei hilft, die Integrität Ihrer Daten zu bewahren. Duplikaterkennung besteht aus drei Hauptbereichen:

- Duplikaterkennungseinstellungen
- Duplikaterkennungsregeln
- Duplikaterkennungsaufträge

Die Duplikaterkennung konfigurieren Sie fast ausschließlich über den Abschnitt *Datenverwaltung*, der sich im Bereich *Einstellungen* von Microsoft Dynamics CRM befindet.

Einstellungen für die Duplikaterkennung

Die Duplikaterkennung können Sie für Ihre Organisation aktivieren und bestimmen, wann Microsoft Dynamics CRM die Duplikatprüfungen ausführen soll. Diese Einstellungen lassen sich mit den folgenden drei Optionen konfigurieren:

- Wenn ein Datensatz erstellt oder aktualisiert wird
- Wenn Microsoft Dynamics CRM für Outlook vom Offline- in den Onlinemodus wechselt
- Beim Datenimport

Die Duplikaterkennung können Sie nur für bestimmte oder für alle diese Einstellungen aktivieren, doch ist es nicht möglich, diese Einstellungen selektiv auf bestimmte Entitäten anzuwenden. Wenn Sie zum Beispiel die Duplikaterkennung für das Erstellen und Aktualisieren von Datensätzen aktivieren, wendet Microsoft Dynamics CRM diese Einstellung auf alle Entitäten an. Unter der Voraussetzung, dass Sie die Duplikaterkennung für die Organisation aktivieren, können Sie die Duplikaterkennung für individuelle Entitäten konfigurieren, wie es Kapitel 6 erläutert.

Duplikaterkennungsregeln

Da jede Organisation Duplikate in anderer Form definiert, erlaubt Microsoft Dynamics CRM, dass Sie eigene Duplikaterkennungsregeln je nach Ihren Geschäftsanforderungen konfigurieren. Nachdem Sie eine Duplikaterstellungsregel definiert und veröffentlicht haben, erstellt Microsoft Dynamics CRM einen Matchcode für jeden Datensatz, der in den letzten 5 Minuten erstellt oder aktualisiert worden ist. Dieser Matchcodeprozess läuft ständig alle 5 Minuten im Hintergrund ab, selbst für deaktivierte Datensätze. Microsoft Dynamics CRM verwendet Matchcodes hinter den Kulissen, um je nach Ihren Einstellungen für die Duplikaterkennung nach doppelten Datensätzen zu suchen. Abbildung 2.29 zeigt ein Beispiel für eine Duplikaterkennungsregel.

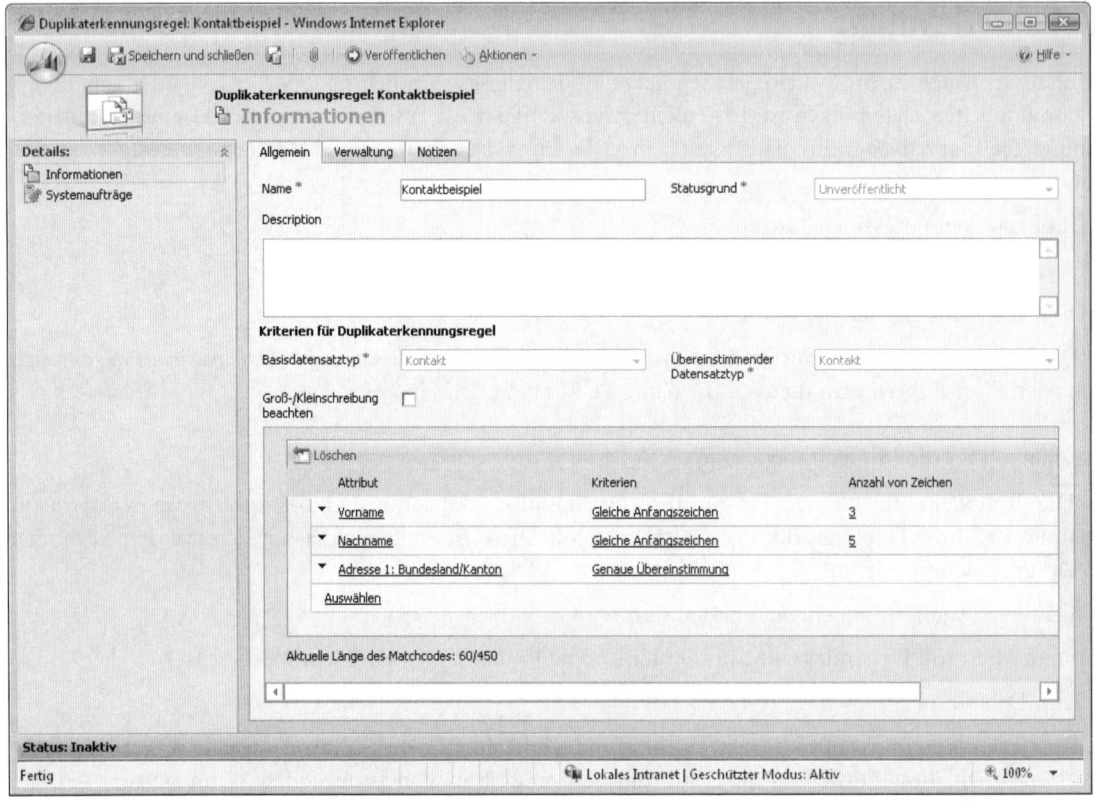

Abbildung 2.29   Duplikaterkennungsregel, die für die Kontaktentität konfiguriert ist

In diesem Beispiel identifiziert Microsoft Dynamics CRM ein Duplikat, wenn alle drei folgenden Bedingungen erfüllt sind:

- Die ersten drei Zeichen des Vornamens stimmen überein
- Die ersten fünf Zeichen des Nachnamens stimmen überein
- Alle Zeichen im Feld *Bundesland / Kanton* stimmen überein

Im Gegensatz zum Tool *Erweiterte Suche* können Sie in einer Duplikaterkennungsregel keine OR-Bedingungen konfigurieren, aber mehrere Regeln für eine einzelne Entität einrichten. Außerdem können Sie Ihre Regel entitätsübergreifend (wie zum Beispiel Kontakt zu Lead) konfigurieren und spezifizieren, ob bei den Prüfungen die Groß- / Kleinschreibung berücksichtigt wird. Schließlich müssen Sie berücksichtigten, dass jedes Attribut, das Sie Ihrer Duplikaterkennungsregel hinzufügen, in die Länge des Matchcodes eingeht und Microsoft Dynamics CRM eine maximale Matchcodelänge von 450 zulässt. Bei jeder Änderung an der Regel wird die neue Länge des Matchcodes angezeigt, sodass Sie verfolgen können, wo Sie in Bezug auf das Maximum gerade stehen. Wenn Sie die Regel fertig gestellt haben, klicken Sie in der Symbolleiste auf *Veröffentlichen*.

Versucht dann ein Benutzer, einen Datensatz einzugeben, den Microsoft Dynamics CRM als Duplikat erkennt, wird dem Benutzer ein Dialogfeld wie in Abbildung 2.30 angezeigt.

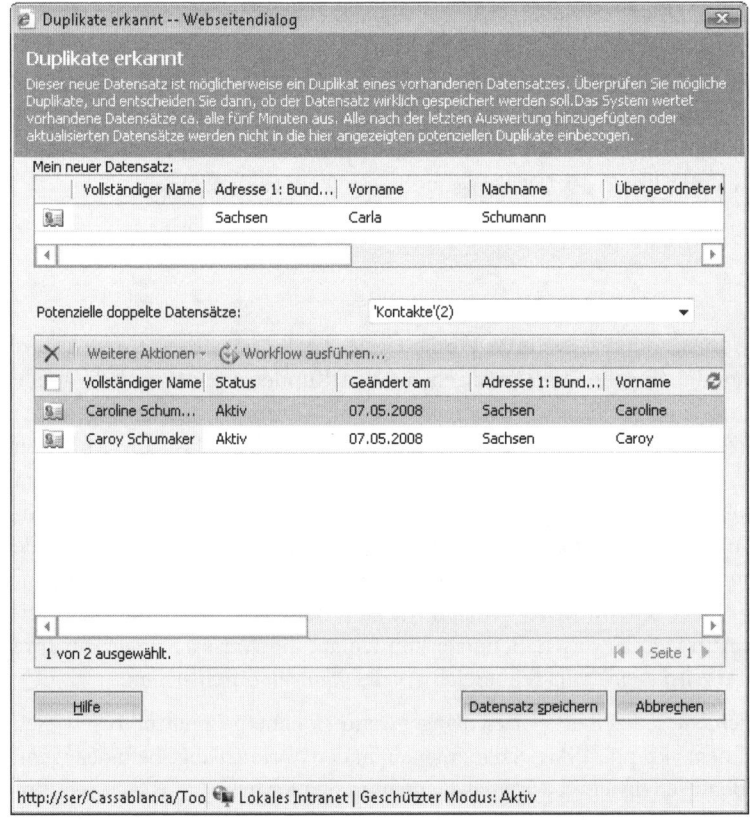

Abbildung 2.30 Warnungsdialogfeld der Duplikaterkennung

Nun kann der Benutzer entscheiden, ob er den Datensatz speichern oder die *Erstellen / Aktualisieren*-Operation abbrechen möchte. Leider gibt es keine Möglichkeit, den neuen oder aktualisierten Datensatz mit einem der von Microsoft Dynamics CRM identifizierten Duplikate zusammenzuführen.

WICHTIG Die Matchcodeverarbeitung wird alle 5 Minuten ausgeführt. Wenn Sie also Datensätze, die als Duplikate gelten, schnell erstellen oder aktualisieren, bevor die Matchcodes aktualisiert sind, kann Microsoft Dynamics CRM diese Datensätze nicht sofort als Duplikate erkennen. Um diese Duplikate zu finden, sollten Sie Duplikaterkennungsaufträge einrichten, um die es als Nächstes geht.

Es stellt sich die Frage, ob man diese Duplikatwarnungen dauerhaft abweisen kann, wenn man ganz sicher weiß, dass der aktualisierte Datensatz kein Duplikat ist, selbst wenn er den Duplikaterkennungsregeln genügt. Leider ist es nicht möglich, einen Duplikatstest für einen Datensatz zu unterdrücken, sodass dieses Dialogfeld jedes Mal erscheint, wenn Sie den Datensatz aktualisieren. In diesem Szenario ist es zu empfehlen, die Duplikaterkennungsregel anzupassen, um die Situation von vornherein zu vermeiden.

Duplikaterkennungsaufträge

Neben den Einstellungen für die Duplikaterkennung können Sie mit Microsoft Dynamics CRM auch einen Duplikaterkennungsauftrag konfigurieren, der in geplanten Intervallen ausgeführt wird und nach möglichen Duplikaten sucht. Um einen neuen Duplikaterkennungsauftrag zu erstellen, klicken Sie im Bereich *Einstellungen* auf *Datenverwaltung* und wählen den Link *Duplikaterkennungsaufträge*. Klicken Sie dann auf *Neu*, um den Duplikaterkennungs-Assistenten zu öffnen. Für jeden Duplikaterkennungsauftrag können Sie die Erweiterte Suche verwenden, um eine Teilmenge von Datensätzen zu erstellen, auf denen die Duplikatprüfung ausgeführt werden soll. Außerdem können Sie den Duplikaterkennungsauftrag wiederholen und in geplanten Intervallen wie zum Beispiel alle 7, 30, 90, 180 oder 365 Tage ausführen. Nachdem Microsoft Dynamics CRM den Duplikaterkennungsauftrag fertig gestellt hat, können Sie diesen Auftragsdatensatz öffnen und im Navigationsbereich auf *Duplikate anzeigen* klicken, um alle während des Auftrags gefundenen Duplikate aufzulösen.

Warteschlangen

Stellen Sie sich vor, dass eine Beispielorganisation Adventure Works Cycle die E-Mail-Adresse *bikesupport @adventure-works.com* erstellt hat, um alle eingehenden Anfragen für den Kundensupport zu behandeln. Durch diesen Support-Alias können die Vertreter für den Kundendienst von Adventure Works eingehende Supportanforderungen an einem einzelnen Ort überwachen und damit sicherstellen, dass alle Anfragen rechtzeitig beantwortet werden. Microsoft Dynamics CRM verwendet das Feature *Warteschlange*, um ausstehende Arbeitselemente zu verfolgen und zu speichern, bis sie einem Benutzer zugewiesen sind. Adventure Works Cycle könnte eine Warteschlange namens *Bicycle Cases* (Anfragen) erstellen. Dann würde jede E-Mail-Nachricht, die an *bikesupport@adventure-works.com* gesendet wird, einen Warteschlangeneintrag in der Warteschlange *Bicycle Cases* erzeugen. Außer Aktivitäten wie zum Beispiel E-Mails und Aufgaben können Sie einer Warteschlange auch Anfragen zuweisen. Benutzer können auf die Warteschlangen für Ihre Organisation zugreifen, indem sie im *Arbeitsbereich* den Teilbereich *Warteschlangen* durchsuchen.

Microsoft Dynamics CRM entfernt Elemente aus einer Warteschlange, wenn sie einem Benutzer zugewiesen wurden oder wenn ein Benutzer ein Element akzeptiert, das sich momentan in der Warteschlange befindet. Wenn Sie ein Warteschlangenelement einem Benutzer zuweisen, wird das Element in den Ordner *Zugewiesen* verschoben, bis der Benutzer es akzeptiert. Akzeptiert ein Benutzer ein Element, wandert es in den Ordner *In Bearbeitung* des Benutzers, bis er das Element abschließt. Microsoft Dynamics CRM entfernt automatisch Anfragen und Aktivitäten aus dem Ordner *In Bearbeitung*, wenn Sie sie fertig stellen. Das gilt nicht für abgeschlossene E-Mail-Aktivitäten. Um ein fertig gestelltes E-Mail-Element aus dem Ordner *In Bearbeitung* zu entfernen, müssen Sie es löschen. Dabei wird das Element nicht wirklich gelöscht, sondern lediglich aus dem Ordner *In Bearbeitung* entfernt. Abbildung 2.31 zeigt ein Flussdiagramm für die Abläufe in einer Warteschlange.

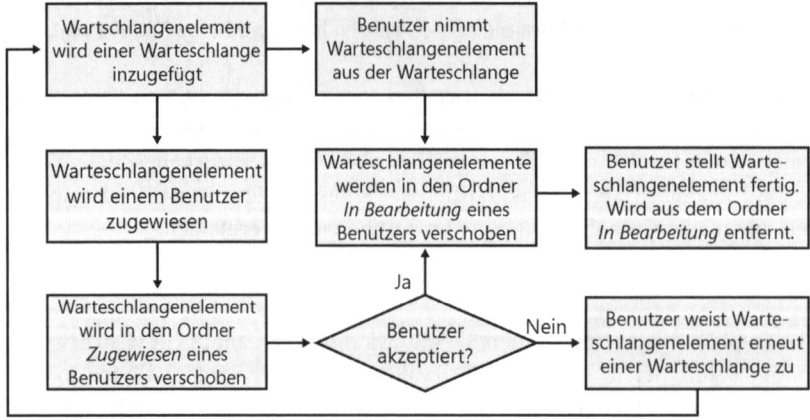

Abbildung 2.31   Die Bewegung von Elementen durch eine Warteschlange

Warteschlangen können Sie einrichten und verwalten, indem Sie im Bereich *Einstellungen* auf *Unternehmensmanagement* und dann auf *Warteschlangen* klicken. Es ist nicht erforderlich, für jede Warteschlange eine E-Mail-Adresse zu verwenden, doch können Sie diese Funktionalität entsprechend der ausführlichen Schrittanleitung konfigurieren, die im Microsoft Dynamics CRM-Implementierungshandbuch angegeben ist.

Außerdem sollten Sie die folgenden wichtigen Punkte in Bezug auf Warteschlangen beachten:

- Warteschlangen können Sie für jeden Typ von Geschäftsaktivität verwenden, die mit Aktivitäten arbeitet, einschließlich eingehender Anfragen und Marketingaufgaben. Allerdings sollten Sie Warteschlangen nicht als strenges Kundendiensttool betrachten.

- Warteschlangen besitzen keine Datensätze, sodass das Zuweisen eines Elements zu einer Warteschlange nicht seinen Besitz ändert (oder das Workflowzuweisungsereignis auslöst), aber das Element in die Warteschlange einfügt.

- Obwohl das Zuweisen eines Elements zu einer Warteschlange nicht den Besitz ändert, wird durch das Zuweisen eines Warteschlangenelements zu einem Benutzer der Besitz des Elements geändert.

- Elemente, die in der Warteschlange aufgelistet sind, respektieren die Microsoft Dynamics CRM-Sicherheitseinstellungen in Bezug darauf, welche Datensätze jeder Benutzer lesen, schreiben, löschen usw. kann. Allerdings können alle Benutzer sämtliche Warteschlangen und alle Elemente in den Warteschlangen anzeigen (wobei Microsoft Dynamics CRM ihnen aber nicht erlaubt, Datensätze zu öffnen, auf die sie keinen Zugriff haben).

- Wenn Sie einen E-Mail-Alias einrichten, um automatisch Warteschlangenelemente zu erstellen, erzeugt Microsoft Dynamics CRM nicht automatisch Anfragen für jede E-Mail-Nachricht, die an den Alias gesendet wird. Dies müssen Sie manuell oder mit benutzerdefiniertem Programmcode erledigen.

- Eine Warteschlange ist keine anpassbare Entität, sodass Sie nicht die Spalten modifizieren können, die für die Warteschlangenordner erscheinen.

Obwohl Warteschlangen einige kleinere Einschränkungen aufweisen, sind sie ein großartiges Tool, um Ihrer Organisation zu helfen, Geschäftsoperationen zu vereinfachen und zu automatisieren.

Zusammenfassung

Microsoft Dynamics CRM bietet eine ausgezeichnete Integration mit Microsoft Office Outlook über die Software Microsoft Dynamics CRM für Outlook. Wenn Microsoft Dynamics CRM für Outlook installiert ist, können Benutzer in Microsoft Dynamics CRM und Outlook Kontakte, Aufgaben, Termine, Telefonanrufe, Briefe und Faxe synchronisieren. Umgekehrt können Benutzer Datensätze in Outlook aktualisieren und dann synchronisiert Microsoft Dynamics CRM für Outlook die Änderungen mit dem Server. Über Microsoft Dynamics CRM für Outlook mit Offlinezugriff können Benutzer arbeiten, während sie vom Server getrennt sind. Microsoft Dynamics CRM umfasst auch Produktivitätstools, die Benutzern helfen, effizienter mit E-Mail und Seriendruck zu arbeiten. Microsoft Dynamics CRM-Datenverwaltungsfeatures umfassen Funktionen für das Importieren von Daten und die Duplikaterkennung.

Kapitel 3

Sicherheit und Zugriff auf Informationen verwalten

In diesem Kapitel:

Die Anforderungen modellieren	86
Sicherheitskonzepte	88
Benutzer verwalten	97
Sicherheitsrollen und Unternehmenseinheiten	102
Zusammenfassung	122

Wenn Sie in der Vergangenheit schon mehrere Systeme bereitgestellt haben, ist Ihnen bereits bekannt, dass Sie Ihre CRM (Customer Relationship Management)-Lösung entsprechend konzipieren müssen, um Informationen in geeigneter Weise je nach den individuellen Benutzerberechtigungen einzuschränken. Eine entscheidende Komponente jeder Businessanwendung ist die Kontrolle, wie Ihre Benutzer auf Kundendaten zugreifen. Microsoft unterstützt mit dem Microsoft Dynamics CRM-Sicherheitsmodell konzeptionell folgende Ziele:

- Benutzern nur die Informationen bereitstellen, die sie für die Erledigung ihrer Aufgaben benötigen. Keine Daten zeigen, die nicht mit ihren Positionen in der Firma zusammenhängen.

- Die Sicherheitsverwaltung vereinfachen. Dazu werden in Sicherheitsrollen Benutzerberechtigungen definiert und dann Benutzer einer oder mehreren Sicherheitsrollen zugewiesen.

- Teambasierte und Zusammenarbeitsprojekte unterstützen, indem Benutzern ermöglicht wird, Datensätze bei Bedarf gemeinsam zu nutzen.

Die Sicherheit in Microsoft Dynamics CRM ist über die gesamte Anwendung hinweg fein abstimmbar gestaltet. Durch Anpassen der Sicherheitseinstellungen können Sie eine Sicherheits- und Informationszugriffslösung konstruieren, die den Ansprüchen Ihrer Organisation möglichst gut gerecht wird. Um die Microsoft Dynamics CRM-Sicherheitseinstellungen anzupassen, müssen Sie Ihre Organisationsstruktur konfigurieren, entscheiden, welche Sicherheitsrollen Ihre Systembenutzer (Mitarbeiter) erhalten, und dann die Sicherheitsprivilegien definieren, die mit jeder Sicherheitsrolle verbunden sind.

Auch wenn Sie vielleicht nicht damit rechnen – ständig werden Sie Sicherheitseinstellungen optimieren und überarbeiten, wenn sich Ihr Unternehmen weiterentwickelt. Erfreulicherweise ist es mit dem Microsoft Dynamics CRM-Sicherheitsmodell recht einfach, die Sicherheitseinstellungen en passant zu aktualisieren und zu ändern.

Die Anforderungen modellieren

Für den ersten Schritt bei der Planung von Sicherheitseinstellungen für Ihre Bereitstellung empfehlen wir Ihnen, ein grobes Modell der aktuellen Betriebsstruktur Ihrer Firma zu erstellen (mit einem Tool wie zum Beispiel Microsoft Office Visio). Für jeden Abschnitt Ihres organisatorischen Layouts sollten Sie die ungefähre Anzahl der Benutzer und ihre Funktionen im Geschäftsablauf angeben. Diese grobe organisatorische Zuordnung brauchen Sie für die Planung, wie Sie die Sicherheit in Ihrer Microsoft Dynamics CRM-Bereitstellung einrichten und konfigurieren möchten.

WICHTIG   Die Struktur Ihrer Microsoft Dynamics CRM-Unternehmenseinheiten muss nicht unbedingt mit der Struktur Ihrer betrieblichen Abläufe übereinstimmen. Konfigurieren Sie die Hierarchie der Microsoft Dynamics CRM-Unternehmenseinheiten entsprechend Ihren Sicherheitsanforderungen, und nicht, um ein genaues Modell Ihrer betrieblichen Struktur zu erzeugen. Auch wenn die operative Struktur bei kleineren Organisationen normalerweise mit der Struktur der Microsoft Dynamics CRM-Unternehmenseinheiten übereinstimmt, müssen mittlere und größere Organisationen für gewöhnlich eine Struktur der Microsoft Dynamics CRM-Unternehmenseinheiten entwerfen, die von der operativen Darstellung abweicht.

Ein Beispiel soll verdeutlichen, wie Sie eine derartige operative Abbildung in einen praxisnahen Kontext bringen. Abbildung 3.1 zeigt die Geschäftsstruktur für eine fiktive Firma namens Adventure Works Cycle. Jedes Kästchen in der Abbildung stellt eine Unternehmenseinheit in Microsoft Dynamics CRM dar und Sie können übergeordnete und untergeordnete Beziehungen zwischen Unternehmenseinheiten strukturieren. *Unternehmenseinheiten* verkörpern eine logische Gruppierung von Geschäftsaktivitäten. Dabei haben Sie einen recht großen Spielraum, um zu bestimmen, wie sie für Ihre Implementierung zu erstellen und zu strukturieren sind.

Als Einschränkung beim Konfigurieren von Unternehmenseinheiten ist zu beachten, dass Sie nur ein übergeordnetes Element für jede Unternehmenseinheit spezifizieren können. Allerdings kann jede Unternehmenseinheit mehrere untergeordnete Unternehmenseinheiten besitzen. Außerdem müssen Sie jedem Microsoft Dynamics CRM-Benutzer eine (und nur eine) Unternehmenseinheit zuweisen.

Für jeden Benutzer in Ihrer organisatorischen Struktur sollten Sie versuchen, Antworten auf Fragen wie die folgenden zu definieren:

- Auf welche Bereiche von Microsoft Dynamics CRM müssen die Benutzer zugreifen (wie zum Beispiel Vertrieb, Marketing und Kundenservice)?

- Brauchen Benutzer die Fähigkeit, Datensätze zu erstellen und zu aktualisieren, oder genügt schreibgeschützter Zugriff?

- Müssen Sie Projektteams oder funktionelle Gruppen von Benutzern strukturieren, die gemeinsam an verknüpften Datensätzen arbeiten?

- Können Sie Benutzer nach Ihrer Tätigkeit oder einer anderen Klassifikation (wie zum Beispiel Finanzdirektor, Betriebsleiter und Geschäftsführer) gruppieren?

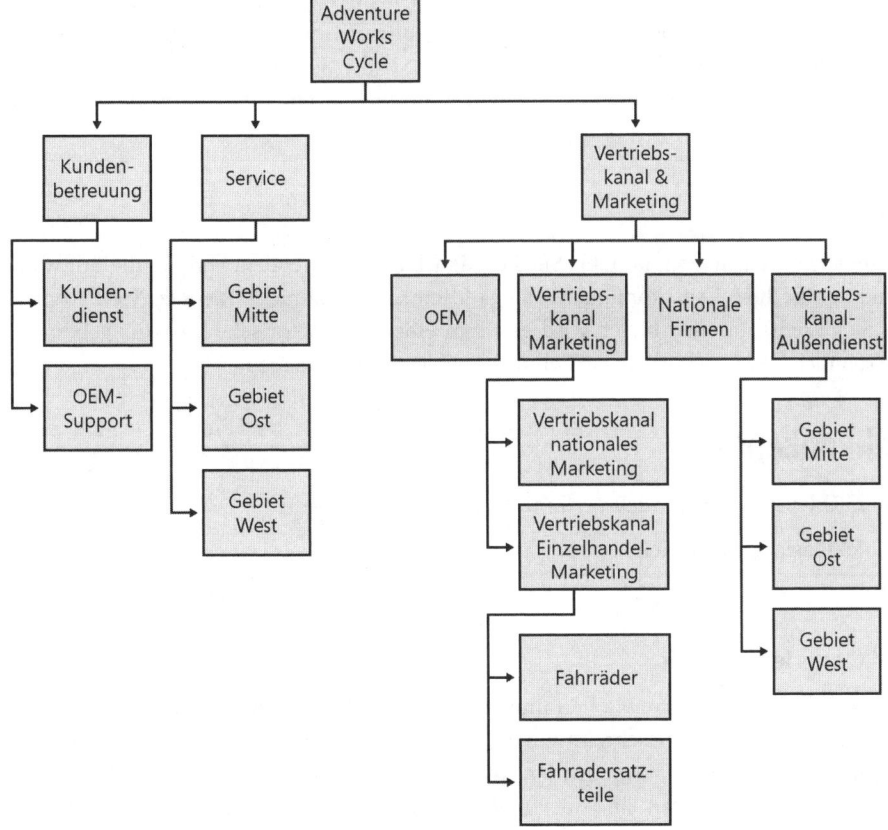

Abbildung 3.1   Organisationsstruktur für eine Beispielfirma namens Adventure Works Cycle

Nachdem Sie ein Gefühl dafür entwickelt haben, wie Ihre Organisation und die Benutzer Microsoft Dynamics CRM einsetzen, können Sie damit beginnen, die Microsoft Dynamics CRM-Anwendung entsprechend diesen Anforderungen zu konfigurieren.

> **HINWEIS**   Für kleinere Organisationen dauert die Ausarbeitung Ihres organisatorischen Microsoft Dynamics CRM-Modells vielleicht nur 15 Minuten. Allerdings werden Sie einen oder zwei Tage veranschlagen müssen, um das Sicherheitsmodell für größere Organisationen mit hunderten von Benutzern, die an verschiedenen Orten überall im Land verteilt tätig sind, auszuarbeiten. Außerdem sollten Sie nicht erwarten, das Sicherheitsmodell hundertprozentig fertig zu bekommen, weil es sich im Laufe der Zeit beständig ändert.

Vergeuden Sie Ihre Zeit nicht mit Versuchen, das organisatorische Modell sofort zu perfektionieren. Das Ziel der Übung besteht darin, weitere Details darüber zu untersuchen und zu entwickeln, wie Ihre Organisation beabsichtigt, Microsoft Dynamics CRM zu verwenden, damit Sie die Sicherheitseinstellungen korrekt konfigurieren können. Dieses organisatorische Modell wird nicht Ihre finale Version sein, aber es hilft Ihnen, die Konsequenzen der gewählten Sicherheitseinstellungen zu überdenken und zu betrachten.

Sicherheitskonzepte

Nachdem Sie ein grobes organisatorisches Modell mit Informationen über die verschiedenen Arten von Benutzern in Ihrem System entwickelt haben, müssen Sie diese Informationen in Microsoft Dynamics CRM-Sicherheitseinstellungen übersetzen. Bevor wir erläutern, wie Sie die Sicherheitseinstellungen in der Software konfigurieren, gehen wir auf zwei wichtige Themen ein, die sich auf die Microsoft Dynamics CRM-Sicherheit beziehen:

- Sicherheitsmodellkonzepte
- Benutzerauthentifizierung

Wenn Sie diese Konzepte verstanden haben, können Sie sich den Details zuwenden, wie Sie die Software entsprechend Ihren konkreten Bedürfnissen konfigurieren. Da Microsoft Dynamics CRM sehr viele Anpassungsmöglichkeiten für Sicherheitsoptionen bietet, wird es kaum eine organisatorische Struktur geben, an die sich die Microsoft Dynamics CRM-Sicherheitseinstellungen nicht anpassen lassen.

Sicherheitsmodellkonzepte

Das Microsoft Dynamics CRM-Sicherheitsmodell verwendet zwei Hauptkonzepte:

- Rollenbasierte und objektbasierte Sicherheit
- Organisatorische Struktur

Rollenbasierte und objektbasierte Sicherheit

Microsoft Dynamics CRM verwendet Sicherheitsrollen und rollenbasierte Sicherheit als Kerntechniken der Sicherheitsverwaltung. Eine *Sicherheitsrolle* beschreibt einen Satz von Zugriffsebenen und Berechtigungen für die Entitäten (wie zum Beispiel Leads, Firmen oder Anfragen) in Microsoft Dynamics CRM. Allen Microsoft Dynamics CRM-Benutzern müssen eine oder mehrere Sicherheitsrollen zugewiesen sein. Wenn sich also ein Benutzer am System anmeldet, bestimmt Microsoft Dynamics CRM anhand der dem Benutzer zugewiesenen Sicherheitsrollen, was der Benutzer im System tun und sehen darf. Man bezeichnet das als *rollenbasierte Sicherheit*.

Mit diesem Sicherheitsmodell können Sie auch unterschiedliche Sicherheitsparameter für die verschiedenen Datensätze (wie zum Beispiel Lead, Firma, Kontakt usw.) definieren, weil jeder Datensatz über einen Besitzer verfügt. Indem die Unternehmenseinheit des Datensatzbesitzers mit der Sicherheitsrolle und Unternehmenseinheit eines Benutzers verglichen wird, bestimmt Microsoft Dynamics CRM die Sicherheitsberechtigungen dieses Benutzers für einen einzelnen Datensatz. Die Konfiguration der Zugriffsrechte auf der Ebene des individuellen Datensatzes (nicht der Entitätsebene) können Sie sich als *objektbasierte Sicherheit* vorstellen. Abbildung 3.2 veranschaulicht dieses Konzept.

Abbildung 3.2 Rollenbasierte und objektbasierte Sicherheit bestimmen gemeinsam die Benutzerberechtigungen

Alles in allem verwendet Microsoft Dynamics CRM eine Kombination von rollenbasierter und objektbasierter Sicherheit, um Zugriffsrechte und Berechtigungen im gesamten System zu verwalten.

Organisatorische Struktur

Neben Sicherheitsrollen verwendet Microsoft Dynamics CRM die Struktur einer Organisation als Schlüsselkonzept in seinem Sicherheitsmodell. Mit den folgenden Definitionen beschreibt Microsoft Dynamics CRM die Struktur einer Organisation:

- **Organisation:** Die Firma, der die Bereitstellung gehört. Die Organisation verkörpert die oberste Ebene in der Hierarchie des Microsoft Dynamics CRM-Unternehmensmanagements. Microsoft Dynamics CRM erstellt automatisch die Organisation basierend auf dem Namen, den Sie während der Softwareinstallation eingegeben haben. Diese Informationen können Sie weder ändern noch löschen. Auf die Organisation können Sie als Stammunternehmenseinheit verweisen.

- **Unternehmenseinheit:** Eine logische Gruppierung Ihrer Geschäftsoperationen. Jede Unternehmenseinheit kann als übergeordnetes Element für eine oder mehrere untergeordnete Unternehmenseinheiten fungieren. In der Beispielorganisation gemäß Abbildung 3.1 würden Sie die Unternehmenseinheit *Customer Care* als übergeordnete Unternehmenseinheit der Unternehmenseinheiten *Customer Support* und *OEM Support* beschreiben. Dementsprechend sind die Unternehmenseinheiten *Customer Support* und *OEM Support* untergeordnete Unternehmenseinheiten.

- **Benutzer:** Jemand, der normalerweise für die Organisation arbeitet und Zugriff auf Microsoft Dynamics CRM hat. Jeder Benutzer gehört zu einer (und nur zu einer) Unternehmenseinheit und jedem Benutzer sind eine oder mehrere Sicherheitsrollen zugewiesen.

Später in diesem Kapitel erläutern wir, was diese Begriffe mit dem Einrichten und Konfigurieren von Sicherheitsrollen zu tun haben.

Benutzerauthentifizierung

Microsoft Dynamics CRM unterstützt drei unterschiedliche Arten von Sicherheitsmethoden, um Benutzer zu authentifizieren, wenn sie sich am System anmelden möchten:

- Integrierte Windows-Authentifizierung
- Formularauthentifizierung
- Microsoft Windows Live ID

Kunden, die Microsoft Dynamics CRM kaufen und die Software lokal bereitstellen, verwenden integrierte Windows-Authentifizierung. Außerdem haben sie die Option, eine Formularauthentifizierung für Internet-orientierte Bereitstellungen von Microsoft Dynamics CRM anzubieten. Für eine lokale Bereitstellung von Microsoft Dynamics CRM benötigt jeder Benutzer, der sich am System anmeldet, ein Microsoft Dynamics CRM-Konto.

Nur Kunden, die Microsoft Dynamics CRM Live verwenden, nutzen Microsoft Windows Live ID, um sich zu authentifizieren und am System anzumelden.

Integrierte Windows-Authentifizierung

Microsoft Dynamics CRM verwendet integrierte Windows-Authentifizierung (vormals NTLM genannt, auch als Microsoft Windows NT Challenge / Response-Authentifzierung bezeichnet) für Benutzersicherheitsauthentifizierung in den Benutzeroberflächen Webbrowser und Microsoft Dynamics CRM für Outlook. Mithilfe der integrierten Windows-Authentifizierung können Benutzer ganz einfach zur Microsoft Dynamics CRM-Website navigieren – Microsoft Internet Explorer übergibt automatisch ihre verschlüsselten Benutzeranmeldeinformationen an Microsoft Dynamics CRM und meldet sie an. Das heißt, dass sich Benutzer bei Microsoft Dynamics CRM mit ihren vorhandenen Microsoft Active Directory-Verzeichnisdomänenkonten anmelden (authentifizieren), ohne sich explizit bei der Microsoft Dynamics CRM-Anwendung anmelden zu müssen. Diese integrierte Sicherheit ist für Benutzer sehr komfortabel, weil sie sich kein zusätzliches Kennwort allein für das CRM-System merken müssen. Die Verwendung der integrierten Windows-Authentifizierung kommt auch den Systemadministratoren entgegen, weil sie weiterhin Benutzerkonten von Active Directory-Diensten verwalten können. Wird zum Beispiel ein Benutzer im Active Directory-Verzeichnisdienst deaktiviert, kann er sich auch nicht mehr bei Microsoft Dynamics CRM anmelden, weil Benutzername und Kennwort nicht mehr funktionieren.

HINWEIS   Wenn Benutzer in Active Directory deaktiviert oder gelöscht werden, können sie sich nicht mehr bei Microsoft Dynamics CRM anmelden, doch werden ihre Benutzerdatensätze in Microsoft Dynamics CRM nicht automatisch deaktiviert. Da alle aktiven Benutzer in Bezug auf die Lizenzen mitzählen, sollten Sie immer daran denken, die entsprechenden Benutzerdatensätze in Microsoft Dynamics CRM zu deaktivieren, um ihre Lizenzen freizumachen. Auch wenn Sie den Namen eines Benutzers in Active Directory ändern, müssen Sie ihn manuell in Microsoft Dynamics CRM aktualisieren. Dabei sollten Sie unbedingt den Benutzer in Microsoft Dynamics CRM deaktivieren, bevor Sie sein Active Directory-Konto deaktivieren.

Die meisten Firmen installieren Microsoft Dynamics CRM in ihrem lokalen Intranet in derselben Active Directory-Domäne, an der sich auch die Benutzer anmelden. Standardmäßig melden die Sicherheitseinstellungen der Benutzerauthentifizierung in Microsoft Internet Explorer 7.0 automatisch Benutzer auf einer beliebigen Intranetsite an, zu der sie navigieren, einschließlich Microsoft Dynamics CRM. Diese Standardeinstellung ist für fast alle Ihre Benutzer zweckmäßig.

Allerdings werden Sie gegebenenfalls die Standardsicherheitseinstellungen ändern, um der Art und Weise zu entsprechen, wie Internet Explorer die Benutzerauthentifizierung behandelt. Unter anderem gibt es folgende typische Gründe, die Sicherheitseinstellungen von Internet Explorer zu ändern:

- Sie möchten sich bei Microsoft Dynamics CRM durch Identitätswechsel im Namen eines Ihrer Benutzer während des Setups und der Bereitstellung anmelden.

- Ihre Microsoft Dynamics CRM-Bereitstellung ist in einer anderen Active Directory-Domäne (oder im Internet) untergebracht und Sie möchten die Anmeldeeinstellungen nicht ändern.

- Sie möchten der Microsoft Dynamics CRM-Website explizit vertrauen, um Popupfenster zuzulassen.

Um sich Ihre Internet Explorer 7.0-Sicherheitseinstellungen anzusehen, klicken Sie im Menü *Extras* von Internet Explorer auf *Internetoptionen*. Im Dialogfeld *Internetoptionen* zeigt die Registerkarte *Sicherheit* die Webinhaltszonen an – *Internet*, *Lokales Intranet*, *Vertrauenswürdige Sites* und *Eingeschränkte Sites* (siehe Abbildung 3.3).

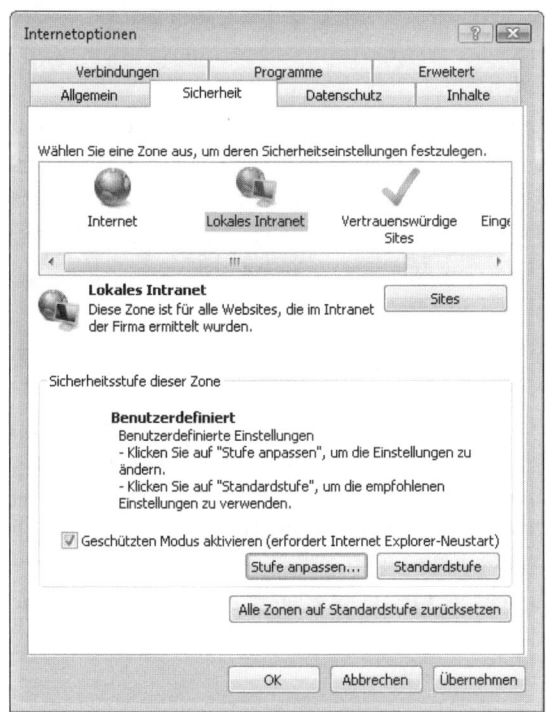

Abbildung 3.3   Zonen für Webinhalte in Internet Explorer

Mit angepassten Sicherheitseinstellungen können Sie beeinflussen, wie Internet Explorer Ihre Anmeldeinformationen an verschiedene Websites weitergibt – speziell an die Microsoft Dynamics CRM-Website.

Die automatische Anmeldung in der lokalen Intranetzone deaktivieren

1. Klicken Sie auf der Registerkarte *Sicherheit* auf *Lokales Intranet* und dann auf die Schaltfläche *Stufe anpassen*.

2. Führen Sie im Dialogfeld *Sicherheitseinstellungen* einen Bildlauf nach unten bis zum Abschnitt *Benutzerauthentifizierung* aus. Wählen Sie hier die Option *Nach Benutzername und Kennwort fragen*.

Wenn Sie die automatische Anmeldung deaktivieren, übergibt Internet Explorer Ihre Benutzeranmeldeinformationen nicht automatisch an Microsoft Dynamics CRM (oder irgendeine andere Website in Ihrem lokalen Intranet). Stattdessen werden Sie aufgefordert, Benutzername und Kennwort einzugeben, wenn Sie zum Microsoft Dynamics CRM-Server navigieren. Durch diese Aufforderung haben Sie Gelegenheit, jede gewünschte Anmeldeinformation einzugeben, einschließlich Benutzeranmeldeinformationen von einer anderen Domäne. So kann sich ein Administrator während der Setup- und Konfigurationsphase als anderer Benutzer anmelden, um zu überprüfen, ob die Sicherheitseinstellungen korrekt sind.

Neben der Deaktivierung der automatischen Anmeldung können Sie Microsoft Dynamics CRM als vertrauenswürdige Site in Internet Explorer hinzufügen oder sie als Teil Ihrer Intranetzone auflisten. Die Schritte und Vorteile sind dabei nahezu gleich, sodass wir uns hier ansehen, wie Sie Microsoft Dynamics CRM als vertrauenswürdige Site hinzufügen.

Eine vertrauenswürdige Site zu Internet Explorer hinzufügen

1. Klicken Sie auf der Registerkarte *Sicherheit* auf *Vertrauenswürdige Sites* und dann auf die Schaltfläche *Sites*.

2. Geben Sie im Dialogfeld *Vertrauenswürdige Sites* die Adresse Ihres Microsoft Dynamics CRM-Servers (einschließlich des *http://*-Teils der Adresse) ein und klicken Sie dann auf *Hinzufügen*. Gegebenenfalls müssen Sie das Kontrollkästchen *Für Sites dieser Zone ist eine Serverüberprüfung (https:) erforderlich* deaktivieren, wenn Ihre Microsoft Dynamics CRM-Bereitstellung kein *https://* verwendet.

3. Klicken Sie auf *Schließen*.

Wenn Sie in Internet Explorer eine vertrauenswürdige Site hinzufügen, erreichen Sie für Microsoft Dynamics CRM zwei Dinge:

- Internet Explorer übergibt automatisch Ihre Benutzeranmeldeinformationen an die Website und versucht, Sie anzumelden. Diese Einstellung eignet sich für die Microsoft Dynamics CRM-Benutzer, die sich nicht in Ihrem lokalen Intranet befinden (beispielsweise Außendienstmitarbeiter oder Remotebenutzer), sodass sie nicht jedes Mal einen Benutzernamen und ein Kennwort eingeben müssen, wenn sie zu Microsoft Dynamics CRM navigieren.

- Der Popupblocker von Internet Explorer lässt Popupfenster für alle Websites zu, die in Ihrer Zone *Vertrauenswürdige Sites* aufgelistet sind.

ACHTUNG Intranet-Sites und vertrauenswürdige Sites in Internet Explorer sind ziemlich leistungsfähig. Entscheiden Sie also ganz sorgfältig, welchen Sites Sie vertrauen wollen. Zum Beispiel werden mit den Standardeinstellungen für vertrauenswürdige Sites in Internet Explorer signierte Microsoft ActiveX-Steuerelemente automatisch auf Ihrem Computer installiert.

Microsoft Dynamics CRM und Popupblocker

Viele Benutzer verwenden ein Popupblocker-Add-In für Internet Explorer, um die Anzahl der Popup-Werbeeinblendungen zu verringern, wenn sie im Internet browsen. Leider blockieren einige dieser Popupblocker auch die Webbrowserfenster, die Microsoft Dynamics CRM verwendet. Folglich müssen Sie Ihren Benutzern mitteilen, wie sie ihre Popupblocker konfigurieren, um Popupfenster von der Microsoft Dynamics CRM-Anwendung zuzulassen.

Ein häufiges Popupblocker-Problem erscheint, wenn Microsoft Dynamics CRM im *Anwendungsmodus* ausgeführt wird. In diesem Modus blendet Internet Explorer die Adresse, Symbolleisten und Menüleisten des Browsers aus. Theoretisch trägt dies zur Benutzerfreundlichkeit bei und erleichtert es den Benutzern, mit Microsoft Dynamics CRM zu arbeiten. Allerdings möchten manche Benutzer nicht im Anwendungsmodus arbeiten, weil er ein anderes Verhalten als ein typischer Webbrowser zeigt. In Microsoft Dynamics CRM 4.0 ist der Anwendungsmodus standardmäßig deaktiviert. Möchten Sie ihn aktivieren, klicken Sie auf *Einstellungen*, wählen den Abschnitt *Verwaltung*, klicken auf *Systemeinstellungen* und aktivieren auf der Registerkarte *Anpassung* das Kontrollkästchen *Microsoft Dynamics CRM im Anwendungsmodus öffnen*. Im Anwendungsmodus treten die meisten durch Popupblocker verursachten Probleme zutage, sobald sich Benutzer erstmalig bei Microsoft Dynamics CRM anmelden. Wenn sich Ihre Benutzer mit einer Aussage wie »Das Fenster ist einfach verschwunden« beschweren und Sie den Anwendungsmodus von Microsoft Dynamics CRM aktiviert haben, können Sie getrost davon ausgehen, dass Popupblocker-Software das Problem verursacht hat. Meldet sich ein Benutzer bei Microsoft Dynamics CRM an, erscheint ein neues Browserfenster und das ursprüngliche Browserfenster wird geschlossen. Wenn aber der Popupblocker des Benutzers verhindert, dass das neue Fenster erscheint, sieht es für den Benutzer so aus, als ob das ursprüngliche Fenster einfach verschwunden wäre, weil Microsoft Dynamics CRM das ursprüngliche Browserfenster geschlossen hat.

Wird Microsoft Dynamics CRM-Systems im Anwendungsmodus gestartet, können bei Ihren Benutzern auch Probleme mit Popupblockern auftauchen, wenn Microsoft Dynamics CRM Dialogfelder an den verschiedenen Stellen des gesamten Systems öffnet. Deshalb sollten Sie wissen, wie Sie diese Popupblockerprobleme lösen können, selbst wenn Sie Microsoft Dynamics CRM nicht im Anwendungsmodus ausführen.

Internet Explorer 7.0 bringt zwar einen Popupblocker mit, doch erlauben die Standardeinstellungen den Sites in den Zonen *Lokales Intranet* und *Vertrauenswürdige Sites*, Popupfenster zu öffnen. Wenn Internet Explorer aber Microsoft Dynamics CRM nicht als Intranetsite erkennt oder wenn Sie diese Site nicht als vertrauenswürdige Site hinzufügen möchten, können Sie den Popupblocker konfigurieren, um Popupfenster von der Microsoft Dynamics CRM-Website zuzulassen. Zeigen Sie im Internet Explorer im Menü *Extras* auf *Popupblocker* und wählen Sie *Popupblockereinstellungen*, um die Microsoft Dynamics CRM-Adresse einzugeben.

▶

Im Gegensatz zu Internet Explorer erlauben es manche Popupblocker nicht, manuell eine vertrauenswürdige Adresse einzutragen. Deshalb müssen Sie zu der Website gehen, die Sie zulassen möchten, und dann auf eine Schaltfläche oder einen Link der Art *Popups zulassen* klicken. Da jedoch das Microsoft Dynamics CRM-Fenster bei der anfänglichen Anmeldung verschwindet, stellt sich die Frage, wie Sie überhaupt die Website öffnen können, um Popups zuzulassen. Ein einfacher Trick ist es, zu *http://<crmserver>/loader.aspx* zu navigieren, wobei *crmserver* die Adresse Ihres Microsoft Dynamics CRM-Webservers ist. Microsoft Dynamics CRM startet dann im selben Internet Explorer-Fenster, anstatt ein neues Fenster zu öffnen. Von dieser Seite aus können Sie auf die Schaltfläche *Popups zulassen* klicken, um Popups immer für Ihre Microsoft Dynamics CRM-Website zuzulassen.

Ein anderer Trick in Bezug auf Popupfenster sieht so aus: Auf dieselbe Microsoft Dynamics CRM-Website kann man mithilfe verschiedener Techniken verweisen. Zum Beispiel könnten Sie auf Microsoft Dynamics CRM wie folgt zugreifen:

- Computer (NetBIOS)-Name (Beispiel: *http://crm*)

- Internetprotokoll (IP)-Adresse (Beispiel: *http://127.0.0.1*)

- Vollqualifizierter Domänenname (Beispiel: *http://crm.domain.local*)

- Mit einem Eintrag in der Hosts-Datei (hierzu die Datei *C:\WINDOWS\system32\drivers\etc\hosts* bearbeiten)

Diese URLs bringen Sie zwar alle zum selben Microsoft Dynamics CRM-Server, Internet Explorer 7.0 behandelt sie aber als unterschiedliche Websites. Deshalb könnten Sie in Internet Explorer verschiedene Sicherheitseinstellungen für jede dieser URLs konfigurieren. Beispielsweise können Sie zum NetBIOS-Namen mit integrierter Windows-Authentifizierung navigieren, um sich mit Ihren eigenen Anmeldeinformationen anzumelden. Doch Sie könnten Internet Explorer auch so konfigurieren, dass die Anmeldeinformationen abgefragt werden, wenn Sie zur IP-Adresse navigieren, um den Identitätswechsel für einen Benutzer durchzuführen.

Formularauthentifizierung

Obwohl viele Benutzer auf Microsoft Dynamics CRM über eine lokale Intranetverbindung per integrierter Windows-Authentifizierung auf Microsoft Dynamics CRM zugreifen werden, bietet Microsoft Dynamics CRM auch Kunden die Option, Microsoft Dynamics CRM mit Internetzugriff bereitzustellen (Internet-facing Deployment, IFD). In einem derartigen Szenario können Kunden über das Internet zu einer speziellen URL-Adresse wie zum Beispiel *http://crm.yourdomainname.com* browsen, um auf Ihr Microsoft Dynamics CRM-System zuzugreifen. Bei dieser Zugriffsmethode müssen Benutzer keine VPN-Verbindung (virtuelles privates Netzwerk) zu Ihrem Netzwerk erstellen, sondern können über jede standardmäßige Internetverbindung auf ihre Daten remote zugreifen. Wenn sie zur externen URL für den Internetzugriff, die Sie konfigurieren, browsen, sehen die Benutzer einen Anmeldebildschirm, wie ihn Abbildung 3.4 zeigt.

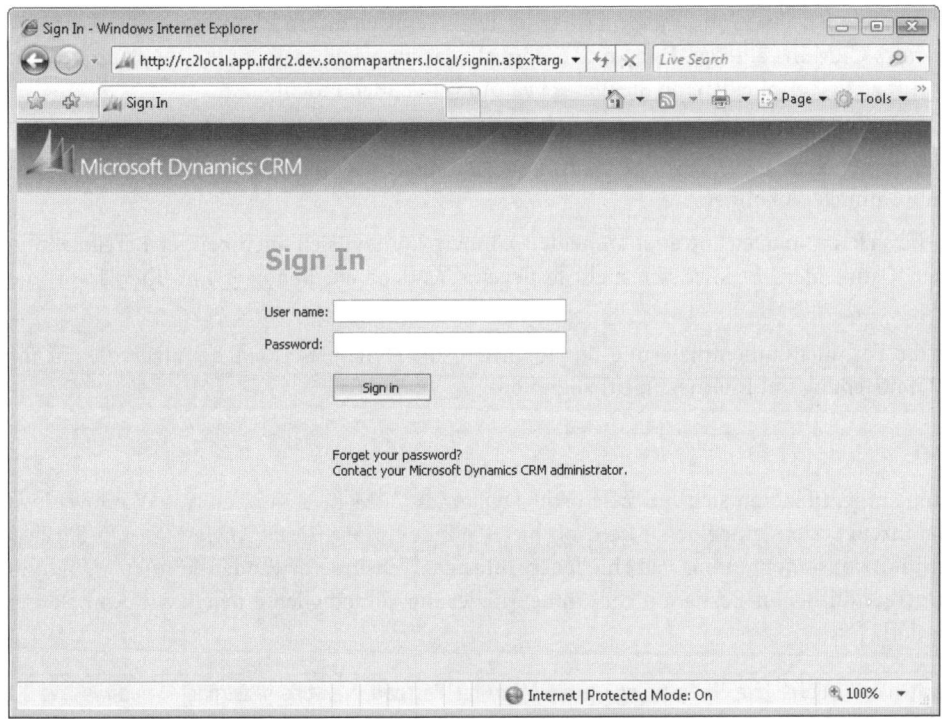

Abbildung 3.4 Anmeldebildschirm bei Bereitstellung mit Internetzugriff

Auf dem Anmeldebildschirm geben Benutzer ihren Active Directory-Benutzernamen und das Kennwort in die angegebenen Formularfelder ein. Microsoft bezeichnet diese Methode der Benutzerauthentifizierung als *Formularauthentifizierung*.

> **HINWEIS** Einzelheiten zur Formularauthentifizierung finden Sie im MSDN-Artikel »Explained: Forms Authentication in ASP.NET 2.0« unter *http://go.microsoft.com/fwlink/?LinkID=102281* (in Englisch).

Nachdem sich Benutzer bei Microsoft Dynamics CRM über das Webformular angemeldet haben, verhält sich das System fast in der gleichen Weise, als wenn Benutzer die Verbindung zum System über das lokale Intranet per integrierter Windows-Authentifizierung herstellen. Allerdings funktionieren einige Teile des Systems wie zum Beispiel dynamische Tabellenblätter in Microsoft Office Excel nur dann ordnungsgemäß, wenn der Benutzer auch Microsoft Dynamics CRM für Outlook auf dem Computer installiert hat.

> **WICHTIG** Beim Zugriff auf Microsoft Dynamics CRM über Formularauthentifizierung verlangen einige Teile der Software, wie zum Beispiel dynamische Tabellen, dass der Benutzer Microsoft Dynamics CRM für Outlook installiert.

Das Microsoft Dynamics CRM 4.0-Implementierungshandbuch erläutert, wie Sie einen Server mit Internetzugriff einrichten und konfigurieren, sodass wir dieses Thema hier nicht wiederholen. Beachten Sie bei einer Bereitstellung mit Internetzugriff folgende wichtige Punkte:

- Leider können Sie eine Bereitstellung mit Internetzugriff nur einrichten und konfigurieren, wenn Sie Microsoft Dynamics CRM installieren. Es ist nicht möglich, das im Nachhinein zu tun. Deshalb müssen Sie bereits sehr frühzeitig entscheiden, ob Sie dieses Feature verwenden möchten.

- Wenn Sie die Bereitstellung für den Internetzugriff konfigurieren, funktioniert sie für alle Organisationen auf dem Microsoft Dynamics CRM-Server. Es lässt sich nicht selektiv festlegen, welche Organisationen sich remote anmelden können.

- Alle Benutzer, die sich am lokalen Intranet anmelden können, können sich auch bei der Bereitstellung mit Internetzugriff anmelden. Es lässt sich nicht festlegen, dass sich ein Benutzer nur über das lokale Intranet anmelden darf.

Alles in allem gilt die Formularauthentifizierung nur für Microsoft Dynamics CRM-Benutzer, die auf ihr System über eine Bereitstellung mit Internetzugriff zugreifen.

Windows Live ID

Wie bereits erwähnt, authentifizieren sich nur Microsoft Dynamics CRM Live-Kunden mit Windows Live ID, wenn sie sich an ihrem System anmelden. Microsoft bietet Windows Live ID als Single-Sign-On-Service, den Unternehmen und Konsumenten auf verschiedenen Internet-Websites verwenden können. Windows Live ID ist benutzerfreundlicher in Bezug auf die Authentifizierung, da lediglich eine einzige Anmeldung mit Kennwort erforderlich ist.

HINWEIS   Microsoft hat Windows Live ID ursprünglich als Microsoft Passport Network bezeichnet. Windows Live ID funktioniert mit MSN Messenger, MSN Hotmail, MSN Music und vielen anderen Websites.

Geht ein Benutzer zur Adresse *http://www.crmlive.com* und möchte sich anmelden, wird er aufgefordert, seine Windows Live ID-Anmeldeinformationen einzugeben, wie es in Abbildung 3.5 zu sehen ist.

Wenn Sie einen Benutzer zu Ihrer Microsoft Dynamics CRM Live-Organisation einladen, müssen Sie die E-Mail-Adresse des Windows Live ID-Kontos dieses Benutzers verwenden.

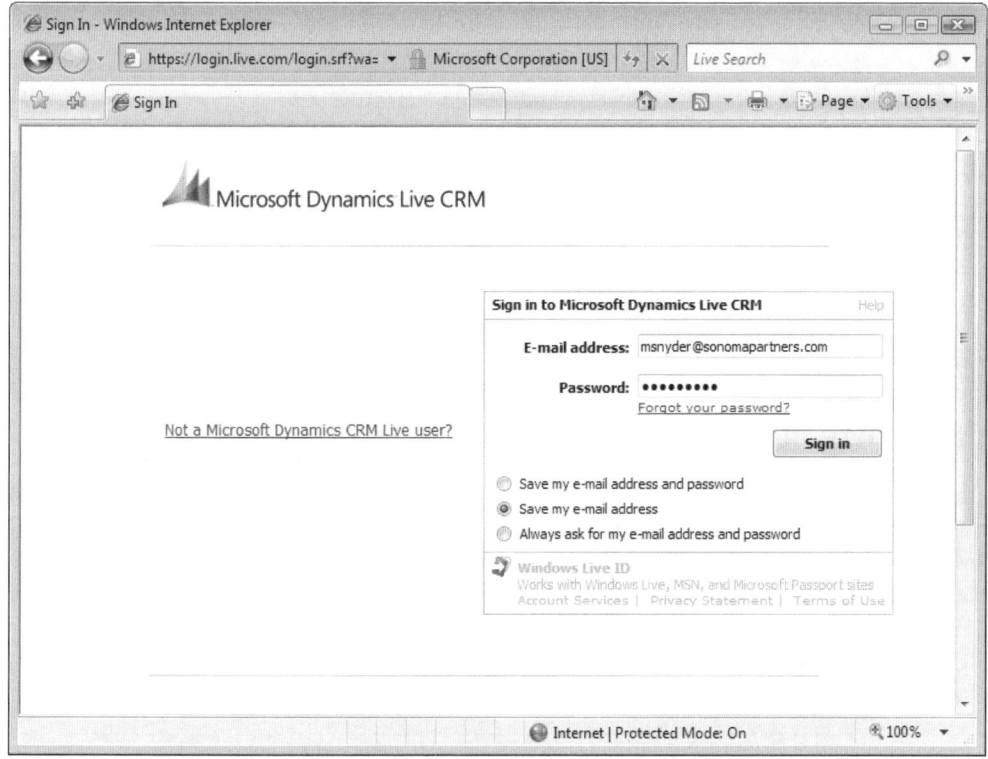

Abbildung 3.5   Eingabe der Windows Live ID-Anmeldeinformationen bei Microsoft Dynamics CRM Live

Benutzer verwalten

Ein Benutzer ist eine Person mit Zugriff auf Microsoft Dynamics CRM, die normalerweise für Ihre Organisation arbeitet. Um Benutzer in Microsoft Dynamics CRM zu verwalten, gehen Sie im Bereich *Einstellungen* zu *Verwaltung* und klicken auf *Benutzer*. Für jeden Benutzer müssen Sie die folgenden sicherheitsrelevanten Aufgaben fertig stellen:

- Dem Benutzer eine oder mehrere Sicherheitsrollen zuweisen.

- Dem Benutzer eine Unternehmenseinheit zuweisen.

- Dem Benutzer ein oder mehrere Teams zuweisen (optional).

- Dem Benutzer einen CAL (Client Access License)-Typ zuweisen.

Die Kombination dieser vier Einstellungen bestimmt den Zugriff eines Benutzers auf Informationen in Microsoft Dynamics CRM.

HINWEIS   Obwohl die meisten Ihrer Benutzer Mitarbeiter Ihrer Organisation sein werden, können Sie auch Benutzerkonten für vertrauenswürdige Drittanbieter oder Lieferanten erstellen, wenn Sie ihnen Zugriff auf Ihr System gewähren möchten. Es liegt auf der Hand, dass Sie die Unternehmenseinheiten und Sicherheitsrollen sorgfältig strukturieren müssen, damit gewährleistet ist, dass Drittanbieter-Benutzer keine vertraulichen Informationen einsehen können.

Als Administrator müssen Sie nicht nur neue Benutzer hinzufügen, sondern auch folgende Aufgaben wahrnehmen:

- Alte Benutzer deaktivieren und ihre Datensätze an andere Benutzer zuweisen.

- Die Anzahl der verwendeten Microsoft Dynamics CRM-Lizenzen überwachen, um die Lizenzbedingungen einzuhalten.

TIPP   Wenn Sie die Unternehmenseinheit eines Benutzers ändern, entfernt Microsoft Dynamics CRM sämtliche Sicherheitsrollen dieses Benutzers, da Rollen je nach Unternehmenseinheit variieren können. Denken Sie in einer derartigen Situation daran, dem Benutzer erneut Sicherheitsrollen zuzuweisen. Andernfalls ist er nicht in der Lage, sich bei Microsoft Dynamics CRM anzumelden.

Benutzerdatensätze neu zuweisen

Als Teil des üblichen Geschäftsverlaufs verlassen Mitarbeiter Ihre Organisation und Sie müssen deren Benutzerdatensätze im System entsprechend anpassen. Wenn ein Benutzer nicht mehr mit Ihrer Microsoft Dynamics CRM-Bereitstellung arbeitet, sollten Sie den Datensatz des Benutzers deaktivieren. Klicken Sie dazu in der Menüleiste des Fensters *Benutzer* auf *Weitere Aktionen* und dann auf *Deaktivieren*. Wird der Benutzer deaktiviert, kann er sich nicht mehr bei Ihrem Microsoft Dynamics CRM-System anmelden. Allerdings ändert sich durch das Deaktivieren nicht der Besitz seines Datensatzes, weil deaktivierte Benutzer weiterhin Datensätze besitzen können.

HINWEIS   Um die Datenintegrität zu bewahren, erlaubt Microsoft Dynamics CRM es nicht, Benutzer zu löschen.

Nachdem Sie den Benutzer deaktiviert haben, werden Sie wahrscheinlich seine Datensätze an einen anderen Benutzer im System zuweisen wollen. Dadurch können Sie gewährleisten, dass sich ein anderer Benutzer aller offenen Aktivitäten oder Nachverfolgungen annimmt, die der vorherige Benutzer noch nicht fertig gestellt hat. Vorzugsweise sollten Sie die Datensätze nach einer der beiden folgenden Methoden neu zuweisen:

- Massendatensätze neu zuweisen

- Aktive Datensätze manuell neu zuweisen

Massendatensätze neu zuweisen

Wenn Sie in Microsoft Dynamics CRM einen Benutzerdatensatz öffnen, finden Sie im Menü *Aktionen* die Option *Datensätze neu zuweisen*. Dieser Befehl öffnet das Dialogfeld *Massendatensätze neu zuweisen*, das in Abbildung 3.6 zu sehen ist.

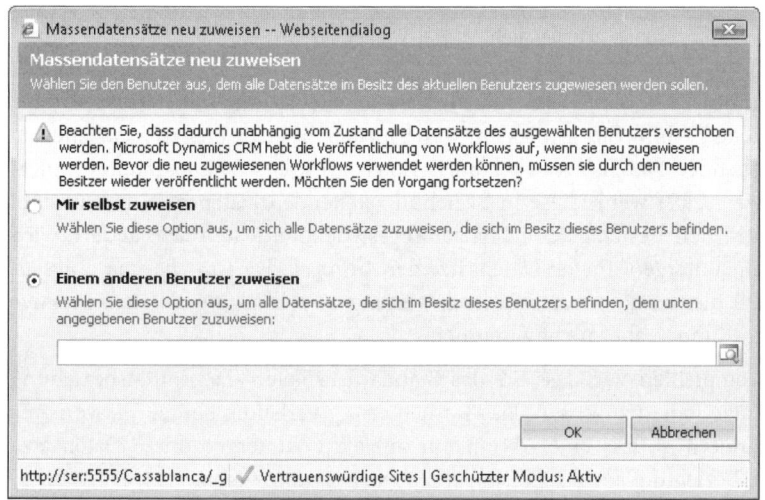

Abbildung 3.6 Das Dialogfeld Massendatensätze neu zuweisen

Wenn Sie einen anderen Benutzer angeben und auf *OK* klicken, weist Microsoft Dynamics CRM alle Datensätze des alten Benutzers an den neuen Benutzer zu. Obwohl sich damit schnell und einfach Datensätze neu zuweisen lassen, werden unabhängig vom Zustand alle Datensätze des alten Benutzers verschoben. Das ist in der Regel nicht das, was die meisten Kunden im Sinn haben, weil dieser Vorgang den Besitzer von inaktiven Datensätzen – beispielsweise von fertig gestellten Aktivitäten, qualifizierten Leads oder gewonnenen Verkaufschancen – ändert. Das hat zu einiger Verwirrung für einen unserer Kunden geführt, weil dadurch die Daten geändert wurden, die in den Berichten von Kommissions- und Verkaufsaktivitäten erschienen! Außerdem kann die Massenneuzuweisung Benutzer verwirren, die sich den Aktivitätsverlauf für eine bestimmte Firma ansehen, weil sich der Besitzer der alten inaktiven Aktivitäten vom vorherigen in den neuen Benutzer geändert hat.

HINWEIS Die Neuzuweisung von Datensätzen ändert nur den Besitzer eines Datensatzes. Es wird nicht der Benutzer geändert, der den Datensatz erstellt oder modifiziert hat. Diese Informationen bleiben erhalten.

Angesichts dieser Einschränkungen betrachten wir die Option *Massendatensätze* neu zuweisen als Brute-Force-Instrument, das Sie nur unter ganz speziellen Umständen einsetzen sollten.

Aktive Datensätze manuell neu zuweisen

Obwohl niemand gern das Wort »manuell« in einer Aufgabenbeschreibung sieht, empfehlen wir wärmstens, dass Sie Datensätze vom alten Benutzer manuell zu einem neuen Benutzer zuweisen, anstatt das Tool *Massendatensätze neu zuweisen* zu verwenden. Somit können Sie den Verlauf der Daten, der mit dem vorherigen Benutzer verknüpft ist, aufrechterhalten. Auf den ersten Blick scheint das leicht realisierbar zu sein, weil man einfach die aktiven Datensätze für die verschiedenen Entitäten auswählen und sie an einen neuen Besitzer zuweisen kann. Zum Beispiel könnten Sie einfach die geöffneten Leads, Anfragen und Verkaufschancen auswählen und sie einem neuen Besitzer zuweisen. Allerdings hält Microsoft Dynamics CRM Entitätsbeziehungen zwischen Datensätzen aufrecht, sodass Aktionen, die Sie an einem übergeordneten Datensatz vornehmen, auf dessen untergeordnete Datensätze weitergereicht werden. Wenn Sie zum Beispiel den Besitzer eines Verkaufschancendatensatzes ändern, ändert Microsoft Dynamics CRM automatisch den Besitzer der Aktivitäten, die sich auf diese Verkaufschance beziehen, basierend auf der Beziehungskonfiguration.

HINWEIS   Auf Entitätsbeziehungen und kaskadierende Aktionen geht Kapitel 6 näher ein.

Standardmäßig gibt Microsoft Dynamics CRM die Aktion *Neuzuweisen* an alle untergeordneten Datensätze in fast allen Entitätsbeziehungen weiter. Wenn Sie in diesem Szenario den Besitzer einer *Firma* ändern, erhalten alle damit in Beziehung stehenden Datensätze wie zum Beispiel *Anfragen*, *Verkaufschancen*, *Angebote*, *Aufträge* usw. den neuen Besitzer, selbst wenn diese in Beziehung stehenden Datensätze inaktiv sind. Und wenn Microsoft Dynamics CRM den Besitzer der in Beziehung stehenden Datensätze ändert, wird analog die Aktion *Neuzuweisen* an alle untergeordneten Datensätze der *Anfragen*, *Verkaufschancen*, *Angebote*, *Aufträge* usw. weitergegeben. Auch hier sind von dieser Neuzuweisung sowohl aktive als auch inaktive Datensätze betroffen, was die meisten Kunden aber nicht wünschen.

Um dieses Szenario zu vermeiden, empfehlen wir, dass Sie das Standardverhalten der Entitätsbeziehung ändern, bevor Sie beginnen, Datensätze neu zuzuweisen. Das Kaskadierungsverhalten sollten Sie von *Alle kaskadieren* in *Aktive kaskadieren* ändern, sodass eine Aktion nur auf aktive untergeordnete Datensätze wirkt, wie es in Abbildung 3.7 für die Beziehung *'Firma'* zu *'Aufgabe'* zu sehen ist.

Leider können Sie dieses Verhalten der Entitätsbeziehung nicht für das gesamte System von einem Ort aus ändern. Sie müssen die Beziehungen für jede der verschiedenen Entitätsbeziehungen manuell konfigurieren.

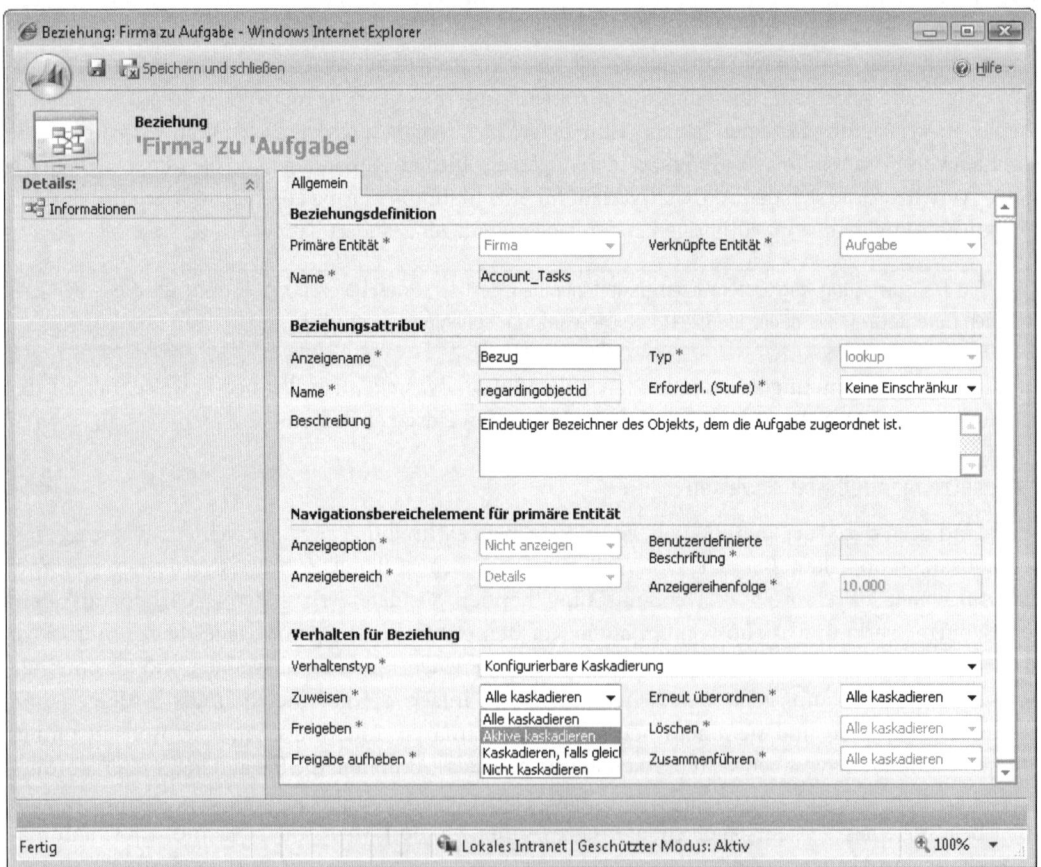

Abbildung 3.7   Das Standardverhalten der Beziehungen zwischen Entitäten ändern, bevor Datensätze neu zugewiesen werden

Lizenznutzung überwachen

Bei der lokal bereitgestellten Version von Microsoft Dynamics CRM müssen Sie die Anzahl der aktiven Microsoft Dynamics CRM-Lizenzen, die Ihre Firma verwendet, verfolgen, um sicherzustellen, dass Sie nicht mehr Lizenzen als erlaubt verwenden. Wie bereits erwähnt, wird beim Lizenzierungsmodell von Microsoft Dynamics CRM darauf vertraut, dass Kunden ihre eigene Verwendung überwachen, da Ihnen der Schlüssel für Volumenlizenzen 100.000 Benutzer gewährt, unabhängig davon, wie viele Benutzerlizenzen Ihre Firma tatsächlich erworben hat.

HINWEIS   Die Lizenzierung bei Microsoft Dynamics CRM Live unterscheidet sich von der lokalen Lizenzierung, weil sie die Anzahl der Benutzerlizenzen strenger überwacht. Wenn Sie versuchen, mehr Benutzer hinzuzufügen, als Sie Lizenzen erworben haben, sendet das System Ihnen eine Fehlermeldung und weist die Aktion zurück.

Möchten Sie sich eine Zusammenfassung Ihrer aktiven Lizenzen ansehen, starten Sie den Microsoft Dynamics CRM-Bereitstellungs-Manager auf dem Microsoft Dynamics CRM-Webserver und klicken dann auf *Lizenz*. Klicken Sie mit der rechten Maustaste auf eine Lizenz und wählen Sie *Eigenschaften* (siehe Abbildung 3.8).

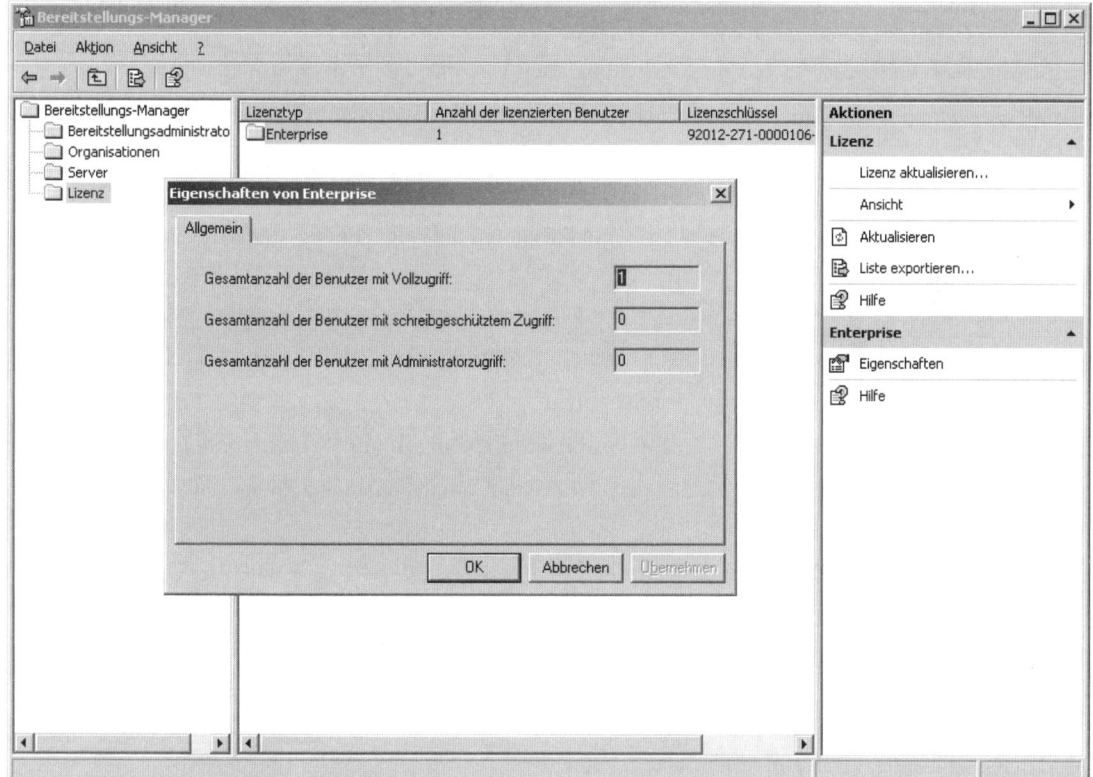

Abbildung 3.8   Lizenzzusammenfassung im Bereitstellungs-Manager von Microsoft Dynamics CRM

Wie Abbildung 3.8 zeigt, meldet Microsoft Dynamics CRM jeweils die Gesamtanzahl der Benutzer für die einzelnen Lizenzierungstypen: Vollzugriff, schreibgeschützter Zugriff und Administratorzugriff. Sie müssen die entsprechende Anzahl von Lizenzen kaufen, die der Anzahl von Benutzern mit Vollzugriff und schreibgeschütztem Zugriff entspricht, jedoch brauchen Sie keine Benutzerlizenzen für administrative Benutzer zu erwerben.

Kunden der Microsoft Dynamics CRM Enterprise Edition können mehrere Organisationen in einer einzelnen Microsoft Dynamics CRM-Bereitstellung einrichten. Diese Lizenzzusammenfassung zeigt dann die Gesamtanzahl der Benutzer über alle Organisationen an. Leider können Sie dieses Lizenzzusammenfassungstool nicht für eine einzelne Organisation ausführen. Wenn Sie also diese Informationen aufgeschlüsselt nach Organisation benötigen, müssen Sie sich manuell bei jeder Organisation anmelden und eine Abfrage durchführen, um die Anzahl der aktiven Benutzer in jeder Kategorie zu ermitteln.

Sicherheitsrollen und Unternehmenseinheiten

Wie bereits weiter vorn erwähnt, bestimmt Microsoft Dynamics CRM mit einer Kombination von rollenbasierter und objektbasierter Sicherheit, was Benutzer in der Bereitstellung sehen und tun dürfen. Anstatt nun die Sicherheit für jeden Benutzer datensatzweise zu konfigurieren, weisen Sie Sicherheitseinstellungen und Berechtigungen einer Sicherheitsrolle zu und weisen dann einem Benutzer eine oder mehrere Sicherheitsrollen zu. Microsoft Dynamics CRM umfasst die folgenden 13 vordefinierten Sicherheitsrollen:

- **Kundenservicemanager:** Ein Benutzer, der Kundenserviceaktivitäten auf der lokalen oder Teamebene verwaltet

- **Kundenservicemitarbeiter:** Ein Mitarbeiter des Kundenservices auf jeder Ebene

- **Marketingleiter:** Ein Benutzer, der Marketingaktivitäten auf der Ebene der Unternehmenseinheit verwaltet

- **Marketingmanager:** Ein Benutzer, der Marketingaktivitäten auf der lokalen oder Teamebene verwaltet

- **Marketingspezialist:** Ein Benutzer, der für Marketingaktivitäten auf jeder Ebene zuständig ist

- **Planer:** Ein Benutzer, der Termine für Services plant

- **Planmanager:** Ein Benutzer, der Services, erforderliche Ressourcen und Arbeitsstunden verwaltet

- **Systemadministrator:** Ein Benutzer, der den Prozess auf einer beliebigen Ebene definiert und implementiert

- **Systemanpasser:** Ein Benutzer, der Datensätze, Attribute, Beziehungen und Formulare von Microsoft Dynamics CRM anpasst

- **Vertriebsleiter:** Ein Benutzer, der die Vertriebsorganisation auf der Ebene der Unternehmenseinheit verwaltet

- **Vertriebsmanager:** Ein Benutzer, der Vertriebsaktivitäten auf der lokalen oder Teamebene verwaltet

- **Vertriebsmitarbeiter:** Ein Verkäufer auf jeder Ebene

- **Vorstandsvorsitzender:** Ein Benutzer, der die Organisation auf der Ebene der Unternehmensleitung verwaltet

Diese Standardsicherheitsrollen umfassen vordefinierte Rechte und Berechtigungen, die typischerweise mit diesen Rollen verbunden sind, sodass Sie Zeit sparen können, wenn Sie sie als Ausgangspunkt für Ihre Bereitstellung verwenden. Außerdem können Sie die einzelnen Standardsicherheitsrollen mit Ausnahme von *Systemadministrator* bearbeiten, um sie an die Erfordernisse Ihres Unternehmens anzupassen.

> **TIPP** Die Standardsicherheitsrollen lassen sich auch kopieren. Klicken Sie dazu in der Symbolleiste der Tabelle im Menü *Weitere Aktionen* auf *Rolle kopieren*. Indem Sie Rollen kopieren und dann anpassen, sparen Sie sich die erforderliche Einrichtungszeit, um neue Rollen zu erstellen.

Wenn Sie einem Benutzer mehrere Sicherheitsrollen zuweisen, kombiniert Microsoft Dynamics CRM die Benutzerrechte, sodass der Benutzer die Aktivität der höchsten Ebene durchführen kann, die mit einer seiner Rollen verbunden ist. Anders ausgedrückt: Wenn Sie zwei Sicherheitsrollen zuweisen, deren Sicherheitsrechte kollidieren, gewährt Microsoft Dynamics CRM dem Benutzer diejenige Berechtigung der beiden Rollen, die am wenigsten restriktiv ist. Nehmen Sie als Beispiel eine fiktive Vertriebsleiterin namens Connie Watson an. Abbildung 3.9 zeigt, dass Connie zwei Sicherheitsrollen zugewiesen sind: *Vertriebsmitarbeiter* und *Marketingleiter*.

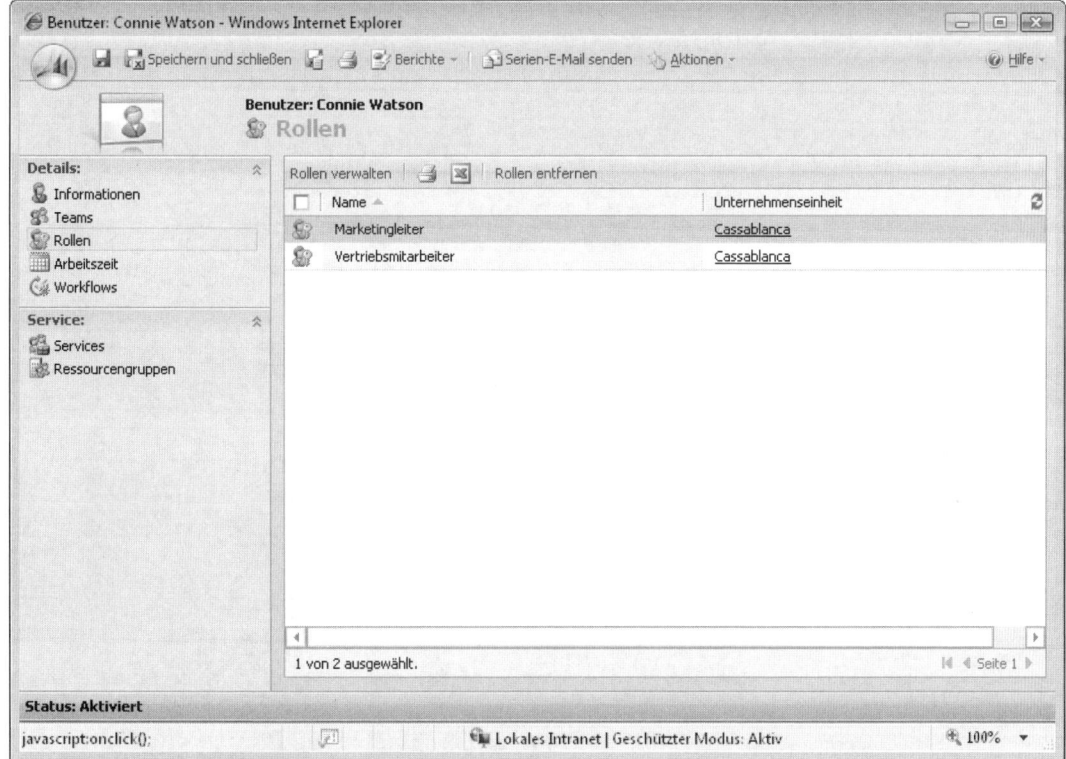

Abbildung 3.9 Mehrere Sicherheitsrollen, die einem Benutzer zugewiesen sind

In den Standardsicherheitsrollen von Microsoft Dynamics CRM kann ein Benutzer, dem nur die Sicherheitsrolle *Vertriebsmitarbeiter* zugewiesen ist, keine neuen Ankündigungen erstellen, während dies mit der Sicherheitsrolle *Marketingleiter* möglich ist. Da Microsoft Dynamics CRM die Berechtigung mit der geringsten Einschränkung über alle Rollen eines Benutzers gewährt, ist in diesem Beispiel Connie in der Lage, Ankündigungen zu erstellen, weil ihr ebenfalls die Sicherheitsrolle *Marketingleiter* zugewiesen ist.

WICHTIG   Sicherheitsrollen werden kombiniert, um Benutzern alle Berechtigungen für alle ihre zugewiesenen Sicherheitsrollen zu gewähren. Wenn eine der Sicherheitsrollen eines Benutzers eine Berechtigung gewährt, besitzt dieser Benutzer immer diese Berechtigung, selbst wenn Sie ihm eine andere Sicherheitsrolle zuweisen, die mit der ursprünglichen Berechtigung in Konflikt steht.

Definitionen von Sicherheitsrollen

Bevor wir erläutern, wie Sicherheitsrollen modifiziert werden, gehen wir kurz auf die Terminologie ein, die sich auf Sicherheitsrollen bezieht. Um die Einstellungen für eine Sicherheitsrolle anzuzeigen und zu verwalten, klicken Sie im Bereich *Einstellungen* auf *Verwaltung* und dann auf *Sicherheitsrollen*. Doppelklicken Sie dann auf eine der Rollen, die in der Tabelle aufgelistet sind. Abbildung 3.10 zeigt die Einstellungen für die Standardsicherheitsrolle *Vertriebsmitarbeiter*.

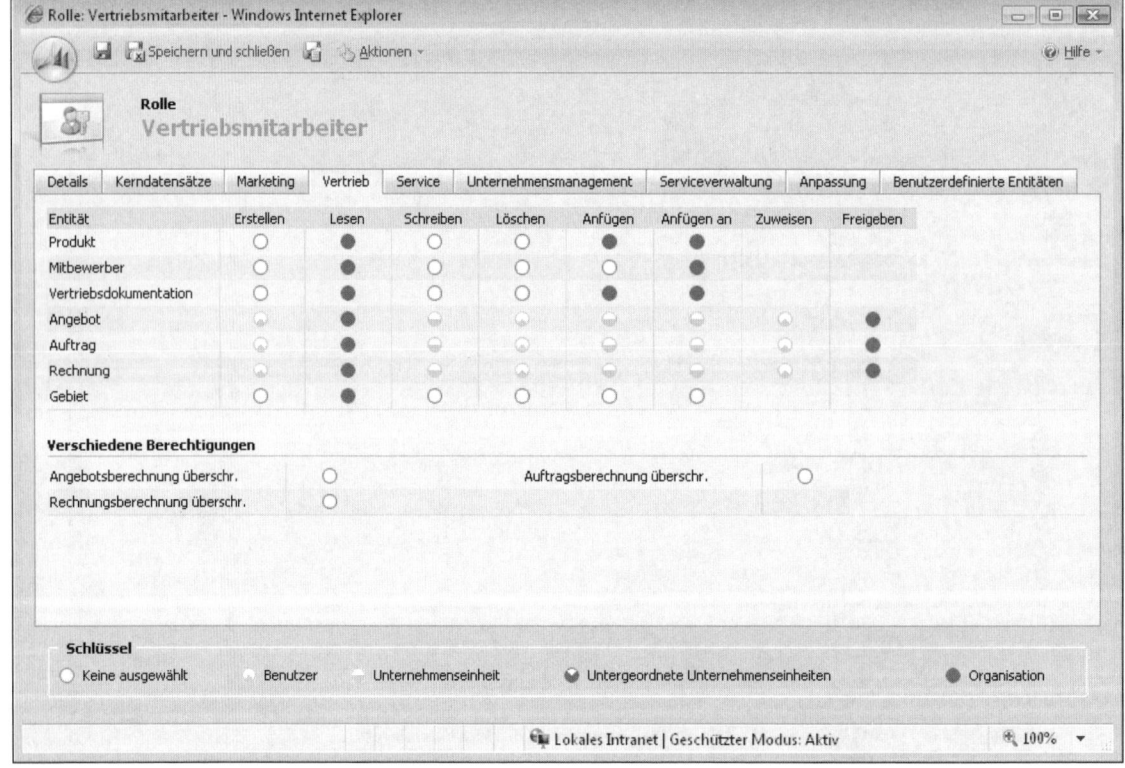

Abbildung 3.10   Einstellungen für die Standardsicherheitsrolle Vertriebsmitarbeiter

Die Spalten in der oberen Tabelle stellen die Entitätsberechtigungen in Microsoft Dynamics CRM dar. Berechtigungen geben einem Benutzer die Erlaubnis, eine Aktion in Microsoft Dynamics CRM durchzuführen, beispielsweise Erstellen, Lesen und Schreiben. Der untere Abschnitt listet zusätzliche verschiedene

Berechtigungen auf, einschließlich *Angebotsberechnung überschreiben* und *Rechnungsberechnung überschreiben*. Microsoft Dynamics CRM gliedert die Berechtigungen einer Sicherheitsrolle in Teilmengen, indem Registerkarten für Funktionsbereiche wie *Marketing, Vertrieb, Service* usw. angelegt werden. Jede Registerkarte im Editor für die Sicherheitsrolle listet verschiedene Entitätsberechtigungen und verschiedene Berechtigungen für Entitäten in Microsoft Dynamics CRM auf.

Die farbigen Kreise in den Einstellungen für die Sicherheitsrolle definieren die Zugriffsebene für diese Berechtigung. Zugriffsebenen bestimmen, an welcher Stelle in der organisatorischen Hierarchie der Unternehmenseinheit der Benutzer die jeweilige Berechtigung wahrnehmen kann. Beispielsweise könnten Sie Zugriffsebenen für eine Sicherheitsrolle konfigurieren, damit ein Benutzer jeden Datensatz löschen kann, den jemand anderes in seiner Unternehmenseinheit besitzt, aber nur Datensätze lesen darf, die von Benutzern in anderen Unternehmenseinheiten besessen werden.

WICHTIG   Die Aktionen, die Benutzern Berechtigungen gewähren (wie zum Beispiel *Erstellen* und *Löschen*), ändern sich nicht durch die Zugriffsebene. Zum Beispiel bietet die Berechtigung *Lesen* für die Zugriffsebene *Benutzer* die gleiche Aktion (Funktionalität) wie die Berechtigung *Lesen* für die Zugriffsebene *Organisation*. Allerdings bestimmen die unterschiedlichen Zugriffsebenen, auf welchen Datensätzen in Microsoft Dynamics CRM der Benutzer die Berechtigung wahrnehmen kann.

Die folgenden Unterabschnitte erläutern ausführlicher, wie Sie Zugriffsebenen für eine Sicherheitsrolle konfigurieren.

Zugriffsebenen

Wie Sie im Schlüssel (im unteren Teil von Abbildung 3.10) sehen können, bietet Microsoft Dynamics CRM fünf Zugriffsebenen:

- **Keine ausgewählt:** Verweigert immer den Benutzern die Berechtigungen, denen die Rolle zugewiesen ist.

- **Benutzer:** Gewährt die Berechtigung für Datensätze, die der Benutzer besitzt, sowie für Datensätze, die explizit für den Benutzer oder für ein Team, dem der Benutzer angehört, freigegeben sind. Auf die Freigabe von Datensätzen gehen wir später in diesem Kapitel ein.

- **Unternehmenseinheit:** Gewährt Berechtigungen für Datensätze in der Unternehmenseinheit des Benutzers.

- **Übergeordnet: Untergeordnete Unternehmenseinheiten:** Gewährt die Berechtigung für Datensätze in der Unternehmenseinheit des Benutzers sowie in allen dazu untergeordneten Unternehmenseinheiten.

- **Organisation:** Gewährt die Berechtigung für alle Datensätze unabhängig davon, welcher hierarchischen Ebene das Objekt oder der Benutzer zugeordnet ist.

HINWEIS   Die Zugriffsebenen *Benutzer, Unternehmenseinheit* und *Übergeordnet: Untergeordnete Unternehmenseinheiten* gelten nicht für einige Berechtigungen wie zum Beispiel *Massenbearbeitung* und *Drucken* (die Sie auf der Registerkarte *Unternehmensmanagement* unter *Verschiedene Berechtigungen* finden), weil das Konzept des Benutzerbesitzes oder der Unternehmenseinheiten nicht auf diese Berechtigungen anwendbar ist. Weder ein Benutzer noch eine Unternehmenseinheit besitzt *Massenbearbeitung* oder *Drucken*, weil das einfach Aktionen sind. Deshalb bieten diese Typen von Berechtigungen nur zwei Zugriffsebenen: *Keine ausgewählt* und *Organisation*. In diesen Szenarios können Sie sich *Keine ausgewählt* als »Nein« und *Organisation* als »Ja« in Bezug darauf vorstellen, ob der Benutzer diese Berechtigung besitzt.

Anhand eines Beispielszenarios lassen sich die Zugriffsebenen in einem praktischen Kontext am besten veranschaulichen. Abbildung 3.11 zeigt fünf Unternehmenseinheiten, sechs Benutzer und sechs Kontaktdatensätze.

Wie untersuchen den Einfluss der Konfiguration unterschiedlicher Zugriffsebenen für eine einzelne Berechtigung (*Kontakt Lesen*) im Kontext eines fiktiven Benutzers Gail Erickson. Gail gehört zur Unternehmenseinheit *Service*, die der Unternehmenseinheit *Adventure Works Cycle* untergeordnet und der Unternehmenseinheit *Central Region* übergeordnet ist. Besitzer der gezeigten Kontakte ist der Benutzerdatensatz, mit dem der Kontakt jeweils verknüpft ist. Tabelle 3.1 zeigt, welche Kontaktdatensätze Gail für jede der fünf möglichen Konfigurationen von Zugriffsebenen lesen könnte.

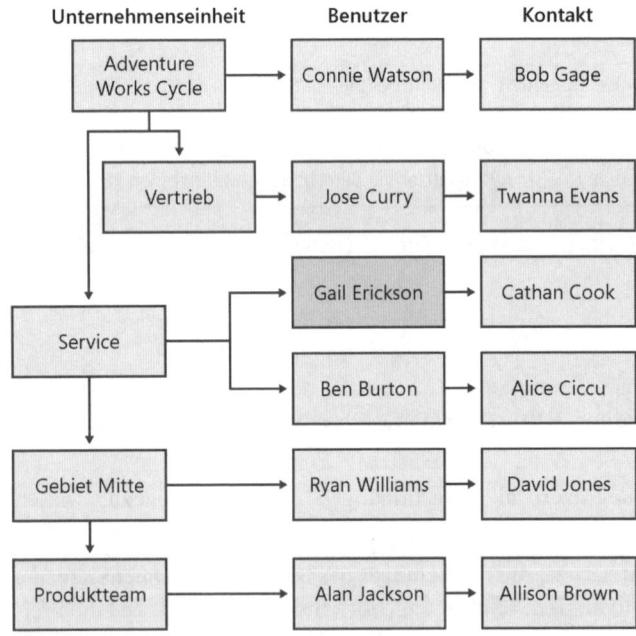

Abbildung 3.11 Beispiel für Zugriffsebenen

Zugriffsebene der Lesen-Berechtigung für die Kontaktentität	Bob Gage	Twanna Evans	Cathan Cook	Alice Ciccu	David Jones	Allison Brown
Keine ausgewählt	Nein	Nein	Nein	Nein	Nein	Nein
Benutzer	Nein	Nein	Ja	Nein	Nein	Nein
Unternehmenseinheit	Nein	Nein	Ja	Ja	Nein	Nein
Übergeordnet: Untergeordnete Unternehmenseinheiten	Nein	Nein	Ja	Ja	Ja	Ja
Organisation	Ja	Ja	Ja	Ja	Ja	Ja

Tabelle 3.1 Lesen-Berechtigungen für Gail Erickson nach Zugriffsebene

Microsoft Dynamics CRM gewährt Gail für die Zugriffsebene *Unternehmenseinheit* die *Lesen*-Berechtigung für den Kontakt Alice Ciccu, weil Ben Burton diesen Datensatz besitzt und er zur selben Unternehmenseinheit gehört wie Gail. Für die Zugriffsebene *Übergeordnet: Untergeordnete Unternehmenseinheiten* gewährt Microsoft Dynamics CRM Gail die *Lesen*-Berechtigung für die Datensätze David Jones und Allison Brown, weil die Unternehmenseinheiten *Central Region* und *Product Team* der Unternehmenseinheit *Service*, zu der Gail gehört, untergeordnet sind und die Besitzer der David Jones- und Allison Brown-Datensätze Benutzer sind, die zu diesen untergeordneten Unternehmenseinheiten gehören.

Wie dieses Beispiel veranschaulicht, verlangt das Konfigurieren von Zugriffsebenen für eine Sicherheitsrolle, dass Sie die folgenden Parameter kennen und berücksichtigen:

- Die Hierarchie der Organisation und Unternehmenseinheit
- Datensatzbesitz und die Unternehmenseinheit, zu der der Besitzer gehört
- Die Unternehmenseinheit des angemeldeten Benutzers

Tabelle 3.2 fasst zusammen, wie Microsoft Dynamics CRM die Berechtigungen basierend auf diesen Parametern gewährt und verweigert.

Zugriffsebene für Berechtigung	Datensatz im Besitz des Benutzers	Datensatz im Besitz eines anderen Benutzers in derselben Unternehmenseinheit	Datensatz im Besitz eines Benutzers in einer untergeordneten Unternehmenseinheit	Datensatz im Besitz eines Benutzers in einer beliebigen nicht untergeordneten Unternehmenseinheit
Keine ausgewählt	Verweigern	Verweigern	Verweigern	Verweigern
Benutzer	Gewähren	Verweigern	Verweigern	Verweigern
Unternehmenseinheit	Gewähren	Gewähren	Verweigern	Verweigern
Übergeordnet: Untergeordnete Unternehmenseinheiten	Gewähren	Gewähren	Gewähren	Verweigern
Organisation	Gewähren	Gewähren	Gewähren	Gewähren

Tabelle 3.2   Berechtigungen, die basierend auf Zugriffsebene und Datensatzbesitz gewährt werden

Sie wissen nun, wie Microsoft Dynamics CRM basierend auf Zugriffsebenen bestimmt, ob Benutzern Sicherheitsberechtigungen gewährt werden. Als Nächstes sehen wir uns an, was die einzelnen Berechtigungen bedeuten, und welche Aktionen der Benutzer jeweils im System durchführen darf.

Berechtigungen

Berechtigungen definieren, was Benutzer in Microsoft Dynamics CRM anzeigen und tun können, und Sie fassen Berechtigungen in einer Sicherheitsrollendefinition zusammen. Einige der Berechtigungen beschreiben Aktionen, die Benutzer mit Entitätsdatensätzen ausführen können, beispielsweise *Löschen* oder *Erstellen*. Andere Berechtigungen definieren Features in Microsoft Dynamics CRM wie zum Beispiel *Seriendruck* und *Exportieren nach Excel*. Dieser Abschnitt beschäftigt sich mit den folgenden Themen:

- Entitätsberechtigungen

- Verschiedene Berechtigungen

- Einfluss der Berechtigung auf die Anwendungsnavigation

Entitätsberechtigungen

Wie Abbildung 3.10 weiter vorn gezeigt hat, gelten einige Berechtigungen wie zum Beispiel *Erstellen*, *Lesen* und *Schreiben* für die Entitäten in Microsoft Dynamics CRM. Für jeden Entitätstyp und jede Berechtigung können Sie eine andere Zugriffsebene konfigurieren. Die folgende Liste beschreibt die Aktionen, die jede Berechtigung zulässt:

- **Erstellen:** Erlaubt dem Benutzer, einen neuen Datensatz hinzuzufügen.

- **Lesen:** Erlaubt dem Benutzer, einen Datensatz anzuzeigen.

- **Schreiben:** Erlaubt dem Benutzer, einen vorhandenen Datensatz zu bearbeiten.

- **Löschen:** Erlaubt dem Benutzer, einen Datensatz zu löschen.

- **Anfügen:** Erlaubt dem Benutzer, eine andere Entität mit einem übergeordneten Datensatz zu verbinden.

- **Anfügen an:** Erlaubt dem Benutzer, andere Entitäten mit dem Datensatz zu verbinden.

- **Zuweisen:** Erlaubt dem Benutzer, den Besitzer eines Datensatzes in einen anderen Benutzer zu ändern.

- **Freigeben:** Erlaubt dem Benutzer, einen Datensatz für einen anderen Benutzer oder ein Team freizugeben.

- **Aktivieren / Deaktivieren:** Erlaubt dem Benutzer, Datensätze von Benutzern und Unternehmenseinheiten zu aktivieren oder zu deaktivieren.

HINWEIS   Nicht sämtliche Entitätsberechtigungen sind für alle Entitäten in Microsoft Dynamics CRM vorhanden. Zum Beispiel gibt es die Berechtigung *Freigeben* für keine der Entitäten auf der Registerkarte *Serviceverwaltung*. Die Berechtigung *Aktivieren / Deaktivieren* gilt nur für die Entitäten *Unternehmenseinheit* und *Benutzer*.

Die Aktionen *Anfügen* und *Anfügen an* verhalten sich gegenüber anderen Berechtigungen etwas anders, weil Sie sie für zwei unterschiedliche Entitäten konfigurieren müssen, damit sie korrekt funktionieren. Die Aktionen *Anfügen* und *Anfügen an* lassen sich besser verstehen, wenn man sie als Analogie zu einer Haftnotiz an einer Wand betrachtet. Um das Konzept der Haftnotiz mithilfe der Sicherheitsberechtigungen von Microsoft Dynamics CRM zu konfigurieren, müssen Sie der Haftnotiz *Anfügen*-Berechtigungen und dann der Wand *Anfügen an*-Berechtigungen zuweisen. Überträgt man dieses Konzept auf Microsoft Dynamics CRM-Entitäten, sieht das zum Beispiel so aus: Wenn man einen Kontakt einer Firma zuweisen (oder anfügen) möchte, bräuchte der Benutzer *Anfügen*-Berechtigungen für den Kontakt- und *Anfügen an*-Berechtigungen für den Firmendatensatz.

In Microsoft Dynamics CRM können Sie auch Entitätsberechtigungen für beliebige benutzerdefinierte Entitäten konfigurieren, die Sie in Ihrer Bereitstellung erzeugen. Sie können alle fünf Zugriffsebenen für jede benutzerdefinierte Entität für alle Entitätsberechtigungen konfigurieren.

Problembehebung bei Berechtigungsfehlern von Entitäten

Wenn Sie Microsoft Dynamics CRM-Sicherheitsrollen anpassen, kann es manchmal vorkommen, dass Sie später eine Fehlermeldung erhalten, die besagt, dass der Benutzer keine Berechtigung besitzt, um eine Aktion abzuschließen. Jetzt denken Sie vielleicht: »Wovon spricht er überhaupt?« Nachdem Sie sich mit Sicherheitsrollen auskennen, werden Sie sich fragen, welche Berechtigung eventuell fehlt, damit dieser Fehler auftritt.

Oftmals müssen Sie einem Benutzer eine Sicherheitsberechtigung gewähren, die Ihnen nicht allein dadurch klar wird, dass Sie sich die Bildschirme der Sicherheitsrollenkonfiguration ansehen. Würden Sie beispielsweise erraten, dass Sie die Berechtigung *Anfügen an Auftrag* benötigen, bevor Sie einen *Termin*-Datensatz erstellen können?

Falls Sie dabei hängen bleiben, die passenden Berechtigungen zu verfolgen, die ein Benutzer benötigt, um eine Aktion auszuführen, empfehlen wir, dass Sie sich auf das Microsoft Dynamics CRM-SDK (Software Development Kit) beziehen, weil es die verschiedenen Berechtigungen beschreibt, die ein Benutzer benötigt, um bestimmte Aktionen fertig zu stellen. Diese Informationen finden Sie im Abschnitt *Berechtigungen nach Nachricht* des SDK. Zum Beispiel sehen Sie folgende Liste für die erforderlichen Berechtigungen, um einen Termin zu erstellen:

- prvAppendActivity
- prvAppendToAccount
- prvAppendToActivity
- prvAppendToContact
- prvAppendToContract
- prvAppendToIncident
- prvAppendToInvoice
- prvAppendToLead
- prvAppendToOpportunity
- prvAppendToOrder
- prvAppendToQuote
- prvAppendToService
- prvCreateActivity
- prvReadActivity
- prvShareActivity

Auch wenn diese Liste auf den ersten Blick etwas kryptisch erscheinen mag, bieten Ihnen diese Informationen einen Ausgangspunkt, um zu bestimmen, welche Berechtigungen der Benutzer in einer Sicherheitsrolle benötigt, um die gewünschte Aktion auszuführen. Leider haben wir in Microsoft Dynamics CRM 3.0 einige Fälle gefunden, für die die SDK-Dokumentation nicht alle erforderlichen Berechtigungen aufgelistet hat. In diesen Fällen empfehlen wir, dass Sie die Systemnachverfolgung für den Server aktivieren. Die Nachverfolgung sollte den genauen Berechtigungsbezeichner erfassen, mit dem Sie dann nach der fehlenden Berechtigung suchen können. Kapitel 9 geht ausführlich darauf ein, wie Sie dies bewerkstelligen. Da dieser Ansatz Server- und Datenbankverwaltungsrechte verlangt, können Sie auch eine langwierigere Trial-and-Error-Methode verwenden, um die anderen Berechtigungen in der Sicherheitsrolle an- und abzuschalten und so herauszufinden, was der Benutzer benötigt.

Verschiedene Berechtigungen

Neben den Entitätsberechtigungen umfasst Microsoft Dynamics CRM auf jeder Registerkarte des Sicherheitsrolleneditors zusätzliche *Verschiedene Berechtigungen*. Der Name der Berechtigung sagt oftmals bereits genügend darüber aus, was die Berechtigung abdeckt, doch manchmal lässt die Beschreibung noch Fragen offen. Das gilt vor allem für verschiedene Berechtigungen, die sich auf Bereiche der Anwendung beziehen, die Sie vielleicht nicht oft verwenden. Die folgende Liste beschreibt die verschiedenen Berechtigungen ausführlicher und gibt gegebenenfalls an, wo das dazu gehörende Feature zu finden ist:

- **E-Mail-Vorlagen veröffentlichen:** Erlaubt dem Benutzer, der Organisation eine persönliche E-Mail-Vorlage verfügbar zu machen. Um auf dieses Feature zuzugreifen, klickt der Benutzer im Bereich *Einstellungen* auf *Vorlagen*, wählt *E-Mail-Vorlagen* und öffnet eine persönliche E-Mail-Vorlage, indem er darauf doppelklickt. Dann kann er im Menü *Aktionen* auf *Vorlage für Organisation verfügbar machen* klicken.

- **Berichte veröffentlichen:** Erlaubt einem Benutzer, einen Bericht für die gesamte Organisation verfügbar (oder einsehbar) zu machen. Für Reporting Services-Berichte gestattet diese Berechtigung dem Benutzer auch, den Bericht auf dem Reporting Services-Webserver zur externen Verwendung zu veröffentlichen.

- **Veröffentlichen Sie Duplikaterkennungsregeln:** Erlaubt dem Benutzer, Duplikaterkennungsregeln zu veröffentlichen, die er im Abschnitt Datenverwaltung konfiguriert hat.

- **Reporting Services-Berichte hinzufügen:** Erlaubt dem Benutzer, eine vorhandene Reporting Services-Berichtsdatei in Microsoft Dynamics CRM hochzuladen. Reporting Services-Dateien weisen das RDL-Format auf. Diese Berechtigung unterscheidet sich von der *Erstellen*-Berechtigung der Entität *Bericht*, die sich auf das Erstellen eines neuen Berichts mit dem Berichtsassistenten oder das Hinzufügen eines anderen Dateityps (wie zum Beispiel einer Excel-Datei oder eines PDF-Berichts) bezieht. Beachten Sie, dass Microsoft Dynamics CRM Live-Kunden keine benutzerdefinierten Berichte auf den Server hochladen können, sondern nur in der Lage sind, Berichte mit dem Berichtsassistenten zu erstellen.

- **Seriendruckvorlagen für die Organisation veröffentlichen:** Erlaubt dem Benutzer, Seriendruckvorlagen für die gesamte Organisation verfügbar zu machen. Seriendruckvorlagen, die einem einzelnen Benutzer gehören, folgen dem standardmäßigen Microsoft Dynamics CRM-Sicherheitsmodell.

- **Schnellkampagne erstellen:** Erlaubt dem Benutzer, eine einzelne Aktivität zu erstellen und sie an mehrere Datensätze mit einer Marketing-Schnellkampagne zu verteilen. Der Benutzer benötigt zudem die entsprechende Sicherheitskonfiguration, um die Schnellkampagnenaktivitäten zu erstellen.

- **Angebotsberechnung überschreiben:** Erlaubt dem Benutzer, den berechneten Preis eines Angebots (basierend auf Produkten, die dem Angebot hinzugefügt wurden) zu überschreiben und die neue Angebotsberechnung manuell einzugeben. Benutzer können auf die Schaltfläche *Preis überschreiben* zugreifen, wenn sie ein Angebotsprodukt bearbeiten, das an ein Angebot angefügt ist.

- **Rechnungsberechnung überschreiben:** Erlaubt dem Benutzer, den vom System generierten Preis einer Rechnung zu überschreiben und manuell eine neue Rechnungsberechnung einzugeben. Benutzer können auf die Schaltfläche *Preis überschreiben* zugreifen, wenn sie ein Rechnungsprodukt bearbeiten, das an eine Rechnung angefügt ist.

- **Auftragsberechnung überschreiben:** Erlaubt dem Benutzer, den vom System generierten Preis eines Auftrags zu überschreiben und manuell eine neue Auftragsberechnung einzugeben. Benutzer können auf die Schaltfläche *Preis überschreiben* zugreifen, wenn sie ein Auftragsprodukt bearbeiten, das an einen Auftrag angefügt ist.

- **Artikel veröffentlichen:** Erlaubt dem Benutzer, nicht genehmigte Artikel der Wissensdatenbank zu veröffentlichen. Benutzer verwenden die Schaltfläche *Genehmigen* in der Symbolleiste der Tabelle nicht genehmigter Artikelwarteschlangen, die im Bereich *Wissensdatenbank* zu finden ist.

- **Rolle zuweisen:** Erlaubt dem Benutzer, im Abschnitt *Einstellungen* Sicherheitsrollen zu Benutzerdatensätzen hinzuzufügen oder von diesen zu entfernen.

- **Massenbearbeitung:** Erlaubt dem Benutzer, mehrere Datensätze auf einmal zu bearbeiten. Benutzer mit dieser Berechtigung können auf das Feature über die Symbolleiste der jeweiligen Entitätstabelle zugreifen. Dieses Feature ist nicht auf alle Entitäten anwendbar.

- **Drucken:** Erlaubt dem Benutzer, eine druckerfreundliche Anzeige einer Tabelle zu erstellen. Benutzer mit dieser Berechtigung können auf dieses Feature über die Schaltfläche *Druckvorschau* in der Symbolleiste der Tabelle zugreifen. Diese Berechtigung lässt sich nicht nach Entitätstyp variieren.

- **Zusammenführen:** Erlaubt dem Benutzer, zwei Datensätze zu einem einzelnen Datensatz zusammenzuführen. Benutzer mit dieser Berechtigung können auf das Feature *Zusammenführen* über die Symbolleiste der Tabelle zugreifen.

- **Offline gehen:** Erlaubt einem Benutzer mit installiertem Microsoft Dynamics CRM für Outlook mit Offlinezugriff, im Offlinemodus zu arbeiten. Beim Arbeiten im Offlinemodus wird eine lokale Kopie der Datenbank auf dem Laptop erstellt. Da Benutzer den Laptop (mit den Offlinedaten) vom Firmengelände entfernen können, wirft die Offlineoption eine mögliche Sicherheitsfrage auf, die Sie betrachten müssen.

- **CRM-Adressbuch:** Erlaubt einem Benutzer des Microsoft Dynamics CRM-Clients für Outlook, CRM-Datensätze aus seinem Adressbuch in Outlook auszuwählen.

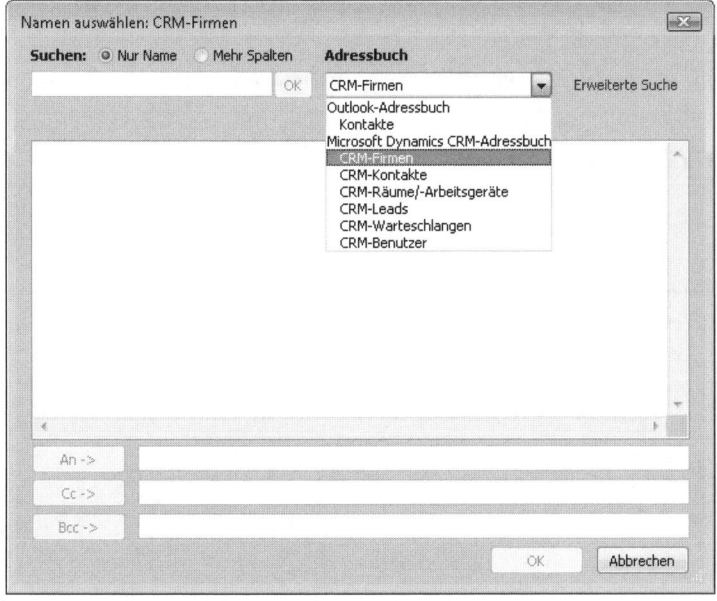

Abbildung 3.12 Auswählen von CRM-Datensätzen aus dem Adressbuch in Outlook

- **Betriebsferien aktualisieren:** Erlaubt dem Benutzer, die Angaben zu Arbeitsstunden, Feiertagen und anderen Zeiten, in denen das Unternehmen geschlossen ist, zu modifizieren. Dazu wählt der Benutzer im Bereich *Einstellungen* den Abschnitt *Unternehmensmanagement* und klickt auf *Betriebsferien.*

- **Spracheinstellungen:** Erlaubt einem Benutzer, seine eigenen Spracheinstellungen zu ändern.

- **Dem Benutzer ein Gebiet zuweisen:** Erlaubt dem Benutzer, andere Benutzer in ein Vertriebsgebiet hinzuzufügen oder daraus zu entfernen. Um diese Informationen zu ändern, wählt der Benutzer im Bereich *Einstellungen* den Abschnitt *Unternehmensmanagement* und klickt auf *Vertriebsgebiete.*

- **Mobil:** Erlaubt dem Benutzer, Microsoft Dynamics CRM-Daten mit mobilen Geräten zu synchronisieren.

- **Exportieren nach Excel:** Erlaubt dem Benutzer, die Tabellendaten nach Microsoft Office Excel zu exportieren. Benutzer mit dieser Berechtigung greifen auf das Feature *In eine Excel-Tabelle exportieren* über die Symbolleiste der Tabelle zu.

- **Seriendruck:** Erlaubt dem Benutzer, Seriendruckelemente wie zum Beispiel Briefe, E-Mail-Nachrichten, Umschläge und Beschriftungen zu erstellen. Diese Berechtigung bezieht sich auf das Erstellen von Seriendruckelementen mithilfe von Microsoft Dynamics CRM für Outlook.

- **Webseriendruck:** Entspricht der Berechtigung *Seriendruck*, erlaubt aber dem Benutzer, auf die Seriendruckfunktionalität in der Weboberfläche zuzugreifen, ohne Microsoft Dynamics CRM für Outlook zu verwenden.

- **Synchronisierung mit Outlook:** Erlaubt einem Benutzer von Microsoft Dynamics CRM für Outlook, Microsoft Dynamics CRM-Daten wie Kontakte, Aufgaben und Termine mit seiner Outlook-Datei zu synchronisieren.

- **E-Mail unter anderem Benutzerkonto senden:** Erlaubt dem Benutzer, einen anderen Benutzer oder eine Warteschlange für die *Von*-Adresse einer E-Mail-Nachricht auszuwählen, die mit dem Microsoft Dynamics CRM-Feature *Serien-E-Mail* gesendet wird. Die Schaltfläche *Serien-E-Mail senden* erscheint in Tabellen nur, wenn der Benutzer die folgenden Sicherheitsrechte besitzt:

  - *Lesen-* und *Anfügen*-Berechtigungen für die Entität *Aktivität*

  - *Anfügen an-*Berechtigungen für die Entität, an die der Benutzer Serien-E-Mail sendet (wie zum Beispiel *Kontakt* oder *Firma*)

  - *Lesen*-Berechtigungen für die Entität *E-Mail-Vorlage*

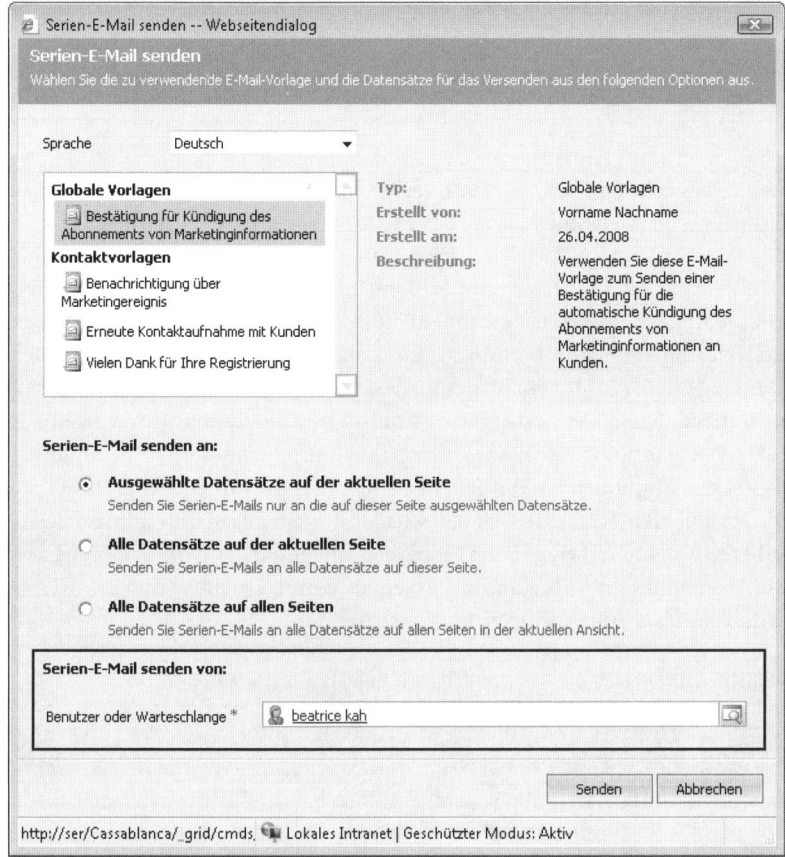

Abbildung 3.13 Das Dialogfeld Serien-E-Mail senden

- **Einladung senden:** Erlaubt einem Benutzer, eine E-Mail-Einladung an einen Mitarbeiter zu senden, um der Organisation beizutreten. Diese Berechtigung gilt nur für Microsoft Dynamics CRM Live-Bereitstellungen.

- **Verfügbarkeit suchen:** Erlaubt dem Benutzer, nach verfügbaren Zeiten zu suchen, wenn eine Service-Aktivität geplant wird.

- **Verfügbarkeit durchsuchen:** Erlaubt dem Benutzer, den im Bereich *Service* vorhandenen Servicekalender anzuzeigen.

- **ISV-Erweiterungen:** Bestimmt, ob Microsoft Dynamics CRM Anpassungen – beispielsweise benutzerdefinierte Menübefehle und Symbolleistenschaltflächen – aus der *ISV.config*-Datei für den Benutzer anzeigt. Beachten Sie, dass sich diese Einstellung entweder auf alle oder auf gar keine der ISV-Erweiterungen bezieht. Mithilfe dieser Einstellung ist es nicht möglich, nur bestimmte ISV-Erweiterungen zu aktivieren.

- **Workflowauftrag ausführen:** Neben geeigneter Berechtigungen für die Entität *Systemauftrag* benötigen Benutzer diese Berechtigung, um manuelle oder automatische Workflow-Regeln auszuführen.

- **Anpassungen exportieren:** Erlaubt dem Benutzer, Systemanpassungen von Microsoft Dynamics CRM in eine Konfigurationsdatei zu exportieren.

- **Anpassungen importieren:** Erlaubt dem Benutzer, eine Konfigurationsdatei in Microsoft Dynamics CRM zu importieren.

- **Anpassungen veröffentlichen:** Erlaubt dem Benutzer, Anpassungen zu veröffentlichen, die auf eine Entität angewandt wurden.

HINWEIS   Bei Drucklegung dieses Buches hatte Microsoft die mobile Version von Microsoft Dynamics CRM 4.0 noch nicht veröffentlicht. Deshalb können wir hier nicht endgültig beschreiben, wie sich die *Mobil*-Berechtigung verhalten wird.

Wenn Sie immer noch nicht sicher sind, was eine bestimmte Berechtigung bewirkt oder ob sie das Gewünschte tut, können Sie eine Berechtigung einfach testen, indem Sie die Zugriffsebene für eine Sicherheitsrolle auswählen, die Rolle speichern und sich dann bei Microsoft Dynamics CRM als Benutzer anmelden, dem nur diese Sicherheitsrolle zugewiesen ist. Denken Sie daran, dass Sie Zugriffsrechte auf Organisationsebene für alle Berechtigungen besitzen, wenn ihr persönliches Konto über die Systemadministrator-Rolle verfügt, sodass Sie sich nicht als Systemadministrator anmelden sollten, um Sicherheitsberechtigungen zu testen. Das Testen von Sicherheitsberechtigungen ist ein gutes Beispiel, falls Sie einen Identitätswechsel zu einem anderen Benutzer ausführen möchten, wenn Sie sich bei Microsoft Dynamics CRM anmelden. Weiter vorn in diesem Kapitel wurde bereits erläutert, wie Sie die Sicherheitseinstellungen von Internet Explorer ändern können, damit Microsoft Dynamics CRM Sie auffordert, einen Benutzernamen und ein Kennwort einzugeben, anstatt die integrierte Windows-Authentifizierung zu verwenden.

HINWEIS   Verschiedene Berechtigungen gelten nicht für benutzerdefinierte Entitäten, die Sie erstellen.

Sicherheit auf Feldebene

Berechtigungen und Zugriffsebenen konfigurieren Sie basierend auf vollständigen Entitätsdatensätzen in Microsoft Dynamics CRM und nicht auf einzelnen Attributen für jede Entität. Zum Beispiel können Sie keine Konfigurationen von Sicherheitsrollen verwenden, um zu spezifizieren, dass Benutzer den Namen und die Telefonnummer eines Kontakts anzeigen können, jedoch nicht die Sozialversicherungsnummer oder die Wohnadresse. Wenn Benutzer die *Lesen*-Berechtigung für einen *Kontakt*-Datensatz besitzen, können sie sämtliche Attribute des Kontakts, die auf dem Formular vorhanden sind, anzeigen.

Allerdings können Sie vom robusten Programmiermodell von Microsoft Dynamics CRM profitieren, um dynamisch Attribute auf einem Formular auszublenden oder bestimmte Attribute basierend auf der Sicherheitsrolle des Benutzers zu deaktivieren. Derartige benutzerdefinierte Skripts führen Sie im *onLoad*-Ereignis des Formulars aus. Kapitel 10 erläutert, wie Sie das *onLoad*-Ereignis des Formulars verwenden, und gibt hierfür Beispielcode an. Sie sollten aber auch einige Fallstricke kennen, wenn Sie über das *onLoad*-Ereignis des Formulars Attribute auf einem Formular verbergen.

Ein Benutzer könnte sich die »verborgenen« Daten trotzdem anzeigen lassen, indem er eine erweiterte Suche ausführt und die verborgene Spalte zur ausgegebenen Ergebnismenge hinzufügt. Benutzer können mit dieser Technik zwar keine Daten bearbeiten, aber sie können alle Attribute jeder Entität anzeigen, für die sie *Lesen*-Berechtigungen besitzen. Außerdem könnten Benutzer möglicherweise diese verborgenen Informationen anzeigen, indem sie sie nach Excel exportieren oder Berichte ausführen, die diese Informationen enthalten. Die Daten im Feld, das Sie verbergen möchten, sind immer noch sichtbar für Benutzer, wenn sie mit der Microsoft Dynamics CRM-Datenbank verbunden sind und gefilterte Ansichten verwenden (wie sie Kapitel 7 näher erläutert). Demzufolge könnten Benutzer immer noch auf das Feld zugreifen, das Sie zu verbergen versuchen, indem sie auf die Druckvorschau des Datensatzes klicken. ▶

Deshalb bietet das *onLoad*-Ereignis des Formulars überhaupt keine wirkliche Sicherheit auf Feldebene, wenn Sie Daten gegenüber Benutzern verbergen müssen, doch können Sie diese Technik nutzen, um Benutzer daran zu hindern, bestimmte Attribute auf dem Entitätsformular zu bearbeiten. Wenn Sie wirklich den Zugriff auf spezifische Felder einschränken müssen, sollten Sie eine benutzerdefinierte Entität erstellen, die sich auf den übergeordneten Datensatz bezieht, und Sicherheit für die benutzerdefinierte Entität konfigurieren, um den Zugriff entsprechend einzuschränken. Zum Beispiel können Sie eine benutzerdefinierte Entität erstellen, die sich auf den *Kontakt*-Datensatz bezieht und in der Sie vertrauliche Informationen wie etwa die Sozialversicherungsnummer oder Kreditkartendaten einer Person speichern.

Einfluss von Berechtigungen auf die Anwendungsnavigation

Microsoft Dynamics CRM umfasst in den Bereichen *Vertrieb*, *Marketing* und *Service* mehr als 100 Entitäten und Tausende von Features. Allerdings dürften nur wenige Organisationen alle Entitäten nutzen, die Microsoft Dynamics CRM anbietet, um ihre Kundendaten zu verfolgen und zu verwalten. Folglich verlangen Benutzer häufig danach, nur die Bereiche der Anwendung anzuzeigen, die ihre Organisation tatsächlich verwendet. Wenn Ihre Organisation beispielsweise die Entitäten *Vertriebsdokumentation* oder *Rechnungen* nicht verwendet, möchten Ihre Benutzer diese Entitäten nicht sehen, wenn sie durch die Benutzeroberfläche navigieren.

Obwohl es technisch möglich wäre, die Siteübersicht zu verwenden, um einige Bereiche der Navigation zu entfernen (in diesem Beispiel *Vertriebsdokumentation* und *Rechnungen*), besteht die bessere Lösung darin, Sicherheitsrollen und Berechtigungen von Benutzern zu modifizieren, wodurch sich auch die Benutzeroberfläche ändert.

WICHTIG   Es empfiehlt sich immer, Sicherheitsrollen und nicht die Siteübersicht zu modifizieren, um Bereiche von Microsoft Dynamics CRM zu verbergen, die Ihre Organisation nicht verwendet. Indem Sie Sicherheitsrollen modifizieren, können Sie auch die Anzeige des Navigationsbereichs für Entitäten anpassen, d.h. einen Bereich der Benutzeroberfläche, den Sie mithilfe der Siteübersicht nicht bearbeiten können. Kapitel 6 geht ausführlich auf die Siteübersicht ein und erläutert, wann es angebracht ist, sie zu modifizieren.

Wenn Sie eine Sicherheitsrolle modifizieren und die Zugriffsebene der *Lesen*-Berechtigung für eine Entität auf *Keine ausgewählt* setzen, entfernt Microsoft Dynamics CRM automatisch für Benutzer mit dieser Sicherheitsrolle diese Entität einschließlich Menüleiste, Anwendungsnavigationsbereich und Entitätsdatensatz aus der Benutzeroberfläche. Die meisten der 13 Standardsicherheitsrollen umfassen eine Zugriffsebene *Organisation* für die *Lesen*-Berechtigung auf allen Entitäten, sodass Benutzer alle Entitäten im Anwendungsnavigationsbereich sehen. Deshalb sollten Sie die Zugriffsebene für die *Lesen*-Berechtigung auf *Keine ausgewählt* für jede Entität setzen, die Sie in Ihrer Bereitstellung nicht verwenden. Auf diese Weise schaffen Sie eine abgespeckte Benutzeroberfläche, die neuen Benutzern den Einstieg in das System erleichtert und vorhandenen Benutzern eine effizientere Navigation beschert.

TIPP   Damit die neue Anwendungsnavigation zu sehen ist, nachdem Sie eine Sicherheitsrolle modifiziert haben, müssen Sie gegebenenfalls das Fenster Ihres Webbrowsers aktualisieren oder Outlook neu starten.

Abbildung 3.14 zeigt den Firmendatensatz für einen Benutzer, dem die Standardsicherheitsrolle *Kundenservicemitarbeiter* zugewiesen ist. Da die Rolle die *Lesen*-Berechtigung für die meisten Entitäten umfasst, kann der Benutzer alle Links im Navigationsbereich für Entitäten sehen, wie zum Beispiel *Angebote*, *Aufträge*, *Rechnungen*, *Marketinglisten* und *Kampagnen*.

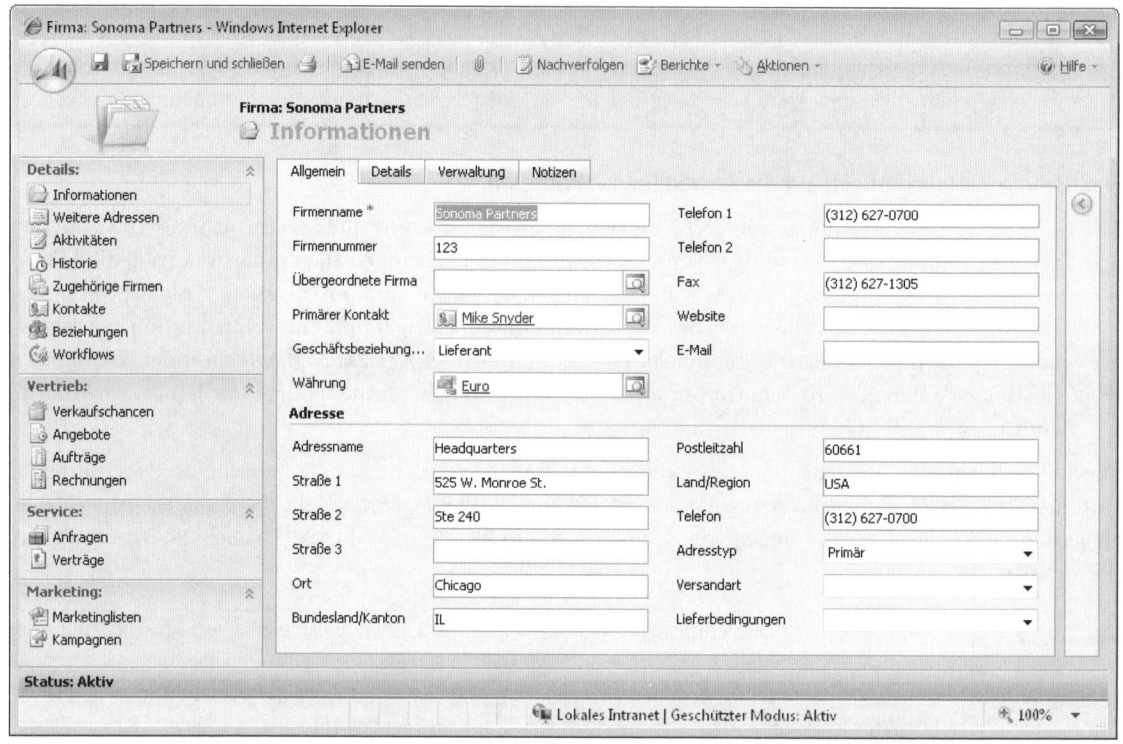

Abbildung 3.14   Firmendatensatz wie ihn ein Benutzer sieht, dem die Standardsicherheitsrolle Kundenservicemitarbeiter zugewiesen ist

In der Praxis brauchen die meisten Kundenservicemitarbeiter nicht sämtliche dieser Informationen in einem Firmendatensatz zu sehen. Nehmen Sie stattdessen an, dass Sie Ihren Kundenservicemitarbeitern nur die in den Gruppen *Details* und *Service* enthaltenen Informationen anzeigen möchten. Indem Sie ihre Sicherheitsrollen modifizieren und die *Lesen*-Berechtigung für die zu verbergenden Entitäten auf *Keine ausgewählt* setzen, kann das überarbeitete Firmenformular so aussehen, wie es in Abbildung 3.15 zu sehen ist.

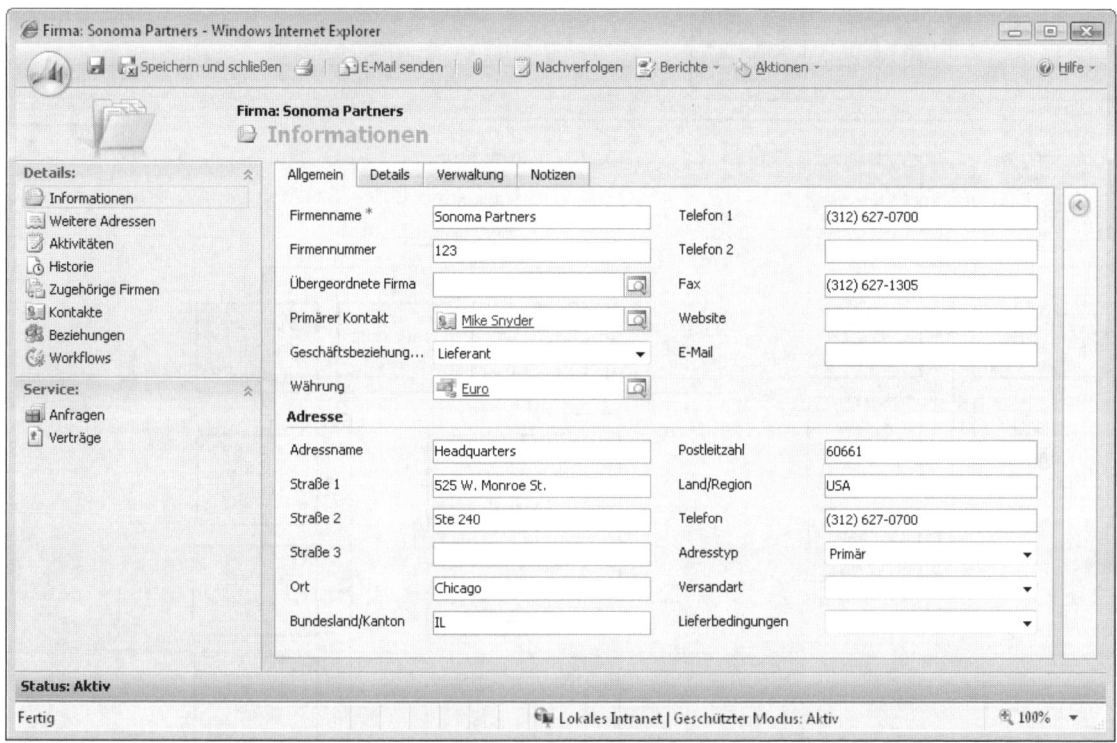

Abbildung 3.15 Firmendatensatz, wie ihn ein Benutzer sieht, dem eine überarbeitete Sicherheitsrolle Kundenservicemitarbeiter zugewiesen ist

Wie Abbildung 3.15 zeigt, wurden die Links für Vertrieb und Marketing aus dem Navigationsbereich entfernt, indem die Sicherheitsrolle modifiziert wurde. Damit erhalten Sie eine bereinigte Benutzeroberfläche, die Ihre Benutzer sicherlich schätzen werden. Analog können Sie die Sicherheitsrolle *Vertriebsmitarbeiter* überarbeiten, sodass die Vertriebsmitarbeiter nur die Entitäten sehen, die sie für ihren Job benötigen.

Vererbung von Sicherheitsrollen

Umfasst Ihre Bereitstellung mehrere Unternehmenseinheiten, müssen Sie verstehen, wie Microsoft Dynamics CRM Sicherheitsrollen in der Hierarchie der Geschäftseinheiten vererbt. Wenn Sie eine neue Sicherheitsrolle in einer Unternehmenseinheit erstellen, erzeugt Microsoft Dynamics CRM eine Instanz (Kopie) dieser Sicherheitsrolle für jede Unternehmenseinheit, die der Unternehmenseinheit untergeordnet ist, für die Sie die neue Sicherheitsrolle erstellt haben. Möchten Sie die Sicherheitsrolle in einer der untergeordneten Unternehmenseinheiten bearbeiten, erscheint die Warnung: »Vererbte Rollen können nicht aktualisiert oder geändert werden.« Sie können nur die übergeordnete Sicherheitsrolle bearbeiten und Microsoft Dynamics CRM kopiert dann automatisch Ihre Änderungen auf alle Sicherheitsrollen in den untergeordneten Unternehmenseinheiten. Sehen Sie sich dazu die Organisationshierarchie der Beispielorganisation Adventure Works Cycle an, wie sie in Abbildung 3.16 dargestellt ist.

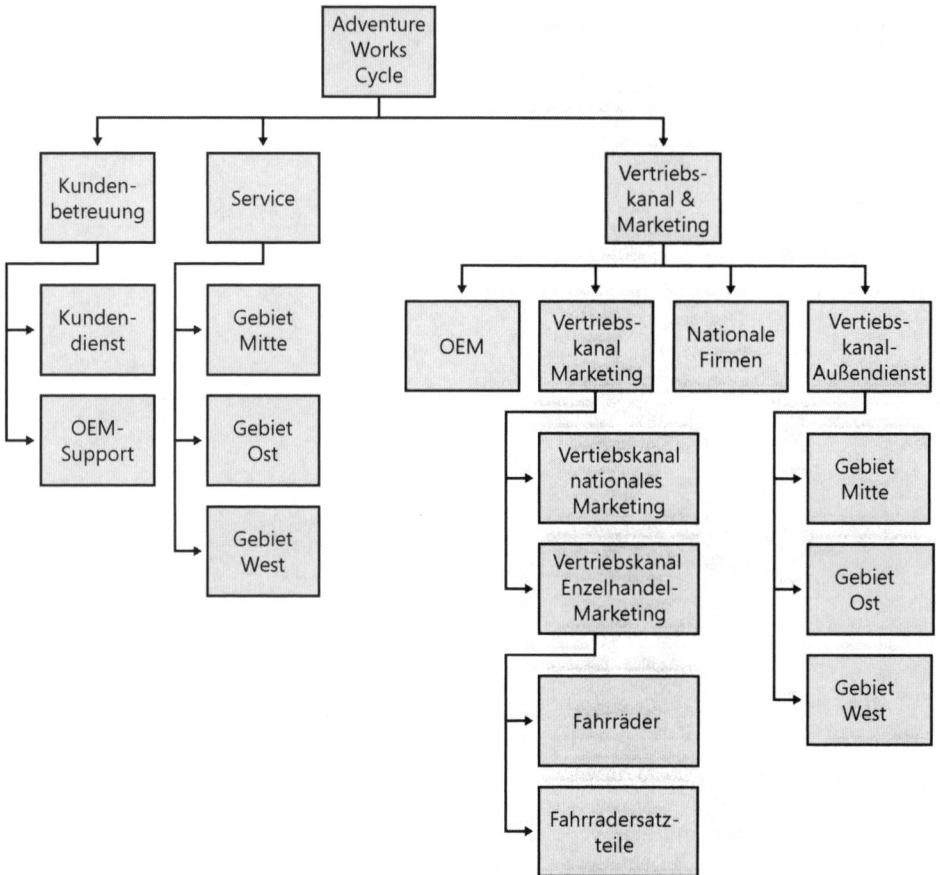

Abbildung 3.16   Organisatorische Struktur für die Beispielfirma Adventure Works Cycle

Wenn Sie eine neue Sicherheitsrolle namens *Direktor* erstellen, die der Unternehmenseinheit *Kundenbetreu-ung* zugewiesen ist, erstellt Microsoft Dynamics CRM automatisch nicht bearbeitbare Kopien der *Direktor*-Sicherheitsrolle in den Unternehmenseinheiten *Kundendienst* und *OEM-Support*, weil sie untergeordnete Einheiten der Unternehmenseinheit *Kundenbetreuung* sind. Alle Änderungen, die Sie an der Sicherheitsrolle *Direktor* vornehmen, werden automatisch zu allen *Direktor*-Sicherheitsrollen in den untergeordneten Unternehmenseinheiten weitergegeben. Wenn Sie sich die Sicherheitsrollen für eine der anderen Unter-nehmenseinheiten – wie zum Beispiel *Service* oder *OEM* – ansehen, ist die *Direktor*-Sicherheitsrolle nicht mehr aufgelistet, weil die Unternehmenseinheiten *Service* und *OEM* keine untergeordneten Einheiten der Unternehmenseinheit *Kundenbetreuung* sind.

TIPP   Microsoft Dynamics CRM weist eine neu erstellte Sicherheitsrolle standardmäßig der Stammunternehmenseinheit zu. Wenn Sie also eine Rolle in einer nicht im Stamm befindlichen Unternehmenseinheit erstellen möchten, dürfen Sie nicht vergessen, die Unternehmenseinheit der Rolle zu ändern. Verwenden Sie dazu das Nachschlagefeld für Unternehmenseinheiten.

Jeder Benutzer gehört zu nur einer Unternehmenseinheit und Benutzern können Sie Sicherheitsrollen nur von der Unternehmenseinheit zuweisen, zu der sie gehören. Deshalb ist es in diesem Beispiel nicht möglich, die Sicherheitsrolle *Direktor* an Benutzer zuzuweisen, die zu einer anderen Unternehmenseinheit als *Kunden-*

betreuung, *Kundendienst* und *OEM-Support* gehören. Sämtliche Sicherheitsrollen für eine einzelne Unternehmenseinheit können Sie sich ansehen, wenn Sie als Ansichtsfilter in der Dropdownliste *Unternehmenseinheit* eine bestimmte Unternehmenseinheit auswählen.

Da Microsoft Dynamics CRM Sicherheitsrollen an untergeordnete Unternehmenseinheiten vererbt, lassen sich die Berechtigungen einer Sicherheitsrolle nicht für jede Unternehmenseinheit unterschiedlich gestalten. Allerdings können Sie eine variierende Anzahl von Sicherheitsrollen für jede Unternehmenseinheit in Ihrer Bereitstellung erzeugen. Durch die Fähigkeit, eindeutige Sicherheitsrollen für jede Unternehmenseinheit zu erstellen, sind Sie recht flexibel, um Sicherheitsrollen zu erstellen und zu konfigurieren, die den Ansprüchen Ihrer Organisation genügen.

Datensätze freigeben

Trotz der zahlreichen bereits besprochenen Sicherheitsoptionen und Konfigurationsmöglichkeiten werden Sie mit Szenarios zu tun haben, in denen Benutzer an Datensätzen gemeinsam arbeiten müssen, die die Hierarchie der Unternehmenseinheiten nicht unterstützt. Betrachten Sie eine fiktive Firma namens Coho Vineyard & Winery (die Stammunternehmenseinheit), die zwei untergeordnete Unternehmenseinheiten namens Vineyard und Winery umfasst. Laura Owen, CEO von Coho Vineyard & Winery (ein Benutzer, der der Stammunternehmenseinheit zugewiesen ist) besitzt die Firma Woodgrove Bank. Allerdings verfügen die Sicherheitsrollen für Gretchen Rivas (die der Vineyard-Unternehmenseinheit zugewiesen ist) und Heidi Steen (der Unternehmenseinheit Winery zugewiesen) nicht über die *Schreiben*-Berechtigung für die Entität *Firma*. Gemäß CEO-Entscheidung sollen Gretchen und Heidi an einem speziellen Projekt arbeiten, das sich auf die Woodgrove Bank bezieht, wofür sie den Datensatz bearbeiten müssen. Allerdings möchte Laura nicht, dass sie irgendwelche anderen *Firma*-Datensätze, die sie besitzt, außer der Woodgrove Bank bearbeiten. Eine derartige Sicherheitskonfiguration ist mit den bisher behandelten Features für Sicherheitskonfigurationen nicht möglich. Wenn Laura Berechtigungen an Gretchen und Heidi erteilt, um *Firma*-Datensätze für die Organisation zu bearbeiten, wären sie in der Lage, jeden *Firma*-Datensatz und nicht nur den Woodgrove Bank-Datensatz zu bearbeiten. Nun erlaubt Microsoft Dynamics CRM den Benutzern, Datensätze freizugeben, um genau diesem Typ von Zusammenarbeitsszenario zu entsprechen. Die Freigabe von Datensätzen erlaubt einem Benutzer, Berechtigungen für einen bestimmten Datensatz zu gewähren, sodass andere Benutzer mit dem freigegebenen Datensatz arbeiten können, obwohl sie normalerweise nicht über die erforderlichen Berechtigungen hierfür verfügen.

Um Datensätze freizugeben, muss Benutzern eine Sicherheitsrolle mit der entsprechenden *Freigeben*-Berechtigung zugewiesen sein. Möchten Sie eine Freigabe wie die im Woodgrove Bank-Beispiel beschriebene einrichten, öffnen Sie den Entitätsdatensatz und klicken Sie im Menü *Weitere Aktionen* in der Menüleiste der Entität auf *Freigabe*. Im Freigabedialogfeld klicken Sie auf *Benutzer / Team hinzufügen*, um die Benutzer auszuwählen, für die Sie diesen Datensatz freigeben möchten. Nun können Sie mit dem Tool *Datensätze nachschlagen* die gewünschten Datensätze suchen. Klicken Sie dann auf *OK*. Microsoft Dynamics CRM fügt die Benutzer zur Seite hinzu, wie es in Abbildung 3.17 zu sehen ist.

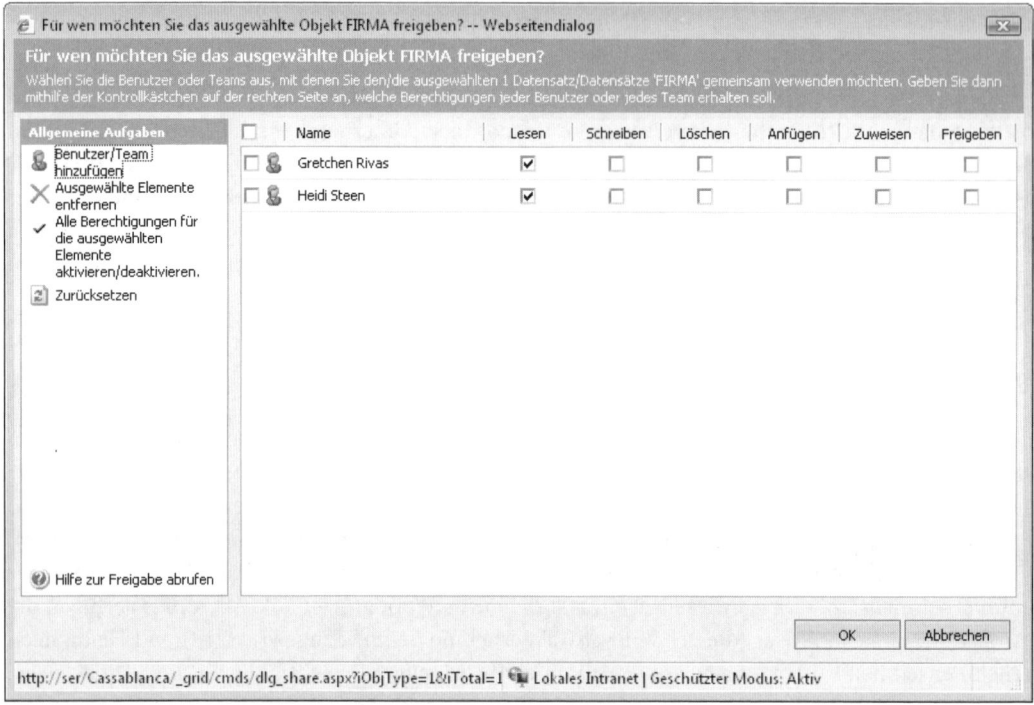

Abbildung 3.17   Datensätze für Benutzer freigeben

Als Nächstes legen Sie fest, welche Berechtigungen Sie für diese Benutzer freigeben möchten. Im Beispiel der Woodgrove Bank kann Laura Owen die Berechtigungen *Lesen* und *Schreiben* auswählen, sodass Gretchen und Heidi diesen Datensatz bearbeiten können. Beachten Sie, dass die Kontrollkästchen für die Berechtigungen *Löschen* und *Zuweisen* nicht verfügbar sind, weil Laura nicht über diese Berechtigungen für diesen Datensatz verfügt und sie deshalb nicht für andere Benutzer freigeben kann.

HINWEIS   Benutzer können eine Berechtigung nur freigeben, wenn sie die Berechtigung selbst besitzen. Zum Beispiel kann ein Benutzer die *Löschen*-Berechtigung für einen Datensatz nicht freigeben, wenn er für diesen Datensatz die *Löschen*-Berechtigung nicht besitzt.

Mit dieser eingerichteten Freigabe können Gretchen und Heidi nun genau den *Firma*-Datensatz der Woodgrove Bank lesen und schreiben. Natürlich können Sie eine Freigabe jederzeit zurückziehen. Dazu öffnen Sie einfach den Datensatz und deaktivieren die Kontrollkästchen der Berechtigungen, die Sie entziehen möchten.

Teams

Im Beispiel Coho Vineyard & Winery lässt sich die Freigabe einfach einrichten, weil Sie lediglich zwei Benutzer auswählen müssen. Doch wie sieht es aus, wenn Laura den Woodgrove Bank-Datensatz für 100 Benutzer freigeben möchte? Was ist, wenn sie fünf verschiedene Datensätze für dieselben 100 Benutzer freigeben möchte? Es wäre ein recht erbärmlicher und zeitaufwändiger Prozess in diesen Beispielen, die Datensätze manuell für jeden Benutzer einzeln nacheinander freizugeben. Mit Microsoft Dynamics CRM können Sie nun Teams von Benutzern einrichten und konfigurieren, um den Freigabeprozess zu beschleunigen. Indem Sie einen Datensatz für ein Team statt für einzelne Benutzer freigeben, müssen Sie Benutzerdatensätze nicht manuell für jede erstellte Freigabe auswählen. Stattdessen wählen Sie einfach das Team aus, für das Sie die Freigabe einrichten möchten, und alle Benutzer in diesem Team partizipieren von der Freigabe.

Um Teams zu erstellen und zu modifizieren gehen Sie im Bereich *Einstellungen* zum Abschnitt *Verwaltung* und klicken auf *Teams*. Wenn Sie ein Team erstellen, spezifizieren Sie die Unternehmenseinheit, zu der das Team gehört, und fügen dann einfach Mitglieder zum Team hinzu.

WICHTIG Obwohl Sie ein Team einer Unternehmenseinheit zuweisen, können Sie jeden Benutzer in der Organisation einem Team hinzufügen, unabhängig von seiner Unternehmenseinheit. Die Unternehmenseinheit eines Teams lässt sich nicht mehr ändern, nachdem sie erstellt wurde.

Bei einer großen Anzahl von Teams können Sie die Sicherheitseinstellungen so konfigurieren, dass Benutzer nur eine Teilmenge aller Teams zu Gesicht bekommen. Dazu konfigurieren Sie die Entitätsberechtigung *Team* in der Sicherheitsrolle eines Benutzers mit einer Zugriffsebene, die für die Unternehmenseinheit des Teams geeignet ist. Wenn Sie zum Beispiel ein Team erstellen, das zur Stammunternehmenseinheit gehört, Sie aber eine Sicherheitsrolle nur mit einer Zugriffsebene *Benutzer* für die *Team*-Berechtigung gewähren, sehen Benutzer mit dieser Sicherheitsrolle diese Stammunternehmenseinheit des Teams nicht in der Benutzeroberfläche, außer wenn sie dieses Team persönlich erstellt haben. Mithilfe einer derartigen Konfiguration können Sie die Teams beschränken, die jeder Benutzer anzeigen (und mit ihnen Datensätze gemeinsam nutzen) kann, falls Sie spezifische Teams (wie zum Beispiel Leitungs- oder Buchhaltungsteams) verbergen möchten.

ACHTUNG Nachdem Sie ein Team erstellt haben, können Sie es nicht mehr löschen oder deaktivieren. Wenn Sie ein Team nicht mehr benötigen, bleibt Ihnen nichts anderes übrig, als alle seine Mitglieder zu entfernen. Deshalb sollten Sie eine gewisse Zurückhaltung üben, wenn Sie Teams erstellen, sonst haben Sie am Ende ein Bündel von verlassenen Teams, die keine Mitglieder enthalten.

Es stellt sich die Frage, ob es möglich ist, dass ein Team einen Datensatz besitzt und einen Datensatz nicht nur mit einem Team gemeinsam nutzt. Leider können Sie ein Team nicht als Besitzer eines Datensatzes wie zum Beispiel *Lead*, *Firma* oder *Kontakt* festlegen.

Freigabe und Vererbung

Wenn Sie einen Datensatz für ein Team oder einen Benutzer freigeben, können untergeordnete Entitäten des freigegebenen Datensatzes die gleichen Freigabeeinstellungen wie der übergeordnete Datensatz erben. Im Beispiel der Woodgrove Bank können Gretchen und Heidi den Firmendatensatz und seine verwandten Entitäten wie Aufgaben, Telefonanrufe und Notizen bearbeiten, weil sie die gleiche Freigabe erben wie ihr übergeordneter Datensatz.

HINWEIS Für freigegebene (direkt freigegebene oder vererbte) Datensätze erhalten Benutzer nur die Freigabeberechtigungen für die Entität, wenn sie mindestens über die Zugriffsebene *Benutzer* für diese Entität verfügen. Besitzt zum Beispiel Heidi eine Zugriffsebene von *Keine ausgewählt* für die Entität *Aktivität*, ist sie nicht in der Lage, Aktivitäten in Bezug auf die Woodgrove Bank anzusehen, selbst wenn jemand für sie *Lesen*-Berechtigungen für diesen Firmendatensatz freigibt. Analog muss sie mindestens eine Zugriffsebene *Benutzer* für die Entität *Firma* besitzen, um den Woodgrove Bank-Firmendatensatz anzusehen, nachdem Laura ihn für sie freigegeben hat.

Es lässt sich konfigurieren, wie Microsoft Dynamics CRM verknüpfte Datensätze freigibt, indem man das Beziehungsverhalten zwischen beiden Entitäten bearbeitet. So ist es denkbar, dass Microsoft Dynamics CRM die Freigabe mit verwandten Entitäten wie zum Beispiel *Aufgaben* erben soll, aber nicht mit einer anderen verknüpften Entität wie etwa *Aktivitäten*. Kapitel 6 erläutert im Detail, wie Sie das Beziehungsverhalten zwischen Entitäten konfigurieren.

ACHTUNG   Seien Sie vorsichtig mit der Freigabe von Vererbung, die tiefer als zwei Ebenen reicht, weil die Sicherheitseinstellungen möglicherweise nicht wie erwartet funktionieren. Der Microsoft Dynamics CRM Knowledge Base-Artikel 908504 bezieht sich zwar auf Microsoft Dynamics CRM 3.0, erläutert aber, wie die Freigabevererbung zwei Ebenen oder tiefer zu unerwarteten Ergebnissen führen kann.

Zusammenfassung

Microsoft Dynamics CRM umfasst ein leistungsfähiges und äußerst konfigurierbares Sicherheitsmodell, mit dem Sie den Informationszugriff entsprechend Ihren Unternehmensanforderungen konfigurieren und einschränken können. Die lokale Version von Microsoft Dynamics CRM verwendet Active Directory, um Benutzerkonten und Kennwörter zu verwalten. Lokale Benutzer, die auf Microsoft Dynamics CRM über das lokale Intranet zugreifen, authentifizieren sich mit integrierter Windows-Authentifizierung, während Benutzer einer Microsoft Dynamics CRM-Bereitstellung mit Internetzugriff die Formularauthentifizierung verwenden. Alle Benutzer von Microsoft Dynamics CRM Live verwenden Windows Live ID als Methode zur ihrer Benutzerauthentifizierung.

Durch Kombinieren von rollenbasierten und objektbasierten Sicherheitseinstellungen mit der Struktur der Unternehmenseinheiten Ihrer Organisation können Sie in Microsoft Dynamics CRM sehr komplexe Sicherheits- und Informationszugriffanforderungen realisieren. Microsoft Dynamics CRM unterstützt projektbasierte und gemeinsame Arbeit, indem Benutzer in die Lage versetzt werden, Datensätze für Teams und einzelne Benutzer freizugeben.

Teil B

Anpassung

In diesem Teil:

Entitätsanpassung: Konzepte und Attribute 127

Entitätsanpassung: Formulare und Ansichten 177

Entitätsanpassung: Beziehungen, benutzerdefinierte Entitäten und Sitemap 241

Berichte und Analysen 303

Workflow 389

Teil A dieses Buches hat Ihnen einen kurzen Überblick über Microsoft Dynamics CRM gegeben und gezeigt, wie Sie häufig verwendete Bereiche der Software einrichten und konfigurieren. Allerdings würden wir alles, was wir bisher behandelt haben, eher als *Konfiguration* der Software statt als *Anpassung* bezeichnen. Teil B dieses Buches dringt nun tiefer in die Details ein, wie Sie Microsoft Dynamics CRM anpassen können, und erläutert in einem praxisnahen Kontext, warum Sie diese Anpassungen vornehmen müssen. Genau wie in Teil A benötigen Sie fast immer Systemadministratorrechte für Ihr Microsoft Dynamics CRM-System, um die in Teil B behandelten Anpassungen vornehmen zu können. Jeder IT-Projektleiter oder »Power User« verfügt über die erforderliche Fachkompetenz, um die in diesem Teil besprochenen Anpassungen auszuführen. Sie müssen also weder Programmierer noch Entwickler sein.

Wenn Sie die Möglichkeit haben, sollten Sie sich unbedingt bei Microsoft Dynamics CRM anmelden und mit den Elementen der Benutzeroberfläche vertraut machen, während Sie sich mit dem Stoff in diesen Kapiteln beschäftigen.

Kapitel 4

Entitätsanpassung: Konzepte und Attribute

In diesem Kapitel:

Anpassungskonzepte   130
Attribute   155
Zusammenfassung   175

Bevor wir erläutern, wie Sie Entitäten in Microsoft Dynamics CRM anpassen, möchten wir daran erinnern, weshalb es notwendig ist, das System anzupassen. Nehmen Sie an, dass Ihre Firma Microsoft Dynamics CRM implementieren möchte und Sie bereits eine Trial-Version der Software installiert haben. Sobald Sie den Firmenbesitzern oder den Chefs die Benutzeroberfläche zeigen und sie eines der Standardformulare sehen (beispielsweise das in Abbildung 4.1 dargestellte Firmenformular), werden sie sich als Erstes etwa in der folgenden Art äußern: »Das sind nicht die Informationen, die wir über unsere Kunden verfolgen. Wir würden niemals die Felder *Versandart* und *Lieferbedingungen* verwenden. Und wo geben wir den NACE-Code und die Anzahl der Mitarbeiter ein, die jeder Kunde hat? Außerdem bezeichnen wir unsere Kunden nicht als Firma, sondern als Unternehmen.«

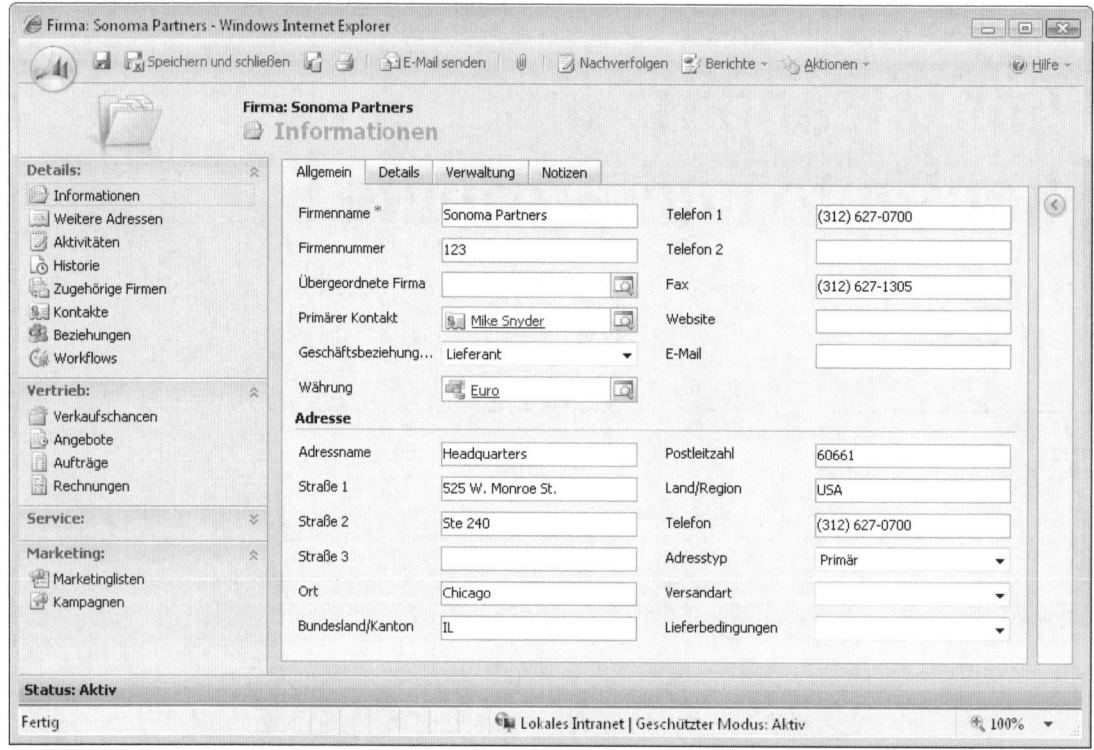

Abbildung 4.1   Standardformular für eine Firma

Sieh an! Es hat nur ein Meeting für Ihre Benutzer gebraucht – schon verlangen sie nach Anpassungen am Microsoft Dynamics CRM-System, damit es den Geschäftsanforderungen besser entspricht. Allerdings könnten Sie Microsoft Dynamics CRM in – im wahrsten Sinne des Wortes – wenigen Minuten und ohne eine einzige Zeile Programmiercode so anpassen, dass Ihr neues Formular wie das in Abbildung 4.2 gezeigte aussieht.

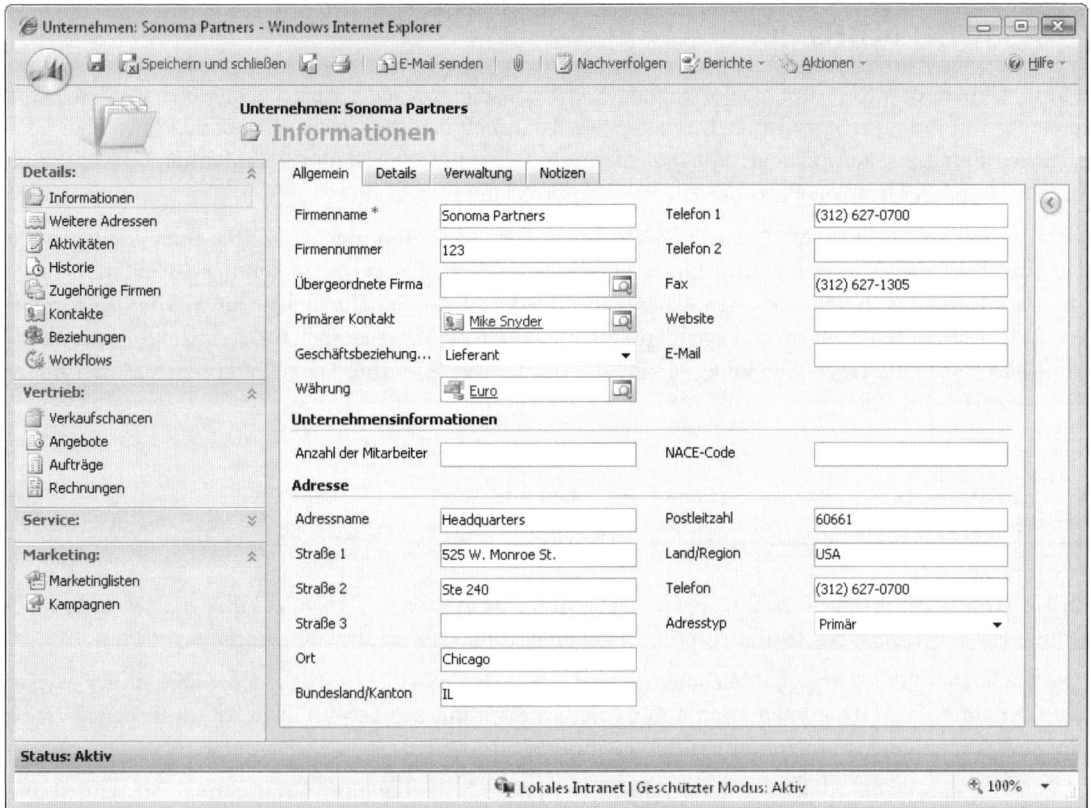

Abbildung 4.2 Überarbeitetes Firmenformular mit neuen Feldern und in Unternehmen umbenannter Firma-Entität

In Anwendungen anderer Anbieter von CRM (Customer Relationship Management)-Systemen dauert es eventuell Wochen, um eine derartige Anpassung zu kodieren und zu testen. Vielleicht ist es nicht einmal möglich, bestimmte Teile der wesentlichen Systemterminologie zu ändern, wie etwa *Firma* in *Unternehmen* umzubenennen.

Das Anpassungsmodell von Microsoft Dynamics CRM lässt diese und andere Arten von Anpassungen nahezu trivial erscheinen.

Microsoft Dynamics CRM bietet eine unglaubliche Anzahl von Möglichkeiten für die Systemanpassung und die meisten davon lassen sich über eine webbasierte Oberfläche ohne jegliche Programmierkenntnisse realisieren. Praktisch gibt es in Microsoft Dynamics CRM so viele Anpassungsfeatures, dass wir die Entitätsanpassung in drei getrennte Kapitel mit den folgenden Themen aufteilen mussten:

- Konzepte und Attribute

- Formulare und Ansichten

- Beziehungen und benutzerdefinierte Entitäten

In diesem Kapitel geben wir Ihnen einen Überblick über die Konzepte, die mit der Entitätsanpassung zusammenhängen, und erläutern dann die Entitätsanpassung zunächst mit Entitätsattributen.

Anpassungskonzepte

Microsoft Dynamics CRM ist eine horizontale Plattform, die von jeder Firma eingesetzt werden kann, unabhängig von Branche oder Größe. Da keine zwei Unternehmen die gleichen Prozesse verwenden oder die gleichen Benutzerdaten verfolgen, ist die Microsoft Dynamics CRM-Software auf einfache Anpassung mithilfe einer durch Metadaten gesteuerten Produktarchitektur ausgerichtet.

Metadaten sind als Daten über Daten definiert. Wenn Benutzer nach einem Kunden oder Interessenten suchen, ruft Microsoft Dynamics CRM hinter den Kulissen die Datensatzdaten von den Metadaten ab, die wiederum Informationen von den eigentlichen zugrunde liegenden Systemdaten abrufen. Microsoft Dynamics CRM speichert seine zugrunde liegenden Systemdaten in einem relationalen Datenbankformat mithilfe von Microsoft SQL Server. Abbildung 4.3 zeigt eine stark vereinfachte Darstellung dieses durch Metadaten gesteuerten Konzepts.

Abbildung 4.3   Metadaten-Produktarchitektur

Natürlich bekommen Ihre Benutzer nie etwas davon mit, dass Microsoft Dynamics CRM eine Metadatenarchitektur verwendet, doch ist es aus mehreren Gründen wichtig, dass Sie darüber Bescheid wissen:

- Die Metadaten greifen rege auf Webdienste und XML-Datenformate zurück, sodass Sie in der Microsoft Dynamics CRM-Dokumentation und in diesem Buch mit der Terminologie zu tun haben, die sich auf diese Technologien bezieht (zum Beispiel *Entität* und *Attribut*).

- Mit der durch Metadaten gesteuerten Architektur in Microsoft Dynamics CRM können Sie schnell und einfach Anpassungen vornehmen, die in anderen CRM-Systemen äußerst schwierig (oder vielleicht auch überhaupt nicht) zu implementieren sind.

- Microsoft Dynamics CRM verwaltet automatisch die äußerst komplexen Details der Metadaten in Ihrem Namen. Wenn Sie versuchen, Änderungen direkt an den zugrunde liegenden Systemdaten in SQL Server vorzunehmen, laufen Sie Gefahr, die Metadaten zu beschädigen und irreversible Fehler in Ihrem System hervorzurufen.

Um sicherzustellen, dass die Metadaten und ihre zugrunde liegenden SQL-Daten immer ordnungsgemäß strukturiert sind, bietet Microsoft Dynamics CRM zwei Möglichkeiten an, mit denen Sie Ihr System anpassen können. Die erste Methode ist eine speziell konzipierte webbasierte Oberfläche, mit der Sie Metadatenänderungen verwalten können. Bei der zweiten Methode können Sie mit dem Microsoft Dynamics CRM-SDK (Software Development Kit) die Metadaten per Programm ändern. Beide Tools arbeiten im vordefinierten Framework von Microsoft Dynamics CRM, um die Metadaten und ihre zugrunde liegenden SQL-Daten korrekt zu aktualisieren.

HINWEIS   Mehr über das Microsoft Dynamics CRM-SDK und die programmgesteuerte Änderung der Metadaten erfahren Sie in Kapitel 9.

Die Microsoft Dynamics CRM-Administrationstools helfen Ihnen nicht nur, Ihre Softwareinvestition zu schützen, sie bringen Ihnen für Ihre Anpassungen unter anderem auch folgende Vorteile:

- Das webbasierte Administrationstool bietet eine einfache und leicht verständliche Benutzeroberfläche.

- Der technische Support von Microsoft kann Sie bei allen Änderungen unterstützen, die Sie mithilfe der Anpassungstools vornehmen.

- Ihre Anpassungen sollten sich auf zukünftige Releases und Updates von Microsoft Dynamics CRM reibungslos aktualisieren lassen.

- Für Microsoft Dynamics CRM können Sie Add-Ons von Drittanbietern installieren.

Zweifellos bietet die Metadatenarchitektur von Microsoft Dynamics CRM und dazu gehörenden Anpassungstools erhebliche Vorteile. Als Nächstes gehen wir auf die Schlüsselkonzepte und die Terminologie ein, die sich auf Anpassungen bezieht:

- Entitäten und Attribute

- Sicherheit und Berechtigungen

- Anpassungen veröffentlichen

- Anpassungen importieren und exportieren

- Eine anpassbare Entität umbenennen

Entitäten und Attribute

Wenn Sie bereits mit relationalen Datenbanken wie Microsoft Office Access oder SQL Server gearbeitet haben, kennen Sie die Bedeutung der Begriffe *Tabelle* und *Spalte*. In der von Metadaten gesteuerten XML-basierten Terminologie von Microsoft Dynamics CRM können Sie diese Konzepte gemäß Tabelle 4.1 gedanklich auf *Entität* und *Attribut* übertragen.

Terminologie bei relationalen Datenbanken	XML-basierte Terminologie
Tabelle	Entität
Spalte	Attribut

Tabelle 4.1   Terminologievergleich

Microsoft Dynamics CRM speichert Daten wie Firmen, Kontakte, Leads und Verkaufschancen. Die auf eine Entität bezogenen Daten – beispielsweise eine Telefonnummer für einen Kontakt – sind Attribute der Entität.

Entitäten

Die Installation von Microsoft Dynamics CRM erstellt in der Software mehr als 100 *Systementitäten* (auch als *Standardentitäten* oder *Standardsystementitäten* bezeichnet) und natürlich werden Sie viele davon auch anpassen wollen. Microsoft Dynamics CRM legt bereits bei der Installation fest, welche Arten der Anpassungen an Systementitäten Sie vornehmen können. Bei manchen Systementitäten sind die Anpassungsmöglichkeiten recht beschränkt, bei anderen Systementitäten können Sie überhaupt keine Anpassungen vornehmen. Neben den Systementitäten und anpassbaren Entitäten können Sie in Microsoft Dynamics

CRM vollkommen neue Entitäten erstellen, die so genannten *benutzerdefinierten Entitäten*. Insgesamt unterscheidet man drei Arten von Entitäten:

- *Systementität:* Microsoft Dynamics CRM verwendet mehr als 100 nicht anpassbare Systementitäten (wie zum Beispiel *Berechtigung, Lizenz* und *Kalender*), um die internen Operationen der Software zu verwalten. Bei diesen Entitäten können Sie weder die Einstellungen ändern, noch neue Attribute hinzufügen oder diese Entitäten aus dem System löschen.

- *Anpassbare Entität:* Microsoft Dynamics CRM umfasst mehr als 50 anpassbare Entitäten. Dazu gehören zum Beispiel *Firma, Aktivität* und *Benutzer*. Die umfassenden Anpassungsmöglichkeiten bei diesen Entitäten beginnen beim Hinzufügen von Attributen und erstrecken sich bis zum Ändern des Formularlayouts. Anpassbare Entitäten können Sie zwar umbenennen, aber nicht löschen.

- *Benutzerdefinierte Entität:* Derartige Entitäten können Sie genauso modifizieren wie die anpassbaren Entitäten, zusätzlich aber auch löschen. Kapitel 6 geht ausführlich auf benutzerdefinierte Entitäten ein.

Möchten Sie alle Entitäten in Ihrem System anzeigen, wählen Sie im Bereich *Einstellungen* den Abschnitt *Anpassung* und klicken dann auf *Entitäten anpassen*. Daraufhin erscheint eine Tabelle mit allen Entitäten Ihrer Bereitstellung.

TIPP   Die im Auswahlfeld *Ansicht* verwendete Terminologie ist nicht ganz treffend. Wenn Sie den Eintrag *Anpassbare Entitäten* wählen, zeigt die Tabelle sowohl anpassbare Entitäten als auch benutzerdefinierte Entitäten an. Außerdem bezeichnet Microsoft Dynamics CRM auch anpassbare Entitäten manchmal als Systementitäten, weil sie während der Softwareinstallation erstellt wurden. Wenn Sie beispielsweise versuchen, eine anpassbare Entität wie *Firma* zu löschen, erscheint die Fehlermeldung »Systementitäten können nicht gelöscht werden.«

Für anpassbare und benutzerdefinierte Entitäten können Sie die folgenden Daten anpassen:

- Attribute

- Formulare

- Ansichten

- Beziehungen

- Meldungen

Attribute

Jede Entität besitzt ein oder mehrere Attribute, die Daten über die Entität speichern. Microsoft Dynamics CRM verwendet zwei Attributtypen: Systemattribute und benutzerdefinierte Attribute:

- *Systemattribute:* Wie bei Systementitäten verwendet Microsoft Dynamics CRM Systemattribute, um die internen Abläufe der Software zu verwalten. Um sicherzustellen, dass die Software immer korrekt funktioniert, hindert Microsoft Dynamics CRM Sie daran, Systemattribute zu löschen. Allerdings können Sie einige Werte der Systemattribute modifizieren. Zum Beispiel können Sie die Erforderlichkeitsstufe (*Eingabe erforderlich, Eingabe empfohlen* oder *Keine Einschränkung*) für Systemattribute spezifizieren.

- *Benutzerdefinierte Attribute:* Wie bei benutzerdefinierten Entitäten erlaubt Microsoft Dynamics CRM, vollkommen neue benutzerdefinierte Attribute hinzuzufügen. Benutzerdefinierte Attribute können Sie sowohl bei änderbaren als auch benutzerdefinierten Entitäten hinzufügen und löschen, doch können Sie keine benutzerdefinierten Attribute zu Systementitäten hinzufügen.

Tabelle 4.2 fasst die Anpassungen zusammen, die Sie für jeden Entitätstyp vornehmen können.

Entitätstyp	System (nicht anpassbar)	Anpassbar (vom System erzeugt)	Anpassung
Formulare			
Benutzerdefiniertes Formular hinzufügen	n. zutr.	Nur ein Formular je Entität	Nur ein Formular je Entität
Formular ändern	n. zutr.	Ja	Ja
Formular löschen	n. zutr.	Nein	Nein
Ansichten			
Benutzerdefinierte Ansichten hinzufügen	n. zutr.	Ja	Ja
Ansichten ändern	n. zutr.	Ja	Ja
Ansichten löschen	n. zutr.	Ja	Ja
Systemattribute			
Systemattribute hinzufügen	Nein	Nein	Nein
Systemattribute ändern	Nein	Ja: teilweise	Ja: teilweise
Systemattribute löschen	Nein	Nein	Nein
Benutzerdefinierte Attribute			
Benutzerdefinierte Attribute hinzufügen	Nein	Ja	Ja
Benutzerdefinierte Attribute ändern	Nein	Ja	Ja
Benutzerdefinierte Attribute löschen	Nein	Ja	Ja
Meldungen			
Meldungen hinzufügen	Nein	Nein	Nein
Meldungen ändern	Nein	Ja	n. zutr.
Meldungen löschen	Nein	Nein	n. zutr.

Tabelle 4.2 Erlaubte Anpassungen, geordnet nach Entitätstyp

Beachten Sie, dass die von Microsoft Dynamics CRM verwendete SQL Server-Datenbank die Anzahl der benutzerdefinierten Attribute einschränkt, die Sie einer Entität hinzufügen können. Bei den meisten Benutzern dürfte mit dieser Datenbankbeschränkung kein Problem auftreten, doch sollten Sie die Grenzen zumindest kennen.

Die maximale Anzahl von Attributen berechnen

Für jedes in Microsoft Dynamics CRM hinzugefügte neue benutzerdefinierte Attribut wird in der SQL Server-Datenbank eine neue Spalte eingerichtet. Wenn Sie einer Entität viele benutzerdefinierte Attribute hinzufügen, müssen Sie auch auf die Anzahl der Bytes achten, die jede einzelne Zeile benötigt. SQL Server 2000 lässt maximal 8.060 Bytes für einen Datensatz zu, während SQL Server 2005 diese Einschränkung hinter den Kulissen mit einem Konzept von Überlaufseiten aufweicht. Da Microsoft Dynamics CRM 4.0 derzeit nur SQL Server 2005 unterstützt, brauchen Sie sich keine Sorgen zu machen, dass Sie an das Byte-limit für die Zeile stoßen. Allerdings ist es wichtig, dass Sie diese Grenze kennen, weil Microsoft empfiehlt, aus Gründen der Datenbankleistung unter der Schwelle von 8.060 Byte zu bleiben. Wir erläutern nun, wie Sie die Anzahl der Bytes berechnen.

Microsoft Dynamics CRM speichert benutzerdefinierte Attribute in einer SQL Server-Tabelle getrennt von den Systemfeldern. Somit können Sie fast alle 8.060 Bytes verwenden, die für benutzerdefinierte Attribute zur Verfügung stehen. (Microsoft Dynamics CRM fügt automatisch eine Querverweisspalte hinzu, um die benutzerdefinierten Attribute mit der richtigen Entität zu verknüpfen.) Außerdem unter-stützt Microsoft Dynamics CRM das Löschen von benutzerdefinierten Attributen, sodass Sie bei Bedarf Felder löschen können.

Die maximale Anzahl von Bytes pro Zeile (die einen Anhaltspunkt für die Berechnung des vorgeschlage-nen Maximums von benutzerdefinierten Attributen für eine Entität in Microsoft Dynamics CRM liefert) hängt von den Datentypen der Attribute in Ihrer Tabelle ab. Tabelle 4.3 zeigt die Datentypen und die Anzahl der Bytes, die jeder Datentyp beansprucht.

Datentyp	Erforderliche Bytes
bit, boolean	1
datetime	8
picklist	4
int, integer	4
float	8
decimal	Je nach gewählter Genauigkeit zwischen 5 und 17
money	8
ntext	16
nvarchar(n)	$n \times 2$ (wobei n die Länge des *nvarchar*-Felds ist)

Tabelle 4.3   Anzahl der Bytes, die für jeden Datentyp erforderlich sind

Offensichtlich benötigen *nvarchar*-Felder den meisten Platz, sodass Sie besonders darauf achten müssen, wenn Sie derartige Felder zu Ihren CRM-Daten hinzufügen. Wollen Sie beispielsweise 25 benutzerdefinierte *nvarchar*-Felder mit einer Länge von jeweils 100 Zeichen hinzufügen, brauchen Sie 5.000 Bytes ($25 \times 100 \times 2$) von den verfügbaren 8.060 Bytes (d. h. 62 Prozent). Fügen Sie 25 benutzerdefinierte boolesche Felder (*bit*) hinzu, sind lediglich 25 Bytes (25×1) der verfügbaren 8.060 Bytes (d.h. 0,3 Prozent) erforderlich.

Außerdem setzt Microsoft Dynamics CRM das Zeilenbytelimit nicht auf der Spaltenebene durch. Deshalb können Sie zwei benutzerdefinierte *nvarchar*-Attribute mit einer Länge von jeweils 4.000 Zeichen hinzufügen. Das ergibt insgesamt 16.000 Bytes ((4.000 × 2) + (4.000 × 2)), was offensichtlich das empfohlene Maximum von 8.060-Bytes bei SQL Server übersteigt. Microsoft Dynamics CRM lässt dies zu, weil SQL Server das Bytelimit für jede einzelne Zeile (Datensatz) und nicht für die gesamte Tabelle durchsetzt. Wenn Sie also einen Datensatz hinzufügen und ihn mit zwei *nvarchar*-Feldern von jeweils 4.000 Zeichen füllen, kümmert sich SQL Server 2005 automatisch um den 8.060-Byte-Überlauf und Sie erhalten keine Fehlermeldung. Allerdings sollten Sie vermeiden, dass dieses Szenario häufig vorkommt, weil es sich negativ auf die Datenbankleistung auswirkt.

Sicherheit und Berechtigungen

Benutzer, denen die Systemadministratorrolle zugewiesen ist, können sämtliche Funktionen im System ausführen, unter anderem auch die in diesem Kapitel beschriebenen Anpassungen verwalten. Bestimmten Benutzern werden Sie erlauben wollen, das System anzupassen, ohne ihnen aber gleich Administratorrechte zu gewähren. In Microsoft Dynamics CRM können Sie nun Sicherheitsrollen konfigurieren, um festzulegen, wer die verschiedenen Anpassungen durchführen darf. Microsoft Dynamics CRM umfasst zwei Standardsicherheitsrollen mit Berechtigungen für die Systemanpassung: *Systemadministrator* und *Systemanpasser*. Abbildung 4.4 zeigt die Standardsicherheitseinstellungen für die Rolle *Systemanpasser*.

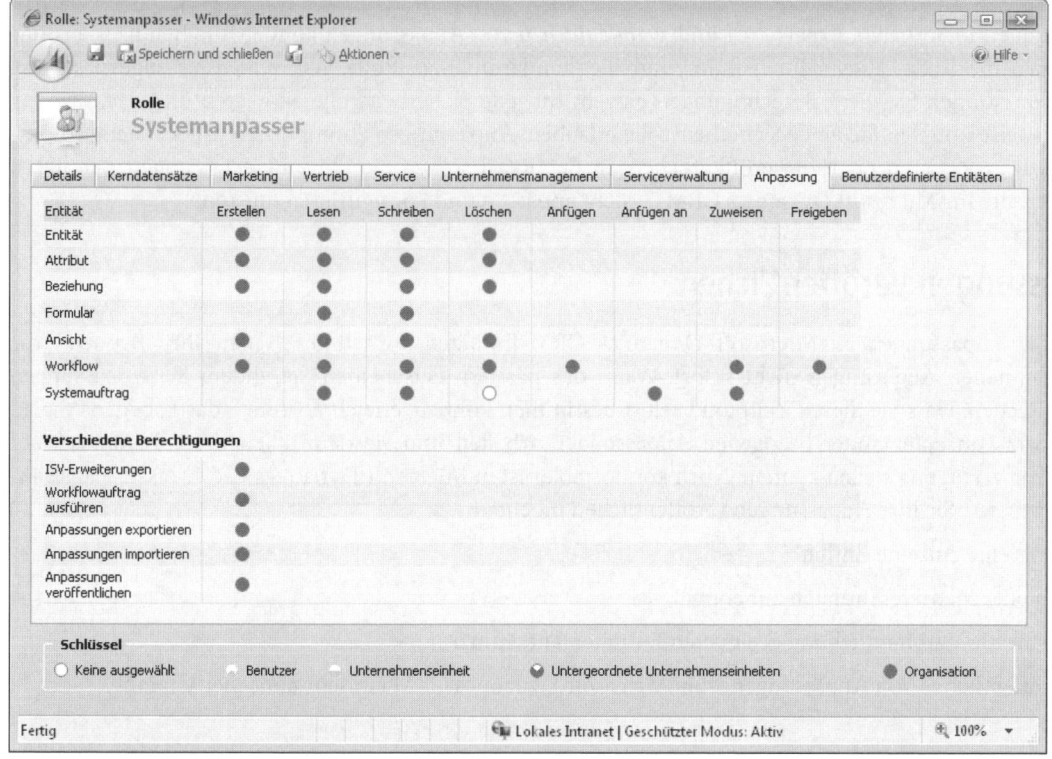

Abbildung 4.4 Standardsicherheitseinstellungen für die Rolle Systemanpasser

Wie Abbildung 4.4 zeigt, können Sie in Microsoft Dynamics CRM die Anpassungsberechtigungen recht detailliert verfeinern, anstatt nur *Ja* oder *Nein* zu spezifizieren. Zum Beispiel können Sie einigen Benutzern erlauben, neue Attribute zu erstellen, aber denselben Benutzern verbieten, neue Entitäten zu erstellen. Es ist auch möglich, *Löschen*-Berechtigungen zu entfernen, die sich auf die Entitätsanpassung beziehen. Wenn die Person, die Ihre Anpassungen durchführt, noch nicht viel Erfahrungen mit Microsoft Dynamics CRM hat, sollten Sie unbedingt in der standardmäßigen Rolle *Systemanpasser* alle *Löschen*-Berechtigungen entfernen und dem Benutzer nicht die Systemadministratorrolle zuweisen. Microsoft Dynamics CRM ist recht nachsichtig in Bezug auf Fehler, die gemacht wurden, wenn Sie Anpassungen ändern, doch lässt sich eine gelöschte Anpassung nicht wiederherstellen. Haben Sie 40 Stunden damit zugebracht, eine benutzerdefinierte Entität anzupassen, und jemand löscht sie versehentlich, ist Ihre Arbeit ein für allemal verloren. Um die Sicherheitseinstellungen für die Rolle *Systemanpasser* zu ändern, klicken Sie einfach auf die jeweilige Option und speichern die Sicherheitsrolle (wie Sie es in Kapitel 3 gelernt haben).

TIPP   Obwohl sich ein Löschvorgang nicht rückgängig machen lässt, können Sie einen versehentlichen Verlust Ihrer Anpassungen vermeiden, indem Sie Ihre Anpassungen proaktiv sichern. Sollte jemand irrtümlicherweise Ihre Anpassungen löschen, können Sie sie von Ihrer Sicherungsdatei reimportieren. Das Wiederherstellen von Anpassungen von einer Sicherung stellt zwar keine Daten wieder her, die aus den Datensätzen gelöscht wurden, doch sparen Sie die Zeit, die Anpassungen rekonstruieren zu müssen. Die Anpassungen sollten Sie jedes Mal sichern, wenn Sie Ihre Anpassungen erfolgreich veröffentlichen. Um eine Sicherung Ihrer Anpassungen zu erstellen, exportieren Sie einfach die Anpassungen für sämtliche Entitäten und speichern die von Microsoft Dynamics CRM erzeugte Datei. Auf das Importieren und Exportieren von Anpassungen geht dieses Kapitel an späterer Stelle detailliert ein.

Die Aktionen *Importieren*, *Exportieren* und *Veröffentlichen* von Anpassungen können alle Benutzer ausführen, denen die Rolle *Systemadministrator* und die standardmäßige Rolle *Systemanpasser* zugewiesen ist. Außerdem können Sie diese Berechtigungen einzeln für jede Sicherheitsrolle aktivieren und deaktivieren. Beispielsweise könnten Sie einer Sicherheitsrolle erlauben, Anpassungen zu importieren, aber nicht, Anpassungen zu exportieren oder zu veröffentlichen. In der Regel sollten Sie diese Berechtigungen Benutzern gewähren, die Ihr Microsoft Dynamics CRM-System anpassen und konfigurieren müssen.

Anpassungen veröffentlichen

Wenn Sie Anpassungen an Microsoft Dynamics CRM-Entitäten vornehmen, sehen Ihre Benutzer die vorgenommenen Änderungen nicht sofort. Wann das passiert, entscheiden Sie, indem Sie Anpassungen veröffentlichen. Dass Sie diesen Zeitpunkt selbst bestimmen können, erleichtert Ihnen das Leben, da Sie an einem Satz von aufeinander bezogenen Anpassungen arbeiten und sie dann allen Ihren Benutzern auf einmal zur Verfügung stellen können. Noch komfortabler ist in Microsoft Dynamics CRM, dass Sie auswählen können, wie Sie Ihre Anpassungen veröffentlichen möchten:

- Jeweils eine einzelne Entität
- Zwei oder mehrere Entitäten auf einmal
- Alle für die Veröffentlichung geeigneten Entitäten auf einmal

Das Veröffentlichen von Anpassungen ist in Microsoft Dynamics CRM ein sehr einfacher Vorgang.

Veröffentlichungsprozess

Wenn Sie eine Entität veröffentlichen, veröffentlicht Microsoft Dynamics CRM alle Änderungen, die sich auf die Entität beziehen. Dazu gehören unter anderem alle Attribute, die Attributeigenschaften, das Formular, die Ansichten und die Beziehungen. Die folgende Schritt-für-Schritt-Anleitung zeigt, wie Sie Anpassungen für Benutzer veröffentlichen.

Anpassungen für ausgewählte Entitäten veröffentlichen

1. Aktivieren Sie im Bereich *Einstellungen* den Abschnitt *Anpassung* und klicken Sie dann auf *Entitäten anpassen*.

2. Markieren Sie die Entitäten, die Sie veröffentlichen möchten. Um mehrere Entitäten zu markieren, klicken Sie auf die erste Entität, halten die [Strg]-Taste gedrückt und markieren weitere Entitäten.

3. Klicken Sie in der Symbolleiste der Tabelle auf *Veröffentlichen*. Es erscheint eine Meldung, dass die Anpassungen veröffentlicht werden (siehe Abbildung 4.5).

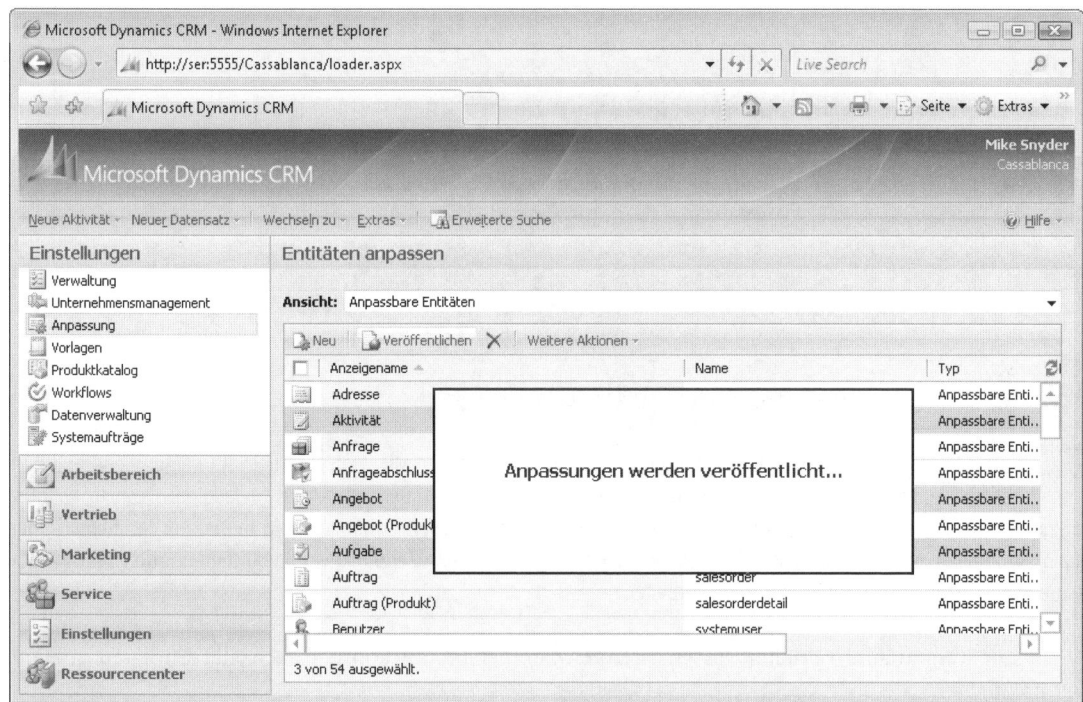

Abbildung 4.5 Eine Meldung weist darauf hin, dass die Anpassungen veröffentlicht werden

Wenn die Veröffentlichungsmeldung verschwindet, sind sämtliche Anpassungen, die Sie für die Veröffentlichung ausgewählt haben, für die Benutzer zu sehen. Möchten Sie Anpassungen für eine einzelne Entität veröffentlichen, klicken Sie im Entitätseditor im Menü *Aktionen* auf *Veröffentlichen*, wie es Abbildung 4.6 zeigt.

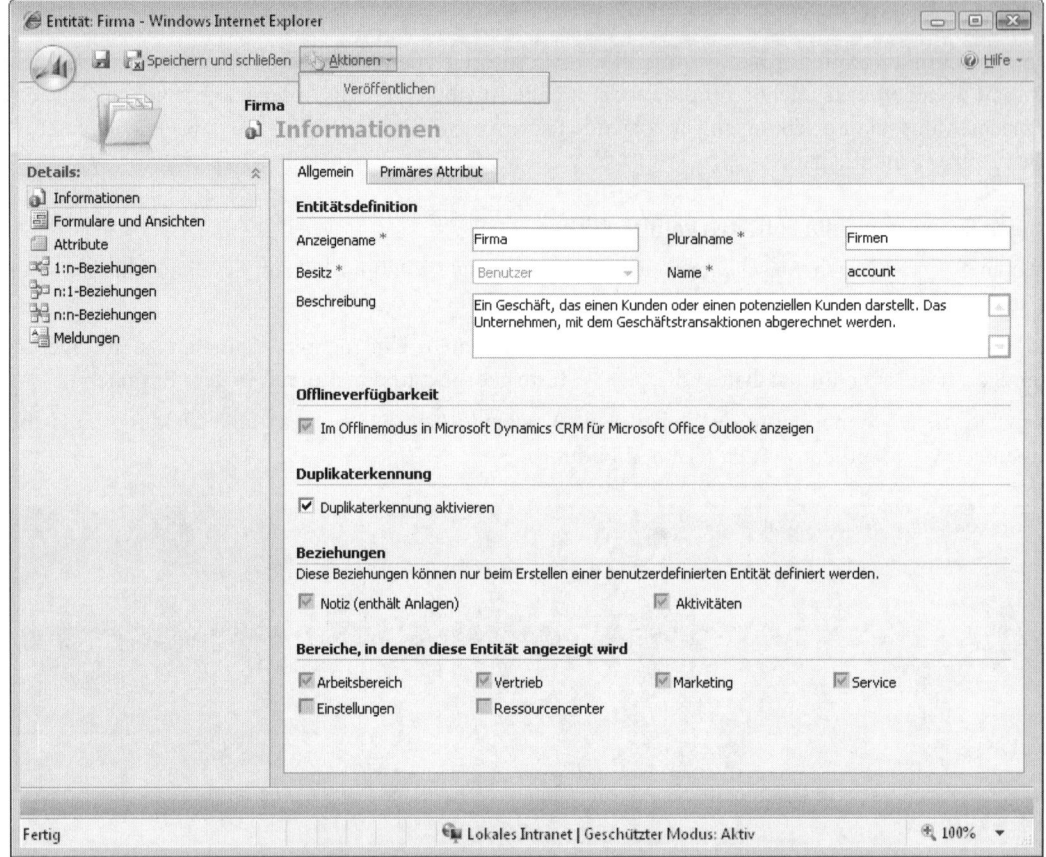

Abbildung 4.6   Eine einzelne Entität aus dem Entitätseditor heraus veröffentlichen

| HINWEIS | Microsoft Dynamics CRM ist eine Webanwendung, die unter Microsoft Internet Information Services (IIS) läuft. Das Veröffentlichen von Anpassungen verlangt ein Update der Microsoft Dynamics CRM-Metadaten. Deshalb könnten bei einigen Benutzern Störungen auftauchen, wenn sie versuchen, auf Microsoft Dynamics CRM mitten im Veröffentlichungsvorgang zuzugreifen. Nach Möglichkeit sollten Sie Ihre Anpassungen zu einem Zeitpunkt veröffentlichen, für den bekannt ist, dass keine Benutzer mit Microsoft Dynamics CRM arbeiten.

Nicht nur ausgewählte Entitäten lassen sich veröffentlichen, Sie können auch alle Entitäten auf einmal veröffentlichen.

Anpassungen für alle Entitäten veröffentlichen

1. Aktivieren Sie im Bereich *Einstellungen* den Abschnitt *Anpassung* und klicken Sie dann auf *Entitäten anpassen*.

2. Klicken Sie in der Symbolleiste der Tabelle auf *Weitere Aktionen* und wählen Sie dann *Alle Anpassungen veröffentlichen*.

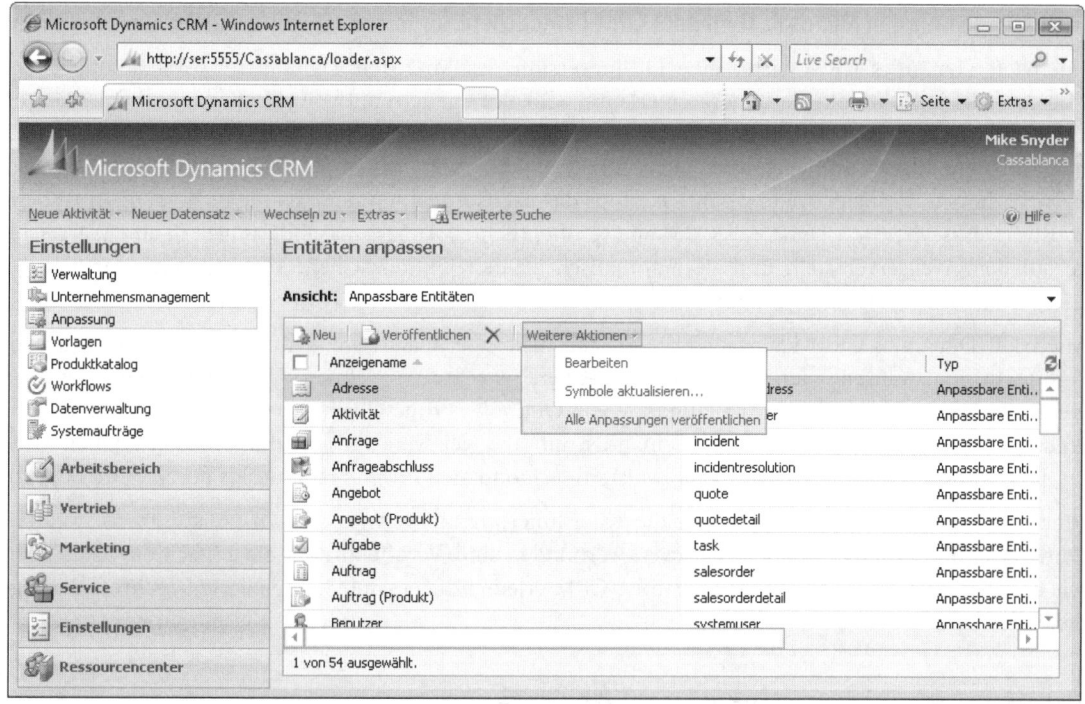

Abbildung 4.7 Über das Menü Weitere Aktionen können Sie alle Anpassungen auf einmal veröffentlichen

3. Daraufhin zeigt eine Meldung an, dass Ihre Anpassungen veröffentlicht werden.

Es braucht mehr Zeit, alle statt nur ein paar Entitäten zu veröffentlichen. Versuchen Sie also zu vermeiden, alle Anpassungen zu veröffentlichen, wenn viele Benutzer auf Microsoft Dynamics CRM zugreifen.

Bevor Sie alle Anpassungen veröffentlichen, sollten Sie noch einen weiteren wichtigen Faktor berücksichtigen, nämlich ob andere Systemanpasser (und nicht nur Sie) Anpassungen vorgenommen haben, die sie noch nicht veröffentlichen möchten. Wenn Sie alle Anpassungen veröffentlichen, betrifft das unwissentlich möglicherweise auch Anpassungen eines anderen, bevor diese Person die Änderungen fertig gestellt und getestet hat. Derartige Situationen können Systemfehler hervorrufen und Benutzer verunsichern. Um auf der sicheren Seite zu liegen, sollten Sie deshalb nur Entitäten veröffentlichen, die Sie selbst geändert haben. Anpassungen lassen sich nicht »rückveröffentlichen«. Achten Sie also darauf, dass alles in Ordnung ist, bevor Sie auf *Veröffentlichen* klicken!

HINWEIS   Obwohl Sie in Microsoft Dynamics CRM Änderungen veröffentlichen können, wann und wie oft Sie wollen, stiften häufige und zu willkürlichen Zeiten vorgenommene Änderungen am System nur Verwirrung bei Ihren Benutzern. Erstellen Sie am besten einen Geschäftsprozess, in dem Sie Anpassungen in eine Warteschlange einreihen und nach einem regelmäßigen Zeitplan, der für Ihr Unternehmen sinnvoll ist (beispielsweise wöchentlich, vierzehntägig oder monatlich) veröffentlichen. Außerdem können Sie Benutzer auf die Änderungen, die Sie im System veröffentlichen, vorbereiten, indem Sie in Microsoft Dynamics CRM eine Ankündigung erstellen. Ankündigungen erscheinen für Benutzer im Arbeitsbereich. Nutzen Sie dieses Instrument, um auf Änderungen im System aufmerksam zu machen.

Anpassungen für den Microsoft Dynamics CRM-Laptopclient für Microsoft Office Outlook veröffentlichen

Microsoft Dynamics CRM bietet eine Offlineversion des Microsoft Dynamics CRM-Laptopclients für Microsoft Office Outlook, die Benutzern erlaubt, vollkommen getrennt vom Netzwerk und dem Microsoft Dynamics CRM-Server zu arbeiten. Doch was passiert, wenn Sie Änderungen veröffentlichen und einer oder mehrere Ihrer Offlinebenutzer nicht mit dem Microsoft Dynamics CRM-Server verbunden sind? Bewirkt dies ein Problem, wenn sie ihre Laptops das nächste Mal mit dem Server verbinden? Es ist bemerkenswert, dass Microsoft Dynamics CRM alle veröffentlichten Anpassungsänderungen in eine Warteschlange auf dem Webserver stellt und sie automatisch an den Outlook-Client verteilt, wenn der Client das nächste Mal seine Software synchronisiert.

Microsoft Dynamics CRM kann auch die Synchronisierung behandeln, wenn Sie Änderungen mehrmals veröffentlichen, während der Outlook-Offline-Client von Ihrem Netzwerk für eine längere Zeitspanne getrennt ist. Selbst wenn Ihre Firma Hunderte von Outlook-Offline-Clients verwendet und Benutzer sich zu willkürlichen Zeiten ohne Beziehung zueinander mit dem Netzwerk verbinden und davon trennen, verwaltet das Microsoft Dynamics CRM-Synchronisierungsmodul den Prozess reibungslos für alle Ihre Benutzer.

Praktisch brauchen Sie sich nicht um die Koordinierung Ihrer Anpassungen zu kümmern, wenn Ihre Outlook-Offlinebenutzer mit dem Netzwerk verbunden sind. Veröffentlichen Sie einfach die Anpassungen, wie es Ihnen gefällt, und Microsoft Dynamics CRM erledigt die gesamte komplizierte Synchronisierung für Sie.

Anpassungen importieren und exportieren

Mit allen Anpassungsoptionen, die in Microsoft Dynamics CRM verfügbar sind, könnten Sie von 30 Minuten bis mehrere tausend Stunden in die Anpassung der Software investieren. Erfreulicherweise ist es mit Microsoft Dynamics CRM möglich, alle Anpassungen zu exportieren und sie dann in ein anderes Microsoft Dynamics CRM-System zu importieren. Die Features zum Importieren und Exportieren sparen Ihnen wertvolle Zeit, weil Sie Ihre Anpassungsarbeiten nicht wiederholen müssen. Die Anpassungen können Sie auch proaktiv exportieren, um sicherzustellen, dass Sie immer über eine Sicherungskopie verfügen.

Die Import- / Exportfeatures für Anpassungen sind im Bereich *Einstellungen* im Abschnitt *Anpassung* zugänglich. Klicken Sie auf *Anpassungen exportieren*, da wir zuerst das Exportieren der Anpassungen untersuchen. Standardmäßig erscheint eine Liste der vielen verschiedenen Elemente, die Sie exportieren können (siehe Abbildung 4.8).

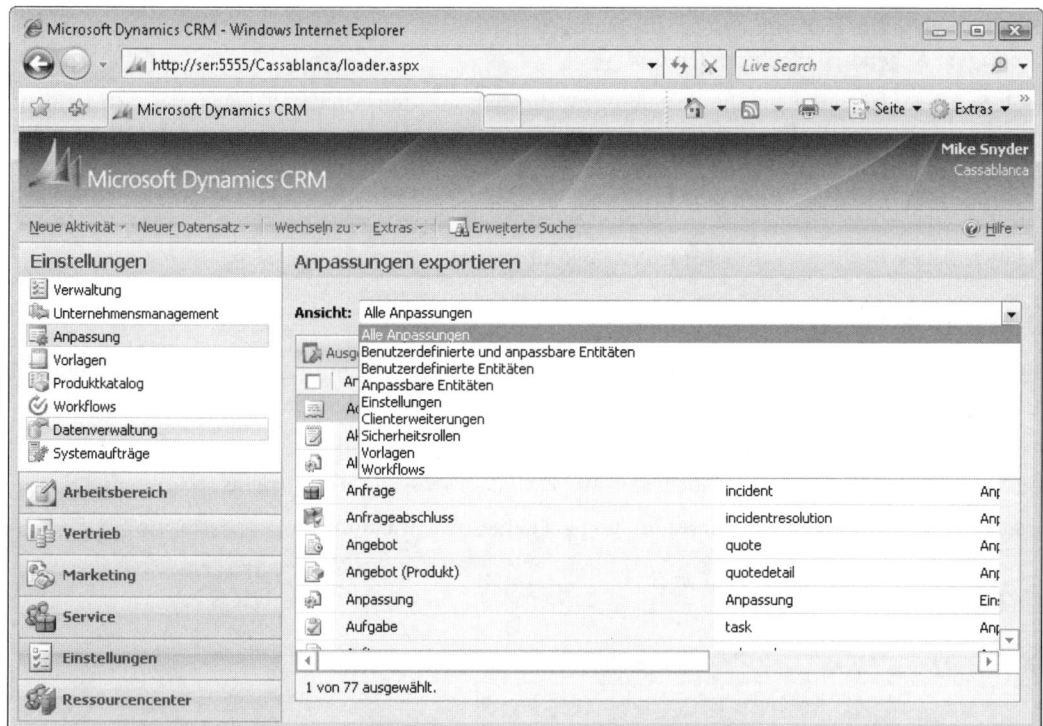

Abbildung 4.8 Liste von exportierbaren Anpassungen

Außer benutzerdefinierten und anpassbaren Entitäten können Sie auch folgende Elemente exportieren:

- **ISV-Konfiguration:** Konfigurationsdatei für die Anpassung des Navigationsbereichs, der Symbolleisten und der Menüs.

- **Sitemap:** Die Navigationsstruktur der Anwendung.

- **Sicherheitsrollen:** Die Konfiguration für eine bestimmte Sicherheitsrolle.

- **E-Mail-Nachverfolgung:** Systemeinstellungen, die sich auf die Nachverfolgung von E-Mails beziehen, beispielsweise maximale Größe der Anlage, E-Mail-Formularoptionen, E-Mail-Nachverfolgungseinstellungen usw.

- **Marketing:** Systemeinstellungen, die sich auf Marketing beziehen, wie zum Beispiel das Abonnement einer Benachrichtigung kündigen, Kampagnenreaktionen usw.

- **Allgemein:** Systemeinstellungen wie zum Beispiel Namensformat, Dezimalstellen und gesperrte Dateierweiterungen.

- **Kalender:** Systemeinstellungen, die sich auf Formatierung und Anzeige des Kalenders beziehen.

- **Anpassung:** Systemeinstellungen für Schemapräfix, Anwendungsmodus usw.

- **Geschäftsbeziehungsrollen:** Alle Geschäftsbeziehungsrollen.

- **Automatische Nummerierung:** Systemeinstellungen für die automatische Nummerierung von Verträgen, Anfragen, Angeboten, Rechnungen usw.

- **Outlook-Synchronisierung:** Systemeinstellungen, die sich auf den Microsoft Dynamics CRM-Client für Microsoft Office Outlook beziehen, wie zum Beispiel das Synchronisierungsintervall, Heraufstufen von E-Mail und Optionen für Hintergrundsynchronisierung.

- **Vorlagen:** Artikel-, Vertrags-, Seriendruck- und E-Mail-Vorlagen.

- **Workflows:** Alle Workflowregeln, die im System konfiguriert sind.

Eine oder mehrere Entitätsanpassungen exportieren

1. Gehen Sie zum Abschnitt *Anpassung* von Microsoft Dynamics CRM und klicken Sie auf *Anpassungen exportieren*.

2. Markieren Sie das oder die Element(e), das / die Sie exportieren möchten.

3. Klicken Sie in der Symbolleiste der Tabelle auf *Ausgewählte Anpassungen exportieren*.

4. Microsoft Dynamics CRM zeigt die in Abbildung 4.9 dargestellte Meldung an.

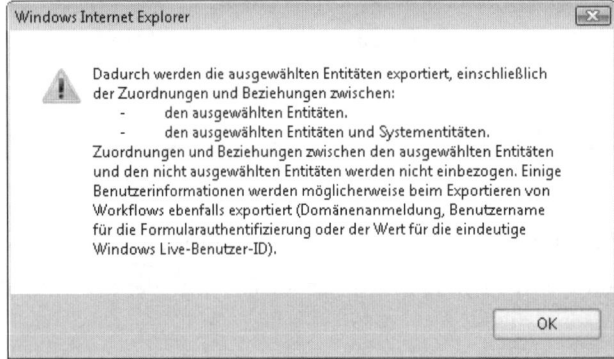

Abbildung 4.9　Meldung, die beim Exportieren der ausgewählten Anpassungen erscheint

5. Klicken Sie auf *OK*.

6. Daraufhin erscheint das in Abbildung 4.10 gezeigte Dialogfeld.

Abbildung 4.10　Das Dialogfeld Dateidownload

7. Klicken Sie auf *Speichern*, wählen Sie im Dialogfeld *Speichern unter* den Zielspeicherort für die Datei *customizations.zip* aus und klicken Sie dann auf *Speichern*.

Um alle Anpassungen (für sämtliche Elemente in der Liste) zu exportieren, klicken Sie in der Symbolleiste der Tabelle im Menü *Weitere Aktionen* auf *Alle Anpassungen exportieren* und fahren dann mit Schritt 7 fort.

Die von Microsoft Dynamics CRM erstellte Datei *customizations.zip* enthält eine einzelne Datei *customizations.xml*. Das System erzeugt eine *.zip*-Datei, damit die zu exportierende Datei möglichst klein bleibt. Wenn Sie die Datei *customizations.xml* mit einem Editor oder mit Microsoft Internet Explorer öffnen, finden Sie sämtliche Anpassungen (im XML-Format definiert), die sich auf die zum Exportieren ausgewählten Anpassungen beziehen. Wenn Sie die Anpassungen einer Entität exportieren, umfassen diese Anpassungen (unter anderem) ihre Attribute, Formulare, Ansichten, Zuordnungen und Beziehungen. Allerdings exportiert Microsoft Dynamics CRM keine nicht modifizierbaren Attribute in Entitäten, Beziehungen, Attributen oder Vorlagen. Das ist aber kein Problem, weil Microsoft Dynamics CRM diese Informationen nicht benötigt, wenn die Anpassungen importiert werden. Seien Sie also nicht überrascht, wenn Sie diese Elemente nicht in der Datei *customizations.xml* finden. Nachdem Sie Ihre Anpassungen in die Datei *customizations.zip* exportiert haben, können Sie diese Anpassungen in ein anderes Microsoft Dynamics CRM-System importieren.

> **TIPP**   Je nachdem, was Sie vorziehen, können Sie entweder die *.zip*- oder die *.xml*-Datei exportieren.

Anpassungen importieren

1. Gehen Sie zum Abschnitt Anpassung von Microsoft Dynamics CRM und klicken Sie auf Anpassungen *importieren*.

2. Klicken Sie auf *Durchsuchen* und wählen Sie die Datei *customizations.zip* aus, die Sie eben exportiert haben. Klicken Sie auf *Öffnen*.

3. Im Textfeld *Importdatei* erscheint der vollständige Pfad zur Datei *customizations.zip*. Klicken Sie auf *Hochladen*.

4. Microsoft Dynamics CRM liest die Datei *customizations.zip* und überprüft, ob sie eine gültige Struktur zum Importieren erhält. Falls Sie eine ungültige Datei zu importieren versuchen, erhalten Sie eine Fehlermeldung. Besteht die Datei die Validierung, zeigt Microsoft Dynamics CRM eine Liste der Entitätsanpassungen an, die in der Datei *customizations.zip* enthalten sind (siehe Abbildung 4.11).

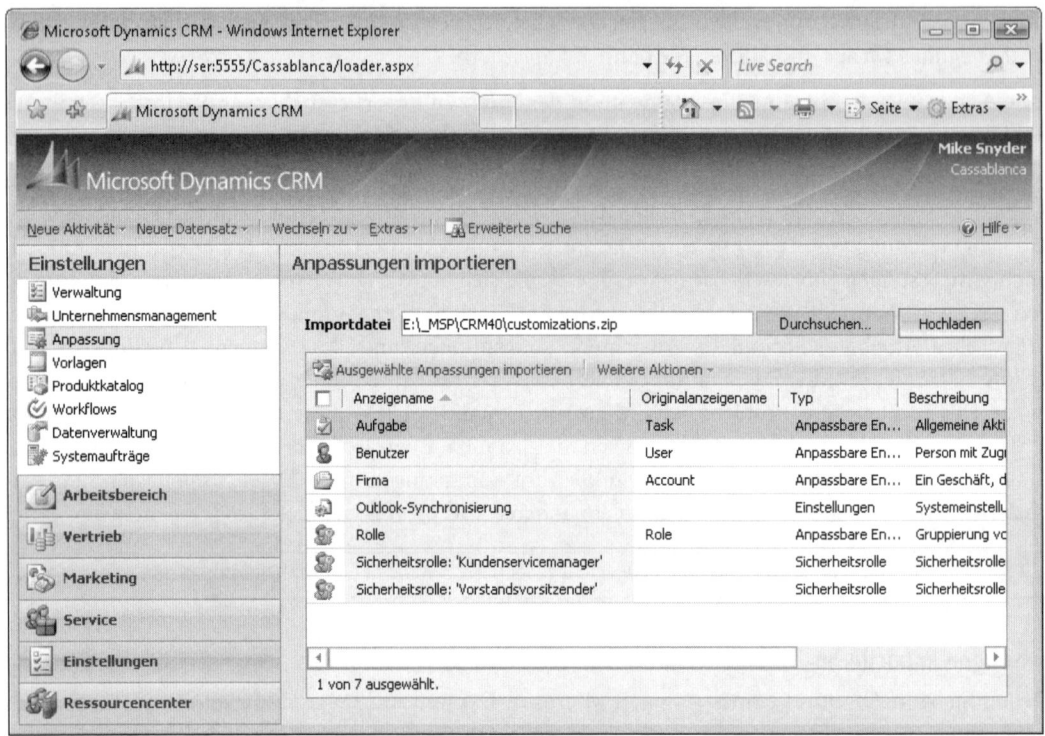

Abbildung 4.11　Liste der Entitätsanpassungen, die in der importierten Datei customizations.zip enthalten sind

5. Markieren Sie eine oder mehrere Entitätsanpassungen, die Sie importieren möchten. Klicken Sie dann auf *Ausgewählte Anpassungen importieren* (oder im Menü *Weitere Aktionen* auf *Alle Anpassungen importieren*).

6. Es erscheint eine Warnung mit dem Text: »Der Prozess 'Anpassungen importieren' kann einige Minuten in Anspruch nehmen. Dies ist von der Anzahl der importierten Elemente abhängig. Nachdem der Prozess begonnen hat, kann er nicht angehalten oder wiederhergestellt werden. Möchten Sie den Import der Anpassungen fortsetzen?« Klicken Sie auf *OK*.

7. Es erscheint ein Webseitendialog, der den Fortschritt beim Importieren anzeigt.

8. Sobald der Importvorgang abgeschlossen ist, erscheint in diesem Dialogfeld der Text: »Anpassungen wurden erfolgreich importiert.« Sollte ein Problem aufgetreten sein, zeigt Microsoft Dynamics CRM zusätzliche Meldungen an, die sich auf den Import Ihrer Anpassungen beziehen.

9. Klicken Sie auf *OK*.

WICHTIG　Vergessen Sie nicht, Ihre Anpassungen zu veröffentlichen, nachdem Sie sie importiert haben! Die für die Entitäten importierten Änderungen sind für die Benutzer erst sichtbar, wenn Sie diese Entitäten veröffentlichen. Änderungen an den anderen Bereichen des Systems – wie zum Beispiel Sicherheitsrollen, Vorlagen usw. – sind sofort verfügbar.

Konflikte beim Importieren von Anpassungen

Microsoft Dynamics CRM importiert Anpassungen mit einem additiven Vorgang. Dabei werden neue Anpassungen zum Zielsystem hinzugefügt, aber keine Anpassungen entfernt, die vorher im Zielsystem existiert haben. Sehen Sie sich das folgende Beispiel an, um die Arbeitsweise des additiven Importvorgangs zu verstehen.

Nehmen Sie an, ein Microsoft Dynamics CRM-System *System A* enthält die folgenden Anpassungen:

- Benutzerdefinierte Entität B hinzugefügt

- Benutzerdefinierte Entität C hinzugefügt

- Entität *Firma* mit hinzugefügten benutzerdefinierten Attributen Y und Z

Die Anpassungen, die Sie auf einem anderen System (namens *System B*) eingerichtet haben, möchten Sie nun in System A importieren. System B haben Sie mit den folgenden Anpassungen konfiguriert:

- Benutzerdefinierte Entität B hinzugefügt

- Benutzerdefinierte Entität E hinzugefügt

- Entität *Firma* mit hinzugefügten benutzerdefinierten Attributen D und Z

Wenn Sie alle Anpassungen von System B exportiert haben und dann diese Anpassungen in System A importieren, sehen die endgültigen Anpassungen im System A wie folgt aus:

- Benutzerdefinierte Entität B hinzugefügt

- Benutzerdefinierte Entität C hinzugefügt

- Benutzerdefinierte Entität E hinzugefügt

- Entität *Firma* mit hinzugefügten benutzerdefinierten Attributen D, Y und Z

Wie Abbildung 4.12 veranschaulicht, untersucht Microsoft Dynamics CRM die Datei mit den zu importierenden Anpassungen und ermittelt, dass die benutzerdefinierte Entität E und das benutzerdefinierte Attribut Z der *Firma*-Entität in das System A hinzugefügt werden müssen.

Beachten Sie, dass Microsoft Dynamics CRM die ursprünglichen Anpassungen in System A *nicht* entfernt hat. In diesem Beispiel würde ein Konflikt auftreten in Bezug auf die benutzerdefinierte Entität B und das benutzerdefinierte Attribut Y, weil Sie versuchen, Anpassungen zu importieren, die im Zielsystem bereits vorhanden sind. Ein derartiger Konflikt wird als *Kollision* bezeichnet.

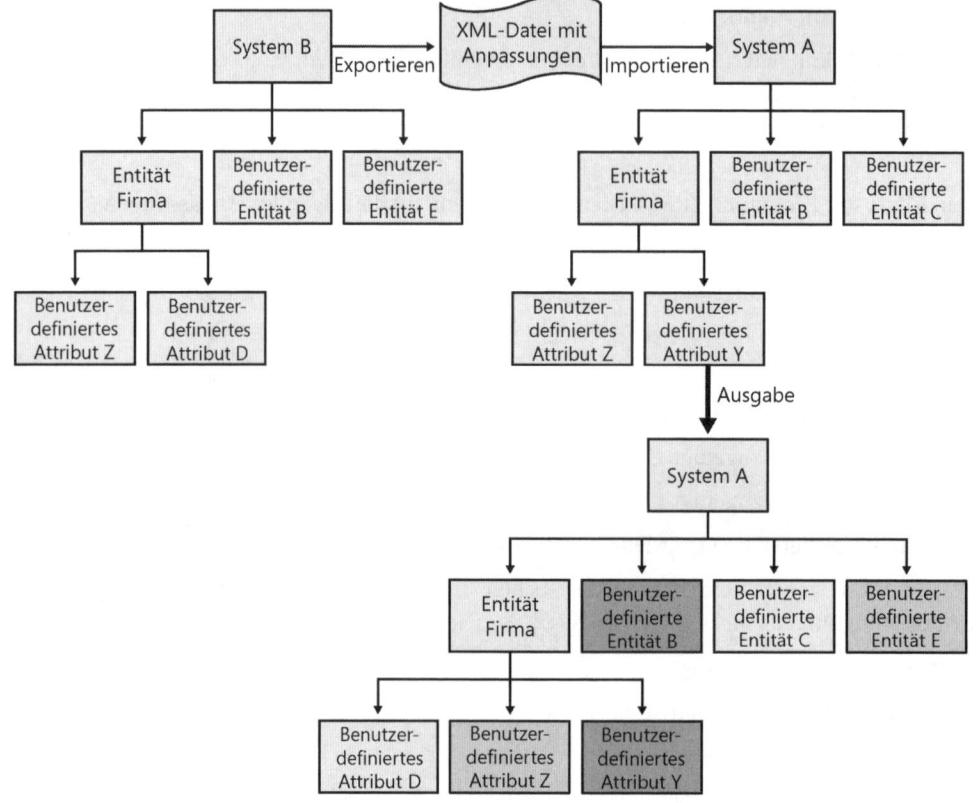

Abbildung 4.12　Das Importieren von Anpassungen ist ein additiver Vorgang.

WICHTIG　　Kollisionen treten auf, wenn Sie eine Anpassung (wie zum Beispiel eine Entität, ein Attribut oder eine Ansicht) importieren und der Schemaname dieser importierten Anpassung bereits im Zielsystem existiert.

Microsoft Dynamics CRM löst Kollisionen mit einer von drei Aktionen auf:

- **Überschreiben:** Die Daten in der Importdatei überschreiben die Daten im Zielsystem.
- **Fehler:** Microsoft Dynamics CRM generiert einen Fehler und bricht das Importieren ab.
- **Neues Objekt:** Microsoft Dynamics CRM erstellt im Zielsystem ein neues Objekt.

Tabelle 4.4 fasst die Bedingungen für Importkollisionen zusammen und gibt die Aktionen an, die Microsoft Dynamics CRM in jedem Szenario unternimmt.

Objekt	Kollisionsbedingung	Unternommene Kollisionsaktion
Änderbare Entitätseigenschaft	Gleicher Entitätsname, unterschiedliche Eigenschaft	Überschreiben
Nicht änderbare Entitätseigenschaft	Gleicher Entitätsname	Fehler
Änderbare Eigenschaft eines Attributs	Gleicher Entitätsname, gleicher Attributname	Überschreiben
Nicht änderbare Eigenschaft eines Attributs	Gleicher Entitätsname, gleicher Attributname	Fehler ▶

Objekt	Kollisionsbedingung	Unternommene Kollisionsaktion
Formular	Gleicher Name	Überschreiben
Formular	Unterschiedliche Eigenschaft	Überschreiben
Ansicht	Gleicher Name	Überschreiben
Ansicht für die erweiterte Suche	Gleicher Name	Überschreiben
Ansicht für die Schnellsuche	Gleicher Name	Überschreiben
Zugeordnete Ansicht	Gleicher Name	Überschreiben
Attributzuordnung	Unterschiedliche Attributzuordnungen für ein Quelle / Ziel-Paar	Überschreiben
Vorlage	Gleicher Name	Überschreiben
ISV-Konfiguration	Gleicher Name	Überschreiben
Änderbare Eigenschaft von benutzerdefinierten Beziehungen	Selbe primäre / bezogene Entität, unterschiedliche Eigenschaft	Überschreiben
Änderbare Eigenschaft von benutzerdefinierten Beziehungen	Gleicher Name, unterschiedliche Eigenschaft	Neues Objekt
Nicht änderbare Eigenschaft von benutzerdefinierten Beziehungen	Gleicher Name, unterschiedliche Eigenschaft	Fehler

Tabelle 4.4 Importkonflikte und Microsoft Dynamics CRM-Aktionen

Tabelle 4.4 zeigt, dass Microsoft Dynamics CRM in den meisten Fällen, in denen Kollisionen auftreten, das Zielsystem mit den Werten aus der Importdatei überschreibt. Wenn eine Kollision auf einer nicht änderbaren Eigenschaft stattfindet, generiert Microsoft Dynamics CRM einen Fehler während des Importvorgangs.

Exportdateien manuell bearbeiten

Wenn Sie die Exportdatei *customizations.xml* für eine einzelne Entität untersuchen, sehen Sie die Anpassungen für diese Entität. Haben Sie 30 benutzerdefinierte Attribute erzeugt, werden alle 30 in die Datei *customizations.xml* exportiert. In der Microsoft Dynamics CRM-Benutzeroberfläche können Sie wählen, welche Entitäten Sie exportieren möchten. Dagegen ist es nicht möglich, nur einzelne Anpassungen für jede Entität zu exportieren – Sie erhalten immer alle Anpassungen für jede Entität. Falls Sie lediglich die Entitätsansichten, aber nicht die Attribute der Entität exportieren möchten, werden Sie kein Glück haben.

Erfreulicherweise ist es in Microsoft Dynamics CRM recht einfach, dieses Problem zu umgehen, wenn Sie mit der Bearbeitung von *.xml*-Dateien vertraut sind. Da es sich beim Export der Anpassungen lediglich um eine standardmäßige *.xml*-Datei handelt, können Sie die Datei problemlos manuell bearbeiten und unerwünschte Anpassungen entfernen, bevor Sie die Datei in ein neues System importieren. In diesem Beispiel könnten Sie manuell 10 der 30 benutzerdefinierten Attribute aus der Datei *customizations.xml* entfernen und dann die bearbeitete Datei *customizations.xml* in Ihr Zielsystem importieren. Das Zielsystem würde dann nur diese 20 benutzerdefinierten Attribute empfangen, die in der Anpassungsdatei verblieben sind, und nicht die 30 benutzerdefinierten Attribute, die Sie ursprünglich aus Ihrem Elternsystem exportiert haben. Dieses manuelle Bearbeitungskonzept lässt sich auch auf andere Anpassungen einer Entität übertragen, unter anderem auf Formulare, Ansichten usw.

> **ACHTUNG**   Bearbeiten Sie die Datei *customizations.xml* nur dann manuell, wenn Sie in der Bearbeitung von XML-Dateien wirklich sattelfest sind. Das Microsoft Dynamics CRM-SDK (Software Development Kit) stellt ein XML-Schema bereit, damit Sie validieren können, ob Ihre bearbeitete Datei *customizations.xml* weiterhin ordnungsgemäß strukturiert ist.

Wenn Sie die Datei *customizations.xml* manuell bearbeiten, haben Sie volle Kontrolle über die Anpassungen, die Sie in ein neues System importieren. Außerdem können Sie mit dem Microsoft Dynamics CRM-SDK die Anpassungen auch programmgesteuert importieren, falls Sie Verwendung für dieses Feature finden.

Entitäten umbenennen

Wenn Sie Microsoft Dynamics CRM implementieren, kann es durchaus sein, dass die Terminologie der Systementität nicht genau Ihrer Geschäftsterminologie entspricht. Anstatt beispielsweise Personen als *Kontakte* zu bezeichnen, ist in Ihrem Unternehmen vielleicht der Begriff *Kunden* oder *Personen* üblich. Vielleicht sprechen Sie auch von *Unternehmen* oder *Geschäften* und nicht von *Firmen*. Die durch Metadaten gesteuerte Struktur von Microsoft Dynamics CRM erlaubt es, Entitäten in einfacher Weise umzubenennen.

Um eine Entität umzubenennen, gehen Sie zum Abschnitt *Anpassung* von Microsoft Dynamics CRM und klicken auf *Entitäten anpassen*. Suchen Sie die Entität auf, die Sie umbenennen möchten, und doppelklicken Sie auf diese Entität, um den Entitätseditor zu öffnen. Im Abschnitt *Entitätsdefinition* des Formulars erscheinen ein Feld *Name* und ein Feld *Pluralname*, wie es in Abbildung 4.13 zu sehen ist. Geben Sie auf diesem Formular einfach den neuen Namen und den Pluralnamen der Entität ein und klicken Sie dann auf *Speichern*. Microsoft Dynamics CRM verwendet die Pluralversion des Namens, wenn auf mehrere Datensätze im System verwiesen wird. Achten Sie also darauf, dieses Feld korrekt auszufüllen.

> **WICHTIG**   Eine Entität können Sie in nahezu jeden beliebigen Wert umbenennen. Hinsichtlich der Benennung verbietet Microsoft Dynamics CRM lediglich, einen Namen einer anderen Entität im System zu verwenden. Das scheint zwar auf der Hand zu liegen, stiftet aber einige Verwirrung. Microsoft Dynamics CRM enthält viele Systementitäten wie zum Beispiel *Ort*, *Organisation* und *Einheit*, doch könnten Sie vergessen, dass diese Entitätsnamen bereits in Microsoft Dynamics CRM existieren, weil es sich nicht um anpassbare Entitäten handelt. Wenn Sie versuchen, einen bereits vorhandenen Entitätsnamen zu verwenden, gibt Microsoft Dynamics CRM eine Fehlermeldung aus.

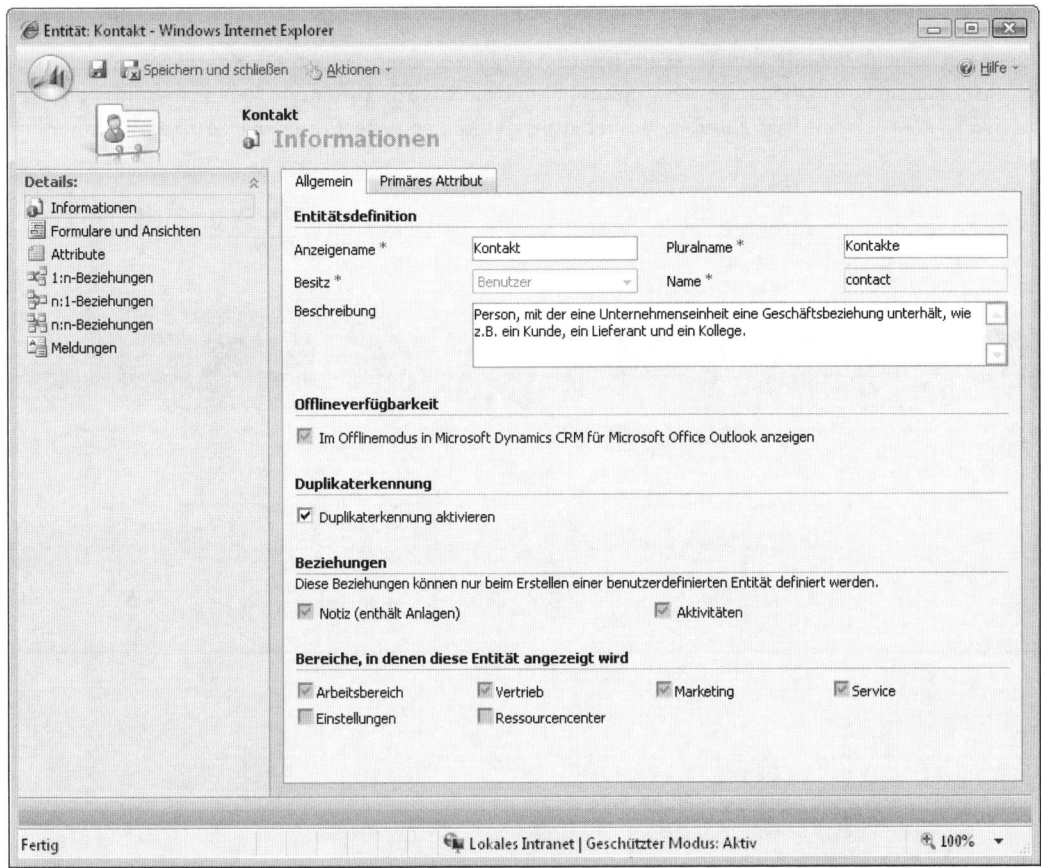

Abbildung 4.13 Die Registerkarte Allgemein für die Entität Kontakt

Nachdem Sie die Entität umbenannt haben, sollten Sie auch die zusätzlichen Abschnitte von Microsoft Dynamics CRM manuell aktualisieren, die auf den Entitätsnamen verweisen, damit die Benutzeroberfläche mit dem neuen Namen konsistent bleibt, den Sie der Entität eben zugewiesen haben. Aktualisieren Sie die folgenden Bereiche:

- Benennen Sie die Anzeigenamen der Entität um (ändern Sie zum Beispiel *Aktive Kontakte* in **Aktive Kunden**).

- Aktualisieren Sie Formularbeschriftungen (ändern Sie zum Beispiel auf dem Formular *Firma* die Beschriftung *Primärer Kontakt* in **Primärer Kunde**).

- Ändern Sie Systemmeldungen (mehr dazu im nächsten Abschnitt).

- Ändern Sie alle Berichte, die auf den Entitätsnamen verweisen. (Das Modifizieren von Berichten ist Thema von Kapitel 7.)

- Aktualisieren Sie den Inhalt der Onlinehilfe, um den neuen Entitätsnamen anzuzeigen.

Nachdem Sie diese Änderungen vorgenommen haben, denken Sie daran, alle Entitäten zu veröffentlichen, die Sie angepasst haben. Abbildung 4.14 zeigt, wie die Umbenennung der Entität *Kontakt* in *Kunde* ordnungsgemäß im Navigationsbereich der Anwendung aktualisiert wird. Außerdem haben wir die Standardansicht *Aktive Kontakte* in **Aktive Kunden** umbenannt, damit der neue Entitätsname überall einheitlich erscheint.

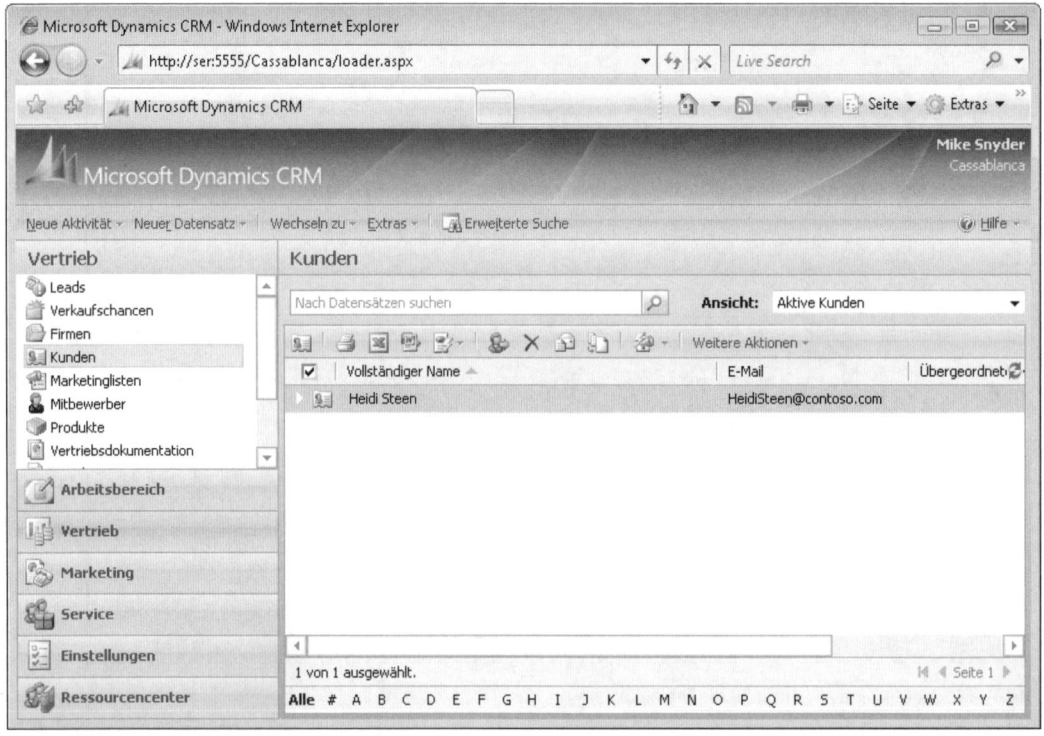

Abbildung 4.14   Entität Kontakt in Kunde umbenannt

Mit dieser Technik können Sie jede anpassbare Entität umbenennen, einschließlich der Aktivitätstypentitäten wie *Aufgabe*, *Telefonanruf*, *Brief* und *Termin*.

Systemmeldungen ändern

Für jede Entität umfasst Microsoft Dynamics CRM mehrere vordefinierte Systemmeldungen, die im gesamten System erscheinen. Wenn Sie eine Entität umbenennen, empfiehlt es sich, dass Sie auch diese Systemmeldungen aktualisieren, um den neuen Namen einheitlich zu verwenden. Wenn Sie die Systemmeldungen nicht aktualisieren, könnte ein Benutzer eine Fehlermeldung bezogen auf *Kontakt* erhalten, selbst wenn Sie diese Entität in **Kunde** umbenannt haben. Alle Systemmeldungen einer Entität können Sie im Abschnitt *Meldungen* des Entitätseditors anzeigen, wie es in Abbildung 4.15 zu sehen ist.

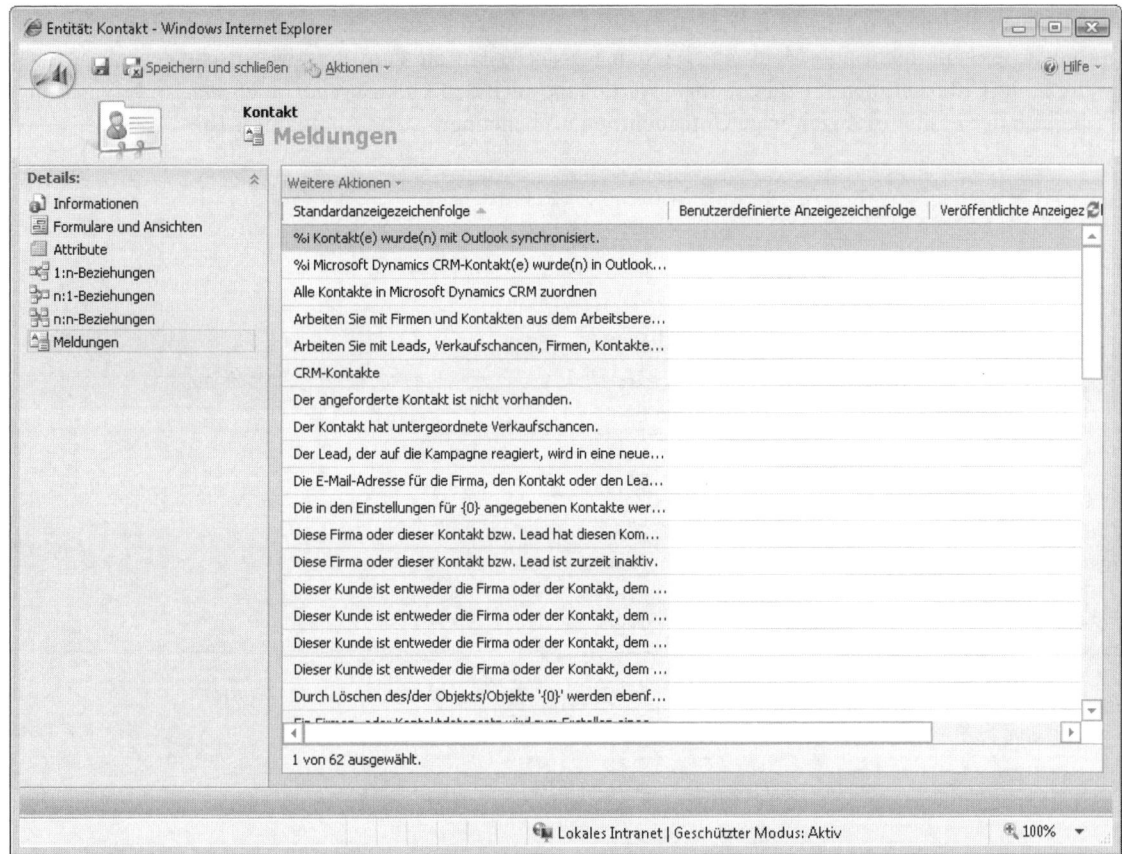

Abbildung 4.15 Systemmeldungen für die Entität Kontakt

Um eine Systemmeldung zu bearbeiten, doppelklicken Sie auf einen Datensatz und geben die aktualisierte Systemmeldung in das Feld *Benutzerdefinierte Anzeigezeichenfolge* ein. Außerdem können Sie weiterführende Erläuterungen über die Systemmeldung hinzufügen, um Benutzer zu unterstützen.

Beim Bearbeiten von Systemmeldungen sollten Sie vor allem vier wichtige Punkte beachten:

- Im Feld *Benutzerdefinierte Anzeigezeichenfolge* können Sie keine Hyperlinks einbinden.

- Manche Systemmeldungen enthalten Platzhalter für Daten. Das können Zahlen in geschweiften Klammern wie *{0}* oder Symbole und Buchstaben wie zum Beispiel *%i* sein. Diese Datenplatzhalter sollten Sie weder entfernen noch bearbeiten, da Microsoft Dynamics CRM sie mit dynamischen Daten füllt, wenn die Systemmeldung für die Benutzer angezeigt wird.

- Mehrere Entitäten verwenden eine große Anzahl von Systemmeldungen. Zum Beispiel sind es bei *Firma*-Entitäten 57 Meldungen und bei *Kontakt*-Entitäten 62 Meldungen. Außerdem kann die gleiche Meldung an verschiedenen Orten im gesamten System verwendet werden. Verlassen Sie sich deshalb auch auf Ihr Urteilsvermögen, wenn Sie sich entscheiden, welcher Text für die Aktualisierung der benutzerdefinierten Anzeigezeichenfolge einzugeben ist.

- Manche Bereiche von Microsoft Dynamics CRM verwenden Meldungen, um Text anzuzeigen, den man möglicherweise nicht als »Meldung« betiteln würde. Wenn Sie zum Beispiel entscheiden, die Entität *Firma* in **Unternehmen** umzubenennen, werden Sie auch den Link *Zugehörige Firmen* im Navigationsbereich der Entität in **Zugehörige Unternehmen** umbenennen (siehe Abbildung 4.16).

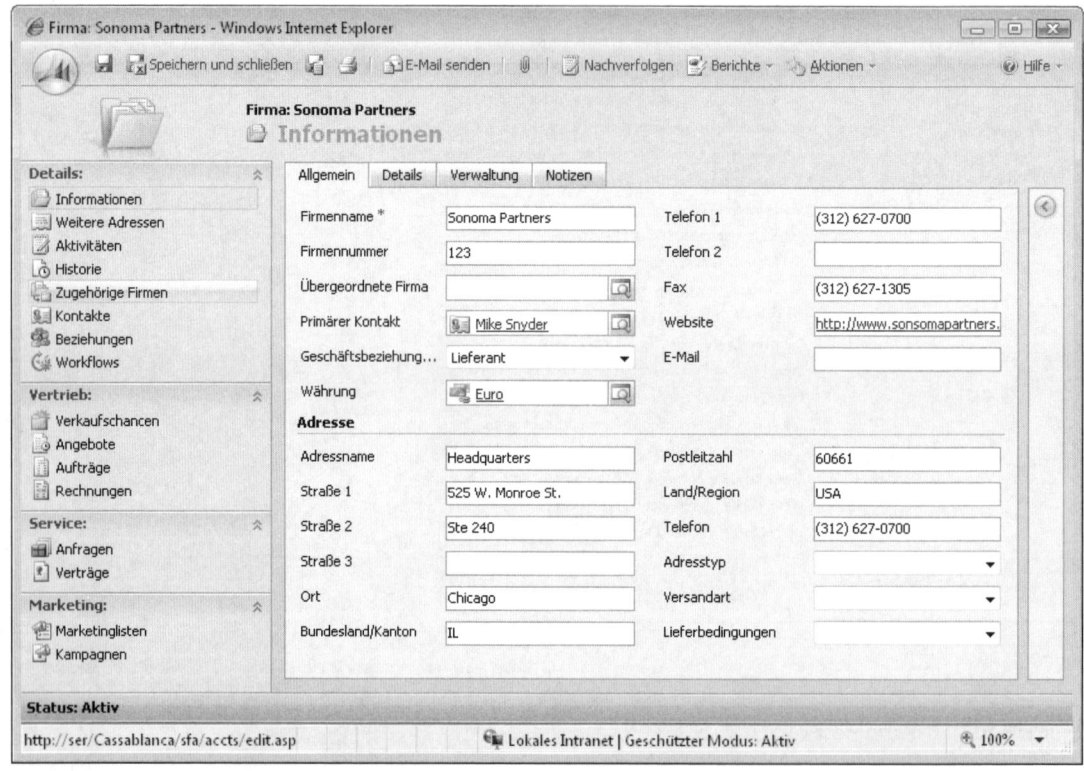

Abbildung 4.16   Im Navigationsbereich der Entität werden ebenfalls Meldungen angezeigt (hier: Zugehörige Firmen)

Um diese Änderung vorzunehmen, gehen Sie zu den Systemmeldungen der Entität *Firma* und ändern dann einfach die benutzerdefinierte Anzeigezeichenfolge von *Zugehörige Firmen* in **Zugehörige Unternehmen**. Ähnlich gehen Sie vor, wenn Sie die Entität *Lead* als *Interessent* umbenennen möchten. Hier verwenden Sie eine Meldung, um den Text zu bearbeiten, der auf der Schaltfläche *Lead konvertieren* des Formulars *Lead* erscheint.

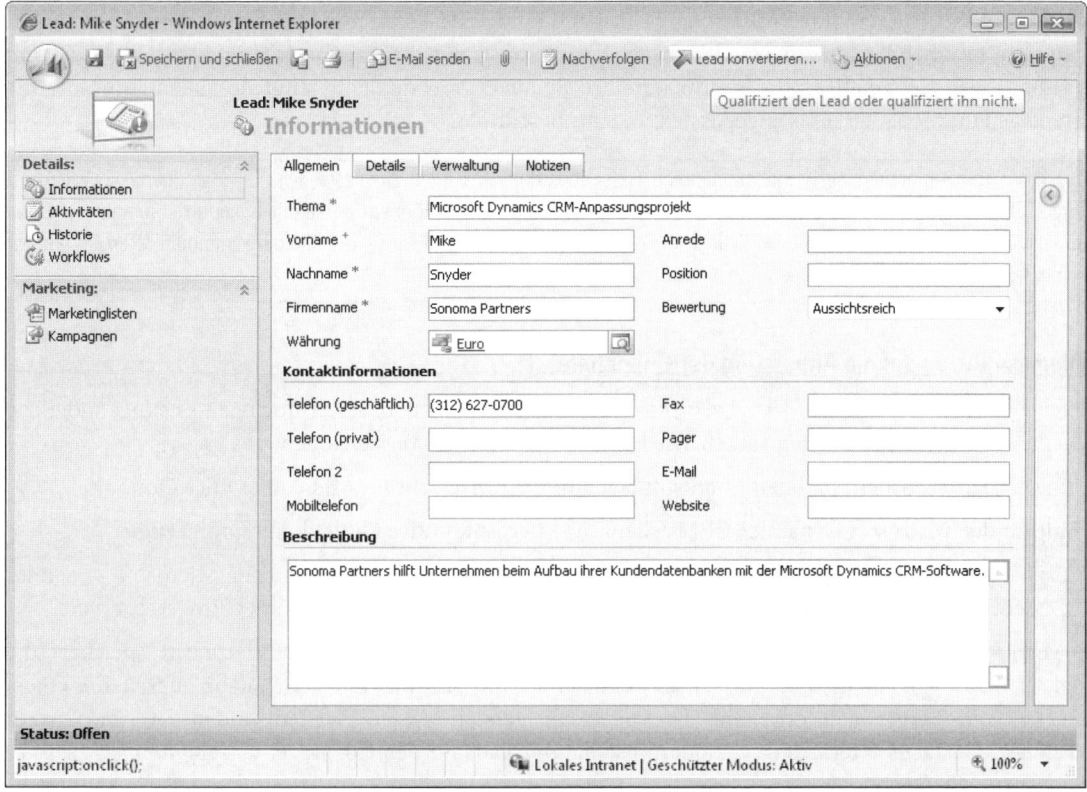

Abbildung 4.17 Mithilfe von Meldungen ändern Sie auch den Text, der auf Schaltflächen erscheint

Wenn Sie Entitäten umbenennen, überprüfen und bearbeiten Sie sorgfältig alle Systemmeldungen, weil die Meldungen für Benutzer auch an Orten angezeigt werden, wo Sie sie vielleicht nicht erwarten.

Die Onlinehilfe anpassen

Zu Microsoft Dynamics CRM gehören webbasierte Onlinehilfedateien, auf die Benutzer über das Menü *Hilfe* zugreifen können. Selbstverständlich verweisen die Onlinehilfedateien auf die Standardentitätsnamen wie *Firma*, *Kontakt*, *Lead* und *Verkaufschance*. Wenn Sie Entitäten umbenennen, werden die neuen Entitätsnamen in der Onlinehilfe-Dokumentation nicht widergespiegelt, was für Ihre Benutzer Verwirrung stiften kann. Erfreulicherweise können Sie in Microsoft Dynamics CRM die Onlinehilfe-Dokumentation anpassen, um die Terminologie entsprechend Ihrem System zu ändern. Das Microsoft Dynamics CRM-SDK zeigt mit ausführlichen Anleitungen, wie Sie die Onlinehilfe anpassen können.

Vorteile bei Anpassung der Onlinehilfe

Benutzer können auf die Onlinehilfe direkt vom Webclient oder einem der Outlook-Clients zugreifen. Wenn Sie die Onlinehilfe anpassen, können Sie den Entitätsnamen in dieser Dokumentation einheitlich mit der Benutzeroberfläche halten, wenn Sie Entitäten umbenennen.

Neben dem Aktualisieren von Entitätsnamen in der Onlinehilfe können Sie auch vollkommen neue Abschnitte der Onlinehilfe hinzufügen. Wenn Ihr System ausgiebig von benutzerdefinierten Entitäten und Anpassungscode Gebrauch macht, profitieren Ihre Benutzer von der Onlinehilfedokumentation, die die vollständige Funktionalität ihres angepassten Systems beschreibt.

TIPP   Benutzer greifen auf kontextabhängige Hilfe über den Link *Hilfe zu dieser Seite* zu, der überall in Microsoft Dynamics CRM erscheint. Für benutzerdefinierte Entitäten, die Sie erstellen, können Sie ebenfalls kontextabhängige Themen hinzufügen. Das Microsoft Dynamics CRM-SDK erläutert ausreichend detailliert, wie Sie die Hilfedateien modifizieren, sodass wir diese Inhalte hier nicht wiederholen.

Probleme in Bezug auf die Anpassung der Onlinehilfe

Zweifellos scheint es eine gute Idee zu sein, die Onlinehilfedateien anzupassen, doch gibt es einige mögliche Probleme, die Sie berücksichtigen sollten. Die Onlinehilfe umfasst zwei Versionen:

- Eine für den Webclient und den Microsoft Dynamics CRM-Client für Microsoft Office Outlook

- Eine für den Microsoft Dynamics CRM-Client für Microsoft Office Outlook mit Offlinezugriff

Microsoft Dynamics CRM speichert die Onlinehilfedateien für den Webclient und den Microsoft Dynamics CRM-Client für Microsoft Office Outlook im Hilfe-Ordner des Microsoft Dynamics CRM-Webservers.

Der Microsoft Dynamics CRM-Client für Microsoft Office Outlook mit Offlinezugriff speichert die Hilfedateien auf dem Clientcomputer, sodass Benutzer auf die Informationen auch dann zugreifen können, wenn sie vom Server getrennt sind. Die deutsche Version dieser Dateien finden Sie im Ordner *res\web\help\1031\OP* unterhalb des Standardinstallationspfads für den Client, der *C:\Programme\Microsoft Dynamics CRM\Client* lautet. Die Dateien für andere Sprachen sind im Ordner mit dem jeweiligen Sprachcode (1033 für Englisch, 3082 für Spanisch usw.) untergebracht.

Möchten Sie die Onlinehilfedateien modifizieren, sollten Sie die Microsoft Dynamics CRM-Installationsdateien auf einen Netzwerkstandort kopieren und dann die Hilfedateien in diesen Ordnern ändern. Bei der Installation von Microsoft Dynamics CRM-Client für Microsoft Office Outlook mit Offlinezugriff installieren Sie die Software vom Netzwerk und der Benutzer erhält Ihre angepassten Hilfedateien anstelle der Standarddateien.

Jedes Mal, wenn Sie Microsoft Dynamics CRM installieren oder auf ein neues Release aktualisieren, kopiert die Installation die neue Version der Onlinehilfe über die vorhandenen Onlinehilfedateien. Vergessen Sie also nicht, Sicherungskopien Ihrer angepassten Hilfedateien zu erstellen, bevor Sie Ihr System neu installieren oder aktualisieren.

WICHTIG   Microsoft Dynamics CRM Live-Kunden können die Onlinehilfe, die für den Webclient und den Microsoft Dynamics CRM-Client für Microsoft Office Outlook erscheint, nicht modifizieren, können aber die Onlinehilfe für den Microsoft Dynamics CRM-Client für Microsoft Office Outlook mit Offlinezugriff ändern.

Attribute

Attribute stellen zusätzliche Daten über Entitäten bereit und jede Entität in Microsoft Dynamics CRM enthält mehrere Attribute. Zum Beispiel verwendet die Entität *Kontakt* Attribute wie *Vorname*, *Nachname* und *Telefonnummer*. Jedes Attribut besitzt einen Datentyp (wie zum Beispiel *int*, *money* und *bit*). Er bestimmt den Typ der Daten, die Sie in einem Feld speichern können.

Wenn Sie Microsoft Dynamics CRM installieren, erstellt das System mehr als 150 Entitäten. Manche Entitäten besitzen bis zu 125 Attribute. Die Rede ist hier also von möglicherweise 18.750 vorkonfigurierten Attributen! Doch natürlich wissen Sie, dass selbst 18.750 Attribute für Ihr Unternehmen nicht genügen. Jeder möchte ein System haben, das so gut wie möglich an das Unternehmen angepasst ist, und Microsoft Dynamics CRM macht es Ihnen leicht, neue Attribute hinzuzufügen und die Standardattribute anzupassen.

Bevor Sie sich aber in die Anpassung von Attributen stürzen, erläutern wir die Terminologie und die Konzepte, die sich auf Attribute beziehen.

Attributeigenschaften

Jedes Attribut verfügt über mehrere *Attributeigenschaften*, die näher definieren, wie sich das Attribut in Microsoft Dynamics CRM verhält. Abbildung 4.18 zeigt den Attributeditor und die Eigenschaften des ausgewählten Attributs.

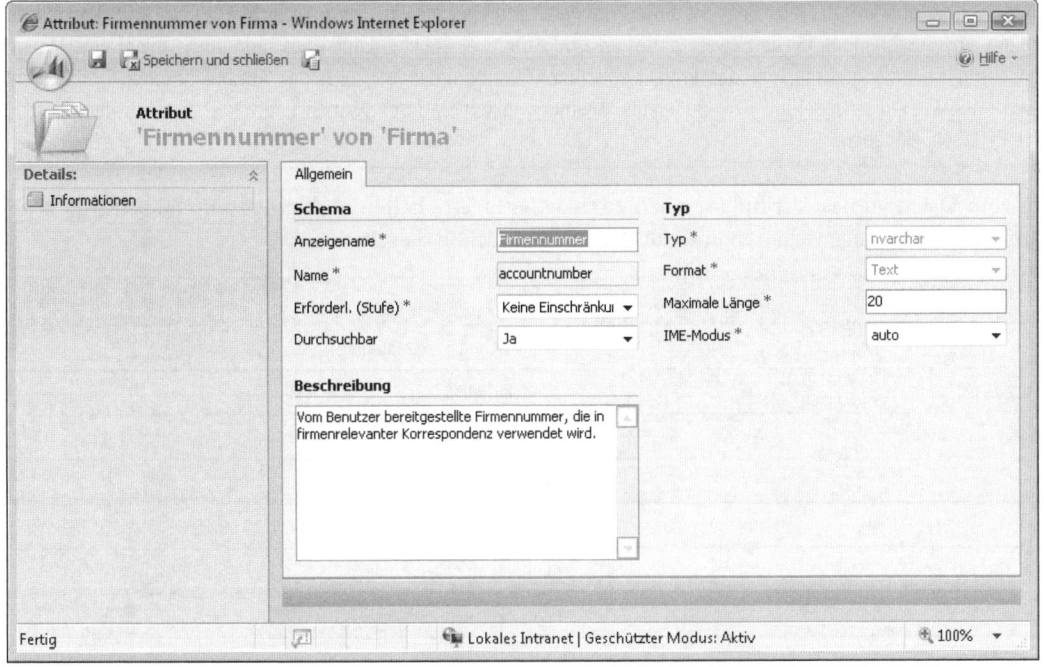

Abbildung 4.18 Attributeigenschaften für ein einzelnes Attribut

Die folgenden Attributeigenschaften gelten für jedes Attribut:

- **Anzeigename:** Legt den Text fest, den Benutzer in Microsoft Dynamics CRM sehen, beispielsweise auf den Formularen, in den Ansichten und in der erweiterten Suche.

- **Name:** Zeigt den Schemanamen der Metadaten an. Der Schemaname korreliert auch mit dem Spaltennamen in der zugrunde liegenden SQL Server-Datenbank.

- **Erforderlichkeitsstufe:** Schreibt den Typ der Datengültigkeitsprüfung vor, die Microsoft Dynamics CRM verlangt, wenn Benutzer auf einem Formular Daten eingeben oder aktualisieren (*Eingabe erforderlich*, *Eingabe empfohlen*, *Keine Einschränkung*).

- **Durchsuchbar:** Spezifiziert, ob dieses Attribut in der Liste der Attribute erscheint, die Benutzer mit erweiterter Suche durchsuchen können.

- **Typ:** Spezifiziert den Datentyp des Attributs. Zu den Datentypen gehören unter anderem *int*, *picklist* und *bit*.

- **IME-Modus:** Das Akronym IME steht für Eingabemethoden-Editor (Input Method Editor) und bezieht sich auf Benutzertexteingabefelder mit verschiedenen asiatischen Sprachen. Sofern keine speziellen Anforderungen bestehen, den IME-Wert zu ändern, behalten Sie einfach den Standardwert *auto* bei.

- **Beschreibung:** Text, der das Attribut beschreibt. Dieser Text ist nicht für Ihre Endbenutzer, aber für Systemanpasser sichtbar.

TIPP   Wenn Sie ein neues benutzerdefiniertes Attribut erstellen, sind Sie vielleicht versucht, das Feld *Beschreibung* zu überspringen, weil es optional ist. Allerdings sei Ihnen dringend ans Herz gelegt, die zusätzlichen 20 bis 30 Sekunden zu investieren, um eine Beschreibung für den Zweck dieses neuen Attributs einzugeben, denn das kann Ihnen später eine Menge Zeit sparen, wenn Sie (oder jemand, der das Projekt von Ihnen übernommen hat) sich das Attribut ansehen und fragen: »Warum wurde dieses Feld hinzugefügt?« Als äußerstes Minimum sollten Sie Ihren Namen und das Datum, zu dem Sie das Attribut erstellt haben, eingeben.

Abhängig vom Datentyp des Attributs können zusätzliche Eigenschaften vorhanden sein. Tabelle 4.5 zeigt die zusätzlichen Attributeigenschaften und die Datentypen, für die sie gelten.

Attributeigenschaft	Wird auf diese Datentypen angewendet
Format	nvarchar, int, ntext, datetime
Maximale Länge	nvarchar, ntext
Listenwert	bit, picklist
Standardwert	bit, picklist
Minimalwert	int, float, money, decimal
Maximalwert	int, float, money, decimal
Genauigkeit	float, money, decimal

Tabelle 4.5   Datentypspezifische Attributeigenschaften

Als Nächstes untersuchen wir diese Datentypen ausführlich, damit Sie ihre Arbeitsweise in Microsoft Dynamics CRM verstehen.

Datentypen

Wenn Sie schon mit relationalen Datenbanken gearbeitet haben, dürften Ihnen Datentypen bereits geläufig sein. Deshalb erläutern wir hier lediglich, wie Datentypen speziell mit Microsoft Dynamics CRM zusammenhängen. Sollten Sie mit Datentypen noch nicht vertraut sein, müssen Sie zunächst ein Verständnis dafür entwickeln, wie sie arbeiten, weil sich Datentypen drastisch darauf auswirken, wie Microsoft Dynamics CRM Daten im System speichert, verwaltet und anzeigt. Zum Beispiel erlaubt Microsoft Dynamics CRM Benutzern nicht, einen Textwert wie »abc« in ein Attribut einzugeben, dem der Datentyp *money* zugeordnet ist. Die Attributdatentypen bestimmen auch, wie Microsoft Dynamics CRM Datensätze sortiert und welche Operationen Sie mit der erweiterten Suche durchführen können.

Microsoft Dynamics CRM verwendet die folgenden 14 Datentypen, um Attributdaten zu speichern:

- **nvarchar:** Speichert Text- und numerische Daten in einem Feld.

- **picklist:** Erlaubt es, eine vordefinierte Liste von Werten für das Attribut zu spezifizieren. Benutzer sehen hierfür auf dem Formular eine Dropdown-Liste.

- **bit:** Speichert Daten mit einem von zwei Werten: 0 oder 1. In Microsoft Dynamics CRM können Sie die Werte 0 und 1 mit neuen Bezeichnungen versehen, sodass Benutzer zum Beispiel *Ja* und *Nein*, *Wahr* und *Falsch* usw. sehen. Die *bit*-Datentypen werden auch als *boolesche* Typen bezeichnet.

- **int:** In einem Feld dieses Typs lassen sich nur ganze Zahlen speichern, zum Beispiel –2, –1, 0, 1, 2 usw.

- **float:** Speichert angenäherte numerische Werte mit einer konfigurierbaren Anzahl von Dezimalstellen, zum Beispiel 1,3333 und 3,145.

- **decimal:** Speichert genaue numerische Werte mit Dezimalstellen, zum Beispiel 1,5.

- **money:** Speichert Währungsbeträge.

- **ntext:** Speichert Text- und numerische Daten in einem Feld.

- **datetime:** Speichert Datums- und Zeitdaten.

- **status:** Systemdatentyp, der den Statusgrund für eine Entität speichert.

- **state:** Systemdatentyp, der Statusinformationen über eine Entität speichert.

- **primarykey:** Systemdatentyp, der Querverweisdaten speichert.

- **owner:** Systemdatentyp, der den Besitzer der Entität speichert.

- **lookup:** Systemdatentyp, der Informationen über verwandte Datensätze speichert.

> **HINWEIS**   Microsoft Dynamics CRM 4.0 speichert jetzt *ntext*-Werte in SQL Server mit dem Datentyp *nvarchar(max)*.

Microsoft Dynamics CRM erzeugt und verwaltet die Systemdatentypen automatisch, sodass Sie sich nicht allzu sehr darum kümmern müssen. Allerdings sollten Sie wissen, dass sie existieren, weil Sie für jede Entität auch Attribute mit Systemdatentypen aufgelistet finden.

TIPP   Auch wenn sowohl *float*- als auch *decimal*-Typen Realzahlen speichern, speichert SQL Server *float*-Daten als ungefähre Werte, während *decimal*-Daten genau wie angegeben gespeichert werden. Wahrscheinlich merken die Benutzer gar keinen Unterschied zwischen *float*- und *decimal*-Datentypen, weil sich mit beiden Typen Werte in der Microsoft Dynamics CRM-Benutzeroberfläche mit konfigurierbarer Genauigkeit anzeigen lassen, zum Beispiel 1,25 oder 5,786. Deshalb stellt sich die Frage, welchen Datentyp man verwenden sollte. Natürlich hängt die Antwort davon ab, was Sie mit den Daten vorhaben. Dabei können Sie sich an folgenden Punkten orientieren: Verwenden Sie einen *decimal*-Datentyp, wenn bei Abfragen große Summen über eine umfangreiche Menge von Zahlen erforderlich sind oder wenn Sie Vergleiche mit dem Operator für Gleichheit (=) und nicht für Ungleichheit (<>) ausführen. Müssen Sie Bruchzahlen speichern oder numerische Werte, die Sie mit den Operatoren für Größer als (>) oder Kleiner als (<) vergleichen, sollten Sie einen *float*-Typ verwenden. Sofern Sie nicht wirklich sicher sind, wie die Daten verwendet werden, empfehlen wir einen *float*-Datentyp.

Auf die unterschiedlichen Datentypen gehen wir später in diesem Kapitel ein, wenn erläutert wird, wie Sie einer Entität benutzerdefinierte Attribute hinzufügen.

Erforderlichkeitsstufen

Microsoft Dynamics CRM definiert für jedes Attribut eine Erforderlichkeitsstufe. Sie schreibt den Typ der Datenprüfung vor, die Microsoft Dynamics CRM durchsetzen soll, wenn Benutzer auf einem Formular Daten eingeben oder aktualisieren. Außer die Datenüberprüfung zu erzwingen, fügt Microsoft Dynamics CRM automatisch einen Bezeichnungsindikator hinzu, um Benutzern einen visuellen Anhaltspunkt in Bezug auf die Erforderlichkeitsstufe des Attributs zu liefern. Tabelle 4.6 erläutert die drei Erforderlichkeits-stufen und ihre Farbkodierung.

Erforderlichkeitsstufe	Beschreibung	Bezeichnungsindikator für das Attribut auf einem Formular
Eingabe erforderlich	Benutzer müssen für dieses Attribut einen Wert eingeben. Bleibt das Feld leer, zeigt das System dem Benutzer eine Aufforderung hierzu an, wenn er das Formular zu speichern versucht.	Rotes Sternchen
Eingabe empfohlen	Bietet Benutzern einen visuellen Hinweis, dass Ihr Unternehmen eine Vervollständi-gung dieses Felds empfiehlt. Benutzer können den Datensatz bei Bedarf ohne Daten speichern. Das Speichern eines Datensatzes ohne Daten in einem Feld mit der Erforder-lichkeitsstufe *Eingabe empfohlen* zeigt dem Benutzer weder eine Aufforderung noch eine Warnung an.	Blaues Pluszeichen
Keine Einschränkung	Zeigt den Benutzern an, dass für das Datenfeld keine Einschränkung besteht.	Schwarz ohne Indikator

Tabelle 4.6   Erforderlichkeitsstufen

Wenn Sie ein Attribut als *Eingabe erforderlich* spezifizieren, können Sie es vom Entitätsformular nicht entfernen. Analog sollten Sie ein Attribut nicht auf *Eingabe erforderlich* setzen, wenn es auf dem Formular nicht angezeigt wird.

Das aktuelle Schema überprüfen

Bevor Sie Attribute hinzufügen oder modifizieren, sollten Sie sich zunächst vertraut machen mit den Entitätsattributen, die Microsoft Dynamics CRM bei der Installation erzeugt. Mit anderen Worten sollten Sie anhand des Standarddatenbankschemas ermitteln, ob ein Feld bereits in der Datenbank existiert, bevor Sie ein neues benutzerdefiniertes Attribut erstellen.

ACHTUNG   Nur weil ein Feld auf den Standardformularen nicht zu sehen ist, bedeutet das nicht, dass das Feld in der Datenbank nicht existiert. Die Standardformulare enthalten nur einige der Attribute für jede Entität. Zum Beispiel gibt es mehr als 50 *Firma*-Attribute, die auf dem *Firma*-Standardformular nicht erscheinen.

Da Microsoft Dynamics CRM bei der Installation bis zu 18.750 Attribute erstellt, werden Sie sich zweifellos fragen, wie sich am schnellsten ermitteln lässt, welche Attribute bereits im System existieren. Microsoft Dynamics CRM bringt zwei ausgezeichnete Tools mit, um die Attribute einer Entität zu durchsuchen: den Entitätseditor und den Metadatenbrowser.

Entitätseditor

Um die Attribute einer Entität mit dem Entitätseditor zu durchsuchen, gehen Sie zum Abschnitt *Anpassung von Microsoft Dynamics CRM* und klicken auf *Entitäten anpassen*. Es erscheint eine Liste aller Entitäten in Microsoft Dynamics CRM. Wenn Sie auf einen Datensatz doppelklicken, wird der Entitätseditor geöffnet. Klicken Sie im Navigationsbereich auf *Attribute*, um eine Liste aller Attribute für diese Entität anzuzeigen, wie es in Abbildung 4.19 zu sehen ist.

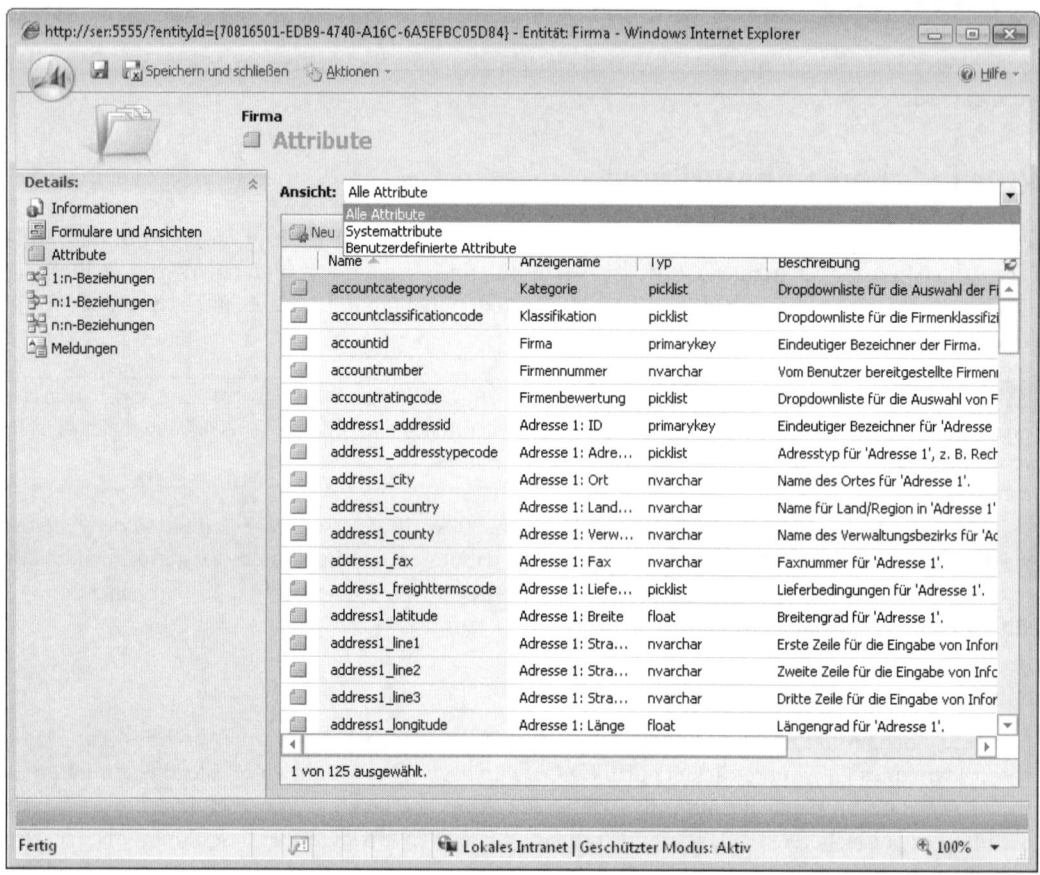

Abbildung 4.19   Attribute für die Entität Firma

Bevor Sie einer Entität ein neues Attribut hinzufügen, sollten Sie die Liste der Attribute für diese Entität überprüfen und sich vergewissern, dass ein ähnliches Feld noch nicht existiert. Wenn Sie mehr Einzelheiten zu einem Attribut anzeigen möchten, doppelklicken Sie einfach auf das Attribut, um den Attributeditor zu öffnen. Der Attributeditor zeigt Ihnen alle Attributeigenschaften für dieses Attribut einschließlich Typ, Beschreibung, Schemaname usw.

Metadatenbrowser

Neben dem Entitätseditor können Sie sich auch mit dem Metadatenbrowser schnell alle Attribute für eine bestimmte Entität ansehen. Um den Metadatenbrowser (wie in Abbildung 4.20 zu sehen) anzuzeigen, gehen Sie mit einem Webbrowser zu *http://<crmserver>/sdk/list.aspx*, wobei *<crmserver>* den Namen Ihres Servers bezeichnet.

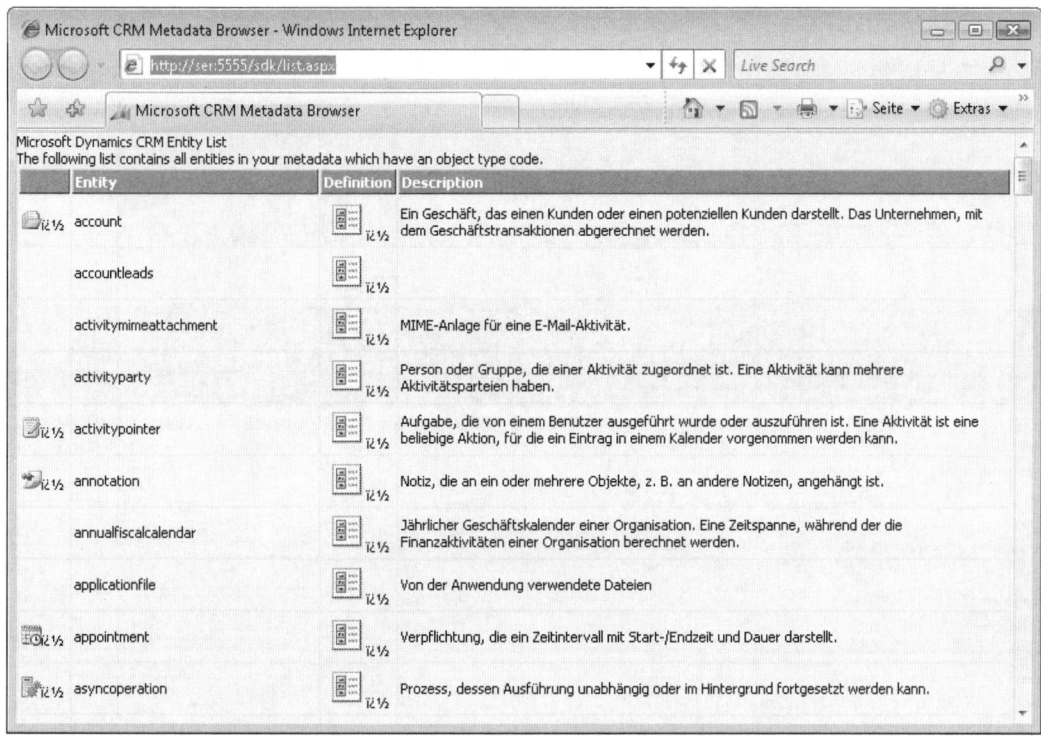

Abbildung 4.20 Metadatenbrowser

Dieser webbasierte Metadatenbrowser listet nur die Entitäten auf, die über das SDK verfügbar sind, und entspricht somit nicht unbedingt 1:1 der Liste der Entitäten, die Sie im Abschnitt *Anpassung* sehen können. Allerdings finden Sie in der SDK-Liste alle anpassbaren und benutzerdefinierten Entitäten. Wenn Sie die gesuchte Entität nicht finden können, beachten Sie, dass der Metadatenbrowser das Entitätsschema anstelle des Namens anzeigt. Zum Beispiel zeigt der Metadatenbrowser die Entität *Adresse* unter seinem Schemanamen *customeraddress* an. Um alle Attribute für eine Entität anzuzeigen, klicken Sie in der Spalte *Definition* auf das jeweilige Symbol. Die Seite *Entity Navigator* für eine Entität zeigt alle Attribute und Beziehungsdaten auf einer Seite an (siehe Abbildung 4.21).

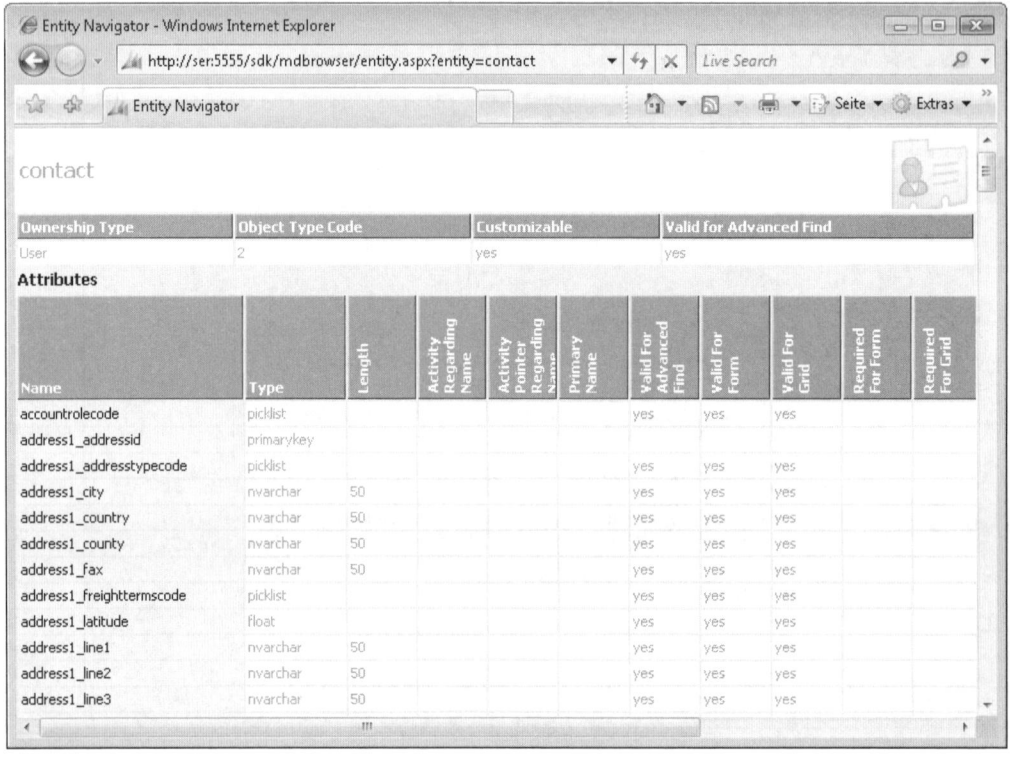

Abbildung 4.21   Entitätsnavigator für die Entität contact im Metadatenbrowser

Abhängig vom Typ der gesuchten Attributinformationen kann dieses Format für Sie komfortabler sein als mit dem Entitätseditor zu arbeiten. Wir ziehen den Metadatenbrowser aus mehreren Gründen vor:

- Man kann alle Attribute für eine Entität auf einer Seite anzeigen.

- Mit Internet Explorer lässt sich die Seite (per `Strg` `F`) nach bestimmten Begriffen durchsuchen.

- Von der Detailseite der Definition lassen sich sämtliche Entitätsattribute in ein Microsoft Office Excel-Tabellenblatt leicht (und sauber) kopieren und einfügen, wenn Sie mit ihnen weiterarbeiten möchten.

Obwohl der Metadatenbrowser alle Attribute einer Entität auflistet, zeigt er leider nicht alle Attributeigenschaften an. Zu den wichtigen Attributeigenschaften, die im Metadatenbrowser nicht zu sehen sind, gehören *Anzeigename*, *Typ*, *Format* und *Erforderlichkeitsstufe*.

ACHTUNG   Da Microsoft Dynamics CRM alle seine zugrunde liegenden Systemdaten in SQL Server speichert, ist es technisch möglich, im SQL Server-Enterprisemanager auch das Entitätsschema anzuzeigen. Allerdings empfehlen wir dies nicht, weil dabei zusätzliche Arbeit anfällt. Der Entitätseditor und der Metadatenbrowser zeigen die Metadaten an, die automatisch die komplexen Microsoft Dynamics CRM-Datenbeziehungen zu einem leicht zu verwendenden Format konsolidieren. Wenn Sie die SQL Server-Tabellen direkt anzeigen, umgehen Sie die Metadaten. Das heißt, dass Sie manuell rekonstruieren müssen, wo Microsoft Dynamics CRM alle Daten speichert. Das kann ein recht zeitaufwändiger Prozess werden.

Sowohl der Entitätseditor als auch der Metadatenbrowser geben Ihnen alle Attribute für eine Entität, sodass Sie einfach das von Ihnen bevorzugte Format zu wählen brauchen.

Attribute ändern, hinzufügen und löschen

Nachdem Sie die Entitäten überprüft haben und ihre Attribute verstehen, können Sie nun einige Änderungen vornehmen. Die Attributanpassungen fallen in eine von drei Kategorien:

- Attribute ändern
- Benutzerdefinierte Attribute hinzufügen
- Attribute löschen

Attribute ändern

Als einfachste Art der Attributanpassung können Sie ein vorhandenes Attribut ändern. Dabei modifizieren Sie tatsächlich die Eigenschaften des Attributs. Änderungen an den Attributeigenschaften nehmen Sie im Attributeditor vor, wie ihn Abbildung 4.22 zeigt. Führen Sie die folgenden Schritte aus, um eine der Attributeigenschaften zu ändern.

Eine Attributeigenschaft ändern

1. Navigieren Sie zu der Entität, die Sie anpassen möchten, und klicken Sie dann auf *Attribute*.
2. Doppelklicken Sie auf das Attribut, das Sie ändern möchten. Der Attributeditor erscheint.
3. Aktualisieren Sie einen Wert und klicken Sie dann auf *Speichern*.
4. Es erscheint eine Meldung »Attribut wird aktualisiert«. Wenn die Meldung verschwindet, ist Ihre Änderung vollständig.

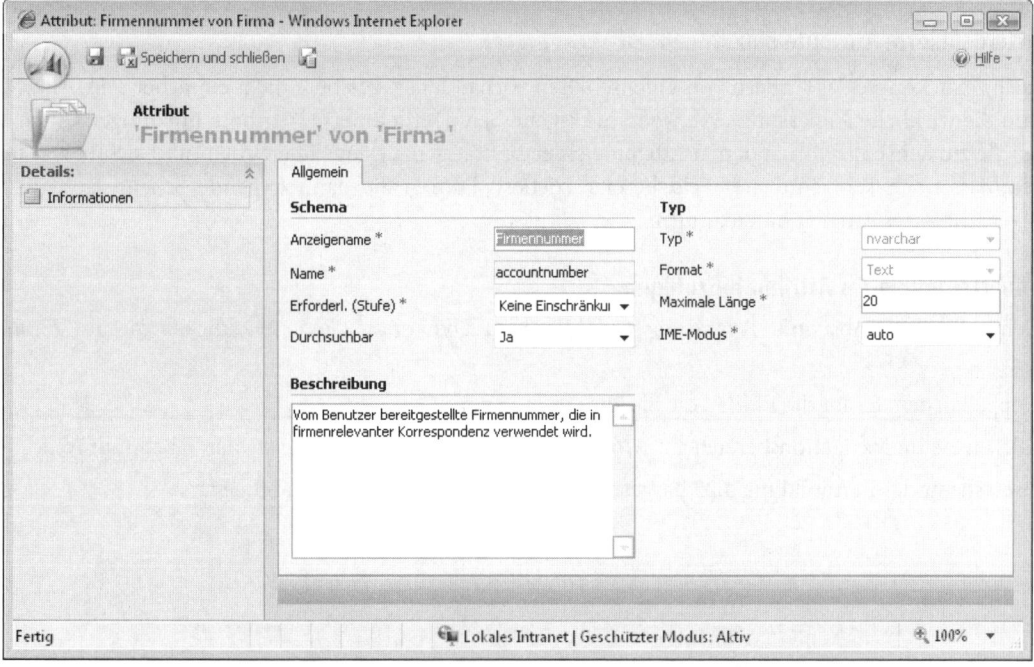

Abbildung 4.22 Attributeditor für das Attribut Firmennummer

Wie bereits weiter vorn erläutert, sehen Ihre Benutzer die Änderungen erst dann, wenn Sie die Anpassungen veröffentlichen.

Auch wenn es aus Abbildung 4.22 nicht deutlich hervorgeht, deaktiviert Microsoft Dynamics CRM bestimmte Felder von Attributeigenschaften bzw. macht sie nicht verfügbar. Wie Sie sicherlich schon erraten haben, zeigen die nicht verfügbaren Eigenschaftsfelder an, dass Sie die Attributeigenschaften nicht bearbeiten können. Niemals bearbeiten können Sie den Schemanamen und den Datentyp für ein vorhandenes Attribut. Außerdem verhindert Microsoft Dynamics CRM, dass Sie Attributeigenschaften von Systementitäten bearbeiten. Natürlich sollen diese Einschränkungen sicherstellen, dass die Software immer ordnungsgemäß funktioniert und dass Ihr System sich reibungslos auf zukünftige Releases von Microsoft Dynamics CRM aktualisieren lässt.

Besonders sorgfältig sollten Sie beim Löschen von Auswahllistenwerten vorhandener Attribute vorgehen, weil Sie möglicherweise den Zugriff auf die Daten in der Benutzeroberfläche dauerhaft verlieren. Nehmen Sie als Beispiel eine Gruppe von 75 Datensätzen, die eine benutzerdefinierte Auswahlliste verwenden. Die Auswahlliste enthält drei Optionen: A, B und C (mit jeweils 25 Datensätzen). Wenn Sie den Auswahllistenwert A löschen, entfernt Microsoft Dynamics CRM diesen Wert vom Formular, sodass neue Datensätze den Auswahllistenwert A nicht mehr auswählen können. Leider zeigen nun die vorhandenen 25 Datensätze, die bisher den Wert von A angezeigt haben, einen leeren Auswahllistenwert an, wenn Sie sie öffnen. Erfreulicherweise macht Microsoft Dynamics CRM Sie darauf aufmerksam, wenn Sie einen Auswahllistenwert löschen wollen. Wird ein Auswahllistenwert nicht mehr verwendet, können Sie ihn nicht deaktivieren, sondern nur löschen.

TIPP	Die Länge eines benutzerdefinierten Attributfelds können Sie bei Bedarf erhöhen.

Benutzerdefinierte Attribute hinzufügen

Wie sich zeigt, könnte das Ändern von Eigenschaften vorhandener Attribute nicht einfacher sein. Allerdings beginnt die wirkliche Anpassung erst, wenn Sie eigene benutzerdefinierte Attribute hinzufügen. Auch hier sollten Sie zunächst alle vorhandenen Attribute einer Entität genauestens überprüfen und sich davon überzeugen, dass noch kein ähnliches Feld bereits existiert. Führen Sie dann folgende Schritte aus, um ein benutzerdefiniertes Attribut hinzuzufügen.

Ein benutzerdefiniertes Attribut hinzufügen

1. Gehen Sie zum Abschnitt *Anpassung* von Microsoft Dynamics CRM und klicken Sie auf *Entitäten anpassen*.
2. Doppelklicken Sie auf die Entität, die Sie ändern möchten.
3. Klicken Sie im Navigationsbereich auf *Attribute* und dann in der Symbolleiste der Tabelle auf *Neu*.
4. Es erscheint das in Abbildung 4.23 dargestellte Formular, das Sie vervollständigen.

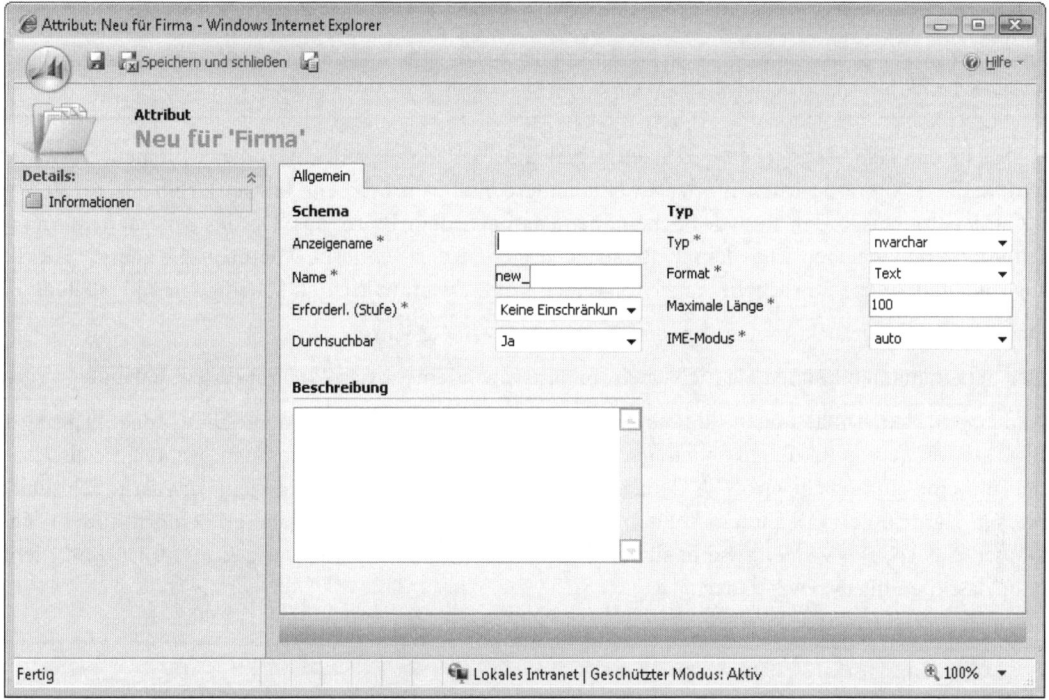

Abbildung 4.23   Formular für das Hinzufügen eines neuen Attributs

5.   Klicken Sie auf *Speichern*.

Um ein benutzerdefiniertes Attribut zu erstellen, müssen Sie die folgenden Attributeigenschaften eingeben:

- Anzeigename
- Name (Schemaname)
- Erforderlichkeitsstufe
- Durchsuchbar (optional)
- Typ
- Beschreibung (optional)
- IME-Modus

Diese Eigenschaften haben wir bereits weiter vorn in diesem Kapitel definiert. Jetzt gehen wir näher auf den Schemanamen und den Typ ein.

Schemaname

Der Schemaname stellt den Namen des Attributs in den Metadaten dar. Jedes benutzerdefinierte Attribut beinhaltet einen Präfixwert im Schemanamen (wie zum Beispiel *new_customfield*). Microsoft Dynamics CRM gibt *new_* als standardmäßiges Schemapräfix an. Wenn Sie ein benutzerdefiniertes Attribut erstellen, sollten Sie beachten, dass das Schemapräfix schreibgeschützt ist und Sie es später nicht mehr bearbeiten können.

WICHTIG　　Möchten Sie das standardmäßige Schemapräfix ändern, aktivieren Sie im Bereich *Einstellungen* den Abschnitt *Verwaltung*, klicken auf *Systemeinstellungen* und gehen auf die Registerkarte *Anpassung*. Das Präfix muss zwischen 2 und 8 alphanumerische Zeichen enthalten und darf nicht mit *mscrm* beginnen.

Wenn Sie in das Feld *Anzeigename* Text eingeben und den Fokus auf ein anderes Element verschieben (indem Sie die ⭾-Taste drücken oder an eine andere Stelle auf der Seite klicken), füllt Microsoft Dynamics CRM automatisch den Rest des Schemanamens nach dem Präfix aus. Da der Schemaname nur aus alphanumerischen Zeichen und dem Unterstrich bestehen darf, entfernt Microsoft Dynamics CRM alle nicht geeigneten Zeichen. Beachten Sie die folgenden Punkte, wenn Sie einen Schemanamen erstellen:

- Den Schemanamen bekommen Ihre Benutzer niemals zu Gesicht.

- Den Schemanamen können Sie nicht mehr ändern, nachdem Sie das Attribut erstellt haben.

- Alle erweiterten Anpassungen, die Sie erstellt haben, wie zum Beispiel den SDK-Code, Skripting und Berichte, verweisen auf diesen Schemanamen und nicht auf den Anzeigenamen. Achten Sie also besonders auf eine einheitliche Groß- / Kleinschreibung (z. B. alles durchgängig klein, in Pascal-Schreibweise oder in Kamelnotation). Zudem sollten Sie Ihren Entwicklern die Eingabe erleichtern, indem Sie die Namen nur so lang wählen, wie es für eine knappe Funktionsbeschreibung sinnvoll ist, und nicht so lang, dass die Eingabe ewig dauert.

Typ

Wenn Sie neue Attribute erstellen, können Sie einen von acht Datentypen auswählen. Mit einigen Typen lässt sich detaillierter spezifizieren, wie Microsoft Dynamics CRM die Daten formatieren sollte. Tabelle 4.7 fasst die Datentypen und die verfügbaren Datenformatierungsoptionen für benutzerdefinierte Attribute zusammen.

Attributdatentyp	Format	Beschreibung
nvarchar	E-Mail	Zeigt Text als klickbaren Hyperlink `mailto:` an.
	Text	Zeigt Text auf einer Zeile an.
	Textbereich	Zeigt ein mehrzeiliges Textfeld mit Bildlaufleisten an.
	Tickersymbol	Zeigt Text als Live-Hyperlink an, der eine Aktienkursabfrage auf *http://moneycentral.msn.com* startet.
	URL	Zeigt Text als Hyperlink an. Microsoft Dynamics CRM fügt der Eingabe des Benutzers automatisch *https://* hinzu.
picklist	Auswahlliste	Zeigt eine Dropdown-Liste an. Mit den zusätzlichen Schaltflächen lassen sich Auswahllistenwerte hinzufügen, bearbeiten und löschen. Außerdem können Sie die Sortierreihenfolge festlegen und einen Standardwert zuweisen.
bit	Bit	Zeigt zwei mögliche Optionen auf dem Formular an. Die vorgegebenen Werte *Nein* und *Ja* lassen sich in neue Werte wie zum Beispiel *Falsch* und *Wahr* ändern. Zudem können Sie die Reihenfolge festlegen, in der die Werte erscheinen, und den Standardwert spezifizieren. Im Formulareditor legen Sie fest, ob der Text mit Optionsfeldern, Kontrollkästchen oder einer Dropdown-Liste erscheinen soll. ▶

Attributdatentyp	Format	Beschreibung
int	Keine	Erlaubt nur die Eingabe von ganzen Zahlen (1, 2, 3 usw.). Außerdem lässt sich ein Wertebereich (Minimal- und Maximalwert) festlegen.
	Dauer	Zeigt eine Auswahlliste mit 23 vordefinierten Dauerwerten an, die von 1 Minute bis zu 3 Tagen reichen.
	Zeitzone	Zeigt eine Auswahlliste an, aus der Benutzer eine von 75 verschiedenen Zeitzonen weltweit auswählen können.
	Sprache	Erlaubt die Auswahl einer Anzeigesprache.
float	Float	Speichert numerische Werte mit einer konfigurierbaren Genauigkeit (z. B. 1,23 oder 3,145) bis zu 5 Stellen. Außerdem können Sie einen Minimal- und einen Maximalwert festlegen.
decimal	Decimal	Speichert numerische Werte mit einer konfigurierbaren Genauigkeit (z. B. 1,23 oder 3,145) bis zu 10 Stellen. Außerdem können Sie einen Minimal- und einen Maximalwert festlegen.
money	Money	Speichert Währungswerte. Es lassen sich die Genauigkeit sowie Minimal- und Maximalwert festlegen.
ntext	Keine	Zeigt ein mehrzeiliges Textfeld mit Bildlaufleisten an.
datetime	Nur Datum	Das Datum wird mit Tag, Monat und Jahr formatiert. Auf dem Formular erscheint automatisch ein Kalendersteuerelement.
	Datum und Uhrzeit	Das Datum wird mit Tag, Monat, Jahr, Stunden und Minuten formatiert. Auf dem Formular erscheinen automatisch ein Kalendersteuerelement und eine Dropdown-Liste für die Zeitauswahl.

Tabelle 4.7   Datentypen und Format für benutzerdefinierte Attribute

Abbildung 4.24 zeigt exemplarisch, wie diese Datentypen für Benutzer auf dem Entitätsformular erscheinen. Da jeder Datentyp Informationen in unterschiedlicher Weise speichert und anzeigt, ist es wichtig, dass Sie für Ihr benutzerdefiniertes Attribut den geeigneten Datentyp auswählen.

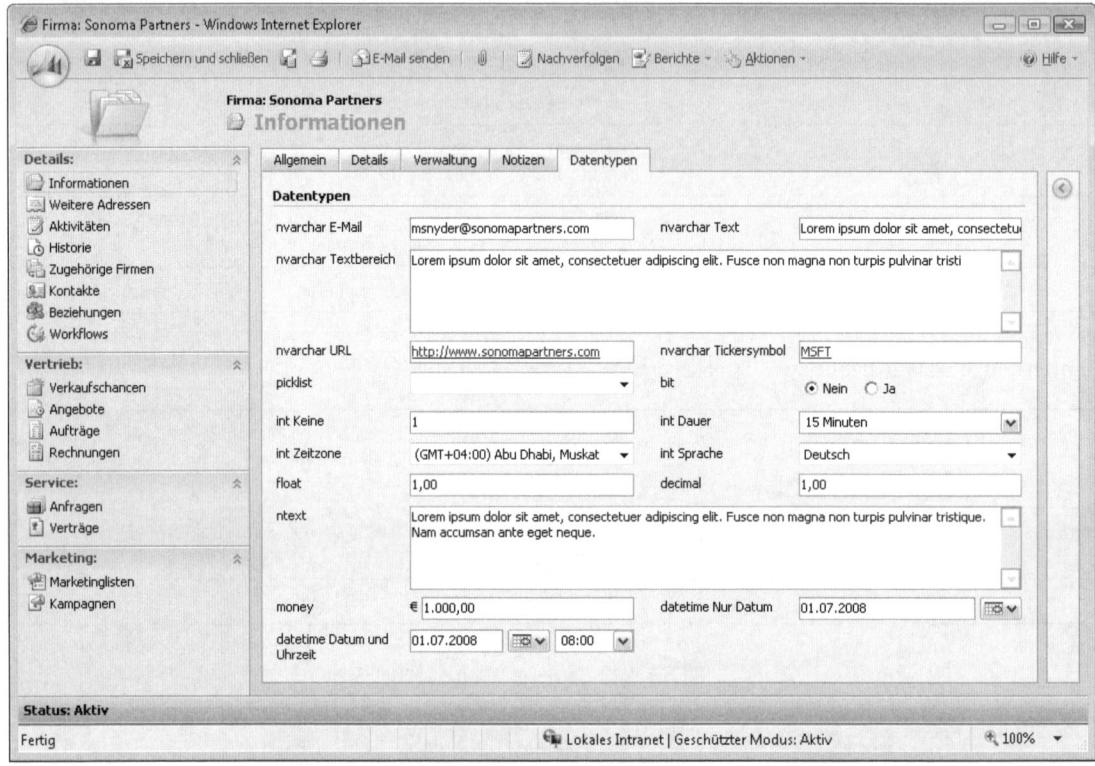

Abbildung 4.24 Beispiele für die Darstellung von Datentypen und Formaten auf einem Entitätsformular

HINWEIS Die Datentypen *ntext* und *nvarchar* speichern Text und numerische Daten und beide Datentypen formatieren die Daten auf dem Formular mit einem Textbereich. Für welchen Datentyp entscheidet man sich? Bei Attributen mit einer Länge größer als 8 Zeichen benötigt der Datentyp *nvarchar* in SQL Server mehr Bytes. Allerdings zeigen Daten, die mit dem Datentyp *nvarchar* gespeichert werden, eine bessere Performance als Daten mit dem Datentyp *ntext*. Orientieren Sie sich an der Faustregel, den Datentyp *nvarchar* für Attribute mit bis zu 100 Zeichen und *ntext* für Attribute mit mehr als 100 Zeichen zu verwenden.

Attributsymbole

In der Attributliste für eine Entität können Sie anhand des Symbols in der linken Spalte die Attribute, die Sie selbst erstellt haben (benutzerdefinierte Attribute), von den Systemattributen unterscheiden. Microsoft Dynamics CRM zeigt für benutzerdefinierte Attribute ein anderes Symbol als für Systemattribute an.

Attribute löschen

Da sich benutzerdefinierte Attribute recht einfach hinzufügen lassen, ist es durchaus denkbar, dass sich durch Übereifer am Ende mehr Attribute ansammeln als Sie eigentlich brauchen oder haben möchten. Natürlich könnten Sie einfach alle nicht verwendeten Attribute vom Formular einer Entität entfernen, doch erscheinen sie weiterhin in der erweiterten Suche, im SDK, in der Datenbank, in gefilterten Ansichten usw. Falls diese zusätzlichen Attribute Sie stören und Sie alte oder nicht mehr verwendete benutzerdefinierte Attribute löschen möchten, lässt sich das ganz einfach bewerkstelligen.

ACHTUNG   Das Löschen eines benutzerdefinierten Attributs löscht auch alle Daten, die in diesem Feld gespeichert sind. Diese Daten können Sie später nicht wieder abrufen. Bevor Sie ein Attribut löschen, sollten Sie also immer eine Datensicherung durchführen.

Bevor Sie irgendwelche Attribute löschen, sollten Sie zunächst alle vorhandenen Verweise auf dieses Attribut aus Microsoft Dynamics CRM entfernen. Führen Sie dazu die folgenden Aufgaben aus:

- Entfernen Sie das Attribut aus dem Formular der Entität und veröffentlichen Sie dann das Formular.
- Entfernen Sie das Attribut aus allen Berichten, die das Attribut enthalten.
- Entfernen Sie das Attribut aus allen Filterkriterien, die in Ansichten verwendet werden.
- Entfernen Sie das Attribut aus allen Skripts und Codereferenzen.

Erfreulicherweise nimmt Ihnen Microsoft Dynamics CRM die meiste Arbeit ab und überprüft automatisch alle Formulare und Ansichten im System. Wenn Sie einen Verweis auf ein zu löschendes Attribut übersehen haben, erscheint eine Fehlermeldung, wie sie in Abbildung 4.25 zu sehen ist.

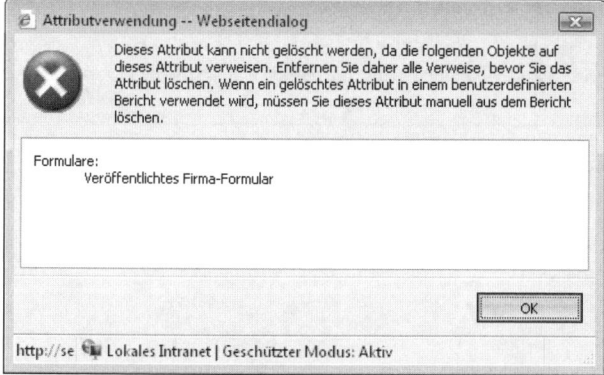

Abbildung 4.25   Fehlermeldung beim Versuch ein Attribut zu löschen, auf das noch ein Verweis besteht

Doch selbst wenn Microsoft Dynamics CRM die Formulare und Ansichten auf Verweise zu gelöschten Attributen überprüft, müssen Sie die Berichte und den Code in eigener Regie bereinigen, um alle Verweise auf das gelöschte Attribut zu entfernen. Nachdem Sie sicher sind, alle Verweise auf das Attribut entfernt zu haben, können Sie das Attribut mit folgenden Schritten löschen.

Ein benutzerdefiniertes Attribut löschen

1. Gehen Sie zum Abschnitt *Anpassung* von Microsoft Dynamics CRM und klicken Sie auf *Entitäten anpassen*.
2. Doppelklicken Sie auf die Entität des Attributs, das Sie löschen möchten.
3. Klicken Sie auf Attribute und markieren Sie dann das benutzerdefinierte Attribut, das Sie entfernen wollen.
4. Klicken Sie in der Symbolleiste der Tabelle auf die Schaltfläche *Löschen*.
5. Es erscheint die Warnung »Das Löschen dieses Attributs führt zum Verlust aller darin gespeicherten Daten. Möchten Sie den Vorgang zum Löschen des Attributs fortsetzen?«. Klicken Sie auf *OK*.

Attribute und Abschlussdialogfelder

Abschlussdialogfelder stellen einen Spezialfall dar, den Sie berücksichtigen müssen, wenn Sie Entitätsattribute anpassen. Ein Abschlussdialogfeld erscheint, wenn ein Benutzer eine der folgenden Aktionen unternimmt:

- Eine Aktivität schließen, zum Beispiel einen Telefonanruf (siehe Abbildung 4.26).

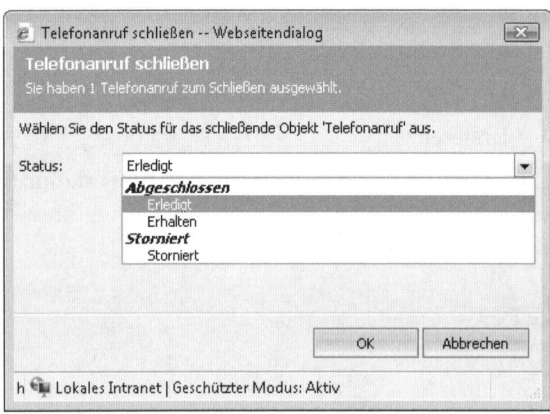

Abbildung 4.26   Dialogfeld beim Abschließen eines Telefonanrufs

- Einen Lead konvertieren (siehe Abbildung 4.27)

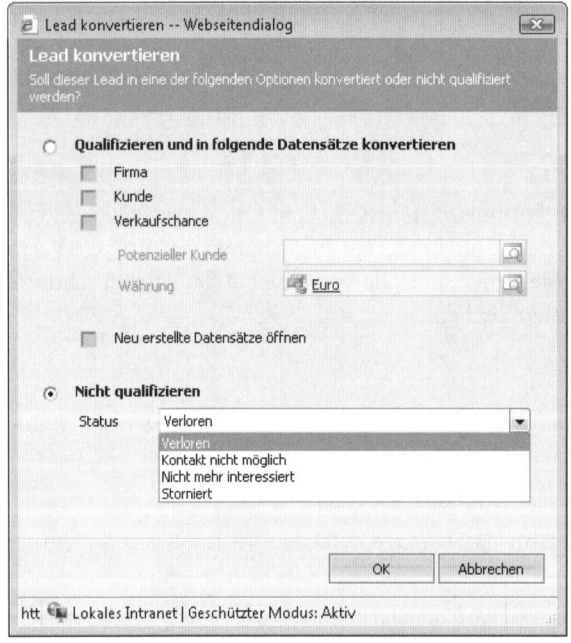

Abbildung 4.27   Dialogfeld beim Konvertieren eines Leads

- Eine Verkaufschance schließen (siehe Abbildung 4.28).

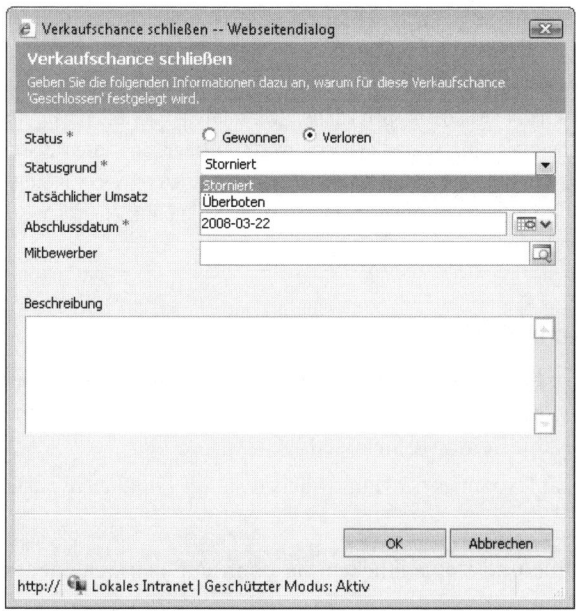

Abbildung 4.28 Dialogfeld beim Schließen einer Verkaufschance

- Eine Anfrage abschließen (siehe Abbildung 4.29).

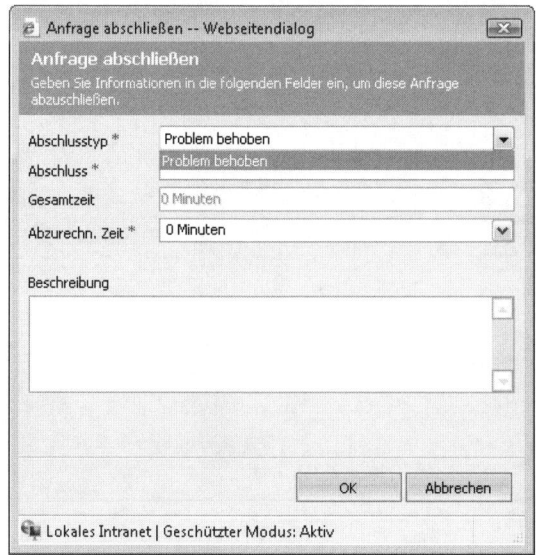

Abbildung 4.29 Dialogfeld beim Abschließen einer Anfrage

Initiiert ein Benutzer eine dieser Aktionen, fordert ein Abschlussdialogfeld den Benutzer auf, zu spezifizieren, wie er die Entität abschließen möchte. Es ist vielleicht nicht auf Anhieb klar, wo Sie die *picklist*-Werte des Abschlussdialogfelds anpassen sollten, weil diese Abschlussdialogfelder keine Entitätsformulare sind, dennoch aber Attribute der Entität anzeigen. Um die *picklist*-Werte des Abschlussdialogfelds zu bearbeiten, müssen Sie das *statuscode*-Attribut (Anzeigename *Statusgrund*) der Entität modifizieren, die Sie abschließen. Wir zeigen Ihnen hier kurz, wie Sie die Werte des Abschlussdialogfelds für die Entität *Telefonanruf* bearbeiten. Dann können Sie das gleiche Konzept auf die anderen Abschlussdialogfelder anwenden, die in der obigen Liste angegeben sind.

WICHTIG   Für Entitäten, die Benutzer in Microsoft Dynamics CRM abschließen können (wie zum Beispiel Telefonanrufe und Briefe), verhält sich das *statuscode*-Attribut ein wenig anders als ein standardmäßiges *picklist*-Attribut. In diesen Beispielen können Sie verschiedene *picklist*-Werte für jeden *statecode*-Wert (Anzeigename *Statusgrund*) spezifizieren, wobei die meisten Auswahllisten nur einen Bereich von Werten enthalten. Für jeden der drei *statecode*-Werte können Sie unterschiedliche *status-code*-Auswahllistenwerte festlegen: *Offen*, *Abgeschlossen* und *Storniert*.

Werte für das Abschlussdialogfeld eines Telefonanrufs bearbeiten

Wenn Sie Aktivitäten wie zum Beispiel Aufgaben und Telefonanrufe abschließen, erscheint ein Abschlussdialogfeld, in dem der Benutzer festlegt, ob die Aktivität als *Abgeschlossen* oder *Storniert* markiert werden soll. Die folgende Prozedur erläutert, wie Sie diese Auswahllistenwerte anpassen.

1. Gehen Sie zum Abschnitt *Anpassung* von Microsoft Dynamics CRM und klicken Sie auf *Entitäten anpassen*.

2. Doppelklicken Sie auf die Entität *Telefonanruf*.

3. Klicken Sie im Navigationsbereich auf *Attribute* und doppelklicken Sie dann auf den Schemanamen *statuscode*. Daraufhin erscheint der Attributeditor.

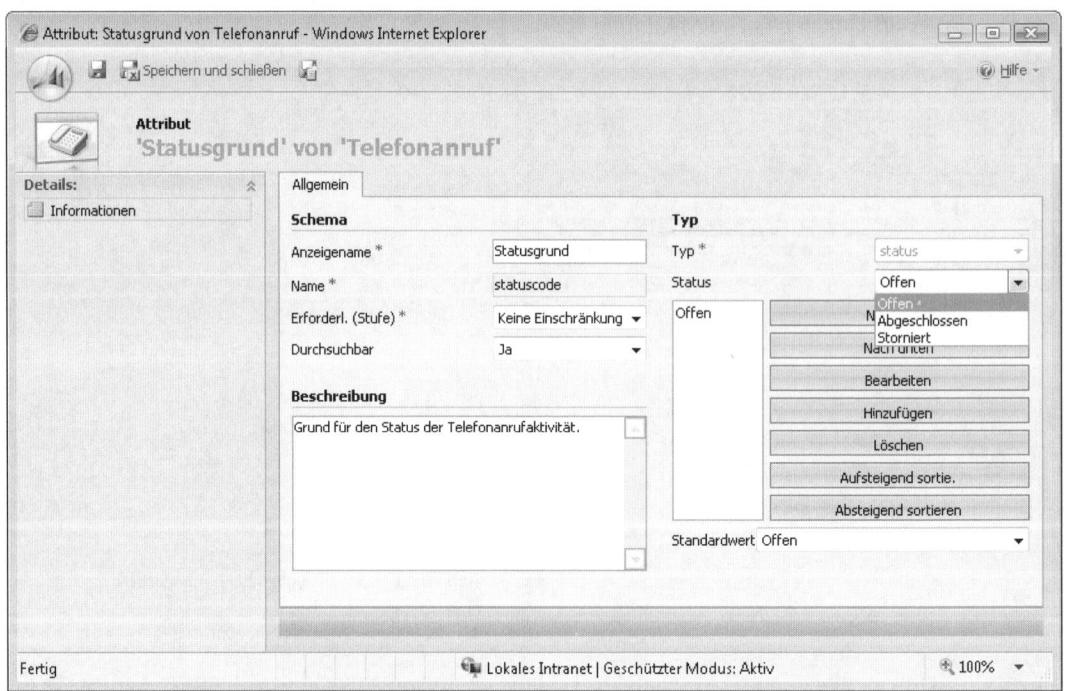

Abbildung 4.30   Der Editor für das Attribut Statusgrund der Entität Telefonanruf

4. Wählen Sie in der Dropdown-Liste *Status* den Eintrag *Abgeschlossen*. Die Werte der Auswahlliste ändern sich vom *Offen*-Wert (*Offen*) in die *Abgeschlossen*-Werte (*Erledigt*, *Erhalten*).

5. Klicken Sie auf *Hinzufügen*, geben Sie **Nachricht hinterlassen** in das Feld *Bezeichnung* ein und klicken Sie auf *OK*.

6. Klicken Sie in der Dropdown-Liste *Status* auf *Storniert*. Dann klicken Sie auf *Hinzufügen*, geben **Falsche Nummer** in das Feld *Bezeichnung* ein und klicken auf *OK*. Der Auswahllistenwert *Falsche Nummer* wird unter dem Wert *Storniert* eingefügt (siehe Abbildung 4.31).

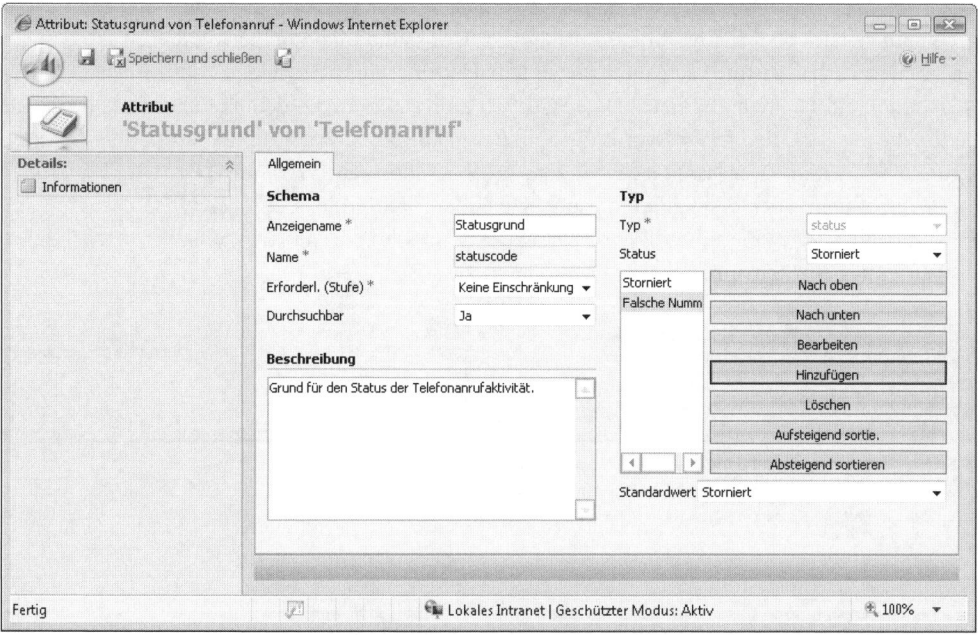

Abbildung 4.31   Für das Attribut Statusgrund wurde ein neuer Wert in die Auswahlliste Status hinzugefügt.

7. Klicken Sie auf *Speichern* und dann auf *Schließen* in der Symbolleiste des Attributeditors.

8. Klicken Sie in der Menüleiste des Entitätseditors für *Telefonanruf* auf *Aktionen* und dann auf *Veröffentlichen*.

9. Wenn nun Ihre Benutzer eine *Telefonanruf*-Aktivität abschließen, sehen sie das in Abbildung 4.32 dargestellte Abschlussdialogfeld, in dem Ihre neuen Anpassungen enthalten sind.

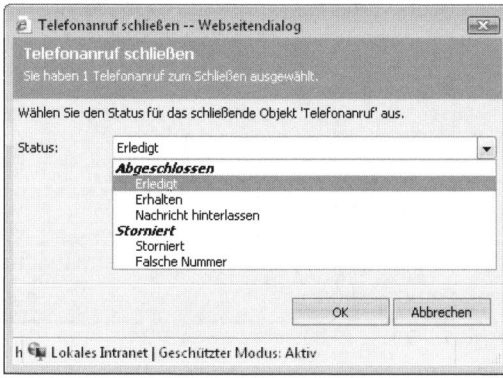

Abbildung 4.32   Abschlussdialogfeld für Telefonanrufe mit den beschriebenen Änderungen

WICHTIG   Wenn Benutzer auf die Schaltfläche *Als abgeschlossen speichern* in der Symbolleiste klicken, erscheint das Abschlussdialogfeld nicht. In diesem Fall verwendet Microsoft Dynamics CRM den *picklist*-Wert, den Sie als Standardwert für den Status *Abgeschlossen* spezifiziert haben. Da die meisten Benutzer wahrscheinlich auf die Schaltfläche *Als abgeschlossen speichern* klicken, sollten Sie darauf achten, dass der gewünschte Standardwert ausgewählt ist.

Nicht bearbeitbare Statusgründe

Microsoft Dynamics CRM beinhaltet einige Entitäten mit Abschlussdialogfeldern, die sich anders als die eben besprochenen verhalten und sich nicht in vollem Umfang anpassen lassen. Zum Beispiel zeigt die *Kampagnenreaktion* ein Dialogfeld an, um Datensätze zu konvertieren, die den eben behandelten Beispielen ähneln, für die Sie aber die *picklist*-Werte für *Reaktion schließen* nicht modifizieren können, indem Sie die Statusgründe bearbeiten. Zwar lassen sich mit dem Attributeditor neue Werte für den Status *Abgeschlossen* und *Storniert* hinzufügen, doch erscheinen diese Werte leider nicht in der Benutzeroberfläche. Um Datensätzen von Kampagnenreaktionen diese Werte zuzuweisen, müssen Sie mit dem SDK benutzerdefinierten Code schreiben und diese Statusgründe den Datensätzen zuweisen.

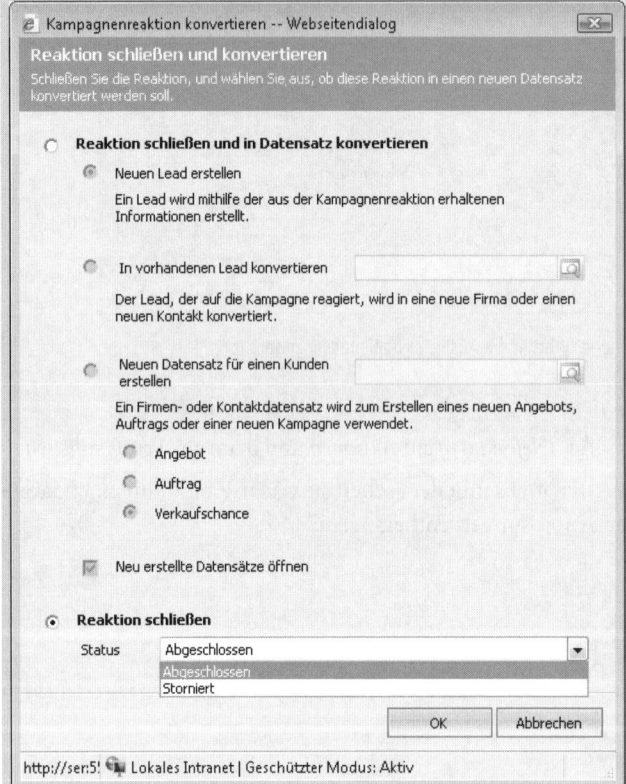

Abbildung 4.33   Abschlussdialogfeld für eine Kampagnenreaktion

Weiterhin ist zu beachten, dass Sie zwar die Statusgründe für Telefonanrufe und Briefe bearbeiten können, nicht aber die Statusgründe für die Entitäten *Aufgabe*, *E-Mail* und *Termin*.

Zusammenfassung

In diesem Kapitel haben wir die Konzepte, Terminologie und Verfahren erläutert, die sich auf das Anpassen von Entitäten beziehen. Microsoft Dynamics CRM speichert Daten als Entitäten und jede Entität besitzt mehrere Attribute, die ihre Charakteristika definieren. Die Software verwendet drei unterschiedliche Typen von Entitäten: *nicht anpassbare Systementitäten, anpassbare Entitäten* und *benutzerdefinierte Entitäten*. Jede Entität besteht aus mehreren Attributen. Microsoft Dynamics CRM unterstützt zwei unterschiedliche Arten von Attributen: *System* und *benutzerdefiniert*. Anpassungen können nur Benutzer vornehmen, die über die passenden Sicherheitsrechte verfügen, beispielsweise Benutzer mit den Rollen Systemadministrator oder Systemanpasser. Nachdem Sie Ihre Aktualisierungen fertig gestellt haben, stellen Sie die Anpassungen für die Benutzer durch Veröffentlichen bereit. Wenn Sie Ihre Anpassungen von einem System auf ein anderes kopieren müssen, exportieren Sie Ihre Anpassungen in eine *.xml*-Datei, die sich dann in ein anderes System importieren lässt. In Microsoft Dynamics CRM können Sie auch problemlos die Standardsystementitäten umbenennen, um eine Terminologie zu verwenden, die für Ihr Unternehmen besser geeignet ist.

Außerdem ist dieses Kapitel ausführlich auf Entitätsattribute eingegangen. Jedes Entitätsattribut besteht aus allgemeinen Eigenschaften (wie zum Beispiel Anzeigename und Schemaname) und zusätzlich aus Eigenschaften, die für den jeweiligen Datentyp des Attributs einzigartig sind. Es ist möglich, vorhandene Attribute zu bearbeiten, aber auch neue benutzerdefinierte Attribute zu erstellen oder zu löschen.

Kapitel 5

Entitätsanpassung: Formulare und Ansichten

In diesem Kapitel:

Formulare anpassen   178

Ansichten anpassen   212

Aktivitäten anpassen   232

Zusammenfassung   239

In Kapitel 4 haben Sie die Konzepte und Verfahren kennen gelernt, wie Sie Entitäten in Microsoft Dynamics CRM anpassen. Dieses Kapitel dringt nun tiefer in das Anpassen von Entitäten ein und beschäftigt sich eingehend mit Formularen, Aktivitäten und Ansichten.

Formulare anpassen

Wie Sie bereits wissen, zeigt Microsoft Dynamics CRM das Formular für die Entität eines Datensatzes an, wenn ein Benutzer diesen Datensatz öffnet. Außerdem zeigt Microsoft Dynamics CRM das Formular eines Datensatzes an, wenn ein Benutzer im Navigationsbereich auf den Link *Informationen* klickt, wie es in Abbildung 5.1 zu sehen ist.

Formulare werden von den meisten Systementitäten verwendet. Auf einige der nicht anpassbaren Systementitäten wie zum Beispiel *Anfrageabschluss* und *Organisation* trifft dies nicht zu, weil Benutzer diese Datensätze nicht direkt anzeigen oder aktualisieren. Darüber hinaus verwenden bestimmte anpassbare Systementitäten ebenfalls kein Formular. Dazu gehören unter anderem:

- Einheit
- Einheitengruppe
- E-Mail-Vorlage
- Gebiet
- Kundenbeziehung
- Preisliste
- Preislistenelement
- Rabatt
- Rabattliste
- Ressourcengruppe
- Team
- Verkaufschancenbeziehung
- Vertragsvorlage

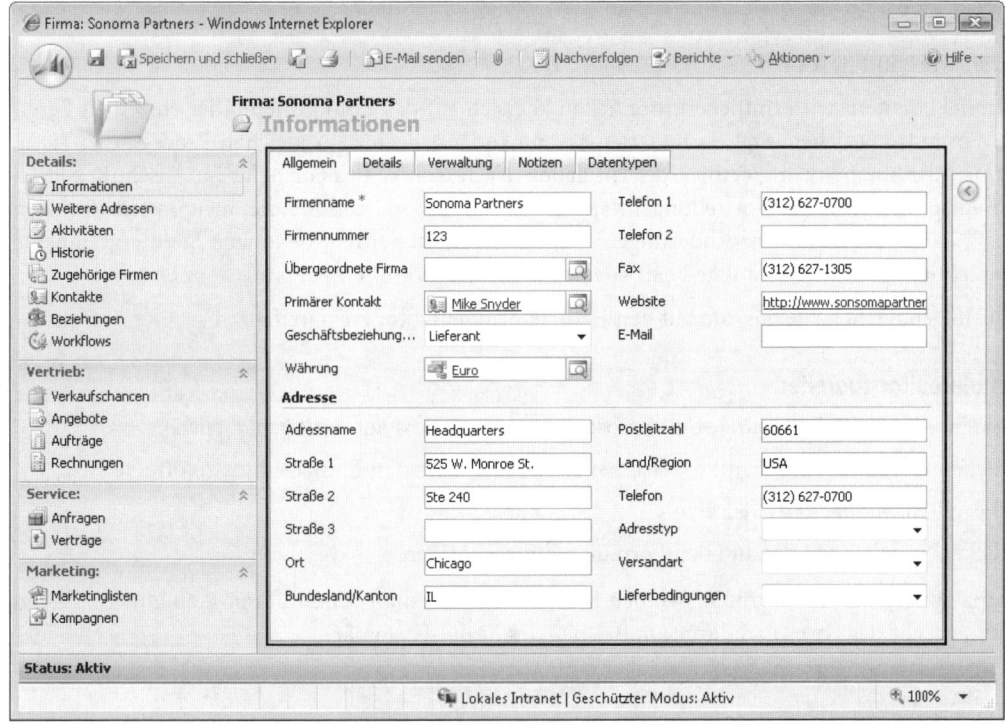

Abbildung 5.1 Der Link Informationen zeigt das Formular einer Entität an

Microsoft Dynamics CRM verwendet ein eindeutiges Formular je Entität. Wenn Sie also das Formular einer Entität anpassen, sollten Sie daran denken, dass alle Benutzer dasselbe Formular sehen. Zum Beispiel können Sie kein Formular erstellen, das bestimmte Felder für Vertriebsbenutzer anzeigt, und dann ein zweites Formular erstellen, das für Benutzer des Kundenservice einen anderen Satz von Feldern anzeigt.

> **TIPP**   Ein Workaround für das Variieren des Formulars durch den Benutzer ist die Verwendung des *onLoad*-Ereignisses, um dynamisch – basierend auf der Rolle des Benutzers, der das Formular betrachtet – Felder, Abschnitte oder Registerkarten auszublenden oder zu deaktivieren. Kapitel 10 bringt weitere Informationen zur Verwendung des *onLoad*-Ereignisses des Formulars.

Bei den standardmäßigen Microsoft Dynamics CRM-Entitätsformularen fällt auf, dass die meisten auf dem Formular angezeigten Datenfelder lediglich Attribute der Entität sind. Natürlich werden Sie die Standardformularlayouts nicht nur mit zusätzlichen Attributen anpassen wollen, damit die Formulare den Anforderungen Ihrer Benutzer entsprechen. In Microsoft Dynamics CRM können Sie auf jedem Formular die folgenden Bereiche anpassen:

- Felder
- Skripts für Feldereignisse
- Registerkarten
- Abschnitte
- IFRAMEs

- Formularereignisskripts
- Formularentwurf und -layout

In diesem Kapitel erläutern wir sämtliche Einzelheiten, die sich auf das Konfigurieren der einzelnen Bereiche auf dem Formular beziehen. Die Formularanpassung verläuft nach dem gleichen Prozess, den Sie in Kapitel 4 für die Attributanpassung kennen gelernt haben. Nachdem Sie das Formular im Abschnitt *Entitäten anpassen* entsprechend Ihren Vorstellungen eingerichtet haben, müssen Sie die angepassten Entitäten veröffentlichen, damit Benutzer Ihre Änderungen sehen können. Außerdem benötigen Sie die geeigneten Sicherheitsberechtigungen, um Formulare bearbeiten und Entitäten veröffentlichen zu können.

Führen Sie die folgenden Schritte aus, um auf den Entitätsformulareditor zuzugreifen:

Auf den Formulareditor zugreifen

1. Klicken Sie im Abschnitt *Anpassung* von Microsoft Dynamics CRM auf *Entitäten anpassen*.

2. Doppelklicken Sie auf die Entität, die Sie bearbeiten möchten, um den Entitätseditor zu öffnen.

3. Klicken Sie auf *Formulare und Ansichten*.

4. Doppelklicken Sie auf *Formular*, um den Formulareditor zu öffnen.

Sämtliche Anpassungen für ein Formular können Sie im Formulareditor durchführen. Abbildung 5.2 zeigt die Benutzeroberfläche des Formulareditors am Beispiel des *Firma*-Formulars.

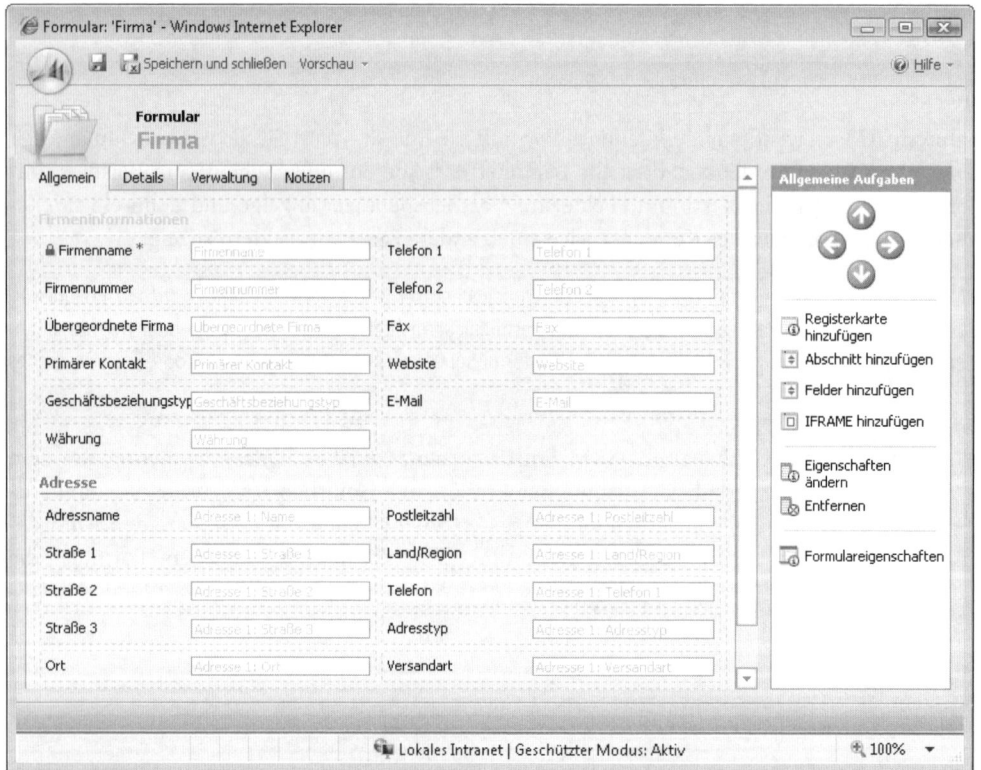

Abbildung 5.2   Die Benutzeroberfläche des Formulareditors

Formulare bestehen aus vier Komponenten:

- **Registerkarten:** Mit Registerkarten lassen sich die Datenfelder für eine Entität in logischen Gruppierungen organisieren. Standardmäßig enthält eine Entität normalerweise die Registerkarten *Allgemein*, *Details*, *Verwaltung* und *Notizen*.

- **Abschnitte:** Auf jeder Registerkarte können Sie Informationen in Abschnitten gruppieren. Für jeden Abschnitt können Sie einen Abschnittsnamen festlegen und entscheiden, ob Sie den Abschnittsnamen und eine Trennlinie auf dem Formular anzeigen möchten. In Abbildung 5.2 handelt es sich bei *Firmeninformationen* und *Adresse* um Abschnitte auf dem Formular. Beachten Sie, dass der Abschnitt *Firmeninformationen* als nicht verfügbar dargestellt ist. Daran erkennen Sie, dass der Abschnittsname auf dem Formular nicht angezeigt wird.

- **Felder:** Felder zeigen die eigentlichen Daten an, die sich auf eine Entität beziehen. Die meisten – aber nicht alle – Felder auf einem Formular sind Attribute der Entität.

- **IFRAMEs:** In Microsoft Dynamics CRM können Sie einen IFRAME (auch als *Inlineframe* bezeichnet) auf dem Formular einer Entität anzeigen. Stellen Sie sich einen IFRAME im Formular als »Fenster« vor, in dem Sie eine andere Webseite innerhalb des Fensterrahmens anzeigen können. Auf IFRAMEs gehen wir später in diesem Kapitel ausführlich ein und zeigen auch Beispiele.

Beachten Sie im Formulareditor, dass punktierte Linien die verschiedenen Bereiche des Formulars kapseln. Diese punktierten Linien kennzeichnen die Abschnitte, Felder und IFRAMEs. Offensichtlich erscheint das Standardformular für jede Entität ein wenig anders, weil jede Entität einzigartige Attribute besitzt. Allerdings verwenden alle Entitätsformulareditoren die folgenden beiden Tools:

- Allgemeine Aufgaben
- Vorschau

Wie Abbildung 5.2 zeigt, sind die Tools für *Allgemeine Aufgaben* in der rechten Spalte des Formulareditors untergebracht. Auf das Tool *Vorschau* können Sie über die Menüleiste des Formulareditors zugreifen. In den folgenden Abschnitten erläutern wir, wie Sie beide Tools einsetzen, wenn Sie ein Formular bearbeiten. Nachdem Sie wissen, was die Formulareditortools tun, gehen wir ausführlicher darauf ein, wie Sie mit diesen Tools die folgenden Daten, die sich auf ein Formular beziehen, einrichten und konfigurieren:

- Formulareigenschaften
- Abschnitte
- Felder
- IFRAMEs

Allgemeine Aufgaben

Mit den Tools *Allgemeine Aufgaben* können Sie alles auf dem Formular bearbeiten, inklusive Datenfelder, Ereignisskripts und Formularlayout. Die Tools *Allgemeine Aufgaben* bestehen aus folgenden Komponenten:

- **Richtungspfeile:** Mit den vier grünen Pfeilen verschieben Sie die Formularkomponenten – Felder, Abschnitte, Registerkarten und IFRAMEs auf dem Formular. Um ein Feld, einen Abschnitt oder einen IFRAME zu verschieben, markieren Sie die Komponente auf dem Formular – die punktierte Linie um den Bereich wird grün hervorgehoben. Klicken Sie dann auf einen Pfeil, um das markierte Element an eine neue Position zu verschieben. Um eine Registerkarte zu verschieben, markieren Sie sie auf dem Formular und klicken dann auf einen Pfeil, um sie zu verschieben. Die nach oben und unten weisenden Pfeile wirken nur auf Abschnitte, Felder und IFRAMEs. Die nach links und rechts weisenden Pfeile wirken nur auf Registerkarten und Felder.

- **Registerkarte hinzufügen:** Mit diesem Tool fügen Sie dem Formular eine neue Registerkarte hinzu. Microsoft Dynamics CRM platziert die neue Registerkarte rechts von den vorhandenen Registerkarten. Beachten Sie, dass sich maximal acht Registerkarten hinzufügen lassen.

- **Abschnitt hinzufügen:** Mit diesem Tool fügen Sie einem Formular einen neuen Abschnitt hinzu. Microsoft Dynamics CRM platziert den neuen Abschnitt immer unterhalb des letzten Abschnitts auf der momentan ausgewählten Registerkarte.

- **Felder hinzufügen:** Mit diesem Tool wählen Sie neue Felder aus, um sie dem Formular hinzuzufügen. Wenn Sie auf *Felder hinzufügen* klicken, zeigt das Dialogfeld nur Felder an, die sich noch nicht auf dem Formular befinden. Wenn Sie also ein gesuchtes Feld in diesem Dialogfeld nicht sehen können, ist es wahrscheinlich schon irgendwo auf dem Formular untergebracht. Möchten Sie ein Feld zu einem bestimmten Abschnitt hinzufügen, markieren Sie den Abschnitt und klicken dann auf *Felder hinzufügen*.

- **IFRAME hinzufügen:** Mit diesem Tool fügen Sie dem Formular einen IFRAME hinzu.

- **Eigenschaften ändern:** Mit diesem Tool ändern Sie die Eigenschaften einer Formularkomponente – Registerkarten, Abschnitte, Felder und IFRAMEs. Das Dialogfeld *Eigenschaften ändern* können Sie auch öffnen, indem Sie auf eine Komponente im Formulareditor doppelklicken.

- **Entfernen:** Mit diesem Tool entfernen Sie eine Komponente – Registerkarten, Abschnitte, Felder und IFRAMEs – vom Formular.

- **Formulareigenschaften:** Mit diesem Tool können Sie den Formular-Assistenten konfigurieren und Skripts spezifizieren, die ausgeführt werden, wenn Microsoft Dynamics CRM Formularereignisse auslöst.

Mit den Tools *Allgemeine Aufgaben* können Sie fast alle Informationen, die auf dem Formular einer Entität erscheinen, anordnen und entwerfen. Auf den ersten Blick mag es scheinen, dass Sie viel lernen müssten, doch die Tools sind recht intuitiv und unkompliziert einzusetzen, sodass Sie sicher schnell im Umgang mit den Tools *Allgemeine Aufgaben* vertraut sind.

Formularvorschau

Wenn Sie Ihr Formular fertig bearbeitet und alle gewünschten Elemente an der richtigen Stelle untergebracht haben, können Sie mit dem komfortablen Tool *Formularvorschau* beurteilen, wie das Formular für die Benutzer erscheint, bevor Sie es veröffentlichen. Microsoft Dynamics CRM bietet die folgenden drei Formularvorschautypen:

- **Formular erstellen:** Simuliert, wie das Formular erscheint und sich verhält, wenn Benutzer einen neuen Datensatz für die Entität erstellen.

- **Formular aktualisieren:** Simuliert, wie das Formular erscheint und sich verhält, wenn Benutzer einen vorhandenen Datensatz bearbeiten.

- **Schreibgeschütztes Formular:** Zeigt, wie das Formular für Benutzer erscheint, die nicht über die Berechtigungen verfügen, einen Datensatz zu bearbeiten.

Das Formularvorschaufeature zeigt aber nicht nur einfach das Formularlayout an – Sie können damit auch alle benutzerdefinierten Skripts testen, die Sie dem Formular hinzugefügt haben. Microsoft Dynamics CRM unterstützt drei verschiedene Ereignisse, für die Sie benutzerdefinierte Skripts erstellen können:

- *onLoad*-Formularereignis

- *onSave*-Formularereignis

- *onChange*-Feldereignis

Zweifellos lässt sich Zeit sparen, wenn Sie Ihre Ereignisskripts mit dem Vorschautool testen und debuggen können. Wenn Sie die Formularvorschau starten, löst Microsoft Dynamics CRM das *onLoad*-Ereignis aus, mit dem Sie Ihr benutzerdefiniertes Skript aktivieren können. Da jedoch die Vorschau einen Datensatz nicht wirklich speichert, können Sie über die Schaltfläche *Formularspeicherung simulieren* in der Menüleiste der Formularvorschau das Formularereignis *onSave* auslösen. Das Feldereignis *onChange* lässt sich auslösen, wenn Sie den Feldwert ändern und dann den Feldfokus verschieben (indem Sie die ⎡⇥⎤-Taste drücken oder auf ein anderes Feld klicken). Wenn Sie den Feldwert nicht ändern, wird das *onChange*-Ereignis nicht ausgelöst.

HINWEIS   Manchmal verwendet die Microsoft Dynamics CRM-Benutzeroberfläche unterschiedliche Schreibweisen (Groß-/ Kleinschreibung) für diese Ereignisse, beispielsweise *OnLoad* und *onLoad*. Die korrekte Syntax für Ihren Code (der die Groß-/ Kleinschreibung berücksichtigt) lautet *onLoad*, *onSave* und *onChange*.

Später in diesem Kapitel wird erläutert, wie Sie benutzerdefinierte Skripts zu Ereignissen hinzufügen. Kapitel 10 gibt mehrere Codebeispiele an, die diese Formular- und Feldereignisse verwenden.

Formulareigenschaften

Mit dem Tool *Formulareigenschaften* in *Allgemeine Aufgaben* modifizieren Sie die Einstellungen der Formularanzeige und fügen den Ereignissen *onLoad* und *onSave* des Formulars benutzerdefinierte Skripts hinzu. Die Seite *Formulareigenschaften* enthält drei Registerkarten (siehe Abbildung 5.3):

- Ereignisse

- Anzeige

- Nicht ereignisgebundene Abhängigkeiten

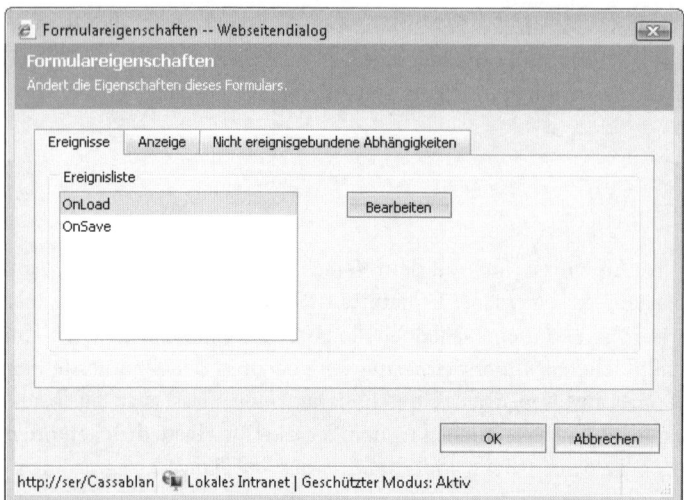

Abbildung 5.3   Die Seite Formulareigenschaften

Ereignisse

Es ist möglich, benutzerdefinierte Skripts hinzuzufügen, die ausgeführt werden, wenn Microsoft Dynamics CRM das Ereignis *onLoad* oder *onSave* auslöst. Wenn Sie dem Formular benutzerdefinierte Skripts hinzufügen, können Sie manuell festlegen, auf welche Felder diese Skripts verweisen (auf der Registerkarte *Abhängigkeiten* des Ereignisses). Indem Sie skriptabhängige Felder angeben, hindert Microsoft Dynamics CRM andere Systemanpasser daran, ein Feld zu entfernen, das von einem Skript verwendet wird. Wenn Sie keine abhängigen Felder spezifizieren und ein Benutzer unbewusst ein skriptabhängiges Feld von einem Formular entfernt, scheitert das Skript.

Anzeige

Auf dieser Registerkarte können Sie angeben, ob Sie den Formular-Assistenten für eine Entität anzeigen möchten und ob der Formular-Assistent standardmäßig erweitert werden soll. Microsoft Dynamics CRM bringt einen Formular-Assistenten mit (siehe Abbildung 5.4), sodass Benutzer schnell nach Werten in Nachschlagefeldern suchen können, ohne ein anderes Fenster öffnen zu müssen.

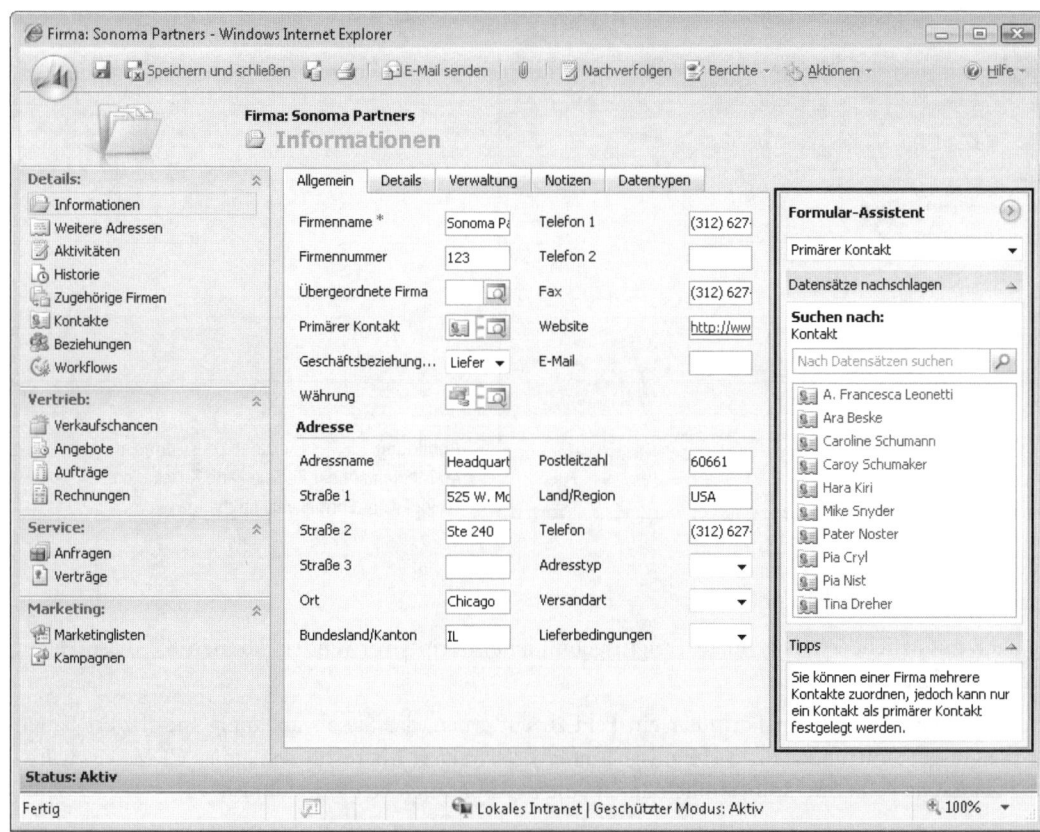

Abbildung 5.4   Der auf dem Firma-Formular erweiterte Formular-Assistent

Abbildung 5.4 zeigt aber auch, dass der Formular-Assistent zu Formatierungsproblemen bei Ihrem Formular führen kann, wenn Ihre Benutzer eine geringe Bildschirmauflösung wie zum Beispiel 800 × 600 verwenden. Im Beispiel von Abbildung 5.4 können Benutzer den Namen des primären Kontakts der Firma nur lesen, wenn sie den Formular-Assistenten reduzieren.

Folglich lässt sich in Microsoft Dynamics CRM mit Optionen festlegen, ob Sie den Formular-Assistenten aktivieren möchten und ob er standardmäßig für die Entität eines bestimmten Formulars erweitert werden soll (siehe Abbildung 5.5).

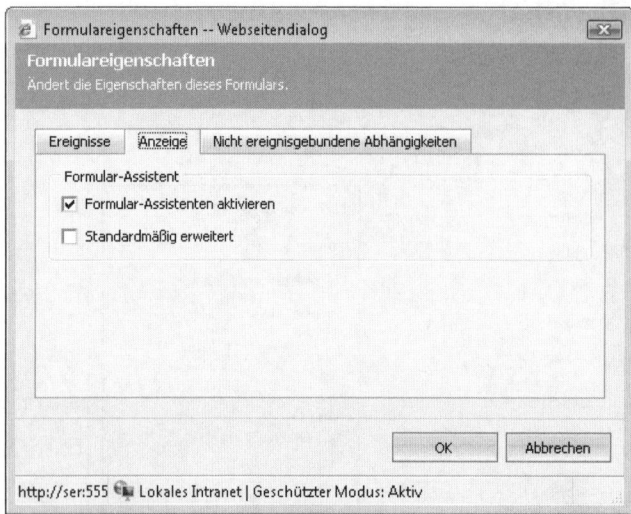

Abbildung 5.5   Einstellungen des Formular-Assistenten auf der Registerkarte Anzeige des DialogFeldes Formulareigenschaften

Nicht ereignisgebundene Abhängigkeiten

Wenn Sie auch zusätzliche externe (nicht ereignisgebundene) Skripts verwenden, können Sie diese Felder als abhängig spezifizieren.

Versucht ein Benutzer, von einem Formular ein Feld zu entfernen, das Sie als abhängig spezifiziert haben (entweder ereignisgebunden oder nicht ereignisgebunden), verweigert Microsoft Dynamics CRM die Anforderung und zeigt eine Fehlermeldung ähnlich der an, die in Abbildung 5.6 dargestellt ist.

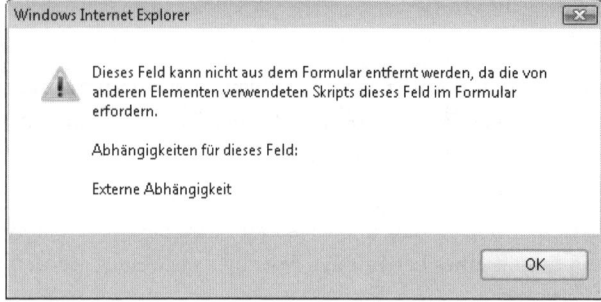

Abbildung 5.6   Diese Fehlermeldung wird angezeigt, wenn ein Benutzer versucht, ein abhängiges Feld von einem Formular zu entfernen

---

TIPP   Microsoft Dynamics CRM zwingt Sie nicht, abhängige Felder zu spezifizieren. Doch sollten Sie sich etwas Zeit nehmen, um diesen Schritt abzuschließen. Das spart Ihnen später unnötiges Kopfzerbrechen. Wir empfehlen deshalb, dass Sie immer skriptabhängige Felder angeben.

Beispiel für eine Formularanpassung

Nachdem Sie nun wissen, wie Sie Skripts mithilfe der Seite *Formulareigenschaften* hinzufügen, können wir anhand einiger einfacher Beispiele demonstrieren, wie und warum Sie die Ereignisse *onLoad* und *onSave* verwenden.

Wenn Benutzer eine neue Aufgabe in Microsoft Dynamics CRM erstellen, erscheint das Standardformular wie das in Abbildung 5.7 dargestellte.

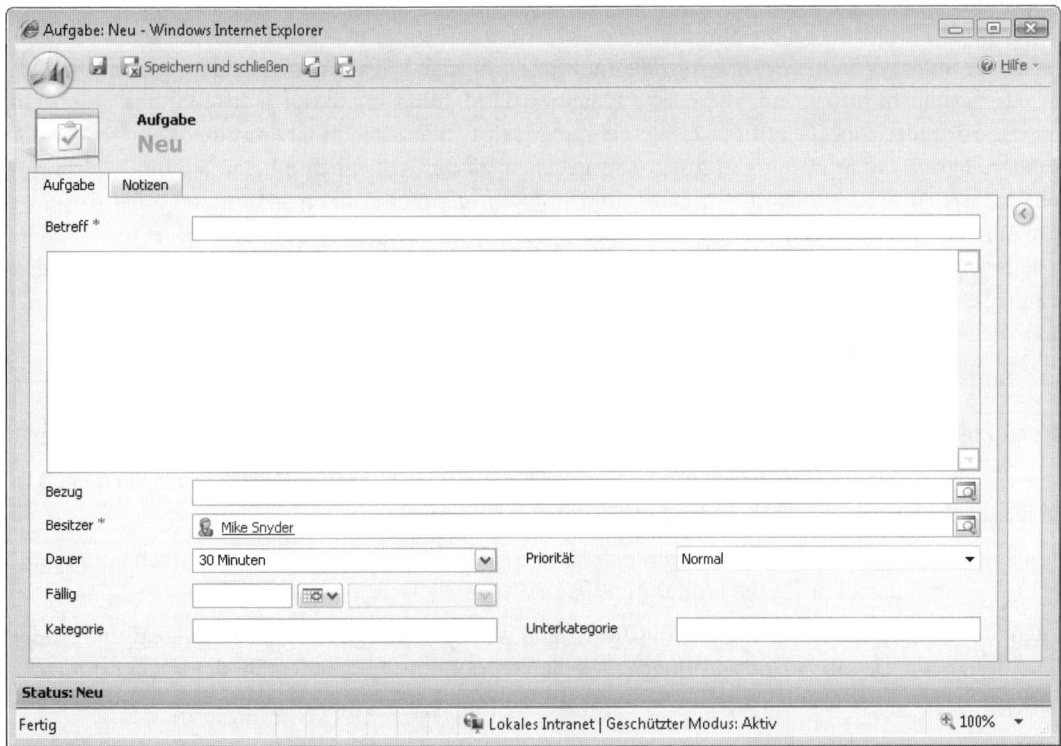

Abbildung 5.7   Standardformular für eine neue Aufgabe

Aus den Erfahrungen mit Hunderten von Microsoft Dynamics CRM-Bereitstellungen wissen wir, dass Kunden häufig die folgenden Änderungen am Formular vornehmen möchten:

- Das Feld *Dauer* vom Standardwert *30 Minuten* in ein leeres Feld ändern.

- In das Feld *Fälligkeitsdatum* automatisch das heutige Datum eintragen.

Diese beiden Änderungen sehen zunächst simpel aus, doch wenn man tiefer in die Details dieser Felder eindringt, treten einige Probleme zutage. Da das Feld *Dauer* wie ein Auswahllistenfeld aussieht, erwartet man, dass sich der Standardwert einfach ändern lässt, indem man das Attribut *Dauer* der Entität *Aufgabe* bearbeitet. Doch auch wenn das Feld Dauer wie eine Auswahlliste aussehen mag, es ist tatsächlich ein spezielles *int*-Feld, das in Microsoft Dynamics CRM für eine ganze Palette von Aktivitäten verwendet wird. Für diese speziellen Felder können Sie keinen Standardwert festlegen (oder Auswahllistenwerte hinzufügen), wie es bei einem normalen Auswahllistenfeld möglich ist.

Die *Dauer*-Auswahllisten, die in Aktivitätsformularen wie *Aufgabe* und *Telefonanruf* verwendet werden, verhalten sich gegenüber einer normalen Auswahlliste anders, weil Benutzer dynamisch ihre eigenen Werte in das Formular eingeben können, anstatt aus vordefinierten Werten auswählen zu müssen, wie sie es bei einem regulären Auswahllistenfeld tun.

In Kapitel 4 haben Sie gelernt, dass Attribute mit dem Datentyp *datetime* keinen Standardwert besitzen. Da das Feld *Fälligkeitsdatum* den Datentyp *datetime* verwendet, ist es nicht möglich, mit dem Attributeditor das heutige Datum als Standardwert für das Feld *Fälligkeitsdatum* festzulegen. Somit haben Sie nun hinsichtlich der Benutzerforderungen zwei Probleme zu lösen.

Trotz dieser beiden Probleme können Sie die Ansprüche des Kunden leicht erfüllen, indem Sie das *onLoad*-Ereignis des Formulars für die Entität *Aufgabe* nutzen. Dazu fügen Sie einfach ein Skript zum *onLoad*-Ereignis des Formulars hinzu und Microsoft Dynamics CRM führt Ihr Skript jedes Mal aus, wenn ein Benutzer das Formular *Aufgabe* öffnet. Das ausgeführte Skript ändert per Programm die Werte der Felder *Dauer* und *Fälligkeitsdatum* in die von Ihnen angegebenen Werte. Schließlich müssen Sie mit dem Skript das Problem lösen, dass Sie die Werte für *Dauer* und *Fälligkeitsdatum* nur dann ändern, wenn der Benutzer eine neue Aufgabe erstellt. Es liegt auf der Hand, dass die Werte für *Fälligkeitsdatum* und *Dauer* unverändert bleiben sollen, wenn ein Benutzer eine vorher erstellte Aufgabe erneut öffnet. Haben Sie dies erledigt, setzt das Skript jedes Mal, wenn der Benutzer eine neue Aufgabe erstellt, das Feld *Dauer* auf eine leere Zeichenfolge und das Feld *Fälligkeitsdatum* auf das aktuelle Datum. Die folgenden Schritte beschreiben, wie Sie diesen Code einrichten, testen und bereitstellen:

Das onLoad-Ereignis des Formulars nutzen, um die Felder Dauer und Fälligkeitsdatum vorab auszufüllen

1. Klicken Sie im Abschnitt *Anpassung* von Microsoft Dynamics CRM auf *Entitäten anpassen*. Doppelklicken Sie auf die Entität *Aufgabe*, um den Entitätseditor zu öffnen.

2. Klicken Sie im Navigationsbereich auf *Formulare* und *Ansichten* und doppelklicken Sie dann auf *Formular*, um den Formulareditor für die Entität *Aufgabe* zu öffnen.

3. Klicken Sie auf *Formulareigenschaften*. Auf dieser Seite können Sie den Ereignissen *onLoad* und / oder *onSave* des Formulars ein Skript hinzufügen. Wie bereits erwähnt, verwenden Sie das *onLoad*-Ereignis, sodass das Skript ausgeführt wird, wenn Benutzer das Formular öffnen.

4. Markieren Sie *onLoad* und klicken Sie dann auf *Bearbeiten*, um die Seite *Detaileigenschaften von Ereignis* zu öffnen. Geben Sie auf dieser Seite den folgenden Code ein:

```
var CRM_FORM_TYPE_CREATE = 1;

switch (crmForm.FormType)
{
  case CRM_FORM_TYPE_CREATE:
    crmForm.all.actualdurationminutes.DataValue = null;
    crmForm.all.scheduledend.DataValue = new Date();
    break;
  default:
    // nichts tun
    break;
}
```

5. Sehen Sie sich nun kurz an, wie dieser JavaScript-Code per Programm die Werte auf dem Formular setzt. Zunächst wird das Feld `actualdurationminutes` (der Schemaname für *Dauer*) auf `null` gesetzt. Dieser Wert bezeichnet ein leeres Feld. Außerdem setzt der Code das Feld `scheduledend` (der Schemaname für *Fälligkeitsdatum*) auf das aktuelle Datum, wofür das JavaScript-Objekt `Date()` verwendet wird. Das *onLoad*-Ereignis führt dieses Skript jedes Mal aus, wenn ein Benutzer das Formular öffnet. Zu beachten ist aber, dass die Standardwerte nur gesetzt werden sollen, wenn der Benutzer eine neue Aufgabe erstellt. Deshalb realisiert der Code mit einer `switch`-Anweisung, dass das Skript nur für den Formulartyp 1 startet. Microsoft Dynamics CRM weist jedem Formular einen Formulartypwert zu (1: Erstellen, 2: Aktualisieren, 3: Schreibgeschützt usw.), damit Sie diese Informationen an Ihre Skripts binden können, wie es in diesem Beispiel geschieht. In diesem Skript zeigt der Formulartyp 2 das Aktualisieren des Formulars an und in diesem Fall ändert das Skript die Werte für *Fälligkeitsdatum* und *Dauer* nicht.

6. Haben Sie den Code eingegeben, aktivieren Sie das Kontrollkästchen *Ereignis ist aktiviert*. Dieses Kontrollkästchen zeigt an, ob Microsoft Dynamics CRM Ihr Skript ausführen soll, wenn das *onLoad*-Ereignis ausgelöst wird.

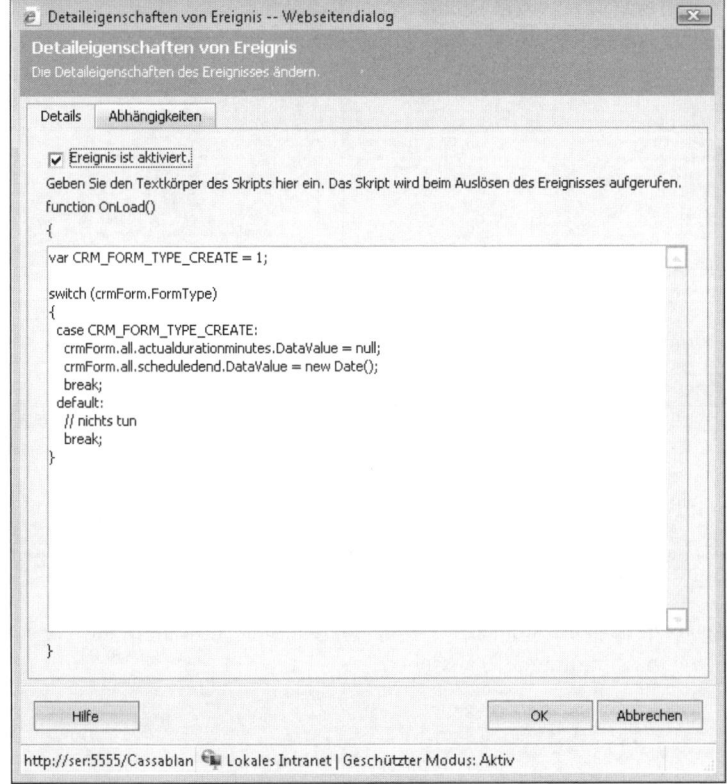

Abbildung 5.8 Geben Sie auf der Seite Detaileigenschaften von Ereignis den Code für das onLoad-Ereignis ein

7. Um die Abhängigkeiten in Bezug auf den Code festzulegen und damit sicherzustellen, dass niemand versehentlich die Felder *Dauer* oder *Fälligkeitsdatum* vom Formular *Aufgabe* entfernt (weil das Skript bei Fehlen dieser Felder einen Fehler erzeugen würde), klicken Sie auf die Registerkarte *Abhängigkeiten*.

8. Die Liste *Verfügbare Felder* zeigt alle Felder an, die auf dem Formular *Aufgabe* erscheinen. Um *Dauer* und *Fälligkeitsdatum* zu abhängigen Feldern zu machen, markieren Sie diese Einträge in der linken Spalte und klicken dann auf die Schaltfläche >>, um sie in die Liste *Abhängige Felder* zu verschieben.

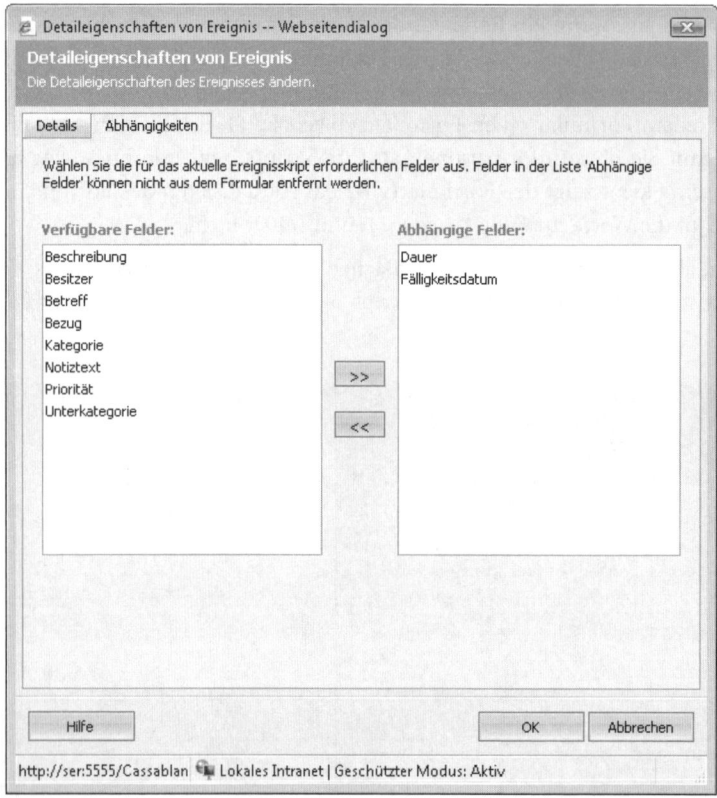

Abbildung 5.9 Die Felder Dauer und Fälligkeitsdatum zu abhängigen Feldern machen

9. Klicken Sie auf *OK*.

10. Klicken Sie wieder auf *OK*, um zum Formulareditor für *Aufgabe* zurückzukehren.

11. Bevor Sie dieses Skript in der Vorschau ausprobieren, klicken Sie auf *Speichern*, um Ihre Änderungen zu sichern.

12. Um das Skript auf dem Erstellungsformular zu testen, klicken Sie auf *Vorschau* und dann auf *Formular erstellen*. Das Formular sollte nun wie in Abbildung 5.10 aussehen.

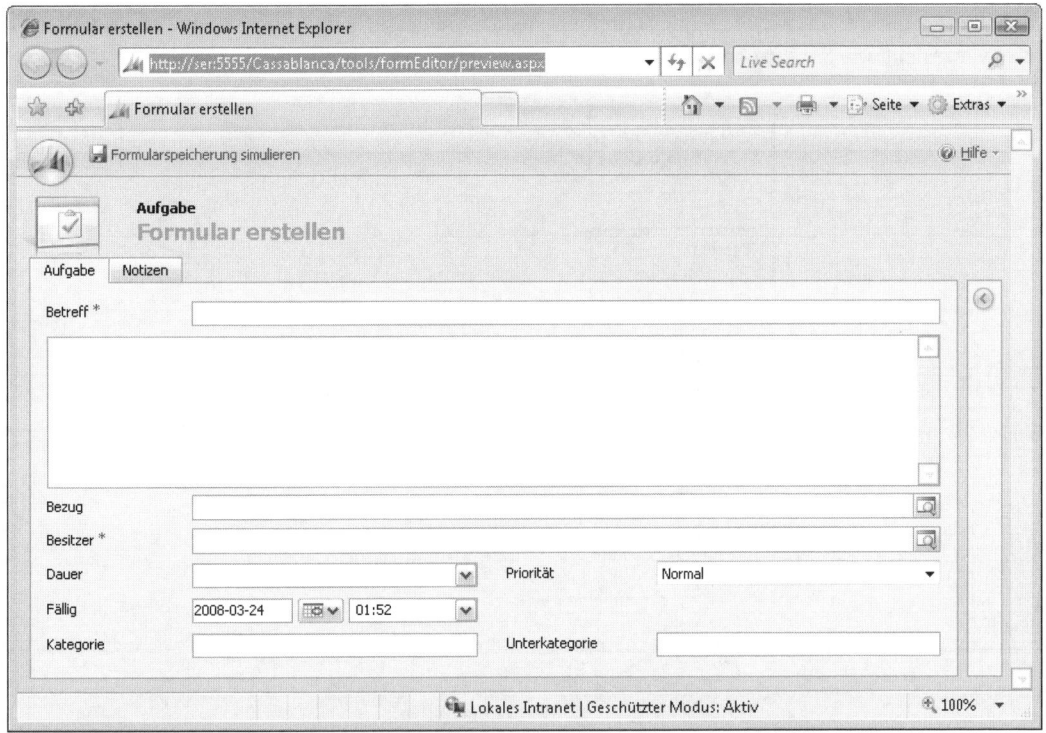

Abbildung 5.10 Das geänderte Formular in der Vorschau mit leerem Feld Dauer und aktuellem Fälligkeitsdatum

Die Dropdown-Liste *Dauer* ist nun leer und das Feld *Fälligkeitsdatum* zeigt das aktuelle Datum und die Uhrzeit an! Gegebenenfalls müssen Sie das Vorschaufenster in der Größe ändern, damit es alle Felder korrekt anzeigt.

13. Wenn Sie das Skript auf dem Aktualisierungsformular testen (auf *Vorschau* und dann auf *Formular aktualisieren* klicken), sehen Sie, dass das Feld *Fälligkeitsdatum* nicht das aktuelle Datum als Standardwert enthält, wie man es erwarten könnte. Beachten Sie aber, dass das Feld *Dauer* leer ist. Wenn Sie den Vorschaumodus *Formular aktualisieren* verwenden, zeigt Microsoft Dynamics CRM Ihnen eine Aktualisierung eines leeren Datensatzes an, sodass Auswahllisten immer leer erscheinen. Das Skript wurde ordnungsgemäß ausgeführt. Doch die Tatsache, dass Microsoft Dynamics CRM einen aktualisierten leeren Datensatz anzeigt, kann sich in Details bemerkbar machen, beispielsweise in leeren Auswahllisten.

14. Um die Entität *Aufgabe* zu veröffentlichen, kehren Sie zum Entitätseditor zurück. Klicken Sie in der oberen Symbolleiste auf *Aktionen* und dann auf *Veröffentlichen*. Damit sind Sie fertig!

Dieses Beispiel zeigt, wie Sie das *onLoad*-Ereignis anzapfen, um Feldwerte zu manipulieren, bevor der Benutzer sie auf dem Formular zu Gesicht bekommt. Selbst wenn Sie die Syntax dieses Codebeispiels noch nicht verstanden haben, sollten Sie nun mit den Konzepten vertraut sein, wie Sie Ihre Formulare anpassen, indem Sie benutzerdefinierte Skripts hinzufügen, die an Microsoft Dynamics CRM-Formularereignisse gebunden sind. Das Flussdiagramm in Abbildung 5.11 zeigt, wie Microsoft Dynamics CRM den Code im Beispiel verarbeitet.

Selbstverständlich zeigt dieses Beispiel lediglich eine sehr einfache Anpassung des Formulars *Aufgabe*. Allerdings können Sie mit Ihrem eigenen benutzerdefinierten Code wesentlich kreativer sein. Kapitel 10 geht detaillierter darauf ein, wie Sie Code schreiben, der an Ereignisse gebunden ist. Außerdem werden dort Beispiele vorgestellt, wie Sie Ihre Formulare zweckmäßig anpassen können.

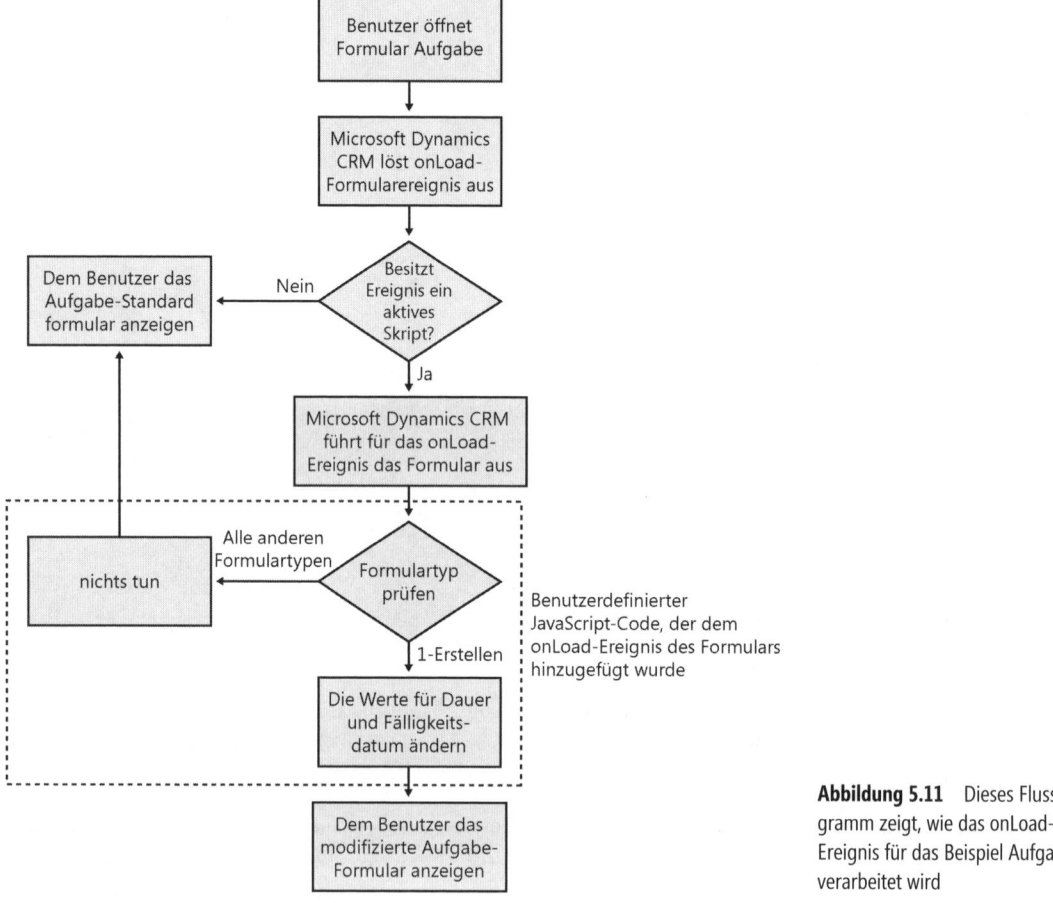

Abbildung 5.11 Dieses Flussdiagramm zeigt, wie das onLoad-Ereignis für das Beispiel Aufgabe verarbeitet wird

Abschnitte

Mithilfe von Formularabschnitten können Sie mehrere Datenfelder in einer Weise gruppieren und organisieren, die für Ihre Benutzer am zweckmäßigsten ist. Jedes Feld, das Sie einem Formular hinzufügen, muss zu einem Abschnitt gehören. Auf einem Formular können Sie so viele Abschnitte unterbringen, wie Sie benötigen. Jeder Abschnitt enthält mehrere Eigenschaften:

- **Name:** Gibt den Namen des Abschnitts an. Der Name muss für jede Entität eindeutig sein.

- **Bezeichnung:** Gibt an, ob der Abschnittsname für Benutzer auf dem Formular angezeigt werden soll. Außerdem können Sie festlegen, ob Sie eine Trennlinie unterhalb des Abschnittsnamens auf dem Formular anzeigen möchten.

- **Ort:** Legt fest, in welcher Registerkarte auf dem Formular der Abschnitt erscheinen soll.

- **Layout:** Gibt das Formatierungslayout der Felder im Abschnitt an. Nachdem Sie einen Abschnitt erzeugt haben, können Sie sein Layout nicht mehr ändern. Das Layout des Abschnitts legen Sie auf der Registerkarte *Formatierung* fest, wenn Sie die Eigenschaften eines Abschnitts anzeigen.

Das Arbeiten mit Abschnitten ist eine recht einfache Angelegenheit. Lediglich die Layout-Eigenschaften erfordern eine ausführlichere Erläuterung.

Wenn Sie einen neuen Abschnitt hinzufügen, haben Sie die Möglichkeit, sein Layout festzulegen. In Microsoft Dynamics CRM können Sie aus einem von zwei sich gegenseitig ausschließenden Abschnittslayouts wählen (siehe Abbildung 5.12):

- **Variable Feldbreite:** Dieses Layout zeigt die Felder im Abschnitt in zwei Spalten an. Allerdings können Sie angeben, dass sich bestimmte Felder im Abschnitt (für jedes Feld einzeln festzulegen) über die Breite beider Spalten auf dem Formular erstrecken.

- **Feste Feldbreite:** Bei diesem Layout können Sie unter fünf Spaltenformaten auswählen. Wenn Sie eine der Optionen wählen, bleibt die Anzahl der Spalten in diesem Abschnitt konstant. Im Unterschied zum Layout mit variabler Feldbreite ist es nicht möglich, ein Feld so zu konfigurieren, dass es sich über mehrere Spalten erstreckt. Das Layout *Feste Feldbreite* können Sie sich auch als Layout mit einem Abschnitt variabler Höhe vorstellen. Alle Felder in einem Layout mit fester Feldbreite erhalten die Breite, die Sie beim Erstellen des Abschnitts festgelegt haben (1:2, 2:2, 1:1, 3 oder 4). Allerdings können Sie mit dem Layout *Feste Feldbreite* in eine Spalte Textbereiche einbinden und die Höhe der Spalte entsprechend Ihren Anforderungen ändern.

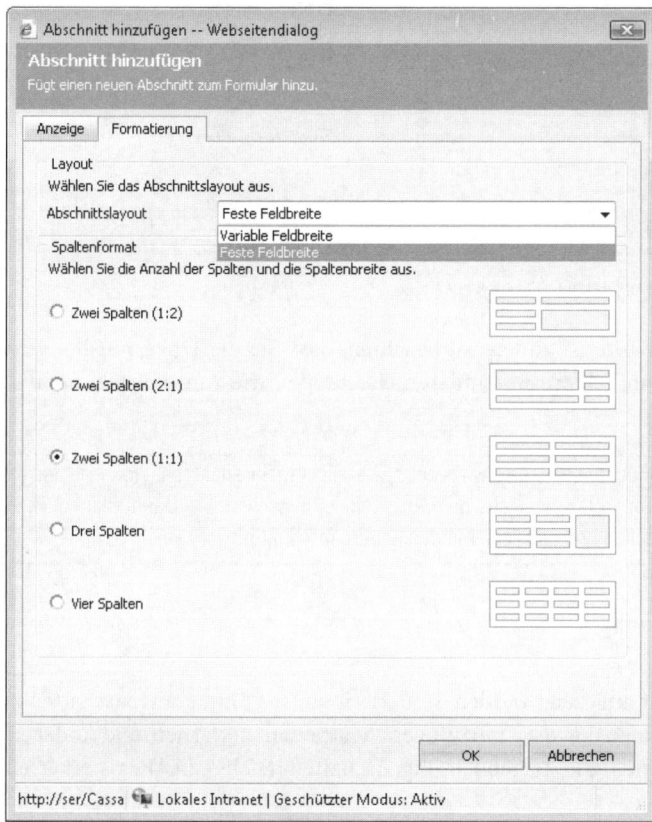

Abbildung 5.12   Auf der Registerkarte Formatierung legen Sie das Layout für den neuen Abschnitt fest

TIPP   Mit dem Layout *Feste Feldbreite* können Sie auch das Feature für automatische Erweiterung auf Textbereichsfeldern nutzen (mehr dazu im Abschnitt »Felder« später in diesem Kapitel). Microsoft Dynamics CRM verwendet für neue Abschnitte standardmäßig das Layout *Variable Feldbreite*.

Alle Standardformulare von Microsoft Dynamics CRM verwenden ausschließlich das Layout *Variable Feldbreite*. Um ein mögliches Design zu veranschaulichen, haben wir als Beispiel ein Abschnittslayout mit fester Feldbreite erstellt, das in Abbildung 5.13 zu sehen ist.

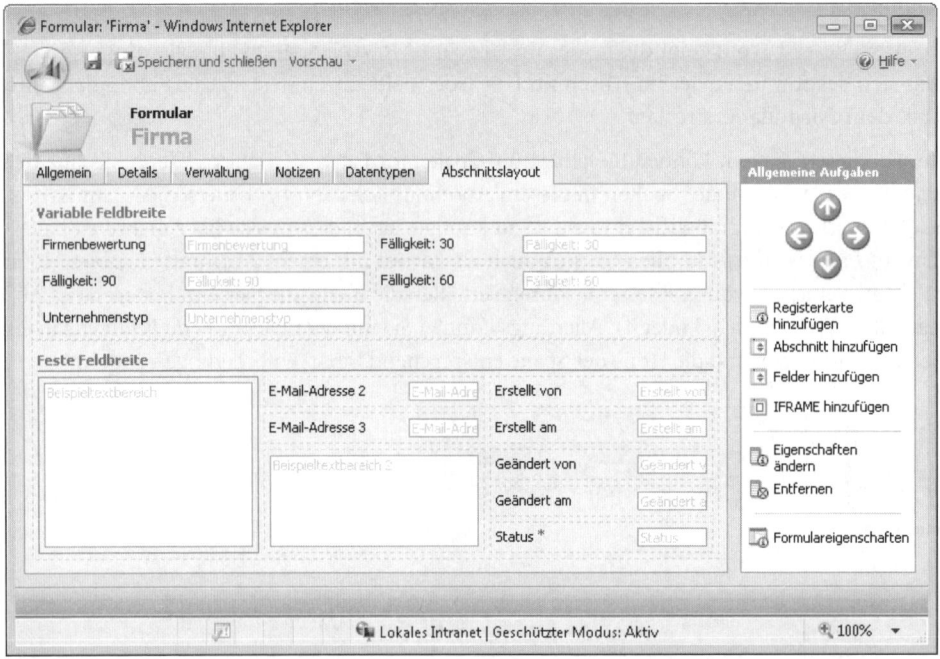

Abbildung 5.13   Beispielformular, das das Abschnittslayout Feste Feldbreite verwendet

Beim Abschnittslayout mit variabler Feldbreite ist zudem zu beachten, dass Sie die Höhe nur bei Textbereichsfeldern ändern können. Die Höhe von Feldern mit anderen Datentypen wie zum Beispiel *int*, *money*, *bit* oder *datetime* lässt sich nicht ändern.

TIPP   Sobald Sie einen Abschnitt erstellt haben, können Sie das Layout später nicht mehr anpassen. Wenn Sie das Layout des Abschnitts ändern müssen, entfernen Sie einfach die Felder aus dem Abschnitt und löschen ihn. Dann können Sie einen neuen Abschnitt mit dem gewünschten Layout erstellen und alle Felder in den neuen Abschnitt hinzufügen.

Felder

Die meisten Felder, die auf einem Formular angezeigt werden, sind Attribute der Entität. Eigenschaften eines Feldes können Sie mit den Tools *Allgemeine Aufgaben* hinzufügen, bearbeiten, entfernen und ändern. Für jedes Feld auf einem Formular lassen sich die folgenden Eigenschaften (siehe die Registerkarten in Abbildung 5.14) festlegen:

- Anzeige
- Formatierung
- Name
- Ereignisse

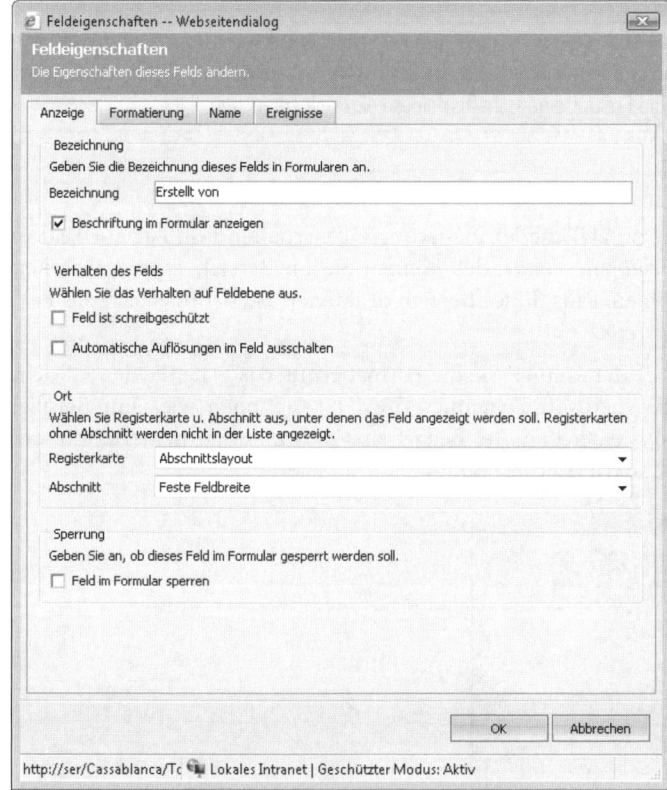

Abbildung 5.14 Die Eigenschaftenseite Feldeigenschaften

Anzeige

Für jedes Feld lassen sich die folgenden Anzeigeeinstellungen anpassen:

- **Bezeichnung:** In diesem Abschnitt legen Sie den Text fest, der auf dem Formular links vom Feld erscheint. Die Feldbeschriftung lässt sich ausblenden, indem Sie das Kontrollkästchen *Beschriftung im Formular anzeigen* deaktivieren.

- **Verhalten des Feldes:** Wenn Sie das Kontrollkästchen *Feld ist schreibgeschützt* aktivieren, wird das Feld auf dem Formular als nicht verfügbar dargestellt. Das heißt, der Benutzer kann den Wert des Feldes lesen, aber nicht ändern. Wenn Sie das Kontrollkästchen *Automatische Auflösungen im Feld ausschalten* aktivieren, versucht Microsoft Dynamics CRM nicht, Werte automatisch in Nachschlagefeldern zu suchen. Diese Einstellung empfiehlt sich aus Leistungsgründen, wenn ein bestimmtes Nachschlagefeld sehr viele Datensätze enthält, mit denen der Wert zu vergleichen wäre.

- **Ort:** Hier legen Sie die Registerkarte und den Abschnitt fest, wo das Feld auf dem Formular erscheinen soll.

- **Sperrung:** Wenn Sie das Kontrollkästchen *Feld im Formular sperren* aktivieren, werden Benutzer (einschließlich Sie selbst) daran gehindert, das Feld aus dem Formular zu entfernen. Neben der Feldbeschriftung eines gesperrten Feldes erscheint ein Schlosssymbol. Natürlich könnte ein Benutzer mit Berechtigungen zum Anpassen eines Formulars die Sperre eines gesperrten Feldes einfach aufheben und das Feld dann entfernen. Deshalb ist das Sperren eines Feldes nicht narrensicher, doch es soll zumindest darauf hinweisen, dass das Feld nicht aus dem Formular entfernt werden sollte.

TIPP   Wir zeigen mit den Features zum Sperren von Feldern an, dass zum Feld ein clientseitiges Skript gehört. Das kann Ihnen einige Klicks sparen, wenn Sie mit einem Formular arbeiten. Erscheint das Schlosssymbol auf dem Formular, ist klar, dass es ein Skript enthält. Dann brauchen Sie nicht erst in die Ereigniseigenschaften eines Feldes einzutauchen.

Formatierung

Auf der Registerkarte *Formatierung* legen Sie zusätzliche Formatierungseigenschaften fest. Für ein Feld in einem Abschnitt, das das Layout *Variable Feldbreite* verwendet, können Sie im Bereich *Layout* zwischen einspaltiger und zweispaltiger Anzeige auswählen. Falls dieser Bereich deaktiviert ist, befindet sich das Feld in einem Abschnitt mit dem Layout *Feste Feldbreite*.

Felder mit dem Datentyp *bit*: Für derartige Felder können Sie die Formatierung das DatenFeldes auf dem Formular spezifizieren. Standardmäßig zeigt Microsoft Dynamics CRM *bit*-Optionen wie zum Beispiel *Ja / Nein* oder *Wahr / Falsch* mit zwei Optionsfeldern an. Bei Bedarf lässt sich diese Formatierung in ein Kontrollkästchen oder eine Dropdown-Liste ändern (siehe Abbildung 5.15).

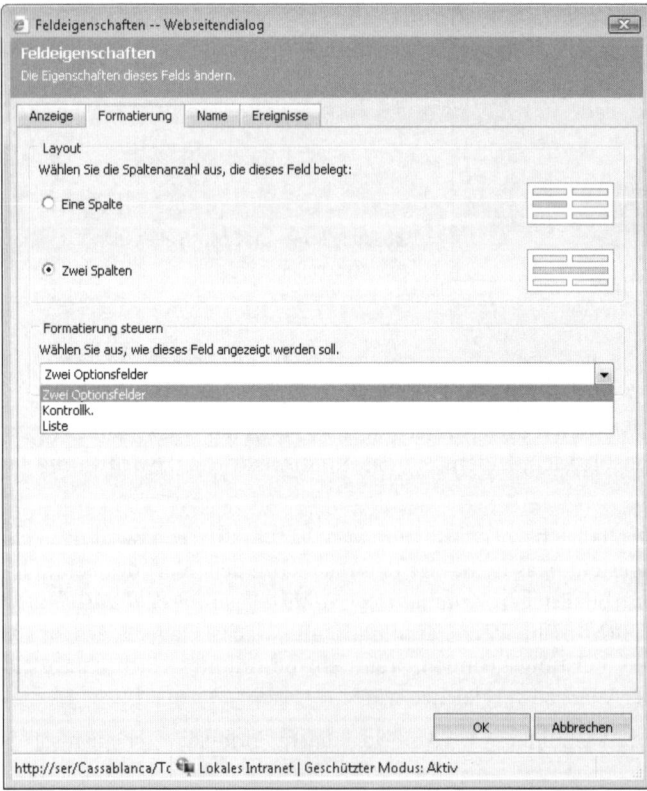

Abbildung 5.15 Die Formatierung für Felder mit dem Datentyp bit kontrollieren

Felder der Datentypen *ntext* und *nvarchar* (Text): Für derartige Felder können Sie zudem das Zeilenlayout konfigurieren, um die Anzahl der auf dem Formular anzuzeigenden Zeilen des Textbereichs zu ändern (siehe Abbildung 5.16).

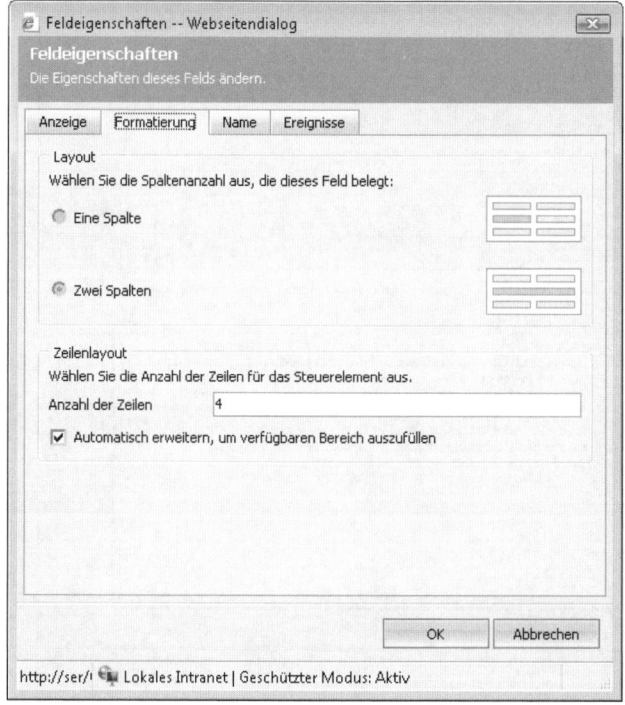

Abbildung 5.16 Zeilenlayoutformatierung für Felder der Datentypen ntext und nvarchar (Text)

Nur für Felder in einem Abschnitt mit variabler Feldbreite können Sie auch spezifizieren, ob ein *ntext*-Feld sich automatisch über den verfügbaren Platz erweitern soll. Wenn Sie das Kontrollkästchen *Automatisch erweitern, um verfügbaren Bereich auszufüllen* aktivieren, überschreibt das Formular die Anzahl der Zeilen, die Sie festgelegt haben, und bindet gegebenenfalls mehr Zeilen ein, falls sie in das Fenster passen. Dieses Feature zur automatischen Erweiterung lässt sich nur für ein einziges *ntext*-Feld je Registerkarte verwenden. Die beiden in Abbildung 5.17 gezeigten Formulare demonstrieren den Nutzen, den das Feature zur automatischen Erweiterung bringt.

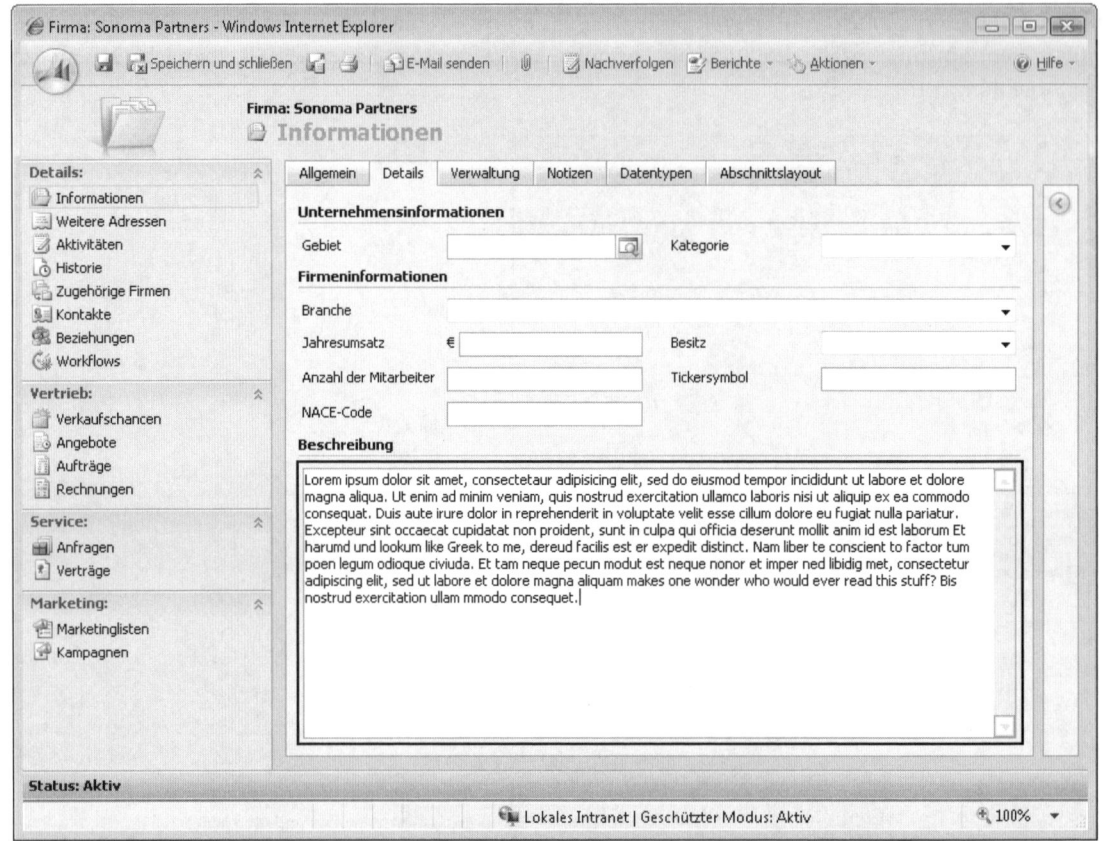

Abbildung 5.17   Formulare mit einem automatisch erweiterten Textbereich und mit einem Textbereich fester Höhe

Wie Abbildung 5.17 zeigt, bietet das Formular mit dem automatisch erweiterten Textbereich dem Benutzer mehr Platz, um Informationen in das Feld *Beschreibung* einzugeben und anzuzeigen. Verwenden Sie also immer die Option zum automatischen Erweitern, falls dies möglich ist.

Name

Die Registerkarte *Name* zeigt die Schemainformationen – Anzeigename, Schemaname und Beschreibung – für das Attribut an. Um den Anzeigenamen und die Beschreibung zu bearbeiten, müssen Sie diese Werte mit dem Attributeditor für die Entität aktualisieren, wie es Kapitel 4 beschrieben hat.

Ereignisse

Wie bereits weiter vorn in diesem Kapitel erwähnt, können Sie benutzerdefinierte Skripts einbinden, die Microsoft Dynamics CRM beim Ereignis *onChange* des Feldes auslöst. Das folgende einfache Beispiel für ein *onChange*-Ereignis zeigt, wie Sie dieses Feature nutzen können. Viele Unternehmen weisen ihren Kunden eindeutige Firmennummern zu und der Beispielkunde möchte, dass jede Firmennummer aus acht Ziffern besteht. Um Benutzer daran zu erinnern, dass jede Firmennummer acht Ziffern lang sein muss, bietet sich ein benutzerdefiniertes *onChange*-Skript an, das für das Feld *Firmennummer* ausgeführt wird.

Mit dem onChange-Ereignis des Feldes die Länge der Firmennummer durchsetzen

1. Klicken Sie im Abschnitt *Anpassung* von Microsoft Dynamics CRM auf *Entitäten anpassen*. Doppelklicken Sie auf die Entität *Firma*, um den Entitätseditor zu öffnen.

2. Klicken Sie auf *Formulare und Ansichten* und doppelklicken Sie dann auf *Formular*, um den Formulareditor für die Entität *Firma* zu öffnen.

3. Doppelklicken Sie im Formular auf das Feld *Firmennummer*, um die Seite *Feldeigenschaften* zu öffnen. Klicken Sie auf die Registerkarte *Ereignisse*.

4. Markieren Sie *onChange* und klicken Sie dann auf *Bearbeiten*, um das Dialogfeld *Detaileigenschaften von Ereignis* zu öffnen. Geben Sie den folgenden Code ein:

```
var oField = event.srcElement;
if (typeof(oField) != "undefined" && oField != null)
{
   if (oField.DataValue.length != 8)
     alert("Firmennummer muss aus 8 Ziffern bestehen.");
}
```

5. Aktivieren Sie das Kontrollkästchen *Ereignis ist aktiviert*, damit Microsoft Dynamics CRM dieses Skript ausführt, wenn das *onChange*-Ereignis des Feldes ausgelöst wird.

6. Um *Firmennummer* als abhängiges Feld hinzuzufügen, damit das Skript immer ordnungsgemäß ausgeführt wird, gehen Sie auf die Registerkarte *Abhängigkeiten*, markieren *Firmennummer* und klicken dann auf die Schaltfläche >>. Das Feld *Firmennummer* wird in die Liste *Abhängige Felder* verschoben. Klicken Sie auf *OK*.

7. Klicken Sie auf der Seite *Feldeigenschaften* auf *OK*.

8. Speichern Sie das Formular *Firma*.

9. Um dieses benutzerdefinierte Skript zu testen, klicken Sie auf *Vorschau* und dann auf *Formular erstellen*. Das Vorschaufenster erscheint.

10. Geben Sie **1234567** in das Feld *Firmennummer* ein und drücken Sie dann die ⇆-Taste. Es erscheint der in Abbildung 5.18 gezeigte Hinweis, dass die Firmennummer aus acht Ziffern bestehen muss.

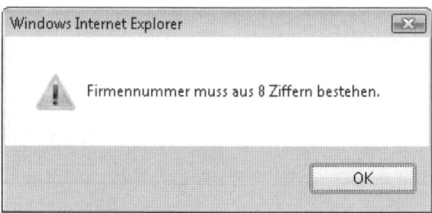

Abbildung 5.18 Hinweis, wenn die eingegebene Firmennummer nicht aus 8 Ziffern besteht

11. Um die Entität *Firma* zu veröffentlichen, kehren Sie zum Entitätseditor zurück, klicken in der Menüleiste auf *Aktionen* und dann auf *Veröffentlichen*.

Auch hier brauchen Sie sich momentan noch keine großen Gedanken über den Code zu machen. Wir wollen hier in erster Linie vermitteln, wie einfach es ist, dem *onChange*-Ereignis eines Feldes benutzerdefinierte Skripts hinzuzufügen.

HINWEIS   In diesem Beispiel erinnert das benutzerdefinierte Skript den Benutzer daran, dass die Firmennummer aus 8 Ziffern bestehen muss. Allerdings könnte der Benutzer trotzdem jeden beliebigen Wert für eine Firmennummer eingeben und den Datensatz speichern. Dieses Verhalten kann durchaus erwünscht sein. Zum Beispiel wird vielleicht nicht jeder Firma sofort eine Firmennummer zugewiesen oder einige alte Firmen haben Firmennummern aus einem vorherigen System mit 10 Ziffern. Möchte aber der Kunde die Forderung nach einer 8-stelligen Firmennummer immer durchsetzen, müssen Sie ein etwas modifiziertes benutzerdefiniertes Skript erstellen und es dem *onSave*-Ereignis des Formulars (anstelle des *onChange*-Ereignisses des Feldes) hinzufügen. Dann lässt sich verhindern, dass Benutzer Datensätze erstellen oder aktualisieren, die Ihren Geschäftskriterien nicht entsprechen.

Die Tabulatorreihenfolge der Felder auf einem Formular anpassen

Wenn Benutzer Daten auf einem Formular eingeben, können sie sich mit der ⬚-Taste von einem Feld zum nächsten Feld auf dem Formular bewegen. Um zu einem vorherigen Feld auf dem Formular zurückzugehen, ist die Tastenkombination ⬚ ⬚ zu drücken. Mit diesen Tastaturfunktionen geht es bei den meisten Benutzern schneller, Formulardaten einzugeben, als wenn sie sich von Feld zu Feld durch Klicken mit der Maus bewegen müssen. Beim Drücken der ⬚-Taste verschiebt Microsoft Dynamics CRM die Einfügemarke in einer Spalte von Feld zu Feld nach unten und dann an den Anfang der nächsten Spalte (von links nach rechts). Erreicht der Benutzer das letzte Feld in einem Abschnitt, gelangt er durch Drücken der ⬚-Taste zum Feld links oben im nächsten Abschnitt (siehe Abbildung 5.19).

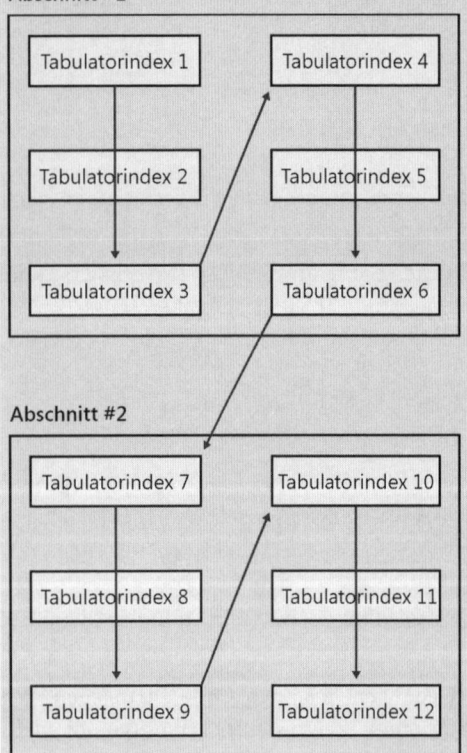

Abbildung 5.19   Die Tabulatorreihenfolge von Microsoft Dynamics CRM auf einem Kontaktformular

In normalem HTML-Code können Sie einen Tabulatorindex für jedes Feld auf einem Formular spezifizieren und damit die Reihenfolge steuern, in der sich Benutzer von Feld zu Feld bewegen. Leider lassen sich in Microsoft Dynamics CRM keine Tabulatorindizes für Formularfelder spezifizieren. Allerdings ist es recht einfach, die Tabulatorreihenfolge zu manipulieren, wenn man das Microsoft Dynamics CRM-Tabulatorverhalten kennt und dann Formularabschnitte geschickt nutzt. Konzeptionell können Sie unsichtbare Abschnitte auf einem Formular erzeugen und die Formularfelder in den passenden Abschnitten unterbringen, je nachdem, in welcher Reihenfolge Benutzer die Felder durchlaufen sollen. Einen Abschnitt machen Sie unsichtbar, indem Sie seinen Namen oder die Teilungslinie auf dem Formular nicht anzeigen. Abbildung 5.20 veranschaulicht, wie sich die Tabulatorreihenfolge gegenüber der ursprünglichen Reihenfolge von Abbildung 5.19 geändert hat.

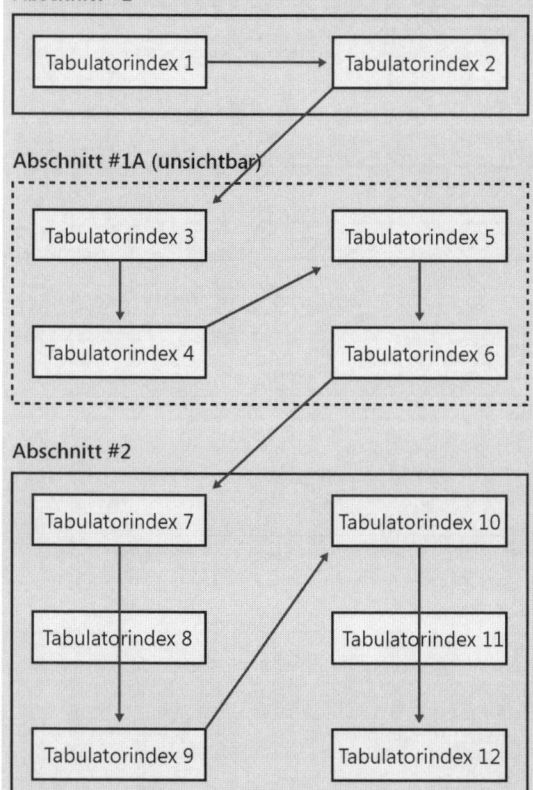

Abbildung 5.20 Modifizierte Tabulatorreihenfolge, nachdem ein unsichtbarer Abschnitt dem Formular hinzugefügt wurde

Indem Abschnitt 1A hinzugefügt und dessen Abschnittsbeschriftung und Teilungslinie nicht angezeigt werden, erscheint dieser Abschnitt für Ihre Benutzer unsichtbar. Die Benutzer denken, dass sie mit der ⇆-Taste (in Abschnitt 1) vom linken Feld zum rechten Feld gewe sind, doch in Wahrheit haben sie sich in Abschnitt 1 vom Feld in der linken Spalte unten zum Feld am Anfang der rechten Spalte bewegt!

IFRAMEs

In Microsoft Dynamics CRM können Sie einer Entität auf dem Formular so genannte IFRAMEs (auch als *Inline Frames* bezeichnet) hinzufügen. IFRAMEs öffnen die Tür zu nahezu unbeschränkten Anpassungsmöglichkeiten in Microsoft Dynamics CRM-Formularen. Konzeptionell erzeugt ein IFRAME innerhalb einer Webseite einen anderen Frame, der eine zweite Webseite anzeigt. Bei der Webseite im IFRAME kann es sich um jede beliebige Webseite handeln, egal ob sie auf Ihrem Server gehostet wird oder nicht. Im Kontext von Microsoft Dynamics CRM können Sie dem Formular einer beliebigen Entität einen oder mehrere IFRAMEs hinzufügen. Abbildung 5.21 zeigt als Beispiel auf einem *Firma*-Formular einen IFRAME, der auf ein als Bild angezeigtes Firmenlogo verweist.

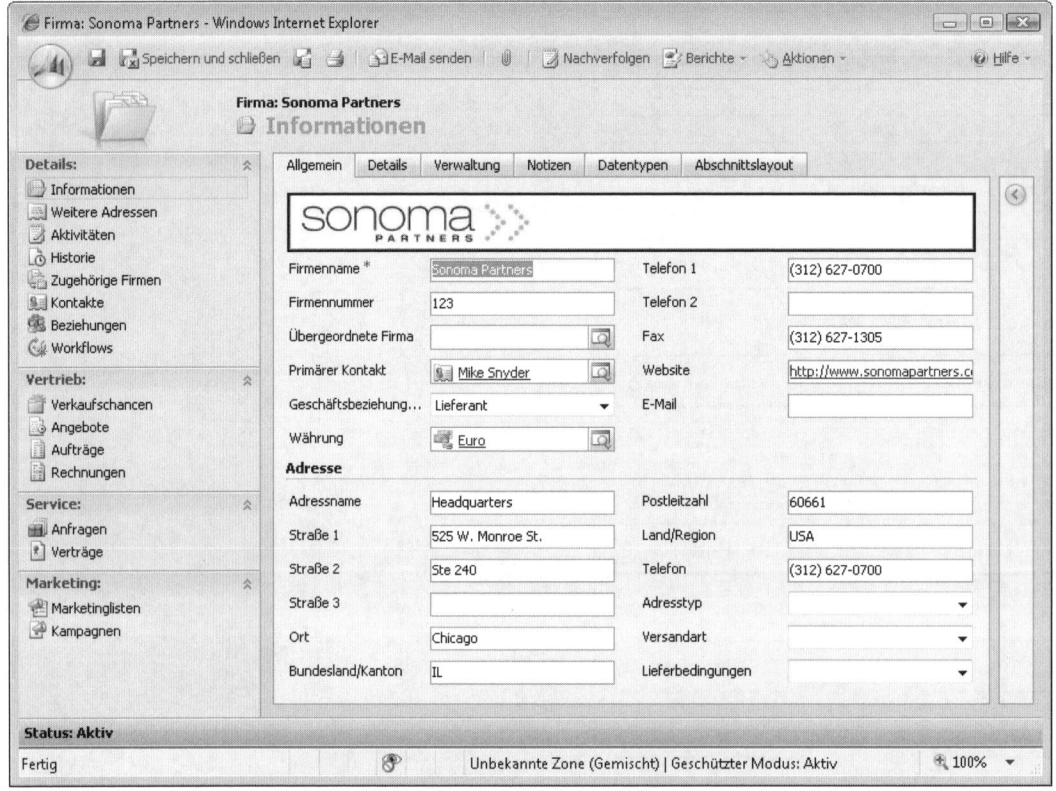

Abbildung 5.21   Dieses Firma-Formular enthält einen IFRAME, der auf eine Bilddatei verweist

Dieses recht einfache Beispiel soll lediglich zeigen, dass Sie Nicht-Microsoft Dynamics CRM-Inhalte mithilfe eines IFRAME im Kontext des Datensatzes eines Formulars anzeigen lassen. Auf einem Formular kommt ein IFRAME unter anderem für folgende Aufgaben infrage:

- Anzeigen externer Websites

- Anzeigen Ihrer eigenen benutzerdefinierten Webseiten

- Anzeigen von Fotos oder Bildern, die mit dem Datensatz in Beziehung stehen

- Anzeigen anderer Websites in Ihrem Intranet

Als wichtigstes Feature der IFRAME-Funktionalität ist zu nennen, dass Microsoft Dynamics CRM automatisch der IFRAME-Webadresse (Uniform Resource Locator, URL) zusätzliche Informationen aus Microsoft Dynamics CRM anfügen kann. Dazu gehören Datensatztyp, eindeutige Datensatzkennung, Name der Organisation, Spracheinstellungen usw. Mithilfe der zusätzlichen dynamischen Informationen in der URL-Zeichenfolge können Sie im IFRAME den Webinhalt anzeigen, der sich speziell auf den angezeigten Datensatz bezieht, anstatt eine generische URL anzuzeigen.

> **TIPP** IFRAMEs verweisen auf eine URL-Adresse. Mit URLs verweist man normalerweise auf Webseiten, doch kann man mit dem IFRAME auch auf all das verweisen, was sich durch eine URL adressieren lässt. Zum Beispiel können Sie URLs auch verwenden, um Bilder, Microsoft Office Word-Dateien, Microsoft Office Excel-Dateien usw. anzuzeigen. Außerdem lassen sich neben HTTP (Hypertext Transfer Protocol) auch andere Protokolle spezifizieren, wie zum Beispiel HTTPS (HTTP Secure) und FTP (File Transfer Protocol).

Obwohl das Bild, das Sie in Abbildung 5.21 sehen, ein einfaches IFRAME-Beispiel liefert, zeigen wir die Vorteile von IFRAMEs besser anhand eines komplexeren und praxisnaheren Beispiels. Viele unserer Kunden und Interessenten bitten darum, die Anzeige eines Firmendatensatzes zu modifizieren, um eine stark angepasste Ansicht des Datensatzes zu zeigen. Wie Sie in Kapitel 4 gelernt haben, ist es problemlos möglich, Firmenattribute in das Formular *Firma* hinzuzufügen und daraus zu entfernen, doch muss das nicht unbedingt 100 Prozent der Kundenszenarios entsprechen. Sehen Sie sich die folgenden Anforderungen an:

1. Der Kunde möchte gern die geöffneten und geschlossenen Aktivitätsdatensätze sehen, wenn Benutzer einen *Firma*-Datensatz öffnen, ohne dass er auf die Links im Navigationsbereich klicken muss.

2. Der Kunde möchte die Kontakte sehen, die mit der Firma in Beziehung stehen, ohne erst auf den Link *Kontakte* im Navigationsbereich klicken zu müssen.

3. Der Kunde möchte Daten aus dem Abrechnungssystem anzeigen, um die offenen Salden und letzten Zahlungen der Firma auf einen Blick erfassen zu können.

Für die Forderungen 1 und 2 speichert Microsoft Dynamics CRM diese Daten, doch Sie können sie nicht auf dem *Firma*-Formular anzeigen, weil sie keine Firmenattribute darstellen. Für Forderung 3 können die Daten in einem vollkommen anderen System als Microsoft Dynamics CRM gespeichert sein, sodass sich diese Werte offensichtlich nicht mit den standardmäßigen Editortools für ein Entitätsformular anzeigen lassen.

Erfreulicherweise können Sie mithilfe von IFRAMEs und einer benutzerdefinierten Webseite leicht beide Arten von Benutzerforderungen erfüllen. Abbildung 5.22 zeigt eine mögliche Implementierung mit einem von uns erstellten Tool, genannt *Account Overview* (Firmenübersicht).

Die Firmenübersicht zeigt sämtliche vom Kunden geforderten Informationen in einer einzigen Ansicht an!

Nachdem Sie nun das Konzept und einige Vorzüge der IFRAMEs in Microsoft Dynamics CRM kennen, gehen wir näher auf die Details hinsichtlich der IFRAME-Verwendung ein. Anschließend erläutern wir, wie wir das in Abbildung 5.22 gezeigte Beispiel für die Firmenübersicht eingerichtet und konfiguriert haben.

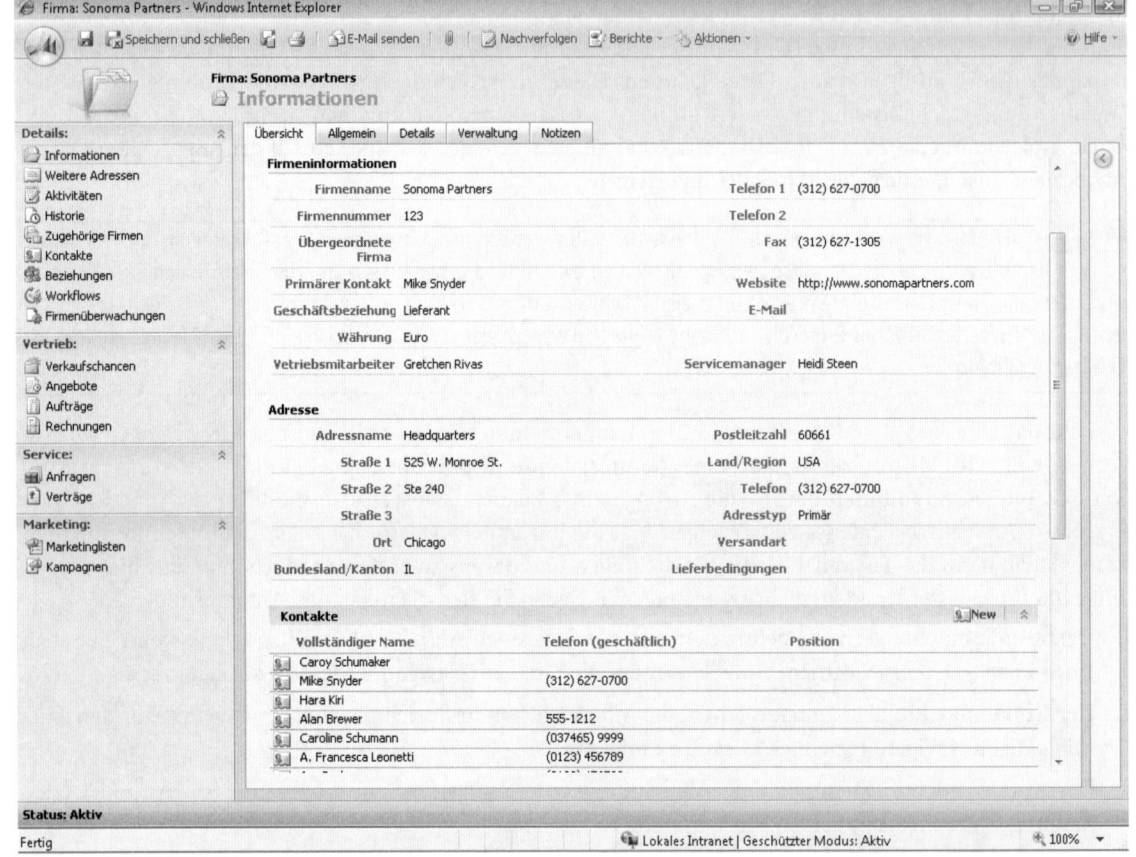

Abbildung 5.22   Benutzerdefinierter Firmenüberblick, der mit IFRAMEs und einer benutzerdefinierten Webseite erstellt wurde

Wenn Sie im Formulareditor der Entität im Tool *Allgemeine Aufgaben* auf *IFRAME hinzufügen* klicken, zeigt Microsoft Dynamics CRM ein Dialogfeld (siehe Abbildung 5.23) an, indem Sie die folgenden IFRAME-Eigenschaften konfigurieren:

- Name
- Bezeichnung
- Sicherheit
- Speicherort
- Layout
- Zeilenlayout
- Bildlauf
- Rahmen
- Abhängigkeiten

Abbildung 5.23 Die IFRAMEs-Eigenschaftenseite

Die folgenden Abschnitte gehen ausführlich auf die einzelnen Eigenschaften ein.

Name

Auf der Registerkarte *Allgemein* legen Sie im Abschnitt *Name* den Namen des IFRAME und seine URL fest.

- **Name:** Beachten Sie, dass Microsoft Dynamics CRM automatisch den Wert *IFRAME_* als Präfix vor Ihren IFRAME-Namen setzt. Im Unterschied zum Präfix des Attributschemas, das Sie konfigurieren können, lässt sich dieser Wert nicht anpassen. Nachdem Sie einen IFRAME erstellt haben, können Sie seinen Namen nicht mehr ändern.

- **URL:** Hier geben Sie die Adresse der Webseite oder Ressource ein, auf die Sie im IFRAME verweisen möchten. Das kann eine vollständige URL (inklusive *http://*) oder eine relative URL sein.

- **Parameter:** Wenn Sie das Kontrollkästchen *Datensatzobjekt-Typcode u. eindeut. Bezeichner als Parameter übergeben* aktivieren, fügt Microsoft Dynamics CRM zusätzliche Abfragezeichenfolgeparameter an die IFRAME-URL an. Tabelle 5.1 zeigt, wie eine IFRAME-URL für einen Beispieldatensatz mit und ohne aktiviertes Kontrollkästchen für die Parameterübergabe aussehen würde.

TIPP   Um die vollständige URL für einen von Ihnen erstellten IFRAME anzuzeigen, klicken Sie mit der rechten Maustaste auf den IFRAME und wählen *Eigenschaften*. Kapitel 9 erläutert, wie Sie das Feature zum Rechtsklicken in Microsoft Dynamics CRM aktivieren.

Parameter übergeben?	Im IFRAME angezeigte URL
Nein	*http://www.adatum.com/sample.aspx*
Ja	*http://www.adatum.com/sample.aspx?type=1&typename=account&id={09CDE437-8D93-DC11-A8E4-0003FF9456FD}&orgname=book&userlcid=1031&orglcid=1031*

Tabelle 5.1   Parameter an IFRAMEs übergeben

Wie Tabelle 5.1 zeigt, werden bei der Übergabe von Parametern die folgenden Daten an die URL-Abfragezeichenfolge angefügt:

- **type:** Jeder Microsoft Dynamics CRM-Entität ist ein Objekttypcode zugeordnet, der auf Entitäten verweist (zum Beispiel 1 = Firma, 2 = Kontakt usw.) Der Objekttypcode für jede Entität lässt sich unter anderem mit dem SDK (Software Development Kit)-Metadatenbrowser ermitteln.

- **typename:** Zeigt den benutzerfreundlichen Entitätsnamen an.

- **id:** Zeigt die GUID (Globally Unique Identifier) des aktuellen Datensatzes an.

- **orgname:** Zeigt den Organisationsnamen an.

- **userlcid:** Zeigt den Sprachcode für den Benutzer an (für mehrsprachige Bereitstellungen vorgesehen). Der Benutzersprachcode 1031 steht für Deutsch.

- **orglcid:** Zeigt den Sprachcode für die Organisation an.

Anhand dieser Zusatzinformationen in der URL-Abfragezeichenfolge können Sie genau feststellen, nach welchem Datensatz der Benutzer sucht, zu welcher Organisation er gehört, welche Sprache er bevorzugt und welche Sprache als Standard für die Organisation eingestellt ist. Nun können Sie Ihre eigenen benutzerdefinierten Webseiten erstellen, die die Informationen der Abfragezeichenfolge nutzen, um relevante Angaben zu dem vom Benutzer angezeigten Datensatz wiederzugeben. Außerdem sei betont, dass Tabelle 5.1 zwar eine benutzerdefinierte *.aspx*-Seite zeigt, es aber nicht erforderlich ist, Ihre benutzerdefinierten Webseiten mit einer Microsoft-Technologie zu erstellen. Der Microsoft Dynamics CRM-IFRAME kann die Parameter an jede Art von übergebener URL anfügen, sodass Sie benutzerdefinierte Seiten im IFRAME mit der Webentwicklungsplattform Ihrer Wahl erstellen können.

WICHTIG   Durch Übergabe von Parametern an IFRAMEs können Sie benutzerdefinierte, dynamisch aktualisierte Webseiten erstellen, um Daten in Bezug auf den geöffneten Datensatz anzuzeigen. Dabei muss Ihre benutzerdefinierte Webseite Daten von den zusätzlichen Abfragezeichenfolgeparametern abrufen und die Anzeige der Webseite entsprechend aktualisieren.

Bezeichnung

Ähnlich den Formularabschnitten können Sie dem IFRAME auf dem Formular eine Bezeichnung hinzufügen und festlegen, ob diese Beschriftung für Benutzer angezeigt werden soll.

Sicherheit

Da IFRAMEs den Inhalt einer anderen Website anzeigen, könnten Skripts von dieser alternativen Website ausgeführt werden und zu schädlichem oder nicht beabsichtigtem Verhalten in Microsoft Dynamics CRM führen. Standardmäßig blockiert Microsoft Dynamics CRM frameübergreifendes Skripting von der IFRAME-Website. Kapitel 10 geht ausführlich auf frameübergreifendes Skripting und relevante Sicherheitsbetrachtungen ein. In der Regel sollten Sie das Kontrollkästchen *Frameübergreifendes Skripting einschränken* aktiviert lassen, außer wenn Sie dieses Feature wirklich benötigen.

Speicherort

Mit diesen Eigenschaften legen Sie fest, auf welcher Registerkarte und in welchem Abschnitt der IFRAME anzuzeigen ist.

Layout

Abbildung 5.24 zeigt die Registerkarte *Formatierung* der IFRAME-Eigenschaftenseite.

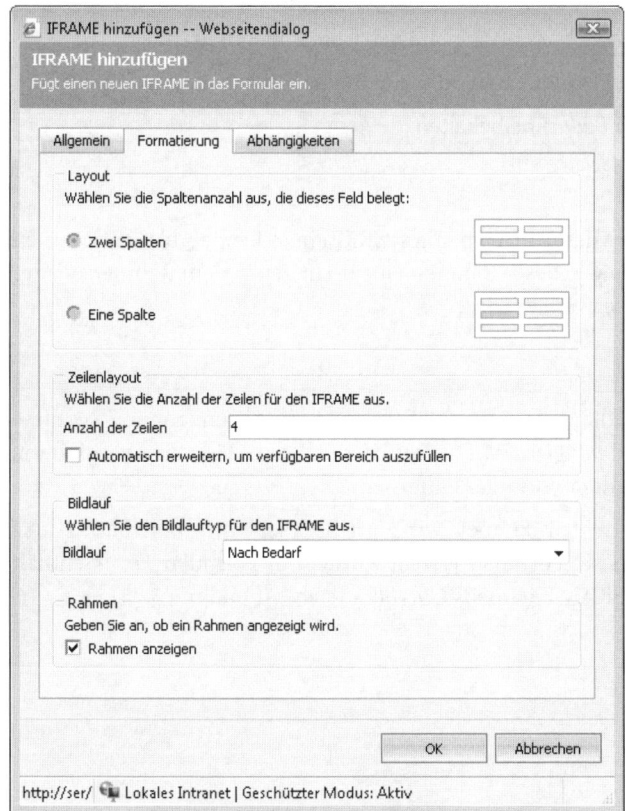

Abbildung 5.24 Registerkarte Formatierung
der IFRAME-Eigenschaftenseite

Microsoft Dynamics CRM deaktiviert die Layoutoption für IFRAMEs. Folglich überspannen IFRAMEs in einem Abschnitt mit variabler Feldbreite immer beide Spalten und IFRAMEs in einem Abschnitt mit fester Feldbreite bleiben immer fest in Bezug auf die Breite der Spalte, die sie einnehmen.

Zeilenlayout

In diesem Abschnitt geben Sie die Anzahl der Zeilen ein, die der IFRAME einnehmen soll. Wie bei Feldern können Sie den IFRAME auch so einrichten, dass er sich automatisch bis zur Größe des Fensters erweitert.

Bildlauf

Für jeden IFRAME lässt sich der Bildlauftyp konfigurieren. Mit den Bildlaufoptionen legen Sie fest, ob der IFRAME eine Bildlaufleiste erhalten soll, damit Benutzer die Seite im IFRAME nach oben und unten verschieben können. Es sind drei Bildlaufoptionen verfügbar:

- **Nach Bedarf:** Microsoft Dynamics CRM ermittelt automatisch, ob Bildlaufleisten erforderlich sind. Wenn der Inhalt des IFRAME in vertikaler (oder horizontaler) Richtung mehr Platz einnimmt, als der IFRAME von vornherein bereitstellt, fügt Microsoft Dynamics CRM Bildlaufleisten hinzu.

- **Immer:** Microsoft Dynamics CRM bindet immer horizontale und vertikale Bildlaufleisten ein.

- **Niemals:** Microsoft Dynamics CRM bindet horizontale und vertikale Bildlaufleisten niemals ein.

Vorzugsweise sollten Sie die Standardoption *Nach Bedarf* beibehalten.

Rahmen

Die IFRAME-Eigenschaft *Rahmen* bestimmt, ob Microsoft Dynamics CRM einen kleinen blauen Rahmen mit einer Breite von 1 Pixel um den IFRAME anzeigt. Dieser Rahmen entspricht genau dem Rahmenstil, der für die einzelnen Datenfelder auf dem Formular verwendet wird.

Abhängigkeiten

Wenn Sie in Ihrem IFRAME Skripts verwenden, die auf Felder des Formulars verweisen, können Sie diese Felder auf der Registerkarte *Abhängigkeiten* als *Abhängige Felder* spezifizieren. Damit lässt sich verhindern, dass Benutzer versehentlich abhängige Felder aus dem Formular entfernen.

Da Sie nun wissen, wie Sie einen IFRAME einrichten, können wir zum Beispiel *Firmenüberblick* (siehe Abbildung 5.22) zurückkehren und zeigen, wie dieses Formular erstellt wurde. Das Formular *Firma* enthält auf der Registerkarte *Überblick* einen einzelnen IFRAME namens *Überblick* (siehe Abbildung 5.25).

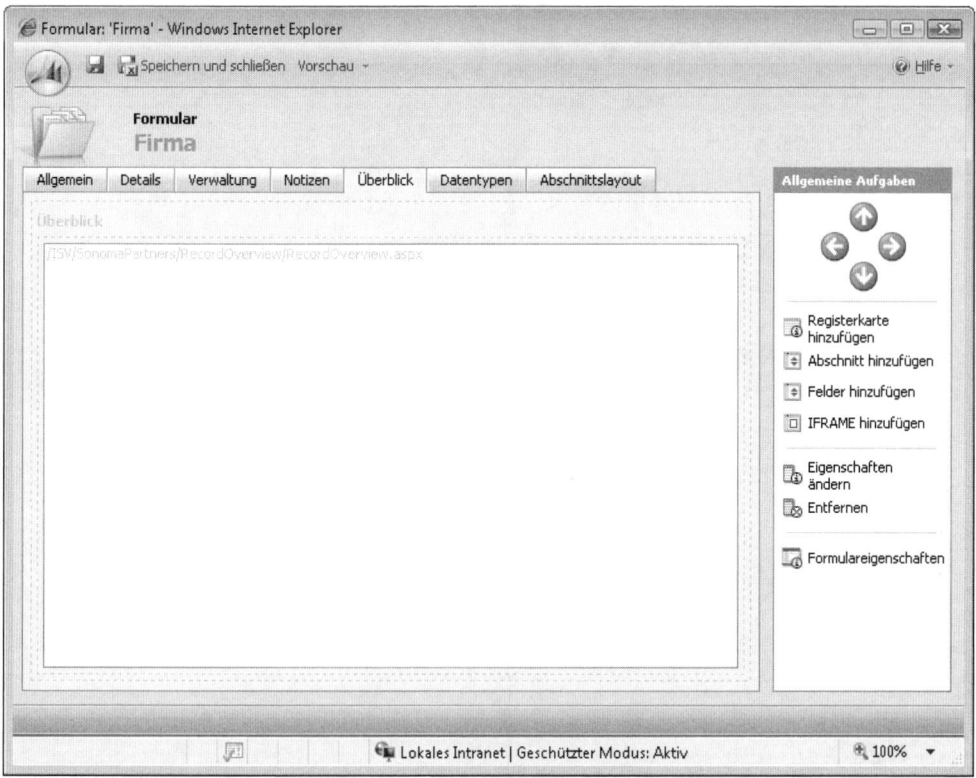

Abbildung 5.25 Formular für das Beispiel Firmenüberblick

Wenn Sie auf diesen IFRAME doppelklicken, um seine Eigenschaften anzuzeigen, erscheint die in Abbildung 5.26 dargestellte Konfiguration.

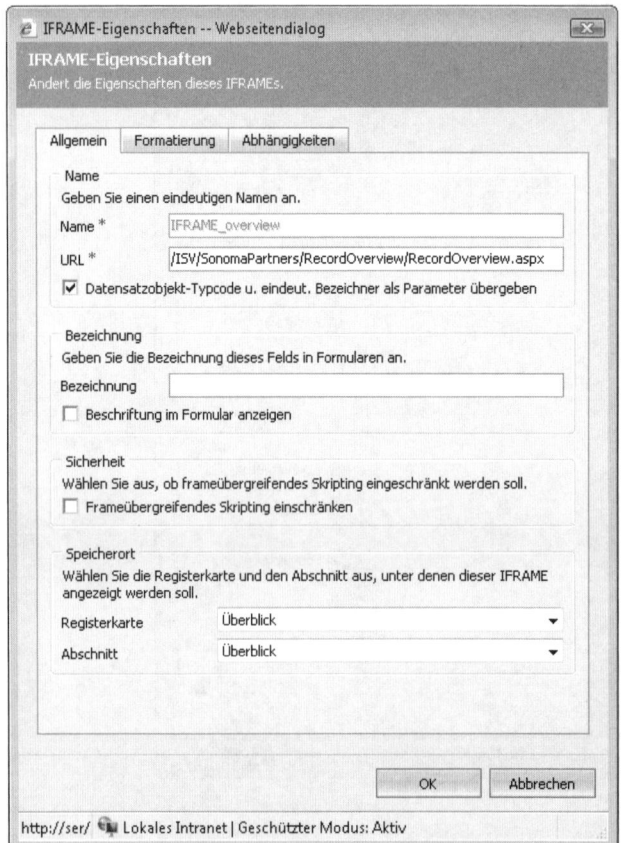

Abbildung 5.26   IFRAME-Konfiguration für das Beispiel Firmenüberblick

Wir haben eine benutzerdefinierte Webseite namens *RecordOverview.aspx* erstellt, die die Informationen der Abfragezeichenfolge liest, um genau nach dem vom Benutzer angezeigten Datensatz zu suchen. Von diesem Punkt an fragt die benutzerdefinierte Seite die zugeordneten Datensätze wie zum Beispiel Aktivitäten und Kontakte ab, um sie auf der Seite entsprechend unserer Anforderung anzuzeigen. Das Ganze ist recht unkompliziert!

WICHTIG   Indem Sie sorgfältig die Formate und Farben von Microsoft Dynamics CRM auf Ihren benutzerdefinierten Webseiten wählen, können Sie benutzerdefinierte Webseiten für Ihre Benutzer »unsichtbar« machen, sodass sie nicht erkennen können, ob sie mit den standardmäßigen oder mit den benutzerdefinierten Webseiten arbeiten. Da sich dies positiv auf die Benutzererfahrung auswirkt, sollten Sie unbedingt versuchen, die Schriften, Farben usw. bestmöglich zu treffen.

IFRAMEs gehören aufgrund ihrer zahlreichen Anpassungs- und Integrationsmöglichkeiten zu den attraktivsten Anpassungstools für Formulare, die in Microsoft Dynamics CRM verfügbar sind.

Verknüpfte Datensätze in einem IFRAME anzeigen

Außer dem Beispiel für den Firmenüberblick, das auf einer benutzerdefinierten Webseite verknüpfte Datensätze anzeigt, können Sie mit IFRAMEs für den gleichen Zweck auch auf vorhandene Microsoft Dynamics CRM-Webseiten verweisen. Im folgenden Beispiel zeigen Sie den Aktivitätsverlauf auf dem *Lead*-Formular an und verwenden dazu IFRAMEs in Verbindung mit dem *onLoad*-Ereignis des Formulars (siehe Abbildung 5.27).

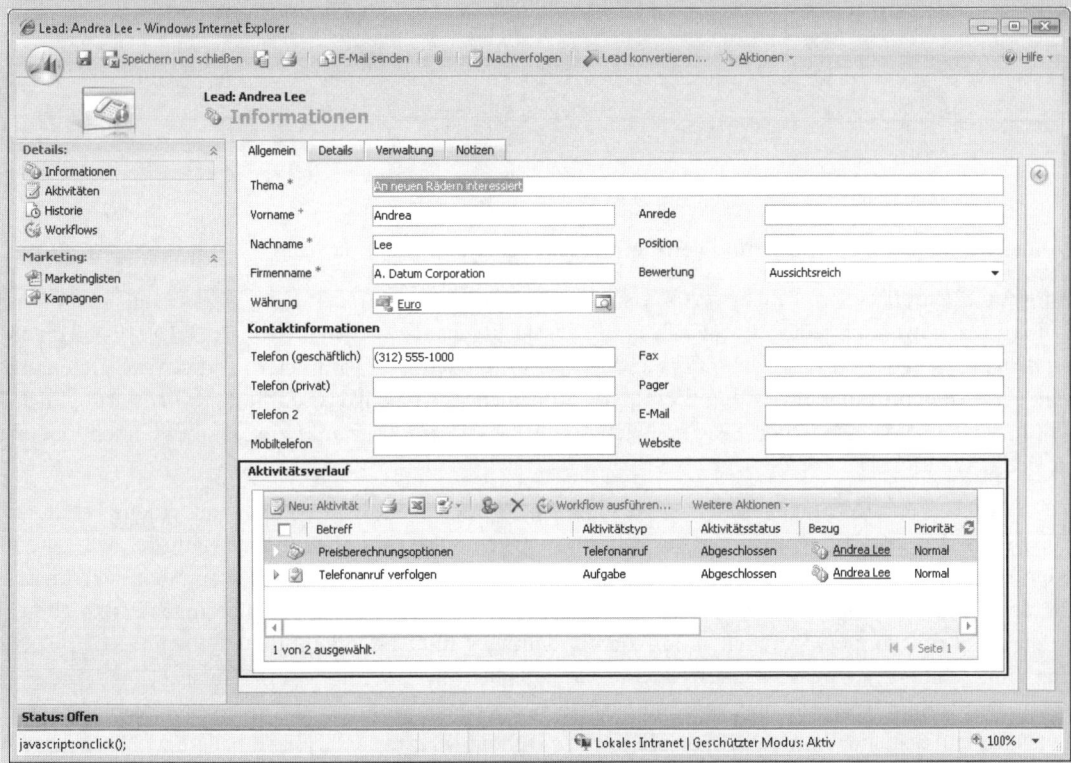

Abbildung 5.27 Den Aktivitätsverlauf auf dem Lead-Formular mithilfe von IFRAMEs anzeigen

1. Öffnen Sie den Editor für das Lead-Formular. Fügen Sie einen Abschnitt Aktivitätsverlauf hinzu und zeigen Sie die Beschriftung an. Fügen Sie dann einen IFRAME namens *ActivityHistory* hinzu. Geben Sie **about:blank** für die URL ein und aktivieren Sie das Kontrollkästchen *Datensatzobjekt-Typcode u. eindeut. Bezeichner als Parameter übergeben*. Deaktivieren Sie das Kontrollkästchen *Frameübergreifendes Skripting einschränken*, damit die Features des Aktivitätsverlaufs ordnungsgemäß funktionieren.

2. Klicken Sie auf *Formulareigenschaften* und dann auf *onLoad*. Fügen Sie das folgende Skript hinzu:

```
// Skript, um den Aktivitätsverlauf anzuzeigen
var CRM_FORM_TYPE_CREATE = 1;
if (crmForm.FormType == CRM_FORM_TYPE_CREATE )
{
  document.all.IFRAME_ActivityHistory.src="about:blank";
}
```

```
else
{
  var navActivityHistory;
  navActivityHistory = document.all.navActivityHistory;
  if (navActivityHistory != null)
  {
    document.all.IFRAME_ActivityHistory.src="/sfa/leads/areas.aspx?oId="  +
    crmForm.ObjectId +
"&oType=4&security=852023&tabSet=areaActivityHistory";
  }
  else
  {
    alert("navHistory nicht gefunden");
  }
```

}**3.**   Klicken Sie auf *Ereignis ist aktiviert* und dann zweimal auf *OK*.

4.   Speichern Sie das Formular und veröffentlichen Sie dann die Entität *Lead*.

Selbst wenn Sie mit JavaScript nicht vertraut sind, sollten Sie versuchen, den Code nachzuvollziehen. Das *Lead*-Formular startet bei jedem Öffnen das *onLoad*-Skript, das dann dynamisch die IFRAME-URL von *about:blank* in die URL *sfa/leads/areas.aspx* ändert und die eindeutigen Parameter für den *Lead*-Datensatz anfügt. Außerdem prüft das Skript den Formulartyp, um sicherzustellen, dass er diese Aktualisierung nicht durchführt, wenn Sie einen neuen Lead erstellen – denn zu diesem Zeitpunkt gibt es weder einen Verlauf noch eine eindeutige ID.

Dieses elegante Verfahren bietet sich an, um den zugeordneten Aktivitätsverlauf auf einem Formular mithilfe einer der *areas.aspx*-Webseiten von Microsoft Dynamics CRM anzuzeigen! Natürlich wird diese Art der Anpassung, bei der Sie auf vorhandene *.aspx*-Seiten verweisen, von Microsoft nicht offiziell unterstützt, doch handelt es sich um eine ansprechende Anpassung, bei der Sie nur ein geringes Risiko eingehen. Dieses Skript können Sie auch modifizieren, damit es mit anderen Entitäten (benutzerdefinierte Entität eingeschlossen) arbeitet. Dazu brauchen Sie lediglich die URL und *oType* entsprechend ändern. Um die URL- und *oType*-Informationen für andere Bereiche des Systems zu finden, navigieren Sie zur Aktivitätsverlaufsseite der Entität, klicken Sie mit der rechten Maustaste auf die Tabelle und übernehmen die URL im Eigenschaftswert.

Ansichten anpassen

In Microsoft Dynamics CRM werden mehrere Datensätze mithilfe von Ansichten angezeigt. Fast alle in Microsoft Dynamics CRM verwendeten Ansichten lassen sich anpassen, damit genau die Daten erscheinen, die Ihre Benutzer sehen möchten. Außerdem können Sie vollkommen neue Ansichten erstellen, wenn Sie andere Datenmengen wiedergeben möchten. Abbildung 5.28 zeigt die verschiedenen Komponenten einer Ansicht:

- **Schnellsuche:** Benutzer können Suchbegriffe eingeben und auf *Suche starten* klicken, um innerhalb der Ansicht zu suchen.

- **Ansichtsfilter:** Diese Liste zeigt alle vordefinierten Ansichten, die für den Benutzer verfügbar sind.

- **Tabelle:** Die Tabelle – auch als *Raster* bezeichnet– zeigt die Datensätze für die Ansicht in Zeilen und Spalten an.

- **Symbolleiste der Tabelle:** Mit dieser Symbolleiste können Benutzer zusätzliche Aktionen auf den Datensätzen in der Tabelle durchführen. Es lassen sich mehrere Datensätze auf einmal auswählen, die die jeweiligen Aktionen der Rastersymbolleiste ausführen (z. B. Zuweisen von Datensätzen oder Exportieren von Daten nach Microsoft Office Excel).

- **Spalten:** Jede Ansicht besteht aus einer oder mehreren Datenspalten. Benutzer können auf den Spaltenkopf klicken, um die Datensätze der Ansicht in aufsteigender Reihenfolge (von A nach Z) zu sortieren. Wird erneut auf den Spaltenkopf geklickt, werden die Datensätze in der entgegengesetzten Reihenfolge (absteigend von Z nach A) sortiert.

- **Index:** Benutzer können auf einen Indexbuchstaben klicken, um die in der Ansicht angezeigten Datensätze schnell zu filtern.

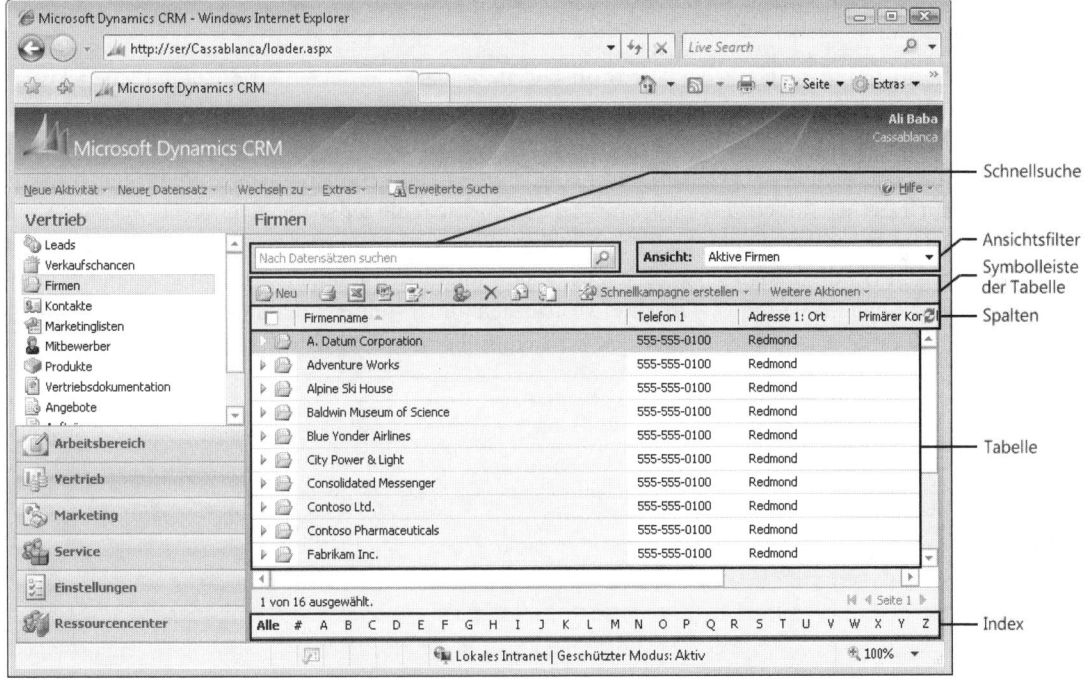

Abbildung 5.28   Komponenten einer Ansicht

Um Ansichten anzupassen, klicken Sie im Ordner *Anpassung* von Microsoft Dynamics CRM auf *Entitäten anpassen*. Doppelklicken Sie dann auf die Entität, die Sie bearbeiten möchten, und klicken Sie im Navigationsbereich auf *Formulare und Ansichten*.

TIPP   In Bezug auf Microsoft Dynamics CRM wird häufig der Begriff *Tabelle* gleichbedeutend mit *Ansicht* verwendet.

Ansichtstypen

Microsoft Dynamics CRM verwendet drei Typen von Ansichten:

- Öffentliche Ansichten

- Systemdefinierte Ansichten

- Gespeicherte Ansichten

Gespeicherte Ansichten unterscheiden sich von den beiden anderen Ansichten, weil Sie sie nicht im Ordner *Anpassung* von Microsoft Dynamics CRM verwalten. Stattdessen verwenden Sie die Tools der erweiterten Suche, um gespeicherte Ansichten zu erstellen, zu bearbeiten und zu löschen.

Öffentliche Ansichten

Es dürfte nicht überraschen, dass jeder Microsoft Dynamics CRM-Benutzer auf die öffentlichen Ansichten einer Entität zugreifen kann. Sämtliche öffentlichen Ansichten erscheinen im Ansichtsfilter für jede Entität. Außerdem können Sie für jede Entität eine standardmäßige öffentliche Ansicht spezifizieren. Die standardmäßige öffentliche Ansicht wird geladen, wenn ein Benutzer erstmalig zu einem Entitätsbereich navigiert. Wenn Sie also eine neue Ansicht für Firmen erstellen möchten, die jeder Benutzer sieht, wenn er erstmals zum *Firma*-Arbeitsbereich navigiert, erstellen Sie eine neue Ansicht und legen sie als die standardmäßige öffentliche Ansicht für die Entität *Firma* fest. Die standardmäßige öffentliche Ansicht können Sie im Entitätseditor ändern, indem Sie die gewünschte Ansicht auswählen (einfach anklicken) und dann im Menü *Weitere Aktionen* auf *Standard festlegen* klicken, wie es in Abbildung 5.29 zu sehen ist.

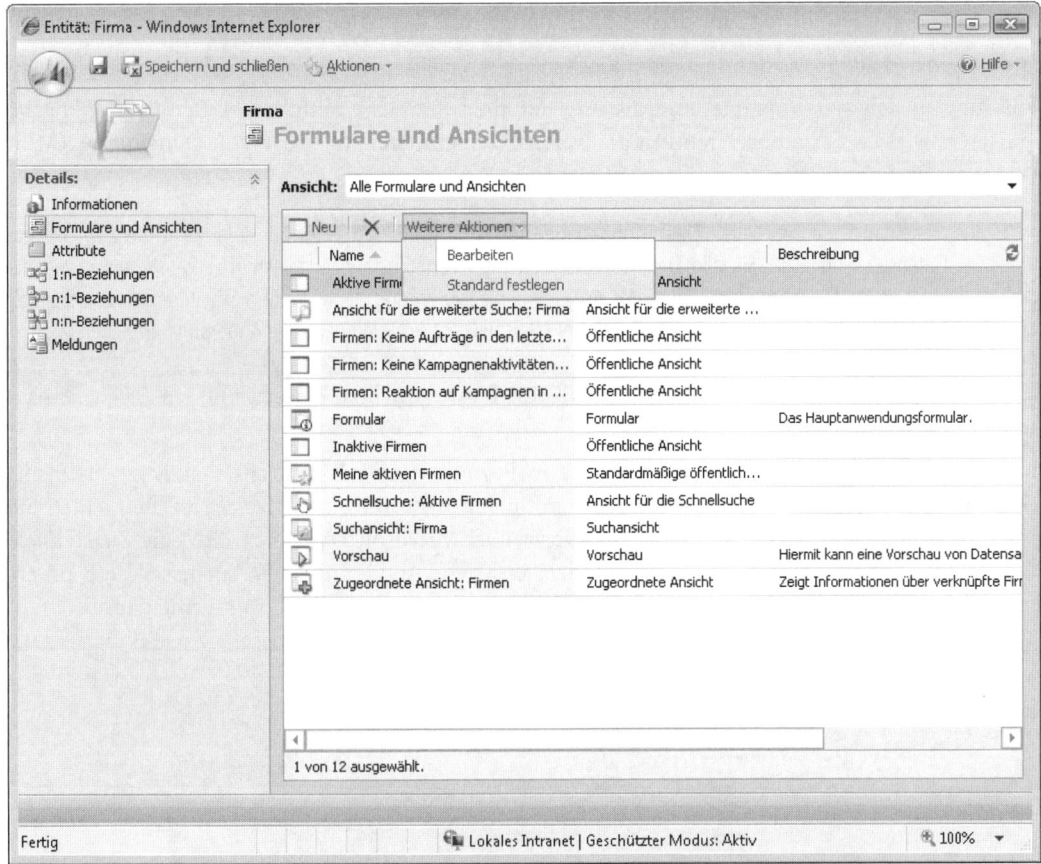

Abbildung 5.29 Einrichten einer anderen Ansicht als standardmäßige öffentliche Ansicht

Systemdefinierte Ansichten

Microsoft Dynamics CRM umfasst fünf systemdefinierte Ansichten:

- Zugeordnete Ansicht
- Ansicht für die erweiterte Suche
- Suchansicht
- Ansicht für die Schnellsuche
- Vorschau

Wie bei den Systementitäten erstellt Microsoft Dynamics CRM automatisch diese systemdefinierten Ansichten bereits während der Installation der Software. Da jede Ansicht einem ganz bestimmten Zweck in der Benutzeroberfläche dient, verhindert die Software, dass Sie irgendeine systemdefinierte Ansicht modifizieren. Insbesondere implementiert Microsoft Dynamics CRM bei allen diesen Ansichten folgende Einschränkungen:

- Für eine Entität kann jeweils nur eine dieser systemdefinierten Ansichten existieren.

- Systemdefinierte Ansichten lassen sich nicht löschen.

- Die Filterung in den systemdefinierten Ansichten können Sie nicht mithilfe der Benutzeroberfläche konfigurieren, weil die Systembeziehungen die Datensätze definieren, die Microsoft Dynamics CRM in jeder Ansicht anzeigt.

TIPP   Einige Systemansichten enthalten Filterinformationen im Anpassungs-XML. Zum Beispiel zeigt die *Zugeordnete Ansicht* nur aktive Datensätze an. Falls Sie alle Datensätze unabhängig vom Zustand anzeigen möchten, könnten Sie die Anpassungs-XML-Datei der Entität exportieren, den Filter manuell aktualisieren und dann die überarbeitete Anpassungsdatei zurück in Microsoft Dynamics CRM importieren. Kapitel 9 zeigt ein Beispiel, wie sich eine derartige Anpassung erreichen lässt.

Als Nächstes wird erläutert, wie Microsoft Dynamics CRM diese Ansichten einsetzt und wie Sie sie anpassen können.

Zugeordnete Ansicht: Wenn Sie sich die Datensätze in Bezug auf eine Entität ansehen, zeigt Microsoft Dynamics CRM die verknüpften aktiven Datensätze mithilfe der *Zugeordneten Ansicht* an. Betrachten Sie zum Beispiel die Kontakte in Bezug auf eine Firma, verwendet Microsoft Dynamics CRM die *Zugeordnete Ansicht* der *Kontakt*-Entität, um die Datensätze anzuzeigen (siehe Abbildung 5.30). Suchen Sie die Unter-Firmen einer Firma, zeigt Microsoft Dynamics CRM die *Zugeordnete Ansicht* der *Firma*-Entität an.

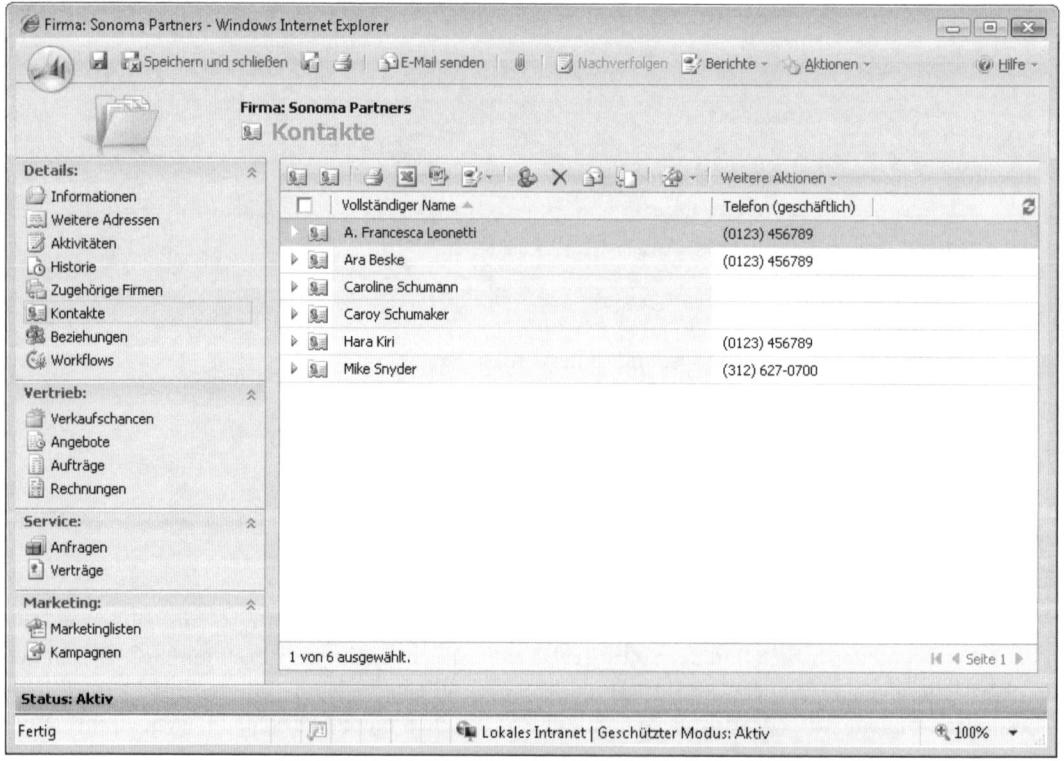

Abbildung 5.30   Die einem Kontakt zugeordnete Ansicht, wie sie sich auf einem Firma-Datensatz darstellt

Möchten Sie also den Titel eines Kontakts zur Ansicht gemäß Abbildung 5.30 hinzufügen, würden Sie die *Zugeordnete Ansicht: Kontakt* bearbeiten, selbst wenn Sie sich eigentlich einen *Firma*-Datensatz ansehen. Da nur eine zugeordnete Ansicht je Entität existiert, ist es nicht möglich, verschiedene Ansichten basierend auf der verknüpften Entität anzuzeigen. Zum Beispiel verweisen sowohl *Lead* als auch *Verkaufschancen* auf die *Zugeordnete Ansicht: Aktivität*. Wenn Sie die *Zugeordnete Ansicht: Aktivität* ändern, erscheint diese Änderung sowohl auf *Leads* als auch auf *Verkaufschancen*.

Ansicht für die erweiterte Suche: Mit dieser Ansicht für eine Entität können Sie die Standardspalten definieren, die erscheinen, wenn Benutzer die erweiterte Suche verwenden. Abbildung 5.31 zeigt die Ansicht *Erweiterte Suche* für *Kontakte*.

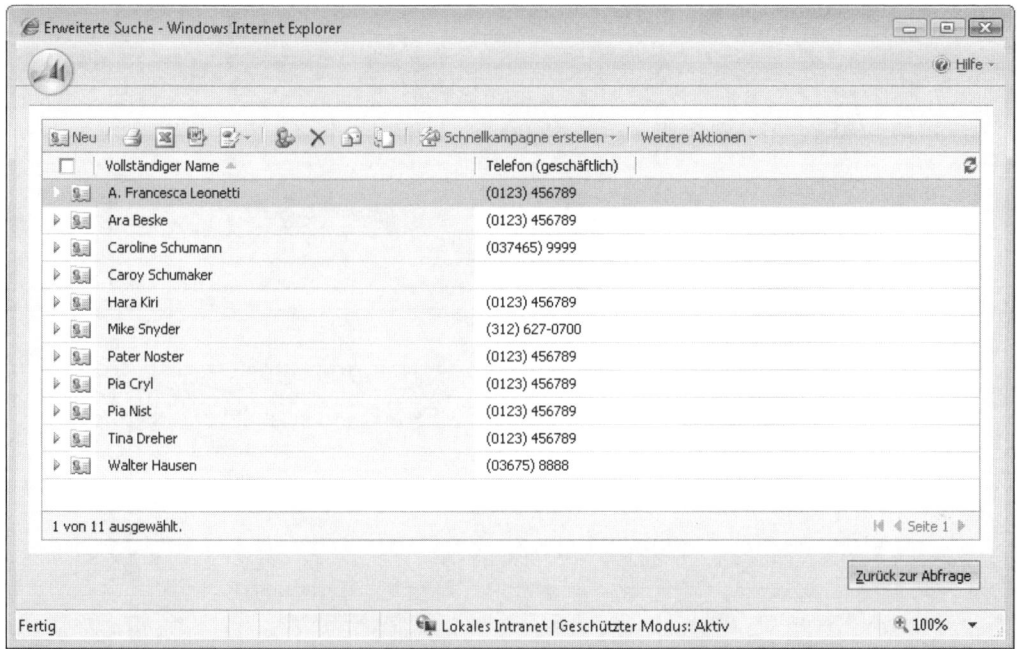

Abbildung 5.31   Ansicht Erweiterte Suche für Kontakte

Die Benutzer können zwar die Spalten, die in den Ergebnissen der erweiterten Suche erscheinen, leicht bearbeiten (siehe Abbildung 5.32), ihre Aktualisierungen ändern aber nicht die Ansicht für die erweiterte Suche für die Entität.

Wenn also ein Benutzer eine neue erweiterte Suche erstellt, sind die Spalten der Ansicht für die erweiterte Suche dieser Entität die Standardergebnisse.

Suchansicht: Wenn Benutzer auf die Schaltfläche *Suchen* (das Vergrößerungsglas) klicken, erscheint ein Dialogfeld *Datensätze nachschlagen*, in dem Benutzer nach einem bestimmten Datensatz suchen können. Die in Abbildung 5.33 wiedergegebene Suchansicht für Kontakte sehen Benutzer, wenn sie einen primären Kontakt für eine Firma auswählen.

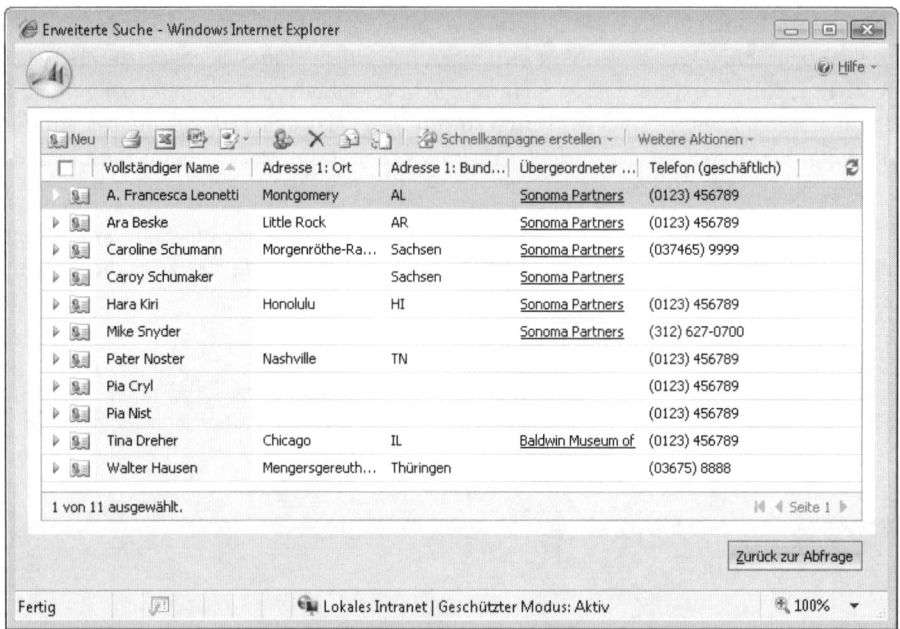

Abbildung 5.32   Spalten der erweiterten Suche wurden von einem Benutzer bearbeitet

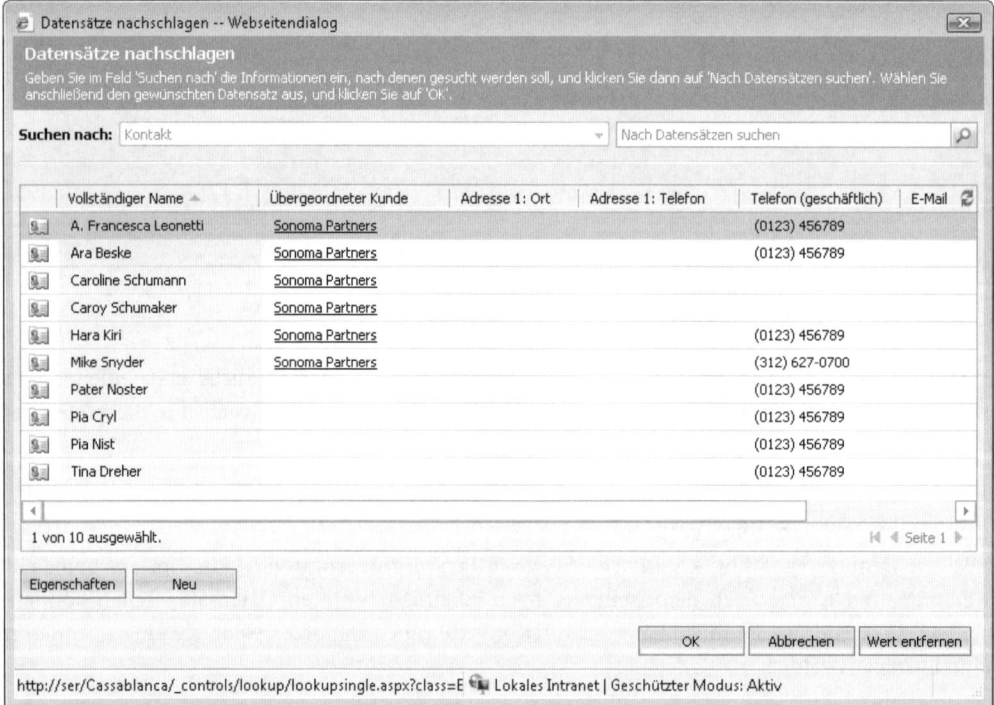

Abbildung 5.33   Die Suchansicht für Kontakte

Für die Suchansicht einer Entität können Sie die Spalten definieren, die im Dialogfeld *Datensätze nachschlagen* erscheinen. Außerdem lassen sich der Ansicht Suchspalten hinzufügen. Microsoft Dynamics CRM sucht dann nach Daten in allen Suchspalten, wenn der Benutzer Text für eine Suche eingibt. Zum Beispiel verfügt die Entität *Kontakt* standardmäßig über die folgenden Suchspalten:

- E-Mail

- Nachname

- Vollständiger Name

- Vorname

- Zweiter Vorname

Gibt ein Benutzer Text in das Dialogfeld *Datensätze nachschlagen* ein, um nach einem Datensatz zu suchen, vergleicht Microsoft Dynamics CRM die Daten in den Suchspalten, um die übereinstimmenden Datensätze abzurufen. Wenn Sie also nach einem Kontakt suchen, indem Sie die Telefonnummer des Kontakts in das Dialogfeld *Datensätze nachschlagen* eingeben, gibt Microsoft Dynamics CRM keine Datensätze zurück, weil das Telefonnummernfeld keine Suchspalte darstellt (siehe Abbildung 5.34).

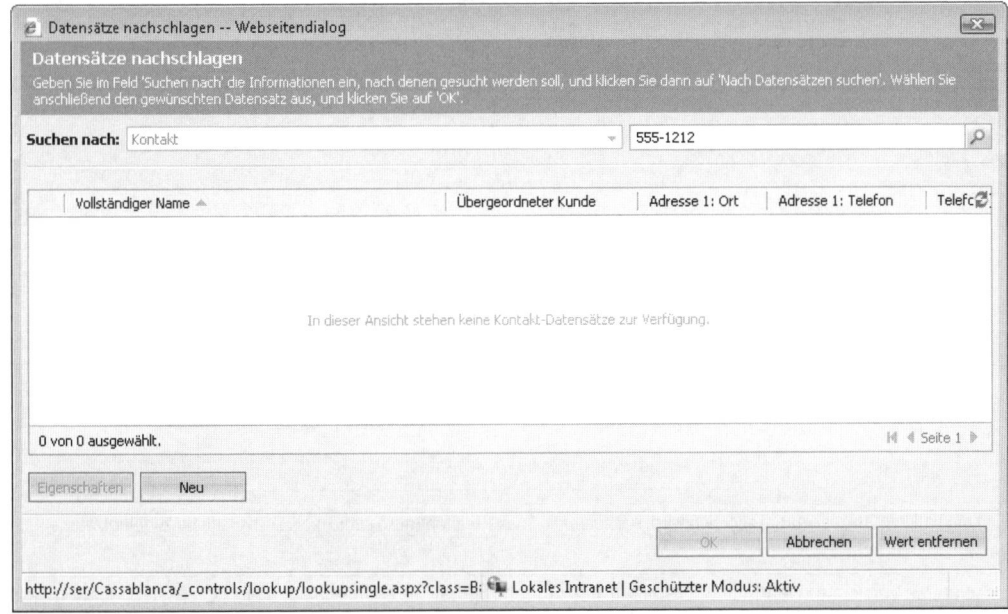

Abbildung 5.34   Ergebnisse einer Telefonnummernsuche mit den Standardsuchspalten

Wenn Sie allerdings die Suchansicht bearbeiten und *Telefon (geschäftlich)* als Suchspalte hinzufügen, können Benutzer nach Kunden über die Eingabe der Telefonnummern suchen.

Die Geschäftstelefonnummer als Suchspalte in die Kontakt-Suchansicht hinzufügen

1. Klicken Sie im Ordner *Anpassung* von Microsoft Dynamics CRM auf *Entitäten anpassen*.

2. Doppelklicken Sie auf die Entität *Kontakt* und dann im Navigationsbereich auf *Formulare und Ansichten*.

3. Doppelklicken Sie auf *Suchansicht: Kontakte* und klicken Sie dann unter *Allgemeine Aufgaben* auf *Suchspalten hinzufügen*. Das Dialogfeld *Suchspalten hinzufügen* wird geöffnet.

4. Aktivieren Sie in der Attributliste für den Kontakt das Kontrollkästchen *Telefon (geschäftlich)* und klicken Sie dann auf *OK*.

5. Klicken Sie in der Symbolleiste des Ansichtseditors auf die Schaltfläche *Speichern und schließen*.

6. Klicken Sie in der Menüleiste des Entitätseditors im Menü *Aktionen* auf *Veröffentlichen*, um die Entität *Kontakt* zu veröffentlichen.

Wenn nun ein Benutzer eine Telefonnummer in das Dialogfeld *Datensätze nachschlagen* eingibt, sucht Microsoft Dynamics CRM auch in der Spalte *Telefon (geschäftlich)* nach übereinstimmenden Datensätzen. Abbildung 5.35 zeigt die Suchergebnisse.

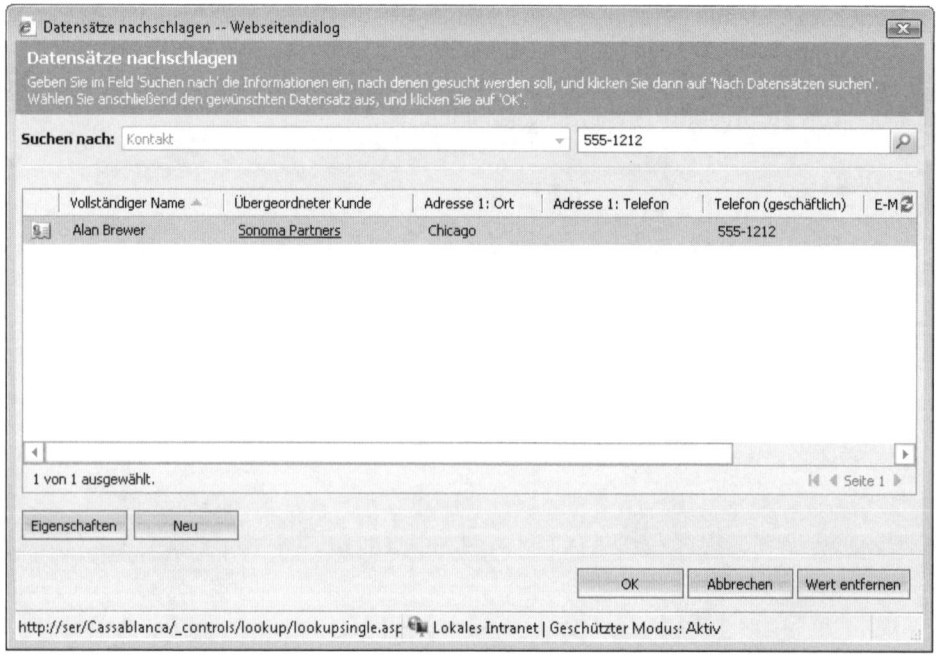

Abbildung 5.35   Kontaktdatensatz, der zurückgegeben wird, nachdem die Spalte Telefon (geschäftlich) als Suchspalte hinzugefügt wurde

ACHTUNG   Seien Sie vorsichtig, wenn Sie Suchspalten hinzufügen! Enthält Ihre Datenbank viele Datensätze, können sich zusätzliche Suchspalten negativ auf die Leistung auswirken, weil diese Spalten nicht unbedingt in der Datenbank indiziert werden. Binden Sie nur die wirklich erforderlichen Spalten ein oder arbeiten Sie mit dem Microsoft Dynamics CRM-Supportteam zusammen, um die geeigneten Indizes hinzuzufügen.

Damit Benutzer die Datensätze schneller auffinden können, ist es möglicherweise sinnvoll, außer für Telefonnummern auch Suchspalten für die Sozialversicherungsnummer des Kontakts oder eine eindeutige Kundennummer vorzusehen.

WICHTIG Für die eingegebenen Suchwerte ist zu beachten, dass Microsoft Dynamics CRM standardmäßig nach dem gesamten Wert und nicht nach Teilzeichenfolgen sucht. Wenn der Benutzer zum Beispiel »555-1212« eingibt und die Telefonnummer des Kontakts »(312) 555-1212« lautet, liefert Microsoft Dynamics CRM keinen Treffer. Die Software sucht alle Datensätze, die mit »555-1212« beginnen, während der angegebene Beispieldatensatz mit »(312)« beginnt. Um diesen Kontaktdatensatz in einem Suchergebnis zurückzugeben, müssen Sie nach »(312) 555-1212« oder »(312)« suchen. Nun ist aber nicht immer der genaue Wert bekannt, nach dem die Suche erfolgen soll. Deshalb können Sie in Microsoft Dynamics CRM ein Sternchen (*) als Platzhalterzeichen in Suchzeichenfolgen (sowohl bei Schnellsuche als auch bei normaler Suche) eingeben. Wenn Sie also die Vorwahl der Telefonnummer nicht kennen, können Sie nach »*555-1212« suchen und Microsoft Dynamics CRM findet den übereinstimmenden Datensatz.

Ansicht für die Schnellsuche: Auf den Hauptseiten von Entitäten können Benutzer nach Datensätzen mit dem Feature *Schnellsuche* suchen. Dazu geben sie einfach einen Suchwert in das Feld *Suchen nach* ein und klicken auf *Suchen*. Microsoft Dynamics CRM sucht dann nach übereinstimmenden Datensätzen und gibt die Ergebnisse in der *Ansicht für die Schnellsuche* der Entität zurück. Beachten Sie, dass die *Ansicht für die Schnellsuche* im Suchfilter als *Suchergebnisse* erscheint. Abbildung 5.36 zeigt die Ansicht für die Schnellsuche der *Firma*-Entität.

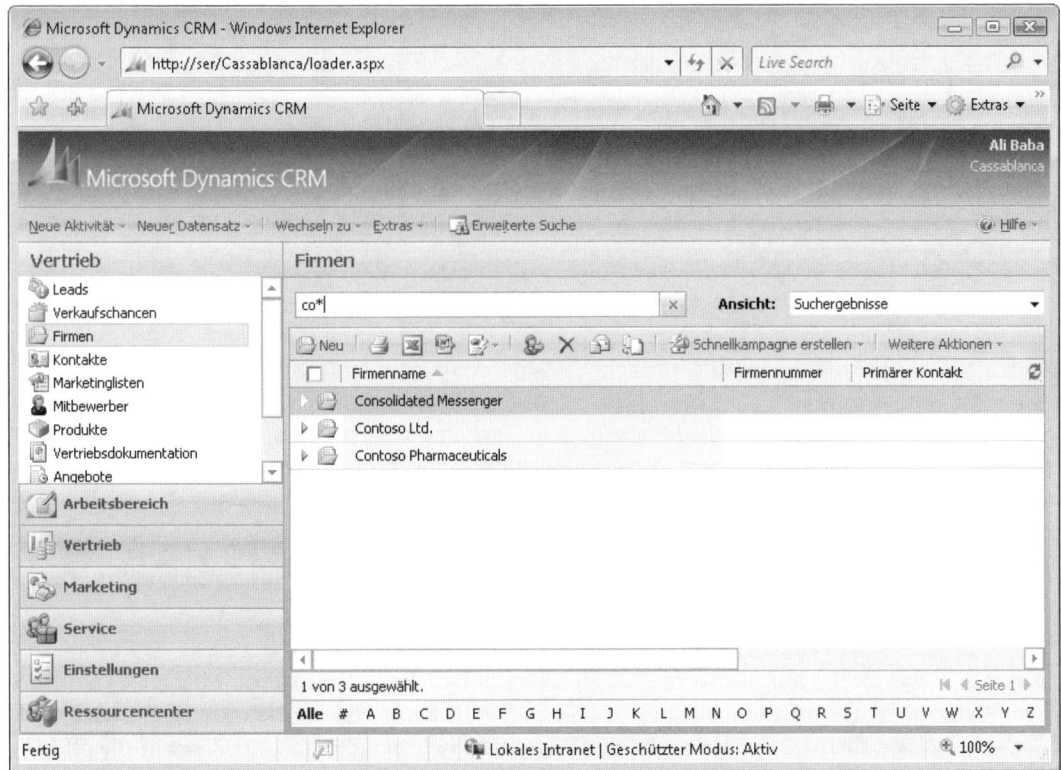

Abbildung 5.36 Ergebnisse einer Firmensuche mithilfe der Ansicht für die Schnellsuche und einem Platzhalterzeichen

Wie bei der Suchansicht können Sie die Suchspalten der Ansicht für die Schnellsuche anpassen und den Benutzern erlauben, nach Datensätzen über die von Ihnen angegebenen Entitätsattribute zu suchen.

Vorschau: Wenn Sie nach Datensätzen in einer Tabelle suchen, zeigt die Vorschau zusätzliche Informationen über einen Datensatz an, ohne dass Sie den Datensatz in einem neuen Fenster öffnen müssen. Benutzer können wie in Abbildung 5.37 dargestellt die Vorschau für einen Datensatz anzeigen, indem sie auf den Pfeil in der ganz linken Spalte klicken.

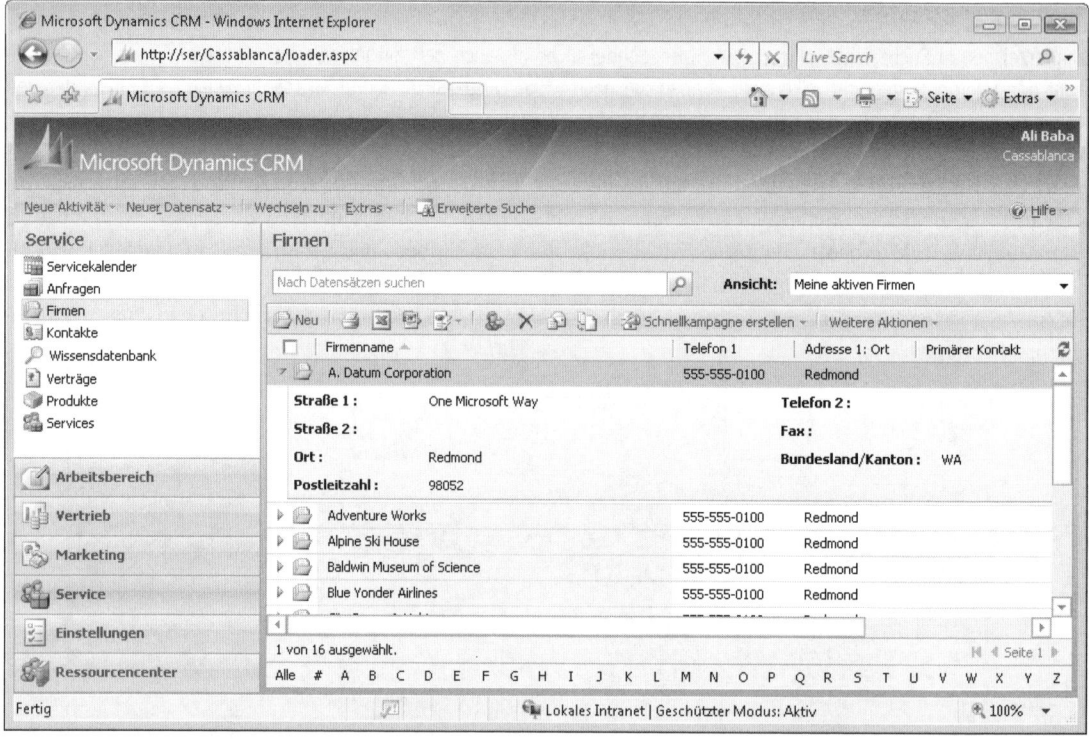

Abbildung 5.37   Vorschau eines Firmendatensatzes

Wenn Sie im Entitätseditor in der Tabelle *Formulare und Ansichten* auf den Datensatz *Vorschau* doppelklicken, erscheint der Vorschauformulareditor, der dem Formulareditor in Aussehen und Verhalten entspricht. Das Bearbeiten der Vorschau aktualisiert die Informationen, die Benutzer sehen, wenn sie auf den Vorschaupfeil klicken. Für das Vorschauformular können Sie nur Felder hinzufügen, Felder entfernen und Feldeigenschaften ändern. Nicht zu jeder Entität in Microsoft Dynamics CRM gehört eine Vorschau.

Gespeicherte Ansichten

Zur Erinnerung: *Gespeicherte Ansichten* verwalten Sie nicht im Ordner *Anpassung* von Microsoft Dynamics CRM. Wenn Benutzer neue Ansichten mit dem Feature *Erweiterte Suche* erstellen, können sie ihre Arbeit als *Gespeicherte Ansicht* speichern. Gespeicherte Ansichten besitzen viele der gleichen Attribute wie die öffentlichen und systemdefinierten Ansichten, weisen aber auch einige Besonderheiten auf.

Im Unterschied zu öffentlichen und systemdefinierten Ansichten lassen sich gespeicherte Ansichten aktivieren oder deaktivieren. Nur aktive Ansichten erscheinen im Ansichtsnamenfilter. Dieses Feature ist von Vorteil, wenn Sie eine neue Ansicht erstellen und sie erst dann im Ansichtsnamenfilter sehen möchten, wenn sie tatsächlich fertig gestellt ist.

Gespeicherte Ansichten weisen zudem das Besitzerkonzept auf. Das heißt, sie können einem bestimmten Benutzer zugewiesen werden und folgen den Microsoft Dynamics CRM-Sicherheitsregeln. Die Berechtigung *Gespeicherte Sicht* ist Teil der Sicherheitsrollenkonfiguration, sodass Sie zum Beispiel spezifizieren können, welche Sicherheitsrollen gespeicherte Ansichten lesen, schreiben oder löschen dürfen. Der Besitz der gespeicherten Ansicht und die Microsoft Dynamics CRM-Sicherheitskonfiguration bestimmen die Datensätze der gespeicherten Ansicht, auf die der Benutzer zugreifen kann. Dagegen existieren die öffentlichen und systemdefinierten Ansichten im gesamten System, sodass alle Benutzer auf sie zugreifen können. Wenn Sie eine gespeicherte Ansicht erstellen und für alle Benutzer freigeben möchten, lässt sich dies dadurch erreichen, dass Sie die gespeicherte Ansicht für ein Team freigeben, dem jeder Benutzer angehört, oder sie als öffentliche Ansicht erstellen.

Ansichten anpassen

Nachdem Sie nun die verschiedenen Ansichtstypen kennen, erläutern wir ausführlich, wie Sie diese Ansichten anpassen, um genau die Daten anzuzeigen, die Sie sehen wollen. Um eine Ansicht zu bearbeiten, doppelklicken Sie einfach auf den Namen der Ansicht in der Tabelle *Formulare und Ansichten* des Entitätseditors. Für alle Ansichten ist das gleiche Editortool zuständig, das in Abbildung 5.38 zu sehen ist.

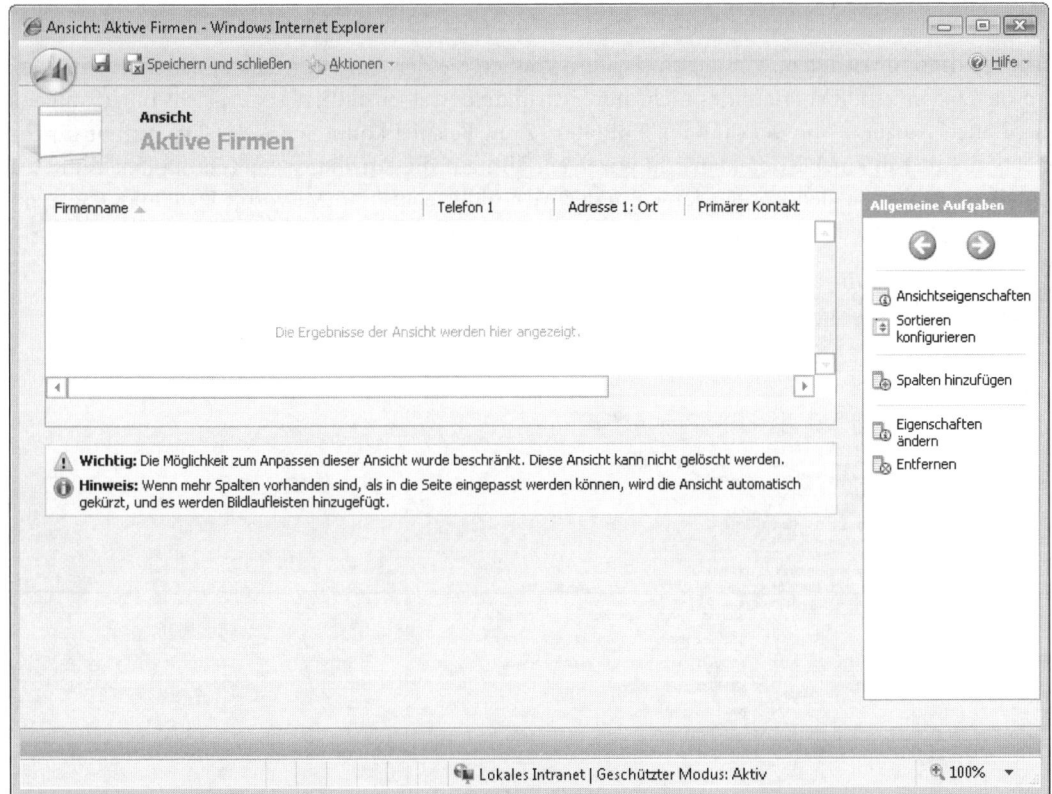

Abbildung 5.38 Editor für die Ansicht Aktive Firmen

Ähnlich wie beim Formulareditor stehen unter *Allgemeine Aufgaben* mehrere Tools zur Verfügung, um eine Ansicht anzupassen:

- **Richtungspfeile:** Markieren Sie eine Spaltenüberschrift und verschieben Sie sie dann mithilfe der Pfeilschaltflächen in der Ansicht nach links oder rechts.

- **Ansichtseigenschaften:** Mit diesem Tool ändern Sie den Namen der Ansicht. Der Ansichtsname ist im Ansichtsfilter zu sehen.

- **Filterkriterien bearbeiten:** Mit diesem Tool lassen sich komplexe Kriterien erstellen, um die von jeder Ansicht zurückgegebenen Daten gezielter auszuwählen. Ansichtsfilterkriterien können Sie nur spezifizieren, wenn Sie eine neue Ansicht erstellen. Dieses Feature lässt sich nicht für die systemdefinierten Ansichten nutzen, die mit Microsoft Dynamics CRM installiert werden (wie die in Abbildung 5.38 gezeigte Ansicht). Das Tool *Filterkriterien bearbeiten* verwendet die gleiche Benutzeroberfläche wie das Feature *Erweiterte Suche*, um die Datenabfrage zu erstellen.

- **Sortieren konfigurieren:** Mit diesem Tool spezifizieren Sie die Reihenfolge, in der die Ansicht die Datensätze sortieren soll. Das Sortieren kann nach einer beliebigen Spalte in aufsteigender oder absteigender Reihenfolge erfolgen. Bei näherem Hinsehen ist Ihnen im Ansichtseditor sicherlich aufgefallen, dass die Spaltenüberschrift für die Standardsortierreihenfolge einen kleinen nach oben weisenden Pfeil (für aufsteigende Reihenfolge) bzw. nach unten weisenden Pfeil (für absteigende Reihenfolge) zeigt. Leider gibt es keine Möglichkeit, automatisch eine zweite oder dritte Sortierreihenfolge hinzuzufügen.

- **Ansichtsspalten hinzufügen:** Mit diesem Feature können Sie der Ansicht weitere Spalten hinzufügen. Microsoft Dynamics CRM erlaubt es nicht nur, Attribute derselben Entität zur Ansicht hinzuzufügen, sondern auch Attribute von verknüpften Entitäten. Zum Beispiel könnten Sie das Typattribut für die Firmenbeziehung in einer Kontaktansicht anzeigen. Um auf die Attribute von verknüpften Entitäten zuzugreifen, wählen Sie den Entitätsnamen in der Auswahlliste aus und Microsoft Dynamics CRM aktualisiert daraufhin die Liste der Attribute, aus denen Sie auswählen können.

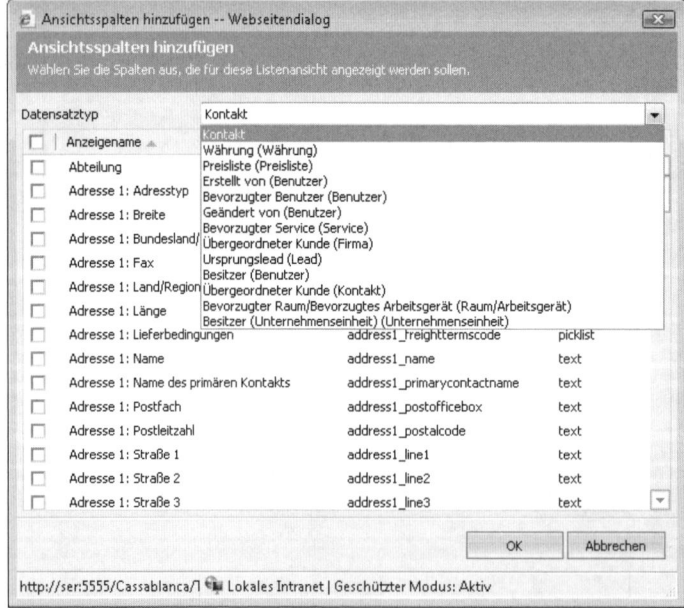

Abbildung 5.39 Auf Attribute verknüpfter Entitäten zugreifen

Standardmäßig werden neue Spalten ganz rechts hinzugefügt. Für Ansichten, in denen Sie keine Such-spalten hinzufügen können, bezeichnet Microsoft Dynamics CRM dieses Tool mit *Spalten hinzufügen*. Wenn Sie eine Spaltenüberschrift auswählen und dann eine Ansichtspalte hinzufügen, platziert Micro-soft Dynamics CRM die neue Spalte rechts neben der ausgewählten Spalte. Dieser Tipp kann Ihnen eini-ge Klicks sparen, wenn Sie eine Ansicht mit vielen Spalten haben.

- **Suchspalten hinzufügen:** Wie bereits erwähnt, können Sie mit diesem Feature spezifizieren, welche Spalten Microsoft Dynamics CRM nach übereinstimmenden Datensätzen durchsuchen soll. Das Fea-ture *Suchspalten hinzufügen* lässt sich nicht auf alle Ansichten anwenden.

- **Eigenschaften ändern:** Möchten Sie die Breite einer Spalte in der Ansicht ändern, markieren Sie die Spaltenüberschrift und klicken dann auf *Eigenschaften ändern*. Die Breite der Spalte können Sie in Pixel festlegen (in der Benutzeroberfläche mit *px* abgekürzt). Für bestimmte Spaltentypen können Sie das Kontrollkästchen *Präsenz für diese Spalte aktivieren* einschalten, wenn Sie in der Ansicht den Microsoft Office SharePoint Server 2007-Präsenzindikator anzeigen möchten.

- **Entfernen:** Mit dieser Option entfernen Sie eine Spalte aus der Ansicht.

TIPP   Auch wenn Sie Spalten von verknüpften Entitäten zu einer Ansicht hinzufügen, können Sie nur die Sortierung der Standardansicht mit Attributen von der primären Entität konfigurieren.

Bei der Installation von Microsoft Dynamics CRM erstellt die Software für jede Entität systemdefinierte Ansichten. Um sicherzustellen, dass die Software immer korrekt funktioniert, schränkt Microsoft Dynamics CRM Ihre Möglichkeiten ein, diese Ansichten anzupassen. Wenn Sie eine dieser eingeschränkten Ansichten bearbeiten, zeigt Microsoft Dynamics CRM eine Warnung an, wie sie zum Beispiel in Abbildung 5.38 weiter vorn in diesem Abschnitt zu sehen ist.

ACHTUNG   Wenn Sie einer Ansicht eine Spalte hinzufügen, zeigt Microsoft Dynamics CRM den Attributnamen als Über-schrift dieser Spalte an. Fügen Sie eine Spalte von einer verknüpften Entität hinzu, hängt Microsoft Dynamics CRM automatisch den Namen der verknüpften Entität in Klammern an den Attributnamen in der Spaltenüberschrift an. Leider lassen sich die Namen der Spaltenüberschriften in der Ansicht nicht ändern.

Anhand von zwei Beispielen gehen wir nun durch, wie Sie benutzerdefinierte Ansichten erstellen:

- Überfällige Aktivitäten für *Meine Mitarbeiter*
- Verkaufschancenbeziehungen

Beispielansicht: Überfällige Aktivitäten für Meine Mitarbeiter

Manager möchten häufig anzeigen, welche ihrer Mitarbeiter hinter dem Zeitplan zurückbleiben und welche ihre Aktivitäten rechtzeitig fertig stellen. Wir zeigen nun, wie Sie eine Aktivitätsansicht erstellen, um diese Informationen schnell aus der Microsoft Dynamics CRM-Datenbank zusammenzutragen.

Eine benutzerdefinierte Ansicht Überfällige Aktivitäten erstellen

1. Klicken Sie im Ordner *Anpassung* von Microsoft Dynamics CRM auf *Entitäten anpassen*.

2. Doppelklicken Sie auf die Entität *Aktivität* und klicken Sie im Navigationsbereich des Entitätseditors auf *Ansichten*.

3. Klicken Sie in der Symbolleiste der Tabelle auf *Neu*, um eine neue Ansicht zu erstellen.

4. Geben Sie im Dialogfeld *Ansichtseigenschaften* den Namen der Aktivität mit **Überfällige Aktivitäten meiner Mitarbeiter** ein und klicken Sie dann auf *OK*.

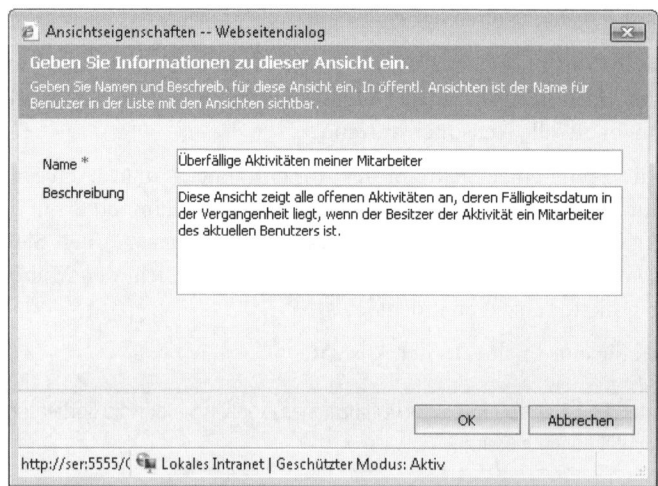

Abbildung 5.40   Geben Sie den Namen für die neue Ansicht und optional eine Beschreibung ein

5. Klicken Sie unter *Allgemeine Aufgaben* auf *Filterkriterien bearbeiten*. Daraufhin wird das Dialogfeld *Filterkriterien bearbeiten* geöffnet.

6. Setzen Sie den Mauszeiger auf *Auswählen* (oder klicken Sie darauf). Wählen Sie in der Gruppe *Felder* der Auswahlliste den Eintrag *Aktivitätsstatus* aus. Klicken Sie als Nächstes auf *Wert eingeben* und dann auf die drei Punkte, die erscheinen.

7. Das Dialogfeld *Werte auswählen* wird geöffnet. Markieren Sie im Abschnitt *Verfügbare Werte* den Eintrag *Offen* und klicken Sie dann auf die Schaltfläche *>>*. Klicken Sie auf *OK*, um das Dialogfeld *Werte auswählen* zu schließen. Mit dem auf *Offen* gesetzten Aktivitätsstatusfilter wählt die Ansicht nur Datensätze aus, die noch nicht fertig gestellt oder storniert wurden.

8. Um die offenen Aktivitäten zu filtern und nur diejenigen mit einem in der Vergangenheit liegenden Fälligkeitsdatum anzuzeigen, setzen Sie den Mauszeiger auf *Auswählen* (oder klicken darauf) und wählen dann den Eintrag *Fälligkeitsdatum*, der unter der Gruppe *Felder* aufgeführt ist.

9. Klicken Sie rechts von der Auswahlliste *Fälligkeitsdatum*. Microsoft Dynamics CRM zeigt eine Auswahl verschiedener Datumsoperatoren an. Allerdings gibt es keine Option der Art *in der Vergangenheit* oder *überfällig*. Bei Auswahl von *Am oder früher* fordert Microsoft Dynamics CRM Sie auf, ein bestimmtes Datum einzugeben. Wenn Sie also *Am oder früher* wählen und einen Datumswert eingeben, müssten Sie die Ansicht jeden Tag aktualisieren, um die überfälligen Aktivitäten anzuzeigen. Da Sie das sicherlich nicht vorhaben, greifen Sie zu einem einfachen Trick: Wählen Sie in der Auswahlliste *Fälligkeitsdatum* den Eintrag *Letzte X Jahre* und tragen Sie in das Feld *Wert eingeben* den Wert **99** ein. Jetzt zeigt Microsoft Dynamics CRM alle offenen Aktivitäten mit einem Fälligkeitsdatum in den letzten 99 Jahren an.

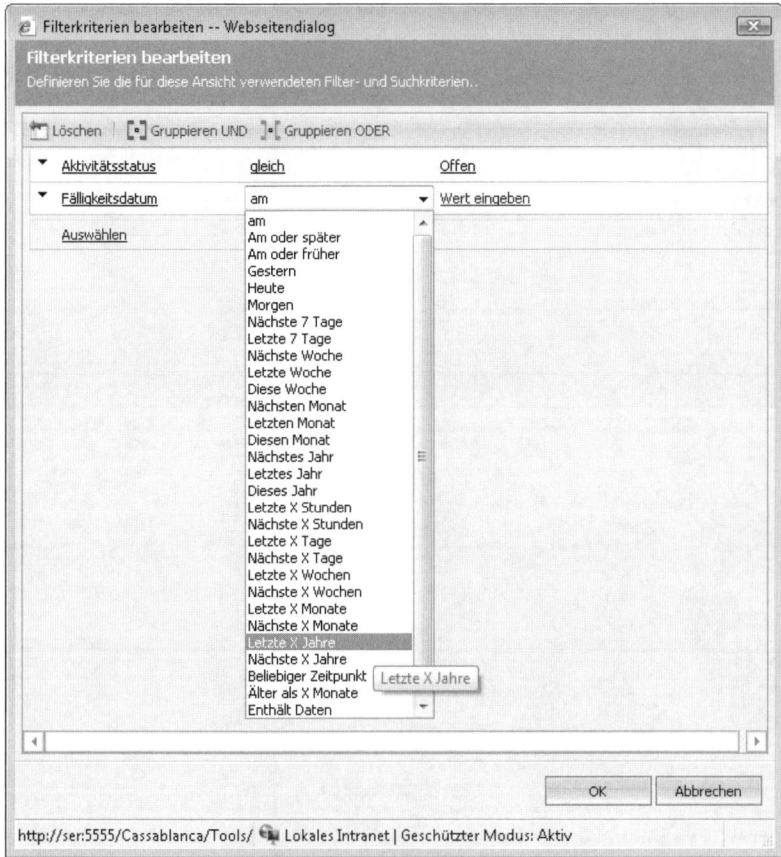

Abbildung 5.41   Durch Wahl von Letzte X Jahre lässt sich ein Fälligkeitsdatum in der Vergangenheit spezifizieren

10. Bislang gibt die Ansicht offene Aktivitäten mit einem Fälligkeitsdatum in den letzten 99 Jahren zurück, doch möchten Sie nur die Aktivitäten sehen, die den Mitarbeitern des Managers zugeordnet sind. Um diesen Filter hinzuzufügen, setzen Sie den Mauszeiger erneut auf *Auswählen* (oder klicken darauf). Blättern Sie in der Auswahlliste nach unten bis zur Gruppe *Verknüpft* und wählen Sie *Besitzer*.

11. Setzen Sie den Mauszeiger auf den Link *Auswählen* (oder klicken Sie darauf), der unter *Besitzer* erscheint. Wählen Sie in der Gruppe *Felder* den Eintrag *Manager*, behalten Sie den Standardwert des Operators mit *gleich dem aktuellen Benutzer* bei und klicken Sie auf *OK*, um das Dialogfeld *Filterkriterien bearbeiten* zu schließen.

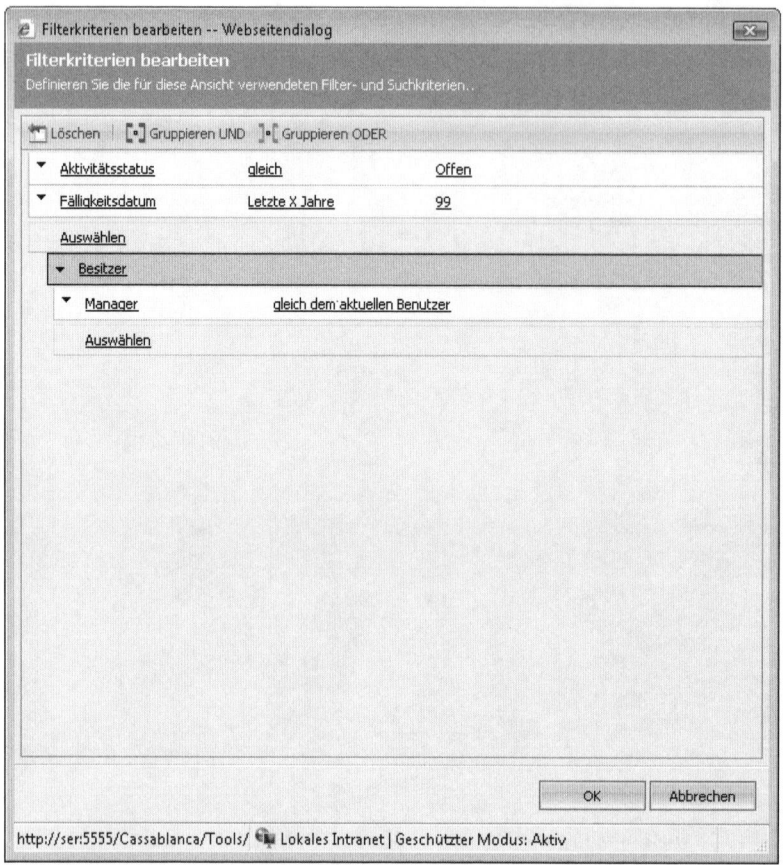

Abbildung 5.42   Das fertig gestellte Dialogfeld für die Filterkriterien

12. Fügen Sie die Spalten hinzu, die Sie in Ihrer Ansicht anzeigen möchten. Standardmäßig bindet Microsoft Dynamics CRM den Betreff in neue Aktivitätsansichten ein. Fügen Sie also noch die folgenden Spalten hinzu, indem Sie unter *Allgemeine Aufgaben* auf *Spalten hinzufügen* klicken: *Aktivitätstyp, Besitzer, Erstellungsdatum, Fälligkeitsdatum, Priorität* und *Zuletzt aktualisiert.*

13. Ordnen Sie die Spalten in der Ansicht neu an. Verwenden Sie die nach links und rechts weisenden Pfeile, um die Spalten von links nach rechts in die folgende Reihenfolge zu bringen: *Aktivitätstyp, Betreff, Priorität, Erstellungsdatum, Zuletzt aktualisiert, Fälligkeitsdatum, Besitzer.*

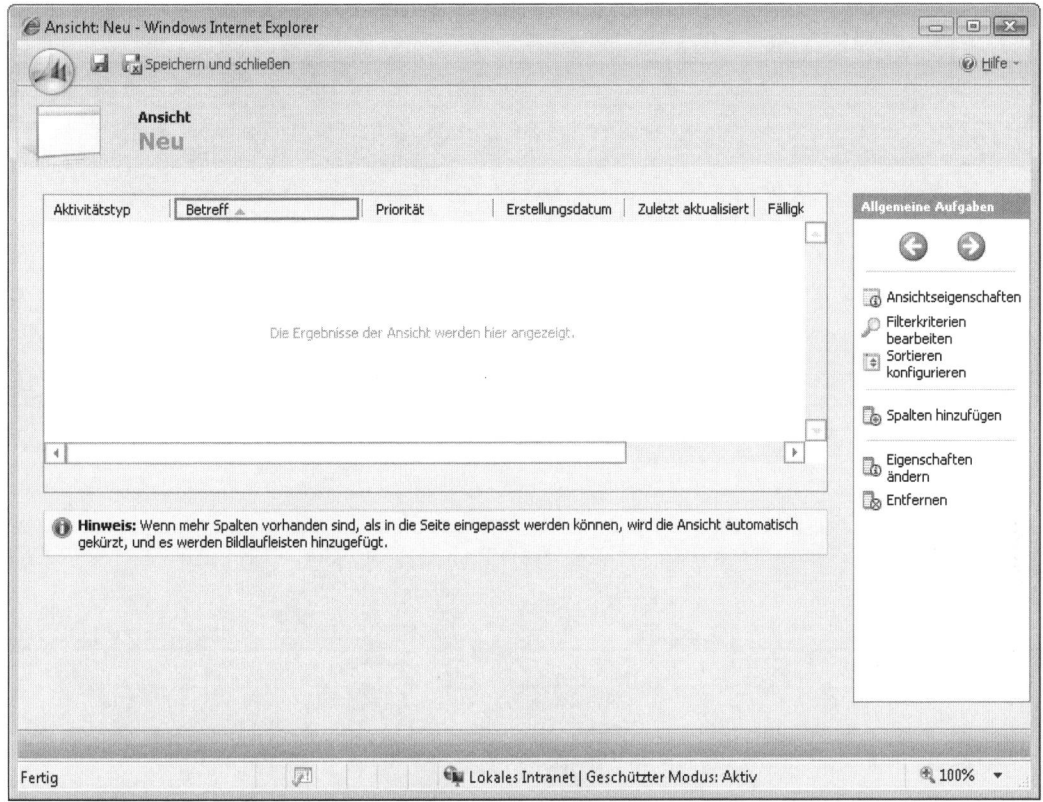

Abbildung 5.43 Die neue Ansicht mit den hinzugefügten und neu angeordneten Spalten

14. Wenn Sie eine neue Spalte hinzufügen, erhält sie standardmäßig eine Breite von 100 Pixel (*100px*). Klicken Sie auf *Eigenschaften ändern*, um die Breite der Spalten zu ändern – die Breite der Spalte *Priorität* auf 75 Pixel (*75px*) und die Breite der Spalte *Fälligkeitsdatum* auf 125 Pixel (*125px*).

15. Legen Sie die Standardsortierreihenfolge so fest, dass die Aktivitäten mit dem ältesten Fälligkeitsdatum zuerst erscheinen. Klicken Sie dazu auf *Sortieren konfigurieren*, wählen Sie die Spalte *Fälligkeitsdatum* und klicken Sie auf die Option *Aufsteigende Reihenfolge*. Klicken Sie auf *OK*.

16. Klicken Sie auf der Symbolleiste des Ansichtseditors auf *Speichern und Schließen*, um die Ansichtsanpassung abzuschließen.

17. Um die Ansicht zu veröffentlichen, klicken Sie in der Liste *Entitäten anpassen* auf Aktivität und dann in der Symbolleiste der Tabelle auf *Veröffentlichen*.

18. Es erscheint eine Meldung »Anpassungen werden veröffentlicht...«. Sobald die Meldung verschwindet, können Sie Ihre neue Ansicht verwenden.

19. Navigieren Sie im Bereich *Arbeitsbereich* zum Ordner *Aktivitäten* und wählen Sie im Ansichtsfilter den Eintrag *Überfällige Aktivitäten meiner Mitarbeiter*.

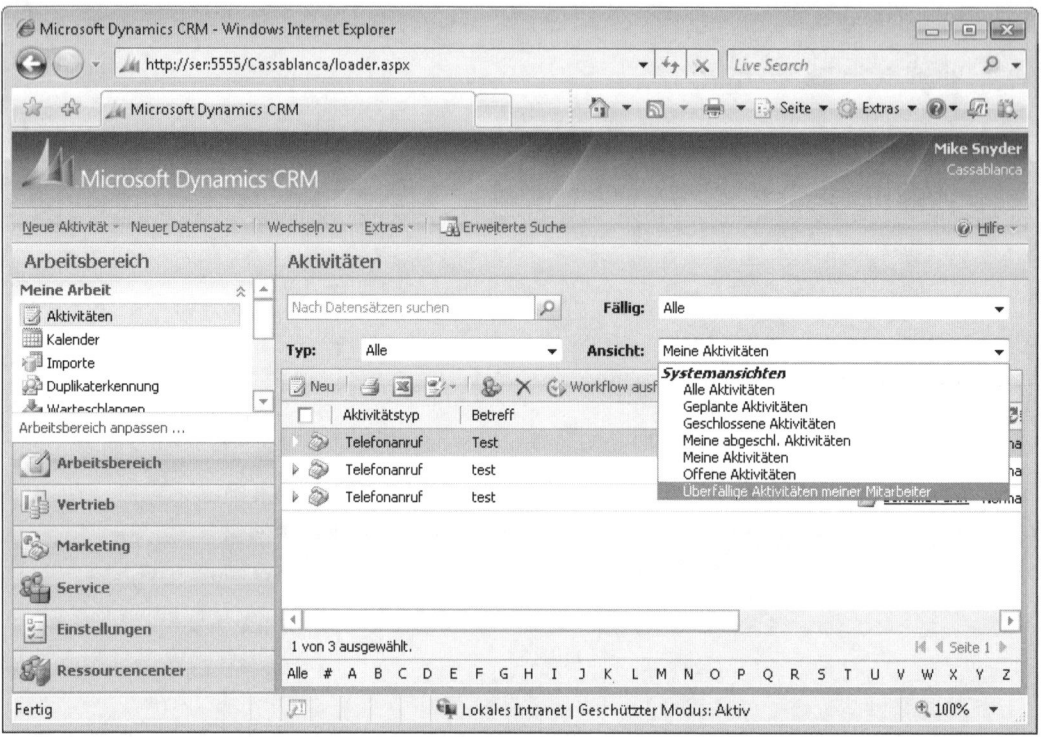

Abbildung 5.44   Die neue Ansicht lässt sich im Ansichtsfilter auswählen

Falls die Datensätze, die Sie eigentlich erwartet haben, nicht erscheinen, überprüfen Sie bitte, ob die Managerdatensätze der einzelnen Benutzer auch richtig eingerichtet sind. Den Manager eines Benutzers können Sie sich im jeweiligen Benutzerdatensatz ansehen. Wählen Sie dazu im Bereich *Einstellungen* von Microsoft Dynamics CRM den Ordner *Verwaltung* und klicken Sie auf *Benutzer*. Doppelklicken Sie dann auf den Namen des Benutzers, um den Datensatz zu öffnen, und wählen Sie im Menü *Aktionen* den Befehl *Manager ändern*. Im Dialogfeld *Manager ändern* können Sie den Manager für den Benutzer festlegen.

Beispielansicht: Verkaufschancenbeziehungen

Microsoft Dynamics CRM erlaubt Benutzern, Verkaufschancenbeziehungen einzugeben, um Firmen und Kontakte in Bezug auf die einzelnen Verkaufschancen zu verfolgen. Möchten Sie beispielsweise die vielen unterschiedlichen Schlüsselpersonen (Kontakte) auf einen möglichen Verkauf verfolgen, würden Sie eine Verkaufschancenbeziehung für die Schlüsselpersonen einrichten und konfigurieren. Wollen Sie später eine Marketingkampagne starten, um diesen Schlüsselpersonen dafür zu danken, dass sie Ihnen dazu verholfen haben, in diesem Jahr neue Geschäftsbeziehungen zu gewinnen, bietet sich eine Ansicht an, um diese Schlüsselpersonen schnell zu finden.

Eine benutzerdefinierte Ansicht für vermittelte Aufträge erstellen

1. Klicken Sie im Ordner *Anpassung* von Microsoft Dynamics CRM auf *Entitäten anpassen*.

2. Doppelklicken Sie auf die Entität *Kontakt* und klicken Sie dann im Navigationsbereich auf *Formulare und Ansichten*.

3. Klicken Sie in der Symbolleiste der Tabelle auf *Neu*, um eine neue Ansicht zu erstellen, und geben Sie den Namen **Vermittelte Aufträge, die gewonnen wurden** ein.

4. Klicken Sie unter *Allgemeine Aufgaben* auf *Filterkriterien bearbeiten*, um das Dialogfeld *Filterkriterien bearbeiten* zu öffnen.

5. Blättern Sie in der Auswahlliste bis zur Gruppe *Verknüpft* und wählen Sie den Eintrag *Verkaufschancen-beziehungen (Kunde)* aus. Setzen Sie den Mauszeiger auf den Link *Auswählen*, der unterhalb von *Verkaufschancenbeziehungen (Kunde)* erscheint (oder klicken Sie darauf) und wählen Sie in der Gruppe *Felder* den Eintrag *Rolle des Kunden*. Behalten Sie das Standardkriterium *gleich* bei und klicken Sie auf *Wert eingeben*. Im Dialogfeld *Datensätze nachschlagen* wählen Sie *Schlüsselperson* aus.

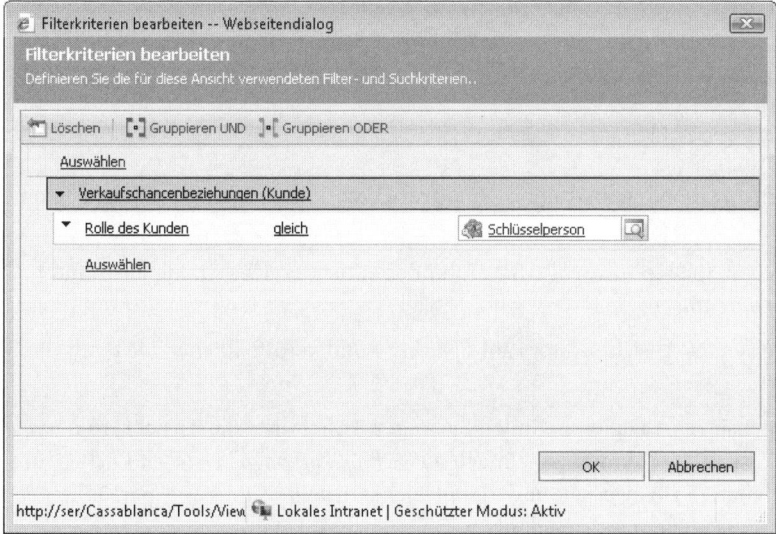

Abbildung 5.45 Das Dialogfeld Filterkriterien bearbeiten für die neue Ansicht

6. Passen Sie die Ansicht weiter an, um nur diejenigen Kontakte anzuzeigen, die auf eine Verkaufschance verwiesen haben, die sich auch ausgezahlt hat. Setzen Sie den Mauszeiger auf den Link *Auswählen* (oder klicken Sie darauf), der unterhalb der Schaltfläche *Löschen* erscheint. Blättern Sie in der Auswahlliste bis zur Gruppe *Verknüpft* und wählen Sie *Verkaufschancen (Potenzieller Kunde)* aus. Beachten Sie, dass es in der Gruppe *Felder* ebenfalls einen Eintrag *Verkaufschance* gibt, doch hier ist der unter *Verknüpft* aufgeführte Wert relevant.

7. Setzen Sie den Mauszeiger auf den Link *Auswählen* (oder klicken Sie darauf), der unter *Verkaufschancen (Potenzieller Kunde)* erscheint, und wählen Sie in der Auswahlliste den Eintrag *Status* aus. Als Nächstes setzen Sie das Kriterium auf *Gewonnen*.

8. Wiederholen Sie diesen Vorgang und wählen Sie *Tatsächliches Abschlussdatum* mit dem Kriterium *Dieses Jahr* aus.

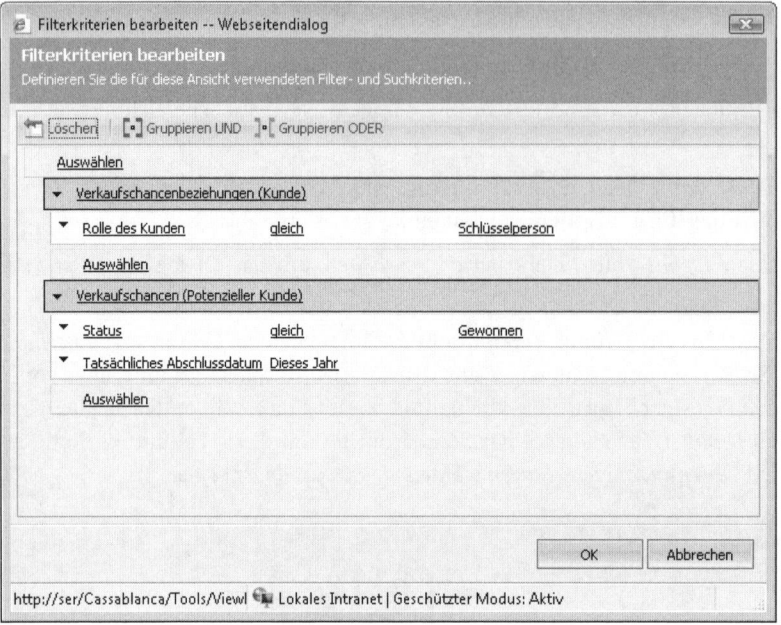

Abbildung 5.46　Das fertig gestellte Dialogfeld Filterkriterien bearbeiten

9. Haben Sie die Kriterien entsprechend Abbildung 5.46 eingerichtet, klicken Sie auf *OK*, um zum Ansichtseditor zurückzukehren.

10. Jetzt fügen Sie alle zusätzlichen Spalten hinzu, die Sie einbinden möchten. Klicken Sie dazu unter *Allgemeine Aufgaben* auf *Spalten hinzufügen*.

11. Klicken Sie in der Symbolleiste des Ansichtseditors auf *Speichern* und veröffentlichen Sie dann die Entität *Kontakt*.

12. Wenn Sie zu den Firmendatensätzen navigieren, finden Sie in der Ansichtliste die Ansicht *An Land gezogene Aufträge*. Von dieser Ansicht aus können Sie einfach auf *Schnellkampagne erstellen* klicken, um automatisch Telefonanrufaktivitäten zuzuweisen und damit sicherzustellen, dass Sie persönlich jedem Kontakt für seine Mitwirkung bei einem Auftrag danken.

Aktivitäten anpassen

Aktivitäten sind das Herz und die Seele jedes CRM-Systems und Microsoft Dynamics CRM ist da keine Ausnahme. Ein CRM-System dient vor allem dazu, alle Vertriebs-, Service- und Marketingdaten in Bezug auf Ihre Kunden effizient zu verfolgen und zu verwalten. Microsoft Dynamics CRM speichert den größten Teil dieser Daten (die man auch als *Berührungspunkte* bezeichnet) als Aktivitäten. Wie bei den Entitäten Lead, Firma, Kontakt und Verkaufschance können Sie viele der bislang beschriebenen Anpassungen auch auf Aktivitäten anwenden, beispielsweise Attribute hinzufügen, Ansichten anpassen und Entitäten umbenennen.

WICHTIG   Microsoft Dynamics CRM verwendet eine Entität namens *Aktivität* (Schemaname *activitypointer*), die als überge-ordnete Entität mehrerer anderer Entitäten wie zum Beispiel Aufgabe, Fax, Telefonanruf, E-Mail usw. agiert. Zudem firmieren diese Unterentitäten in Microsoft Dynamics CRM als *Aktivitäten*, weil sie untergeordnete Entitäten der übergeordneten Entität *Aktivität* sind.

Da allerdings Aktivitäten so wichtig sind für Microsoft Dynamics CRM, gehen wir hier explizit auf einige aktivitätsspezifische Anpassungen ein. Die standardmäßige Microsoft Dynamics CRM-Installation enthält 16 unterschiedliche Arten von Aktivitäten (untergeordneten Entitäten der Entität *Aktivität*):

- Aufgabe

- Fax

- Telefonanruf

- E-Mail

- Brief

- Termin

- Serviceaktivität

- Kampagnenreaktion

- Kampagnenaktivität

- Abschluss von Aufträgen

- Abschluss von Angeboten

- Abschluss von Verkaufschancen

- Schnellkampagne

- Abschluss von Anfragen

- Systemauftrag

- Protokoll für Massenvorgang

Microsoft Dynamics CRM definiert alle Systembeziehungen zwischen der Aktivität und ihren verknüpften untergeordneten Entitäten vorab. Da die *Aktivität*-Entitäten viele der inneren Abläufe der Software verwalten, schränkt Microsoft Dynamics CRM Ihre Möglichkeiten zur Anpassung bei einigen dieser Aktivitäten ein. Folglich können Sie keine benutzerdefinierten Attribute zur Entität *Aktivität* hinzufügen oder irgendwelche Beziehungen zwischen der Entität *Aktivität* und ihren verknüpften Entitäten modifizieren. Diese Einschränkung manifestiert sich auch darin, dass die Entität *Aktivität* nicht einmal ein Formular mitbringt, in dem Sie sie anpassen könnten.

TIPP   Microsoft Dynamics CRM erzeugt automatisch einige Aktivitäten wie zum Beispiel *Auftragsabschluss* und *Verkaufschancenabschluss*, wenn Benutzer diese Datensätze abschließen. Auf diese automatisch erzeugten Aktivitäten können Sie für Berichte und die Verlaufsanzeige eines Datensatzes verweisen.

Abbildung 5.47 fasst die Unterschiede zwischen der Entität *Aktivität* und ihren untergeordneten Entitäten zusammen.

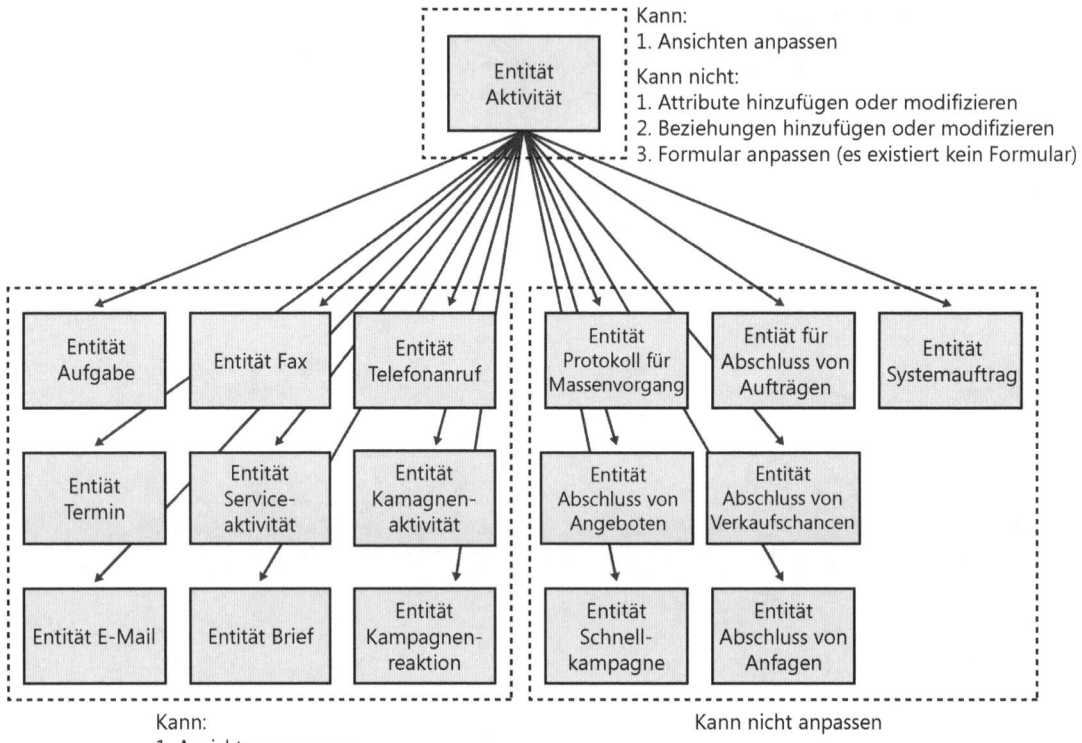

Kann:
1. Ansichten anpassen
Kann nicht:
1. Attribute hinzufügen oder modifizieren
2. Beziehungen hinzufügen oder modifizieren
3. Formular anpassen (es existiert kein Formular)

Kann:
1. Ansichten anpassen
2. Attribute hinzufügen oder modifizieren
3. Beziehungen hinzufügen oder modifizieren
4. Formular anpassen

Kann nicht anpassen

Abbildung 5.47   Unterschiede zwischen der Entität Aktivität und einigen ihrer verwandten Aktivitäten

Allerdings dürfen Sie nicht fälschlicherweise annehmen, dass sich Aktivitäten überhaupt nicht anpassen lassen, nur weil Microsoft Dynamics CRM die Anpassung der übergeordneten Entität *Aktivität* einschränkt. Selbst wenn sich also keine Attribute zur Entität *Aktivität* hinzufügen lassen, können Sie Attribute zu untergeordneten *Aktivität*-Entitäten wie *Aufgabe*, *Telefonanruf* und *Brief* hinzufügen.

WICHTIG   Zwar lassen sich den verschiedenen *Aktivität*-Entitäten wie *Aufgabe*, *Telefonanruf*, *Termin* usw. benutzerdefinierte *Aktivität*-Attribute hinzufügen, der *Aktivität*-Entität können Sie jedoch keine Attribute hinzufügen. Dennoch ist es möglich, die Ansichten der *Aktivität*-Entität anzupassen.

Aktivitätsansichten

Die Ansichten von Aktivitäten passen Sie nach dem gleichen Verfahren an, das Sie auch für die anderen anpassbaren Entitäten verwenden. Allerdings möchten wir hier auf einige Feinheiten der Anpassung von Ansichten eingehen.

Arbeitsbereichsaktivitäten

Wenn sich Benutzer erstmals bei Microsoft Dynamics CRM anmelden, wird die Seite *Aktivitäten* im Ordner *Arbeitsbereich* als Standardstartseite angezeigt.

TIPP Über das Menü *Extras / Optionen* kann jeder Benutzer mit den Einstellungen *Standardbereich* und *Standardregisterkarte* seine gewünschte Standardstartseite festlegen.

Auf der Seite *Aktivitäten* können Benutzer schnell und einfach über alle Aktivitätsdatensätze filtern. Außer dem Ansichtsfilter und dem Feature *Schnellsuche*, die auf den anderen Seiten erscheinen, können Benutzer auf der Seite *Aktivitäten* die Datensätze nach den Kriterien *Typ* und *Datum* filtern, wie es in Abbildung 5.48 zu sehen ist.

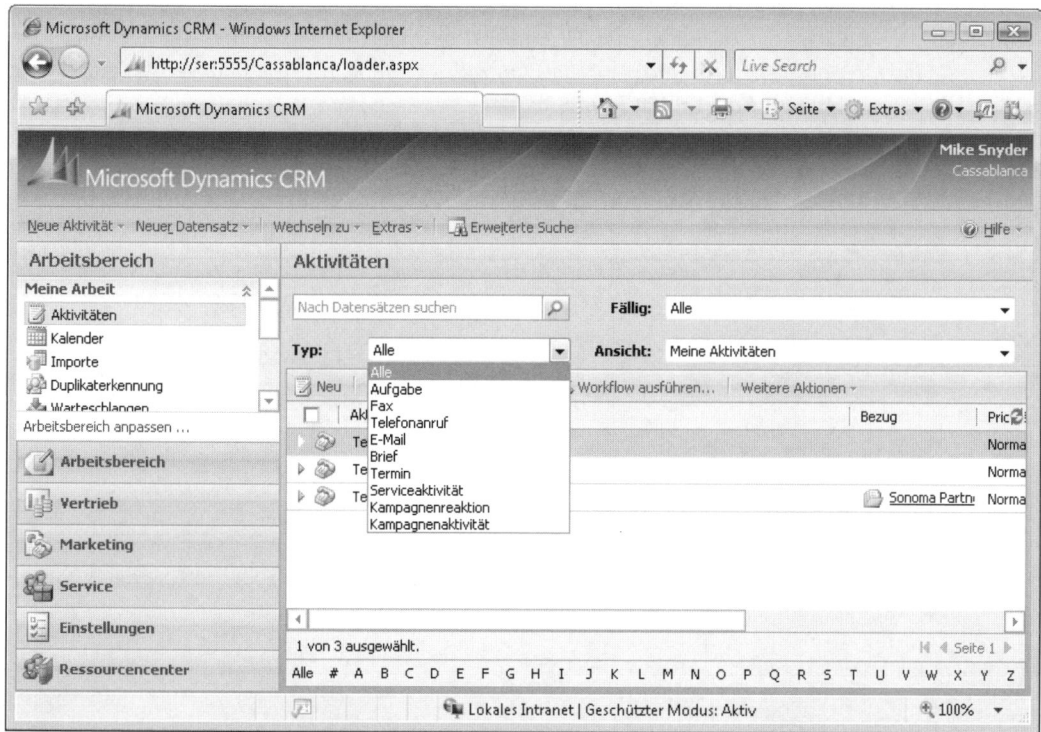

Abbildung 5.48 Die Seite Aktivitäten mit den Filtern Typ und Datum

Die Filter *Typ* und *Datum* sind in Microsoft Dynamics CRM fest kodiert, sodass Sie keine eigenen benutzerdefinierten Werte in die Auswahllisten dieser Filter hinzufügen können. Allerdings lassen sich die Datenspalten modifizieren, die Microsoft Dynamics CRM durchsucht, wenn Benutzer das Feature *Schnellsuche* verwenden. Außerdem können Sie neue Ansichten erstellen, die im Ansichtsfilter aufgeführt werden. Allerdings verhält sich der Ansichtsfilter auf der Seite *Aktivitäten* anders als auf anderen Seiten im System: Wird der Aktivitätstypfilter geändert, ändert sich die Liste der Ansichtsnamen, die der Benutzer im Ansichtsfilter auswählen kann. Überall sonst in Microsoft Dynamics CRM enthält die Ansichtsfilterliste die gleiche Liste von Ansichten und sie wird nicht dynamisch aktualisiert. Von der Seite *Aktivitäten* können Benutzer unmittelbar auf mehr als 30 unterschiedliche Aktivitätsansichten zugreifen.

Wenn Sie die standardmäßigen Aktivitätsansichten anpassen oder neue Ansichten erstellen möchten, müssen Sie wissen, dass die Entität *Aktivität* die Ansichten für den Filter *Alle* steuert, während alle anderen Aktivitätsansichten in ihrem individuellen Entitätsdatensatz enthalten sind. Dieser Punkt ist wichtig, weil die Entität *Aktivität* nur Attribute enthält, die allen Entitäten gemeinsam sind. So können Sie kein Attribut, das für eine untergeordnete Entität spezifisch ist – wie zum Beispiel die Telefonnummer eines Telefonanrufs – zu irgendeiner Ansicht hinzufügen, die im Filter *Alle* erscheint. Die gleiche Einschränkung gilt für das Feature *Schnellsuche* auf der Seite *Aktivitäten*. Suchspalten können Sie nur von einer Aktivitätsentität einbinden, die allgemeine Aktivitätsattribute umfasst, jedoch keine Attribute, die für die einzelnen Aktivitätstypen einzigartig sind.

Aktivitätsansichten einer Entität

Außer den Aktivitätsansichten des Arbeitsbereichs gibt es zwei zusätzliche Aktivitätsansichten, die spezielle Features enthalten: Die Ansichten *Aktivitäten* und *Historie*. Diese Ansichten erscheinen für die folgenden Entitäten: *Lead, Kontakt, Firma, Verkaufschance, Angebot, Auftrag, Rechnung, Anfrage* und *Vertrag*. Abbildung 5.49 zeigt die Aktivitätsansichten für die Entität *Firma*.

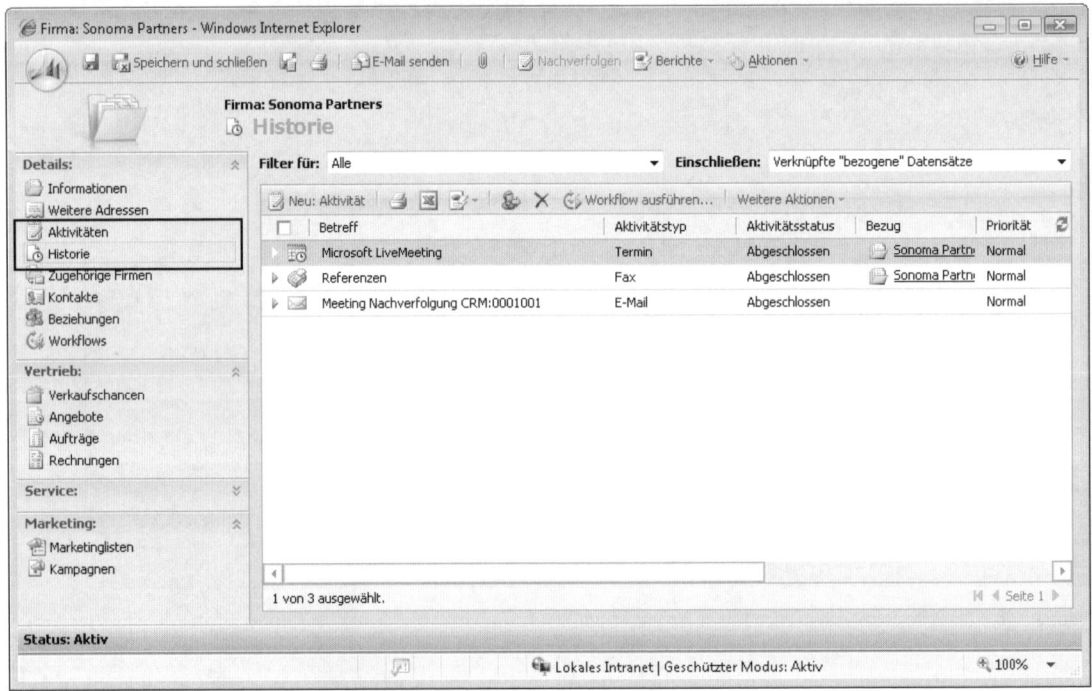

Abbildung 5.49   Aktivitätsansichten für einen Firma-Datensatz

Selbst wenn diese beiden Ansichten die Aktivitäten im Hinblick auf die Entität anzeigen, werden beim Klicken auf *Historie* im Navigationsbereich nur abgeschlossene Aktivitäten angezeigt. Beim Klicken auf *Aktivitäten* im Navigationsbereich werden nur offene Aktivitäten angezeigt. Um die Spalten anzupassen, die erscheinen, wenn Benutzer im Navigationsbereich auf *Aktivitäten* klicken, müssen Sie die *Zugeordnete Ansicht: Offene Aktivität* der Entität *Aktivität* bearbeiten. Wollen Sie die Ansicht anpassen, die erscheint, wenn Benutzer im Navigationsbereich auf *Historie* klicken, müssen Sie die *Zugeordnete Ansicht: Geschlossene Aktivität* der Entität *Aktivität* bearbeiten. Auch hier ist zu beachten, dass Sie nur die Spalten von der übergeordneten Entität *Aktivität* anzeigen können, weil diese Ansichten unterschiedliche Typen von Aktivitätsentitäten (*Telefonanruf, Aufgabe, Fax* usw.) anzeigen.

Aktivitätsattribute und -formulare

Wie eben erläutert, verhalten sich in Microsoft Dynamics CRM bestimmte Aktivitätsansichten ein wenig anders als Nicht-Aktivitätsansichten. Dementsprechend müssen Sie beim Anpassen der Aktivitätsattribute und -formulare mit einigen zusätzlichen Unebenheiten rechnen. Natürlich können Sie das Formular für die meisten der untergeordneten *Aktivität*-Entitäten anpassen. Allerdings verwendet Microsoft Dynamics CRM mehrere spezielle Systemfelder, die auf den meisten Aktivitätsformularen erscheinen und sich gegenüber normalen Attributen und Formularen etwas anders verhalten, wie zum Beispiel *Dauer* und *Fällig* (mit Datum und Uhrzeit). Die folgenden Unterabschnitte beschäftigen sich mit einigen Einschränkungen von Aktivitätsattributen und -formularen.

Auswahllistenwerte zum Feld Dauer hinzufügen

Manche Aktivitätsentitäten verwenden ein spezielles Feld *Dauer*, das auf ihrem Formular erscheint. Dieses Feld *Dauer* zeigt mehr als 20 Auswahllistenwerte wie zum Beispiel 1 Minute, 5 Minuten und 1 Stunde an. Möchten Sie einen neuen Wert von 2 Minuten hinzufügen, erwarten Sie wahrscheinlich, dass Sie einfach einen neuen Auswahllistenwert für das *Dauer*-Attribut hinzufügen können. Wenn Sie aber zu den Attributen der Entität *Telefonanruf* navigieren, werden

Sie feststellen, dass sowohl das Attribut *Geplante Dauer* als auch das Attribut *Tatsächliche Dauer* eine schreibgeschützte Ganzzahl und keinen Auswahllistendatentyp verkörpern, sodass sich kein neuer Wert hinzufügen lässt.

Würde es sich um ein normales Auswahllistenattribut handeln, könnten Sie die Auswahllistenwerte einfach auf diesem Bildschirm (siehe Abbildung 5.50) bearbeiten, was hier offensichtlich nicht möglich ist.

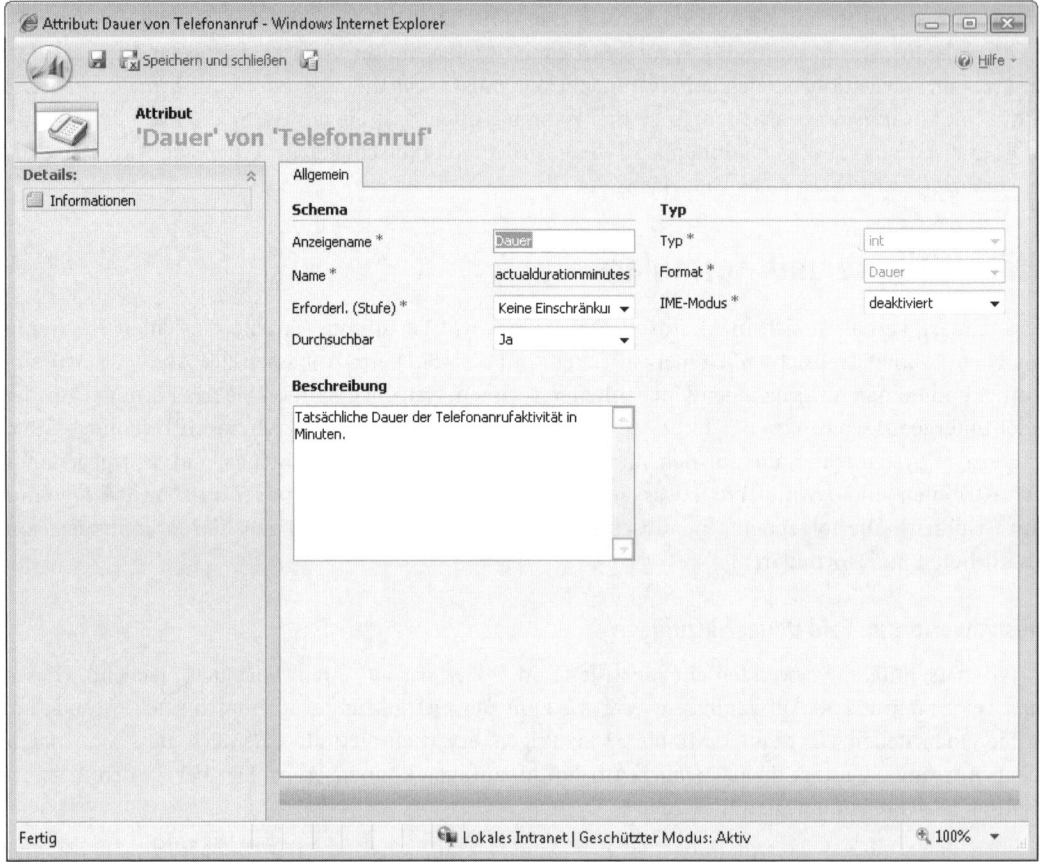

Abbildung 5.50   Editor für das Attribut Dauer von Telefonanruf

Doch selbst wenn sich keine neuen Auswahllistenwerte zum Attribut *Dauer* hinzufügen lassen, können Benutzer einfach einen neuen Wert in das Feld eintippen, wenn sie Aktivitätsdaten eingeben. Dazu wählen sie einfach einen Wert in der Auswahlliste aus und klicken dann auf das Feld *Dauer*, um einen neuen Wert – zum Beispiel 2 Minuten – einzugeben. Diese Daten werden in der Datenbank korrekt als 2 Minuten gespeichert. Die Datenbank speichert die Dauer in ganzen Minuten. Deshalb ist es möglich, 2,25 Stunden (135 Minuten) einzugeben, während Microsoft Dynamics CRM einen Wert von 15,25 Minuten automatisch in 15 Minuten konvertiert.

Auswahllistenwerte zum Feld Fälligkeitsdatum/zeit hinzufügen

Die Standardwerte der Auswahlliste sind *Alle 30 Minuten* für das Feld *Fälligkeitsdatum/zeit*. Neue Intervallwerte lassen sich nicht hinzufügen. Allerdings können Benutzer genau wie beim Feld *Dauer* einfach ihre eigenen Werte (wie zum Beispiel 12:15) in das Feld *Fälligkeitsdatum/zeit* eingeben.

Kategorie- und Unterkategoriedaten organisieren

Der Standarddatentyp für die Kategorie- und Unterkategorie-Datenfelder ist *nvarchar*, sodass Benutzer jeden beliebigen Textwert in diese Felder eingeben können. Diese formatfreie Textoption kann es aber Firmen erschweren, Aktivitäten nach Kategorie zu verfolgen und zu filtern, weil Benutzer unterschiedliche Werte mit der gleichen Bedeutung eingeben können. Vielleicht tippt der eine Benutzer *Verkäufe* ein, während ein anderer mit *Verkaufsgespräche* das Gleiche meint. Um die Eingabe zu standardisieren, können Sie neue Attribute erstellen oder sogar eine Beziehung zu einer neuen benutzerdefinierten Entität einrichten. Außerdem sind die Felder *Kategorie* und *Unterkategorie* nicht mit dem Feld *Kategorie* für Aufgaben korreliert oder verknüpft, die der Microsoft Dynamics CRM-Client für Microsoft Office Outlook mit Ihren Outlook-Aufgaben synchronisiert.

Zusammenfassung

In diesem Kapitel haben Sie mehr über die Entitätsanpassung gelernt, wobei der Fokus auf Formularen und Ansichten lag. Jede anpassbare Entität besitzt ein Formular, das Sie mit zusätzlichen Feldern, Registerkarten und Abschnitten anpassen können. Außerdem haben Sie gelernt, wie Sie die Formular- und Feldereignisse *onLoad*, *onSave* und *onChange* verwenden, um erweiterte Anpassungen mit Skripts hinzuzufügen. Und Sie kennen nun die Einzelheiten und Vorteile, die das Hinzufügen eines IFRAMEs zum Formular einer Entität bringt.

Alle Ansichtstypen, mit denen Microsoft Dynamics CRM Daten im System anzeigt, wurden beleuchtet. Dabei haben Sie erfahren, was jede vom System definierte Ansicht ausführt und wie Sie die Ansichten anpassen können, um nur die von Ihnen gewünschten Daten anzuzeigen. Schließlich haben Sie einige Feinheiten kennen gelernt, die sich auf die Anpassung von Aktivitäten beziehen, wie zum Beispiel die Aktivitätsansichten und -attribute.

Kapitel 6

Entitätsanpassung: Beziehungen, benutzerdefinierte Entitäten und Sitemap

In diesem Kapitel:

Entitätsbeziehungen verstehen	242
Benutzerdefinierte Beziehungen erstellen	261
Benutzerdefinierte Entitäten erstellen	268
Anwendungsnavigation	281
Zusammenfassung	301

In den Kapiteln 4 und 5 haben Sie gelernt, wie Sie Entitäten anpassen, indem Sie ihre Attribute, Formulare und Ansichten modifizieren. Diese Kapitel haben sich hauptsächlich auf die Anpassung der Entitäten konzentriert, die Microsoft Dynamics CRM standardmäßig installiert. Allerdings können Sie in Microsoft Dynamics CRM auch vollkommen neue Entitäten erstellen, um zusätzliche Datenkategorien in Ihrem System zu verfolgen und zu verwalten. Die von Ihnen erstellten neuen Entitäten werden als *benutzerdefinierte Entitäten* bezeichnet. Bevor Sie benutzerdefinierte Entitäten erstellen, sollten Sie wissen, wie Microsoft Dynamics CRM Entitätsbeziehungen verwendet und verwaltet.

Dieses Kapitel beschäftigt sich mit allen Details im Hinblick auf Entitätsbeziehungen. Dazu gehören die Datenbeziehungen, das Beziehungsverhalten und die Entitätszuordnung. Wenn Sie wissen, wie Sie benutzerdefinierte Entitätsbeziehungen erstellen, können Sie auch benutzerdefinierte Entitäten erstellen. Wir erläutern hierzu die erforderlichen Schritte und Konfigurationseinstellungen, zeigen, wie Sie benutzerdefinierte Entitäten mit den Standardentitäten von Microsoft Dynamics CRM integrieren, und beleuchten einige Tricks, die wir gelernt haben.

Nachdem Sie Ihre ersten benutzerdefinierten Entitäten erstellt haben, werden Sie alle Stellen, an denen sie erscheinen, anpassen und modifizieren wollen. Das letzte Thema in diesem Kapitel erläutert, wie Sie mithilfe der Microsoft Dynamics CRM-Sitemap die Benutzeroberfläche anpassen und überarbeiten, um Ihre benutzerdefinierten Entitäten und benutzerdefinierten Webseiten zu integrieren.

Entitätsbeziehungen verstehen

In Microsoft Dynamics CRM definiert eine *Entitätsbeziehung*, wie zwei Entitäten miteinander interagieren. Zur Definition einer Microsoft Dynamics CRM-Entitätsbeziehung gehören mehrere Parameter:

- **Beziehungsdefinition:** Spezifiziert das Wesen der Datenbeziehung zwischen zwei Entitäten (1:n und n:n).

- **Beziehungsattribut:** Spezifiziert den Schemanamen und die Erforderlichkeitsstufe.

- **Beziehungsnavigation:** Bestimmt, wie die Entitätsbeziehungen in der Microsoft Dynamics CRM-Benutzeroberfläche erscheinen sollen.

- **Beziehungsverhalten:** Legt fest, wie Microsoft Dynamics CRM Daten verwaltet, wenn Benutzer Aktionen gegen eine der Entitäten in der Beziehung unternehmen.

- **Entitätszuordnung:** Gibt an, wie Microsoft Dynamics CRM allgemeine Attribute zuordnet, die zwei Entitäten gemeinsam sind.

Microsoft Dynamics CRM umfasst hunderte von Standardentitätsbeziehungen und Sie können diese Standardbeziehungen modifizieren und vollkommen neue Entitätsbeziehungen erstellen. Fast immer erstellen Sie zumindest eine Beziehung zwischen einer benutzerdefinierten Entität und den standardmäßigen Microsoft Dynamics CRM-Systementitäten. In der Praxis werden es wahrscheinlich für jede benutzerdefinierte Entität, die Sie erstellen, zwischen 5 und 50 benutzerdefinierte Entitätsbeziehungen sein, was auch von der Komplexität Ihres Datenmodells abhängt. Folglich ist es wichtig, Entitätsbeziehungen zu verstehen, bevor Sie irgendwelche benutzerdefinierten Entitäten erzeugen.

WICHTIG   Auch wenn Sie keine einzige Zeile Programmcode schreiben müssen, um benutzerdefinierte Entitäten zu erstellen, brauchen Sie doch umfassende Kenntnisse zu den verschiedenen Typen von Entitätsbeziehungen und benutzerdefinierten Beziehungen, die Microsoft Dynamics CRM unterstützt.

Sämtliche Beziehungen einer Entität können Sie mit dem Entitätseditor in Microsoft Dynamics CRM ansehen. Abbildung 6.1 zeigt einige der Standardentitätsbeziehungen für die Entität *Lead*. Diese Tabelle listet alle *Lead*-Entitätsbeziehungen auf, die Microsoft Dynamics CRM standardmäßig anlegt. Um die Details einer Beziehung anzuzeigen, doppelklicken Sie auf einen Datensatz in der Tabelle. Wenn Sie zum Beispiel auf den Datensatz mit der primären Entität *Lead* und der verknüpften Entität *Kontakt* doppelklicken, erscheint der in Abbildung 6.2 dargestellte Entitätsbeziehungseditor.

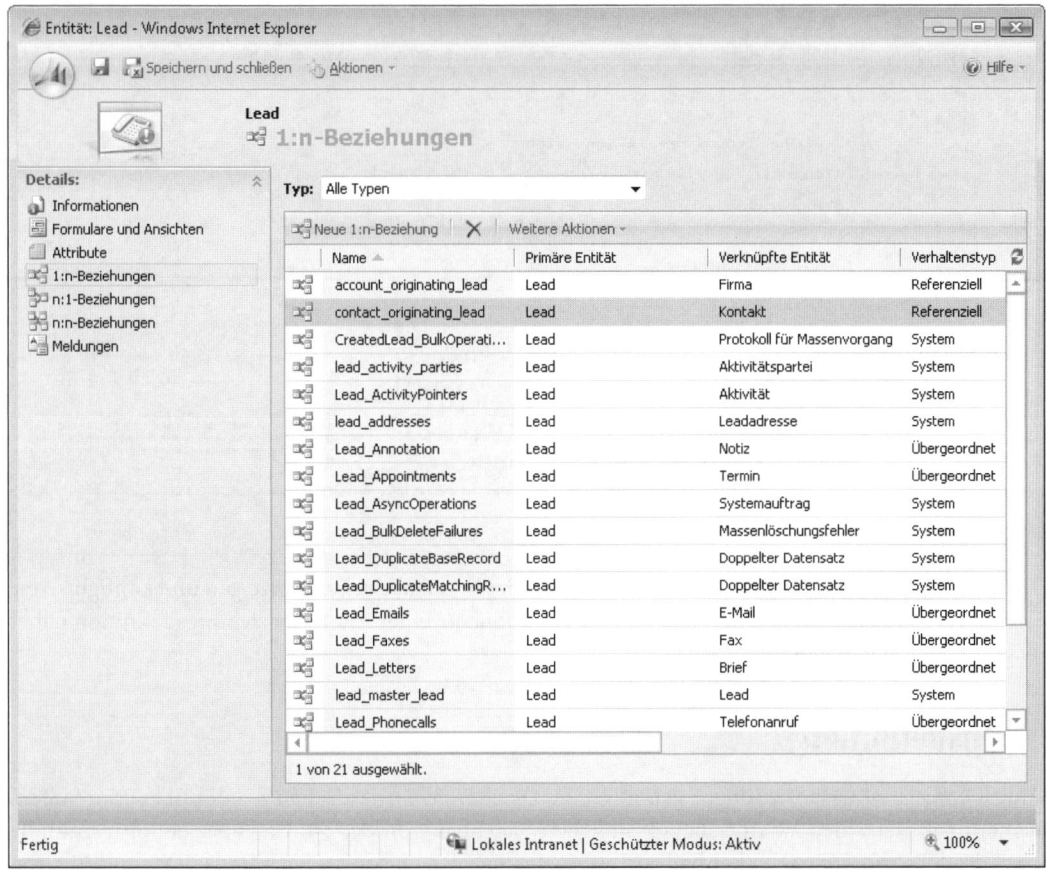

Abbildung 6.1   Standardentitätsbeziehungen für die Entität Lead

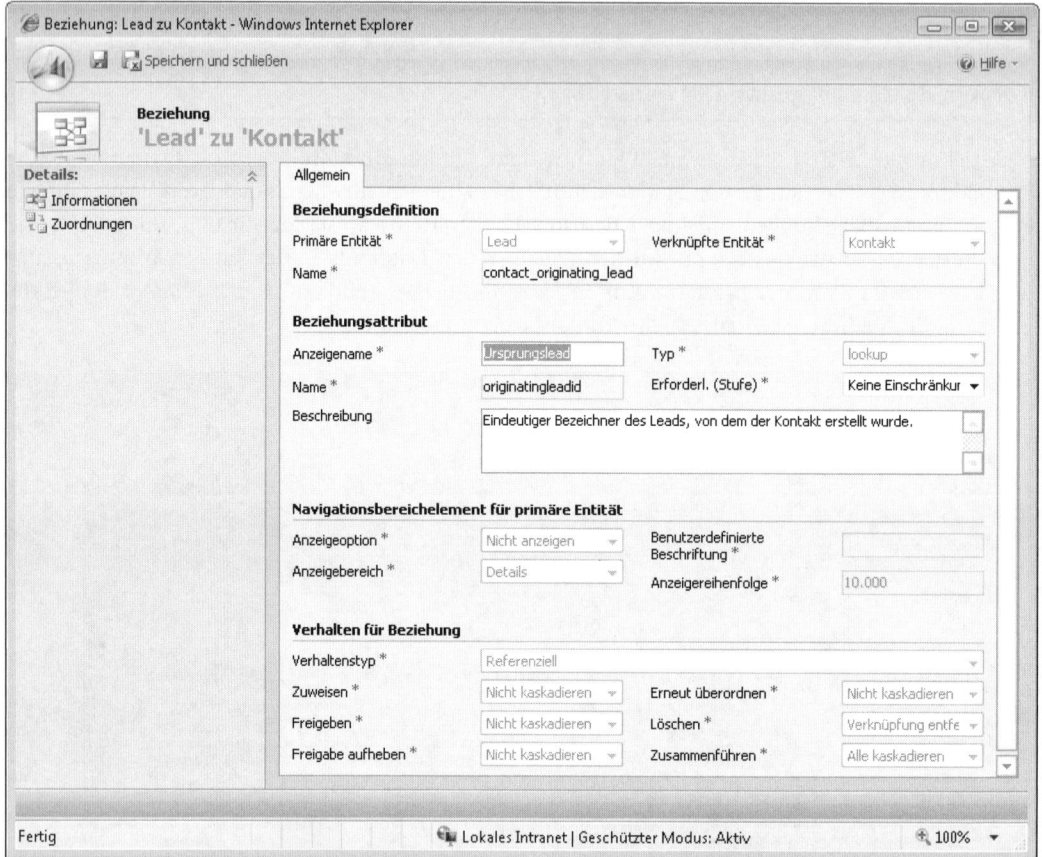

Abbildung 6.2   Beziehungseditor

Mit dem Beziehungseditor können Sie sämtliche Parameter der Entitätsbeziehung anzeigen und konfigurieren. In den nächsten Unterabschnitten gehen wir auf jede Komponente einer Entitätsbeziehungsdefinition näher ein und beginnen mit der Datenbeziehung.

Beziehungsdefinition

Zu den Aufgaben der Entitätsbeziehungen gehört es, die *Datenbeziehung* zwischen zwei Entitäten im System zu definieren. Im Unterschied zu einer herkömmlichen Datenbank, in der Sie Datenbeziehungen mithilfe von Primär- und Fremdschlüsseln konfigurieren, regeln Sie in Microsoft Dynamics CRM mithilfe von Entitätsbeziehungen in den Metadaten des Systems, wie Daten interagieren. Durch diese Metadaten lassen sich die Datenbeziehungen leicht anpassen, ohne die zugrunde liegenden Systemdaten (und Datenbankschlüssel) in Microsoft SQL Server anrühren zu müssen.

Microsoft Dynamics CRM verwendet drei Typen von Datenbeziehungen:

- 1:n
- n:1
- n:n

Auf diese Konzepte gehen wir jetzt ausführlicher ein.

1:n-Beziehungen

Der Typ *1:n* beschreibt eine Beziehung zwischen zwei Entitäten, in der eine einzelne Entität mehrere (viele) verknüpfte Entitäten besitzen kann. Sehen Sie sich zum Beispiel die Standardbeziehung in Microsoft Dynamics CRM zwischen den Entitäten *Firma* und *Kontakt* an. Jede Firma kann viele Kontakte haben, doch können Sie jedem Kontakt nur eine Firma zuweisen.

Wenn Sie durch den Anpassungsbereich von Microsoft Dynamics CRM navigieren, werden Sie feststellen, dass die Benutzeroberfläche verschiedene Begriffe gleichberechtigt verwendet, um die 1:n-Datenbeziehung zu beschreiben (Tabelle 6.1).

Perspektive	Beispiel 1	Beispiel 2	Beispiel 3
Firma	1:n-Beziehung zu Kontakt	Übergeordnete Beziehung zu Kontakt	Primäre Entität
Kontakt	n:1-Beziehung zu Firma	Untergeordnete Beziehung zu Firma	Verknüpfte Entität

Tabelle 6.1 Terminologie für Beziehungen

Obwohl Microsoft Dynamics CRM die 1:n-Beziehung in unterschiedlicher Form benennt, zeigt die Benutzeroberfläche für das Formular einer Entität die 1:n-Entitäten immer in einheitlicher Form an. Abbildung 6.3 zeigt ein Beispiel der Beziehung zwischen den Entitäten *Firma* und *Kontakt* auf dem *Kontakt*-Formular. Auf dem Formular der verknüpften Entität (*Kontakt*) erscheint ein Nachschlagefeld mit der Beschriftung *Übergeordneter Kunde*, damit Benutzer die primäre Entität (*Firma*) auswählen können.

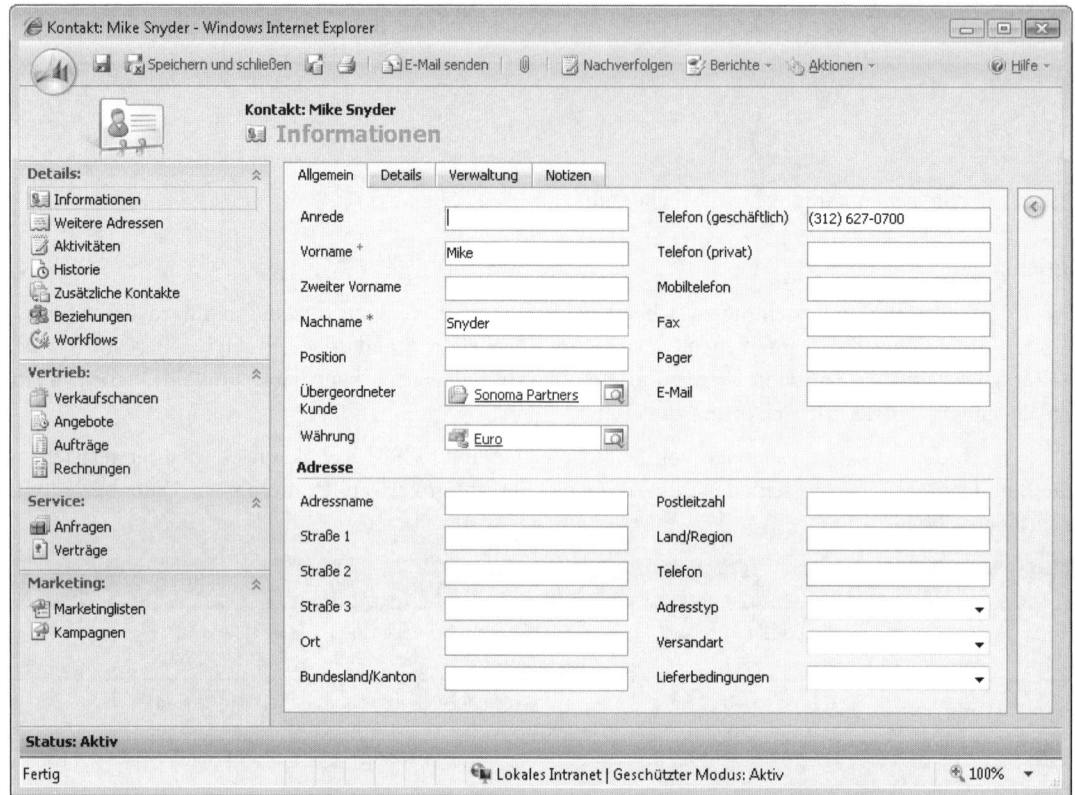

Abbildung 6.3 Die primäre Entität wird in einem Nachschlagefeld auf dem Formular der verknüpften Entität angezeigt

Umgekehrt erscheint die verknüpfte Entität (*Kontakt*) nicht auf dem Formular der primären Entität (*Firma*). Stattdessen fügt Microsoft Dynamics CRM eine Verknüpfung im Navigationsbereich der primären Entität auf einer Seite hinzu, die alle verknüpften Entitäten in einer Tabellenansicht anzeigt (siehe Abbildung 6.4).

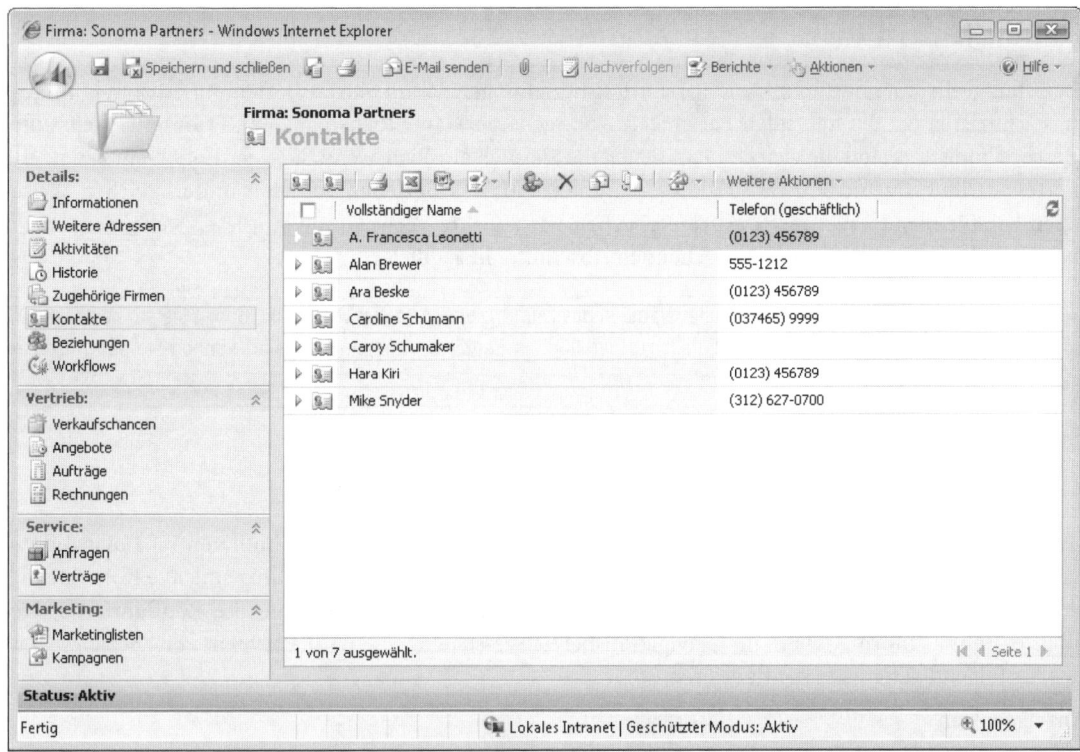

Abbildung 6.4 Verknüpfte Entitäten in einer Tabellenansicht. Mehrere Kontakte stehen mit ein und derselben Firma in einer 1:n-Beziehung zwischen Firma und Kontakt.

Wenn Sie sich vergegenwärtigen, wie Microsoft Dynamics CRM primäre und verknüpfte Entitäten in der Benutzeroberfläche anzeigt, fallen Ihnen Entscheidungen leichter, wie Sie Ihre benutzerdefinierten Entitätsbeziehungen einrichten.

n:1-Beziehungen

Wie Sie sicherlich schon vermutet haben, verhalten sich n:1-Beziehungen genau entgegengesetzt zu 1:n-Beziehungen. Welchen Beziehungstyp (n:1 oder 1:n) Sie angeben, hängt davon ob, über welche Entität Sie sprechen.

n:n-Beziehungen

Als dritten Typ für Datenbeziehungen zwischen Entitäten gibt es in Microsoft Dynamics CRM die n:n-Beziehungen. Nehmen Sie als Beispiel die Beziehung zwischen der Entität *Marketingliste* und den Mitgliedern der Marketingliste. In Microsoft Dynamics CRM können Sie viele Marketinglisten erstellen und dann jeder Liste mehrere Mitglieder zuweisen. Außerdem ist es möglich, Mitglieder zu mehreren Marketinglisten hinzuzufügen. Diese Beziehung lässt sich als *n:n* beschreiben. Die Microsoft Dynamics CRM-Benutzeroberfläche verwendet immer Tabellen, um n:n-Beziehungen zwischen zwei Entitäten anzuzeigen. Wenn Sie also ein Nachschlagefeld auf einem Formular sehen, wissen Sie, dass zwischen den beiden Entitäten eine 1:n-Beziehung besteht.

Beziehungsattribut

Das Beziehungsattribut gilt für 1:n- und n:1-Entitätsbeziehungen. Wenn Sie das Beziehungsattribut konfigurieren, spezifizieren Sie die folgenden Parameter: Anzeigename, Name (Schemaname), Erforderlichkeitsstufe und Beschreibung. Das sind die gleichen Parameter, die Sie auch angeben, wenn Sie einer Entität ein benutzerdefiniertes Attribut hinzufügen. Da sich diese Parameter für das Beziehungsattribut in der gleichen Weise verhalten wie für benutzerdefinierte Attribute, gehen wir auf ihre Verwendung an dieser Stelle nicht noch einmal ein und verweisen auf die entsprechenden Abschnitte in Kapitel 4.

> **TIPP**   Manchmal ist nicht ganz klar, welcher Name in das Feld *Anzeigename* einzugeben ist. Geben Sie am besten einen Namen ein, der die Beziehung der primären Entität zur verknüpften Entität beschreibt. Bei Bedarf können Sie den Anzeigenamen später noch ändern.

Beziehungsnavigation

Wie Abbildung 6.4 gezeigt hat, verknüpft Microsoft Dynamics CRM verknüpfte Entitäten im Navigationsbereich des Entitätsdatensatzes. Im Beispiel der Abbildung zeigt die *Kontakte*-Verknüpfung alle Kontakte an, die sich auf die *Firma*-Entität beziehen. In Microsoft Dynamics CRM lässt sich flexibel konfigurieren, wie verknüpfte Entitätsinformationen im Navigationsbereich erscheinen. Für alle Typen von Beziehungen können Sie folgende Elemente konfigurieren:

- Anzeigeoption
- Anzeigebereich
- Anzeigereihenfolge

Diese Optionen sehen wir uns nun näher an.

Anzeigeoption

Hier können Sie unter drei Optionen wählen:

- **Nicht anzeigen:** Bei dieser Option wird der Link der verknüpften Entität im Navigationsbereich der primären Entität ausgeblendet.
- **Benutzerdefinierte Beschriftung verwenden:** Bei dieser Option wird das Feld *Benutzerdefinierte Beschriftung* aktiv und Sie können den Namen eingeben, der im Navigationsbereich erscheinen soll. Auch wenn Sie in dieses Feld bis zu 50 Zeichen eingeben dürfen, passen nur die ersten 17 Zeichen in den Link des Navigationsbereichs. Allerdings können Benutzer die gesamte benutzerdefinierte Beschriftung sehen, wenn sie den Mauszeiger auf den Link im Navigationsbereich setzen.
- **Pluralnamen verwenden:** Bei dieser Option erscheint der Pluralname der verknüpften Entität im Navigationsbereich. Das kann bei Ihren Benutzern zu Verwechslungen führen, wenn mehrere Beziehungen zwischen zwei Entitäten existieren. Deshalb sollten Sie diese Option nur verwenden, wenn zwischen zwei Entitäten nur genau eine Beziehung existiert.

Anzeigebereich

Mit dieser Option können Sie spezifizieren, in welcher Gruppe des Navigationsbereichs die verknüpfte Entität erscheint. Die Standardnavigationsbereichsgruppen für alle Entitäten lauten: *Details*, *Vertrieb*, *Service* und *Marketing*.

TIPP In den Navigationsbereich der Entität lassen sich keine neuen Gruppen einfügen. Allerdings können Sie diese Gruppen mithilfe der Sitemap umbenennen (mehr dazu später in diesem Kapitel).

Anzeigereihenfolge

Wenn Sie mehrere Links in den Navigationsbereich aufnehmen, möchten Sie sicherlich auch die Reihenfolge festlegen, in der die Links erscheinen. So könnten Sie die am häufigsten verwendeten Links ganz oben einordnen und die seltener verwendeten weiter unten. Microsoft Dynamics CRM ordnet die zusätzlichen Links im Navigationsbereich vom niedrigsten zum höchsten Wert der Anzeigereihenfolge. Um also die Links neu zu ordnen, tragen Sie einfach neue Werte in dieses Feld ein.

Beziehungsverhalten

Bevor Sie Ihre eigenen benutzerdefinierten Entitäten und benutzerdefinierten Beziehungen zuordnen können, müssen Sie nicht nur wissen, wie Microsoft Dynamics CRM die Datenbeziehung zwischen Entitäten strukturiert, sondern auch das Beziehungsverhalten der Entitätsbeziehungen verstehen. Entitätsbeziehungen zeigen immer eines von zwei Verhalten:

- Übergeordnet
- Referenziell

Im Falle des übergeordneten Beziehungsverhaltens wirken Aktionen, die Sie gegen die primäre Entität unternehmen, auch für ihre verknüpften Entitäten. Bei referenziellem Beziehungsverhalten wirken alle Aktionen gegen die primäre Entität nur auf diese Entität und keine ihrer verknüpften Entitäten. In Microsoft Dynamics CRM werden nur fünf Aktionen durch Beziehungsverhalten beeinflusst:

- Löschen
- Zuweisen
- Erneut überordnen
- Freigeben
- Freigabe aufheben

Wenn Sie folglich irgendeine andere Aktion gegen eine Entität in Microsoft Dynamics CRM unternehmen (wie zum Beispiel eine Workflowregel ausführen), wird diese Aktion weder durch das übergeordnete noch das referenzielle Beziehungsverhalten beeinflusst.

TIPP Vielleicht fragen Sie sich, worin der Unterschied zwischen der Aktion *Zuweisen* und der Aktion *Erneut überordnen* besteht. Wenn Sie eine Entität zuweisen, ändern Sie den Besitzer des Datensatzes von dem einen Benutzer in einen anderen Benutzer. Beim erneuten Überordnen einer Entität ändern Sie die übergeordnete Entität eines Datensatzes mithilfe des Nachschlagetools. Ein Beispiel für das erneute Überordnen einer Entität ist das Ändern der übergeordneten Firma einer *Firma*-Entität.

Es ist notwendig, die Unterschiede zwischen übergeordnetem und referenziellem Verhalten zu verstehen, da Sie das Beziehungsverhalten jedes Mal ändern müssen, wenn Sie eine Beziehung zwischen zwei Entitäten erstellen. Normalerweise erstellen Sie für jede benutzerdefinierte Entität mindestens eine Entitätsbeziehung. Allerdings können Sie in Microsoft Dynamics CRM auch das Standardbeziehungsverhalten zwischen den Standardsystementitäten modifizieren. In den folgenden Unterabschnitten beleuchten wir übergeordnetes und referenzielles Verhalten detaillierter. Außerdem beschäftigen wir uns mit einer speziellen Art von referenziellem Verhalten, das als *Referenziell, Löschbeschränkung* bezeichnet wird.

Übergeordnetes Verhalten

Zeigt die Beziehung zwischen Entitäten übergeordnetes Verhalten, werden Aktionen, die auf die übergeordnete Entität angewandt werden, zu allen ihren untergeordneten Entitäten weitergeleitet. Wenn Sie einen *Firma*-Datensatz (die primäre Entität) löschen, wie etwa den in Abbildung 6.5 dargestellten Beispieldatensatz für Coho Vineyard, löscht Microsoft Dynamics CRM alle verknüpften Daten dieses Datensatzes, einschließlich ihrer Datensätze *Aktivität*, *Hinweis*, *benutzerdefinierte Entität* und *Verkaufschancen* aufgrund der übergeordneten Beziehungen, die zwischen diesen Entitätsdatensätzen mit der *Firma*-Entität bestehen. Und wenn Microsoft Dynamics CRM den benutzerdefinierten Entitätsdatensatz und den Verkaufschancendatensatz löscht, wird basierend auf den verschiedenen spezifizierten Beziehungsverhalten ermittelt, ob auch ihre verknüpften Entitäten gelöscht werden sollen.

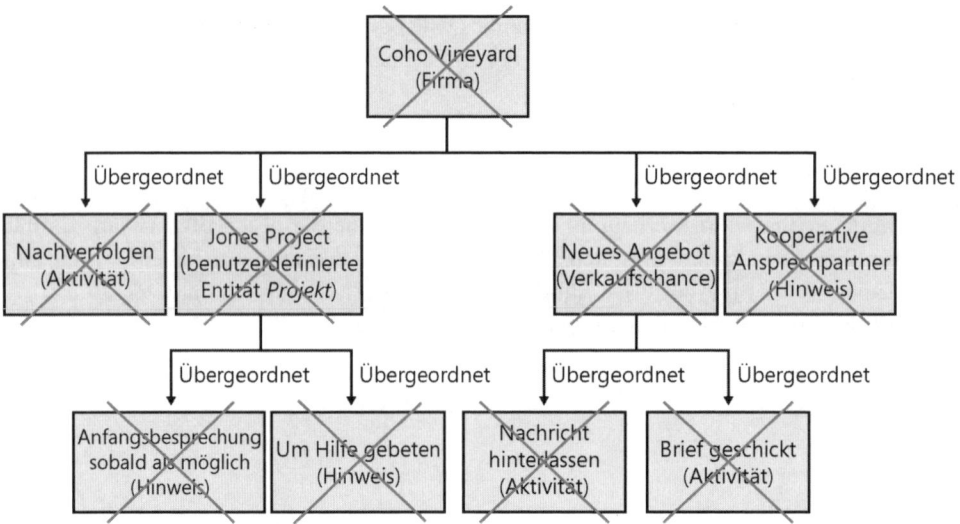

Abbildung 6.5   Übergeordnete Beziehungen zwischen Entitäten

Im Coho Vineyard-Beispiel löscht Microsoft Dynamics CRM die Hinweise und Aktivitäten, die mit dem benutzerdefinierten Entitätsdatensatz und der Verkaufschance verknüpft sind, weil ein übergeordnetes Beziehungsverhalten zwischen diesen Entitäten existiert. Dieses Abarbeiten der Baumstruktur von der primären Entität bis hinab zu den untergeordneten Entitäten wird als *kaskadierend* bezeichnet.

HINWEIS   Sämtliche Standardsystementitäten wie zum Beispiel Leads, Firmen und Kontakte besitzen standardmäßig eine übergeordnete Beziehung mit Aktivitäten und Hinweisen. Demzufolge kaskadiert jede Aktion, die Sie gegen die übergeordnete Entität unternehmen, hinab zu allen ihren Aktivitäten und Hinweisen. Wenn zum Beispiel fünf aktive und zwei abgeschlossene Aufgaben für eine Firma existieren und Sie diese Firma einem neuen Benutzer erneut zuweisen, werden alle Aufgaben (aktive und abgeschlossene) ebenfalls dem neuen Benutzer zugewiesen. Viele Kunden möchten dieses standardmäßige Beziehungsverhalten zwischen Systementitäten neu konfigurieren, weil sie den Benutzer von abgeschlossenen Aktivitätsdatensätzen nicht ändern möchten. Wie Sie diese Änderung vornehmen, erfahren Sie im Abschnitt »Konfigurationsoptionen für Verhalten« später in diesem Kapitel.

Referenzielles Verhalten

Im Fall von referenziellen Beziehungen kaskadieren Aktionen, die gegen die primäre Entität vorgenommen werden, nicht bis zu ihren verknüpften Entitäten hinab. Um das Verhalten von referenziellen Beziehungen zu demonstrieren, haben wir das vorherige Beispiel modifiziert und eine benutzerdefinierte Entität *B* mit einer referenziellen untergeordneten Beziehung zur benutzerdefinierten Entität *Projekt* hinzugefügt (siehe Abbildung 6.6).

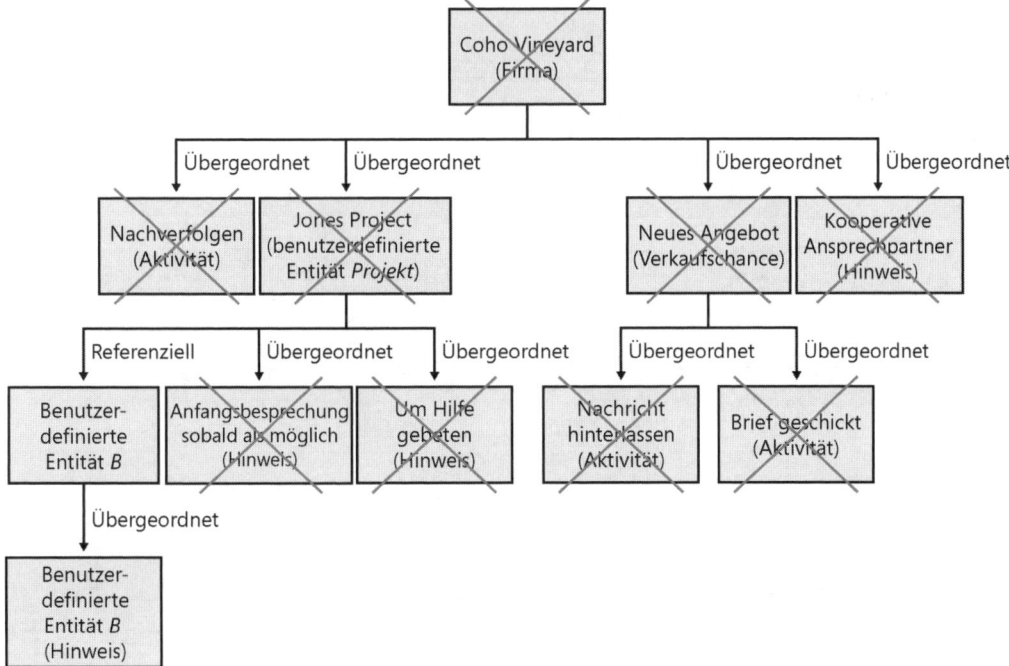

Abbildung 6.6   Beispiel für referenzielles Verhalten

Wenn Sie die in Abbildung 6.6 dargestellte Firma Coho Vineyard löschen, löscht Microsoft Dynamics CRM alle Datensätze mit Ausnahme der benutzerdefinierten Entität *B* und ihres Hinweises. Die benutzerdefinierte Entität *B* wird von Microsoft Dynamics CRM nicht gelöscht, weil diese Entität nur eine referenzielle Beziehung zur benutzerdefinierten Entität *Projekt* besitzt. Microsoft Dynamics CRM löscht die benutzerdefinierte Entität *Projekt* aufgrund des übergeordneten Beziehungsverhaltens zur ihrer primären Entität *Firma*.

Konfigurationsoptionen für Verhalten

Nachdem Sie nun den Unterschied zwischen übergeordnetem und referenziellem Beziehungsverhalten kennen, untersuchen wir nun, wie Sie mit dem Beziehungseditor diese Beziehungen in Microsoft Dynamics CRM konfigurieren. Abbildung 6.7 zeigt den Beziehungseditor, der erscheint, wenn Sie eine neue 1:n-Beziehung erstellen.

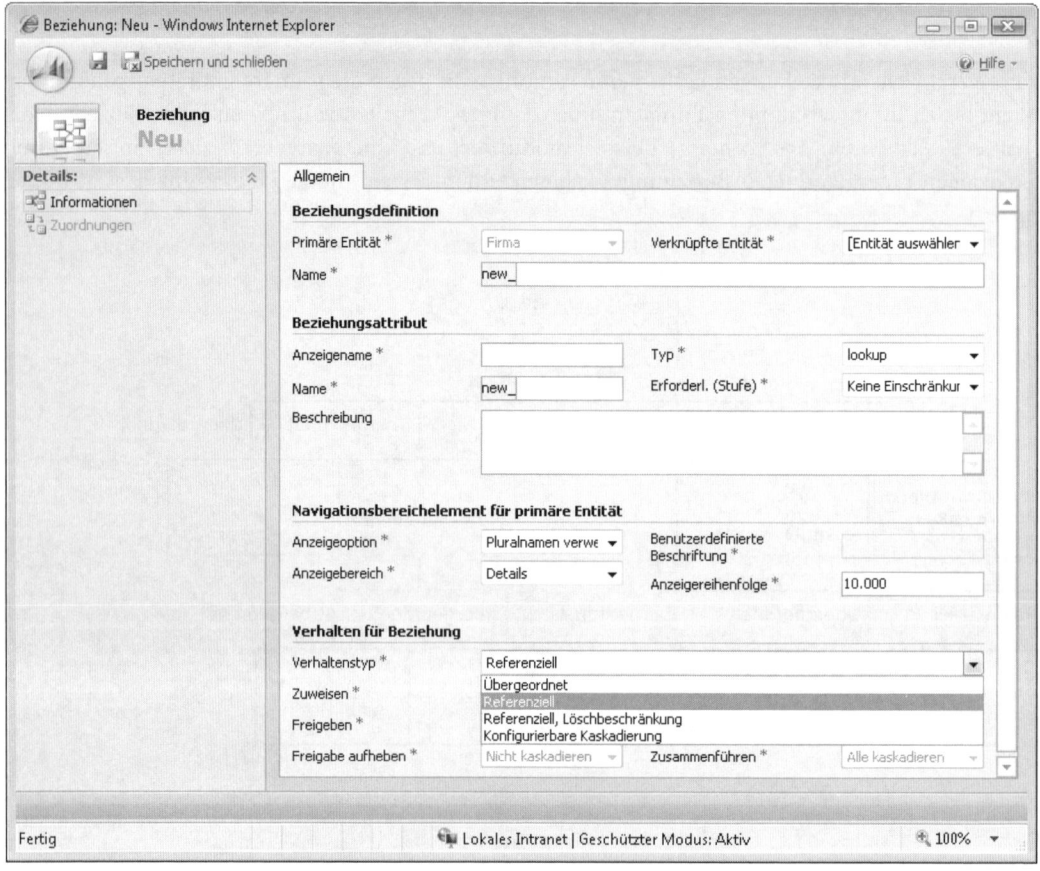

Abbildung 6.7   Editor für Entitätsbeziehung

Im Abschnitt *Verhalten für Beziehung* können Sie in der Liste *Verhaltenstyp* einen der folgenden vier Werte auswählen:

- Übergeordnet
- Referenziell
- Referenziell, Löschbeschränkung
- Konfigurierbare Kaskadierung

Wie bereits erwähnt, können Entitätsbeziehungen nur übergeordnetes oder referenzielles Verhalten zeigen, doch Microsoft Dynamics CRM gibt in dieser Liste vier Optionen an, weil sie unterschiedliche Konfigurationsoptionen darstellen, wie das übergeordnete und referenzielle Verhalten auf die verschiedenen Aktionen anzuwenden ist.

Die Wahl von *Übergeordnet* oder *Referenziell* wendet diesen Verhaltenstyp auf die Entitätsbeziehung für alle Aktionen an.

Die Option *Referenziell, Löschbeschränkung* beschreibt jedoch eine spezielle Form des referenziellen Verhaltens. Wenn Sie diese Option wählen, erlaubt Microsoft Dynamics CRM dem Benutzer nicht, die übergeordnete Entität zu löschen, falls diese Entität irgendwelche verknüpften Entitäten besitzt. Stattdessen zeigt Microsoft Dynamics CRM dem Benutzer die Fehlermeldung »Der Datensatz kann nicht gelöscht werden, weil er einem anderen Datensatz zugeordnet ist.« an. Folglich wendet Microsoft Dynamics CRM referenzielles Verhalten auf alle anderen Aktionen mit Ausnahme der Löschaktion an.

Wenn Sie *Konfigurierbare Kaskadierung* wählen, können Sie unterschiedliches Kaskadierungsverhalten spezifizieren, abhängig von der Aktion, die Benutzer gegen die übergeordnete Entität ausführen. Zum Beispiel können Sie übergeordnetes kaskadierendes Verhalten für *Löschen*-Aktionen gegen die übergeordnete Entität einrichten und dann für die *Zuweisen*-Aktion referenzielles Verhalten zuweisen. Für die Aktionen *Zuweisen, Freigeben, Freigabe aufheben* und *Erneut überordnen* können Sie eine von vier Kaskadierungsregeln konfigurieren:

- **Alle kaskadieren:** Führt die Aktion mit der übergeordneten Entität und allen ihren untergeordneten Entitäten aus; gleichbedeutend mit übergeordnetem Verhalten.

- **Aktive kaskadieren:** Führt die Aktion mit der übergeordneten Entität und allen ihren untergeordneten Entitäten aus, bei denen der Status *aktiv* oder *offen* ist. Diese Option wählen Sie beispielsweise, wenn Sie einen Verlauf darüber verwalten möchten, welche Benutzer die vorher abgeschlossenen Aktivitäten (Aufgaben, Telefonanrufe usw.) besessen haben.

- **Kaskadieren, falls gleicher Besitzer:** Führt die Aktion mit der übergeordneten Entität und nur denjenigen untergeordneten Entitäten aus, für die der Entitätsbesitzer dem Entitätsbesitzer der übergeordneten Entität entspricht.

- **Nicht kaskadieren:** Führt die Aktion nur auf der übergeordneten Entität aus; gleichbedeutend mit referenziellem Verhalten.

Ein einfaches Beispiel kann veranschaulichen, wie diese Kaskadierungsregeln in der Praxis arbeiten. Abbildung 6.8 zeigt eine Firma, der vier Aufgaben (zwei aktive, zwei abgeschlossene) zugeordnet sind.

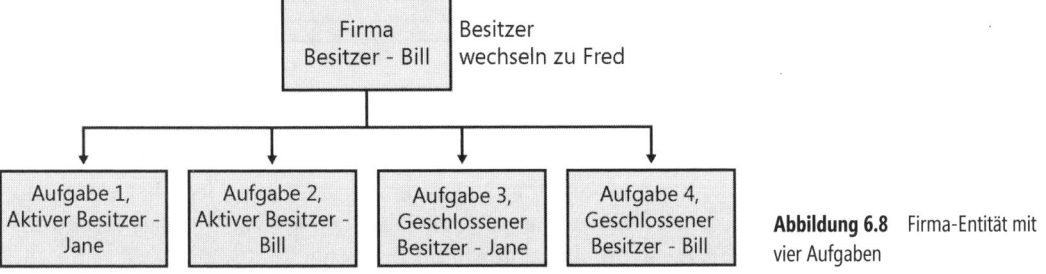

Abbildung 6.8 Firma-Entität mit vier Aufgaben

Wenn Sie eine Aktion gegen die Firma (die übergeordnete Entität) unternehmen, beispielsweise den Besitzer der *Firma*-Entität von Bill in Fred ändern, bestimmt das kaskadierende Verhalten der Beziehung zwischen den Entitäten *Firma* und *Aufgabe*, wie Microsoft Dynamics CRM die gleiche Aktion (Zuweisung) auf die untergeordneten Entitäten anwendet. Tabelle 6.2 zeigt, wie Microsoft Dynamics CRM die Besitzer der vier Aufgaben für jede der kaskadierenden Verhaltenseinstellungen zuweist.

Typ	Entität	Status	Urspr. Besitzer	Endgült. Besitzer			
				Alle kaskadieren (übergeordnet)	Aktive kaskadieren	Kaskadieren, falls gleicher Besitzer	Nicht kaskadieren
Übergeordnet	Firma	Aktiv	Bill	Fred	Fred	Fred	Fred
Untergeordnet	Aufgabe 1	Aktiv	Jane	Fred	Fred	Jane	Jane
Untergeordnet	Aufgabe 2	Aktiv	Bill	Fred	Fred	Fred	Bill
Untergeordnet	Aufgabe 3	Geschlossen	Jane	Fred	Jane	Jane	Jane
Untergeordnet	Aufgabe 4	Geschlossen	Bill	Fred	Bill	Fred	Bill

Tabelle 6.2   Durch kaskadierendes Verhalten bestimmter Besitzer

Für die Löschaktion können Sie drei Verhalten konfigurieren:

- **Alle kaskadieren:** Löscht die übergeordnete Entität und alle ihre untergeordneten Entitäten; gleichbedeutend mit übergeordnetem Verhalten.

- **Verknüpfung entfernen:** Löscht die Verknüpfung zwischen der übergeordneten Entität und den untergeordneten Entitäten, löscht aber nicht die untergeordneten Entitäten; gleichbedeutend mit referenziellem Verhalten.

- **Einschränken:** Hindert den Benutzer daran, eine Entität zu löschen, die untergeordnete Entitäten besitzt; gleichbedeutend mit referenzieller Löschbeschränkung.

Obwohl eine *Zusammenführen*-Auswahlliste im Abschnitt *Verhalten für Beziehung* erscheint, lassen sich keine unterschiedlichen Beziehungsverhaltensweisen für diese Aktionen konfigurieren. *Zusammenführen* verwendet immer das Verhalten *Alle kaskadieren (übergeordnet)*.

HINWEIS   Die *Zusammenführen*-Funktionalität gilt nur für die Entitäten *Lead, Kontakt* und *Firma*.

Entitätszuordnung

Entitätszuordnung ist eine andere Komponente der Beziehungsdefinition zwischen zwei Entitäten. Nicht jede Beziehung zwischen zwei Entitäten umfasst eine Entitätszuordnung, auch wenn jede Beziehung eine Datenbeziehung und Beziehungsverhalten aufweisen muss. Durch Zuordnen können Sie allgemeine Attribute spezifizieren, die zwei Entitäten gemeinsam sind. Entitätszuordnung wirkt sich zeitsparend für Ihre

Benutzer aus und verringert Dateneingabefehler. Dazu ordnen Sie automatisch Daten von der primären Entität zu ihrer verknüpften Entität zu dem Zeitpunkt zu, wenn der verknüpfte Datensatz in Microsoft Dynamics CRM erstellt wird.

Wenn Sie zum Beispiel einer Firma einen verknüpften Kontakt hinzufügen, füllt die standardmäßige Entitätszuordnung zwischen diesen Entitäten automatisch die Adresse des Kontakts mit der gleichen Adresse wie die Firma. Ohne Zuordnungen müssten Benutzer die Adressdaten jedes Mal erneut in den Kontakt eingeben, selbst wenn sie mit der Adresse der Firma identisch sind.

WICHTIG   Microsoft Dynamics CRM ordnet Entitätsattribute nur zu der Zeit zu, zu der es eine verknüpfte Entität erstellt. Die Zuordnung hält die Daten nicht fortwährend synchronisiert. Ändert sich also die Adresse des (primären) *Firma*-Datensatzes, ordnet Microsoft Dynamics CRM diese Änderungen nicht automatisch den (verknüpften) *Kontakt*-Datensätzen zu. Eine derartige Synchronisierung verlangt zusätzliche Systemanpassung mit benutzerdefinierter Programmierung. Ein Beispiel hierfür demonstrieren wir in Kapitel 9. Außerdem können Sie das Feature zur Massenbearbeitung in Microsoft Dynamics CRM nutzen, um die Adresse von mehreren *Kontakt*-Datensätzen auf einmal zu aktualisieren.

Zu den Szenarios, in denen Microsoft Dynamics CRM Entitätszuordnungen verwendet, gehören:

- Hinzufügen einer verknüpften Entität zu einer primären Entität (Klicken auf *Neu* in der Symbolleiste der Tabelle einer zugeordneten Ansicht)

- Hinzufügen einer Aktivität zu einer Entität mithilfe von Aktionen (Klicken auf *Aktivität hinzufügen* in der Menüleiste der Entität)

- Konvertieren einer *Lead*- zu einer *Firma*-, *Kontakt*- oder *Verkaufschance*-Entität

Um die Entitätsbeziehungen anzuzeigen, die eine Zuordnung enthalten, öffnen Sie den Entitätseditor, klicken auf die Liste *Typ* in der jeweiligen Beziehungsliste und wählen dann *Zum Zuordnen geeignet*. Wenn Sie den Beziehungseditor für eine zum Zuordnen geeignete Beziehung öffnen, erscheint im linken Navigationsbereich eine Verknüpfung *Zuordnungen*. Abbildung 6.9 zeigt die Attributzuordnungen zwischen den Entitäten *Firma* und *Kontakt*.

Wie aus der Abbildung hervorgeht, besteht jede Zuordnung aus einem Quellattribut und einem Zielattribut. Außerdem hat Microsoft Dynamics CRM bereits Attribute wie zum Beispiel die Adressinformationen zwischen *Firma* und *Kontakt* zugeordnet. Wenn Sie also einen verknüpften Kontakt für eine Firma erstellen, füllt Microsoft Dynamics CRM automatisch vorab die Zielattribute des Kontakts mit den Werten aus der Quellentität (*Firma*). Abbildung 6.10 zeigt eine schematische Darstellung der *Firma-/Kontakt*-Zuordnung.

Die Abbildung umfasst aus Platzgründen nicht alle *Firma*- und *Kontakt*-Attribute, doch es wird deutlich, dass die Entität *Firma* Attribute (wie zum Beispiel *accountnumber* und *creditlimit*) enthält, die der Entität *Kontakt* nicht zugeordnet werden. Analog enthält die Entität *Kontakt* Attribute (wie zum Beispiel *birthdate* und *childrensnames*), die mit der Entität *Firma* nichts zu tun haben. Fazit: Es ist nicht erforderlich, alle Attribute der einen Entität einer anderen zuzuordnen – es werden nur diejenigen zugeordnet, für die es sinnvoll ist.

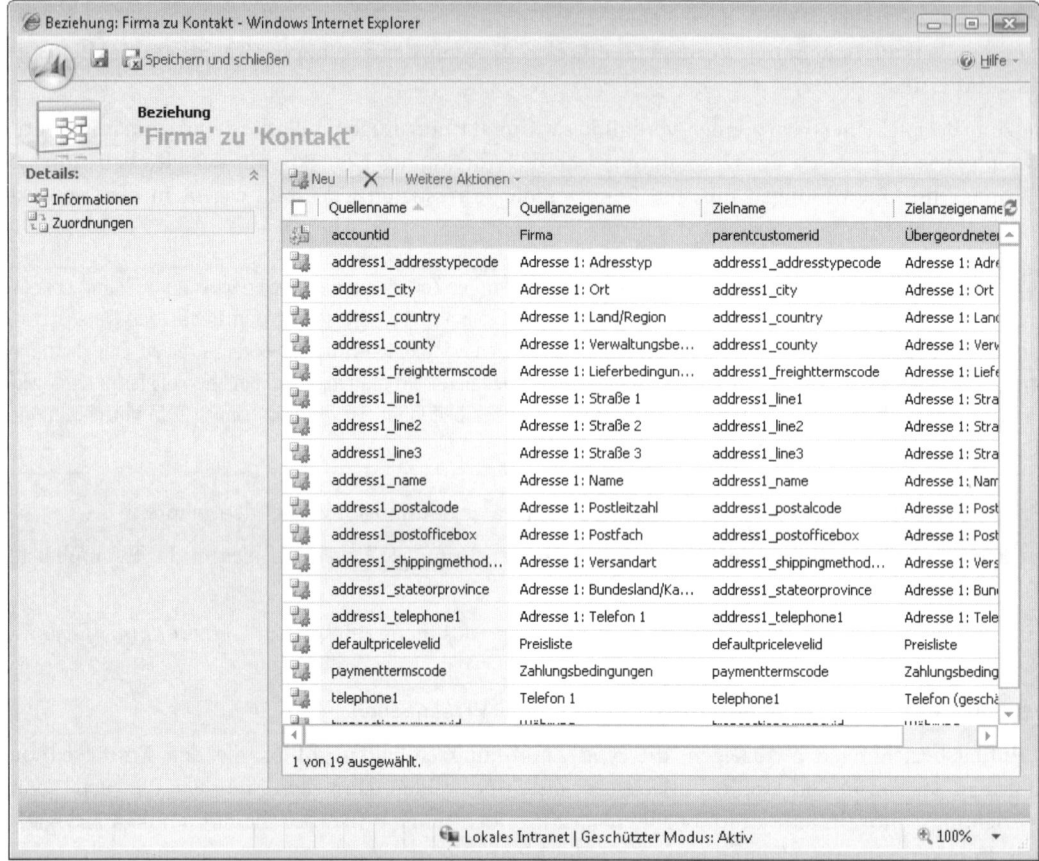

Abbildung 6.9 Attributzuordnungen zwischen den Entitäten Firma und Kontakt

Quellattribute
(Entität *Firma*)

address1_ line1	address1_ line2	address1_ city	address1_ postalcode	accountid	creditlimit	accountnumber

Zielattribute
(Entität *Kontakt*)

childrens- names	birthdate	address1_ line1	address1_ line2	address1_ city	address1_ postalcode	parentcustomerid

Abbildung 6.10 Schematische Darstellung der Attributzuordnungen zwischen den Entitäten Firma und Kontakt

Benutzerdefinierte Zuordnungen erstellen

Microsoft Dynamics CRM umfasst standardmäßig tausende von Attributzuordnungen, doch früher oder später müssen Sie wahrscheinlich neue Attributzuordnungen erstellen oder die Standardzuordnungen modifizieren. Sehen Sie sich ein Beispiel an, in dem Sie den beiden Entitäten *Firma* und *Kontakt* ein benutzerdefiniertes Auswahllistenattribut mit dem Schemanamen *new_customerrating* hinzufügen (siehe Abbildung 6.11). Obwohl beide Entitäten denselben Schemanamen *new_customerrating* verwenden, müssen Sie trotzdem eine Zuordnung zwischen diesen beiden Attributen einrichten, wenn Sie einen verknüpften Kontakt von einer Firma erstellen und Microsoft Dynamics CRM das Feld *new_customerrating* automatisch füllen soll.

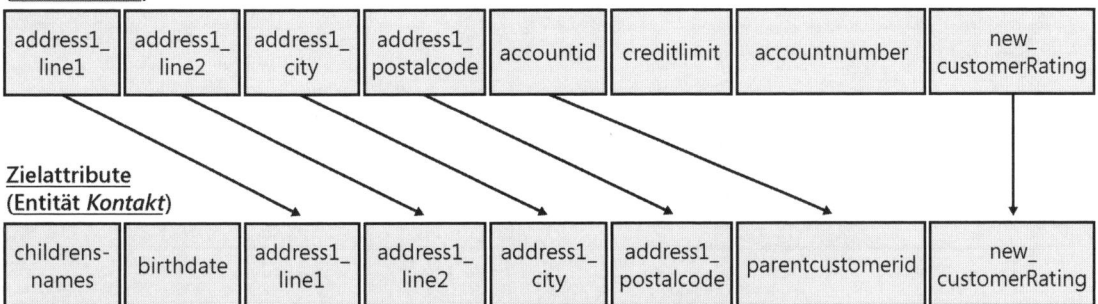

Abbildung 6.11 Zuordnung benutzerdefinierter Attribute zwischen den Entitäten Firma und Kontakt

Um eine benutzerdefinierte Zuordnung zwischen zwei Attributen zu erstellen, müssen Sie die folgenden Bedingungen erfüllen:

- Beide Attribute müssen den gleichen Datentyp verwenden.
- Die Länge des Zielattributs muss gleich der oder größer als die Länge des Quellattributs sein.
- Ein Attribut können Sie nur einmal als Zielattribut festlegen. Allerdings ist es möglich, ein Attribut von der Quellentität mehreren Zielschemanamen zuzuordnen.

In Microsoft Dynamics CRM lassen sich Zuordnungen nach zwei Methoden erstellen: Attribute manuell einzeln nacheinander zuordnen oder mit dem Feature *Zuordnungen generieren* die Zuordnungen von Microsoft Dynamics CRM automatisch generieren lassen. Bei automatischer Zuordnung erstellt Microsoft Dynamics CRM eine Attributzuordnung, wenn zwei Attribute den Schemanamen und Datentyp gemeinsam nutzen.

Eine Zuordnung manuell erstellen

1. Klicken Sie im Ordner *Anpassung* auf *Entitäten anpassen*, doppelklicken Sie auf einen Entitätsdatensatz und klicken Sie im Navigationsbereich auf den gewünschten Beziehungstyp.

2. Doppelklicken Sie auf die Entitätsbeziehung, für die Sie die Beziehungszuordnung ändern oder eine neue Zuordnung hinzufügen möchten.

3. Klicken Sie im Beziehungseditor im Navigationsbereich auf *Zuordnungen*.

4. Um eine neue Zuordnung hinzuzufügen, klicken Sie in der Symbolleiste der Tabelle auf *Neu*. Möchten Sie eine vorhandene Zuordnung ändern, doppelklicken Sie auf die betreffende Zuordnung.

5. Es erscheint ein Dialogfeld mit Quellentitätsattributen auf der linken und den Zielentitätsattributen auf der rechten Seite (siehe Abbildung 6.12).

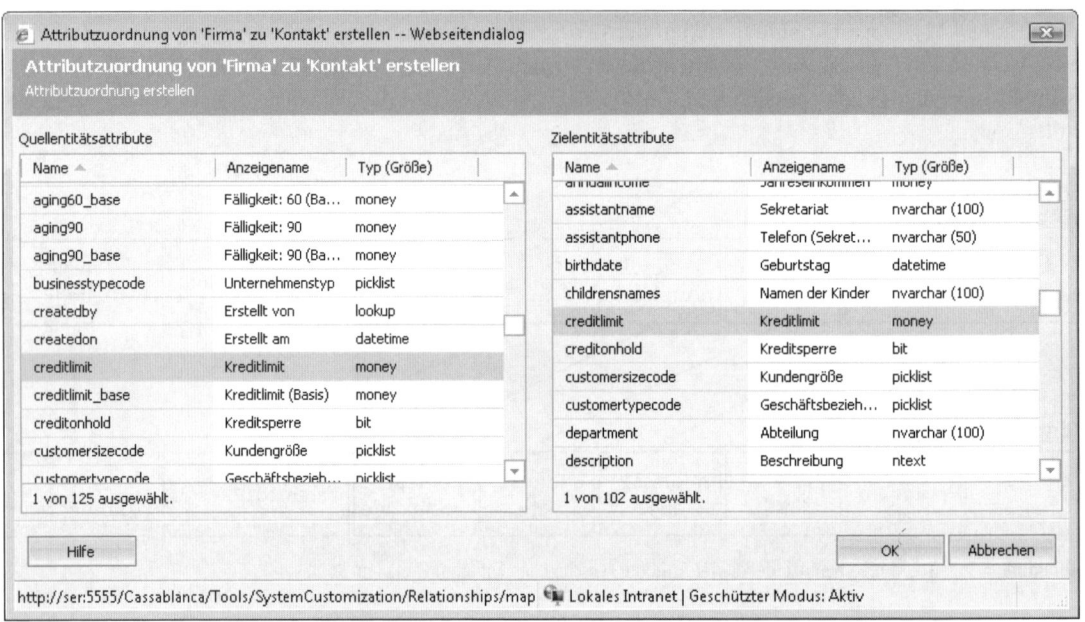

Abbildung 6.12   Das Dialogfeld zum Erstellen einer Attributzuordnung

6. Markieren Sie die Quell- und Zielattribute, die Sie zuordnen möchten, und klicken Sie dann auf *OK*.

7. Es erscheint eine Meldung »Attributzuordnung wird generiert«.

8. Speichern Sie die Beziehung und veröffentlichen Sie dann die Entitäten, die Sie angepasst haben.

TIPP   Es ist auch möglich, zwei Attribute zuzuordnen, wenn Sie unterschiedliche Schemanamen verwenden.

Möchten Sie die Zuordnung nicht manuell vornehmen, sondern vom Feature *Zuordnungen generieren* automatisch vornehmen lassen, klicken Sie einfach auf *Weitere Aktionen* in der Symbolleiste der Tabelle und dann auf *Zuordng. generieren*. Beachten Sie bitte, dass Microsoft Dynamics CRM alle vorhandenen Zuordnungen zwischen den Entitäten entfernt, wenn Sie Zuordnungen generieren.

Auswahllistenattribute zuordnen

Wenn Sie Zuordnungen für Attribute des Datentyps *picklist* erstellen, müssen Sie mit zusätzlichen Schritten sicherstellen, dass die Werte korrekt zugeordnet werden. Sieht sich ein Benutzer eine Dropdown-Liste auf einem Formular an, zeigt Microsoft Dynamics CRM dem Benutzer die Beschriftung für die Auswahlliste an. Ordnet jedoch Microsoft Dynamics CRM zwei Auswahllistenfelder gemeinsam zu, werden der Wert und die Beschriftung der Auswahlliste verwendet.

Um diese Feinheit zu demonstrieren, fügen wir der Auswahlliste *Branche* auf der Entität *Lead* einen neuen Wert hinzu. Microsoft Dynamics CRM bindet eine Standardzuordnung zwischen dem Attribut *Branche* der Entität *Lead* und dem Attribut *Branche* der Entität *Firma* ein. Wenn Sie eine *Lead*-Entität konvertieren und eine *Firma*-Entität erzeugen, verwendet Microsoft Dynamics CRM diese Zuordnung, um die *Firma*-Branche automatisch mit dem gleichen Wert wie für die *Lead*-Branche zu füllen. Möchten Sie der Auswahlliste eine neue Branche *Software* hinzufügen, müssen Sie diesen Wert sowohl dem *Lead*- als auch dem *Firma*-Attribut hinzufügen, damit die Werte synchronisiert bleiben.

Wenn Sie auf *Hinzufügen* klicken, erscheint das Dialogfeld *Listenwert hinzufügen* (siehe Abbildung 6.13). Geben Sie in das Feld *Bezeichnung* den Auswahllistentext *Software* ein. Den Text im Feld *Bezeichnung* sieht der Benutzer in der Dropdown-Liste auf dem Formular. Beachten Sie aber, dass Microsoft Dynamics CRM auch einen ganzzahligen Auswahllistenwert zusammen mit der Auswahllistenbezeichnung verwendet. Wenn Microsoft Dynamics CRM die *Lead*-Branche der *Firma*-Branche zuordnet, verwendet es den ganzzahligen Auswahllistenwert, um den Wert in der *Firma*-Entität festzulegen. Tabelle 6.3 zeigt, wie Microsoft Dynamics CRM unterschiedliche Auswahllistenwerte zuordnet.

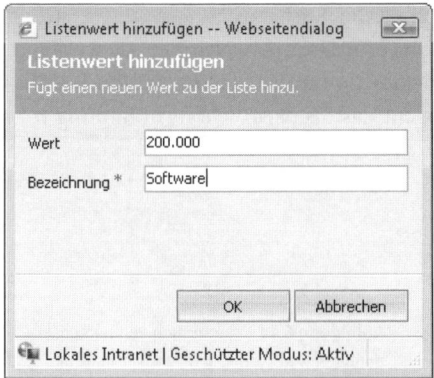

Abbildung 6.13   Einen neuen Auswahllistenwert hinzufügen

Auswahllisten-wert der Quelle (Lead)	Auswahllistenbe-zeichnung der Quelle (Lead)	Auswahllisten-attributwert des Ziels (Firma)	Auswahllisten-attributbezeich-nung des Ziels (Firma)	Übereinstim-mung?	Resultierender Auswahllisten-wert (Firma-Datensatz)	Resultierende Auswahllistenbe-zeichnung (Firma-Datensatz)
1	Beratung	1	Beratung	Ja	1	Beratung
1	Beratung	1	Freiberufliche Dienstleistungen (Professional Services)	Ja	1	Freiberufliche Dienstleistungen (Professional Services)
1	Beratung	2	Beratung	Nein	Leer	Leer
1	Beratung	Kein	Kein	Nein	Leer	Leer

Tabelle 6.3   Beispiele für die Zuordnung von Auswahllistenwerten

WICHTIG Microsoft Dynamics CRM bestimmt immer anhand des Auswahllistenwerts, ob Auswahllistenfelder übereinstimmen. Folglich müssen Sie unbedingt sicherstellen, dass die Ganzzahlwerte der Auswahlliste immer korrekte Entsprechungen darstellen.

Microsoft Dynamics CRM stellt automatisch einen ganzzahligen Standardwert für die Auswahlliste bereit, wenn Sie eine neue Option hinzufügen. Bei Bedarf können Sie aber den vorgeschlagenen Wert bearbeiten. Wichtig ist, dass Microsoft Dynamics CRM die vom System erstellten Auswahllisten anders als die von Ihnen erstellten benutzerdefinierten Auswahllisten behandelt:

- **Vom System erstellte Auswahllisten:** Wenn Sie einer vom System erstellten Auswahlliste eine neue Option hinzufügen, können Sie Auswahllistenwerte nur im Bereich 200.000 bis 2.147.483.646 verwenden.

- **Benutzerdefinierte Auswahllisten:** Wenn Sie ein neues benutzerdefiniertes Auswahllistenattribut hinzufügen, können Sie Auswahllistenwerte zwischen 1 und 2.147.483.646 zuweisen.

Ein Beispiel soll verdeutlichen, wo Sie diesen Unterschied aufmerksam beachten müssen. Nehmen Sie dazu an, Sie möchten ein benutzerdefiniertes *Kategorie*-Auswahllistenattribut der Entität *Verkaufschance* erstellen und den *Kategorie*-Wert der Verkaufschance dem *Firma*-Attribut *Kategorie* zuordnen. Nehmen Sie weiterhin an, dass Sie eine neue Kategorieoption namens *VIP* hinzufügen möchten. Wenn Sie die Standardauswahllistenwerte übernehmen, die Microsoft Dynamics CRM vorschlägt, sieht das Szenario wie in Abbildung 6.14 dargestellt aus.

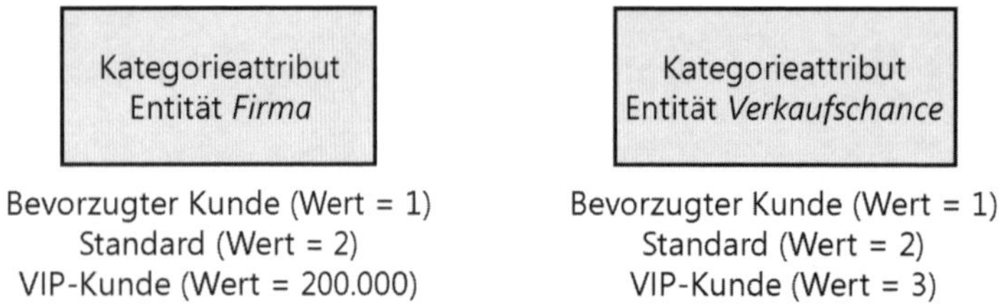

Kategorieattribut Entität *Firma*	Kategorieattribut Entität *Verkaufschance*
Bevorzugter Kunde (Wert = 1)	Bevorzugter Kunde (Wert = 1)
Standard (Wert = 2)	Standard (Wert = 2)
VIP-Kunde (Wert = 200.000)	VIP-Kunde (Wert = 3)

Abbildung 6.14 Zuordnung von benutzerdefinierten Auswahllisten zu Auswahllisten, die vom System erstellt werden

Mit dieser Konfiguration würden die *Kategorie*-Auswahllistenfelder von der Firma zur Verkaufschance nur für bevorzugte und Standardkunden zugeordnet. Das *Kategorie*-Feld würde nicht dem *Verkaufschance*-Datensatz für VIP-Firmen zugeordnet, weil die Auswahllistenwerte nicht übereinstimmen. Um dies zu korrigieren, müssen Sie den VIP-Auswahllistenwert im Attribut *Kategorie* der *Verkaufschance* in 200.000 ändern. Denken Sie daran, dass Sie den Wert der VIP-Auswahllistenoption nicht in 3 ändern können, weil Microsoft Dynamics CRM für die vom System erstellten Auswahllisten nur Werte ab 200.000 erlaubt.

HINWEIS Bei Feldern, die vom System generiert werden, können bei Kunden, die ein Upgrade von Microsoft Dynamics CRM 3.0 auf Microsoft Dynamics CRM 4.0 vorgenommen haben, benutzerdefinierte Auswahllistenwerte kleiner als 200.000 vorkommen, weil diese von der vorherigen Version übernommen wurden.

Dieses gleiche Konzept der Übereinstimmung von Auswahllistenwerten gilt auch für Entitäten mit Statusgründen und Zustandsattributen wie *Firma*, *Lead* und *Verkaufschance*. Denken Sie bitte unbedingt daran, die Werte für sämtliche Statusgründe für jeden der unterschiedlichen Zustände zwischen zwei Entitäten abzugleichen.

TIPP Es spielt keine Rolle, ob Sie Ganzzahlwerte in der Auswahlliste überspringen, weil Sie eine Option gelöscht haben – stellen Sie lediglich sicher, dass Werte, die übereinstimmen sollen, auch immer die gleichen Ganzzahlwerte besitzen.

Benutzerdefinierte Beziehungen erstellen

Nachdem Sie nun einige der Details hinter Entitätsbeziehungen kennen, erläutern wir ausführlicher, wie benutzerdefinierte Beziehungen erstellt werden, und untersuchen einige praktische Szenarios. Microsoft Dynamics CRM unterstützt eine breite Palette von benutzerdefinierten Entitätsbeziehungen, unter anderem:

- **1:n- und n:1-Beziehungen:** Erstellen primäre und verknüpfte Entitätsbeziehungen zwischen System- zu System-, benutzerdefinierten zu benutzerdefinierten und System- zu benutzerdefinierten Entitäten.

- **n:n-Beziehungen:** Erstellen zwei verknüpfte Entitätsbeziehungen zwischen Entitäten.

- **Auf sich selbst verweisende Beziehungen:** Erstellen eine Beziehung zwischen einer Entität und sich selbst, sodass sich Datensatzhierarchien unterstützen lassen.

- **Mehrfach-Beziehungen:** Erstellen mehrere Beziehungen zwischen denselben beiden Entitäten. Zum Beispiel können Sie mehrere Beziehungen zwischen den Entitäten *Kontakt* und *Firma* einrichten.

- **Beziehungen zwischen Systementitäten:** Erstellen neue Beziehungen zwischen vorhandenen Microsoft Dynamics CRM-Systementitäten.

Obwohl Microsoft Dynamics CRM alle diese benutzerdefinierten Beziehungen in der einen oder anderen Form unterstützt, verhalten sich nicht alle Entitäten in der gleichen Weise. Sehen Sie sich die folgenden Beispiele für eindeutige Entitätsbeziehungseinschränkungen an:

- Für die Entitäten *Termin* und *Kampagnenreaktion* können Sie benutzerdefinierte n:1-Beziehungen erstellen, aber weder 1:n- noch n:n-Beziehungen.

- Für die Entitäten *Unternehmenseinheit* und *Betreff* können Sie benutzerdefinierte 1:n-Beziehungen erstellen, aber weder n:1- noch n:n-Beziehungen.

- Für die Entitäten *Unternehmenseinheit* und *Betreff* können Sie keine benutzerdefinierten auf sich selbst verweisenden Beziehungen erstellen, weil Sie diese Typen von Beziehungen bereits einbinden.

Microsoft Dynamics CRM umfasst zu viele eindeutige Entitätsverhältnisse, um sie in ihrer Gesamtheit aufzulisten. Folglich sollten Sie nicht davon ausgehen, dass Sie alle Typen von benutzerdefinierten Entitätsbeziehungen auf alle Typen von Entitäten anwenden können. Überprüfen Sie bitte ganz genau den Abschnitt *Anpassung*, um sich davon zu überzeugen, was Microsoft Dynamics CRM zulässt, bevor Sie den Entwurf einer Entitätsbeziehung finalisieren.

Anhand der beiden folgenden häufig angefragten Praxisszenarios wollen wir die Vorteile von benutzerdefinierten Beziehungen beleuchten:

- Hinzufügen mehrerer Benutzerverweise je Firma

- Erstellen von übergeordneten und untergeordneten Anfragen

Mehrere Benutzerverweise je Firma hinzufügen

Viele Kunden stellen Microsoft Dynamics CRM bereit, weil sie die verschiedenen Interaktionen mit ihren Kunden nachverfolgen möchten. Je mehr Personen aus Ihrer Firma mit einem einzelnen Kunden interagieren, desto schwieriger wird es, diese Interaktion zu verwalten. Folglich wünschen sich viele Kunden eine Möglichkeit, mehrere Mitarbeiter ein und derselben Firma zuzuweisen und ihre individuellen Rollen in Bezug auf die Firma zu kennzeichnen.

Standardmäßig umfasst jeder Microsoft Dynamics CRM-*Firma*-Datensatz einen einzelnen Besitzerdatensatz. Mit benutzerdefinierten Beziehungen lassen sich aber der *Firma*-Entität die benötigten zusätzlichen Verweise hinzufügen. Nehmen Sie an, dass Sie jeder Firma außer dem Firmenbesitzer auch noch einen Vertriebsmitarbeiter- und einen Kundenserviceverweis hinzufügen möchten.

Zusätzliche Benutzerverweise hinzufügen

1. Klicken Sie im Ordner *Anpassung* von Microsoft Dynamics CRM auf *Entitäten anpassen*.

2. Doppelklicken Sie auf die Entität *Firma*, um den Entitätseditor zu öffnen.

3. Da ein einzelner Benutzer die gleiche Rolle für mehrere Firmen haben kann, erzeugen Sie eine n:1-Beziehung zwischen den Entitäten *Firma* und *Benutzer*. Klicken Sie im Navigationsbereich auf die Verknüpfung *n:1-Beziehungen*.

4. Klicken Sie in der Symbolleiste der Tabelle auf die Schaltfläche *Neue n:1-Beziehung*.

5. Wählen Sie im Feld *Primäre Entität* den Eintrag *Benutzer* und geben Sie in das Feld *Name* den Text **sales_user_account** ein.

6. Geben Sie im Feld *Anzeigename* den Text **Vertriebsmitarbeiter** ein. Dieser Name erscheint auf dem Formular, in den Ansichten usw.

7. Als Anzeigeoption wählen Sie *Nicht anzeigen*, weil die verknüpften Firmen nicht im Datensatz des Benutzers erscheinen sollen.

8. Im Dropdown-Menü *Verhaltenstyp* wählen Sie den Eintrag *Referenziell*, sodass Microsoft Dynamics CRM die kaskadierenden Aktionen wie *Zuweisen*, *Freigeben* und *Löschen* nicht auf die verknüpften Firmen des Benutzers anwendet, wenn eine derartige Aktion mit dem *Benutzer*-Datensatz ausgeführt wird.

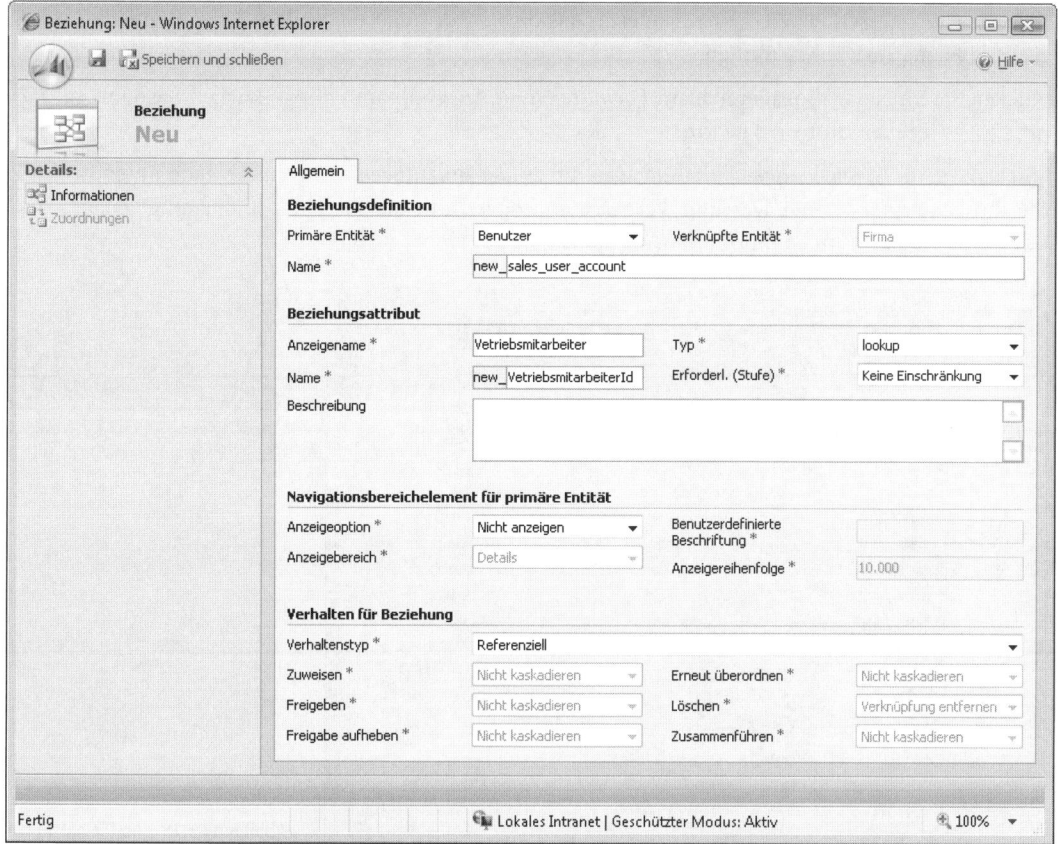

Abbildung 6.15 Neue benutzerdefinierte Beziehung zwischen den Entitäten Benutzer und Firma erstellen

9. Klicken Sie auf die Schaltfläche *Speichern und schließen*. Damit haben Sie eine neue benutzerdefinierte Beziehung zwischen den Entitäten *Benutzer* und *Firma* erstellt, um zu verfolgen, welcher Benutzer der Vertriebsmitarbeiter der Firma ist.

10. Wiederholen Sie diesen Vorgang, um die Beziehung zum Servicemanager der Firma zu erstellen.

11. Klicken Sie im Navigationsbereich auf die Verknüpfung *n:1-Beziehungen*.

12. Klicken Sie in der Symbolleiste der Tabelle auf die Schaltfläche *Neue n:1-Beziehung*.

13. Wählen Sie im Feld *Primäre Entität* den Eintrag *Benutzer* und tippen Sie in das Feld *Name* den Text **service_user_account**« ein.

14. Als Anzeigename geben Sie **Servicemanager** ein.

15. Als Anzeigeoption wählen Sie *Nicht anzeigen*.

16. Als Verhaltenstyp wählen Sie *Referenziell*.

17. Klicken Sie auf *Speichern und Schließen*.

18. Als Nächstes müssen Sie die neuen Felder in das *Firma*-Formular einbinden, damit Benutzer Datensätze für jede Firma auswählen können.

19. Klicken Sie im Navigationsbereich auf *Formulare und Ansichten* und doppelklicken Sie dann auf *Formular*. Der Formulareditor wird geöffnet.

20. Klicken Sie im Bereich *Allgemeine Aufgaben* auf *Felder hinzufügen*. Blättern Sie nach unten und wählen Sie die Felder *Servicemanager* und *Vertriebsmitarbeiter* aus, die Sie eben hinzugefügt haben. Als Abschnitt wählen Sie *Firmeninformationen*. Klicken Sie auf *OK*.

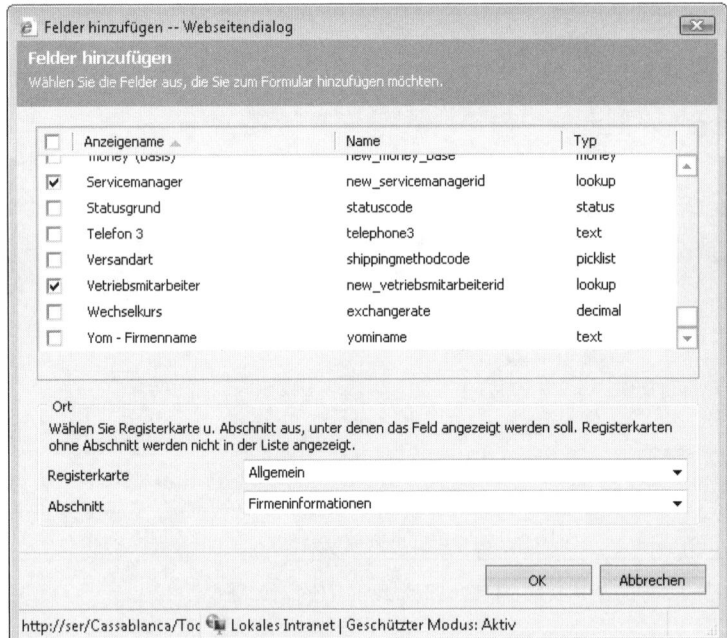

Abbildung 6.16 Im Dialogfeld Felder hinzufügen wählen Sie die neu erstellten Felder aus, um sie auf dem Formular anzuzeigen

21. Klicken Sie auf *Speichern und Schließen*. Veröffentlichen Sie dann die Entität *Firma* (über das Menü *Aktionen*).

Wenn Sie jetzt zu einem Firmendatensatz navigieren, können Sie für jede Firma den Vertriebsmitarbeiter und den Servicemanager festlegen (mithilfe des Microsoft Dynamics CRM-*Benutzer*-Datensatzes), wie es in Abbildung 6.17 zu sehen ist.

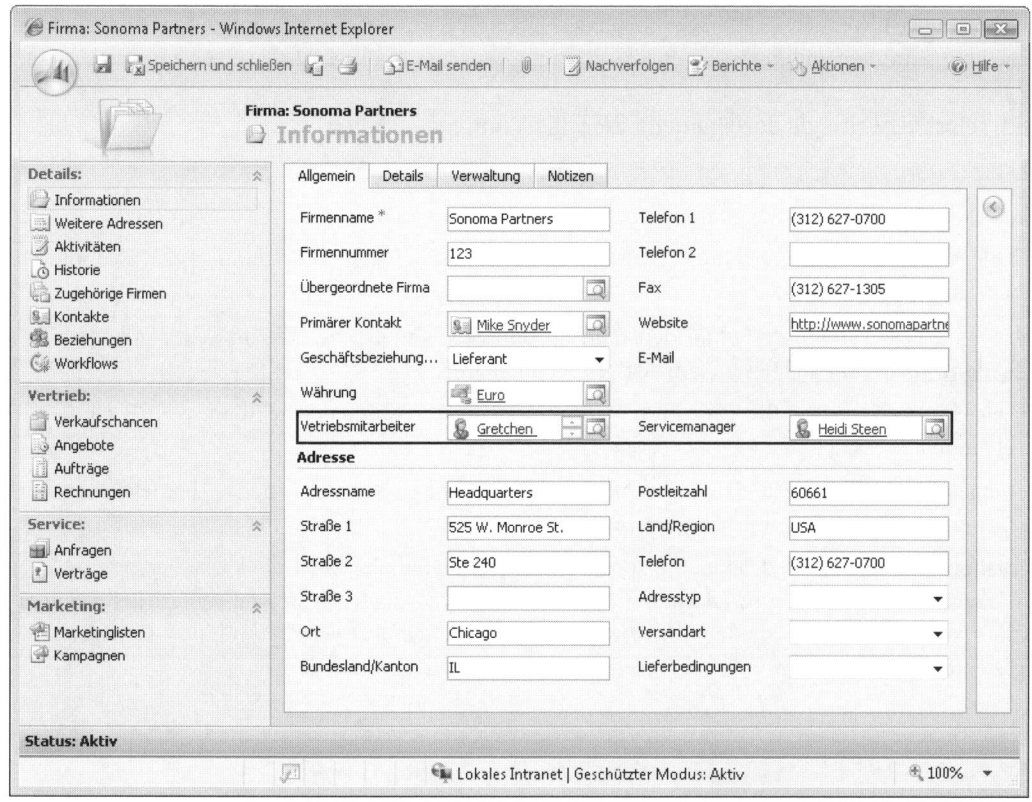

Abbildung 6.17 Der Entität Firma wurden zusätzliche benutzerdefinierte Beziehungen hinzugefügt

Wie Sie in Kapitel 3 gelernt haben, werden die Microsoft Dynamics CRM-Sicherheitseinstellungen teilweise durch den Besitzer jedes Datensatzes bestimmt. Selbst wenn Sie also in diesem Beispiel zusätzliche Benutzer zur Entität *Firma* hinzugefügt haben, referenziert Microsoft Dynamics CRM trotzdem das ursprüngliche Feld *Besitzer*, um die Sicherheitseinstellungen zu ermitteln.

Übergeordnete und untergeordnete Anfragen erstellen

Wie das vorherige Beispiel gezeigt hat, sind Sie durch hinzugefügte benutzerdefinierte Beziehungen recht flexibel und können zusätzliche Beziehungsdaten darüber verfolgen, wie Benutzer mit anderen Entitäten interagieren. Benutzerdefinierte Beziehungen lassen sich auch nutzen, um zu verfolgen und zu verwalten, wie Datensätze des einen Entitätstyps mit Datensätzen desselben Entitätstyps interagieren. Diese von Microsoft Dynamics CRM 4.0 unterstützten Typen der benutzerdefinierten auf sich selbst verweisenden Beziehungen untersuchen wir jetzt an einem praktischen Beispiel, das die Entität *Anfrage* verwendet.

Wie Sie wissen, kann eine Firma mit dem Microsoft Dynamics CRM-Kundenservicemodul Daten über Anforderungen und Probleme, die zu lösen sind, in einem *Anfrage*-Datensatz erfassen. Wenn eine Firma eine Datenbank mit einer großen Anzahl von Anfragen aufbaut, kann sie schnell sehen, dass viele Anfragen miteinander verwandt sind. Folglich könnte die Firma eine Verknüpfung zwischen diesen verwandten Anfragen herstellen, damit sich eine Lösung, die für eine bestimmte Anfrage erfolgreich war, schnell auf die verwandten Anfragen anwenden lässt. In der folgenden Übung verwenden Sie benutzerdefinierte Beziehungen, um eine übergeordnete und untergeordnete Beziehung zwischen *Anfrage*-Datensätzen zu erstellen.

Eine auf sich selbst verweisende Beziehung für die Entität Anfrage erstellen

1. Klicken Sie im Ordner *Anpassung* von Microsoft Dynamics CRM auf *Entitäten anpassen*.

2. Doppelklicken Sie auf die Entität *Anfrage*, um den Entitätseditor zu öffnen.

3. Klicken Sie im Navigationsbereich auf die Verknüpfung *1:n-Beziehungen* und dann in der Symbolleiste der Tabelle auf *Neue 1:n-Beziehung*.

4. Wählen Sie im Feld *Verknüpfte Entität* den Eintrag *Anfrage* aus und geben Sie im Feld *Name* den Text **new_incident_incident** ein. Dieser Name ist der Schemaname.

5. Als Anzeigename geben Sie **Übergeordnete Anfrage** ein. Dieser Name erscheint auf dem Formular, in den Ansichten usw.

6. Als Anzeigeoption wählen Sie *Benutzerdefinierte Beschriftung verwenden*. In das Textfeld *Benutzerdefinierte Beschriftung* geben Sie **Untergeordnete Anfragen** ein.

7. Als Verhaltenstyp wählen Sie *Referenziell*, sodass Microsoft Dynamics CRM die kaskadierenden Aktionen wie Zuweisen, Freigeben und Löschen nicht an die untergeordneten Anfragen weiterleitet, wenn eine Aktion mit dem übergeordneten *Anfrage*-Datensatz durchgeführt wird. Abbildung 6.18 zeigt die fertig gestellte Beziehung.

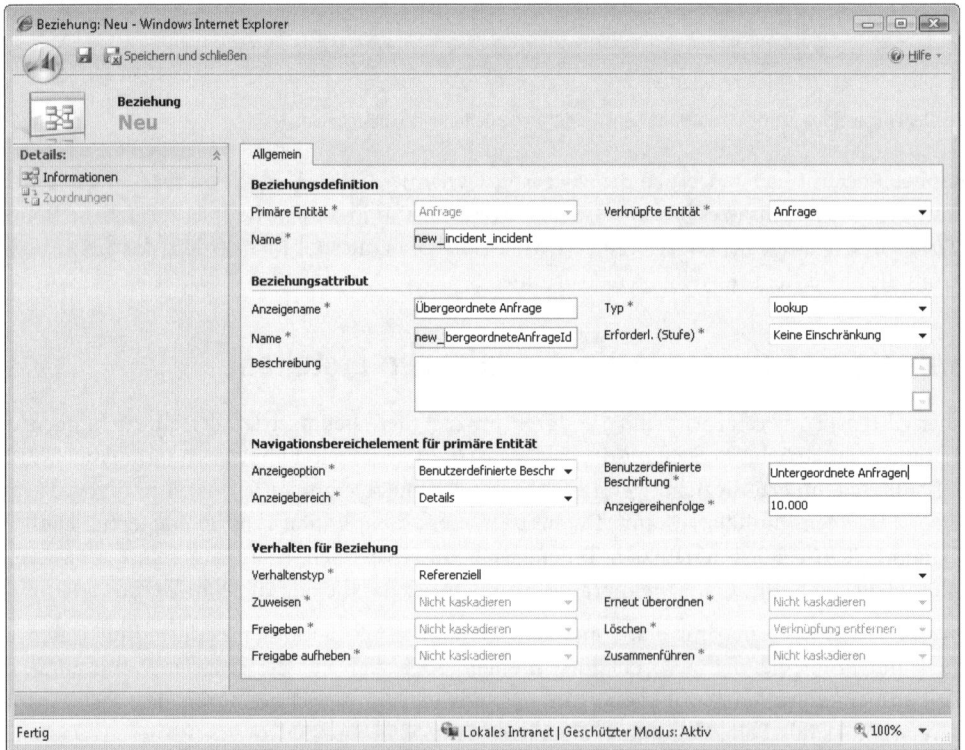

Abbildung 6.18 Die Seite mit den Einstellungen für die auf sich selbst verweisende Beziehung

8. Klicken Sie auf die Schaltfläche *Speichern und schließen*.

9. Als Nächstes fügen Sie das neue Feld *Übergeordnete Anfrage* in das *Anfrage*-Formular ein, damit Benutzer die übergeordnete Anfrage für einen Datensatz auswählen können. Klicken Sie im Navigationsbereich auf *Formulare und Ansichten* und doppelklicken Sie dann auf *Formular*. Der Formulareditor wird geöffnet.

10. Klicken Sie im Bereich *Allgemeine Aufgaben* auf *Felder hinzufügen*. Scrollen Sie in der Liste nach unten und wählen Sie das Feld *Übergeordnete Anfrage* aus, das Sie gerade hinzugefügt haben. Als Abschnitt wählen Sie *Übersicht*. Abbildung 6.19 zeigt das Dialogfeld *Felder hinzufügen*. Klicken Sie auf *OK*.

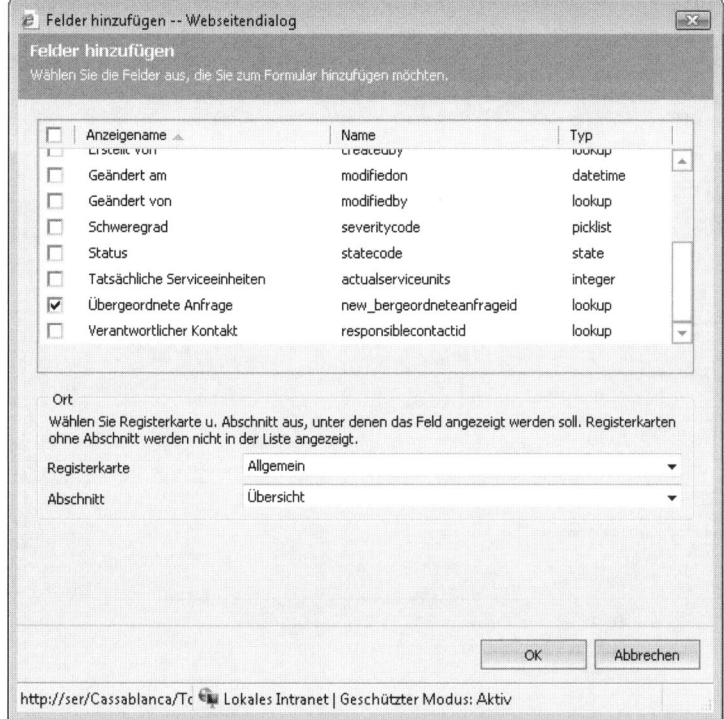

Abbildung 6.19 Das ausgefüllte Dialogfeld Felder hinzufügen, um das Feld Übergeordnete Anfrage in das Formular einzubinden

11. Klicken Sie auf *Speichern und schließen* und veröffentlichen Sie dann die Entität *Anfrage* (über das Menü *Aktionen*).

Wenn jetzt Benutzer mit einem Anfragedatensatz arbeiten, können sie verfolgen, wie sich eine einzelne Anfrage zu anderen Anfragen verhält, sodass sie die Liste der Probleme effizienter verwalten können. Zum Beispiel kann der Kundenservicemitarbeiter über das Nachschlagefeld auf dem Formular für jeden Datensatz eine übergeordnete Anfrage auswählen und dann außerdem im Navigationsbereich auf *Untergeordnete Anfragen* klicken, um eine Liste der untergeordneten Datensätze anzuzeigen, die mit dieser Anfrage verknüpft sind (siehe Abbildung 6.20).

TIPP   In diesem Beispiel haben Sie eine referenzielle Beziehung zwischen den übergeordneten und untergeordneten Anfragen eingerichtet. Darüber hinaus sollten Sie das Kaskadieren-Verhalten konfigurieren, sodass Microsoft Dynamics CRM beim Neuzuweisen der übergeordneten Anfrage automatisch alle untergeordneten Anfragen an denselben Anfragenbesitzer zuweist.

Diese beiden Beispiele für benutzerdefinierte Beziehungen haben gezeigt, wie sich in Microsoft Dynamics CRM schnell und einfach Entitätsbeziehungen konfigurieren lassen, um Kundendaten zu verwalten. Es liegt auf der Hand, dass Sie mit diesen benutzerdefinierten Beziehungen recht kreativ umgehen können, um ein System zu entwickeln, das Ihren Unternehmensansprüchen perfekt genügt.

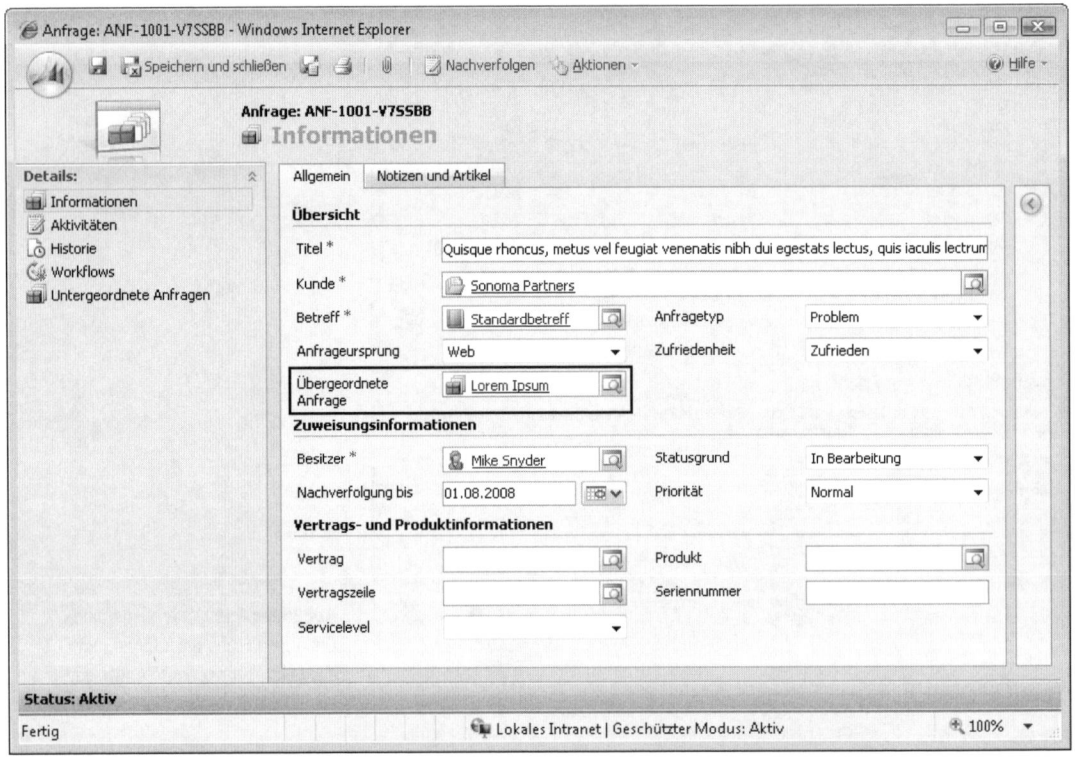

Abbildung 6.20   Der Entität Anfrage wurden benutzerdefinierte auf sich selbst verweisende Beziehungen hinzugefügt, um übergeordnete und untergeordnete Anfragedaten zu verfolgen

Benutzerdefinierte Entitäten erstellen

Da Sie mittlerweile mit Entitätsbeziehungen vertraut und in der Lage sind, eigene benutzerdefinierte Beziehungen zu erstellen, können wir uns nun den benutzerdefinierten Entitäten zuwenden. Microsoft Dynamics CRM erstellt bei der Installation der Software mehr als 150 Entitäten. Außerdem können Sie den anpassbaren Entitäten eine nahezu unbegrenzte Anzahl von benutzerdefinierten Attributen hinzufügen. Allerdings werden Sie fast mit Sicherheit Unternehmensdaten verfolgen wollen, die nicht ohne weiteres in eine dieser vorhandenen Entitäten passen. Bei den meisten anderen CRM-Anwendungen verlangt das Verfolgen neuer

Kategorien von Daten üblicherweise ein benutzerdefiniertes Anwendungsentwicklungsprojekt, in dem Berater neue benutzerdefinierte Datenbanken und Benutzeroberflächenformulare erstellen, die sie mit der CRM-Hostanwendung versuchen zu vereinigen.

Außer den offensichtlichen Nachteilen, dass dieses Verfahren Entwicklungszeit verschlingt und Kosten verursacht, bringen diese angepassten CRM-Anwendungsprojekte normalerweise keine ideale Funktionalität für Systemadministratoren und Endbenutzer. Und wenn die CRM-Hostanwendung eine aktualisierte Version freigibt, müssen die Berater den Code für die Geschäftslogik umprogrammieren, die angepassten Datenbanken aktualisieren und die Formulare der Benutzeroberfläche überarbeiten. Wenn Sie alle diese Faktoren zusammennehmen, wird verständlich, warum CRM-Anpassungsprojekte in der Vergangenheit jede Menge Zeit, Geld und Anstrengung verschlungen haben.

Vorzüge benutzerdefinierter Entitäten

Erfreulicherweise löst Microsoft Dynamics CRM viele der üblichen CRM-Anpassungsprobleme, die sich auf das Verfolgen neuer Datenkategorien beziehen, dadurch, dass Sie die Möglichkeit haben, benutzerdefinierte Entitäten zu erstellen. Noch vorteilhafter ist es, dass Sie in Microsoft Dynamics CRM mithilfe der webbasierten Verwaltungsoberfläche benutzerdefinierte Entitäten erstellen und ihre Beziehungen verwalten können (sodass keine benutzerdefinierte Programmierung erforderlich ist).

Wie verwenden Sie nun benutzerdefinierte Entitäten? Die Möglichkeiten, wie Sie Ihre benutzerdefinierten Entitäten einrichten und strukturieren können, sind praktisch unbegrenzt. Zum Beispiel könnte eine Hausverwaltungsfirma mit benutzerdefinierten Entitäten ihre verschiedenen Liegenschaften, Immobilien und Mietobjekte verwalten. Eine freiberufliche Dienstleistungsfirma kann benutzerdefinierte Entitäten erstellen, um ihre verschiedenen Kundenprojekte zu verfolgen. Ein Zeitschriftenverlag kann mit benutzerdefinierten Entitäten Daten über seine Magazine und Kundenabonnements erfassen. Wie Sie benutzerdefinierte Entitäten verwenden, hängt also vom Wesen des Unternehmens und vom Typ der Daten ab, die Sie in Microsoft Dynamics CRM erfassen möchten.

Wenn Sie eine benutzerdefinierte Entität erstellen, um eine neue Kategorie von Daten zu speichern, fügt Microsoft Dynamics CRM die Entität automatisch in die Metadaten und seine zugrunde liegenden Systemdaten ein. Das heißt, dass sich benutzerdefinierte Entitäten wie *First-Class*-Systementitäten verhalten und sie fast auf die gesamte Funktionalität der bei der Installation erstellten Standardsystementitäten zurückgreifen können. Benutzerdefinierte Entitäten und Standardentitäten weisen unter anderem folgende allgemeine Vorzüge auf:

- Benutzerdefinierte Entitätsattribute, Formulare und Ansichten passen Sie mit den gleichen webbasierten Administrationstools an, die Sie auch für die Standardentitäten verwenden.

- Benutzer können mit dem Feature *Erweiterte Suche* benutzerdefinierte Abfragen von benutzerdefinierten Entitäten erstellen und speichern.

- Dem Formular der benutzerdefinierten Entität können Sie clientseitige Ereignisse wie *onChange*, *onLoad* und *onSave* hinzufügen.

- Benutzerdefinierte Entitäten und ihre Anpassungen können Sie mit demselben Import/Export-Tool und derselben Metadaten-API (Application Programming Interface) importieren und exportieren, die Sie auch für die Standardentitäten verwenden.

- Benutzer können auf benutzerdefinierte Entitäten im Microsoft Dynamics CRM Client für Microsoft Office Outlook zugreifen und mit dem Microsoft Dynamics CRM für Microsoft Office Outlook mit Offlinezugriff mit benutzerdefinierten Entitäten offline arbeiten.

- Benutzerdefinierten Entitäten können Sie benutzerdefinierte Beziehungen und Zuordnungen hinzufügen, genau wie bei den Standardentitäten.

- Benutzerdefinierte Entitäten partizipieren vollständig im Microsoft Dynamics CRM-Sicherheitsframework, sodass Sie für jede Entität Berechtigungen wie Erstellen, Lesen und Schreiben festlegen können.

- Entwickler können programmgesteuert auf benutzerdefinierte Entitäten über das Microsoft Dynamics CRM-SDK (Software Development Kit) zugreifen und unter anderem Operationen wie Erstellen, Abrufen und Aktualisieren ausführen.

- Microsoft Dynamics CRM unterstützt Plug-Ins auf benutzerdefinierten Entitäten.

- Benutzer können für benutzerdefinierte Entitätsdatensätze das Feature *Massenbearbeitung* verwenden.

- Es lässt sich die Duplikaterkennung konfigurieren, um benutzerdefinierte Entitätsdatensätze zu überprüfen.

- Microsoft Dynamics CRM erstellt in der SQL Server-Datenbank für benutzerdefinierte Entitäten gefilterte Ansichten, die Sie für die Berichterstellung verwenden können.

- Benutzer können benutzerdefinierte Entitäten nach Microsoft Office Excel als dynamische PivotTable oder dynamische Tabelle exportieren.

- Die Navigations- und Menüstruktur von Microsoft Dynamics CRM können Sie modifizieren, um benutzerdefinierte Entitäten nahtlos in die Benutzeroberfläche einzupassen.

Diese Liste veranschaulicht, dass sich benutzerdefinierte Entitäten fast genauso wie die Standardentitäten im Microsoft Dynamics CRM-System verhalten.

Einschränkungen bei benutzerdefinierten Entitäten

Trotz aller Ähnlichkeiten zwischen benutzerdefinierten und Standardentitäten existieren einige bemerkenswerte Einschränkungen für benutzerdefinierte Entitäten:

- Zwei benutzerdefinierte Entitätsdatensätze können Sie nicht zusammenführen.

- Die Microsoft Dynamics CRM-Systementitäten binden eine Beziehung zur Entität *Kunde* ein, in der Benutzer eine *Firma* oder einen *Kontakt* auswählen können. Für benutzerdefinierte Entitäten können Sie keine Beziehung zur zusammengesetzten *Kunde*-Entität erzeugen (in der Benutzer eine *Firma* oder einen *Kontakt* mit einer einzigen Nachschlageoperation auswählen können).

- Benutzerdefinierte Entitäten erscheinen nicht in einem Entitätsrollup (das Aktivitäten von untergeordneten Entitäten im Datensatz der übergeordneten Entität anzeigt).

- Bei benutzerdefinierten Entitäten ist kein übergeordnetes Beziehungsverhalten mit Systementitäten möglich.

Da offenbar nur wenige Einschränkungen in Bezug auf benutzerdefinierte Entitäten existieren, werden Sie sicherlich in Ihrer Microsoft Dynamics CRM-Bereitstellung ausgiebig davon Gebrauch machen. Als Nächstes zeigen wir, wie Sie benutzerdefinierte Entitätsbeziehungen (mit ihren entsprechenden Einschränkungen) einrichten und konfigurieren.

Beispiel für eine benutzerdefinierte Entität

Um die Vorzüge der benutzerdefinierten Entitäten besser zu verstehen, wollen wir anhand eines praktischen Beispiels zeigen, wie Sie benutzerdefinierte Entitäten und Beziehungen für eine fiktive Hausverwaltungsfirma namens Litware, Inc. erstellen.

Litware verwaltet 15 Mehrfamilienhäuser an der Ostküste der USA. Die Mietshauskomplexe reichen von 25 bis 75 Apartments je Wohnobjekt, einschließlich Einraum-, Zweiraum- und Dreiraumwohnungen. Im Rahmen der Vermietung muss jeder potenzielle Mieter einen Mietantrag ausfüllen und zur Bonitätsprüfung einreichen. Nachdem die Kreditgenehmigung eingetroffen ist, unterzeichnen alle Mitglieder der Wohngemeinschaft einen Mietvertrag. Litware setzt Microsoft Dynamics CRM ein, um die aktuellen Mieter zu verwalten und potenzielle Mieter zu verfolgen.

Ausgehend von dieser Beschreibung haben wir einen anfänglichen Entwurfsvorschlag erstellt, in dem Litware die folgenden Entitäten in Microsoft Dynamics CRM verwenden würde:

- **Objekt:** Benutzerdefinierte Entität mit Attributen wie Name und Adresse.

- **Wohnung:** Benutzerdefinierte Entität mit Attributen wie zum Beispiel Anzahl der Schlafzimmer, Anzahl der Badezimmer, Wohnfläche, Monatsmiete und Etage.

- **Mietvertrag:** Benutzerdefinierte Entität mit Attributen wie Monatsmiete, Anfangsdatum, Enddatum und Mietkaution. Einen Mietvertrag können maximal zwei Personen gemeinsam abschließen.

- **Mietantrag:** Benutzerdefinierte Entität mit Attributen wie zum Beispiel Beschäftigungsdaten und bisherige Adressen. Jeder Mieter stellt seinen eigenen Antrag.

- **Kontakt:** Systementität, um Mieter und Antragsteller zu verfolgen.

- **Verkaufschance:** Systementität, um potenzielle Vermietungsgelegenheiten zu verfolgen.

Wenn Sie eine Entität wie diese konzipieren, sollten Sie unterschiedliche Szenarios berücksichtigen, weil es keine starren Regeln gibt, ob Sie eine benutzerdefinierte Entität erstellen oder Attribute zu einer vorhandenen Entität hinzufügen sollten. Wir empfehlen, alle vorgeschlagenen Entitäten und Beziehungen, die Sie Ihrer Meinung nach brauchen, auszuarbeiten, bevor Sie mit der Eingabe von Änderungen in Microsoft Dynamics CRM beginnen. In einem Modellierungstool wie zum Beispiel Microsoft Office Visio ist es wesentlich leichter und effizienter, Änderungen vorzunehmen, als direkt in Microsoft Dynamics CRM. Abbildung 6.21 zeigt das vorgeschlagene Entitätskonzept für Litware.

Aufbauend auf diesem anfänglichen Entwurf haben wir visuelle Modelle für Objekt-, Wohnungs-, Mietvertrags- und Mietantragsformulare erstellt, die Sie in den Abbildungen 6.22 bis 6.25 sehen.

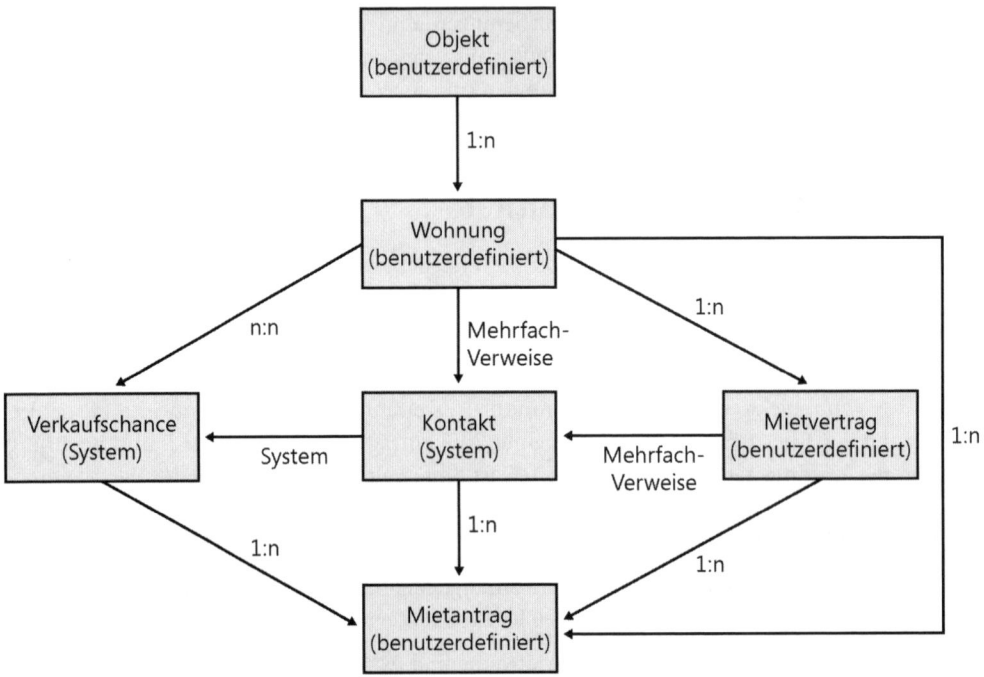

Abbildung 6.21   Vorgeschlagenes Konzept der Entitätsbeziehungen für Litware

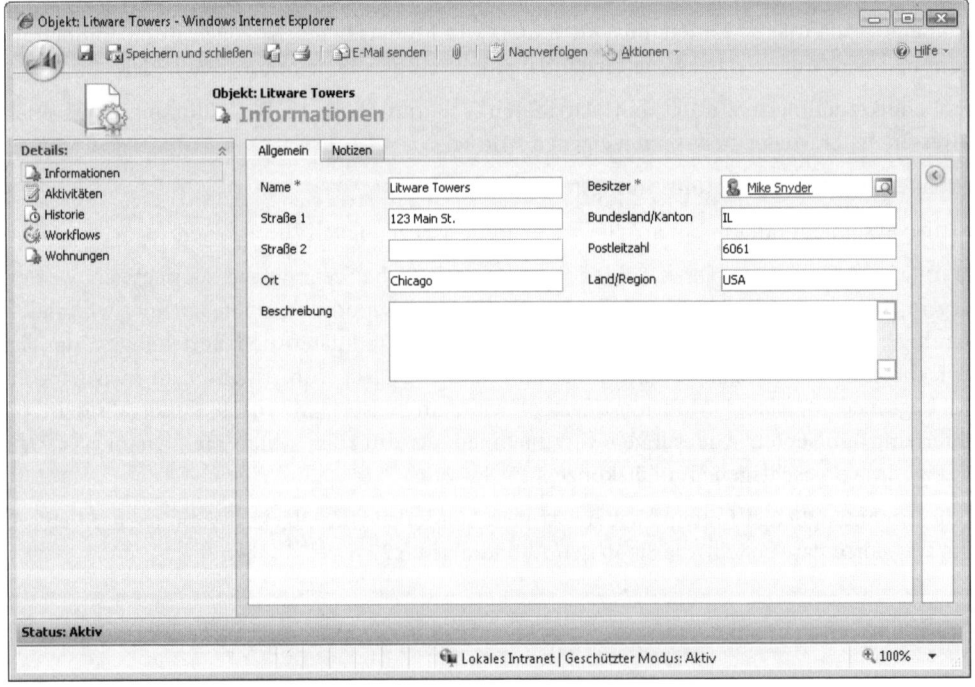

Abbildung 6.22   Modell des Formulars Objekt

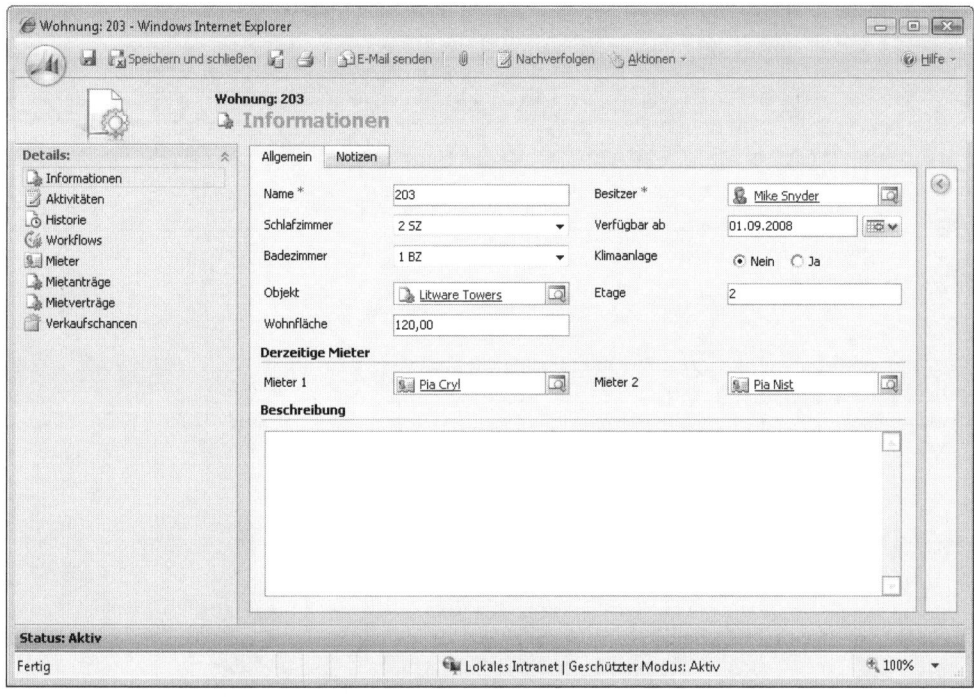

Abbildung 6.23   Modell des Formulars Wohnung

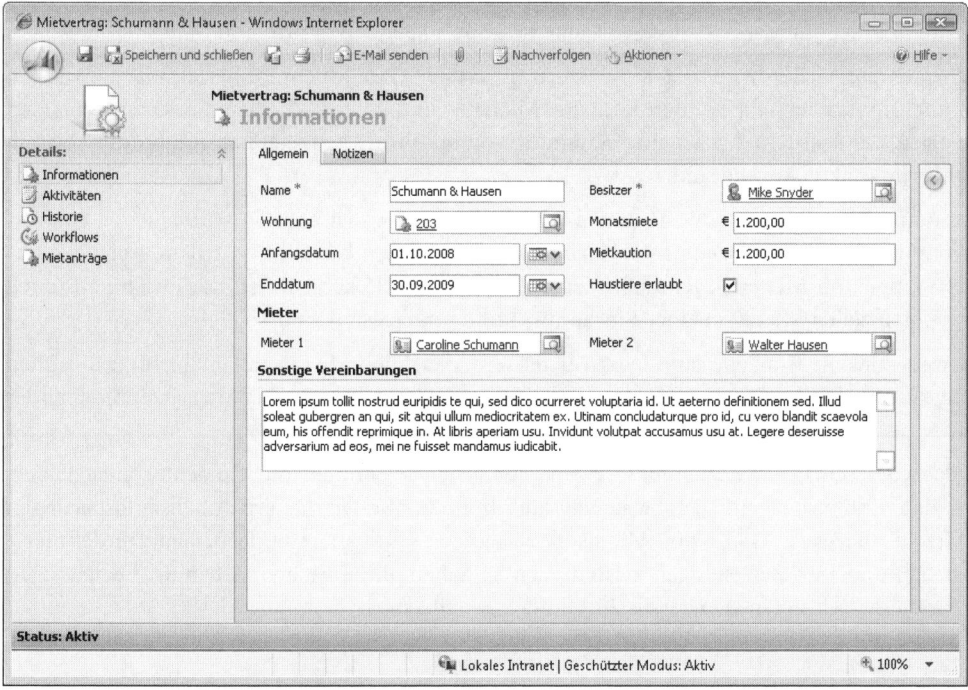

Abbildung 6.24   Modell des Formulars Mietvertrag

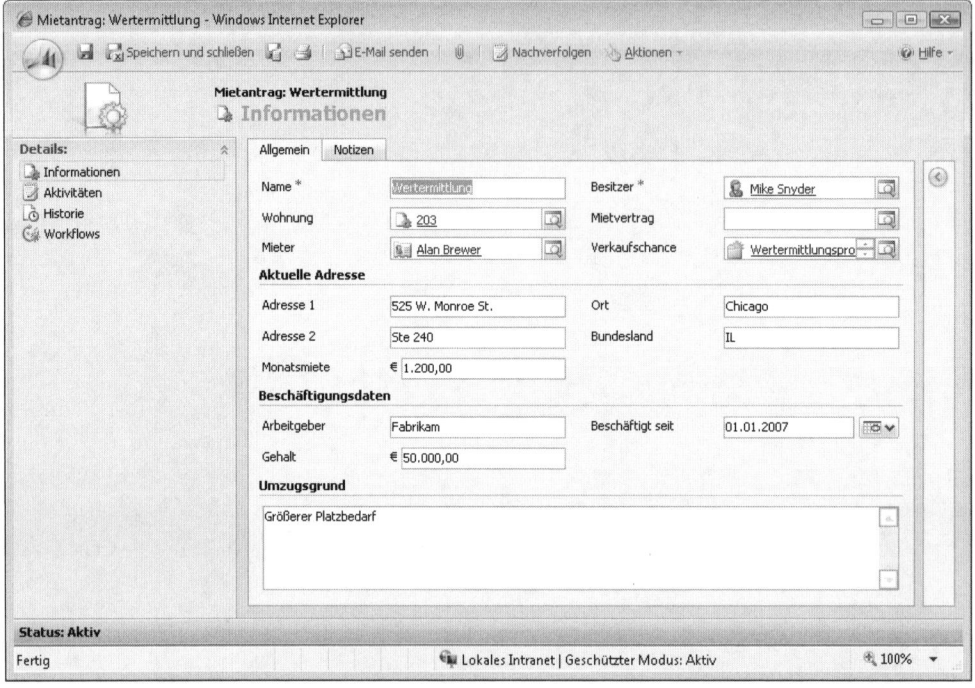

Abbildung 6.25 Modell des Formulars Mietantrag

Es ist sofort zu sehen, wie sich einige der vorgeschlagenen Entitätsbeziehungen in der Benutzeroberfläche manifestieren. Zum Beispiel umfasst das vorgeschlagene Konzept folgende Vorzüge und Mängel:

- Es lassen sich mehrere Mieterdatensätze je Mietvertrag verfolgen, weil mehrere Beziehungen zwischen Mietvertrag und Kontakt erstellt werden können (Mieter 1 und Mieter 2). Damit können Sie einen Kontakt verfolgen, der schon mehrfach eine Wohnung von der Firma gemietet hat und für den folglich mehrere Mietverträge aktenkundig sind.

- Für jede Einraumwohnung können Sie aufgrund der n:n-Beziehung zwischen *Wohnung* und *Verkaufschance* alle verknüpften Verkaufschancen anzeigen. Diese Beziehung kann Ihnen zeigen, welche Wohnungen eine Gruppe von Mietern eventuell mieten könnte, und sie kann Ihnen darüber hinaus auch sagen, welche potenziellen Mieter an einer Einraumwohnung interessiert sind.

- Durch das vorgeschlagene Konzept kann jeder Mieter seinen eigenen Mietantrag unabhängig ausfüllen und trotzdem können Sie Mieter mithilfe der *Verkaufschance-* und *Wohnung-*Datensätze miteinander verknüpfen.

Wenn Litware das vorgeschlagene Beziehungskonzept überarbeitet, könnten die Gutachter entscheiden, Änderungen an den Entitätsbeziehungen basierend auf ihren konkreten Unternehmensanforderungen vorzunehmen. Erfreulicherweise ist es mit Microsoft Dynamics CRM ganz einfach, benutzerdefinierte Entitäten zu erstellen und ihre Beziehungen zu ändern. Wir haben alle Entitäten, Attribute, Beziehungen und Formulare für dieses Beispiel in weniger als 20 Minuten erstellt!

TIPP Wenn Sie eine n:n-Beziehung direkt zwischen zwei Entitäten erstellen, können Sie diese Beziehung nicht mit zusätzlichen Attributen anpassen. Außerdem erscheint eine direkte n:n-Beziehung nicht im Microsoft Dynamics CRM-Workflow, was möglicherweise nicht zu Ihren Unternehmensanforderungen passt. Als Alternative können Sie eine n:n-Beziehung zwischen zwei Entitäten (A und B) effektiv erstellen, indem Sie eine Zwischenentität (C) und dann zwei benutzerdefinierte 1:n-Beziehungen erstellen: Richten Sie eine 1:n-Beziehung zwischen A und C und eine n:1-Beziehung zwischen C und B ein. Diese Technik bietet sich an, wenn Sie über die n:n-Beziehung zwischen den beiden Entitäten zusätzliche Daten erfassen (Attribute hinzufügen) möchten.

Besitz

Microsoft Dynamics CRM weist fast allen Datensätzen in seiner Datenbank einen Besitzer zu. Datensätze wie zum Beispiel *Leads*, *Firmen*, *Aktivitäten* und *Kontakte* haben einen Microsoft Dynamics CRM-Benutzer als ihren Besitzer. Den Besitz von Datensätzen wie Produkte, Vertriebsdokumentation und Sites weist Microsoft Dynamics CRM dagegen der Organisation zu. Diese Typen von Datensätzen speichern Informationen, die theoretisch für alle Benutzer in der Organisation – unabhängig von der Unternehmenseinheit – gelten.

Für jede benutzerdefinierte Entität, die Sie erstellen, müssen Sie einen von zwei Besitztypen angeben:

* Benutzer

* Organisation

Treffen Sie die Entscheidung über die Zugehörigkeit der Entität sorgfältig, weil Sie den Besitztyp der Entität nicht mehr ändern können, nachdem Sie die Entität erstellt haben.

Der Besitz auf Benutzer- und Organisationsebene unterscheidet sich unter anderem wie folgt:

* Zum Benutzer gehörende Entitäten können anderen Benutzern zugewiesen werden. Bei Entitäten im Besitz der Organisation ist das nicht möglich.

* Zum Benutzer gehörende Entitäten können für ein oder mehrere Teams freigegebenen werden. Bei Entitäten im Besitz der Organisation ist das nicht möglich.

* Da Entitäten im Benutzerbesitz einem Benutzer zugeordnet sind und jeder Benutzer zu einer Unternehmenseinheit gehört, haben Sie mehr Flexibilität, wenn Sie die Sicherheit für zum Benutzer gehörende Entitäten konfigurieren als wenn Sie die Sicherheit bei zur Organisation gehörenden Entitäten konfigurieren. Wenn Sie eine Sicherheitsrolle für zur Organisation gehörende Entitäten konfigurieren, können Sie als Zugriffsebenen nur *Keine ausgewählt* und *Organisation* spezifizieren. Für zum Benutzer gehörende Entitäten können Sie eine von fünf verschiedenen Zugriffsebenen spezifizieren: *Keine ausgewählt*, *Benutzer*, *Unternehmenseinheit*, *Übergeordnet: Untergeordnete Unternehmenseinheiten* und *Organisation*.

* Bei zur Organisation gehörenden Entitäten kann der Verwaltungsaufwand geringer ausfallen, weil sie zur Firma gehören. Eine zum Benutzer gehörende Entität müssen Sie dagegen immer einem spezifischen Benutzerdatensatz zuweisen.

Wie die Liste verdeutlicht, haben Sie mehr Optionen und eine bessere Konfigurierbarkeit, wenn Sie benutzerdefinierte Entitäten als zum Benutzer gehörend deklarieren. Allerdings verlangt der Benutzerbesitz, dass Sie jede Entität sorgfältig dem richtigen Besitzer zuweisen und die Sicherheitsrollen passend konfigurieren.

Wenn sich bei Benutzern die Unternehmenseinheiten oder Aufgabenfunktionen häufig ändern, müssen Sie den Entitätsbesitz entsprechend aktualisieren. In derartigen Szenarios wird der Aufwand, die korrekten Informationen über den Benutzerbesitz zu verwalten, möglicherweise nicht durch die zusätzlichen Vorzüge der Konfigurierbarkeit wettgemacht.

Entitätssymbole

Microsoft Dynamics CRM verwendet unterschiedliche Symbole in der Benutzeroberfläche, um die einzelnen Standardsystementitäten darzustellen. Diese Symbole erscheinen im Navigationsbereich, in verschiedenen Ansichten und auf dem Formular einer verknüpften Entität. Diese Entitätssymbole haben nicht nur eine ästhetische Funktion. In erster Linie sollen sie dem Benutzer mit grafischen Indikatoren über jeden Datensatztyp, mit dem er gerade arbeitet, die Orientierung im System erleichtern. Standardmäßig weist Microsoft Dynamics CRM allen neuen benutzerdefinierten Entitäten das gleiche Symbol zu.

Haben Sie in Ihrem System recht viele benutzerdefinierte Entitäten erstellt, die alle das gleiche Symbol zeigen, vermindert sich der ästhetische Nutzen von Symbolen und obendrein stiften diese Symbole möglicherweise noch Verwirrung beim Benutzer. Erfreulicherweise können Sie in Microsoft Dynamics CRM Ihre eigenen Symbole für jede benutzerdefinierte Entität hochladen. Wir empfehlen unbedingt, dass Sie für jede benutzerdefinierte Entität in Ihrem System benutzerdefinierte Symbole verwenden. Für jede benutzerdefinierte Entität können Sie drei Typen von Entitätssymbolen hochladen:

- **Symbol in Webanwendung:** Bild, das in den Tabellen und im Navigationsbereich erscheint.

- **Verknüpfungssymbol in Microsoft Dynamics CRM für Microsoft Office Outlook:** Bild, das im Outlook-Client erscheint.

- **Symbol in Entitätsformularen:** Bild, das an der Spitze jedes Entitätsformulars erscheint.

Verwenden Sie für die Entitätssymbole möglichst Dateien, die Bilder mit einem transparenten Hintergrund liefern. Wenn die Symbole auf dunklen Hintergründen erscheinen oder Microsoft Dynamics CRM den Datensatz markiert, entsteht bei nicht transparenten Bildern ein unerwünschter Effekt.

Die meisten Grafikbearbeitungsprogramme enthalten Tools, mit denen sich diese Symbole entsprechend den Spezifikationen von Microsoft Dynamics CRM erstellen lassen. Die fertig gestellten Symboldateien lassen sich recht einfach in die benutzerdefinierte Entität hochladen.

Benutzerdefinierte Entitätssymbole aktualisieren

1. Klicken Sie im Entitätseditor auf *Aktionen* und dann auf *Symbole aktualisieren*. Daraufhin erscheint das Dialogfeld *Neue Symbole auswählen* (siehe Abbildung 6.26).

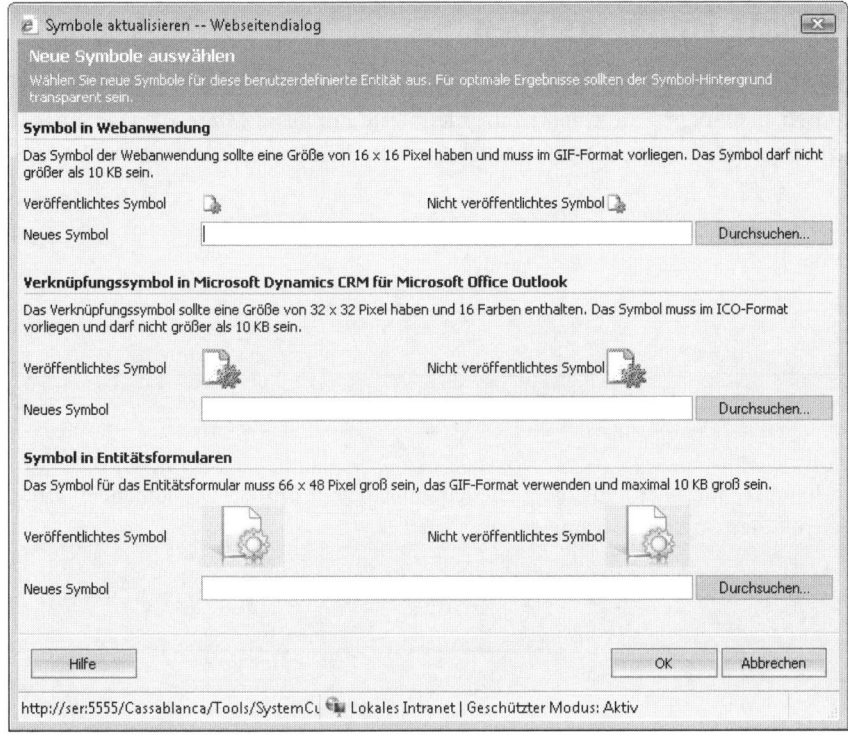

Abbildung 6.26 Das Dialogfeld Neue Symbole auswählen

2. Klicken Sie für jeden Dateityp auf *Durchsuchen* (oder geben Sie den Pfad zur Symboldatei in das Textfeld ein) und laden Sie die gewünschten Symboldateien hoch. Klicken Sie dann auf *OK*. Außer dem momentan veröffentlichten Symbol erscheint eine Vorschau des Symbols, das Sie hochgeladen haben.

3. Veröffentlichen Sie die Entität, damit Benutzer die neuen Symbole sehen können.

In Microsoft Dynamics CRM können Sie Symbole für benutzerdefinierte Entitäten hochladen, aber auch die Entitätssymbole mithilfe der Sitemap ändern. Obwohl es technisch möglich ist, ein Entitätssymbol mit der Sitemap zu aktualisieren, ist das Tool *Neue Symbole auswählen* die bevorzugte Methode, die Symbole zu ändern. Das Symbolfeature der Sitemap sollten Sie lediglich für benutzerdefinierte Verknüpfungen verwenden, die Sie dem Navigationsbereich hinzufügen. Auf die Sitemap geht der Abschnitt »Sitemap« später in diesem Kapitel näher ein.

> **TIPP**   Selbst wenn wir es wärmstens empfehlen, werden Sie sich vielleicht nicht die Zeit nehmen wollen, um benutzerdefinierte Symbole zu erstellen und hochzuladen. Wenn Sie in Eile sind, können Sie kurz und schmerzlos zu benutzerdefinierten Symbolen kommen, wenn Sie Bilddateien hochladen, die im Microsoft Dynamics CRM-Webordner enthalten sind. Standardmäßig ist dieser Ordner auf dem Microsoft Dynamics CRM-Webserver unter *C:\Inetpub\wwwroot_imgs* zu finden. Dort gibt es Unmengen von Bilddateien, aus denen Sie wählen können! Außerdem enthält das Microsoft Dynamics CRM-SDK im Ordner *client\images* Bilddateien, die Sie verwenden können. Natürlich ist es besser, eigene benutzerdefinierte Symbole zu erstellen, doch immerhin kann die Wiederverwendung der Microsoft Dynamics CRM-Symbole benutzerfreundlicher sein, als einfach das Standardsymbol für eine benutzerdefinierte Entität beizubehalten.

Eine benutzerdefinierte Entität erstellen

Inzwischen kennen Sie die Konzepte, Vorzüge und Einschränkungen von benutzerdefinierten Entitäten. Wir gehen nun die Schritte durch, nach denen Sie eine benutzerdefinierte Entität in Microsoft Dynamics CRM erstellen. Für jede benutzerdefinierte Entität, die Sie erstellen, müssen Sie die folgenden Parameter konfigurieren:

- Entitätsdefinition
- Offlineverfügbarkeit
- Duplikaterkennung
- Beziehungen
- Anzeigebereiche
- Primäres Attribut

Abbildung 6.27 zeigt die Benutzeroberfläche für das Erstellen einer neuen Entität. Die folgenden Unterabschnitte gehen ausführlich auf die einzelnen Parameter ein.

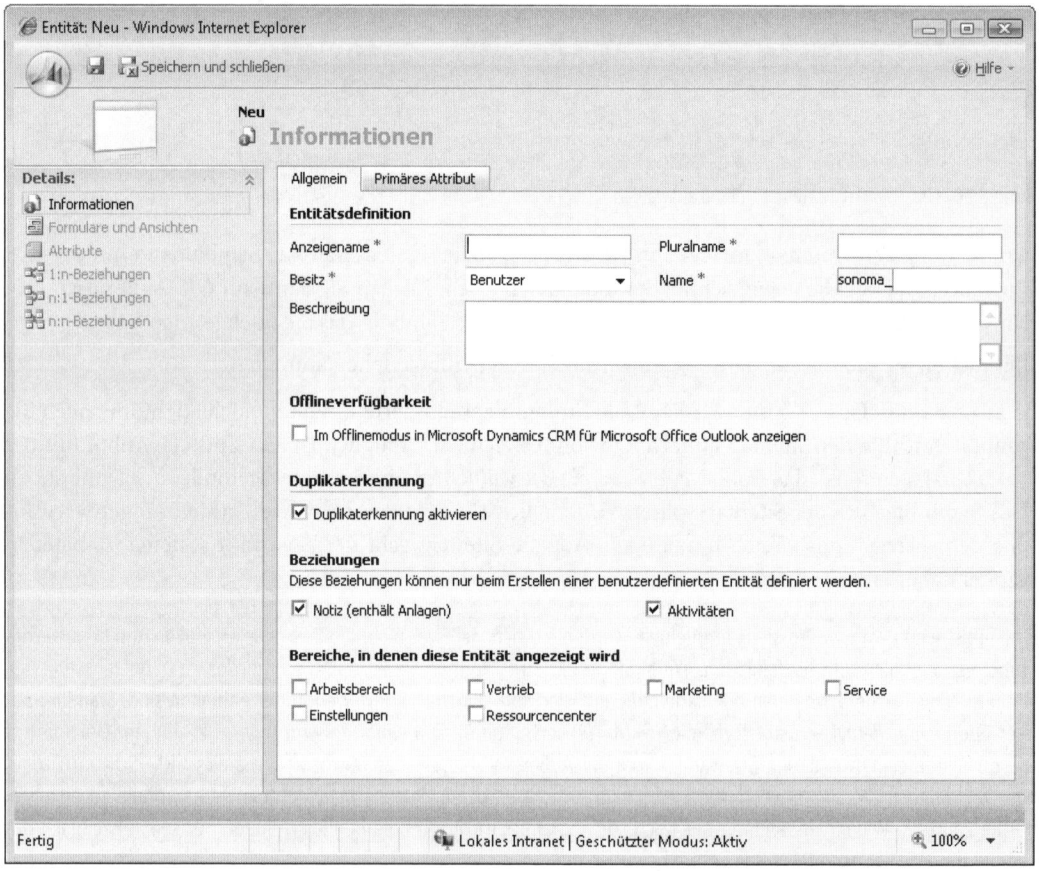

Abbildung 6.27   Eine neue benutzerdefinierte Entität erstellen

Entitätsdefinition

Im Abschnitt Entitätsdefinition geben Sie grundlegende Parameter über die benutzerdefinierte Entität ein:

- Anzeigename

- Pluralname

- Besitz (Benutzer oder Organisation)

- Name (Schemaname)

- Beschreibung (optional)

In Kapitel 4 haben wir bereits erläutert, wie die Parameter *Anzeigename*, *Pluralname*, *Name* (Schemaname) und *Beschreibung* in Bezug auf das Umbenennen von Entitäten funktionieren, sodass Sie mit diesen Konzepten vertraut sein sollten. Denken Sie daran, dass Sie den Schemanamen nicht mehr ändern können, nachdem Sie die Entität erstellt haben. Dagegen lassen sich Anzeigename, Pluralname und Beschreibung jederzeit ändern.

> **TIPP** Möchten Sie das standardmäßige Schemapräfix von *new_* in einen anderen Wert ändern, aktivieren Sie im Bereich *Einstellungen* den Ordner *Verwaltung*, klicken auf *Systemeinstellungen* und gehen auf die Registerkarte *Anpassung*.

Für den Parameter *Besitz* müssen Sie angeben, ob die Entität zum Benutzer oder zur Organisation gehört, wie es weiter vorn in diesem Kapitel erläutert wurde.

Offlineverfügbarkeit

Wie Sie wissen, bringt Microsoft Dynamics CRM zwei verschiedene Outlook-Clients mit: Microsoft Dynamics CRM für Microsoft Office Outlook und Microsoft Dynamics CRM für Microsoft Office Outlook mit Offlinezugriff.

Mit der Offlineversion können Benutzer auf Microsoft Dynamics CRM-Daten zugreifen, selbst wenn sie nicht mit dem Netzwerk verbunden sind – d.h. offline arbeiten. Der Nicht-Offline-Client arbeitet nur, wenn Benutzer mit dem Server verbunden sind. Für Ihre Bereitstellung haben Sie die Option, einen, keinen oder beide Outlook-Clients zu verwenden.

Wenn Sie eine benutzerdefinierte Entität erstellen, können Sie wählen, ob Ihre Benutzer in der Lage sein sollen, mit dieser benutzerdefinierten Entität offline zu arbeiten. Offensichtlich beeinflusst dieser Parameter Sie nur, wenn Ihre Organisation den Offline-Client bereitstellt, weil nur dieser Client offline gehen kann. Die Option Offlineverfügbarkeit hat keinen Einfluss auf den Nicht-Offline-Client.

> **TIPP** Selbst wenn Sie entscheiden, eine benutzerdefinierte Entität für Offlineverfügbarkeit einzurichten, binden die Standardsynchronisierungseinstellungen für Microsoft Dynamics CRM für Microsoft Office Outlook mit Offlinezugriff keine benutzerdefinierten Entitäten ein. Deshalb müssen Benutzer noch manuell ihre Offlinefilter konfigurieren, um die benutzerdefinierte Entität einzubinden, damit sie auf diese Daten offline zugreifen können. Außerdem können Sie die Microsoft Dynamics CRM-Sicherheitsrollen modifizieren, um nur bestimmten Benutzern zu erlauben, Daten im Offlinemodus zu bearbeiten.

Die Offlineverfügbarkeit einer bestimmten benutzerdefinierten Entität können Sie jederzeit wechseln.

Duplikaterkennung

Wie Sie sicherlich schon erraten haben, können Sie durch Wahl dieser Option Ihren Benutzern erlauben, die Funktionalität der Microsoft Dynamics CRM-Duplikaterkennung für die benutzerdefinierten Entitätsdatensätze zu konfigurieren und zu verwenden. Auch diese Option können Sie für eine bestimmte Entität jederzeit aktivieren bzw. deaktivieren.

Beziehungen

Wenn Sie eine benutzerdefinierte Entität erstellen, können Sie wählen, ob Sie Notizen und Aktivitäten für die Entität aktivieren möchten. Für benutzerdefinierte Entitäten verhalten sich Notizen und Aktivitäten genauso wie für die Standardsystementitäten. Wenn Sie also *Aktivitäten* aktivieren, können Benutzer jede Art von Aktivitätsdatensatz (wie zum Beispiel *Aufgabe*, *Telefonanruf* oder *Brief*) hinzufügen, sofern es ihre Anmeldeinformationen erlauben.

Die Einstellungen für *Notiz* und *Aktivitäten* müssen Sie konfigurieren, wenn Sie die benutzerdefinierte Entität erstellen. Später lassen sich die zugeordneten Entitätseinstellungen nicht mehr ändern.

> **HINWEIS**   Da Sie diese Einstellungen später nicht mehr ändern können, werden Sie versucht sein, immer die Notizen und Aktivitäten in Ihre benutzerdefinierten Entitäten einzubinden. Dabei sollten Sie aber daran denken, dass eine Entität als Option in der Liste *Bezug* für Aufgaben, Telefonanrufe usw. erscheint, wenn Sie Aktivitäten auf einer benutzerdefinierten Entität einbinden. Wenn Sie nicht möchten, dass andere Personen die benutzerdefinierte Entität als bezogenen Wert auswählen können, achten Sie darauf, *Aktivitäten* nicht einzubinden. Müssen Sie wirklich die Verfügbarkeit für Notizen und Aktivitäten auf einer Entität zu einem späteren Zeitpunkt ändern, können Sie die *customization.xml*-Datei der Entität exportieren und diese Datei manuell bearbeiten, um die Notiz- und Aktivitäten-Einstellungen zu ändern. Auch wenn Microsoft diese Technik offiziell nicht unterstützt, wissen wir von anderen Programmierern, dass sie diese Technik bereits erfolgreich verwendet haben.

Anzeigebereiche

Mit Microsoft Dynamics CRM können Sie angeben, wo die benutzerdefinierte Entität für Benutzer in der Anwendungsnavigation angezeigt werden soll. Die Standardanzeigeoptionen umfassen Arbeitsbereich, Vertrieb, Marketing, Service, Einstellungen und Ressourcencenter. Die Anzeigebereiche können Sie unabhängig voneinander wählen (alle, einige oder gar keine). Wenn Sie eine benutzerdefinierte Entität einbinden möchten, fügt Microsoft Dynamics CRM eine Verknüpfung in den Navigationsbereich und eine Verknüpfung in die Menüleiste der Anwendung ein. Die Anzeigeeinstellungen können Sie jederzeit umschalten, nur nicht während der Entitätserstellung.

> **TIPP**   Die Benutzeroberfläche und die Anwendungsnavigation können Sie mithilfe der Sitemap weiter anpassen. Darauf gehen wir später in diesem Kapitel noch ein. Indem Sie die Sitemap modifizieren, können Sie zusätzliche Bereiche als Anzeigeoptionen einbinden.

Primäres Attribut

Jede Entität, einschließlich der Standardsystementitäten, benötigt ein primäres Attribut, das Microsoft Dynamics CRM im Nachschlagefeld in verknüpften Entitäten anzeigen kann. Sehen Sie sich noch einmal Abbildung 6.25 an. Der Name des Schemafeldes ist das primäre Attribut der Entität *Wohnung*, sodass der Name des Wohnungsdatensatzes im Nachschlagefeld ihrer verknüpften Datensätze erscheint.

Die meisten benutzerdefinierten und Standardentitäten verwenden ein Namensfeld als primäres Attribut, doch ist das nicht unbedingt erforderlich. Allerdings verlangt Microsoft Dynamics CRM, dass Sie ein primäres Attribut mit dem Datentyp *nvarchar* und dem Format *Text* erstellen. Für das primäre Attribut können Sie die maximale Länge und die Erforderlichkeitsstufe auf Werte setzen, die für Ihr Unternehmen sinnvoll sind.

> **TIPP**   Nachdem Sie eine benutzerdefinierte Entität erstellt haben, werden die Datenfelder auf der Registerkarte *Primäres Attribut* schreibgeschützt. Demnach sieht es so aus, als ob Sie das primäre Attribut nicht bearbeiten können. Wenn Sie jedoch zur Liste der Attribute für die benutzerdefinierte Entität navigieren und auf das primäre Attribut doppelklicken, können Sie Name, Erforderlichkeitsstufe und maximale Länge des Attributs im Attributeditor modifizieren. Obwohl Sie bestimmte Werte des primären Attributs bearbeiten können, lässt sich das primäre Attribut einer benutzerdefinierten Entität nicht ändern.

Abgesehen von den Datentyp- und Datenformatanforderungen sind die Regeln und Einschränkungen für das Erstellen eines primären Attributs die gleichen wie für das Erstellen jedes anderen Attributs für eine Entität.

Eine benutzerdefinierte Entität löschen

Wenn Sie feststellen, dass Sie eine benutzerdefinierte Entität nicht mehr brauchen, können Sie sie einfach aus Microsoft Dynamics CRM löschen. Genau wie beim Löschen von Attributen müssen Sie alle vorhandenen Verweise auf die benutzerdefinierte Entität in Formularen und Ansichten entfernen, bevor Microsoft Dynamics CRM Ihnen erlaubt, die benutzerdefinierte Entität zu löschen. Um Verweise auf eine Entität zu entfernen, ist Folgendes zu tun:

- Entfernen Sie Verweise auf die Entität vom Formular aller verknüpften Entitäten und löschen Sie dann alle Beziehungen, die die benutzerdefinierte Entität verknüpfen.

- Entfernen Sie die Entität aus allen Berichten.

- Entfernen Sie die Entität aus allen Skript- oder Codeverweisen.

> **ACHTUNG**   Wenn Sie eine benutzerdefinierte Entität löschen, werden auch alle in dieser Entität gespeicherten Daten gelöscht. Ohne eine vorhandene Datenbanksicherung können Sie diese niemals wieder abrufen. Microsoft Dynamics CRM löscht dauerhaft alle Notizen und Aktivitäten, die sich auf diese Entität beziehen. Achten Sie darauf, dass Sie die passenden Schritte unternehmen, um alle Ihre Daten zu sichern, bevor Sie eine Entität oder ein Attribut löschen.

Genau wie beim Löschen von Attributen prüft Microsoft Dynamics CRM auf vorhandene Verweise zu benutzerdefinierten Entitäten in Formularen und Beziehungen, bevor Sie eine Entität löschen dürfen. Verweise auf gelöschte Entitäten in Berichten müssen Sie jedoch selbst entfernen.

Anwendungsnavigation

Da benutzerdefinierte Entitäten sehr flexibel und leistungsfähig sind, werden Sie in Ihrem Microsoft Dynamics CRM-System sicherlich mehrere benutzerdefinierte Entitäten erstellen. Einfache Bereitstellungen verwenden vielleicht nur ein paar benutzerdefinierte Entitäten, während es bei komplexen Bereitstellungen durchaus 25, 50 oder 100 sein können! Standardmäßig fügt Microsoft Dynamics CRM benutzerdefinierte

Entitäten in die Benutzeroberfläche und Sitenavigation in der Reihenfolge ein, in der Sie sie erstellt haben, wobei die zuerst erstellte benutzerdefinierte Entität am Anfang der Liste erscheint. Außerdem listet Microsoft Dynamics CRM die benutzerdefinierten Entitäten zusammen unter einer Gruppe *Erweiterungen* im Navigationsbereich auf. Wenn Sie mehr als eine Hand voll Entitäten haben, können Sie ändern, wo und wie sie in der Benutzeroberfläche erscheinen. Microsoft Dynamics CRM verwendet mehrere Tools, um zu konfigurieren, wie Benutzer auf Entitäten zugreifen und in der Anwendung navigieren. Zu diesen Anpassungstools für die Anwendungsnavigation gehören:

- Sitemap
- Anzeigebereiche der Entität
- ISV.config

Microsoft Dynamics CRM kombiniert Daten von diesen drei Tools, um die Benutzeroberfläche auf einer systemweiten Ebene zu erstellen. Microsoft Dynamics CRM ermittelt zunächst die Systemnavigation und stellt auch ein Feature *Arbeitsbereich anpassen* bereit, in dem individuelle Benutzer die Gruppen anpassen können, die in ihren Arbeitsbereichen erscheinen. Bevor wir uns damit beschäftigen, was jedes Tool der Anwendungsnavigation konfiguriert, gehen wir kurz auf die Microsoft Dynamics CRM-Terminologie für Bildschirmbereichsnamen in der Webanwendung und der Anwendung Microsoft Dynamics CRM Client für Microsoft Office Outlook ein. Abbildung 6.28 zeigt die Bildschirmbereiche der Benutzeroberfläche und Abbildung 6.29 die Bildschirmbereiche im Entitätsdatensatz.

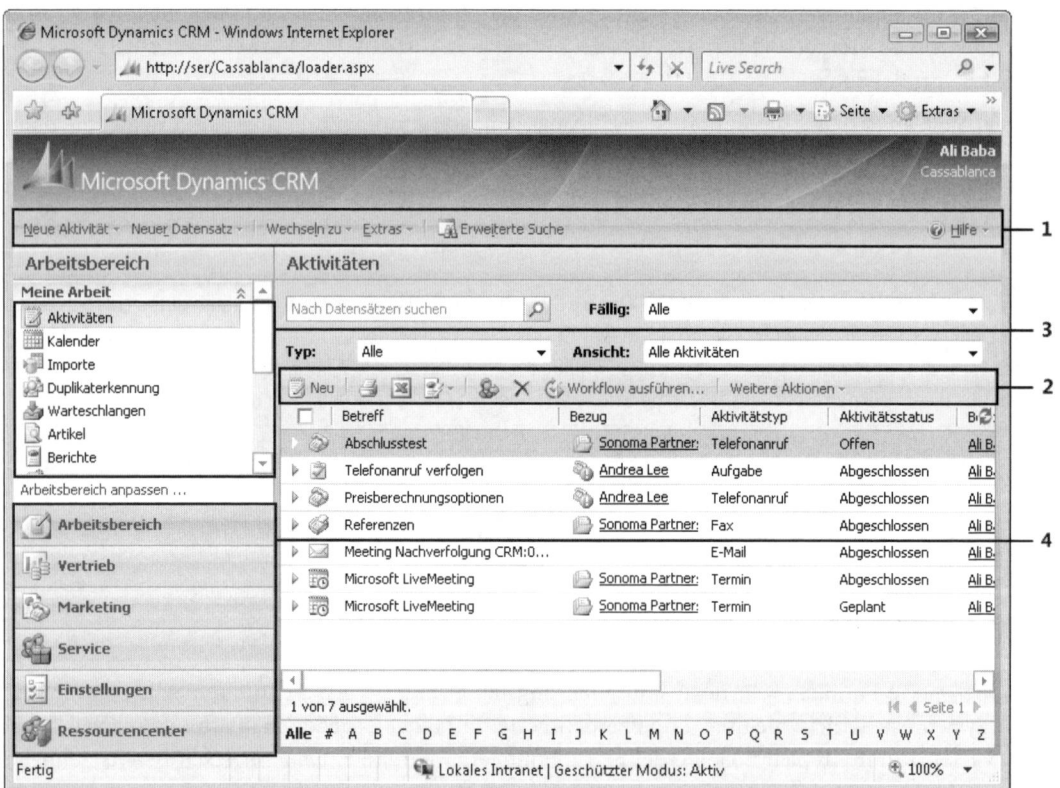

Abbildung 6.28   Bildschirmbereiche in der Microsoft Dynamics CRM-Benutzeroberfläche

1. Menüleiste der Anwendung
2. Symbolleiste der Tabelle
3. Navigationsbereich der Anwendung
4. Anwendungsbereich
5. Menüleiste der Entität
6. Navigationsbereich der Entität

Tabelle 6.4 fasst zusammen, mit welchem Anpassungstool Sie die Microsoft Dynamics CRM-Anwendungsnavigation modifizieren können, abhängig vom Typ der geforderten Anpassung und davon, wo diese Anpassung in der Anwendungsnavigation stattfinden soll.

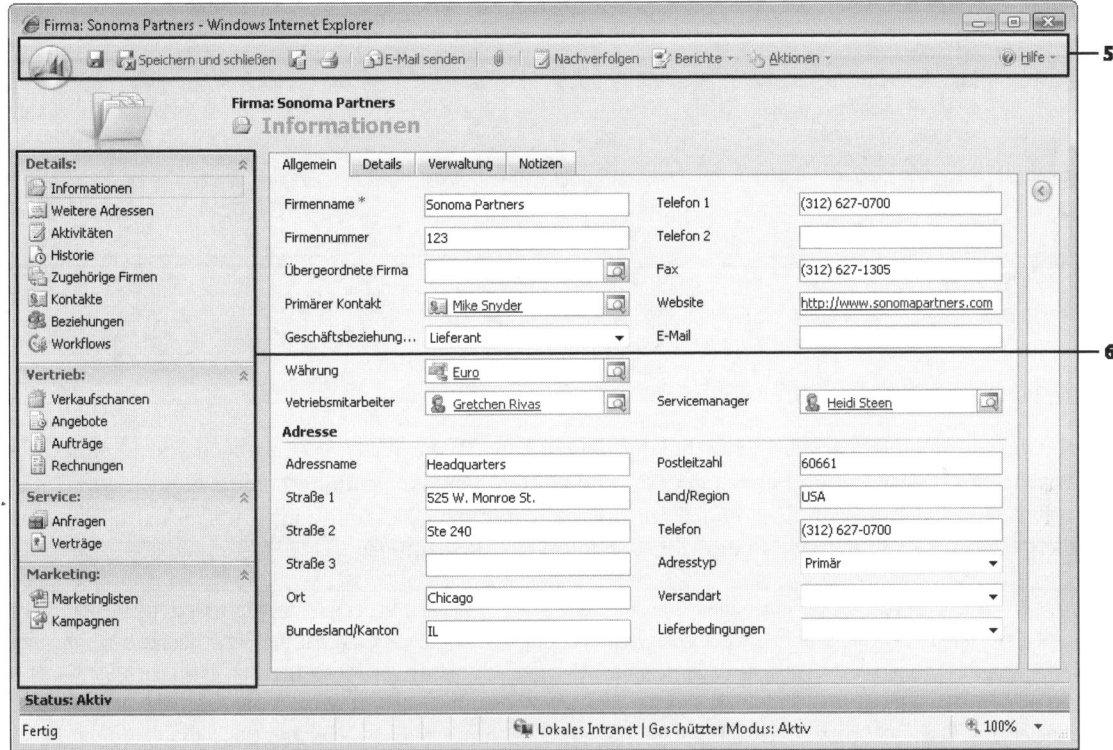

Abbildung 6.29 Bildschirmbereiche in einem Microsoft Dynamics CRM-Entitätsdatensatz

Name des Bildschirmbe-reichs	Sitemap	ISV.Config	Anzeigebereiche der Entität (nur benutzerde-finierte Entitäten)	Arbeitsbereich anpassen
Menüleiste der Anwen-dung	Elemente im Menü *Wechseln zu* hinzufügen, modifizieren und umordnen	Neue Menüelemente und benutzerdefinierte Schaltflächen hinzufügen	Bereiche auswählen, in denen eine Entität angezeigt wird	Nein
Navigationsbereich der Anwendung	Elemente hinzufügen, modifizieren und umordnen	Nein	Bereich auswählen, in denen eine Entität angezeigt wird	Benutzer können die Gruppen spezifizieren, in denen ihr Arbeitsbereich angezeigt wird
Symbolleiste der Tabelle	Nein	Neue Menüelemente und benutzerdefinierte Schaltflächen hinzufügen	Nein	Nein
Anwendungsbereich	Elemente hinzufügen, modifizieren und umordnen	Nein	Nein	Nein
Menüleiste der Entität	Nein	Neue Menüelemente und benutzerdefinierte Schaltflächen hinzufügen	Nein	Nein
Navigationsbereich der Entität	Nein	Nur benutzerdefinierte Verknüpfungen hinzufü-gen	Nein	Nein

Tabelle 6.4   Zusammenfassung der Anpassungstools für die Anwendungsnavigation

Mit diesen vier Tools lässt sich fast jeder Teil der Benutzeroberfläche anpassen. Im Allgemeinen können Sie mit der Sitemap im Navigationsbereich der Anwendung und dem Anwendungsbereich Elemente hinzufü-gen, umordnen und entfernen. Verwenden Sie *ISV.config*, um neue Verknüpfungen und Schaltflächen zur Menüleiste der Anwendung sowie zu individuellen Entitäten hinzuzufügen.

HINWEIS   Möglicherweise ist bei Ihnen die Frage aufgetaucht, was *ISV.config* bedeutet. Im Unterschied zur Sitemap weist der Name des Features *ISV.config* nicht auf seinen Zweck hin. Microsoft Dynamics CRM hat die Bezeichnung *ISV.config* von früheren Microsoft Dynamics CRM-Versionen übernommen. Ursprünglich hat die *ISV.config*-Datei unabhängigen Softwarean-bietern (Independent Software Vendors, ISVs) erlaubt, ihre Erweiterungen in der Microsoft Dynamics CRM-Oberfläche zu konfigurieren. Der Begriff ISV bezieht sich auf Drittanbieter, die Softwareerweiterungen und Add-Ons für die Microsoft Dyna-mics CRM-Plattform entwickeln. Obwohl ISVs ausgiebig von der Datei *ISV.config* Gebrauch machen, können Kunden ebenfalls die *ISV.config* für ihre eigenen intern entwickelten Anpassungen und Erweiterungen nutzen. Da die Datei *ISV.config* hauptsäch-lich mit der Erweiterung von Microsoft Dynamics CRM zu tun hat, behandeln wir sie zusammen mit anderen Erweiterungsfea-tures in Kapitel 10.

Nachdem Sie nun wissen, mit welchen Tools Sie die Navigationskomponenten von Microsoft Dynamics CRM anpassen können, gehen wir ausführlicher darauf ein, wie Sie mit der Sitemap und den Features *Arbeitsbereich anpassen* arbeiten.

Sitemap

Indem Sie die *Sitemap* (auch als *Siteübersicht* bezeichnet) modifizieren, können Sie die Benutzeroberfläche für den Navigationsbereich der Anwendung, den Anwendungsbereich und Teile der Anwendungsmenüleiste anpassen. Wenn Sie nicht nur ein paar benutzerdefinierte Entitäten hinzufügen, werden Sie wahrscheinlich die Sitemap modifizieren wollen, sodass Ihre benutzerdefinierten Entitäten in der Benutzeroberfläche genau dort erscheinen, wo Sie sie haben möchten. Konzeptionell ist die Sitemap lediglich eine *.xml*-Datei, die Sie bearbeiten (mit einem XML-Bearbeitungstool Ihrer Wahl), um verschiedene Teile der Microsoft Dynamics CRM-Navigation zu konfigurieren. Bevor wir erläutern, wie Sie die Sitemap bearbeiten, hilft es, die (in Abbildung 6.30 gezeigten) Bildschirmkomponenten im Navigationsbereich der Anwendung und den Anwendungsbereich weiter zu definieren, weil die Sitemap neue Begriffe verwendet, um diese Bereiche der Benutzeroberfläche zu beschreiben.

Standardmäßig zeigt Microsoft Dynamics CRM sechs Schaltflächen im Anwendungsbereich an: *Arbeitsbereich*, *Vertrieb*, *Marketing*, *Service*, *Einstellungen* und *Ressourcencenter*.

Wenn Sie mit der Sitemap arbeiten, bezieht sich Microsoft Dynamics CRM auf diese sechs Schaltflächen als *Bereiche*. Klickt ein Benutzer einen Bereich an, aktualisiert Microsoft Dynamics CRM den Navigationsbereich der Anwendung, um die entsprechenden Verknüpfungen für diesen Bereich anzuzeigen. Wie das Beispiel in Abbildung 6.30 zeigt, enthält der Arbeitsbereich drei Hauptelemente: *Meine Arbeit*, *Kunden* und *Marketing*.

Abbildung 6.30 Bildschirmkomponenten im Navigationsbereich der Anwendung und im Anwendungsbereich

Die Sitemap bezeichnet diese Elemente als *Gruppen*. Microsoft Dynamics CRM formatiert Gruppen im Navigationsbereich der Anwendung des Webclients mit dem *Erweitern / Reduzieren*-Steuerelement. In jeder Gruppe gibt es zusätzliche Verknüpfungen, die die Sitemap als *Unterbereiche* bezeichnet. Zum Beispiel umfasst die Gruppe *Meine Arbeit* acht Unterbereiche (siehe Abbildung 6.30):

- Aktivitäten
- Kalender
- Importe
- Duplikaterkennung
- Queues
- Artikel
- Berichte
- Ankündigungen

Wenn Sie die Sitemap bearbeiten, wird nicht nur der Navigationsbereich der Anwendung und der Anwendungsbereich aktualisiert, sondern gleichzeitig auch das Menü *Wechseln zu* in der Menüleiste der Anwendung. Abbildung 6.31 zeigt das Menü *Wechseln zu* für dieses Beispiel.

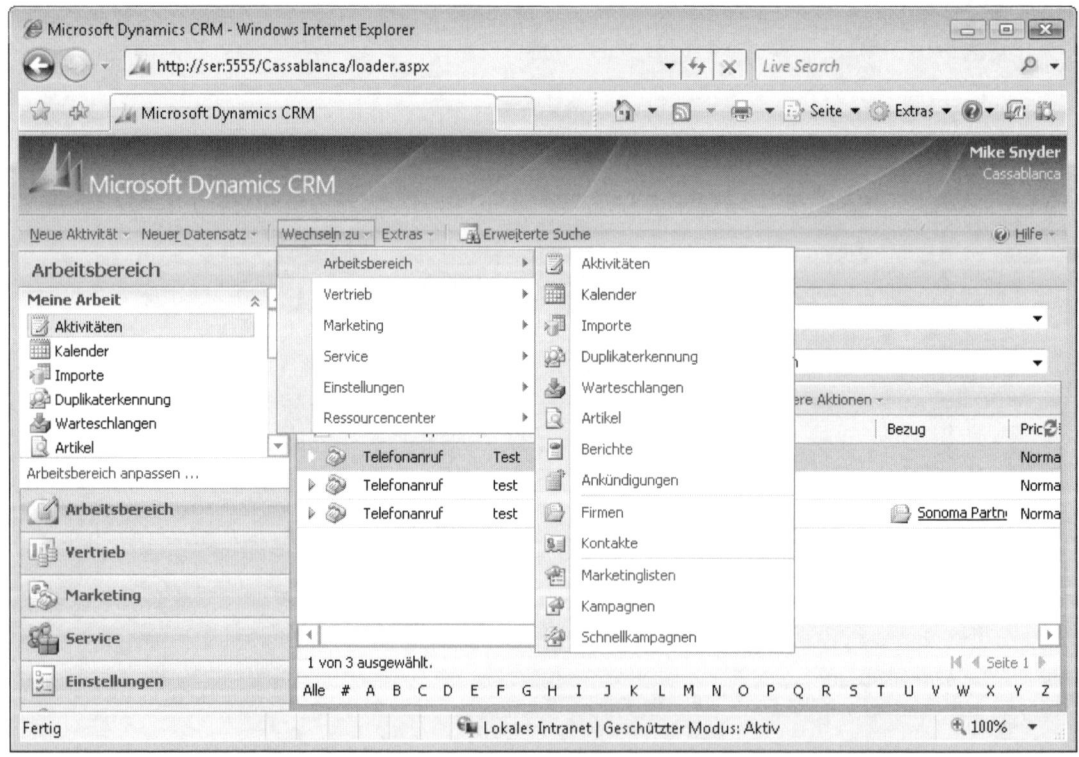

Abbildung 6.31   Das Menü Wechseln zu für den Bereich Arbeitsbereich

Wie die Abbildung zeigt, listet die Menüleiste der Anwendung die gleichen Bereiche (und in derselben Reihenfolge) auf, die im Anwendungsbereich erscheinen. Außerdem zeigt die Menüleiste der Anwendung sämtliche verschachtelten Unterbereiche eines Bereichs. Beachten Sie aber, dass die Menüleiste der Anwendung nicht den Gruppennamen anzeigt. Anstelle des Gruppennamens zeigt Microsoft Dynamics CRM eine waagerechte Linie an, um die Gruppen optisch zu trennen.

WICHTIG   Wenn Sie die Sitemap bearbeiten, werden der Navigationsbereich der Anwendung des Webclients, der Anwendungsbereich und das Menü *Wechseln zu* in der Menüleiste der Anwendung gleichzeitig aktualisiert.

Obwohl der Outlook-Client zum Teil gleiche Namen für die Bildschirmbereiche wie der Webclient verwendet, gibt es auch einige spezielle Bereichsnamen. Abbildung 6.32 zeigt den Microsoft Dynamics CRM-Desktopclient für Microsoft Office Outlook. Die nachfolgende Liste gibt die Namen der in der Abbildung gekennzeichneten Bereiche an.

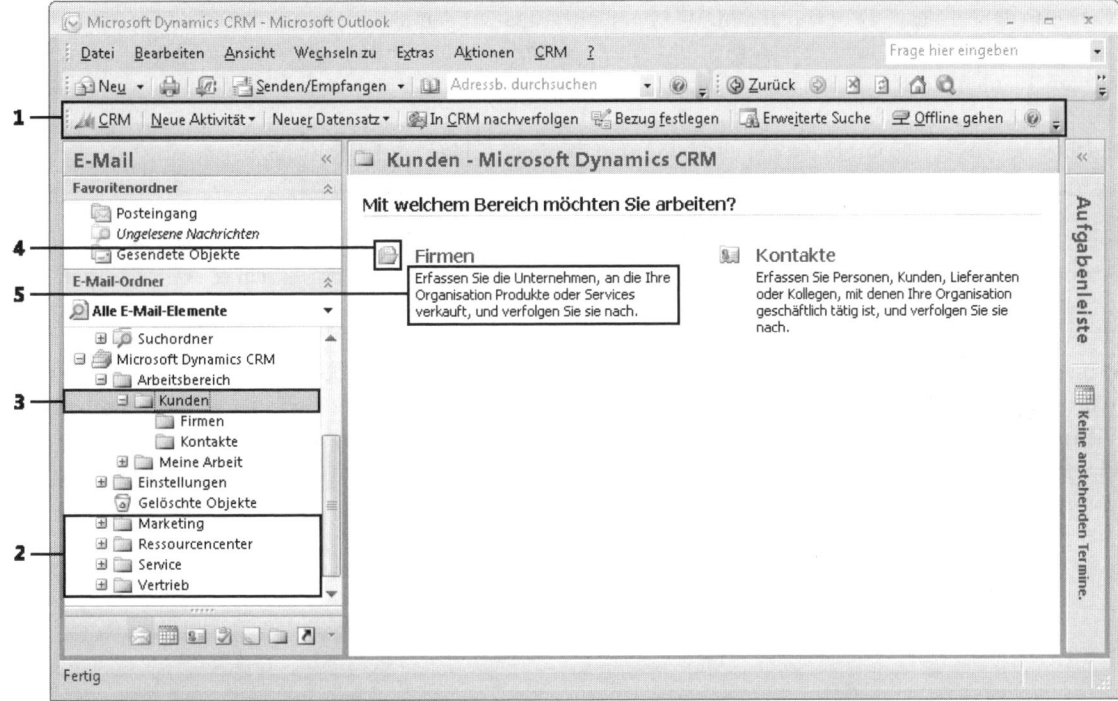

Abbildung 6.32   Bildschirmbereiche in Microsoft Dynamics CRM für Microsoft Office Outlook

1. Symbolleiste der Anwendung
2. Bereiche
3. Unterbereiche
4. Symbol
5. Beschreibung

Wie Sie der Abbildung entnehmen können, zeigt der Outlook-Client die Bereiche und Unterbereiche im Outlook-Navigationsbereich als Ordner anstelle der Schaltflächen und Verknüpfungen, die der Webclient verwendet, an. Beachten Sie auch, dass der Outlook-Client überhaupt keine Gruppen anzeigt.

WICHTIG   Denken Sie daran, dass der Webclient und der Outlook-Client die gleiche Sitemap verwenden, um die Anwendungsnavigation zu konfigurieren. Deshalb sollten Sie immer berücksichtigen, wie Änderungen, die Sie in der Sitemap vornehmen, für Web- und Outlook-Benutzer erscheinen.

Sitemap.xml

Nachdem Sie die Terminologie kennen, die Microsoft Dynamics CRM für die Sitemap verwendet, zeigen wir, wie Sie die Sitemap entsprechend Ihren Anforderungen modifizieren. Wie bereits weiter vorn erläutert, ist die Sitemap eine einfache *.xml*-Konfigurationsdatei, die Sie manuell bearbeiten können. Um eine Kopie der aktuellen Sitemap Ihrer Bereitstellung zu erhalten und sie dann zu bearbeiten, müssen Sie sie von Microsoft Dynamics CRM exportieren. Wie bei allen Anpassungen exportieren Sie die Sitemap, indem Sie im Navigationsbereich auf *Einstellungen* klicken, *Anpassung* wählen und dann auf *Anpassungen exportieren* klicken. Wählen Sie den *Sitemap*-Datensatz aus und klicken Sie dann auf *Ausgewählte Anpassungen exportieren*. Microsoft Dynamics CRM fragt Sie, ob Sie die Datei öffnen oder speichern möchten. Da Sie vorhaben, die Sitemap-Datei zu bearbeiten, speichern Sie eine Kopie der Datei auf Ihrer lokalen Festplatte.

TIPP   Microsoft Dynamics CRM verwendet *customizations.xml* als Standarddateinamen für alle exportierten Anpassungen. Wenn Sie die Anpassungen der Sitemap exportieren und die Datei entpacken, empfiehlt es sich, die Datei *customizations.xml* in *sitemap.xml* umzubenennen. Diese Namenskonvention ist zwar nicht erforderlich, erlaubt es aber, aus dem Namen auf den Inhalt der Datei zu schließen.

Prinzipiell können Sie *.xml*-Dateien mit jedem Texteditor wie dem Windows-Editor (*Notepad.exe*) oder WordPad bearbeiten. Besser geeignet ist aber ein XML-spezifischer Editor wie zum Beispiel Microsoft Visual Studio, mit dem sich die Dateien einfacher bearbeiten lassen, weil sich die verschiedenen XML-Elemente erweitern und reduzieren lassen (siehe Abbildung 6.33). Auch mit Microsoft Internet Explorer können Sie eine *.xml*-Datei anzeigen, allerdings nicht bearbeiten.

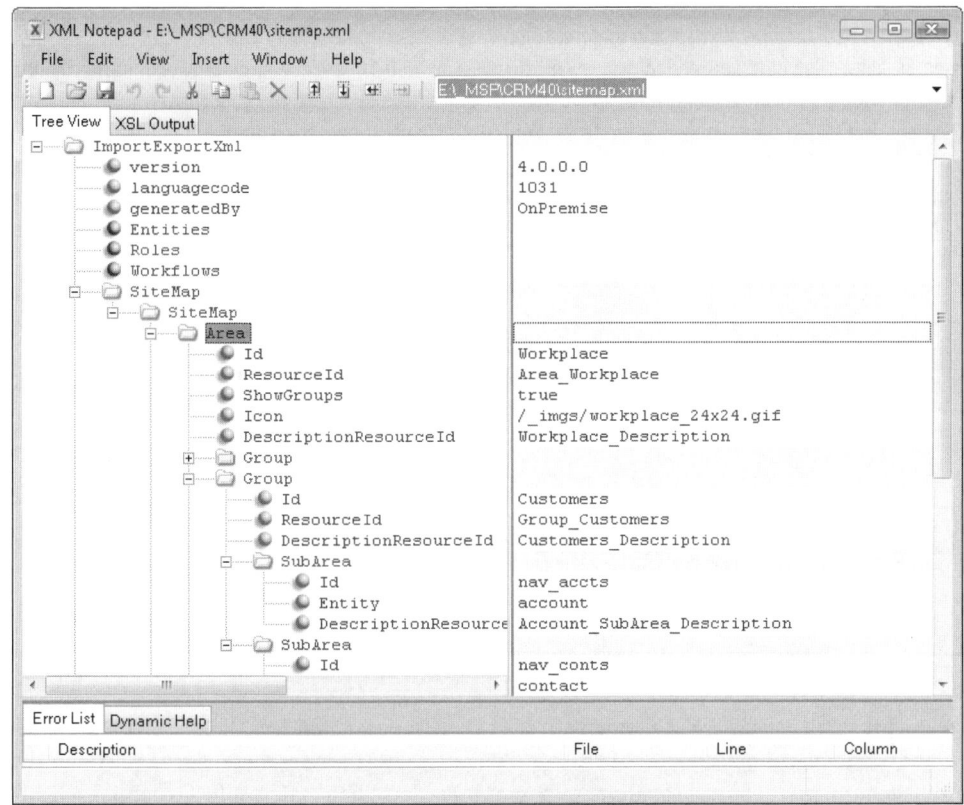

Abbildung 6.33 Eine sitemap.xml-Beispieldatei mit XML Notepad 2007 ansehen

---

TIPP Wenn Sie keinen Zugang zu Microsoft Visual Studio haben, sollten Sie sich unbedingt nach einer anderen Anwendung zur XML-Bearbeitung umsehen. Microsoft kommt Ihnen hier mit dem kostenlosen XML-Editor XML Notepad 2007 entgegen. Es handelt sich um eine sehr kompakte Anwendung (der Download umfasst weniger als 2 MB) mit grundlegenden Funktionen zum Bearbeiten von XML-Dateien. Mit diesem Tool können Sie Dateien wie zum Beispiel die Microsoft Dynamics CRM-Sitemap anzeigen und bearbeiten. XML Notepad 2007 steht auf der Site *http://www.microsoft.com/downloads* zum Download bereit.

Standardmäßig erstellt Microsoft Dynamics CRM eine *sitemap.xml*-Datei mit der in Abbildung 6.34 gezeigten XML-Struktur.

In der Datei *sitemap.xml* enthalten nur die Elemente *SiteMap* und *Languages* irgendwelche Daten. Die Elemente *Entities*, *Roles*, *Workflows*, *EntityMaps* und *EntityRelationships* sollten leer sein. Auf die einzelnen *SiteMap*-Elemente und ihre Attribute gehen wir in den folgenden Unterabschnitten ausführlich ein.

WICHTIG   In der exportierten Standardsitemap sind folgende Elemente nicht enthalten: *Title, Titles, Description, Descriptions*. Allerdings müssen Sie diese Elemente verwenden, wenn Sie irgendwelche neuen Bereiche in die Anwendungsnavigation einbinden. Für die sechs Standardbereiche verlangt Microsoft Dynamics CRM diese Elemente nicht, doch wenn Sie möchten, können Sie sie hinzufügen. Und folglich können Sie die Werte der Attribute *Title* und *Description* noch in den Elementen *Area, Group* und *SubArea* für die sechs Standardbereiche bearbeiten, wenn Sie eine schnelle Aktualisierung vornehmen möchten, obwohl diese Attribute veraltet sind. Microsoft Dynamics CRM ignoriert die Attributwerte *Title* und *Description*, wenn die Elemente *Titles* und *Descriptions* existieren. Die Elemente *Title, Titles, Description* und *Descriptions* lassen sich nur auf die Elemente *Area*, Group und *SubArea* anwenden.

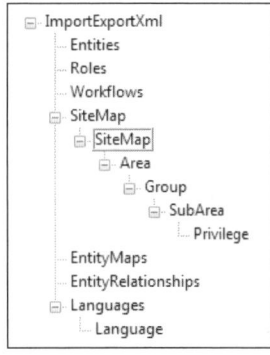

Abbildung 6.34 XML-Elementstruktur des standardmäßigen sitemap.xml-Exports

Abbildung 6.35 zeigt eine aktualisierte XML-Elementstruktur der Datei *sitemap.xml*, die die Elemente *Title, Titles, Description* und *Descriptions* einschließt. Microsoft Dynamics CRM bindet diese vier Bereiche in die Sitemap ein, damit sich mehrere Sprachen innerhalb ein und derselben Microsoft Dynamics CRM-Organisation unterstützen lassen.

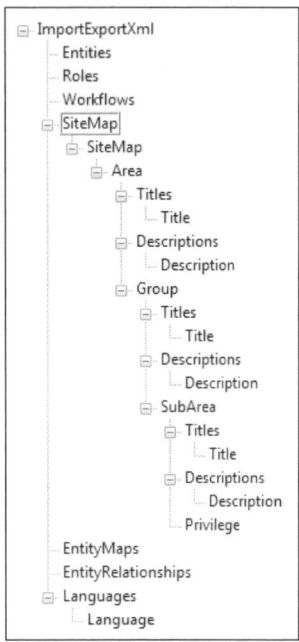

Abbildung 6.35 XML-Elementstruktur von sitemap.xml

SiteMap

Anfangs mag es ein wenig verwirrend erscheinen, doch Microsoft Dynamics CRM verwendet den Namen *SiteMap* als Stammknoten des *SiteMap*-Elements (wie es Abbildung 6.35 gezeigt hat). Die *sitemap.xml*-Datei kann bei Ihnen nur ein Vorkommen des *SiteMap*-Knotens unter den *SiteMap*-Elementen umfassen. Tabelle 6.5 gibt das einzige Attribut für den *SiteMap*-Knoten an.

Name	Beschreibung	Datentyp	Erforderlich?	Gilt für Web-client?	Gilt für Outlook-Clients?
Url	Spezifiziert eine URL, die Microsoft Dynamics CRM in den Outlook-Clients anzeigt, wenn Benutzer auf den Microsoft Dynamics CRM-Ordner klicken. Gültige Werte: Jede gültige URL	string	Nein	Nein	Ja

Tabelle 6.5 Das SiteMap-Attribut Url

Mit dem *SiteMap*-Attribut *Url* können Sie die Webseite Ihrer Wahl anzeigen, wenn Benutzer im Outlook-Client auf den Microsoft Dynamics CRM-Ordner klicken. Abbildung 6.36 zeigt ein Beispiel, in dem wir die URL *http://sharepoint* angegeben haben, um eine Intranet-Website von Microsoft Office SharePoint Services anzuzeigen.

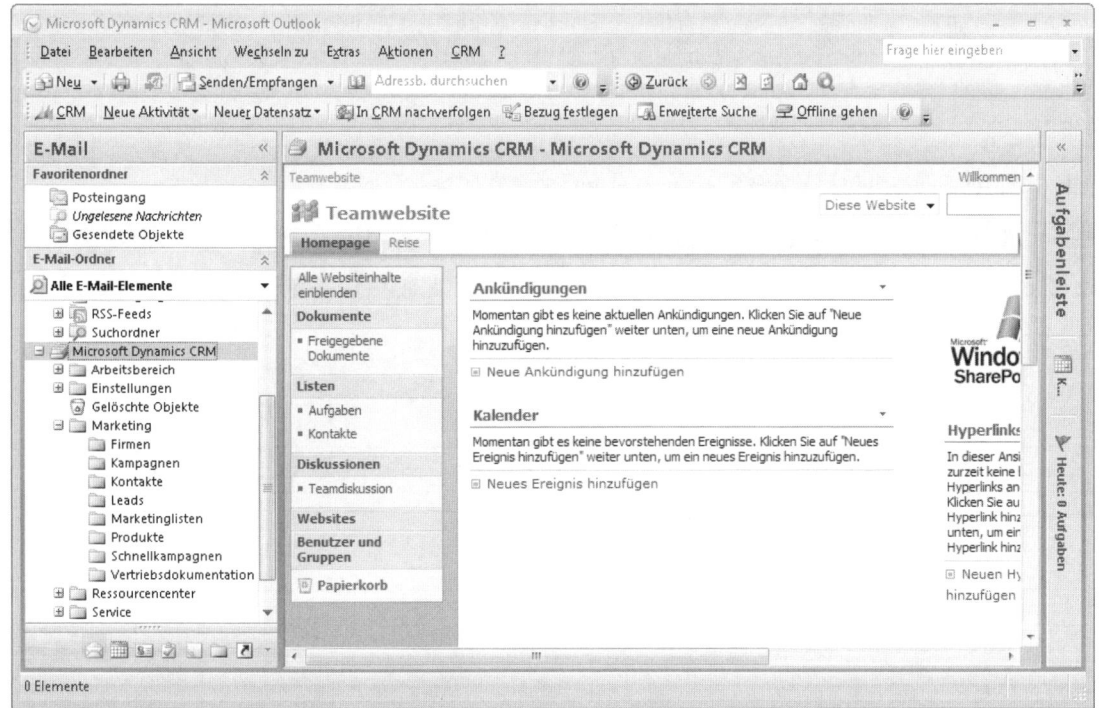

Abbildung 6.36 Mit dem SiteMap-Attribut Url die Standardwebseite in Outlook ändern

Um das Beispiel von Abbildung 6.36 zu implementieren, können Sie den *SiteMap*-Knoten vom Standardwert

```
<SiteMap>
```

ändern. Fügen Sie dem Knoten einfach das *Url*-Attribut hinzu, sodass er wie im folgenden Beispiel aussieht:

```
<SiteMap Url="http://sharepoint">
```

In der Praxis werden Sie eine benutzerdefinierte Webseite anzeigen, beispielsweise ein Dashboard oder eine andere Intranet-Site. Beachten Sie, dass das Ändern dieses Attributs den Outlook-Client beeinflusst, jedoch keine Wirkung auf Benutzer hat, die auf Microsoft Dynamics CRM über den Webclient zugreifen.

Area

Die Standard-*sitemap.xml*-Datei umfasst sechs *Area*-Elemente (*Workplace*, *Sales*, *Marketing*, *Service*, *Settings* und *ResourceCenter*). Diese Bereiche können Sie modifizieren, umordnen oder entfernen. In die Microsoft Dynamics CRM-Navigation lassen sich auch vollkommen neue Bereiche einbinden, indem Sie neue *Area*-Elemente in die *sitemap.xml* einfügen. Denken Sie daran, dass Microsoft Dynamics CRM Bereiche im Anwendungsbereich, in der Menüleiste der Anwendung und in den Ordnern des Outlook-Clients anzeigt.

ACHTUNG   Obwohl Sie vom technischen Standpunkt her den Bereich *Einstellungen* aus der Anwendungsnavigation entfernen können, indem Sie ihn aus der Sitemap entfernen, könnten Sie sich selbst unabsichtlich aus dem Abschnitt *Anpassungen* aussperren, wenn Sie das tun. Deshalb sollten Sie unbedingt darauf verzichten, den Bereich *Einstellungen* aus der Sitemap zu entfernen. Wenn Benutzer diesen Bereich in der Anwendungsnavigation nicht sehen sollen, ändern Sie besser die Sicherheitsrollen, anstatt die Sitemap zu modifizieren.

Tabelle 6.6 listet die Attribute für den Knoten *Area* auf.

Name	Beschreibung	Datentyp	Erforderlich?	Gilt für Web-client?	Gilt für Outlook-Clients?
Description	Veraltet. Text, den Microsoft Dynamics CRM im Outlook-Client anzeigt, wenn Benutzer auf den übergeordneten Ordner klicken. Verwenden Sie stattdessen das *Descriptions*-Element.	string	Nein	Nein	Ja
DescriptionResourceID	Nur für interne Verwendung	string	Nein	Ja	Ja
Icon	Spezifiziert eine URL zu einem Bild. Damit lässt sich ein anderes Symbol für den Bereich anzeigen.	string	Nein	Ja	Ja
Id	Spezifiziert einen eindeutigen Bezeichner in ASCII. Leerzeichen sind nicht erlaubt. Gültige Werte: a–z, A–Z, 0–9 und Unterstrich (_)	string	Ja	Ja	Ja
License	Veraltet	string	Nein	Ja	Ja
ResourceId	Nur für interne Verwendung	string	Nein	Ja	Ja ▶

Name	Beschreibung	Datentyp	Erforderlich?	Gilt für Web-client?	Gilt für Outlook-Clients?
ShowGroups	Gibt an, ob Microsoft Dynamics CRM im Navigationsbereich die Gruppen eines Bereichs anzeigt. Gültige Werte: true false	boolean	Nein	Ja	Ja
Title	Veraltet. Erlaubt es, eine andere Textbe-schriftung für den Bereich einzugeben. Verwenden Sie stattdessen das *Titles*-Element.	string	Nein	Ja	Ja
Url	Spezifiziert eine URL, die Microsoft Dynamics CRM in den Outlook-Clients anzeigt, wenn Benutzer auf den Ordner klicken, der den Bereich darstellt.	string	Nein	Nein	Ja

Tabelle 6.6 Area-Attribute

Group

In jedem Bereich der Sitemap können Sie mehrere (oder gar keine) Gruppen spezifizieren. Mithilfe von Gruppen lassen sich die Unterbereiche in einer Weise kategorisieren, die für die Endbenutzer am zweckmä-ßigsten ist. Das Element *Group* in der Datei *sitemap.xml* verwendet die in Tabelle 6.7 aufgelisteten Attribute.

Name	Beschreibung	Datentyp	Erforderlich?	Gilt für Web-client?	Gilt für Outlook-Clients?
Description	Veraltet. Text, den Microsoft Dynamics CRM im Outlook-Client anzeigt, wenn Benutzer auf den übergeordneten Ordner klicken. Verwenden Sie stattdessen das *Descriptions*-Element.	string	Nein	Nein	Ja
DescriptionResourceId	Nur für interne Verwendung	string	Nein	Ja	Ja
Icon	Spezifiziert eine URL zu einem Bild. Damit lässt sich ein anderes Symbol für den Bereich anzeigen.	string	Nein	Nein	Ja
Id	Spezifiziert einen eindeutigen Bezeichner in ASCII. Leerzeichen sind nicht erlaubt. Gültige Werte: a–z, A–Z, 0–9 und Unterstrich (_)	string	Ja	Ja	Ja
IsProfile	Steuert, ob diese Gruppe ein vom Benutzer auswählbares Profil für den Arbeitsbereich ist. Gültige Werte: true false	boolean	Nein	Ja	Nein
License	Veraltet	string	Nein	Ja	Ja ▶

Name	Beschreibung	Datentyp	Erforderlich?	Gilt für Web-client?	Gilt für Outlook-Clients?
ResourceId	Nur für interne Verwendung	string	Nein	Ja	Ja
Title	Veraltet. Erlaubt es, eine andere Textbe-schriftung für die Gruppe einzugeben. Verwenden Sie stattdessen das *Titles*-Element.	string	Nein	Ja	Ja
Url	Spezifiziert eine URL, die Microsoft Dynamics CRM in den Outlook-Clients anzeigt, wenn Benutzer auf den Ordner klicken, der die Gruppe darstellt.	string	Nein	Nein	Ja

Tabelle 6.7   Group-Attribute

Die meisten dieser Attribute verhalten sich in genau der gleichen Weise wie die Attribute des *Area*-Elements. Herausheben möchten wir ein Attribut, das für das *Group*-Element einzigartig ist: *IsProfile*.

Wenn Benutzer zum Bereich *Arbeitsbereich* navigieren, können sie im Navigationsbereich auf die Verknüpfung *Arbeitsbereich anpassen* klicken. Microsoft Dynamics CRM zeigt daraufhin das Dialogfeld *Persönliche Optionen festlegen* an (siehe Abbildung 6.37).

In diesem Dialogfeld können Benutzer die Gruppen auswählen, die sie in ihren persönlichen Arbeitsbereichen anzeigen möchten. Diese Einstellungen wirken sich nicht darauf aus, was andere Benutzer sehen.

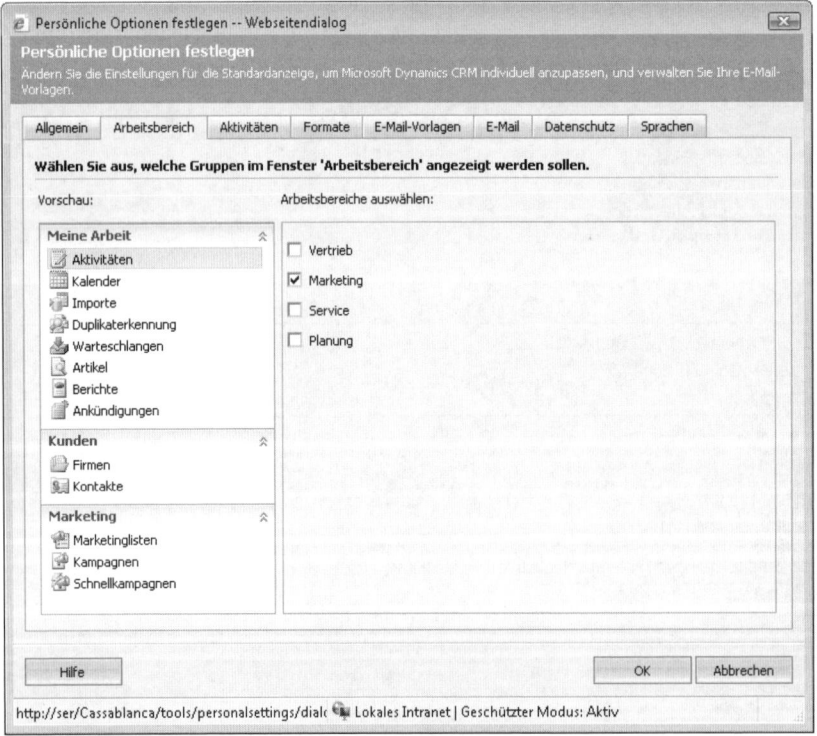

Abbildung 6.37   Das Dialogfeld Persönliche Optionen festlegen

Die Microsoft Dynamics CRM-Benutzeroberfläche verwendet den Ausdruck »Arbeitsbereiche auswählen«. Tatsächlich wählen aber die Benutzer aus, welche Arbeitsbereichs*gruppen* sie anzeigen möchten.

Microsoft Dynamics CRM zeigt nicht alle Gruppen in *Arbeitsbereich anpassen* an, sondern nur Gruppen, bei denen der Wert des *IsProfile*-Attributs auf *true* gesetzt ist. Wenn Sie also eine bestimmte Gruppe im *Arbeitsbereich* immer für alle Benutzer anzeigen möchten, setzen Sie das *IsProfile*-Attribut der Gruppe auf *false*, damit Microsoft Dynamics CRM den Benutzern nicht erlaubt, die Auswahl der Gruppe in *Arbeitsbereich anpassen* aufzuheben.

TIPP   Obwohl Benutzer ihren Arbeitsbereich nur mithilfe des Webclients anpassen können, erscheinen ihre Änderungen auch im Outlook-Client.

SubArea

Jedes *Group*-Element in der *sitemap.xml*-Datei kann mehrere (oder gar keine) *SubArea*-Elemente enthalten. Tabelle 6.8 gibt die Attribute an, die *SubArea*-Elemente besitzen.

Name	Beschreibung	Datentyp	Erforderlich?	Gilt für Web-client?	Gilt für Outlook-Clients?
AvailableOffline	Gibt an, ob ein Unterbereich anzuzeigen ist, wenn der Benutzer im Outlook-Client offline ist. Gültige Werte: true false	boolean	Nein	Nein	Ja (nur wenn Client offline ist)
Client	Gibt an, ob der Unterbereich abhängig vom Typ des Clients anzuzeigen ist, mit dem der Benutzer auf Microsoft Dynamics CRM zugreift. Gültige Werte: All (der Standardwert) Outlook OutlookLaptopClient OutlookWorkstationClient Web Es lassen sich mehrere Werte angeben, die durch Komma getrennt sind und keine Leerzeichen enthalten.	string	Nein	Ja	Ja
Description	Veraltet. Text, den Microsoft Dynamics CRM im Outlook-Client anzeigt, wenn Benutzer auf den übergeordneten Ordner (die übergeordnete Gruppe) klicken. Verwenden Sie stattdessen das *Descriptions*-Element.	string	Nein	Nein	Ja
DescriptionResourceId	Nur für interne Verwendung	string	Nein	Ja	Ja ▶

Name	Beschreibung	Datentyp	Erforderlich?	Gilt für Web-client?	Gilt für Outlook-Clients?
Entity	Erlaubt die Eingabe des Schemana-mens der Entität, die Sie anzeigen möchten, wenn Benutzer auf die Unterbereichsverknüpfung klicken.	string	Nein	Ja	Ja
Icon	Spezifiziert eine URL zu einem Bild. Damit lässt sich ein anderes Symbol für den Unterbereich anzeigen.	string	Nein	Ja	Ja
Id	Spezifiziert einen eindeutigen Bezeich-ner in ASCII. Leerzeichen sind nicht erlaubt. Gültige Werte: a–z, A–Z, 0–9 und Unterstrich (_)	string	Ja	Ja	Ja
License	Veraltet	string	Nein	Ja	Ja
PassParams	Gibt an, ob Informationen über die Organisation und den Sprachkontext an die URL übergeben werden. Gültige Werte: 0 = keine Parameter übergeben (Standard) 1 = Parameter übergeben	boolean	Nein	Ja	Ja
OutlookShortcutIcon	Spezifiziert das Symbol, das im Outlook-Client anzuzeigen ist.	string	Nein	Nein	Ja
ResourceId	Intern verwendet, um eine lokalisierte Beschriftung zu adressieren, die angezeigt werden soll. Gültige Werte: a–z, A–Z, 0–9 und Unterstrich (_)	string	Nein	Ja	Ja
Title	Veraltet. Erlaubt es, eine andere Textbeschriftung für den Unterbereich einzugeben. Verwenden Sie stattdessen das *Titles*-Element.	string	Nein	Ja	Ja
Url	Spezifiziert eine URL, die Microsoft Dynamics CRM im Outlook-Client anzeigt, wenn Benutzer auf den Ordner klicken, der den Unterbereich darstellt. Überschreibt den Schemanamen, wenn Sie sowohl einen Schemanamen als auch ein *Url*-Attribut angeben.	string	Nein	Ja	Ja

Tabelle 6.8 SubArea-Attribute

In Bezug auf das *Client*-Attribut verweisen die *Name*-Werte auf die älteren Namen des Microsoft Dynamics CRM Clients für Outlook, doch dürfte klar sein, worauf sie verweisen:

- **Outlook:** Verweist sowohl auf die Online- als auch die Offline-Outlook-Clients

- **OutlookLaptopClient:** Verweist lediglich auf den Microsoft Dynamics CRM für Outlook mit Offlinezugriff

- **OutlookWorkstationClient:** Verweist auf Microsoft Dynamics CRM für Outlook (ohne Offlinezugriff)

Privilege

Das letzte Element des *sitemap.xml*-Dokuments ist das Element *Privilege*. In einem *SubArea*-Element können Sie das *Privilege*-Element optional verwenden und – wenn Sie möchten – mehrere *Privilege*-Elemente einbinden. Anhand der im *Privilege*-Element spezifizierten Sicherheitskriterien ermittelt Microsoft Dynamics CRM, ob ein Unterbereich für einen Benutzer angezeigt werden soll.

Beachten Sie, dass das *Privilege*-Element keine Microsoft Dynamics CRM-Sicherheitseinstellungen für benutzerdefinierte und Systementitäten überschreibt. Wenn Sie also versuchen, einem Benutzer Anzeigen (Lesen)-Berechtigungen zuzuweisen, indem Sie eine Sitemap-Berechtigung hinzufügen, würden die Microsoft Dynamics CRM-Sicherheitseinstellungen den Unterbereich nicht für einen Benutzer anzeigen, der keine Leserechte für diese Entität besitzt.

Es stellt sich die Frage, warum man überhaupt ein *Privilege*-Element benötigt, wenn die Microsoft Dynamics CRM-Sicherheitseinstellungen ohnehin immer die letzte Entscheidung darüber treffen, ob ein Unterbereich für einen Benutzer angezeigt werden soll. Der wohl nahe liegende Nutzen des *Privilege*-Elements liegt darin, dass Sie damit Anzeigeberechtigungen für benutzerdefinierte Webseiten konfigurieren können, die Sie in Microsoft Dynamics CRM integrieren (was sich mit den systemeigenen Microsoft Dynamics CRM-Sicherheitseinstellungen nicht realisieren lässt).

Das Element *Privilege* besitzt die in Tabelle 6.9 aufgeführten Attribute.

Name	Beschreibung	Datentyp	Erforderlich?	Gilt für Web-client?	Gilt für Outlook-Clients?
Entity	Erlaubt die Eingabe des Schemanamens der Entität, auf die Sie für die Berechtigungsprüfung verweisen möchten.	string	Ja	Ja	Ja
Privilege	Spezifiziert die erforderlichen Berechtigungen, um diesen Unterbereich anzuzeigen. Gültige Werte: Eine durch Komma getrennte Liste ohne Leerzeichen, die aus den folgenden möglichen Werten besteht: All AllowQuickCampaign Append AppendTo Assign Create Delete Read Share Write	string	Nein	Ja	Ja

Tabelle 6.9   Privilege-Attribute

Das folgende Beispiel verwendet das *Privilege*-Element:

```
<SubArea Id="test_subarea" Url="custompage.aspx">
  <Privilege Entity="account" Privilege="Delete, Write"/>
</SubArea>
```

Besitzt in diesem Beispiel der Benutzer Lösch- und Schreibberechtigungen für die Entität *Firma* (*account*), zeigt Microsoft Dynamics CRM den Unterbereich im Navigationsbereich der Anwendung an. Wenn Sie umgekehrt die benutzerdefinierte Webseite *Custompage.aspx* in Ihr System einbinden und ein bestimmter Benutzer diese Seite nicht sehen soll, können Sie einfach mit dem *Privilege*-Element in Ihrer Sitemap eine Sicherheitsberechtigung spezifizieren, von der Sie wissen, dass der Benutzer sie nicht besitzt.

Tipps und Tricks zur Bearbeitung der Sitemap

Die folgenden Tipps und Tricks helfen Ihnen möglicherweise, etwas Zeit zu sparen, wenn Sie die Datei *sitemap.xml* bearbeiten:

- **Die in der Sitemap festgelegte (bearbeitete) Reihenfolge der Elemente wirkt sich nur für den Web-client aus:** Der Microsoft Dynamics CRM-Webclient zeigt Navigationselemente (wie zum Beispiel Unterbereiche) in der Reihenfolge an, die Sie in der Sitemap spezifizieren. Die Microsoft Dynamics CRM Outlook-Clients stellten die Navigation dagegen mit Ordnern dar. Outlook zeigt Ordner immer in alphabetischer Reihenfolge an und nicht in der Reihenfolge, die Sie in der Sitemap spezifiziert haben.

- **Verwechseln Sie Titles- und Descriptions-Elemente nicht:** Man bringt leicht durcheinander, was *Titles*- und *Descriptions*-Elemente bewirken. Die *Descriptions*-Elemente erscheinen nur im Microsoft Dynamics CRM Outlook-Client, die *Titles*-Elemente sowohl in den Web- als auch in den Outlook-Clients.

- **Die Sitemap berücksichtigt die Groß-/Kleinschreibung:** Da die Sitemap in XML erstellt ist, das die Groß-/Kleinschreibung beachtet, müssen Sie bei allen Ihren Attributen auf die richtige Schreibweise achten.

- **Passen Sie auf Standardattribute auf:** Als wir das erste Mal die Datei *sitemap.xml* geöffnet haben, um den Namen einer Gruppe oder eines Bereichs (z. B. Vertrieb, Schemaname *Sales*) zu bearbeiten, haben wir nach dem Text *Sales* gesucht, damit wir ihn ändern konnten. Allerdings erscheint dieser Text nicht in der standardmäßigen *sitemap.xml*-Datei. Stattdessen sieht das *Area*-Element für Vertrieb wie folgt aus:

```
<Area Id="SFA" ResourceId="Area_Sales" Icon="/_imgs/sales_24x24.gif"
  DescriptionResourceId="Sales_Description">
```

Es ist nicht offensichtlich, welchen Text Sie ändern müssen, weil das zu aktualisierende Wort an sich (*Sales* bzw. *Vertrieb*) nirgends in diesem Element erscheint. Da *Vertrieb* zu den sechs Standardbereichen gehört, können Sie diesen Text ändern, indem Sie dem *Area*-Element ein *Title*-Attribut hinzufügen:

```
<Area Id="SFA" ResourceId="Area_Sales" Icon="/_imgs/sales_24x24.gif"
  DescriptionResourceId="Sales_Description" Title="Neuer Vertriebstitel">
```

Für benutzerdefinierte Entitäten müssen Sie die *Titles-* und *Title*-Elemente hinzufügen, um den anzuzeigenden Text zu konfigurieren. Da weder das Element *Titles* noch das Element *Title* oder das Attribut *Title* in den Standardelementen erscheinen, verwendet Microsoft Dynamics CRM eine hinter den Kulissen ausgeführte Übersetzung, um die Titel der Standardentitäten anzuzeigen. In diesem Beispiel können Sie den Titel (*Title*) als Standardwert von Microsoft Dynamics CRM beschreiben, weil er in der Sitemap nicht existiert. Wenn Sie also in der Sitemap suchen und das richtige Attribut, das Sie aktualisieren möchten, in der Datei *sitemap.xml* nicht finden können, ist es wahrscheinlich ein Standardattribut, das Sie explizit hinzufügen müssen.

- **Id-Attribute müssen eindeutig sein:** Jedes Element verlangt ein *Id*-Attribut. Denken Sie daran, dass es in Bezug auf alle anderen *Id*-Attribute in der Sitemap eindeutig sein muss.

- **Hüten Sie sich vor bedingt erforderlichen Attributen:** Weiter vorn in diesem Kapitel haben wir die Attribute für jedes Element umrissen und angegeben, ob Microsoft Dynamics CRM sie verlangt. In manchen Fällen kann ein Attribut erforderlich werden, was von den Einstellungen anderer Elemente abhängt. Microsoft Dynamics CRM liefert Ihnen normalerweise eine brauchbare Beschreibung des Fehlers, doch sollten Sie wissen, dass es diese Möglichkeiten der bedingt erforderlichen Attribute gibt.

- **Wiederherstellung von einem Sitemap-Fehler:** Obwohl Microsoft Dynamics CRM die Datei *sitemap.xml* validiert, bevor sie importiert wird, könnten Sie auch versehentlich eine *sitemap.xml*-Datei importieren, die die Navigation so modifiziert, dass Sie nicht mehr auf das Tool zum Importieren von Anpassungen zugreifen können. Sollte das passieren, lässt sich offenbar keine korrigierte Sitemap-Datei mehr importieren! In Microsoft Dynamics CRM können Sie auf das Tool zum Importieren von Anpassungen direkt unter der folgenden URL zugreifen: *http://<crmserver>/<organizationname>/tools/ systemcustomization/ImportCustomizations/importCustomizations.aspx*.

- **Sitemap-Änderungen aktualisieren:** Wenn Sie eine neue Sitemap importieren, kann es manchmal vorkommen, dass Microsoft Dynamics CRM nicht mit Ihren Änderungen aktualisiert wird, wenn Sie auf die Schaltfläche *Aktualisieren* im Internet Explorer klicken. Dies hängt von der Art der vorgenommenen Änderung ab. Wenn Sie die erwarteten Änderungen nicht sehen, sollten Sie das Webbrowserfenster schließen und ein neues Fenster öffnen.

- **Ändern Sie nicht die Homepage der Microsoft Dynamics CRM Outlook-Ordner:** Vielleicht denken Sie, dass Sie auch die Microsoft Dynamics CRM Clients für Outlook anpassen können, wenn Sie die Homepage eines Ordners in Outlook ändern, indem Sie mit der rechten Maustaste auf einen Ordner klicken und *Eigenschaften* wählen (siehe Abbildung 6.38).

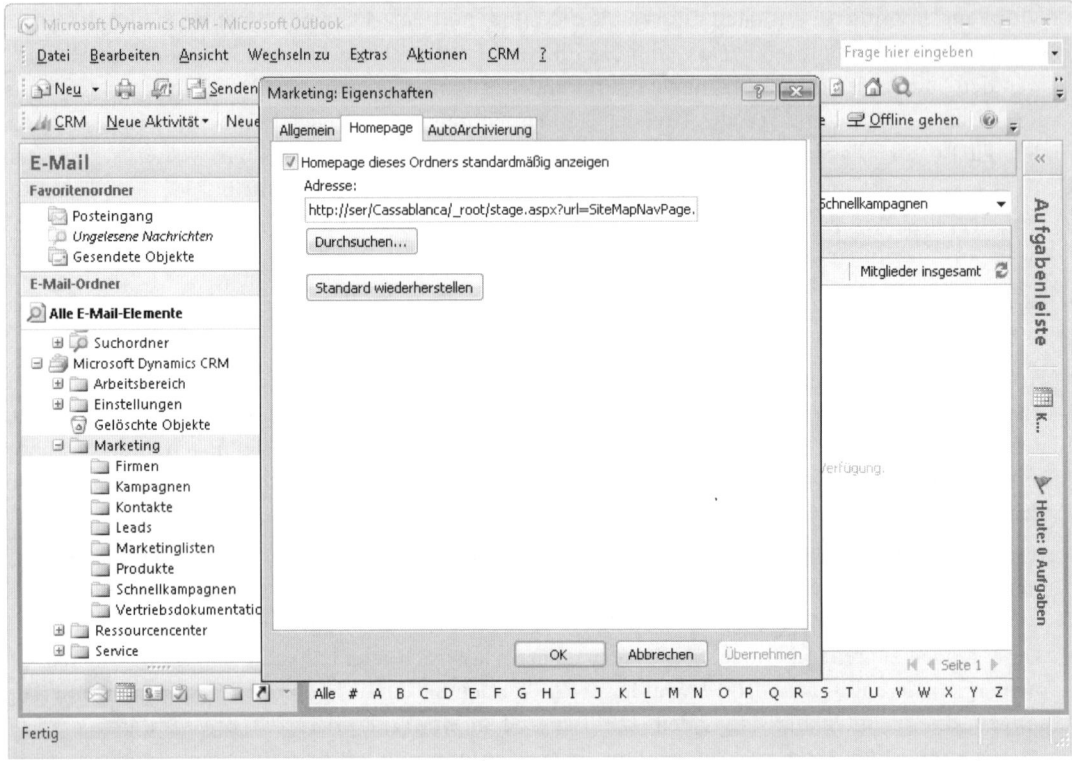

Abbildung 6.38   Das Dialogfeld Eigenschaften eines CRM-Ordners in Outlook

Obwohl diese Änderungen technisch möglich sind, kann sich dies ungünstig darauf auswirken, wie der Microsoft Dynamics CRM Client für Outlook mit der Sitemap interagiert. Deshalb raten wir eindringlich davon ab, dies zu probieren.

- **Einheitliche Attributreihenfolge spart Bearbeitungszeit:** Die Attribute können Sie in jede gewünschte Reihenfolge bringen, doch wenn Sie eine einheitliche Reihenfolge einhalten, sparen Sie sich später Zeit, wenn Sie sie bearbeiten möchten.

- Exportieren Sie immer die neueste Sitemap und erstellen Sie eine Sicherungskopie, bevor Sie irgendwelche Bearbeitungen vornehmen.

Anzeigebereiche von Entitäten

Wie Sie weiter vorn in diesem Kapitel gelernt haben, können Sie die Bereiche auswählen, in denen Microsoft Dynamics CRM Ihre benutzerdefinierten Entitäten anzeigen soll. Die jeweiligen Bereiche aktivieren oder deaktivieren Sie im Webclient mit dem Entitätseditor. Wenn Sie mit dem Entitätseditor neue Bereiche auswählen oder vorhandene Bereiche entfernen, bearbeitet Microsoft Dynamics CRM die Sitemap automatisch für Sie. Aufgrund dieser Besonderheit sollten Sie *immer* die Sitemap exportieren, bevor Sie sie bearbeiten, damit Sie auch wirklich mit der neuesten Version arbeiten.

Wenn Sie umgekehrt die unterschiedlichen Bereiche der Sitemap bearbeiten, um verschiedene Entitäten einzubinden, und dann die neue Datei importieren, werden automatisch die benutzerdefinierten Entitäten in Microsoft Dynamics CRM aktualisiert. Deshalb spiegeln die Kontrollkästchen für die Anzeigebereiche immer den aktuellen Stand wider, wenn Sie das nächste Mal auf diese Webseite zugreifen.

Zusammenfassung

Microsoft Dynamics CRM bietet viele leistungsfähige Features, doch rangiert die Möglichkeit, benutzerdefinierte Entitäten und benutzerdefinierte Datenbeziehungen über ein webbasiertes Verwaltungstool zu erstellen, mit an vorderster Stelle. Mithilfe von benutzerdefinierten Entitäten verfolgen Sie leicht zusätzliche Typen von Informationen, die sich auf Ihre Kunden beziehen. Benutzerdefinierte Entitäten verhalten sich fast genauso wie die Standardsystementitäten. Wenn Sie wissen, wie Microsoft Dynamics CRM Entitätsbeziehungen strukturiert, können Sie Ihr System besser planen und zuordnen, um eine reibungslose Implementierung zu gewährleisten. Mit der Sitemap in Microsoft Dynamics CRM können Sie fast jeden Bereich der Anwendungsnavigation (Webclient und Outlook-Client) neu konfigurieren, um die Entitäten und Verknüpfungen auszublenden oder anzuzeigen, je nachdem, wie es für Ihre Benutzer am zweckmäßigsten ist.

Kapitel 7

Berichte und Analysen

In diesem Kapitel:

Berichts- und Analysetools   304

Entitätsansichten und erweiterte Suche   307

Dynamische Excel-Dateien   308

Mit Microsoft Dynamics CRM auf Berichte zugreifen   323

Berichte in Microsoft Dynamics CRM erstellen   333

Berichte mit Microsoft Dynamics CRM verwalten   346

SQL Server Reporting Services   360

Gefilterte Ansichten   363

SQL Server Reporting Services-Berichte   365

Tipps   386

Zusammenfassung   388

Systeme zur Kundenverwaltung – Customer Relationship Management-Systeme (CRM-Systeme) – erfassen Daten über die Interaktionen Ihrer Kunden. Die dafür eingerichtete Datenbank wächst schnell auf einen Umfang von Tausenden (oder Millionen) von Kundendatensätzen an. Obwohl es vorteilhaft ist, die Kunden-interaktionen in einer Datenbank zu erfassen, verkörpern diese Kundendaten nur dann einen echten Wert, wenn Sie sie leicht herausziehen und Ihren Benutzern in einem einfachen und verständlichen Format präsentieren können. Microsoft Dynamics CRM bietet mehrere Berichts- und Analyseoptionen und es liegt ganz bei Ihnen, das geeignete Tool auszuwählen. Dabei orientieren Sie sich an Faktoren wie dem gewünsch-ten Ausgabeformat und dem Typ des Benutzers, der die Analyse erstellen wird.

Jeder definiert den Begriff *Bericht* unterschiedlich. Mitarbeiter in IT-Abteilungen denken dabei sofort an leistungsfähige Berichtserstellungstools wie zum Beispiel Microsoft SQL Server Reporting Services. Aller-dings stellen sich die meisten Benutzer – wie zum Beispiel Manager und Geschäftsführer, die mit den technischen Dingen nicht direkt zu tun haben – unter einem Bericht einfach einen *Lieferanten von Daten* vor. In der Regel kümmern sie sich nicht darum, wie sie zu diesen Daten kommen, solange die Daten ter-mingerecht eintreffen und korrekt sind. Die Microsoft Dynamics CRM-Benutzeroberfläche beschreibt mit dem Begriff *Bericht* jede Art von Datenanalysedatei unabhängig von ihrem Ursprung und ihrem Typ. Deshalb kann ein Bericht eine Microsoft Office Excel-Datei sein, ein SQL Server Reporting Services-Bericht, eine Berichtsdatei von einem Drittanbieter oder eine Verknüpfung zu einem externen Webseitenbe-richt.

HINWEIS   Obwohl Microsoft Dynamics CRM bei Entitätsansichten und dem Feature *Erweiterte Suche* nicht explizit von Berichten spricht, betrachten wir sie als wichtige Berichts- und Analysetools für Daten, weil sie sehr flexibel und leicht einzuset-zen sind. Deshalb gehen wir auf ihre Verwendung als Berichtswerkzeuge in diesem Kapitel ein.

Berichts- und Analysetools

Microsoft Dynamics CRM bietet mehrere Berichts- und Analysetools:

- Entitätsansichten und die Erweiterte Suche
- Dynamische Excel-Dateien
- SQL Server Reporting Services-Berichte
- Gefilterte Ansichten
- Berichtswerkzeuge von Drittanbietern

Jedes dieser Tools bringt spezielle Vorzüge und Nachteile mit, sodass Sie für jede Art von Analyse das jeweils am besten geeignete Tool ermitteln sollten. Wie die Liste der Berichtswerkzeuge zeigt, erlaubt Microsoft Dynamics CRM sogar, dass Sie Berichtswerkzeuge von Drittanbietern in die Benutzeroberfläche integrieren. Tabelle 7.1 fasst die Berichtswerkzeuge und ihre Features zusammen.

	Entitätsansichten und erweiterte Suche	Dynamische Excel-Dateien	Berichts-Assistent von Microsoft Dynamics CRM	SQL Server Reporting Services-Berichte	Gefilterte Ansichten	Berichtswerk-zeuge von Drittanbietern
Berichtsausgabe	Microsoft Dynamics CRM-Tabellen	Excel-PivotTables und PivotCharts	Webbasierte Reporting Services-Berichte, die von der Microsoft Dynamics CRM-Benutzeroberflä-che aus erstellt werden	Webbasierte Berichte, die in zusätzliche Formate expor-tiert werden können, z.B. als Excel, PDF und CSV	SQL Server-Datenbankansicht	Variiert
Erforderliche Qualifikation, um Berichte zu erstellen oder zu modifizieren	Anfänger	Anfänger	Anfänger	Fortgeschrittene	Fortgeschrittene	Variiert
Möglichkeit, Berichte für E-Mail-Zustellung zu planen	Nein	Nein	Ja (mit Berichts-Manager von Reporting Services)	Ja	Nein	Variiert
Unterstützt Diagramme	Nein	Ja (mit Excel-Diagrammen oder PivotCharts)	Ja	Ja	Nein	Variiert
Berichtsergebnis-se können zwecks besserer Leistung zwischengespei-chert werden	Nein	Nein	Ja	Ja	Nein	Variiert
Unterstützt Unterberichte und Drillthrough-Berichte	Nein	Nein	Ja	Ja	Nein	Variiert
Kann Daten von mehreren Entitäten in Ergebnisse einbinden	Ja	Ja	Ja	Ja	Ja	Ja
Kann Daten von mehreren Entitäten in die Berichtsanfrage einbinden	Ja	Ja	ja	Ja	Ja	Ja
Unterstützt Berichtssnapshots	Nein	Nein	Ja	Ja	Nein	Nein

▶

	Entitätsansichten und erweiterte Suche	Dynamische Excel-Dateien	Berichts-Assistent von Microsoft Dynamics CRM	SQL Server Reporting Services-Berichte	Gefilterte Ansichten	Berichtswerk-zeuge von Drittanbietern
Kann Benutzer auffordern, Parameter einzugeben, bevor Berichte ausgeführt werden	Nein	Nein	Ja	Ja	Nein	Variiert
Lässt Einschränkungen für Benutzerzugriff zu	Ja	Ja	Ja	Ja	Nicht anwendbar	Variiert
Respektiert standardmäßig Microsoft Dynamics CRM-Sicherheitseinstellungen	Ja	Ja	Ja	Ja	Ja	Nein
Möglichkeit, Berichte kontextabhängig von einer Entitätsliste oder einem Formular auszuführen	Nein	Nein	Ja	Ja	Nein	Nein
Benutzer können von Berichtslisten aus zugreifen	Nein	Ja	Ja	Ja	Ja	Ja

Tabelle 7.1 Berichts- und Analysetools in Microsoft Dynamics CRM

SQL Server Reporting Services-Berichte bieten zweifellos die meisten Vorteile und die größte Funktionalität, doch verlangen sie in der Regel einen fortgeschrittenen Benutzer, um neue Berichte zu erstellen. Außerdem kann bei Reporting Services der Zeitaufwand für Konfiguration und Verwaltung verglichen mit den einfacheren Berichtserstellungstools höher liegen. Die Entitätsansichten und dynamisches Excel bieten zwar weniger Funktionalität als die Reporting Services, doch kann auch jeder Anfänger schnell und einfach neue Berichte erstellen. Die folgenden Abschnitte beschäftigen sich ausführlicher mit diesen Berichtswerkzeugen.

HINWEIS　　Die Optionen für die Berichterstellung und die Zugriffsmöglichkeiten hängen vom verwendeten Bereitstellungsmodell ab. Kunden, die ein lokales Bereitstellungsmodell von Microsoft Dynamics CRM verwenden, können am besten auf alle verfügbaren Features zugreifen. Bei Microsoft Dynamics CRM Live und Bereitstellungen mit Internetzugriff haben Kunden mit mehr Einschränkungen zu tun. In diesem Kapitel konzentrieren wir uns in erster Linie auf das lokale Bereitstellungsmodell von Microsoft Dynamics CRM, sofern nichts anderes gesagt wird.

Entitätsansichten und erweiterte Suche

In Kapitel 5 haben Sie gelernt, wie Sie Entitätsansichten einrichten und konfigurieren. Wir möchten aber besonders darauf hinweisen, dass Sie Entitätsansichten in Verbindung mit der erweiterten Suche als Berichts- und Analysetool auf Einsteigerebene verwenden können. Entitätsansichten und die erweiterte Suche bieten folgende Vorzüge für die Berichtserstellung:

- Benutzer aller Qualifikationen können Ansichten mit der erweiterten Suche einrichten und konfigurieren. Zudem bietet die erweiterte Suche leistungsfähige Abfragefunktionen wie Group AND und Group OR, die von anspruchsvolleren Berichtserstellern verlangt werden.

- Benutzer können alle Ansichten speichern, die sie mit der erweiterten Suche erstellt haben, sodass sie schnell den gleichen Bericht zu einem späteren Zeitpunkt erneut ausführen können.

- Standardmäßig können nur Benutzer, die eine Ansicht der erweiterten Suche erstellt haben, auf sie zugreifen. Allerdings ist es in Microsoft Dynamics CRM möglich, die Ansichten der erweiterten Suche für andere Benutzer oder ein ganzes Team freizugeben. Deshalb können Sie den Zugriff auf eine Ansicht explizit steuern, sodass nur eine ausgewählte Gruppe von Benutzern darauf zugreifen kann.

- Entitätssystemansichten (jedoch keine gespeicherten Ansichten der erweiterten Suche) können zusammen mit den anderen Systemanpassungen importiert oder exportiert werden.

- Benutzer können die Datensätze in ihren Ansichten in aufsteigender oder absteigender Reihenfolge sortieren, indem sie auf die Spaltenüberschriften klicken.

- Benutzer können die Datensätze in ihren Ansichten nach Excel exportieren und sie können dynamische Tabellen erstellen, die mit der Microsoft Dynamics CRM-Datenbank verknüpft sind.

- Es lassen sich Abfragen auf Attribute verknüpfter Entitäten durchführen und Sie können auch Spalten von verknüpften Entitäten in Ihrer Ansicht anzeigen. Zum Beispiel können Sie Spalten aus der Entität *Kontakt* in einer *Verkaufschance*-Ansicht anzeigen und es ist möglich, Spalten der Entität *Kontakt* in den Filterkriterien der Ansicht zu verwenden.

Allerdings unterliegt die Verwendung von Entitätsansichten für die Berichtserstellung und Analyse den folgenden Einschränkungen:

- Weil Microsoft Dynamics CRM die Daten in der Tabelle anzeigt, haben Sie sehr wenig Kontrolle über die Ausgabeformatierung. Diagramme oder Teilergebnisse lassen sich in Ansichten nicht einbinden. Obwohl Sie Spalten aus verknüpften Entitäten in Ihre Anzeige aufnehmen können, lässt sich keine Sortierung auf diesen Spalten ausführen. Berichte oder deren Zustellung per E-Mail lassen sich bei Verwendung von Ansichten nicht planen.

HINWEIS   Selbstverständlich können Sie Ihre Daten nach Excel exportieren und die Anwendung dann nutzen, um Daten zu sortieren sowie Diagramme, Teilergebnisse, PivotTables usw. zu erstellen.

Es sei noch einmal darauf hingewiesen, dass es sich bei Entitätsansichten und der erweiterten Suche um leistungsfähige Tools für Berichterstellung und Analyse handelt, auch wenn Microsoft Dynamics CRM in diesem Zusammenhang den Begriff *Berichte* nicht verwendet.

Dynamische Excel-Dateien

Excel gilt bei vielen Benutzern als das weltweit beliebteste Berichts- und Analysetool und wir schließen uns dieser Aussage voll und ganz an. Da Excel eine breite Palette von Features aufzuweisen hat und sich leicht einsetzen lässt, ist davon auszugehen, dass Ihre Benutzer einen großen (oder den größten) Teil ihrer benötigten Datenanalysen mit Excel realisieren. Erfreulicherweise bietet Microsoft Dynamics CRM eine ausgezeichnete Integration mit Excel, sodass Ihre Benutzer mit einem bereits vertrauten Tool arbeiten können, um mit CRM-Daten Berichte zu erstellen und Analysen durchzuführen.

Um Daten von Microsoft Dynamics CRM nach Excel zu exportieren, brauchen Benutzer lediglich in der Symbolleiste der Tabelle auf die Schaltfläche *Exportieren nach Excel* zu klicken und Microsoft Dynamics CRM exportiert die Daten aus der aktuellen Ansicht. Wenn Benutzer Daten nach Excel exportieren, stellt Microsoft Dynamics CRM drei Typen von Exportoptionen bereit:

- In statische Tabelle exportieren
- In dynamische PivotTable exportieren
- In dynamische Tabelle exportieren

Im folgenden Unterabschnitt gehen wir auf den Unterschied zwischen statischen und dynamischen Exporten ein.

HINWEIS   Alle Beispiele und Verweise auf Excel in diesem Kapitel beziehen sich auf Microsoft Office Excel 2007. Microsoft Dynamics CRM unterstützt aber auch Microsoft Office Excel 2003 SP3.

Statische und dynamische Exporte

Wenn Sie eine der dynamischen Exportoptionen wählen, erstellt Microsoft Dynamics CRM eine aktive Verknüpfung zwischen den Daten in Ihrer Excel-Datei und den Ansichtsdaten in Microsoft Dynamics CRM. Ändern sich die Daten in Microsoft Dynamics CRM, können Sie die Daten in Ihrer dynamischen Excel-Datei automatisch aktualisieren, indem Sie einfach die externen Daten aktualisieren. Das Exportieren von Daten in eine statische Tabelle nimmt einen Snapshot der Daten zu dem Zeitpunkt, zu dem Sie sie exportieren, doch Sie können die Daten in Excel nicht automatisch aktualisieren, wie es bei einem dynamischen Export möglich ist.

WICHTIG   Dynamische Excel-Dateien aktualisieren Microsoft Dynamics CRM-Daten nur, wenn Excel externe Daten aktualisiert. Wenn Sie eine dynamische Excel-Datei von Microsoft Dynamics CRM exportieren, fragt Excel Sie, ob Sie die automatische Datenaktualisierung für diese Datei aktivieren möchten.

Zwischen der Excel-Datei und der Microsoft Dynamics CRM-Datenbank wird nicht nur eine aktive Verknüpfung erstellt, die Excel-Dateien beachten auch die Sicherheitseinstellungen von Microsoft Dynamics CRM. Jeder Benutzer sieht nur die Daten in der dynamischen Excel-Datei, die seinen Berechtigungen entsprechen. Nehmen Sie als Beispiel zwei Kundensupportmitarbeiter namens Scott Bishop und Eli Bowen an. Wenn Scott eine dynamische Tabelle der Ansicht *Meine aktiven Anfragen* exportiert, zeigt die Excel-Datei die Anfragen an, die Scott besitzt. Stellen Sie sich nun vor, dass Scott mehrere zusätzliche Anpassungen und Ergänzungen an der Excel-Datei vornimmt und dann die modifizierte Excel-Datei per E-Mail an Eli schickt. Wenn Eli die Tabelle öffnet, aktualisiert Excel die Microsoft Dynamics CRM-Ansichtsdaten, um nur die Anfragen anzuzeigen, die Eli besitzt. Obwohl Scott und Eli dieselbe Excel-Datei verwenden, zeigt Microsoft Dynamics CRM automatisch die für sie korrekten Daten basierend auf ihren Sicherheitseinstellungen an. Da statische Excel-Dateien keine Verknüpfung zur Microsoft Dynamics CRM-Datenbank verwalten, aktualisieren sie auch nicht die Daten basierend auf den Sicherheitseinstellungen des Benutzers.

> **TIPP** Wenn Sie die automatische Aktualisierung deaktivieren und mehrere Benutzer auf dieselbe Datei zugreifen (z.B. über E-Mail oder eine Netzwerkfreigabe), ist es durchaus möglich, dass Benutzer Datensätze sehen, auf die sie keinen Zugriff haben sollten. Falls Scott im obigen Beispiel die automatische Aktualisierung deaktiviert und dann die Datei per E-Mail an Eli schickt, würde Eli beim Öffnen alle aktiven Anfragen von Scott sehen, weil die Daten nicht mit den Anmeldeinformationen von Eli aktualisiert werden. Excel zeigt zwar die richtigen Daten an, wenn Eli die externen Daten das nächste Mal aktualisiert, doch ist dieses Szenario zweifellos nicht ideal. Aufgrund der möglichen Probleme empfehlen wir, dass Sie die Option zur automatischen Aktualisierung deaktivieren, wenn mehrere Benutzer auf dieselbe Excel-Datei zugreifen können.

Zunächst taucht bei Ihnen sicherlich die Frage auf, warum jemand eine statische Tabelle exportieren möchte. Es sind mehrere Situationen denkbar, in denen ein statischer Export einem dynamischen Export vorzuziehen ist:

- Möchten Sie Daten zu einem bestimmten Zeitpunkt erfassen, verwenden Sie eine statische Tabelle. Beispielsweise kann es sein, dass Sie jeden Montag einen Wochenbericht ausführen und die Ergebnisse mit der Vorwoche vergleichen wollen. Bei einer dynamischen Excel-Datei können sich die Zahlen im Bericht ändern, weil er immer die aktuellen Daten abruft.

- Möchten Sie eine Excel-Datei, die von Microsoft Dynamics CRM exportiert wurde, für einen Nicht-Microsoft Dynamics CRM-Benutzer freigeben, müssen Sie eine statische Tabelle verwenden. Wenn ein Benutzer eine dynamische Excel-Datei öffnet, ruft Excel die neuesten Daten von Microsoft Dynamics CRM basierend auf den Sicherheitseinstellungen des Benutzers ab. Besitzt die Person, die die Datei öffnet (wie zum Beispiel ein externer Anbieter oder Partner) kein aktives Konto, bekommt er eine Fehlermeldung in Bezug auf die Anmeldung zu sehen.

- Ähnlich verhält es sich, wenn die Person, die den Bericht anzeigt, nicht mit denselben Anmeldeinformationen wie für ihr Microsoft Dynamics CRM-Benutzerkonto am Computer angemeldet ist. Dieser Benutzer erhält dann ebenfalls eine Fehlermeldung in Bezug auf die Anmeldung. Microsoft Dynamics CRM verwendet bei lokalen Bereitstellungen integrierte Windows-Authentifizierung, wobei der Domänen- und Benutzername, mit dem sich der Benutzer am Computer anmeldet, übergeben wird, um die richtigen dynamischen Daten abzurufen. Selbst wenn die Person über eine Microsoft Dynamics CRM-Lizenz verfügt, könnte sie sich unter einem anderen Benutzer- oder Domänennamen anmelden. Passieren könnte dies zum Beispiel, wenn ein Benutzer versucht, eine dynamische Excel-Datei von einem persönlichen Heimcomputer aus zu öffnen, der für die Arbeitsdomäne des Benutzer nicht registriert ist.

- Kunden von Microsoft Dynamics CRM Live müssen Microsoft Dynamics CRM für Microsoft Office Outlook installieren, damit ihnen die Optionen für dynamischen Export zur Verfügung stehen.

Nach diesen Erläuterungen zu den Unterschieden zwischen statischen und dynamischen Exporten zeigen wir, wie Sie das Feature *Exportieren nach Excel* in der Benutzeroberfläche verwenden.

ACHTUNG   Wenn Benutzer dynamische Excel-Dateien exportieren, sollten sie daran denken, dass sie ihre Berichte auf ihrer aktiven Produktionsdatenbank ausführen. Ein Benutzer könnte deshalb unbewusst eine komplexe Abfrage erstellen, die die Leistung seines Servers ernsthaft beeinträchtigt. Da alle Microsoft Dynamics CRM-Benutzer mit demselben Server arbeiten, könnten derartige Abfragen oder Berichte die Leistung von Microsoft Dynamics CRM für alle ihre Benutzer drastisch bremsen. Falls Sie dieses Szenario befürchten und von vornherein vermeiden möchten, deaktivieren Sie in den Sicherheitseinstellungen die Berechtigung *Exportieren nach Excel* für bestimmte Rollen, wie es Kapitel 3 erklärt hat.

Externe Daten in Excel aktualisieren

Wenn Sie Daten in eine dynamische Excel-Datei exportieren, erzeugt Microsoft Dynamics CRM automatisch eine Verknüpfung in der Excel-Datei auf die Microsoft Dynamics CRM-SQL Server-Datenbank. Zwar ist die Aktualisierung externer Daten in Excel keine Besonderheit von Microsoft Dynamics CRM, doch möchten wir kurz einige Tipps geben, wie Sie dies realisieren. Es gibt verschiedene Methoden, um externe Daten in Excel zu aktualisieren.

- Klicken Sie mit der rechten Maustaste auf den dynamischen Datenbereich und klicken Sie dann auf *Aktualisieren* (siehe Abbildung 7.1).

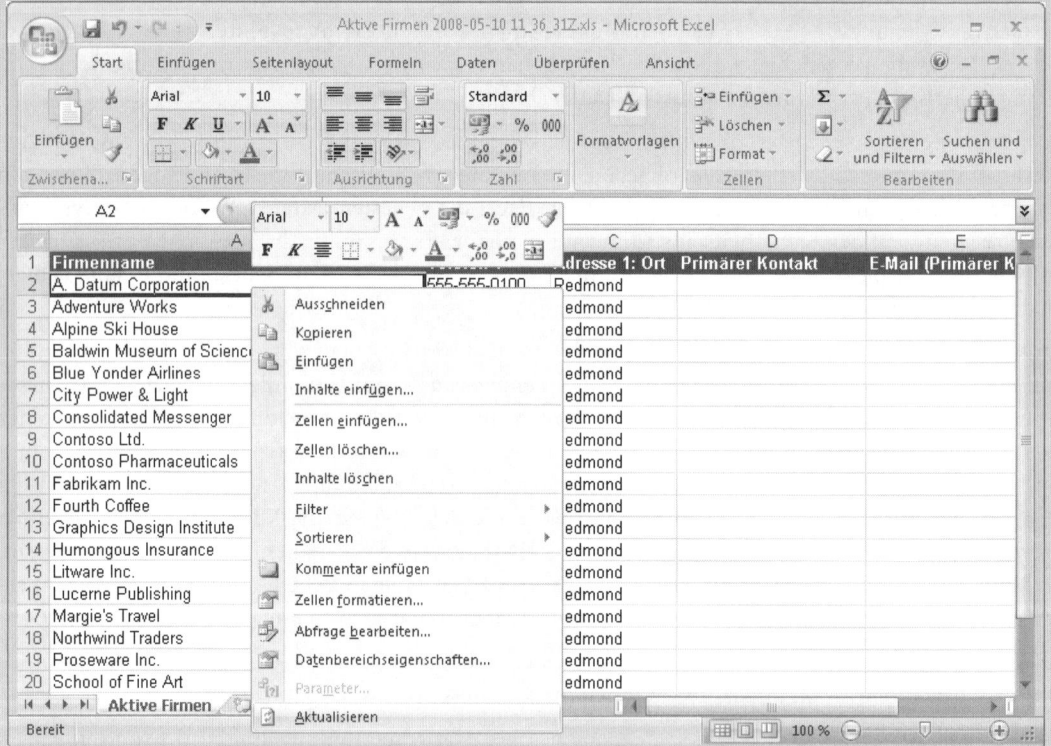

Abbildung 7.1   Externe Daten über das Kontextmenü des dynamischen Datenbereichs in Excel aktualisieren

- Klicken Sie in der Multifunktionsleiste von Excel auf die Registerkarte *Daten*. Klicken Sie auf *Alle aktualisieren* und Excel aktualisiert die externen Daten für sämtliche dynamischen Bereiche in Ihrer Arbeitsmappe (siehe Abbildung 7.2).

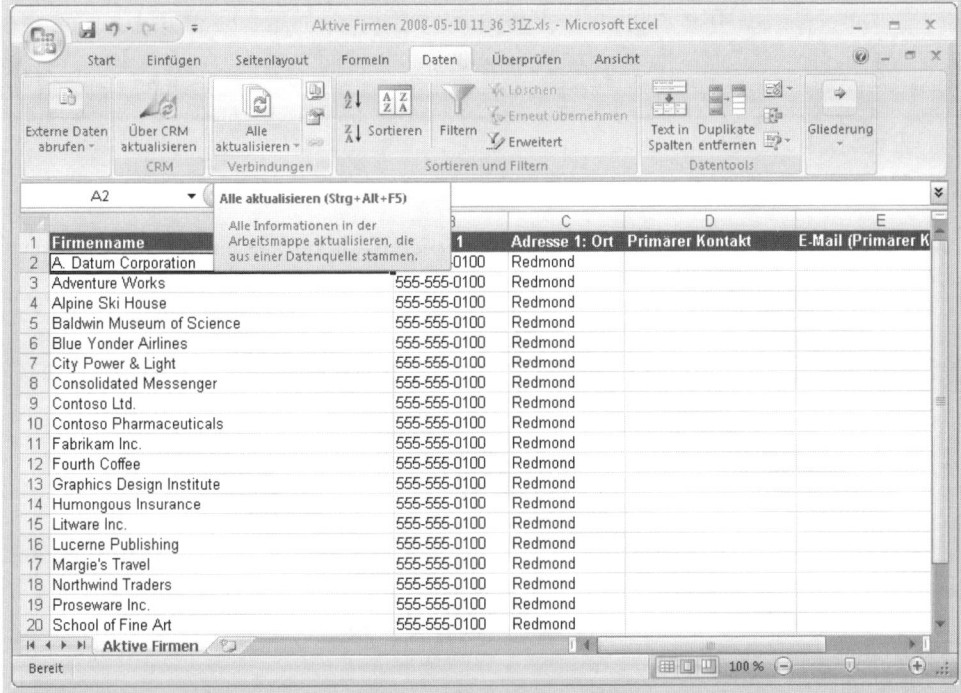

Abbildung 7.2 Externe Daten über die Multifunktionsleiste in Excel aktualisieren

Außer dem manuellen Aktualisieren der externen Daten können Sie auch die automatische Aktualisierungssteuerung konfigurieren, indem Sie die Datenbereichseigenschaften bearbeiten. Um auf die Datenbereichseigenschaften zuzugreifen, klicken Sie mit der rechten Maustaste auf eine Zelle im dynamischen Datenbereich und wählen dann *Datenbereichseigenschaften*. Auf die Eigenschaften können Sie auch zugreifen, indem Sie auf der Registerkarte *Daten* auf *Eigenschaften* klicken (siehe Abbildung 7.3).

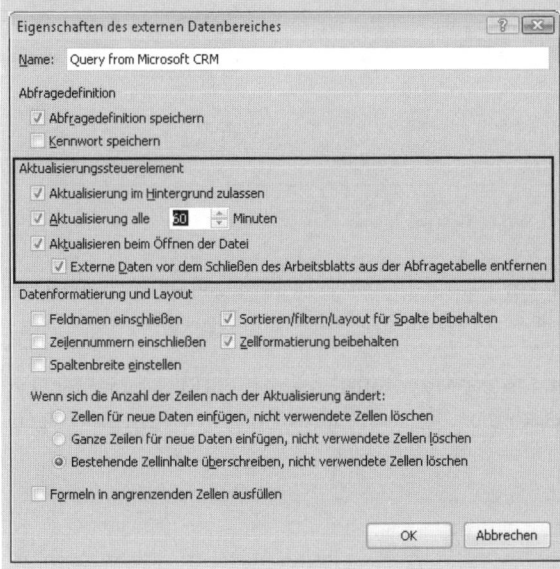

Abbildung 7.3 Das Dialogfeld Eigenschaften des externen Datenbereichs

Im Dialogfeld *Eigenschaften des externen Datenbereichs* können Sie die automatische Aktualisierung für ein bestimmtes Intervall aktivieren oder eine Datenaktualisierung jedes Mal erzwingen, wenn jemand die Excel-Tabelle öffnet.

Exportieren

Um Daten von Microsoft Dynamics CRM nach Excel zu exportieren, klicken Sie einfach auf die Excel-Schaltfläche in der Symbolleiste der Tabelle, wie es in Abbildung 7.4 zu sehen ist.

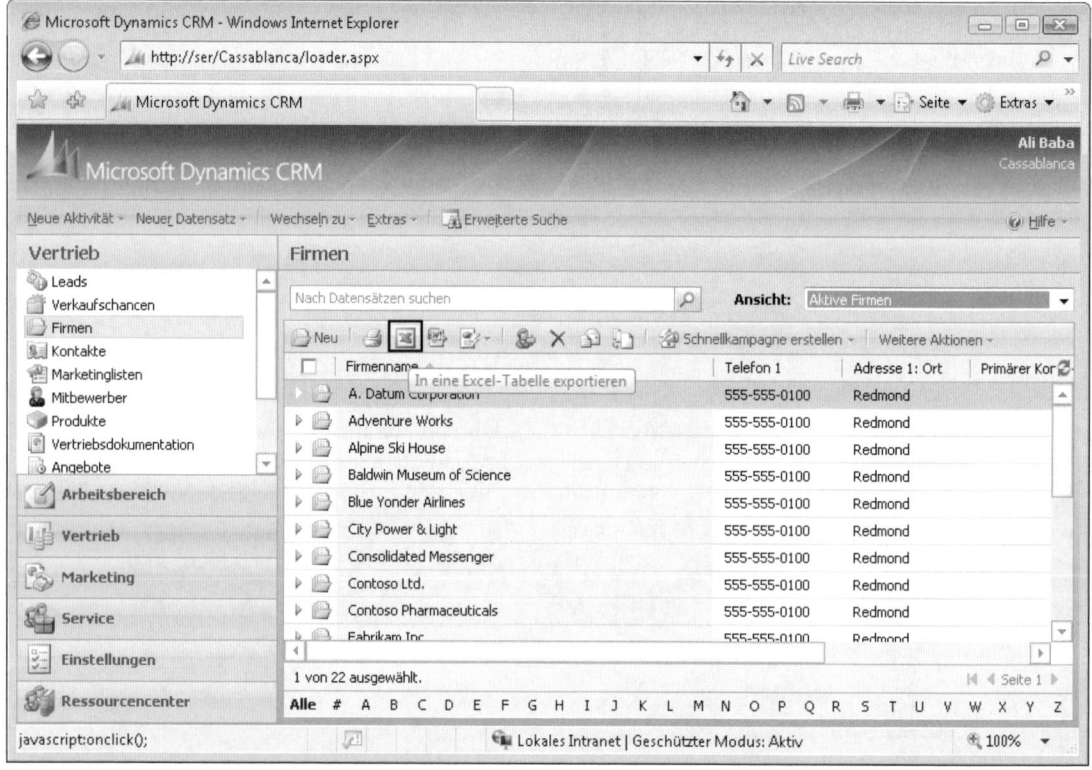

Abbildung 7.4 Die Schaltfläche In eine Excel-Tabelle exportieren auf der Symbolleiste der Tabelle

HINWEIS   Damit Benutzer auf die *Excel*-Schaltfläche auf der Symbolleiste der Tabelle zugreifen können, muss für sie die Sicherheitsberechtigung *Exportieren nach Excel* für mindestens eine ihrer zugewiesenen Sicherheitsrollen aktiviert sein.

Nachdem Sie auf die Schaltfläche *Excel* geklickt haben, fordert Microsoft Dynamics CRM Sie auf, den Typ der zu exportierenden Excel-Datei auszuwählen. Dabei können Sie Daten nach Excel in einem der folgenden Formate exportieren:

- Statische Tabelle (mit Datensätzen von einer Seite oder von allen Seiten)

- Dynamische PivotTable

- Dynamische Tabelle

Statische Tabelle

Diese Option exportiert einen Snapshot der CRM-Daten zu dem Zeitpunkt, zu dem der Benutzer den Export erzeugt. Wenn sich Daten in Microsoft Dynamics CRM nach dem Exportieren ändern, werden die neuen Daten nicht in der Excel-Datei des Benutzers widergespiegelt.

Wenn Sie eine Tabelle mit mehreren Seiten anzeigen, fragt Microsoft Dynamics CRM Sie mit der zusätzlichen Option, ob Sie in eine statische Tabelle mit Datensätzen von allen Seiten in der aktuellen Ansicht exportieren möchten (siehe Abbildung 7.5). Dann können Sie festlegen, ob Sie alle Datensätze in der Ansicht oder lediglich die auf der aktuellen Seite angezeigten Datensätze exportieren möchten.

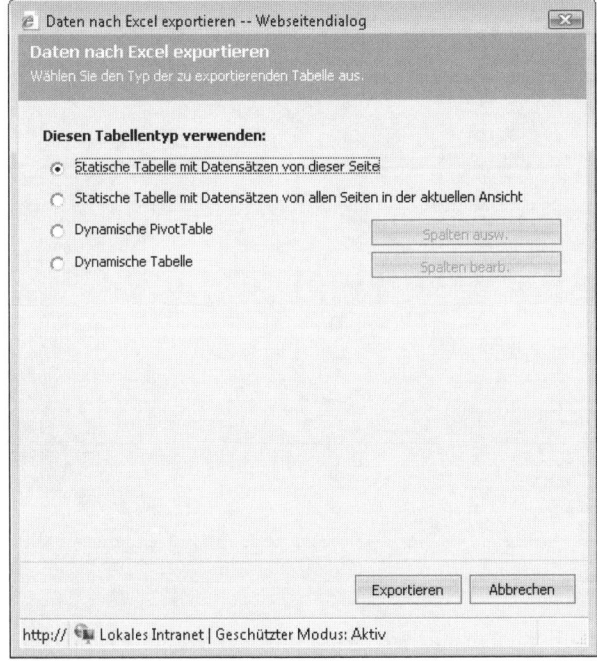

Abbildung 7.5 Datensätze von einer Seite oder von allen Seiten importieren

Wenn Sie eine statische Tabelle exportieren, erzeugt Microsoft Dynamics CRM automatisch eine Spalte in Excel für jede Spalte in Ihrer Ansicht.

Dynamische PivotTable

Wenn Sie Daten als dynamische PivotTable exportieren wollen, erstellt Microsoft Dynamics CRM automatisch eine leere PivotTable mit den Daten der Ansicht als Quelldaten. Standardmäßig übernimmt Microsoft Dynamics CRM alle Spalten der Ansicht in die Quelldaten der PivotTable, doch können Sie auch Spalten hinzufügen oder entfernen, indem Sie zunächst auf die Schaltfläche *Spalten auswählen* und danach erst auf die Schaltfläche *Exportieren* klicken. Abbildung 7.6 zeigt als Beispiel eine PivotTable, die durch Exportieren der Ansicht *Offene Verkaufschancen* erstellt wurde.

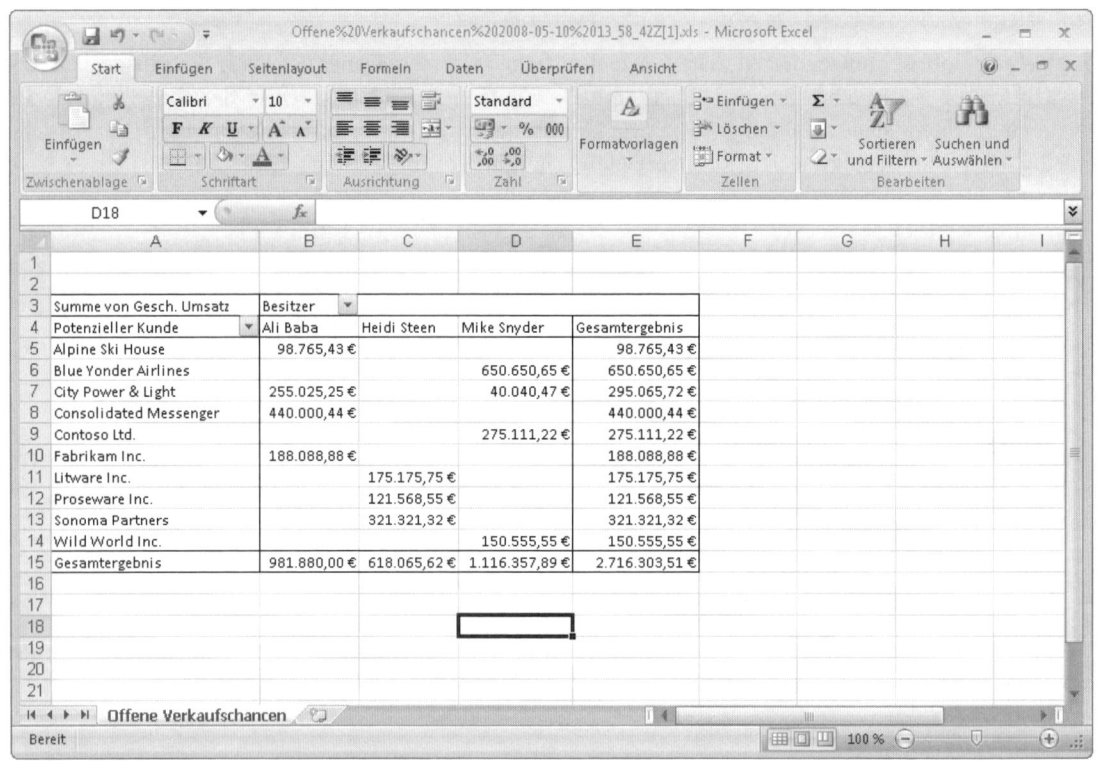

Abbildung 7.6   Beispiel für eine dynamische PivotTable mit der Ansicht Offene Verkaufschancen

Mit PivotTables können Sie Daten zu aussagekräftigen Berichten sortieren, zusammenfassen und gruppieren. Von jeder PivotTable in Excel können Sie ganz leicht ein Diagramm erstellen. Dazu müssen Sie lediglich mit der rechten Maustaste auf die PivotTable klicken und im Kontextmenü *PivotChart* wählen. Abbildung 7.7 zeigt das Beispieldiagramm, das mit einem Klick aus der dynamischen PivotTable von Abbildung 7.6 erstellt wurde.

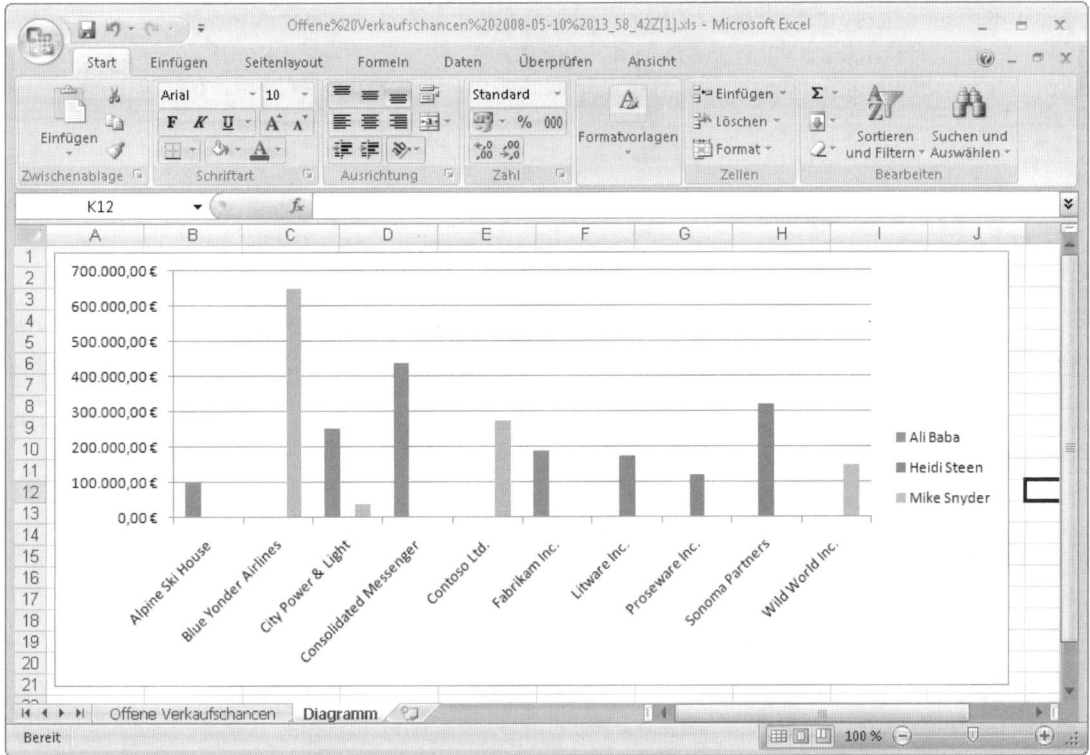

Abbildung 7.7 Beispiel für ein Diagramm, das mit einem Klick aus einer PivotTable erstellt wurde

---

TIPP PivotTables wirken für neue Benutzer etwas abschreckend, doch sind sie eigentlich einfach zu verwenden. Vor allem bieten sie hervorragende Datenanalyse- und Diagrammerstellungsoptionen. Auf der Microsoft Office-Website (*http://office.microsoft.com*) finden Sie mehrere kostenlose Tutorials, die Sie in PivotTables einführen. Falls Sie noch nicht mit PivotTables als Datenanalysetools vertraut sind, sollten Sie sich unbedingt diese Online-Tutorials ansehen.

Dynamische Tabelle

Beim Exportieren einer Ansicht als *dynamische Tabelle* nach Excel wird eine Tabelle mit Zeilen und Spalten in Excel wie beim Exportieren einer statischen Tabelle erzeugt. Allerdings können Sie mit der Option *dynamische Tabelle* zusätzliche Datenspalten in Ihre Excel-Tabelle einbinden, bevor Sie auf die *Exportieren*-Schaltfläche klicken. Und natürlich wird automatisch die aktive Verknüpfung zur Microsoft Dynamics CRM-Datenbank erstellt. Indem Sie eine dynamische Tabelle exportieren, können Sie mit den Daten in dieser dynamischen Tabelle bei Bedarf Ihre eigenen PivotTables, Diagramme und zusätzlichen Berechungen erstellen.

Wenn Sie die von Microsoft Dynamics CRM exportierte Datei in Excel 2007 öffnen, erhalten Sie eine Warnung. Microsoft Dynamics CRM speichert die exportierte Excel-Datei mit der älteren *.xls*-Erweiterung und zeigt die in Abbildung 7.8 dargestellte Warnung an. Klicken Sie einfach auf *Ja* und fahren Sie mit dem Laden der Datei fort.

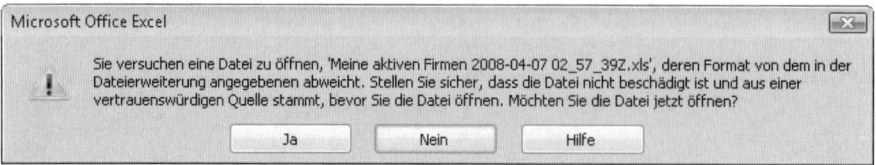

Abbildung 7.8   Warnung beim Öffnen der Datei in Excel 2007

Nachdem dies erledigt ist, zeigt das Standardsicherheitssetup für Excel 2007 eine Sicherheitswarnung an (siehe Abbildung 7.9).

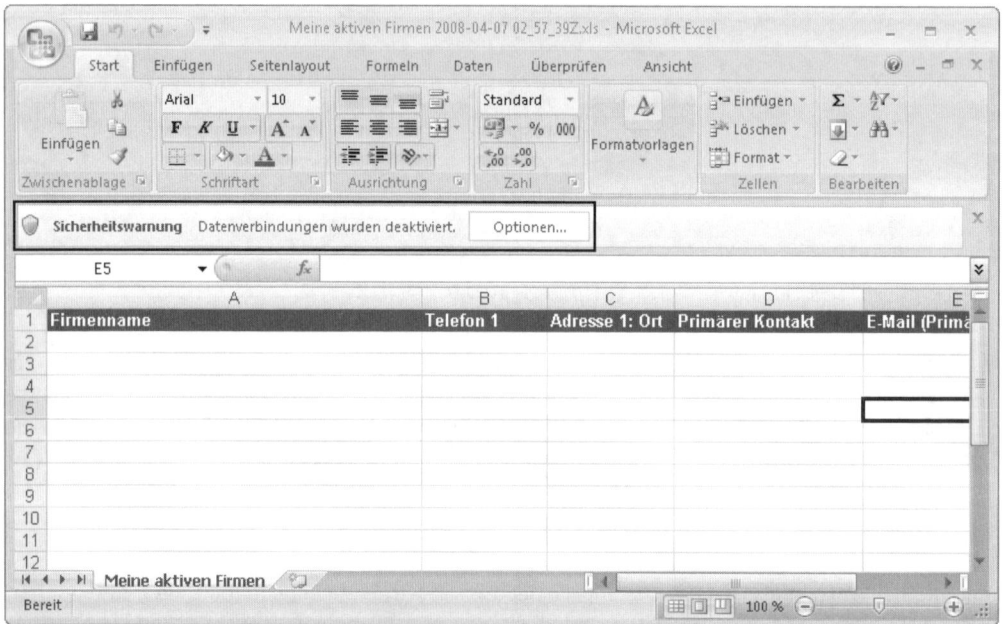

Abbildung 7.9   Sicherheitswarnung in Excel 2007

Klicken Sie auf die Schaltfläche *Optionen* und aktivieren Sie den Inhalt von der Datenverbindung (siehe Abbildung 7.10). Anschließend wird die Tabelle mit den Microsoft Dynamics CRM-Daten geladen.

Abbildung 7.10 Dynamische Inhalte in Excel 2007 aktivieren

Exportierte Excel-Dateien unter der Lupe

Beim Exportieren einer Excel-Datei von einer lokalen Microsoft Dynamics CRM-Bereitstellung wird die Datei mit einer *.xls*-Erweiterung gespeichert. Allerdings exportiert Microsoft Dynamics CRM keine typische Excel-Datei, sondern eine XML-Datei, die mit einer *.xls*-Erweiterung gespeichert wird, um korrekte Dateizuordnungen zu bewahren. Genau wie jede *.xml*-Datei können Sie die exportierte Excel-Datei mit einem beliebigen Texteditor oder mit dem XML-Editor öffnen und bearbeiten. Haben Sie schon einmal eine normale (d.h. nicht im XML-Format gespeicherte) Excel-Datei in einem Texteditor geöffnet? Das Ergebnis ist eine Menge kryptischer Zeichen.

Wenn Sie zum Beispiel die Standardansicht *Meine aktiven Firmen* als dynamische Tabelle exportieren und die exportierte Datei in einem XML-Editor öffnen, sieht das Ergebnis wie in Abbildung 7.11 gezeigt aus.

HINWEIS Beim Bearbeiten der SQL-Verbindung gilt nicht nur für Dateien von Microsoft Dynamics CRM Live oder für Dateien, die von Internet-orientierten Bereitstellungsservern exportiert werden. Diese Bereitstellungsmodelle haben keinen direkten Zugriff auf den SQL Server und verwenden deshalb eine Webdienstverbindung, um Dateien abzurufen.

```
<?xml version="1.0" ?>
    <?mso-application progid="Excel.Sheet"?><Workbook xmlns="urn:schemas-microsoft-com:office:spreadsheet" xmlns:c
      xmlns:x="urn:schemas-microsoft-com:office:excel" xmlns:dt="uuid:C2F41010-65B3-11d1-A29F-00AA00C14882"
      xmlns:ss="urn:schemas-microsoft-com:office:spreadsheet" xmlns:html="http://www.w3.org/TR/REC-html40">
      <DocumentProperties xmlns="urn:schemas-microsoft-com:office:office"><Author>Ali Baba</Author><Created>2008-0
      </DocumentProperties><ExcelWorkbook xmlns="urn:schemas-microsoft-com:office:excel">
        <WindowHeight>9090</WindowHeight>
        <WindowWidth>13260</WindowWidth>
        <WindowTopX>480</WindowTopX>
        <WindowTopY>45</WindowTopY>
        <ProtectStructure>False</ProtectStructure>
        <ProtectWindows>False</ProtectWindows>
      </ExcelWorkbook>
      <Styles>
        <Style ss:ID="Default" ss:Name="Normal">
          <Alignment ss:Vertical="Bottom" />
          <Borders />
          <Font />
          <Interior />
          <NumberFormat />
          <Protection />
        </Style>
        <Style ss:ID="s21">
          <Font x:Family="Swiss" ss:Size="10" ss:Bold="1" ss:Color="#FFFFFF"/>
          <Interior ss:Color="#333399" ss:Pattern="Solid"/>
        </Style>
        <Style ss:ID="s22">
          <Font x:Family="Swiss" ss:Size="10" />
        </Style>
        <Style ss:ID="s23">
          <Font x:Family="Swiss" ss:Size="10" />
          <NumberFormat ss:Format="Short Date"/>
        </Style>
      </Styles><Worksheet ss:Name="Meine aktiven Firmen" xmlns:ss="urn:schemas-microsoft-com:office:spreadsheet"><
  <ss:Column ss:Width="75" ss:StyleID="s22" xmlns:ss="urn:schemas-microsoft-com:office:spreadsheet" />
```

Abbildung 7.11   Als dynamische Tabelle exportierte Excel-Datei in Visual Studio 2008 geöffnet

Von hier aus könnten Sie die verschiedenen Eigenschaften der Excel-XML-Datei entsprechend Ihren Vorstellungen manuell bearbeiten. Wahrscheinlich müssen Sie niemals eine exportierte Excel-Datei bearbeiten, doch es ist gut zu wissen, dass die Möglichkeit besteht.

ACHTUNG   Nur erfahrene Benutzer sollten versuchen, eine Excel-XML-Datei manuell zu bearbeiten. Es kann nämlich schnell passieren, dass Sie eine Änderung vornehmen, die Excel daran hindert, die Datei korrekt zu öffnen – seien Sie also vorsichtig. Legen Sie unbedingt eine Sicherungsdatei an für den Fall, dass etwas schief geht.

Die Excel-XML-Datei könnten Sie beispielsweise dann bearbeiten, wenn Sie die Verbindungszeichenfolge einer Datei in Excel 2003 ändern müssen. Das Exportieren einer dynamischen Tabelle oder einer Pivot-Table erzeugt eine aktive Verknüpfung zur ursprünglichen Microsoft Dynamics CRM-Datenbank, doch in Excel 2003 gibt es keine Benutzeroberfläche, über die sich die SQL Server-Datenbank ändern lässt, auf die diese Datei verweist. Durch Bearbeiten der Excel-XML-Datei können Sie jedoch die Verbindungszeichenfolge ändern. Die XML-Datei enthält einen Knoten *<Worksheet>* mit einem untergeordneten Element *<QueryTable>*. Unter dem Knoten *<QueryTable>* finden Sie einen Knoten *<QuerySource>*. Und *<Query-Source>* enthält ein Element *<Connection>*, das zum Beispiel wie folgt aussieht:

```
<Connection>DRIVER=SQL Server;APP=Microsoft Office 2003;Network=DBMSSOCN;Trusted_
Connection=Yes;SERVER=sqlserver;DATABASE=organizationname_MSCRM</Connection>
```

Geben Sie einfach Ihre aktualisierten Werte für *SERVER* und *DATABASE* ein, speichern Sie die Datei und öffnen Sie sie dann in Excel. Voilà! Gerade haben Sie die Verbindungszeichenfolge angepasst.

Microsoft Dynamics CRM exportiert auch statische Tabellen als XML, doch bringt es sicherlich kaum einen Nutzen, derartige Dateien zu bearbeiten, weil sich die Daten in einer statischen Tabelle nicht ändern.

> **HINWEIS** Excel 2007 bietet einen Mechanismus, um die Verbindungseigenschaften in der Benutzeroberfläche ändern zu können.

Durch die Möglichkeit, Microsoft Dynamics CRM-Daten direkt nach Excel zu exportieren, erhalten Sie eine leistungsfähige Berichtserstellungs- und Analyseoption, mit der Benutzer schnell Ad-hoc-Analysen erstellen können. Für das Arbeiten mit dynamischen Excel-Dateien möchten wir drei erweiterte Techniken vorstellen:

- Aktualisieren der Serververbindung und SQL-Anweisung in dynamischen Excel-Dateien
- Spalten in exportierten dynamischen Excel-Dateien mithilfe von Microsoft Query bearbeiten
- Excel als anderer Benutzer ausführen

Nachdem Sie Ihre dynamische Tabelle oder PivotTable nach Excel exportiert haben, wollen Sie die Verbindungseigenschaften oder die Abfrage Ihrer Datei ändern. Wenn Sie mit der SQL-Syntax vertraut sind, um derartige Anweisungen manuell zu bearbeiten, können Sie in den folgenden Schritten den SQL Server und die Standarddatenbank ändern. Außerdem ist es möglich, die Spalten hinzuzufügen (oder zu entfernen), die Excel von Microsoft Dynamics CRM in Ihren dynamischen Dateien abfragt.

Die Serververbindung und SQL-Anweisung in exportierten dynamischen Excel-Dateien aktualisieren

1. Klicken Sie in Ihrer dynamischen Excel-Datei auf die Registerkarte *Daten* und dann auf *Verbindungen*.

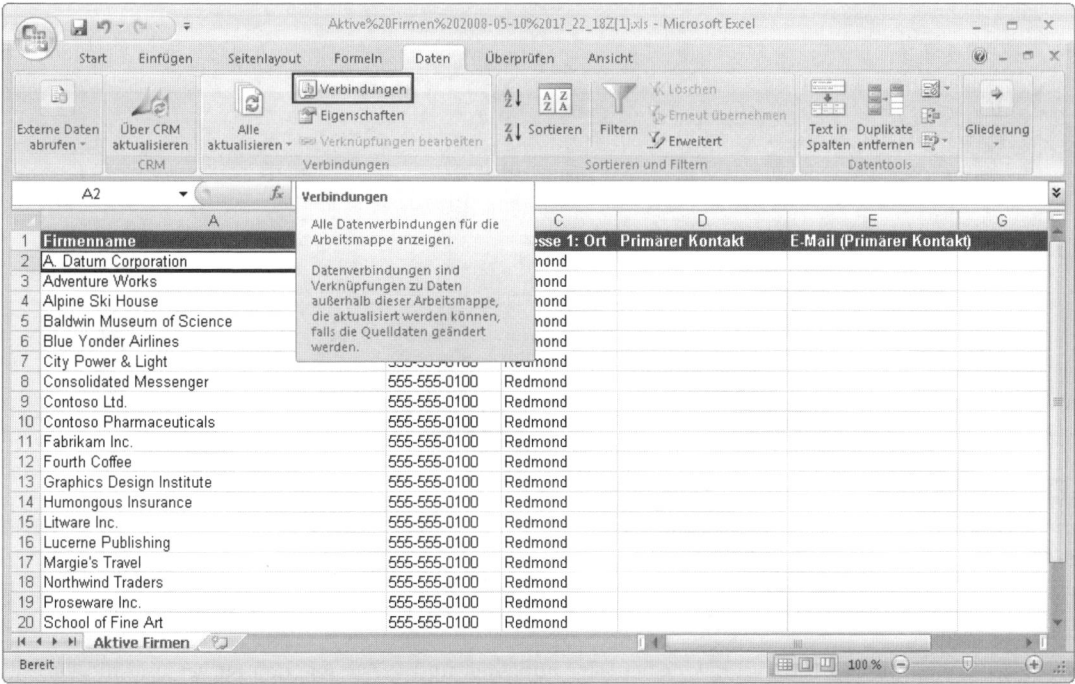

Abbildung 7.12   Klicken Sie auf der Registerkarte Daten im Abschnitt Verbindungen auf Verbindungen

2. Im Dialogfeld *Arbeitsmappenverbindungen* lassen Sie den standardmäßigen Wert *Verbindung* ausgewählt und klicken auf *Eigenschaften*.

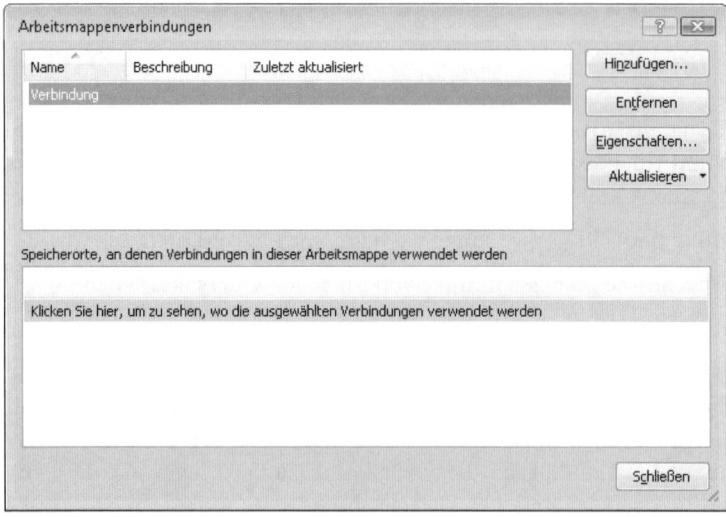

Abbildung 7.13   Das Dialogfeld Arbeitsmappenverbindungen

3. Im Dialogfeld *Verbindungseigenschaften* wechseln Sie zur Registerkarte *Definition* (siehe Abbildung 7.14).

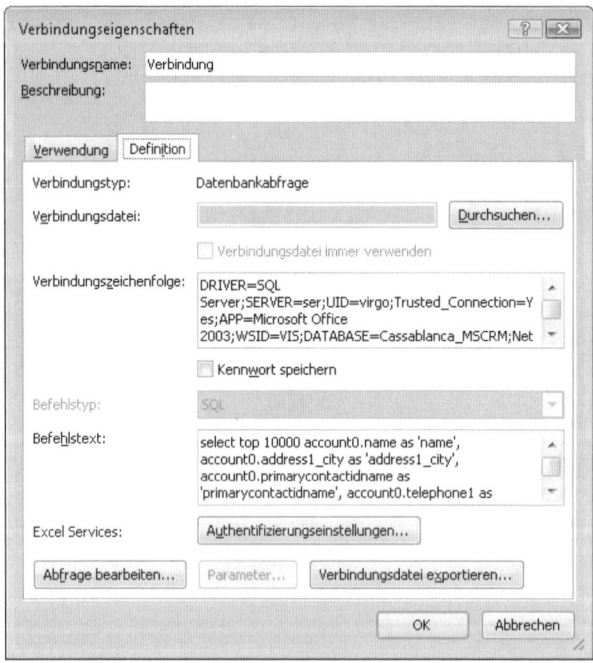

Abbildung 7.14   Die Registerkarte Definition des Dialogfeldes Verbindungseigenschaften

4. Jetzt können Sie die Verbindungszeichenfolge anpassen und Werte wie den Server und die Datenbank ändern.

5. Im Textfeld *Befehlstext* sehen Sie die Datenabfrage und alle Spalten, die Excel von Microsoft Dynamics CRM abruft. Hier können Sie die Abfrage ändern und Spalten hinzufügen oder entfernen, die in der Excel-Datei erscheinen bzw. nicht erscheinen sollen.

Das Textfeld *Befehlstext* der Registerkarte *Definition* stellt keine komfortable Umgebung dar, in der Sie Ihre SQL-Abfrage bearbeiten können. Erfreulicherweise kommt Ihnen hier die Komponente Microsoft Query Excel von Excel 2003 und Excel 2007 entgegen. Bevor Sie die folgenden Schritte ausführen können, müssen Sie Microsoft Query Excel auf Ihrem Computer installiert haben. Excel 2003 und Excel 2007 können diese Komponente automatisch installieren.

Spalten in exportierten dynamischen Excel-Dateien mit Microsoft Query bearbeiten

1. Klicken Sie mit der rechten Maustaste in Ihrer dynamischen Excel-Datei auf den Datenbereich und wählen Sie im Kontextmenü *Abfrage bearbeiten* (siehe Abbildung 7.15).

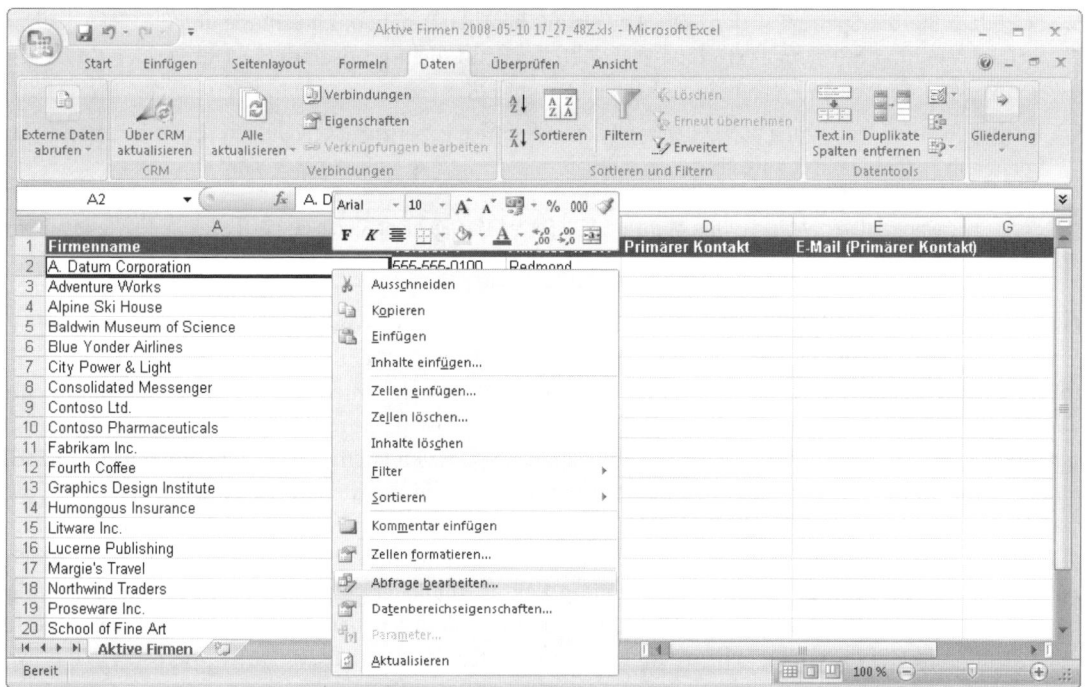

Abbildung 7.15   Klicken Sie mit der rechten Maustaste auf den Datenbereich und wählen Sie Abfrage bearbeiten im Kontextmenü

HINWEIS   Die gleiche Wirkung hat die Schaltfläche *Abfrage bearbeiten* im Dialogfeld *Verbindungseigenschaften* auf der Registerkarte *Definition*.

2. Es erscheint eine Meldung mit dem Text »Diese Abfrage kann mit dem Abfrage-Assistenten nicht bearbeitet werden.« Klicken Sie auf *OK*.

3. Klicken Sie im Microsoft Query-Editor in der Symbolleiste auf die Schaltfläche *SQL*.

4. Im SQL-Editor sehen Sie die Datenabfrage und alle Spalten, die Excel von Microsoft Dynamics CRM abruft. Hier können Sie die Spalten, die in Ihrer Excel-Datei erscheinen oder nicht erscheinen sollen manuell hinzufügen oder entfernen.

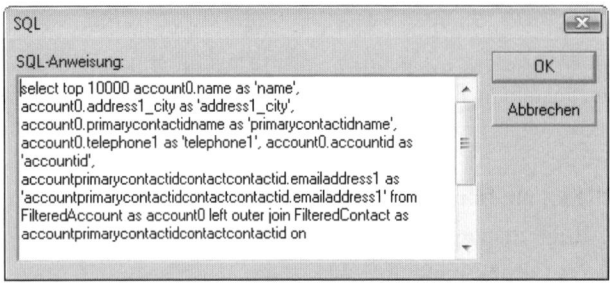

Abbildung 7.16   Der SQL-Editor von Microsoft Query

5. Nachdem Sie die Spalten in der SQL-Anweisung bearbeitet haben, klicken Sie auf *OK*. Jetzt kann eine weitere Meldung mit dem Text »Eine SQL-Abfrage kann nicht grafisch dargestellt werden. Möchten Sie den Vorgang fortsetzen?« erscheinen. Klicken Sie auf *OK*.

6. Klicken Sie im Menü *Datei* auf *Daten an Microsoft Office Excel zurückgeben*. Excel gibt die modifizierten Spalten in Ihrem Dataset zurück.

> **TIPP**   Es empfiehlt sich, Abfragen mit Microsoft SQL Server Management Studio zu bearbeiten und zu testen, bevor Sie sie in Excel aktualisieren.

Die von einer lokalen Microsoft Dynamics CRM-Bereitstellung exportierten Excel-Dateien stellen die Verbindung zur Datenbank mithilfe von integrierter Windows-Authentifizierung her. Das heißt, dass Excel Ihre aktuellen Benutzeranmeldeinformationen verwendet, um die Microsoft Dynamics CRM-Datenbank abzufragen, wenn Sie dynamische Excel-Dateien öffnen. Das ist für Ihre Endbenutzer hervorragend geeignet, doch als Administrator werden Sie dynamische Excel-Dateien auch unter einem anderen Benutzerkonto ausführen wollen, damit Sie die Daten überprüfen können, die Ihre Benutzer letztlich sehen. Wenn Sie die standardmäßige Microsoft Windows-Authentifizierung verwenden, müssten Sie sich von Ihrem Computer abmelden und dann als der Benutzer anmelden, zu dem Sie einen Identitätswechsel durchführen möchten. Falls das häufig vorkommt, vergeuden Sie unnötig Zeit. Erfreulicherweise können Sie mit den nachfolgend beschriebenen Schritten einen Identitätswechsel zu einem anderen Benutzer vornehmen, wenn Sie Excel 2007 ausführen. Die folgenden Schritte funktionieren unter den Betriebssystemen Microsoft Windows XP und Windows Vista.

Excel als anderer Benutzer ausführen

1. Erstellen Sie im Windows-Editor eine neue Textdatei. Klicken Sie dazu auf *Start*, wählen Sie *Ausführen*, geben Sie **notepad** ein und drücken Sie ⏎.

2. Geben Sie in die neue Textdatei den folgenden Befehl ein. Ersetzen Sie dabei *domain\username* durch die Anmeldeinformationen des imitierten Benutzers.

```
runas /profile /user:domain\username "C:\Program Files\Microsoft Office\Office12\EXCEL.EXE"
```

Wenn Sie Excel 2003 verwenden, ersetzen Sie *Office12* in der obigen Befehlszeile durch **Office11**.

3. Speichern Sie die Datei mit der Erweiterung *.bat*, beispielsweise als *runas_excel.bat*.

4. Doppelklicken Sie auf die eben erstellte *.bat*-Datei. Daraufhin erscheint eine Eingabeaufforderung, in der Sie nach dem Kennwort des Kontos abgefragt werden (siehe Abbildung 7.17).

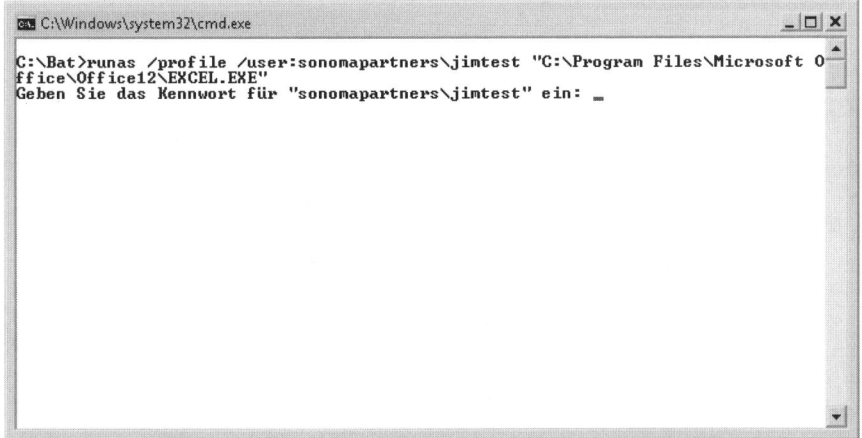

Abbildung 7.17   Eingabeaufforderung mit Abfrage des Kennworts für den imitierten Benutzer, unter dem Excel ausgeführt werden soll

Wenn Sie das richtige Kennwort eingeben, startet Excel. Jetzt können Sie Ihre exportierte dynamische Datei genau wie zuvor öffnen. Doch wenn Sie die externen Daten aktualisieren, ruft Excel die Daten von Microsoft Dynamics CRM mit den Anmeldeinformationen ab, die Sie eben eingegeben haben.

WICHTIG   Wenn Sie eine Office-Anwendung (wie zum Beispiel Excel oder Microsoft Office Word) als Benutzer auf Ihrem Computer erstmalig ausführen, fordert Office Sie auf, Ihr Profil einzurichten. Falls Sie das als imitierter Benutzer nicht ordnungsgemäß tun können, müssen Sie sich gegebenenfalls einmal am Computer als der imitierte Benutzer anmelden und dann Excel starten, um Ihr Profil einzurichten. Dann können Sie sich wieder als Sie selbst anmelden und das oben beschriebene Verfahren verwenden.

Mit Microsoft Dynamics CRM auf Berichte zugreifen

Wie bereits weiter vorn erläutert, kann sich der Begriff *Berichte* in Microsoft Dynamics CRM auf unterschiedliche Arten von Dateien beziehen. Dazu gehören:

- Alle Arten von Berichtsdateien (wie zum Beispiel Excel, Word und Microsoft Office Access), die Sie auf den Server hochladen
- Reporting Services-Berichte
- Verknüpfungen zu Webseiten (die als Berichte kategorisiert sind)
- Berichtsdateien von Drittanbietern

Unabhängig vom Berichtstyp speichert Microsoft Dynamics CRM sämtliche Berichte in der Microsoft Dynamics CRM-SQL Server-Datenbank. Um auf die Microsoft Dynamics CRM-Berichtsliste zuzugreifen, navigieren Sie zum Unterbereich *Berichte* von *Arbeitsbereich*. Fast alle Ihre allgemeinen Aufgaben werden über die Microsoft Dynamics CRM-Benutzeroberfläche behandelt.

Wir beschäftigen uns nun mit den folgenden Aufgaben:

- Berichtssicherheit

- Berichte in der Benutzeroberfläche

- Reporting Services-Berichte ausführen

Berichtssicherheit

Genau wie alle anderen Systementitäten – *Leads*, *Firmen*, *Kontakte* usw. – existieren Berichte in Microsoft Dynamics CRM als Entität. In diesem Sinne gelten für die Entität *Berichte* die gleichen Standardsicherheitseigenschaften wie für alle anderen Entitäten (siehe dazu Kapitel 3). Allerdings gibt es einige bemerkenswerte Warnungen zu beachten.

Jeder Bericht in Microsoft Dynamics CRM enthält ein Attribut *Sichtbar für*, das die Werte *Organisation* oder *Individuell* annehmen kann. Ist der Wert von *Sichtbar für* auf *Organisation* gesetzt, sind alle Benutzer in der Lage, den Bericht auszuführen, sofern sie mindestens über *Lesen*-Berechtigungen für die Entität *Bericht* verfügen. Mit der Einstellung *Individuell* wird der Zugriff jedes Benutzers auf den Bericht durch die Berechtigung *Bericht Lesen* bestimmt. Um einen Bericht zu erstellen, anzuzeigen und zu aktualisieren, benötigen Benutzer die passenden *Bericht*-Berechtigungen, die mindestens einer ihrer Benutzerrollen zugewiesen sein müssen.

| HINWEIS | Die Berechtigungen der Entität *Bericht* finden Sie im Sicherheitsrollenformular auf der Registerkarte *Kerndatensätze*. |

Für Berichte existieren zwei zusätzliche Berechtigungseinstellungen: *Berichte veröffentlichen* und *Reporting Services-Berichte hinzufügen*.

- **Berichte veröffentlichen:** Erlaubt einem Benutzer, einen Bericht für die gesamte Organisation verfügbar (sichtbar) zu machen. Für Reporting Services-Berichte erlaubt diese Berechtigung zudem dem Benutzer, den Bericht auf dem Reporting Services-Webserver für externe Verwendung zu veröffentlichen.

- **Reporting Services-Berichte hinzufügen:** Erlaubt dem Benutzer, eine vorhandene Reporting Services-Berichtsdatei nach Microsoft Dynamics CRM hochzuladen. Reporting Services-Dateien verwenden das Report Definition Language (RDL) -Format. Diese Berechtigung unterscheidet sich von der *Erstellen*-Berechtigung der *Bericht*-Entität, die sich auf das Erstellen eines neuen Berichts mit dem Berichts-Assistenten oder das Hinzufügen eines anderen Dateityps (beispielsweise einer Excel-Datei oder eines PDF-Berichts) bezieht.

Für Reporting Services-Berichte existiert eine zusätzliche Sicherheitsebene, um die Daten zu schützen, die Berichte anzeigen. Sofern ein Bericht die gefilterten Ansichten von Microsoft Dynamics CRM verwendet, zeigt er nur die Daten an, die der jeweilige Benutzer auch sehen darf. Anders ausgedrückt: Selbst wenn ein Benutzer auf einen Bericht zugreifen und ihn ausführen kann, sieht dieser Benutzer nur die Daten, für die er die Rechte besitzt, wie sie entsprechend der Microsoft Dynamics CRM-Sicherheitsrolle dieses Benutzers definiert sind. Auf gefilterte Ansichten gehen wir später in diesem Kapitel ausführlicher ein.

Mit dem Begriff *Reporting Services-Berichte* meint Microsoft Dynamics CRM Berichte im Format der Report Definition Language (RDL) im Unterschied zu einer Excel-Datei oder einer Verknüpfung zu einem anderen Bericht. Reporting Services-Berichte besitzen zusätzliche integrierte Funktionalität mit Microsoft Dynamics CRM. Wie Sie in Kürze erfahren, können Sie Reporting Services-Berichte über den neuen Microsoft Dynamics CRM-Berichts-Assistenten oder mit einem Tool wie Microsoft Visual Studio 2005 erstellen.

Berichte in der Benutzeroberfläche

Berichte können Sie in der Microsoft Dynamics CRM-Benutzeroberfläche aus einem von drei Bereichen ausführen:

- Berichtsliste
- Entitätsliste
- Entitätsformular

Berichtsliste

Die Microsoft Dynamics CRM-Standardinstallation erzeugt im Bereich *Arbeitsbereich* in der Gruppe *Meine Arbeit* einen Unterbereich *Berichte* (siehe Abbildung 7.18). Hier können Sie nicht nur alle verfügbaren Berichte auflisten lassen, sondern diese Berichtsliste auch verwenden, um Berichte zu verwalten, sofern Sie über die geeigneten Sicherheitsberechtigungen verfügen.

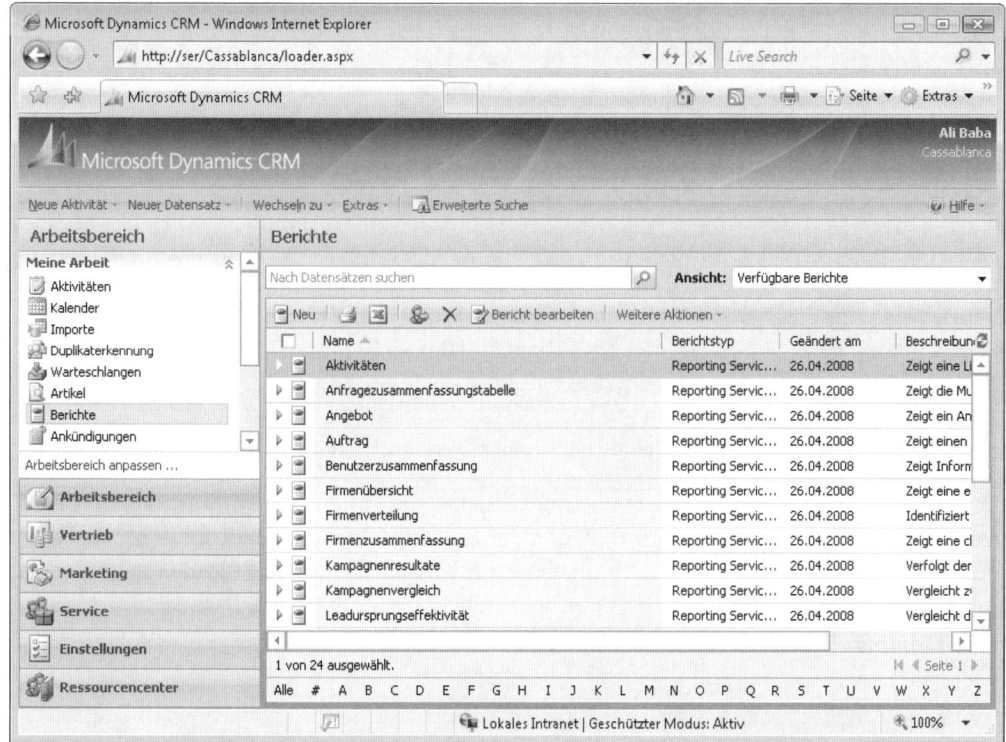

Abbildung 7.18   Berichtsliste in der Gruppe Meine Arbeit

TIPP   Denken Sie daran, dass sich die Sitemap modifizieren lässt, um die Liste *Berichte* an einem anderen Ort in der Anwendungsnavigation unterzubringen. Beispielsweise könnten Sie einen neuen Bereich *Berichte* im Abschnitt *Anwendungsbereiche* erstellen. Geben Sie **url=»/CRMReports/home_reports.aspx«** ein, um die Berichtsliste anzuzeigen.

Entitätsliste

Außer der Liste *Berichte* können Sie Benutzern auch erlauben, Reporting Services-Berichte von der Symbolleiste der Tabelle einer Entität auszuführen, indem sie auf die Schaltfläche *Berichte* klicken, wie es in Abbildung 7.19 für die Entität *Firmen* zu sehen ist.

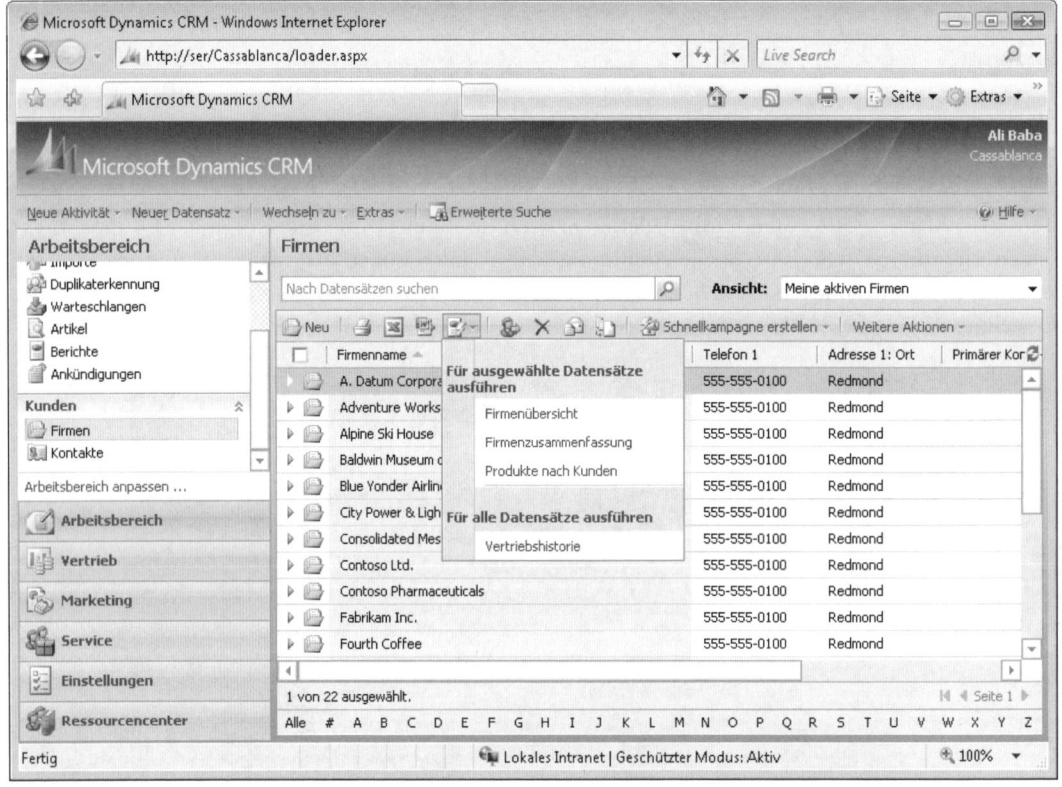

Abbildung 7.19   Von der Symbolleiste der Tabelle einer Entität auf Berichte zugreifen

Diese Abbildung zeigt Berichte, die unter einer von zwei Gruppen aufgelistet sind: *Für ausgewählte Datensätze ausführen* und *Für alle Datensätze ausführen*. Wenn der Benutzer einen der Berichte wählt, die unter *Für ausgewählte Datensätze ausführen* aufgelistet sind, fordert Microsoft Dynamics CRM den Benutzer auf, die Datensätze auszuwählen, die er im Bericht verwenden möchte. Im Dialogfeld *Datensätze auswählen* zeigt Microsoft Dynamics CRM drei Optionen an:

- Alle anwendbaren Datensätze
- Die ausgewählten Datensätze
- Alle Datensätze auf allen Seiten in der aktuellen Ansicht

Der Benutzer kann eine dieser Optionen wählen und damit die Datensätze vorfiltern, die Microsoft Dynamics CRM in die Berichtsergebnisse einbinden soll.

Wählt der Benutzer einen Bericht aus, der unter der Gruppe *Für alle Datensätze ausführen* aufgelistet ist, führt Microsoft Dynamics CRM den Bericht unabhängig von den ausgewählten Datensätzen oder den in der Ansicht erscheinenden Datensätzen aus.

> **WICHTIG** Die mit *Für ausgewählte Datensätze ausführen* ausgeführten Berichte bezeichnen wir als *kontextabhängige Berichte*, weil sie im Kontext bestimmter Datensätze ausgeführt werden. Die Berichtsabfrage müssen Sie mit der richtigen Technik aufbauen, um Ihre eigenen benutzerdefinierten kontextabhängigen Berichte zu erstellen. Auf diese Technik gehen wir später in diesem Kapitel ein.

Entitätsformular

Ähnlich wie das Ausführen von Berichten von der Entitätsliste aus, können Sie auch Berichte direkt vom Entitätsformular ausführen. Klicken Sie dazu auf die Schaltfläche *Berichte* in der Menüleiste (siehe Abbildung 7.20).

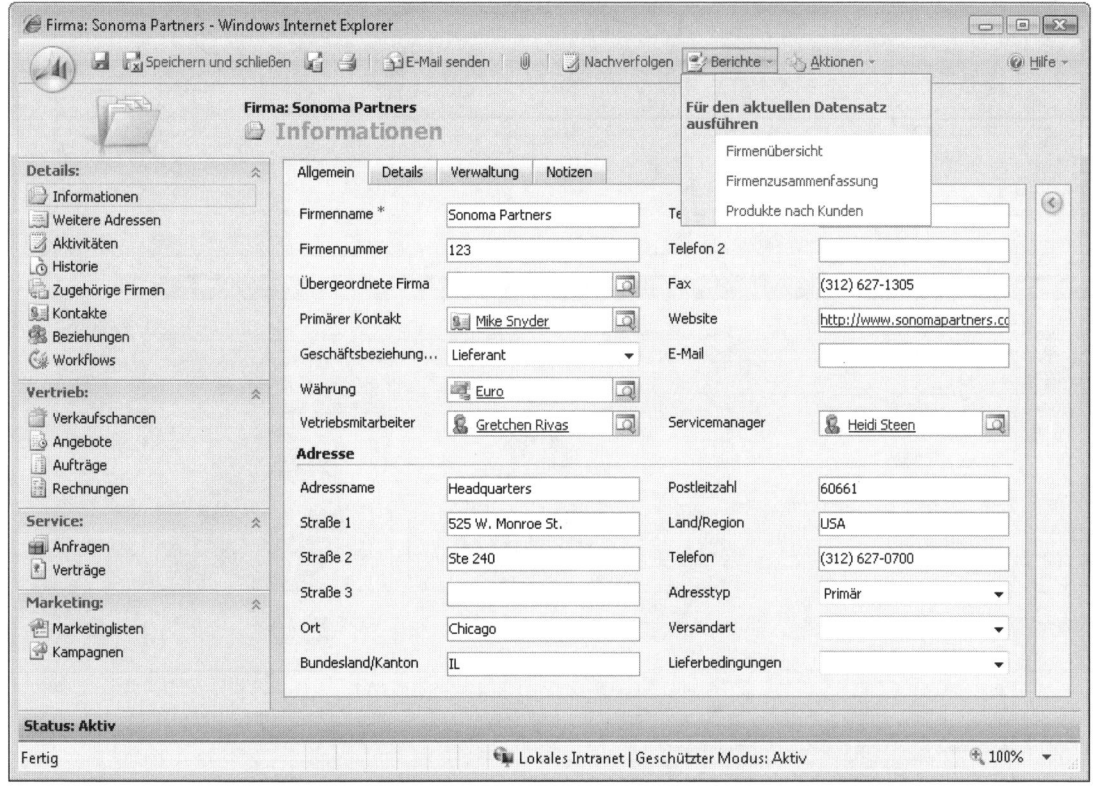

Abbildung 7.20 Vom Entitätsformular auf Berichte zugreifen

Im Unterschied zu Berichten von der Entitätsliste können Sie hier nur einen kontextabhängigen Bericht auswählen. Auf dem Entitätsformular listet Microsoft Dynamics CRM alle möglichen kontextabhängigen Berichte unter der Gruppe *Für den aktuellen Datensatz ausführen* auf. Wenn Sie einen Bericht vom Entitätsformular aus aufrufen, fordert Microsoft Dynamics CRM Sie nicht (wie beim Entitätslistenbericht) auf, die Datensatzmenge weiter zu spezifizieren, weil es nur einen Datensatz gibt, um den Bericht auszuführen. Abbildung 7.21 zeigt die Ausgabe, wenn Sie den Bericht *Firmenübersicht* direkt vom *Firma*-Datensatz *Sonoma Partners* aus ausführen.

Wollten Sie ohne das Feature *kontextabhängiger Bericht* den Bericht *Firmenübersicht* für eine einzelne *Firma*-Entität ausführen, müssten Sie zur Liste *Berichte* navigieren, den gewünschten Bericht herausgreifen und dann manuell eine *Firma* spezifizieren. Stattdessen erlaubt Microsoft Dynamics CRM den Benutzern, einen kontextabhängigen Bericht direkt von der Menüleiste der Entität eines *Firma*-Datensatzes auszuführen. Das spart jedes Mal, wenn ein Bericht ausgeführt werden soll, zahlreiche Klicks ein.

TIPP   Erstellen Sie für Ihre benutzerdefinierten Berichte nach Möglichkeit kontextabhängige Berichte, um den Benutzern unnötige Klicks in der Anwendungsnavigation zu ersparen.

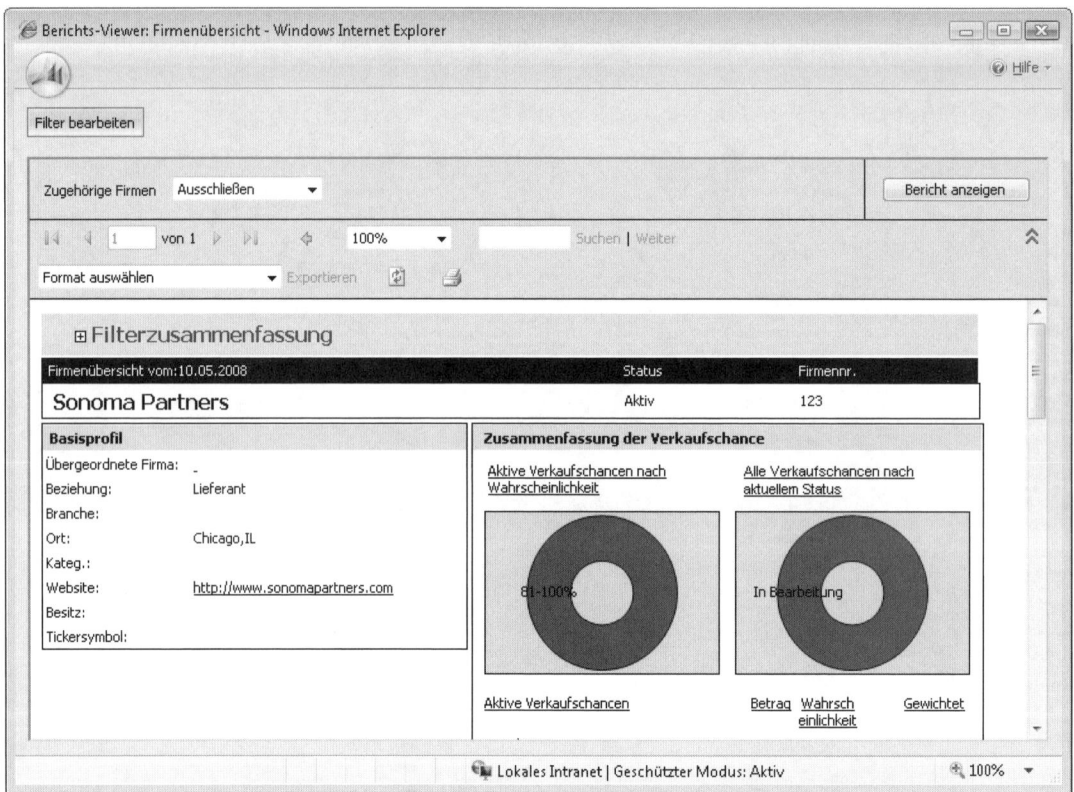

Abbildung 7.21   Beispiel für einen Bericht Firmenübersicht

Später in diesem Kapitel erläutern wir, wie Sie kontextabhängige Berichte konfigurieren und wie Sie angeben, wo sie in der Anwendungsnavigation erscheinen sollen.

Einen Reporting Services-Bericht ausführen

Doppelklicken Sie in der Liste *Berichte* auf den Namen des Berichts, den Sie ausführen möchten. Kontextabhängige Berichte führen Sie aus, indem Sie auf den Berichtsnamen auf dem Formular oder der Symbolleiste der Tabelle klicken. Als Nächstes untersuchen wir, was Ihre Benutzer sehen, wenn sie Reporting Services-Berichte ausführen:

- Filtern von Berichten
- Ergebnisnavigation
- Exportoptionen

Filtern von Berichten

In Microsoft Dynamics CRM können Sie Reporting Services-Berichte mit einer Filteroption erstellen. Durch Berichtsfilter haben Benutzer Gelegenheit, Filterkriterien einzurichten und zu modifizieren, bevor sie den Bericht ausführen. Durch Filtern eines Berichts können Benutzer drastisch die Anzahl der Datensätze verringern, die Reporting Services manipulieren muss. Dadurch erhöht sich die Leistung des Berichts und des Gesamtsystems merklich. Wenn Benutzer einen Bericht mit aktivierter Filterung ausführen, sehen sie die Berichtsfilterkriterien auf der Seite *Berichts-Viewer*. Abbildung 7.22 zeigt die standardmäßige Filterseite für den Bericht *Firmenverteilung*.

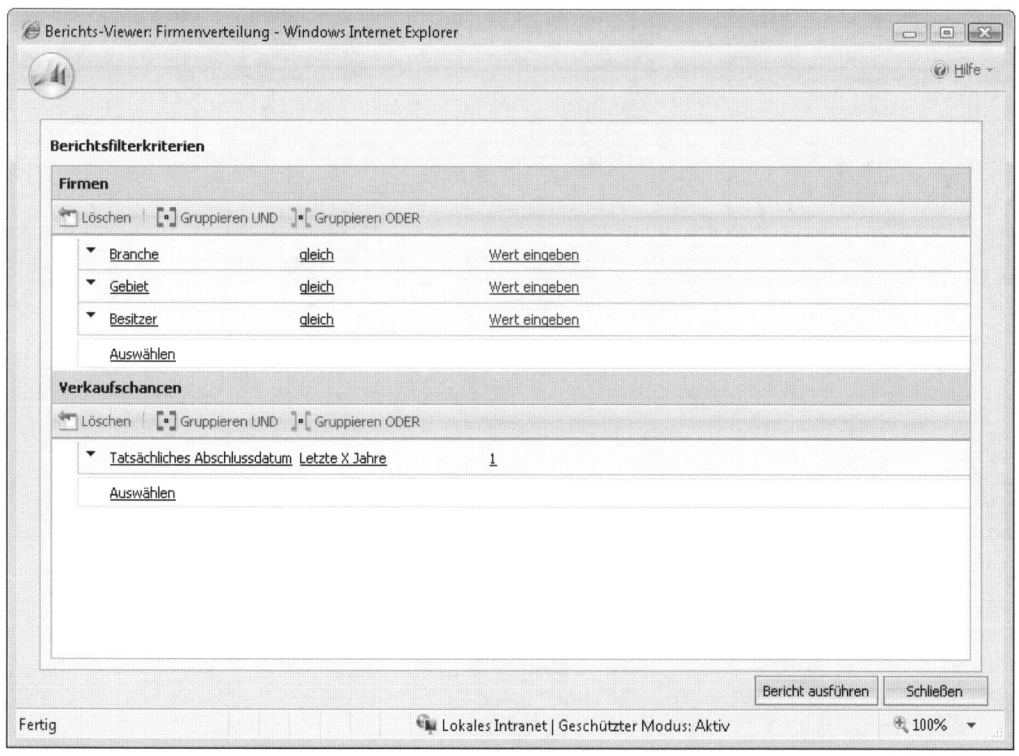

Abbildung 7.22 Berichtsfilterkriterien für das Filtern von Berichtsergebnissen

Wie aus Abbildung 7.22 hervorgeht, kann der Benutzer in diesem Berichtsfilter Werte für mehrere Standardfilter in Bezug auf mehrere Entitäten eingeben, bevor er den Bericht ausführt. Gibt der Benutzer keine Werte bei den mit dem Text *Wert eingeben* gekennzeichneten Aufforderungen (für Branche, Gebiet und Besitzer) ein, wird der Bericht so ausgeführt, als würde dieser Filter nicht existieren.

WICHTIG   Die Funktionalität zum Filtern von Berichten gibt es nur über die Microsoft Dynamics CRM-Benutzeroberfläche. Wenn Sie direkt zum Reporting Services-Webserver navigieren und von dort einen Bericht ausführen, wird die Filteroption nicht angezeigt. Ebenso müssen Sie Berichte über Microsoft Dynamics CRM erstellen oder hochladen, um das Filterungsfeature einzubinden. Berichte sollten Sie nicht direkt auf Reporting Services hochladen.

Außer den Standardfilterkriterien, die auf der Seite Berichts-Viewer erscheinen, können Benutzer die Berichtsfilterkriterien weiter modifizieren. Der Berichtsfilter verwendet die gleiche Benutzeroberfläche wie das Feature *Erweiterte Suche* (siehe Abbildung 7.20), sodass Benutzer in der Lage sein sollten, die Berichtsfiltereinstellungen problemlos zu modifizieren. Genau wie bei der erweiterten Suche können Sie äußerst komplexe Berichtsfilter erstellen, um genau die Ergebnisse zu erhalten, an denen Sie interessiert sind.

Ergebnisnavigation

Nachdem Sie die Filterkriterien für Ihre Berichte festgelegt haben, klicken Sie auf die Schaltfläche *Bericht ausführen*. Microsoft Dynamics CRM zeigt dem Benutzer eine Statusmeldung an, während der Bericht erstellt wird. Nach Ausführen des Berichts aktualisiert Microsoft Dynamics CRM die Seite *Berichts-Viewer* mit dem fertig gestellten Bericht. Abbildung 7.23 zeigt die Ausgabe für den Bericht *Firmenverteilung*.

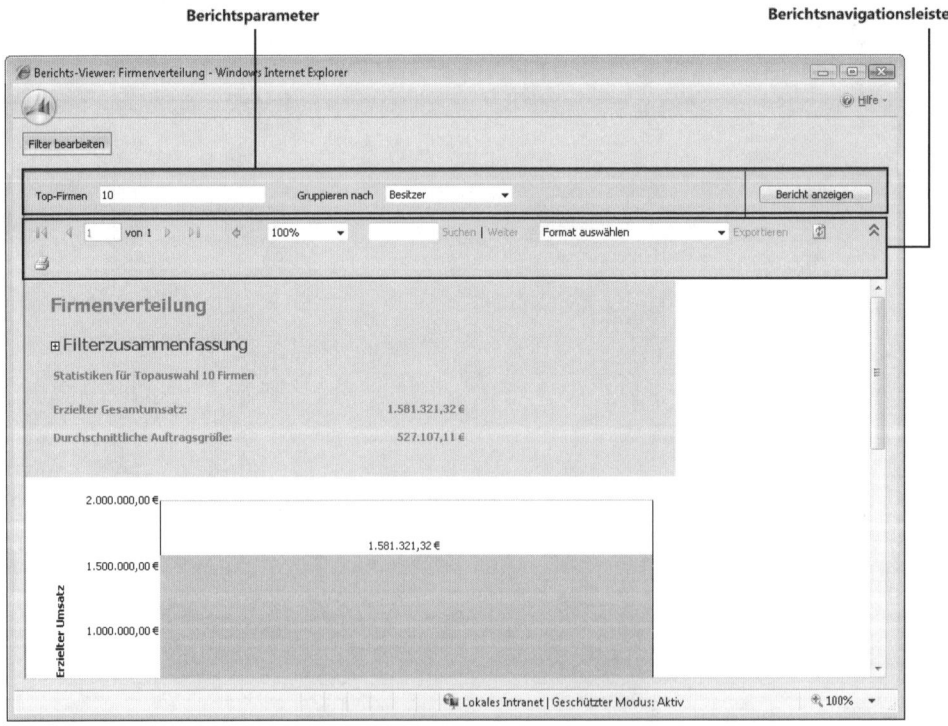

Abbildung 7.23   Ausgabe des Reporting Services-Berichts Firmenverteilung

In Abbildung 7.23 sind zwei Bereiche der Berichtsausgabe hervorgehoben. Mit der Berichtsnavigationsleiste können Sie zu Datensätzen navigieren, die Zoomstufe ändern, Text in der Berichtsausgabe suchen, die Ergebnisse exportieren sowie die Daten aktualisieren und drucken. Die Navigationsleiste ist bei allen Reporting Services-Berichten vorhanden.

Die für den Bericht spezifischen Berichtsparameter erscheinen oberhalb der Berichtsnavigationsleiste. Mit den Berichtsparametern können Sie die Ergebnisse in Ihrem Bericht weiter verfeinern. Reporting Services unterstützt viele Arten von Parametern, einschließlich Textfelder und Dropdown-Listen, wie es das Beispiel mit dem Bericht *Firmenverteilung* gezeigt hat.

WICHTIG Berichtsparameter verhalten sich anders als Filterkriterien. In Microsoft Dynamics CRM können Sie mithilfe von Filterkriterien die Anzahl der in Ihrem Bericht zurückgegebenen Datensätze verringern. Nachdem Reporting Services den Bericht generiert hat, filtern Sie mit Berichtsparametern die Berichtsdatensätze, die bereits in der Ergebnismenge enthalten sind. Berichtsparameter definieren Sie in der *.rdl*-Datei des Berichts, Filterkriterien dagegen in Microsoft Dynamics CRM.

Wenn Sie auf eine Spalte des Diagramms *Firmenverteilung* doppelklicken, erscheint ein neuer Bericht auf der Seite *Berichts-Viewer*. In Reporting Services wird dieser verschachtelte Bericht als *Unterbericht* bezeichnet. Mithilfe von Unterberichten können Sie Berichte miteinander verknüpfen, sodass Benutzer einen bestimmten Bereich eines Berichts untersuchen können, um detaillierte Informationen zu erhalten. Ein Unterbericht lässt sich so konfigurieren, dass er Parameter von seinem übergeordneten Bericht übernimmt.

TIPP Wenn Sie Unterberichte und Drillthroughs für Ihre benutzerdefinierten Berichte erstellen, müssen Sie mehr Aufwand für Entwicklung und Testen treiben, doch die Benutzer sind von diesem Feature begeistert. Es empfiehlt sich, dieses Drillthrough-Feature bei einigen der beliebtesten oder wichtigsten benutzerdefinierten Berichte in Ihrer Bereitstellung hinzuzufügen.

Exportoptionen

Nachdem Sie die Berichtsergebnisse manipuliert haben, um die gewünschten Datensätze anzuzeigen, können Sie leicht die Berichtsdaten in mehreren Formaten exportieren. Möchten Sie einen Bericht exportieren, wählen Sie einfach ein Format aus der Liste *Format auswählen* in der Navigationsleiste des Berichts aus und klicken dann auf *Exportieren* (siehe Abbildung 7.24).

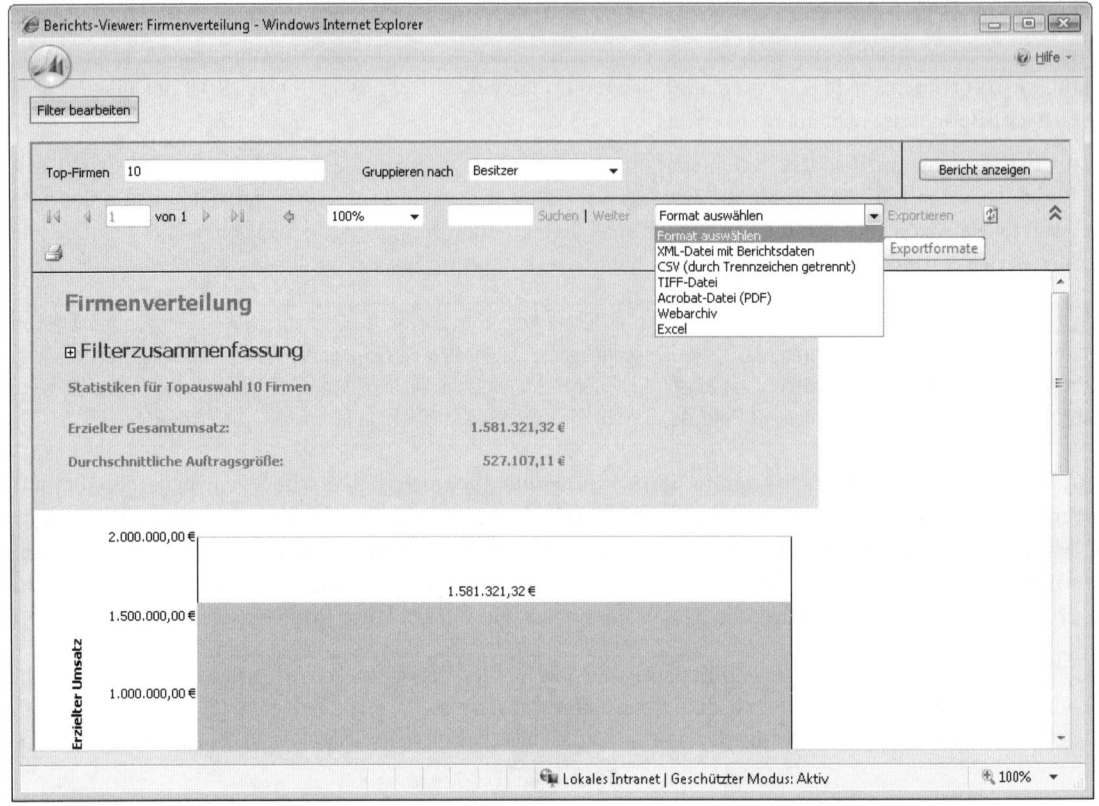

Abbildung 7.24 Ein Format auswählen, um einen Bericht zu exportieren

Den Bericht können Sie in den folgenden Formaten von einer Reporting Services-Standardinstallation exportieren:

- XML-Datei mit Berichtsdaten
- CSV (durch Trennzeichen getrennt)
- TIFF-Datei
- Acrobat-Datei (PDF)
- Webarchiv
- Excel

Berichte in Microsoft Dynamics CRM erstellen

Für das Erstellen von Reporting Services-Berichten gibt es mehrere Tools, unter anderem auch ein Add-In für Visual Studio 2005, den Berichts-Generator für Reporting Services und verschiedene Tools von Drittanbietern. Neben diesen Optionen bietet Microsoft Dynamics CRM auch einen einfachen und dennoch leistungsfähigen Assistenten, um benutzerdefinierte Berichte zu erstellen. In diesem Abschnitt konzentrieren wir uns auf den Microsoft Dynamics CRM-Berichts-Assistenten. Später zeigt dieses Kapitel, wie Sie Reporting Services-Berichte mit Visual Studio 2005 erstellen und modifizieren.

Auf den Berichts-Assistenten können alle Benutzer zugreifen, um einen Bericht für ihre persönliche Verwendung zu erstellen, vorausgesetzt dass sie in irgendeiner Form über die Berechtigung *Bericht Erstellen* verfügen. Bei der Installation wird die Berechtigung *Bericht Erstellen* standardmäßig für alle Sicherheitsrollen aktiviert. Der Berichts-Assistent erstellt den Bericht standardmäßig als persönlichen (individuell sichtbaren) Bericht.

Auf den Berichts-Assistenten greifen Sie zu, indem Sie einen neuen Bericht von der Tabelle *Berichte* aus erstellen. Mit dem Berichts-Assistenten können Sie nicht nur einen Bericht erstellen, sondern auch einen vorhandenen Berichts-Assistenten-Bericht bearbeiten. Der nächste Abschnitt behandelt alle Berichteigenschaften und -aktionen.

> **HINWEIS**   Microsoft Dynamics CRM Live-Kunden können den Microsoft Dynamics CRM-Berichts-Assistenten ebenfalls nutzen, um neue Ad-hoc-Berichte zu erstellen.

Den Berichts-Assistenten starten

5. Navigieren Sie im *Arbeitsbereich* zum Unterbereich *Berichte*, um die Liste *Berichte* anzuzeigen.

6. Klicken Sie auf *Neu*. Es erscheint das Dialogfeld *Bericht: Neu*. Klicken Sie auf die Schaltfläche *Berichts-Assistent*, um den Berichts-Assistenten zu starten.

Der Berichts-Assistent umfasst die folgenden Schritte:

- Erste Schritte
- Berichtseigenschaften
- Wählen Sie die Datensätze aus, die im Bericht enthalten sein sollen
- Layout für Felder
- Bericht formatieren
- Diagrammtyp auswählen (optional)
- Diagrammformat anpassen (optional)
- Zusammenfassung des Berichts
- Bestätigung

Erste Schritte

Zunächst wählen Sie aus, ob Sie mit einem neuen Bericht starten oder mit einem vom Berichts-Assistenten erzeugten Bericht beginnen möchten (siehe Abbildung 7.25). Bei der Option *Mit einem vorhandenen Bericht beginnen* können Sie wählen, ob Sie den Bericht überschreiben möchten, damit Sie einen vorher erstellten Bericht bearbeiten können. Das Nachschlagefeld für vorhandene Berichte zeigt nur die vom Berichts-Assistenten erzeugten Berichte an, auf die Sie zum Bearbeiten zugreifen können.

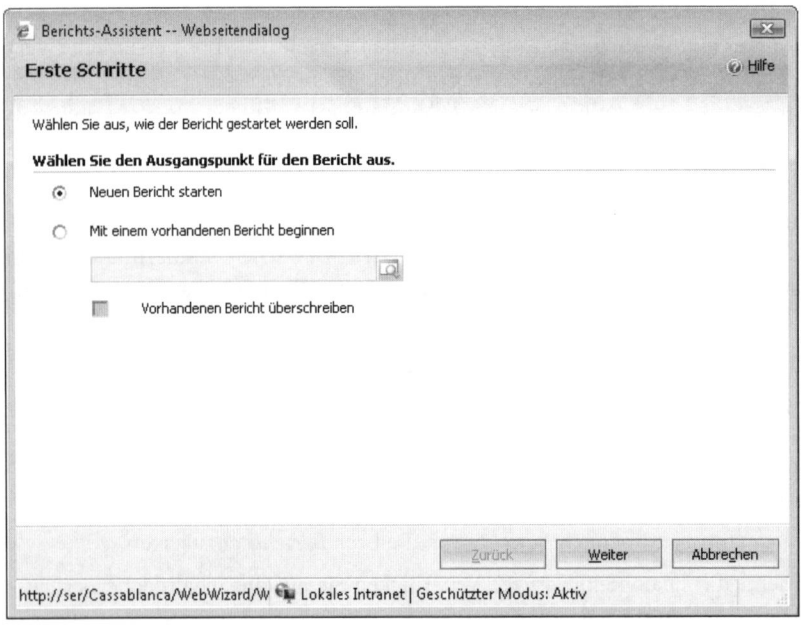

Abbildung 7.25   Das Dialogfeld Erste Schritte des Berichts-Assistenten

Berichtseigenschaften

Abbildung 7.26 zeigt die Eigenschaften, die Sie in diesem Schritt einrichten. Legen Sie den Namen Ihres Berichts fest und tragen Sie eine Beschreibung ein. Wir empfehlen Ihnen wärmstens, sich die Zeit zu nehmen und eine aussagekräftige Beschreibung für den Bericht einzugeben. Schließlich müssen Sie die primäre Entität für die Daten Ihres Berichts auswählen. Optional können Sie einen verknüpften Datensatztyp angeben, falls Sie Daten von einer verknüpften Entität anzeigen oder filtern müssen.

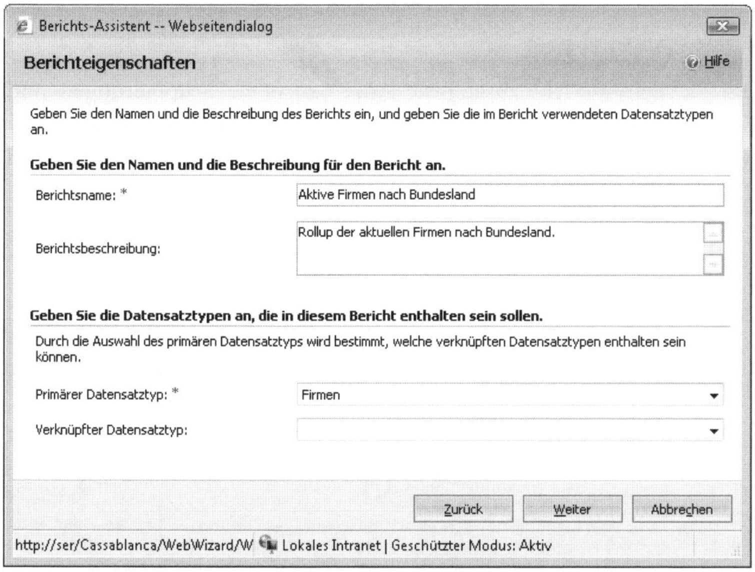

Abbildung 7.26 Das Dialogfeld Berichteigenschaften des Berichts-Assistenten

Wählen Sie die Datensätze aus, die im Bericht enthalten sein sollen

Microsoft Dynamics CRM fordert Sie als Nächstes auf, einen Standardfilter für den Bericht zu erstellen. Es erscheint der normale Bildschirm für eine erweiterte Suche (siehe Abbildung 7.27). Hier können Sie eine vorhandene gespeicherte Ansicht auswählen oder einen neuen Filter erstellen.

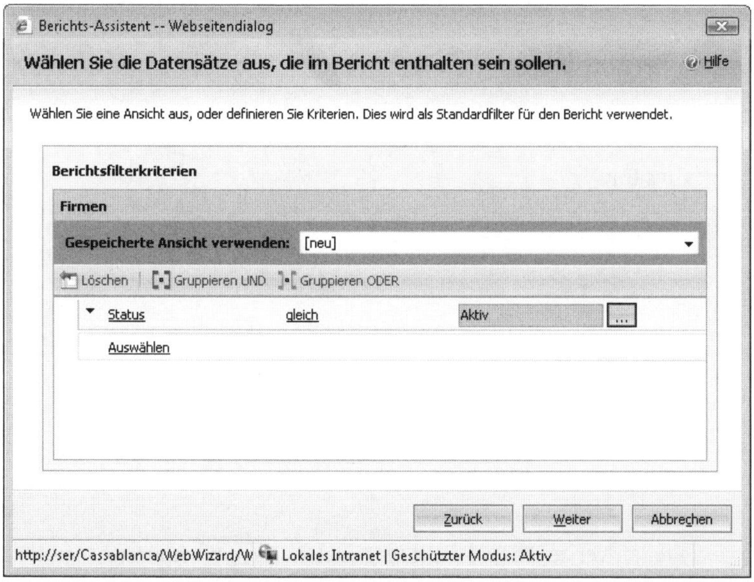

Abbildung 7.27 In diesem Schritt des Berichts-Assistenten definieren Sie den Standardfilter

Layout für Felder

Im Schritt *Layout für Felder* können Sie dem Bericht zusätzliche Anzeigespalten, Gruppierungen und Summen hinzufügen. Außerdem legen Sie hier die Standardsortierung der Daten fest und beschränken die Anzahl der Datensätze, die zurückgegeben werden. Wie Abbildung 7.28 zeigt, enthält das Formular den schon bekannten Bereich *Allgemeine Aufgaben*.

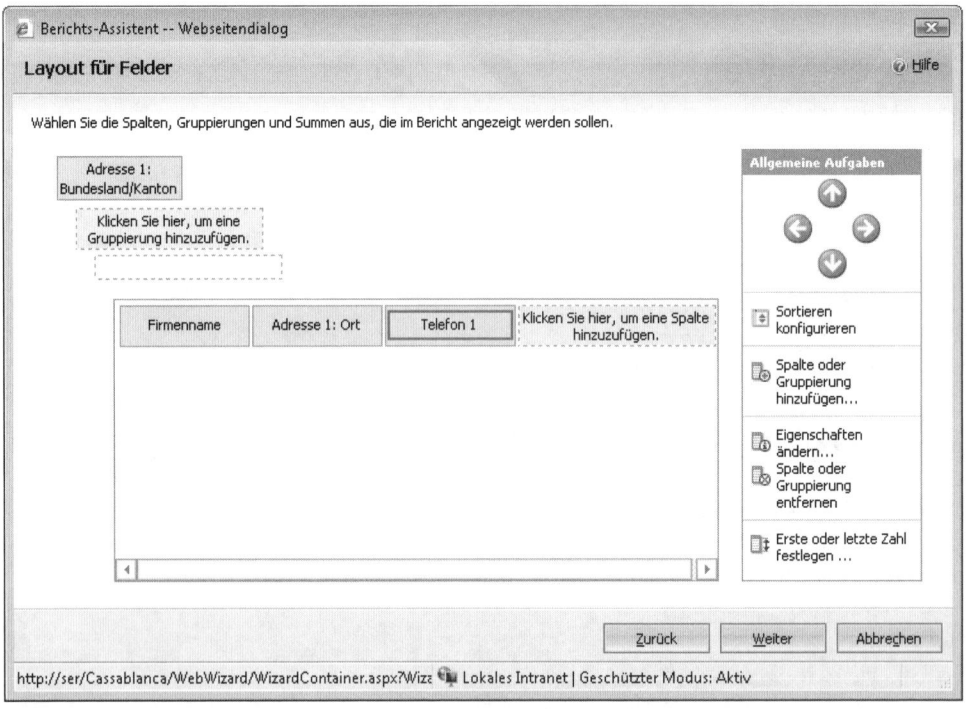

Abbildung 7.28   Die Layoutdefinition für den Bericht

Von diesem Bereich aus können Sie Folgendes tun:

- Vorhandene Felder und Spalten verschieben (Grüne Pfeile)
- Sortieren konfigurieren
- Spalte oder Gruppierung hinzufügen
- Eigenschaften ändern
- Spalte oder Gruppierung entfernen
- Erste oder letzte Zahl festlegen

Grüne Pfeile

Mit den nach oben und unten weisenden Pfeilen verschieben Sie Felder aus dem Gruppierungsabschnitt zu den Anzeigespalten und umgekehrt. Die nach links und rechts weisenden Pfeile dienen dazu, die Spalten entsprechend zu verschieben.

Sortieren konfigurieren

Wenn Sie auf die Schaltfläche *Sortieren konfigurieren* klicken, können Sie ein Attribut auswählen, das als Standardsortierung verwendet wird.

Spalte oder Gruppierung hinzufügen

Über die Schaltfläche *Spalte oder Gruppierung hinzufügen* fügen Sie ein neues Gruppierungsattribut oder eine Anzeigespalte hinzu, je nachdem, wo sich der Eingabefokus befindet. Wenn Sie in den Gruppierungsbereich und dann auf diese Schaltfläche klicken, wird das Dialogfeld *Gruppierung hinzufügen* geöffnet (siehe Abbildung 7.29).

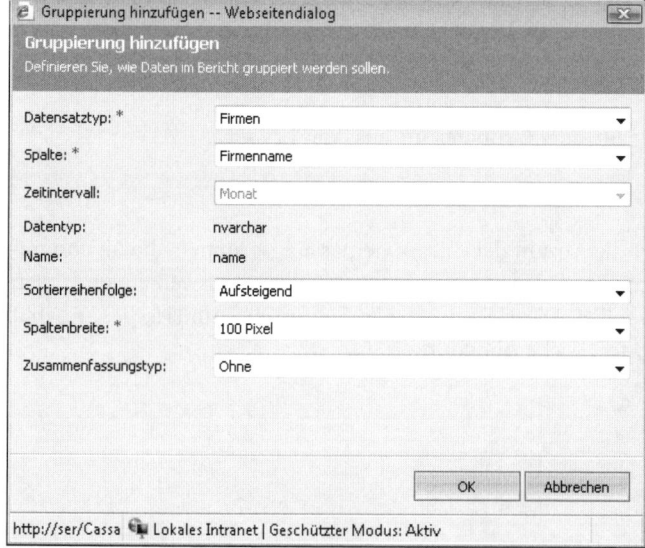

Abbildung 7.29 Das Dialogfeld Gruppierung hinzufügen

Entsprechend erscheint das *Dialogfeld Spalten hinzufügen*, wenn Sie in den Bereich der Anzeigespalten und dann auf *Spalte oder Gruppierung hinzufügen* klicken.

HINWEIS Sie können auch auf die Kästchen mit dem Text *Klicken Sie hier, um eine Gruppierung / Spalte hinzuzufügen* klicken, um das jeweilige Dialogfeld zu öffnen.

Wenn Sie eine Spalte oder Gruppierung hinzufügen, können Sie folgende Eigenschaften festlegen:

- **Datensatztyp:** Wählen Sie die primäre Entität, die sekundäre Entität oder eine mit der primären oder sekundären Entität verknüpfte Entität.

- **Spalte:** Wählen Sie das Attribut, das zu gruppieren oder anzuzeigen ist. Der Datentyp des Attributs bestimmt einige der übrigen Optionen.

- **Zeitintervall:** Das Zeitintervall gruppiert *datetime*-Attribute nach Tag, Woche, Monat oder Jahr. Diese Option existiert nur für Gruppierungsattribute mit einem *datetime*-Datentyp.

- **Sortierreihenfolge:** Bestimmt die standardmäßige Sortierreihenfolge für das Attribut. Diese Option wird nur für Gruppierungsattribute angezeigt. Die Aktion *Sortieren konfigurieren* behandelt die Sortierung der Spaltenanzeige.

- **Spaltenbreite:** Wählen Sie aus einer Liste vordefinierter Breiten aus, die in Pixel angegeben sind.

- **Zusammenfassungstyp:** Bestimmt optional, wie die Daten aggregiert werden. Die Auswahlmöglichkeiten hängen vom gewählten Datentyp des Attributs und dem Spaltentyp (Gruppierung oder Anzeige) ab. Zur Wahl stehen die folgenden Optionen: *Anzahl, Durchschnitt, Maximum, Minimum, Prozent der Summe* und *Summe*.

Eigenschaften ändern

Mit dieser Aktion können Sie die Details einer vorhandenen Anzeigespalte oder Gruppierung ändern.

Spalte oder Gruppierung entfernen

Mit dieser Aktion entfernen Sie die markierte Spalte oder Gruppierung aus dem Layout.

Erste oder letzte Zahl festlegen

Die Option *Erste oder letzte Zahl festlegen* filtert die Anzahl der Zusammenfassungsgruppen, die im endgültigen Bericht angezeigt werden. Dabei können Sie die obere oder untere Gruppe auswählen und auch angeben, wie viele Gruppen angezeigt werden sollen. Diese Option legen Sie für ein numerisches Attribut mit einem spezifizierten Zusammenfassungstyp fest (siehe Abbildung 7.30).

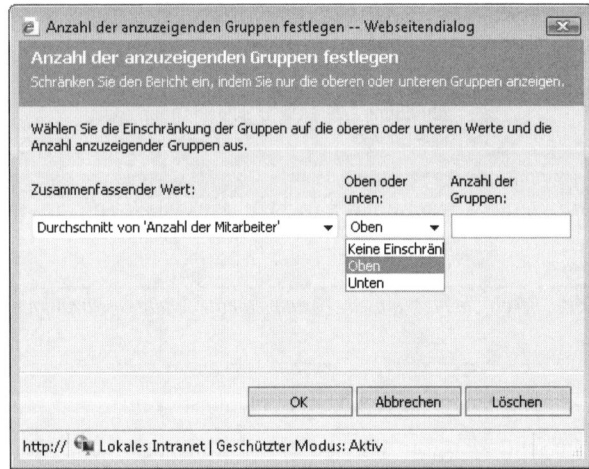

Abbildung 7.30 Für numerische Werte legen Sie mit diesem Dialogfeld die Anzahl der im Bericht anzuzeigenden Gruppen fest

Nehmen Sie zum Beispiel an, ein Bericht gruppiert Firmen nach der durchschnittlichen Anzahl von Mitarbeitern je Bundesland und die endgültige Ausgabe besteht aus vier Gesamtgruppen. Würden Sie nur die oberen beiden Gruppen für die Anzeige konfigurieren, zeigt der Bericht nur die beiden Bundesländer mit der höchsten durchschnittlichen Anzahl von Mitarbeitern an.

Bericht formatieren

Wie aus Abbildung 7.31 hervorgeht, können Sie einem Bericht nur dann ein Diagramm hinzufügen, wenn Sie eine numerische Spalte mit einem Zusammenfassungstyp einbinden. Benötigt Ihr Bericht kein Diagramm, klicken Sie einfach auf *Weiter* und fahren mit dem nächsten Schritt fort.

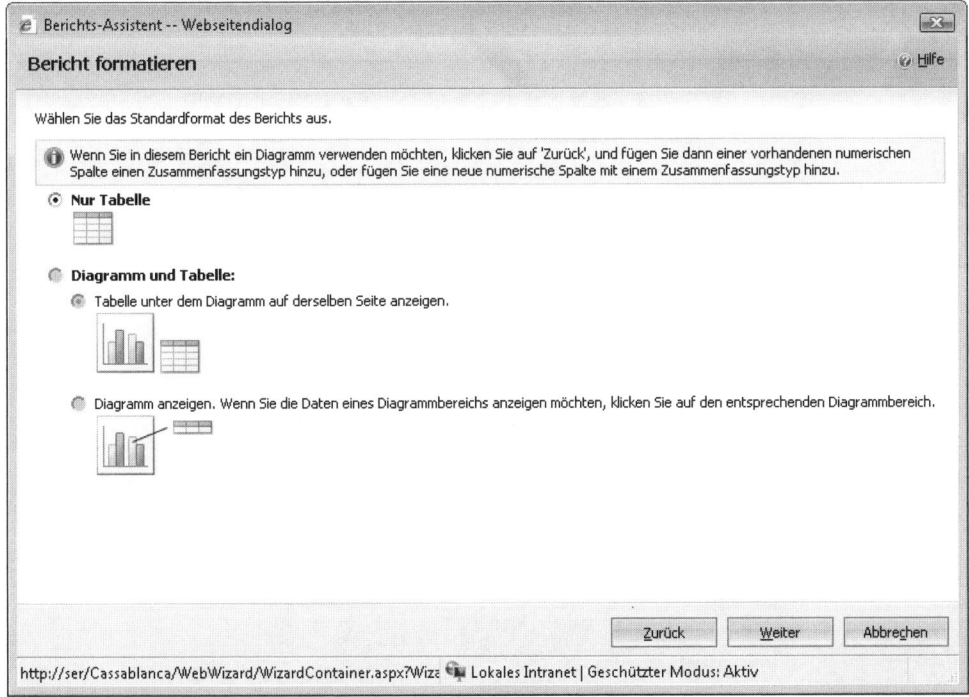

Abbildung 7.31 Der Schritt Bericht formatieren mit einer Warnung, die sich auf das Einbinden eines Diagramms bezieht

In diesem einfachen Beispiel für einen Firmenbericht sind wir wieder einen Schritt zurückgegangen und haben ein neues Attribut *Anzahl der Mitarbeiter* mit dem Datentyp *int* hinzugefügt. Als Zusammenfassungstyp für diese Spalte wurde *Durchschnitt* gewählt. Abbildung 7.32 zeigt das neue Layout.

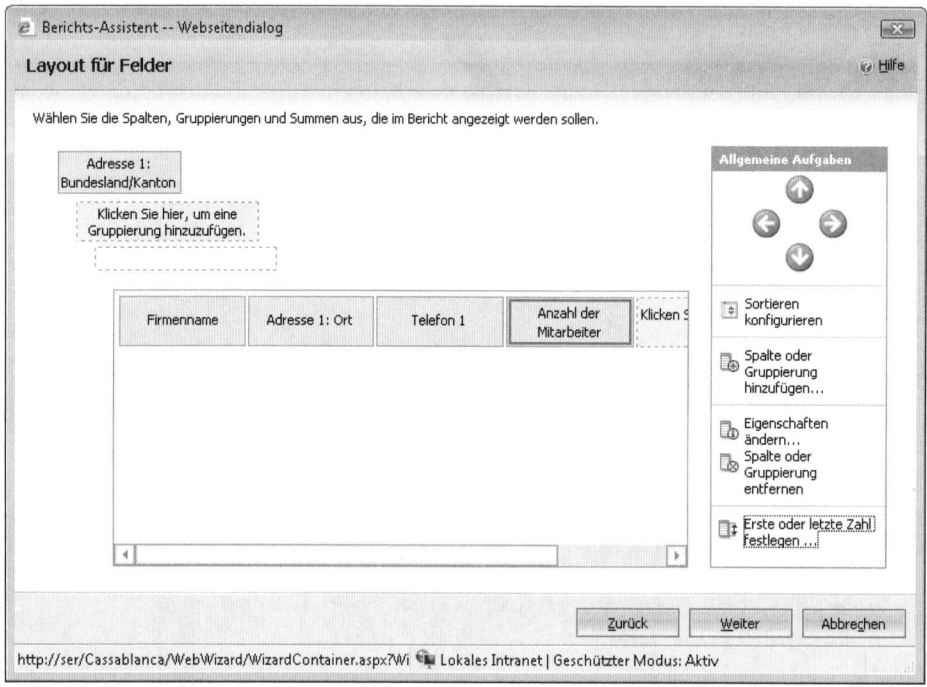

Abbildung 7.32   Die Spalte Anzahl der Mitarbeiter im neuen Layout für das Beispiel

Abbildung 7.33 zeigt die aktualisierte Seite *Bericht formatieren*. Jetzt können Sie eine Diagrammoption wählen.

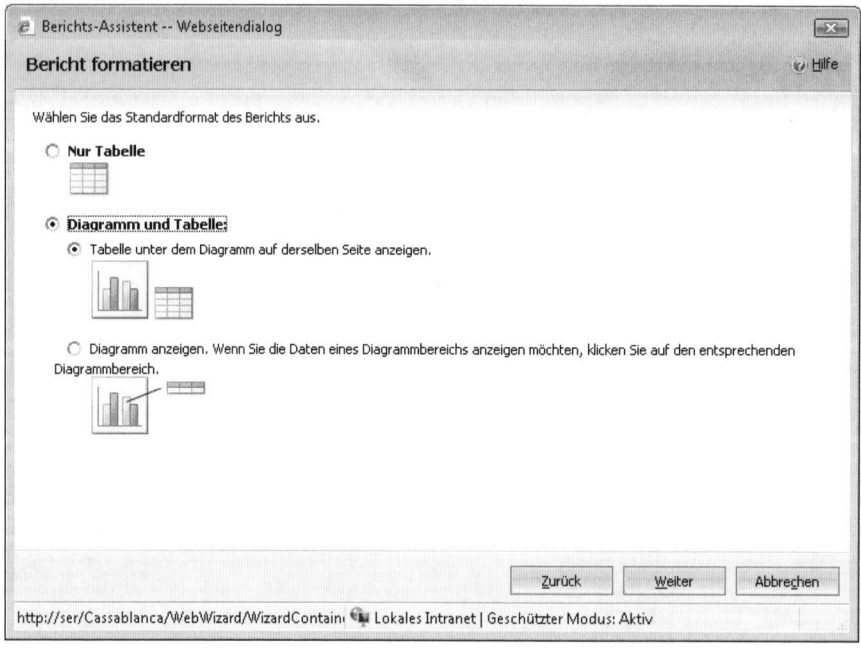

Abbildung 7.33   Die aktualisierte Diagrammauswahl, nachdem eine int-Spalte mit einem Zusammenfassungstyp hinzugefügt wurde

Diagrammtyp auswählen

Die Seite *Diagrammtyp auswählen* wird nur angezeigt, wenn Sie sich dafür entschieden haben, ein Diagramm in den Bericht einzubinden. Wie Abbildung 7.34 zeigt, stehen folgende vier Diagrammtypen zur Auswahl:

- Vertikales Balkendiagramm
- Horizontales Balkendiagramm
- Liniendiagramm
- Kreisdiagramm

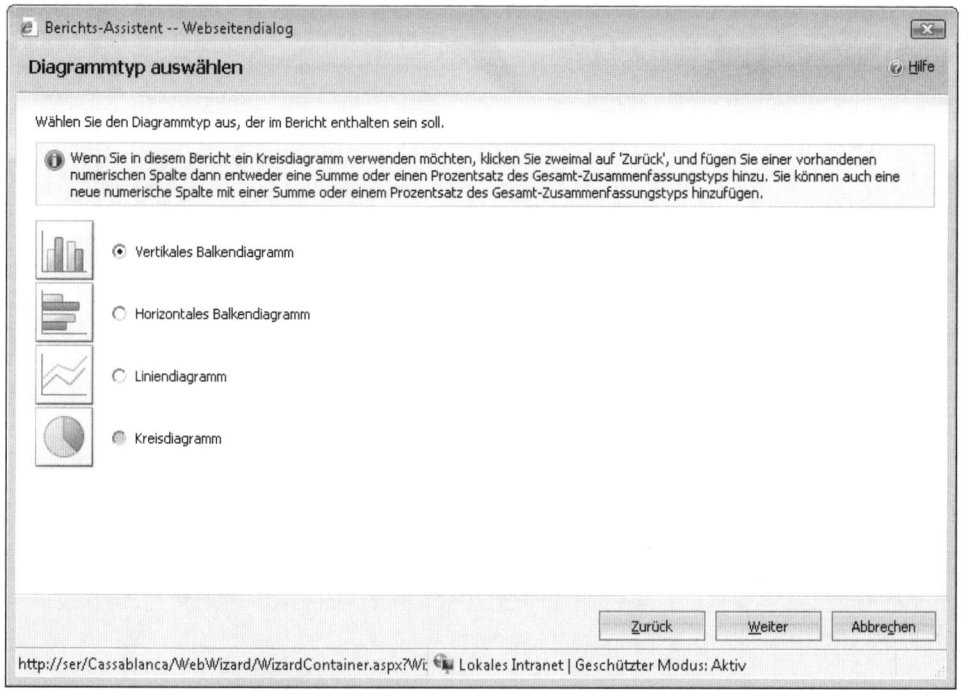

Abbildung 7.34 Die Seite Diagrammtyp auswählen

Für ein Kreisdiagramm ist eine Spalte mit dem Zusammenfassungstyp *Summe* oder *Prozent der Summe* erforderlich. Microsoft Dynamics CRM deaktiviert die Option automatisch, wenn das Layout keine geeigneten Felder enthält.

Diagrammformat anpassen

Die Seite *Diagrammformat anpassen* (siehe Abbildung 7.35) wird angezeigt, wenn Sie ein Diagramm in den Bericht einbinden. Dieser Schritt präsentiert Ihnen Standarddiagrammoptionen. Die Dropdown-Menüs werden je nach gewähltem Formularlayout dynamisch aktualisiert. Dadurch verhindert der Assistent, dass Sie falsche Werte für die Diagrammachsen auswählen.

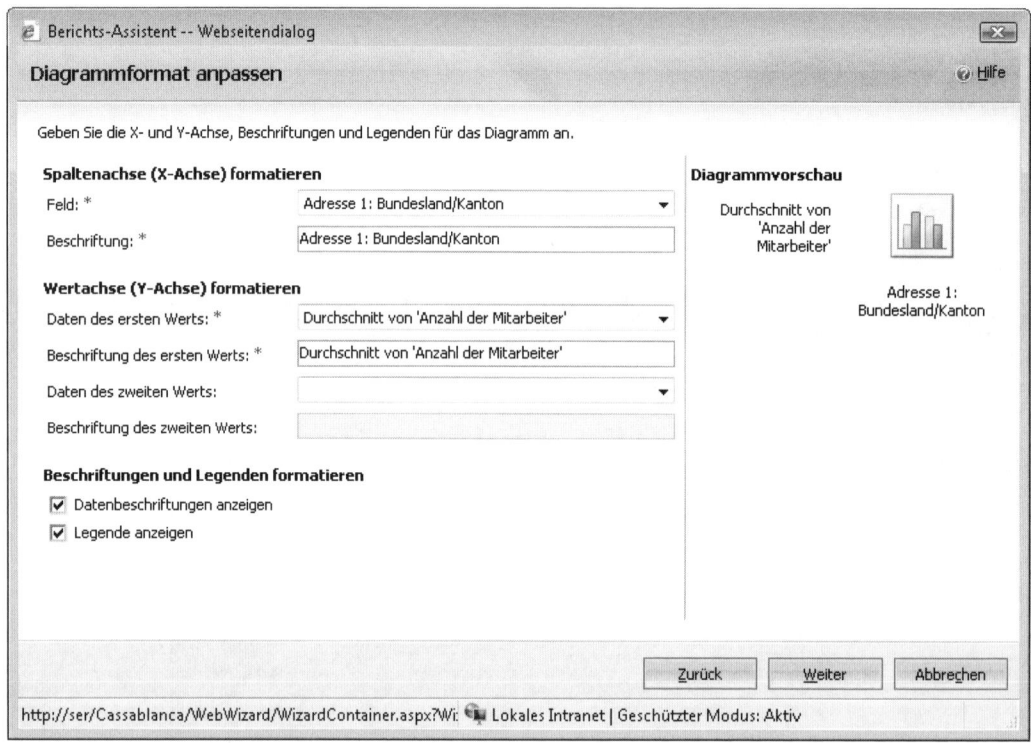

Abbildung 7.35   Die Seite Diagrammformat anpassen

Zusammenfassung des Berichts

Der Schritt *Zusammenfassung des Berichts* beschreibt Ihre grundlegenden Berichtsoptionen (siehe Abbildung 7.36). Klicken Sie auf *Weiter*, um den Bericht zu erstellen.

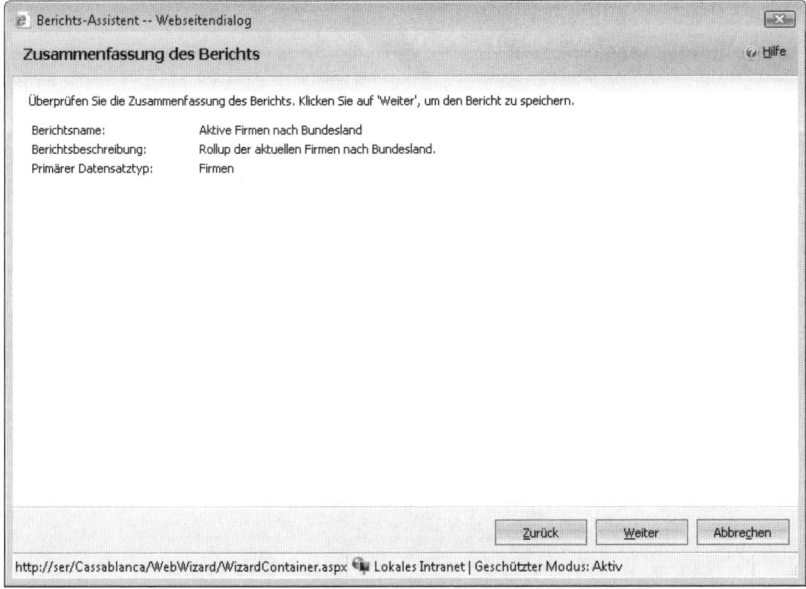

Abbildung 7.36   Der Schritt Zusammenfassung des Berichts

Bestätigung

Wenn der Bericht erfolgreich erstellt wurde, erscheint die in Abbildung 7.37 gezeigte Bestätigungsseite. Sollte ein Fehler aufgetreten sein, erscheint der Fehler mit einer Erläuterung. Dann können Sie zurückgehen, um das Problem zu beheben.

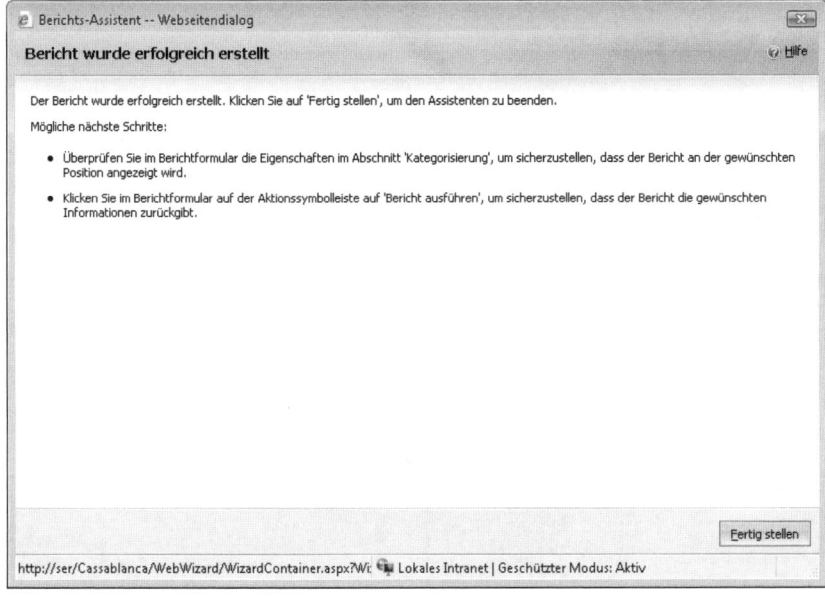

Abbildung 7.37   Bestätigungsseite

Klicken Sie bei einem erfolgreich erstellten Bericht auf *Fertig stellen*. Damit gelangen Sie zum Standardberichtsformular zurück, wie es in Abbildung 7.38 zu sehen ist.

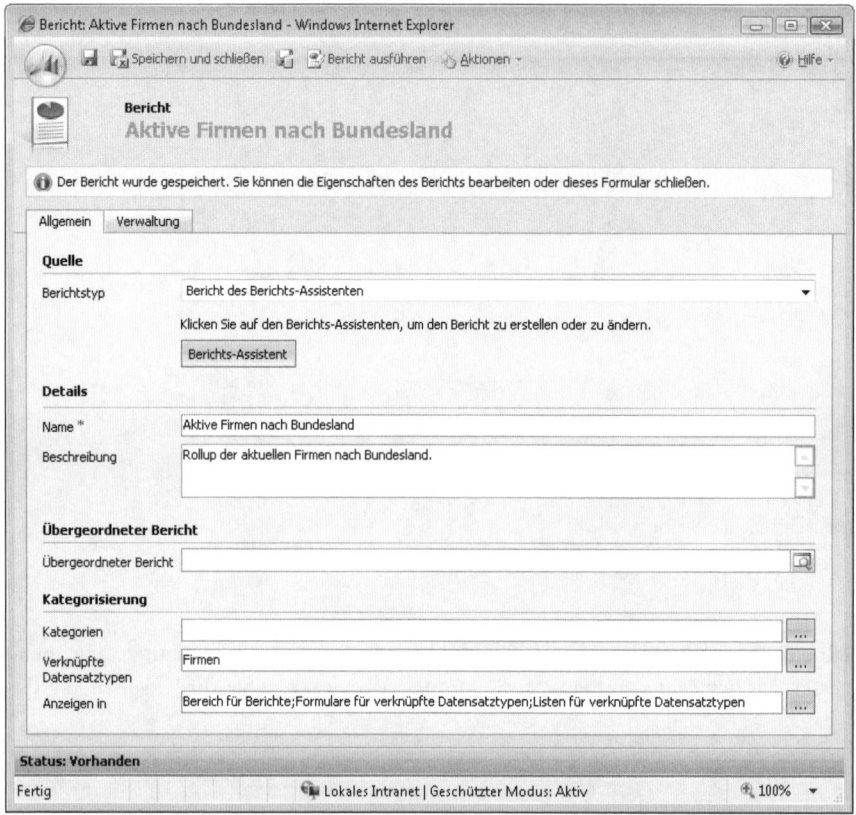

Abbildung 7.38 Berichtsformular

Abbildung 7.39 zeigt die erste Seite dieses Berichts mit einem Diagramm, das die durchschnittliche Mitarbeiteranzahl nach dem Bundesland aufführt. Die in Abbildung 7.40 dargestellte zweite Seite zeigt die Firmenliste nach dem Bundesland. Beachten Sie, dass die Firmen, für die kein Bundesland spezifiziert ist, automatisch in einer Kategorie *Nicht angegeben* gruppiert werden.

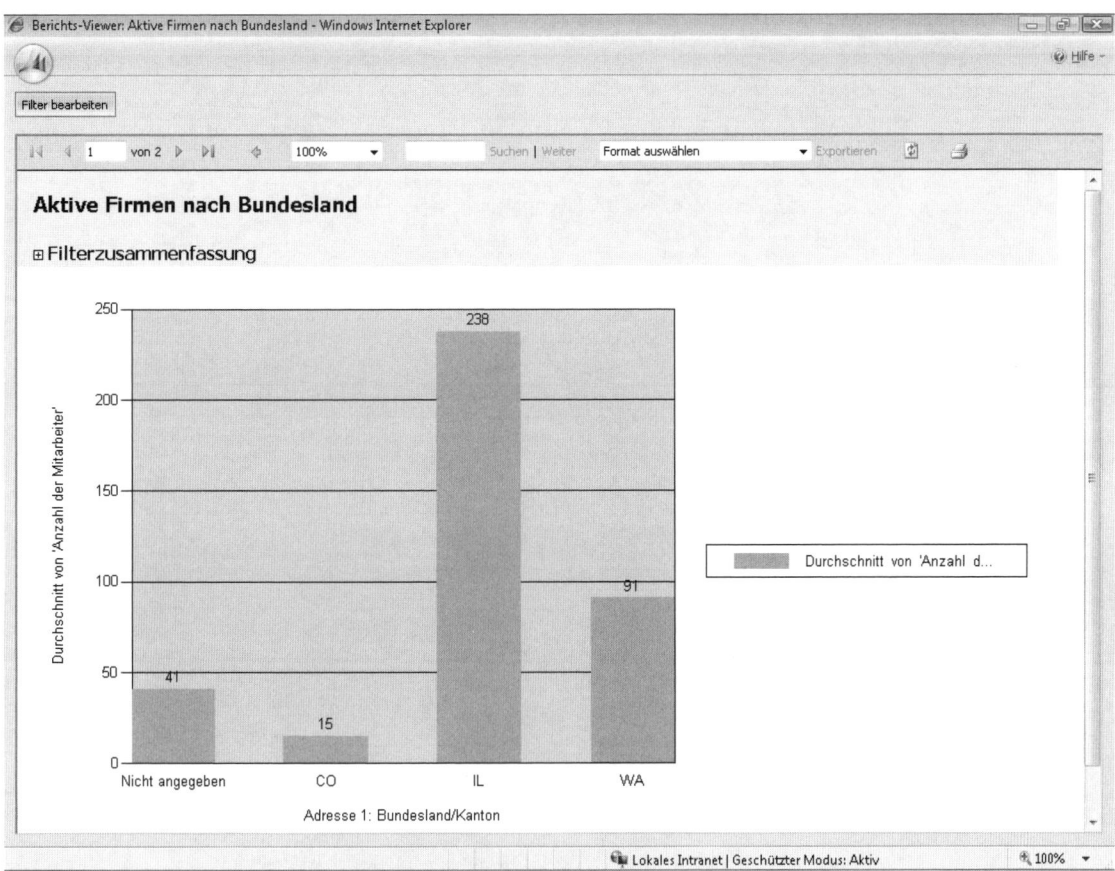

Abbildung 7.39 Der Bericht Aktive Firmen nach Bundesland (Diagramm)

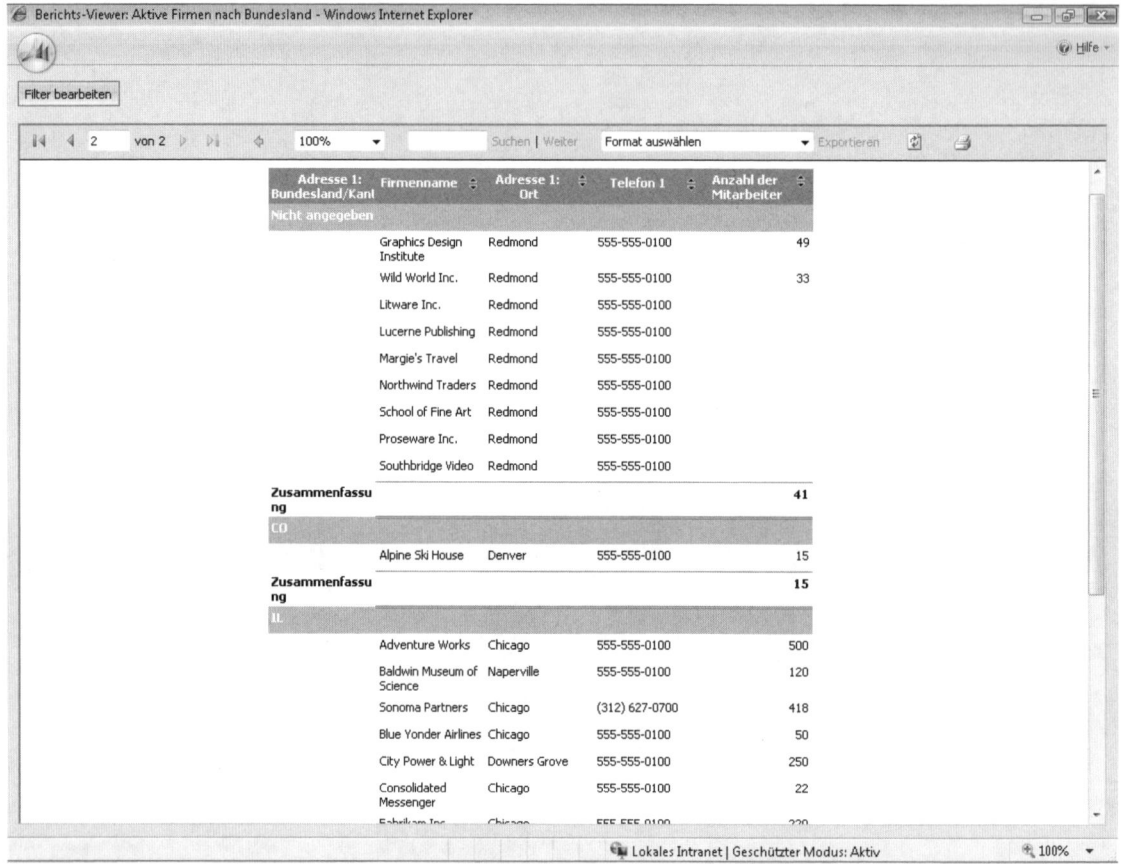

Abbildung 7.40   Der Bericht Aktive Firmen nach Bundesland (Tabelle)

Berichte mit Microsoft Dynamics CRM verwalten

Inzwischen wissen Sie, wie Sie Berichte – und spezielle Reporting Services-Berichte – in Microsoft Dynamics CRM ausführen. Außerdem haben Sie gelernt, wie Sie mit dem neuen Berichts-Assistenten leistungsfähige benutzerdefinierte Berichte schnell erstellen. Als Nächstes geht es darum, wie Sie Berichte in Microsoft Dynamics CRM verwalten. Im Einzelnen behandeln wir die folgenden Berichtsoptionen:

- Berichtslisten verwalten
- Berichtseigenschaften bearbeiten
- Berichtsaktionen bearbeiten
- Berichtskategorien

Berichtslisten verwalten

Von der Berichtsliste aus können Sie über das Menü *Weitere Aktionen* folgende Aufgaben der Berichtsverwaltung ausführen:

- Bericht ausführen

- Standardfilter bearbeiten

- Bericht planen

- Freigabe

Zur Erinnerung: Um auf die Liste *Berichte* zuzugreifen, klicken Sie im Navigationsbereich auf *Arbeitsbereich* und dann auf *Berichte*. Außerdem wissen Sie bereits, wie Sie einen Bericht ausführen und freigeben. Deshalb konzentrieren wir uns auf die beiden verbleibenden Aktionen – *Standardfilter bearbeiten* und *Bericht planen*.

Den Standardfilter bearbeiten

Microsoft Dynamics CRM erlaubt Benutzern, ihre Ergebnisse vorab zu filtern, wenn sie Reporting Services-Berichte ausführen. Beim Hochladen eines neuen Reporting Services-Berichts mit einer Abfrage, die mit einem speziellen CRMAP_-Alias erstellt wurde, erstellt Microsoft Dynamics CRM einen standardmäßigen Filter *In den letzten 30 Tagen geändert* (d.h. *Geändert am*, *Letzte X Tage*, *30*) für diesen Bericht.

> **HINWEIS** Auf dieses Konzept gehen wir später in diesem Kapitel ausführlich ein.

Den Standardfilter können Sie bearbeiten, um zusätzliche Standardparameter einzubinden, die automatisch für Ihre Benutzer angezeigt werden. Selbstverständlich können Benutzer trotzdem noch den Filter en passant bearbeiten, wenn sie den Bericht ausführen. Allerdings können Sie ihnen einige Klicks ersparen, indem Sie den Standardfilter eines Berichts bearbeiten und Parameter aufnehmen, die wahrscheinlich von den Benutzern gewünscht werden.

Den Standardfilter bearbeiten

1. Gehen Sie im Bereich *Arbeitsbereich* zum Unterbereich *Berichte*, um die Liste *Berichte* anzuzeigen.

2. Markieren Sie den Bericht, den Sie bearbeiten möchten.

3. Klicken Sie im Menü *Weitere Aktionen* auf *Standardfilter bearbeiten*.

4. Die Seite Berichts-Viewer erscheint und zeigt die Berichtsfilterkriterien im Detailmodus an. Bearbeiten Sie einfach die Filterwerte entsprechend Ihren Anforderungen.

5. Klicken Sie auf *Standardfilter speichern*.

Wenn ein Benutzer das nächste Mal diesen Bericht ausführt, sieht er den Filter des Berichts, wie Sie ihn eben konfiguriert haben.

HINWEIS   Die Filterung gilt nur für Reporting Services-Berichte. Deshalb können Sie den Standardfilter auch nur für Berichte diese Typs bearbeiten.

Einen Bericht planen

Werden komplexe Berichte ausgeführt, kann das die Leistung Ihres Berichtsservers drastisch senken. Wenn Sie Microsoft Dynamics CRM und Reporting Services auf demselben Server installieren, wirken sich diese komplexen Berichte für alle Ihre Microsoft Dynamics CRM-Benutzer negativ auf die Leistung aus – auch für Benutzer, die keine Berichte ausführen. Deshalb ist es am besten, Reporting Services auf einem dedizierten Computer getrennt von Microsoft Dynamics CRM zu installieren, damit Sie die Berichtsanforderungen von der Microsoft Dynamics CRM-Standardnutzung isolieren können. Unabhängig von der Reporting Services-Konfiguration können Sie mit dem Berichtsplanungs-Assistenten von Microsoft Dynamics CRM den Einfluss der Berichtsausführung auf die Performance Ihres Microsoft Dynamics CRM-Servers reduzieren. Mit dieser Technik ist es möglich, einen Bericht auszuführen und die Ergebnisse zwischenzuspeichern. Das bringt einen Leistungsschub zur Laufzeit, wenn der Bericht entsprechend einem vordefinierten Zeitplan angezeigt wird. Außer dem Zwischenspeichern von Berichtsergebnissen lässt sich mit dieser Ausführungseinstellung auch ein Berichtssnapshot erstellen, der die Berichtsergebnisse zu einem bestimmten Zeitpunkt einfriert (was zum Beispiel für Quartalsberichte oder monatliche Kontingente nützlich ist).

HINWEIS   In Microsoft Dynamics CRM Live ist es nicht möglich, Berichte zu planen.

Um den Berichtsplanungs-Assistenten zu verwenden, markieren Sie in der Tabelle *Berichte* von Microsoft Dynamics CRM den zu modifizierenden Bericht und klicken dann im Menü *Weitere Aktionen* auf *Bericht planen*. Das folgende Beispiel demonstriert, wie dies funktioniert.

HINWEIS   Microsoft Dynamics CRM konfiguriert eigentlich einen Snapshot des Berichts in Reporting Services. Die Option, die Sie im Berichtsplanungs-Assistenten definieren, entspricht den Optionen, die Ihnen in Reporting Services zur Verfügung stehen.

Den Bericht Vernachlässigte Firmen für monatliche Ausführung planen

1. Klicken Sie in der Liste *Berichte* auf den Bericht *Vernachlässigte Firmen*.

2. Klicken Sie im Menü *Weitere Aktionen* auf *Bericht planen*, um den Berichtsplanungs-Assistenten zu öffnen.

3. Wählen Sie, ob Sie den Berichtssnapshot bei Bedarf oder nach einem definierten Zeitplan generieren möchten. Jede Option führt Sie durch unterschiedliche, aber selbsterklärende Seiten. Wählen Sie für dieses Beispiel die Option *Nach einem Zeitplan* und klicken Sie auf *Weiter*.

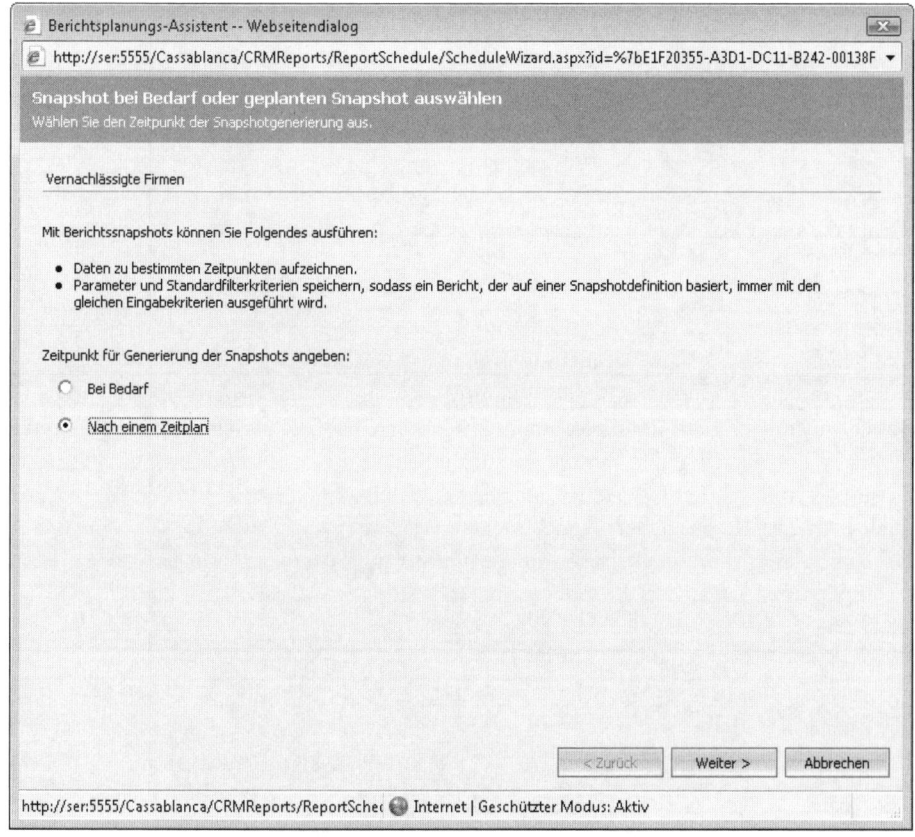

Abbildung 7.41   Zeitpunkt für die Generierung des Snapshots festlegen

4. Als Nächstes legen Sie fest, wie oft der Bericht ausgeführt werden soll. Jede Option (*Einmal, Stündlich, Täglich, Wöchentlich, Monatlich*) stellt zusätzliche spezielle Parameter bereit, die Sie konfigurieren können. Wählen Sie *Monatlich* und behalten Sie die Standardoptionen bei. Klicken Sie auf *Weiter*.

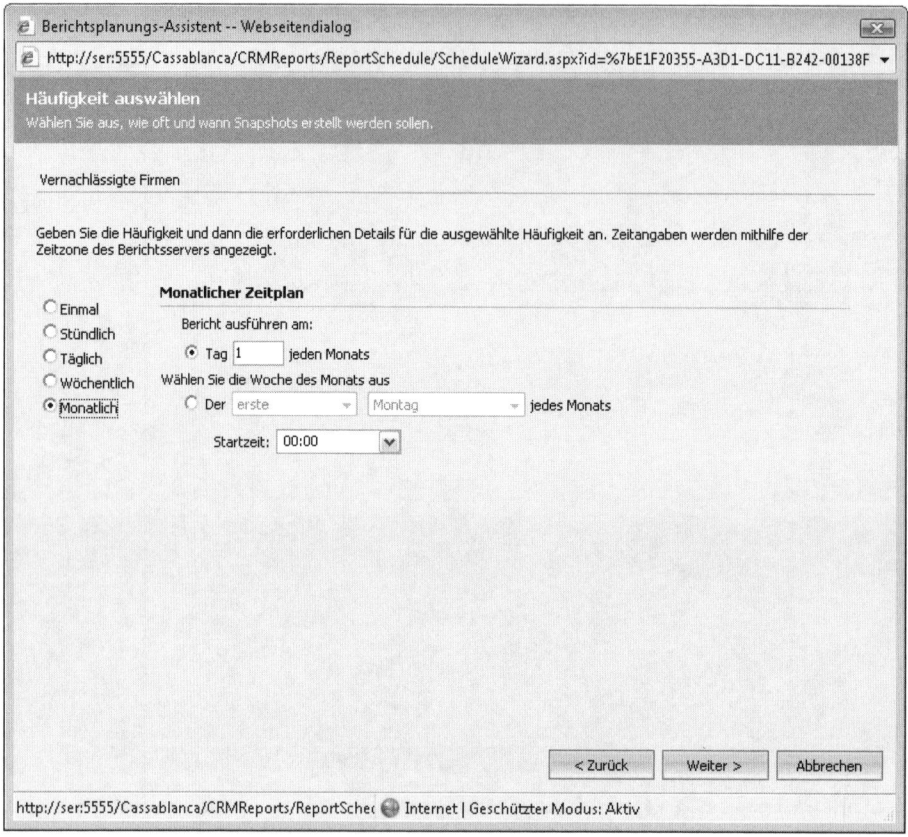

Abbildung 7.42   Häufigkeit für die Ausführung des Berichts festlegen

5. Als Nächstes definieren Sie die Berichtsparameter, die Sie in Ihrem Snapshot verwenden möchten. Diese Seite zeigt die Parameter an, die für den geplanten Bericht spezifisch sind. Außerdem bietet dieser Schritt eine Schaltfläche *Filter bearbeiten*. Möchten Sie den Filter für den Berichtssnapshot verfeinern, klicken Sie auf diese Schaltfläche. Im Beispiel behalten Sie die Standardwerte bei. Klicken Sie auf *Weiter*.

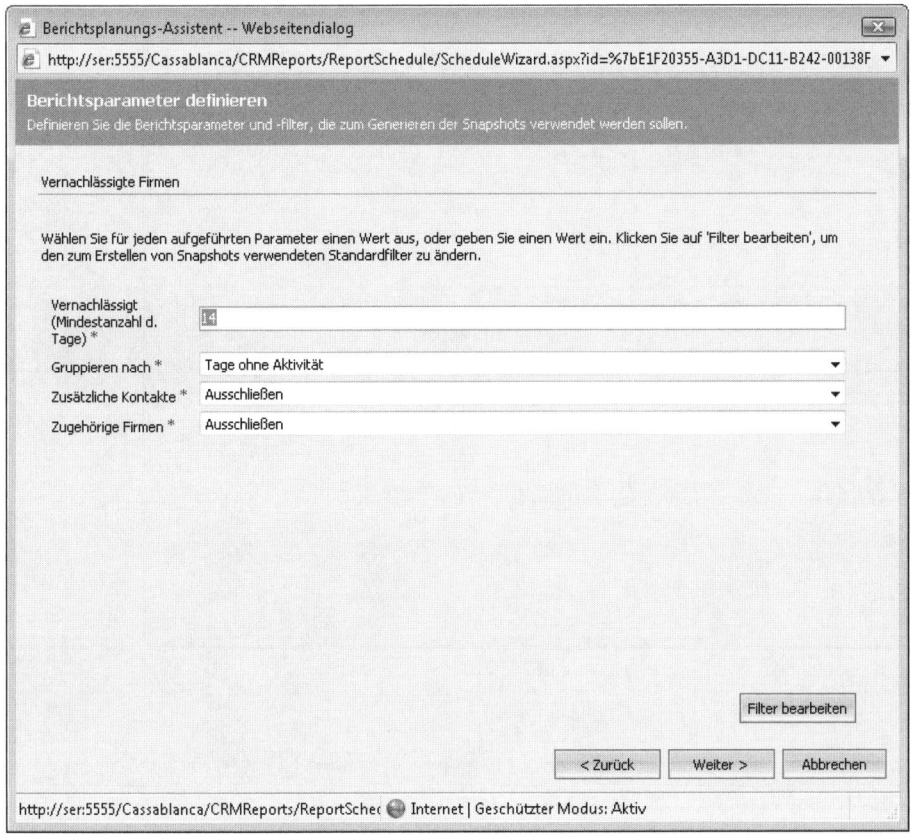

Abbildung 7.43 Berichtsparameter definieren

6. Auf der nächsten Seite können Sie Ihre gewählten Einstellungen überprüfen. Achten Sie besonders auf den angegebenen Hinweis. Nur die 8 neuesten Snapshots Ihres Berichts werden gespeichert. Klicken Sie auf *Erstellen*, um den Berichtssnapshot abzuschließen.

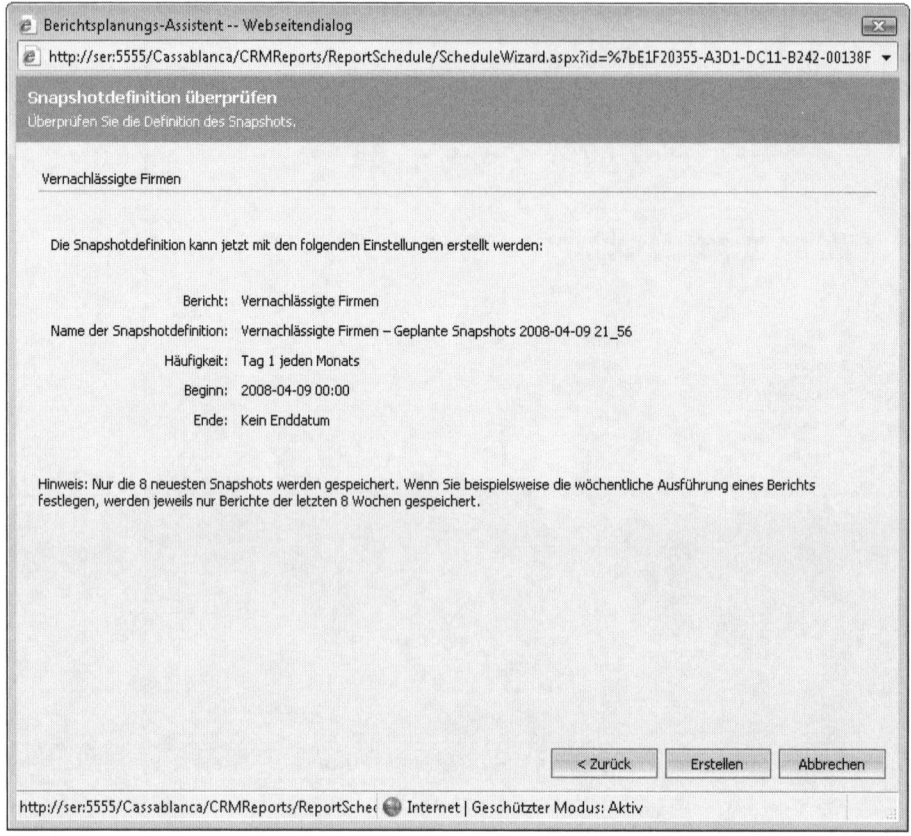

Abbildung 7.44   Seite zum Überprüfen aller Einstellungen

7. Nachdem der Bericht verarbeitet wurde, erfahren Sie auf der letzten Seite, ob Ihr Bericht korrekt geplant worden ist oder welche Fehler bei Ausführung des Assistenten aufgetreten sind. Klicken Sie auf *Fertig stellen*, um den Vorgang abzuschließen.

Wenn Sie versuchen, den Bericht anzuzeigen, bevor der Snapshot abgeschlossen ist, erhalten Sie die in Abbildung 7.45 gezeigte Fehlermeldung.

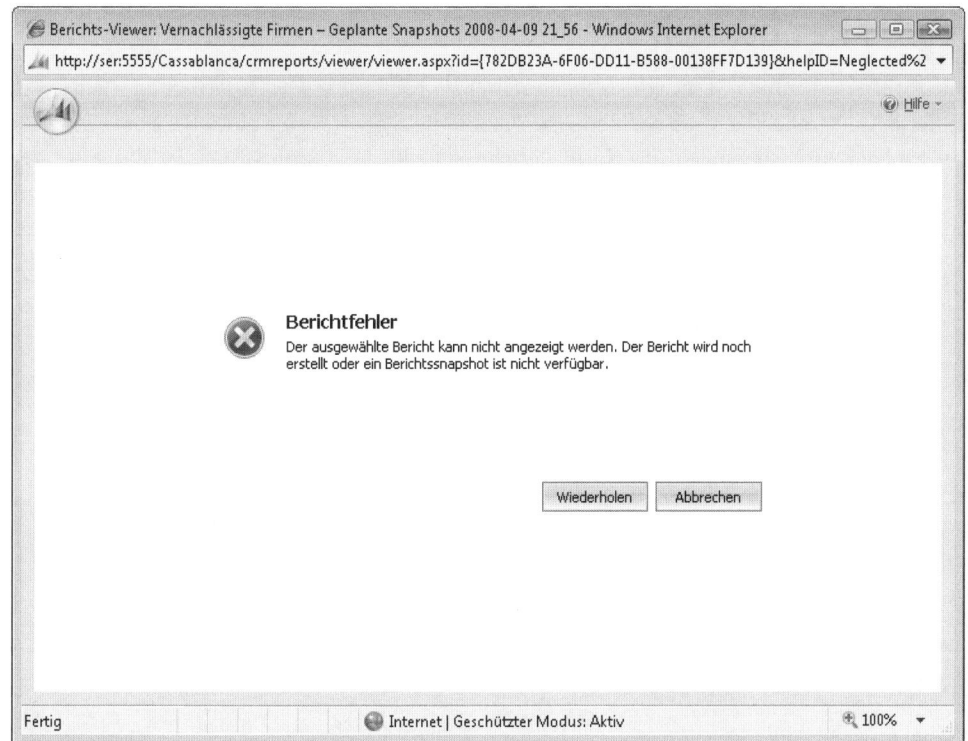

Abbildung 7.45 Berichtfehler beim Versuch, den Bericht vor der Fertigstellung des Snapshots auszuführen

Ist der Berichtssnapshot abgeschlossen, lässt sich der Zeitplan nicht mehr von der Microsoft Dynamics CRM-Benutzeroberfläche aus bearbeiten. Allerdings können Sie den Zeitplan über die Berichts-Manager-Oberfläche von Reporting Services aktualisieren. Wie das geht, zeigen wir später in diesem Kapitel.

Der Benutzer, der den Snapshot erstellt hat, wird zum Besitzer des Berichts. Das Attribut *Sichtbar für* ist standardmäßig auf *Individuell* gesetzt. Wenn Sie Zwischenspeicherung oder Snapshots von Berichten konfigurieren, läuft der Bericht unter dem Kontext des Berichtsbesitzers.

Soll der Bericht für die Organisation sichtbar sein, müssen Sie den Besitzer des Berichts und die Daten, die der Besitzer anzeigen kann, berücksichtigen. Läuft der Bericht im Kontext eines Benutzers mit höheren Privilegien (z.B. einem Systemadministrator), sieht jede Person, die den Bericht anzeigt, die gleichen Daten, die der Systemadministrator sehen würde, unabhängig von der individuellen Geschäftseinheit und den Sicherheitsrollen des Benutzers. Folglich kann ein Benutzer mit geringeren Rechten die Daten im Bericht sehen, die ihm über die Microsoft Dynamics CRM-Benutzeroberfläche nicht zugänglich wären.

Wenn Sie umgekehrt mit einem Benutzer, der geringere Rechte besitzt, einen Bericht zwischenspeichern oder einen Snapshot nehmen, fehlen einem Benutzer mit höheren Berechtigungen möglicherweise Daten, die er eigentlich sehen sollte. Demzufolge müssen Sie sorgfältig bedenken, wer Besitzer des geplanten Berichts wird und für welches Zielpublikum der Bericht gedacht ist, wenn Sie zwischenspeichern und Snapshots von Berichten konfigurieren.

Berichtseigenschaften bearbeiten

Für jeden Bericht in Microsoft Dynamics CRM können Sie über die Berichtseigenschaften konfigurieren, wo der Bericht in der Benutzeroberfläche erscheinen soll. Um auf die Eigenschaften eines Berichts zuzugreifen, markieren Sie einen Berichtsnamen in der Liste *Berichte* und klicken dann in der Symbolleiste der Berichtstabelle auf die Schaltfläche *Bericht bearbeiten*. Abbildung 7.46 zeigt den Editor für Berichtseigenschaften.

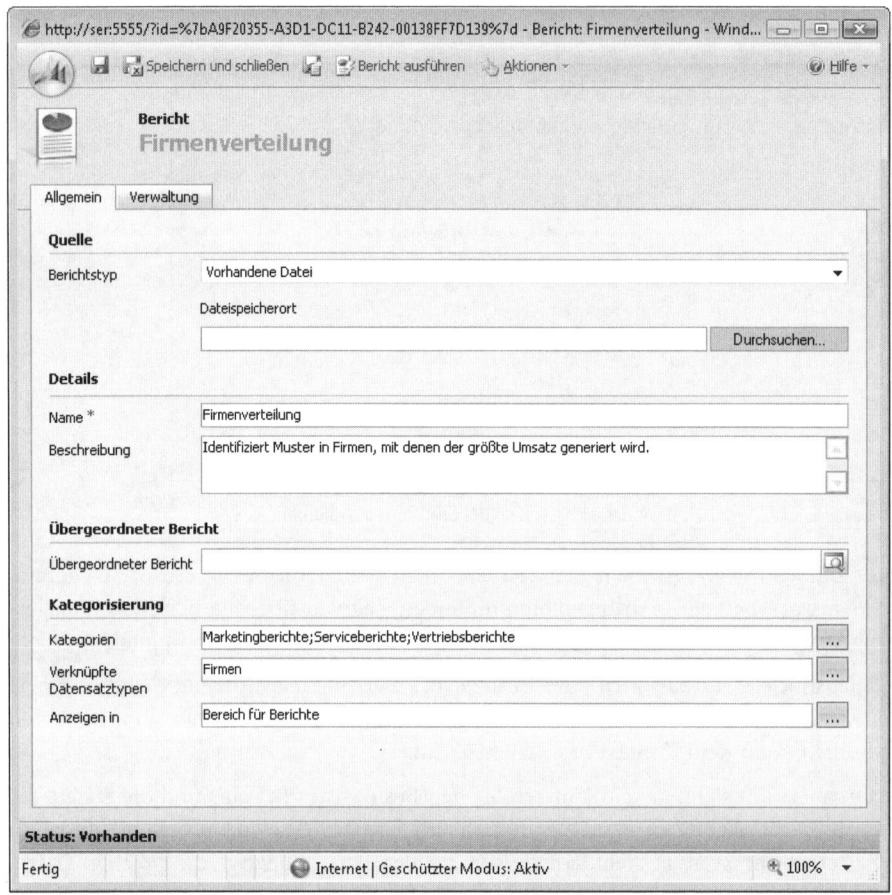

Abbildung 7.46   Editor für Berichtseigenschaften

HINWEIS   Die Tabelle *Berichte* verhält sich anders als die anderen Tabellen in Microsoft Dynamics CRM. Normalerweise öffnen Sie ein Formular zum Bearbeiten, wenn Sie auf einen Datensatz doppelklicken. Bei Berichten wird durch Doppelklicken auf einen Datensatz der Berichts-Viewer geöffnet, über den Sie den Bericht ausführen können. Wollen Sie dagegen die Eigenschaften eines Berichts bearbeiten, müssen Sie in der Symbolleiste der Tabelle *Berichte* auf die Schaltfläche *Bericht bearbeiten* klicken.

Wenn Sie einen Bericht hinzufügen oder bearbeiten, können Sie die folgenden Eigenschaften ändern:

- **Berichtstyp:** Microsoft Dynamics CRM umfasst die folgenden Berichtstypen: *Bericht des Berichts-Assistenten*, *Vorhandene Datei* und *Verknüpfung mit Webseite*. Die Option *Vorhandene Datei* lädt eine Berichtsdatei zu Microsoft Dynamics CRM hoch. Bei der Option *Verknüpfung mit Webseite* wird eine Verknüpfung gespeichert, die auf eine Webadresse zeigt. Bei der Webseitenadresse kann es sich entweder um eine interne oder eine externe URL handeln.

- **Dateispeicherort:** Abhängig vom gewählten Berichtstyp wird hier ein Upload-Dialogfeld oder ein einfaches Textfeld angezeigt.

- **Name:** Der Name des Berichts. Der Berichtsname erscheint im Navigationsbereich und in den Listen *Berichte*. Legen Sie deshalb einen möglichst aussagekräftigen Namen fest. Wenn Sie den Namen eines vorhandenen Berichts eingeben, fragt Microsoft Dynamics CRM Sie, ob Sie die vorhandene Berichtsdatei überschreiben möchten.

- **Beschreibung:** In diesem optionalen Feld können Sie Informationen über den Zweck des Berichts eingeben. Diese Beschreibung erscheint in der Liste *Berichte*.

- **Übergeordneter Bericht:** Handelt es sich um einen Unterbericht, müssen Sie seinen übergeordneten Bericht spezifizieren, damit die Drillthrough-Funktionalität des Berichts arbeitet. Der übergeordnete Bericht muss bereits in Microsoft Dynamics CRM vorhanden sein.

- **Kategorien:** Wählen Sie eine oder mehrere Berichtskategorien aus, zu denen der Bericht gehören wird.

- **Verknüpfte Datensatztypen:** Über dieses Attribut können Sie den Bericht mit System- und benutzerdefinierten Entitäten verknüpfen. Zum Beispiel zeigt der Bericht *Firmenübersicht* Informationen über einen *Firma*-Datensatz, sodass Sie im Feld *Verknüpfte Datensatztypen* den Eintrag *Firmen* auswählen. Diese Eigenschaft müssen Sie in Verbindung mit der Eigenschaft *Anzeigen in* konfigurieren.

- **Anzeigen in:** Nachdem Sie die verknüpften Datensatztypen für einen Bericht spezifiziert haben, können Sie wählen, wie der Bericht für diese Entitäten angezeigt werden soll. Dabei ist jede Kombination von *Bereich für Berichte*, *Listen für verknüpfte Datensatztypen* und *Formulare für verknüpfte Datensatztypen* möglich. Bei *Bereich für Berichte* ist der Bericht in der Liste auf der Registerkarte *Allgemeine Berichte* zugänglich. Mit dem Wert *Listen für verknüpfte Datensatztypen* lässt sich der Bericht gegen die Entitätsliste (Tabelle) ausführen. Schließlich zeigt *Formulare für verknüpfte Datensatztypen* den Bericht als Option von der Formularseite einer individuellen Entität an.

HINWEIS Die *Anzeigen in*-Einstellungen gelten für sämtliche verknüpften Datensatztypen eines Berichts. Zum Beispiel können Sie nicht festlegen, einen Bericht für Entität A in den Formularen und Listen, für Entität B jedoch nur in den Listen anzuzeigen.

- **Besitzer:** Wie bei den meisten Datensätzen lassen sich mit dem Besitzer des Berichts die Zugriffsberechtigungen bestimmen.

- **Sichtbar für:** Definiert, ob die Organisation oder nur ein individueller Benutzer den Bericht ausführen kann, wie es durch die Sicherheitseinstellungen des Benutzers für den Bericht definiert ist.

- **Sprachen:** Wenn Sie mehrere Sprachen aktivieren, müssen Sie eine Sprache festlegen. Der Bericht wird für alle Benutzer angezeigt, die diese Sprache in ihren persönlichen Optionen ausgewählt haben. Mit der Option *Alle Sprachen* machen Sie diesen Bericht für alle Benutzer zugänglich.

> **HINWEIS**   Die Option *Sprachen* ändert nicht die Sprache, die in der Berichtsausgabe angezeigt wird.

Neben den bearbeitbaren Berichtseigenschaften zeigt Microsoft Dynamics CRM Informationen darüber an, wer den Bericht erstellt und wann ein Benutzer das letzte Mal den Bericht geändert hat. Diese Felder können Sie nicht bearbeiten, weil Microsoft Dynamics CRM sie automatisch für Sie ausfüllt.

Berichtsaktionen bearbeiten

Das Formular zum Bearbeiten eines Berichts stellt einige zusätzliche Aktionen bereit, wenn Sie die passende Sicherheit aktiviert haben. Zu diesen Aktionen gehören standardmäßige Datensatzoptionen wie *Bericht löschen*, *Zuweisen*, *Freigabe*, *Verknüpfung kopieren* und *Verknüpfung senden*. Wir beschäftigen uns hier mit den folgenden berichtsspezifischen Aktionen:

- Bericht herunterladen
- Persönlichen Bericht wiederherstellen / Bericht für die Organisation zur Verfügung stellen
- Bericht für externe Verwendung veröffentlichen

Einen Bericht herunterladen

Individuelle Berichtsdateien können Sie von der Liste *Berichte* in der Microsoft Dynamics CRM-Benutzeroberfläche herunterladen. Diese Aktion speichert die eigentliche RDL-Datei des Berichts auf Ihrem Computer, sodass Sie je nach Bedarf Kopien erstellen, weiterverteilen oder bearbeiten können.

Persönlichen Bericht wiederherstellen / Bericht für die Organisation zur Verfügung stellen

Die Aktionen *Persönlichen Bericht wiederherstellen* und *Bericht für die Organisation zur Verfügung stellen* verlangen, dass für den Benutzer die Berechtigungen *Bericht erstellen* und *Lesen* sowie *Berichte veröffentlichen* für *Organisation* aktiviert sind. Microsoft Dynamics CRM zeigt die Aktion basierend auf dem Wert des Attributs *Sichtbar für* an. Tabelle 7.2 gibt die verfügbaren Optionen an.

Attributwert von Sichtbar für	In Microsoft Dynamics CRM angezeigte Aktion
Individuell	Bericht der Organisation zur Verfügung stellen
Organisation	Persönlichen Bericht wiederherstellen

Tabelle 7.2   Aktionen je nach Attributwert von Sichtbar für

Denken Sie daran, dass die angezeigten Daten trotzdem noch basierend auf den Datensatzsicherheitseinstellungen des Benutzers gefiltert werden.

Bericht für externe Verwendung veröffentlichen

Die Aktion *Bericht für externe Verwendung veröffentlichen* erstellt eine Kopie des Berichts im Reporting Services-Stammordner der Organisation. Dadurch ist der Bericht dann bequemer für zusätzliche Features von Reporting Services verfügbar, wie zum Beispiel das Erstellen eines Abonnements, um den Bericht per E-Mail nach einem Zeitplan zu versenden. Ein derartiges Beispiel gehen wir später in diesem Kapitel durch.

Für lokale Bereitstellungen, die den Datenkonnektor verwenden, können Berichte nicht direkt vom Reporting Services-Server ausgeführt werden. Der Microsoft Dynamics CRM-Datenkonnektor setzt den Sicherheitskontext auf den Berichts-Viewer, wenn auf den Bericht zugegriffen wird. Damit auch andere Anwendungen wie zum Beispiel Reporting Services, Microsoft SharePoint Server oder benutzerdefinierte Microsoft .NET Framework-Seiten einen Bericht verwenden können, müssen Sie den Bericht im übergeordneten Verzeichnis von Reporting Services veröffentlichen, in dem für die Verbindung herkömmliche Windows-Authentifizierung verwendet wird. Dieses Konzept verlangt, dass Sie die Vertrauensstellung für die Delegierung korrekt konfigurieren.

Seien Sie sich bewusst, dass Sie eine Kopie des Berichts in Reporting Services erstellen, wenn Sie ihn für externe Verwendung veröffentlichen. Alle Änderungen am ursprünglichen Bericht müssen Sie erneut veröffentlichen. Außerdem werden alle Unterberichte veröffentlicht, wobei aber der Name als GUID (Globally Unique Identifier) des Microsoft Dynamics CRM-Berichts angezeigt wird, wie es in Abbildung 7.47 zu sehen ist.

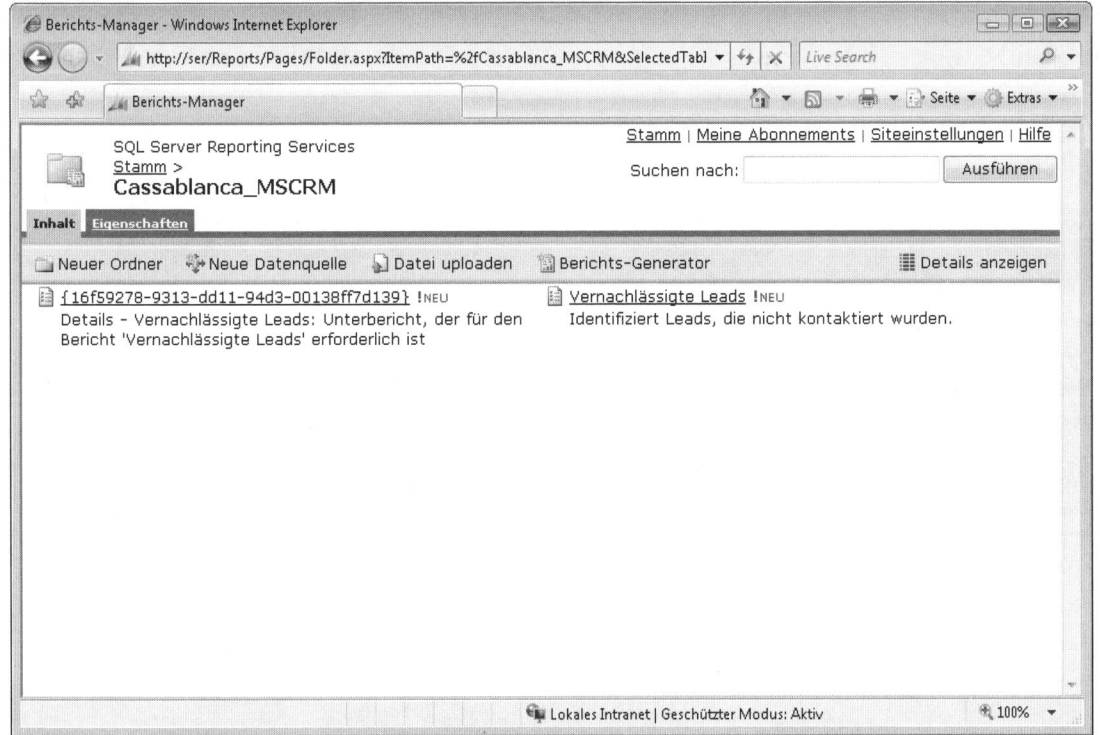

Abbildung 7.47   Veröffentlichte Berichte in der Benutzeroberfläche des Berichts-Managers

Um Unklarheiten bei Ihren Benutzern zu vermeiden, empfehlen wir, dass Sie im Berichts-Manager von Reporting Services alle veröffentlichten Unterberichte ausblenden.

Berichtskategorien

Mit Berichtskategorien können Sie ähnliche Berichte gruppieren, sodass Benutzer die Liste *Berichte* basierend auf diesen Kategorien filtern können, wie es Abbildung 7.48 zeigt.

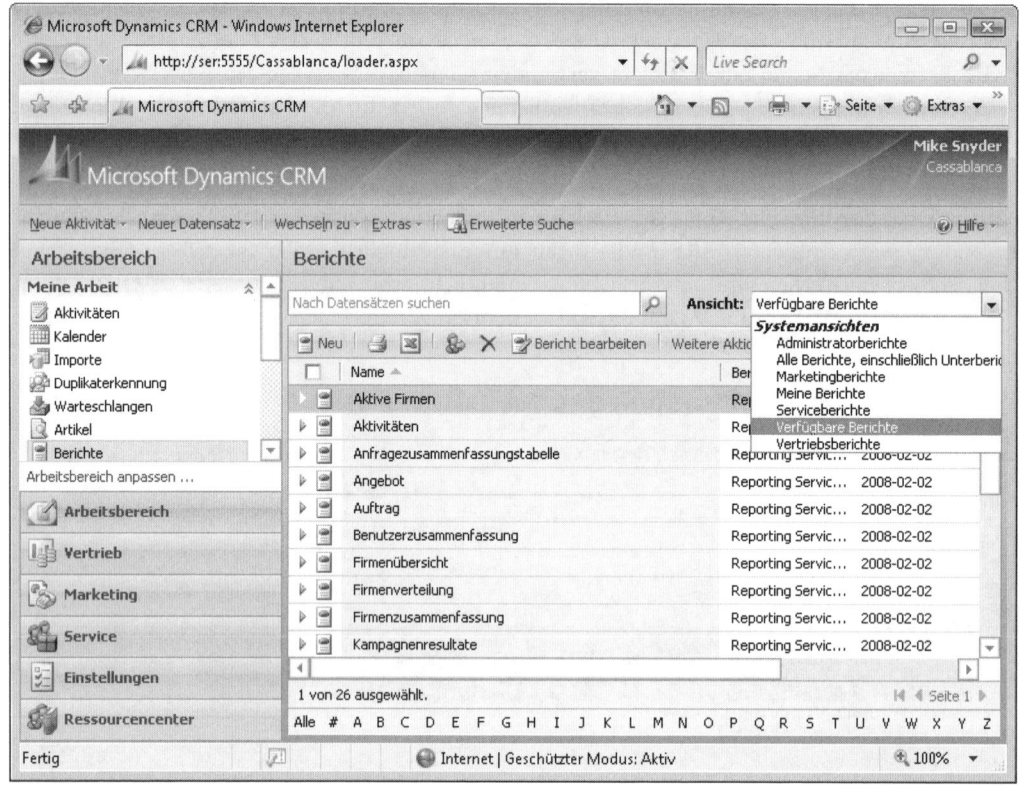

Abbildung 7.48   Berichte nach Berichtskategorien filtern

Einen Bericht können Sie einer einzelnen Kategorie oder bei Bedarf auch mehreren Kategorien zuweisen. Microsoft Dynamics CRM umfasst in der Standardinstallation vier Berichtskategorien:

- Vertriebsberichte

- Serviceberichte

- Marketingberichte

- Administratorberichte

Selbstverständlich können Sie diese Berichtskategorien entsprechend Ihren Unternehmensanforderungen hinzufügen, modifizieren oder löschen. Die folgenden Schritte zeigen, wie Sie Berichtskategorien verwalten.

Berichtskategorien verwalten

1. Aktivieren Sie im Navigationsbereich von Microsoft Dynamics CRM den Bereich *Einstellungen* und klicken Sie auf *Verwaltung*.

2. Klicken Sie auf *Systemeinstellungen*. Microsoft Dynamics CRM öffnet das Dialogfeld *Systemeinstellungen*.

3. Auf der Registerkarte *Berichterstellung* finden Sie die bekannte Liste für die Bearbeitung der Kategorien. Hier können Sie die verschiedenen Berichtskategorien hinzufügen, ändern, löschen und sortieren. Außerdem lässt sich für neue Berichte eine Standardkategorie zuweisen.

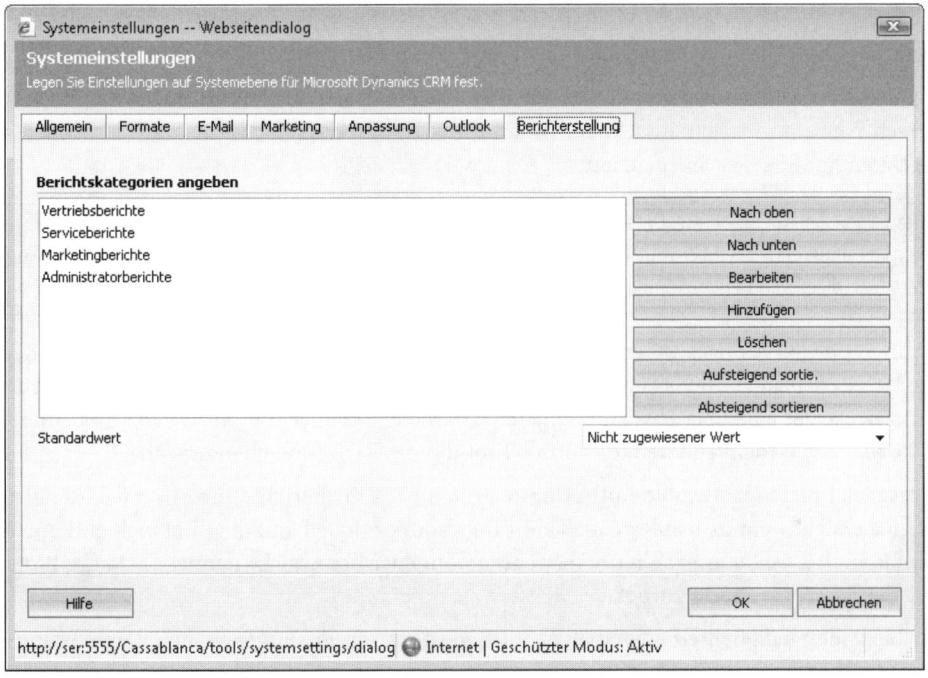

Abbildung 7.49   Die Registerkarte Berichterstellung im Dialogfeld Systemeinstellungen

Beachten Sie folgende Punkte, wenn Sie Berichtskategorien bearbeiten:

- Die Änderungen erscheinen unmittelbar in der Benutzeroberfläche. Es ist nicht erforderlich, die Änderungen zu veröffentlichen.

- Gehört ein Bericht lediglich zu einer Kategorie und Sie löschen diese Kategorie, können Sie trotzdem noch auf den Bericht zugreifen, und zwar über den Filter *Verfügbare Berichte*.

- Microsoft Dynamics CRM ignoriert derzeit die Reihenfolge, die Sie eingerichtet haben.

SQL Server Reporting Services

SQL Server Reporting Services (SSRS) bietet eine vollständige serverbasierte Plattform für Bereitstellung, Erstellung und Administration von Berichten. Microsoft Dynamics CRM verwendet SQL Server Reporting Services als Berichtsmodul und nutzt viele integrierte Features von Reporting Services wie zum Beispiel Planung von Berichten, Exportieren von Berichten in mehrere Formate und Berichtssnapshots.

> **WICHTIG**   Diese Informationen beziehen sich nur auf lokale Bereitstellungen. Microsoft Dynamics CRM Live-Kunden haben keinen Zugriff auf Reporting Services.

SQL Server Reporting Services verwaltet alle Teile der Berichterstellung, einschließlich Authoring, Datenquellenverwaltung, Berichtssicherheit, Ausgabeformate und mehrere Bereitstellungsmechanismen.

Zusätzlich zu SQL Server unterstützt Reporting Services andere Datenquellentypen wie OLE DB und ODBC. Dieses Buch konzentriert sich ausschließlich auf die SQL Server-Datenquelle, da Microsoft Dynamics CRM seine Daten mit SQL Server speichert.

> **WICHTIG**   Da Reporting Services mehrere Datenquellen unterstützt, können Sie in ein und demselben Bericht Microsoft Dynamics CRM-Daten mit anderen Nicht-Microsoft Dynamics CRM-Daten kombinieren (vorausgesetzt, dass Reporting Services die Datentypen unterstützt, die Sie im Bericht kombinieren möchten).

Berichtsdateien von Reporting Services weisen die Erweiterung *.rdl* auf. Die Abkürzung RDL steht für Report Definition Language (Berichtsdefinitionssprache), ein XML-basiertes offenes Schema, um das Abrufen von Daten und das Anzeigelayout eines Berichts zu definieren. Bearbeiten können Sie *.rdl*-Dateien mit Microsoft Visual Studio 2005, aber auch jedem anderen Authoring-Tool, das das RDL-Schema unterstützt.

Reporting Services bietet nicht nur flexible Authoring-Möglichkeiten für Berichte, die mit *.rdl*-Dateien nach dem offenen Schema erstellt werden, sondern auch ein Programmiermodell, mit dem Entwickler die Reporting Services-Funktionalität weiter anpassen und erweitern können. Microsoft Dynamics CRM greift darauf bei der Reporting Services-Integration zurück.

Dieser Abschnitt behandelt lediglich einige Aspekte von Reporting Services und wie sich dieses Feature zu Microsoft Dynamics CRM verhält. Die Bandbreite der Reporting Services-Funktionalität erlaubt es nicht, hier auf alle Möglichkeiten adäquat einzugehen. Deshalb empfiehlt es sich, dass Sie die Onlinehilfe von Reporting Services konsultieren, die mit dem Produkt installiert wird. Außerdem finden Sie zusätzliche Informationen auf folgenden Websites:

- Produktüberblick: *http://www.microsoft.com/sql/technologies/reporting/overview.mspx*
- Report Definition Language: *http://msdn2.microsoft.com/en-us/library/aa237626.aspx*

Versionen von Reporting Services

Microsoft Dynamics CRM 4.0 unterstützt die folgenden Editionen von Reporting Services:

- SQL Server 2005, Standard Edition mit Service Pack 2 (SP2)
- SQL Server 2005, Enterprise Edition SP2
- SQL Server 2005, Workgroup Edition SP2

- SQL Server 2005, Standard Edition, x64 SP2

- SQL Server 2005, Enterprise Edition, x64 SP2

WICHTIG Microsoft Dynamics CRM 4.0 unterstützt keine Editionen von SQL Server 2000 Reporting Services.

Reporting Services muss installiert sein, bevor Sie Microsoft Dynamics CRM 4.0 installieren. Weitere Details entnehmen Sie bitte dem Implementierungshandbuch.

Reporting Services gehört zum Lieferumfang von SQL Server, sodass für die Reporting Services-Software keine weiteren Gebühren anfallen, wenn Sie über eine gültige SQL Server-Lizenz verfügen und Reporting Services-Websites auf demselben Server wie SQL Server installieren. Allerdings sollten Sie sich über die neuesten Lizenzierungsbedingungen unter *http://go.microsoft.com/fwlink/?LinkID=92675* informieren.

Microsoft Dynamics CRM 4.0-Konnektor für Microsoft SQL Server Reporting Services

Wie Sie wissen, ermittelt die lokale Bereitstellung von Microsoft Dynamics CRM mit integrierter Windows-Authentifizierung und gefilterten Sichten, welche Daten im Reporting Services-Bericht anzuzeigen sind. Um Authentifizierungsprobleme in einer Mehrserver-Umgebung abzuschwächen, hat Microsoft Dynamics CRM den Microsoft Dynamics CRM 4.0-Konnektor für Microsoft SQL Server Reporting Services geschaffen. Dieser Dienst wird als separate Komponente nach Microsoft Dynamics CRM installiert und Microsoft Dynamics CRM greift auf diese Komponente zurück, um mit Reporting Services zu kommunizieren.

Im Rahmen dieses Buches genügt es zu wissen, dass es ein separater Berichtskonnektor erlaubt, eine korrekte Verbindung zum Reporting Services-Server von lokalen und internetorientierten Bereitstellungskonfigurationen herzustellen. Außerdem muss diese Komponente ordnungsgemäß installiert sein, damit Sie Reporting Services-Berichte von der Microsoft Dynamics CRM-Benutzeroberfläche aus ausführen können. Weitere Details zum Konnektor für SQL Server Reporting Services entnehmen Sie bitte dem Microsoft Dynamics CRM-Implementierungshandbuch.

Interaktion mit SQL Server Reporting Services

Selbst wenn sich Microsoft Dynamics CRM 4.0 auf das Modul Reporting Services stützt, müssen Sie sich nicht beim Berichts-Manager von Reporting Services anmelden. Wenn Sie bei einer neuen Installation von Microsoft Dynamics CRM auf den Berichts-Manager von Reporting Services zugreifen, indem Sie zu *http://<reportserver>/reports* navigieren und auf den Ordner *<Organisationsname>_MSCRM* klicken, sehen Sie etwas, das wie ein leerer Ordner aussieht (siehe Abbildung 7.50).

HINWEIS Haben Sie ein Upgrade Ihres Systems von Microsoft Dynamics CRM 3.0 aus durchgeführt, sehen Sie in diesem Ordner alle vorhandenen Berichte.

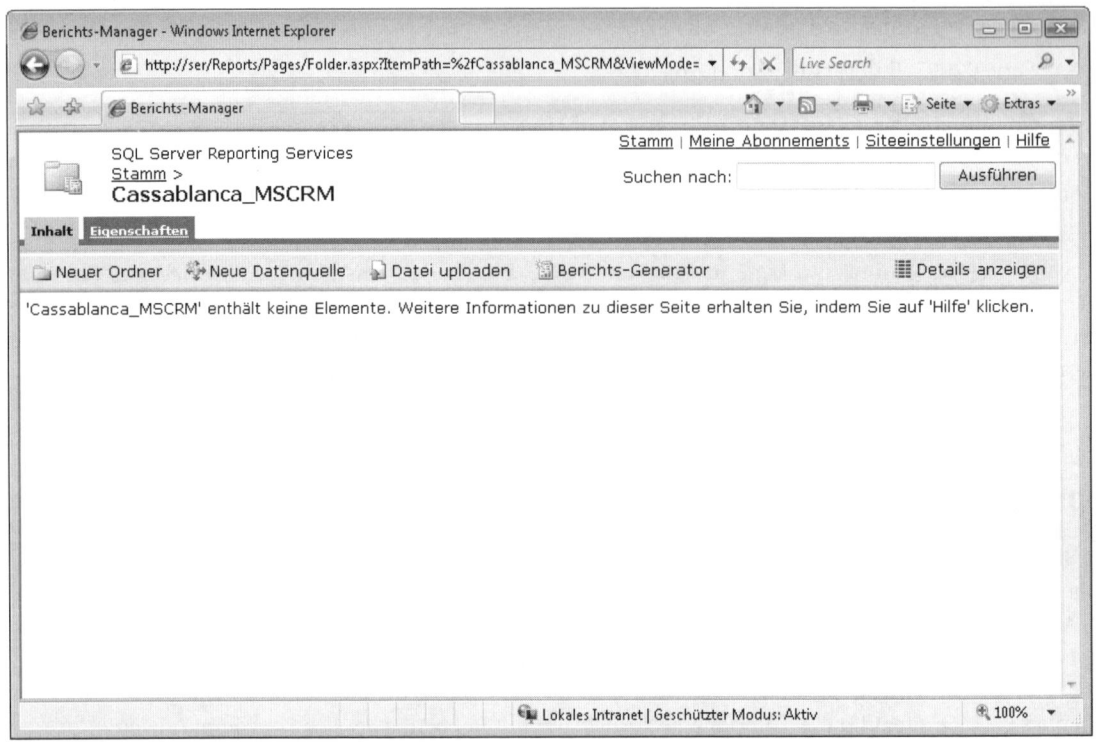

Abbildung 7.50   Leerer Berichts-Manager-Ordner von Reporting Services in Microsoft Dynamics CRM

Wenn Sie aber auf die Schaltfläche *Details anzeigen* klicken, sehen Sie einen Ordner *4.0* und die CRM-Datenquelle. Alle über den Microsoft Dynamics CRM-Berichts-Assistenten erstellten oder aus einer externen RDL-Datei hochgeladenen Berichte werden im ausgeblendeten Ordner *4.0* gespeichert, wobei als Name des Berichts die GUID verwendet wird, die in der Microsoft Dynamics CRM-Datenbank abgelegt ist (siehe Abbildung 7.51). Später in diesem Kapitel erläutern wir einige Aktionen, die sich am besten mit dem Berichts-Manager von Reporting Services erledigen lassen.

> **TIPP**   Müssen Sie die GUID für einen Bericht ermitteln, öffnen Sie einfach das Formular *Bericht bearbeiten* in Microsoft Dynamics CRM und drücken zweimal F11 . Dadurch erhalten Sie die URL in der Adressleiste des Browsers, in der Sie den Bezeichner ansehen können. Mehr über diese Technik erfahren Sie in Kapitel 9.

Microsoft Dynamics CRM muss die Berichte in seiner Datenbank mit den Berichtsdateien in Reporting Services synchron halten. Die beiden Systeme können von Zeit zu Zeit außer Tritt geraten (zum Beispiel wenn Reporting Services für einen gewissen Zeitraum nicht verfügbar ist oder wegen des Imports einer neuen Organisation). Sollte dies auftreten, müssen Sie die Systeme manuell mit dem Tool *publishreports.exe* synchronisieren, das zum Lieferumfang von Microsoft Dynamics CRM gehört. Das Tool *publishreports.exe* befindet sich im Ordner *<Installationslaufwerk>:\Programme\Microsoft Dynamics CRM\Tools*.

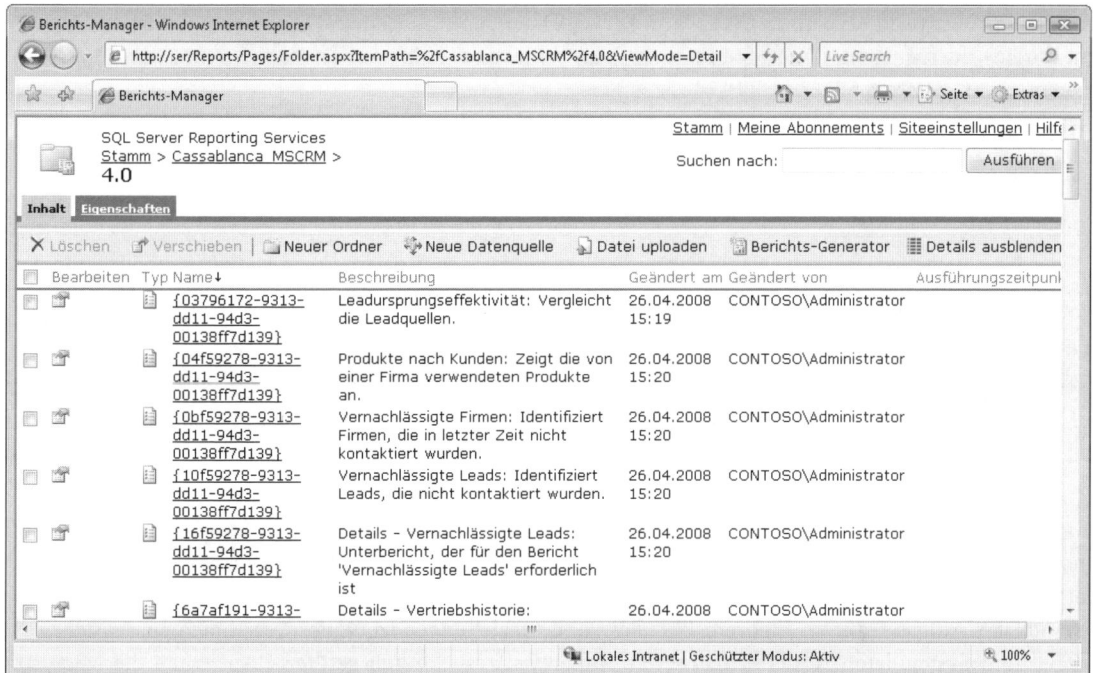

Abbildung 7.51   Ausgeblendete Microsoft Dynamics CRM-Inhalte im Berichts-Manager von Reporting Services

---

HINWEIS   Bei aktualisierten Systemen lautet der Pfad *<Installationslaufwerk>:\Programme\Microsoft CRM\Tools*.

Öffnen Sie eine Eingabeaufforderung, wechseln Sie zum Verzeichnis *Tools* und geben Sie **Publishreports Organization_Name** ein, wobei *Organization_Name* der eindeutige Name der Organisation ist. Weiterführende Details finden Sie im Microsoft Dynamics CRM-Implementierungshandbuch.

HINWEIS   Das Tool *publishreports.exe* verhält sich in Microsoft Dynamics CRM 4.0 anders als das gleiche Tool in Microsoft Dynamics CRM 3.0. Microsoft Dynamics CRM 4.0 stellt keine *downloadreports.exe* bereit. Möchten Sie Berichte von einem System auf ein anderes übertragen, müssen Sie mit dem Microsoft Dynamics CRM-SDK Ihr eigenes Tool schreiben.

Gefilterte Ansichten

Bislang haben wir Sie in diesem Buch immer davor gewarnt, mit der SQL Server-Datenbank direkt zu interagieren. Jetzt beschäftigen wir uns mit dem einen (und wirklich nur einen) Fall, in dem es zulässig ist, Daten direkt aus der SQL Server-Datenbank abzurufen.

HINWEIS   Gefilterte Ansichten gelten nicht für Berichte, auf die von Microsoft Dynamics CRM Live oder von internetorientierten Microsoft Dynamics CRM-Bereitstellungsszenarios zugegriffen wird.

Wenn Sie die Microsoft Dynamics CRM-SQL Server-Datenbank (mit einem Tool wie SQL Server Management Studio) durchsuchen, finden Sie mehrere Datenobjekte, die sich auf *Firmen* (Schemaname *Accounts*) beziehen, unter anderem folgende:

- Tabelle *AccountBase*

- Tabelle *AccountExtensionBase*

- Tabelle *AccountLeads*

- Sicht *Account*

- Sicht *FilteredAccount*

Möchten Sie Ihren eigenen benutzerdefinierten Bericht über *Firmen* schreiben, stellt sich die Frage, welche dieser Datenbankobjekte die Informationen enthält, nach denen Sie suchen. Außer der Entität *Firma* verfügt die Microsoft Dynamics CRM-Datenbank über ein ähnliches Setup für alle ihre Entitätsdaten. Die Datenbank speichert sämtliche Daten in einem strikt normalisierten und effizienten Layout, was allerdings nicht unbedingt den Ansprüchen der Berichterstellung und Analyse entgegenkommt.

Zum Glück brauchen Sie nicht stundenlang zu erforschen, welche Arten von Entitätsdaten Microsoft Dynamics CRM in diesen verschiedenen Datenbankobjekten speichert. Microsoft Dynamics CRM vereinfacht die Berichterstellung und Analyse mit *gefilterten Ansichten*. Diese gefilterten Ansichten führen die umständliche Aufgabe durch, mehrere Tabellen und Beziehungen zu einer vereinfachten Ansicht von Entitäts- und Systemdaten zu denormalisieren. Außerdem respektieren gefilterte Ansichten die Microsoft Dynamics CRM-Sicherheitseinstellungen, sodass Benutzer, die gefilterte Ansichten abfragen (oder Berichte ausführen, die gefilterte Ansichten abfragen), nur die Daten sehen, die sie sehen dürfen. Gefilterte Ansichten übersetzen zudem Nachschlagefelder und Auswahllistenwerte und sie berechnen sämtliche *datetime*-Werte sowohl in UTC (Coordinated Universal Time)-Zeit als auch in der Ortszeit des Benutzers. Zum Beispiel zeigt das Feld *createdon* (Erstellt am) die Ortszeit des Benutzers und das Feld *createdonutc* die UTC-Zeit an.

Wenn Sie Berichte erstellen, die integrierte Windows-Authentifizierung verwenden (wie zum Beispiel SQL Server Reporting Services-Berichte), filtern die gefilterten Ansichten automatisch die Daten, die der Bericht für jeden Benutzer anzeigt, basierend auf den Anmeldeinformationen, der Geschäftseinheit und den Sicherheitsrollen des Benutzers. So können zwei Benutzer, die denselben Bericht anzeigen, vollkommen unterschiedliche Ergebnisse sehen – je nach den Microsoft Dynamics CRM-Sicherheitseinstellungen. Dieses Feature kann Ihnen viel Arbeitszeit und Kopfschmerzen ersparen, wenn Sie versuchen, die Sicherheits- und Dateneinstellungen jedes benutzerdefinierten Berichts manuell zu ermitteln.

WICHTIG   Gefilterte Ansichten vereinfachen das komplexe Microsoft Dynamics CRM-Datenmodell, um es für Berichterstellung und Analyse verwenden zu können, während Benutzersicherheit und Datenzugriff gewahrt bleiben. Alle Ihre benutzerdefinierten Berichte sollten Daten aus der Datenbank ausschließlich über gefilterte Ansichten lesen. Vermeiden Sie es, Berichte zu schreiben, die irgendwelche anderen Datenbanktabellen oder -sichten abfragen.

Gefilterte Ansichten lassen sich in der Datenbank leicht erkennen, weil ihre Namen immer mit dem Text »filtered« beginnen. Anhand des Namens können Sie größtenteils auch ermitteln, zu welcher Entität jede gefilterte Ansicht gehört. Jede Entität besitzt eine gefilterte Ansicht, doch bindet Microsoft Dynamics CRM auch einige gefilterte Ansichten ein, die nicht direkt einer Entität zugeordnet sind.

Wenn Sie Ihr System anpassen und den Systementitäten benutzerdefinierte Attribute hinzufügen, aktualisiert Microsoft Dynamics CRM automatisch die gefilterten Sichten. Außerdem erstellt Microsoft Dynamics CRM vollkommen neue gefilterte Sichten für jede benutzerdefinierte Entität, die Sie Ihrer Installation hinzufügen.

Microsoft Dynamics CRM konfiguriert automatisch alle Berechtigungen der gefilterten Ansicht, um nur SELECT-Operationen zuzulassen, die Ansicht also schreibgeschützt zu machen. Obwohl es einem Datenbankadministrator technisch möglich ist, die Standardberechtigungen zu ändern, sollten Sie niemals die Berechtigungen der gefilterten Ansichten ändern, um INSERT-, DELETE- oder UPDATE-Operationen zu erlauben. Andere Operationen auf einer gefilterten Ansicht (außer SELECT) können zu irreparablen Schäden an Ihrer Microsoft Dynamics CRM-Datenbank führen.

SQL Server Reporting Services-Berichte

Dieser Abschnitt geht ausführlicher auf Reporting Services ein und zeigt, wie Sie Reporting Services in Verbindung mit Microsoft Dynamics CRM nutzen. Im Unterschied zum Berichts-Assistenten haben Sie mehr Flexibilität und Anpassungsmöglichkeiten für das Authoring Ihres eigenen Reporting Services-Berichts. Wir untersuchen, wie Sie vorhandene Microsoft Dynamics CRM-Berichte modifizieren und wie Sie eigene Reporting Services-Berichte mit Visual Studio 2005 von Grund auf neu erstellen. Außerdem stellen wir den Berichts-Manager von Reporting Services vor und beschreiben übliche Szenarios, in denen sich seine Benutzeroberfläche anbietet.

Microsoft Dynamics CRM bringt in der Standardinstallation ungefähr 24 Reporting Services-Berichte mit und diese Berichte enthalten weitere 28 Unterberichte. Zweifellos werden Sie neue Berichte erstellen (oder die Standardberichte modifizieren), wenn Sie Ihre Microsoft Dynamics CRM-Datenbank mit neuen Entitätsattributen und benutzerdefinierten Entitäten anpassen.

Wie bereits weiter vorn in diesem Kapitel erläutert, gehören zu Reporting Services leistungsfähige Berichtserstellungsfeatures und -funktionen in Microsoft Dynamics CRM. Um Reporting Services-Berichte zu erstellen oder zu modifizieren, ist deshalb eine gewisse Erfahrung im Umgang mit Berichten erforderlich. Deshalb können wir Ihnen in diesem Kapitel nicht sämtliche Fakten vermitteln, die Sie zu Reporting Services wissen müssen, doch gehen wir einige einfache Beispiele durch und beleuchten spezielle Bereiche von Microsoft Dynamics CRM, die sich auf Reporting Services beziehen.

> **HINWEIS** Da Microsoft Dynamics CRM Live-Kunden keine neuen Reporting Services-Berichte hochladen können, gilt dieser Abschnitt nur für lokale Bereitstellungen. Microsoft Dynamics CRM Live-Kunden können aber mit dem Microsoft Dynamics CRM-Berichts-Assistenten und den *Verknüpfung mit Webseite*-Optionen arbeiten, wenn sie neue Berichte erstellen.

Berichtserstellungstools

Obwohl Sie für das Authoring von Berichten prinzipiell jedes Tool einsetzen können, das RDL beherrscht, werden die meisten Microsoft Dynamics CRM-Kunden auf Visual Studio 2005 mit dem Add-In Business Intelligence Development Studio zurückgreifen, um Reporting Services-Berichte zu erstellen. Für die Beispiele zur Berichtserstellung verwenden wir ebenfalls Visual Studio 2005.

> **HINWEIS**   Verwenden Sie die Tools, die für die bei Ihnen installierte Version von Reporting Services vorgesehen sind. Ist in Ihrer Umgebung SQL Server 2008 installiert, verwenden Sie die Reporting Services-Tools, die zu dieser Edition gehören. Bei Drucklegung dieses Buches hat Microsoft Dynamics CRM SQL Server 2005 unterstützt.

Die Business Intelligence Development Studio-Komponenten können Sie von der SQL Server 2005 Developer Edition installieren. Bitte besuchen Sie die MSDN-Website, um sich über zusätzliche Details und Lizenzierungsanforderungen zu informieren.

Das Business Intelligence Development Studio-Add-In für Visual Studio 2005 installieren

1. Gehen Sie auf dem Installationsdatenträger der SQL Server 2005 Developer Edition zum Ordner *Tools*.
2. Doppelklicken Sie auf *Setup.exe* und folgen Sie den Anweisungen des Installationsassistenten.
3. Übernehmen Sie alle Standardeinstellungen des Assistenten, bis Sie zur Seite *Featureauswahl* gelangen. Stellen Sie sicher, dass die Komponente *Business Intelligence Development Studio* installiert wird.

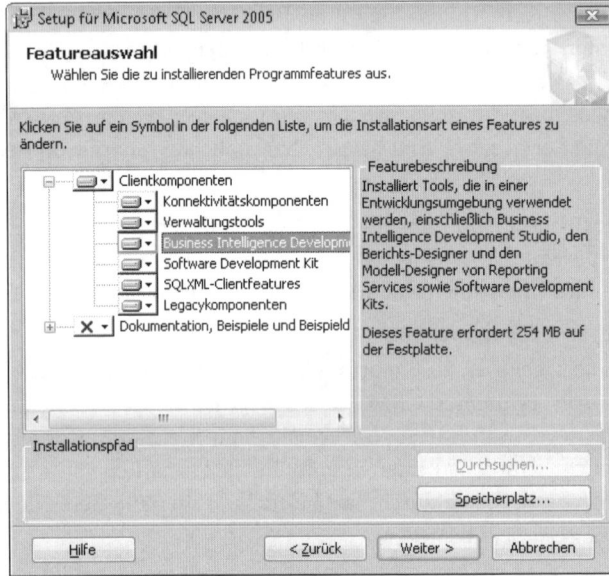

Abbildung 7.52   Die Seite Featureauswahl des Installationsassistenten für Microsoft SQL Server 2005

4. Überzeugen Sie sich nach Fertigstellung der Installation, dass die Komponente korrekt installiert ist. Öffnen Sie Visual Studio 2005.
5. Zeigen Sie im Menü *Datei* auf *Neu* und klicken Sie dann auf *Projekt*.
6. Suchen Sie unter *Projekttypen* nach dem Eintrag *Business Intelligence-Projekte*. Ist dieser Projekttyp vorhanden, wurde die Business Intelligence Development Studio-Komponente erfolgreich installiert.

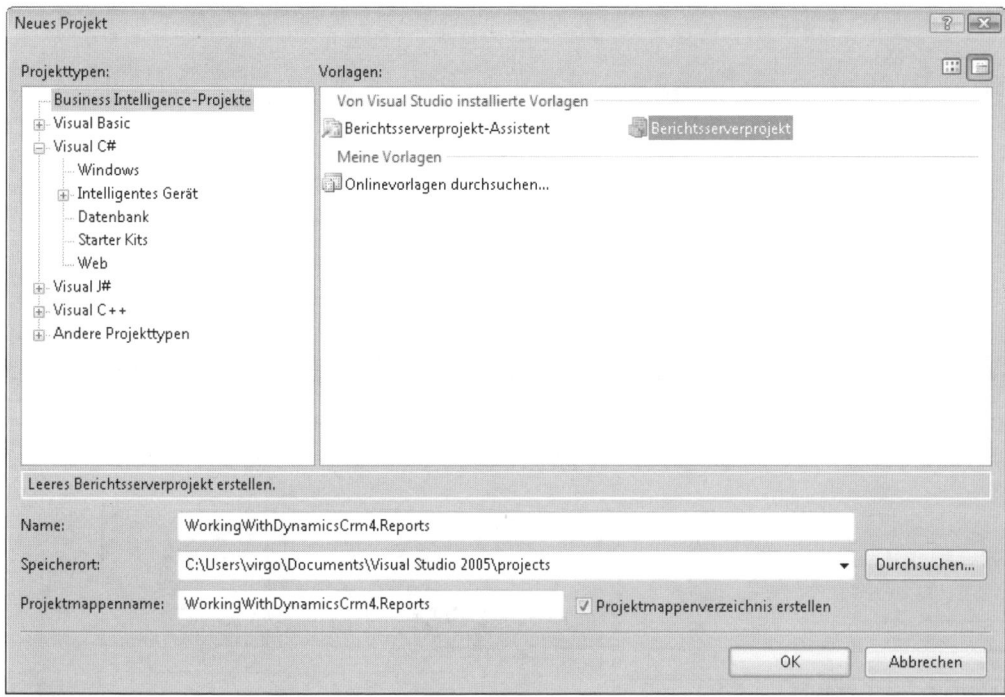

Abbildung 7.53 Das Dialogfeld Neues Projekt von Visual Studio 2005 mit dem Projekttyp Business Intelligence

WICHTIG Vermeiden Sie, Business Intelligence Development Studio auf dem Microsoft Dynamics CRM-Server oder dem Reporting Services-Server zu installieren. Stattdessen sollten Sie die *.rdl*-Berichtsdateien immer auf einem Clientcomputer bearbeiten und die Dateien auf den Server hochladen, wenn Sie damit fertig sind.

Einen Reporting Services-Bericht bearbeiten

Dieser Abschnitt zeigt Ihnen, wie Sie mit Visual Studio 2005 und dem Berichts-Designer einen der Standardberichte von Microsoft Dynamics CRM bearbeiten und dann den modifizierten Bericht nach Microsoft Dynamics CRM hochladen. Standardberichte von Microsoft Dynamics CRM müssen Sie zum Beispiel bearbeiten, wenn Sie benutzerdefinierte Attribute hinzufügen und das Berichtslayout an diese neuen Felder anpassen möchten.

TIPP Die standardmäßigen Reporting Services-Berichte in Microsoft Dynamics CRM verwenden komplexe Datenmengen und erweiterte Berichtserstellungsfeatures. Diese Berichte sollten Sie deshalb nur bearbeiten, wenn Sie mit dem Authoring von Reporting Services-Berichten durch und durch vertraut sind. Für Benutzer, die im Erstellen von Berichten nicht sattelfest sind, ist es möglicherweise besser, wenn sie Berichte von Grund auf neu erstellen, anstatt zu versuchen, die Standardberichte von Microsoft Dynamics CRM zu bearbeiten.

Im folgenden Beispiel zeigen wir, wie Sie den Bericht *Firmenübersicht* modifizieren. Nehmen Sie an, dass Sie die Anzahl der Mitarbeiter als Feld im Abschnitt *Basisprofil* des Berichts hinzufügen möchten. Abbildung 7.54 zeigt den endgültigen Bericht mit dem hinzugefügten Feld.

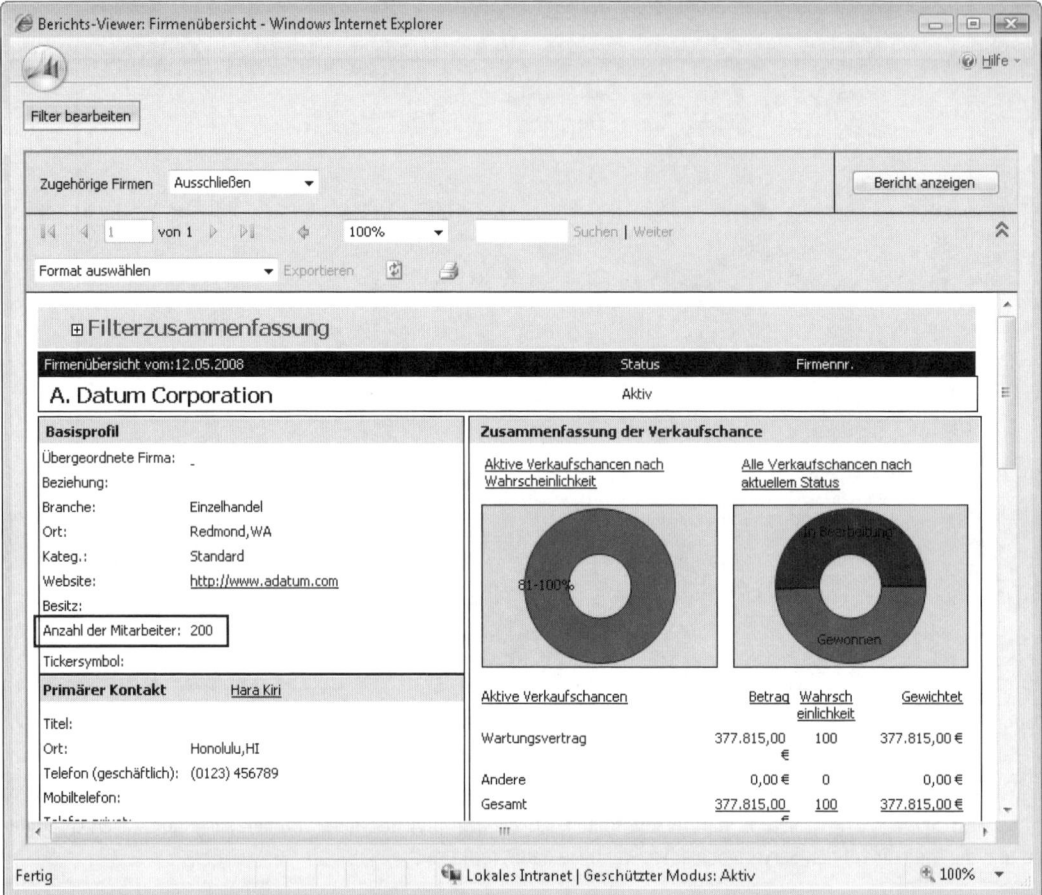

Abbildung 7.54   Der modifizierte Bericht Firmenübersicht

Die meisten Microsoft Dynamics CRM-Standardberichte verwenden einen Unterbericht, um die Berichts-details anzuzeigen. Der Bericht *Firmenübersicht* bildet da keine Ausnahme. Demzufolge müssen Sie den *Firmenübersicht*-Unterbericht modifizieren, um das Feld für die Anzahl der Mitarbeiter in das Berichtslay-out einzubinden.

WICHTIG   Wenn Sie einen Bericht aktualisieren, sollten Sie immer eine Sicherung des Originals durchführen, damit Sie gegebenenfalls bei Problemen zur ursprünglichen Version zurückkehren können.

Den Bericht Firmenübersicht modifizieren

1. Klicken Sie in *Arbeitsbereich* auf den Unterbereich *Berichte*.

2. Wechseln Sie zur Ansicht *Alle Berichte, einschließlich Unterberichten*, markieren Sie *Unterbericht – Firmenübersicht* und klicken Sie dann auf *Bericht bearbeiten*.

3. Wenn das Dialogfeld *Unterbericht – Firmenübersicht* erscheint, klicken Sie auf *Aktionen* und dann auf *Bericht herunterladen*. Speichern Sie den Bericht auf Ihrem Desktop und achten Sie darauf, dass die heruntergeladene Datei eine *.rdl*-Erweiterung besitzt.

4. Zeigen Sie in Visual Studio 2005 im Menü *Datei* auf *Neu* und klicken Sie dann auf *Projekt*.

5. Markieren Sie im Abschnitt *Projekttyp* den Eintrag *Business Intelligence-Projekte* und im Abschnitt *Vorlagen* den Eintrag *Berichtsserverprojekt*.

6. Geben Sie Ihrem Visual Studio-Projekt den Namen **WorkingWithDynamicsCrm4.Reports** und klicken Sie dann auf *OK*. Visual Studio erstellt ein Reporting Services-Projekt mit zwei leeren Ordnern: *Freigegebene Datenquellen* und *Berichte*.

7. Klicken Sie mit der rechten Maustaste auf den Ordner *Berichte*, zeigen Sie auf *Hinzufügen* und klicken Sie dann auf *Vorhandenes Element*.

8. Klicken Sie in der Liste *Suchen in* auf *Desktop*. Markieren Sie die Datei *Account Overview Sub-Report.rdl* und klicken Sie auf *Hinzufügen*.

9. Visual Studio fügt Ihrem Projekt den Bericht hinzu. Doppelklicken Sie auf den Bericht, um ihn im Layoutmodus zu öffnen.

10. Klicken Sie auf die Registerkarte *Daten*, um Ihre Datenverbindung zu verifizieren. Falls Ihre Datenverbindung nicht funktioniert, erhalten Sie eine Fehlermeldung.

11. Generiert Ihre Vorschau keinen Fehler, brauchen Sie Ihre Datenverbindung nicht zu bearbeiten und können direkt zu Schritt 14 springen. Um die Datenverbindung zu bearbeiten, klicken Sie auf die Registerkarte *Daten* und dann in der Symbolleiste auf die Schaltfläche mit den Auslassungspunkten (...).

12. Im Dialogfeld *Dataset* klicken Sie auf die Schaltfläche mit den Auslassungspunkten (…) neben *Datenquelle: CRM*, um das Dialogfeld *Datenquelle* zu öffnen (siehe Abbildung 7.55).

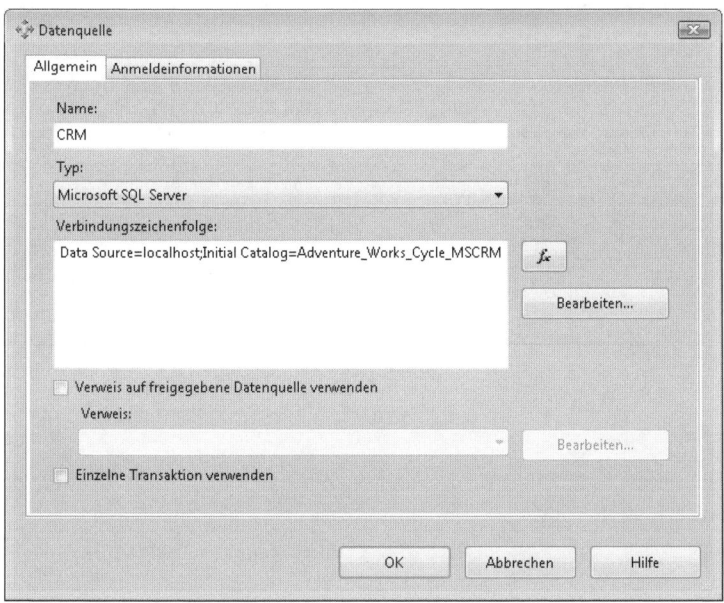

Abbildung 7.55   Das Dialogfeld Datenquelle mit der standardmäßig eingetragenen Verbindungszeichenfolge

13. Vergewissern Sie sich, dass die für Ihre Umgebung zutreffenden Werte für Datenquelle und Anfangskatalog im Textfeld *Verbindungszeichenfolge* eingetragen sind. Wenn Sie Berichte herunterladen, setzt Microsoft Dynamics CRM die Datenquelle manchmal auf *localhost* und den Anfangskatalog auf *Adventure_Works_Cycle_MSCRM*. Diese Standardwerte müssen Sie in die korrekten Werte für Ihre Bereitstellung ändern. Die Datenquelle sollte der Name Ihres Microsoft Dynamics CRM-SQL Servers sein. Als Anfangskatalog ist der Name der Microsoft Dynamics CRM-Datenbank anzugeben, und zwar in der Form *Organisationsname_MSCRM*, wobei *Organisationsname* den Organisationsnamen bezeichnet, der bei Installation von Microsoft Dynamics CRM verwendet wurde. Haben Sie diese Werte bearbeitet, klicken Sie auf *OK*, um das Dialogfeld *Datenquelle* zu schließen, und klicken Sie dann im Dialogfeld *Dataset* auf *OK*. Auf der Registerkarte *Vorschau* sollte ein leerer Bericht *Firmenübersicht* zu sehen sein. Falls Sie immer noch eine Fehlermeldung erhalten, überprüfen Sie Ihre Datenquelleneinstellungen.

14. Bevor Sie das Feld *Anzahl der Mitarbeiter* hinzufügen können, müssen Sie das Dataset des Berichts modifizieren, damit die Berichtsabfrage das Feld *Anzahl der Mitarbeiter* in die Ergebnismenge einschließt. Wie bereits erwähnt umfassen die meisten Microsoft Dynamics CRM-Berichte mehrere Datasets. Deshalb müssen Sie wissen, welches Dataset zu bearbeiten ist. Sie haben bereits bestimmt, dass Sie das Feld *Anzahl der Mitarbeiter* in das Dataset *ds_BasicProfile* hinzufügen möchten. Um die Abfrage zu bearbeiten, klicken Sie auf die Registerkarte *Daten* und wählen in der *Dataset*-Liste den Eintrag *ds_BasicProfile* aus. Der SQL-Abfragetext wird im generischen Abfragefenster angezeigt (siehe Abbildung 7.56).

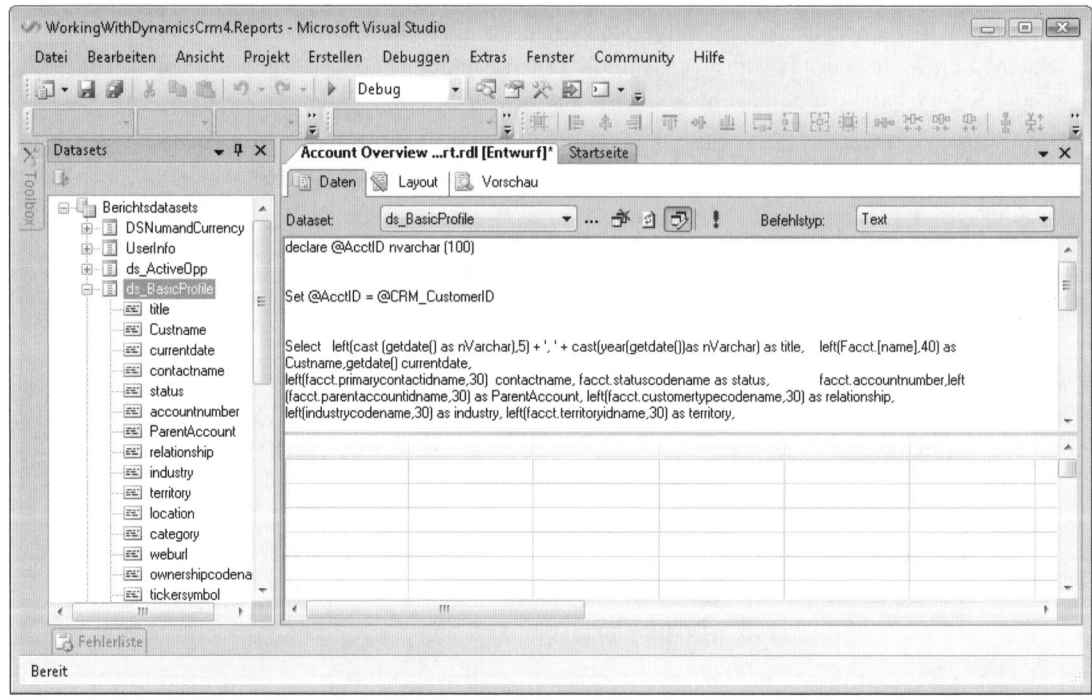

Abbildung 7.56 Die SQL-Abfrage für das Dataset ds_BasicProfile

15. Um das Feld *Anzahl der Mitarbeiter* in die Abfrage einzubinden, müssen Sie den Schemanamen des Attributs kennen. Zur Erinnerung: Um die Schemanamen für Attribute zu ermitteln, können Sie zum Beispiel zu *http://<crmserver>/sdk/list.aspx* navigieren, wobei Sie *<crmserver>* durch den Namen Ihres Microsoft Dynamics CRM-Servers ersetzen. Für unser Beispiel brauchen wir den Schemanamen *numberofemployees*. Um dieses Feld in die Abfrage einzubinden, fügen Sie den folgenden Text nach dem Schlüsselwort SELECT in die Abfrage ein:

```
facct.numberofemployees,
```

Es handelt sich hierbei um eine komplexe Abfrage, die wir nicht im Detail erläutern wollen. Zumindest sollten Sie wissen, dass *facct* ein Alias ist, mit dem die Abfrage auf die Datenbanksicht *FilteredAccount* verweist. Das folgende Codefragment zeigt einen Teil des endgültigen Codes mit dem hinzugefügten neuen Feld:

```
DECLARE @AcctID nvarchar(100)
SET @AcctID = @CRM_CustomerID
SELECT
  facct.numberofemployees,
LEFT(cast(getdate() AS nVarchar), 5) + ', ' + cast(year(getdate()) AS
nVarchar)
AS title, LEFT(Facct.[name], 40) AS Custname,getdate() currentdate,
...
```

16. Nachdem Sie das Feld in die Abfrage eingebunden haben, klicken Sie in der Symbolleiste von Visual Studio 2005 auf die Schaltfläche *Speichern*. Achten Sie darauf, dass Sie speichern, bevor Sie erneut auf die Registerkarte *Layout* oder *Vorschau* klicken. Andernfalls erhalten Sie eine Warnung.

17. Da nun die Berichtsabfrageergebnisse das Datenfeld *Anzahl der Mitarbeiter* enthalten, können Sie dieses Feld im Abschnitt *Layout* in die Berichtsausgabe hinzufügen. Klicken Sie auf die Registerkarte *Layout* und dann auf das Textfeld mit dem Text *Besitz*.

18. Klicken Sie mit der rechten Maustaste in der Tabellengliederung auf das Symbol mit den drei horizontalen Linien neben *Besitz* und klicken Sie dann auf *Zeile unterhalb einfügen*, um eine neue Zeile zwischen *Besitz* und *Tickersymbol* einzufügen (siehe Abbildung 7.57).

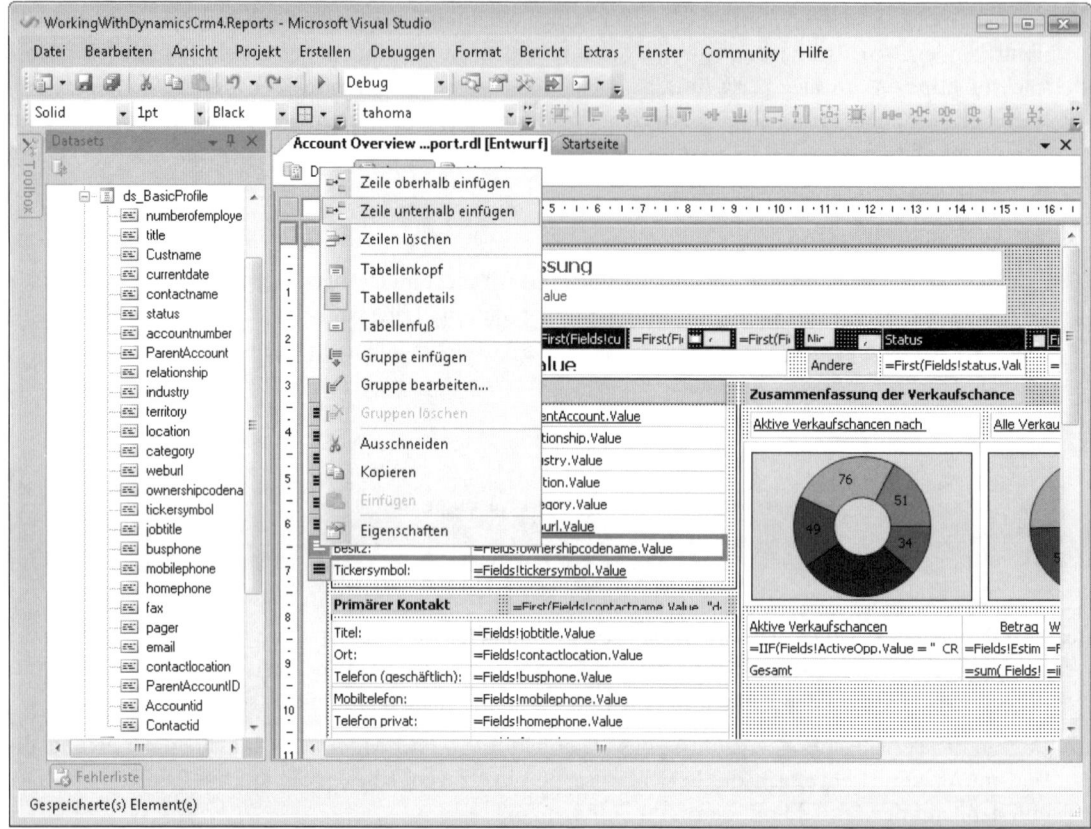

Abbildung 7.57   Eine Zeile zwischen Besitz und Tickersymbol einfügen

19. Klicken Sie auf das Textfeld unter *Besitz* und geben Sie den Text **Anzahl der Mitarbeiter:** ein.

20. Klicken Sie mit der rechten Maustaste auf das Feld rechts neben *Anzahl der Mitarbeiter* und klicken Sie im Kontextmenü auf *Eigenschaften*.

21. Im Dialogfeld *Textfeldeigenschaften* tun Sie Folgendes:

   a.   Geben Sie in das Feld *Name* den Text **numberofemployees** ein.

   b.   In der Liste *Wert* wählen Sie =*Fields!numberofemployees.Value* aus. Dieser Eintrag sollte ganz am Anfang der Liste erscheinen, weil Sie ihn als das erste Feld in der Abfrage hinzugefügt haben. Wenn dieses Feld nicht automatisch erscheint, können Sie es manuell in das Feld *Wert* eintragen.

   c.   Klicken Sie auf *OK*.

22. Klicken Sie in das Feld =*Fields!numberofemployees.Value* und wählen Sie dann für dieses Feld eine Textausrichtung nach links, damit es mit den anderen Feldern in dieser Spalte übereinstimmt. Die Textausrichtung können Sie über die Symbolleiste oder über die Eigenschaft *TextAlign* im Eigenschaftenfenster festlegen.

23. Klicken Sie im Menü *Datei* auf *Alle speichern*, um Ihren Bericht zu speichern. Wenn Sie versuchen, den Bericht als Vorschau anzuzeigen, sehen Sie keinerlei Daten, weil der Bericht einen Wert für die *Firmen-ID* benötigt. Zuerst müssen Sie den Bericht zu Microsoft Dynamics CRM hochladen, um ihn in Funktion zu sehen.

24. Navigieren Sie im Webclient zur Microsoft Dynamics CRM-Liste *Berichte*.

25. Markieren Sie *Unterbericht – Firmenübersicht* (in der Kategorie *Alle Berichte, einschließlich Unterberichten*) und klicken Sie auf *Bericht bearbeiten*.

26. Klicken Sie im Abschnitt *Quelle* unter *Dateispeicherort* auf *Durchsuchen*, wählen Sie den Bericht *Unterbericht – Firmenübersicht* (bzw. *Account Overview Sub-Report.rdl*) aus, den Sie gerade bearbeitet haben, und klicken Sie dann auf *Speichern und Schließen*. Eine Warnung erinnert Sie daran, dass Sie einen vorhandenen Bericht überschreiben (siehe Abbildung 7.58).

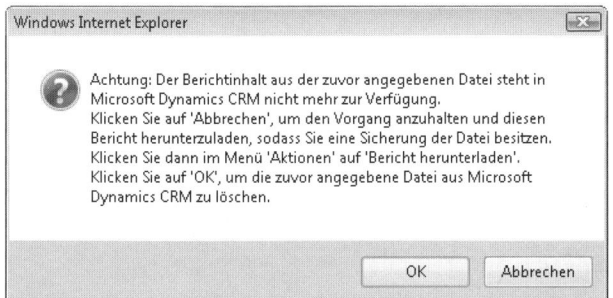

Abbildung 7.58 Warnung, dass ein vorhandener Bericht überschrieben wird

---

HINWEIS   Wählen Sie nicht die Datei aus, die Sie auf Ihren Desktop heruntergeladen haben. Verwenden Sie die aktualisierte *.rdl*-Datei aus dem Verzeichnis, in dem Visual Studio Ihre Projektdateien speichert.

---

27. Doppelklicken Sie in der Tabelle *Berichte* auf den Bericht *Firmenübersicht*. Jetzt ist das Feld *Anzahl der Mitarbeiter* im Abschnitt *Basisprofil* des Berichts vorhanden.

Wie Sie sehen, kann selbst ein unerfahrener Berichtsautor trotz der Microsoft Dynamics CRM-Komplexität einfache Modifikationen vornehmen, um benutzerdefinierte Attribute hinzuzufügen, die Formatierung geringfügig ändern, usw. Es ist vorstellbar, das gleiche Konzept weiter auszudehnen und zum Beispiel zusätzliche Felder zu einem Bericht hinzuzufügen oder zu modifizieren, wo Felder im Berichtslayout erscheinen.

Einen neuen Reporting Services-Bericht erstellen

Wie das Beispiel mit dem *Firmenübersicht*-Bericht gezeigt hat, verwenden die Microsoft Dynamics CRM-Standardberichte komplexe Abfragen, mehrere Datasets und Unterberichte, sodass Sie es sich möglicherweise nicht zutrauen, erhebliche Änderungen an diesen Berichten vorzunehmen. Einsteiger in die Berichterstellung sollten deshalb vollkommen neue Berichte erstellen. Diesen Prozess gehen wir jetzt durch.

Sie erstellen einen Beispielbericht, der alle Aktivitätsdatensätze für eine *Firma*-Entität auflistet. Dieser Bericht kann für Benutzer hilfreich sein, weil er sowohl geöffnete als auch geschlossene Aktivitäten für eine Firma auf einer einzelnen Seite anzeigt. Außerdem verwenden Sie einige spezielle Berichtsfelder, die Microsoft Dynamics CRM bereitstellt, wie zum Beispiel das Filterfeld, um Ihren Bericht mit zusätzlicher Funktionalität auszustatten.

> **TIPP**   Wenn Sie einen neuen Reporting Services-Bericht erstellen, beginnen Sie am besten damit, mit dem Microsoft Dynamics CRM-Berichts-Assistenten einen ähnlichen Bericht anzulegen, der bereits eine brauchbare Formatierung aufweist.

Einen neuen Bericht erstellen

1. Öffnen Sie dasselbe Berichtserstellungsprojekt, das Sie im Beispiel *Firmenübersicht* erstellt haben, klicken Sie mit der rechten Maustaste auf den Ordner *Berichte* und klicken Sie im Kontextmenü auf *Neuen Bericht hinzufügen*.

2. Wenn Sie das erste Mal einen neuen Bericht erstellen, erscheint der Berichts-Assistent. Klicken Sie auf *Weiter*.

3. Zunächst erstellen Sie eine neue Datenquelle:

   a. Geben Sie in das Feld *Name* den Text **CRM** ein.

   b. In der Liste *Typ* wählen Sie *Microsoft SQL Server* aus.

   c. Um die Verbindungszeichenfolge zu ändern, klicken Sie auf die Schaltfläche *Bearbeiten*. Daraufhin wird das Dialogfeld *Verbindungseigenschaften* geöffnet.

   d. Geben Sie im Feld *Servername* den Namen des Computers ein, der SQL Server ausführt und auf dem Sie Microsoft Dynamics CRM installiert haben (oder wählen Sie den Namen aus).

   e. Wählen Sie die Sicherheitsoption *Windows-Authentifizierung verwenden*.

   f. Wählen Sie Ihre Datenbank aus (*<Organisationsname>_MSCRM*).

   g. Klicken Sie auf *OK*.

   h. Wenn Sie das Kontrollkästchen *Diese Datenquelle freigeben* aktivieren, können Sie diese Datenquelle für weitere Berichte im Visual Studio-Berichts-Designer wieder verwenden. Allerdings können Sie keinen Bericht für Reporting Services über Microsoft Dynamics CRM mit einer freigegebenen Datenquelle bereitstellen. Deshalb müssen Sie die Datenquelle für jeden Bericht manuell zurücksetzen, bevor Sie ihn bereitstellen.

   i. Klicken Sie auf *Weiter*.

4. Geben Sie auf der Seite *Abfrage entwerfen* die folgende SQL-Anweisung ein und klicken Sie dann auf *Weiter*:

```
SELECT    FilteredActivityPointer.activitytypecodename,
FilteredActivityPointer.subject, FilteredActivityPointer.modifiedonutc,
FilteredActivityPointer.modifiedbyname,
FilteredActivityPointer.statecodename,
FilteredActivityPointer.statuscodename,
FilteredActivityPointer.owneridname, FilteredAccount.name
FROM FilteredAccount
INNER JOIN FilteredActivityPointer ON FilteredAccount.accountid =
FilteredActivityPointer.regardingobjectid
ORDER BY FilteredActivityPointer.modifiedonutc DESC
```

5. Fahren Sie mit dem Berichts-Assistenten weiter fort, um die Berichtsformatierung anzupassen, oder klicken Sie einfach auf *Fertig stellen*, um die Standardformatierung zu übernehmen.

6. Geben Sie **Firmenaktivitäten** als Berichtsname ein und klicken Sie dann auf *Fertig stellen*. Der Bericht wird im Layoutmodus angezeigt. Die Spaltenbreiten des Berichts lassen sich anpassen, indem Sie die Spalten nach links oder rechts ziehen. Außerdem können Sie auf die Registerkarte *Vorschau* klicken, um das Erscheinungsbild des Berichts zu begutachten.

7. Klicken Sie im Menü *Datei* auf *Alle speichern*, um Ihren neuen Bericht zu speichern. Als Nächstes fügen Sie ihn zu Microsoft Dynamics CRM hinzu.

8. Navigieren Sie im Microsoft Dynamics CRM-Webclient zur Liste *Berichte* und klicken Sie in der Symbolleiste auf *Neu*.

9. Wählen Sie für *Berichtstyp* den Eintrag *Vorhandene Datei*, wählen Sie im Feld *Dateispeicherort* die neue Datei *Firmenaktivitäten.rdl* aus und geben Sie dem Bericht einen Namen. Denken Sie daran, dass der Berichtsname eindeutig sein muss.

10. Geben Sie eine Beschreibung ein und wählen Sie optional eine Kategorie.

11. Klicken Sie auf *Speichern* und dann auf *Bericht ausführen*, um Ihren neuen Bericht auszuführen. Abbildung 7.59 zeigt die Berichtsausgabe, wenn Sie die Standardlayoutformatierung für die Beispieldatenbank übernommen haben.

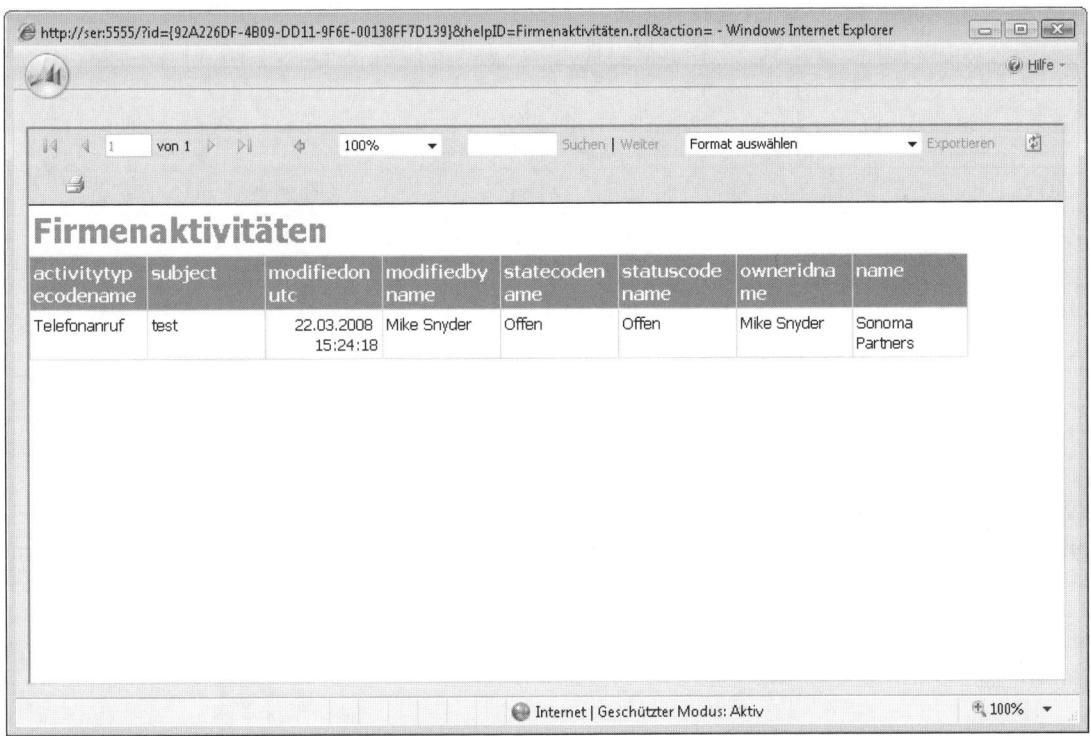

Abbildung 7.59 Ausgabe des neu erstellten Beispielberichts

Offensichtlich ist die Reporting Services-Standardformatierung nicht gerade das Nonplusultra. Jedenfalls würden wir niemals einen Bericht bereitstellen, der so aussieht. Allerdings sollte dieses Beispiel lediglich demonstrieren, wie schnell und einfach Sie einen benutzerdefinierten Bericht für Microsoft Dynamics CRM erstellen können. Das Beispiel verwendet die Reporting Services-Standardformatierung, die Sie sicherlich noch anpassen werden (Schriften, Farben usw.), damit der Bericht im Erscheinungsbild allen anderen in Microsoft Dynamics CRM verwendeten Berichten entspricht.

Berichtserstellungsparameter

Im eben fertig gestellten Beispielbericht haben Sie einen einfachen eigenständigen Bericht erstellt, der keinerlei Berichtsparameter verwendet hat. Reporting Services erlaubt Ihnen mit Parametern, die Abfrage und die Ausgabe des Berichts basierend auf Eingabevariablen dynamisch anzupassen. Außer der von Reporting Services unterstützten Standardparameterfunktionalität bietet Microsoft Dynamics CRM einige zusätzliche spezielle Berichtsparameter, die in Tabelle 7.3 aufgeführt sind.

Parameter	Beschreibung	Nutzung
CRM_<filteredentityview>	Fügt dem Bericht einen Filter hinzu	Dem Abfrageausdruck hinzufügen (Registerkarte *Daten*)
CRM_FilterText	Übergibt gefilterte Werte an ein Textfeld in Ihrem Bericht	Dem Berichtslayout hinzufügen
CRM_URL	Teilt Microsoft Dynamics CRM den Pfad zum Webserver mit. Festlegung ist wichtig, wenn Drillthrough-Funktionen verwendet werden.	Dem Berichtslayout hinzufügen
CRM_Locale	Legt Sprache des Berichts fest	Dem Berichtslayout hinzufügen
CRM_SortField	Definiert das Attribut, das für benutzerdefinierte Sortierung im Bericht zu verwenden ist	Dem Berichtslayout hinzufügen
CRM_SortDirection	Definiert die Sortierrichtung	Dem Berichtslayout hinzufügen
CRM_FormatDate	Formatiert Datum	Dem Berichtslayout hinzufügen
CRM_FormatTime	Formatiert Uhrzeit	Dem Berichtslayout hinzufügen

Tabelle 7.3   Berichtsparameter von Microsoft Dynamics CRM Reporting Services

Wie aus Tabelle 7.3 hervorgeht, verwenden Sie in der Abfrage Ihres Berichts den *CRM_*-Parameter. Die anderen Parameter verwenden Sie im Berichtslayout vor allem, um die Formatierung der Daten zu unterstützen. Es ginge über den Rahmen dieses Buches hinaus, die Microsoft Dynamics CRM-Berichtsparameter für das Berichtslayout zu erläutern, weil dazu ausführlich darzustellen wäre, wie der Reporting Services-Berichts-Designer verwendet wird. Einen Filter können Sie Ihrem Bericht auch mit dem *CRMAF_*-Alias hinzufügen.

Filter und kontextabhängige Berichte

Um den *CRMAF_*-Alias zu verwenden, müssen Sie einfach die Berichtsabfrage modifizieren und *CRMAF_* vor den Namen der gefilterten Ansicht setzen, auf die der Bericht verweist. Anstelle der Syntax

```
Select industry, numberofemployees from FilteredAccount
```

verwenden Sie also die folgende Syntax in der Abfrage:

```
Select CRMAF_FilteredAccount.industry,
CRMAF_FilteredAccount.numberofemployees from FilteredAccount as
CRMAF_FilteredAccount
```

Wenn Sie *CRMAF_<filteredentityview>* in Ihre SQL-Abfrage einbinden, teilen Sie Microsoft Dynamics CRM mit, dass Sie die Berichtsfilteroption für Benutzer anzeigen möchten, bevor der Bericht ausgeführt wird. Wie Sie bereits wissen, erlaubt die Berichtsfilteroption Ihren Benutzern, die Filterkriterien zu modifizieren, bevor sie den Bericht ausführen. Wenn Sie diesen Parameter nicht in Ihre Abfrage einbinden, überspringt Microsoft Dynamics CRM die Berichtsfilteroption und führt den Bericht sofort für alle Datensätze in der Abfrage aus.

Den *CRMAF_*-Alias können Sie nicht nur verwenden, um die Berichtsfilteroption anzuzeigen, sondern auch in Ihre Abfragen einbinden, um kontextabhängige Berichte zu erstellen, die Benutzer vom Entitätsformular oder von der Entitätsliste ausführen können.

> **HINWEIS** Wenn Benutzer einen Bericht kontextabhängig ausführen, zeigt Microsoft Dynamics CRM die Filterkriterien für die Benutzer nicht an. Der Bericht umfasst automatisch alle Filterkriterien als Teil der Berichtsergebnisse. Benutzer können die Filterkriterien bearbeiten, indem Sie auf die Schaltfläche *Filter bearbeiten* klicken, nachdem sie einen Bericht ausgeführt haben. Die Standardfilterkriterien lassen sich auch modifizieren, wie es später in diesem Kapitel erläutert wird.

Um einen kontextabhängigen Bericht zu erstellen, sind folgende Kriterien einzuhalten:

1. Erstellen Sie einen Bericht, der Daten von einer gefilterten Ansicht mit dem Alias *CRMAF_<filteredentityview>* abruft, und verknüpfen Sie dann mit einer JOIN-Anweisung Ihre verknüpften gefilterten Ansichten (Entitäten) in der Berichtsabfrage.

2. Achten Sie darauf, den Aliasnamen *CRMAF_* für alle Felder in Ihrer Abfrage einzubinden.

3. Wenn Sie den Bericht nach Microsoft Dynamics CRM hochladen, binden Sie die gefilterte Entität und die anderen gefilterten Entitäten von Ihrer Abfrage in die *Verknüpften Datensatztypen* ein.

4. Zeigen Sie den Bericht mithilfe der Listen und Formulare für verknüpfte Datensatztypen an.

Mit den Schritten in der folgenden Prozedur erstellen Sie einen benutzerdefinierten Bericht, der den *CRMAF_*-Alias verwendet, um kontextabhängige Berichte und Berichte, die den Filter verwenden, zu erstellen.

Filterung zu Ihrem benutzerdefinierten Aktivitätsbericht hinzufügen

1. Öffnen Sie den Bericht *Firmenaktivitäten*, den Sie im vorherigen Beispiel erstellt haben.

2. Ändern Sie auf der Registerkarte *Daten* Ihre Abfrage wie folgt, um *CRMAF_ <filteredentityview>* hinzuzufügen:

```
SELECT
CRMAF_FilteredActivityPointer.activitytypecodename,
CRMAF_FilteredActivityPointer.subject,
CRMAF_FilteredActivityPointer.modifiedonutc,
CRMAF_FilteredActivityPointer.modifiedbyname,
CRMAF_FilteredActivityPointer.statecodename,
CRMAF_FilteredActivityPointer.statuscodename,
CRMAF_FilteredActivityPointer.owneridname,
CRMAF_FilteredAccount.name
FROM FilteredAccount AS CRMAF_FilteredAccount
INNER JOIN FilteredActivityPointer AS CRMAF_FilteredActivityPointer ON
accountid = CRMAF_FilteredActivityPointer.regardingobjectid
ORDER BY CRMAF_FilteredActivityPointer.modifiedonutc DESC
```

3. Speichern Sie die Berichtsdatei und laden Sie sie dann nach Microsoft Dynamics CRM mithilfe des Formulars *Berichte* hoch, wie es weiter vorn gezeigt wurde. Wählen Sie dabei in *Verknüpfte Datensatztypen* die Entitäten *Aktivitäten* und *Firmen* und in *Anzeigen in* alle Bereiche aus, damit Benutzer diesen Bericht auch kontextabhängig ausführen können.

4. Wenn Sie jetzt den Bericht von der Liste *Berichte* aus ausführen, sehen Sie die Berichtsfilterkriterien. Führen Sie den Bericht direkt vom Formular zum Bearbeiten des Berichts aus, umgehen Sie den Berichtsfilter, obwohl Sie auch zurückgehen und ihn bearbeiten können. Der Berichtsfilterbildschirm wird nur angezeigt, wenn Sie den Bericht direkt von der Liste *Berichte* ausführen (siehe Abbildung 7.60).

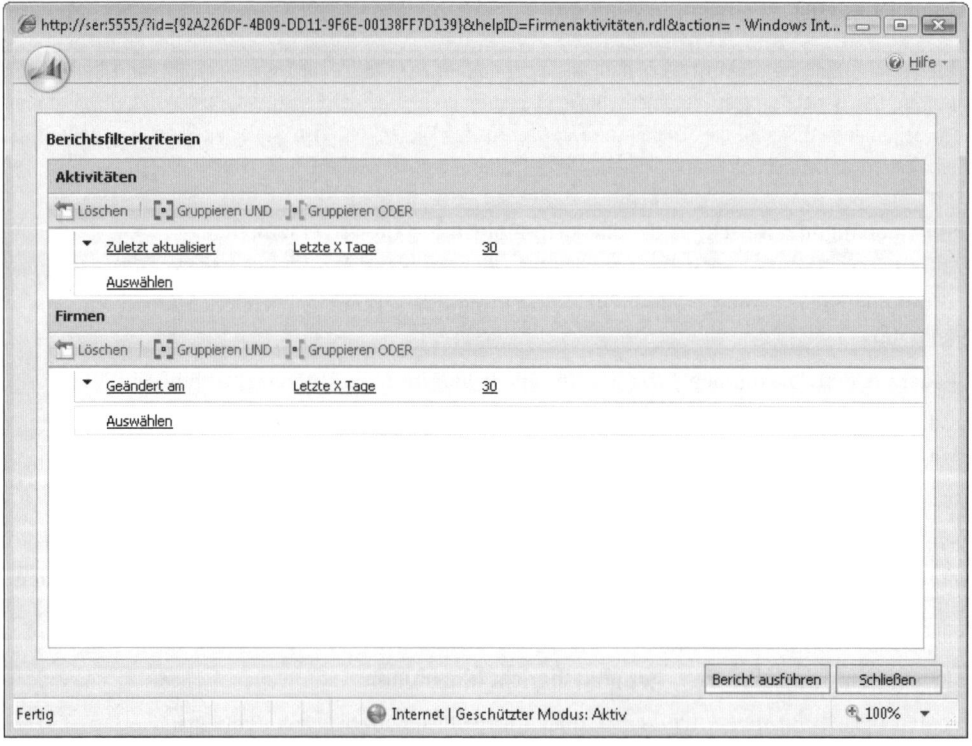

Abbildung 7.60   Filterkriterien beim Ausführen des Berichts von der Liste Berichte

5. Wenn sie einen Firmendatensatz öffnen, sehen Benutzer diesen Bericht in der Gruppe *Für den aktuellen Datensatz ausführen*, die beim Klicken in der Symbolleiste auf die Schaltfläche *Berichte* erscheint. Demzufolge führt Microsoft Dynamics CRM den Bericht lediglich für den betrachteten Firmendatensatz kontextabhängig aus, wenn Sie diesen Bericht von einem *Firma*-Formular aus ausführen.

WICHTIG   Wenn Ihr benutzerdefinierter Bericht unter der Gruppe *Bericht ausführen* erscheint, haben Sie den Bericht oder die Abfrage nicht so konfiguriert, dass die Ausführung korrekt kontextabhängig erfolgen kann. Überprüfen Sie dann noch einmal genau Ihre Abfrage und Berichtskonfiguration.

Standardmäßig erstellt Microsoft Dynamics CRM einen Berichtsfilter *Geändert am* mit der Bedingung *Letzte 30 Tage* für jede Entität in Ihrem Bericht mit dem *CRMAF_*-Präfix. Wie Sie weiter vorn in diesem Kapitel gelernt haben, können Sie die Standardfilteroptionen modifizieren, um zusätzliche Variablen einzubinden und die Standardwerte zu ändern.

TIPP   Kontextabhängige Berichte sparen Ihren Benutzern Zeit und bieten leistungsfähige Berichts- und Analyseoptionen, da sie mit verschiedenen Datensätzen in Microsoft Dynamics CRM arbeiten. Mit dem Alias *CRMAF_* können Sie leicht benutzerdefinierte Berichte erstellen, um von diesem Feature zu profitieren. Deshalb sollten Sie nach Möglichkeit versuchen, Ihre benutzerdefinierten Berichte so zugänglich zu machen, dass sie sich kontextabhängig von Ihren verknüpften Entitäten ausführen lassen.

Den Berichts-Manager von Reporting Services verwenden

Bis jetzt haben wir uns nur mit der Verwaltung von Berichten mithilfe der Microsoft Dynamics CRM-Liste *Berichte* beschäftigt. Obwohl wir empfehlen, dass Sie weiterhin die Microsoft Dynamics CRM-Benutzeroberfläche für Ihre Berichtsverwaltung verwenden sollten, verlangen bestimmte Berichtsverwaltungsfunktionen und Aufgaben, dass Sie auf die Website des Berichts-Managers von Reporting Services unter *http://<reportserver>/reports* zugreifen. Den Berichts-Manager von Reporting Services können Sie unter anderem für folgende Aufgaben einsetzen:

- Bericht für E-Mail-Bereitstellung planen
- Zeitpläne für Berichtssnapshots verwalten
- Zusätzliche oder alternative Datenquellen hinzufügen
- Zusätzliche Reporting Services-Berichtssicherheit verwalten

Wir gehen nun näher auf die beiden häufigsten Aufgaben ein, für die Sie den Berichts-Manager von Reporting Services einsetzen: Berichte für E-Mail-Bereitstellung planen und den Zeitplan für einen vorhandenen Berichtssnapshot aktualisieren.

Berichte für E-Mail-Bereitstellung planen

Mit Reporting Services können Sie Berichte planen (stündlich, täglich, wöchentlich usw.) und die Berichtsergebnisse per E-Mail entsprechend einer Benachrichtigungsliste zustellen. Die Berichte lassen sich an jede gültige E-Mail-Adresse in jedem von Reporting Services unterstützten Ausgabeformat senden. Wie bei zwischengespeicherten Berichten und Berichtssnapshots müssen Sie die Berichte im Kontext eines einzelnen Benutzers ausführen, wenn Sie sie per E-Mail zustellen.

ACHTUNG   Alle E-Mail-Empfänger sehen identische Berichtsergebnisse. Achten Sie also darauf, dass Sie nicht versehentlich vertrauliche Informationen an einen nicht dafür vorgesehenen Benutzer senden.

Wir gehen nun ein einfaches Beispiel durch, das einen Bericht plant, den Reporting Services per E-Mail zustellt. Um Berichte per E-Mail zuzustellen, müssen Sie zuerst einen E-Mail-Server für Ihren Reporting Services-Server konfigurieren. Dann veröffentlichen Sie den per E-Mail zu versendenden Bericht an den Reporting Services-Server. Schließlich erstellen Sie ein Abonnement in der Reporting Services-Verwaltungsoberfläche, um den Bericht für E-Mail-Bereitstellung zu planen.

WICHTIG   Um Berichte planen zu können, muss auf dem Reporting Services-Computer der Dienst SQL Server-Agent laufen.

Einen SQL Server Reporting Services 2005-E-Mail-Server konfigurieren

1. Melden Sie sich am Reporting Services-Server an.
2. Klicken Sie auf *Start / Alle Programme / Microsoft SQL Server 2005 / Konfigurationstools* und schließlich auf *Reporting Services-Konfiguration*.
3. Klicken Sie auf die Registerkarte *E-Mail-Einstellungen*.
4. Tragen Sie in die Felder *Absenderadresse* und *SMTP-Server* gültige Werte ein und klicken Sie dann auf *Anwenden*.

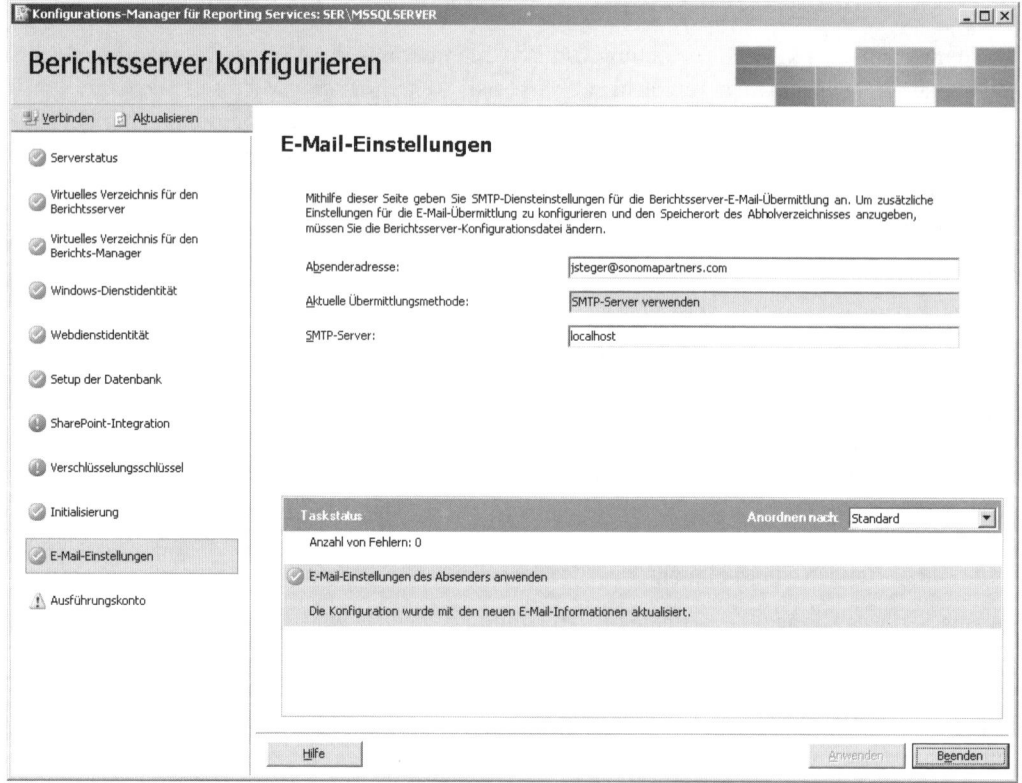

Abbildung 7.61   Die Seite E-Mail-Einstellungen für die Konfiguration des Berichtsservers

5. Nachdem Sie den E-Mail-Server für den Reporting Services-Server konfiguriert haben, können Sie einen Bericht zur E-Mail-Zustellung planen.

HINWEIS Weitere Informationen zur Konfiguration von E-Mail-Diensten finden Sie in der Reporting Services-Hilfe und im MSDN-Artikel unter *http://msdn2.microsoft.com/en-us/library/ms159155.aspx* (in Englisch).

Den Bericht für externe Verwendung veröffentlichen

1. Klicken Sie im Bereich *Arbeitsbereich* auf die Verknüpfung *Berichte*.

2. Markieren Sie den Bericht *Vernachlässigte Leads* und klicken Sie auf *Bericht bearbeiten*.

3. Klicken Sie auf *Aktionen* und wählen Sie *Bericht für externe Verwendung veröffentlichen*.

Einen E-Mail-Bericht planen

1. Öffnen Sie den Berichts-Manager von Reporting Services (*http://<reportserver>/reports*).

2. Klicken Sie auf den Ordner *<Organisationsname>_MSCRM*.

3. Klicken Sie auf den Bericht *Vernachlässigte Leads*.

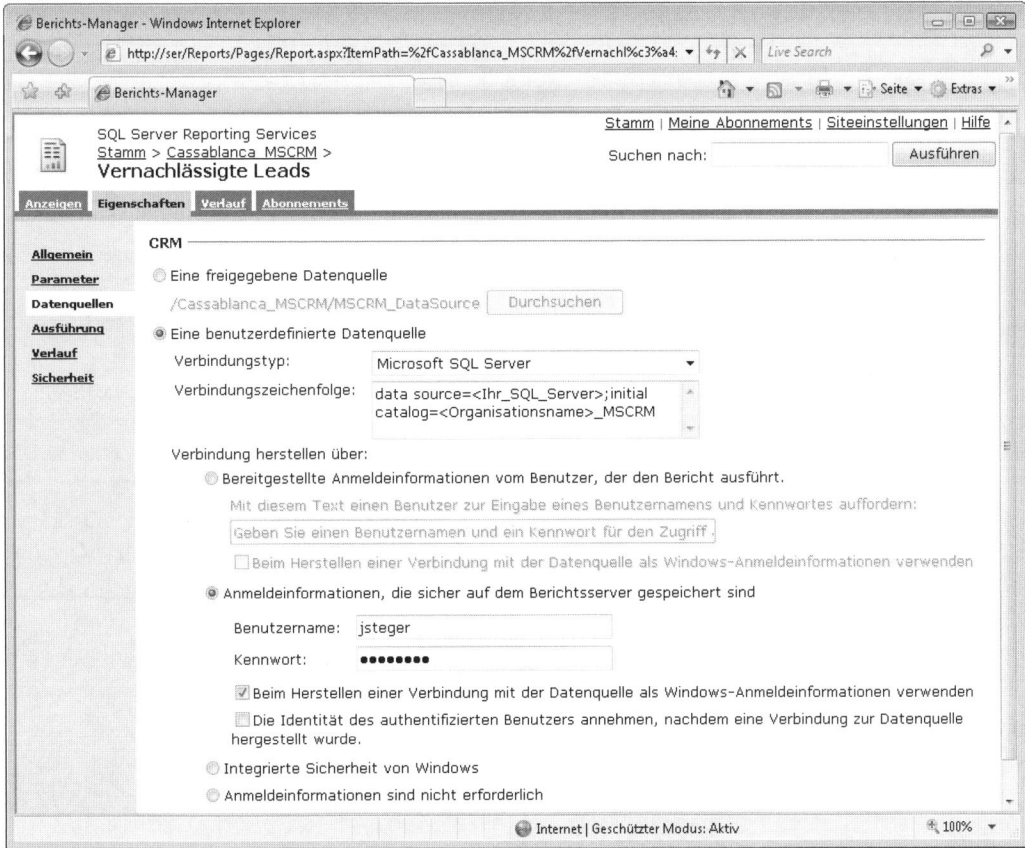

Abbildung 7.62 Datenquelleneigenschaften des Berichts Vernachlässigte Leads festlegen

4. Klicken Sie auf der Registerkarte *Eigenschaften* auf *Datenquellen*. Um den Bericht zu planen, müssen Sie einen Benutzer spezifizieren, unter dem Reporting Services den Bericht ausführen wird. Dazu erstellen Sie eine neue Datenquelle und speichern die Anmeldeinformationen sicher mit dem Bericht.

5. Klicken Sie auf *Eine benutzerdefinierte Datenquelle*.

    a. Im Feld *Verbindungstyp* wählen Sie *Microsoft SQL Server*.

    b. Im Feld *Verbindungszeichenfolge* geben Sie **data source=<Ihr_SQL_Server>;initial catalog=<Organi­sationsname>_MSCRM** ein.

    c. Im Abschnitt *Verbindung herstellen über* wählen Sie *Anmeldeinformationen, die sicher auf dem Berichtsserver gespeichert sind*, geben einen gültigen Benutzernamen (*Domäne\Benutzername*) und das dazugehörende Kennwort ein und aktivieren das Kontrollkästchen *Beim Herstellen einer Verbindung mit der Datenquelle als Windows-Anmeldeinformationen verwenden*.

6. Klicken Sie auf *Anwenden*.

7. Um die eben eingegebenen Anmeldeinformationen zu testen, klicken Sie auf die Registerkarte *Anzeigen* und überzeugen sich davon, dass der Bericht korrekt wiedergegeben wird. Sollte das nicht der Fall sein, müssen Sie die Datenverbindungseinstellungen modifizieren, bis der Bericht korrekt dargestellt wird.

8. Klicken Sie auf der Registerkarte *Abonnements* auf die Schaltfläche *Neues Abonnement*, um ein Abonnement für diesen Bericht zu erstellen.

> **HINWEIS**   Abonnements können Sie nur für Berichte erstellen, bei denen die Datenquelle gespeicherte oder keine Anmeldeinformationen verwendet.

9. Ändern Sie die Option *Übermittelt von* in *E-Mail*. Wenn diese Option nicht erscheint, müssen Sie Reporting Services in geeigneter Weise mit einem E-Mail-Server konfigurieren (siehe die obige Prozedur).

10. Geben Sie gültige E-Mail-Adressen in die Felder *An*, *Cc* und *Bcc* ein. Trennen Sie mehrere E-Mail-Adressen jeweils durch ein Semikolon.

11. Geben Sie für die E-Mail einen Betreff ein.

> **TIPP**   Reporting Services ersetzt die speziellen Token *@ReportName* und *@ExecutionTime* durch den Berichtsnamen und die Zeit, zu der der Bericht erstellt wurde, bevor die E-Mail-Nachricht gesendet wird. Wir empfehlen, dass Sie diese Token im *Betreff*-Feld beibehalten.

12. Wählen Sie für dieses Beispiel *Webarchiv* als Renderformat (obwohl auch andere Formate möglich sind) und lassen Sie die Optionen *Bericht einschließen* und *Verknüpfung einschließen* aktiviert. Die Option *Bericht einschließen* weist Reporting Services an, den Bericht als Anlage einzubinden. Durch die Option *Verknüpfung einschließen* lässt sich eine Verknüpfung zurück zum Bericht auf dem Reporting Services-Server im Körper der E-Mail einbinden. Die Renderformate umfassen die gleichen Optionen wie beim Exportieren eines Berichts vom Berichts-Viewer.

13. Um einen Zeitplan auszuwählen, klicken Sie auf die Schaltfläche *Zeitplan auswählen*.

14. Geben Sie auf der Zeitplanseite den Tag, die Uhrzeit und die Wiederholung an, die Sie für die Übermittlung dieses Berichts wünschen, und klicken Sie dann auf *OK*.

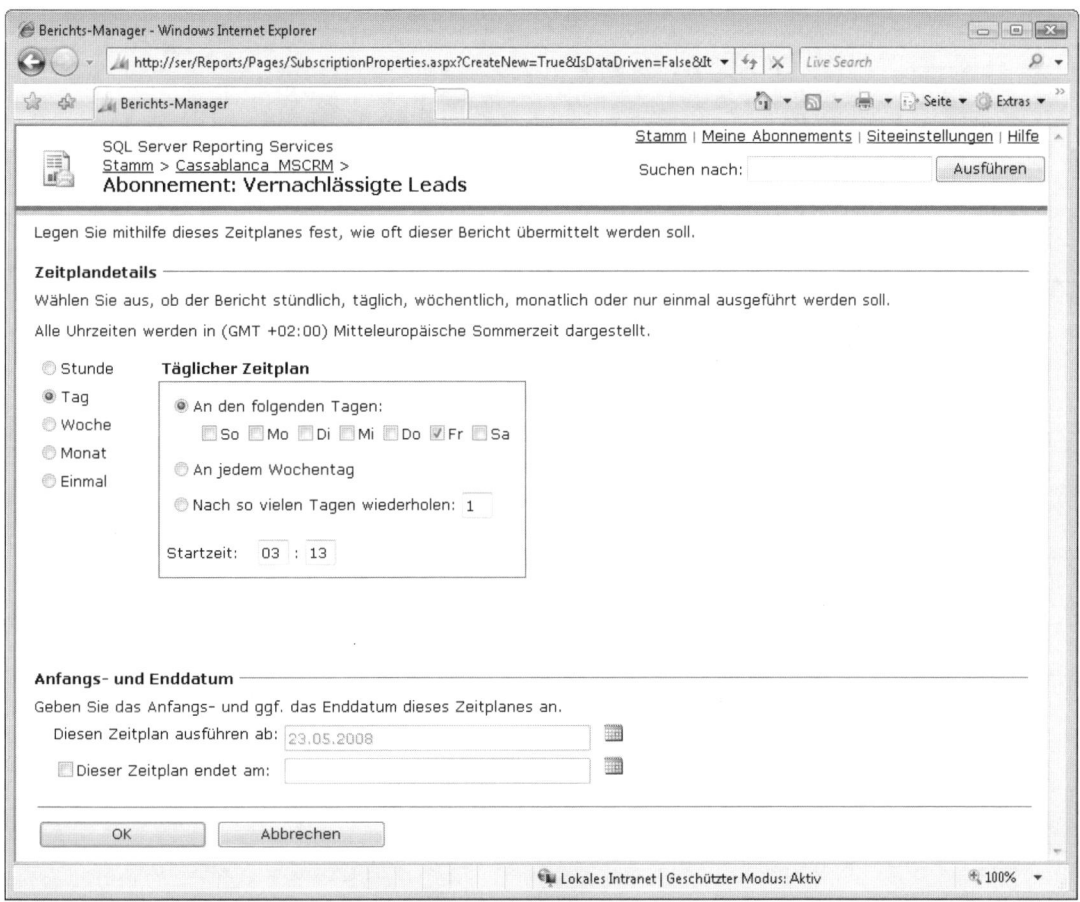

Abbildung 7.63 Zeitplan für den Bericht Vernachlässigte Leads auswählen

15. Außerdem haben Sie die Möglichkeit, die Abfrage- und Berichtsparameter für diesen geplanten Bericht zu ändern. Behalten Sie aber für das Beispiel alles unverändert bei. Klicken Sie auf *OK*.

16. Klicken Sie auf die Registerkarte *Abonnements*, um den neuen E-Mail-Bericht zu begutachten.

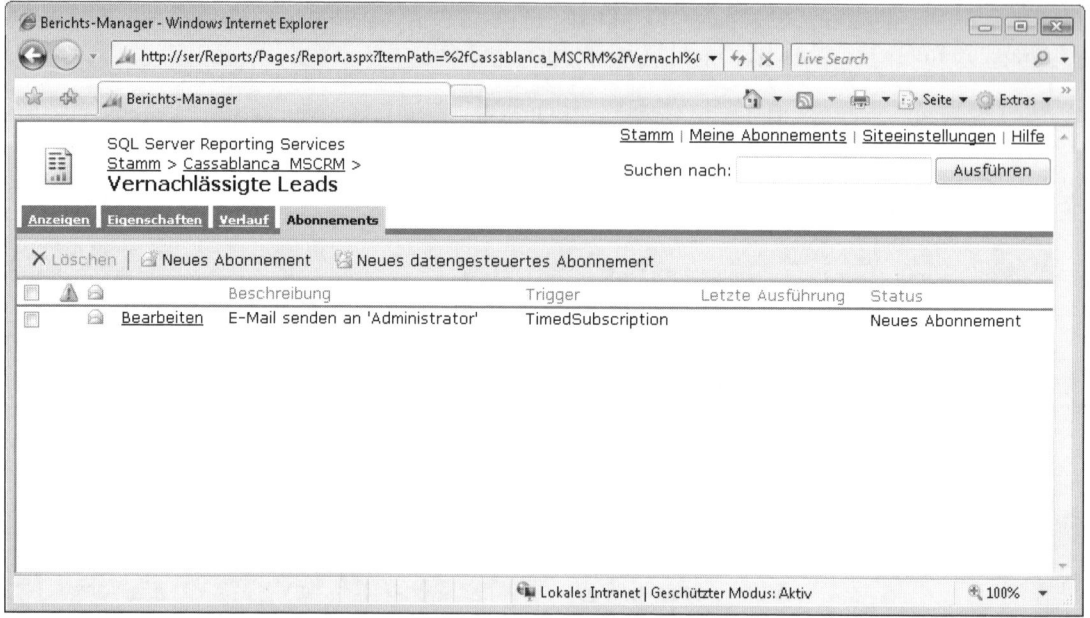

Abbildung 7.64   Das für den Bericht Vernachlässigte Leads eingerichtete Abonnement

17. Nachdem Reporting Services den Bericht gesendet hat, erhalten Sie eine E-Mail-Nachricht, die in etwa der in Abbildung 7.65 gezeigten ähnelt.

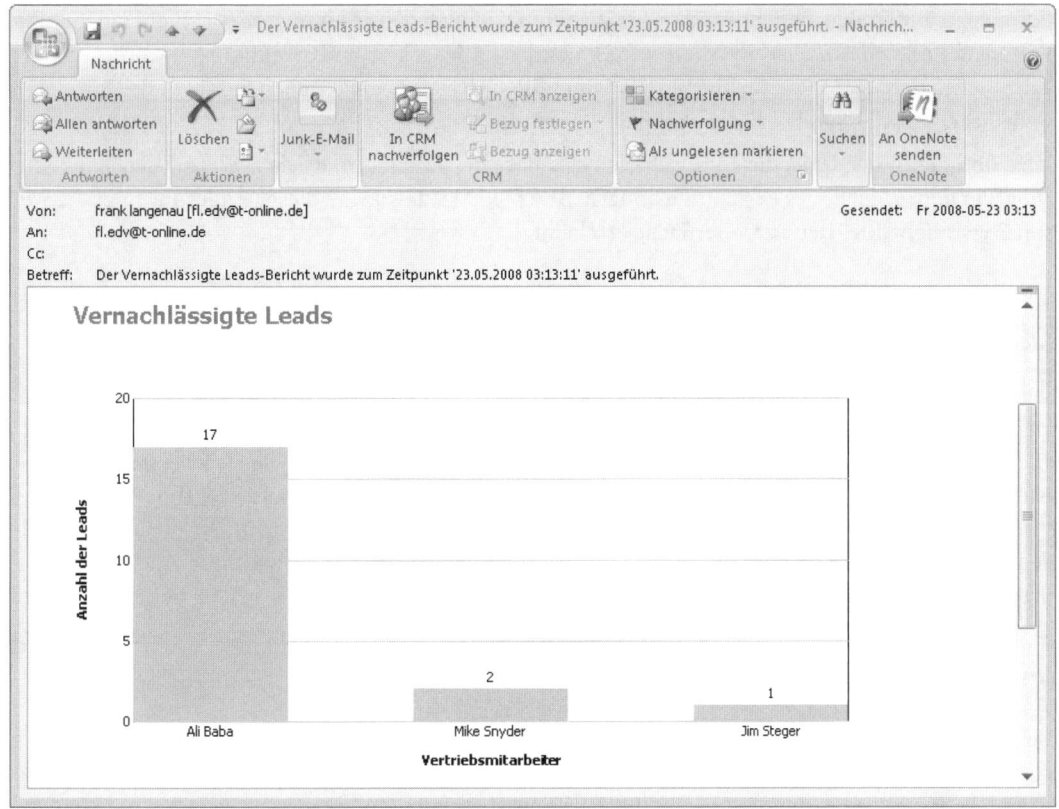

Abbildung 7.65 Per E-Mail empfangener Bericht

HINWEIS Die Option *Webarchiv* für das Rendern zeigt den Bericht im Körper der E-Mail-Nachricht für HTML-fähige Browser an. Andere Renderoptionen wie zum Beispiel *Acrobat-Datei (PDF)* und *Excel*, treffen beim Empfänger als E-Mail-Anlagen ein.

Den Zeitplan eines vorhandenen Berichtssnapshots aktualisieren

Wie bereits weiter vorn erwähnt, können Sie den Snapshot-Zeitplan eines Berichts von der Microsoft Dynamics CRM-Benutzeroberfläche aus nicht ändern. Da aber Microsoft Dynamics CRM in Reporting Services integriert ist, können Sie den Snapshot-Zeitplan über den Berichts-Manager von Reporting Services aktualisieren. Führen Sie dazu folgende Schritte aus:

1. Öffnen Sie den Berichts-Manager von Reporting Services (*http://<reportserver>/reports*).

2. Klicken Sie auf den Ordner *<Organisationsname>_MSCRM*.

3. Klicken Sie auf die Schaltfläche *Details anzeigen*, um den ausgeblendeten Ordner *4.0* anzuzeigen.

4. Klicken Sie auf die *4.0*-Ordnerverknüpfung.

5. Für den zu ändernden Bericht müssen Sie die GUID kennen. Diese können Sie abrufen, indem Sie zum Formular *Bericht bearbeiten* in Microsoft Dynamics CRM gehen und zweimal $\boxed{\text{F11}}$ drücken, um die Adressleiste der Seite anzuzeigen. Wenn Sie über die GUID verfügen, suchen Sie sie in der Liste *Berichte* und klicken auf das Symbol *Eigenschaften*.

6. Jetzt sind Sie in der Lage, die Eigenschaften des Berichts zu ändern. Klicken Sie auf den Link *Ausführung*, um den Zeitplan des Berichts zu ändern. Beachten Sie, dass keine dieser Änderungen in der Microsoft Dynamics CRM-Benutzeroberfläche erscheint.

Tipps

Die Benutzer werden mit dem Microsoft Dynamics CRM-System zufrieden sein, wenn sie auf alle gewünschten Berichte schnell zugreifen können. Leider beschäftigen sich viele Benutzer erst sehr spät mit den Möglichkeiten, die Berichte in Microsoft Dynamics CRM bieten und damit, wie sie zweckmäßige Berichte erstellen. Folglich sind viele Berichte oftmals zusammengeschustert und werden beim Entwickeln und Testen kurzfristig geändert. Warten Sie also mit dem Thema Berichterstellung nicht erst bis zum Ende Ihres Implementierungsprozesses. Berichte brauchen immer etwas länger für Entwicklung und Testen, als Sie erwarten! Beherzigen Sie die folgenden Tipps, wenn Sie mit Microsoft Dynamics CRM-Berichten arbeiten.

Allgemeine Tipps

■ Behalten Sie immer Sicherungen Ihrer Berichtsdateien und bearbeiten Sie niemals aktive Berichte. Speichern Sie Ihre Berichte nach Möglichkeit in einem Versionskontrollsystem wie zum Beispiel Microsoft Visual SourceSafe oder Subversion, damit Sie bei Bedarf zu früheren Versionen zurückkehren können.

■ Wenn Sie in Ihren Bericht Bilder oder Logos einfügen, sieht der Bericht zwar ansprechender aus, doch können zu viele derartige Elemente die Performance des Berichts bremsen. Achten Sie deshalb besonders auf die Anzahl der verwendeten Bilder und ihre Dateigrößen. Das Einbetten von Bildern in den Bericht oder die Datenbank (anstatt auf eine externe URL zu verweisen) bietet eine bessere Portierbarkeit.

■ Wenn Sie den Reporting Services-Designer verwenden, sollten Sie die Layout- oder Datenansicht wählen, wenn Sie in der Symbolleiste auf *Speichern* klicken. Wenn Sie auf der Registerkarte *Vorschau* auf *Speichern* klicken, versucht Visual Studio, die Ausgabe des Berichts und nicht den Bericht selbst zu speichern.

■ Wenn Sie für Ihre Berichte benutzerdefinierte gespeicherte Prozeduren oder Sichten erstellen, sollten Sie sie nicht in die Microsoft Dynamics CRM-Datenbanken hinzufügen. Denken Sie daran, dass Microsoft das direkte Ändern der SQL Server-Datenbanken nicht unterstützt. Für eine derartige Situation sollten Sie also eine separate Datenbank erstellen.

■ Microsoft Dynamics CRM erstellt zweckmäßigerweise zwei Spalten für jedes Nachschlage- und Auswahllistenfeld in der gefilterten Ansicht. Dabei können Sie auf den Nachschlage- oder Auswahllistenwert verweisen oder einfach den Namen direkt referenzieren. Achten Sie darauf, dass Ihre Berichtersteller darüber informiert sind, damit sie nicht unnötig Zeit verschwenden, indem sie versuchen, gefilterte Ansichten zu verknüpfen, um die Namen anzuzeigen.

- Zwei zusätzliche Sichten (*FilteredStringMap* und *FilteredStatusMap*) stellen die Auswahllisten- bzw. Statusgründe bereit. Für benutzerdefinierte Parameterlisten werden Sie gegebenenfalls auf diese Ansichten verweisen.

Tipps zur Performance

- Nach Möglichkeit sollten Sie für die Berichterstellungsaufgaben einen vollkommen separaten Server und nicht die reale Produktionsdatenbank verwenden. Für größere Organisationen, Datenbanken mit großem Datenaufkommen und Firmen mit komplexen und zeitintensiven Berichtsabfragen ist es entscheidend, die Berichterstellung in einer eigenen Datenbank zu verwalten. Wenn Sie die Berichterstellung auf einen eigenen Datenbankserver verlagern, ergeben sich folgende Vorteile:

- In der Microsoft Dynamics CRM-Datenbank sind Performancegewinne bei transaktionalen Abfragen zu verzeichnen, weil SQL Server sich automatisch auf derartige Anfragen optimiert. Außerdem werden weniger Gleichzeitigkeits- oder Sperrenprobleme auftreten.

- Es lassen sich Indizes hinzufügen, die den spezifischen Anforderungen von Berichtsabfragen entsprechen, ohne dass sich die Indizes nachteilig auf die Transaktionsdatenbank auswirken.

- Sollte durch einen bestimmten Bericht oder eine Arbeitslast ein Leistungsengpass auftreten, hat dies keinen Einfluss auf andere Microsoft Dynamics CRM-Benutzer, wenn der Bericht ausgeführt wird. Zudem lassen sich derartige Probleme mildern, wenn Sie Daten zwischenspeichern und Snapshots erstellen.

- Je nach Bedarf können Sie benutzerdefinierte gespeicherte Prozeduren und Sichten erstellen.

- Die Konfiguration der Sicherheitseinstellungen lässt sich für Berichtsautoren optimieren. Zum Beispiel können Sie einschränken, auf welche gespeicherten Prozeduren und Sichten ein bestimmter Berichtsautor zugreifen darf.

- Wenn Sie Abfragen in Ihren Berichten erstellen, sollten Sie keine Abfragen der Form SELECT * (die sämtliche Spalten zurückgeben) verwenden. Eine bessere Leistung erreichen Sie, wenn Sie nur die wirklich benötigten Spalten abfragen (und zurückgeben lassen).

- Achten Sie darauf, dass Sie die Standardberichtsfilter für jeden von Ihnen erstellten Reporting Services-Bericht modifizieren, um den Umfang der zurückgegebenen Daten zu verringern (und damit die Leistung zu verbessern).

- Führen Sie nach Möglichkeit Filteroperationen, Berechnungen und Gruppierungen in SQL Server und nicht in Reporting Services aus. SQL Server kann Gruppierungsoperationen wesentlich effizienter und schneller als Reporting Services abwickeln.

- Da gefilterte Ansichten für jedes Datenfeld einen UTC-Zeitwert und eine Ortszeit zurückgeben, sollten Sie bei Datumsvergleichen in einem Bericht auch auf diesen UTC-Zeitwert verweisen.

Zusammenfassung

Microsoft Dynamics CRM bietet viele unterschiedliche Berichts- und Analysetools. Das Spektrum dieser Tools erstreckt sich von einfachen Optionen wie zum Beispiel Ansichten und Excel-Exporten bis zu ausgefeilten Berichtstools auf Unternehmensebene wie zum Beispiel SQL Server Reporting Services. Und natürlich können Sie die Berichtsoptionen sogar noch stärker erweitern, um bei Bedarf Ihre eigenen Berichtstools von Drittanbietern einzubinden. Bringen Sie alle diese Optionen zusammen und Sie verfügen über fast unbegrenzte Flexibilität, um Ihre Kundendaten aus Microsoft Dynamics CRM zu erhalten.

Zur Standardinstallation von Microsoft Dynamics CRM gehören mehr als 20 unterschiedliche Reporting Services-Berichte, die Sie je nach Bedarf modifizieren können. Es ist auch möglich, vollkommen neue Berichte zu erstellen. Hierfür steht der Berichts-Assistent von Microsoft Dynamics CRM oder das Add-In Berichts-Designer für Visual Studio 2005 zur Verfügung. Alle Ihre Berichte verwalten Sie ganz einfach von der Microsoft Dynamics CRM-Benutzeroberfläche aus. Mit Reporting Services ist es auch möglich, Berichte per E-Mail zu übermitteln und vorhandene Berichtsabonnements und Snapshot-Zeitpläne zu verwalten.

Kapitel 8

Workflow

In diesem Kapitel:

Workflowgrundlagen	390
Workflowvorlagen	397
Workfloweigenschaften	397
Schritteditor für Workflows	401
Dynamische Werte in Workflows	415
Workflow überwachen	421
Workflow importieren und exportieren	426
Beispiele für Workflows	427
Zusammenfassung	448

Microsoft Dynamics CRM enthält ein Workflowmodul, mit dem Sie Ihre Geschäftsabläufe automatisieren können. Dazu erstellen Sie eigene Regeln, Logik und Aktionen. Microsoft hat die Workflowfunktionalität in Microsoft Dynamics CRM 4.0 grundlegend überarbeitet. Das Modul baut jetzt auf Microsoft Windows Workflow Foundation auf, während frühere Versionen von Microsoft Dynamics CRM ein proprietäres Workflowmodul verwendet haben. Die Ergebnisse der überarbeiteten Workflowfunktionalität werden Sie beeindrucken: Benutzer, Administratoren und Entwickler können leistungsfähige Geschäftsabläufe mit den Workflow-Tools entwerfen und erstellen, wobei ihnen eine neue Benutzeroberfläche zur Verfügung steht, in der sich die Workflowprozesse erstellen und überwachen lassen.

Workflowgrundlagen

Viele Firmen versuchen, standardisierte Geschäftsabläufe anzuwenden und zu implementieren, damit ihre Operationen einheitlicher und reibungsloser ablaufen können. So könnte der CEO zum Beispiel sagen: »Alle Kundenserviceanfragen müssen innerhalb von 24 Stunden gelöst werden.« Oder: »Wir implementieren für alle Aufträge über 100.000 € einen neuen Vertriebsprozess.« Allerdings werden diese Geschäftsprozesse den Mitarbeitern oftmals nur ad hoc in unregelmäßiger Form bekannt gemacht. Möglicherweise existiert ein Prozessdokument auf einer Netzwerkfreigabe, doch wissen die meisten Mitarbeiter nichts davon. Und manche Mitarbeiter verlassen sich auf mündliche Informationen von anderen Mitarbeitern, um sich die Abläufe für ihre Jobs anzueignen. Folglich kann die Standardisierung von Geschäftsabläufen bei manchen Firmen eine echte Herausforderung darstellen, was besonders für größere Unternehmen gilt. Welche Vorteile bietet Workflow für diese Szenarios? Bei Microsoft Dynamics CRM-Workflow handelt es sich um ein Instrument, mit dem sich Geschäftsprozessaktivitäten (einschließlich der richtigen Reihenfolge) einrichten und definieren lassen, damit sich die Mitarbeiter daran halten, wenn sie mit Microsoft Dynamics CRM-Daten arbeiten.

WICHTIG   Konzeptionell können Sie sich Microsoft Dynamics CRM-Workflow als Anwendung oder Dienst vorstellen, die / der im Hintergrund läuft und ständig – 24 Stunden am Tag, 7 Tage in der Woche – Ihre Microsoft Dynamics CRM-Daten und sämtliche Workflowregeln in Ihrer Bereitstellung auswertet. Trifft der Workflowdienst auf ein Triggerereignis, löst er die entsprechenden Workflowregeln aus, um die Workflowaktionen auszuführen. Zu den typischen Workflowaktionen gehören das Senden einer E-Mail-Nachricht, das Erstellen einer Aufgabe und das Aktualisieren eines Datenfelds oder eines Datensatzes.

Wenn Sie Workflowprozesse in Ihrer Microsoft Dynamics CRM-Bereitstellung implementieren, bieten sich folgende Vorteile:

- Kundendaten und -prozesse können Sie in einheitlicher Form verfolgen und verwalten. Anstatt sich darauf zu verlassen, dass Ihre Benutzer die Daten in der richtigen Abfolge verarbeiten, erstellen Sie Workflowregeln, die automatisch die als Nächstes erforderlichen Schritte festlegen und bei Bedarf Aktivitäten zuweisen.

- Die Kundendaten lassen sich schneller verarbeiten, weil neue Vertriebs-Leads oder Kundenserviceanforderungen unverzüglich bei der Datensatzerstellung zugewiesen und weitergeleitet werden.

- Die Benutzer können sich auf die eigentlichen Aktivitäten konzentrieren, anstatt eine große Anzahl von manuell zu wiederholenden Schritten ausführen zu müssen.

Da Organisationen aller Größen von Workflowprozessen profitieren, beschäftigen wir uns ausführlich mit den Details, wie Sie Workflow in Microsoft Dynamics CRM verwenden. In den folgenden Unterabschnitten erläutern wir die Grundlagen der Workflowkonzepte in Bezug auf Microsoft Dynamics CRM:

- Prinzipielle Architektur
- Workflowregeln ausführen
- Workflowsicherheit
- Die Workflowoberfläche verstehen

Prinzipielle Architektur

Windows Workflow Foundation bietet ein umfassendes Programmiermodell, ein Laufzeitmodul und Tools für die Verwaltung von Workflowlogik und -anwendungen. Die Kerninfrastruktur von Microsoft Dynamics CRM-Workflow stützt sich auf das Windows Workflow Foundation-Framework. In der Workflowbenutzeroberfläche abstrahiert Microsoft Dynamics CRM diese Infrastruktur, sodass Benutzer und Administratoren mit Windows Workflow Foundation nicht direkt interagieren müssen. Demzufolge ist es nicht notwendig, dass Sie Windows Workflow Foundation beherrschen, um Workflowlogik in Microsoft Dynamics CRM erstellen zu können. Allerdings möchten wir einige Vorteile dieses standardisierten Workflowmoduls für Microsoft Dynamics CRM hervorheben.

Eine weitere wichtige Komponente von Microsoft Dynamics CRM-Workflow ist der Microsoft Dynamics CRM-Dienst für die asynchrone Verarbeitung, der mit Microsoft Dynamics CRM automatisch installiert wird. Der asynchrone Verarbeitungsdienst führt lang laufende Operationen in Microsoft Dynamics CRM aus, einschließlich der Verarbeitung von Workflowregeln. Der Begriff *asynchron* bedeutet, dass Operationen in nicht blockierender Form ablaufen, sodass das System weitere Ereignisse verarbeiten kann, ohne darauf warten zu müssen, dass eine Aktion abgeschlossen ist. Demgegenüber müssen *synchrone* Aktionen erst vollständig abgeschlossen sein, bevor das System mit dem nächsten Schritt fortfährt.

In Microsoft Dynamics CRM werden Workflows asynchron ausgeführt. Folglich muss der asynchrone Verarbeitungsdienst aktiv sein, damit sich Microsoft Dynamics CRM-Workflows ausführen lassen. Kapitel 9 vertieft diese Konzepte und gibt auch Beispiele für benutzerdefinierte Workflowaktivitäten basierend auf Windows Workflow Foundation an. Damit erhalten Sie die Flexibilität, um auch komplexere Logik realisieren zu können.

> **ACHTUNG** Aufgrund der asynchronen Arbeitsweise von Microsoft Dynamics CRM-Workflow bemerken Sie eventuell eine geringe Verzögerung zwischen dem Zeitpunkt, zu dem Sie eine Regel anwenden, und der Zeit, zu der die Regel implementiert wird. Abhängig von der konkreten Workflowaktion müssen Sie gegebenenfalls den Datensatz aktualisieren, den Sie gerade anzeigen, damit die neuen oder aktualisierten Werte erscheinen. Wie Sie noch sehen werden, bietet Microsoft Dynamics CRM verschiedene Möglichkeiten, um die Ausführung von laufenden Workflowregeln zu überwachen.

Workflowregeln ausführen

Microsoft Dynamics CRM initiiert Workflowregeln nach einem von drei Verfahren:

- Manuell durch den Benutzer
- Automatisch von einem Triggerereignis
- Von einem anderen Workflowprozess

Zuerst sehen wir uns an, wie Benutzer Workflows manuell ausführen können. Nehmen Sie dazu an, dass Sie bereits mehrere Workflowregeln für die Entität *Verkaufschance* entworfen haben. Wenn sich Benutzer eine *Verkaufschancen*-Ansicht ansehen, können sie einen oder mehrere Datensätze auswählen und dann in der Symbolleiste der Tabelle auf die Schaltfläche *Workflow ausführen* klicken (siehe Abbildung 8.1).

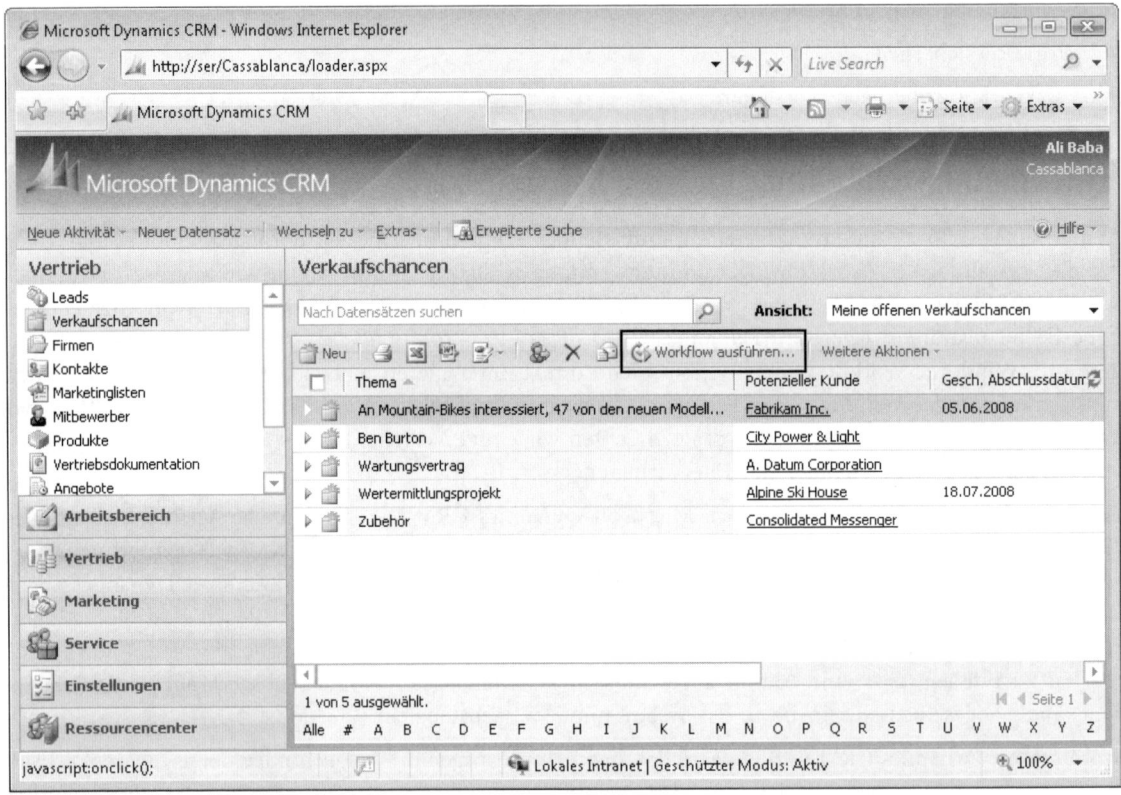

Abbildung 8.1 Auf Workflowregeln über die Symbolleiste der Tabelle zugreifen

HINWEIS Microsoft Dynamics CRM zeigt die Schaltfläche *Workflow ausführen* nur an, wenn für die Entität mindestens eine veröffentlichte Workflowregel mit der Option *Bei Bedarf* ausgewählt ist und der Benutzer über die Berechtigungen *Workflowauftrag ausführen* und mindestens *Workflow Lesen* verfügt.

Klickt der Benutzer auf die Schaltfläche *Workflow ausführen*, erscheint ein Dialogfeld, wie es in Abbildung 8.2 zu sehen ist.

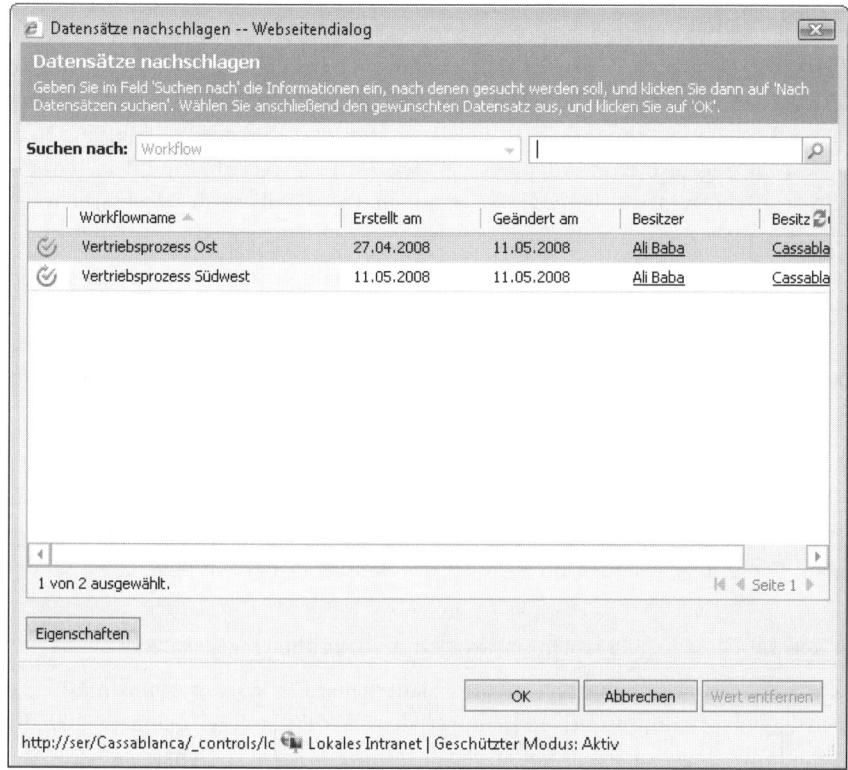

Abbildung 8.2 Das Dialogfeld Workflow ausführen

In diesem Dialogfeld kann der Benutzer eine der veröffentlichten Workflowregeln auswählen, um sie für die in der Ansicht *Verkaufschance* ausgewählten Datensätze auszuführen. Hat der Benutzer die Regel ausgewählt, die er anwenden möchte, und auf *OK* geklickt, führt Microsoft Dynamics CRM diese Regel für alle markierten Datensätze aus und führt die Aktionen durch, die die Regel spezifiziert. Benutzer können in diesem Dialogfeld jeweils nur eine Workflowregel auf einmal auswählen und ausführen.

Neben der manuellen Anwendung von Workflowregeln kann Microsoft Dynamics CRM Regeln auch automatisch ausführen, und zwar basierend auf einem Triggerereignis, das Sie festgelegt haben, oder als Unterprozess in einer anderen Workflowregel. Es liegt auf der Hand, dass Sie von automatisch ausgeführten Workflowregeln am meisten profitieren.

Workflowsicherheit

Genau wie für die anderen Features in Microsoft Dynamics CRM können Sie auch für Workflowregeln detaillierte Sicherheitseinstellungen einrichten und konfigurieren. Workflowregeln lassen sich unter zwei verschiedenen Gesichtspunkten sichern:

- Workflowregeln erstellen und bearbeiten
- Workflowregeln ausführen

Workflowregeln erstellen und bearbeiten

Wenn Sie die Workflowsicherheit in Microsoft Dynamics CRM konfigurieren und damit festlegen, welche Benutzer Workflowregeln erstellen und bearbeiten können, ist das das Gleiche, wie die Microsoft Dynamics CRM-Sicherheit für die anderen Entitäten wie zum Beispiel Leads, Firmen und Kontakte zu konfigurieren. Jeder Workflowregel ist ein Besitzer zugeordnet und der Besitzer der Workflowregel bestimmt in Verbindung mit der Sicherheitsrolle des Benutzers, welche Aktionen der Benutzer für diese Regel unternehmen kann.

Die meisten von Microsoft Dynamics CRM bei der Softwareinstallation erstellten Standardsicherheitsrollen umfassen auch grundlegende Bearbeitungsrechte. Genau wie bei jeder Microsoft Dynamics CRM-Sicherheitsberechtigung können Sie die Zugriffsebenen ändern oder neue Regeln erstellen, die Ihren spezifischen Geschäftsanforderungen entsprechen.

Workflowregeln ausführen

Wenn Microsoft Dynamics CRM eine Workflowregel ausführt, geschieht dies unter einer von zwei Sicherheitseinstellungen, abhängig davon, wie die Regel gestartet wurde:

- **Manuell gestartete Regeln:** Diese Regeln laufen im Kontext des Benutzers, der die Regel angewendet hat.
- **Automatisch gestartete Regeln:** Diese Regeln laufen im Kontext des Workflowregelbesitzers.

Sehen Sie sich ein Beispiel an, in dem ein Benutzer mit der Sicherheitsrolle *Systemadministrator* eine Workflowregel besitzt, jedoch ein nicht administrativer Benutzer diese Workflowregel manuell über die Benutzeroberfläche anwendet. Da die Regel manuell gestartet wird, führt Microsoft Dynamics CRM die Regel unter den Sicherheitseinstellungen des nicht administrativen Benutzers aus und nicht des Benutzers mit der Systemadministratorrolle. Wenn die Aktionen der Workflowregel verlangen, dass ein Datensatz gelöscht wird, und der nicht administrative Benutzer keine Berechtigung hat, einen Datensatz zu löschen, scheitert der Schritt der Workflowregel mit der Löschaktion. Überzeugen Sie sich also immer davon, dass ein Benutzer die Berechtigungen besitzt, alle Schritte in einer Workflowregel auszuführen, wenn Sie Benutzern gestatten, diese Regel manuell zu starten. Das betrifft auch alle untergeordneten Workflowschritte.

Startet der Workflow andererseits eine Workflowregel automatisch aufgrund eines Triggerereignisses, verwendet Microsoft Dynamics CRM die Anmeldeinformationen des Regelbesitzers.

> **WICHTIG** Der Besitzer der Workflowregel nimmt eine Schlüsselposition ein, weil automatisch gestartete Workflowregeln im Sicherheitskontext des Benutzers ausgeführt werden, der die Regel besitzt. Wendet jedoch ein Benutzer eine Workflowregel über die Benutzeroberfläche manuell an, läuft die Regel im Kontext der Anmeldeinformationen dieses Benutzers (und nicht im Sicherheitskontext des Regelbesitzers). Wenn Sie nicht sicher sind, wie (und folglich mit welchen Sicherheitsinformationen) die Regel gestartet wird, können Sie sich den Besitzer des Workflowauftrags mit den Überwachungstools ansehen, die wir im nächsten Kapitel erläutern.

Läuft also eine automatisch gestartete Workflowregel korrekt und scheitert bei manueller Ausführung, können Sie dieses Problem in 9 von 10 Fällen dadurch lösen, dass Sie dem Benutzer, der die Regel instanziiert hat, die erforderlichen Sicherheitsberechtigungen erteilen, um sämtliche in der Regel enthaltenen Aktionen auszuführen.

Die Workflowoberfläche verstehen

Den Microsoft Dynamics CRM-Webclient können Sie als primäre Benutzeroberfläche verwenden, um Workflowregeln zu erstellen und zu verwalten. Gelegentlich müssen Sie aber eine Geschäftsanforderung mit einem Workflow realisieren, für den die Tools der Weboberfläche nicht genügen. In derartigen Szenarios können Sie mit Microsoft Visual Studio 2008 Workflowassemblies erstellen, die benutzerdefinierte Geschäftslogik entsprechend Ihren Anforderungen ausführen. Nachdem Sie die Workflowassemblies entsprechend registriert haben, können Sie darauf über die Workflowweboberfläche zugreifen und somit nahezu jede Art von Aktion oder Berechnung durchführen. Kapitel 9 zeigt anhand eines Beispiels, wie Sie mit Visual Studio 2008 eine Assembly für eine benutzerdefinierte Workflowaktivität erstellen und wie Sie diese Assembly in der Workflowweboberfläche verwenden.

HINWEIS   Mit Microsoft Dynamics CRM Live können Sie keine Workflowassemblies verwenden. Diese Option gilt nur für lokale oder durch Partner gehostete Bereitstellungen von Microsoft Dynamics CRM.

Um auf Workflowregeln zuzugreifen, klicken Sie im Bereich *Einstellungen* auf *Workflows*. Microsoft Dynamics CRM zeigt in einer der gewohnten Tabellen die Workflowregeln an (siehe Abbildung 8.3).

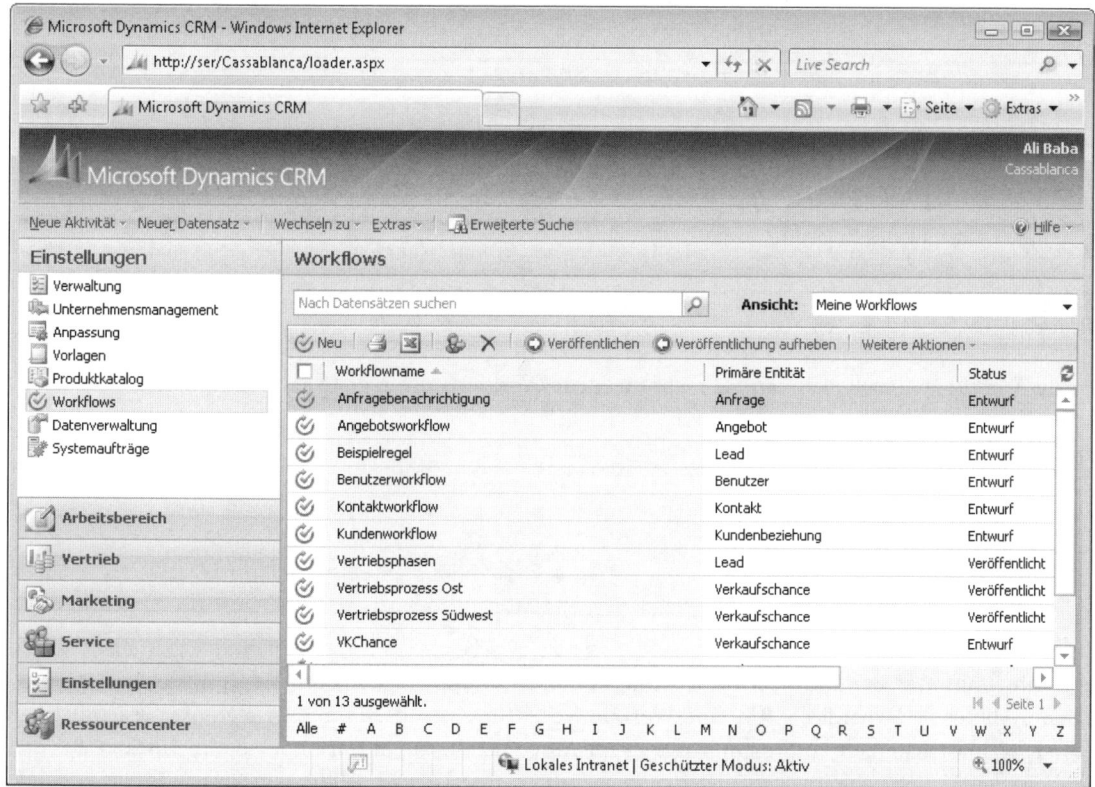

Abbildung 8.3   Die Tabelle Workflows

Möchten Sie eine neue Workflowregel erstellen, klicken Sie auf die Schaltfläche *Neu*, geben einen Workflow-namen ein und wählen dann die Entität aus, auf die die Regel angewendet werden soll. Für den Typ des Workflows stehen die Optionen *Neuer leerer Workflow* und *Neuer Workflow aus Vorlage* zur Auswahl. Wenn Sie die Option *Neuer leerer Workflow* wählen und auf *OK* klicken, zeigt Microsoft Dynamics CRM den Workfloweditor an (siehe Abbildung 8.4).

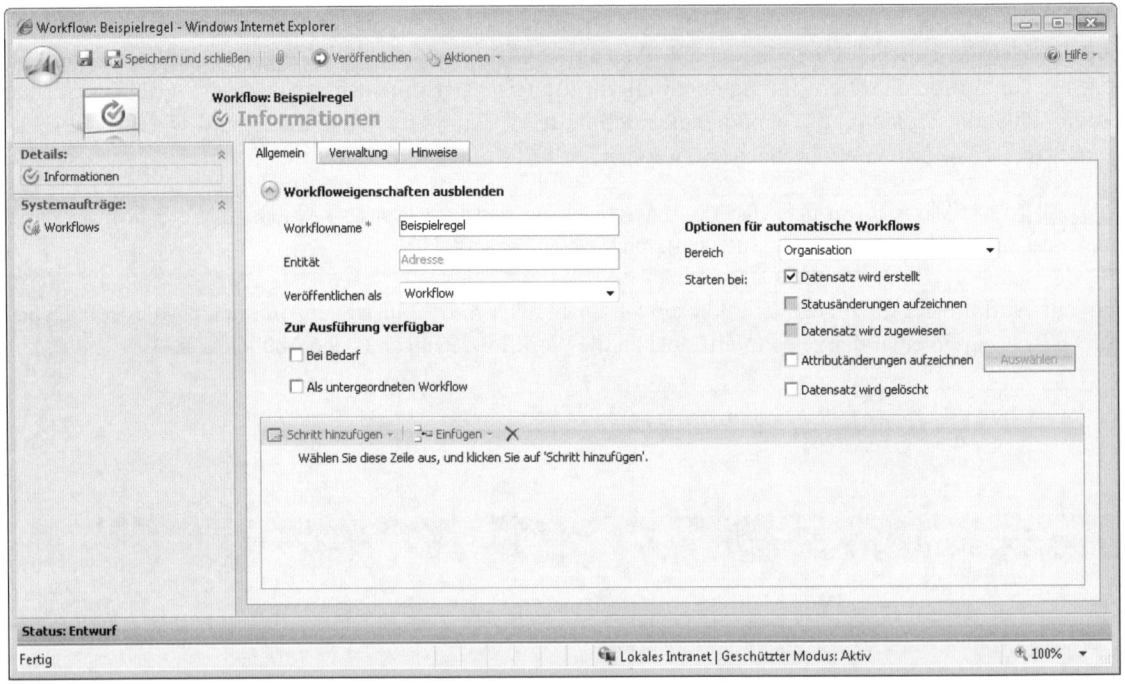

Abbildung 8.4   Das Formular des Workfloweditors

Über die *Workflows*-Tabelle können Sie nicht nur neue Workflowregeln erstellen, sondern auch die folgen-den administrativen Aufgaben durchführen:

- Veröffentlichen

- Veröffentlichung aufheben

- Löschen

- Freigeben

- Zuweisen

Dieser Abschnitt der Benutzeroberfläche zeigt nur die Workflowregeln und die Workflowvorlagen an. Nachdem Microsoft Dynamics CRM eine Workflowregel für einen bestimmten Datensatz ausgeführt hat, erhalten Sie Informationen zu diesem Vorgang im Abschnitt *Systemaufträge* oder durch Klicken auf den Link *Workflows* im Navigationsbereich einer bestimmten Regel (siehe Abbildung 8.4). Wie Sie laufende Workflowprozesse überwachen, erläutern wir später in diesem Kapitel.

Workflowvorlagen

Workflowvorlagen sind ein komfortabler Mechanismus, um allgemeine Regeln wieder zu verwenden. Vorlagen helfen Ihnen Zeit zu sparen, weil sich damit neue Workflowregeln einfacher erstellen lassen und auch eine Workflowvorlage problemlos erstellt werden kann. Wenn Sie den Workflow erstellen, müssen Sie lediglich in der Liste *Veröffentlichen als* die Option *Workflowvorlage* wählen.

Die fertig gestellten und veröffentlichten Workflowvorlagen stehen Ihnen dann zur Verfügung, wenn Sie eine neue Workflowregel erstellen. Dazu aktivieren Sie auf der Seite *Workflow erstellen* den Typ *Neuer Workflow aus Vorlage* und markieren dann eine der Workflowvorlagen, die für die ausgewählte Entität veröffentlicht wurden. Wird der Datensatz für die Workflowregel geöffnet, enthält er alle Schritte und Einstellungen von der gespeicherten Vorlage.

Es versteht sich von selbst, dass Sie mit Workflowvorlagen eine Menge Zeit sparen können, wenn Ihr System eine große Anzahl von Workflowregeln verwendet, die ähnliche Schritte und Aktionen umfassen.

Workfloweigenschaften

Wenn Sie eine Workflowregel erstellen, müssen Sie mehrere Parameter für die Regel spezifizieren:

- Grundlegende Workfloweigenschaften
- Ausführungsoptionen für den Workflow
- Gültigkeitsbereich
- Triggerereignisse

Grundlegende Workfloweigenschaften

Als grundlegende Eigenschaften können Sie den Namen und Veröffentlichungstyp (Workflowregel oder Workflowvorlage) des Workflows ändern. Auf anderen Registerkarten ändern Sie den Besitzer der Regel (wichtig für die Sicherheit), tragen eine Workflowbeschreibung ein und fügen Hinweise hinzu.

> **TIPP**   Im Workfloweditor ist es möglich, einen bereits vorhandenen Workflownamen für eine bestimmte Entität einzugeben. Allerdings stiftet dies nur Verwirrung, wenn Sie Regeln von Problemen befreien oder aktualisieren müssen. Versuchen Sie also, eindeutige und aussagekräftige Namen für Ihre Regeln anzugeben.

Ausführungsoptionen für Workflows

Wenn Sie eine Workflowregel erstellen, müssen Sie festlegen, wie Microsoft Dynamics CRM diese Regel ausführen kann. Wie aus Abbildung 8.4 hervorgeht, lassen sich mehrere Optionen konfigurieren, um die Workflowregel automatisch zu starten. Auf die Optionen zur automatischen Ausführung gehen wir im Abschnitt »Triggerereignisse« später in diesem Kapitel ausführlich ein.

Außer den Optionen für automatische Workflows können Sie für eine Workflowregel auch zwei zusätzliche Ausführungsoptionen konfigurieren:

- **Bei Bedarf:** Erlaubt einem Benutzer, eine Workflowregel manuell für eine Gruppe von Datensätzen oder einen einzelnen Datensatz auszuführen.

- **Als untergeordneter Workflow:** Ermöglicht dem Designer der Workflowregel, die Regel in einer anderen Workflowregel als untergeordnete Regel auszuführen.

Da sich diese Ausführungsoptionen beliebig kombinieren lassen, ergeben sich recht viele Möglichkeiten, wie Microsoft Dynamics CRM Ihre Workflowregeln ausführen soll.

Gültigkeitsbereich

Über den Gültigkeitsbereich eines Workflows können Sie näher spezifizieren, welche Datensätze die Workflowregel beeinflusst. Als Gültigkeitsbereichsoptionen sind die schon bekannten Microsoft Dynamics CRM-Sicherheitszugriffsebenen verfügbar:

- Benutzer

- Unternehmenseinheit

- Übergeordnet: Untergeordnete Unternehmenseinheiten

- Organisation

Diese Gültigkeitsbereichsoptionen erscheinen für Workflowregeln auf Entitäten im Benutzerbesitz wie zum Beispiel *Leads*, *Firmen* und *Kontakte*. Für Entitäten im Besitz der Organisation wie Adresse oder Produkt bietet Microsoft Dynamics CRM die Gültigkeitsbereichsoption *Organisation*.

Wird eine automatische Workflowregel ausgeführt, kombiniert Microsoft Dynamics CRM die Berechtigungen des Workflowregelbesitzers und den Gültigkeitsbereich der Workflowregel, um die vom Workflow beeinflussten Datensätze zu ermitteln.

WICHTIG   Die Gültigkeitsbereichsoption gilt nur für Workflowregeln, die automatisch durch ein Ereignis in Microsoft Dynamics CRM instanziiert werden. Es ist nicht möglich, die Rechte eines Benutzers anzuheben, wenn man der Workflowregel einen Gültigkeitsbereich zuweist. Damit lässt sich lediglich die Anzahl der Datensätze weiter einschränken, die normalerweise beeinflusst würden.

Ein Beispiel soll veranschaulichen, wie der Workflowgültigkeitsbereich die Datensätze beeinflusst, auf denen die Regel ausgeführt wird. Nehmen Sie eine Workflowregel an, die einen Lead aktualisiert, und einen Benutzer Alan, der die Workflowregel besitzt. Wenn Alan über Organisations-Aktualisierungsrechte für Leads verfügt, der Gültigkeitsbereich der Regel aber auf *Benutzer* gesetzt ist, werden nur die *Lead*-Datensätze, die Alan besitzt, durch diese Regel aktualisiert, da der Gültigkeitsbereich der Workflowregel einschränkend wirkt. Und wenn die Zugriffsebene von Alan für die Aktualisierung auf *Benutzer* gesetzt ist, der Gültigkeitsbereich der Workflowregel aber auf *Organisation*, aktualisiert die Workflowregel nur Leads, die Alan besitzt, da hier die Sicherheitsrechte von Alan einschränkend wirken. Der Workflow kann die Berechtigungen von Alan, wie sie durch seine Sicherheitsrollen definiert sind, nicht anheben.

TIPP Wenn Sie Workflows erstellen, die für einen Datensatz in der Organisation ausgeführt werden sollen, setzen Sie den Gültigkeitsbereich auf *Organisation*. Bei Workflowregeln, die Sie für eigene Datensätze ausführen möchten, setzen Sie den Gültigkeitsbereich auf *Benutzer*.

Triggerereignisse

Wenn Sie eine Workflowregel erstellen, müssen Sie das Ereignis definieren, das die Regel auslöst. Mit anderen Worten müssen Sie angeben, welche Aktionen im Microsoft Dynamics CRM-System die Workflowregel starten. Für jede Regel können Sie einen oder mehrere der folgenden Trigger spezifizieren:

- **Datensatz wird erstellt:** Erstellen eines neuen Datensatzes einer Entität

- **Statusänderungen aufzeichnen:** Ändern des Statusgrunds (Status) eines Datensatzes

- **Datensatz wird zugewiesen:** Ändern des Besitzers eines Datensatzes in Microsoft Dynamics CRM

- **Attributänderungen aufzeichnen:** Ändern eines oder mehrerer Werte in einem Datensatz

- **Datensatz wird gelöscht:** Löschen eines Datensatzes

Die meisten dieser Trigger sind selbsterklärend, das Ereignis *Statusänderungen aufzeichnen* verdient aber eine nähere Erläuterung. Wir arbeiten schon seit Jahren mit Microsoft Dynamics CRM, doch manchmal treten trotzdem Unklarheiten auf zwischen dem *Status* und dem *Statusgrund* eines Datensatzes. Machen Sie sich also nichts daraus, wenn Sie dies ebenfalls nachschlagen müssen! Das Ereignis *Statusänderungen aufzeichnen* bezieht sich auf den Status (Schemaname *statecode*) einer Entität, aber nicht auf den Statusgrund (Schemaname *statuscode*). Tabelle 8.1 zeigt einige Beispiele für Status- und Statusgrundwerte an, um die Unterschiede zu verdeutlichen.

Entität	Statuswerte	Statusgrundwerte
Firma	Aktiv Inaktiv	Aktiv Inaktiv
Anfrage	Aktiv Behoben Storniert	In Bearbeitung Zurückgestellt Warten auf Details Recherche Problem behoben Storniert
Lead	Offen Qualifiziert Nicht qualifiziert	Neu Kontaktiert Qualifiziert Verloren Kontakt nicht möglich Nicht mehr interessiert Storniert ▶

Entität	Statuswerte	Statusgrundwerte
Telefonanruf	Offen	Offen
	Abgeschlossen	Erledigt
	Storniert	Erhalten
		Storniert

Tabelle 8.1   Status- und Statusgrundwerte für ausgewählte Entitäten

Oftmals wird angenommen, dass das Ereignis *Statusänderungen aufzeichnen* ausgelöst wird, wenn sich der Statusgrund eines Datensatzes ändert. Aber nur wenn sich der Statuswert ändert, wird der Workflow gestartet.

TIPP   Möchten Sie eine Workflowregel auf eine Änderung des Statusgrundattributs hin starten, verwenden Sie das Ereignis *Attributänderungen aufzeichnen* und wählen *Statusgrund (statuscode)* aus.

Beim Ereignis *Attributänderungen aufzeichnen* können Sie für die Entität ein oder mehrere Attribute auswählen, die der Workflow auf Änderungen überwacht. Haben Sie das Kontrollkästchen *Attributänderungen aufzeichnen* aktiviert, klicken auf die Schaltfläche *Auswählen* und markieren dann die Attribute, die Sie überwacht haben möchten (siehe Abbildung 8.5).

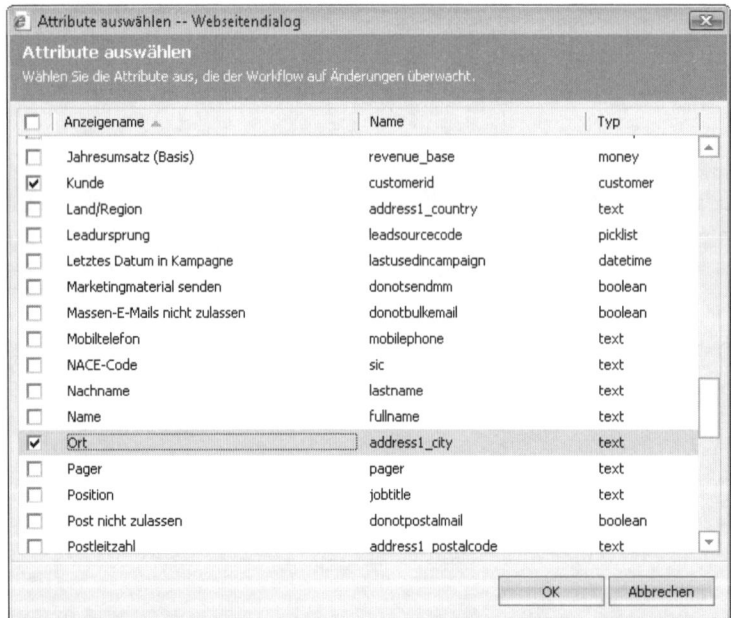

Abbildung 8.5   Attribute auswählen, die überwacht werden sollen

ACHTUNG   Datensätze werden im System ständig aktualisiert. Berücksichtigen Sie diesen Fakt, wenn Sie Workflowregeln mit dem Ereignis *Attributänderungen aufzeichnen* wählen, um das System keinen unnötigen Belastungen auszusetzen. Außerdem sollten Sie in Workflowregeln, die von diesem aus Ereignis gestartet werden, Wartebedingungen vermeiden.

Schritteditor für Workflows

Dieser Abschnitt zeigt, wie Sie Workflowlogik und -aktionen im Workflowformular mit dem Schritteditor erstellen. Über die Symbolleiste des Schritteditors können Sie verschiedene Schritttypen hinzufügen, auswählen, ob der neu eingegebene Schritt vor (über) oder nach (unter) dem ausgewählten Schritt einzufügen ist (standardmäßig ist die Option *Nach Schritt* ausgewählt), und Schritte löschen. In diesem Editorframe ist alles kontextabhängig. Microsoft Dynamics CRM ermittelt also anhand des ausgewählten Schritts (der in der Benutzeroberfläche markiert ist), welche Aktionen Sie unternehmen können.

Wenn Sie einen Schritt (Bedingungen oder Aktionen) hinzufügen, erscheint das in Abbildung 8.6 dargestellte Textfeld , damit Sie eine Schrittbeschreibung eingeben können.

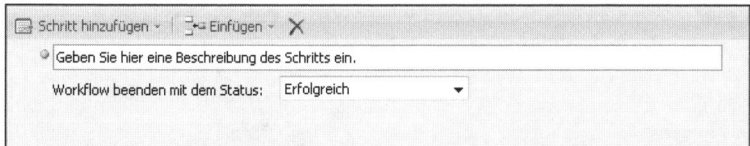

Abbildung 8.6   Textfeld für die Eingabe der Schrittbeschreibung

Nehmen Sie sich unbedingt die Zeit und geben Sie eine Beschreibung ein. Die Schrittbeschreibung ist hilfreich, wenn Sie Workflow, benutzerdefinierte Workflowaktionen und Berichterstellung überwachen. Durch eine kurze und aussagekräftige Beschreibung werden die Prozesse für die Organisation insgesamt verständlicher. Als Nächstes behandeln wir folgende Optionen, die im Workfloweditor über *Schritt hinzufügen* verfügbar sind:

- Überprüfungsbedingungen
- Wartebedingungen
- Workflowaktionen
- Phasen

TIPP   Achten Sie darauf, die richtige Zeile zu markieren, bevor Sie einen Schritt auswählen. Wenn Sie auf die gewünschte Zeile klicken, nimmt sie eine dunkelblaue Färbung an.

Überprüfungsbedingungen

Mithilfe von Bedingungen können Sie Geschäftslogik hinzufügen, um die Aktionen Ihrer Workflowregel zu verwalten. Dabei haben Sie die Möglichkeit, einfache oder komplexe logische Anweisungen zu erstellen und damit zu steuern, wann Aktionen stattfinden sollen. Zu den typischen Szenarios gehören das Senden einer E-Mail-Nachricht, wenn sich ein Datensatzstatus ändert, das Erstellen unterschiedlicher Sätze von Aktivitäten basierend auf einem potenziellen Umsatz einer Verkaufschance oder das Aktualisieren einer Vertriebsphase, wenn alle Aktivitäten abgeschlossen sind.

Nachdem Sie einen Workflowdatensatz geöffnet haben, klicken Sie auf *Schritt hinzufügen* und wählen *Überprüfungsbedingung*, wie es in Abbildung 8.7 zu sehen ist.

Es lassen sich drei unterschiedliche Verzweigungen erstellen:

- **Überprüfungsbedingung:** Die erste *Falls-dann*-Anweisung

- **Bedingungsverzweigung:** Eine *Andernfalls-falls-dann*-Anweisung

- **Standardaktion:** Eine *Andernfalls*-Anweisung

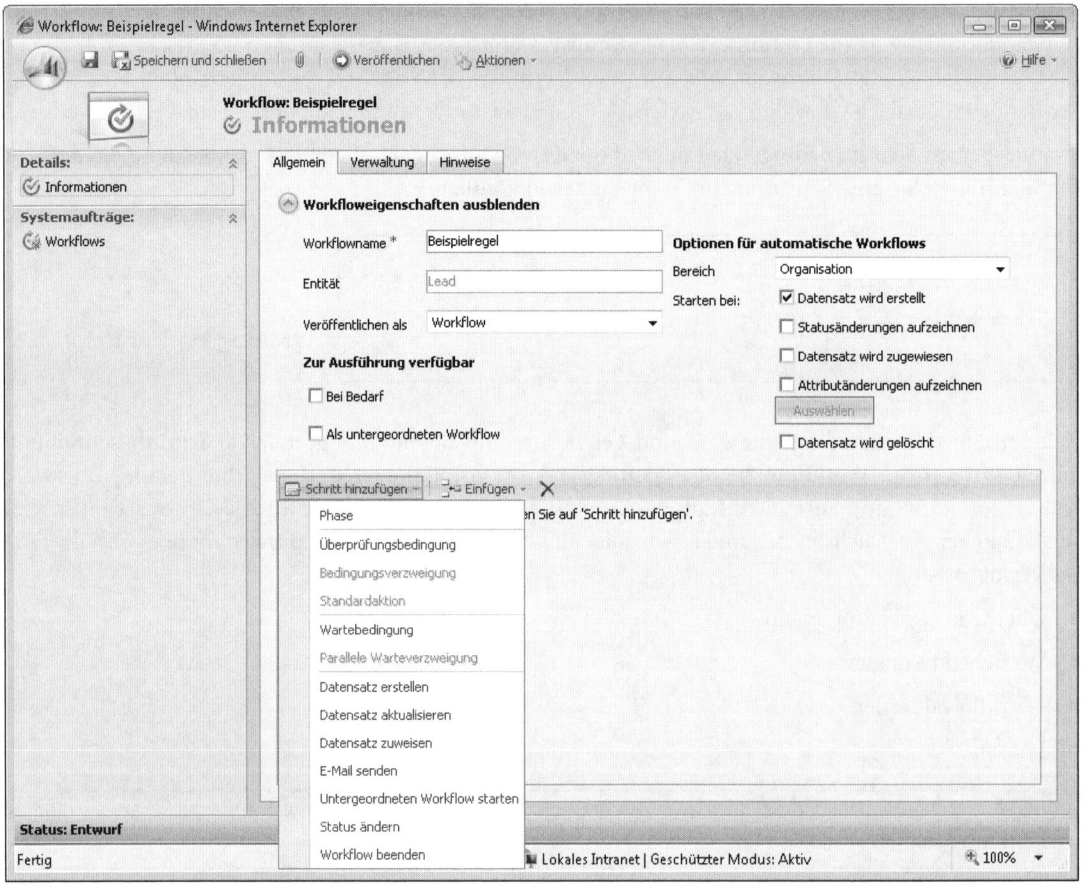

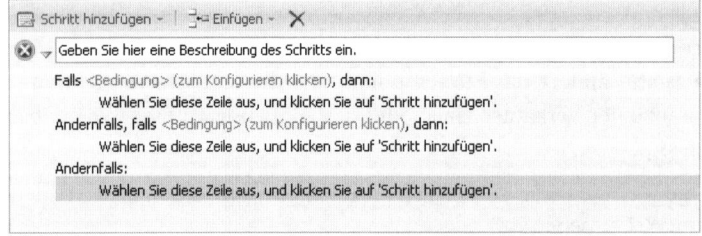

Abbildung 8.7   Einem Workflow eine Überprüfungsbedingung hinzufügen

Abbildung 8.8 zeigt, wie die einzelnen Schritte im Editor aussehen.

Abbildung 8.8   Schritte einer Überprüfungsbedingung

Microsoft Dynamics CRM bestimmt automatisch anhand des Schrittes, den Sie im Anweisungsfeld ausgewählt haben, welche Bedingungsoption Sie in eine Workflowregel einfügen können. Zum Beispiel lässt sich die Option *Bedingungsverzweigung* nur verwenden, wenn Sie einen Schritt bei einem vorhandenen *Überprüfungsbedingung*-Schritt hinzufügen.

ACHTUNG Achten Sie darauf, die Zeile der Bedingung auszuwählen, um die Optionen *Bedingungsanweisung* oder *Standardaktion* wählen zu können.

Nachdem Sie einen Schritt *Überprüfungsbedingung* hinzugefügt haben, müssen Sie die Geschäftslogik spezifizieren. Klicken Sie dazu auf den Link *<Bedingung> (zum Konfigurieren klicken)*, um den Webseitendialog *Workflowbedingung angeben* zu öffnen (siehe Abbildung 8.9).

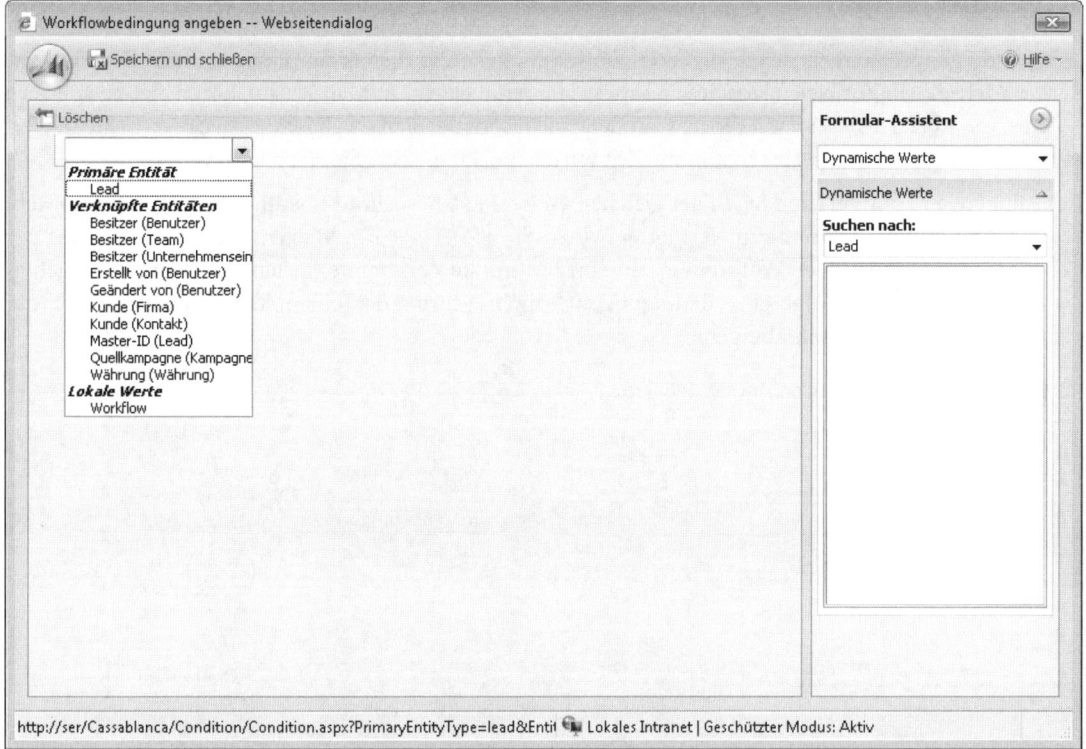

Abbildung 8.9 Das Dialogfeld Workflowbedingung angeben

Im Dialogfeld *Workflowbedingung angeben* können Sie verschiedene Bedingungen über die bekannte Oberfläche der erweiterten Suche hinzufügen, unter anderem:

- Werte von primären Datensätzen, für die der Workflow ausgelöst wurde.
- Werte von eindeutig verknüpften Datensätzen (einschließlich benutzerdefinierter Entitäten).
- Werte von extern erstellten Workflowaktivitäten.

- Werte von Datensätzen, die innerhalb von Workflows erstellt wurden (wie zum Beispiel Nachverfolgungsaufgaben). Microsoft Dynamics CRM zeigt diese unter der Gruppierung *Lokale Werte* an.

- Spezielle Workflowbedingungen wie zum Beispiel *Anzahl der Aktivitäten* und *Ausführungszeit*.

Sicherlich ist Ihnen aufgefallen, dass sich die Oberfläche, mit der sich dynamische Werte in eine Überprüfungsbedingung einfügen lassen, etwas anders verhält als die Oberfläche für das Einfügen von dynamischen Werten in Entitätsdatensätze. Insbesondere können Sie dynamische Werte in eine Überprüfungsbedingung einfügen, indem Sie den Cursor in das jeweilige Feld setzen und einfach den dynamischen Wert im Formular-Assistenten auswählen. Anders als beim Einfügen dynamischer Werte in einen Entitätsdatensatz müssen Sie in dieser Benutzeroberfläche nicht auf eine *OK*-Schaltfläche klicken.

Wartebedingungen

Mit Wartebedingungen können Sie die Logik des Workflows so konfigurieren, dass er auf zeitliche Bedingungen reagiert. Wartebedingungen bieten sich beispielsweise an, wenn Sie eine E-Mail-Nachricht in einer bestimmten Zeitspanne vor Ablauf eines Servicevertrags senden, Aufgaben erstellen, nachdem ein Feld mit einem Wert aktualisiert wurde, oder einfach eine bestimmte Zeit warten möchten, bevor Sie einen Lead verfolgen.

Wartebedingungen konfigurieren Sie in der gleichen Weise wie Überprüfungsbedingungen. Allerdings steht eine zusätzliche Option *Timeout* zur Verfügung, wenn Sie die Dauer des Wartens konfigurieren. Mit der Option *Timeout* können Sie den Workflowschritt eine bestimmte Zeitspanne warten lassen, bevor fortgefahren wird. Abbildung 8.10 zeigt eine Bedingung für einen Schritt, der einen Monat wartet, bevor der Workflow zum nächsten Schritt übergeht.

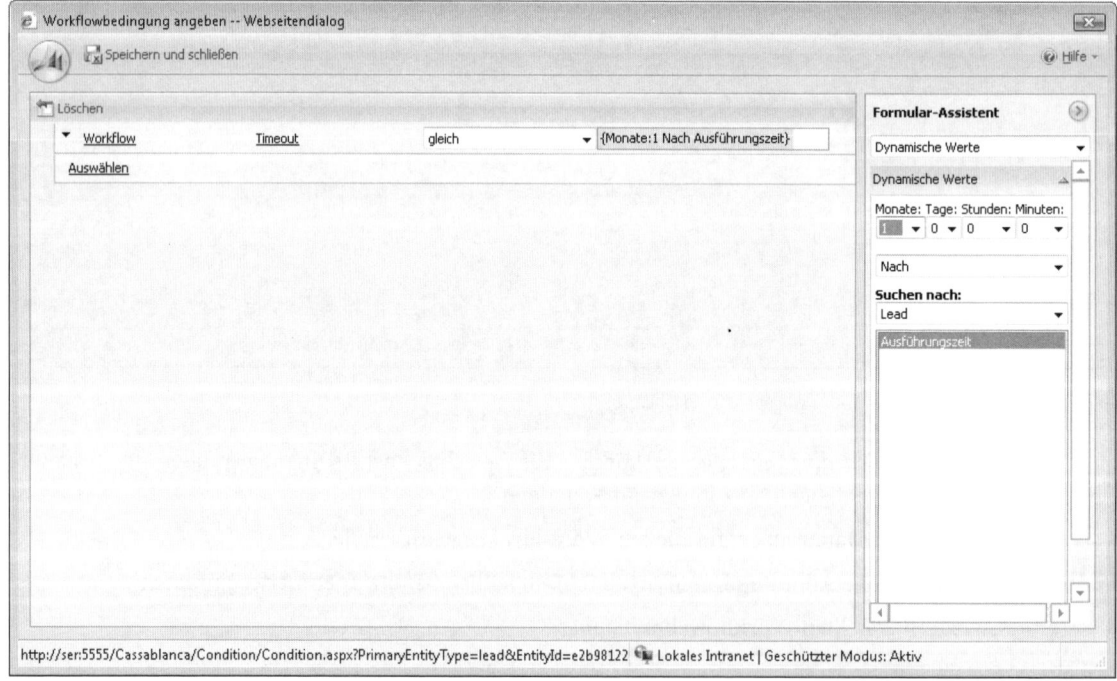

Abbildung 8.10   Wartebedingung, die einen Timeout verwendet

HINWEIS   Die Option *Timeout* ersetzt die Bedingung *Auf Timer warten* von Microsoft Dynamics CRM 3.0.

Die Option *Parallele Warteverzweigung* funktioniert in ähnlicher Weise wie die weiter vorn beschriebene Bedingungsverzweigung.

Workflowaktionen

Mit Bedingungen sind Sie zwar nun vertraut, doch ohne Aktionen nützt die beste Bedingung nichts! Deshalb kommen wir jetzt zu den Workflowaktionen, die Sie ausführen können. Nachdem Sie eine Zeile markiert haben, klicken Sie auf *Schritt hinzufügen*, um die Liste der verfügbaren Workflowaktionen anzuzeigen (siehe Abbildung 8.11).

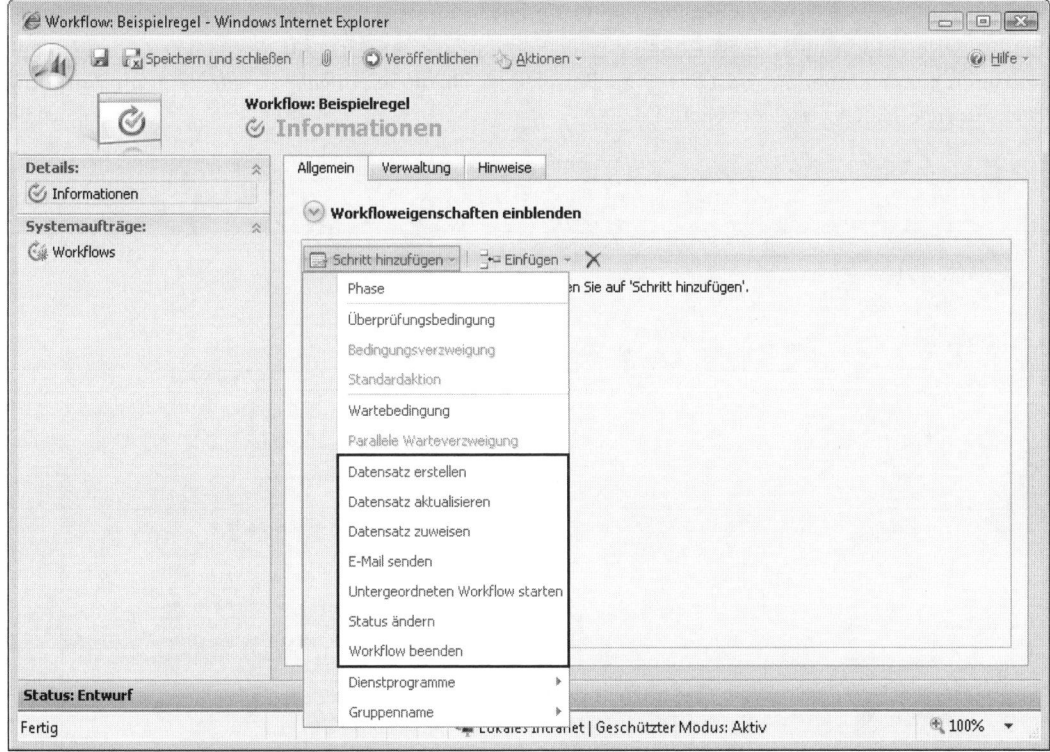

Abbildung 8.11   Workflowaktionen

In Workflowregeln können Sie folgende Aktionen verwenden:

- Datensatz erstellen
- Datensatz aktualisieren
- Datensatz zuweisen
- E-Mail senden
- Untergeordneten Workflow starten

- Status ändern

- Workflow beenden

- Benutzerdefinierte Workflowaktivitäten

Die in Abbildung 8.11 dargestellten benutzerdefinierten Workflowaktivitäten (über *Dienstprogramme* und *Gruppenname* zugänglich) sollen veranschaulichen, wie derartige Aktionen in der Microsoft Dynamics CRM-Benutzeroberfläche erscheinen. Allerdings werden Sie diese oder andere benutzerdefinierte Optionen erst dann in Ihrem System sehen, wenn Sie benutzerdefinierte Workflowaktivitäten registrieren.

Datensatz erstellen

Die Aktion *Datensatz erstellen* erlaubt es, einen Microsoft Dynamics CRM-Datensatz (einschließlich Aktivitäten und benutzerdefinierter Entitätsdatensätze) zu erstellen. Nachdem Sie diese Aktion eingefügt haben, wählen Sie den Entitätstyp für den zu erstellenden Datensatz aus und klicken dann auf *Eigenschaften festlegen*. Daraufhin wird ein Formular geöffnet, in dem Sie Standardattributwerte für den neu erstellten Datensatz spezifizieren können. Abbildung 8.12 zeigt als Beispiel das Formular *Aufgabe erstellen*, um im Workflow einen neuen *Aufgabe*-Datensatz zu erstellen.

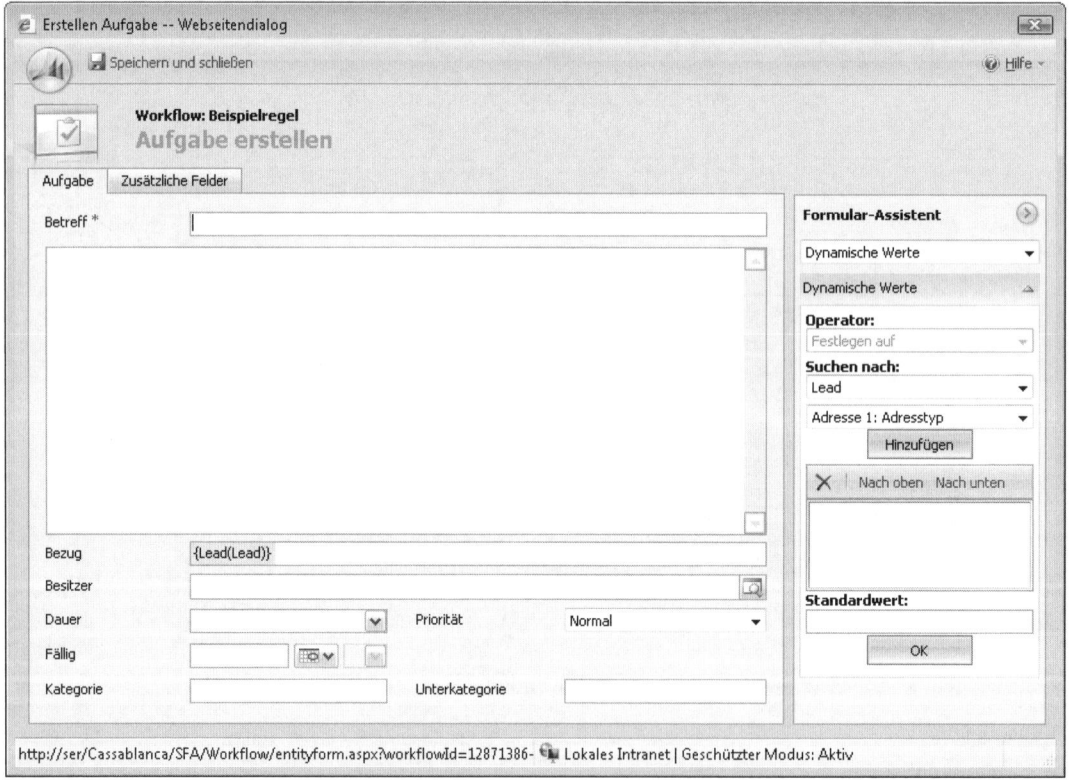

Abbildung 8.12   Das Dialogfeld Erstellen Aufgabe für den Workflow

In die verschiedenen Entitätsfelder können Sie Daten eingeben, sodass der Microsoft Dynamics CRM-Workflow automatisch den neuen Datensatz mit den angegebenen Werten erstellt. In manchen Situationen sollen die gleichen Daten für alle neu erstellen Datensätze erscheinen, sodass Sie einfach die gewünschten Daten eingeben können. In anderen Fällen ist es erforderlich, dass Microsoft Dynamics CRM die Felder mit dynamischen Daten abhängig von festgelegten Geschäftsregeln füllt. Da dynamische Werte leistungsfähige und raffinierte Möglichkeiten bieten, gehen wir später in diesem Kapitel ausführlicher darauf ein, wie Sie dynamische Daten verwenden.

Datensatz aktualisieren

Die Aktion *Datensatz aktualisieren* dient dazu, Daten im Workflowentitätsdatensatz zu aktualisieren. Zum Beispiel können Sie eine *Verkaufschance*-Workflowregel erstellen, die automatisch das Prioritätsattribut der Verkaufschance auf *Hoch* setzt, wenn der geschätzte Wert eines Auftrags größer als 100.000 € ist.

Außerdem lassen sich mit der Aktion *Datensatz aktualisieren* Datenwerte in Entitätsdatensätzen aktualisieren, die mit der primären Workflowentität verknüpft sind. Zum Beispiel können Sie eine Workflowregel erstellen, die das Feld *Beziehungstyp* eines Firmendatensatzes auf den Wert *Interessent* aktualisiert, wenn jemand einen *Verkaufschance*-Datensatz für diese Firma erstellt. Microsoft Dynamics CRM ermittelt automatisch, welche verknüpften Entitäten Sie mit dieser Technik aktualisieren können. Meistens lassen sich Werte in verknüpften Entitäten nur aktualisieren, wenn die Entität eine primäre Beziehung zur Workflowentität besitzt. Da *Firma* die primäre Entität in Beziehung zur Entität *Verkaufschance* ist, erlaubt Microsoft Dynamics CRM, dass Sie in *Verkaufschance*-Workflowregeln Daten im *Firma*-Datensatz aktualisieren. Umgekehrt trifft das nicht zu: Bei Workflows, die der *Firma*-Entität zugewiesen sind, können Sie nicht den Wert eines *Verkaufschance*-Datensatzes aktualisieren.

Nachdem Sie eine Entität spezifiziert haben, wählen Sie die zu aktualisierenden Felder aus und legen dann die neuen Werte fest.

> **WICHTIG** Das Aktualisieren einer Entität startet alle Plug-Ins oder Workflowregeln, die für die Entität registriert sind.

Datensatz zuweisen

Verwenden Sie die Aktion *Datensatz zuweisen*, um die Zuweisung oder den Besitzer der Workflowentität zu ändern. Datensätze können Sie einem bestimmten Benutzer oder einer Warteschlange zuweisen oder mit dynamischen Werten erweiterte Datensatzzuweisungen vornehmen. Abbildung 8.13 zeigt ein Beispiel, wie mit dynamischen Werten dem Manager des Besitzers eines *Lead*-Datensatzes eine Workflowentität zugewiesen wird.

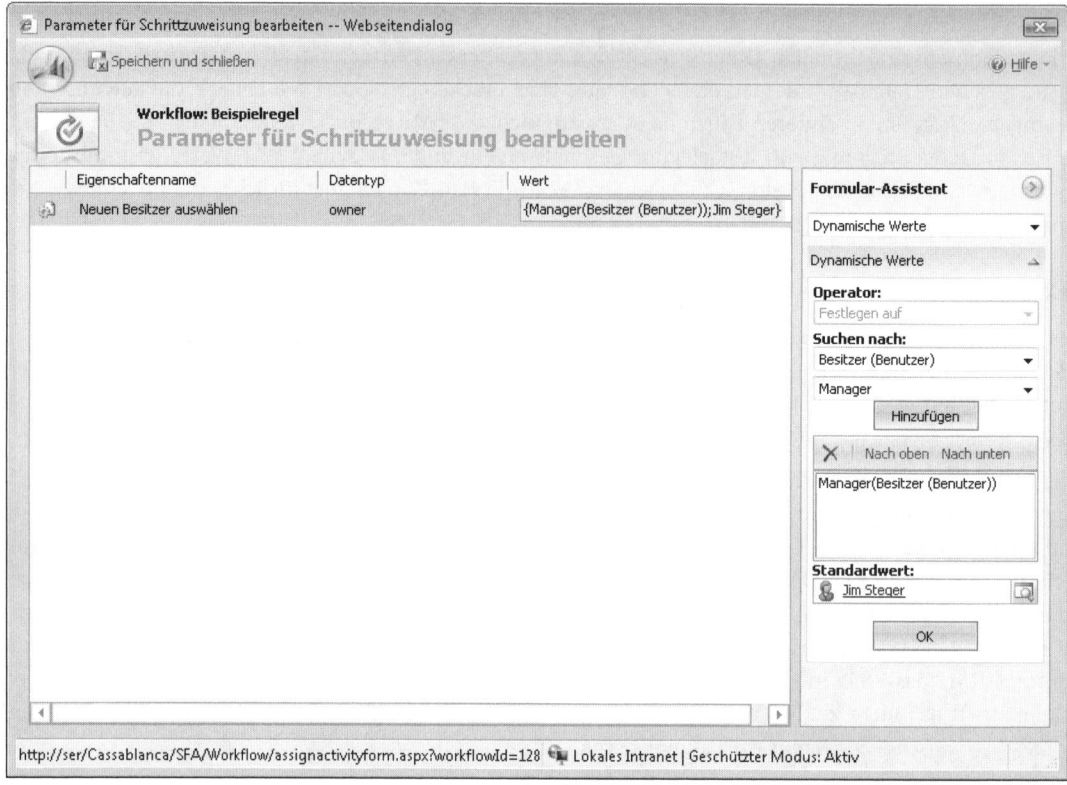

Abbildung 8.13   Das Workflowdialogfeld Parameter für Schrittzuweisung bearbeiten

Um dem Manager eine Entität zuzuweisen, müssen Sie zuerst jemanden als Manager im Benutzerdatensatz spezifizieren. Ist kein Manager festgelegt, generiert der Workflow einen Fehler, wenn er versucht, die Zuweisung fertig zu stellen.

Wenn Sie die Entität dem Manager oder einem Benutzer zuweisen, ändert Microsoft Dynamics CRM tatsächlich den Besitzer der Entität. Weisen Sie die Entität jedoch einer Warteschlange zu, ändert Microsoft Dynamics CRM den Besitzer nicht, sondern fügt einfach den Datensatz in die Warteschlange ein.

ACHTUNG   Einer Warteschlange lassen sich bestimmte Entitätstypen zuweisen, beispielsweise Anfragen und Aktivitäten. Deshalb deaktiviert Microsoft Dynamics CRM diese Option für Entitäten, die keine Warteschlange unterstützen.

E-Mail senden

Verwenden Sie die Aktion *E-Mail senden*, wenn Sie jemandem im Rahmen Ihrer Workflowregel automatisch eine E-Mail-Nachricht zukommen lassen möchten. Haben Sie die Aktion *E-Mail senden* ausgewählt, müssen Sie zuerst angeben, ob Sie eine neue Nachricht erstellen oder eine vorhandene Vorlage verwenden wollen. Klicken Sie dann auf *Eigenschaften festlegen*, um das in Abbildung 8.14 gezeigte Dialogfeld zu öffnen.

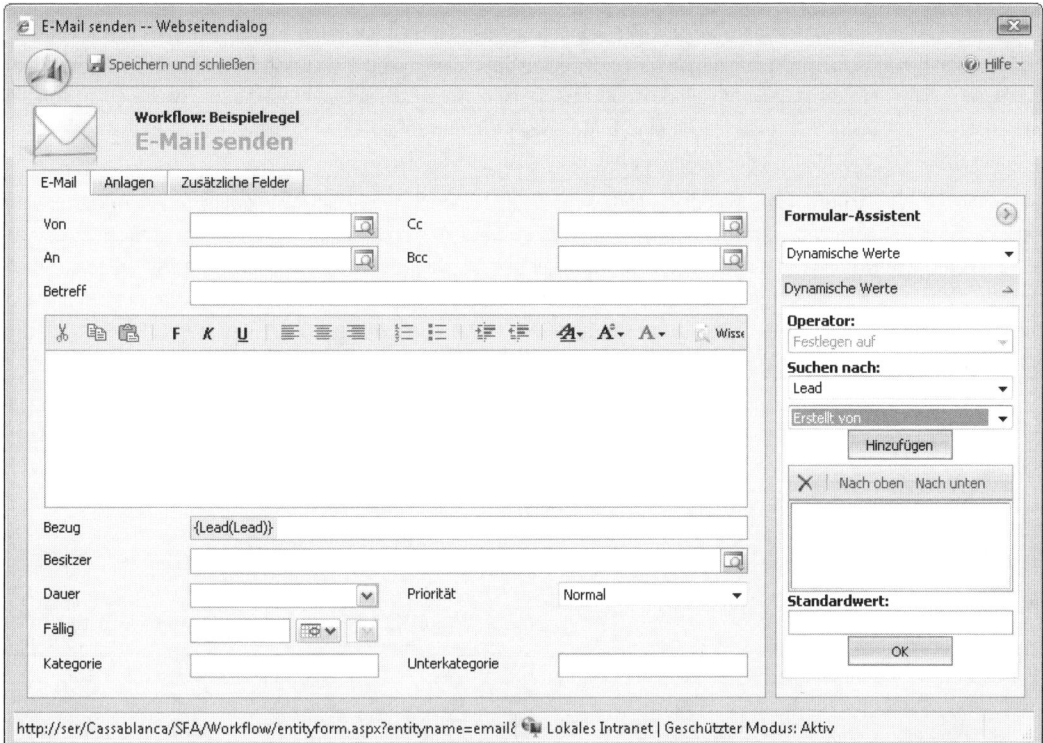

Abbildung 8.14 Das Dialogfeld E-Mail senden

Von hier aus können Sie die Schlüsselattribute der Nachricht konfigurieren – beispielsweise Empfänger, Betreff und Körper. Die folgenden Punkte nennen bestimmte Schlüsseldetails und Einschränkungen in Bezug auf das Senden von E-Mail in Workflows:

- Wenn die Entität der Workflowregel eine Vorlage bietet, können Sie eine E-Mail-Vorlage auswählen. Die Werte für die Felder *An* und *Von* der E-Mail-Nachricht müssen Sie angeben, andernfalls generiert der Workflow einen Fehler, wenn er ausgeführt wird.

- Obwohl Microsoft Dynamics CRM die Nachricht als HTML (anstatt als einfachen Text) sendet, enthält die Symbolleiste des E-Mail-Editors keine Schaltflächen, um Bilder oder Hyperlinks einzufügen. Allerdings können Sie Bilder und Hyperlinks in einem Webbrowser auswählen, kopieren und dann in das Feld *Beschreibung* (den Textkörper) der E-Mail-Nachricht einfügen.

- Zur Nachverfolgung von E-Mails kann Microsoft Dynamics CRM den Nachverfolgungscode an die Betreffzeile Ihrer Workflownachricht anhängen, und zwar abhängig davon, wie Sie die E-Mail-Nachverfolgung in Ihrem System konfiguriert haben.

- Auf der Registerkarte *Anlagen* können Sie pro E-Mail-Nachricht beliebig viele Dateianlagen angeben.

- Zwischen dem E-Mail-Text, der beim Erstellen der Nachricht zu sehen ist, und der tatsächlich gesendeten Nachricht können Formatierungsunterschiede auftreten. Um zu kontrollieren, ob der E-Mail-Text korrekt generiert wurde, sollten Sie eine Test-E-Mail an sich selbst senden.

TIPP   In den E-Mail-Empfängerfeldern (*An*, *Cc*, *Bcc*) können Sie mehrere Personen und auch dynamische Werte hinzufügen. Sobald Sie einen dynamischen Wert in eines dieser Felder eingefügt haben, blendet Microsoft Dynamics CRM die Schaltfläche *Nachschlagen* in diesem Feld aus und verhindert damit, dass Sie einen spezifischen Datensatz (beispielsweise einen Kontakt oder einen Benutzer) auswählen. Wenn Sie jedoch eine E-Mail-Nachricht sowohl an einen dynamischen Wert als auch einen statischen Datensatz senden möchten – keine Sorge, wir haben eine Lösung für Sie.

Nehmen Sie an, die E-Mail-Nachricht eines Workflows enthält im *Cc*-Feld einen dynamischen Wert, um dem *Firma*-Besitzer eine Kopie zu schicken, und Sie möchten zusätzlich dem Benutzer Alan Brewer eine Kopie zukommen lassen. Dazu fügen Sie zuerst in das *Cc*-Feld einen dynamischen Wert ein, der den *Firma*-Besitzer enthält. Danach ist die Schaltfläche *Nachschlagen* aus dem Feld *Cc* verschwunden. Als Nächstes fügen Sie einen zweiten dynamischen Wert in das *Cc*-Feld ein, wählen aber im Feld *Dynamische Werte* kein dynamisches Feld aus. Stattdessen fügen Sie einfach den Benutzer Alan Brewer über die Schaltfläche *Nachschlagen* des Feldes *Standardwert* hinzu (siehe Abbildung 8.15) und klicken auf *OK*.

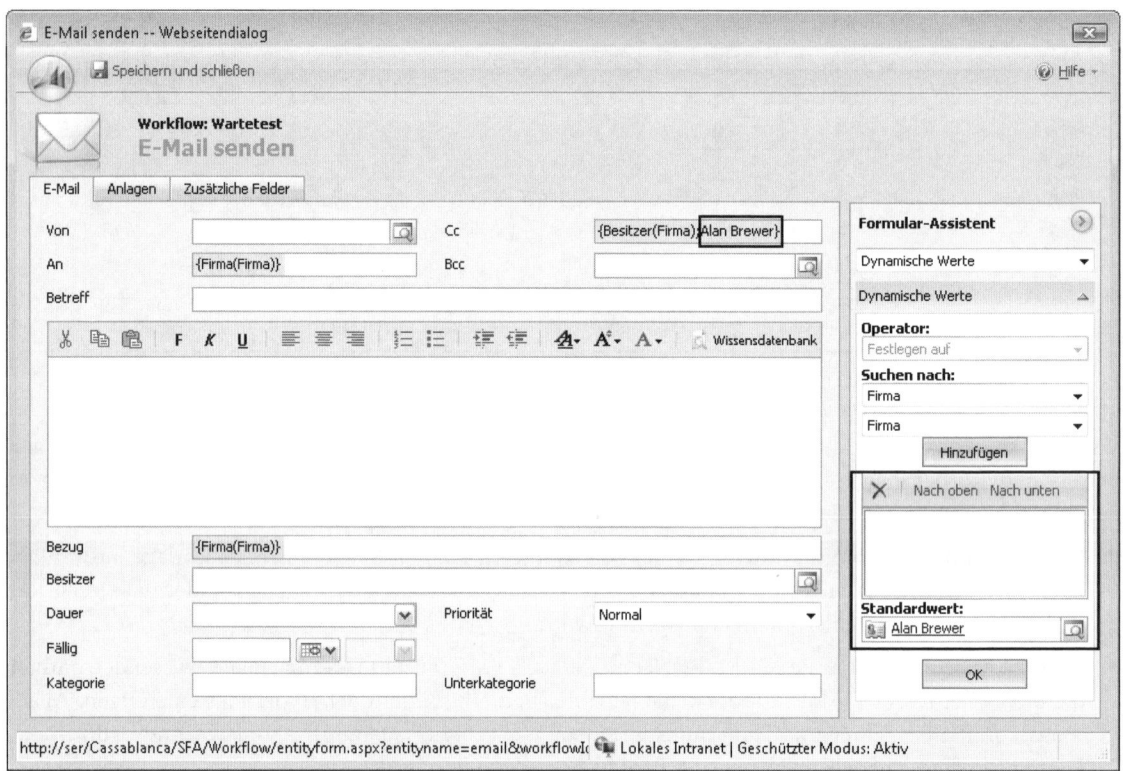

Abbildung 8.15   Dynamische und statische Werte in ein E-Mail-Empfängerfeld einschließen

Wird diese Workflowregel ausgeführt, erscheint Alan Brewer immer als *Cc*-Empfänger, weil Microsoft Dynamics CRM keinen dynamischen Wert für dieses Feld finden kann und Alan Brewer der Standardwert ist.

Untergeordneten Workflow starten

Mit der Aktion *Untergeordneten Workflow starten* können Sie eine vollkommen separate Workflowregel als Aktion in der ursprünglichen Workflowregel ausführen. Eine Workflowregel lässt sich nur dann als untergeordnet referenzieren, wenn für sie im Abschnitt *Zur Ausführung verfügbar* das Kontrollkästchen *Als untergeordneten Workflow* aktiviert ist.

HINWEIS	Die untergeordnete Workflowregel entspricht der Option *Unterprozess* in Microsoft Dynamics CRM 3.0.

Wenn Sie eine große Anzahl von Workflowregeln entwickeln, werden Sie feststellen, dass mehrere Regeln die gleiche Teilmenge von Aktionen ausführen. Um die Verwaltung der Workflowregeln zu erleichtern, können Sie eine Workflowregel erstellen, die diese Teilmenge von Aktionen ausführt, und dann alle anderen Regeln diese Teilmengen-Workflowregel als untergeordneten Workflow ausführen lassen. Falls Sie die Teilmenge der Aktionen ändern müssen, brauchen Sie nur die Teilmengen-Workflowregel zu bearbeiten, damit die neue Logik unmittelbar auf alle Workflowregeln angewandt werden kann, die diese Regel referenzieren.

Beachten Sie bei untergeordneten Workflowregeln, dass diese asynchron ausgeführt werden. Demzufolge führt die übergeordnete Workflowregel die untergeordnete Workflowregel aus und fährt dann mit dem nächsten Schritt fort, ohne darauf zu warten, dass der untergeordnete Workflow seine Logik fertig abgearbeitet hat. Um sicherzustellen, dass die Ausführung in einer Workflowregel synchron erfolgt, ist es am einfachsten, die Regel so umzuschreiben, dass sie ohne untergeordneten Workflow auskommt. Ist es jedoch erforderlich, dass ein untergeordneter Workflow synchron ausgeführt wird, verwenden Sie im untergeordneten Workflow eine benutzerdefinierte Workflowaktivität. Führt eine Workflowregel eine benutzerdefinierte Workflowaktivität aus, wird erst dann zum nächsten Schritt in der Workflowregel übergegangen, wenn Microsoft Dynamics CRM den vollständigen Vorgang in Bezug auf die Aktivität abgeschlossen hat.

Schließlich wird die untergeordnete Workflowregel im Sicherheitskontext der vorhandenen Instanz der übergeordneten Regel ausgeführt. Bei manueller Ausführung läuft die Workflowregel im Sicherheitskontext des Benutzers, der die übergeordnete Regel gestartet hat.

Schleifenerkennung

Wenn Sie untergeordnete Workflowregeln verwenden, können Sie unabsichtlich eine Situation herbeiführen, in der eine Workflowregel nicht abgeschlossen werden kann, weil sie in einer Schleife stecken geblieben ist. Eine Schleife könnten Sie versehentlich auch erzeugen, indem Sie eine Workflowregel entwerfen, die ein Feld in Ihrem Datensatz aktualisiert und von Änderungen an diesem Feld ausgelöst wird. Bleibt eine Workflowregel in einer Endlosschleife stecken, wird dadurch zweifellos die Leistung Ihres Microsoft Dynamics CRM-Servers negativ beeinflusst, sodass Sie derartige Situationen tunlichst vermeiden sollten.

Erfreulicherweise bringt Microsoft Dynamics CRM eine Schleifenerkennungslogik mit, die die Wahrscheinlichkeit für Endlosschleifen im System minimiert. Das Schleifenerkennungsverhalten realisiert Microsoft Dynamics CRM mit zwei Mechanismen:

- Tiefe
- Zeitablaufsgrenze

Microsoft Dynamics CRM verfolgt automatisch eine als *Tiefenzähler* bezeichnete Variable und inkrementiert den Tiefenzähler jedes Mal, wenn eine Regel ausgeführt wird. Standardmäßig lässt Microsoft Dynamics CRM zu, dass eine Workflowregel bis zu achtmal fortgesetzt wird, und hält dann die Regel automatisch an. Allerdings ist zum Beispiel auch ein Workflow denkbar, der jedes Jahr das Erneuerungsdatum eines Vertrags aktualisiert. In dieser Situation soll der Workflow die Bearbeitung dieses Datensatzes sicherlich nicht nach acht aufeinander folgenden Aktionen einstellen. Microsoft Dynamics CRM behandelt diese Situation mit einem als *Zeitablaufsgrenze* bezeichneten Konzept. Ist der Workflow noch aktiv und wurde für eine bestimmte Zeitdauer nicht ausgeführt, setzt Microsoft Dynamics CRM den Tiefenzähler auf null zurück.

Doch auch wenn Microsoft Dynamics CRM dieses Verhalten bietet, sollten Sie Ihre Geschäftslogik immer sorgfältig untersuchen und Ihre komplexen Workflowregeln in einer Entwicklungsumgebung testen, um nicht beabsichtigte Endlosschleifen zu vermeiden.

HINWEIS Die Werte für Tiefe und Zeitablaufsgrenze sind in der Tabelle *DeploymentProperties* der Datenbank *mscrm_config* gespeichert. Diese Werte manuell zu ändern, gilt als nicht unterstützte Änderung.

Status ändern

Mit der Aktion *Status ändern* können Sie den Status und den Statusgrund eines Entitätsdatensatzes ändern. Es lässt sich der Status des Entitätsdatensatzes, der die Instanz der Workflowregel gestartet hat, eines verknüpften Datensatzes oder eines Datensatzes, der innerhalb des Workflowprozesses erstellt wurde, ändern.

Workflow beenden

Eine Workflowregel verarbeitet sämtliche Bedingungen und Aktionen, die Sie konfiguriert haben, und betrachtet dann die Regel als beendet. Es kann aber auch passieren, dass Sie eine Workflowregel mitten in ihrer Verarbeitung anhalten möchten (normalerweise basierend auf einer Bedingungsauswertung). In derartigen Situationen können Sie die Aktion *Workflow beenden* verwenden. Bei einer eingefügten *Beenden*-Aktion stehen zwei Optionen zur Auswahl:

- **Erfolgreich:** Beendet sofort die Workflowregel mit dem Status *Erfolgreich*.
- **Abgebrochen:** Beendet sofort die Workflowregel mit dem Status *Abgebrochen*.

TIPP Wenn Sie in sämtlichen Regeln eine Aktion *Workflow beenden* vorsehen, können Sie sicherstellen, dass Microsoft Dynamics CRM alle Ihre Regeln vollständig schließt. Wir empfehlen, dass Sie die Aktion *Workflow beenden* entweder mit dem Status *Erfolgreich* oder mit dem Status *Abgebrochen* in alle Ihre Workflowregeln einbinden.

Aktionen mit benutzerdefiniertem Workflow-Plug-In

Wenn keine der obigen Workflowaktionen Ihren Geschäftsanforderungen entspricht, haben Sie in Microsoft Dynamics CRM die Möglichkeit, Logik mit benutzerdefinierten Workflowaktionen zu erstellen und diese Aktionen in Schritten und Bedingungen zu verwenden. Benutzerdefinierte Workflowaktionen erscheinen im Schritteditor erst dann, wenn Sie sie ordnungsgemäß bei der Entität, die Sie in Ihrer Workflowregel verwenden, registriert haben.

Abbildung 8.16 zeigt ein Beispiel für zwei benutzerdefinierte Workflowaktionsgruppen namens *Dienstpro-gramme* und *Gruppenname* sowie eine benutzerdefinierte Workflowaktion *URL-Generator*. Es lässt sich konfigurieren, wie diese benutzerdefinierten Workflowaktionen und -gruppen im Schritteditor erscheinen. Kapitel 9 beschäftigt sich ausführlich damit, wie Sie benutzerdefinierte Workflow-Plug-Ins erstellen.

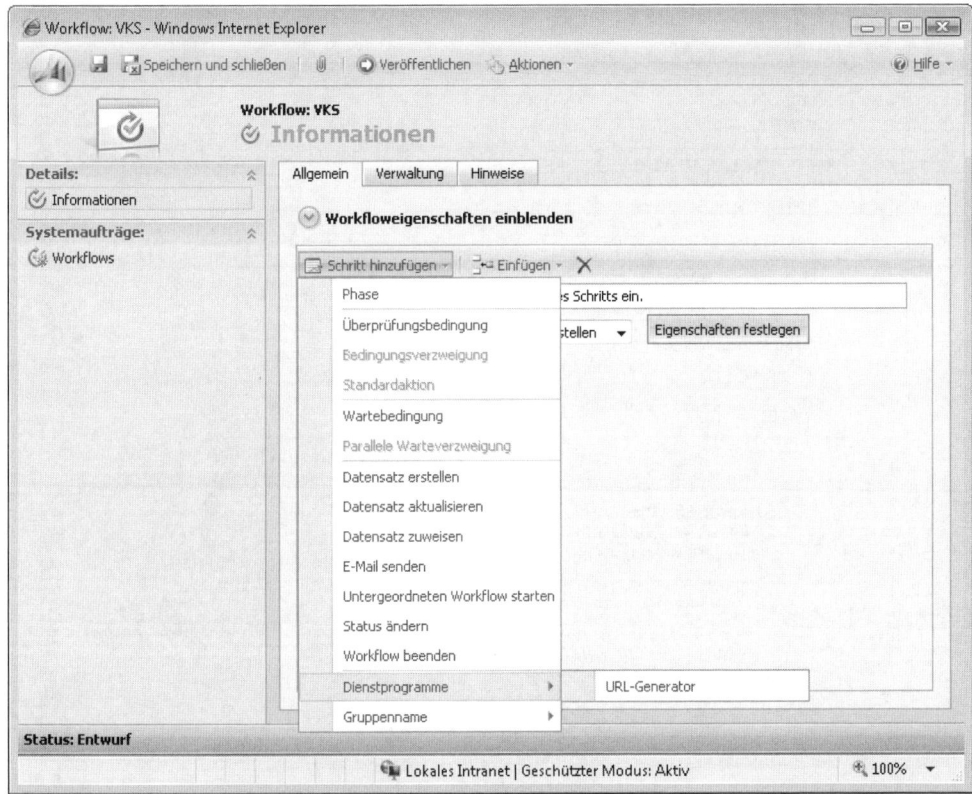

Abbildung 8.16 Aktion für benutzerdefiniertes Workflow-Plug-In

HINWEIS   Derzeit ist es nicht möglich, benutzerdefinierte Workflowaktionen mit Microsoft Dynamics CRM Live zu verwenden. Diese Option gilt nur für lokale oder von Partner gehostete Bereitstellungen von Microsoft Dynamics CRM.

Phasen

Phasen fungieren als Gruppen für Workflowschritte. Mit einer Phase können Sie allgemeine Geschäftsschritte kapseln. Um einer Workflowregel eine Phase hinzuzufügen, klicken Sie auf *Schritt hinzufügen* und dann auf *Phase*. Im Feld mit dem blauen Hintergrund können Sie dann eine Schrittbeschreibung eintragen. Genau wie bei Schritten gilt: Nehmen Sie sich die Zeit, um die einzelnen Phasen zu beschreiben – es lohnt sich!

HINWEIS   Wenn Sie einer Workflowregel eine Phase hinzufügen, müssen alle Schritte in dieser Regel Teil der Phase sein. Microsoft Dynamics CRM informiert Sie über diesen Punkt, wenn Sie Ihre erste Phase zu einer neuen Workflowregel hinzufügen.

In Microsoft Dynamics CRM können Sie Phasen zu einer beliebigen Entität im Workflow hinzufügen. Jeder Phase lassen sich bei Bedarf Wartebedingungen hinzufügen, sodass Microsoft Dynamics CRM mit der nächsten Phase erst dann fortfährt, wenn die Workflowregel die Wartebedingungen erfüllt. Das Beispiel in Abbildung 8.17 zeigt eine Workflowregel mit Phasen.

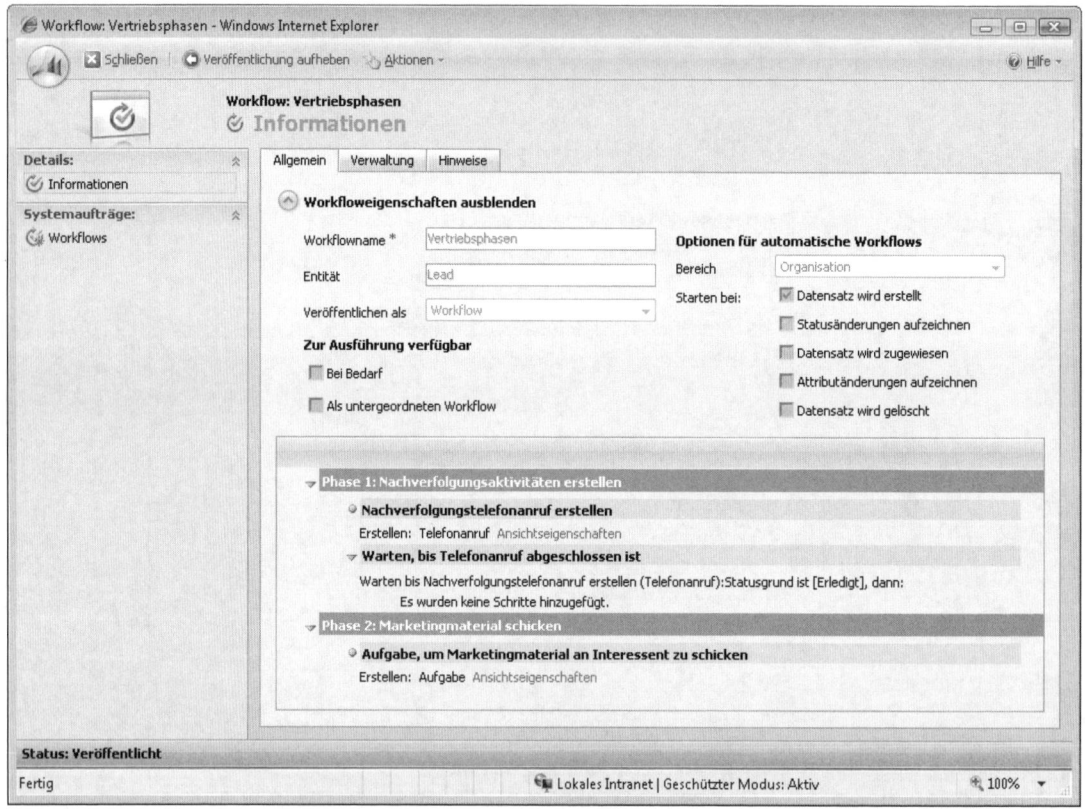

Abbildung 8.17 Beispiel für eine Workflowregel mit Phasen

In diesem Beispiel erstellt die Workflowregel eine neue *Telefonanruf*-Aktivität, nachdem ein neuer *Lead* erzeugt wurde. Der letzte Schritt der ersten Phase wartet, bis die *Telefonanruf*-Aktivität geschlossen und fertig gestellt ist, bevor der Übergang zu Phase 2 erfolgt (siehe Abbildung 8.18). Die Wartebedingungen für Ihren Workflow können Sie für viele unterschiedliche Attribute im Workflow konzipieren und nicht nur davon abhängig machen, ob eine Aufgabe fertig gestellt wurde.

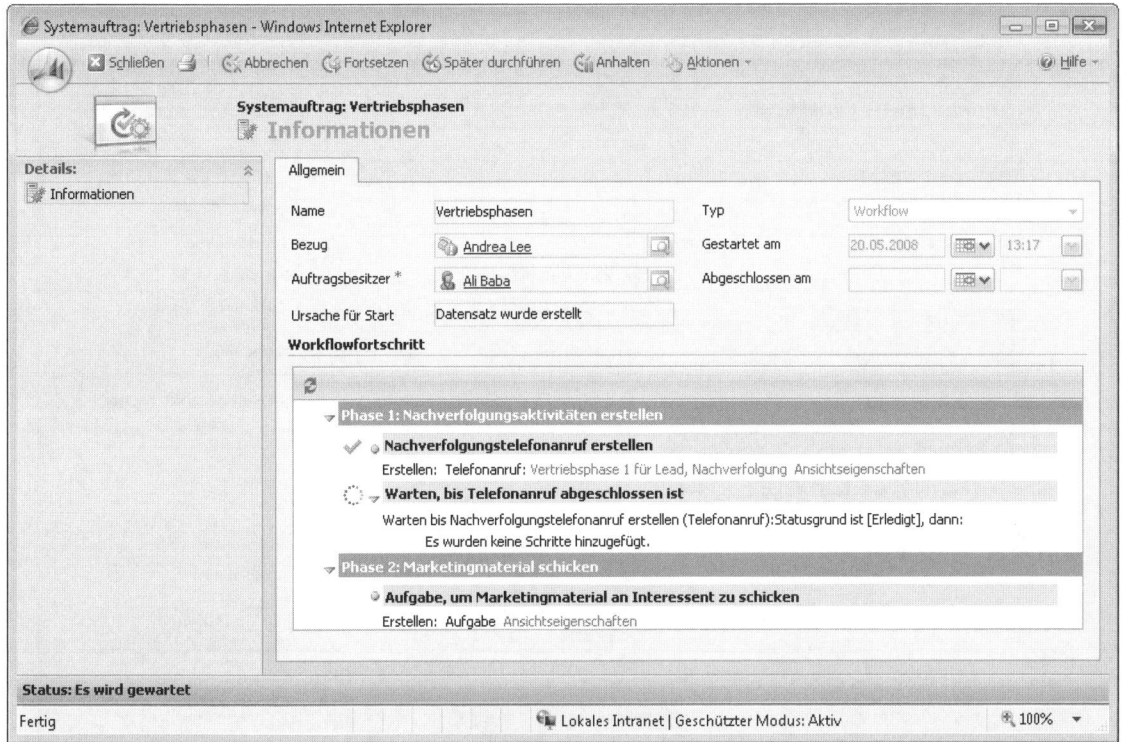

Abbildung 8.18 Workflow, der auf den Übergang zur nächsten Phase wartet

Dynamische Werte in Workflows

Nachdem Sie die Konzepte kennen, wie Sie Workflows verwenden, erstellen und verwalten, beschäftigen wir uns mit einigen Details, die mit dem Erstellen von Regeln und Aktionen zu tun haben. *Dynamische Werte* gehören wohl zu den wichtigsten Workflow-Features, die Sie verwenden werden (wahrscheinlich in jeder Regel, die Sie erstellen). In Ihren Workflowregeln füllen Sie mithilfe dynamischer Werte Bedingungen, Aktionen usw. mit Daten, die spezifisch für die Workflowentität oder ihre verknüpften Entitäten sind.

Ein übliches Geschäftsszenario soll die Vorteile von dynamischen Werten veranschaulichen. Angenommen, Sie möchten einen neuen Prozess implementieren, in dem Microsoft Dynamics CRM jedes Mal automatisch eine Anfragebestätigung per E-Mail an einen Kunden sendet, wenn der Kunde eine Serviceanforderung protokolliert. In die E-Mail-Nachricht mit der Anfragebestätigung möchten Sie spezifische Informationen zur Anfrage des Kunden einbinden, wie zum Beispiel die Anfragenummer und die Telefonnummer des Anfragebesitzers. Da sich diese Informationen für jede Anfrage unterscheiden, müssen Sie in der Workflowaktion *E-Mail senden* dynamische Werte verwenden. Wir kommen gleich zu den Details, die dem Festlegen von dynamischen Werten zugrunde liegen. Doch sehen Sie sich zunächst die endgültige Konfiguration der Aktion *E-Mail senden* in Abbildung 8.19 an. Die markierten Felder enthalten dynamische Daten.

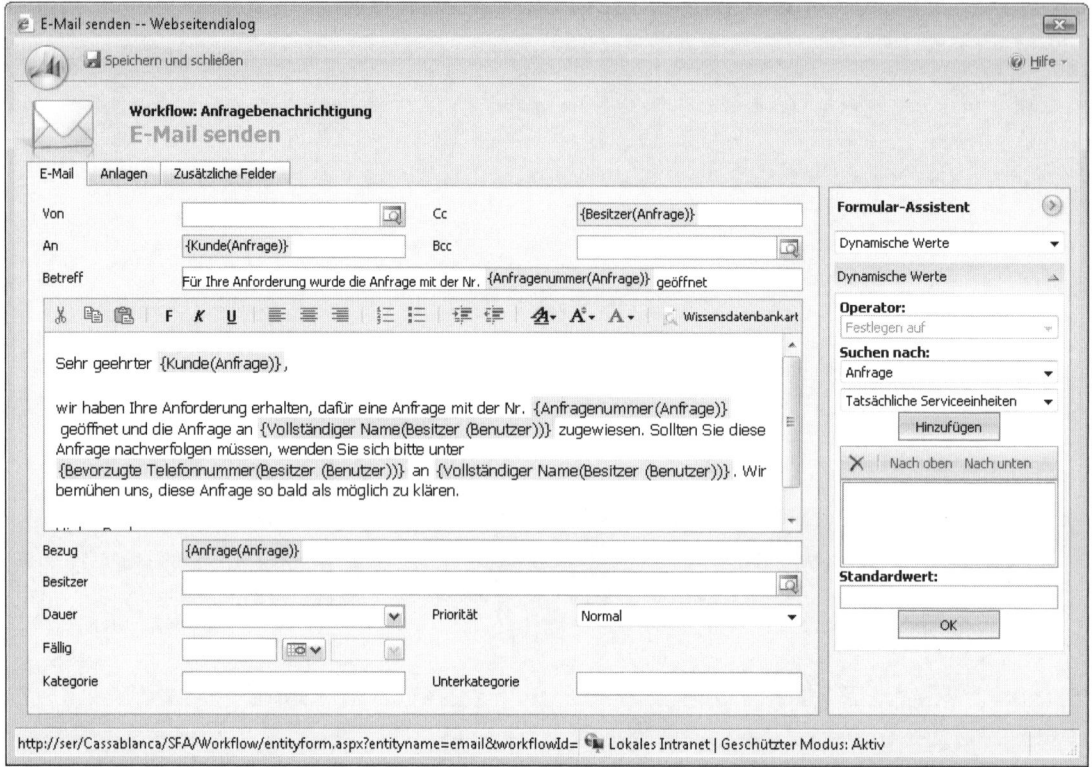

Abbildung 8.19   Beispiel für dynamische Werte

Auf dynamische Werte in Workflows greifen Sie über den Formular-Assistenten zu. Abhängig von verschiedenen Kriterien ändert Microsoft Dynamics CRM automatisch die Optionen für dynamische Werte. Um einen dynamischen Wert in einen Workflow einzufügen, markieren Sie ein Feld auf dem Formular, in dem der dynamische Wert erscheinen soll, wählen den Wert im Formular-Assistenten aus und klicken auf *OK*.

> **TIPP**   Da der Formular-Assistent für dynamische Werte automatisch die Optionen je nach Kontext aktualisiert, kann das zugegebenermaßen zu Verwirrung führen, wenn Sie gerade beginnen, mit Workflowregeln zu arbeiten. Doch werden Sie schnell mit der Verwendung dynamischer Werte in Workflowregeln vertraut sein.

Außer dynamische Werte in das Formular einzubinden, können Sie mit dynamischen Werten auch Datenfelder aktualisieren, selbst wenn das Attribut nicht auf dem Entitätsformular erscheint. Auf derartige Attribute greifen Sie über die Registerkarte *Zusätzliche Felder* zu.

Im Bereich *Formular-Assistent* finden Sie die folgenden Aspekte von dynamischen Werten:

- Operator
- Suchen nach
- Dynamische Werte
- Standardwert

Operator

Microsoft Dynamics CRM aktualisiert automatisch die Operatorwerte basierend auf dem Formularfeld mit dem Eingabefokus. Wenn Sie also ein numerisches Feld auf dem Formular markieren, zeigt Microsoft Dynamics CRM Operatoroptionen spezifisch für numerische Felder an. Haben Sie ein Datumsfeld markiert, erscheinen die Optionen, die für Datumsfelder spezifisch sind. Tabelle 8.2 gibt die Operatoroptionen an und erläutert, wann Sie sie anwenden können.

Operator	Beschreibung
Festlegen auf	Der Standardoperator. Weist dem Feld einfach den dynamischen Wert zu. Bei *DateTime*-Feldern werden zusätzliche Zeitoptionen angezeigt.
Erhöhen um	In bestimmten Feldsituationen verfügbar. Erhöht den aktuellen Wert um den ausgewählten dynamischen Wert. Nur für numerische Felder für die Aktion *Datensatz aktualisieren* verfügbar.
Verringern um	Verringert den aktuellen Wert um den ausgewählten dynamischen Wert. Nur für numerische Felder für die Aktion *Datensatz aktualisieren* verfügbar.
Multiplizieren mit	Multipliziert den aktuellen Wert mit dem ausgewählten dynamischen Wert. Nur für numerische Felder für die Aktion *Datensatz aktualisieren* verfügbar.
Löschen	Entfernt den aktuellen Wert aus dem Feld. Nur für die Aktion *Datensatz aktualisieren* verfügbar.

Tabelle 8.2 Operatoroptionen

WICHTIG   Außer in einem Schritt mit der Aktion *Datensatz aktualisieren* wird der Operator *Festlegen auf* als einziger Operator angezeigt.

Wie bereits erwähnt, zeigt Microsoft Dynamics CRM zusätzliche Operatoroptionen an, wenn Sie ein Datumsfeld markieren (siehe Abbildung 8.20). Mit diesen spezifischen Optionen können Sie den dynamischen Wert für Datumsangaben als Zeitraum vor oder nach dem Wert eines benutzerdefinierten Datumsfeldes definieren.

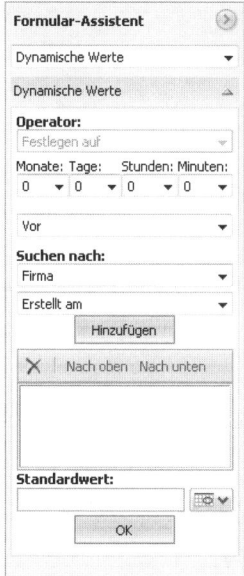

Abbildung 8.20 Zusätzliche Optionen für dynamische Werte bei Datumsfeldern

Suchen nach-Optionen

Microsoft Dynamics CRM teilt die *Suchen nach*-Optionen in Entitäts- und Attributlisten auf. Die Entitätsliste zeigt die aktuelle primäre Entität, alle verknüpften Entitäten, eine Option *Workflow* und alle Schritte benutzerdefinierter Assemblies, die in der Workflowregel konfiguriert sind (siehe Abbildung 8.21). Die Attributliste wird kontextabhängig durch die Auswahl der Entitätsliste gesteuert und zeigt nur Attribute des Datentyps an, der für das Feld mit dem aktuellen Fokus verfügbar ist. Es sind nahezu alle Attribute einschließlich der benutzerdefinierten Attribute verfügbar.

Wenn Sie in der *Suchen nach*-Auswahlliste die Option *Workflow* wählen, wie es in Abbildung 8.21 zu sehen ist, zeigt die Benutzeroberfläche die folgenden speziellen Attributoptionen (abhängig vom Feld mit dem Fokus) an:

- **Anzahl der Aktivitäten:** Die aktuelle Anzahl der Aktivitäten, die der primären Entität zugeordnet sind, ausschließlich aller Aktivitäten, die von der Workflowregel erstellt werden.

- **Anzahl der Aktivitäten einschließlich Workflow:** Die aktuelle Anzahl der Aktivitäten, die der primären Entität zugeordnet sind, zuzüglich aller Aktivitäten, die speziell durch die Workflowregel erstellt werden.

- **Ausführungszeit:** Die im aktuellen Workflowschritt verstrichene Zeit. Der Wert für die Ausführungszeit wird jeweils zu Beginn eines Schrittes zurückgesetzt.

Wenn Sie eine Wartebedingung konfigurieren und die Option *Workflow* auswählen, stellt Microsoft Dynamics CRM mit *Timeout* eine vierte Option bereit. Haben Sie *Timeout* ausgewählt, können Sie auch auf einen speziellen dynamischen Wert *Dauer* zusätzlich zu den typischen Werten *Vor* und *Nach* zugreifen (siehe Abbildung 8.22). Mit der Option *Dauer* lässt sich die Zeitspanne festlegen, die die Workflowregel warten soll, bevor sie mit dem nächsten Schritt fortfährt.

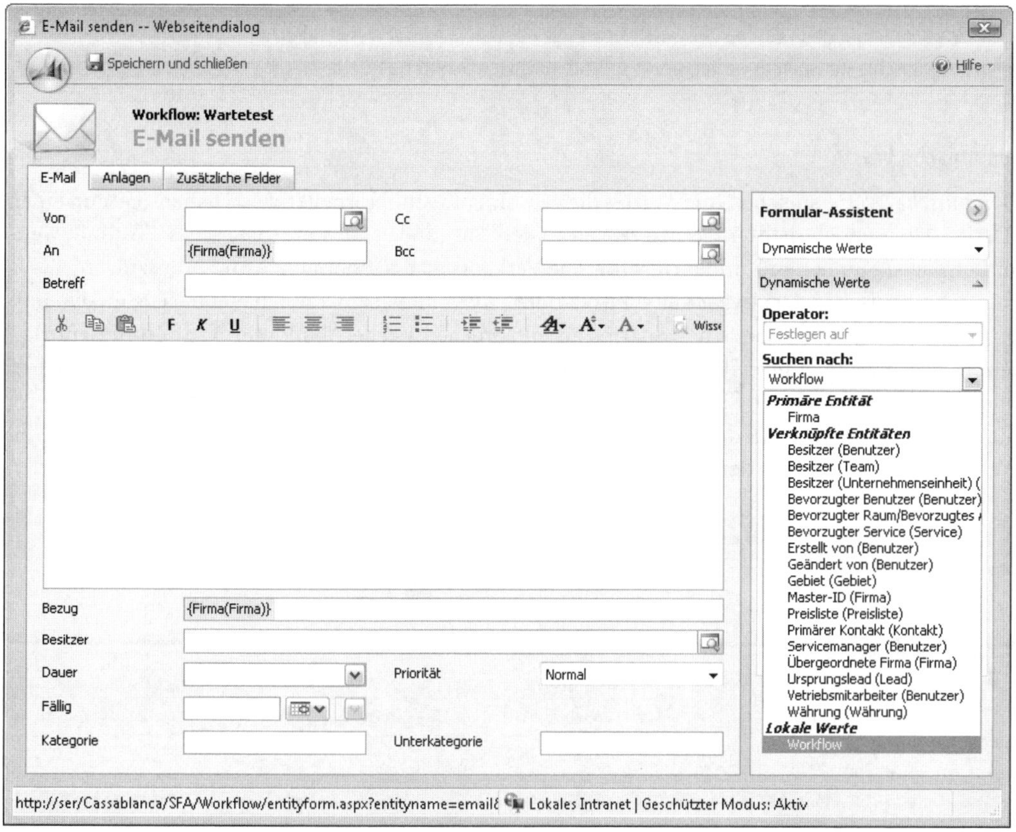

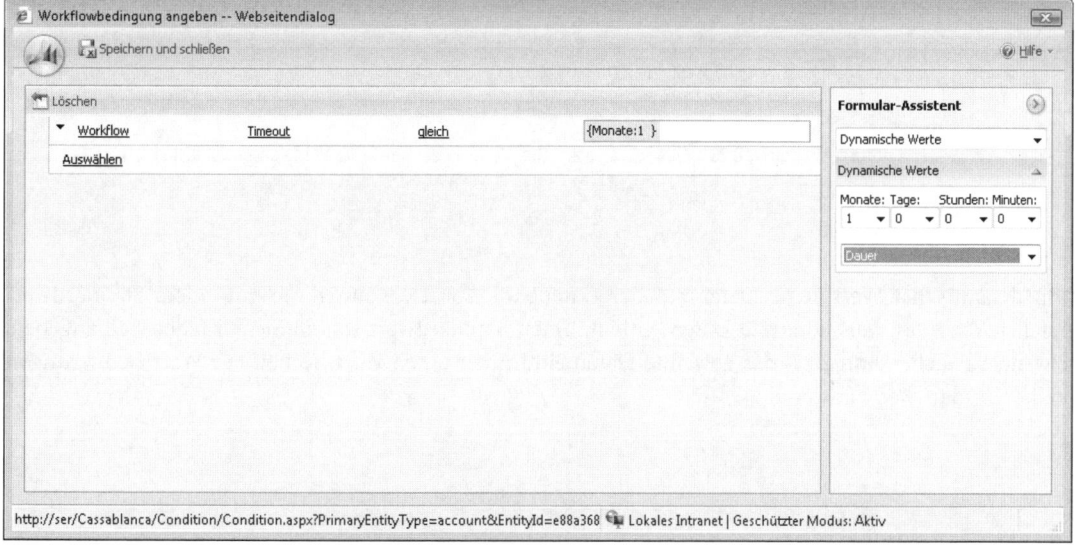

Abbildung 8.21 Die Auswahlliste Suchen nach mit primärer Entität, verknüpften Entitäten und lokalen Werten

Abbildung 8.22 Die Option Dauer für eine Wartebedingung mit Timeout

---

TIPP   Für Wartebedingungen werden Sie fast immer die Option *Timeout* verwenden, um sicherzustellen, dass die Workflowregel die gewünschte Zeitspanne wartet, bevor sie zum nächsten Schritt übergeht.

Das Feld Dynamische Werte

Das Feld *Dynamische Werte* speichert die Werte, die Sie hinzufügen. Normalerweise haben Sie nur einen Wert. Das Design lässt jedoch mehrere Werte zu, falls einer von ihnen null sein sollte. Diese Technik wenden Sie zum Beispiel an, um einen Kundenwert für eine Verkaufschance oder eine Anfrage auszuwählen. Da der Kunde einer Verkaufschance entweder eine Firma oder ein Kontakt sein kann, bietet es sich an, dynamische Werte zu konfigurieren, um beiden Szenarios zu entsprechen (siehe Abbildung 8.23). In diesem Beispiel versucht Microsoft Dynamics CRM, den obersten Wert im Feld (*Firmenname*) als den dynamischen Wert zu füllen. Existiert kein Wert für *Firmenname*, weil der Kunde der Verkaufschance ein Kontakt ist, versucht Microsoft Dynamics CRM, den dynamischen Wert mit dem nächsten Wert im Feld zu füllen. Gibt es diesen Wert ebenfalls nicht, füllt der Workflow den dynamischen Wert mit dem von Ihnen spezifizierten Standardwert.

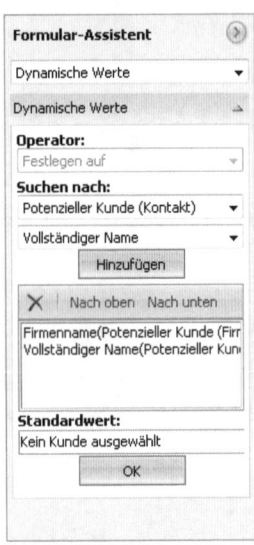

Abbildung 8.23   Das Feld Dynamische Werte, in dem mehrere Werte ausgewählt sind

Standardwert

Gibt Ihr dynamischer Wert keine Daten aus der Datenbank zurück, können Sie mit einem Standardwert sicherstellen, dass der Wert konkrete Daten enthält. Einen Standardwert sollten Sie auf jeden Fall angeben, außer wenn Sie sicher sind, dass das gewählte Datenfeld immer einen Wert besitzt. Für Wartebedingungen sind keine Standardwerte anwendbar.

Workflow überwachen

Wie bereits erläutert, wertet der Asynchrone Verarbeitungsdienst von Microsoft CRM hinter den Kulissen Ihre Workflowregeln, Microsoft Dynamics CRM-Daten und Ereignisse aus. Mit der Weboberfläche von Microsoft Dynamics CRM können Sie Workflowaufträge (einschließlich laufender Aufträge) vom Workflowdatensatz, dem von Microsoft Dynamics CRM beeinflussten Datensatz oder über Systemaufträge überwachen. Diese Flexibilität liefert Ihnen die benötigten Informationen, um schnell ermitteln zu können, welche Aufträge ausgeführt werden. Zudem stellt dies eine Hilfe bei der Problembehebung im Fehlerfall dar.

In diesem Abschnitt beschäftigen wir uns mit folgenden Themen:

- Workflowaufträge vom Workflowdatensatz überwachen
- Auf Workflowaufträge von einem Microsoft Dynamics CRM-Datensatz aus zugreifen
- Auf Workflowaufträge von Systemaufträgen aus zugreifen
- Protokolldaten zu einer vorhandenen Workflowprozessinstanz überprüfen
- Verfügbare Aktionen für Workflowprozesse

Workflowaufträge vom Workflowdatensatz aus überwachen

Der Workflowdatensatz enthält einen komfortablen *Workflows*-Link, der alle vorhandenen Instanzen der Regel im System einschließlich ihres Status auflistet, wie es in Abbildung 8.24 zu sehen ist.

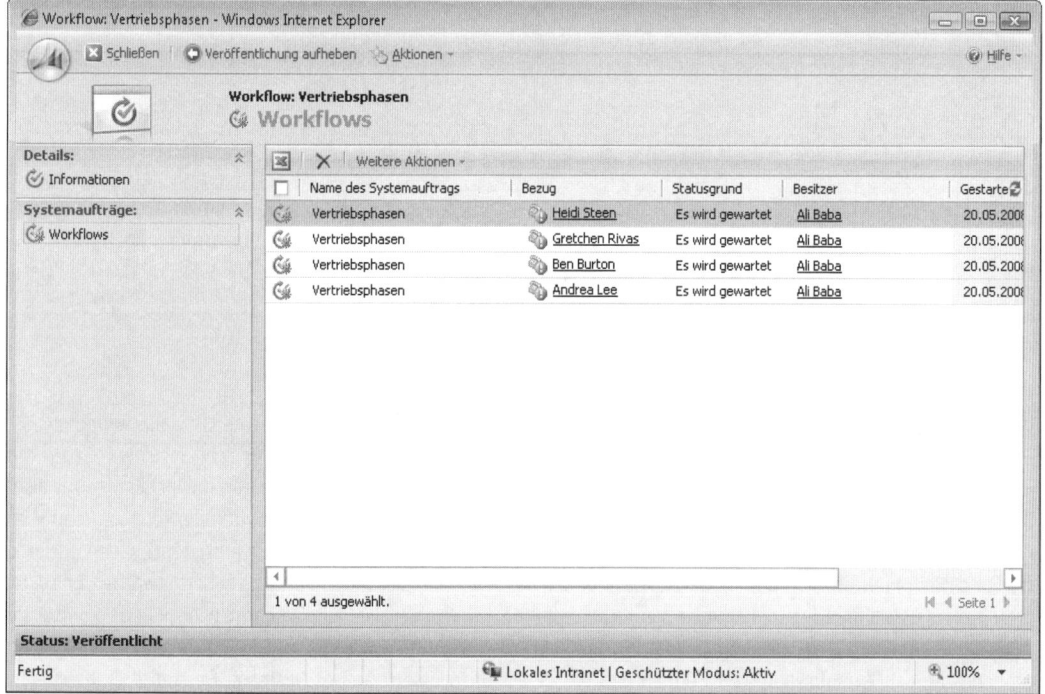

Abbildung 8.24 Workflowinstanzen vom Workflowdatensatz aus inspizieren

Da die Sicherheit bei Workflows der anderer Entitäten ähnelt, können Sie instanziierte Workflowregeln vom Workflowdatensatz aus nur dann einsehen, wenn Sie über *Lesen*-Berechtigungen für die *Workflow*entität verfügen.

Auf Workflowaufträge von einem Microsoft Dynamics CRM-Datensatz aus zugreifen

In Microsoft Dynamics CRM lassen sich sämtliche Workflowprozesse, die für einen Datensatz ausgeführt werden, recht komfortabel direkt vom Datensatz aus anzeigen. Klicken Sie dazu in einem Datensatz auf den Link *Workflows* (siehe Abbildung 8.25), um alle Workflowprozesse anzuzeigen, die für diesen Datensatz ausgeführt wurden (oder noch laufen).

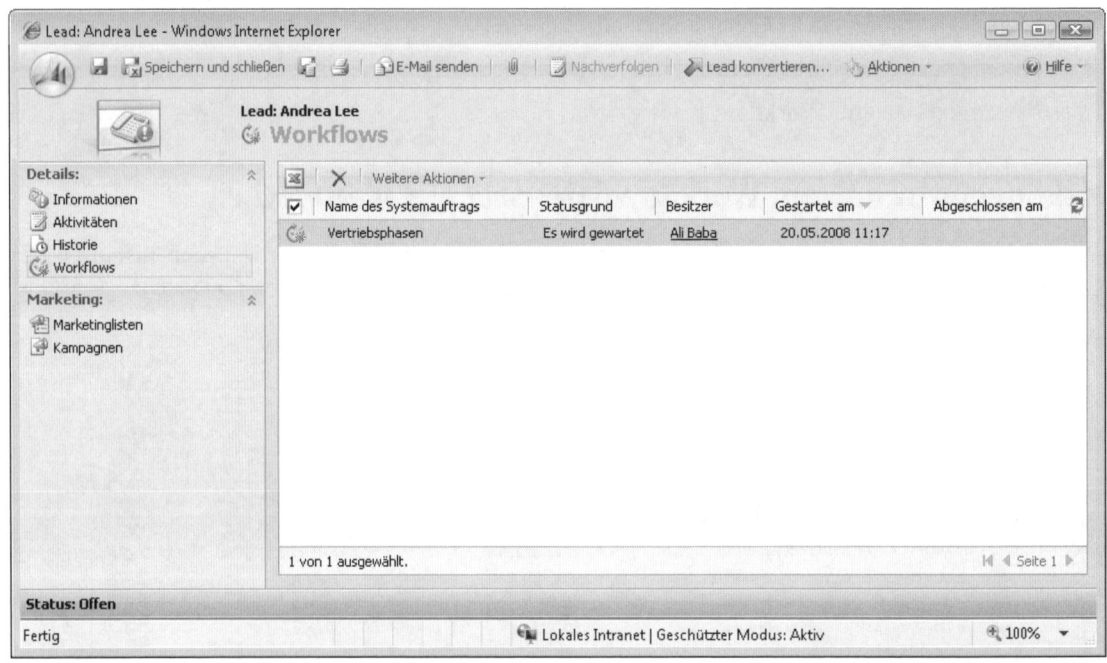

Abbildung 8.25   Die einem Datensatz zugeordnete Workflows-Ansicht

ACHTUNG   Öffnet ein Benutzer einen Entitätsdatensatz in Microsoft Dynamics CRM, kann er eine Liste aller Workflowaufgaben, die mit diesem individuellen Datensatz verknüpft sind, in der zugeordneten *Workflows*-Ansicht anzeigen, sofern die Sicherheitsrolle des Benutzers irgendeine Stufe von *Lesen*-Zugriff auf die Entität *Systemaufträge* einschließt. Es genügt also, wenn ein Benutzer lediglich Zugriffsrechte auf Benutzerebene besitzt, um Datensätze der Entität *Systemaufträge* zu lesen – er kann dann von diesem Datensatz aus sämtliche Workflowregeln anzeigen, die für diesen Datensatz ausgeführt werden. Dieses Sicherheitsverhalten ist ungewöhnlich. Man erwartet, dass dieser Benutzer nur die Systemaufträge sehen kann, die er selbst besitzt. Durch diese Ausnahme können Benutzer sämtliche Aufträge sehen, die sich auf Datensätze beziehen, auf die sie zugreifen können. Zudem wird Abwärtskompatibilität zu den Verkaufsprozessen von Microsoft Dynamics CRM 3.0 bewahrt. Versucht ein Benutzer, den Workflowauftrag zu öffnen und die Details anzuzeigen, lässt es Microsoft Dynamics CRM erfreulicherweise zu, dass der Benutzer diesen Datensatz anzeigen kann, wenn ihm dies seine Sicherheitsrolle erlaubt.

Auf Workflowaufträge von Systemaufträgen zugreifen

Alle instanziierten Workflowprozesse können Sie auch über die Verknüpfung *Systemaufträge* im Abschnitt *Einstellungen* anzeigen. Jeder Benutzer mit der passenden Zugriffsstufe der *Lesen*-Berechtigung für die Entität *Systemauftrag* ist in der Lage, auf diesen Bereich zuzugreifen. In dieser Ansicht kann ein Administrator alle asynchronen Aufträge überwachen, die gegen Microsoft Dynamics CRM ausgeführt werden. Einer dieser Auftragstypen ist *Workflow* (siehe Abbildung 8.26). Bei Filterung zeigt Microsoft Dynamics CRM nur Workflowprozessinstanzen an.

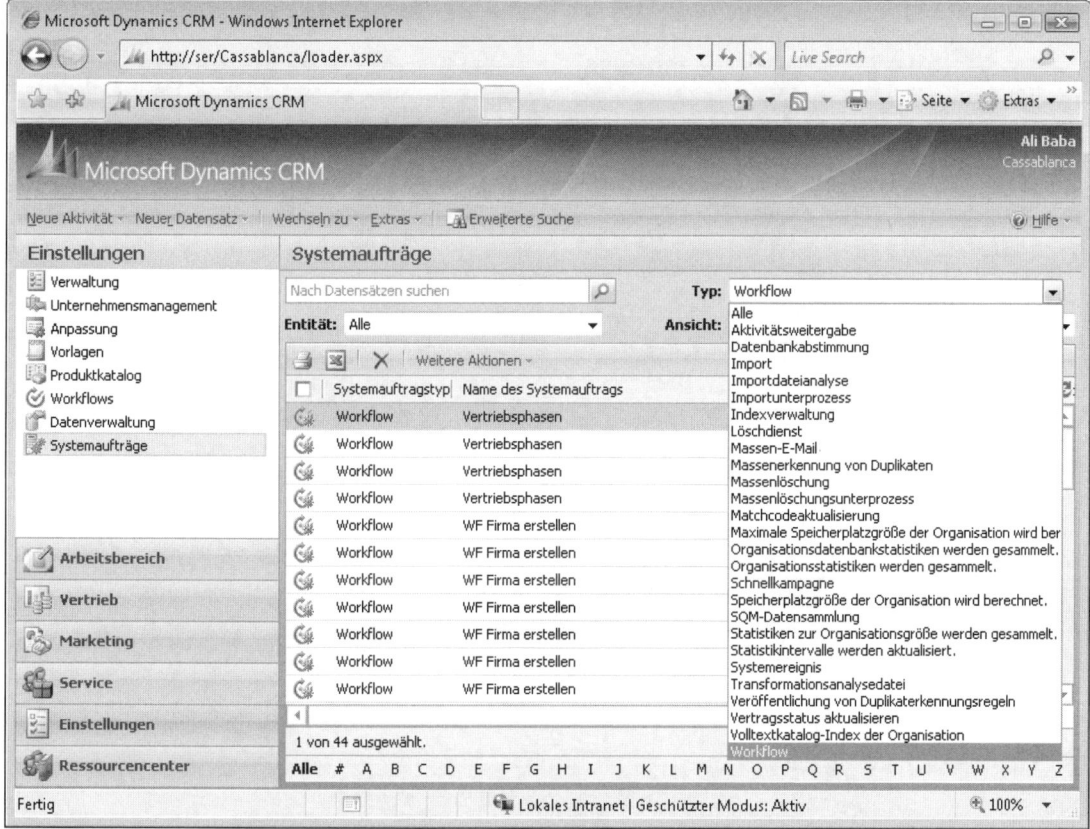

Abbildung 8.26 Workflowprozessinstanzen in der Tabelle Systemaufträge

Systemaufträge (wie zum Beispiel *Workflow*) können einen der folgenden Statusgründe haben:

- Storniert
- Wird storniert
- Fehler
- In Bearbeitung
- Wird angehalten

- Erfolgreich abgeschlossen
- Es wird gewartet
- Auf Ressourcen wird gewartet

Protokolldetails überprüfen

Unabhängig davon, wo Sie auf die ausgeführten Workflowprozesse zugreifen, können Sie sich die Details jedes Schritts ansehen, indem Sie den Mauszeiger auf das Symbol links vom jeweiligen Schritt setzen (siehe Abbildung 8.27).

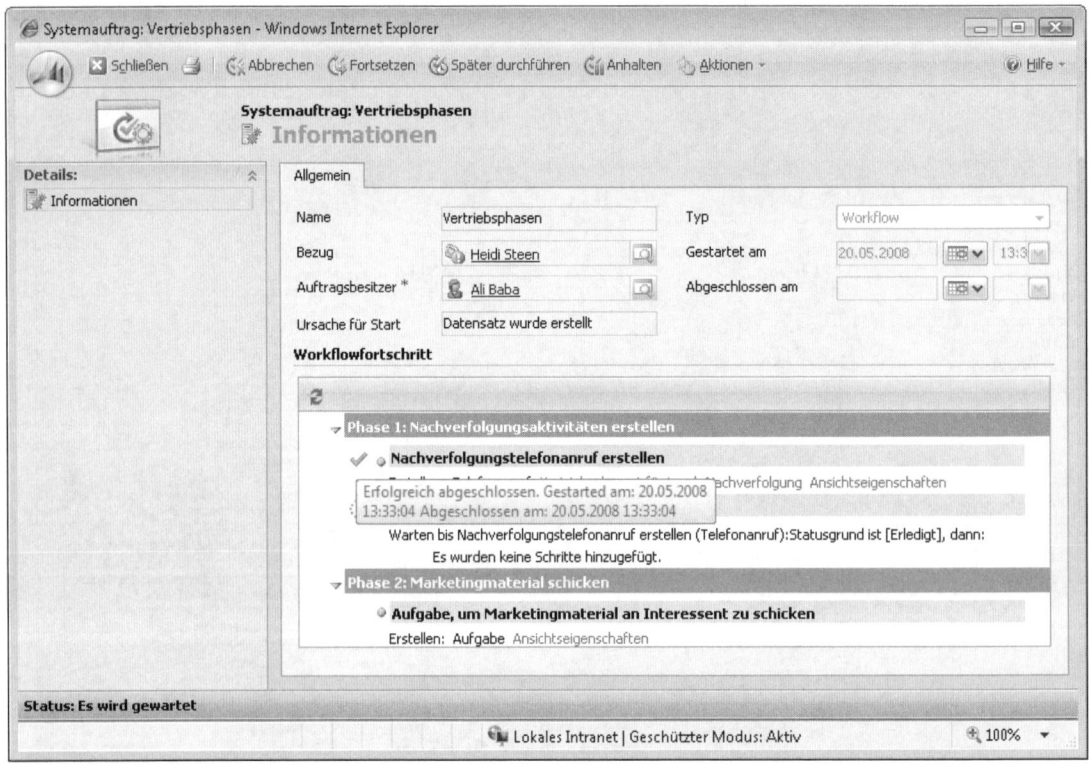

Abbildung 8.27   Protokolldetails eines Workflows über die QuickInfo des Schritts

Umfasst Ihr Workflowauftrag eine große Anzahl von Schritten, ist es recht umständlich, den Mauszeiger auf jeden Schritt zu setzen. Hier kommt Ihnen die Druckansicht eines Workflowauftrags entgegen (über das Dynamics-Symbol – d.h. das Menü *Datei* – in der linken oberen Ecke zu erreichen). In dieser Ansicht können Sie sämtliche Workflowdetails in einem einzigen Layout betrachten. Das Beispiel in Abbildung 8.28 zeigt, wie die Druckvorschau die Details jedes Schrittes enthält.

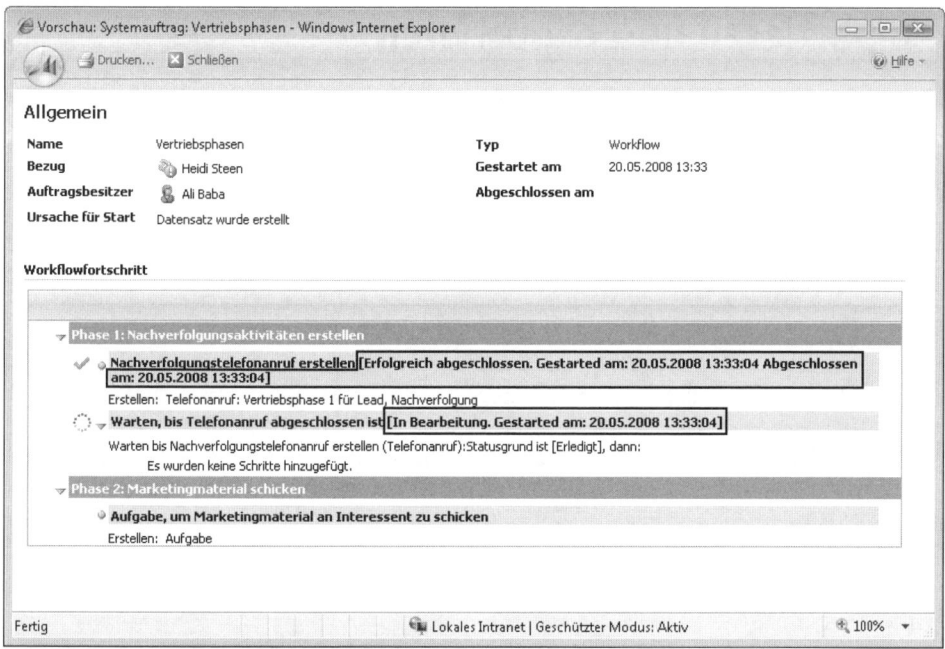

Abbildung 8.28 Workflowdetails in der Druckvorschau

Aktionen, die für Workflowaufträge verfügbar sind

Wenn Sie einen Workflowprozess betrachten und über die richtigen Berechtigungen verfügen, können Sie die folgenden Aktionen unternehmen:

- **Abbrechen:** Diese Aktion beendet eine Instanz. Es werden keine weiteren Schritte mehr ausgeführt.

- **Fortsetzen:** Setzt eine angehaltene Instanz fort. Wenn der Workflowdienst die Instanz aufgrund eines Fehlers angehalten hat, müssen Sie den Fehler zuerst beheben, bevor sich die Instanz fortsetzen lässt.

- **Später durchführen:** Die Ausführung der Instanz lässt sich auf einen späteren Zeitpunkt verschieben. Diese Aktion öffnet das in Abbildung 8.29 gezeigte Dialogfeld.

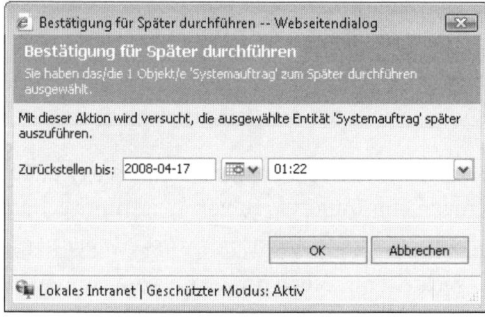

Abbildung 8.29 Das Dialogfeld Bestätigung für Später durchführen

- **Anhalten:** Eine Instanz können Sie jederzeit manuell anhalten.

Workflow importieren und exportieren

Genau wie mit den meisten Anpassungen und Einstellungen von Microsoft Dynamics CRM können Sie Workflowregeln von einem Microsoft Dynamics CRM-System zu einem anderen exportieren und importieren. Demzufolge können Sie alle Ihre Workflowregeln auf einem Entwicklungssystem erstellen und testen und sie dann in Ihrer Produktionsumgebung bereitstellen.

Alle Workflowregeln (auch die im Entwurfsstadium befindlichen) erscheinen in der Tabelle *Anpassungen exportieren* (siehe Abbildung 8.30).

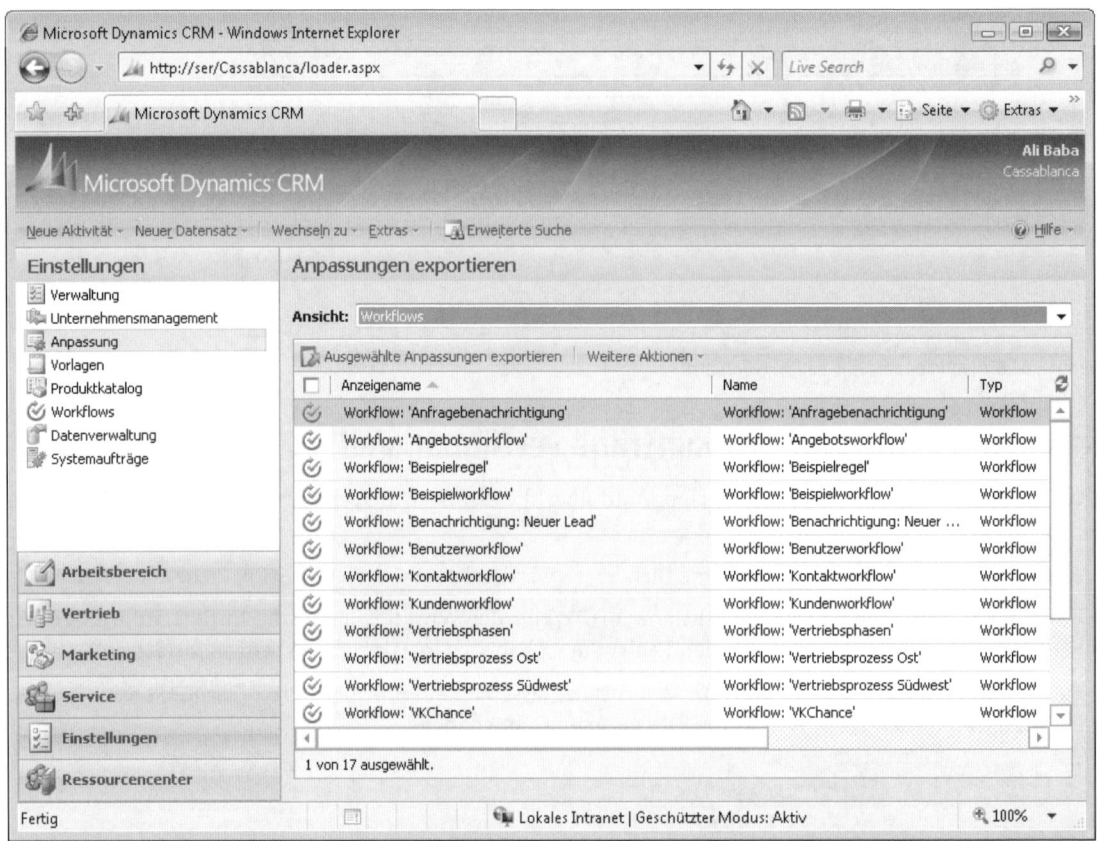

Abbildung 8.30   Die für den Export verfügbaren Workflowregeln

Wenn Sie Workflowregeln in ein System importieren, müssen Sie bedenken, dass manche Verweise für das Ursprungssystem spezifisch sind. Zu den möglichen Problemen beim Importieren von Workflows gehören:

- **Fehlende Entitäten oder Attribute:** Wenn Sie eine Workflowregel mit Verweisen auf benutzerdefinierte Entitäten oder benutzerdefinierte Attribute, die im Zielsystem nicht vorhanden sind, importieren, stellt Microsoft Dynamics CRM einen Fehler fest und verhindert, dass Sie die Workflowregel importieren.

- **Fehlende benutzerdefinierte Workflowaktivitäten:** Verweist eine zu importierende Workflowregel auf eine benutzerdefinierte Workflowaktivität, müssen Sie gewährleisten, dass das Zielsystem die Assembly für die benutzerdefinierte Workflowaktivität registriert hat. Fehlt die benutzerdefinierte Workflowaktivität, lässt sich die Regel zwar importieren, doch enthält sie eine Warnungsmeldung, dass Sie die fehlende Aktivität korrigieren müssen, bevor Sie die Workflowregel veröffentlichen können.

- **Benutzerverweise:** Enthalten Workflowregeln Verweise auf bestimmte Benutzer, hält Microsoft Dynamics CRM den Benutzerverweis aufrecht, wenn Sie die Regel auf ein Zielsystem in derselben Microsoft Active Directory-Domäne importieren. Importieren Sie Workflowregeln zwischen verschiedenen Domänen, müssen Sie sämtliche Benutzerverweise manuell aktualisieren, bevor Sie die importierte Regel veröffentlichen können.

Vergessen Sie nicht, dass Sie die importierten Workflowregeln veröffentlichen müssen, bevor sie die Arbeit im System aufnehmen können.

Beispiele für Workflows

Da Sie nun die Konzepte und Details in Bezug auf Microsoft Dynamics CRM-Workflows kennen, sollen einige Beispiele demonstrieren, wie Sie in praxisnahen Workflowszenarios alles zusammenbringen können. Dieser Abschnitt zeigt die folgenden allgemeinen Szenarios:

- Einen Geschäftsprozess für einen neuen Lead erstellen

- Überfällige Serviceanfragen weiterleiten (an eine übergeordnete Stelle)

- Einfache Datenüberwachung für die Entität *Firma* hinzufügen

Einen Geschäftsprozess für einen neuen Lead erstellen

Nehmen Sie an, Ihre Firma ist an einem standardisierten Prozess interessiert, um jeden im System erstellten Lead zu behandeln. Allerdings variiert der Geschäftsprozess abhängig von der Quelle des Leads und dem Ort des Interessenten. Der Vertriebsmanager nennt Ihnen die folgenden Anforderungen:

- Wenn der Lead über das Web kommt, senden Sie dem Lead eine E-Mail-Bestätigung.

- Für alle Leads (unabhängig von der Herkunft) erstellen Sie eine Telefonanruf-Nachverfolgungsaktivität, die einen Tag nach der Lead-Erstellung fällig wird.

- 14 Tage warten und feststellen, ob der Lead immer noch geöffnet ist. Wenn ja, eine Nachverfolgungsaufgabe erstellen, die mit einer Fälligkeit von einem Tag später erneut verbunden wird.

- 30 Tage warten und den *Lead*-Status erneut auswerten. Ist er immer noch geöffnet, den Lead disqualifizieren, indem er als *Verloren* markiert wird.

Dieses Beispiel demonstriert die folgenden Features in Workflows:

- Bedingungen verwenden, um unterschiedliche Sätze von Aktivitäten zu erstellen

- Die Aktion *E-Mail senden* verwenden, um eine E-Mail-Vorlage zu senden

- Die Aktion *Aktivität erstellen* verwenden, um Aktivitätsdatensätze für den Lead-Besitzer zu generieren

- Die Wartebedingung verwenden, um aufeinander folgende Prüfungen für den Datensatz auszuführen

Die Regel erstellen

1. Melden Sie sich bei der Microsoft Dynamics CRM-Webanwendung an, klicken Sie auf *Einstellungen* und dann auf *Workflows*.

2. Klicken Sie in der Symbolleiste der Tabelle *Workflow* auf *Neu*. Daraufhin wird das Dialogfeld *Workflow erstellen* geöffnet.

3. Geben Sie im Dialogfeld *Workflow erstellen* in das Feld *Workflowname* den Text **Neuer Lead-Vorgang** ein und wählen Sie in der Liste *Entität* den Eintrag *Lead*. Achten Sie darauf, dass die Option *Neuer leerer Workflow* ausgewählt ist, und klicken Sie auf *OK*.

HINWEIS   Die folgenden Schritte nehmen den standardmäßigen Einfügetyp *Nach Schritt* an. Bei dieser Option erstellt Microsoft Dynamics CRM jeden neuen Schritt nach dem momentan markierten Schritt.

Die Antwort für Website-Leads senden

1. Klicken Sie auf *Schritt hinzufügen* und dann auf *Überprüfungsbedingung*.

2. Als Beschreibung geben Sie **Auf Web-Lead prüfen** ein und klicken dann auf den Link *<Bedingung> (zum Konfigurieren klicken)*.

3. Im Dialogfeld *Workflowbedingung angeben* erstellen Sie eine Bedingung, wie sie in Abbildung 8.31 dargestellt ist, und klicken dann auf *Speichern und schließen*.

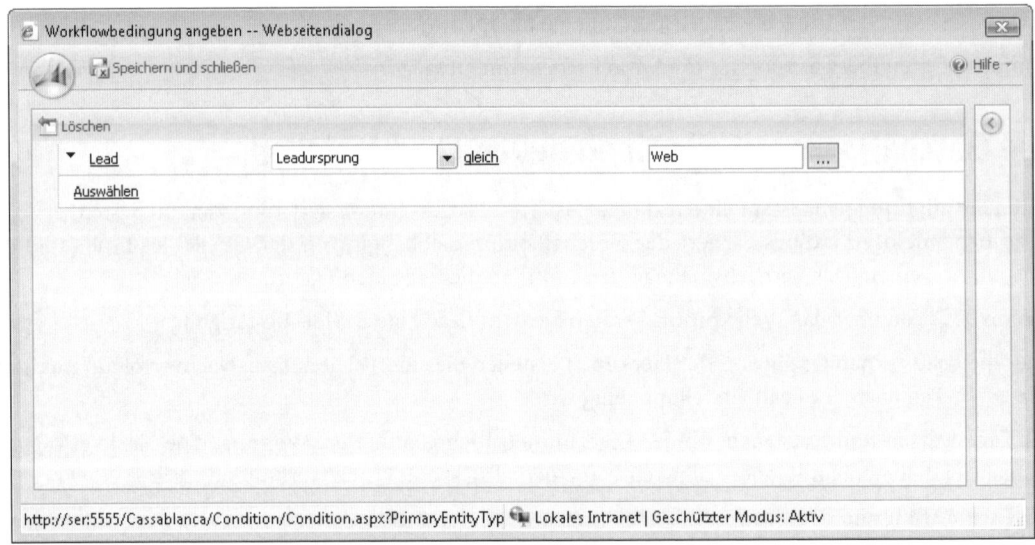

Abbildung 8.31   Die Bedingung für die Prüfung auf Web-Lead festlegen

4. Klicken Sie auf *Wählen Sie diese Zeile aus, und klicken Sie auf 'Schritt hinzufügen'.* und klicken Sie dann auf *E-Mail senden*.

5. Als Schrittbeschreibung geben Sie **E-Mail von Webvorlage senden** ein. Um eine der von Microsoft Dynamics CRM bereitgestellten Standardvorlagen zu verwenden, wählen Sie in den Listen neben *E-Mail senden* die Einträge *Vorlage verwenden* und *Lead*. Klicken Sie dann auf *Eigenschaften festlegen*.

6. Im Dialogfeld *E-Mail senden* klicken Sie auf das Feld *An*, um den Fokus festzulegen, und wählen dann im Bereich *Formular-Assistent* in der Liste *Suchen nach* die Einträge *Lead* und *Benutzer*. Klicken Sie auf *Hinzufügen* und dann auf *OK*. Damit werden dynamische Werte verwendet, um die E-Mail-Nachricht an den *Lead*-Besitzer zu senden. Wiederholen Sie diesen Vorgang für das Feld *Von*.

7. Wählen Sie in der Liste *Vorlagentyp* den Eintrag *Lead-Vorlage* aus. Microsoft Dynamics CRM zeigt alle E-Mail-Vorlagen an, die auf die Entität *Lead* zutreffen. Markieren Sie in der Vorlagenliste die Zeile mit *Antwort an Lead – Websitebesuch*. Das Dialogfeld *E-Mail senden* sollte nun dem in Abbildung 8.32 gezeigten entsprechen. Klicken Sie auf *Speichern und schließen*.

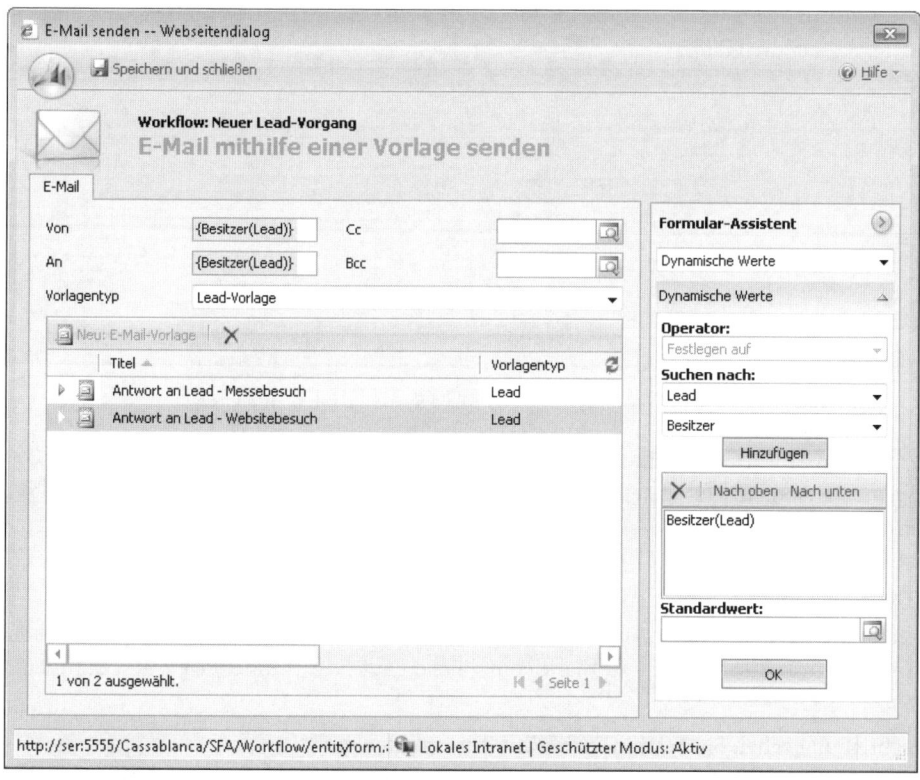

Abbildung 8.32   Das ausgefüllte Dialogfeld E-Mail senden

Abbildung 8.33 zeigt, wie die Regel momentan aussieht.

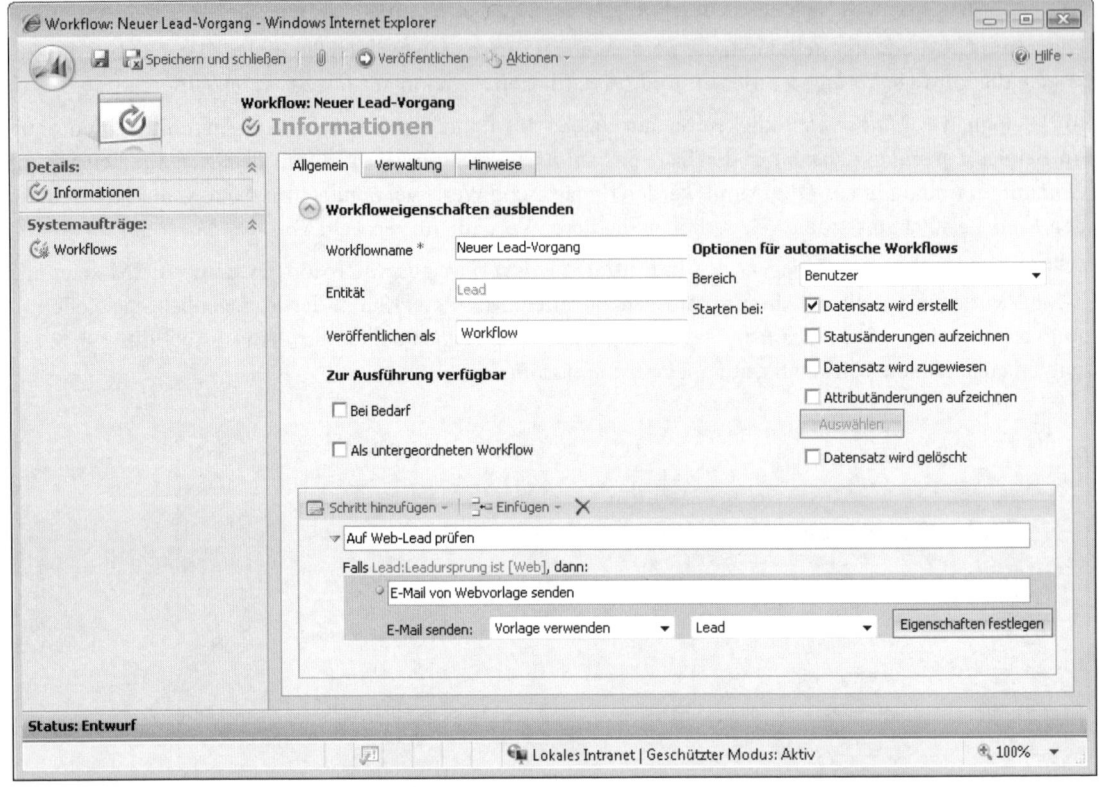

Abbildung 8.33   Die Workflowregel, nachdem die Bedingung und die Aktionen für den Web-Lead eingegeben wurden

Im nächsten Schritt fügen Sie die allgemeinen Aktionen hinzu, die der neue Lead-Vorgang erwartet. Gemäß Anforderung soll eine Telefonaktivität erstellt werden, damit ein Mitarbeiter Ihrer Firma den Lead kontaktiert und zu qualifizieren versucht.

Telefonanruf-Aktionen erstellen

1. Um eine Telefonanruf-Aktivität hinzuzufügen, klicken Sie in den Bereich unmittelbar links neben dem ersten Schrittnamen, um diesen Schritt zu markieren, klicken auf *Schritt hinzufügen* und dann auf *Datensatz erstellen*.

2. Als Schrittbeschreibung geben Sie **Telefonanrufaktivität erstellen** ein.

3. Wählen Sie in der Entitätsliste den Eintrag *Telefonanruf* und klicken Sie dann auf die Schaltfläche *Eigenschaften festlegen*.

4. In das Feld *Betreff* geben Sie den Text **Nachverfolgen des neuen Web-Leads** ein. Lassen Sie die Einfügemarke nach dem Leerzeichen im Feld *Betreff* stehen.

5. Als Nächstes fügen Sie einen neuen dynamischen Wert für das Lead-Thema hinzu. Wählen Sie im Formular-Assistenten für den dynamischen Wert den Eintrag *Lead* und in der Attributliste den Eintrag *Thema*. Klicken Sie auf *Hinzufügen*.

6. Geben Sie in das Feld *Standardwert* den Text **Kein Thema** ein und klicken Sie auf *OK*. Microsoft Dynamics CRM fügt den dynamischen Wert (in Gelb hervorgehoben) in den Betreff des Telefonanrufs ein.

7. Klicken Sie in das Feld *Fällig*. Da dieser Telefonanruf unverzüglich erfolgen soll, legen Sie als Fälligkeit einen Tag nach dem Lead-Erstellungsdatum fest. Klicken Sie im Formular-Assistenten in der Auswahlliste *Tage* auf *1* und wählen Sie in der Auswahlliste darunter den Eintrag *Nach*. Wählen Sie nun die Entität *Lead* und das Attribut *Erstellt am* aus und klicken Sie auf *Hinzufügen*. Lassen Sie das Feld für den Standardwert leer und klicken Sie auf *OK*.

8. Fügen Sie nun nach einem ähnlichen Schema dynamische Werte für die Felder *Telefonnummer* und *Absender* hinzu, wie es in Abbildung 8.34 zu sehen ist. Klicken Sie abschließend auf *Speichern und schließen*.

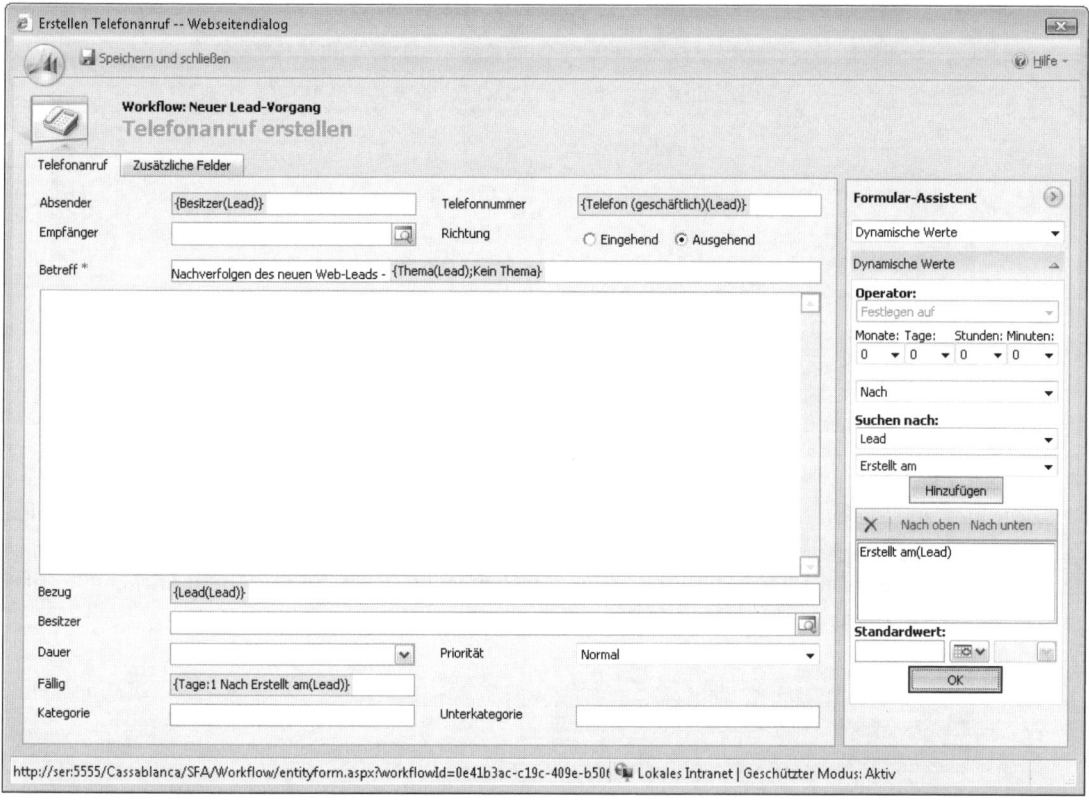

Abbildung 8.34 Das ausgefüllte Dialogfeld für den Telefonanruf

In der letzten Schrittsequenz fügen Sie einige zusätzliche Nachverfolgungsaktivitäten und Aufräumschritte hinzu. Mit einer Wartebedingung sorgen Sie dafür, dass die Regel 14 Tage wartet. Dann prüfen Sie, ob der Lead immer noch geöffnet ist. Ist das der Fall, erstellen Sie eine Aufgabe, um die Verbindung zum Lead wiederherzustellen, und weisen sie dem *Lead*-Besitzer zu. Dann fügen Sie einen abschließenden Wartebedingungsschritt mit einer Dauer von einem Monat ein. Wenn der nach einem Monat immer noch geöffnet ist, senden Sie dem Manager eine E-Mail-Nachricht und schließen den Lead.

Nachverfolgungsschritte hinzufügen

1. Klicken Sie im Bereich unmittelbar neben dem Telefonanrufschritt, um ihn zu markieren, klicken Sie auf *Schritt hinzufügen* und dann auf *Wartebedingung*.

2. Geben Sie als Schrittbeschreibung den Text **Lead aufräumen** ein und klicken Sie dann auf den Link *<Bedingung> (zum Konfigurieren klicken)*.

3. Im Dialogfeld *Workflowbedingung angeben* erstellen Sie eine Bedingung, wie sie Abbildung 8.35 zeigt, und klicken dann auf *Speichern und schließen*.

Abbildung 8.35 Die Wartebedingung für den Schritt Lead aufräumen

4. Als Nächstes klicken Sie unter der eben hinzugefügten Timeout-Prüfung auf den Text *Wählen Sie diese Zeile aus, und klicken Sie auf 'Schritt hinzufügen'*. Klicken Sie dann auf *Schritt hinzufügen*, wählen Sie *Überprüfungsbedingung* und klicken Sie auf den neuen Link *<Bedingung> (zum Konfigurieren klicken)*. Konfigurieren Sie die Überprüfungsbedingung entsprechend Abbildung 8.36 und klicken Sie auf *Speichern und schließen*.

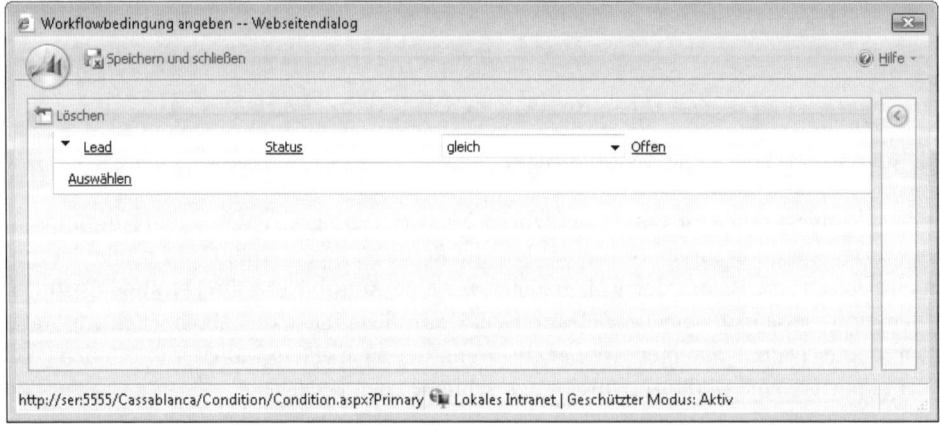

Abbildung 8.36 Konfiguration der Überprüfungsbedingung

5. Klicken Sie unter der hinzugefügten Überprüfungsbedingung auf den Text *Wählen Sie diese Zeile aus, und klicken Sie auf 'Schritt hinzufügen'*. Klicken Sie auf *Schritt hinzufügen*, wählen Sie *Datensatz erstellen* und wählen Sie in der Auswahlliste den Eintrag *Aufgabe*. Geben Sie die Schrittbeschreibung **Nachverfolgungsaufgabe erstellen, um Verbindung zu Lead wiederherzustellen** ein.

6. Klicken Sie auf *Eigenschaften festlegen* und konfigurieren Sie die Aufgabe gemäß Abbildung 8.37.

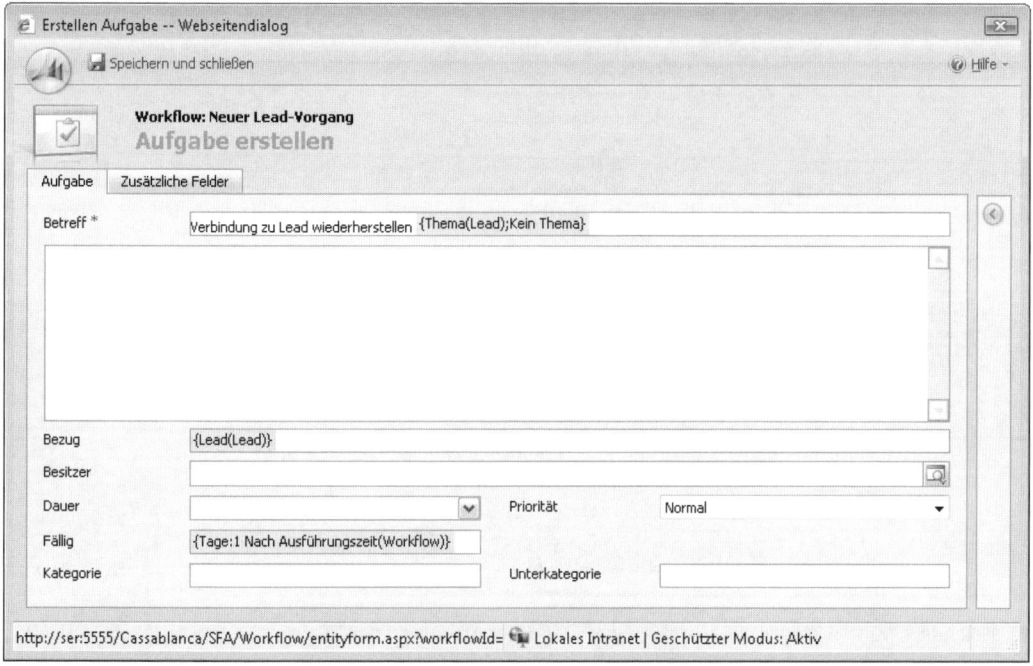

Abbildung 8.37　Konfiguration der Nachverfolgungsaufgabe

7. Markieren Sie den Aufgabenschritt und fügen Sie eine weitere Wartebedingung mit der Dauer von 1 Monat hinzu. Geben Sie als Beschreibung **Noch 1 Monat warten** ein. Konfigurieren Sie die Warte bedingung mit den Werten *Workflow, Timeout, gleich* und einer Dauer von 1 Monat. Klicken Sie auf *Speichern und schließen*.

8. Klicken Sie auf *Wählen Sie diese Zeile aus, und klicken Sie auf 'Schritt hinzufügen'*. Fügen Sie dann eine weitere Überprüfungsbedingung hinzu. Geben Sie als Beschreibung **Prüfen, ob Lead noch offen** ein. Klicken Sie auf den Link *<Bedingung> (zum Konfigurieren klicken)* und konfigurieren Sie die Auswahllisten mit *Lead, Status, gleich* und *Offen*. Klicken Sie auf *Speichern und schließen*.

9. Klicken Sie auf *Wählen Sie diese Zeile aus, und klicken Sie auf 'Schritt hinzufügen'*. Fügen Sie dann eine Aktion *Status ändern* hinzu. Geben Sie als Beschreibung **Lead nicht qualifizieren** ein. Ändern Sie den Status in *Verloren* und speichern Sie die Workflowregel. Veröffentlichen Sie die neue Regel. Abbildung 8.38 zeigt, wie die fertig gestellte Workflowregel aussieht.

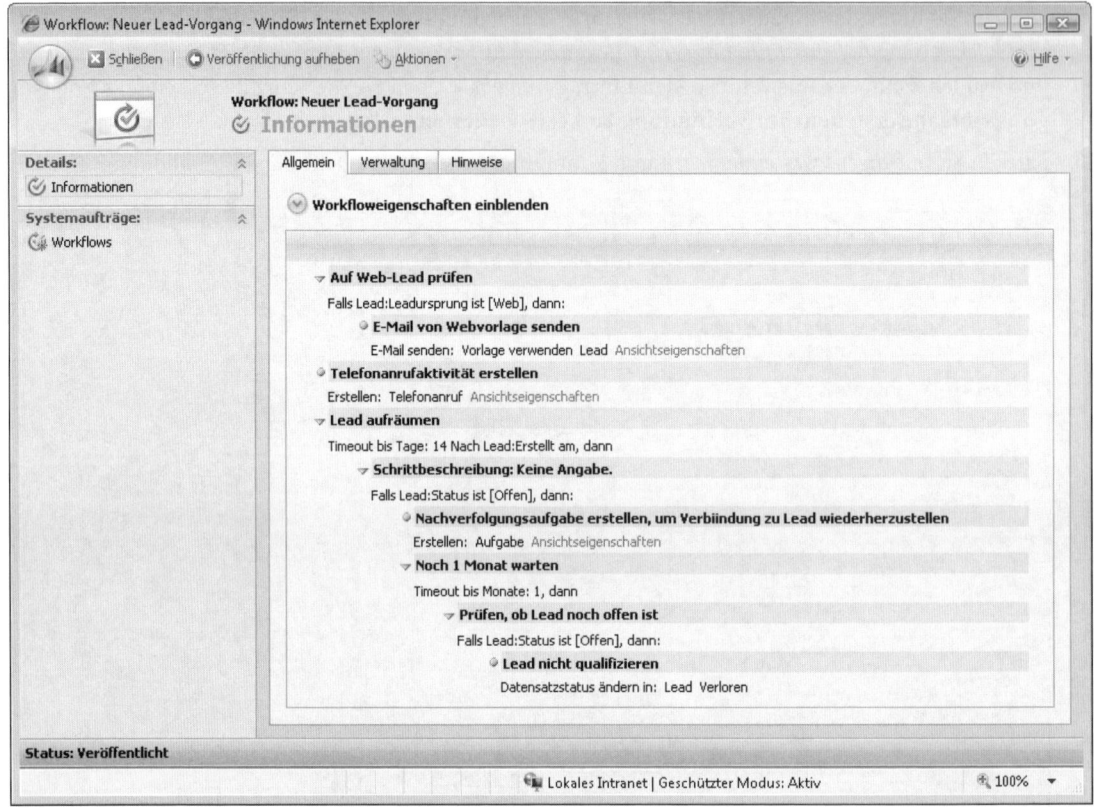

Abbildung 8.38   Die fertig gestellte und veröffentlichte Workflowregel Neuer Lead-Vorgang

Überfällige Serviceanfragen weiterleiten

Jede Firma strebt kurze Verarbeitungszeiten an, wenn Supportanfragen ihrer Kunden zu beantworten und zu lösen sind. Nehmen Sie für dieses Beispiel an, dass die Organisation sicherstellen möchte, dass auf alle Anfragen innerhalb eines Tages reagiert wird. Nach einem Tag erfolgt eine Prüfung, ob die Anfrage noch offen ist. Falls ja, wird eine E-Mail an den Manager des Besitzers geschickt. Nach einem weiteren Tag wird geprüft, ob sich der Status geändert hat oder nicht. Ist der Status unverändert geblieben, schickt die Organisation eine weitere E-Mail-Nachricht an den Manager des Anfragebesitzers und weist der Anfrage die Supportstufe 2 zu. Diese Schleife setzt sich fort, bis die Anfrage aufgelöst ist. In Abbildung 8.39 ist der Ablauf grafisch dargestellt.

In diesem Beispiel erstellen Sie nicht nur die bereits bekannten Bedingungsschritte und Aktionen. Es geht hier vor allem um zusätzliche Features in Workflows:

- Verwenden der Aktion *Workflow beenden*
- Verwenden der Aktion *Untergeordneten Workflow starten*
- Erstellen eines Schleifenvorgangs

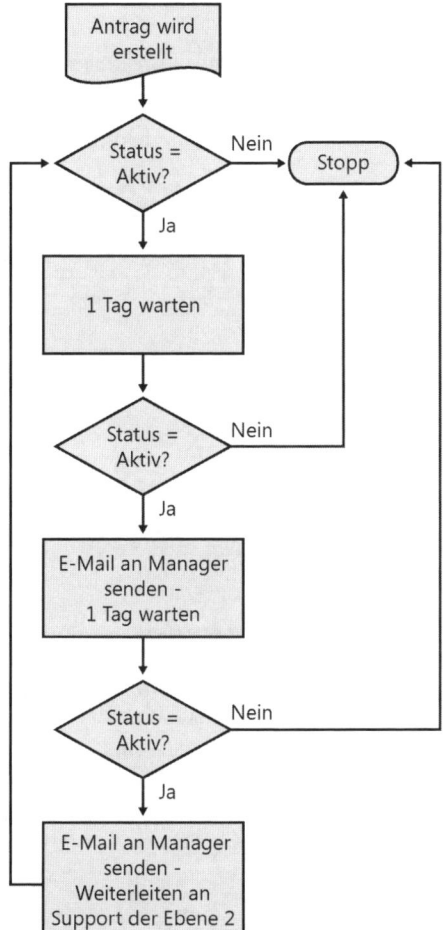

Abbildung 8.39   Logik zum Weiterleiten einer Anfrage
an eine übergeordnete Stelle

Mittlerweile sind Sie mit den Grundlagen vertraut, wie Sie einen Workflow erstellen. Deshalb konzentrieren wir uns nur auf die Aktionen, die in diesem Beispiel neu sind. Sie erstellen zwei Workflowregeln für die Entität *Anfrage* in der folgenden Reihenfolge:

- **E-Mail-Regel:** Eine manuelle Regel, die einfach eine E-Mail-Nachricht an den Besitzer des Managers sendet.

- **Regel mit Logik zum Weiterleiten:** Eine untergeordnete Workflowregel, die die Logik zum Weiterleiten der Anfrage enthält. Diese Regel ruft sich selbst auf und erzeugt damit eine Schleifensituation.

Die E-Mail-Nachricht erstellen Sie manuell als separate Workflowregel, weil Sie diese Nachricht in der Regel mit der Weiterleitungslogik zweimal verwenden. Eine separate Regel bietet zudem den Vorteil, dass Sie Änderungen der Nachricht an einer zentralen Stelle vornehmen können.

Die E-Mail-Regel erstellen

1. Melden Sie sich bei der Microsoft Dynamics CRM-Webanwendung an, klicken Sie auf *Einstellungen* und dann auf *Workflows*.

2. Klicken Sie in der Symbolleiste der *Workflows*-Tabelle auf *Neu*. Daraufhin wird das Dialogfeld für einen neuen Workflow geöffnet.

3. Geben Sie im Dialogfeld *Workflow erstellen* in das Feld *Name* den Text **Anfrageweiterleitung – E-Mail** ein und wählen Sie in der Liste *Entität* den Eintrag *Anfrage*. Achten Sie darauf, dass die Option *Neuer leerer Workflow* ausgewählt ist, und klicken Sie dann auf *OK*.

4. Erstellen Sie eine Regel gemäß Abbildung 8.40.

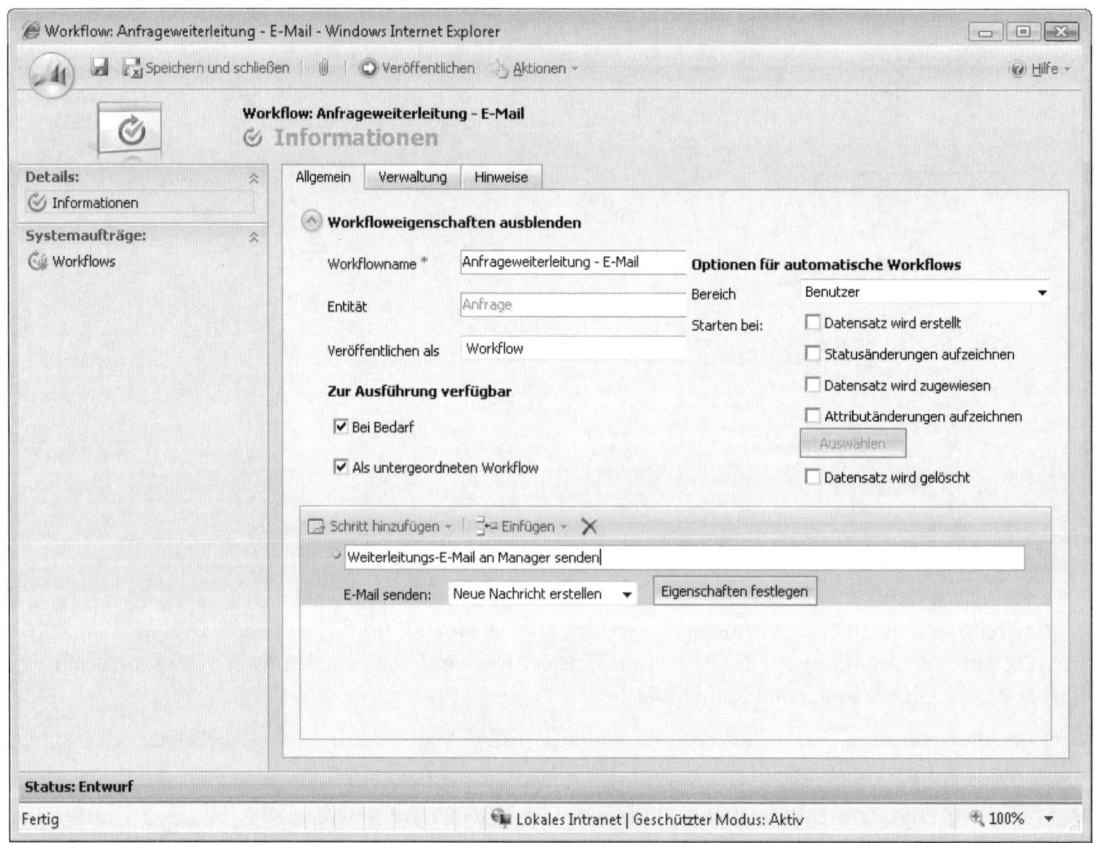

Abbildung 8.40 Workflowregel für E-Mail-Nachricht

5. Klicken Sie auf *Eigenschaften festlegen* und erstellen Sie eine E-Mail-Nachricht mit den Parametern, wie sie Abbildung 8.41 zeigt.

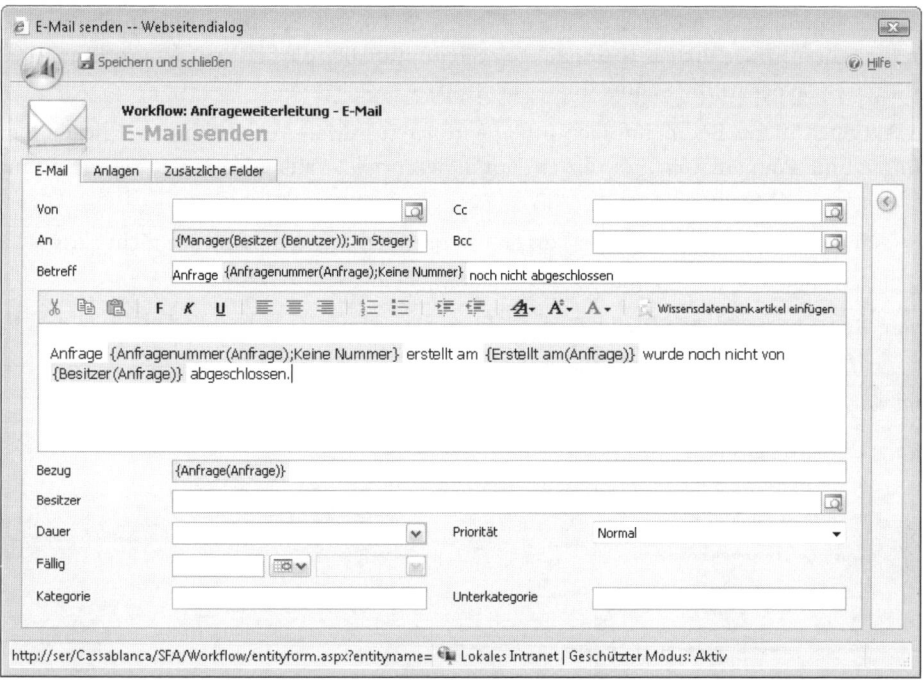

Abbildung 8.41 Parameter für die E-Mail-Nachricht

6. Speichern und veröffentlichen Sie die Regel.

Im nächsten Schritt erstellen Sie die eigentliche Logik zur Weiterleitung. Orientieren Sie sich dazu am Flussdiagramm nach Abbildung 8.39. Dieser Workflow sieht zwar sehr einfach aus, doch ist zu beachten, dass sich die Workflowregel selbst aufruft und damit eine Schleifensituation entsteht.

Seien Sie äußerst vorsichtig, wenn Sie in einem Workflow eine Schleife erzeugen, vor allem, wenn es sich um eine Schleife handelt, die zusätzliche untergeordnete Prozesse aufruft. Dabei können Sie unabsichtlich eine Situation schaffen, in der die Workflowregel in eine Endlosschleife gerät. Eine Endlosschleife führt zu Leistungsengpässen, bis sie – manuell oder durch die Microsoft Dynamics CRM-Schleifenerkennung – beendet wird. Testen Sie die Regel in einer Entwicklungsumgebung. Falls Sie in eine Endlosschleife geraten, beenden Sie unverzüglich den Schritt, deaktivieren Sie die Regel und beheben Sie das Problem.

Die Regel mit der Weiterleitungslogik erstellen

1. Erstellen Sie eine neue Workflowregel für die Entität *Anfrage* mit dem Namen **Anfrageweiterleitung – Logik.**

2. Ändern Sie den Bereich in *Organisation*, lassen Sie das Kontrollkästchen *Datensatz wird erstellt* aktiviert und aktivieren Sie unter *Zur Ausführung verfügbar* das Kontrollkästchen *Als untergeordneten Workflow.*

3. Fügen Sie als Erstes eine Überprüfungsbedingung für den Anfragestatus hinzu. Ist die Anfrage nicht aktiv (d.h. sie wurde abgeschlossen oder abgebrochen), beenden Sie den Workflow sofort mit der Aktion *Workflow beenden* und markieren den Vorgang als *Erfolgreich*.

4. Fügen Sie eine Wartebedingung mit einem Timeout hinzu und setzen Sie ihn auf einen Tag nach dem Zeitpunkt, zu dem die Anfrage erstellt wurde. Fügen Sie unmittelbar danach eine Überprüfungsbedingung hinzu, die testet, ob der Anfragestatus immer noch *Aktiv* ist.

5. Fügen Sie als Aktionen dieser Bedingung den untergeordneten E-Mail-Vorgang hinzu. Klicken Sie auf *Schritt hinzufügen* und dann auf *Untergeordneten Workflow starten*. Wählen Sie in der Liste den Eintrag *Anfrageweiterleitung – E-Mail* aus.

6. Fügen Sie eine Standardaktion hinzu, um den Vorgang zu beenden, wenn die Anfrage nicht aktiv ist.

7. Fügen Sie die übrige Logik wie in Abbildung 8.42 gezeigt hinzu.

8. Da Sie am Ende eine rekursive Schleife erstellen möchten, fügen Sie eine weitere untergeordnete Aktion hinzu. Dieses Mal rufen Sie aber die Regel *Anfrageweiterleitung – Logik* auf.

9. Speichern und veröffentlichen Sie die Regel.

Abbildung 8.42 zeigt die fertig gestellte Workflowregel.

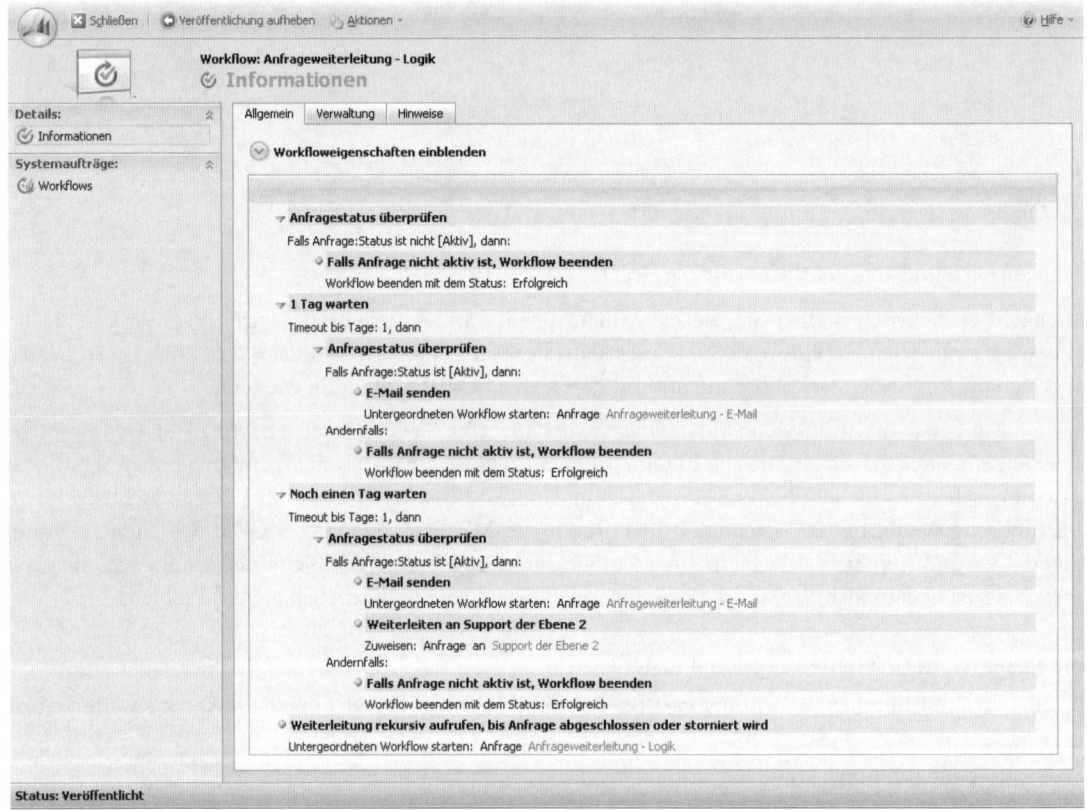

Abbildung 8.42   Die fertige Regel mit der Logik für die Weiterleitung der Anfrage

Eine einfache Datenüberwachung für die Entität Firma hinzufügen

Microsoft Dynamics CRM zeichnet automatisch das Datum, die Uhrzeit und den Benutzer, der einen Datensatz zuletzt geändert hat, auf. Die spezifischen Werte, die der Benutzer im Datensatz geändert hat, werden jedoch nicht protokolliert. Dieses Fehlen einer detaillierten Datenüberwachung ist möglicherweise Anlass zur Besorgnis für Ihre Verwaltung und die Leitungsebene in der heutigen strengen Welt von Sarbanes-Oxley. Erfreulicherweise können Sie die Lage für Ihre Verwaltung retten, indem Sie Ihrer Microsoft Dynamics CRM-Implementierung eine Datenüberwachung als Kombination einer neuen benutzerdefinierten Entität und einer einfachen Workflowregel hinzufügen. Am Ende dieses Beispiels können Sie eine Liste der Änderungen anzeigen, die an einem *Firma*-Datensatz vorgenommen wurden (siehe Abbildung 8.43).

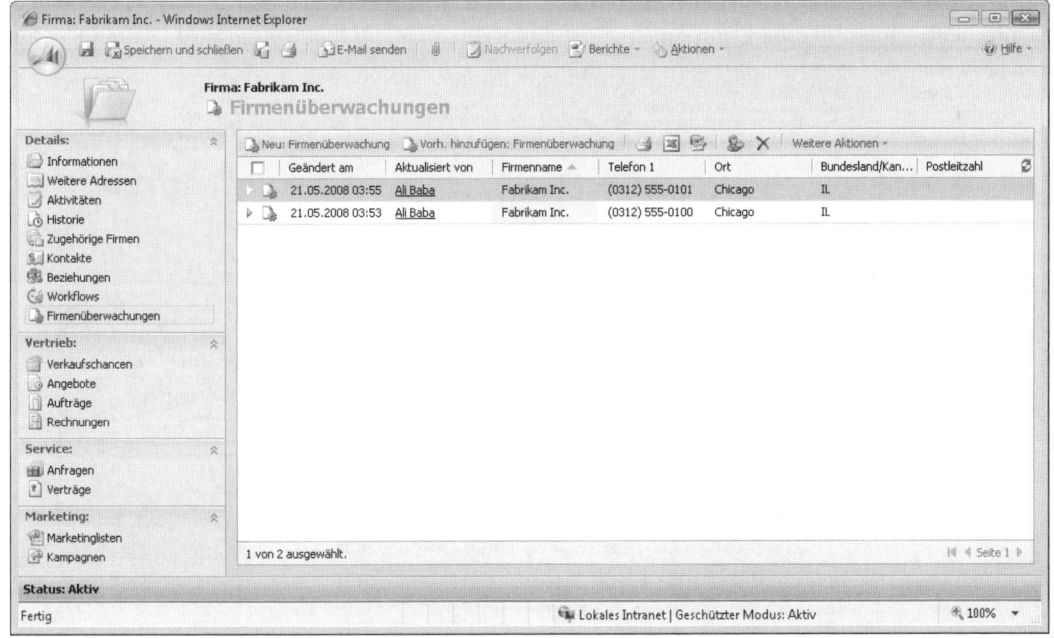

Abbildung 8.43   Beispiel für die Überwachung eines Firma-Datensatzes

Alles in allem führen Sie für dieses Beispiel die folgenden Anpassungen durch:

- Eine neue Entität namens *Firmenüberwachung* hinzufügen und an Ihre Anforderungen anpassen. Dazu gehört auch eine n:1-Beziehung zur Entität *Firma*.

- Die der Entität *Firmenüberwachung* zugeordnete Ansicht aktualisieren, um inaktive Datensätze anzuzeigen.

- Eine Workflowregel erstellen, um einen neuen Firmenüberwachungsdatensatz zu erzeugen und die Werte des *Firma*-Formulars zu erfassen.

Eine Entität Firmenüberwachung erstellen und anpassen

Als ersten Schritt erstellen Sie eine benutzerdefinierte Entität *Firmenüberwachung*, die *Firma*-basierte Überwachungsinformationen speichert. Mithilfe dieser benutzerdefinierten Entität zeichnen Sie die Änderungen auf Feldebene für festgelegte Attribute auf. Im Beispiel überwachen Sie Änderungen der Entität *Firma* und richten deshalb eine 1:n-Beziehung zwischen der Entität *Firma* und der Entität *Firmenüberwachung* ein.

Schließlich müssen Sie – wie bei allen neuen benutzerdefinierten Entitäten – Ihre Sicherheitsrollen aktualisieren, um den entsprechenden Zugriff auf die Entität *Firmenüberwachung* zuzulassen. Da diese Workflowregel auf automatischen Start eingerichtet ist, wird sie im Sicherheitskontext des Workflowregelbesitzers ausgeführt. Gewährleisten Sie also für die Sicherheitsberechtigungen der Entität *Firmenüberwachung*, dass die Sicherheitsrolle des Regelbesitzers die Berechtigungen *Erstellen*, *Lesen*, *Anfügen* und *Zuweisen* für die Entität *Firmenüberwachung* erhält. Die Sicherheitsrolle der übrigen Benutzer sollte *Lesen*-Berechtigungen für die Entität *Firmenüberwachung* umfassen. Um die Integrität der Firmenüberwachungsdatensätze aufrechtzuerhalten, sollten Sie keiner Rolle außer der Systemadministratorrolle (die standardmäßigen Zugriff besitzt) *Löschen*- oder *Aktualisieren*-Berechtigungen für die Entität *Firmenüberwachung* gewähren.

1. Erstellen Sie eine neue Entität *Firmenüberwachung* wie in Abbildung 8.44 dargestellt. Legen Sie die maximale Länge des primären Attributs auf 160 Zeichen fest (um der Länge des Attributs *Firmenname* zu entsprechen), ändern Sie die Erforderlichkeitsstufe in *Keine Einschränkung* und deaktivieren Sie die Kontrollkästchen *Duplikaterkennung aktivieren*, *Notiz* und *Aktivitäten*.

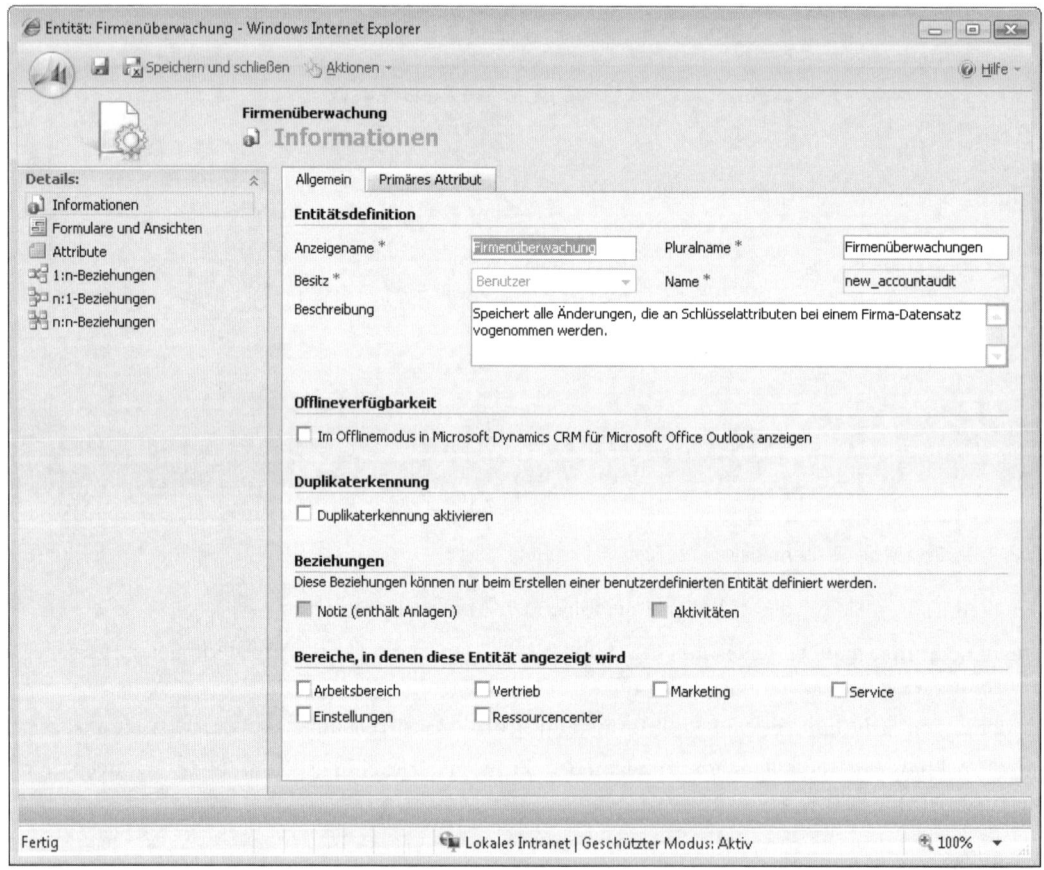

Abbildung 8.44 Die Einstellungen für die neue Entität Firmenüberwachung

> **HINWEIS** Als Besitzer dieser Entität sollten Sie *Benutzer* festlegen, um zu ermitteln, wer die Änderungen vorgenommen hat. Außerdem kann dann das Unternehmen in punkto Sicherheit flexibler entscheiden, welche Überwachungsdatensätze es dem Benutzer anzeigen möchte.

2. Klicken Sie auf *Attribute* und fügen Sie dann die benutzerdefinierten Attribute gemäß Tabelle 8.3 hinzu. Um die Zeit, zu der der Datensatz geändert wurde, in der systemeigenen Tabelle anzuzeigen, ändern Sie das Anzeigeformat des Attributs *modifiedon* in **Datum und Uhrzeit**. Schließlich ändern Sie noch den Anzeigenamen des Attributs *ownerid* (mit dem ursprünglichen Anzeigenamen *Besitzer*) in **Aktualisiert von**.

> **HINWEIS** Da der Workflow automatisch mit dem Besitzer des Workflows ausgeführt wird, enthalten die Attribute *createdby*, *modifiedby* und *ownerid* des Datensatzes *Firmenüberwachung* standardmäßig den Besitzer des Workflows. Es interessiert hier jedoch, welcher Benutzer den *Firma*-Datensatz aktualisiert hat. Um den Benutzer zu erfassen, der die Änderungen vorgenommen hat, weisen Sie dem *Firmenüberwachung*-Datensatz den Benutzer zu, der zuletzt die Entität *Firma* modifiziert hat.

Anzeigename	Schemaname	Typ
Telefon 1	new_telephone1	nvarchar(50)
Ort	new_address1_city	nvarchar(50)
Bundesland / Kanton	new_address1_stateorprovince	nvarchar(50)
Postleitzahl	new_postalcode	nvarchar(20)

Tabelle 8.3 Attribute der Entität Firmenüberwachung

> **HINWEIS** Achten Sie darauf, dass die Datentypen für die zu überwachenden Attribute jeweils übereinstimmen.

3. Klicken Sie auf *n:1-Beziehungen* und fügen Sie eine referenzielle n:1-Beziehung zur Entität *Firma* hinzu (siehe Abbildung 8.45).

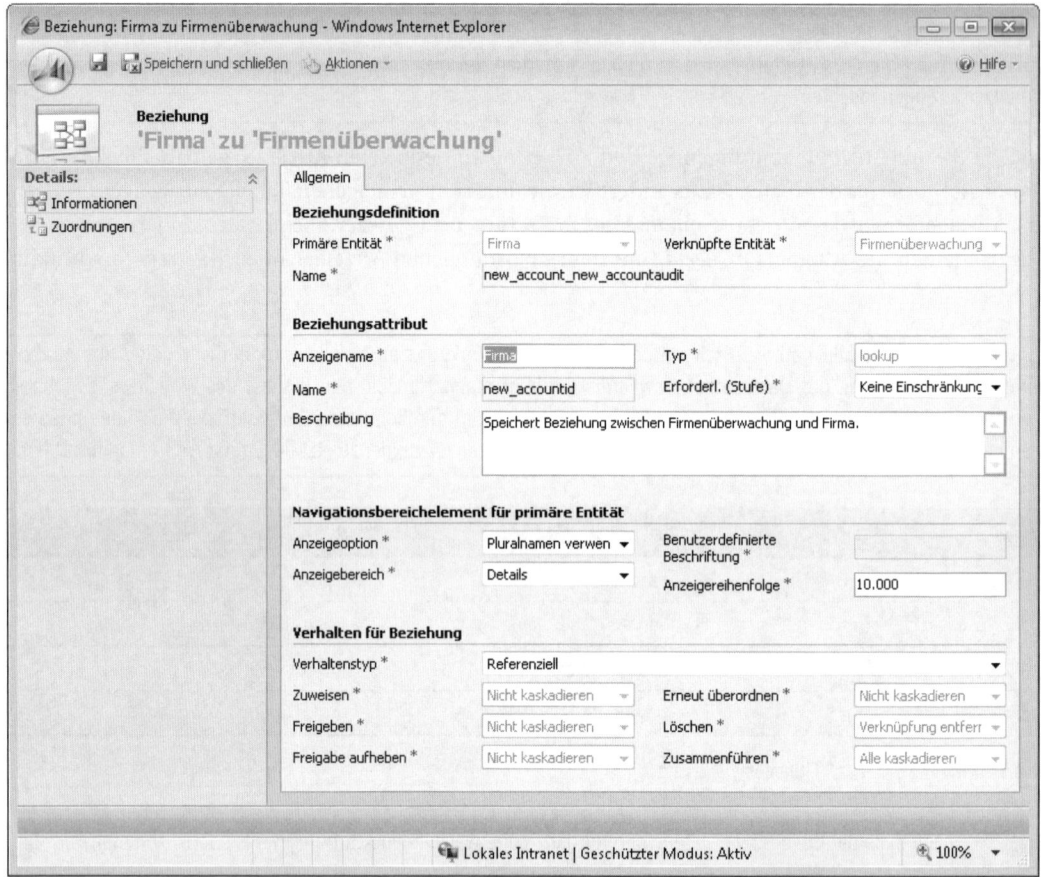

Abbildung 8.45   Die neue n:1-Beziehung von Firma zu Firmenüberwachung

4. Klicken Sie auf *Formulare und Ansichten*, doppelklicken Sie auf *Formular* und fügen Sie dann die Felder
hinzu, wie sie in Abbildung 8.46 zu sehen sind. Benennen Sie den Abschnitt um, indem Sie den folgenden Text eingeben: **Das System generiert diese Informationen**. Klicken Sie in der Symbolleiste auf *Speichern und schließen*.

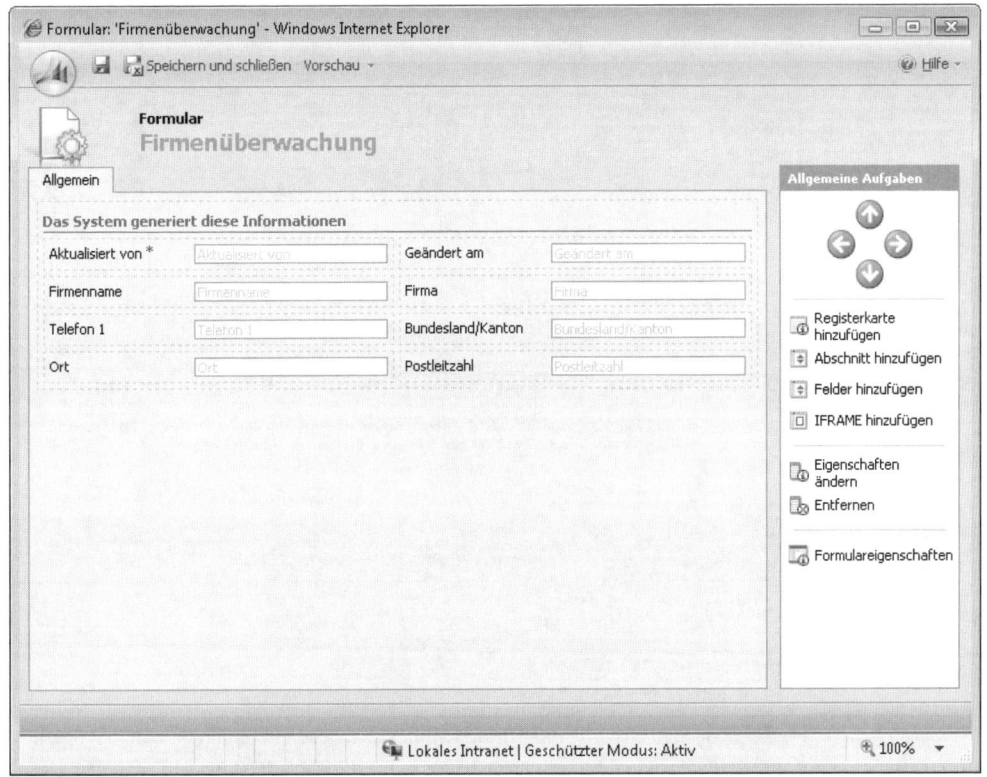

Abbildung 8.46   Die hinzugefügten Felder auf dem Formular Firmenüberwachung

---

HINWEIS   Später werden Sie diese Attribute modifizieren, damit sie auf dem Formular schreibgeschützt sind und Benutzer die Überwachungsdatensätze nicht ändern können. Allerdings müssen Sie sie jetzt noch aktiviert lassen, um die Workflowregel ordnungsgemäß erstellen zu können. Nachdem Sie die Workflowregel fertig gestellt haben, gehen Sie zurück und deaktivieren die Attribute.

---

5. Öffnen Sie den Editor für *Firmenüberwachung Zugeordnete Ansicht* und fügen Sie die Spalten und die Standardsortierung entsprechend Abbildung 8.47 hinzu.

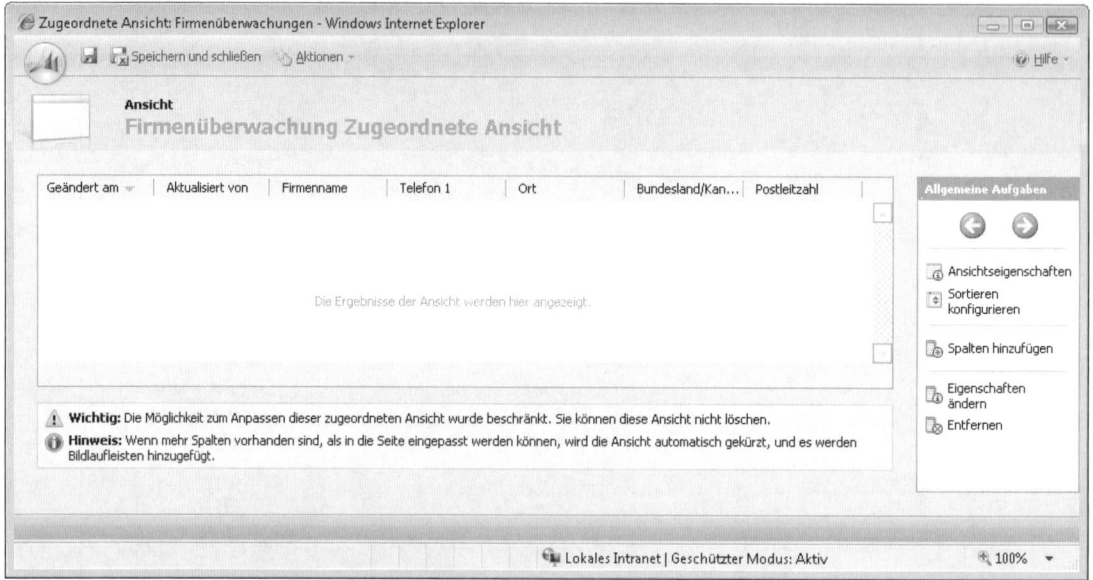

Abbildung 8.47   Die Spalten in der zugeordneten Ansicht

6. Veröffentlichen Sie die Entität.

WICHTIG   Vergessen Sie nicht, die passenden Sicherheitseinstellungen für diese neue Entität Ihrem System hinzuzufügen. Standardmäßig kann nur die Rolle *Systemadministrator* auf die neu erstellten benutzerdefinierten Entitäten zugreifen.

Die zugeordnete Ansicht der Firmenüberwachung ändern, um inaktive Datensätze anzuzeigen

Standardmäßig zeigt Microsoft Dynamics CRM in einer zugeordneten Ansicht nur aktive Datensätze an. Wir empfehlen aber, die Firmenüberwachungsdatensätze im inaktiven Zustand zu erstellen, damit Benutzer sie nicht modifizieren können und es klar ist, dass diese Datensätze nicht modifiziert werden sollen. Leider bringt Microsoft Dynamics CRM keine Option in der Benutzeroberfläche für zugeordnete Ansichten mit, um inaktive Datensätze anzuzeigen. Demzufolge müssen Sie die Entität *Firmenüberwachung* exportieren und manuell die XML-Anpassungsdatei ändern.

1. Klicken Sie auf *Einstellungen*, wählen Sie *Anpassung* und klicken Sie auf *Anpassungen exportieren*. Markieren Sie den Datensatz *Firmenüberwachung* und klicken Sie dann auf *Ausgewählte Anpassungen exportieren*.

2. Öffnen Sie die Anpassungsdatei in Ihrem bevorzugten XML-Editor und suchen Sie nach dem Namen *Firmenüberwachung Zugeordnete Ansicht*. Haben Sie diese gespeicherte Abfrage gefunden, navigieren Sie zum Knoten *<columnset>* und entfernen die Knoten *<filter>...</filter>*.

HINWEIS   Achten Sie darauf, den richtigen *<columnset>*-Knoten zu aktualisieren. Der Knoten *<localizednames>* befindet sich nämlich am Ende des *<savedquery>*-Knotensatzes, sodass sich sein korrespondierendes *<columnset>*-Element in der Datei darüber befinden muss.

3. Speichern Sie die Datei und importieren Sie sie in Microsoft Dynamics CRM.

4. Veröffentlichen Sie die Entität *Firmenüberwachung*.

Die Firmenüberwachung-Workflowregel erstellen

Mit der fertigen Entität *Firmenüberwachung* können Sie nun die Workflowregel erstellen, die automatisch Überwachungsdatensätze erstellt, wenn Benutzer einen *Firma*-Datensatz erstellen oder ändern. Abbildung 8.48 zeigt, wie die fertige Workflowregel aussieht.

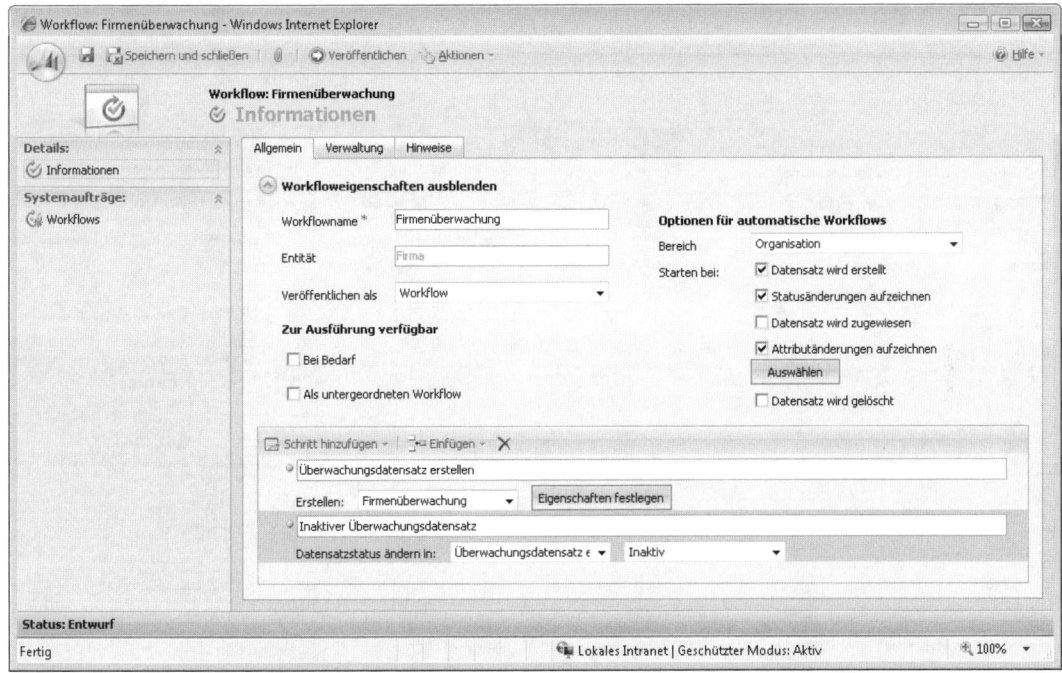

Abbildung 8.48 Firma-Workflowregel für die Überwachung

1. Melden Sie sich bei der Microsoft Dynamics CRM-Webanwendung an, klicken Sie auf *Einstellungen* und wählen Sie dann *Workflows*.

2. Klicken Sie in der Symbolleiste der *Workflows*-Tabelle auf *Neu*. Daraufhin wird das Dialogfeld für einen neuen Workflow geöffnet.

3. Geben Sie im Dialogfeld *Workflow erstellen* in das Feld *Name* den Text **Firmenüberwachung** ein und wählen Sie in der Liste *Entität* den Eintrag *Firma*. Achten Sie darauf, dass die Option *Neuer leerer Workflow* ausgewählt ist, und klicken Sie auf *OK*.

4. Als *Bereich* wählen Sie *Organisation*. Die Workflowregel soll für jeden Benutzer in der Organisation auszuführen sein.

5. Aktivieren Sie die Kontrollkästchen *Datensatz wird erstellt*, *Statusänderungen aufzeichnen* und *Attributänderungen aufzeichnen*. Für die Option *Attributänderungen aufzeichnen* wählen Sie *Firmenname*, *Adresse 1: Ort*, *Adresse 1: Bundesland / Kanton*, *Adresse 1: Postleitzahl* und *Telefon 1* als zu überwachende Attribute aus.

6. Klicken Sie auf *Schritt hinzufügen* und wählen Sie *Datensatz erstellen*. Geben Sie als Schrittbeschreibung den Text **Überwachungsdatensatz erstellen** ein.

7. Wählen Sie in der Liste *Erstellen* den Eintrag *Firmenüberwachung* und klicken Sie dann auf *Eigenschaften festlegen*.

8. Fügen Sie der *Firmenüberwachung* dynamische Werte gemäß Abbildung 8.49 hinzu.

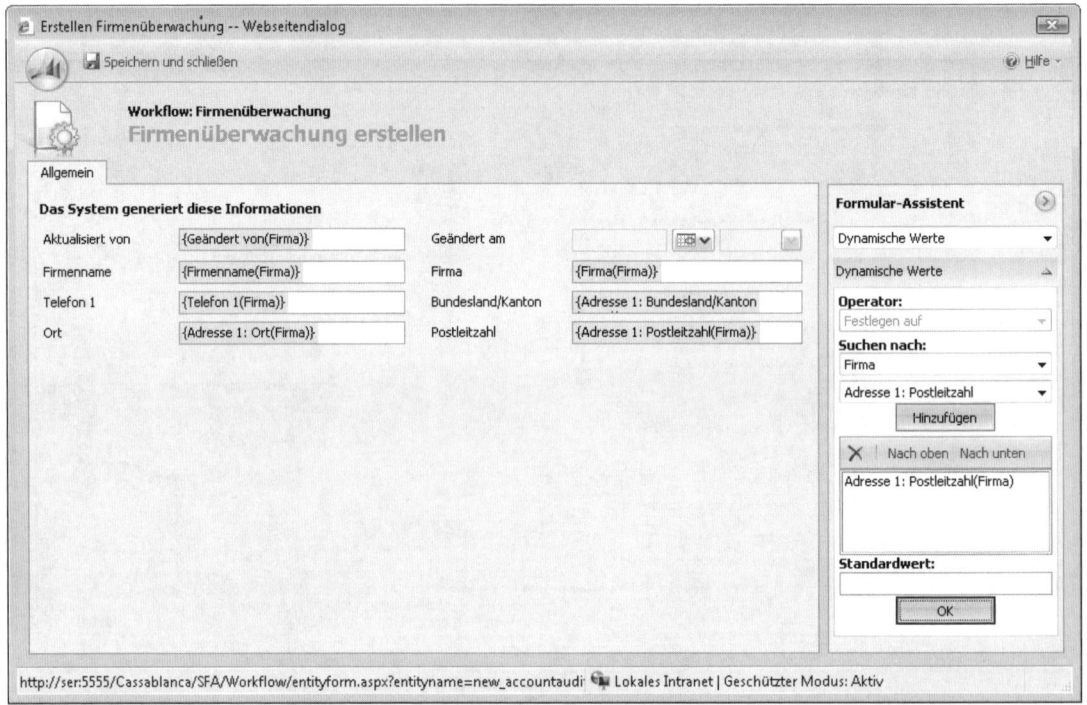

Abbildung 8.49 Dynamische Werte für die Aktivität Firmenüberwachung erstellen

9. Klicken Sie auf *Schritt hinzufügen* und wählen Sie *Status ändern*. Geben Sie als Schrittbeschreibung den Text **Inaktiver Überwachungsdatensatz** ein.

10. Wählen Sie Ihren vorherigen Schritt in der Liste aus (sollte der letzte Eintrag sein) und setzen Sie den Staus auf *Inaktiv*.

11. Speichern und veröffentlichen Sie die Workflowregel.

Nachdem Sie die Workflowregel fertig konfiguriert haben, müssen Sie zur Entität *Firmenüberwachung* zurückgehen, um die Attribute auf dem Formular zu deaktivieren. Schließlich sollen die Benutzer nicht in der Lage sein, diese Datensätze manuell zu erstellen oder zu bearbeiten. Da Sie die Attribute auf dem Feld deaktivieren (anstatt mit Sicherheitsrollen den Zugriff auf die Entität zu steuern), kann kein Benutzer diese Felder ändern. Das gilt selbst für Benutzer mit einer Systemadministratorrolle, die jeden Datensatz in Microsoft Dynamics CRM bearbeiten können.

Die Attribute des Formulars Firmenüberwachung deaktivieren

1. Aktualisieren Sie die Eigenschaften jedes Attributs, das auf dem Formular *Firmenüberwachung* angezeigt wird, sodass es im Formular deaktiviert (schreibgeschützt) ist.

2. Veröffentlichen Sie die Entität *Firmenüberwachung*.

Schließlich müssen Sie Ihre Sicherheitsrollen aktualisieren, um den entsprechenden Zugriff auf die Entität *Firmenüberwachung* zu gewähren. Mindestens müssen Sie dem Besitzer des Workflows die Berechtigungen *Erstellen*, *Lesen*, *Anfügen* und *Zuweisen* erteilen. Für alle übrigen Benutzer gewähren Sie *Lesen*-Berechtigung für die Entität *Firmenüberwachung*.

Wenn Sie eine neue *Firma*-Entität erstellen, werden die Werte, die Sie für *Name*, *Telefon 1*, *Ort*, *Bundesland / Kanton* und *Postleitzahl* eingeben, in der Entität *Firmenüberwachung* erfasst. Nachdem Sie die Änderungen gespeichert haben, klicken Sie auf den Link *Workflows*, um den Status Ihrer Workflowregel anzuzeigen (siehe Abbildung 8.50).

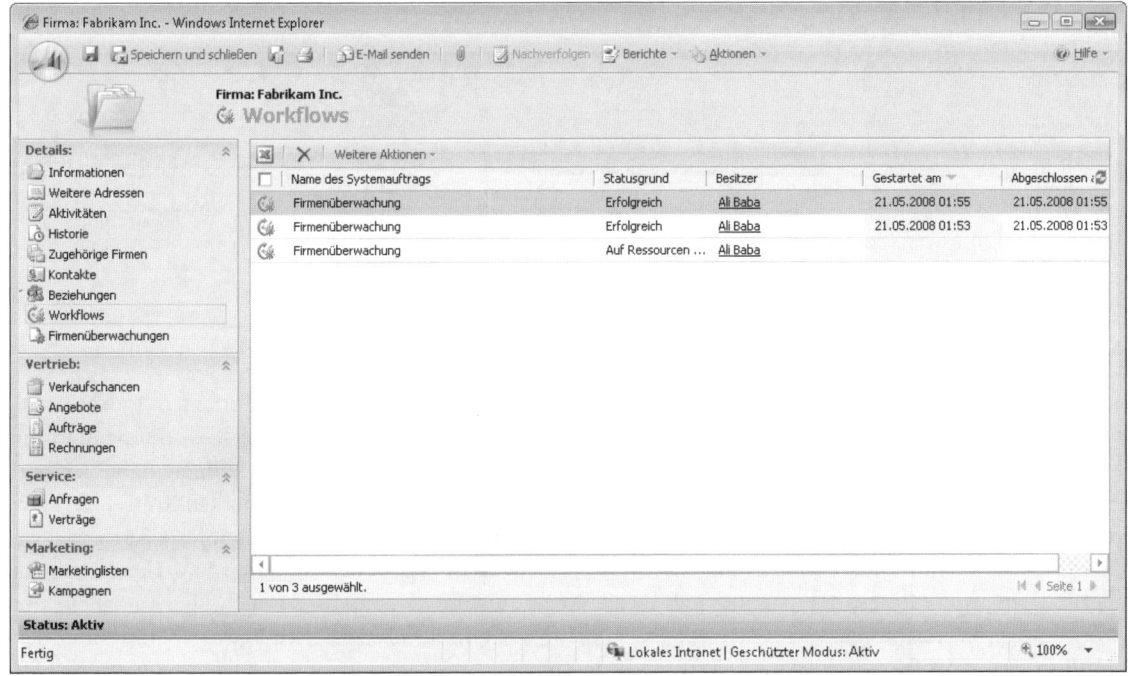

Abbildung 8.50 Der Prozessstatus des Workflows Firmenüberwachung

HINWEIS Denken Sie daran, dass Workflowregeln asynchron ausgeführt werden und Sie gegebenenfalls einige Sekunden warten müssen, bis Sie den neuen *Firmenüberwachung*-Datensatz sehen. Klicken Sie auf das Symbol *Aktualisieren*, damit die Tabelle den neuen Datensatz anzeigt, oder inspizieren Sie den Status des Workflowfortschritts in der Tabelle *Workflows* des Datensatzes.

Navigieren Sie zur Tabelle *Firmenüberwachung*, um sich Ihre Änderungen anzusehen, nachdem die Workflowregel den Status als *Erfolgreich* anzeigt (siehe Abbildung 8.51).

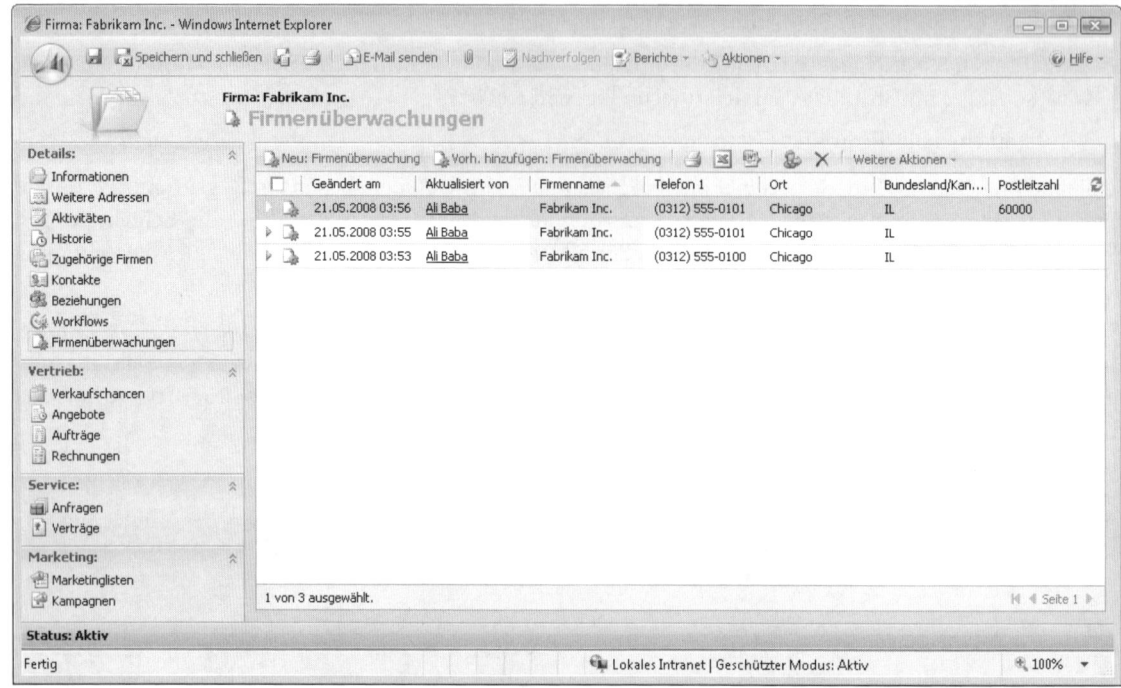

Abbildung 8.51 Datensatzänderungen in der Firmenüberwachung

Zusammenfassung

Microsoft Dynamics CRM umfasst leistungsfähige Workflowfunktionalität, die Sie einrichten und konfigurieren können, um standardisierte Geschäftsabläufe automatisiert abzuwickeln. Da sich Workflow über die Microsoft Dynamics CRM-Benutzeroberfläche konfigurieren und verwalten lässt, können Benutzer und Administratoren schnell komplexe Geschäftsregeln erstellen, ohne über Programmierkenntnisse verfügen zu müssen. Workflowregeln können Sie für die meisten Entitäten in Microsoft Dynamics CRM erstellen, einschließlich benutzerdefinierter Entitäten. Mit Workflowregeln lassen sich Kriterien und Geschäftslogik spezifizieren, wie Microsoft Dynamics CRM die Regel ausführen soll. Es ist nicht nur möglich, das Workflowtriggerereignis zu konfigurieren, Sie können auch in jede Regel Bedingungen und Aktionen einfügen. Da Workflowregeln dem Microsoft Dynamics CRM-Sicherheitsmodell folgen, können Sie die Regeln und Sicherheitsrollen für Ihre Organisation konfigurieren, um den Benutzerzugriff einzuschränken.

Microsoft Dynamics CRM erweitern

In diesem Teil:

Microsoft Dynamics CRM 4.0 SDK   453

Skripting und Erweiterungen für Formulare   541

Wenn wir mit Interessenten arbeiten, die einen Microsoft Dynamics CRM-Kauf planen, hören wir unzählige Geschichten über komplexe Geschäftsregeln und ausgefeilte Programmierungsanforderungen. Wenigstens einmal im Vertriebsprozess fragt ein Interessent ganz nebenbei »Ist es überhaupt möglich, in Microsoft Dynamics CRM zu programmieren?« Dann können wir mit einem überlegenen Lächeln sagen »Selbstverständlich!« Das ist nicht einfach so dahergesagt, um einen Abschluss zu ergattern, wir stehen zu unserem Wort, wenn wir sagen, dass Sie fast alles mit Microsoft Dynamics CRM programmieren können.

In diesem Teil des Buches zeigen wir ausführlich, wie Sie das Microsoft Dynamics CRM SDK (Software Development Kit) einsetzen, um Ihren eigenen benutzerdefinierten Code zu erstellen. Wenn Sie mit dem SDK-Framework arbeiten, werden Ihre benutzerdefinierten Lösungen durch das Microsoft Dynamics CRM-Supportteam unterstützt. Und höchstwahrscheinlich lassen sich die Lösungen reibungslos aktualisieren, wenn Microsoft neue Versionen und Upgrades von Microsoft Dynamics CRM herausbringt. Das Microsoft Dynamics CRM SDK macht alle Arten von Programmierschnittstellen zur Software zugänglich, sodass jeder erfahrene Webentwickler in sehr kurzer Zeit benutzerdefinierte Lösungen auf die Beine stellen kann.

Wir haben sämtliche Beispiele in diesem Buch selbst geschrieben, sodass Sie den Beispielcode herunterladen und die Software – wenn Sie dies möchten – für Ihre Organisation bereitstellen können. Die Einführung zu diesem Buch erläutert, wie Sie den Beispielcode von der Website zum Buch herunterladen.

Kapitel 9

Microsoft Dynamics CRM 4.0 SDK

In diesem Kapitel:

Überblick	455
Auf die APIs in Visual Studio 2008 zugreifen	457
CrmService-Webdienst	460
Der Webdienst MetadataService	473
Der Discovery-Webdienst	476
Abfragen	477
Plug-Ins	482
Workflowassemblies	494
Betrachtungen zur Entwicklungsumgebung	507
Tipps zum Kodieren und Testen	509
Beispielcode	524
Zusammenfassung	540

Außer den bisher besprochenen webbasierten Konfigurations- und Anpassungstools stellt Microsoft Dynamics CRM eine Programmierschnittstelle bereit, mit der Sie noch komplexere und anspruchsvollere Anpassungen realisieren können. Informationen über den Zugriff auf die Microsoft Dynamics CRM-Programmierschnittstelle sind in einem Dokument namens Microsoft Dynamics CRM SDK (Software Development Kit) veröffentlicht. Um Anpassungen und Integrationen mit den Informationen des SDK zu erstellen, müssen Sie in der Entwicklung von webbasierten Anwendungen mit Tools wie zum Beispiel Microsoft Visual Studio vertraut sein. Wir nehmen hier an, dass Sie bereits über praktische Erfahrungen mit Visual Studio verfügen und wissen, wie Sie Webanwendungen mit Microsoft Internet Information Services (IIS) konfigurieren. Falls Sie kein Entwickler sind, empfehlen wir trotzdem, dass Sie die Kapitel in diesem Teil des Buches lesen, um einen Einblick zu gewinnen, welche Möglichkeiten das Microsoft Dynamics CRM-Programmiermodell für die Anpassung bietet.

HINWEIS Unsere Beispiele und Hinweise beziehen sich auf Visual Studio 2008. Allerdings können Sie auch mit Visual Studio 2003 oder Visual Studio 2005 entwickeln.

Das SDK definiert sämtliche unterstützte Interaktionspunkte, die man auch als APIs (Application Programming Interfaces, Anwendungsprogrammierschnittstellen) bezeichnet. Mithilfe dieser APIs schreiben Sie den Code, der mit Microsoft Dynamics CRM zusammenarbeitet. Die APIs bieten für Ihre Anpassungsaufgaben mehrere wichtige Vorteile:

- **Einfache Verwendung:** Die APIs umfassen Hunderte Seiten von Dokumentation voll von praxisnahen Szenarien, Codebeispielen und Hilfsklassen, auf denen Sie Code aufbauen können, der reibungslos mit Microsoft Dynamics CRM zusammenspielt.

- **Technischer Support:** Sollten Sie technische Probleme oder Fragen zur Verwendung der APIs haben, können Sie den technischen Support von Microsoft kontaktieren oder sich Hilfe bei den öffentlichen Newsgroups zu Microsoft Dynamics CRM holen.

- **Unterstützung bei Upgrades:** Microsoft unternimmt alle Anstrengen, damit der Code, den Sie für Microsoft Dynamics CRM mithilfe der APIs erstellen, auch für zukünftige Versionen des Produkts reibungslos aktualisiert werden kann, selbst wenn sich die zugrunde liegende Microsoft SQL Server-Datenbank drastisch ändert. Das gilt auch für alle Hotfixes, die Microsoft eventuell für Microsoft Dynamics CRM veröffentlicht.

- **Zertifizierung:** Wenn Sie sich an die dokumentierten APIs halten, können Sie Ihre Anpassungen an einen Drittanbieter zum Testen senden und Ihre Anwendung dahingehend zertifizieren lassen, dass sie innerhalb der vom SDK vorgegebenen Grenzen arbeitet. Diese Zertifizierung bedeutet höhere Sicherheit für Ihre Anpassungen und wirkt sich positiv auf das Vertrauensverhältnis zu Ihren Kunden aus.

ACHTUNG Wie Kapitel 4 erläutert hat, lassen sich vom technischen Aspekt her programmierte Anpassungen erstellen, die die Microsoft Dynamics CRM-APIs umgehen und direkt mit der SQL Server-Datenbank interagieren. Aus den oben aufgeführten Gründen sollten Sie allerdings tunlichst auf derartige Kunstgriffe verzichten.

Außer der SDK-Hilfedatei gibt es auch eine *SDKReadme.htm*-Datei. Hier werden viele bekannte Probleme in Bezug auf das SDK dokumentiert. Deshalb sollten Sie sich unbedingt die *Readme* ansehen, bevor Sie mit dem SDK arbeiten.

Kapitel 10 beschäftigt sich ausführlich mit den Formular- und Skriptanpassungen. Vergessen Sie nicht, dass Sie den gesamten Beispielcode zum Buch herunterladen können (die Download-URL finden Sie in der Einführung).

Überblick

In Kapitel 1 haben Sie gelernt, dass Microsoft Dynamics CRM eine Metadaten- und Serverplattformebene verwendet, um die Anwendungs- und Erweiterungspunkte von der Schicht der SQL Server-Datenbank zu abstrahieren. Die Plattformebene steuert auch Sicherheit, Ereignisverwaltung und Erweiterungspunkte (wie zum Beispiel Plug-Ins und Workflow) und setzt dabei geeignete Einschränkungen für die Interaktion mit dem zugrunde liegenden Datenbankschema durch. Microsoft Dynamics CRM erlaubt Entwicklern durch die Bereitstellung einer unterstützten API, die Anwendung anzupassen und diese Anpassungen auch nach zukünftigen Upgrades weiter zu verwenden.

Abbildung 9.1 zeigt eine schematische Darstellung der Microsoft Dynamics CRM-Architektur.

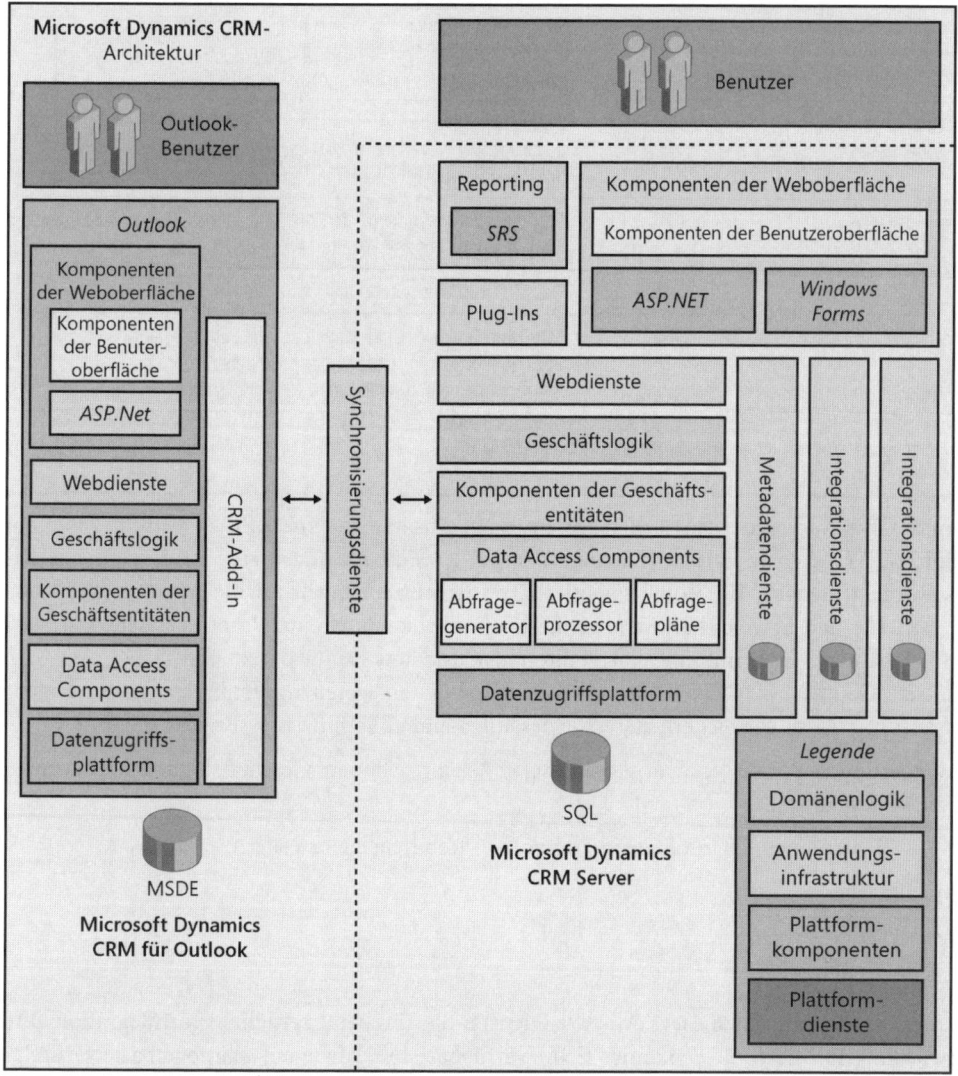

Abbildung 9.1 Technische Architektur von Microsoft Dynamics CRM

Neue Features des Microsoft Dynamics CRM 4.0 SDK

Microsoft Dynamics CRM war immer dafür konzipiert, dass der Systementwickler per Programm mit der Software interagieren kann. Das Microsoft Dynamics CRM 4.0 SDK bietet hervorragende neue Funktionalität mit einem einfach zu verwendenden Programmiermodell.

Tabelle 9.1 gibt einen Überblick über die neuen zusätzlichen Schlüsselfeatures, die das SDK in der Version 4.0 zu bieten hat.

Feature	Beschreibung
Unterstützung für mehrere Instanzen	Mehrere Organisationen können jetzt auf einem gemeinsamen Satz von Hardware gehostet werden und die WSDL-APIs (Web Services Description Language) sind jetzt pro Organisation eindeutig. Microsoft Dynamics CRM führt eine neue DiscoveryService-API ein, um die APIs der Organisation zurückzugeben.
Unterstützung für mehrere Sprachen	Zusätzliche Sprachen werden jetzt in zweckmäßigen Language Packs installiert. Der Metadaten-API-Dienst ist erweitert worden, um Sprachinformationen abzurufen.
Einheitliches Ereignismodell	Plug-Ins und Workflow stützen sich jetzt auf dasselbe Ereignisframework, was eine bessere Erweiterbarkeit zulässt.
Offline-API	Das SDK wurde erweitert, um Offlinezugriff einzubinden.
Erweiterte Metadaten	Microsoft Dynamics CRM-Metadaten wie Entitäten, Attribute und Beziehungen lassen sich jetzt ganz leicht per Programm erstellen, lesen, aktualisieren und löschen.

Tabelle 9.1   Hervorzuhebende Verbesserungen am Microsoft Dynamics CRM SDK

Microsoft Dynamics CRM verwendet einen dienstorientierten Ansatz für seine APIs und greift dabei auf drei WSDL-kompatible Webdienste zurück (*DiscoveryService*, *CrmService* und *MetadataService*). Wie aus Abbildung 9.1 hervorgeht, steuert Microsoft Dynamics CRM den Datenzugriff für die Benutzeroberfläche der Anwendung, Berichte und Erweiterbarkeit über diese Webdienste. In Kapitel 7 haben Sie gelernt, dass sich in Microsoft Dynamics CRM mithilfe von gefilterten Ansichten Daten direkt und sicher von SQL Server abrufen lassen. Gefilterte Ansichten bieten schreibgeschützten Datenzugriff direkt auf der Datenbankebene, doch respektieren sie die Sicherheitsrechte des aufrufenden Benutzers.

Die schattierten abgerundeten Rechtecke in Abbildung 9.2 kennzeichnen Geschäftslogik-Erweiterungsbereiche, die für Sie verfügbar sind.

Microsoft Dynamics CRM können Sie mit folgenden drei API-Webdiensten erweitern:

- *CrmService*-Webdienst
- *MetadataService*-Webdienst
- *DiscoveryService*-Webdienst

Dieses Kapitel konzentriert sich auf diese Kern-API-Dienste, die für benutzerdefinierte Integration und Anwendungsentwicklung in Microsoft Dynamics CRM verfügbar sind, sowie auf plattformbasierte Ereignisse und Anpassungspunkte.

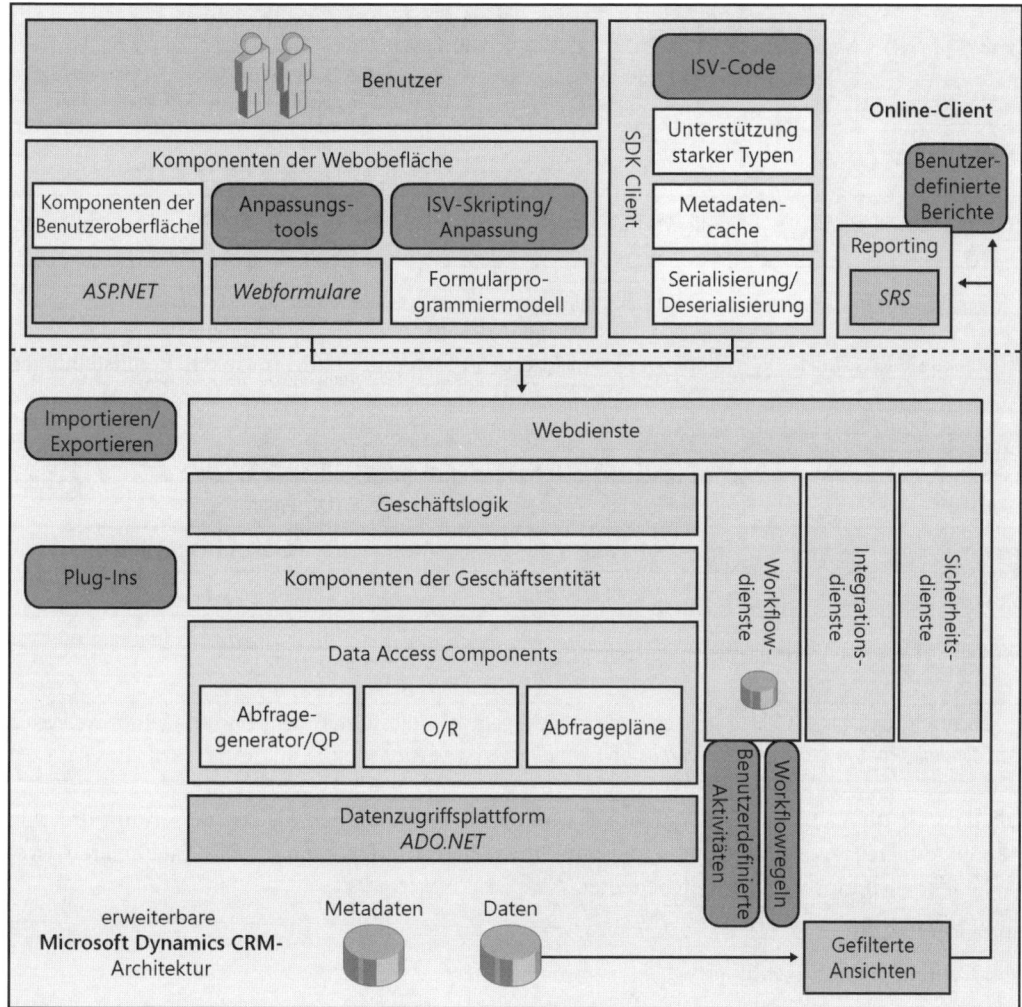

Abbildung 9.2   Die erweiterbare Architektur von Microsoft Dynamics CRM

Auf die APIs in Visual Studio 2008 zugreifen

Bevor Sie die in Microsoft Dynamics CRM verfügbaren Methoden und die Logik programmgesteuert verwenden können, müssen Sie zuerst die Verweise auf die Webdienst-API in Ihr Projekt einbinden.

Mit den Webdienst-APIs haben Sie die Wahl: Entweder referenzieren Sie den Dienstendpunkt direkt oder stellen die Verbindung zu einer exportierten WSDL-Datei her. Auf beide Varianten gehen wir gleich ein. In Tabelle 9.2 finden Sie die drei Webdienst-basierten APIs mit den empfohlenen Namespaces (für Verweise über das Web) und der Quelle, wo Sie die WSDL-Datei herunterladen können.

API-Name	Namespace-Name	WSDL-Speicherort
CrmService	CrmSdk	Download von der Microsoft Dynamics CRM-Benutzeroberfläche für jede Organisation
MetadataService	MetadataSdk	Download von der Microsoft Dynamics CRM-Benutzeroberfläche für jede Organisation
DiscoveryService	CrmSdk.Discovery	Eingeschlossen im WSDL-Ordner des Microsoft Dynamics CRM SDK

Tabelle 9.2   Verfügbare Webdienst-APIs von Microsoft Dynamics CRM

Tabelle 9.3 listet die URLs für die Webdienst-API von Microsoft Dynamics CRM für lokale Bereitstellungen auf.

API-Name	Endpunkt der lokalen Bereitstellung
CrmService	http://<crmserver>/mscrmservices/2007/crmservice.asmx
MetadataService	http://<crmserver>/mscrmservices/2007/metadataservice.asmx
DiscoveryService	http://<crmserver>/mscrmservices/2007/ad/crmdiscoveryservice.asmx

Tabelle 9.3   Verfügbare Webdienst-API-Endpunkte von Microsoft Dynamics CRM

HINWEIS   Microsoft Dynamics CRM Live verwendet eine spezielle Adresse für den *DiscoveryService*-Webdienst: *https://dev.crm.dynamics.com/mscrmservices/2007/passport/crmdiscoveryservice.asmx.*

Für den Fall, dass Sie die Webdienst-APIs nicht verwenden möchten, können Sie stattdessen mit drei von Microsoft bereitgestellten Assemblies per Programm mit Microsoft Dynamics CRM interagieren (was einige Vorteile, aber auch Einschränkungen bedeutet):

■ Microsoft.Crm.Sdk.dll

■ Microsoft.Crm.SdkTypeProxy.dll

■ Microsoft.Crm.Outlook.Sdk.dll

Die Webdienst-APIs können eine dynamische, stark typisierte Entwicklungsreferenz bereitstellen. Die Entwicklung wird dadurch robuster. Allerdings müssen Sie die Webverweise auf dem neuesten Stand halten und zur Kompilierzeit auf die neueste WSDL zugreifen.

Andererseits hüllen die Assemblyverweise die Webdienstfunktionalität ein und stellen Ihnen den größten Teil der Kernfunktionalität (und standardmäßigen Zugriff auf Entitäten) bereit, ohne dass Sie von irgendwelchen Schemaanpassungen erfahren, die am System vorgenommen werden. Darüber hinaus bieten diese Assemblies zusätzliche Hilfsfunktionalität. Wenn Sie die Assemblyverweise verwenden, nutzen Sie das *DynamicEntity*-Konzept von Microsoft Dynamics CRM (worauf wir später in diesem Kapitel eingehen). Damit ist es einfacher, allgemeine Lösungen über mehrere und sich ändernde Umgebungen bereitzustellen.

Für die Entwicklung von Assembly-basierten Lösungen – wie zum Beispiel Plug-Ins und Workflow-assemblies – empfehlen wir das Konzept mit Assemblyverweisen als bevorzugte Methode. Für die Entwicklung von Webanwendungen können Sie entweder auf den Ansatz mit WSDL oder mit Assemblyverweis zurückgreifen. Kapitel 10 beschäftigt sich näher mit der ASP.NET-Webentwicklung.

> **HINWEIS** Die *DiscoveryService*-Funktionalität ist nur als webbasierte WSDL-Referenz zugänglich.

Wie bereits erwähnt, müssen Sie in Ihr Visual Studio 2008-Projekt Verweise hinzufügen, um die Funktionalität der APIs im Programm zugänglich zu machen. APIs können Sie mit einem der folgenden Verfahren hinzufügen:

- In Visual Studio 2008 direkt auf die URL des Webverweises zugreifen
- Die WSDL-Definition in das Dateisystem herunterladen und den Webverweis lokal hinzufügen
- Die Assemblies *Microsoft.Crm.Sdk* und *Microsoft.Crm.SdkTypeProxy* referenzieren

Wenn Sie einen Webverweis hinzufügen, empfiehlt sich die gleiche Namenskonvention, wie sie weiter vorn in Tabelle 9.2 beschrieben wurde. Allerdings sind Sie nicht an diese Namenskonvention gebunden.

Als Nächstes zeigen wir an einem Beispiel, wie Sie mit den verschiedenen Techniken Verweise für *CrmService* und *Microsoft.Crm.Sdk* hinzufügen. Bei den anderen API-Verweisen gehen Sie ähnlich vor.

Die URL für den Webverweis auf CrmService direkt in ein Projekt hinzufügen

1. Öffnen Sie in Visual Studio 2008 ein Projekt und wählen Sie *.NET Framework 3.0* als Ziel.
2. Klicken Sie mit der rechten Maustaste auf das Projekt und klicken Sie dann auf *Dienstverweis hinzufügen*.
3. Klicken Sie im Dialogfeld *Dienstverweis hinzufügen* auf die Schaltfläche *Erweitert*.
4. Im Dialogfeld *Dienstverweiseinstellungen* klicken Sie auf *Webverweis hinzufügen*.
5. Fügen Sie im Dialogfeld *Webverweis hinzufügen* den *CrmService*-Verweis hinzu:
   a. Geben Sie in das Feld *URL* die Adresse **http://<crmserver>/mscrmservices/2007/crmservice.asmx** ein.
   b. In das Feld *Webverweisname* geben Sie **CrmSdk** ein (wobei die Groß- / Kleinschreibung zu beachten ist, wenn Sie C# verwenden).
   c. Klicken Sie auf *Verweis hinzufügen*.

Einen WSDL-Verweis für einen lokalen CrmService in ein Projekt hinzufügen

1. Öffnen Sie Microsoft Dynamics CRM in einem Webbrowser, klicken Sie im Bereich *Einstellungen* auf *Anpassung* und dann auf *Dateien mit Beschreibung des Webdiensts herunterladen*.
2. Klicken Sie zum Herunterladen auf das Symbol der Datei *CrmService.asmx*. Die Datei wird in einem Webbrowserfenster geöffnet.
3. Speichern Sie die Seite im Webbrowser in Ihrem Dateisystem als XML-Datei (im Internet Explorer 7 klicken Sie dazu auf *Seite* und dann auf *Speichern unter*). Achten Sie darauf, die Dateierweiterung des Dateinamens in *.xml* oder *.wsdl* zu ändern, zum Beispiel *CrmServiceWsdl.xml*.
4. Öffnen Sie ein Projekt in Visual Studio 2008 und wählen Sie *.NET Framework 3.0* als Ziel aus.

5. Klicken Sie mit der rechten Maustaste auf das Projekt und klicken Sie dann auf *Dienstverweis hinzufügen*.

6. Klicken Sie im Dialogfeld *Dienstverweis hinzufügen* auf die Schaltfläche *Erweitert*.

7. Klicken Sie im Dialogfeld *Dienstverweiseinstellungen* auf *Webverweis hinzufügen*.

8. Fügen Sie im Dialogfeld *Webverweis hinzufügen* den *CrmService*-Verweis hinzu:

    a. Geben Sie in das Feld *URL* den Speicherort Ihrer heruntergeladenen WSDL-Datei ein (zum Beispiel **c:\CrmServiceWsdl.xml**).

    b. In das Feld *Webverweisname* geben Sie **CrmSdk** ein (wobei die Groß- / Kleinschreibung zu beachten ist, wenn Sie C# verwenden).

    c. Klicken Sie auf *Verweis hinzufügen*.

HINWEIS   Der Visual Studio 2005-Befehl *Webverweis hinzufügen* erscheint automatisch in Visual Studio 2008, wenn Sie *.NET Framework 2.0* als Zielversion auswählen.

Die SDK-Assemblyverweise in Ihr Projekt hinzufügen

1. Öffnen Sie in Visual Studio 2008 ein Projekt.

2. Klicken Sie mit der rechten Maustaste auf das Projekt und klicken Sie dann auf *Verweis hinzufügen*.

3. Klicken Sie im Dialogfeld *Verweis hinzufügen* auf die Registerkarte *Durchsuchen*.

4. Navigieren Sie im Dateisystem zur Assembly *Microsoft.Crm.Sdk.dll*. Die SDK-Assemblies befinden sich im Ordner *bin* des SDK oder im Ordner *GAC* der Microsoft Dynamics CRM-Serverinstallations-CD. Klicken Sie auf *OK*, um den Verweis hinzuzufügen.

5. Nachdem Sie die Verweise in Ihr Projekt eingefügt haben, sind Sie bereit, mit der Entwicklung zu beginnen.

ACHTUNG   Fügen Sie nicht sowohl den WSDL-basierten Verweis als auch die *Microsoft.Crm.**-Assemblies in Ihr Projekt hinzu, um dann in Ihren Klassen darauf zu verweisen. Die Verweise nutzen denselben Namespace und einen großen Teil derselben Eigenschaften und Methoden. In diesem Fall sind Sie gezwungen, sämtliche Befehle mit voll qualifizierten Namen anzugeben. Am besten entscheiden Sie sich pro Klassendatei für einen Ansatz.

Bevor wir Code schreiben, untersuchen wir zunächst noch die Kernfunktionalität jeder Webdienst-API.

CrmService-Webdienst

Der CrmService-Webdienst ist der Kernmechanismus der API für die programmgesteuerte Interaktion mit allen Entitäten in Microsoft Dynamics CRM. Dieser Dienst enthält sechs allgemeine Methoden, die auf allen Entitäten arbeiten, und eine Methode *Execute*, die für alle anderen Anforderungen verfügbar ist. Der streng typisierte und WSDL-kompatible Dienst lässt sich mit allen Änderungen am Schema direkt über Visual Studio 2008 aktualisieren.

Microsoft Dynamics CRM aktualisiert automatisch seine API-Schnittstellen, wenn Sie benutzerdefinierte Entitäten und benutzerdefinierte Attribute mithilfe von webbasierten Administrationstools hinzufügen. Falls Sie also der Entität *Firma* mehrere benutzerdefinierte Attribute hinzufügen, können Sie diese neuen Attribute per Programm über die API referenzieren und sogar IntelliSense-Aktualisierungen verwenden, um diese neuen Attribute in Visual Studio 2008 widerzuspiegeln, wenn Sie die WSDL-basierte API verwenden.

Der *CrmService*-Webdienst befindet sich unter *http://<crmserver>/mscrmservices/2007/crmservice.asmx*, wobei *<crmserver>* den Microsoft Dynamics CRM-Webserver bezeichnet.

Außerdem empfehlen wir, die *Url*-Eigenschaft des Diensts in Ihrem Code zu aktualisieren, wie es folgendes Codebeispiel zeigt:

```
public CrmService GetCrmService(string orgName, string server)
{
    // Standard CRM Service Setup
    CrmAuthenticationToken token = new CrmAuthenticationToken();
    token.AuthenticationType = 0; // AD (lokal)
    token.OrganizationName = orgName;

    CrmService service = new CrmService();
    service.Credentials = System.Net.CredentialCache.DefaultCredentials;

    // Ist bekannt, dass die Standardanmeldeinformationen verwendet
    // werden, können Sie die Zeile service.Credentials durch folgende
    // Zeile ersetzen:
    // service.UseDefaultCredentials = true;

    service.CrmAuthenticationTokenValue = token;
    service.Url = string.Format("http://{0}/mscrmservices/2007/crmservice.asmx",server);

    return service;
}
```

Aus Platzgründen geben wir in den weiteren Listings dieses Kapitels die Methode *GetCrmService()* nicht vollständig an, sondern verweisen jeweils nur darauf.

Mit der Eigenschaft *Url* des Diensts können Sie auf die Webdienst-URL zugreifen, die von der URL abweichen kann, die im Webverweis Ihres Projekts spezifiziert ist. Setzen Sie die *Url*-Eigenschaft des Diensts mit einem Konfigurationsverfahren, sodass Sie den Code in mehreren Umgebungen bereitstellen können, ohne ihn neu kompilieren zu müssen. Das können Sie mit der Registrierung oder mit dem *DiscoveryService*-Webdienst bewerkstelligen. Später in diesem Kapitel zeigen wir, wie Sie die *Url*-Eigenschaft mit dem *DiscoveryService* festlegen.

Entscheidend ist, einen gültigen Organisationsnamen im Token für die URL Ihres Diensts anzugeben. Wenn Sie eine Meldung mit dem Fehler »401: Unauthorized« erhalten, überprüfen Sie als Erstes, ob Sie den richtigen Organisationsnamen für den Endpunkt Ihres Diensts eingetragen haben und der Benutzer, der auf den Dienst zugreift, über ein gültiges Konto bei dieser Organisation verfügt.

Nachdem Sie nun über Hintergrundkenntnisse zum *CrmService*-Webdienst verfügen, können wir uns den folgenden zusätzlichen Themen zuwenden, die sich auf den *CrmService* beziehen:

- Authentifizierung

- Identitätswechsel

- Allgemeine Methoden

- *Execute*-Methoden

- *Request*- und *Response*-Klassen

- Die Klasse *DynamicEntity*

- Attribute

Authentifizierung

Microsoft Dynamics CRM bietet ein austauschbares Authentifizierungsmodell, sodass Sie je nach Microsoft Dynamics CRM-Bereitstellung den geeigneten Authentifizierungsmechanismus für den Zugriff auf die API-Dienste verwenden können. Derzeit sind für Microsoft Dynamics CRM folgende drei Bereitstellungstypen verfügbar: lokal, Microsoft Dynamics CRM Live und Bereitstellungen mit Internetzugriff (oder IFD – Internet-Facing Deployment). Die Beispiele in diesem Buch konzentrieren sich auf das lokale Bereitstellungsmodell.

HINWEIS   Microsoft Dynamics CRM Live verwendet Windows Live ID (Passport) zur Authentifizierung. Weiterführende Informationen hierzu finden Sie im SDK.

Die lokale Authentifizierung behandeln wir in drei Bereichen:

- Authentifizierung bei den API-Diensten

- Konfigurieren des Sicherheitstokens

- Den Sicherheitskontext des Methodenaufrufs verstehen

Authentifizierung bei den API-Diensten

Bei einer lokalen Bereitstellung müssen Sie gültige Active Directory-Anmeldeinformationen übergeben, um mit den Webdienst-APIs von Microsoft Dynamics CRM ordnungsgemäß kommunizieren zu können. Oftmals wird das mit den folgenden *Credentials*-Codezeilen behandelt:

```
CrmService service = new CrmService();
service.Credentials = System.Net.CredentialCache.DefaultCredentials;
```

Dieser Code verwendet die Anmeldeinformationen des angemeldeten Benutzers zur Gültigkeitsprüfung. Standardmäßig übersetzen dann die Microsoft Dynamics CRM-APIs die Domänenanmeldeinformationen in den passenden Benutzer des CRM-Systems und verwenden die CRM-Benutzerkennung (üblicherweise als *systemuserid* bezeichnet) während der gesamten Lebensdauer der Instanziierung dieses Diensts.

Einen Benutzer können Sie auch dadurch spezifizieren, dass Sie einen gültigen Satz von Anmeldeinformationen übergeben, wie es folgende Codezeile zeigt:

```
service.Credentials = new NetworkCredential("UserName","UserPassword","UserDomain");
```

Es liegt auf der Hand, dass man Anmeldeinformationen möglichst nicht fest kodieren sollte. Falls Sie diesen Ansatz trotzdem verwenden müssen, verschlüsseln Sie die Informationen. Wir gehen hier darauf ein, um klarzumachen, dass die Authentifizierung beim Webdienst vom Netzwerk und nicht von Microsoft Dynamics CRM abhängig ist. Solange ein Benutzer über einen gültigen Satz von Active Directory-Anmeldeinformationen verfügt, kann sich der Benutzer bei den Dienst-APIs anmelden, selbst wenn er kein gültiger Microsoft Dynamics CRM-Benutzer ist. Um jedoch tatsächlich Daten abzurufen, müssen Sie eine gültige Microsoft Dynamics CRM-*systemuserid* bereitstellen. Mehr zu diesem Konzept erfahren Sie in Kürze.

Das Sicherheitstoken konfigurieren

Angesichts der verschiedenen Sicherheitsmodelle und -instanzen, die für Microsoft Dynamics CRM verfügbar sind, verlangen die Webdienste, dass ein Authentifizierungstoken konstruiert und als Teil des SOAP-Headers übergeben wird. Der Code für das Token sieht in der Regel folgendermaßen aus:

```
CrmAuthenticationToken token = new CrmAuthenticationToken();
token.AuthenticationType = 0; // AD (lokal)
token.OrganizationName = "<ValidOrganizationName>";
```

Legen Sie den Authentifizierungstyp fest und spezifizieren Sie den Namen der Organisation, auf die Sie zugreifen möchten. Tabelle 9.4 gibt die möglichen Werte für die Eigenschaft *AuthenticationType* an. Wählen Sie den Typ, der für Ihre Bereitstellung geeignet ist.

Beschreibung	Wert
Active Directory	0
Microsoft Dynamics CRM Live	1
Bereitstellung mit Internetzugriff (IFD)	2

Tabelle 9.4 Mögliche Werte der Eigenschaft AuthenticationType

Schließlich können Sie die Eigenschaft *CrmAuthenticationTokenValue* des Diensts auf Ihr neu erstelltes Token setzen, wie es der folgende Code zeigt:

```
service.CrmAuthenticationTokenValue = token;
```

Den Sicherheitskontext eines Methodenaufrufs verstehen

Nachdem Sie sich in der richtigen Weise mit dem Dienst verbunden haben, brauchen Sie Hintergrundwissen zum Microsoft Dynamics CRM-Sicherheitskontext, unter dem der Aufruf ausgeführt wird. Dies wird oftmals übersehen, weil Microsoft Dynamics CRM implizit den Benutzer als Standard wählt, der mit der Eigenschaft *Credentials* definiert ist, wenn Sie für die Eigenschaft *CallerId* des Tokens keinen Wert explizit übergeben.

Der von Microsoft Dynamics CRM verwendete Sicherheitskontext bestimmt, welche Aktionen mit der API durchgeführt werden können. Haben Sie beispielsweise die Logik geschrieben, die einen neuen Lead erstellen soll, muss der aufrufende Benutzer über die Berechtigungen verfügen, einen Lead zu erstellen.

| **WICHTIG** | Der Kontext variiert auch abhängig davon, wie Sie auf die API zugreifen. Zum Beispiel laufen Plug-Ins unter derselben Identität des Microsoft Dynamics CRM-Webanwendungspools. Die Ausführung im Kontext eines Workflows hängt davon ab, wie die Regel initiiert wird. |

Microsoft Dynamics CRM akzeptiert, dass Sie gelegentlich Aktionen ausführen müssen im Namen eines Benutzers mit anderen Rechten in der Microsoft Dynamics CRM-Anwendung, als die des Benutzers, der die Logik ausgelöst hat. Dies lässt sich mit einem Konzept namens Identitätswechsel ausführen, um das es als Nächstes geht.

Identitätswechsel

Wie Sie eben mit einer lokalen Bereitstellung gelernt haben, müssen Sie sich bei den Microsoft Dynamics CRM-Webdienst-APIs authentifizieren. Im Kontext von Webseiten wird Code mit den Anmeldeinformationen des Benutzers ausgeführt, der die Webseite besucht. Gelegentlich müssen Sie Code mit anderen Anmeldeinformationen als denen des Webseitenbenutzers ausführen. In Microsoft Dynamics CRM können Sie Geschäftslogik im Namen eines anderen Benutzer mit dem so genannten Identitätswechsel ausführen.

Dazu brauchen Sie Folgendes:

- Explizit die *CallerId*-Eigenschaft des Authentifizierungstokens auf einen gültigen Microsoft Dynamics CRM-Systembenutzer setzen.

- Sicherstellen, dass der Benutzer, dessen Netzwerkanmeldeinformationen für die Authentifizierung beim Webdienst verwendet werden, ein Mitglied der Gruppe *PrivUserGroup* im Active Directory-Verzeichnisdienst ist.

Die *CallerId* können Sie ganz leicht setzen, indem Sie die folgende Codezeile nach Ihrer standardmäßigen Diensteinrichtung hinzufügen:

```
token.CallerId = new Guid("00000000-0000-0000-0000-000000000000");
```

Ersetzen Sie die Zeichenfolge mit den Nullen (die auch als leere GUID bezeichnet wird) durch die *systemuserid*-GUID des Microsoft Dynamics CRM-Benutzers, dessen Identität Sie annehmen möchten. Microsoft Dynamics CRM ignoriert eine leere GUID und verwendet die Anmeldeinformationen des Benutzers, der die Webseite besucht. Wenn Sie eine nicht vorhandene GUID angeben, löst Microsoft Dynamics CRM eine Ausnahme aus.

Außerdem muss der authentifizierende Benutzer des API-Webdiensts Mitglied von *PrivUserGroup* in Active Directory sein. Dies sind die Netzwerkanmeldeinformationen, die in der Eigenschaft *service.Credentials* spezifiziert sind. Die *PrivUserGroup* ist eine Active Directory-Gruppe, die während der Installation von Microsoft Dynamics CRM hinzugefügt wird.

WICHTIG Beim Benutzer, der der *systemuserid* entspricht, die in der Eigenschaft *CallerId* spezifiziert ist, handelt es sich nicht um den Benutzer, der Mitglied der *PrivUserGroup* sein muss. Vielmehr ist der Active Directory-Benutzer hinzuzufügen, der in der Eigenschaft *service.Credentials* spezifiziert ist.

Obwohl diese Technik recht leistungsfähig ist, schaffen Sie jedes Mal, wenn Sie einen Identitätswechsel durchführen, ein mögliches Sicherheitsrisiko und Konfigurationsherausforderungen für Ihre Implementierung. Nach Möglichkeit sollten Sie deshalb auf Identitätswechsel verzichten. In den meisten Fällen lässt sich ein alternativer Weg finden, um die erforderliche Logik auszuführen – zum Beispiel indem Sie die Microsoft Dynamics CRM-Sicherheitsberechtigungen des Benutzers ändern oder die Logik konzeptionell umgestalten.

ACHTUNG Nicht unterstützt wird Identitätswechsel bei Workflowassemblies, wenn der Code im Offlinemodus ausgeführt wird und bei Microsoft Dynamics CRM Live.

Allgemeine Methoden

Die folgenden sechs Methoden bieten die grundlegenden Operationen zum Erstellen, Lesen, Aktualisieren und Löschen (nach den englischen Begriffen *Create*, *Read*, *Update* und *Delete* als CRUD-Operationen bezeichnet) von Entitäten einschließlich benutzerdefinierter Entitäten:

- **Create:** Erstellt einen neuen Datensatz für eine gegebene Entität.
- **Retrieve:** Gibt einen einzelnen Datensatz basierend auf der übergebenen Entitäts-ID zurück.
- **RetrieveMultiple:** Gibt mehrere Datensätze basierend auf einem Abfrageausdruck zurück.
- **Update:** Bearbeitet einen vorhandenen Datensatz.
- **Delete:** Entfernt einen Datensatz.
- **Fetch:** Gibt mehrere Datensätze basierend auf einer FetchXML-Abfrage zurück. Die FetchXML-Abfragesyntax spiegelt die Syntax von vorherigen Microsoft Dynamics CRM-Versionen wider.

Ein einfaches Beispiel soll zeigen, wie Sie eine der allgemeinen Methoden verwenden. Das Beispiel ruft Thema, Vorname, Nachname und Branche für einen einzelnen *Lead*-Datensatz ab und zeigt dann die Informationen an. Dabei arbeiten Sie mit dem *Lead*-Datensatz, der in Abbildung 9.3 zu sehen ist. Der Einfachheit halber wird der Code für dieses Beispiel in einer Konsolenanwendung ausgeführt.

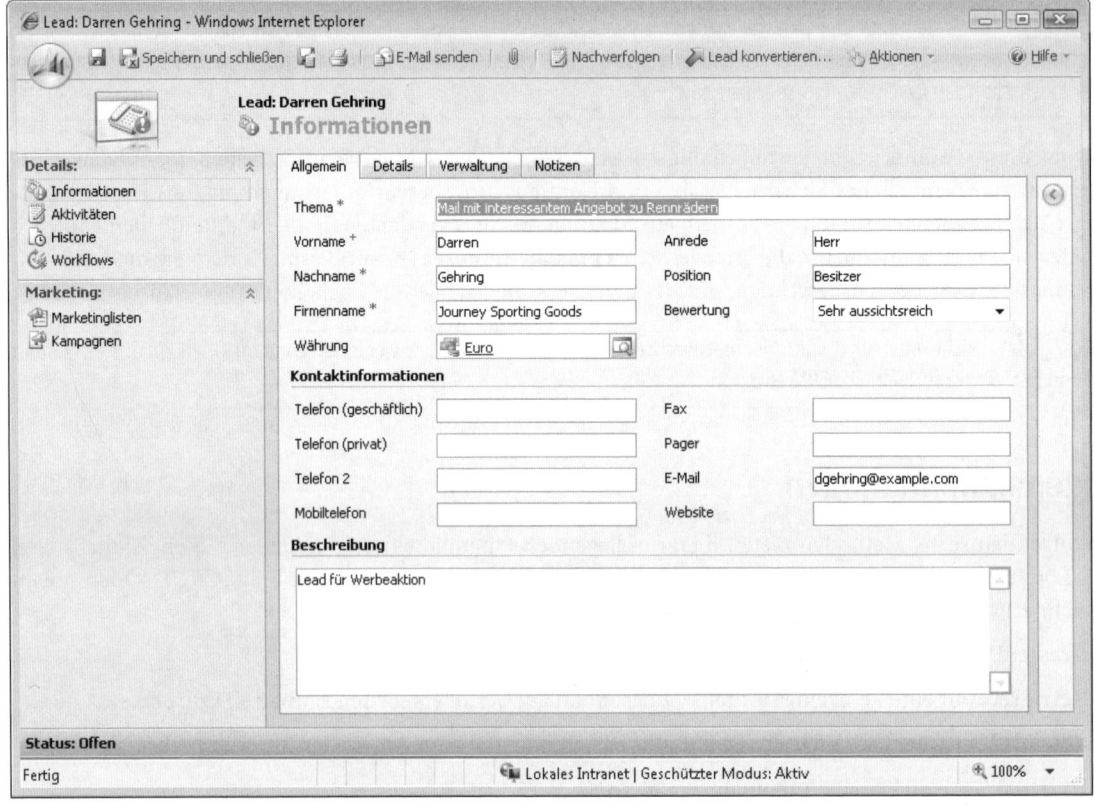

Abbildung 9.3   Lead-Formular als Beispieldatensatz

Da es sich hier um das erste SDK-Beispiel handelt, zeigen wir auch, wie Sie eine grundlegende Konsolen-anwendung in Visual Studio 2008 erstellen.

Ein neues Konsolenprojekt erstellen

1. Öffnen Sie Visual Studio 2008.

2. Zeigen Sie im Menü *Datei* auf *Neu* und klicken Sie dann auf *Projekt*.

3. Unter *Projekttypen* markieren Sie *Visual C#-Projekte* und klicken dann unter *Vorlagen* auf *Konsolen-anwendung*.

4. In das Feld *Name* geben Sie **WorkingWithDynamicsCrm4.SdkExamples** ein.

5. Verwenden Sie eines der WSDL-basierten Verfahren, um den Dienstverweis hinzuzufügen, wie es weiter vorn in diesem Kapitel erläutert wurde, und fügen Sie einen Webverweis namens **CrmSdk** zum Dienst *CrmService* hinzu.

HINWEIS   Dieses Konzept der Konsolenanwendung verwenden Sie auch für die anderen Beispiele später im Buch.

In diese einfache Konsolenanwendung fügen Sie nun die Logik ein, um Werte von einem Lead zurückzuge-ben. Dazu verwenden Sie die Microsoft Dynamics CRM-Methode *retrieve*.

Einen Lead-Datensatz von Microsoft Dynamics CRM abrufen

1. Fügen Sie in die Standarddatei *Program.cs* den Code von Listing 9.1 ein.

2. Öffnen Sie in Ihrem Microsoft Dynamics CRM-System einen vorhandenen *Lead*-Datensatz. Drücken Sie dann zweimal `F11`, um Microsoft Internet Explorer zu öffnen. In der Adressleiste können Sie den eindeutigen Bezeichner für den Lead ablesen.

3. Ersetzen Sie den *leadId*-Wert durch den eben ermittelten Wert.

4. Aktualisieren Sie den Organisationsnamen mit dem jeweiligen Organisationsnamen Ihres Microsoft Dynamics CRM-Systems.

5. Speichern Sie die Klassendatei.

6. Klicken Sie im Menü *Erstellen* auf *Projektmappe erstellen*.

Listing 9.1 zeigt den Code für das Abrufen des *Lead*-Datensatzes. Wenn Sie dieses Beispiel ausführen möchten, müssen Sie gegebenenfalls den Namespace Ihres *CrmSdk* abhängig vom Namen Ihres Projekts anpassen.

```
using System;
using System.Text;
using System.Net;
using WorkingWithDynamicsCrm4.SdkExamples.CrmSdk;

namespace WorkingWithDynamicsCrm4.SdkExamples
{
  class Program
  {
    static void Main(string[] args)
    {
      // Die Standard-GUID durch einen spezifischen Lead aus Ihrem System ersetzen.
      Guid leadId = new Guid("2B1689A5-8194-DC11-A8E4-0003FF9456FD");
      RetriveLead(leadId);
    }

    public static void RetriveLead(Guid leadId)
    {
      // Verwenden Sie die weiter vorn erstellte generische Methode GetCrmService.
      // Ersetzen Sie <Organisation> und <Server> durch die Werte für Ihr System.
      CrmService service = GetCrmService("<Organisation>","<Server>");

      // Die zurückzugebenden Spalten festlegen
      ColumnSet cols = new ColumnSet();
      cols.Attributes = new string [] {"subject", "firstname", "lastname",
"industrycode"};

      try
      {
        // Den Datensatz abrufen und seinen Typ in die korrekte Entität konvertieren.
        lead oLead = (lead)service.Retrieve(EntityName.lead.ToString(),
leadId, cols);
```

```
      // Die Ergebnisse anzeigen.
      // Wegen der stark typisierten Antwort können Sie auf die Eigenschaften
      // des Objekts zugreifen.
      Console.WriteLine("Thema: {0}", oLead.subject);
      Console.WriteLine("Vorname: {0}", oLead.firstname);
      Console.WriteLine("Nachname: {0}", oLead.lastname);
      Console.WriteLine("Branche: {0}", oLead.industrycode.Value);
      Console.ReadLine();
    }
    catch (System.Web.Services.Protocols.SoapException ex)
    {
      Console.WriteLine(ex.Detail.InnerText);
    }
   }
  }
}
```

Listing 9.1   Einen Lead-Datensatz abrufen

Haben Sie diesen Code hinzugefügt und kompiliert, erhalten Sie gegebenenfalls folgende Fehlermeldung, wenn Sie das Projekt ausführen:

```
Der Objektverweis wurde nicht auf eine Objektinstanz festgelegt.
Console.WriteLine(oLead.industrycode.Value);
```

Dieser Fehler tritt auf, weil Microsoft Dynamics CRM keinen Objektverweis für ein Attribut mit dem Wert null zurückgibt. Hier hängt der Fehler damit zusammen, dass für den Beispiel-Lead in der Auswahlliste für die Branche kein Wert ausgewählt ist. Folglich ist als Wert für dieses Feld in der Datenbank null eingetragen. Greift Ihr Code also auf den Wert der Eigenschaft *industrycode* zu, wird eine Ausnahme ausgelöst.

WICHTIG   Microsoft Dynamics CRM gibt ein angefordertes Feld nicht zurück, wenn die Datenbank für dieses Feld den Wert null gespeichert hat.

Um die Möglichkeit zu berücksichtigen, dass Microsoft Dynamics CRM ein Feld, das Ihr Code erwartet, nicht zurückgibt, müssen Sie gewährleisten, dass das gewünschte Attribut nicht null ist. Das folgende Code-beispiel zeigt, wie Sie auf Nullwerte testen können:

```
Console.Write("Branche: ");
if (oLead.industrycode != null)
    Console.WriteLine(oLead.industrycode.Value);
```

Nachdem Sie den Code von Listing 9.1 mit dem Test auf Nullwerte überarbeitet und aktualisiert haben, erhalten Sie eine Ausgabe wie in Abbildung 9.4.

Abbildung 9.4 Beispiel für das Abrufen eines Leads

Das SDK enthält viele weitere Beispiele für die Verwendung der sechs allgemeinen Methoden.

Die Methode Execute

Mit der Methode *Execute* lassen sich beliebige spezielle Befehle oder Geschäftslogik ausführen, für die die allgemeinen Methoden nicht geeignet sind. Im Unterschied zu den allgemeinen Methoden arbeitet die Methode *Execute* auf den Klassen *Request* und *Response*. An die Methode *Execute* können Sie eine *Request*-Klasse als Parameter übergeben. Die Methode verarbeitet dann die Anforderung und gibt eine Antwortmeldung zurück. Auch wenn die Methode *Execute* die meisten Aktionen der allgemeinen Methoden ausführen kann, soll sie in erster Linie Funktionalität bereitstellen, die den allgemeinen Methoden fehlt. Typischerweise setzen Sie die Methode *Execute* ein, um den aktuellen Benutzer abzurufen, Datensätze zuzuweisen und weiterzuleiten oder E-Mail-Nachrichten über Microsoft Dynamics CRM zu senden. So zeigt das folgende Codebeispiel, wie der aktuelle Benutzer mithilfe der Methode *Execute* abgerufen wird:

```
// Verwenden Sie die weiter vorn erstellte generische Methode GetCrmService.
// Ersetzen Sie <Organisation> und <Server> durch die Werte für Ihr System.
CrmService service = GetCrmService("<Organisation>","<Server>");

// Objekt des aktuellen Benutzers abrufen
WhoAmIRequest userRequest = new WhoAmIRequest();
WhoAmIResponse user = (WhoAmIResponse) service.Execute(userRequest);
```

HINWEIS   Der Typ der zurückgegebenen Nachricht muss immer in die geeignete Instanz der Klasse *Response* konvertiert werden.

Die Klassen Request und Response

Microsoft Dynamics CRM verwendet für die Methode *Execute* ein Modell mit den Nachrichtenklassen *Request* und *Response*. Dabei müssen Sie eine Nachricht mit der Klasse *Request* erstellen, die benötigten Eigenschaften festlegen und dann der Anforderung eine Zielnachricht übergeben. Anschließend senden Sie das *Request*-Objekt mithilfe der *Execute*-Methode an die Plattform. Die Plattform führt die Anfrage aus und sendet eine Nachricht als Instanz einer *Response*-Klasse.

Die Microsoft Dynamics CRM-Klassen *Request* und *Response* unterstützen generische, auf ein Ziel ausgerichtete, spezialisierte und dynamische Entitätsanforderungen. Die *Request*-Klassen enden immer auf das Wort *Request*, wie zum Beispiel *WhoAmIRequest*, *CreateRequest* und *SendEmailRequest*. Generische Anforderungen hängen nicht von einer spezifischen Entität ab und enthalten im Klassennamen keinen Entitätsnamen. Außer dass generische Anforderungen manchmal ohne Entitäten arbeiten (wie zum Beispiel die *WhoAmIRequest*), können sie sich über mehrere Entitäten erstrecken (wie zum Beispiel die *AssignRequest*).

Auf Entitäten angewandte generische Anforderungen verlangen eine Zielnachrichtenklasse, um zu spezifizieren, welche Entität die Aktion empfangen soll. Der Name einer Zielnachrichtenklasse beginnt mit dem Wort *Target*. Nachdem die Klasse instanziiert und konfiguriert ist, wird sie auf die *target*-Eigenschaft einer generischen Klasse angewendet. Das folgende Codebeispiel zeigt, wie eine *TargetQueuedIncident*-Klasse auf die *RouteRequest*-Klasse angewendet werden kann, um eine Anfrage an eine Supportwarteschlange zu senden:

```
// Verwenden Sie die weiter vorn erstellte generische Methode GetCrmService.
// Ersetzen Sie <Organisation> und <Server> durch die Werte für Ihr System.
CrmService service = GetCrmService("<Organisation>","<Server>");

// Das Target-Objekt erstellen (Anfrage oder Vorfall für dieses Beispiel)
TargetQueuedIncident target = new TargetQueuedIncident();

// EntityId ist die GUID des weiterzuleitenden Anfrage-Datensatzes.
// Wir verwenden eine bekannte Anfrage-GUID. In der Praxis wird die GUID an
// Ihre Routinen übergeben.
target.EntityId = new Guid("D5F7CAE8-D51E-40EF-9EFC-592B484BCCFF");

// Request-Objekt
RouteRequest route = new RouteRequest();
route.Target = target;
route.RouteType = RouteType.Queue;

// EndPointId ist die GUID einer nicht in Bearbeitung befindlichen Warteschlange oder eines
// Benutzers, an den die Anfrage weitergeleitet wird.
// Wir verwenden eine bekannte Anfrage-GUID. In der Praxis wird die GUID an
// Ihre Routinen übergeben.
route.EndpointId = new Guid("922F63E8-6585-DA11-8D43-0003FF12CD51");

// SourceQueueId ist die GUID der Warteschlange, aus der die Anfrage kommt.
// Wir verwenden eine bekannte Anfrage-GUID. In der Praxis wird die GUID an
// Ihre Routinen übergeben.
route.SourceQueueId = new Guid("E8B77049-13C1-41FE-93B0-B3B8031F089C");
```

```
try
{
 // Die Anforderung ausführen
 RouteResponse routed = (RouteResponse)service.Execute(route);
}
catch(System.Web.Services.Protocols.SoapException ex)
{
 // Fehler behandeln.
}
```

Spezialisierte Anfragen sind zielorientierten Anfragen ähnlich, außer dass sie nur für eine spezifische Entität arbeiten, um eine ganz bestimmte Aktion auszuführen. Die Namenskonvention für derartige Anfragen sieht die Elemente *<Aktion><Entitätsname>Request* vor. Gute Beispiele für diese Anforderungen sind *SendEmailRequest* und *LoseOpportunityRequest*.

Mit der dynamischen Entitätsanfrage können Sie Anfragen zur Laufzeit für jede gewünschte Entität verwenden. Wenn Sie den Parameter *ReturnDynamicEntities* auf *True* setzen, werden Ihre Ergebnisse als *DynamicEntity*-Klasse statt als *BusinessEntity*-Klasse zurückgegeben. Nicht alle Anforderungen erlauben die *DynamicEntity*-Option. Konsultieren Sie deshalb das SDK, in dem Sie die vollständige Liste der Anfragen finden, die diese Option unterstützen. Auf die Klasse *DynamicEntity* gehen wir im nächsten Abschnitt ausführlich ein.

Die Klasse DynamicEntity

Die von der Klasse *BusinessEntity* abgeleitete Klasse *DynamicEntity* bietet Laufzeitzugriff auf Entitäten und Attribute, selbst wenn diese Entitäten und Attribute noch nicht vorhanden waren, als Sie Ihre Assembly kompiliert haben. Die Klasse *DynamicEntity* enthält den logischen Namen der Entität und ein Array als Eigenschaftsbehälter der Systemattribute. Programmtechnisch kann man sich das als schwach typisiertes Objekt vorstellen. Mit der Klasse *DynamicEntity* können Sie auf Entitäten und Attribute zugreifen, die in Microsoft Dynamics CRM erstellt wurden, selbst wenn Sie nicht über die eigentliche Entitätsdefinition von der WSDL verfügen.

Die Klasse *DynamicEntity* muss mit der Methode *Excecute* verwendet werden und enthält die folgenden Eigenschaften:

- **Name:** Enthält den Schemanamen der Entität

- **Properties:** Array vom Typ *Property* (ein Array von Name / Wert-Paaren)

Sehen Sie sich die Syntax der Klasse *DynamicEntity* an, um einen Lead zu erstellen. Den *Thema*-Text speichern Sie in einer *string*-Eigenschaft und übergeben sie an das *DynamicEntity*-Objekt *dynLead*. Nachdem das *DynamicEntity*-Objekt erstellt und sein Name auf *lead* gesetzt wurde, erstellen Sie eine *TargetCreateDynamic*-Klasse, die als Zielnachricht für den *CreateRequest*-Aufruf dient.

```
// Verwenden Sie die weiter vorn erstellte generische Methode GetCrmService.
// Ersetzen Sie <Organisation> und <Server> durch die Werte für Ihr System.
CrmService service = GetCrmService("<Organisation>","<Server>");

// Dynamische Entität einrichten.
DynamicEntity dynLead = new DynamicEntity();
```

```
    dynLead.Name = "lead";
    dynLead.Properties = new Property[] {
        CreateStringProperty("subject","Neuer Lead mit dynamischen Entitäten"),
        CreateStringProperty("lastname","Steen"),
        CreateStringProperty("firstname","Heidi")
    };

    // Standardzielanfrage mit Übergabe der dynamischen Entität.
    TargetCreateDynamic target = new TargetCreateDynamic();
    target.Entity = dynLead;
    CreateRequest create = new CreateRequest();
    create.Target = target;
    CreateResponse response = (CreateResponse)service.Execute(create);

// Hilfsmethode, die eine string-Eigenschaft basierend aus den übergebenen Werten erstellt.
private Property CreateStringProperty(string Name, string Value)
{
    StringProperty prop = new StringProperty();
    prop.Name = Name;
    prop.Value = Value;
    return prop;
}
```

Offensichtlich wird man die Variante mit dynamischer Entität nicht der Methode *Create* vorziehen, wenn man einen *Lead*-Datensatz erstellt und auf den *CrmService*-Webdienst zugreifen kann, weil die Lösung mit dynamischer Entität nicht so effizient ist und mehr Code verlangt. Allerdings bietet Microsoft Dynamics CRM diese Klasse für Laufzeitsituationen an, in denen Sie die Entität möglicherweise nicht kennen oder wenn einer vorhandenen Entität eventuell neue Attribute hinzugefügt wurden.

Auf die Klasse *DynamicEntity* werden Sie in Microsoft Dynamics CRM häufig zurückgreifen, weil es Ihre primäre Klasse sein wird, wenn Sie Plug-Ins und Workflowassemblies schreiben. Doch mehr dazu später in diesem Kapitel.

Beachten Sie auch die in diesem Beispiel verwendete Hilfsmethode, die Eigenschaften erstellt, die Sie setzen möchten. Im konkreten Beispiel ist bekannt, dass Sie mit einer *string*-Eigenschaft arbeiten. Es gibt aber auch Szenarios, in denen Sie den Eigenschaftstyp eventuell nicht kennen. Zu diesem Zweck müssen Sie zur Laufzeit die Metabasis abfragen und die Datentypen Ihrer gewünschten Attribute ermitteln. In Microsoft Dynamics CRM lässt sich dies über den Webdienst *MetadataService* bewerkstelligen, mehr dazu gleich.

HINWEIS   Das SDK stellt Hilfsklassen mit vielen nützlichen Methoden zur Verfügung. Diese sollten Sie sich näher ansehen und in eigene Projekte aufnehmen, da sie Ihnen die Entwicklung erleichtern.

Attribute

Wenn Sie eine individuelle WSDL verwenden, sollten Sie daran denken, dass Microsoft Dynamics CRM-Attribute stark typisiert sind. Deshalb müssen Sie ein typisiertes Attribut erstellen, um Werte für eine Entität festzulegen, sofern Sie nicht mit der Klasse *DynamicEntity* arbeiten. Die SDK-Dokumentation listet Beispiele für jeden Typ auf und zeigt, wie Sie sie verwenden. Deshalb verzichten wir darauf, hier alles zu wiederholen. Beispiele dafür finden Sie an vielen Stellen im Code für dieses Kapitel.

Der Webdienst MetadataService

Außer dem Webdienst *CrmService* enthält das Microsoft Dynamics CRM SDK einen Webdienst *Metadata-Service*, mit dem Sie per Programm auf die Metadaten zugreifen können. Folgende Arten von Aktionen lassen sich mit dem Webdienst *MetadataService* ausführen:

- Die Metadaten für eine bestimmte (System- oder benutzerdefinierte) Entität abrufen

- Die Attribute für eine Entität abrufen

- Die Metadaten für ein bestimmtes Attribut abrufen, wie zum Beispiel die möglichen Statusbezeichnungen oder die Auswahllistenwerte für ein Attribut

- Eine benutzerdefinierte Entität erstellen

- Ein (System- oder benutzerdefiniertes) Attribut für eine Entität hinzufügen oder aktualisieren

- Eine Beziehung zwischen zwei Entitäten erstellen oder löschen

- Alle Metadaten abrufen, um einen Metadatencache in einer Clientanwendung zu erstellen

- Ermitteln, ob sich die Metadaten seit einem vorherigen Abruf geändert haben

- Alle Entitäten abrufen und ermitteln, bei welchen es sich um benutzerdefinierte Entitäten handelt

- Eine Option zu einer Auswahlliste hinzufügen oder daraus entfernen

- Ein Installations- und Deinstallationsprogramm für Ihre benutzerdefinierte Lösung schreiben

Unter *http://<crmserver>/mscrmservices/2007/metadataservice.asmx* befindet sich der Webdienst *MetadataService*, wobei *crmserver* für den Microsoft Dynamics CRM-Webserver steht. Wie beim Webdienst *CrmService* müssen Sie Ihrem Projekt einen Webverweis hinzufügen, um auf die verfügbaren Methoden und Eigenschaften zugreifen zu können.

Im Unterschied zu den vorherigen Microsoft Dynamics CRM-Versionen unterstützt der Webdienst *MetadataService* jetzt auch Schreibanforderungen. Demzufolge können Sie mit diesem Dienst die zugrunde liegenden Metadaten per Programm manipulieren. Die zugrunde liegenden Microsoft Dynamics CRM-Metadaten lassen sich hinzufügen, bearbeiten und löschen. Beispielsweise können Sie Entitäten, Attribute und sogar Beziehungen verwalten.

Der Webdienst *MetadataService* verfügt über zahlreiche Meldungen. Einige davon untersuchen wir hier, um typische Einsatzfälle zu demonstrieren. Eine vollständige Liste aller Meldungen finden Sie in der Dokumentation des Microsoft Dynamics CRM SDK.

Listing 9.2 zeigt, wie Sie mit dem Webdienst *MetadataService* auf Informationen über ein Auswahllistenattribut zugreifen. In diesem Beispiel finden Sie auch einige der Informationen, die Sie zu diesem Attribut abrufen und in eigenen Anwendungen verwenden können.

```
public static void RetrievePicklistMetadata()
{
  MetadataSdk.CrmAuthenticationToken token = new MetadataSdk.CrmAuthenticationToken();
  token.AuthenticationType = 0;
  token.OrganizationName = "<Organisation>"; // Durch den Namen Ihrer Organisation ersetzen
  MetadataService metadataService = new MetadataService();
  metadataService.Credentials = CredentialCache.DefaultCredentials;
  metadataService.CrmAuthenticationTokenValue = token;

  try
  {
    RetrieveAttributeRequest attributeRequest = new RetrieveAttributeRequest();
    attributeRequest.EntityLogicalName = EntityName.account.ToString();
    attributeRequest.LogicalName = "accountcategorycode";
    attributeRequest.RetrieveAsIfPublished = true;

    RetrieveAttributeResponse attributeResponse =
        (RetrieveAttributeResponse)metadataService.Execute(attributeRequest);

    // Auf das abgerufene Attribut zugreifen
    PicklistAttributeMetadata attMetaData = (PicklistAttributeMetadata)attributeResponse.
AttributeMetadata;
    Console.WriteLine("DisplayName: \t\t{0}", attMetaData.DisplayName.UserLocLabel.Label);
    Console.WriteLine("DefaultValue: \t\t{0}", attMetaData.DefaultValue);
    Console.WriteLine("DisplayMask: \t\t{0}", attMetaData.DisplayMask.Value);
    Console.WriteLine("IsCustomField: \t\t{0}", attMetaData.IsCustomField.Value);
    Console.WriteLine("Name: \t\t\t{0}", attMetaData.EntityLogicalName);
    Console.WriteLine("RequiredLevel: \t\t{0}", attMetaData.RequiredLevel.Value);
    Console.WriteLine("Type: \t\t\t{0}", attMetaData.AttributeType.Value);
    Console.WriteLine("ValidForCreate: \t{0}", attMetaData.ValidForCreate.Value);
    Console.WriteLine("ValidForRead: \t\t{0}", attMetaData.ValidForRead.Value);
    Console.WriteLine("ValidForUpdate: \t{0}", attMetaData.ValidForUpdate.Value);
    Console.WriteLine("Options:");

    foreach (Option o in attMetaData.Options)
    {
      Console.WriteLine("{0}={1}", o.Value.Value,o.Label.UserLocLabel.Label);
    }
    Console.ReadLine();
  }
  catch (System.Web.Services.Protocols.SoapException ex)
  {
    // Fehler behandeln.
  }
}
```

Listing 9.2   Metadaten für Auswahllisten abrufen

Abbildung 9.5 zeigt die Ausgabe, wenn Sie diese Konsolenanwendung in Visual Studio 2008 ausführen.

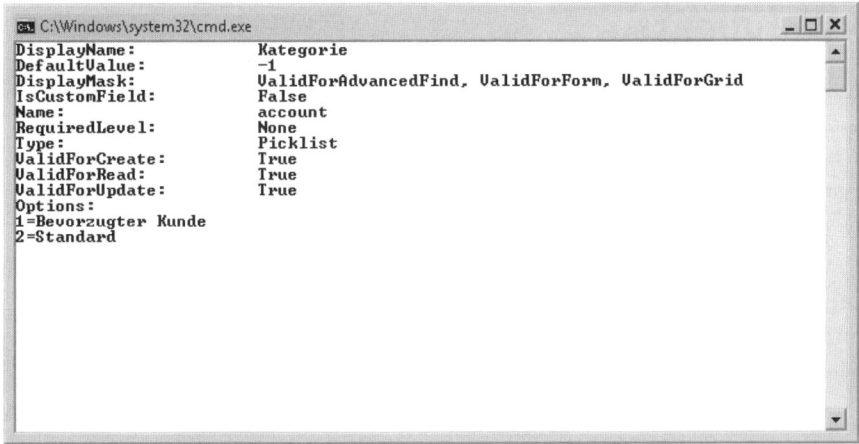

Abbildung 9.5 Ausgabe der Anwendung zum Abrufen von Metadaten für Auswahllisten

Microsoft Dynamics CRM stellt jetzt sogar noch mehr Informationen bereit, wenn Sie Entitätsinformationen über die Eigenschaft *MetadataItems* abrufen. Tabelle 9.5 gibt die abrufbaren Werte und ihre Beschreibungen an.

Name	Wert	Beschreibung
All	0x10	Ruft alle Informationen zu einer Entität ab.
EntitiesOnly	1	Ruft Basisinformationen zu einer Entität ab.
IncludeAttributes	2	Gibt grundlegende Entitätsinformationen und Attributdetails zurück.
IncludePrivileges	4	Gibt grundlegende Entitätsinformationen und Details zu Anmeldeinformationen zurück.
IncludeRelationships	8	Gibt grundlegende Entitätsinformationen und Details zu Beziehungen zurück.

Tabelle 9.5 Mit MetadataItems abrufbare Informationen

ACHTUNG   Wenn Sie Metadatenentitäten abrufen, wählen Sie das Flag für die Metadatenelemente je nach den Anforderungen Ihrer Anwendung. Berücksichtigen Sie dabei, dass Microsoft Dynamics CRM diese unterschiedlichen Optionen aus Performancegründen bereitstellt. Je mehr Datenelemente Sie aus der Metabasis abrufen, desto länger dauert es, die Ergebnisse zu verarbeiten und zurückzugeben.

Auch hier listen wir aus Platzgründen nicht alle Eigenschaften und Methoden des Webdiensts *MetadataService* auf. Die verfügbaren Eigenschaften und Methoden können Sie mit dem SDK oder dem IntelliSense-Feature von Visual Studio erkunden.

Der Discovery-Webdienst

Der Webdienst *CrmDiscoveryService* kann eine Liste von Organisationen mit ihren jeweiligen Webdienst-Endpunkt-URLs liefern. Anhand dieser Angaben konfigurieren Sie die Webdienstproxys für *CrmService* und *MetadataService* und rufen Webdienstmethoden auf, die auf die Daten einer Organisation zugreifen. Die URL des Suchwebdiensts ist je Installation fest eingestellt, damit Sie Projekte für mehrere Organisationen in einer einzigen Umgebung per Programm konfigurieren können.

Der Discovery-Webdienst ist vor allem für mehrinstanzfähige Installationen von Microsoft Dynamics CRM konzipiert, d.h. Installationen, bei denen die Webdienst-APIs auf einem anderen Server als dem Microsoft Dynamics CRM-Webserver installiert sind, oder für Lösungen von unabhängigen Softwareanbietern (Independent Sofware Vendors, ISVs).

HINWEIS   Bei einer mehrinstanzfähigen Installation handelt es sich um eine Installation, in der mehrere CRM-Organisationen auf einem gemeinsamen Satz von Hardware konfiguriert werden. Denken Sie daran, dass jede Organisation eine spezielle Datenbank besitzt, die die benutzerdefinierte Konfiguration und sämtliche Geschäftsdaten enthält.

Der Webdienst *CrmDiscoveryService* befindet sich bei einer Active Directory-Installation unter *http://<crmserver>/mscrmservices/2007/AD/CrmDiscoveryService.asmx*.

HINWEIS   Microsoft Dynamics CRM Live verwendet für den Websuchdienst eine andere URL. Wenn Sie mit einer Microsoft Dynamics CRM Live-Implementierung arbeiten, verwenden Sie stattdessen die folgende URL: *https://dev.crm.dynamics.com/MSCRMServices/2007/Passport/CrmDiscoveryService.asmx*.

Listing 9.3 zeigt grundlegenden Code, der mit dem *CrmDiscoveryService*-Webdienst Organisationen und ihre API-Webdienst-URLs abruft.

```
// Den Webdienstproxy für CrmDiscoveryService erstellen und konfigurieren.
CrmDiscoveryService discoveryService = new CrmDiscoveryService();
discoveryService.UseDefaultCredentials = true;
discoveryService.Url = "http://localhost/MSCRMServices/2007/AD/CrmDiscoveryService.asmx";

// Die Liste der Organisationen abrufen, zu denen der angemeldete Benutzer gehört.
RetrieveOrganizationsRequest orgRequest = new RetrieveOrganizationsRequest();
RetrieveOrganizationsResponse orgResponse =
    (RetrieveOrganizationsResponse)discoveryService.Execute(orgRequest);

// Liste in Schleife durchlaufen, um die Zielorganisation zu finden.
OrganizationDetail orgInfo = null;
foreach (OrganizationDetail orgDetail in orgResponse.OrganizationDetails)
{
    if (orgDetail.OrganizationName.Equals("AdventureWorksCycle"))
    {
        orgInfo = orgDetail;
        break;
    }
}
```

```
// Testen, ob eine übereinstimmende Organisation gefunden wurde.
if (orgInfo == null)
    throw new Exception("Die angegebene Organisation wurde nicht gefunden.");
```

Listing 9.3 Beispiel für die Verwendung des CrmDiscoveryService-Webdiensts

Nachdem Sie die Details der Organisation abgerufen haben, können Sie mit dem folgenden Code auf die Webdienste *CrmService* und *MetadataService* zugreifen, um Ihre Geschäftslogik auszuführen:

```
CrmAuthenticationToken token = new CrmAuthenticationToken();
token.AuthenticationType = 0;  //AD Authentifizierungstyp
token.OrganizationName = orgInfo.OrganizationName;

CrmService crmService = new CrmService();
crmService.Url = orgInfo.CrmServiceUrl;
crmService.CrmAuthenticationTokenValue = token;
crmService.Credentials = System.Net.CredentialCache.DefaultCredentials;
```

Abfragen

In jedem benutzerdefinierten Code, den Sie erstellen, müssen Sie natürlich per Programm Daten von Microsoft Dynamics CRM abfragen. Microsoft Dynamics CRM bietet drei Mechanismen für das Abrufen von Daten: *QueryExpression*, FetchXML und gefilterte Ansichten.

Die Klasse QueryExpression

Microsoft Dynamics CRM stellt eine leistungsfähige typisierte *QueryExpression*-Klasse bereit. Die Klasse *QueryExpression* initialisieren Sie wie jede andere Klasse:

```
QueryExpression query = new QueryExpression();
```

Dann legen Sie die abzufragende Entität und alle anderen erforderlichen Abfrageparameter für Ihre Suche fest. Tabelle 9.6 listet die Hauptfelder (und ihre eigenen Eigenschaften) auf, die für diese Klasse verfügbar sind. Weitere Details zu den *QueryExpression*-Feldern finden Sie im SDK.

Feld	Beschreibung
ColumnSet	Eigenschaft, die ein Array mit den zurückzugebenden Spalten enthält. Setzen Sie sie auf eine Instanz von *AllColumns*, um alle möglichen Felder für eine Entität zurückzugeben. Hat die Eigenschaft den Wert *null*, wird nur der Primärschlüssel zurückgegeben.
Criteria	Enthält die Filter Ihrer Abfrage.
Distinct	Bestimmt, ob doppelte Datensätze zurückgegeben werden sollen.
EntityName	Legt den Namen der zu suchenden Entität fest.
LinkEntities	Wird für Verknüpfungen mit anderen Entitäten verwendet. ▶

Feld	Beschreibung
Orders	Spezifiziert die Sortierung der Ergebnisse.
PageInfo	Legt die Anzahl der Seiten und die Anzahl der Datensätze pro Seite für die Ergebnismenge fest.

Tabelle 9.6   Felder der Klasse QueryExpression

Als Nächstes erstellen Sie eine Beispielabfrage, die Sie gegen die Beispieldatenbank ausführen können. Die Abfrage ruft zunächst alle in dieser Woche erstellten Leads ab. Die Ergebnisse sollten mit der *Leads*-Tabelle der Ansicht *Leads, die diese Woche geöffnet wurden* übereinstimmen. Die Tabelle können Sie nach der Spalte *Name (fullname)* sortieren, wie es in Abbildung 9.6 zu sehen ist.

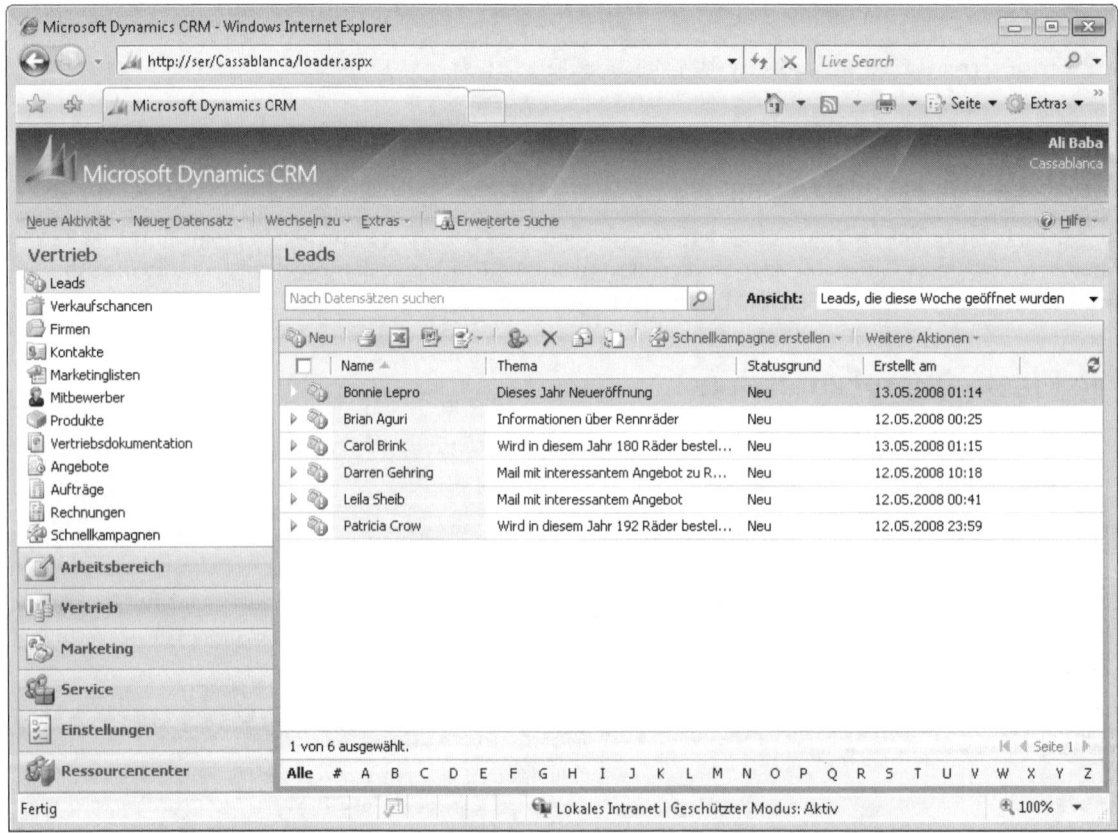

Abbildung 9.6   Leads, die diese Woche geöffnet wurden

```
// Verwenden Sie die weiter vorn erstellte generische Methode GetCrmService.
// Ersetzen Sie <Organisation> und <Server> durch die Werte für Ihr System.
CrmService service = GetCrmService("<Organisation>","<Server>");

  try
  {
    QueryExpression query = new QueryExpression();
    query.EntityName = EntityName.lead.ToString();
    ColumnSet cols = new ColumnSet();
    cols.Attributes = new string[] { "subject", "fullname", "createdon" };

    ConditionExpression condition = new ConditionExpression();
    condition.AttributeName = "createdon";
    condition.Operator = ConditionOperator.ThisWeek;

    FilterExpression filter = new FilterExpression();
    filter.FilterOperator = LogicalOperator.And;
    filter.Conditions = new ConditionExpression[] { condition };

    OrderExpression order = new OrderExpression();
    order.OrderType = OrderType.Ascending;
    order.AttributeName = "fullname";

    query.ColumnSet = cols;
    query.Criteria = filter;
    query.Orders = new OrderExpression[] { order };

    BusinessEntityCollection retrieved = service.RetrieveMultiple(query);

    foreach (lead leadResult in retrieved.BusinessEntities)
    {
      Console.Write(leadResult.fullname.ToString() + "\t");
      Console.Write(leadResult.createdon.date.ToString() + "\t");
      Console.WriteLine(leadResult.subject.ToString());
    }
    Console.ReadLine();
  }
  catch (System.Web.Services.Protocols.SoapException ex)
  {
    // Fehler behandeln.
  }
```

Wenn Sie die Ergebnisse in einer Webseite geparst haben (wie es Abbildung 9.7 zeigt), sehen Sie die gleichen Daten, die auch die Tabellenansicht liefert.

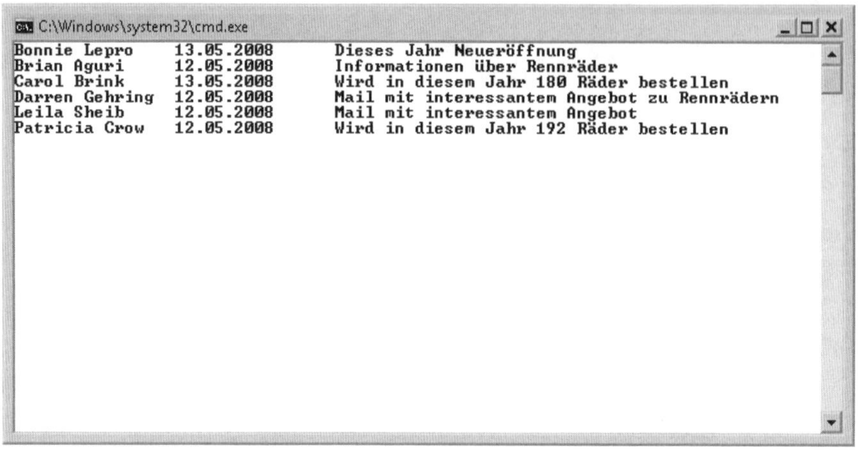

```
C:\Windows\system32\cmd.exe                                      _ |□| x|
Bonnie Lepro      13.05.2008    Dieses Jahr Neueröffnung
Brian Aguri       12.05.2008    Informationen über Rennräder
Carol Brink       13.05.2008    Wird in diesem Jahr 180 Räder bestellen
Darren Gehring    12.05.2008    Mail mit interessantem Angebot zu Rennrädern
Leila Sheib       12.05.2008    Mail mit interessantem Angebot
Patricia Crow     12.05.2008    Wird in diesem Jahr 192 Räder bestellen
```

Abbildung 9.7   Die von QueryExpression zurückgegebenen Leads

TIPP   Einfache Abfragen lassen sich auch mit der Klasse *QueryByAttribute* durchführen. Entsprechenden Beispielcode finden Sie im SDK.

FetchXML

FetchXML definiert eine benutzerdefinierte Abfragesprache aus der ursprünglichen Version von Microsoft Dynamics CRM. Mithilfe der FetchXML-Syntax erstellen Sie eine Zeichenfolge, die Ihre Abfrageanweisung enthält. Diese Zeichenfolge können Sie dann an die allgemeine Methode *Fetch* übergeben.

Da *QueryExpression* eine bessere Performance bietet und die Ergebnisse zudem stark typisiert sind, sollten Sie diese Klasse gegenüber FetchXML vorziehen. Allerdings existiert die FetchXML-Option weiterhin, um den Upgradepfad für Benutzer früherer Versionen von Microsoft Dynamics CRM zu erleichtern. Außerdem stellt FetchXML erweiterte Abfrageoptionen bereit, die in *QueryExpression* noch nicht verfügbar sind (wie zum Beispiel die Rückgabe von Attributen aus einer verknüpften Entität).

Das folgende Codebeispiel zeigt einen FetchXML-Aufruf mithilfe der Methode *Fetch*:

```
// Verwenden Sie die weiter vorn erstellte generische Methode GetCrmService.
// Ersetzen Sie <Organisation> und <Server> durch die Werte für Ihr System.
CrmService service = GetCrmService("<Organisation>","<Server>");

// Den vollständigen Namen jedes Kontakts abrufen, dessen Vorname gleich "Alan" ist.
string fetch = @"
 <fetch mapping=""logical"">
  <entity name=""contact"">
   <attribute name=""fullname""/>
    <filter>
     <condition attribute=""firstname"" operator=""eq"" value=""Alan""/>
    </filter>
  </entity>
 </fetch>";
```

```
try
{
// Die Ergebnisse abrufen.
 string result = service.Fetch(fetch);
}
catch (System.Web.Services.Protocols.SoapException ex)
{
// Fehler behandeln.
}
```

Wenn Sie diese Abfrage gegen die Microsoft Dynamics CRM-Beispieldatenbank ausführen, sieht die resultierende Zeichenfolge zum Beispiel wie folgt aus:

```
<resultset morerecords="0" paging-cookie="&lt;cookie
page=&quot;1&quot;&gt;&lt;contactid last=&quot;{5C9507B8-3496-DC11-A8E4-
0003FF9456FD}&quot;
first=&quot;{127290B1-3496-DC11-A8E4-0003FF9456FD}&quot;
/&gt;&lt;/cookie&gt;"><result><fullname>Alan
Waxman</fullname><contactid>{127290B1-3496-DC11-A8E4-
0003FF9456FD}</contactid></result><result><fullname>Alan
Brewer</fullname><contactid>{5C9507B8-3496-DC11-A8E4-
0003FF9456FD}</contactid></result></resultset>
```

Gefilterte Ansichten

Außer *QueryExpression* und FetchXML können Sie Daten von Microsoft Dynamics CRM auch mit gefilterten SQL-Ansichten abrufen. Auf gefilterte Ansichten ist bereits Kapitel 7 eingegangen, sodass wir uns hier nicht noch einmal mit den Details beschäftigen. Im Zusammenhang mit dem Erstellen von benutzerdefiniertem Code, der Daten von Microsoft Dynamics CRM liest, müssen Sie nicht das API verwenden, sondern können direkt die Verbindung zu den Tabellen der gefilterten Ansichten in SQL Server herstellen.

WICHTIG   Das Zugreifen auf Daten in gefilterten Ansichten ist der einzige Fall, in dem Ihr Code überhaupt eine direkte Verbindung zu SQL Server herstellen sollte. Alle anderen Aufrufe realisieren Sie besser über die Methoden, die das Microsoft Dynamics CRM SDK bereitstellt.

Obwohl gefilterte Ansichten ursprünglich für die Berichterstellung entwickelt wurden, können Sie auch in Ihrem Code davon profitieren. Denken Sie aber daran, dass Sie die Verbindung zu SQL Server per Microsoft Windows-Authentifizierung und nicht per SQL Server-Authentifizierung herstellen müssen, weil die Ansichten mit der Basistabelle *systemuser* verknüpft sind. Dabei wird anhand des Domänennamens des aufrufenden Benutzers ermittelt, auf welche Datenzeilen der Benutzer zugreifen darf.

Dies müssen Sie berücksichtigen, wenn Sie mit Plug-In-Assemblies arbeiten, weil Plug-Ins normalerweise mit dem Konto des Netzwerkdienstes ausgeführt werden. Mehr dazu erfahren Sie im nächsten Abschnitt. Im eigentlichen Sinn ist der Aufrufkontext das Systemkonto des Servers und beim Zugriff auf die gefilterten Ansichten werden keine Daten zurückgegeben. Verwenden Sie nach Möglichkeit *QueryExpression* oder FetchXML, um die gewünschten Daten abzurufen.

HINWEIS　　In einer Plug-In-Assembly können Sie auch mit Kontextwechsel arbeiten, indem Sie die Funktion *context_info()* in Ihre SQL-Anweisung einbauen, um Daten direkt von den gefilterten Ansichten zurückzugeben. Dieses Thema vertiefen wir später in diesem Kapitel.

Plug-Ins

Plug-Ins realisieren einen serverbasierten Mechanismus, um benutzerdefinierte Logik auszuführen oder benutzerdefinierte Prozesse zu starten, und zwar sowohl bevor als auch nachdem Microsoft Dynamics CRM eine Abfrage bezüglich der Plattformebene entweder synchron oder asynchron ausführt. Abbildung 9.8 zeigt das Konzept der Ereignisausführungspipeline.

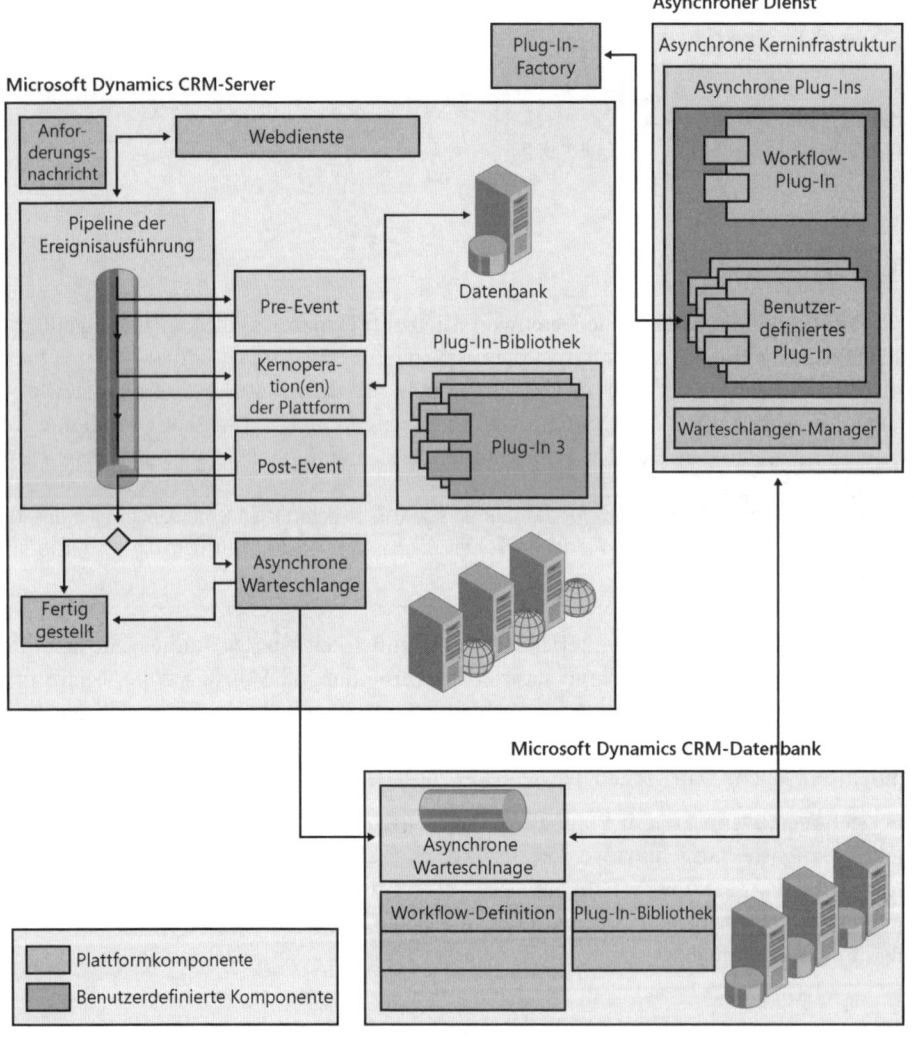

Abbildung 9.8　Architektur der Ereignisausführung

Microsoft Dynamics CRM 4.0 unterstützt sowohl Pre-Event-Plug-Ins (Ereignisse, die vor einer Aktion bezüglich der Plattform ausgelöst werden) als auch Post-Event-Plug-Ins. Darüber hinaus ist die Plug-In-Architektur von Microsoft Dynamics CRM 4.0 vollständig Microsoft .NET Framework-kompatibel, d.h. stabiler und für Entwicklungs- und Bereitstellungsprojekte einfacher einzusetzen.

TIPP Wenn Sie Integration von und zu anderen Anwendungen entwickeln, greifen Sie in der Regel ausgiebig auf das Plug-In-Modell von Microsoft Dynamics CRM zurück.

Entwicklung

In diesem Abschnitt untersuchen wir den Entwicklungsprozess mit Plug-Ins. Bei Plug-Ins handelt es sich um einfache Assemblies von .NET-Klassen. Für die Entwicklung von Plug-Ins wird vorrangig Visual Studio eingesetzt. Für die weiteren Erläuterungen und Beispiele gehen wir davon aus, dass Sie mit Visual Studio 2008 und C# als Programmiersprache arbeiten.

Das Plug-In-Projekt erstellen

Erstellen Sie als Erstes ein neues Klassenbibliotheksprojekt in C# mit .NET Framework 3.0 als Zielframework. Fügen Sie dann sofort Verweise auf die Assemblies *Microsoft.Crm.Sdk* und *Microsoft.Crm.SdkTypeProxy* hinzu. Diese Dateien befinden sich im Ordner *\bin* der Microsoft Dynamics CRM 4.0 SDK-Dateien. Nachdem Sie Ihrem Projekt diese Verweise hinzugefügt haben, können Sie nun eine benutzerdefinierte Plug-In-Klasse erstellen.

Am besten vermeiden Sie, explizite Webverweise zu den Microsoft Dynamics CRM-API-Diensten zu erstellen, damit Sie die Authentifizierung nicht neu einrichten müssen. Wie Sie gleich sehen werden, erstellen Sie die Webdienste *CrmService* und *MetadataService* aus dem Kontext des Plug-Ins heraus. Und mithilfe von *DynamicEntities* können Sie Ihr Projekt vollständig mit den SDK-Assemblies kompilieren.

WICHTIG In Ihren Projekten sollten Sie außer auf die von Microsoft bestätigten Assemblies auf keine anderen Microsoft Dynamics CRM-Assemblydateien verweisen. Derzeit werden einzig die Assemblies *Microsoft.Crm.Sdk.dll*, *Microsoft.Crm.SdkTypeProxy.dll* und *Microsoft.Crm.Outlook.Sdk.dll* unterstützt. Konsultieren Sie am besten das Microsoft Dynamics CRM 4.0 SDK um die neuesten Informationen zu erhalten.

Die Assembly digital signieren

Die benutzerdefinierten Plug-In (und Workflow)-Assemblies müssen Sie digital signieren, um sie bei Microsoft Dynamics CRM zu registrieren. Durch die digitale Signatur wird für Ihre Assembly ein starker Name erzeugt, was auch ihre Identität für den Server verstärkt.

Am einfachsten lassen sich Assemblies mit Visual Studio 2008 signieren.

Eine Assembly mit Visual Studio 2008 signieren

1. Klicken Sie mit der rechten Maustaste auf das Projekt und wählen Sie *Eigenschaften*.
2. Klicken Sie auf *Signierung*.

3. Aktivieren Sie das Kontrollkästchen *Assembly signieren* und wählen Sie in der Liste *Schlüsseldatei mit starkem Namen auswählen* den Eintrag *<Neu>*.

4. Geben Sie in das Feld *Schlüsseldateiname* einen Namen ein und deaktivieren Sie das Kontrollkästchen *Schlüsseldatei mit Kennwort schützen*.

Abbildung 9.9 zeigt das Ergebnis dieser Schritte.

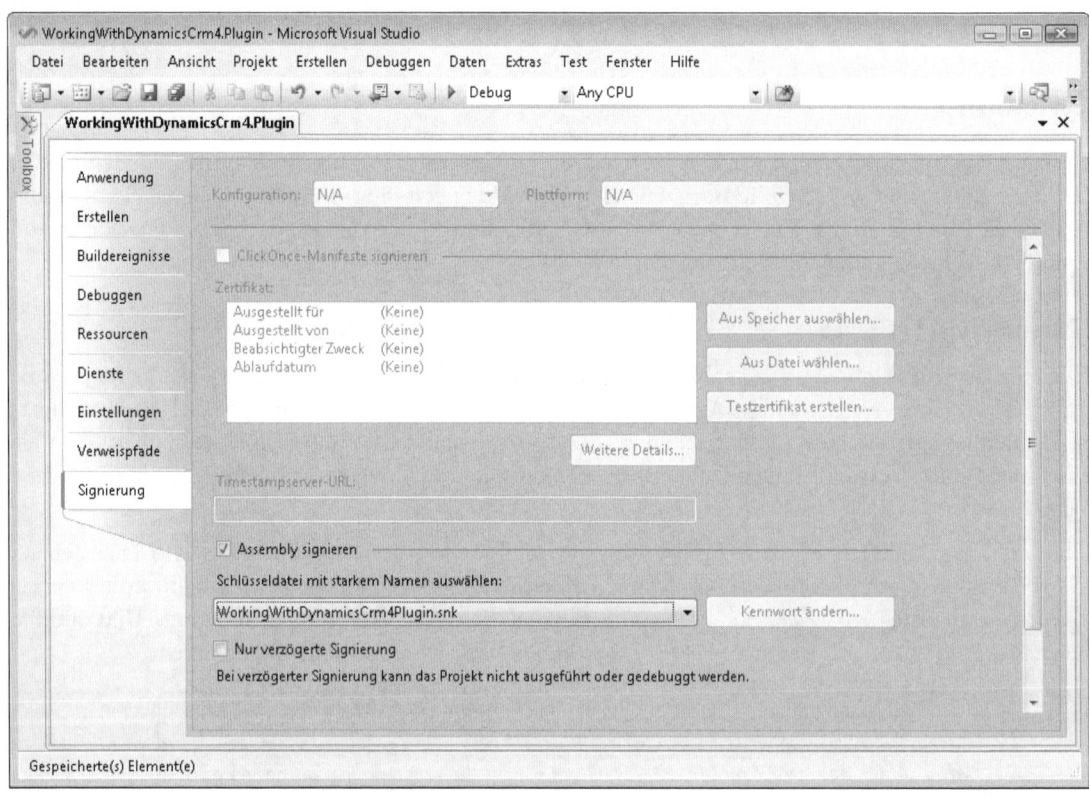

Abbildung 9.9   Eine Assembly mit Visual Studio 2008 signieren

Außerdem können Sie das Tool für starke Namen (Strong Name-Tool) verwenden, das zum Lieferumfang von Visual Studio 2008 gehört. Wählen Sie dazu *Start / Alle Programme / Microsoft Visual Studio 2008 / Visual Studio Tools* und öffnen Sie dann eine Visual Studio 2008-Eingabeaufforderung. Geben Sie an der Eingabeaufforderung folgenden Befehl ein:

```
sn −k <Dateiname>
```

Anschließend weisen Sie die neu erstellte Datei über die Registerkarte *Signierung* dem Projekt zu, wie es die obigen Schritte beschrieben haben. Weitere Informationen über das Tool für starke Namen finden Sie im Artikel »Strong Name-Tool (Sn.exe)« auf Microsoft MSDN unter *http://msdn2.microsoft.com/de-de/library/k5b5tt23.aspx*.

Zum digitalen Signieren von Assemblies sollten Sie sich den Abschnitt *Erstellen sicherer Assemblies* auf MSDN unter *http://msdn2.microsoft.com/de-de/library/aa302423.aspx* ansehen.

Die Klassendatei hinzufügen

Als Nächstes erstellen Sie eine einfache Klassendatei. Achten Sie darauf, die richtigen *using*-Anweisungen für die CRM-Assemblies hinzuzufügen, und denken Sie daran, dass Ihre Klassendatei von der Schnittstelle *IPlugin* abgeleitet sein muss. Um Ihre benutzerdefinierte Logik auszuführen, überschreiben Sie die Methode *Excecute* wie im folgenden Beispiel:

```
using System;
using Microsoft.Crm.Sdk;
using Microsoft.Crm.SdkTypeProxy;

namespace SonomaPartners.Plugins
{
    public class SamplePluginClass : IPlugin
    {
        public void Execute(IPluginExecutionContext context)
        {
            // Hier Ihre benutzerdefinierte Logik ausführen.
        }
    }
}
```

Nachdem Sie Ihre Klassendatei eingerichtet haben, sehen wir uns an, wie Sie mit dem Plug-In-Kontext programmieren.

Plug-In-Kontext

Der Plug-In-Kontext enthält viele nützliche Informationen. Das SDK listet sämtliche verfügbaren Methoden und Eigenschaften auf. Wir wollen hier aber erläutern, wie Sie Dienste aus dem Kontext erstellen.

Wie bereits weiter vorn erwähnt, verwenden Sie den übergebenen Kontext, wenn Sie Ihren Dienst instanzieren. Das bewerkstelligen Sie mit den folgenden Codezeilen:

```
ICrmService service = context.CreateCrmService(false);
IMetadataService mdService = context.CreateMetadataService(false);
```

Beide Methoden geben eine Schnittstelle zurück. Es erübrigt sich also, den zurückgegebenen Typ zu konvertieren. Vor allem aber gibt der Kontext die Dienstinstanz zurück, die bereits für Sie authentifiziert ist. Der von der Methode übernommene Parameter bestimmt, ob Sie den aufrufenden Benutzer imitieren oder den Dienst einfach unter dem Systemkonto ausführen lassen sollten. Auf diesen Punkt gehen wir im nächsten Abschnitt ein.

Da Sie den Dienst vom Kontext erstellen und weil Sie nicht über aktualisierte Webdienst-WSDL verfügen, mit der Sie Ihren Code kompilieren, wenn Sie mit der API interagieren, brauchen Sie die Klasse *DynamicEntity*.

Weiterführende Informationen entnehmen Sie bitte den Beispielen des SDK und unseren hier angegebenen Codebeispielen.

Plug-In-Identitätswechsel

Plug-Ins werden im Sicherheitskontext der Anwendungspoolidentität der Webanwendung ausgeführt – d.h. normalerweise mit dem Konto *Netzwerkdienst*.

> **HINWEIS**   Das Netzwerkdienstkonto wird normalerweise in den generischen Microsoft Dynamics CRM-Benutzer *SYSTEM* übersetzt.

Demzufolge wird Ihre Plug-In-Logik in der Regel als CRM-Benutzer *SYSTEM* ausgeführt. Bei vielen Plug-In-Szenarios funktioniert das ausgezeichnet. Es kommt aber auch vor, dass Sie in Ihren Plug-Ins die Anmeldeinformationen des Benutzers, der die Anforderung ausführt, verwenden müssen.

Um in Ihrem Plug-In-Code Identitätswechsel zu verwenden, müssen Sie lediglich den Dienst wie üblich aus dem Kontext des Plug-Ins erstellen, dann aber den Parameter auf *true* setzen:

```
ICrmService service = (ICrmService)context.CreateCrmService(true);
```

Jetzt verwenden Ihre Dienstaufrufe Identitätswechsel. Der Sicherheitskontext des verwendeten Benutzers hängt vom Wert ab, der während der Plug-In-Registrierung im Attribut *impersonatinguserid* spezifiziert ist. Falls Sie das Feld *impersonatinguserid* während der Registrierung auf null (leer) lassen, ist der imitierte Benutzer der aufrufende Benutzer. Andernfalls gilt der Sicherheitskontext des Benutzers, der in diesem Feld angegeben ist.

> **WICHTIG**   Plug-In-Identitätswechsel funktioniert nicht im Offlinemodus. Die offline ausgeführten Aktionen laufen immer unter dem angemeldeten Benutzer.

Bereitstellung

Da Microsoft Dynamics CRM 4.0 jetzt mehrere Instanzen und die Offlineausführung von Assemblies unterstützt, ist der Aufwand etwas höher, um Plug-Ins und Workflowassemblies bereitzustellen.

Bereitstellungssicherheit

Das für die Registrierung verwendete Benutzerkonto muss in Microsoft Dynamics CRM und in der Gruppe *Bereitstellungsadministratoren* vorhanden sein. Die Gruppe *Bereitstellungsadministratoren* verwalten Sie mit dem Tool *Bereitstellungs-Manager*.

Der Gruppe Bereitstellungsadministratoren einen neuen Benutzer hinzufügen

1. Melden Sie sich beim Microsoft Dynamics CRM-Webserver direkt oder über eine Remotedesktopverbindung mit einem Benutzerkonto an, das bei der Installation verwendet oder das bereits der Gruppe *Bereitstellungsadministratoren* hinzugefügt wurde.

2. Öffnen Sie den Bereitstellungs-Manager und klicken Sie im linken Fensterbereich auf *Bereitstellungsadministratoren*.

3. Klicken Sie im rechten Fensterbereich auf *Neuer Bereitstellungsadministrator*.

4. Geben Sie im Dialogfeld *Benutzer wählen* den neuen Benutzer ein.

Der Registrierungsbenutzer muss zudem die folgenden Sicherheitsberechtigungen für die Microsoft Dynamics CRM-Organisation besitzen:

- prvCreatePluginAssembly

- prvCreatePluginType

- prvCreateSdkMessageProcessingStep

- prvCreateSdkMessageProcessingStepImage

- prvCreateSdkMessageProcessingStepSecureConfig

Diese Berechtigungen sind nicht über die Microsoft Dynamics CRM-Benutzeroberfläche zugänglich. Allerdings sind diese Berechtigungen automatisch für jeden Benutzer in den Microsoft Dynamics CRM-Rollen *Systemadministrator* oder *Systemanpasser* eingestellt.

Methoden und Tools für die Registrierung

Microsoft Dynamics CRM stellt API-Methoden bereit, damit Sie Ihre Assemblies bei der Anwendung ordnungsgemäß registrieren können. Anstatt für diesen Zweck Ihren eigenen Code zu entwickeln und zu schreiben, können Sie mit dem Microsoft-Befehlszeilentool *PluginDeveloper* arbeiten, das beim Beispielcode des SDK dabei ist. Dieses Projekt verwenden wir für die Beispiele später in diesem Kapitel.

WICHTIG Informieren Sie sich in der SDK-Dokumentation über Neuigkeiten und verfügbare Tools, um Plug-In- und Workflowassemblies bereitzustellen.

Die Dokumentation zum Befehlszeilenregistrierungstool beschreibt im Detail, was Sie benötigen, um das Projekt zu erstellen. Konsultieren Sie bitte die Dokumentation, damit Sie das Projekt korrekt erstellen können. Das Tool verwendet dann eine einfache XML-Datei (namens *register.xml*) mit allen erforderlichen Angaben, um die Informationen Ihrer Assembly bei Microsoft Dynamics CRM zu registrieren. Da die XML-Datei gut dokumentiert ist, sollte es Ihnen nicht schwer fallen, sie zu konfigurieren. Alle Verweise auf benutzerdefinierte Assemblies müssen bei lokalen Bereitstellungen (auf Festplatte) vor der Registrierung im Microsoft Dynamics CRM-Assemblyordner vorhanden sein. Bei Datenbankbereitstellungen müssen Sie entweder alle referenzierten Assemblies im globalen Assemblycache (GAC) registrieren oder mit dem Tool ILMerge eine einzelne Assembly erstellen.

TIPP Das Tool ILMerge ist hervorragend geeignet, um eine einzelne Assembly zu erstellen, die in Datenbankbereitstellungen von Plug-Ins und Workflowassemblies verwendet wird. Im Abschnitt »Tipps zum Kodieren und Testen« später in diesem Kapitel finden Sie weitere Informationen zum Tool ILMerge.

Während der Entwicklung empfehlen wir, das Projekt *PluginDeveloper* in Visual Studio zu öffnen und im Debugmodus auszuführen. Auf diese Weise können Sie schnell alle Fehler mit der Registrierung abfangen und korrigieren, wie es in Abbildung 9.10 dargestellt ist.

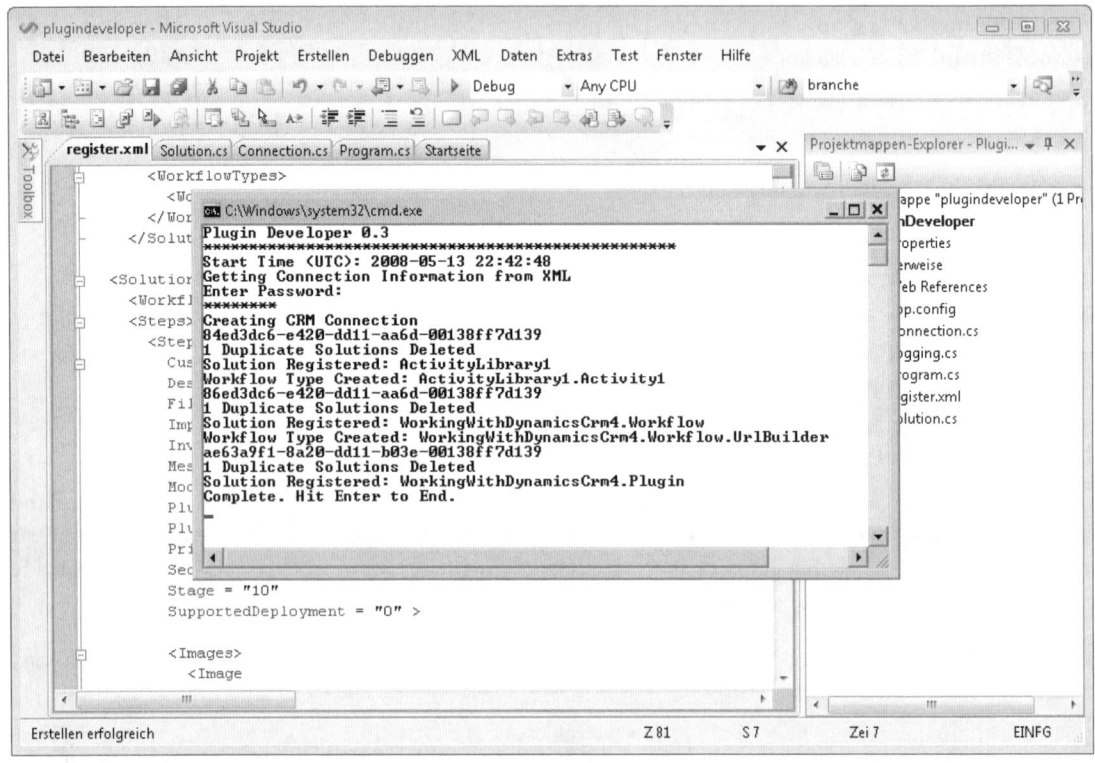

Abbildung 9.10   Das Bereitstellungsprojekt von der Befehlszeile ausführen

Bei der Entwicklung sollten Sie gleich mit einplanen, die Assembly einschließlich einer entsprechenden Projektdatenbankdatei (Project Database, PDB) mit der Option *auf Datenträger* bereitzustellen, damit Sie Ihre Dateien mit Visual Studio debuggen können. Dazu kopieren Sie Ihre Assemblydateien auf den Microsoft Dynamics CRM-Webserver in das folgende Verzeichnis: *<Crm-Installationslaufwerk>\Programme\ Microsoft Dynamics CRM\server\bin\assembly.*

WICHTIG   Kopieren Sie die Dateien auf den Server, bevor Sie sie erstmalig registrieren.

Wenn Sie Updates vornehmen, tritt beim Kopieren der Dateien möglicherweise ein Fehler auf, weil eine Datei bereits verwendet wird. Das kann passieren, weil IIS die Assembly immer noch im Speicher hat. Entweder recyceln Sie dann den Anwendungspool oder führen den Befehl *iisreset* aus, um die Datei freizugeben. Ebenso kann es passieren, dass der asynchrone Verarbeitungsdienst von Microsoft Dynamics CRM die Datei gesperrt hat, wenn Sie sie im asynchronen Modus bereitstellen. Starten Sie dann diesen Dienst neu und Sie können Ihre Assemblydateien ordnungsgemäß aktualisieren.

HINWEIS   Es ist nicht erforderlich, die Assemblies *Microsoft.Crm.Sdk.dll* und *Microsoft.Crm.SdkTypeProxy.dll* bereitzustellen. Microsoft Dynamics CRM installiert diese Assemblies automatisch im GAC des Webservers während des Installationsprozesses, sodass sie für Ihre Assemblies verfügbar sind.

Am Ende dieses Kapitels demonstrieren wir Codebeispiele des Plug-Ins und geben auch den geeigneten Code für Ihre Registrierungskonfigurationsdatei an, um die Beispiele ordnungsgemäß zu installieren.

Plug-In-Registrierungseigenschaften

Wenn Benutzer mit der Anwendung arbeiten, löst Microsoft Dynamics CRM aufgrund ihrer Aktionen Ereignisse aus. Entwickler können diese Ereignisse nutzen, um mithilfe von Plug-Ins benutzerdefinierte Logik auszuführen. Bei Microsoft Dynamics CRM können Sie Ihren eigenen benutzerdefinierten Code hinzufügen, der ausgeführt wird, wenn eine Benutzeraktion eines der Ereignisse auslöst.

Microsoft Dynamics CRM 4.0 erweitert das Plug-In-Modell gegenüber Microsoft Dynamics CRM 3.0, indem mehr Konfigurationsoptionen für den Entwickler bereitgestellt werden. Plug-Ins unterstützen jetzt zusätzliche Ereignisse (oder Meldungen), können synchron oder asynchron laufen, bieten Bereitstellungsoptionen für das Dateisystem des Servers oder die Datenbank und können offline in Microsoft Dynamics CRM für Microsoft Office Outlook mit Offlinezugriff ausgeführt werden.

Für die Plug-In-Registrierung sehen wir uns die folgenden Optionen an:

- **Mode:** Ein Plug-In kann entweder synchron oder asynchron ausgeführt werden.
- **Stage:** Diese Option spezifiziert, ob das Plug-In auf Pre- oder Post-Events reagiert.
- **Deployment:** Ein Plug-In kann entweder nur auf dem Server, auf dem Outlook-Client oder auf beiden ausgeführt werden.
- **Messages:** Diese Option bestimmt die Microsoft Dynamics CRM-Ereignisse, die Ihre Logik starten sollen, wie zum Beispiel *Erstellen*, *Aktualisieren* und sogar *Abrufen*.
- **Entity:** Ein Plug-In lässt sich gegen die meisten Entitäten ausführen, benutzerdefinierte Entitäten eingeschlossen.
- **Rank:** Diese Option spezifiziert mit einer Ganzzahl die Reihenfolge, in der alle Plug-In-Schritte ausgeführt werden sollen.
- **Assembly Location:** Diese Option teilt Microsoft Dynamics CRM mit, ob Assemblies in der Datenbank oder im Dateisystem des Webservers gespeichert werden.
- **Images:** Attributwerte können Sie vom Datensatz entweder vor oder nach bestimmten Meldungen für bestimmte Meldungstypen übergeben.

Diese Plug-In-Eigenschaften konfigurieren Sie, wenn Sie das Plug-In bei Microsoft Dynamics CRM registrieren.

Mode

Microsoft Dynamics CRM 4.0 führt das Konzept der asynchronen Ausführung von Plug-In-Assemblies ein. In vorherigen Versionen wurden Plug-Ins (bislang als Callouts bezeichnet) nur synchron ausgeführt. Deshalb waren Entwickler in Microsoft Dynamics CRM 3.0 bei länger laufenden Prozessen oder Geschäftslogik gezwungen, ihre eigenen asynchronen Warteschlangenmechanismen zu erstellen, oder zu versuchen, benutzerdefinierte Workflowassemblies zu verwenden. In Microsoft Dynamics CRM 4.0 müssen Sie nun lediglich das Plug-In bei der Installation als asynchron konfigurieren und Microsoft Dynamics CRM führt es automatisch im Rahmen seines asynchronen Diensts aus.

Wir empfehlen, dass Sie Ihr Plug-In für asynchrone Ausführung konfigurieren, wenn Sie einen länger laufenden Prozess haben, der nicht unverzüglich fertig gestellt werden muss. Dadurch kann der Benutzer mit der Anwendung weiterarbeiten – die Benutzerfreundlichkeit verbessert sich.

ACHTUNG   Pre-Event-Plug-Ins lassen sich in Microsoft Dynamics CRM nicht für asynchrone Arbeitsweise konfigurieren.

Stage

Plug-Ins können Sie für die Ausführung bevor oder nachdem Daten an die Datenbank übermittelt wurden registrieren. Pre-Event-Plug-Ins sind nützlich, wenn Sie Daten vor dem Senden an die Datenbank auf Gültigkeit prüfen oder ändern möchten. Bei Post-Event-Plug-Ins können Sie zusätzliche Logik oder Integration ausführen, nachdem die Daten sicher in der Datenbank gespeichert sind.

Deployment

Zu den herausragenden neuen Features von Microsoft Dynamics CRM 4.0 gehört die Fähigkeit, Plug-In-Logik offline mit dem Outlook-Client ausführen zu lassen, was Ihre vorhandene Lösung erweitert. Dabei können Sie wählen, das Plug-In nur auf dem Server, offline mit dem Outlook-Client oder durch beide ausführen zu lassen.

Beachten Sie dabei: Geht ein Client offline und kehrt dann in den Onlinemodus zurück, werden alle Plug-In-Aufrufe ausgeführt, nachdem die Daten mit dem Server synchronisiert sind. Möchten Sie Ihre Logik sowohl mit dem Server als auch offline ausführen, müssen Sie berücksichtigen, dass Microsoft Dynamics CRM Ihren Plug-In-Code zweimal ausführt.

ACHTUNG   Microsoft Dynamics CRM unterstützt keine asynchrone Implementierung des Plug-Ins bei Offlinebereitstellung. Soll Ihr Plug-In auch offline arbeiten, müssen Sie es für den synchronen Modus registrieren.

Messages

Die Dokumentation von Microsoft Dynamics CRM 4.0 bezeichnet serverbasierte Triggerereignisse als *Meldungen*. Das Microsoft Dynamics CRM 4.0 SDK unterstützt sämtliche Ereignisse von Microsoft Dynamics CRM 3.0, wie zum Beispiel *Erstellen*, *Aktualisieren*, *Löschen* und *Zusammenführen*. Zusätzlich führt Microsoft Dynamics CRM 4.0 einige neue Meldungen wie *Route*, *Retrieve* und *RetrieveMultiple* ein.

Bitte konsultieren Sie das SDK, um sich alle verfügbaren Meldungen anzusehen. Es ist auch möglich, mit API-Code zu ermitteln, ob Microsoft Dynamics CRM eine bestimmte Meldung unterstützt.

Entities

Wie bei Meldungen erweitert Microsoft Dynamics CRM 4.0 erheblich die Anzahl von Entitäten, die Plug-Ins unterstützen. Die meisten System- und benutzerdefinierten Entitäten sind für Plug-In-Ausführung verfügbar. Auch hier sei auf das SDK verwiesen, das alle verfügbaren Entitäten auflistet.

Rank

Der Rang kennzeichnet mit einer Ganzzahl die Reihenfolge, in der ein Plug-In gestartet werden soll. Microsoft Dynamics CRM startet das Plug-In mit der niedrigsten Zahl zuerst und durchläuft dann nacheinander alle verfügbaren Plug-Ins. Berücksichtigen Sie auf jeden Fall die Reihenfolge der Plug-Ins, und zwar abhängig von der Logik, die sie ausführen.

> **HINWEIS** Das mit den Codebeispielen des SDK bereitgestellte Registrierungstool bindet keinen Rang in die Registrierungsdatei ein. Der Beispielcode lässt sich aber ohne weiteres entsprechend aktualisieren.

Images

Abbilder liefern Ihnen die Attributwerte des Datensatzes. Es gibt Abbilder als Pre- (vor der Kernplattformoperation) und Post-Werte. Nicht alle Meldungen lassen Abbilder zu. In Tabelle 9.7 finden Sie die verfügbaren Meldungen, die Abbilder erlauben, und die zugeordneten *MessagePropertyName*-Werte.

Meldung	MessagePropertyName-Wert
Assign	Target
Create	Id
Delete	Target
DeliverIncoming	EmailId
DeliverPromote	EmailId
Merge	Target
Merge	SubordinateId
Route	Target
Send	EmailId
SetState	EntityMoniker
SetStateDynamic	EntityMoniker
Update	Target

Tabelle 9.7   Liste der Meldungen für Plug-In-Abbilder

Assembly Location

Die Assemblydateien für Plug-Ins können Sie an zwei Orten speichern: (1) in der Datenbank oder (2) im Dateisystem. Für Bereitstellungen auf Produktionsebene sollten Sie die Datenbank verwenden. Diese Bereitstellungsoption erlaubt Offlinezugriff, einfachere Verteilung über Webfarm-Bereitstellungen und eine bessere Isolierung in mehrinstanzfähigen Konfigurationen.

Die Option für die Bereitstellung im Dateisystem existiert aus Gründen der Abwärtskompatibilität zu vorherigen Microsoft Dynamics CRM-Projekten. Vor allem aber bietet sie Entwicklern die Möglichkeit, ihre Projekte in Visual Studio 2008 zu debuggen. Auf demselben Server lassen sich Plug-Ins von mehreren Organisationen debuggen.

Genau wie bei Microsoft Dynamics CRM 3.0 kopieren Sie Ihre Assemblydateien – einschließlich der Programmdatenbankdatei (*.pdb*) für Debugging – in den Microsoft Dynamics CRM-Assemblyordner auf dem Webserver.

TIPP   Dieser Ordner ist normalerweise *C:\Programme\Microsoft CRM\Server\bin\assembly* bei aktualisierten Microsoft Dynamics CRM 3.0-Bereitstellungen oder *C:\Programme\Microsoft Dynamics CRM\Server\bin\assembly* bei neuen Microsoft Dynamics CRM 4.0-Installationen.

Wir empfehlen, das Modell der Dateisystembereitstellung während der Entwicklung Ihrer Plug-Ins zu verwenden und nach der Testphase zur Datenbankbereitstellung überzugehen.

Benutzerdefinierte Assemblies debuggen

Die Entwicklung läuft wesentlich effizienter ab, wenn Sie Ihren Code mit Visual Studio 2008 debuggen. Möchten Sie jedoch Visual Studio 2008 nicht auf Ihrem Webserver installieren, zeigen wir, wie Sie Remotedebugging von Plug-In-Assemblies einrichten können.

Zuerst müssen Sie Ihr Plug-In mit der Option *auf Datenträger* bereitstellen. Anschließend stellen Sie sicher, dass eine aktuelle Projektdatenbankdatei (PDB) für Ihre Plug-In-Assembly verfügbar ist und dass Sie im Plug-In an zweckmäßigen Positionen Haltepunkte hinzugefügt haben.

Im nächsten Schritt starten Sie mit dem Befehl *msvsmon.exe* das Remotedebugging auf dem Server. Dies können Sie von jedem Ort aus instanziieren, wo Visual Studio installiert ist (zum Beispiel auf Ihrem lokalen Entwicklungscomputer). Der Remotedebugmonitor *Msvsmon.exe* wird mit Visual Studio 2008 in folgendem Verzeichnis installiert: *<Installationspfad>\Microsoft Visual Studio 9.0\Common7\IDE\Remote Debugger\x86*. Abbildung 9.11 zeigt den Startbildschirm des Monitors.

TIPP   Den Remotedebugmonitor können Sie auch direkt auf dem Microsoft Dynamics CRM-Webserver installieren, ohne Visual Studio 2008 vollständig installieren zu müssen. Gehen Sie auf dem Visual Studio 2008-Datenträger in das Verzeichnis *Remote Debugger*, führen Sie im Verzeichnis für Ihre Plattform (x86 oder x64) das Setupprogramm *rdbgsetup.exe* aus und folgen Sie den Installationsanweisungen.

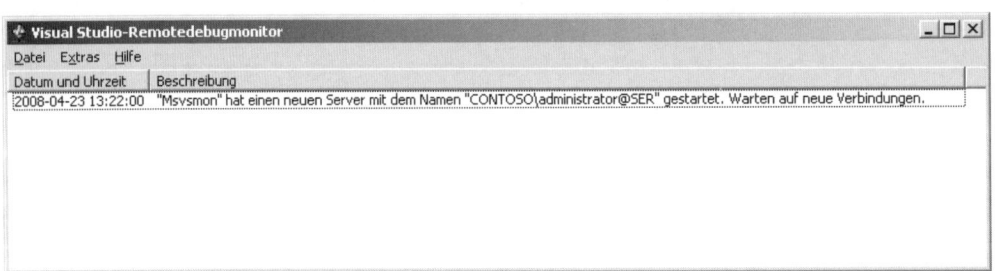

Abbildung 9.11   Remotedebugging auf dem Webserver starten

Wird der Monitor auf dem Server ausgeführt, verwenden Sie Visual Studio 2008, um den Debugger an den Remoteprozess anzuhängen.

Visual Studio 2008 für interaktives Debugging verwenden

1. Klicken Sie in Visual Studio 2008 im Menü *Debuggen* auf *An den Prozess anhängen*.

2. Stellen Sie im Dialogfeld *An den Prozess anhängen* die folgenden Optionen ein:

    a. *Transport:* Wählen Sie *Standard*.

    b. *Qualifizierer:* Geben Sie den Namen des CRM-Webservers ein. Daraufhin erscheint dann der Name in der Form *Domäne\Name@Server*, wie es in Abbildung 9.12 zu sehen ist.

    c. *Anfügen an:* Wählen Sie den Codetyp *Verwaltet*. Damit unterdrücken Sie einige störende Popup-Fehlermeldungen von Visual Studio 2008.

    d. *Verfügbare Prozesse:* Nachdem Sie den Debugger angehängt haben, wählen Sie den Prozess *W3WP.exe* aus der Liste der Optionen.

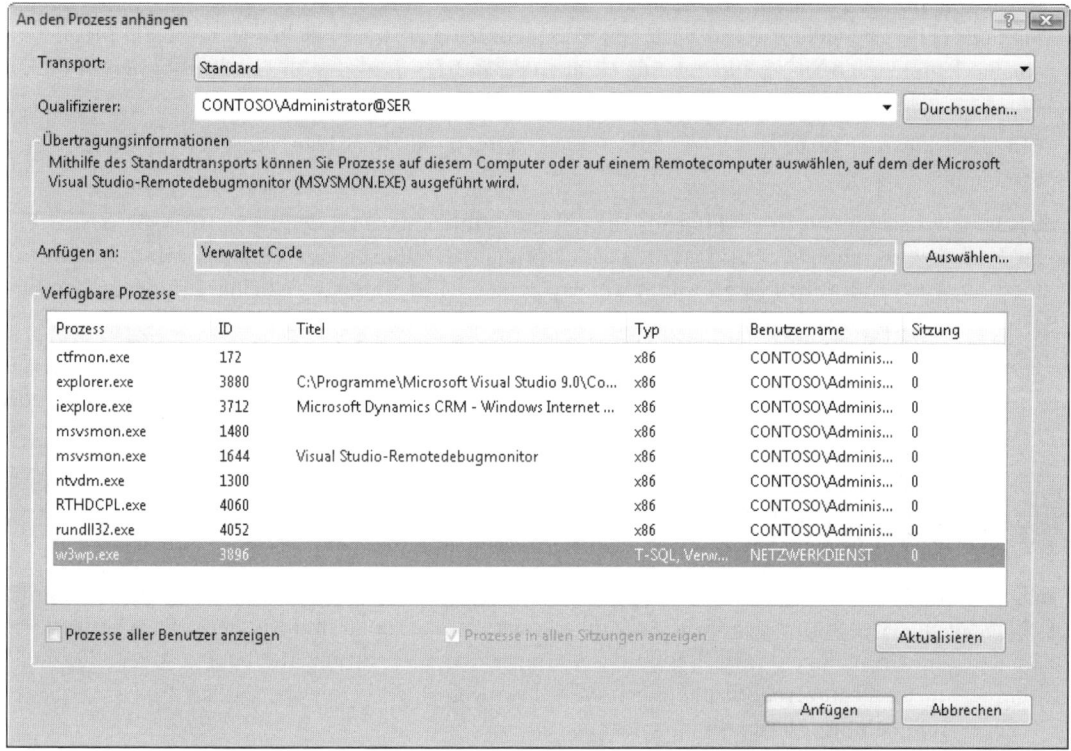

Abbildung 9.12   Das Dialogfeld An den Prozess anhängen

HINWEIS   Wenn *W3WP.exe* in der Liste nicht erscheinen sollte, wurde der Prozess noch nicht gestartet (möglicherweise aufgrund eines *iisreset*). Aktualisieren Sie dann eine beliebige Microsoft Dynamics CRM-Seite, um den Prozess zu starten.

Nachdem Sie den Debugger angehängt haben, sollten die Haltepunkte erreicht werden, wenn das Plug-In gestartet ist. Das passiert, wenn Sie auf die Microsoft Dynamics CRM-Webseiten zugreifen, die das Ereignis für das Plug-In auslösen.

Zusätzliche Informationen zum Remotedebuggen finden Sie im SDK und auf der Seite *http://msdn2. microsoft.com/de-de/library/bt727f1t.aspx.*

Zusätzliche Tipps und Informationen zu Plug-Ins

An dieser Stelle geben wir noch einige Tipps und Informationen. Für weiterführende Details zur Plug-In-Entwicklung sei auf die SDK-Dokumentation verwiesen.

- Die Meldung *SetState* bezieht sich ausschließlich auf native Entitäten. Dagegen kann *SetStateDynamic* sowohl für native als auch für benutzerdefinierte Entitäten gelten. Leider können Sie nicht eindeutig feststellen, welche Meldung Microsoft Dynamics CRM auslöst. Im Allgemeinen wird die *SetStateDynamic*-Meldung für alle zustandsbasierten Ereignisse ausgelöst. Um sicher zu sein, alle Möglichkeiten abzudecken, können Sie sowohl *SetState* als auch *SetStateDynamic* für alle zustandsbasierten Ereignisse hinzufügen.

- Mit dem Eigenschaftsbehälter *SharedVariables* können Sie Variablen zwischen mehreren Plug-Ins gemeinsam nutzen.

- Seien Sie vorsichtig, wenn Sie Plug-Ins sowohl für Offline- als auch Onlinezugriff registrieren. Treffen Sie Vorkehrungen für den Fall, dass die Logik zweimal ausgeführt wird. Denken Sie daran, dass Offline-Plug-Ins synchron sein müssen. Microsoft Dynamics CRM unterstützt keine Offlineausführung von asynchronen Plug-Ins.

- Um eine benutzerdefinierte Fehlermeldung anzuzeigen, sollte Ihr Plug-In eine InvalidPluginExecution-Ausnahme auslösen, wobei Sie die benutzerdefinierte Meldung als *Message*-Eigenschaftswert übergeben.

Workflowassemblies

Wie Kapitel 8 erläutert hat, lassen sich mit dem Microsoft Dynamics CRM-Workflowmodul leistungsfähige Geschäftsregeln erstellen und damit die Abläufe in Vertrieb, Marketing und Kundenservice automatisieren. Außer den standardmäßigen Workflowaktionen können Sie auch benutzerdefinierte Assemblies erstellen und darauf in der Benutzeroberfläche einer Workflowregel direkt verweisen. Dieses Feature eröffnet ein breites Spektrum von Erweiterungsmöglichkeiten.

Workflowassemblies sind in der Lage, Werte von einer Workflowregel zu übernehmen und Werte an die Workflowlogik zurückzugeben, sodass sie für andere Aktionen verfügbar sind. Außerdem können Workflowassemblies Aktionen in eigener Regie ausführen. Workflowassemblies stellen Sie mit Microsoft Dynamics CRM genauso bereit wie Plug-Ins. Auf die Assemblies können Sie dann direkt vom Schritteditor des Workflowdatensatzes verweisen.

Benutzerdefinierte Workflowassemblies entwickeln

Im Unterschied zur Plug-In-Entwicklung verwendet Microsoft Dynamics CRM-Workflow das Windows Workflow Foundation (WF)-Framework. In diesem Sinne erstellen Sie ein Projekt mit der Vorlage *Workflowaktivitätsbibliothek* statt wie bei Plug-Ins eine standardmäßige Klassenbibliothek. Am Ende dieses Abschnitts geben wir Ihnen zusätzliche Links zu WF-Ressourcen. Allerdings brauchen Sie kein WF-Experte zu sein, um Microsoft Dynamics CRM-WorkflowAssemblies zu entwickeln. Stellen Sie analog zu Plug-In-Assemblies sicher, dass Sie Verweise zu den Assemblies *Microsoft.Crm.Sdk* und *Microsoft.Crm.SdkTypeProxy* einbinden sowie Ihre Assembly digital signieren.

Als Erstes erstellen Sie die Projektdatei und richten sie ein.

Ein Workflowassembly-Projekt erstellen

1. Erstellen Sie in Visual Studio 2008 eine neue Workflowaktivitätsbibliothek mit dem Zielframework .NET Framework 3.0, wie es in Abbildung 9.13 zu sehen ist.

2. Fügen Sie die Standardverweise auf die Assemblies *Microsoft.Crm.Sdk* und *Microsoft.Crm.SdkTypeProxy* hinzu.

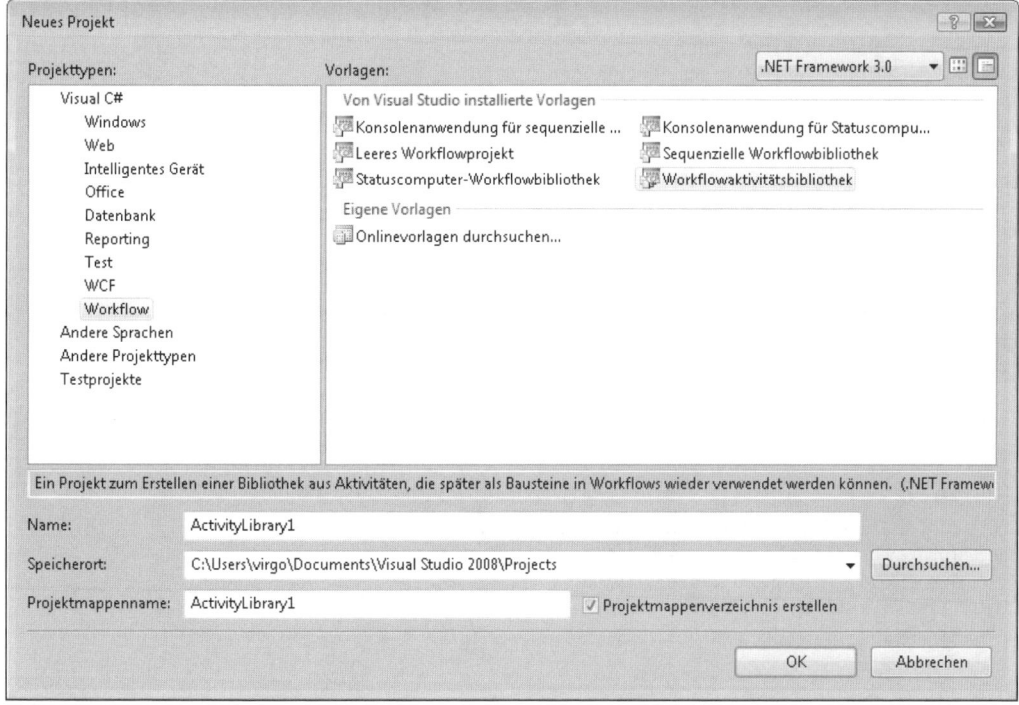

Abbildung 9.13 In Visual Studio 2008 eine Workflowaktivitätsbibliothek erstellen

3. Erstellen Sie einen starken Schlüssel und signieren Sie Ihre Assembly.

4. Löschen Sie die Aktivität, die standardmäßig erstellt wird.

5. Klicken Sie mit der rechten Maustaste auf das Projekt, zeigen Sie auf *Hinzufügen* und klicken Sie auf *Klasse*. Nennen Sie die neue Klassendatei **Activity1**.

6. Aktualisieren Sie die Klassendatei mit dem Code in Listing 9.4.

HINWEIS   Wenn Sie mit Visual Studio 2005 arbeiten, müssen Sie zuerst das Windows Workflow Foundation-Framework hinzufügen.

Nachdem Sie das Projekt erstellt haben und es einsatzbereit ist, beschäftigen wir uns mit einer grundlegenden Aktivitätsklasse. Listing 9.4 zeigt die grundlegende Struktur einer Workflowklasse, einschließlich der optionalen Eingabe- und Ausgabeparameter.

```
using System;
using System.Workflow.ComponentModel; using System.Workflow.Activities;
using Microsoft.Crm.Workflow;

namespace ActivityLibrary1
{
  [CrmWorkflowActivity("Workflowschritt", "Gruppenname")]
  public partial class Activity1 : SequenceActivity
  {

    protected override ActivityExecutionStatus
Execute(ActivityExecutionContext executionContext)
    {
      // Kontext abrufen
      IContextService contextService =
(IContextService)executionContext.GetService(typeof(IContextService));
      IWorkflowContext ctx = contextService.Context;

      // Hier benutzerdefinierte Logik ausführen

      // Auf Ihre Eingabe- und Ausgabeeigenschaften wie gezeigt zugreifen
      this.InputExample = "foo";
      this.OutputExample = this.InputExample + " bar";

      return base.Execute(executionContext);
    }

    // Eingabeeigenschaft festlegen
    public static DependencyProperty InputExampleProperty =
DependencyProperty
.Register("InputExample", typeof(string), typeof(Activity1));
    [CrmInput("Eingabebeispiel")]
    public string InputExample
    {
      get
      {
        return (string)base.GetValue(InputExampleProperty);
      }
      set
```

```
      {
        base.SetValue(InputExampleProperty, value);
      }
    }


    // Ausgabeeigenschaft festlegen
    public static DependencyProperty OutputExampleProperty =
DependencyProperty.Register
("OutputExample", typeof(string), typeof(Activity1));
    [CrmOutput("Ausgabebeispiel")]
    public string OutputExample
    {
      get
      {
        return (string)base.GetValue(OutputExampleProperty);
      }
      set
      {
        base.SetValue(OutputExampleProperty, value);
      }
    }
  }
}
}
```

Listing 9.4   Klassendatei für das Workflowbeispiel

Ihre Klasse sollte von *SequenceActivity* erben und der Dekorator *CrmWorkflowActivity* der Klasse bestimmt, wie sich Ihre Assembly einem Benutzer in der Oberfläche der Microsoft Dynamics CRM-Anwendung präsentiert:

```
[CrmWorkflowActivity("Workflowschritt", "Gruppenname")]
public partial class Activity1 : SequenceActivity
```

Die gesamte benutzerdefinierte Geschäftslogik führen Sie in der Methode *Execute* aus. Überschreiben Sie einfach diese Methode wie folgt:

```
protected override ActivityExecutionStatus Execute(ActivityExecutionContext
executionContext)
```

Erstellen Sie einen Verweis auf die Schnittstelle *IContextService*, rufen Sie ihre Methode *GetService()* auf und holen Sie dann den Kontext:

```
    IContextService contextService =
(IContextService)executionContext.GetService(typeof(IContextService));
    IWorkflowContext ctx = contextService.Context;
```

Definieren Sie die Eingabe- und Ausgabeparameter als dekorierte Standardeigenschaften, wie es Listing 9.4 zeigt. Allerdings müssen Sie diese Eigenschaften auch als Workflow-*DependencyProperty*-Eigenschaft registrieren. Auf die neuen Eingabe- und Ausgabeeigenschaften in anderen Klassen greifen Sie mit Code wie dem folgenden zu:

```
this.InputExample = "foo";
this.OutputExample = this.InputExample + "bar";
```

Eine Workflowassembly bereitstellen

Workflowassemblies stellen Sie mit einer Registrierungstechnik ähnlich der Plug-In-Registrierung bereit. Allerdings konfigurieren Sie die <*Workflow*>-Knoten in der Registrierungskonfigurationsdatei. Wie bei Plug-Ins können Sie auch Workflowassemblies mithilfe der Option *auf Festplatte* bereitstellen, um integriertes Debugging zu ermöglichen. Denken Sie daran, den *CRMAsyncService*-Dienst (in *Dienste* als *Asynchroner Verarbeitungsdienst von Microsoft CRM* aufgeführt) neu zu starten, wenn Sie aktualisierte Dateien bereitstellen.

TIPP   Wenn Sie integriertes Debugging in Visual Studio 2008 verwenden, hängen Sie den Debugger an den Prozess *CRMAsyncService.exe* an. Dieser Prozess sollte in der Liste erscheinen, wenn Sie das Kontrollkästchen *Prozesse aller Benutzer anzeigen* aktivieren.

Weitere Details finden Sie in der SDK-Dokumentation.

Eine Workflowassembly mit der Workflowbenutzeroberfläche verwenden

Für die Beispiel-Workflowassembly, die Sie entwickelt und in Microsoft Dynamics CRM bereitgestellt haben, zeigen wir, wie Sie damit in der Workflowbenutzeroberfläche interagieren.

Nachdem Sie eine neue Workflowregel erstellt haben, ist eine neue Schrittoption verfügbar (siehe Abbildung 9.14). Der Klassendekorator definiert den eigentlichen Schritt als *Workflowschritt* und ordnet ihn unter *Gruppenname* ein.

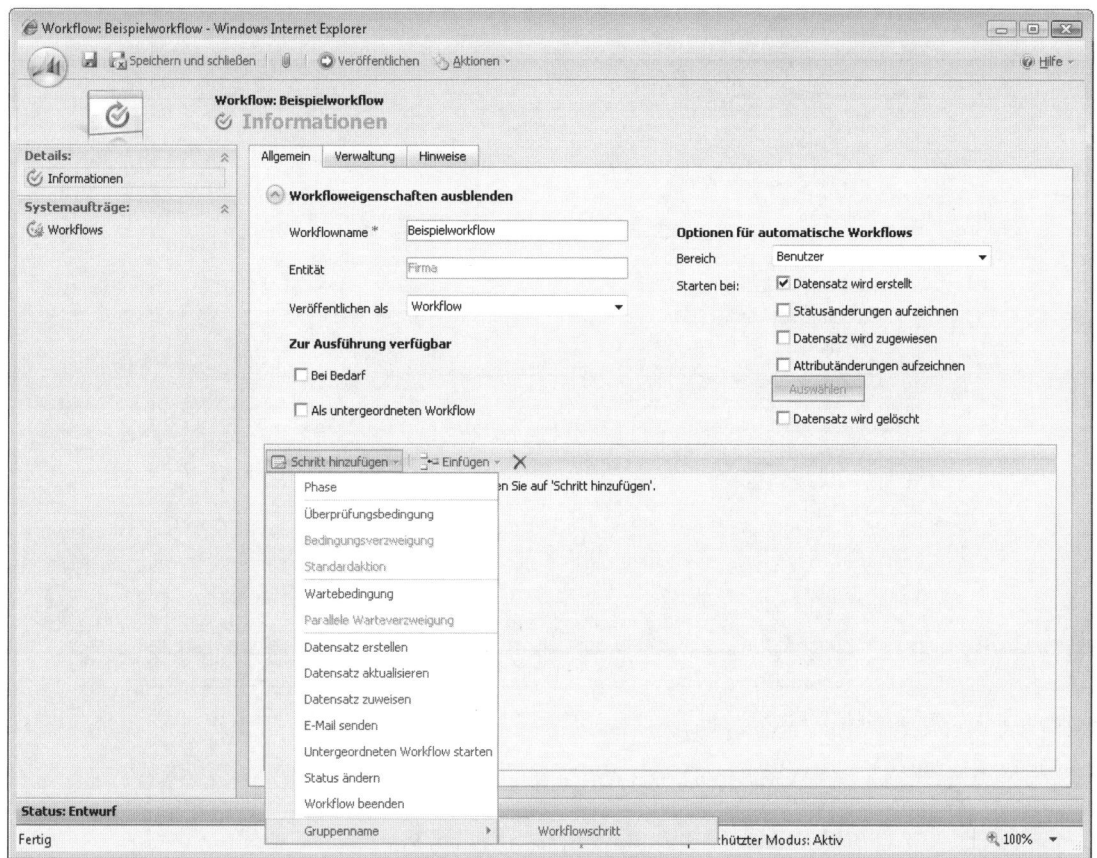

Abbildung 9.14   Benutzerdefinierte Assembly in der Benutzeroberfläche der Workflowanwendung

Abbildung 9.15 zeigt den Schritt, nachdem der Beispielschritt ausgewählt worden ist. Wie bei jedem Schritt haben Sie Gelegenheit, eine Beschreibung einzugeben und Eigenschaften festzulegen.

Wenn Sie auf *Eigenschaften festlegen* klicken, zeigt Microsoft Dynamics CRM ein Fenster für benutzerdefinierte Schritte an, in dem Sie Werte für die einzelnen definierten *CrmInput*-Eigenschaften eingeben können, die in Ihrer Workflowassembly definiert sind (siehe Abbildung 9.16).

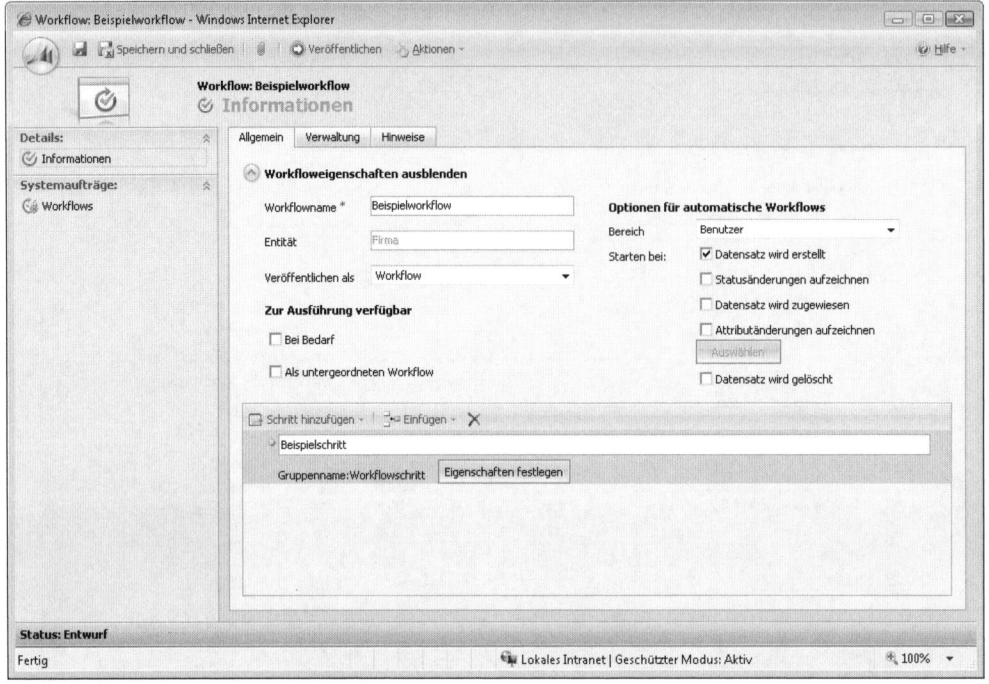

Abbildung 9.15   Workflowassembly-Schritt

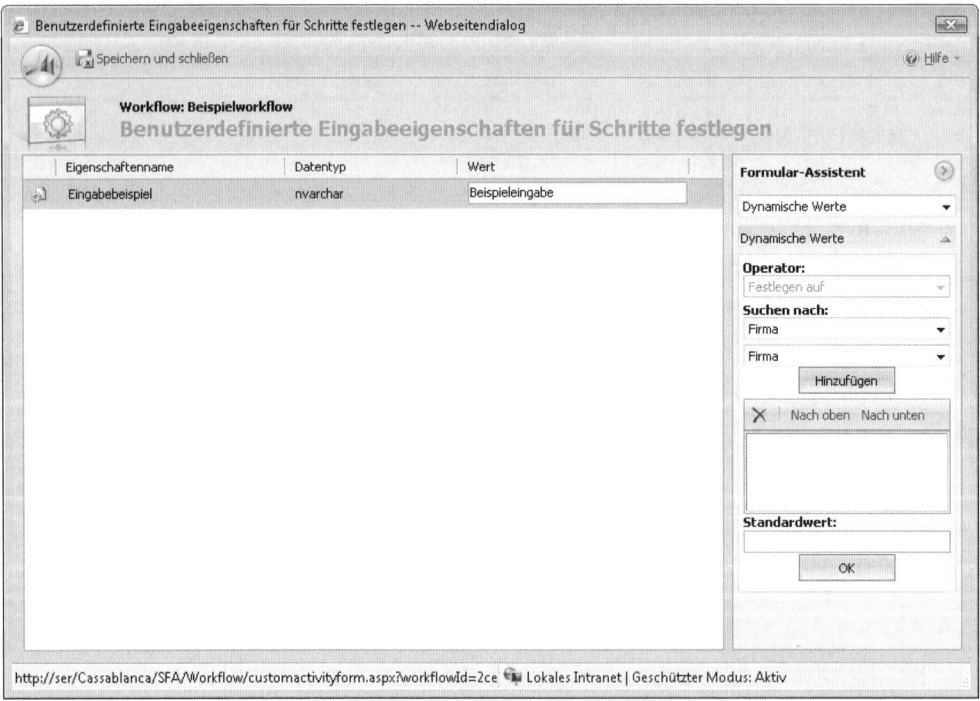

Abbildung 9.16   Konfigurieren Sie Ihre Eingaben

Nachdem Ihr Schritt konfiguriert ist, erscheint er als Option in der Auswahlliste *Dynamische Werte* (siehe Abbildung 9.17), wobei angenommen wird, dass eine Ausgabeeigenschaft spezifiziert ist.

| TIPP | Microsoft Dynamics CRM zeigt die Beschreibung der Workflowassembly in der Auswahlliste *Dynamische Eigenschaften* an. Achten Sie darauf, eine Beschreibung für jeden benutzerdefinierten Assemblyschritt zu erstellen und versuchen Sie, die Beschreibung kurz zu halten. |

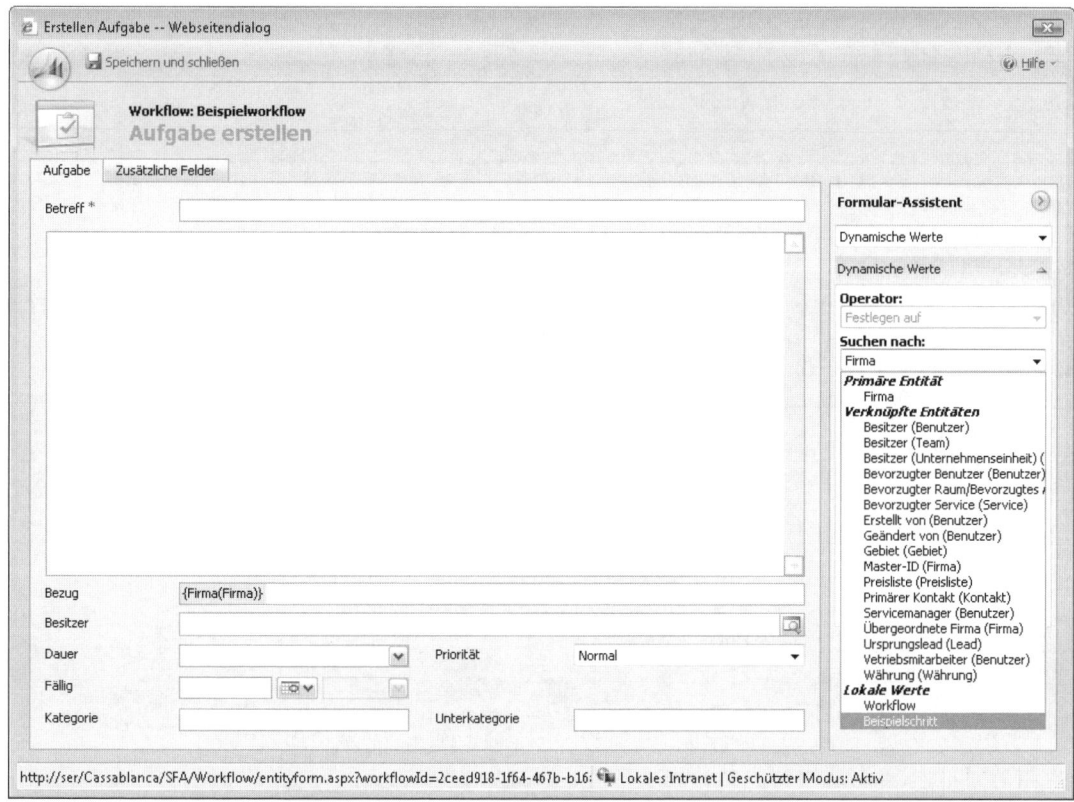

Abbildung 9.17   Auf den Ausgabewert in einem anderen Workflowschritt zugreifen

Beispiel für eine Workflowassembly

In diesem Beispiel erstellen Sie eine grundlegende Workflowassembly, mit der Sie die URL eines Datensatzes konstruieren können, um sie in E-Mail-Nachrichten einzubinden, die von Workflows generiert werden.

Ein Workflowprojekt für einen benutzerdefinierten URL-Generator erstellen

1. Erstellen Sie ein neues Projekt mit der Vorlage Workflowaktivitätsbibliothek und .NET Framework 3.0 als Ziel. Nennen Sie das Projekt **WorkingWithDynamicsCrm4.Workflow**, signieren Sie es und fügen Sie die Verweise auf die Microsoft Dynamics CRM SDK-Assemblydateien hinzu.

2. Erstellen Sie eine neue Klasse mit dem Namen **UrlBuilder**.

3. Ersetzen Sie den Standardcode in der Klasse *UrlBuilder* durch den Code in Listing 9.5.

4. Erstellen Sie die Projektmappe.

5. Registrieren Sie die Projektmappe bei Microsoft Dynamics CRM mit der in Listing 9.6 angegebenen XML-Datei für die Registrierungskonfiguration. Ersetzen Sie *[Pfad_zur_WorkingWithDynamicsCrm4.Workflow.dll]* durch den bei Ihnen gültigen Pfad zur Assembly.

```
using System;
using System.Workflow.ComponentModel; using System.Workflow.Activities;
using Microsoft.Crm.Workflow;

namespace WorkingWithDynamicsCrm4.Workflow
{
  [CrmWorkflowActivity("URL-Generator", "Dienstprogramme")]
  public partial class UrlBuilder: SequenceActivity
  {
    // Überschreiben Sie diese Methode mit benutzerdefinierter Logik.
    protected override ActivityExecutionStatus Execute(ActivityExecutionContext executionContext)
    {
      // Kontext abrufen
      IContextService contextService =
(IContextService)executionContext.GetService(typeof(IContextService));
      IWorkflowContext ctx = contextService.Context;

      // Die Datensatz-ID abrufen
      Guid id = ctx.PrimaryEntityId;

      // Die URL konfigurieren und zurück an den Ausgabeparameter übergeben
      string fullUrl = this.RecordUrl = this.Url + id;
      this.RecordUrl = string.Format(@"<a href=""{0}"">{0}</a>",fullUrl);

      return base.Execute(executionContext);
    }

    // Dem Benutzer erlauben, die URL mit diesem Eingabeparameter festzulegen
    public static DependencyProperty UrlProperty = DependencyProperty.Register("Url",
typeof(string), typeof(UrlBuilder));
    [CrmInput("Url")]
    public string Url
    {
      get
      {
        return (string)base.GetValue(UrlProperty);
      }
      set
      {
        base.SetValue(UrlProperty, value);
      }
    }
  }
```

```
// Gibt die endgültige Datensatz-URL an die Workflowregel zurück
public static DependencyProperty RecordUrlProperty = DependencyProperty.
    Register("RecordUrl", typeof(string), typeof(UrlBuilder));
[CrmOutput("RecordUrl")]
public string RecordUrl
{
  get
  {
    return (string)base.GetValue(RecordUrlProperty);
  }
  set
  {
    base.SetValue(RecordUrlProperty, value);
  }
}
}
}
```

Listing 9.5 **URL**-Generator als Workflowaktivität

```
<Solution SourceType="1" Assembly="[Pfad_zur_WorkingWithDynamicsCrm4.Workflow.dll]">
  <WorkflowTypes>
    <WorkflowType TypeName="WorkingWithDynamicsCrm4.Workflow.UrlBuilder"
FriendlyName="URL-Generator für Lead"/>
  </WorkflowTypes>
</Solution>
```

Listing 9.6 XML-Datei für Registrierung der URL-Generator-Workflowaktivität

Nachdem die benutzerdefinierte Projektmappe fertig und bei Microsoft Dynamics CRM registriert ist, verwenden Sie sie im nächsten Schritt in einer Workflowregel.

Den URL-Generator in einem Workflow verwenden

1. Erstellen Sie eine neue Workflowregel für die Entität *Lead* und nennen Sie die Regel **Benachrichtigung: Neuer Lead**.

2. Fügen Sie einen Schritt hinzu, wobei Sie den neuen Assemblyschritt *URL-Generator* auswählen, den Sie in der Gruppe *Dienstprogramme* finden.

3. Geben Sie als Schrittbeschreibung **URL-Generator** ein.

4. Klicken Sie auf *Eigenschaften festlegen* und geben Sie die korrekte URL zur Bearbeitungsseite des Leads als Wert der *Url*-Eigenschaft ein, z. B.:

```
http://<crmserver>/<Organisationsname>/sfa/leads/edit.aspx?id=
```

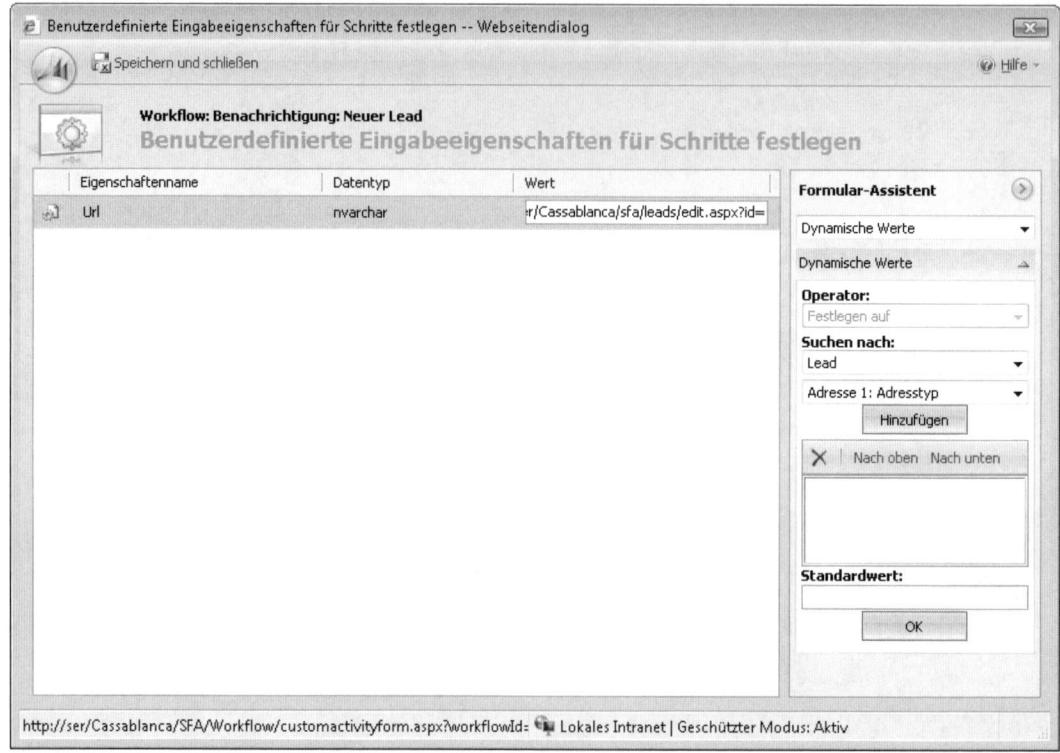

Abbildung 9.18   Workflowschritt mit eingegebener URL

5. Fügen Sie einen neuen Schritt *E-Mail senden* hinzu und geben Sie als Beschreibung **Benachrichtigungs-E-Mail senden** ein.

6. Übernehmen Sie die ausgewählte Option *Neue Nachricht erstellen* und klicken Sie auf *Eigenschaften festlegen*.

7. Konfigurieren Sie im Dialogfeld *E-Mail senden* die E-Mail-Nachricht und fügen Sie im Textkörper der Nachricht den neuen dynamischen Wert für den URL-Generator hinzu (siehe Abbildung 9.19).

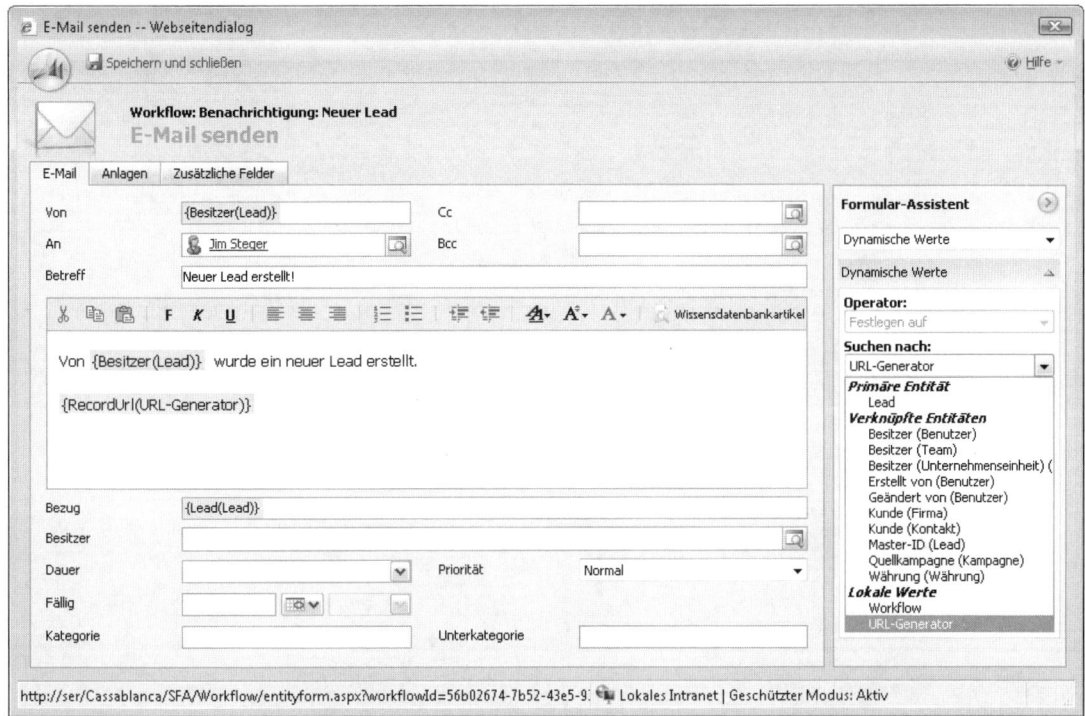

Abbildung 9.19 Konfigurierte E-Mail-Nachricht mit dynamischem Wert für den URL-Generator

8. Speichern und veröffentlichen Sie die Workflowregel.

Wenn Sie nun einen neuen Lead erstellen, wird eine E-Mail-Nachricht mit einem Hyperlink zum Datensatz gesendet (siehe Abbildung 9.20).

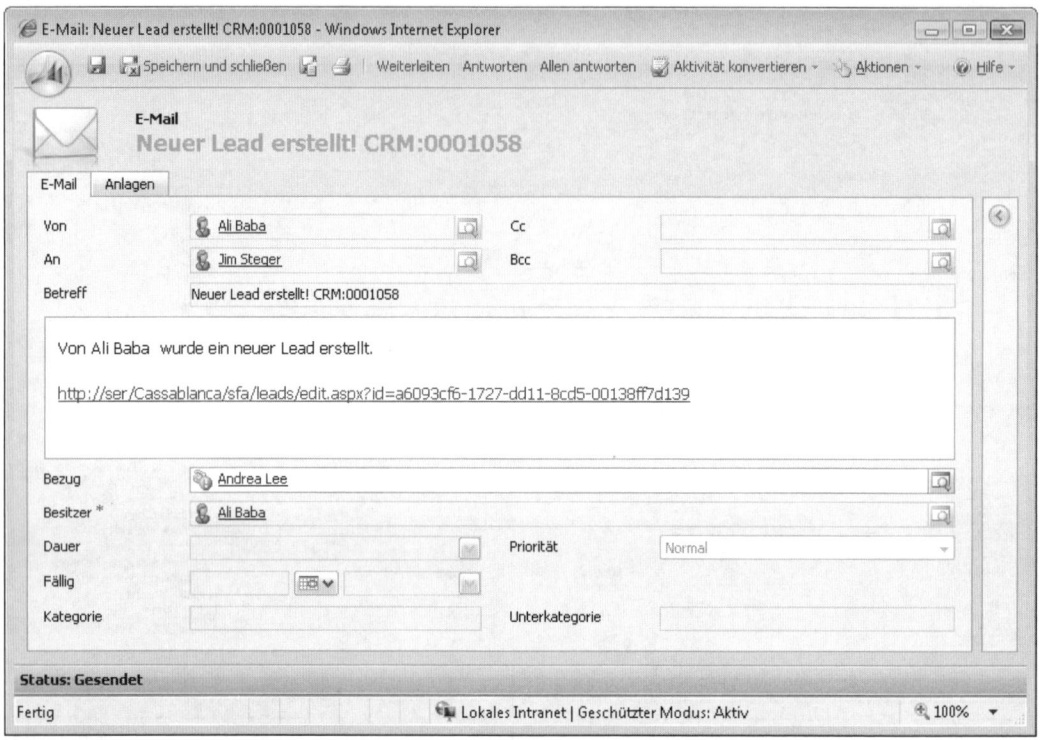

Abbildung 9.20   E-Mail-Nachricht, die einen Verweis auf den Lead-Datensatz enthält

Plug-Ins vs. Workflow

Wahrscheinlich stellt sich bei Ihnen die Frage, wann Sie ein Plug-In und wann eine Workflowregel verwenden sollten. Wie zu erwarten, hängt die Antwort von der konkreten Situation ab. Ist beispielsweise eine Aktion auszuführen, bevor die Daten zur Plattform gelangen, müssen Sie ein Plug-In verwenden (in diesem Fall ein Pre-Event-Plug-In). Soll der Benutzer die Aktion manuell instanziieren, verwenden Sie eine manuelle Workflowregel.

Mit dem neuen vereinheitlichten Modell können Sie für fast alle verfügbaren Aktionen oder Ereignisse entweder einen Workflow oder ein Plug-In verwenden, wobei das Plug-In einige zusätzliche Meldungen bietet. Unabhängig vom gewählten Modell sollten Sie anstreben, Ihre Routinen bei synchronen Plug-Ins so einfach und schnell wie möglich zu gestalten. Werden Prozesse zu lang, können Sie sie in einen asynchronen Prozess oder eine Workflowregel verlagern, um sie im Hintergrund verarbeiten zu lassen.

Die folgenden Richtlinien sollen Ihnen bei der Entscheidung helfen, wann ein Plug-In und wann eine Workflowassembly zu bevorzugen ist:

- Verwenden Sie Plug-Ins

- um Daten vor dem Absenden an die Plattform zu ändern,

- um Daten auf Gültigkeit zu prüfen, bevor sie an die Plattform gesendet werden (und gegebenenfalls das Senden abzubrechen),

▶

- wenn Sie eine asynchrone Transaktion ausführen und eine sofortige Antwort erhalten müssen,

- um eine Aktion zu unternehmen, bevor oder nachdem zwei Datensätze zusammengeführt werden.

- Verwenden Sie Workflows

- für einfache allgemeine Aufgaben. Der Workflowmanager verfügt über eine Liste von Aktionen, die bereits erstellt und einsatzbereit sind, sodass keine benutzerdefinierte Anwendungsentwicklung erforderlich ist. Zu den verfügbaren Aktionen gehören das Erstellen neuer Datensätze (wie zum Beispiel Aktivitäten, Hinweise oder Firmen), Senden von E-Mail-Nachrichten und Aktualisieren von Werten in verknüpften Entitäten.

- um zusätzliche Konfigurationsoptionen für den Endbenutzer zu bieten, der die Workflowlogik erstellt. Da der Benutzer die Workflowregel mit dem Regel-Editor erstellt, kann er sie dann auch ändern, ohne programmgesteuert eingreifen zu müssen.

- wenn es erforderlich ist, dass ein Benutzer die benötigte Logik manuell ausführt.

Betrachtungen zur Entwicklungsumgebung

Nachdem wir die wichtigsten serverseitigen Integrationspunkte mit dem SDK vorgestellt haben, brennen Sie sicherlich darauf, eigenen Code zu erstellen, der mit Microsoft Dynamics CRM zusammenarbeitet. Doch selbst ein erfahrener Entwickler muss gegebenenfalls einige spezielle Tricks für die Software kennen, um die Entwicklungsumgebung für Microsoft Dynamics CRM einrichten und konfigurieren zu können.

Wenn Sie mit dem SDK benutzerdefinierten Code schreiben, ist es zweifellos nicht erwünscht, dass sich der gerade in Entwicklung befindliche Code negativ auf Ihre Microsoft Dynamics CRM-Benutzer auswirkt, wenn diese mit dem System arbeiten. Deshalb sollten Sie mindestens zwei Microsoft Dynamics CRM-Installationen vorsehen, um Stillstandszeiten für Ihre Benutzer in der Produktionsumgebung zu minimieren. Das System, mit dem Ihre Benutzer arbeiten, bezeichnen wir als *Produktionsumgebung*, während Sie den Code in der *Entwicklungsumgebung* schreiben. Nach Möglichkeit sollten Sie noch eine dritte Microsoft Dynamics CRM-Umgebung einrichten, die man allgemein als Staging- oder Testumgebung bezeichnet und in der Sie sämtliche Änderungen testen, bevor Sie sie in die Produktionsumgebung überführen.

Die ideale Entwicklungsumgebung hängt von mehreren Faktoren ab. Unter anderem gehören dazu:

- das vorhandene Microsoft Dynamics CRM-Produkt (Workgroup Edition, Professional Edition, Enterprise Edition)

- Konfigurationsoptionen (lokal, IFD, Microsoft Dynamics CRM Live, Outlook für Offlinezugriff usw.)

- Anzahl der Projekte, die Sie entwickeln und unterstützen

- Anzahl der Entwickler und Mitarbeiter der Qualitätssicherung, die mit dem Produkt arbeiten

Es liegt auf der Hand, dass Sie Ihre Entwicklungs- und Testumgebungen auf unterschiedliche Arten einrichten können. Auch wenn es nicht möglich ist, in diesem Buch jede mögliche Kombination zu untersuchen, sollen Ihnen zumindest die folgenden Empfehlungen helfen, wenn Sie Ihre Entwicklungsumgebung planen und verwalten:

- Machen Sie sich mit dem Installationshandbuch für Installation und Konfiguration vertraut, um sich eingehend über Bereitstellungs- und Umgebungsoptionen von Microsoft Dynamics CRM zu informieren.

- Analysieren Sie die Geschäftsanforderungen für Ihr Microsoft Dynamics CRM-Projekt und wie sie sich auf Entwicklung und Testen auswirken. Für jede geplante Konfiguration sollten Sie eine eigene Umgebung vorsehen.

- Erstellen Sie sowohl eine Entwicklungs- als auch eine Testumgebung.

- Nutzen Sie ein Versionskontrollsystem (wie zum Beispiel Visual Source Safe, Subversion) für Ihre benutzerdefinierten Dateien und prüfen Sie auch, ob ein automatisiertes Erstellungstool (z.B. Cruise-Control .NET) angebracht ist.

- Sichern Sie Ihre Datenbanken und alle benutzerdefinierten Quelldateien. Anpassungen können Sie ganz einfach mit der Microsoft Dynamics CRM-API exportieren und in Ihre Sicherungsprozeduren einbinden.

- Es empfiehlt sich, die Entwicklungsdomäne von der Produktionsdomäne zu trennen. Allerdings können Sie die Entwicklungsdomäne ebenfalls als Testumgebung nutzen.

- Für eine Installation mit mehreren Instanzen ist die Microsoft Dynamics CRM 4.0 Enterprise Edition erforderlich.

- Organisationen lassen sich ausschließlich über den Bereitstellungs-Manager hinzufügen und löschen. Dieses Tool ist auf dem Microsoft Dynamics CRM-Webserver installiert.

- Microsoft Dynamics CRM erstellt für jede Organisation eine SQL Server-Datenbank. Es gibt aber in dieser SQL Server-Instanz nur eine Konfigurationsdatenbank (*mscrm_config*), die die verschiedenen Organisationen und ihre Einstellungen verwaltet.

- Microsoft Dynamics CRM erlaubt nur eine Installation je SQL Server-Instanz. Eine andere vollkommen neue Microsoft Dynamics CRM-Umgebung müssen Sie in einer anderen SQL Server-Instanz oder auf einem vollkommen separaten SQL Server installieren.

- Die Hardware für SQL Server, Reporting Services und Exchange Server können Sie für Ihre Test- und Entwicklungsumgebungen gemeinsam nutzen, sofern Sie eine mehrinstanzfähige Edition verwenden.

- Mithilfe von virtuellen Servern lassen sich vollständige Instanzen oder einzelne Komponenten von Microsoft Dynamics CRM erstellen. Vermeiden Sie es, einen großen SQL Server auf einem virtuellen Server unterzubringen. Andernfalls müssen Sie mit einer mittelmäßigen Performance rechnen.

- Denken Sie daran, dass jede Organisation eine isolierte Umgebung von Anpassungen und Daten darstellt. Daten und Datensätze lassen sich vom Wesen her zwischen Organisationen nicht gemeinsam nutzen, auch wenn Sie Tools schreiben (oder auf Tools von Drittanbietern zurückgreifen) können, um die Daten zu synchronisieren.

- Erstellen Sie in der Active Directory-Domäne für die Entwicklungsumgebung organisatorische Einheiten (OUs) für jede separate Installation, damit Sie Ihre Installationsgruppen einfacher in Active Directory verfolgen können.

- Bei der Entwicklung Ihrer Projekte sollten Sie immer IFD, mehrere Organisationen und offline arbeitende Benutzer berücksichtigen.

- Verwenden Sie das neue Feature zum Importieren einer Organisation des Bereitstellungs-Managers, um Ihre Daten zwischen Microsoft Dynamics CRM-Bereitstellungen in unterschiedlichen Domänen zu synchronisieren. Die Datenbanken können Sie bei unterschiedlichen Domänen nicht wiederherstellen, weil die System-GUIDs nicht übereinstimmen.

HINWEIS Wenn Sie Ihre Produktions-, Test- und Entwicklungsumgebungen in derselben Domäne einrichten, können Sie Migrationen beschleunigen, indem Sie einfach die SQL Server-Datenbanken aus der einen Umgebung in einer anderen wiederherstellen. Trotz dieses potenziellen Vorteils, raten wir im Allgemeinen von einem Setup in ein und derselben Domäne ab. Wenn Sie zwei unterschiedliche Domänen verwenden, minimieren Sie das Risiko versehentlicher Beschädigungen der Produktionsumgebung während der Test- und Entwicklungsphasen. Darüber hinaus können Sie mit den neuen Microsoft Dynamics CRM-Tools zum Importieren einer Organisation wesentlich einfacher Daten zwischen Domänen aktualisieren. Wenn Sie jedoch ein gewisses Restrisiko nicht scheuen, kann die Einzeldomäneninstallation für Sie vielleicht besser geeignet sein.

Tipps zum Kodieren und Testen

Dieser Abschnitt enthält Tipps zur Entwicklung und zum Testen, die aus unserer Arbeit an Microsoft Dynamics CRM-Projekten stammen. Wir hoffen, dass Sie sie genauso nützlich finden wie wir. Im Einzelnen geht es um folgende Themen:

- Microsoft .NET Framework-Versionen
- Anwendungsmodus und *Loader.aspx*
- Kontextmenü des standardmäßigen Internet Explorers aktivieren
- Abfragezeichenfolgeparameter anzeigen
- Auf Microsoft Dynamics CRM-Assemblies oder -Dateien verweisen
- Betrachtungen zur Bereitstellung und Konfiguration von Webdateien
- Authentifizierung und Kodierung mit gefilterten Ansichten
- WSDL-Verweis
- Betrachtungen zur IFD-Entwicklung
- Offlinekonfiguration für Plug-In-Assemblies
- Verfügbare Plug-In-Meldungen nach Entität suchen
- ILMerge mit Plug-In- oder Workflowassembly-Verweisen verwenden
- Unterschiedliche Benutzer und Rollen testen
- Tracing auf Plattformebene aktivieren
- Entwicklungsfehler aktivieren

Microsoft .NET Framework-Versionen

Microsoft hat Microsoft Dynamics CRM 4.0 auf dem .NET Framework 3.0 aufgebaut und empfiehlt, dass Sie in Ihren Projekten mit Visual Studio 2008 das .NET Framework 3.0 als Ziel festlegen. Beachten Sie, dass die in IIS konfigurierte ASP.NET-Version wahrscheinlich die Nummer 2.0.50727 trägt, doch ist dies die

Laufzeitversion von .NET. Die Laufzeitversionen der .NET Framework-Version 3.0 (und 3.5) sind mit denen der Version 2.0 identisch, sodass jeglicher mit .NET Framework 3.0 entwickelte Code ordnungsgemäß auf dem 2.0.50727-Laufzeitmodul ausgeführt wird.

Bitte konsultieren Sie das aktuelle SDK im Hinblick auf die neuesten Informationen zum Support für .NET Framework-Versionen.

Anwendungsmodus und Loader.aspx

Vorherige Versionen von Microsoft Dynamics CRM haben die Anwendung in einem speziellen Internet Explorer-Fenster geöffnet – ohne Menüleiste, Adressleiste, Symbolleiste usw. In diesem so genannten *Anwendungsmodus* wurde Microsoft Dynamics CRM standardmäßig ausgeführt. Oftmals brauchen Entwickler jedoch die zusätzlichen Internet Explorer-Features, die der Anwendungsmodus verbirgt. Microsoft Dynamics CRM können Sie in einem Internet Explorer-Standardfenster öffnen, indem Sie zu *http://<crmserver>/ loader.aspx* navigieren.

HINWEIS   In einer neuen Installation von Microsoft Dynamics CRM 4.0 ist der Anwendungsmodus deaktiviert. Eine aktualisierte Installation nimmt jedoch die Einstellung von der Microsoft Dynamics CRM 3.0-Umgebung an, bei der in den meisten Fällen der Anwendungsmodus aktiviert ist.

Mithilfe der Seite *Loader.aspx* lässt sich der Anwendungsmodus für diese einzelne Websitzung deaktivieren. Außerdem können Sie den Anwendungsmodus für alle Benutzer und alle Sitzungen aktivieren oder deaktivieren, wenn Sie die Einstellungen für Ihre Organisation aktualisieren.

Den Anwendungsmodus deaktivieren

1. Klicken Sie in der Microsoft Dynamics CRM-Anwendung im Bereich *Einstellungen* auf Verwaltung und dann auf *Systemeinstellungen*.

2. Klicken Sie auf die Registerkarte *Anpassung* und deaktivieren Sie das Kontrollkästchen *Microsoft Dynamics CRM im Anwendungsmodus öffnen*.

Das Standardkontextmenü von Internet Explorer aktivieren

Microsoft Dynamics CRM startet nicht nur im Anwendungsmodus, sondern modifiziert auch das Standardverhalten von Internet Explorer und zeigt ein eigenes Kontextmenü an, wenn Sie in der Anwendung mit der rechten Maustaste klicken. Klicken Sie mit der rechten Maustaste auf eine Tabelle, erscheinen Microsoft Dynamics CRM-spezifische Optionen wie *Öffnen*, *Drucken* und *Liste aktualisieren*. Beim Rechtsklicken auf ein Formular erscheint jedoch kein Kontextmenü, wie Sie es auf einer normalen Webseite sehen würden. Bei der Problembehandlung und beim Debugging ist es manchmal hilfreich, auf das Standardkontextmenü von Internet Explorer zugreifen zu können, sodass Features wie *Quelltext anzeigen*, *Eigenschaften* oder *In neuem Fenster öffnen* verfügbar sind. Das Kontextmenü von Internet Explorer lässt sich aktivieren, wenn Sie die Datei *Global.js* bearbeiten.

Das Standardkontextmenü von Internet Explorer aktivieren

1. Navigieren Sie auf dem Microsoft Dynamics CRM-Webserver zu <*Webinstallationspfad*>_*common\scripts* (normalerweise *C:\Inetpub\wwwroot_static_common\scripts*), wobei der Webinstallationspfad der Speicherort der Microsoft Dynamics CRM-Webdateien ist.

2. Öffnen Sie die Datei *Global.js* im Windows-Editor (oder einem anderen Texteditor). *Hinweis:* Doppelklicken Sie nicht auf diese Datei, da sonst die JavaScript-Datei ausgeführt wird.

3. Suchen Sie im Editor nach der Funktion *document.oncontextmenu()*.

4. Fügen Sie **event.returnValue = true;** hinzu und kommentieren Sie den übrigen Code in dieser Funktion mit /* und */ aus, wie es im folgenden Code zu sehen ist. Bei Bedarf können Sie die Änderung später wieder rückgängig machen.

```
function document.oncontextmenu()
{
event.returnValue = true;
/*
var s = event.srcElement.tagName;
// Only allow shortcut menus if:
// the element is not disabled AND
// the element is either a TextArea OR a TextBox OR a user selection in
some
TextBox/TextArea
event.returnValue =
(!event.srcElement.disabled &&
(document.selection.createRange().text.length > 0 ||
s == "TEXTAREA" ||
s == "INPUT" && event.srcElement.type == "text"));
*/
}
```

5. Speichern Sie die Datei.

6. Öffnen Sie eine Seite in Microsoft Dynamics CRM und klicken Sie mit der rechten Maustaste darauf. Jetzt erscheint das bekannte Kontextmenü von Internet Explorer (siehe Abbildung 9.21).

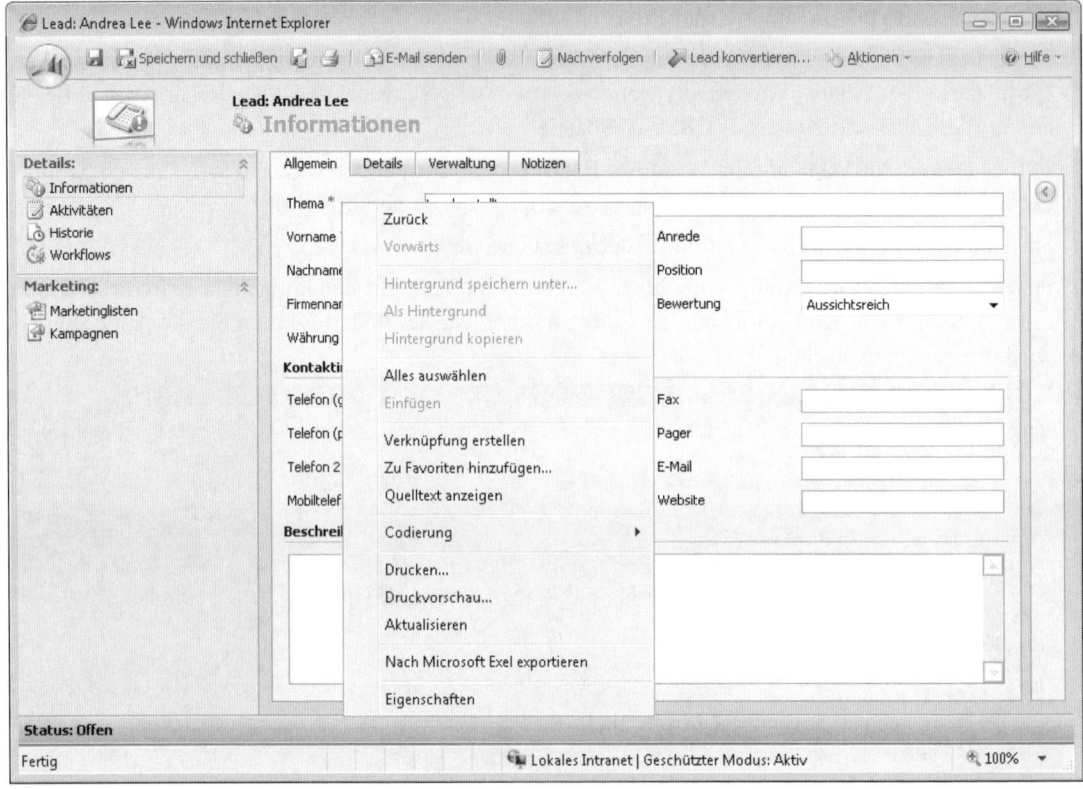

Abbildung 9.21 Aktiviertes Standardkontextmenü von Internet Explorer

---

ACHTUNG Verwenden Sie diese Technik ausschließlich auf Entwicklungsservern. Die Änderung beeinflusst alle Organisationen für diesen Webserver. Modifizieren Sie die Datei *Global.js* nicht in einer Produktions- oder Testumgebung, da diese nicht unterstützte Änderung zu unvorhersagbarem Verhalten führen kann. Microsoft Dynamics CRM verhindert die Verwendung des Kontextmenüs, damit der Benutzer davon profitiert und die Navigationsstruktur in der Anwendungsoberfläche vorhersagbar bleibt.

Parameter der Abfragezeichenfolge ansehen

Wenn Sie Code testen oder debuggen, brauchen Sie häufig die GUID eines Entitätsdatensatzes oder die Parameter der Abfragezeichenfolge, die Microsoft Dynamics CRM an das Fenster übergibt. Das lässt sich vom Browser aus auf verschiedene Arten erreichen:

- Um auf die URL einer Seite zuzugreifen und ihre GUID anzuzeigen, drücken Sie zweimal die F11 - Taste. Der erste Tastendruck öffnet das Fenster im Vollbildmodus. Der zweite Tastendruck reduziert das Fenster auf die übliche Größe, bindet aber die Adressleiste ein.

- Die URL und GUID einer Seite erhalten Sie auch, wenn Sie `Strg` `N` drücken. Internet Explorer öffnet ein neues Fenster und die Adressleiste zeigt die Parameter der Abfragezeichenfolge für das Fenster an. Sie können auch zweimal `F11` drücken, wenn Sie einen Datensatz anzeigen, um die Anzeige umzuschalten, sodass die URL-Adressleiste erscheint.

- Wenn Sie das Kontextmenü von Internet Explorer aktiviert haben, können Sie die URL und die GUID auch ansehen, indem Sie mit der rechten Maustaste auf die Seite klicken und *Eigenschaften* wählen. Dann kopieren Sie die URL aus dem Dialogfeld *Eigenschaften*.

- Internet Explorer 7.0 zeigt die Adressleiste standardmäßig an, wenn Ihre Microsoft Dynamics CRM-Website nicht als vertrauenswürdige Site oder Intranetsite in Internet Explorer aufgelistet ist.

Auf die Assemblies oder Dateien von Microsoft Dynamics CRM verweisen

Wenn Sie Plug-In- oder benutzerdefinierte Workflowassemblies entwickeln, sollten Sie Verweise auf die Assemblies *Microsoft.Crm.Sdk.dll* und *Microsoft.Crm.SdkTypeProxy.dll* einplanen und vermeiden, irgendwelche spezifischen Webdienst-API-Verweise hinzuzufügen. Microsoft Dynamics CRM stellt Ihnen den Kontext als Teil des Plug-Ins bereit, das bereits instanziiert und authentifiziert ist. In diesem Sinne müssen Sie dann *DynamicEntities* für sämtliche Dienstaufrufe verwenden, die mit der Microsoft Dynamics CRM-API interagieren.

> **HINWEIS**   Der gesamte Code, der zur Kompilierzeit erforderlich ist, sollte in den SDK-Assemblies enthalten sein, damit Sie die Projektmappe ordnungsgemäß erstellen können.

Falls Sie Web- oder andere externe Anwendungen entwickeln, können Sie entweder WSDL-Verweise oder die Microsoft Dynamics CRM SDK-Assemblies verwenden.

Verweisen Sie außer auf *Microsoft.Crm.Sdk.dll*, *Microsoft.Crm.SdkTypeProxy.dll* und *Microsoft.Crm.Outlook. Sdk.dll* niemals explizit auf irgendwelche Microsoft Dynamics CRM-Assemblies. Außerdem sollten Sie keine JavaScript-, Stylesheet- oder Verhaltensdateien in Ihr Projekt importieren. Microsoft unterstützt diese Art der Codewiederverwendung nicht und Sie werden wahrscheinlich erhebliche Codeprobleme bekommen, wenn Microsoft Dynamics CRM Hotfixes, Updates und Patches veröffentlicht.

> **ACHTUNG**   Da Sie auf keinerlei Microsoft Dynamics CRM-Assemblies außer den eben erwähnten verweisen sollen, versteht es sich fast von selbst, dass Sie auch nicht versuchen, irgendwelche Microsoft Dynamics CRM-Assemblydateien zu modifizieren.

Möchten Sie bestimmte Erscheinungsbilder oder Funktionalität von Microsoft Dynamics CRM nachbilden, müssen Sie diese selbst neu erstellen. Das SDK enthält eine Richtlinie für Benutzeroberflächen und auch ein Stylesheet als Beispiel, doch wenn Sie an den nativen Skriptdateien interessiert sind, finden Sie die meisten davon im Verzeichnis *<Webinstallationspfad>_static_common*. Um Formate oder Code zu studieren, kopieren Sie diese Dateien am besten in Ihr eigenes Verzeichnis.

Betrachtungen zur Bereitstellung und Konfiguration von Webdateien

Wenn Sie benutzerdefinierte Seiten erstellen, die mit Microsoft Dynamics CRM 4.0 zusammenarbeiten (siehe Kapitel 10 für weitere Informationen), empfiehlt Microsoft jetzt, dass Sie Ihre Webdateien in Ihren eigenen benutzerdefinierten Ordner in ein neues *ISV*-Verzeichnis in der Webordner-Struktur von Microsoft Dynamics CRM bereitstellen (zum Beispiel *c:\Inetpub\wwwroot\ISV\SonomaPartners*). Diese Empfehlung zielt auf eine ordnungsgemäße Pfadübersetzung in mehrinstanzfähigen Bereitstellungen ab und bietet Ihnen auch die Möglichkeit, die komplexe Sicherheits- und Authentifizierungsverwaltung zwischen lokalen Bereitstellungen, Bereitstellungen mit Internetzugriff und Offlineimplementierungen zu vereinfachen.

Nachdem Sie die Dateien in diesem Verzeichnis untergebracht haben, sollten alle benutzerdefinierten Assemblies, auf die sie verweisen, im Microsoft Dynamics CRM- / *bin*-Ordner auf dem Webserver installiert werden.

Kapitel 10 beschäftigt sich ausführlicher mit der Entwicklung und Bereitstellung von ASP.NET-Anwendungen.

Authentifizierung und Kodierung mit gefilterten Ansichten

Die gefilterten Ansichten von SQL Server eignen sich hervorragend, um Microsoft Dynamics CRM-Daten schnell und einfach über normale SQL Server-Verbindungen abzurufen. Allerdings respektieren die gefilterten Ansichten die Microsoft Dynamics CRM-Sicherheitseinstellungen und verlangen in diesem Sinne einen gültigen Systembenutzer.

Ein Blick hinter die Kulissen einer gefilterten Ansicht von SQL Server zeigt, dass das entsprechende Skript mithilfe einer benutzerdefinierten Funktion den Microsoft Dynamics CRM-Systembenutzer ermittelt, mit dem die geeigneten Sicherheitseinstellungen durchzusetzen sind:

```
create function [dbo].[fn_FindUserGuid] ()
returns uniqueidentifier
as
begin
    declare @userGuid uniqueidentifier
    --- test whether the query is running by privileged user with user role of CRMReaderRole
    --- if it is dbo, we trust it as well.
    --- There is an issue in SQL. If the user is a dbo, if it not member of any role
    if (is_member('CRMReaderRole') | is_member('db_owner')) = 1
    begin
        select @userGuid = cast(context_info() as uniqueidentifier)
    end

    if @userGuid is null
    begin
        select @userGuid = s.SystemUserId
            from SystemUserBase s
            where s.DomainName = SUSER_SNAME()
    end
    return @userGuid
end
```

Die Funktionen *context_info()* und *SUSER_SNAME()* sind spezielle Funktionen in SQL, die es Microsoft Dynamics CRM erlauben, den Bezeichner *systemuserid* zu ermitteln, um die gefilterten Ansichten anzuwenden. Wenn Ihr Code die Anmeldung bei SQL Server nicht per Windows-Authentifizierung durchführt oder einen gültigen Benutzerkontext übergibt, liefern Ihre Abfragen keinerlei Daten zurück, weil sämtliche gefilterten Ansichten eine innere Verknüpfung mit der von dieser Funktion zurückgegebenen *systemuserid* ausführen.

In den meisten Fällen können Sie sich einfach zur Datenbank mit Windows-Authentifizierung statt mit SQL Server-Authentifizierung verbinden. Die Verbindungszeichenfolge enthält den Parameter *Integrated Security=SSPI*. Die vollständige Verbindungszeichenfolge sieht zum Beispiel folgendermaßen aus.

```
server=databaseserver;database=yourcustomdatabase;Integrated Security=SSPI
```

HINWEIS   Denken Sie daran, dass Microsoft keine Änderungen an den Microsoft Dynamics CRM-Datenbanken unterstützt. Das betrifft auch das Hinzufügen eigener Routinen oder gespeicherter Prozeduren. Deshalb sollten Sie vorzugsweise Ihre eigene Datenbank erstellen, um Ihre benutzerdefinierten Routinen zu speichern.

Dieses SSPI-Authentifizierungsverfahren ist in Umgebungen mit mehreren Servern nicht einfach zu handhaben, weil es sich auf Kerberos und Delegierung stützt. In der Praxis hat sich gezeigt, dass diese Netzwerkprobleme schwer in den Griff zu bekommen und zu beheben sind.

Wie bereits weiter vorn erläutert, ist eine weitere Konsequenz der integrierten Sicherheitsfeatures von gefilterten Ansichten, dass es schwieriger ist, gefilterte Ansichten in Plug-Ins und Workflowassemblies zu verwenden.

Vielleicht haben Sie aber schon anhand der Funktion *fn_FindUserGuid()* erkannt, dass SQL Server ein Konzept der Funktion *context_info()* besitzt. Mit dieser Funktion können Sie programmgesteuert den Benutzerkontext in Ihrer Abfrage umschalten.

Da das SDK einen Mechanismus bereitstellt, um die aktuelle *systemuserid* zu finden, können Sie mithilfe von *content_info()* einen Benutzer imitieren. Erstellen Sie zuerst SQL Server-Authentifizierung mit einem Konto, das Zugriff auf die benutzerdefinierten und Microsoft Dynamics CRM-Datenbanken hat. Stellen Sie dann die Verbindung zur Datenbank mit diesem Konto und einer Verbindungszeichenfolge her, die etwa wie folgt aussieht:

```
server=databaseserver;database=yourcustomdatabase;uid=sqluser;pwd=sqlpwd
```

Bei SQL Server 2005 können Sie Synonyme zu den gefilterten Ansichten von Microsoft Dynamics CRM hinzufügen, um die Abfrage von Ihrer benutzerdefinierten Datenbank auszuführen. Synonyme stellen einen Zeiger (oder Alias) auf Ihr Ziel – in diesem Fall die gefilterten Ansichten – bereit, sodass Sie das Synonym nicht erneuern müssen, wenn Microsoft Dynamics CRM die gefilterten Ansichten aktualisiert. Dann können Sie den Befehl in einer Routine wie der folgenden verwenden:

```
create procedure MyStoredProcedure
(
  @userid uniqueidentifier
)
as
```

```
declare @original uniqueidentifier
set @original = context_info() -- ursprünglichen Wert speichern

set context_info @userid

/* Etwas mit diesem neuen Kontextwert anstellen */
-- Beispiel: Ruft nur die Firmen ab, für die @userid Lesezugriff besitzt
-- select name from filteredaccount

-- Kontext zurück auf den ursprünglichen Wert setzen
if @original is null
     set context_info 0x
else
     set context_info @original
end
```

Da *context_info()* für die gesamte Sitzung erhalten bleibt, merken Sie sich einfach seinen Wert vor der Änderung und setzen ihn dann zurück, nachdem die Abfragelogik abgearbeitet ist.

TIPP   Es ist nicht möglich, *context_info()* direkt auf *null* zu setzen. Verwenden Sie hierfür den Befehl *set context_info 0x*.

WSDL-Verweis

Weiter vorn haben wir gezeigt, wie Sie in Visual Studio 2008 den *CrmService*-Verweis für jeweils ein Projekt hinzufügen. Anstatt jedem einzelnen Projekt die Webverweise hinzuzufügen, können Sie auch eine allgemeine Assembly erstellen, die die Webverweise auf *CrmService*, *MetadataService* und *DiscoveryService* enthält. Dann können Sie auf die allgemeine Assembly in Ihren Projekten verweisen und diese Dienst-APIs an einer zentralen Stelle aktualisieren, falls es irgendwann notwendig sein sollte, diese Informationen auf den neuesten Stand zu bringen.

TIPP   Erscheinen Ihre benutzerdefinierten Entitäten oder neuen Attribute nicht in IntelliSense von Visual Studio? Achten Sie darauf, dass Sie Ihre Änderungen veröffentlicht und Ihren Webverweis in Visual Studio 2008 aktualisiert haben. Das Aktualisieren des Verweises hängt von der Technik ab, die Sie für den WSDL-Verweis verwenden. Haben Sie die URL verwendet, können Sie den Verweis unmittelbar von Visual Studio 2008 aus aktualisieren. Wenn Sie auf die Datei verwiesen haben, müssen Sie zuerst eine neue WSDL exportieren und die vorhandene ersetzen, bevor die Änderungen sichtbar werden.

Wie der Abschnitt »Der Discovery-Webdienst« weiter vorn in diesem Kapitel gezeigt hat, können Sie den Webdienst *DiscoveryService* verwenden, um die *CrmService*- und *MetadataService*-API-Endpunkte abzufragen und sie als Variablen für Ihre Dienst-URLs einzurichten. Der *DiscoveryService* kommt insbesondere für die folgenden Situationen infrage:

- Sie sind unabhängiger Softwareanbieter (ISV) und schreiben ein generisches Modul.
- Sie verwenden eine mehrinstanzfähige Umgebung.
- Sie haben die API-Endpunkte auf einem separaten Server – einem Anwendungsserver – installiert.

Wenn Sie eine Einzelinstanzinstallation verwenden, geht es möglicherweise einfacher und schneller, die Dienst-URLs direkt von der Registrierung zu erstellen. Beispiele dafür finden Sie im SDK. Das folgende Codebeispiel zeigt eine derartige Klasse:

```csharp
public class CrmEnvironment
{
  bool isoffline;
  string orgname;
  string crmserviceurl;
  string metadataserviceurl;

  public CrmEnvironment(System.Web.HttpRequest Request)
  {
    // Den Online/Offlinestatus mithilfe des Hostnamens bestimmen
    if (Request.Url.Host.ToString() == "127.0.0.1")
    {
      isoffline = true;
    }
    else
    {
      isoffline = false;
    }
    if (isoffline == true)
    {
      // Port und OrgName aus der Registrierung abrufen
      RegistryKey regkey =
Registry.CurrentUser.OpenSubKey("Software\\Microsoft\\MSCRMClient");
      orgname = regkey.GetValue("ClientAuthOrganizationName").ToString();
      string portnumber = regkey.GetValue("CassiniPort").ToString();

      // Die URLs konstruieren
      StringBuilder url = new StringBuilder();
      url.Append("http://localhost:");
      url.Append(portnumber);
      url.Append("/mscrmservices/2007/");
      crmserviceurl = url.ToString() + "crmservice.asmx";
      metadataserviceurl = url.ToString() + "metadataservice.asmx";
    }
    else
    {
      // Die URLs aus der Registrierung abrufen
      RegistryKey regkey =
Registry.LocalMachine.OpenSubKey("SOFTWARE\\Microsoft\\MSCRM");
      string ServerUrl = regkey.GetValue("ServerUrl").ToString();
      crmserviceurl = ServerUrl + "/2007/crmservice.asmx";
      metadataserviceurl = ServerUrl + "/2007/metadataservice.asmx";

      // Die Abfragezeichenfolge von der aktuellen URL abrufen
      if (Request.QueryString["orgname"] == null)
      {
        orgname = string.Empty;
      }
      else
      {
        // Abfragezeichenfolge
        string orgquerystring = Request.QueryString["orgname"].ToString();
        if (string.IsNullOrEmpty(orgquerystring))
        {
          orgname = string.Empty;
        }
        else
        {
          orgname = orgquerystring;
        }
      }
      if (string.IsNullOrEmpty(orgname))
```

```
    {
      // URL für Windows-Authentifizierung
      if (Request.Url.Segments[2].TrimEnd('/').ToLower() == "isv")
      {
        orgname = Request.Url.Segments[1].TrimEnd('/').ToLower();
      }
      // IFD-URL
      if (string.IsNullOrEmpty(orgname))
      {
        string url = Request.Url.ToString().ToLower();
        int start = url.IndexOf("://") + 3;
        orgname = url.Substring(start, url.IndexOf(".") - start);
      }
    }
  }
}

public bool IsOffline
{
  get { return isoffline; }
}

public string OrgName
{
  get { return orgname; }
}

public string CrmServiceUrl
{
  get { return crmserviceurl; }
}

public string MetadataServiceUrl
{
  get { return metadataserviceurl; }
}
}
```

Betrachtungen zur IFD-Entwicklung

Bei der Entwicklung von Bereitstellungen mit Internetzugriff (IFD) sollten Sie die Klasse *CrmImpersonator*
verwenden, wenn Sie Ihre Dienstobjekte instanziieren. Zu dieser Technik finden Sie in der SDK-Dokumentation weitere Informationen.

```
using (new CrmImpersonator())
{
    CrmAuthenticationToken token;
    if (offline == true)
    {
        token = new CrmAuthenticationToken();
        token.OrganizationName = orgname;
        token.AuthenticationType = 0;
    }
    else
    {
        token = CrmAuthenticationToken.ExtractCrmAuthenticationToken(Context, orgname);
    }
```

```
// Den Dienst erstellen
CrmService service = new CrmService();
service.Credentials = System.Net.CredentialCache.DefaultCredentials;
service.CrmAuthenticationTokenValue = token;
service.Url = <CrmServiceUrl>; // Eine gültige CrmService-URL übergeben

account account = new account();
account.name = "Offline Impersonator: " + DateTime.Now.TimeOfDay.ToString();

if (offline == false)
    account.ownerid = new Owner("systemuser", token.CallerId);

service.Create(account);
}
```

Konfiguration der Plug-In-Assembly für Offlineausführung

Wenn Sie ein Plug-In für Offlineausführung entwickeln, müssen Sie nicht nur den Bereitstellungswert bei der Registrierung des Plug-Ins korrekt setzen, sondern auch die Registrierung jedes Clients konfigurieren. Auf jedem Client müssen Sie den öffentlichen Schlüssel der Assembly unter *HKEY_CURRENT_USER\ Software\Microsoft\MSCRMClient\AllowList* als leeren Registrierungsschlüssel hinzufügen. Als Name des Schlüssels verwenden Sie den öffentlichen Schlüssel Ihrer Assembly, wie es Abbildung 9.22 zeigt.

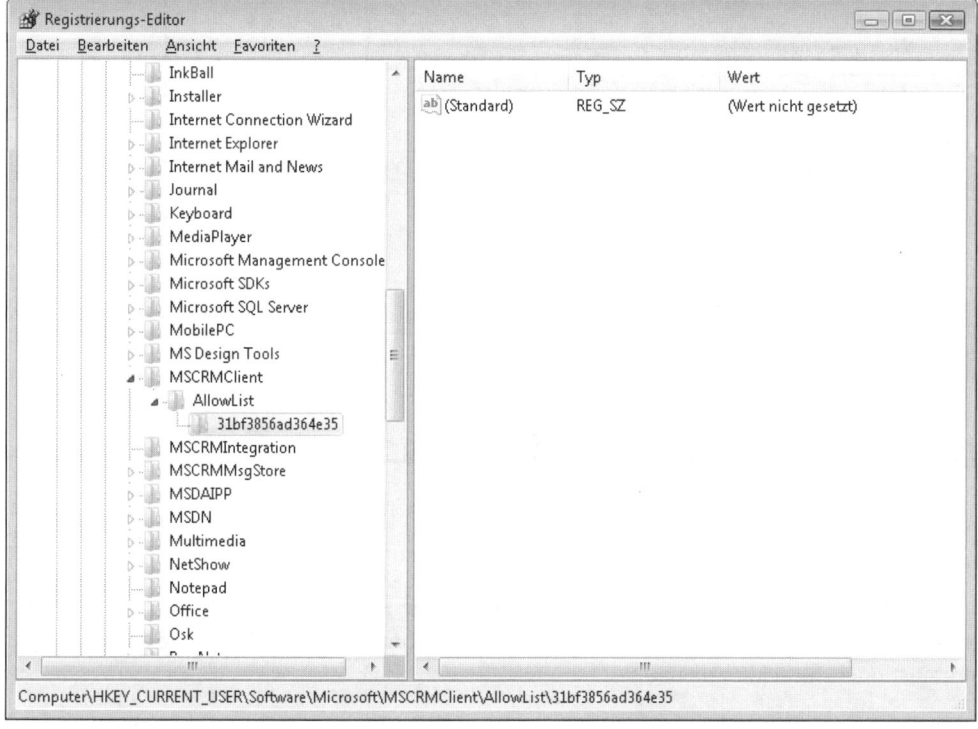

Abbildung 9.22   Der AllowList-Clientschlüssel

Den öffentlichen Schlüssel können Sie zum Beispiel ermitteln, indem Sie die Assembly in den globalen Assemblycache (GAC) hinzufügen und den Schlüsselwert dort ablesen (siehe Abbildung 9.23). Das öffentliche Schlüsseltoken ist für die Assembly eindeutig und ändert sich nicht, wenn Sie sie in anderen Umgebungen bereitstellen.

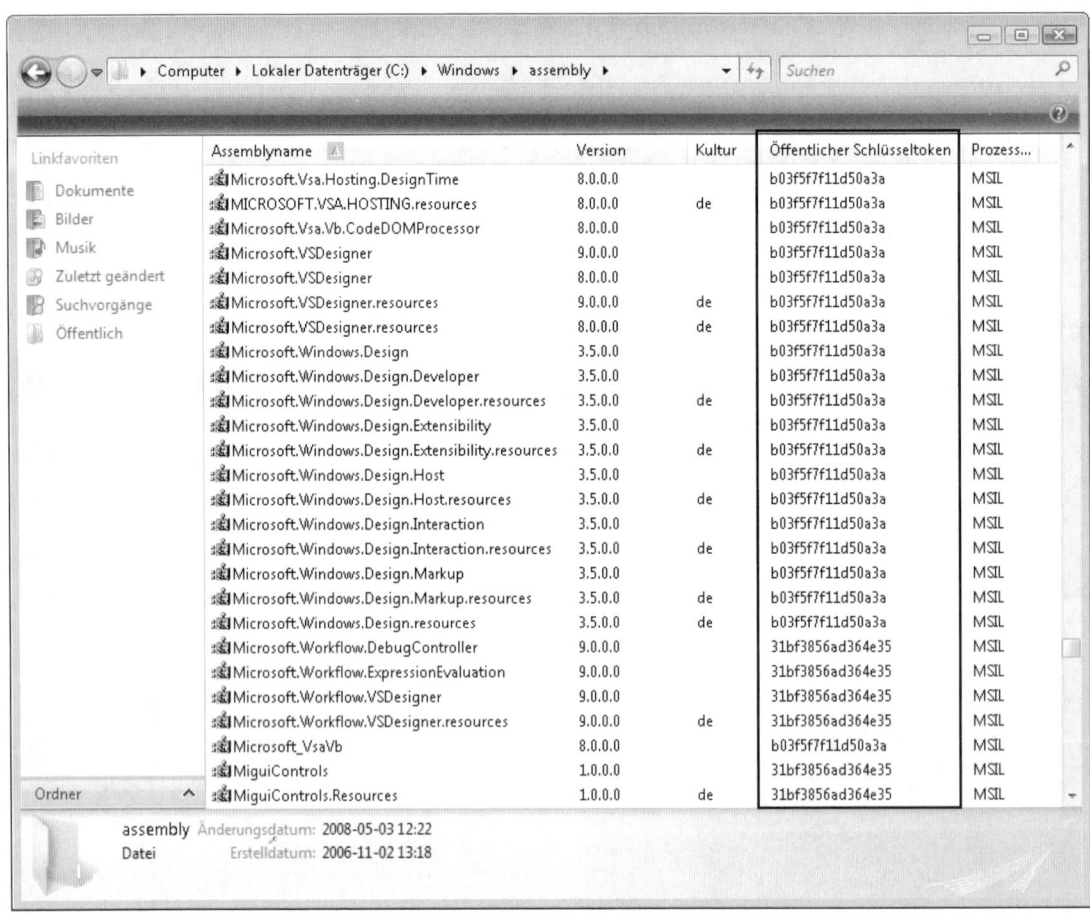

Abbildung 9.23   Der GAC-Ordner

Verfügbare Plug-In-Meldungen nach Entität suchen

Microsoft Dynamics CRM stellt zahlreiche Meldungen und Entitäten für die Entwicklung und Registrierung von Plug-Ins bereit. Das SDK dokumentiert viele davon, doch es gibt mehr als 650 mögliche Kombinationen. Falls Sie nicht sicher sind, ob sich benutzerdefinierter Code gegen eine bestimmte Meldung für eine Entität auslösen lässt, kann Ihnen das folgende Skript eine praktische Referenz sein. Führen Sie die nachstehende Abfrage gegen die Datenbank *<Organisation>_mscrm* aus, um alle möglichen Plug-In-Meldungen und Entitätskombinationen zurückzugeben:

```
select m.name as MessageName,  e.name as EntityName, f.PrimaryObjectTypeCode
FROM SdkMessage  m
inner join SdkMessageFilter f on m.SdkMessageId = f.SdkMessageId
inner join Entity e on e.ObjectTypeCode = f.PrimaryObjectTypeCode
where f.IsCustomProcessingStepAllowed = 1
order by m.name asc,  f.PrimaryObjectTypeCode asc
```

ILMerge für Plug-In- oder Workflowassemblyverweise verwenden

Microsoft schlägt vor, dass Sie Ihre ProduktionsAssemblies für Plug-Ins und Workflows in der Datenbank bereitstellen. Diese Form der Bereitstellung bietet folgende Vorteile:

- Offlineausführung

- Einfache Bereitstellung

- Einfache Sicherung

- Einfach in Webfarm-Szenarios einzusetzen

Verweist jedoch Ihr Plug-In- oder Workflowassemblycode auf eine externe Assembly (zum Beispiel eine Assembly mit benutzerdefinierter Geschäftslogik oder ein Drittanbietertool), sind Sie gezwungen, die referenzierten Assemblies im globalen Assemblycache (GAC) jedes Microsoft Dynamics CRM-Webservers und -Clientcomputers bereitzustellen. Diese Hürde macht die drei letzten Vorteile der Datenbankbereitstellung von Plug-Ins und Workflowassemblies wieder zunichte.

Anstatt diese Dateien im GAC bereitzustellen, können Sie sie mit Ihrer Plug-In- / Workflowassembly zu einer einzigen Assembly zusammenführen und diese dann in der Datenbank bereitstellen.

Das Tool ILMerge können Sie herunterladen und dann mit einem Ereignis nach dem Erstellen verwenden, um alle erforderlichen Assemblies zu einer einzigen Datei zusammenzuführen, die für die Datenbankbereitstellung geeignet ist. Weitere Informationen zu ILMerge finden Sie unter folgenden Links:

http://www.microsoft.com/downloads/details.aspx?FamilyID=22914587-B4AD-4EAE-87CF-B14AE6A939B0&displaylang=en

http://research.microsoft.com/~mbarnett/ILMerge.aspx

Als andere Benutzer und Rollen authentifizieren

In der Testphase müssen Sie oftmals Benutzer mit anderen Rollen überprüfen, um Sicherheit und benutzerdefinierte Funktionalität zu validieren. Da Microsoft Dynamics CRM Ihre Domänenanmeldung zur Authentifizierung verwendet, greifen Sie standardmäßig auf die Anwendung unter dem Windows-Konto zu, das Sie für den Zugriff auf Ihren Computer verwenden. Wollen Sie die Funktionalität einer anderen Rolle testen, müssen Sie die Rolle Ihres Kontos ändern oder sich mit einem anderen Konto anmelden.

In Kapitel 3 wurde erläutert, wie Sie den Browser dazu bringen, die Anmeldeinformationen abzufragen. Mit dieser Technik können Sie die Authentifizierung für einen anderen Benutzer vornehmen, ohne sich von Ihrem Computer abmelden zu müssen. Denken Sie daran, dass dies sämtliche Intranet-Webanwendungen betrifft, auf die Sie momentan zugreifen.

Eine Alternative ist der Befehl *runas* des Windows-Betriebssystems. Mit diesem praktischen Befehl lässt sich eine Anwendung wie zum Beispiel Internet Explorer im Kontext eines anderen Benutzers starten. Damit können Sie Batchdateien erstellen, um Browser unter verschiedenen Testkonten zu starten. Führen Sie dazu den folgenden Befehl in einer Eingabeaufforderung aus, wobei Sie die für Sie gültigen Daten für Benutzername und Microsoft Dynamics CRM-Webserver angeben:

```
runas /user:<Domäne\Benutzername> "C:\Programme\Internet Explorer\iexplore
http://<crmserver:[port]>/<orgname>/loader.aspx"
```

TIPP   Fügen Sie den obigen Befehl in eine Batchdatei (mit der Erweiterung *.bat*) ein, um ihn bequemer ausführen zu können.

Nachverfolgung auf Plattformebene aktivieren

Gegebenenfalls ist es erforderlich, Probleme bis auf die Plattformebene hinab zu verfolgen, um Plug-Ins, Workflows oder sogar den Outlook-Client zu debuggen. Um eine derartige Nachverfolgung zu aktivieren, ist eine Änderung an der Registrierung erforderlich. Tabelle 9.8 gibt die Orte der Registrierungseinstellungen an.

Plattform	Registrierungsschlüssel
Webserver	HKEY_LOCAL_MACHINE\Software\Microsoft\MSCRM
Outlook-Client	HKEY_CURRENT_USER\Software\Microsoft\MSCRMClient

Tabelle 9.8   Speicherorte der Registrierungseinstellungen

Erstellen Sie für die in Tabelle 9.8 aufgeführten Registrierungswerte den jeweiligen Schlüssel, wie er in Tabelle 9.9 angegeben ist.

Name	Typ	Daten
TraceEnabled	DWORD	1
TraceRefresh	DWORD	1

Tabelle 9.9   Registrierungswerte

Die Nachverfolgung wird sofort aktiviert, wenn Sie den Wert von *TraceEnabled* auf 1 setzen. Der Wert in *TraceRefresh* gibt die Anzahl in Minuten an. Die Nachverfolgungsprotokolle werden auf dem Microsoft Dynamics CRM-Webserver unter *<Installationslaufwerk>:\Programme\Microsoft Dynamics CRM\Trace* gespeichert. Bei einem Upgrade von Microsoft Dynamics CRM 3.0 lautet der Pfad *<Installationslaufwerk>:\Programme\Microsoft CRM\Trace*.

Bedenken Sie aber, dass sich Nachverfolgung negativ auf die Performance auswirkt. Deaktivieren Sie deshalb die Nachverfolgung, wenn sie nicht mehr notwendig ist. Dazu setzen Sie *TraceEnabled* auf 0, führen *iisreset* aus und starten den *CRMAsyncService* neu, damit die Änderung in Kraft tritt. Weitere Details über das Nachverfolgen finden Sie im CRM 4.0-Implementierungshandbuch.

ACHTUNG   Es wäre nachlässig von uns, an dieser Stelle nicht die obligatorische Warnung von Microsoft anzuführen, die sich auf die Bearbeitung der Registrierung bezieht: »Die unkorrekte Verwendung des Registrierungseditors kann schwerwiegende Probleme verursachen, die das gesamte System betreffen und eine Neuinstallierung des Betriebssystems erforderlich machen. Microsoft kann nicht garantieren, dass Probleme, die von einer falschen Verwendung des Registrierungseditors herrühren, behoben werden können. Benutzen Sie den Registrierungseditor auf eigene Verantwortung.«

Anzeigen von Entwicklungsfehlern aktivieren

Standardmäßig zeigt Microsoft Dynamics CRM eine unauffällige und benutzerfreundliche Fehlermeldung an, wenn ein Problem während der Ausführung einer Anfrage auftritt. Wenn Sie aber Ihren Code entwickeln und auf Fehlersuche sind, brauchen Sie aussagekräftigere Angaben zur Ursache der Fehler. Mit einer Einstellung in der Datei *web.config* von Microsoft Dynamics CRM können Sie die Anzeige ausführlicher Fehlermeldungen aktivieren. Bei einem Fehler erscheint dann eine Beschreibung wie in Abbildung 9.24 dargestellt, während der Benutzer normalerweise eine Fehlermeldung wie in Abbildung 9.25 sehen würde.

Anzeige von Entwicklungsfehlern in der Datei web.config aktivieren

1. Navigieren Sie auf dem Microsoft Dynamics CRM-Webserver zum Verzeichnis *<Webinstallationspfad>* (normalerweise *C:\Inetpub\wwwroot*).

2. Öffnen Sie die Datei *web.config* im Windows-Editor (oder einem anderen Texteditor).

3. Suchen Sie nach dem Schlüssel *DevErrors* und ändern Sie seinen Wert in *On*.

4. Speichern Sie die Datei *web.config*.

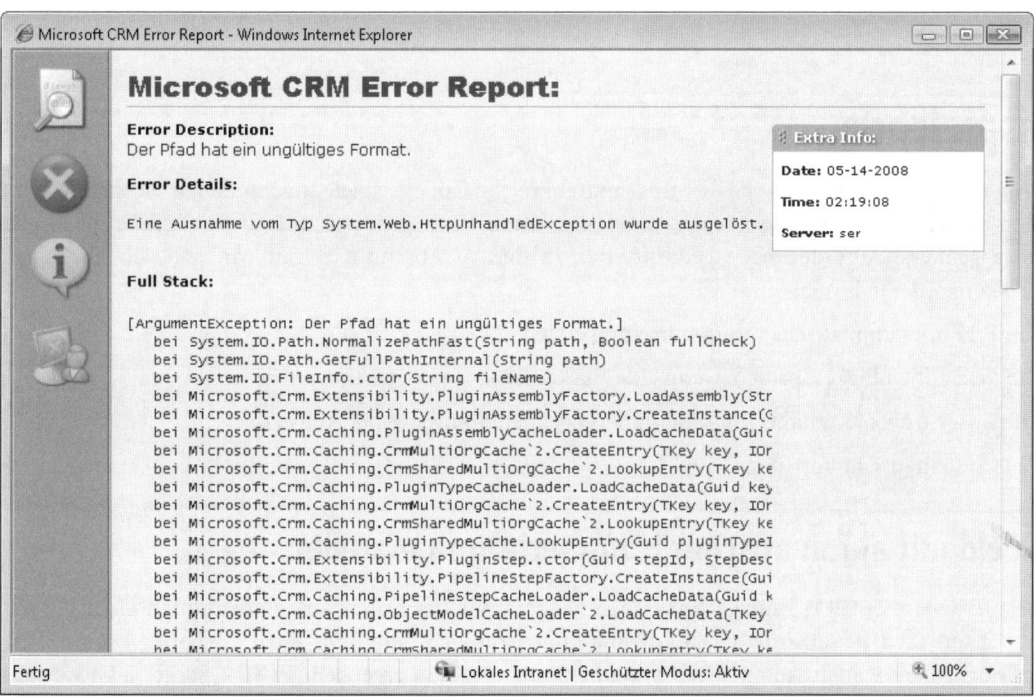

Abbildung 9.24 Ausführliche Fehlermeldung

Abbildung 9.25   Herkömmliche Fehlermeldung wie sie ein Benutzer normalerweise sieht

Beispielcode

Das Microsoft Dynamics CRM SDK bringt umfangreiche Codebeispiele mit, an denen Sie sich orientieren können, wenn Sie Ihre eigene Lösung entwickeln. Zum Buch gehören zusätzliche Codebeispiele, die für einige allgemeine Anforderungen gedacht sind. In diesem Abschnitt zeigen wir, wie sich die folgenden Aufgaben realisieren lassen:

- Ein Feld mit automatischer Nummerierung erstellen
- Ein Feld auf Gültigkeit prüfen, wenn eine Verkaufschance konvertiert wird
- Die Adresse eines Kontakts mit seiner übergeordneten Firma synchronisieren
- Eine Systemansicht kopieren

Ein Feld mit automatischer Nummerierung erstellen

Microsoft Dynamics CRM kennzeichnet jeden Datensatz in der Datenbank eindeutig mit einer GUID und erlaubt Ihnen auch, benutzerdefinierte Attribute hinzuzufügen. Allerdings sieht Microsoft Dynamics CRM keine Möglichkeit vor, ein automatisch inkrementiertes Feld zu erzeugen (in SQL Server als Identitätsfeld bezeichnet). Obwohl manche Objekte (wie zum Beispiel *Anfragen*, *Rechnungen* und *Angebote*) ein zweckmäßiges Nummerierungsschema beinhalten, das einen eindeutigen Datensatz für den Benutzer kennzeichnet, bringen Entitäten wie *Lead*, *Firma* und *Kontakt* keine Nummerierungsmethode mit. Wenn Benutzer auf

Datensätze mit einer einfachen Ganzzahl und nicht mit einer kryptischen GUID verweisen möchten, können Sie mit benutzerdefiniertem Code für die Entitäten, die Sie eindeutig mit einer Nummer identifizieren möchten, ein Nummerierungsschema verwalten.

Dieser Beispielcode simuliert mit einem Pre-Event-Plug-In das SQL Server-Identitätskonzept, um Endbenutzern ein Nummerierungsschema für die *Lead*-Entität zu geben. Im ersten Schritt erstellen Sie auf dem *Lead*-Formular ein neues *int*-Attribut. Dann entwickeln Sie eine Abfrage, um die größte *Lead*-Nummer zu erhalten, und verwenden diese Methode in einer Pre-Event-Plug-In-Routine, um den Wert der *Lead*-Nummer festzulegen, bevor ein neuer *Lead*-Datensatz in der Datenbank gespeichert wird.

Das Lead-Formular konfigurieren

1. Fügen Sie dem *Lead*-Formular ein neues *int*-Attribut namens **new_leadnumber** hinzu.

2. Fügen Sie dieses Feld dem Formular hinzu und achten Sie darauf, dass es für den Benutzer deaktiviert ist, da Sie ja den Wert automatisch eintragen.

Ein Plug-In-Assemblyprojekt erstellen

1. Erstellen Sie in Visual Studio 2008 ein neues C#-Projekt mit der Vorlage *Klassenbibliothek* und dem Ziel *.NET Framework 3.0*. Nennen Sie das Projekt **WorkingWithDynamicsCrm4.Plugin**.

2. Überprüfen Sie, ob der Verweis auf *System.Web.Services* vorhanden ist. Fügen Sie gegebenenfalls einen Verweis auf den Namespace *System.Web.Services* hinzu.

3. Fügen Sie Verweise auf die Assemblies *Microsoft.Crm.Sdk* und *Microsoft.Crm.SdkTypeProxy* hinzu.

4. Fügen Sie eine neue Klassendatei mit dem Namen **LeadAutoNumber** hinzu.

5. Geben Sie den Code von Listing 9.7 ein.

In Listing 9.7 finden Sie den Plug-In-Code für dieses Beispiel. Bevor Sie sich den Code näher ansehen, möchten wir noch einige wichtige Punkte zu diesem Beispiel hervorheben:

- Stellen Sie unbedingt sicher, dass Sie die höchste vorhandene *Lead*-Nummer abrufen. Deshalb soll kein Identitätswechsel zu dem Benutzer stattfinden, der den Lead erstellt, weil dieser Benutzer eventuell nicht über die Rechte verfügt, alle Leads abzurufen.

- Im Offlinemodus ist die Eindeutigkeit nicht zu garantieren, weil der Benutzer möglicherweise nicht über die neuesten Daten verfügt. Verhindern Sie also, dass die *Lead*-Nummer im Offlinemodus erstellt wird.

- Verwenden Sie die Seitenoption des Abfrageausdrucks, um die Anzahl der zurückgegebenen Datensätze zu begrenzen und damit die Leistung zu verbessern.

- Diese Technik garantiert keine Eindeutigkeit. In den meisten praktischen Fällen funktioniert sie, doch wenn Sie ein robusteres Schema benötigen, müssen Sie sich nach alternativen Lösungen umsehen.

```
using System;
using System.Collections.Generic;
using System.Text;
using Microsoft.Crm.Sdk;
using Microsoft.Crm.SdkTypeProxy;
using Microsoft.Crm.Sdk.Query;
```

```
namespace WorkingWithDynamicsCrm4.Plugin
{
  public class LeadAutoNumber : IPlugin
  {
    /// <summary>
    /// Dieses Beispiel erstellt automatisch eine eindeutige Ganzzahl für
    /// die Entität Lead.
    /// </summary>

    public void Execute(IPluginExecutionContext context)
    {
      // Prüfen, ob Entität als Ziel
      if (context.InputParameters.Properties.Contains("Target") &&
context.InputParameters.Properties["Target"] is DynamicEntity)
      {
        // Die Zielgeschäftseinheit aus den Eingabeparametern ermitteln
        DynamicEntity entity =
(DynamicEntity)context.InputParameters.Properties["Target"];

        // Prüfen, ob die Entität einen Lead darstellt
        if (entity.Name == EntityName.lead.ToString())
        {
          ICrmService service = context.CreateCrmService(false);

          // Wenn die Lead-Nummer nicht gesetzt war, eine neue erzeugen
          // Contains verwenden, weil der Indexer einen Fehler auslöst,
          // wenn die Spalte nicht gefunden wird.
          if (entity.Properties.Contains("new_leadnumber") == false)
          {
            CrmNumber crmLeadNumber = new CrmNumber();
            crmLeadNumber.Value = NextLeadNumber(service);
            CrmNumberProperty leadNumber = new CrmNumberProperty("new_leadnumber", crmLeadNumber);
            entity.Properties.Add(leadNumber);
          }
          else
          {
            // Fehler auslösen, weil die Lead-Nummer vom System generiert sein muss
            throw new
            InvalidPluginExecutionException("Die Lead-Nummer darf nur vom System festgelegt werden.");
          }
        }
      }
    }

    private int NextLeadNumber(ICrmService service)
    {
      // Einen Satz von Spalten erstellen, die zurückgegeben werden
      ColumnSet cols = new ColumnSet();
      cols.AddColumns(new string[] { "leadid", "new_leadnumber" });

      // Um Performance zu verbessern, nur ersten Datensatz zurückgeben.
      // Damit wird nur 1 Seite mit 1 Datensatz je Seite zurückgegeben.
      PagingInfo pages = new PagingInfo();
      pages.PageNumber = 1;
      pages.Count = 1;
```

```
        // Einen Abfrageausdruck erstellen und die Abfrageparameter festlegen
        QueryExpression query = new QueryExpression();
        query.EntityName = EntityName.lead.ToString();
        query.ColumnSet = cols;
        query.AddOrder("new_leadnumber", OrderType.Descending);
        query.PageInfo = pages;

        // Die Werte von CRM als dynamische Entität abrufen
        RetrieveMultipleRequest request = new RetrieveMultipleRequest();
        request.ReturnDynamicEntities = true;
        request.Query = query;

        RetrieveMultipleResponse retrieved = (RetrieveMultipleResponse)
service.Execute(request);

        int nextNumber = 1; // Standard 1 für ersten Datensatz.

        // Prüfen, ob mindestens ein Datensatz vorhanden
        if (retrieved.BusinessEntityCollection.BusinessEntities.Count > 0)
        {
            // Ergebnisse in dynamische Entität konvertieren und nur erste Entität
            // abrufen
            DynamicEntity results = (DynamicEntity)retrieved.BusinessEntityCollection. BusinessEntities[0];

            // Den nächsten Wert für die Lead-Nummer zurückgeben.
            // Sind Datensätze vorhanden, die aber keine Nummer besitzen, existiert
            // das Attribut nicht im Dictionary, so einfach 1 (Standard) zurückgeben.
            if (results.Properties.Contains("new_leadnumber") == true)
                nextNumber = ((CrmNumber)results.Properties["new_leadnumber"]).Value + 1;
        }
        return nextNumber;
    }
  }
}
```

Listing 9.7 Ein automatisch nummeriertes Feld für einen Lead erstellen

Nachdem Sie die Assembly erstellt haben, müssen Sie Ihr Plug-In mit der weiter vorn beschriebenen Technik bereitstellen. Listing 9.8 zeigt nur den Knoten *Solution*, der für die Datei *register.xml* des Plug-In-Registrierungstools erforderlich ist.

```
<Solution SourceType="1" Assembly="WorkingWithDynamicsCrm4.Plugin.dll">
  <WorkflowTypes></WorkflowTypes>
  <Steps>
    <Step
      CustomConfiguration = ""
      Description = "Plug-In, das eindeutige int-Nummern für Lead-Datensätze generiert."
      FilteringAttributes = "new_leadnumber,leadid"
      ImpersonatingUserId = ""
      InvocationSource = "0"
      MessageName = "Create"
      Mode = "0"
      PluginTypeFriendlyName = "Lead Auto Number"
```

```
    PluginTypeName = "WorkingWithDynamicsCrm4.Plugin.LeadAutoNumber"
    PrimaryEntityName = "lead"
    SecondaryEntityName = ""
    Stage = "10"
    SupportedDeployment = "0" >

    <Images>
      <Image
        EntityAlias = "PreImage"
        ImageType="1"
        MessagePropertyName="id"
        Attributes ="new_leadnumber,leadid">
      </Image>
    </Images>
  </Step>
 </Steps>
</Solution>
```

Listing 9.8   Registrierungsdetails für das Plug-In zur automatischen Lead-Nummerierung

Ein Feld auf Gültigkeit prüfen, wenn eine Verkaufschance konvertiert wird

Stellen Sie sich vor, Sie möchten im Rahmen Ihres Vertriebsprozesses jeden Vertriebsmitarbeiter dazu verpflichten, das Startdatum eines Projekts (ein benutzerdefiniertes Attribut der Verkaufschance) einzugeben, bevor der Vertriebsmitarbeiter eine Verkaufschance als gewonnen schließen kann. Allerdings wollen Sie das Feld für das Startdatum des Projekts auf dem *Verkaufschance*-Formular nicht zu einem erforderlichen Feld machen, weil das den Vertriebsmitarbeiter dazu zwingen würde, einen Wert einzugeben, bevor er einen Datensatz speichern kann. In diesem Beispiel erfährt der Benutzer erst das Startdatum des Projekts, wenn der Kunde in den Kauf einwilligt, sodass es nicht sinnvoll ist, dieses Feld als erforderlich zu konfigurieren. Allerdings schreiben Ihre Geschäftsreglements vor, dass die Vertriebsmitarbeiter das Projektstartdatum eingeben müssen, bevor sie die Verkaufschance als gewonnen schließen können. In diesem Beispiel gehen Sie alle erforderlichen Schritte durch, um eine Anpassung zu entwickeln, die eine derartige Prüfung ausführt.

Für eine einfache Formularüberprüfung empfehlen wir normalerweise clientseitige Skriptmethoden, wie sie Kapitel 10 vorstellt, und keine Pre-Event-Plug-Ins, weil die Skriptmethoden eine bessere Leistung bieten, einfacher zu entwickeln sind und sich leichter in anderen Umgebungen bereitstellen lassen. Dennoch bieten Pre-Event-Plug-Ins einige Vorteile. Beispielsweise ist es möglich, die Logik zur Gültigkeitsprüfung auch in den Fällen zusammenzufassen, wenn andere Quellen außer der Microsoft Dynamics CRM-Webseite (wie zum Beispiel Importe) die Daten verändern.

Das hier vorgestellte Beispiel stellt einen besonderen Fall dar, in dem Sie das Pre-Event-Plug-In für die Gültigkeitsprüfung verwenden müssen. Es soll eine Gültigkeitsprüfung durchgeführt werden, wenn der Benutzer mit einem Webseitendialog interagiert. Wie Kapitel 10 noch zeigt, sieht Microsoft Dynamics CRM keine clientseitigen Ereignisse in Webseitendialogen wie beim Konvertieren von Leads oder Abschließen von Verkaufschancen vor. Erfreulicherweise bietet das Pre-Event-Plug-In den passenden Hook, damit Sie eine derartige Gültigkeitsprüfung für einen Webseitendialog durchführen können. Wenn der Benutzer versucht, eine Verkaufschance zu schließen, ohne ein Projektstartdatum einzugeben, wird eine einfache Fehlermeldung (wie in Abbildung 9.26 gezeigt) zurückgegeben, die den Benutzer auf sein Versehen hinweist und zur Korrektur auffordert.

Abbildung 9.26 Benutzerdefinierte Plug-In-Fehlermeldung, die dem Benutzer zurückgegeben wird

Das Verkaufschance-Formular konfigurieren

6. Fügen Sie dem Formular *Verkaufschance* ein neues *datetime*-Attribut hinzu und nennen Sie es **new_projectstartdate**. Dieses Feld wird für Berichte und als Referenz verwendet, muss aber erst beim Schließen der Verkaufschance ausgefüllt werden.

7. Fügen Sie dieses Feld dem Formular hinzu und aktivieren Sie das Kontrollkästchen *Feld im Formular sperren*. Damit verhindern Sie, dass jemand das Feld versehentlich aus dem Formular entfernt.

8. Veröffentlichen Sie die Entität *Verkaufschance*.

ACHTUNG Wenn Sie in diesem Beispiel die Pre-Event-Plug-In-Assembly bereitstellen, muss der Benutzer einen Wert in dieses Feld eingeben, bevor er einen *Verkaufschance*-Datensatz schließen kann. Falls jemand versehentlich dieses Feld aus dem Formular entfernt, ist niemand mehr in der Lage, eine Verkaufschance zu schließen. Deshalb sollten Sie alle Felder sperren, auf die Sie in einem benutzerdefinierten Ereignis, einem Plug-In oder einer Workflowassembly verweisen. Dann wissen andere Benutzer, die das Formular bearbeiten, dass das Feld auf dem Formular verbleiben muss.

Als Nächstes müssen Sie den Plug-In-Code erstellen. Die Geschäftsreglements schreiben vor, dass der Modus synchron und die Phase ein Pre-Event sein muss. Außerdem brauchen Sie die Werte der Felder *new_projectstartdate* und *statecode*, weil Sie die Gültigkeitsprüfung erst vornehmen, wenn der Benutzer den *Verkaufschance*-Datensatz schließt (und damit den Status ändert).

Legen Sie dann die Meldung und die Entität fest, die Sie für die benutzerdefinierte Gültigkeitsprüfungslogik verwenden möchten. Dabei untersuchen wir die möglichen Meldungen, die das Plug-In-Modell zu bieten hat. Da eine Gültigkeitsprüfung stattfinden soll, wenn sich der Status des Datensatzes ändert, beginnen Sie am besten mit der *SetStateDynamic*-Meldung. Für die meisten Entitäten dürfte diese fehlerlos funktionieren. Die Entität *Verkaufschance* verhält sich jedoch ein wenig anders. Wird ein *Verkaufschance*-Datensatz geschlossen (entweder als *Gewonnen* oder *Verloren* markiert), verwendet Microsoft Dynamics CRM zwei spezielle Meldungen namens *Gewinnen* und *Verlieren*. Darüber hinaus wird ein spezieller Aktivitätsdatensatz *OpportunityClose* erstellt und mit dem *Verkaufschance*-Datensatz protokolliert. Wenn Sie das Plug-In für die *Gewinnen*-Meldung registrieren, werden Sie feststellen, dass Sie keinerlei *image*-Attribute registrieren können. Um das *new_projectstartdate* abzufragen, brauchen Sie deshalb einen zusätzlichen SDK-Aufruf.

Untersuchen wir nun ein anderes Konzept. Da Sie wissen, dass ein Abschlussdatensatz für eine Verkaufschance erstellt wird, können Sie die Plug-In-Methode für die *Erstellen*-Meldung der *OpportunityClose*-Entität konfigurieren.

Die *OpportunityClose*-Aktivität wird während der Transaktion *Verkaufschance Gewinnen* (und *Verlieren*) ausgelöst, also in der untergeordneten Pipeline ausgeführt. Trotzdem brauchen Sie noch das Feld *new_projectstartdate* vom *Verkaufschance*-Datensatz. Zwar können Sie auf die Verkaufschance über die *ParentContext*-Auflistung zugreifen, doch enthält sie nicht den *new_projectstartdate*-Wert. Deshalb bleibt Ihnen nichts anderes übrig, als ihn manuell mithilfe des SDK abzurufen.

WICHTIG   Wenn Sie versuchen, das *CrmService*-Objekt in einer untergeordneten Transaktion zu instanziieren, löst Microsoft Dynamics CRM einen Fehler aus. Microsoft Dynamics CRM lässt es nicht zu, dass benutzerdefinierter Code einen anderen Dienstaufruf in der untergeordneten Pipeline erstellt, um mögliche Deadlocks im System zu verhindern.

Da das Entitätsereignis der *OpportunityClose*-Aktivität in diesem Beispiel nicht funktioniert, müssen Sie die Aufgabe mit der *WinOpportunity*-Meldung der Verkaufschance realisieren und den *new_projectstartdate*-Wert manuell abrufen, wobei Sie die aus den Eingabeparametern übernommene Verkaufschancen-ID verwenden.

Microsoft Dynamics CRM übergibt die Datensatz-ID (auch als Instanz-ID bezeichnet) standardmäßig nicht mehr direkt in der übergeordneten Pipeline. Für bestimmte Meldungen übergeben Sie die Datensatz-ID über die *Image*-Auflistung. In diesem Beispiel müssen Sie die *OpportunityClose*-Entität verwenden, die über die *InputParameters*-Auflistung übergeben wird. Für Plug-Ins verwendet Microsoft Dynamics CRM das gleiche Modell der Entitätsanforderungsmeldung. Das Plug-In serialisiert das *Request*-Objekt für die registrierte Entität und schreibt die Ergebnisse in den *InputParameters*-Eigenschaftsbehälter. Zum Beispiel stellt die *WinOpportunityRequest* eine Instanzeigenschaft der *OpportunityClose* und den Status der Verkaufschance bereit.

TIPP   Verwenden Sie Remotedebugging von Visual Studio 2008 und ein einfaches Plug-In, um die von Microsoft Dynamics CRM verfügbar gemachten Eigenschaften zu untersuchen.

Plug-In-Entwicklung und -Bereitstellung

1. Fügen Sie dem Plug-In-Projekt *WorkingWithCrm.Workflow* eine neue Klassendatei hinzu und nennen Sie sie **ValidateOpportunity**. Denken Sie daran, dass dieses Projekt bereits Verweise auf die Assemblies *Microsoft.Crm.Sdk* und *Microsoft.Crm.SdkTypeProxy* besitzt.

2. Ersetzen Sie den Standardcode in *ValidateOpportunity.cs* durch den in Listing 9.9 gezeigten Code.

3. Erstellen Sie die ProjektAssemblies und stellen Sie sie im Assembly-Ordner des Microsoft Dynamics CRM-Webservers bereit, um sie in der Testphase remote debuggen zu können. Den Assembly-Ordner finden Sie normalerweise unter *C:\Programme\Microsoft Dynamics CRM\server\bin\assembly*.

4. Fügen Sie den XML-Code für den *Solution*-Knoten von Listing 9.10 in Ihre Datei *register.xml* ein und registrieren Sie die Projektmappe bei Microsoft Dynamics CRM.

```csharp
using System;
using System.Collections.Generic;
using System.Text;
using Microsoft.Crm.Sdk;
using Microsoft.Crm.SdkTypeProxy;
using Microsoft.Crm.Sdk.Query;

namespace WorkingWithDynamicsCrm4.Plugin
{
  public class ValidateOpportunity : IPlugin
  {
    /// <summary>
    /// Dieses Beispiel überprüft, ob ein Feld in der Verkaufschance einen Wert
    /// besitzt, bevor die Verkaufschance geschlossen wird.
    /// </summary>

    public void Execute(IPluginExecutionContext context)
    {
      // Überprüfen, ob dynamische Entität vorhanden ist
      if (context.InputParameters.Properties.Contains("OpportunityClose") &&
context.InputParameters.Properties["OpportunityClose"] is DynamicEntity)
      {
        // Da die opportunityid nicht mit der "Gewinnen"-Meldung übergeben wird, rufen
        // wir die opportunityid von der untergeordneten opportunityclose-Entität ab.
        DynamicEntity oppClose =
((DynamicEntity)context.InputParameters.Properties["opportunityclose"]);

        // Überprüfen, ob wir mit einem opportunityclose-Datensatz arbeiten
        if (oppClose.Name == EntityName.opportunityclose.ToString())
        {
          Guid opportunityId = ((Lookup)oppClose.Properties["opportunityid"]).Value;

          ICrmService service = context.CreateCrmService(false);

          // Projektstartdatum von der Verkaufschance abrufen und prüfen, ob es
          // einen Wert besitzt.
          bool validStartDate = ValidateProjectStartDate(service, opportunityId);
          if (! validStartDate)
```

```
        {
          // Einen Fehler auslösen, weil das Projektstartdatum vor dem Schließen
          // der Verkaufschance keinen Wert enthalten hat.
          throw new InvalidPluginExecutionException("Bitte Projektstartdatum festlegen,
bevor diese Verkaufschance geschlossen wird. Zum Fortsetzen auf Wiederholen klicken.");
        }
      }
    }
  }

  private bool ValidateProjectStartDate(ICrmService service, Guid opportunityId)
  {
    ColumnSet cols = new ColumnSet();
    cols.AddColumns(new string[] { "new_projectstartdate" });

    TargetRetrieveDynamic targetRetrieve = new TargetRetrieveDynamic();
    targetRetrieve.EntityName = "opportunity";
    targetRetrieve.EntityId = opportunityId;

    RetrieveRequest retrieve = new RetrieveRequest();
    retrieve.Target = targetRetrieve;
    retrieve.ColumnSet = cols;
    retrieve.ReturnDynamicEntities = true;

    RetrieveResponse retrieved = (RetrieveResponse)service.Execute(retrieve);
    DynamicEntity entity = (DynamicEntity)retrieved.BusinessEntity;
    // Wenn new_projectstartdate gleich null ist, existiert die Eigenschaft
    // in der Properties-Auflistung nicht.
    return entity.Properties.Contains("new_projectstartdate");
  }
}
}
```

Listing 9.9　Ein Formularfeld mit einem Pre-Event-Plug-In auf Gültigkeit prüfen

Die Projektmappe können Sie mit der Option *auf Datenträger* (*SourceType=»1«*) bereitstellen. Verwenden Sie den in Listing 9.10 angegebenen *Solution*-Knoten in der Datei *register.xml* Ihrer Plug-In-Bereitstellungsanwendung, um die *Verkaufschance*-Überprüfungsroutine testbereit zu machen.

```
<Solution SourceType="1" Assembly="WorkingWithDynamicsCrm4.Plugin.dll">
  <WorkflowTypes></WorkflowTypes>
  <Steps>
    <Step
      CustomConfiguration = ""
      Description = "Plug-In, das Felder vor dem Schließen der Verkaufschance überprüft."
      FilteringAttributes = ""
      ImpersonatingUserId = ""
      InvocationSource = "0"
      MessageName = "Win"
      Mode = "0"
      PluginTypeFriendlyName = "Validate Opportunity"
      PluginTypeName = "WorkingWithDynamicsCrm4.Plugin.ValidateOpportunity"
      PrimaryEntityName = "opportunity"
      SecondaryEntityName = ""
```

```
        Stage = "10"
        SupportedDeployment = "0" >
      </Step>
    </Steps>
</Solution>
```

Listing 9.10 Registrierungsdetails für das Plug-In zur Gültigkeitsprüfung einer Verkaufschance

Die Adresse eines Kontakts mit seiner übergeordneten Firma synchronisieren

Wie Sie bereits wissen, können Sie in Microsoft Dynamics CRM jeden *Kontakt*-Datensatz einem *Firma*-Datensatz zuweisen. Wenn Sie den Kontakt von einem vorhandenen *Firma*-Datensatz erstellen, trägt Microsoft Dynamics CRM für bestimmte *Firma*-Felder Standardwerte ein, die auf den Zuordnungen zwischen diesen Entitäten (wie zum Beispiel Adressfeldern) basieren. Wenn Sie aber später die *Firma*-Adresse bearbeiten, aktualisiert Microsoft Dynamics CRM die Adressinformationen der mit der Firma verknüpften Kontakte nicht automatisch. Folglich verlangen viele Firmen, die Microsoft Dynamics CRM einsetzen, nach einer Methode, um die Adressinformationen des Kontakts mit dem übergeordneten Firmendatensatz zu synchronisieren. Wir stellen nun eine einfache Möglichkeit vor, wie sich diese Anforderung mit Plug-Ins realisieren lässt.

Erstellen Sie ein asynchrones Plug-In, um alle Kontakte zu ermitteln, die einer Firma zugeordnet sind, und aktualisieren Sie dann die Adresse jedes Kontakts mit den Änderungen von der übergeordneten Entität.

Zuerst fügen Sie der *Kontakt*-Entität ein Attribut hinzu, das Auskunft darüber gibt, ob die Adresse von der *Firma*-Entität zu synchronisieren ist. Damit können Sie konfigurieren, welche Kontakte, die den einzelnen Firmen zugeordnet sind, mit dem übergeordneten Firmendatensatz synchronisiert bleiben sollen.

Das Kontaktformular konfigurieren

1. Fügen Sie dem *Kontakt*-Formular ein neues *bit*-Attribut namens **new_syncaddresswithparent** hinzu.

2. Setzen Sie den Standardwert auf *Ja*.

3. Fügen Sie dieses Feld dem Formular hinzu und aktivieren Sie das Kontrollkästchen *Feld im Formular sperren*.

4. Veröffentlichen Sie die *Kontakt*-Entität.

Nachdem Sie die *Kontakt*-Entität aktualisiert haben, können Sie am Plug-In-Code arbeiten. Listing 9.11 zeigt den Plug-In-Code für dieses Beispiel. Der Code erstellt generische Eigenschaften für alle geänderten Adressfelder. Gibt es mindestens ein geändertes Adressfeld, können Sie alle Kontakte suchen, die aktualisiert werden müssen, und sie mithilfe der *DynamicEntity*-Klasse modifizieren.

```
using System;
using System.Collections.Generic;
using System.Text;
using System.Web.Services.Protocols;
using Microsoft.Crm.Sdk;
```

```csharp
using Microsoft.Crm.SdkTypeProxy;
using Microsoft.Crm.Sdk.Query;

namespace WorkingWithDynamicsCrm4.Plugin
{
  public class AddressSync : IPlugin
  {
    /// <summary>
    /// Dieses Beispiel synchronisiert die Adresse eines Kontakts asynchron
    /// mit den Daten der übergeordneten Firma.    /// </summary>
    public void Execute(IPluginExecutionContext context)
    {

        // Überprüfen, ob dynamische Entität vorhanden ist
        if (context.InputParameters.Properties.Contains("Target") &&
context.InputParameters.Properties["Target"] is DynamicEntity)
        {
          ICrmService service = context.CreateCrmService(false);

          // Die Zielgeschäftsentität von den Eingabeparametern übernehmen.
          DynamicEntity entity =(DynamicEntity)context.InputParameters.Properties["Target"];

          // Überprüfen, ob die Entität eine Firma darstellt.
          if (entity.Name == EntityName.account.ToString())
          {
            Dictionary<string, Property> changedValues = new Dictionary<string, Property>();
            changedValues = SetChangedAddressValues(entity);

            // Wenn mindestens ein Adresswert geändert, mit Aktualisierung fortfahren
            if (changedValues.Count > 0)
            {
              Guid accountId = ((Key)entity.Properties["accountid"]).Value;

              // Zutreffende Kontakt-IDs abrufen
              BusinessEntityCollection contactsToUpdate = RetrieveContactsForAddressSync(service,
accountId);

              // Alle gefundenen Kontakte aktualisieren
              UpdateContactAddress(service, contactsToUpdate, changedValues);
            }
          }
        }
    }

    private Dictionary<string, Property> SetChangedAddressValues(DynamicEntity entity)
    {
      Dictionary<string, Property> changedValues = new Dictionary<string, Property>();

      AddStringPropertyToDictionary(entity, "address1_name", changedValues);
      AddStringPropertyToDictionary(entity, "address1_line1", changedValues);
      AddStringPropertyToDictionary(entity, "address1_line2", changedValues);
      AddStringPropertyToDictionary(entity, "address1_line3", changedValues);
      AddStringPropertyToDictionary(entity, "address1_city", changedValues);
      AddStringPropertyToDictionary(entity, "address1_address1_stateorprovincename", changedValues);
      AddStringPropertyToDictionary(entity, "address1_postalcode", changedValues);
```

```csharp
    AddStringPropertyToDictionary(entity, "address1_country", changedValues);
    AddStringPropertyToDictionary(entity, "address1_telephone1", changedValues);
    AddPicklistPropertyToDictionary(entity, "address1_addresstypecode", changedValues);
    AddPicklistPropertyToDictionary(entity, "address1_shippingmethodcode", changedValues);
    AddPicklistPropertyToDictionary(entity, "address1_freighttermscode", changedValues);
    return changedValues;
}

private void UpdateContactAddress(ICrmService service,
    BusinessEntityCollection contactsToUpdate, Dictionary<string,Property> newAddressValues)
{
    foreach (DynamicEntity retrievedContacts in contactsToUpdate.BusinessEntities)
    {
        try
        {
            DynamicEntity oContact = new DynamicEntity();
            oContact.Name = EntityName.contact.ToString();

            KeyProperty contactId = new KeyProperty();
            contactId.Name = "contactid";
            contactId.Value = ((Key)retrievedContacts.Properties["contactid"]);
            oContact.Properties.Add(contactId);

            foreach (KeyValuePair<string, Property> prop in newAddressValues)
            {
                oContact.Properties.Add(prop.Value);
            }

            TargetUpdateDynamic target = new TargetUpdateDynamic();
            target.Entity = oContact;

            UpdateRequest update = new UpdateRequest();
            update.Target = target;
            UpdateResponse response = (UpdateResponse)service.Execute(update);
        }
        catch (SoapException ex)
        {
            throw new Exception(ex.Detail.InnerXml.ToString());
        }
    }
}

private BusinessEntityCollection RetrieveContactsForAddressSync(ICrmService service, Guid accountId)
{
    ColumnSet cols = new ColumnSet();
    cols.AddColumns(new string[] { "contactid" });

    QueryByAttribute query = new QueryByAttribute();
    query.EntityName = "contact";
    query.Attributes = new String[] { "parentcustomerid", "sonoma_syncaddresswithparent" };
    query.Values = new Object[] { accountId, true };
    query.ColumnSet = cols;
```

```
    try
    {
        // Die Werte von CRM als dynamische Entität abrufen
        RetrieveMultipleRequest request = new RetrieveMultipleRequest();
        request.ReturnDynamicEntities = true;
        request.Query = query;

        RetrieveMultipleResponse matchingContacts =(RetrieveMultipleResponse)service.Execute(request);
        return matchingContacts.BusinessEntityCollection;
    }
    catch (SoapException ex)
    {
        throw new Exception(ex.Detail.InnerText);
    }
}
private void AddStringPropertyToDictionary(DynamicEntity entity, string
    attribute, Dictionary<string, Property> newValue)
{
    if (entity.Properties.Contains(attribute))
    {
        StringProperty prop = new StringProperty();
        prop.Name = attribute;
        prop.Value = entity.Properties[attribute].ToString();
        newValue[attribute] = prop;
    }
}
private void AddPicklistPropertyToDictionary(DynamicEntity entity,
    string attribute, Dictionary<string, Property> newValue)
{
    if (entity.Properties.Contains(attribute))
    {
        Picklist picklist = new Picklist();
        picklist.name = attribute;
        picklist.Value = ((Picklist)entity.Properties[attribute]).Value;

        PicklistProperty prop = new PicklistProperty();
        prop.Name = attribute;
        prop.Value = picklist;
        newValue[attribute] = prop;
    }
  }
 }
}
```

Listing 9.11   Eine Kontaktadresse mit den Daten der übergeordneten Firma synchronisieren

Nachdem Sie die Assembly erstellt haben, müssen Sie das Plug-In mit der bereits beschriebenen Technik bereitstellen. Listing 9.12 zeigt lediglich den *Solution*-Knoten, der für die Datei *register.xml* erforderlich ist.

```
<Solution SourceType="1" Assembly="WorkingWithDynamicsCrm4.Plugin.dll">
  <WorkflowTypes></WorkflowTypes>
  <Steps>
    <Step
    CustomConfiguration = ""
```

```
        Description = "Plug-In synchronisiert Kontaktadressen mit übergeordneter Firmenadresse."
        FilteringAttributes = ""
        ImpersonatingUserId = ""
        InvocationSource = "0"
        MessageName = "Update"
        Mode = "1"
        PluginTypeFriendlyName = "Kontaktadresse synchronisieren"
        PluginTypeName = "WorkingWithDynamicsCrm4.Plugin.AddressSync"
        PrimaryEntityName = "account"
        SecondaryEntityName = ""
        Stage = "50"
        SupportedDeployment = "0" >
        <Images>
          <Image
            EntityAlias = "PreImage"
            ImageType="1"
            MessagePropertyName="Target"
            Attributes
="accountid,address1_name,address1_line1,address1_line2,address1_line3,address1_
city,address1_stateorprovince,address1_postalcode,address1_country,address1_
telephone1,address1_addresstypecode,address1_shippingmethodcode,address1_freighttermscode">
          </Image>
          <Image
            EntityAlias = "PostImage"
            ImageType="1"
            MessagePropertyName="Target"
            Attributes
="accountid,address1_name,address1_line1,address1_line2,address1_line3,address1_
city,address1_stateorprovince,address1_postalcode,address1_country,address1_
telephone1,address1_addresstypecode,address1_shippingmethodcode,address1_freighttermscode">
          </Image>
        </Images>
      </Step>
    </Steps>
</Solution>
```

Listing 9.12   Details für die Registrierung des Plug-Ins zum Synchronisieren der Adresse

Eine Systemansicht kopieren

Mit Microsoft Dynamics CRM-Systemansichten können Sie eine Gruppe von Ansichten für alle Benutzer in Ihrer Organisation anzeigen. Allerdings erlaubt Microsoft Dynamics CRM im Unterschied zu den Ansichten der erweiterten Suche nicht, dass Sie eine vorhandene Systemansicht kopieren, um eine neue Ansicht zu erstellen. Folglich müssen Sie in Microsoft Dynamics CRM eine neue Systemansicht immer von Grund auf neu erstellen! Allerdings kommen Ihnen hierbei die Tools der Microsoft Dynamics CRM-API entgegen, sodass Sie ein einfaches Programm schreiben können, um eine vorhandene Systemansicht zu klonen. Dann lässt sich die kopierte Ansicht über die Microsoft Dynamics CRM-Benutzeroberfläche an Ihre spezifischen Anforderungen anpassen.

Wie Sie wissen, werden Systemansichten über den Bereich *Anpassung* von Microsoft Dynamics CRM erstellt, wie es Abbildung 9.27 zeigt.

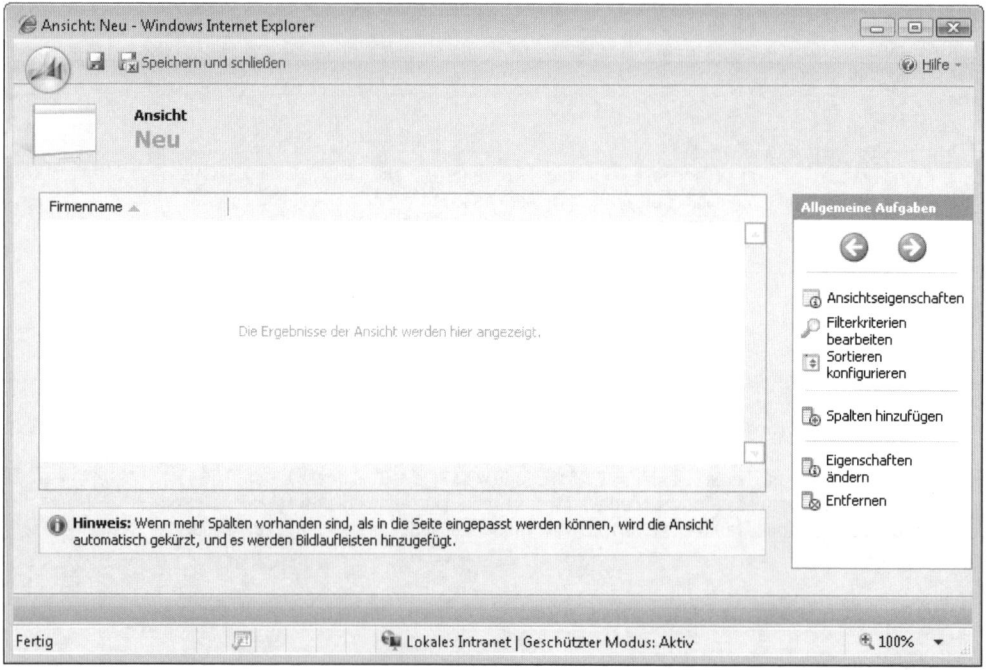

Abbildung 9.27   Eine benutzerdefinierte Systemansicht von der Microsoft Dynamics CRM-Benutzeroberfläche aus erstellen

Diese Implementierung verwendet eine Befehlszeilenanwendung, doch lässt sich das Konzept ohne weiteres auf eine grafisch orientierte Anwendung oder Webseite übertragen, um den Zugriff zu vereinfachen oder den Bereich für die Verteilung zu erweitern. Erstellen Sie einfach ein Projekt mit der Vorlage *Konsolenanwendung* und ersetzen Sie den standardmäßigen Code in *Program.cs* durch den Code von Listing 9.13.

```
using System;
using System.Web.Services.Protocols;
using System.Xml;
using System.Globalization;

using WorkingWithDynamicsCrm4.CloneView.CrmSdk;

namespace WorkingWithDynamicsCrm4.CloneView
{
  class Program
  {
    static readonly int MainApplicationView = 0;

    static void Main(string[] args)
    {
      if (args.Length != 4)
      {
        DisplayUsage();
        return;
      }
```

```
  Uri crmServerUri = new Uri(args[0], UriKind.Absolute);
  string entityName = args[1];
  string viewName = args[2];
  string newViewName = args[3];

  Console.WriteLine("Verbindung zum Server initiieren...");
  CrmService crmService = CreateCrmService(crmServerUri);

  savedquery view = GetViewByName(crmService, entityName, viewName);
  if (view != null)
  {
    CreateCopyOfView(crmService, view, newViewName);
    Console.WriteLine("Erstellte Ansicht '{0}'", view.name);
  }
}

static void DisplayUsage()
{
  Console.WriteLine("CloneView.exe <crmServerUrl> <entityName> <viewName> <newViewName>");
  Console.WriteLine("ex: CloneView.exe http://<crmserver>/<Organisationsname> account \"Aktive
      Firmen\" \"Neue Aktive Firmen\"");
}

static CrmService CreateCrmService(Uri crmServerUri)
{
  UriBuilder uriBuilder = new UriBuilder(crmServerUri);

  CrmAuthenticationToken token = new CrmAuthenticationToken();
  token.OrganizationName = uriBuilder.Path.Trim('/');

  uriBuilder.Path = "/MSCrmServices/2007/CrmService.asmx";

  CrmService crmService = new CrmService();
  crmService.CrmAuthenticationTokenValue = token;
  crmService.Url = uriBuilder.ToString();

  // Anmeldeinformationen des Benutzers verwenden, der die Anwendung ausführt
  crmService.UseDefaultCredentials = true;

  return crmService;
}

static savedquery GetViewByName(CrmService crmService, string entityName, string viewName)
{
  QueryByAttribute query = new QueryByAttribute();
  query.EntityName = EntityName.savedquery.ToString();
  query.Attributes = new string[] { "name", "returnedtypecode", "querytype" };
  query.Values = new object[] { viewName, entityName, MainApplicationView };

  ColumnSet cols = new ColumnSet();
  cols.Attributes = new string[]
  {
    "columnsetxml", "description", "fetchxml", "layoutxml", "name", "querytype",
    "returnedtypecode"
  };
```

```
query.ColumnSet = cols;

savedquery view = null;
BusinessEntityCollection entities = crmService.RetrieveMultiple(query);

switch (entities.BusinessEntities.Length)
{
  case 0:
    Console.WriteLine("Keine Ansicht '{0}' für Entität '{1}' vorhanden.", viewName, entityName);
    break;
  case 1:
    Console.WriteLine("Ansicht '{0}' für Entität '{1}' gefunden.", viewName, entityName);
    view = (savedquery)entities.BusinessEntities[0];
    break;
  default:
    Console.WriteLine("Mehr als eine Ansicht namens '{0}' für Entität '{1}' vorhanden.",
viewName, entityName);
    break;
  }
  return view;
}
static void CreateCopyOfView(CrmService crmService, savedquery view, string newViewName)
{
  string originalName = view.name;
  view.name = newViewName;
  view.savedqueryid = null;

  try
  {
    crmService.Create(view);
  }
  catch (SoapException ex)
  {
    throw new Exception(ex.Detail.InnerXml.ToString());
  }
 }
 }
}
}
```

Listing 9.13   Eine Systemansicht klonen

Zusammenfassung

Dieses Kapitel hat sich ausführlich mit den Interaktionspunkten für die Programmierung beschäftigt, die Ihnen mit dem Microsoft Dynamics CRM SDK zur Verfügung stehen. Damit sind Sie in der Lage, benutzerdefinierte Prozesse und Logik zu erstellen und an verschiedenen Punkten in die Anwendung einzubinden, was in erster Linie mit Plug-Ins und benutzerdefinierten Workflowassemblies realisiert wird.

Mit den klaren und skalierbaren Methoden der Microsoft Dynamics CRM-APIs können Sie auf Entitäten zugreifen und Daten im System manipulieren, ohne dass Sie die zugrunde liegenden Mechanismen der Plattform kennen müssen. Diese Techniken bieten nahezu unbegrenzte Möglichkeiten, um Microsoft Dynamics CRM an Ihre spezifischen Geschäftsanforderungen anzupassen.

Skripting und Erweiterungen für Formulare

In diesem Kapitel:

Skripting für Formulare im Überblick	542
IFRAMEs und Skripting	549
ASP.NET-Anwendungsentwicklung	559
ISV.config	562
Tipps für clientseitiges Skripting mit Microsoft Dynamics CRM	576
Für Microsoft Dynamics CRM Live entwickeln	582
Codebeispiele für clientseitiges Skripting	591
Zusammenfassung	618

In Kapitel 5 haben wir erläutert, wie Sie grundlegende Formularanpassungen bei den einzelnen Entitäten vornehmen. Einem Formular lassen sich mithilfe des webbasierten Administrationstools recht einfach Felder, Registerkarten und Abschnitte hinzufügen, ohne dass irgendwelche Programmierung erforderlich ist. Möchten Sie jedoch komplexere Formularanpassungen vornehmen, als es mit dem webbasierten Administrationstool möglich ist, bietet Microsoft Dynamics CRM ein umfangreiches Skripting- und Erweiterungsprogrammiermodell für Formulare.

Im Kontext von webbasierten Anwendungen bezieht sich der Begriff *clientseitig* in der Regel auf Code, der im Webbrowser des Benutzers ausgeführt wird. Microsoft Dynamics CRM ermöglicht es, dass Code für Geschäftslogik offline und auf dem Client ausgeführt wird, was das Konzept des clientseitigen Codes erweitert. Außer für den Offline-Code der Geschäftslogik können Sie die Skriptfunktionalität auch auf dem Formular einer Entität nutzen. Das zu Microsoft Dynamics CRM gehörende Software Development Kit (SDK) erläutert die unterstützten Methoden, mit denen Sie benutzerdefinierte Skripts erstellen können, die sich in Formular- und Feldereignisse wie *onLoad*, *onSave* und *onChange* einklinken. In diesem Kapitel geht es um diese erweiterten Programmiertechniken für Formulare. Weiterhin untersuchen wir den Einsatz von IFRAMEs in den Microsoft Dynamics CRM-Formularen sowie die Datei *ISV.config* und zeigen, wie Sie mit diesen beiden Features die Microsoft Dynamics CRM-Benutzeroberfläche durch eigene benutzerdefinierte Webseiten erweitern können. Außerdem demonstrieren zahlreiche Beispiele, wie sich bestimmte Anpassungen implementieren lassen, die mit diesen leistungsfähigen Skriptfunktionen und Erweiterungen für Formulare möglich sind.

Dem Wesen des Formularskriptprogrammiermodells entsprechend enthält dieses Kapitel recht viel dynamisches HTML (DHTML) und Skriptcode. Doch selbst wenn Sie kein Experte in diesen Technologien sind, hilft Ihnen dieses Kapitel, die verschiedenen Arten von möglichen Anpassungen in Microsoft Dynamics CRM zu verstehen.

Die Beispiele in diesem Kapitel haben wir mit dem Ziel entwickelt, dass Sie sie in Ihrem eigenen Microsoft Dynamics CRM-System einsetzen können. Der gesamte Beispielcode lässt sich direkt von der Site herunterladen, die in der Einführung zum Buch genannt ist. Später in diesem Kapitel verweisen wir zudem auf zusätzliche Informationen, die sich auf Skriptingsyntax und -Methoden beziehen.

Skripting für Formulare im Überblick

Nachdem Sie Kapitel 9 gelesen haben, sollten Sie mit den APIs und der allgemeinen Architektur vertraut sein. Jetzt konzentrieren wir uns auf die vielen Ereignisse und programmtechnischen Möglichkeiten, die Ihnen mit den Skripttechniken für Formulare zur Verfügung stehen. Im Einzelnen beschäftigt sich dieser Abschnitt mit den folgenden Themen:

- Definitionen
- Skripting mit Microsoft Dynamics CRM verstehen
- Auf Microsoft Dynamics CRM-Elemente verweisen
- Verfügbare Ereignisse

Definitionen

Bevor wir zu tief in das Formularskripting-SDK und die Beispiele vordringen, sind vorab einige wichtige Ausdrücke und ihre Definitionen zu klären:

- **Clientseitiges Skripting:** Code, der im Webbrowser eines Benutzers statt auf einem zentralen Webserver ausgeführt wird.

- **HMTL (Hypertext Markup Language):** Eine tagbasierte Sprache, die für die Wiedergabe von Inhalten in einem Internetbrowser verwendet wird.

- **CSS (Cascading Style Sheet):** Ein Definitionsdokument, das beschreibt, wie ein Webdokument dem Benutzer Formate und Stile anzeigen sollte.

- **DOM (Document Object Model):** Für den Zugriff auf HTML-Dokumente konzipierte API (Application Programming Interface), die Elemente im Dokument in einem objektorientierten Modell darstellt.

- **DHTML (Dynamic HTML):** Eine Technologie, die normales HTML durch clientseitiges Skripting und CSS erweitert. Dabei werden die Elemente so in einem HTML-Dokument verfügbar gemacht, dass sie sich programmgesteuert mithilfe von DOM manipulieren lassen.

- **GUID (Globally Unique Identifier):** Eine Zeichenfolge, die einen eindeutigen Wert darstellt. Microsoft Dynamics CRM verwendet eine GUID als eindeutigen Bezeichner für jeden Datensatz.

Clientseitiges Skripting mit Microsoft Dynamics CRM verstehen

Durch clientseitiges Skripting lässt sich die Verarbeitungslast zwischen dem Clientcomputer und dem Webserver besser verteilen. Da Microsoft Dynamics CRM eine webbasierte Architektur verwendet, zeigt es alle seine Daten auf Webseiten an. Allerdings erscheinen die Microsoft Dynamics CRM-Seiten nicht als typische Webseiten, wie sie der Benutzer vom Browsen im Internet her kennt. Stattdessen stützt sich Microsoft Dynamics CRM ausgiebig auf DHTML, um eine erweiterte und funktionsreichere Benutzeroberfläche zu realisieren. Da das DOM jedes HTML-Element als Objekt behandelt, kann ein Entwickler mit herkömmlichen DHTML-Programmiertechniken auf die Microsoft Dynamics CRM-Formulare zugreifen, um noch besser angepasste und anspruchsvollere Webseiten in Microsoft Dynamics CRM zu erstellen.

Microsoft Dynamics CRM unterstützt eine spezialisierte Teilmenge von DOM-Methoden und -Ereignissen, wie sie im clientseitigen SDK definiert sind. Wir untersuchen hier eine ganze Reihe der verfügbaren Eigenschaften und Methoden – eine vollständige Liste finden Sie im Microsoft Dynamics CRM SDK.

Auf Microsoft Dynamics CRM-Elemente verweisen

Im Abschnitt »Client Programming Guide« des Microsoft Dynamics CRM SDK finden Sie Angaben zu Methoden, Eigenschaften und Ereignissen, die dem Programmierer für Clientcode zur Verfügung stehen. In den Tabellen 10.1 bis 10.9 stellen wir wichtige Elemente heraus, die Sie wahrscheinlich häufiger in eigenen Skripts verwenden werden.

Name	Beschreibung
SERVER_URL	Gibt die URL des CRM-Webservers zurück.
USER_LANGUAGE_CODE	Gibt den Sprachencode an, den der Benutzer in Microsoft Dynamics CRM eingestellt hat.
ORG_LANGUAGE_CODE	Gibt die Basissprache für die Organisation zurück.
ORG_UNIQUE_NAME	Gibt den Organisationsnamen zurück.

Tabelle 10.1   Globale Variablen

Methode	Beschreibung
IsOnline	Zeigt mit einem booleschen Wert an, ob das Formular momentan online ist.
IsOutlookClient	Zeigt mit einem booleschen Wert an, ob das Formular momentan in einem der Microsoft Office Outlook-Clients angezeigt wird.
IsOutlookLaptopClient	Zeigt mit einem booleschen Wert an, ob das Formular momentan in Microsoft Dynamics CRM für Outlook mit Offlinezugriff angezeigt wird.
IsOutlookWorkstationClient	Zeigt mit einem booleschen Wert an, ob das Formular momentan in Microsoft Dynamics CRM für Outlook angezeigt wird.

Tabelle 10.2   Globale Methoden

Eigenschaft	Beschreibung
all	Eine Auflistung von CRM-Feldern auf dem Formular
IsDirty	Liest oder schreibt einen Wert, der anzeigt, ob irgendwelche Felder auf dem Formular geändert wurden.
FormType	Kennzeichnet mit einem ganzzahligen Wert den Modus des Formulars. Mögliche Werte sind: 0 = Undefinierter Formulartyp 1 = Formular erstellen 2 = Formular aktualisieren 3 = Schreibgeschütztes Formular 4 = Deaktiviertes Formular 5 = Schnellerfassungsformular 6 = Massenbearbeitungsformular
ObjectId	Liefert die GUID der Entität, die das Formular anzeigt. Diese Eigenschaft gibt null zurück, wenn sich das Formular im Modus *Erstellen* befindet.
ObjectTypeName	Liefert den Entitätsnamen des angezeigten Formulars.

Tabelle 10.3   crmForm-Eigenschaften

Methode	Beschreibung
Save()	Führt die Funktion *Speichern* aus (simuliert das Klicken auf *Speichern*).
SaveAndClose()	Führt die Funktion *Speichern und schließen* aus (simuliert das Klicken auf *Speichern und schließen*).
SetFieldReqLevel(sField, bRequired)	Legt ein Feld als *erforderlich* fest. Diese Methode wird nicht offiziell unterstützt und kann sich in zukünftigen Releases ändern oder nicht mehr verfügbar sein.

Tabelle 10.4 crmForm-Methoden

Eigenschaft	Beschreibung
Precision	Liefert die Anzahl der Stellen, die für die Datentypen *currency* und *float* anzuzeigen sind.
DataValue	Liest oder schreibt den Wert des Feldes.
Disabled	Liest oder schreibt einen Wert, der anzeigt, ob das Feld für Benutzereingabe verfügbar ist.
ForceSubmit	Liest oder schreibt einen Wert, der anzeigt, ob das Feld bei einem Speichervorgang an die Datenbank gesendet werden soll. Standardmäßig werden alle aktivierten und geänderten Felder gesendet. Diese Eigenschaft ist nützlich, wenn Sie ein deaktiviertes Feld senden müssen.
IsDirty	Liefert einen Wert, der anzeigt, ob das Feld modifiziert wurde.
Min	Liefert den kleinsten zulässigen Wert für die Datentypen *currency*, *float* und *int*.
Max	Liefert den größten zulässigen Wert für die Datentypen *currency*, *float* und *int*.
MaxLength	Liefert die maximale Länge einer Zeichenfolge oder eines Memofeldes.
RequiredLevel	Liefert den erforderlichen Status des Feldes. Mögliche Werte sind: 0 = Keine Einschränkung 1 = Eingabe empfohlen 2 = Eingabe erforderlich

Tabelle 10.5 Eigenschaften der Feldauflistung crmForm.all

Methode	Beschreibung
SetFocus ()	Verschiebt die Einfügemarke in das Feld und macht es damit zum aktiven Feld auf dem Formular.
FireOnChange ()	Führt das Microsoft Dynamics CRM-*OnChange*-Ereignis für das angegebene Attribut aus.

Tabelle 10.6 Methoden der Feldauflistung crmForm.all

Die Feldtypen *lookup* und *picklist* unterscheiden sich von den anderen Feldern, weil sie als Arrays (eine Sammlung von Name / Wert-Paaren) fungieren. Der Wert, den Microsoft Dynamics CRM in der Datenbank speichert (eine GUID für Nachschlagefelder und eine Ganzzahl für Auswahllistenfelder), ist nicht der Wert, den der Benutzer auf dem Formular sieht. Da Sie wahrscheinlich nicht auf die GUID oder den Ganzzahlwert verweisen möchten, stellt Microsoft Dynamics CRM die folgenden zusätzlichen Attribute der *DataValue*-Eigenschaft bereit, um den übersetzten Wert anzuzeigen, wie es die Tabellen 10.7 bis 10.9 angeben.

Attribut	Beschreibung
id	Liest oder schreibt den GUID-Bezeichner. Beim Schreiben erforderlich.
type	Liest oder schreibt den Objekttypcode. Beim Schreiben erforderlich.
name	Liest oder schreibt den Namen des im Nachschlagefeld auf dem Formular anzuzeigenden Datensatzes. Beim Schreiben erforderlich.

Tabelle 10.7   Attribute von crmForm.all.<lookupfield>.DataValue

Syntax	Beschreibung
DataValue	Liest oder schreibt die aktuell ausgewählte Option und gibt eine Ganzzahl zurück.
SelectedText	Liest den mit der aktuell ausgewählten Option angezeigten Text.
GetSelectedOption	Liefert eine Auswahlliste.
Options	Gibt ein Array von Auswahllistenobjekten zurück und setzt neue Optionen für eine Dropdown-Liste, indem ein Array von Auswahllistenobjekten spezifiziert wird.
AddOption (option)	Fügt eine neue Option am Ende der Auswahllistenauflistung hinzu. *DataValue* und *Name* müssen gültige Werte besitzen.
DeleteOption (value)	Entfernt eine Auswahllistenoption basierend auf dem übergebenen Ganzzahlwert.

Tabelle 10.8   Eigenschaften und Methoden von crmForm.all.<picklistfield>

Attribut	Beschreibung
Name	Liest oder schreibt den Text, der in der Auswahlliste angezeigt wird.
Data	Liest oder schreibt die Daten.

Tabelle 10.9   Attribute von crmForm.all.<picklistfield>.DataValue

Verfügbare Ereignisse

Microsoft Dynamics CRM unterstützt drei clientseitige Ereignisse, auf die Sie in Ihren benutzerdefinierten Skripts verweisen können:

- *onLoad*-**Formularereignis:** Wird ausgeführt unmittelbar bevor das Formular in den Browser geladen wird. Mit diesem Ereignis können Sie das Formular manipulieren, bevor Microsoft Dynamics CRM es dem Benutzer anzeigt.

- *onSave*-**Formularereignis:** Löst aus, wenn der Benutzer auf die Schaltflächen *Speichern*, *Speichern und schließen* oder *Speichern und neu* klickt. Das Ereignis tritt auf, bevor das Formular an den Server gesendet wird, und lässt sich nutzen, um das Speichern abzubrechen. Beachten Sie, dass dieses Ereignis auch dann auslöst, wenn der Benutzer keinerlei Felder auf dem Formular geändert hat.

- *onChange*-**Feldereignisse:** Löst aus, wenn der Benutzer von einem Formularfeld, in dem er den Wert geändert hat, zu einem anderen Element wechselt (die ⇥-Taste drückt oder an eine andere Stelle klickt).

> **TIPP**   Wenn Sie das Speichern abbrechen möchten, verwenden Sie die Syntax *event.returnValue = false;*.

In Kapitel 5 haben wir bereits gezeigt, wie Sie clientseitige Skripts in ein Entitätsformular einbinden. Die folgenden Schrittfolgen fassen diese Abläufe zur Wiederholung kurz zusammen.

Ereigniscode hinzufügen

Als Benutzer in der Rolle *Systemadministrator* oder *Systemanpasser* klicken Sie im Bereich *Einstellungen* auf *Anpassung* und dann auf *Entitäten anpassen*.

1. Doppelklicken Sie in der Tabelle *Entitäten anpassen* auf die Entität, die Sie anpassen möchten.
2. Klicken Sie im Navigationsbereich auf *Formulare und Ansichten*.
3. Doppelklicken Sie in der Liste *Formulare und Ansichten* auf *Formular*.

Daraufhin erscheint die Formulareditorseite mit allen Registerkarten und Feldern, die das Formular dem Benutzer anzeigt.

Formularereignisse anpassen

Um die Formularereignisse (*onLoad* und *onSave*) anzupassen, führen Sie die folgenden Schritte aus:

1. Klicken Sie im Bereich *Allgemeine Aufgaben* auf *Formulareigenschaften*. Es erscheint ein Dialogfeld, das die Ereignisse *onLoad* und *onSave* auflistet.
2. Markieren Sie das Ereignis, dem Sie Code hinzufügen möchten, und klicken Sie dann auf *Bearbeiten*.
3. Geben Sie Ihr benutzerdefiniertes Skript im Dialogfeld *Detaileigenschaften von Ereignis* (siehe Abbildung 10.1) ein, aktivieren Sie das Kontrollkästchen *Ereignis ist aktiviert* und klicken Sie dann auf *OK*.

Abbildung 10.1   Das Dialogfeld Detaileigenschaften von Ereignis

Skripts zum Feldereignis hinzufügen

Zum Feldereignis (*onChange*) fügen Sie Skripts nach der gleichen Technik wie bei Formularereignissen hinzu:

1. Doppelklicken Sie im Formulareditor auf das Feld, dem Sie Ihren Code hinzufügen möchten. Alternativ markieren Sie das Feld und klicken dann auf *Eigenschaften ändern*.

2. Es erscheint das Dialogfeld *Feldeigenschaften*. Klicken Sie auf die Registerkarte *Ereignisse*.

3. Klicken Sie auf *Bearbeiten*. Daraufhin wird ein ähnliches Dialogfeld *Detaileigenschaften von Ereignis* wie das in Abbildung 10.1 geöffnet.

Beachten Sie die folgenden wichtigen Punkte, wenn Sie Ihre clientseitigen Skripts auf den Entitätsformularen konfigurieren:

- Sie müssen Ihr Skript aktivieren, indem Sie im Dialogfeld *Detaileigenschaften von Ereignis* das Kontrollkästchen *Ereignis ist aktiviert* einschalten. Damit weisen Sie Microsoft Dynamics CRM an, das Skript auszuführen, wenn das Ereignis wieder ausgelöst wird.

- Auch wenn es nicht erforderlich ist, gehört es zum guten Programmierstil, die von Ihrem Skript verwendeten Felder auf der Registerkarte *Abhängigkeiten* anzugeben. Dadurch verhindern Sie, dass andere Benutzer versehentlich Felder aus dem Formular entfernen, die von Ihrem Skript benötigt werden.

- Um Ihre Skripts zu testen und zu debuggen, können Sie auf die Vorschauoptionen zurückgreifen: *Formular erstellen*, *Formular aktualisieren* und *Schreibgeschütztes Formular*.

- Wenn Sie in der Vorschau auf die Schaltfläche *Formularspeicherung simulieren* klicken, löst Microsoft Dynamics CRM das Ereignis *onSave* aus. Mit dieser Schaltfläche können Sie Ihre Skripts für das *onSave*-Ereignis testen.

- Natürlich dürfen Sie nicht vergessen, Ihre fertig gestellten Anpassungen zu veröffentlichen.

Später in diesem Kapitel finden Sie jede Menge Beispiele zur clientseitigen Anpassung. Zunächst ging es lediglich darum, Ihnen einen Überblick über den Anpassungsprozess und die relevante Terminologie zu geben.

IFRAMEs und Skripting

Mit Microsoft Dynamics CRM können Sie einen IFRAME (oder Inlineframe) in das Formular einer Entität hinzufügen. Kapitel 5 hat IFRAMEs eingeführt und beschrieben, wie Sie einen einfachen IFRAME in einem Formular einrichten. Jetzt vertiefen wir dieses Thema und zeigen, wie Sie wirklich von diesem leistungsfähigen Feature bei clientseitigen Anpassungstechniken profitieren. Mit dem IFRAME-Mechanismus erhält der Entwickler in Microsoft Dynamics CRM beträchtliche Integrations- und Anpassungsmöglichkeiten. Da Sie vom Microsoft Dynamics CRM-Formular aus über das DOM per Programm auf ein IFRAME-Dokument zugreifen können, präsentieren sich Ihre Erweiterungen für den Benutzer vollkommen nahtlos. Abbildung 10.2 zeigt einen Beispiel-IFRAME, der auf eine Microsoft Windows SharePoint Services-Website verweist.

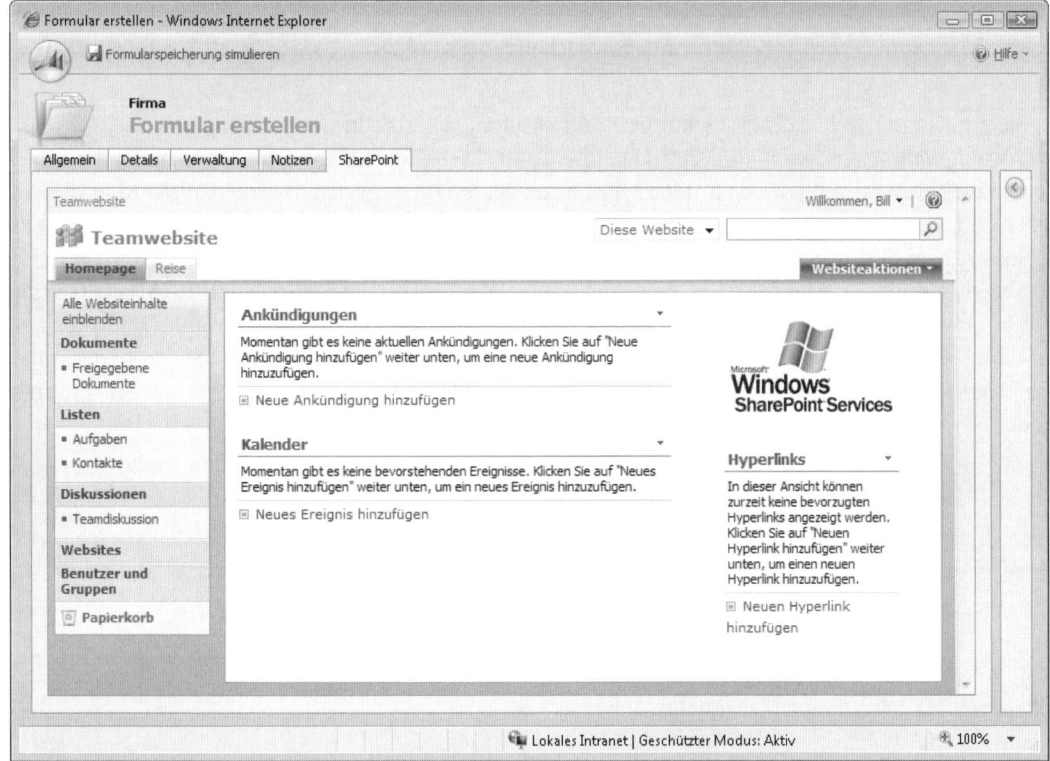

Abbildung 10.2   Beispiel für einen IFRAME

IFRAMEs können auf eine beliebige URL oder Webseite verweisen, unabhängig davon, ob sie auf Ihrem Webserver oder irgendeinem anderen Webserver gehostet werden. Unter anderem setzt man IFRAMEs ein, um SharePoint-Sites anzuzeigen, Zuordnungsfunktionalität über externe Websites hinzuzufügen und benutzerdefinierte Anwendungen zu integrieren.

ACHTUNG   Denken Sie daran, dass Benutzer von Microsoft Dynamics CRM für Microsoft Office Outlook mit Offlinezugriff auch offline arbeiten können, sodass sie gegebenenfalls Probleme mit einem Formular feststellen, wenn der IFRAME auf eine Webseite verweist, die dem Benutzer offline nicht zugänglich ist. Deshalb sollten Sie in einen IFRAME keine Funktionalität einbauen, auf die Offlinebenutzer angewiesen sind, außer wenn Sie diese Funktionalität auch lokal auf dem Client bereitstellen möchten.

Sicherheit

Auch wenn im Rahmen dieses Buches kaum eine umfassende Analyse zur Sicherheit von Webanwendungen möglich ist, möchten wir kurz auf das Konzept des websiteübergreifenden Skriptings und der mit IFRAMEs verbundenen Sicherheitsfragen in Microsoft Dynamics CRM eingehen. Websiteübergreifendes Skripting stellt ein leistungsfähiges (und möglicherweise auch gefährliches) Feature in Webanwendungen – Microsoft Dynamics CRM eingeschlossen – dar. In den meisten Fällen ist es durch DHTML und die Browsereinstellungen beim Benutzer möglich, per Skripting IFRAME-Dokumente zu lesen und zu schreiben, wenn sie sich in derselben Domäne befinden und mit entsprechenden Protokollen (wie FTP, HTTP oder HTTPS) arbeiten.

Nehmen Sie zum Beispiel ein HTML-Dokument *Main.htm* an, das sich in der Domäne *www.adatum.com* (d.h. *http://www.adatum.com/main.htm*) befindet. Eine zweite Webseite namens *Frame.htm*, die in derselben Domäne untergebracht ist, enthält einen IFRAME, der auf *Main.htm* verweist. Als Protokoll wird in diesem Beispiel HTTP für beide Seiten verwendet und da sich beide Seiten in derselben Domäne befinden, lässt es der Browser zu, dass Skripts von der Seite *Frame.htm* auf Inhalte im Dokument *Main.htm* zugreifen und diese Inhalte manipulieren. Microsoft Internet Explorer deaktiviert Skriptzugriff auf IFRAME-URLs, die eine Seite in einer anderen Domäne referenzieren oder die Seite über ein anderes Protokoll ansprechen. Wenn also die IFRAME-Quelle über *https://www.adatum.com/frame.htm* (d.h. über das SSL-Protokoll) oder *http://www.contoso.com/frame.htm* (d.h. in einer anderen Domäne) erreichbar ist, verhindert Internet Explorer den Skriptzugriff zwischen den Seiten. Abbildung 10.3 stellt diese Beziehung grafisch dar.

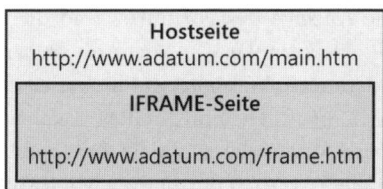

Websiteübergreifendes Skripting erlaubt

Selbe Domäne (www.adatum.com)
und selbes Protokoll (http)

Websiteübergreifendes Skripting verweigert

Selbe Domäne (www.adatum.com),
aber unterschiedliche Protokolle
(http für Hauptseite, https für Frameseite)

Selbes Protokoll (http),
aber unterschiedliche Domänen
(www.adatum.com und www.contoso.com)

Abbildung 10.3 Standardsicherheit von Internet Explorer bei IFRAMEs

---

WICHTIG Als Kunde von Microsoft Dynamics CRM Live sollten Sie sorgfältig darauf achten, wie sich diese websiteübergreifenden Sicherheitseinschränkungen auf Ihre IFRAMEs auswirken. Auf die Entwicklung für Microsoft Dynamics CRM Live gehen wir später in diesem Kapitel ausführlicher ein.

Zusätzlich zum standardmäßigen Sicherheitsverhalten von Internet Explorer können Sie mit Microsoft Dynamics CRM eine weitere Sicherheitsebene über die Einstellung *Frameübergreifendes Skripting einschränken* vorsehen. Hinter den Kulissen setzt diese Option den Wert des Attributs *security* des IFRAME-Tags auf *eingeschränkt*. Unter Standardbedingungen wirkt sich diese Einstellung wie folgt aus:

- Die Ausführung von JavaScript und VBScript (Microsoft Visual Basic Scripting Edition) wird auf der IFRAME-Seite eingeschränkt.

- Alle Hyperlinks werden in einem neuen Browserfenster geöffnet.

Selbst wenn Internet Explorer frameübergreifendes Skripting zulässt, können Sie dieses Feature für einen spezifischen IFRAME in Microsoft Dynamics CRM deaktivieren. Standardmäßig schränkt Microsoft Dynamics CRM frameübergreifendes Skripting auf neuen IFRAME-Seiten ein. Sollen Ihre Skripts über das Microsoft Dynamics CRM-Formular und Ihre benutzerdefinierte Seite ausgeführt werden, müssen Sie die Einstellung *Frameübergreifendes Skripting einschränken* deaktivieren. Aus nahe liegenden Sicherheitsgründen empfehlen wir, dass Sie die Standardeinstellung (d.h. *Frameübergreifendes Skripting einschränken* aktiviert) beibehalten, sofern Sie dieses Feature nicht wirklich benötigen.

HINWEIS Weiterführende Informationen zum IFRAME-Sicherheitsattribut finden Sie unter *http://msdn2.microsoft.com/en-us/library/ms534622.aspx* (in Englisch).

Beispiel für Skripting mit CRM-IFRAME

Anhand eines Beispiels demonstrieren wir nun, wie die Webseitendomäne und die IFRAME-Eigenschafts-
einstellungen von Microsoft Dynamics CRM die Anzeige des Formulars und die Skriptingmöglichkeiten
zwischen dem IFRAME-Dokument und dem *Kontakt*-Formular von Microsoft Dynamics CRM beeinflussen.
Zu diesem Zweck integrieren wir eine benutzerdefinierte Webseite, die monatliche Hypothekenzahlungen
berechnet, wobei vorausgesetzt wird, dass Sie Microsoft Dynamics CRM lokal bereitgestellt haben. Die
benutzerdefinierte Webseite im IFRAME übernimmt Werte, die ein Benutzer eingibt, berechnet die korrekte
Hypothekenzahlung und trägt dann den berechneten Wert in ein natives Microsoft Dynamics CRM-Feld
ein.

Abbildung 10.4 zeigt, wie sich das resultierende Formular darstellt.

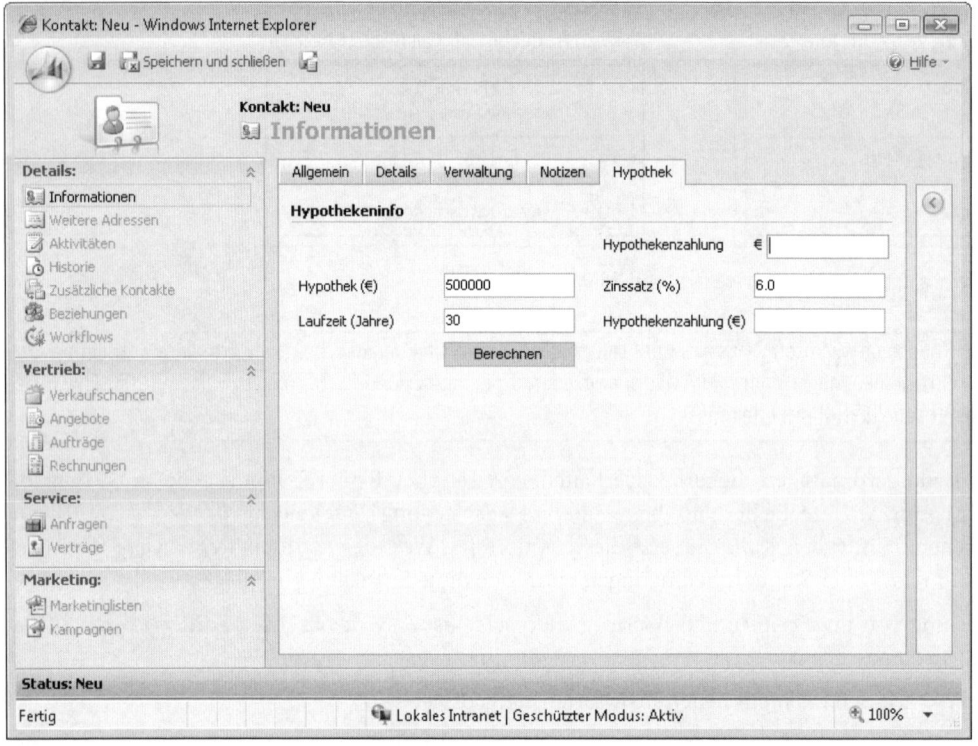

Abbildung 10.4   Kontakt-Formular mit benutzerdefinierter Webseite zur Hypothekenberechnung

Attribute hinzufügen

In diesem Beispiel fügen Sie der Entität *Kontakt* ein neues Attribut (*Hypothekenzahlung*) hinzu.

1. Klicken Sie in Microsoft Dynamics CRM im Bereich *Einstellungen* auf *Anpassung* und wählen Sie
    Entitäten anpassen. Doppelklicken Sie auf die Entität *Kontakt* und klicken Sie im Navigationsbereich auf
    Attribute.

2. Fügen Sie ein neues Attribut **mortgagepayment** mit dem Typ *money* hinzu (der Schemaname wird zu
    new_mortgagepayment, vorausgesetzt, dass Sie das Standardpräfix nicht geändert haben).

3. Geben Sie in das Feld *Anzeigename* die Bezeichnung **Hypothekenzahlung** ein.

4. Behalten Sie die Standardwerte für den Typ *money* bei. Klicken Sie dann auf *Speichern und schließen.*

Das Formular modifizieren

1. Klicken Sie im Navigationsbereich auf *Formulare und Ansichten* und doppelklicken Sie dann auf *Formular*, um das Formulareditorfenster zu öffnen.

2. Fügen Sie dem Formular *Kontakt* eine neue Registerkarte **Hypothek** hinzu. Diese Registerkarte nimmt einen sich automatisch erweiternden IFRAME, der auf eine benutzerdefinierte HTML-Seite verweist, und zwei Währungsfelder auf.

3. Fügen Sie einen Abschnitt **Hypothekeninfo** hinzu. Aktivieren Sie die beiden Kontrollkästchen *Namen dieses Abschnitts auf dem Formular anzeigen* und *Trennlinie unterhalb des Abschnittsnamens anzeigen.*

4. Fügen Sie das neue Feld *Hypothekenzahlung* hinzu, das Sie eben erstellt haben.

5. Fügen Sie einen Abschnitt **iframe** hinzu. Dieser Abschnitt nimmt einen sich automatisch erweiternden IFRAME auf.

6. Markieren Sie den neu erstellten Abschnitt und klicken Sie dann auf den Link *IFRAME hinzufügen.* Die IFRAME-Eigenschaften werden Sie variieren, um sich ein Bild von der Wirkung auf das Formular zu machen. Legen Sie zunächst die folgenden Eigenschaften fest:

   a. **Name:** *mortgage*

   b. **URL:** */ISV/SonomaPartners/WorkingWithCRM4/mortgage.htm.* (Wir erläutern später, wie Sie die Datei *mortgage.htm* bereitstellen.)

   c. **Bezeichnung:** Dieses Feld lassen Sie frei.

   d. **Sicherheit:** Deaktivieren Sie das Kontrollkästchen *Frameübergreifendes Skripting einschränken.* Zunächst lassen Sie den Skriptzugriff auf die beiden Seiten zu, damit die IFRAME-Seite ein Feld auf dem Microsoft Dynamics CRM-Formular aktualisieren kann.

7. Wechseln Sie zur Registerkarte *Formatierung* und legen Sie die folgenden Eigenschaften fest:

   a. **Anzahl der Zeilen:** Aktivieren Sie das Kontrollkästchen *Automatisch erweitern, um verfügbaren Bereich auszufüllen.*

   b. **Bildlauf:** Wählen Sie *Niemals* aus. Damit erstellen Sie ein Formular, das das vorhandene Microsoft Dynamics CRM-Formular widerspiegelt. Wenn Sie Bildlaufleisten zulassen, reserviert Internet Explorer Platz dafür und verschiebt das IFRAME-Formular, wie es in Abbildung 10.5 zu sehen ist.

   c. **Rahmen:** Deaktivieren Sie *Rahmen anzeigen.* Wie beim Bildlauf möchten Sie Ihre Benutzer nicht auf die Tatsache stoßen, dass sie sich auf einer anderen Seite befinden. Es geht hier darum, die Illusion zu vermitteln, dass sie mit dem systemeigenen Microsoft Dynamics CRM-Formular arbeiten.

8. Wechseln Sie zur Registerkarte *Abhängigkeiten*, wählen Sie das Feld *Hypothekenzahlung* aus und übernehmen Sie es in die Liste *Abhängige Felder.*

Eine IFRAME-Webseite an das Microsoft Dynamics CRM-Formular angleichen

Im Hypothekenrechnerbeispiel sollen die Benutzer glauben, dass sie lediglich ein einziges Formular verwenden. Die Benutzer sollen (oder müssen) nicht wissen, dass einige Felder auf der Registerkarte *Hypothek* tatsächlich in einem IFRAME untergebracht sind. Deshalb ist es wichtig, die IFRAME-Einstellungen entsprechend zu ändern, um die Seite möglichst gut anzugleichen.

Abbildung 10.5 zeigt, wie die IFRAME-Seite aussieht, wenn Sie *Rahmen anzeigen* aktivieren und den Bildlauf auf *Nach Bedarf* setzen. Auf der rechten Seite hat Microsoft Dynamics CRM automatisch Platz für eine Bildlaufleiste reserviert, falls diese erforderlich werden sollte. Demzufolge verschieben sich die Felder *Zinssatz* und *Hypothekenzahlung* im IFRAME nach links und sind nicht mehr mit dem nativen Formularfeld *Hypothekenzahlung* ausgerichtet. Da der Rahmen aktiviert ist, erscheint auf der IFRAME-Seite eine blaue Umrisslinie.

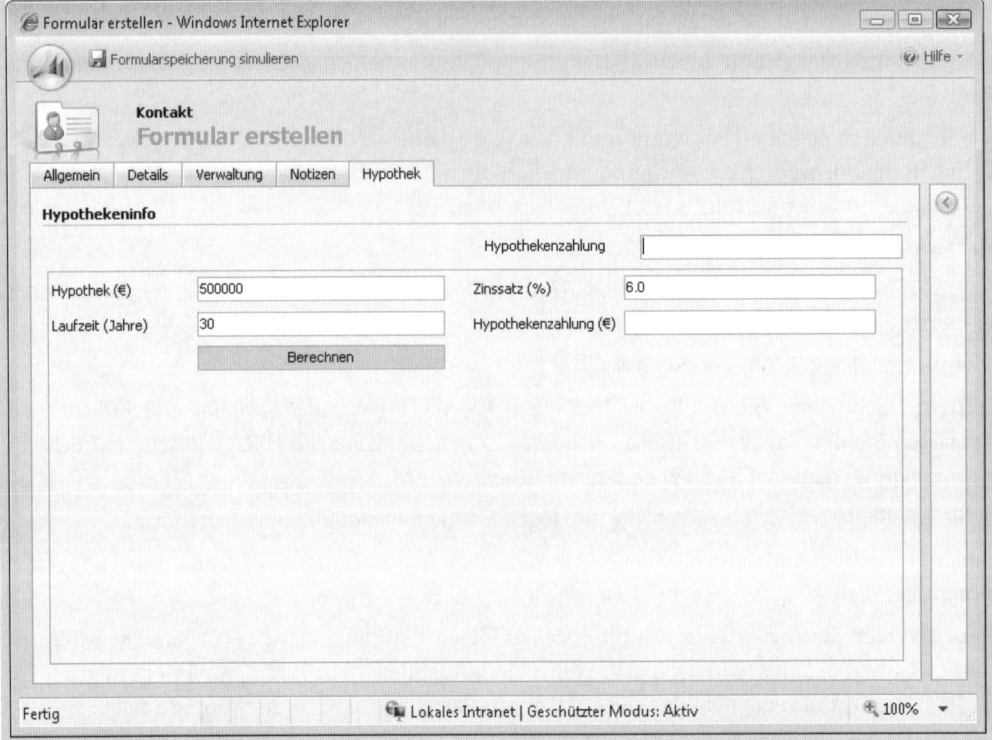

Abbildung 10.5   IFRAME, bei dem automatischer Bildlauf aktiviert ist und ein Rahmen angezeigt wird

Da wir bei unseren Webseiten und Formularen darauf Wert legen, dass alle Felder ordentlich ausgerichtet sind, ist es erforderlich, die IFRAME-Konfigurationsoptionen anzupassen. Wenn Sie die Einstellung für Bildlaufleisten auf *Niemals* setzen und *Rahmen anzeigen* deaktivieren, vermitteln Sie dem Benutzer die Illusion, dass es sich um ein und dieselbe Seite handelt, und schaffen eine einheitliche Benutzeroberfläche (siehe dazu Abbildung 10.4 weiter oben).

Benutzerdefinierte HTML-Seite

Als Nächstes erstellen Sie die benutzerdefinierte Webseite *Mortgage.htm*, die den Hypothekenrechner im IFRAME enthält. Die Webseite nimmt drei Finanzdaten entgegen und berechnet dann mit einer benutzerdefinierten JavaScript-Methode eine monatliche Hypothekenzahlung. Dann versucht die Seite, den Wert zurück auf das Microsoft Dynamics CRM-Formular zu schreiben, sodass sich der Wert mit dem *Kontakt*-Datensatz speichern lässt.

In Bezug auf die Datei *Mortgage.htm* sind folgende Punkte zu beachten:

- Die Formatierung der benutzerdefinierten Webseite spiegelt das native Microsoft Dynamics CRM-Formular wider, damit Sie die IFRAME-Seite nahtlos in das Formular integrieren können.

- Zu diesem Beispiel gehört lediglich eine einfache JavaScript-Seite. Sie können aber durchaus anspruchsvollere Webseiten erstellen und in einem IFRAME anzeigen.

- Die benutzerdefinierte Seite enthält ebenfalls ein Feld *Hypothekenzahlung*, um die Interaktion zwischen dem Microsoft Dynamics CRM-Formular und der benutzerdefinierten Webseite zu demonstrieren.

- Das Skript versucht, das Ergebnis für die monatliche Zahlung an das Microsoft Dynamics CRM-Formular zurückzusenden. Das Microsoft Dynamics CRM-Formular ist unbenannt, verkörpert aber immer das erste Element in der *forms*-Auflistung. Deshalb können Sie es mit folgender Syntax referenzieren:

```
parent.document.forms[0]
```

- In diesem Beispiel verwenden Sie auf der benutzerdefinierten Seite eine *Absenden*-Schaltfläche (»Berechnen«). Im Abschnitt »Codebeispiele für clientseitiges Skripting« später in diesem Kapitel zeigt das Beispiel *Benutzerdefinierte Benutzeroberfläche für Listen mit Mehrfachauswahl* auch, wie Sie mit frame-übergreifendem Skripting ein *Absenden*-Ereignis für Ihre benutzerdefinierte Seite auslösen können.

Listing 10.1 gibt den Code für die Seite *Mortgage.htm* an.

```html
<html>
<head>
 <title>Mortgage Calculator</title>
 <script type="text/javascript">
  function calculate()
  {
    // Eingaben vom Formular übernehmen
    var mortgageamount = document.getElementById("mortgageamount").value;
    var interestrate = document.getElementById("interestrate").value;
    var term = document.getElementById("term").value;

    // Zahlung berechnen und dem Feld auf dem Formular zuweisen
    var mortgagepayment = calculatePayment( interestrate, term * 12, mortgageamount)
    document.getElementById("mortgagepayment").value = mortgagepayment;

    // Auch zurück an das Feld auf dem Microsoft Dynamics CRM-Formular zuweisen
    parent.document.forms[0].all.new_mortgagepayment.DataValue = mortgagepayment;
  }

  function calculatePayment(rate, nummonths, presentvalue)
```

```
    {
      var intRate = rate /100 / 12;
      var pmt = Math.floor((presentvalue*intRate)/(1-Math.pow(1+intRate,
          (-1*nummonths)))*100)/100;
      return pmt;
    }
  </script>

  <style type="text/css">
  ...Formate für Seite...
  </style></head>
  <body><form>
  <div style="padding:0px;">
  <table class="layout" cellspacing="0" cellpadding="3" border="0">
    <col width="115"/><col/><col width="135" style="padding-left:20px;"/><col/>
    <tr>
      <td>Hypothek (&euro;)</td>
      <td><input type="text" id="mortgageamount" name="mortgageamount" value="500000" /></td>
      <td>Zinssatz (%)</td>
      <td><input type="text" id="interestrate" name="interestrate" value="6.0" /></td>
    </tr>
    <tr>
      <td>Laufzeit (Jahre)</td>
      <td><input type="text" id="term" name="term" value="30" /></td>
      <td>Hypothekenzahlung (&euro;)</td>
      <td><input type="text" id="mortgagepayment" name="mortgagepayment"
  value="" /></td>
    </tr>

    <tr>
      <td> </td>
      <td><input type="button" id="btnSubmit" name="btnSubmit" value="Berechnen"
          onclick="calculate();" /></td>
    </tr>
  </table>
  </div></form></body></html>
```

Listing 10.1   HTML-Code für die Seite mortgage.htm

Nachdem Sie die Seite fertig gestellt haben, müssen Sie sie an dem Speicherort bereitstellen, der in der URL-Eigenschaft des IFRAMEs spezifiziert ist (d.h. *ISV/SonomaPartners/WorkingWithCrm4/*). Navigieren Sie auf Ihrem Microsoft Dynamics CRM-Webserver zum Stamm der Microsoft Dynamics CRM-Website (normalerweise *C:\Inetpub\wwwroot*) und erstellen Sie ein Verzeichnis *SonomaPartners* mit dem Unterverzeichnis *WorkingWithCrm4*. Kopieren Sie die Datei *Mortgage.htm* an diesen Speicherort. Nehmen Sie die Methode, die für Sie am einfachsten ist (beispielsweise Xcopy oder FTP).

Ist das Formular gespeichert, können Sie es in der Vorschau anzeigen und die Ergebnisse begutachten. Mit der Vorschauoption *Formular erstellen* lässt sich auch testen, wie die Einstellung *Frameübergreifendes Skripting einschränken* funktioniert. Da Microsoft Dynamics CRM mehrere Währungen unterstützt, müssen Sie zuerst auf der Registerkarte *Allgemein* eine Währung auswählen. Wechseln Sie zurück auf die Registerkarte *Hypothek*, geben Sie einige Werte in den Hypothekenrechner ein und klicken Sie auf *Berechnen*. Jetzt werden beide Felder *Hypothekenzahlung (€)* aktualisiert – sowohl auf der benutzerdefinierten Seite als auch auf dem systemeigenen Microsoft Dynamics CRM-Formular (siehe Abbildung 10.6).

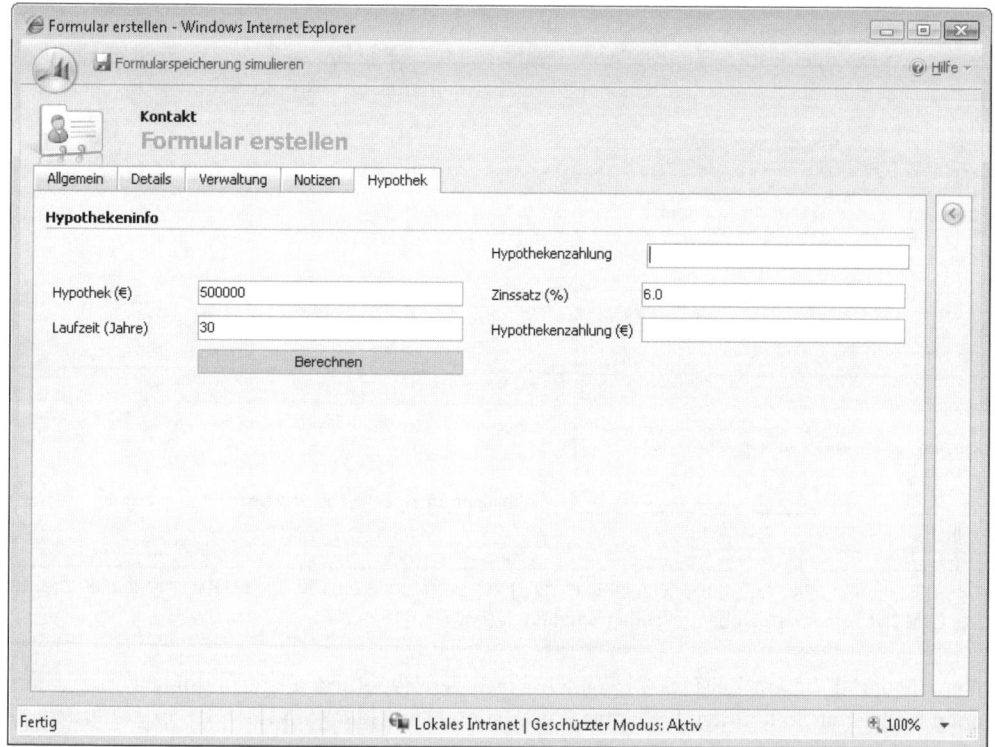

Abbildung 10.6 Die Registerkarte Hypothek in der Vorschau

Beachten Sie auch, dass das Formular wie ein Teil der systemeigenen Seite aussieht, da der Rahmen deaktiviert und der Bildlauf auf *Niemals* gesetzt ist. Und weil Sie in den IFRAME-Eigenschaften frameübergreifendes Skripting erlaubt haben, lassen sich auch die JavaScript-Routinen der benutzerdefinierten Seite ausführen. Außerdem sind Sie in der Lage, auf Elemente des Microsoft Dynamics CRM-Formulars zuzugreifen und die Ergebnisse der berechneten monatlichen Zahlung zurück nach Microsoft Dynamics CRM zu übertragen, denn die Verweise erfolgen auf eine Seite, die sich in derselben Domäne wie der Microsoft Dynamics CRM-Server befindet und das gleiche Protokoll verwendet.

Was passiert, wenn Sie frameübergreifendes Skripting einschränken? Klickt ein Benutzer auf die Schaltfläche *Berechnen*, wird das Feld für die monatliche Zahlung im IFRAME nicht gefüllt. Das Microsoft Dynamics CRM-Formular bleibt ebenfalls leer und es erscheint eine Fehlermeldung. Das gesamte Skripting auf der benutzerdefinierten IFRAME-Seite wurde deaktiviert und lässt sich nicht ausführen.

WICHTIG   Wenn Sie websiteübergreifendes Skripting in Microsoft Dynamics CRM deaktivieren, wird auf Ihrer referenzierten IFRAME-Seite ebenfalls die Ausführung sämtlicher Skripts unterbunden (selbst wenn diese Skripts gar nicht versuchen, frameübergreifend auf Microsoft Dynamics CRM einzuwirken).

Aktivieren Sie noch einmal frameübergreifendes Skripting, verschieben Sie aber das IFRAME-Formular auf einen anderen Server und greifen Sie darauf in einer anderen URL-Domäne zu. Aktualisieren Sie die URL-Eigenschaft des IFRAMEs in *http://crmserver2/ workingwithcrm/iframe-example.htm*. Zeigen Sie dann das Formular in der Vorschau an und probieren Sie erneut die Hypothekenberechnung. Das Feld *Hypotheken-*

zahlung wird korrekt ausgefüllt, im Browser erscheint aber ein Skriptfehler (ähnlich dem in Abbildung 10.7 gezeigten). Internet Explorer zeigt das »Zugriff verweigert«-Meldungsfeld an, weil kein Skripting zwischen zwei Webseiten zugelassen ist, die zu unterschiedlichen Domänen – hier *crmserver* und *crmserver2* – gehören.

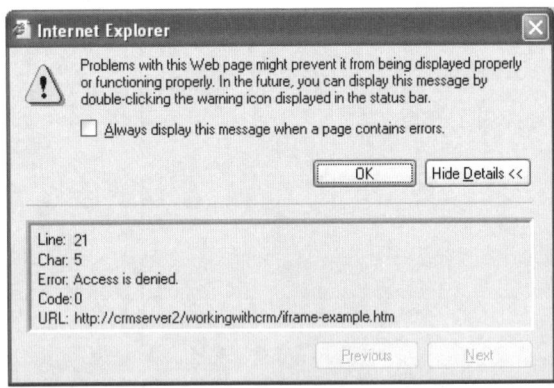

Abbildung 10.7   Fehler bei verweigertem Skriptzugriff

ACHTUNG   Da jede IFRAME-Seite auf einem anderen Server unter einer anderen URL gehostet wird, können Sie für Microsoft Dynamics CRM Live keine websiteübergreifenden Skripting-Techniken nutzen.

Natürlich können Sie die in diesem Beispiel verwendete Form der Hypothekenberechnung auch mit alternativen Methoden realisieren. So könnten Sie einfach die Hypothekenfelder vom IFRAME in das systemeigene Kontakt-Formular verlagern und das *onChange*-Ereignis nutzen, um die gleichen Berechnungen durchzuführen. Eine andere Option ist es, die Felder in das systemeigene Formular hinzuzufügen und einen Webdienst oder eine Webseite vom *onChange*-Ereignis aus aufzurufen. Bei einfacher Geschäftslogik brauchen Sie den Overhead eines benutzerdefinierten IFRAME nicht wirklich, doch in komplizierten Situationen erweist sich das IFRAME-Element mit frameübergreifendem Skripting als wertvolles Instrument.

HINWEIS   Weitere Informationen über die Sicherheit von DHTML finden Sie unter *http://msdn2.microsoft.com/en-us/library/ms533047.aspx* (in Englisch).

Dynamische IFRAME-URLs

Zwar geben Sie eine URL-Adresse für einen IFRAME ein, wenn Sie ihn einem Formular hinzufügen, doch lässt sich diese URL dynamisch per Programm ändern. So kann es erforderlich sein, die IFRAME-URL basierend auf einer vom Benutzer gewählten Formulareinstellung anzupassen oder sogar das Protokoll der URL an das Protokoll von Microsoft Dynamics CRM anzugleichen. Hierzu aktualisieren Sie die *src*-Eigenschaft des IFRAMEs über die Ereignisse *onLoad*, *onSave* oder *onChange*. Der Code sieht dann zum Beispiel wie folgt aus:

```
crmForm.all.<iframe_name>.src = <URL-Verweis>
```

ASP.NET-Anwendungsentwicklung

Das obige Beispiel hat gezeigt, wie Sie eine einfache HTML-Seite in einem IFRAME bereitstellen. Bei der Entwicklung Ihrer Webanwendungen werden Sie es jedoch größtenteils mit ASP.NET-Webseiten zu tun haben. Wenn Sie dazu bereit sind, Ihre ASP.NET-Webseiten für Microsoft Dynamics CRM bereitstellen zu können, sollten Sie die entsprechenden Webdateien in den folgenden Ordnern unterbringen:

- **Server:** *<Installationsstamm>\ISV\<Firmenname>\<Anwendungsname>*, wobei *<Installationsstamm>* das Standardverzeichnis der Microsoft Dynamics CRM-Webdateien bezeichnet (normalerweise *C:\Inetpub\wwwroot*), *<Firmenname>* den Namen Ihrer Firma angibt und *<Anwendungsname>* für den Namen Ihrer Anwendung steht.

- **Client:** *<Installationsordner_Programmdateien>\Microsoft Dynamics CRM\Client\res\web\ISV\<Firmenname>\<Anwendungsname>*, wobei *<Installationsordner_Programmdateien>* das Standardverzeichnis für die Microsoft Dynamics CRM-Clientdateien bezeichnet (normalerweise *C:\Programme*), *<Firmenname>* den Namen Ihrer Firma angibt und *<Anwendungsname>* für den Namen Ihrer Anwendung steht.

> **WICHTIG** Platzieren Sie Ihre Dateien nicht direkt unterhalb des ISV-Ordners. Erstellen Sie immer zuerst einen Unterordner. Damit vermindern Sie das Risiko, dass Ihre benutzerdefinierte Anwendung mit anderen benutzerdefinierten Anwendungen (beispielsweise mit Add-Ons von Drittanbietern) kollidiert, die auf Ihrem Microsoft Dynamics CRM-Server bereitgestellt werden.

Denken Sie an die folgenden Punkte, wenn Sie ASP.NET-Anwendungen entwickeln, die Sie im ISV-Ordner bereitstellen:

- Wenn Sie in Ihrer Anwendung auf die Microsoft Dynamics CRM-Webdienst-WSDL verweisen, müssen Sie Ihre Webanwendung zu einer Assembly kompilieren und die Assembly im *\bin*-Ordner von Microsoft Dynamics CRM unterbringen, damit das Laden über den Verweis ordnungsgemäß funktioniert.

- Wenn Sie die SDK-Assemblyverweise hinzufügen und auf dynamische Entitäten zurückgreifen, müssen Sie lediglich Ihre *.aspx-* und *.cs*-Dateien bereitstellen. Ein entsprechendes Beispiel zeigen wir später in diesem Kapitel.

- Verwenden Sie starke Namen und digitale Signaturen für alle Ihre Assemblies.

- Wenn Sie Ihre Anwendung für Offlinezugriff entwickeln, müssen Sie ermitteln, wann die Anwendung in einem Offlinezustand arbeitet, weil in diesem Modus andere Verweise verwendet werden. Im SDK finden Sie Beispiele, wie Sie dies implementieren.

- Microsoft Dynamics CRM bietet eine neue Klasse *CrmImpersonator*. Mit dieser Klasse können Sie den aktuellen Sicherheitskontext nutzen, den Microsoft Dynamics CRM verwendet. Diese Klasse ist ideal für Bereitstellungen mit Internetzugriff (IFDs) geeignet.

- Wenn Sie Ihre benutzerdefinierten Seiten von der *ISV.config* oder Sitemap mit einem relativen Pfad verknüpfen, schaltet Microsoft Dynamics CRM einen Provider für den virtuellen Pfad ein, um den Organisationsnamen in die URL einzufügen. Nachdem dies passiert ist, können Sie keine benutzerdefinierte *web.config*.Datei mehr verwenden.

TIPP   Verlangt Ihre Anwendung eine *web.config*-Datei, können Sie mit */../* im relativen URL-Pfad den virtuellen Pfadprovider umgehen (zum Beispiel: *Url=»/../ISV/SonomaPartners/Elements/sample.aspx«*). Die Zeichenfolge */../* weist den Webbrowser an, einen Ordner nach oben zurückzugehen, wobei praktisch der Organisationsname von der URL entfernt und der Provider für den virtuellen Pfad umgangen wird. Zweckmäßigerweise behandelt der Webbrowser zudem recht elegant den Fall, bei dem Unterordner im Pfad vorkommen. Allerdings werden Sie durch diese Methode auf die Standardorganisation eingeschränkt, wenn Sie die Klasse *CrmImpersonator* verwenden.

Wenn Sie Ihre benutzerdefinierten Webseiten im ISV-Ordner bereitstellen, sollte Ihre Anwendung in verschiedenen Arten von Umgebungen funktionieren, beispielsweise in einem lokalen Intranet, in einer Bereitstellung mit Internetzugriff und offline in Microsoft Dynamics CRM für Outlook mit Offlinezugriff.

Greifen Ihre Benutzer jedoch ausschließlich über ein lokales Intranet auf Ihre benutzerdefinierte Webanwendung zu, können Sie ein virtuelles IIS (Internet Information Services)-Verzeichnis anstelle des ISV-Ordners verwenden, um Ihre ASP.NET-Dateien bereitzustellen.

Mit dem Konzept des virtuellen Verzeichnisses können Sie Ihre eigene Webanwendung erstellen und sie auf dem Microsoft Dynamics CRM-Webserver als virtuelles Verzeichnis in IIS bereitstellen. Dieses Konzept bringt einige Vorteile mit sich. Sie können Ihre eigene Anwendungspoolidentität und Microsoft .NET Framework-Laufzeitversion einrichten, was Ihren Code von Microsoft Dynamics CRM isoliert. Außerdem können Sie von der gesamten Funktionalität Ihrer eigenen *web.config*-Datei profitieren, Ihr eigenes *bin*-Verzeichnis für Assemblyverweise verwenden und die Bereitstellung der Anwendung entsprechend Ihren Anforderungen in einer Weise konfigurieren, die von Microsoft Dynamics CRM unterstützt wird.

Allerdings sollten Sie dieses Bereitstellungsmodell mit virtuellem Verzeichnis nur unter bestimmten Umständen verwenden, weil es mehrere signifikante Nachteile besitzt. Erstens funktioniert Ihre benutzerdefinierte Webanwendung nicht im Offlinemodus. Microsoft Dynamics CRM für Outlook verwendet einen Cassini-Webserver für die Implementierung des Offline-Clients und Cassini erlaubt keine virtuellen Verzeichnisse. Zweitens wird verlangt, dass Ihre benutzerdefinierten Webseiten bei Bereitstellungen mit Internetzugriff erneut authentifiziert werden. IFD verwendet Formularauthentifizierung und IIS übergibt diese Authentifizierung nicht nahtlos in der geeigneten Form an die Seiten des virtuellen Verzeichnisses. Schließlich müssen Sie entweder die vollständige URL zu Ihren Seiten angeben oder die weiter vorn erwähnte Technik mit */../* verwenden, um auf Ihre Seiten zuzugreifen.

Deshalb empfehlen wir, dieses Bereitstellungskonzept mit virtuellem Verzeichnis nur zu verwenden, wenn Sie sicher sein können, dass Sie niemals auf Ihre benutzerdefinierten Seiten offline oder von einem IFD-Server aus zugreifen müssen.

Unabhängig von der Methode (ISV-Ordner oder virtuelles Verzeichnis), mit der Sie Ihre ASP.NET-Dateien bereitstellen, sollten Sie die folgenden Empfehlungen beherzigen, wenn Sie Ihre benutzerdefinierten Webseiten entwickeln:

- Verwenden Sie in Übereinstimmung mit der Microsoft Dynamics CRM-Anwendung .NET Framework 3.0 als Ziel. Bei Bedarf können Sie auch auf andere Versionen des .NET Frameworks zurückgreifen.

- Unterlassen Sie es, die *web.config*-Datei des Microsoft Dynamics CRM-Stamms zu modifizieren. Diese Änderung wird nicht unterstützt und alle Änderungen, die Sie vornehmen, können die gesamte Microsoft Dynamics CRM-Anwendung in einen instabilen Zustand bringen.

Microsoft Dynamics CRM und Provider für virtuelle Pfade

Wenn Sie mit dem Erstellen benutzerdefinierter Webseiten für die vorherige Version von Microsoft Dynamics CRM vertraut sind, wissen Sie, dass Microsoft Entwicklern nicht erlaubt hat, irgendwelche Dateien in den Microsoft Dynamics CRM-Webordnern bereitzustellen. Stattdessen wurde die Bereitstellung benutzerdefinierter Seiten in einem virtuellen Verzeichnis als bevorzugte und empfohlene Methode propagiert. Um nun aber mehrere Organisationen in ein und derselben Bereitstellung unterstützen zu können, verwendet Microsoft Dynamics CRM 4.0 einen Provider für virtuelle Pfade, um den Organisationsnamen dynamisch in die URL einzufügen. So sehen Sie in der Adressleiste Ihres Webservers anstelle einer URL wie *http://<crmserver>/loader.aspx* eine URL der Form *http://<crmserver>/<Organisation>/loader.aspx*. Microsoft Dynamics CRM fügt automatisch den *<Organisation>*-Namen in die URL ein, wenn Benutzer auf Webseiten von der Sitemap oder *ISV.config* zugreifen.

> **HINWEIS**   Microsoft Dynamics CRM fügt den Organisationsnamen bei benutzerdefinierten IFRAME-Verweisen nicht ein.

Entwickler müssen berücksichtigen, wie der Provider für virtuelle Pfade ihre benutzerdefinierten apsdn-Anwendungen beeinflusst. Betrachten Sie zunächst folgenden Fall: Sie versuchen, ein benutzerdefiniertes virtuelles Verzeichnis *CustomWeb* unterhalb der Microsoft Dynamics CRM-Website zu verwenden und referenzieren Ihre apsdn-Webseite mit einem relativen Pfad wie zum Beispiel */CustomWeb/custompage.aspx*. Wenn Sie in Microsoft Dynamics CRM auf diesen Link klicken, erhalten Sie eine Fehlermeldung, dass IIS die Webseite nicht finden kann. Der Grund dafür liegt darin, dass Microsoft Dynamics CRM die URL in *http://<crmserver>/<Organisation>/CustomWeb/custompage.aspx* übersetzt. Und da Ihre Webseite tatsächlich auf *http://<crmserver>/CustomWeb/custompage.aspx* untergebracht ist, findet IIS die Datei nicht. Zweifellos entspricht das nicht Ihren Anforderungen.

Falls Sie zweitens versuchen, das Konzept des virtuellen Verzeichnisses zu vermeiden und Ihre benutzerdefinierten Dateien einfach in einen Ordner auf dem Microsoft Dynamics CRM-Server unterzubringen, wird IIS keine *web.config*-Datei in einem Unterordner ausführen, wenn Microsoft Dynamics CRM mit dem Provider für virtuelle Pfade eingreift. Anders ausgedrückt können Sie sich nicht auf benutzerdefinierte *web.config*-Einstellungen in Ihrer Anwendung, in geladenen Assemblies, Modulen usw. verlassen. Auch dies ist sicherlich keine ideale Situation.

> **ACHTUNG**   Allgemeine HTML-Dateien (mit den Erweiterungen *.htm*, *.html*, *.css*, *.js* usw.) werden nicht geladen, wenn der Zugriff über den Provider für virtuelle Pfade erfolgt.

Infolgedessen haben die Änderungen des Providers für virtuelle Pfade in Microsoft Dynamics CRM 4.0 Microsoft dazu veranlasst, die unterstützten Methoden zur Bereitstellung benutzerdefinierter ASP.NET-Webseiten für Microsoft Dynamics CRM zu modifizieren, damit Entwickler ihre Webdateien im */ISV*-Ordner und ihre kompilierten Assemblies im */bin*-Ordner von Microsoft Dynamics CRM bereitstellen können.

Als beste Optionen können Sie entweder Ihre URLs mit /../ referenzieren und den Provider für virtuelle Pfade umgehen (wenn Sie in Einzelinstanzumgebungen bereitstellen) oder Ihre Weblogik zu einer einzigen Assembly kompilieren und die Assembly im */bin*-Ordner von Microsoft Dynamics CRM bereitstellen.

ISV.config

Mit der Datei *ISV.config* können Sie benutzerdefinierte Webseiten in die Microsoft Dynamics CRM-Anwendung integrieren. Wenn Sie die *ISV.config*-Datei bearbeiten und mit der Sitemap-Funktionalität koppeln, die Sie in Kapitel 6 kennen gelernt haben, können Sie die Anwendungsnavigation für Ihre Microsoft Dynamics CRM-Benutzer in weiten Grenzen nach Ihren Vorstellungen gestalten. Mit der *ISV.config*-Datei von Microsoft Dynamics CRM haben Sie unter anderem die Möglichkeit, Schaltflächen und Aktionsmenüverknüpfungen in die Symbolleiste der Tabelle hinzuzufügen, auf die Unterstützung von JavaScript-Code für Menüs und Schaltflächen zu bauen und auf das übergeordnete Fenster zuzugreifen. Microsoft Dynamics CRM bringt zwar eine Standard-*ISV.config* mit, die ISV-Features sind aber normalerweise deaktiviert.

| **HINWEIS** | Weitere Informationen über das *ISV.config*-XML finden Sie im SDK. |

Integrationsbereiche

Abbildung 10.8 zeigt die Bereiche im Hauptfenster der Anwendung, die Sie mit der Datei *ISV.config* anpassen können. Wie aus dieser Abbildung hervorgeht, haben wir als Beispiele einige Schaltflächen und Menübefehle hinzugefügt, um zu veranschaulichen, wie die *ISV.config*-Anpassungen in der Benutzeroberfläche erscheinen. In die folgenden Bereiche der Anwendungsnavigation können Sie benutzerdefinierte Schaltflächen oder Menübefehle hinzufügen:

1. Menüleiste der Anwendung
2. Symbolleiste der Anwendung
3. Symbolleiste der Tabelle
4. Aktionsmenü der Tabelle

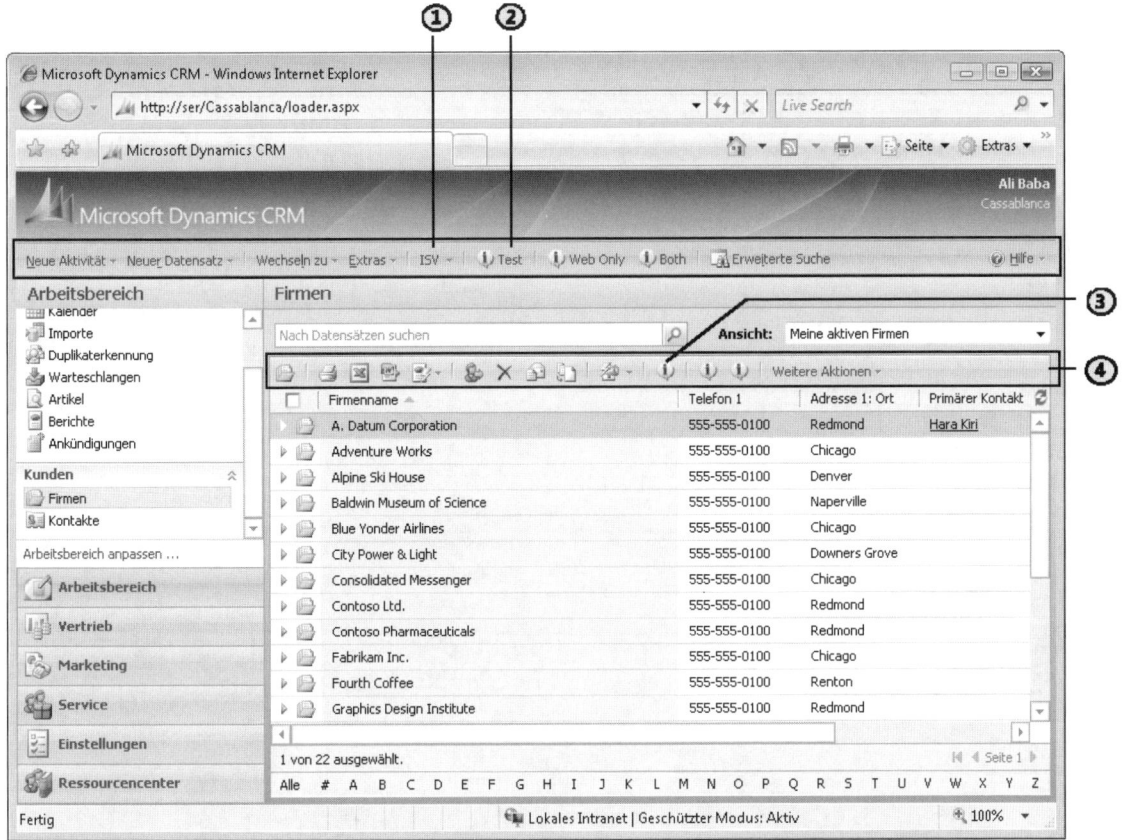

Abbildung 10.8 Integrationspunkte für eine Anwendung

Neben der Anwendungsnavigation können Sie auch das Entitätsformular anpassen. Abbildung 10.9 zeigt die Integrationsbereiche, die die *ISV.config*-Datei im Fenster eines Entitätsformulars bietet. Anpassungen sind an folgenden Stellen möglich:

5. Schaltflächen der Formularsymbolleiste

6. Symbolleiste des Formulars

7. Navigationsbereich

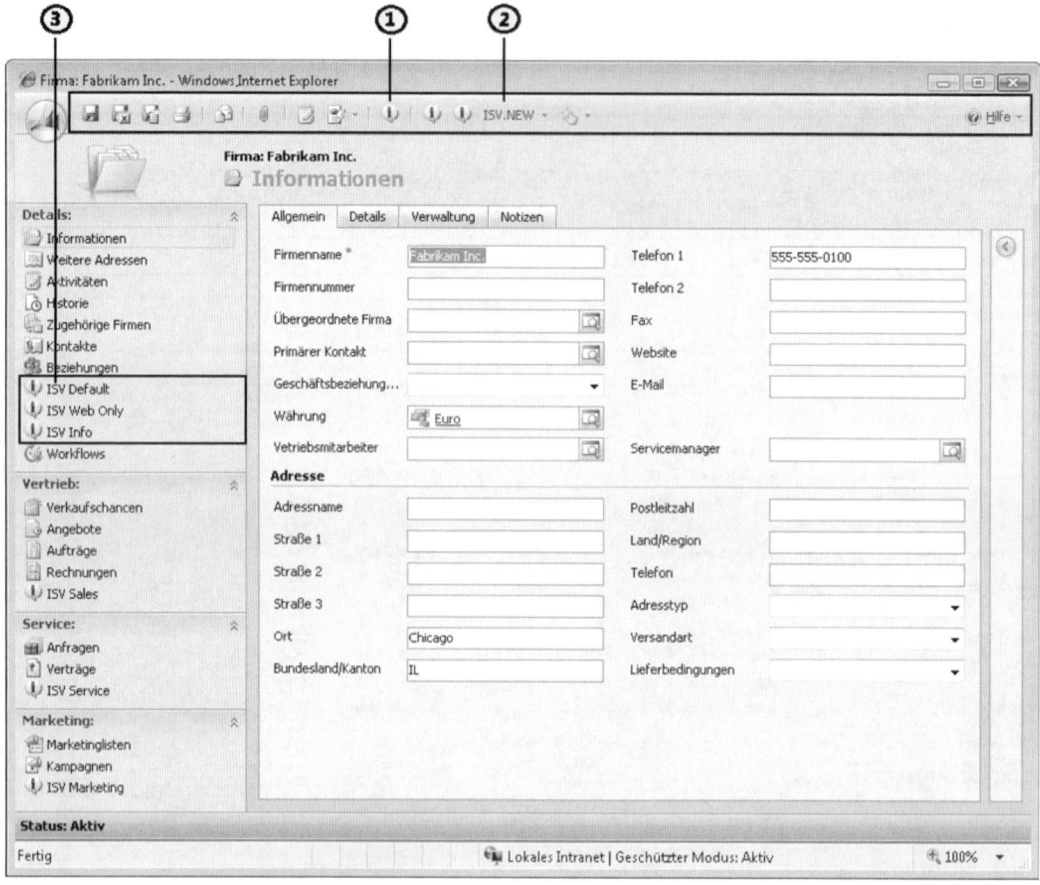

Abbildung 10.9   Integrationspunkte bei einem Entitätsformular

---

HINWEIS   Den Navigationsbereich der *Anwendung* können Sie mit der *ISV.config*-Datei nicht anpassen, wohl aber den Navigationsbereich der *Entität*. Kapitel 6 erläutert, wie Sie den Navigationsbereich der Anwendung mithilfe der Sitemap anpassen.

Der folgende Code zeigt einen Ausschnitt aus der *ISV.config*-Datei, die zum Lieferumfang von Microsoft Dynamics CRM gehört. Auf die Bedeutung der in dieser Datei verfügbaren Elemente gehen wir als Nächstes ein.

```
<IsvConfig>
  <configuration version="3.0.0000.0">
    <Root>
      <MenuBar>
        <CustomMenus>
          <Menu>
            <Titles>
              <Title LCID="1033" Text="ISV" />
            </Titles>
            <MenuItem Url="http://www.microsoft.com">
```

```
                        <Titles>
                          <Title LCID="1033" Text="New Window" />
                        </Titles>
                      </MenuItem>
                      <MenuSpacer />
                    </Menu>
                  </CustomMenus>
                </MenuBar>
              </Root>
              <Entities>
                <Entity name="account">
                  <NavBar>
                    <NavBarItem Icon="/_imgs/ico_18_debug.gif" Url="http://www.microsoft.com" Id="navItem">
                      <Titles>
                        <Title LCID="1033" Text="ISV Default" />
                      </Titles>
                    </NavBarItem>
                  </NavBar>
                </Entity>
              </Entities>
            </configuration>
          </IsvConfig>
```

TIPP   Lassen Sie sich nicht von der *ISV.config*-Versionsnummer 3.0.0000.0 beirren. Es handelt sich hierbei um die korrekte Version, auch wenn sie sich auf Microsoft Dynamics CRM 4.0 bezieht.

Bereiche des Navigationsbereichs

Für die Formularnavigation von Microsoft Dynamics CRM existieren vier benannte Bereiche (*Details*, *Sales*, *Service* und *Marketing*). Es ist nicht möglich, zusätzliche Bereiche für die Formularnavigation hinzuzufügen. Allerdings können Sie mit dem *<NavBarAreas>*-Element die Bezeichnungen für diese Bereiche in Namen ändern, die für Ihr Unternehmen zweckmäßiger sind. Leider wirkt sich diese Änderung global auf sämtliche Entitätsformulare aus.

Deshalb sollte die verwendete Anzeigebeschriftung genügend allgemein sein, sodass sie auch für die anderen Formulare in den Anwendungen zutreffend ist.

```
<NavBarAreas>
  <NavBarArea Id="Sales">
    <Titles>
      <Title LCID="1033" Text="New Sales Label" />
      <Title LCID="1031" Text="Neue Vertriebsbezeichnung" />
    </Titles>
  </NavBarArea>
  <NavBarArea Id="Service">
    <Titles>
      <Title LCID="1033" Text="New Service Label" />
      <Title LCID="1031" Text="Neue Servicebezeichnung" />
    </Titles>
  </NavBarArea>
</NavBarAreas>
```

Abbildung 10.10 zeigt die obigen Anpassungen an einem deutschen Formular von Microsoft Dynamics CRM. Beachten Sie, dass die Bereiche *Vertrieb* und *Service* jetzt mit *Neue Vertriebsbezeichnung* und *Neue Servicebezeichnung* versehen sind.

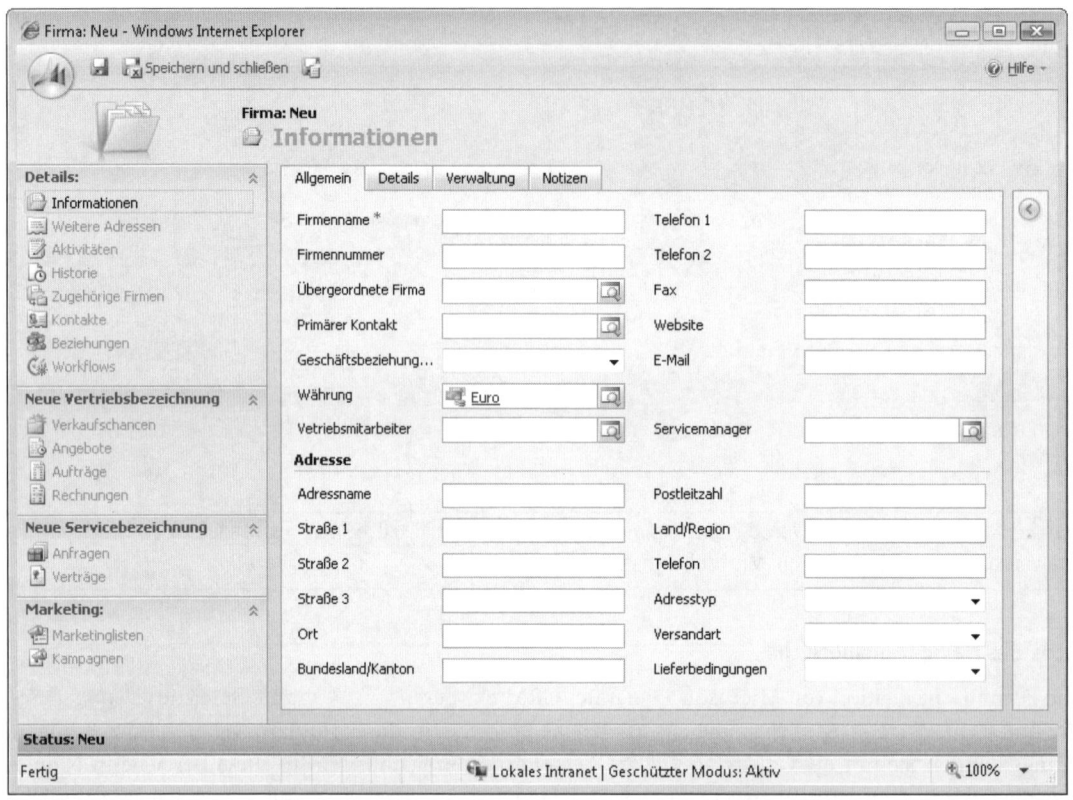

Abbildung 10.10   Integrationspunkte für Entitätsformulare

Das *Id*-Attribut des *<NavBarArea>*-Elements definiert, welcher Bereich anzupassen ist. Gültige Werte für das *Id*-Attribut sind *Details*, *Sales*, *Service* und *Marketing*.

Wie Sie wissen, unterstützt Microsoft Dynamics CRM mehrere Sprachen in ein und derselben Organisation. Möchten Sie also eine neue Bezeichnung für den Navigationsbereich definieren, müssen Sie das mit dem *<Titles>*-Element realisieren. Das *<Title>*-Element enthält den Sprachcode (Attribut *LCID*) und Anzeigetext (Attribut *Text*) für jede Sprache, die Sie installiert haben. Das *<Titles>*-Element enthält entsprechend ein oder mehrere untergeordnete *<Title>*-Elemente. Das *<Titles>*-Element ist ein untergeordnetes Element jedes *ISV.config*-Elements in der Anwendung und zeigt den Text für den Benutzer an.

Beachten Sie zu den Elementen *<NavBarArea>* und *<Title>* noch folgende Hinweise:

- Änderungen wirken global auf alle Entitätsformulare. Überlegen Sie also genau, welche Änderung (für alle Formulare) zweckmäßig ist.

- In die *ISV.config*-Datei können Sie Sprachversionen auch dann hinzufügen, wenn das Language Pack noch nicht auf dem Microsoft Dynamics CRM-Server installiert ist. Nachdem Sie das Language Pack installiert haben und der Benutzer die bevorzugte Sprache konfiguriert, wird die übersetzte Bezeichnung entsprechend angezeigt.

- Änderungen sieht der Benutzer unmittelbar nach dem Importieren. Die *ISV.config*-Datei müssen Sie nicht veröffentlichen. Allerdings ist es gegebenenfalls erforderlich, den Webbrowser zu aktualisieren, damit die Änderungen sichtbar werden.

Menüleiste

Indem Sie die *ISV.config*-Datei bearbeiten, können Sie der Hauptanwendung, dem Entitätsformular und einem *Aktionen*-Menü der Tabelle Menüverknüpfungen hinzufügen. Wenn Sie unterhalb des *<Root>*-Knotens einen *<MenuBar>*-Knoten einfügen, können Sie benutzerdefinierte Menüs in die Anwendung einbinden. Um auf dem Formular einer Entität ein benutzerdefiniertes Menü zu erstellen, platzieren Sie ein *<MenuBar>*-Element direkt unterhalb des *<Entity>*-Knotens.

Der *<MenuBar>*-Knoten verlangt einen *<CustomMenu>*-Knoten. Der *<CustomMenu>*-Knoten kann einen oder mehrere *<MenuItem>*-Knoten mit den in Tabelle 10.10 aufgelisteten Attributen enthalten, um die benutzerdefinierten Menüverknüpfungen näher zu definieren.

Attribut	Beschreibung
AccessKey	Spezifiziert eine Tastenkombination. Ist ein einzelnes Zeichen angegeben, kann der Benutzer auf das Menü über <kbd>Alt</kbd> <kbd>Zeichen</kbd> zugreifen.
AvailableOffline	Definiert, ob die Verknüpfung im Outlook-Client erscheinen soll, wenn der Client offline ist. Gültige Optionen sind *True* und *False*.
Client	Definiert, in welchen Clientanwendungen die Verknüpfung erscheinen soll. Gültige Optionen sind *Web* und *Outlook*. Wenn Sie diesen Knoten leer lassen oder ignorieren, wird das Menüelement in beiden Clientanwendungen angezeigt.
JavaScript	Enthält dieses Attribut einen Eintrag, führt Microsoft Dynamics CRM den JavaScript-Code aus und ignoriert das *Url*-Attribut.
PassParams	Ist dieses Attribut auf 1 gesetzt, übergibt Microsoft Dynamics CRM Informationen über den Datensatz, den Organisationsnamen und den Sprachkontext an das neue Fenster. Gültige Optionen sind 0 (keine Parameter übergeben) und 1 (Parameter übergeben).
Url	Microsoft Dynamics CRM öffnet ein Fenster zu dem in diesem Attribut spezifizierten Pfad. Ist das *JavaScript*-Attribut ausgefüllt, wird das *Url*-Attribut ignoriert.
ValidForCreate	Zeigt das Menüelement an, wenn sich das Entitätsformular im Erstellungsmodus befindet. Gültige Optionen sind 0 (nicht anzeigen) und 1 (anzeigen).
ValidForUpdate	Zeigt das Menüelement an, wenn sich das Entitätsformular im Aktualisierungsmodus befindet. Gültige Optionen sind 0 (nicht anzeigen) und 1 (anzeigen). ▶

Attribut	Beschreibung
WinMode	Bestimmt den Typ des zu öffnenden Fensters. Gültige Werte sind: 0 (normales Fenster) 1 (modales Dialogfeld) 2 (nichtmodales Dialogfeld)
WinParams	Definiert zusätzliche JavaScript-*window.open*-Optionen (siehe Tabelle 10.12 und Tabelle 10.13). Die Parameter sind vom *WinMode*-Wert abhängig.

Tabelle 10.10   Attribute des <MenuItem>-Elements

Das folgende Codebeispiel zeigt, wie Sie ein benutzerdefiniertes Menü hinzufügen, das im Fenster der Hauptanwendung angezeigt wird:

```
<IsvConfig>
  <configuration version="3.0.0000.0">
    <Root>
      <MenuBar>
        <CustomMenus>
          <Menu>
            <Titles>
              <Title LCID="1031" Text="Sonoma Partners" />
            </Titles>
            <MenuItem Url="http://www.microsoft.com">
              <Titles>
                <Title LCID="1031" Text="Benutzerdefiniertes Menüelement" />
              </Titles>
            </MenuItem>
            <MenuSpacer />
          </Menu>
        </CustomMenus>
      </MenuBar>
    </Root>
  </configuration>
</IsvConfig>
```

Abbildung 10.11 zeigt das Ergebnis dieser Konfiguration.

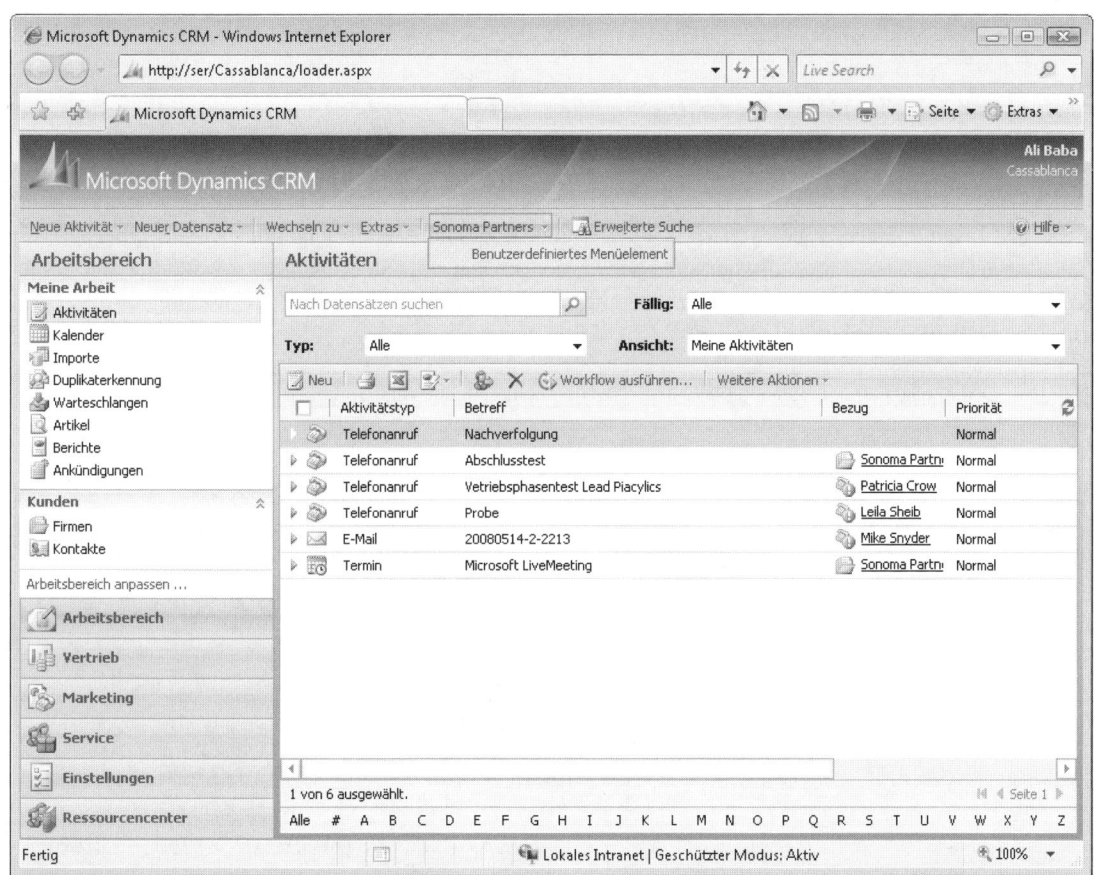

Abbildung 10.11 Beispiel für benutzerdefiniertes Menü

Ebenso ist es möglich, ein benutzerdefiniertes Menü in die Menüleiste einer Entität (statt in die Menüleiste der Anwendung) hinzuzufügen. Verwenden Sie dazu folgenden Code unter dem *<Entity>*-Knoten:

```
<Entities>
 <Entity name="account">
  <MenuBar>
     <CustomMenus>
       <Menu>
         <Titles>
           <Title LCID="1031" Text="Neues Menü" />
         </Titles>
         <MenuItem Url="http://www.microsoft.com" PassParams="0" WinMode="1">
           <Titles>
             <Title LCID="1031" Text="Demnächst..." />
           </Titles>
         </MenuItem>
       </Menu>
```

```
    </CustomMenus>
  </MenuBar>
 </Entity>
</Entities>
```

Navigationsbereich

Mithilfe der Datei *ISV.config* lassen sich auch Verknüpfungen in den Navigationsbereich einer Entität einbinden. Gesteuert wird der Navigationsbereich der Entität mit dem Knoten *<NavBar>* der Datei *ISV.config*, der sich unter den Knoten *<Entities>* und *<Entity>* befindet. Tabelle 10.11 beschreibt die verfügbaren *<NavBarItem>*-Attribute.

HINWEIS   Denken Sie daran, dass Sie die Sitemap verwenden müssen, um Verknüpfungen in den Navigationsbereich der Anwendung einzufügen.

Attribut	Beschreibung
Area	Definiert den Navigationsbereich, in dem die Verknüpfung angezeigt wird. Gültige Optionen sind *Sales*, *Marketing*, *Service* und *Info*. Beachten Sie, dass *Info* dem Bereich *Details* entspricht.
AvailableOffline	Definiert, ob die Verknüpfung im Outlook-Client erscheinen soll, wenn der Client offline ist. Gültige Optionen sind *True* und *False*.
Client	Definiert, in welchen Clientanwendungen die Verknüpfung erscheinen soll. Gültige Optionen sind *Web* und *Outlook*. Wenn Sie diesen Knoten leer lassen oder ignorieren, wird das Menüelement in beiden Clientanwendungen angezeigt.
Id	Definiert die HTML-ID der Verknüpfung. Dieser Zeichenfolgenwert muss eindeutig sein und ist erforderlich.
Icon	Definiert einen Pfad zu einer Bilddatei. Die Größe des Symbols sollte 16 x 16 Pixel sein. Dieser Wert ist erforderlich.
PassParams	Ist dieses Attribut auf 1 gesetzt, übergibt Microsoft Dynamics CRM den Organisationsnamen, den Sprachcode der Organisation und den Sprachcode des Benutzers. Gültige Optionen sind 0 (keine Parameter übergeben) und 1 (Parameter übergeben). Beachten Sie, dass die Entitäts-ID und der Entitätsname standardmäßig eingebunden sind.
Url	Microsoft Dynamics CRM öffnet ein Fenster zu dem in diesem Attribut spezifizierten Pfad. Der Parameter ist erforderlich.

Tabelle 10.11   Attribute des <NavBarItem>-Elements

Symbolleiste

Der Knoten *<ToolBar>* enthält die Knoten *<Button>* und *<ToolBarSpacer />*. Diese Schaltflächen sind sowohl von der Symbolleiste der Hauptanwendung aus als auch von der Symbolleiste eines Entitätsformulars aus zugänglich. Der folgende Code zeigt ein Beispiel für den *<ToolBar>*-Knoten:

```
<ToolBar ValidForCreate="0" ValidForUpdate="1">
  <Button Icon="/_imgs/ico_18_debug.gif" Url="http://www.microsoft.com"
      PassParams="1" WinParams="" WinMode="1">
    <Titles>
      <Title LCID="1031" Text="Test" />
    </Titles>
    <ToolTips>
      <ToolTip LCID="1031" Text="Info zum Test" />
    </ToolTips>
  </Button>
</ToolBar>
```

Der *<ToolBar>*-Knoten enthält auch die Attribute *ValidForCreate* und *ValidForUpdate*. Genau wie bei Menüelementen können Sie diese Attribute selektiv auf der Schaltflächenebene anwenden. Das *<Button>*-Element enthält die gleichen Attribute wie *<MenuItem>* und zusätzlich die Attribute *Icon* und *WinParams*. Das Attribut *Icon* definiert ein Bild, das auf der Schaltfläche angezeigt wird. Seine Größe sollte 16 x 16 Pixel betragen. Mit dem Attribut *WinParams* können Sie zusätzliche JavaScript-*window.open*-Optionen (siehe Tabelle 10.12 und Tabelle 10.13) definieren. Die Parameter sind abhängig vom ausgewählten *WinMode*. Optionen und ihre Werte fügen Sie in einer Zeichenfolge mit einer durch Komma getrennten Liste wie im folgenden Beispiel hinzu:

```
WinParams="height=350,width=600,toolbars=0,menubar=0,location=0"
```

Analog zu Menüelementen existiert ein separates *<Titles>*-Element für den Anzeigetext und den Sprachcode. Allerdings gibt es im Unterschied zu einem Menü ein *<ToolTips>*-Element, das sprachspezifische Quick-Infos bereitstellt. Die QuickInfo sieht der Benutzer, wenn er den Mauszeiger auf die Schaltfläche setzt.

HINWEIS Parameter müssen Sie nur festlegen, wenn Sie andere Werte als die Standardeinstellungen von Microsoft Dynamics CRM spezifizieren möchten.

Parameter	Gültige Optionen	Beschreibung
Height	Anzahl in Pixel	Bestimmt die Höhe des Fensters.
Left	Anzahl in Pixel	Bestimmt die horizontale Position des Fensters relativ zur linken oberen Ecke des Bildschirms.
Location	yes oder no 1 oder 0 Standard: yes	Zeigt die Internet Explorer-Adressleiste im Browserfenster an.
Menubar	yes oder no 1 oder 0 Standard: yes	Zeigt die oberste Internet Explorer-Menüleiste im Browserfenster an.
Resizable	yes oder no 1 oder 0 Standard: yes	Lässt das Ändern der Fenstergröße zu und zeigt die Handles zur Größenänderung unten im Fenster an. ▶

Parameter	Gültige Optionen	Beschreibung
Scrollbars	yes oder no 1 oder 0 Standard: yes	Lässt die Anzeige von vertikalen und horizontalen Bildlaufleisten zu.
Status	yes oder no 1 oder 0	Zeigt die Statusleiste am unteren Rand des Browserfensters an.
Toolbar	yes oder no 1 oder 0	Zeigt die Internet Explorer-Symbolleiste im Browserfenster an.
Top	Anzahl in Pixel	Bestimmt die vertikale Position des Fensters relativ zur linken oberen Ecke des Bildschirms.
Width	Anzahl in Pixel	Bestimmt die Breite des Fensters.

Tabelle 10.12   Parameter für WinMode = 0

Parameter	Gültige Optionen	Beschreibung
dialogHeight	Anzahl in Pixel	Bestimmt die Höhe des Fensters.
dialogLeft	Anzahl in Pixel	Bestimmt die horizontale Position des Fensters relativ zur linken oberen Ecke des Bildschirms.
Center	yes oder no 1 oder 0 Standard: yes	Bestimmt, ob das Fenster in der Mitte des Bildschirms geöffnet werden soll.
Edge	sunken oder raised Standard: raised	Bestimmt den Typ des zu verwendenden Fensterkantenstils.
Help	yes oder no 1 oder 0 Standard: yes	Bestimmt, ob das Hilfe-Symbol angezeigt wird.
Resizable	yes oder no 1 oder 0 Standard: yes	Lässt das Ändern der Fenstergröße zu und zeigt die Handles zur Größenänderung unten im Fenster an.
Scroll	yes oder no 1 oder 0 Standard: yes	Lässt die Anzeige von vertikalen und horizontalen Bildlaufleisten zu.
Status	yes oder no 1 oder 0	Zeigt die Statusleiste am unteren Rand des Browserfensters an.
Toolbar	yes oder no 1 oder 0	Zeigt die Internet Explorer-Symbolleiste im Browserfenster an.
dialogTop	Anzahl in Pixel	Bestimmt die vertikale Position des Fensters relativ zur linken oberen Ecke des Bildschirms.
dialogWidth	Anzahl in Pixel	Bestimmt die Breite des Fensters.

Tabelle 10.13   Parameter für WinMode = 1 oder 2

Symbolleiste der Tabelle

Die Datei *ISV.config* eignet sich auch, um Verknüpfungen in das *Aktionen*-Menü und Schaltflächen in die Symbolleiste der Tabelle hinzuzufügen. Da Sie für die Konfiguration der Tabelle ebenfalls die Elemente *<MenuBar>* und *<Button>* verwenden, beschreiben wir die verfügbaren Attribute hier nicht noch einmal. Die Symbolleiste der Tabelle passen Sie mit einem *<Grid>*-Element im *<Entity>*-Knoten an, wie es in folgendem Code zu sehen ist:

```
<Grid>
  <MenuBar>
    <ActionsMenu>
      <MenuItem Url="http://www.microsoft.com" WinMode="1">
        <Titles>
          <Title LCID="1031" Text="Demnächst..." />
        </Titles>
      </MenuItem>
    </ActionsMenu>
    <Buttons>
      <Button Icon="/_imgs/ico_18_debug.gif" Url="http://www.microsoft.com" WinParams="" WinMode="2">
        <Titles>
          <Title LCID="1031" Text="Test" />
        </Titles>
        <ToolTips>
          <ToolTip LCID="1031" Text="Info zum Test" />
        </ToolTips>
      </Button>
    </Buttons>
  </MenuBar>
</Grid>
```

Für benutzerdefinierte Webseiten, auf die über eine Schaltfläche oder ein Menü von der Symbolleiste der Tabelle aus zugegriffen wird, sind die in der Tabelle ausgewählten Datensätze über die Methode *windows.dialogArguments* per Programm zugänglich. Zum Beispiel zeigt die folgende Webseite dem Benutzer die GUIDs der in einer Tabelle ausgewählten Datensätze an, wenn darauf vom *<Grid>*-Knoten einer Entität aus zugegriffen wird:

```
<!DOCTYPE HTML PUBLIC "-//W3C//DTD HTML 4.0 Transitional//EN">
<html>
<head>
<title>Benutzerdefinierte Tabellenseite</title>
<script language="javascript">
function window.onload()
{
  if(window.dialogArguments != null)
  {
    var arr = new Array(window.dialogArguments.length -1);
    arr = window.dialogArguments;

    for(i=0; i< arr.length; i++)
    {
      alert(arr[i]);
    }
  }
}
```

```
  else
  {
    alert("Es wurden keine Datensätze ausgewählt");
  }
}
</script>
</head>
<body>
</body>
</html>
```

Bereitstellen

Um Ihre *ISV.config*-Anpassungen bereitzustellen, müssen Sie die *ISV.config*-Datei importieren. Klicken Sie dazu in der Benutzeroberfläche des Webclients im Bereich *Einstellungen* auf *Anpassung* und dann auf *Anpassungen importieren*. Es empfiehlt sich auch hier, eine Sicherungskopie der Datei zu erstellen, bevor Sie sie ändern. Dann lassen sich fehlerhafte Änderungen problemlos wieder rückgängig machen. Die *ISV.config*-Datei können Sie auch mithilfe der Microsoft Dynamics CRM-API per Programm importieren und veröffentlichen.

TIPP   Sichern Sie die standardmäßige *ISV.config*-Datei, bevor Sie Ihre ersten Änderungen vornehmen. Die bei der Installation von Microsoft Dynamics CRM angelegte *ISV.config*-Standarddatei enthält Beispiele, wie die verschiedenen Knoten zu verwenden sind. Natürlich können Sie alle benötigten Informationen aus dem SDK wieder zusammentragen, doch erweist sich die Standarddatei manchmal als hilfreich, wenn Sie neue und unbekannte Knoten hinzufügen.

Die ISV.config aktivieren

Nachdem Sie die *ISV.config*-Datei aktualisiert und in Microsoft Dynamics CRM importiert haben, müssen Sie sie noch in den Microsoft Dynamics CRM-Einstellungen aktivieren. Klicken Sie dazu im Bereich *Einstellungen* auf *Verwaltung* und dann auf *Systemeinstellungen*. Wechseln Sie auf die Registerkarte *Anpassung* (siehe Abbildung 10.12) und klicken Sie im Abschnitt *Benutzerdefinierte Menüs und Symbolleisten* auf die Schaltfläche mit den Auslassungspunkten (...).

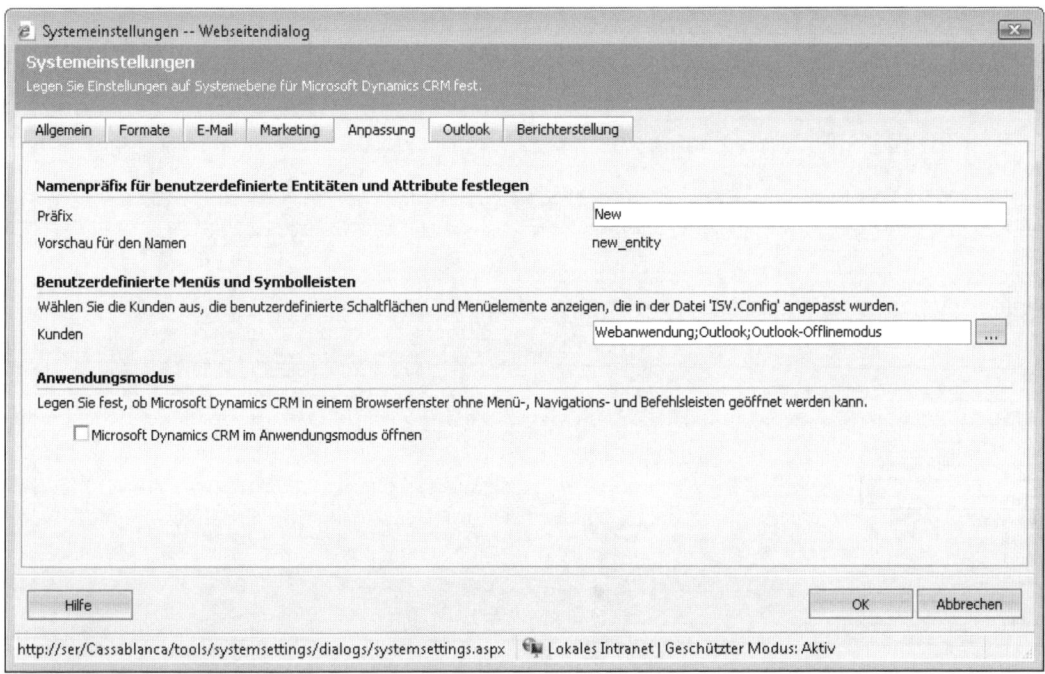

Abbildung 10.12   Die ISV-Erweiterungen in der Benutzeroberfläche anzeigen

Im Abschnitt *Benutzerdefinierte Menüs und Symbolleisten* können Sie einen oder mehrere der folgenden möglichen Werte auswählen:

- **Outlook:** Aktiviert Anpassungen für beide Versionen des Microsoft Dynamics CRM für Outlook-Clients, jedoch nicht für den Webclient.

- **Outlook-Offlinemodus:** Aktiviert Anpassungen für Microsoft Dynamics CRM für Outlook mit Offlinezugriff, wenn im Offlinemodus gearbeitet wird.

- **Webanwendung:** Aktiviert Anpassungen nur für den Webclient.

Nachdem Sie die ISV-Menüs und -Symbolleisten für die Anwendung konfiguriert haben, müssen Sie auch sicherstellen, dass Sie das *ISV-Erweiterungen*-Recht für die Sicherheitsrolle des Benutzers aktivieren (siehe Abbildung 10.13), damit der Benutzer die Erweiterungen sehen kann. Das *ISV-Erweiterungen*-Recht ist auf der Registerkarte *Anpassungen* unter *Verschiedene Berechtigungen* aufgeführt.

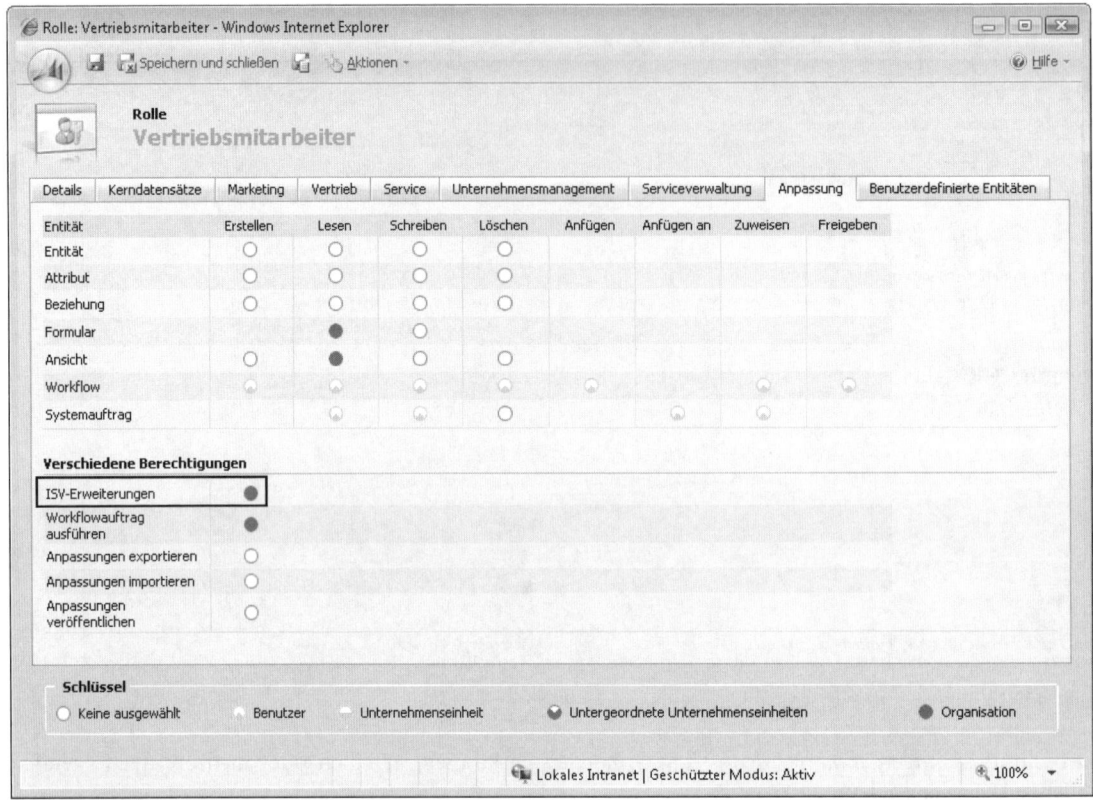

Abbildung 10.13   Die Berechtigung ISV-Erweiterungen aktivieren

---

ACHTUNG   Wenn Sie Ihre Erweiterungen für Microsoft Dynamics CRM für Outlook mit Offlinezugriff konfigurieren, achten Sie darauf, dass Ihre Benutzer auf diese Links auch zugreifen können, wenn sie im Offlinemodus arbeiten.

Tipps für clientseitiges Skripting mit Microsoft Dynamics CRM

In diesem Abschnitt geben wir einige nützliche Tipps, die aus unserer Arbeit mit clientseitigen Skripts stammen. Unter anderem geht es um folgende Themen:

- Entwicklungsumgebung
- Skriptsprachen
- Testen und Debugging
- Zusätzliche Ressourcen

Entwicklungsumgebung

Wir empfehlen, dass Sie Ihre Skripts in einem externen Editor erstellen, anstatt zu versuchen, Code direkt im Microsoft Dynamics CRM-Dialogfeld *Detaileigenschaften von Ereignis* zu schreiben. Als Skripteditoren kommen Microsoft Visual Studio 2008, Microsoft Office FrontPage und der Windows-Editor (*notepad.exe*) infrage. Wir geben diese Empfehlung aus folgenden Gründen:

- Die ⇆-Taste funktioniert im Textbereich von Microsoft Dynamics CRM nicht wie erwartet. Dadurch ist es recht schwierig, zweckmäßig formatierten und leicht zu lesenden Code zu schreiben.

- Externe Editoren bringen Unmengen von Tools mit, die Sie bei der Entwicklung unterstützen (wie zum Beispiel Microsoft IntelliSense, Syntaxhervorhebung und integriertes Debugging). Das Microsoft Dynamics CRM-Formular ist einfach ein HTML-Textbereich, der keines dieser Entwicklungsfeatures zu bieten hat.

- Mit einem externen Editor können Sie ein Programm zur Versionskontrolle (wie zum Beispiel Microsoft Visual SourceSafe) einsetzen, um Ihre Skripts zu archivieren und zu sichern.

Skriptsprachen

Microsoft Dynamics CRM gibt Ereignisskripts auf der Clientseite des Browsers wieder, verlangt also eine Skriptsprache, die mit Internet Explorer kompatibel ist (zum Beispiel Microsoft JScript oder JavaScript). Deshalb können Sie die Skriptsprache wählen, mit der Sie am besten vertraut sind oder die für Ihre Geschäftslogik erforderlich ist.

Testen und Debugging

Jeder Entwickler, der schon einmal am Wochenende einen Notruf wegen eines Kodierungs- oder Systemproblems erhalten hat, ist sich bewusst, wie wichtig sorgfältiges Testen des Codes ist! Da Microsoft Dynamics CRM keinen Skriptcode auf Gültigkeit prüft, müssen Sie eigenverantwortlich sicherstellen, dass Ihre Skripts mit Microsoft Dynamics CRM funktionieren.

JavaScript debuggen

Selbst wenn Microsoft Dynamics CRM unterschiedliche Skriptsprachen unterstützt, verwenden wir für die meisten unserer Clienterweiterungen JavaScript. In Microsoft Dynamics CRM lässt sich JavaScript-Code am effizientesten mit der JavaScript-Anweisung *debugger;* debuggen. Das folgende Beispiel zeigt, wie Sie diese nützliche Anweisung in Verbindung mit Internet Explorer einsetzen, um integriertes Debugging zu erreichen.

Zuerst müssen Sie Internet Explorer konfigurieren, damit Skriptdebugging möglich ist.

Internet Explorer konfigurieren

1. Öffnen Sie Internet Explorer, klicken Sie auf *Extras* und wählen Sie *Internetoptionen*.

2. Deaktivieren Sie auf der Registerkarte *Erweitert* das Kontrollkästchen *Skriptdebugging deaktivieren (Internet Explorer)* (siehe Abbildung 10.14).

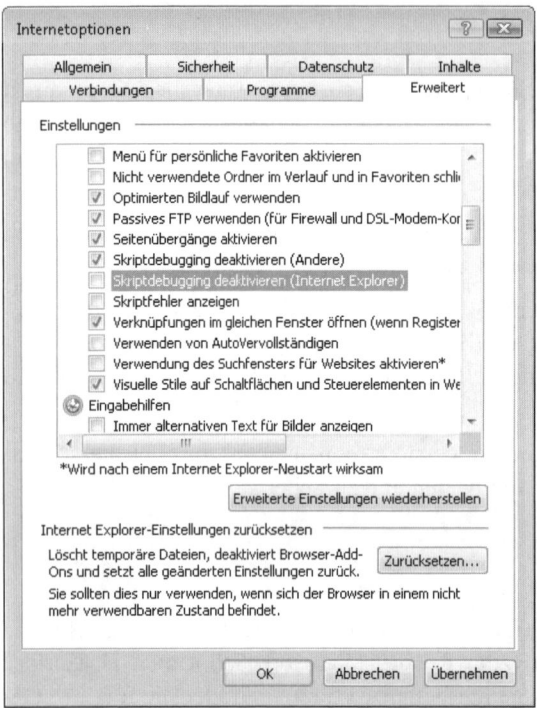

Abbildung 10.14 Skriptdebugging im Internet Explorer aktivieren

Jetzt brauchen Sie nur noch den Befehl **debugger;** in den JavaScript-Code einzufügen und die Seite im Browser zu aktualisieren, um den Debuggingprozess zu starten.

Das folgende kurze Beispiel demonstriert die Funktionsweise. Fügen Sie den in Listing 10.2 angegebenen einfachen JavaScript-Code zur Gültigkeitsprüfung einer E-Mail in das *onChange*-Ereignis der E-Mail-Adresse einer *Firma*-Entität ein. Beachten Sie die Anweisung *debugger;* in der ersten Zeile des Listings.

```
debugger;
var oEmailAddress1 = document.crmForm.all.emailaddress1;
var sCleanedEmailAddress = oEmailAddress1.DataValue.replace(/[^0-9,A-Z,a-z,\@,\.]/g, "");
var regexEmail = /^.+@.+\..{2,3}$/;

// Die bereinigte E-Mail-Zeichenfolge gegen den regulären Ausdruck für E-Mail testen
if ( (regexEmail.test(sCleanedEmailAddress)) )
{
 oEmailAddress1.DataValue = sCleanedEmailAddress;
}
else
{
 alert("Die E-Mail-Adresse scheint ungültig zu sein. Bitte korrigieren.");
}
```

Listing 10.2 Beispielcode für JavaScript-Debugging

Zeigen Sie das *Firma*-Formular in der Vorschau an und geben Sie in das Feld *E-Mail* eine ungültige Adresse ein (siehe Abbildung 10.15).

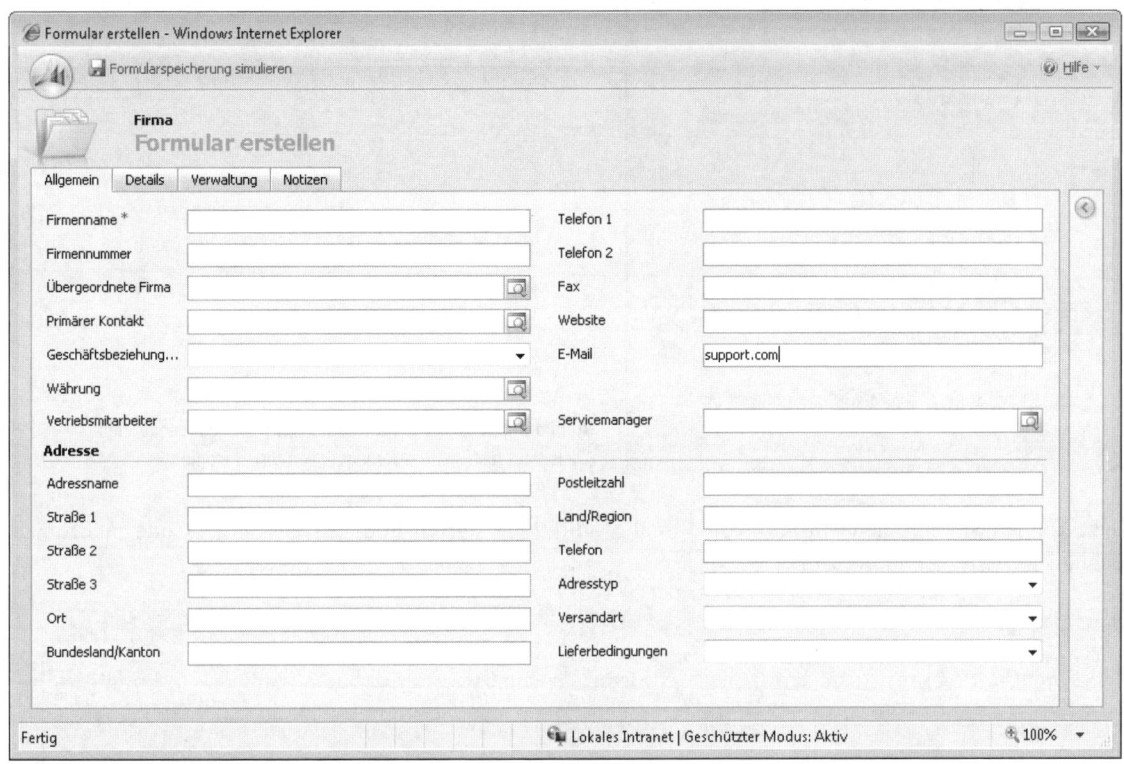

Abbildung 10.15   Eine ungültige E-Mail-Adresse eingeben, um JavaScript-Debugging zu testen

Wenn Sie das Feld verlassen, wird der *onChange*-Code ausgeführt und die Debuggeranweisung zeigt das in Abbildung 10.16 dargestellte Visual Studio-Dialogfeld an (falls das Format der eingegebenen Adresse ungültig ist).

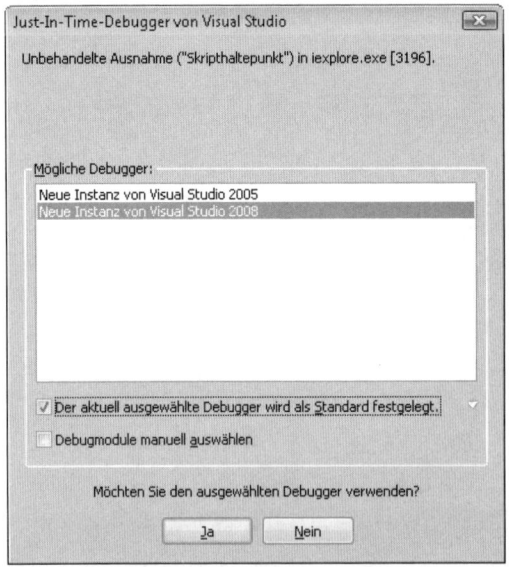

Abbildung 10.16   Das beim JavaScript-Debugging angezeigte
Dialogfeld Just-In-Time-Debugger von Visual Studio

Jetzt können Sie eine neue Instanz von Visual Studio 2008 starten und den JavaScript-Code in Echtzeit debuggen (siehe Abbildung 10.17).

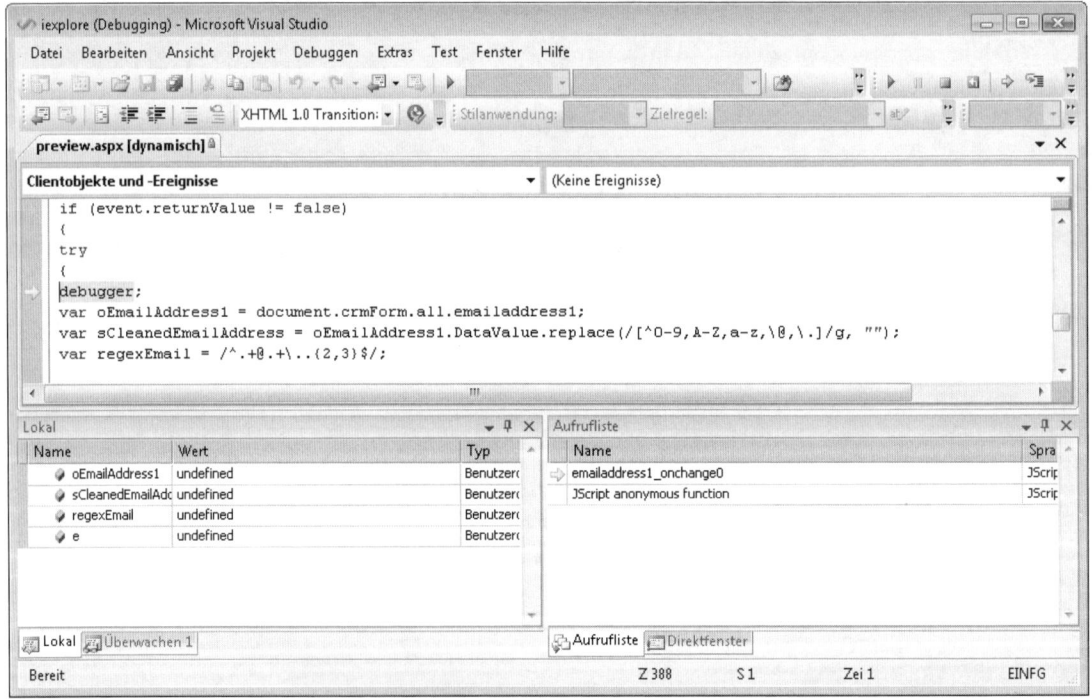

Abbildung 10.17   JavaScript in Visual Studio 2008 debuggen

Zusätzliche Tipps zum Testen und Debugging

Für die Entwicklung Ihrer benutzerdefinierten Skripts empfehlen wir die folgenden zusätzlichen Techniken zum Testen und Debugging:

- Testen Sie Ihre Skripts immer in einer Microsoft Dynamics CRM-Entwicklungsumgebung und nicht auf Produktionsservern.

- Verwenden Sie nach Möglichkeit eine einfache Webseite mit einem Testformular und testen Sie Ihren JavaScript-Code außerhalb von Microsoft Dynamics CRM. Das beschleunigt Entwicklung und Debugging. Übernehmen Sie dann den endgültigen Code per Kopieren und Einfügen in das jeweilige Microsoft Dynamics CRM-Ereignis.

- Testen Sie Ihre clientseitigen Skripts mit dem *Vorschau*-Befehl, bevor Sie sie veröffentlichen.

- Sollte der Code nicht wie erwartet funktionieren, kontrollieren Sie als Erstes, ob Sie das Ereignis aktiviert haben. Verwenden Sie dann die oben beschriebene Technik zum integrierten JavaScript-Debugging. Treten Probleme mit dem integrierten Debugging auf, können Sie mit der Methode *alert ()* verschiedene Logikpunkte ausgeben und versuchen, zunächst einmal die Interaktion mit Microsoft Dynamics CRM zu eliminieren. In vielen Fällen liegt der Fehler in der Codelogik selbst und hat nichts mit den integrierten Eigenschaften von Microsoft Dynamics CRM zu tun.

- Fügen Sie einen externen Skriptverweis hinzu. In eine externe Skriptdatei können Sie einen Verweis vom *onLoad*-Ereignis des Formulars einfügen (zur Syntax siehe die Beispiele später in diesem Kapitel). Damit lässt sich das JavaScript direkt aktualisieren und gegen das eigentliche Microsoft Dynamics CRM-Formular auf einem Entwicklungsserver testen, anstatt ständig das Vorschauformular öffnen zu müssen. Ein externes Skript sollten Sie aber nur in der Entwicklungsphase eines Projekts referenzieren. In einer Produktionsumgebung ist davon abzuraten, weil Microsoft diese Technik nicht unterstützt.

- Wenn Sie Updates an Ihrem Skript vornehmen und sie in einem Vorschauformular begutachten, müssen Sie bei jeder Skriptänderung das Formular schließen und ein neues Formular öffnen. Microsoft Dynamics CRM speichert das Formular zwischen, sodass die Änderungen durch einfaches Aktualisieren des vorhandenen Vorschauformulars nicht sichtbar werden.

- Exportieren Sie immer eine Sicherungskopie der Entität, die Sie aktualisieren, damit Sie gegebenenfalls zur alten Version zurückkehren können, falls Ihre Updates einen irreversiblen Fehler verursachen.

- Achten Sie darauf, Sicherungen Ihrer Skripts in einem Quellcodeverwaltungssystem zu speichern.

- Deaktivieren Sie das Feature Fehlerbenachrichtigung von Microsoft Dynamics CRM. Klicken Sie dazu im Menü *Extras* auf *Optionen* und wählen Sie auf der Registerkarte *Datenschutz* die Option *Niemals einen Fehlerbericht zu Microsoft Dynamics CRM an Microsoft senden*.

TIPP   Für Skriptsprachenneulinge sei erwähnt, dass sowohl JavaScript als auch JScript die Groß- / Kleinschreibung beachten. Somit verschiebt *<field>.SetFocus()* die Einfügemarke ordnungsgemäß in das Feld, während *<field>.setfocus()* nichts bewirkt!

Zusätzliche Ressourcen

Die folgende Liste gibt einige Zusatzinformationen zu den in diesem Abschnitt behandelten Themen.

- **Microsoft Dynamics CRM SDK:** Verfügbar mit Microsoft Dynamics CRM. Enthält ausführliche Informationen zu clientseitigen Integrationsoptionen sowie zusätzliche Codebeispiele unter *http:// www.microsoft.com/downloads/details.aspx?FamilyID=82e632a7-faf9-41e0-8ec1-a2662aae9dfb&DisplayLang=en.*

- **Überblick über DHTML:** *http://msdn2.microsoft.com/en-us/library/ms533045.aspx* (in Englisch)

- **DHTML-Objektreferenz:** *http://msdn2.microsoft.com/en-us/library/ms533054.aspx* (in Englisch)

- **JScript User's Guide:** *http://msdn2.microsoft.com/en-us/library/4yyeyb0a.aspx* (in Englisch)

- **Reguläre Ausdrücke:** *http://msdn.microsoft.com/de-de/library/28hw3sce.aspx*

- **Debugger:** *http://msdn2.microsoft.com/en-us/library/0bwt76sk(vs.85).aspx* (in Englisch)

Für Microsoft Dynamics CRM Live entwickeln

Da es Microsoft Dynamics CRM Live derzeit nicht erlaubt, benutzerdefinierte Assemblies bereitzustellen, werden Sie für spezielle Geschäftslogik wahrscheinlich ausgiebig von clientseitigen Skriptingtechniken Gebrauch machen. Dieser Abschnitt beschäftigt sich deshalb mit den folgenden Themen, soweit sie die Entwicklung für Microsoft Dynamics CRM Live betreffen:

- Clientseitiges Skript

- Benutzerdefinierte Webseiten

- Auf den Microsoft Dynamics CRM-Webdienst mit clientseitigem Skript zugreifen

- Microsoft Dynamics CRM SOAP XML mit Fiddler erfassen

- Eine Anforderung senden und das Ergebnis verarbeiten

> **WICHTIG**   Die Funktionalität von Microsoft Dynamics CRM Live kann und wird sich wahrscheinlich in der Zukunft ändern. Falls derzeit etwas nicht verfügbar ist, heißt das nicht, dass es auch in Zukunft nicht verfügbar sein wird. Informieren Sie sich auf der Microsoft Dynamics CRM Live-Website über den neuesten Stand in Bezug auf Einschränkungen und Programmieroptionen für Microsoft Dynamics CRM Live.

Clientseitiges Skript

In einer Microsoft Dynamics CRM Live-Umgebung lässt sich JavaScript-Code ausführen. Zu den gebräuchlichsten und unterstützten Aufgaben gehören unter anderem einfache Gültigkeitsprüfungen und das Aktualisieren von Feldern. Um Microsoft Dynamics CRM Live programmgesteuert zu erweitern, setzen Sie hauptsächlich clientseitiges Skripting ein.

Eigene externe JavaScript-Verweise sollten Sie möglichst vermeiden oder nur mit äußerster Vorsicht einsetzen. Zum einen müssen Sie gewährleisten, dass die Skripts irgendwo gehostet werden, da es derzeit nicht möglich ist, sie auf Microsoft Dynamics CRM Live zu hosten. Und da der Browser diese separaten JavaScript-Dateien asynchron lädt, müssen Sie dafür sorgen, dass keine Logik von der Datei abhängig ist, bis diese vollständig geladen ist.

Benutzerdefinierte Webseiten

Microsoft Dynamics CRM Live hostet derzeit keine benutzerdefinierten Webseiten. Möchten Sie also einen benutzerdefinierten IFRAME oder eine Webseite einbinden, müssen Sie einen alternativen Weg für das Hosting finden. Beachten Sie folgende Punkte, wenn Sie diesen Ansatz mit extern gehosteten Seiten verwenden:

- Websiteübergreifendes Skripting ist nicht möglich. Deshalb muss jegliche Datenmanipulation oder Geschäftsfunktionalität die Webdienst-API von Microsoft Dynamics CRM Live verwenden.

- Für die Authentifizierung der benutzerdefinierten Webseiten und der gesamten Kommunikation zurück zur Webdienst-API von Microsoft Dynamics CRM Live sind Sie verantwortlich.

- Falls Sie auf Ihren benutzerdefinierten Seiten unternehmenskritische Informationen bereitstellen, sollten Sie die Seiten von einem vertrauenswürdigen Anbieter hosten lassen.

Auf den Microsoft Dynamics CRM-Webdienst mit clientseitigem Skript zugreifen

Erfreulicherweise können Sie in Microsoft Dynamics CRM Live die Methoden des Webdiensts per JavaScript ausführen. Mit dieser praktischen Technik lässt sich auch komplexe Logik in JavaScript realisieren. Als Beispiel zeigt Listing 10.3 das SOAP-XML für eine einfache Abfrage eines vorhandenen *Kontakt*-Datensatzes.

```xml
<?xml version="1.0" encoding="utf-8"?>
<soap:Envelope xmlns:soap="http://schemas.xmlsoap.org/soap/envelope/"
xmlns:xsi="http://www.w3.org/2001/XMLSchema-instance"
xmlns:xsd="http://www.w3.org/2001/XMLSchema">
  <soap:Header>
    <CrmAuthenticationToken
xmlns="http://schemas.microsoft.com/crm/2007/WebServices">
      <AuthenticationType
xmlns="http://schemas.microsoft.com/crm/2007/CoreTypes">0</AuthenticationType>
      <OrganizationName
xmlns="http://schemas.microsoft.com/crm/2007/CoreTypes">Prod72840Org01</OrganizationName>
      <CallerId xmlns="http://schemas.microsoft.com/crm/2007/CoreTypes">00000000-0000-0000-
0000-000000000000</CallerId>
    </CrmAuthenticationToken>
  </soap:Header>
  <soap:Body>
    <Retrieve xmlns="http://schemas.microsoft.com/crm/2007/WebServices">
      <entityName>contact</entityName>
      <id>b07be4aa-f87b-dc11-8276-0003ff8a2b47</id>
      <columnSet xmlns:q1=http://schemas.microsoft.com/crm/2006/Query
```

```
xsi:type="q1:ColumnSet">
        <q1:Attributes>
           <q1:Attribute>fullname</q1:Attribute>
        </q1:Attributes>
      </columnSet>
    </Retrieve>
  </soap:Body>
</soap:Envelope>
```

Listing 10.3 SOAP-XML-Anforderung zum Abrufen eines Microsoft Dynamics CRM-Kontakt-Datensatzes

Microsoft Dynamics CRM SOAP XML mit Fiddler erfassen

Speziell in der Microsoft Dynamics CRM Live-Umgebung ist es recht praktisch, SOAP direkt mit JavaScript zu verwenden. Möglicherweise ist bei Ihnen schon die Frage aufgetaucht, wie Sie zum SOAP-XML für die verschiedenen Webdienstaufrufe kommen, die Sie ausführen möchten.

Zu diesem Zweck empfehlen wir, die von Microsoft Dynamics CRM ausgeführten Anforderungen mit dem Programm Fiddler zu erfassen und mit diesen Informationen Ihr eigenes SOAP-XML zu konstruieren. Fiddler ist ein kostenloses Tool, das den gesamten HTTP-Verkehr zwischen Ihrem Computer und dem übrigen Netzwerk (inklusive Internet) protokolliert.

Anhand eines kurzen Beispiels erläutern wir die einzelnen Schritte, wie Sie Fiddler in Verbindung mit einer benutzerdefinierten Konsolenanwendung einsetzen, um das von Microsoft Dynamics CRM verwendete SOAP-XML schnell zu finden. Im Einzelnen ist dazu Folgendes zu tun:

- Fiddler herunterladen und installieren
- Eine einfache Konsolenanwendung erstellen
- Den von Fiddler erfassten HTTP-Verkehr inspizieren

Im ersten Schritt laden Sie Fiddler herunter und installieren das Programm. Da das Programm recht klein ist, dürfte die ganze Angelegenheit nur wenige Minuten beanspruchen.

Fiddler herunterladen und installieren

1. Laden Sie die neueste Fiddler-Version von der Website *http://www.fiddlertool.com* herunter.
2. Installieren Sie Fiddler auf Ihrem Arbeitsplatzcomputer.

Als Nächstes erstellen Sie eine Anwendung, um die verschiedenen Microsoft Dynamics CRM-API-Methodenaufrufe zu testen. Dabei erfassen Sie die resultierenden Anforderung- / Antwort-SOAP-Envelopes, die vom Browser an den Microsoft Dynamics CRM-Webserver übergeben werden.

Eine einfache Konsolenanwendung erstellen

1. Starten Sie Visual Studio 2008.
2. Erstellen Sie eine neue Konsolenanwendung in Microsoft Visual C#, nennen Sie sie **CrmHttpTester** und wählen Sie .NET Framework 3.0 als Ziel.
3. Fügen Sie einen neuen Webverweis auf die Microsoft Dynamics CRM-*CrmService*-API hinzu und nennen Sie den Verweis **CrmSdk**.

4. Ersetzen Sie den Inhalt der standardmäßigen Datei *Program.cs* durch den Code von Listing 10.4.

5. Erstellen Sie die Konsolenanwendung und vergewissern Sie sich, dass keine Fehler auftreten.

Der Code in Listing 10.4 ruft einfach den vollständigen Namen eines vorhandenen *Kontakt*-Datensatzes ab. Ersetzen Sie die GUID und den Organisationsnamen im Listing durch gültige Werte.

```csharp
using System;
using System.Collections.Generic;
using System.Text;
using System.Net;
using CrmHttpTester.CrmSdk;

namespace CrmHttpTester
{
  class Program
  {
    static void Main(string[] args)
    {
      Guid contactId = new Guid("B07BE4AA-F87B-DC11-8276-0003FF8A2B47");
      RetriveContact(contactId);
    }
    public static void RetriveContact(Guid contactId)
    {
      CrmAuthenticationToken token = new CrmAuthenticationToken();
      token.AuthenticationType = 0;
      token.OrganizationName = "<Organisationsname>";
      CrmService service = new CrmService();
      service.Credentials = CredentialCache.DefaultCredentials;
      service.CrmAuthenticationTokenValue = token;

      ColumnSet cols = new ColumnSet();
      cols.Attributes = new string[] { "fullname" };
      contact oContact = new contact();
      oContact = (contact) service.Retrieve("contact", contactId, cols);

      Console.WriteLine(oContact.fullname.ToString());
      Console.ReadLine();
    }
  }
}
```

Listing 10.4 Beispiel zum Abrufen eines Kontakt-Datensatzes

Den von Fiddler erfassten HTTP-Verkehr inspizieren

1. Öffnen Sie die Anwendung Fiddler.

2. Wechseln Sie zu Visual Studio 2008 und führen Sie Ihre Konsolenanwendung aus.

3. Ist die Ausführung der Anwendung beendet, kehren Sie zu Fiddler zurück.

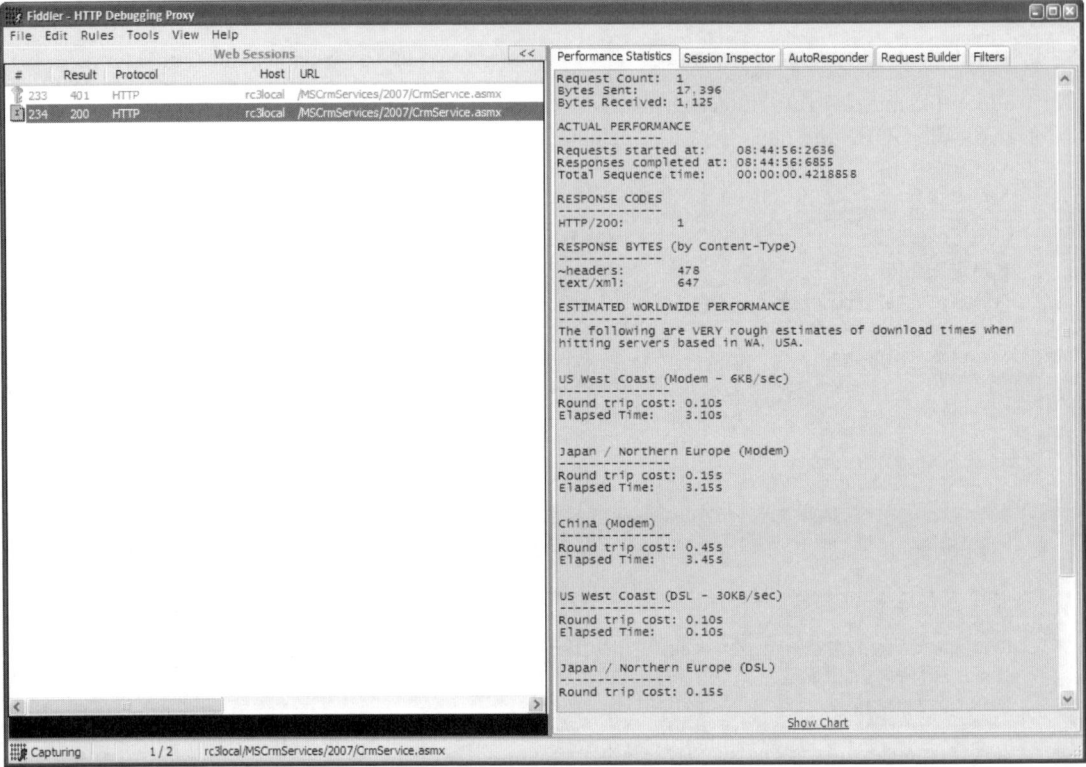

Abbildung 10.18   Den HTTP-Verkehr in Fiddler inspizieren

4. Klicken Sie auf die zweite HTTP-Aufzeichnung zu Ihrem CRM-Server, die das Ergebnis 200 zeigt. Die beiden Fensterbereiche auf der rechten Seite enthalten sämtliche benötigten Informationen, um eine gültige SOAP-Anforderung und -Antwort für Microsoft Dynamics CRM zu konstruieren. Der obere Fensterbereich zeigt Informationen in Bezug auf die Anforderung, der untere Fensterbereich enthält die Daten zur Antwort.

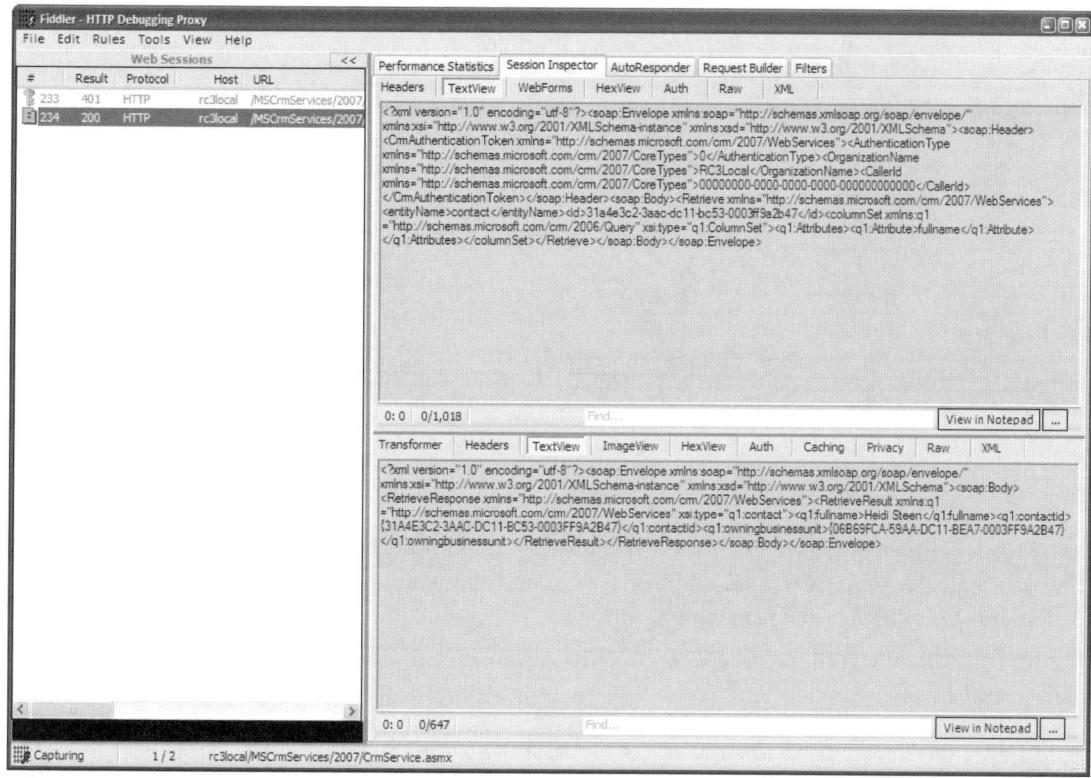

Abbildung 10.19 Anforderungs- und Antwortdaten in Fiddler

HINWEIS Die erste Anforderung mit der Fehlermeldung 401 können Sie ignorieren. Verursacht wird sie durch Internet Explorer, der eine Anforderung an den Server ohne Anmeldeinformationen sendet. Die Anforderung wird dann automatisch mit Anmeldeinformationen wiederholt. Diese ordnungsgemäß authentifizierte Anforderung gibt ein bestätigtes Ergebnis von 200 zurück. Dabei handelt es sich um die bestätigte Anforderung, die Sie untersuchen.

Klicken Sie zunächst im Ergebnisbereich der Anforderung auf die Registerkarte *Session Inspector* und sehen Sie sich den Abschnitt *Headers* an. Die in Abbildung 10.20 dargestellte SOAP-Aktion brauchen Sie, wenn Sie Ihre Anforderung in JavaScript konstruieren.

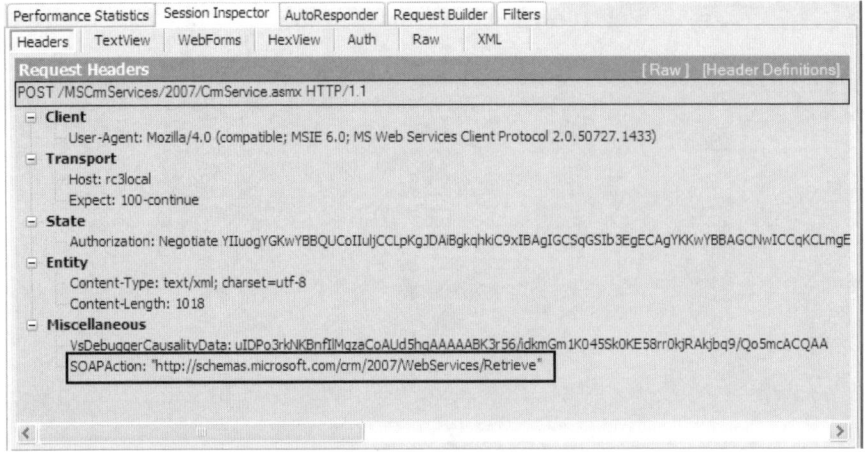

Abbildung 10.20   Die benötigte SOAP-Aktion in Fiddler aufsuchen

Als Nächstes klicken Sie sowohl im Anforderungs- als auch im Antwortbereich auf den Abschnitt *TextView*. Hier sehen Sie das SOAP-XML, das der Browser an den Webserver übergeben hat. In diesem Beispiel ist die Anforderung die gleiche wie in Listing 10.3.

Listing 10.5 zeigt die zurückgegebene Antwort. Der Knoten *<q1:fullname>* enthält den vollständigen Namen des Kontakts.

> **HINWEIS**   Obwohl Sie lediglich den vollständigen Namen in die Abfrage eingebunden haben, werden auch die eindeutigen Bezeichner für den Kontakt und die Unternehmenseinheit zurückgegeben. Diese beiden Werte sind immer in der Antwort enthalten, auch wenn Sie sie nicht explizit anfordern.

```xml
<?xml version="1.0" encoding="utf-8"?>
<soap:Envelope xmlns:soap="http://schemas.xmlsoap.org/soap/envelope/"
xmlns:xsi="http://www.w3.org/2001/XMLSchema-instance"
xmlns:xsd="http://www.w3.org/2001/XMLSchema">
  <soap:Body>
    <RetrieveResponse xmlns="http://schemas.microsoft.com/crm/2007/WebServices">
      <RetrieveResult xmlns:q1="http://schemas.microsoft.com/crm/2007/WebServices"
xsi:type="q1:contact">
        <q1:fullname>Test Test</q1:fullname>
        <q1:contactid>{B07BE4AA-F87B-DC11-8276-0003FF8A2B47}</q1:contactid>
        <q1:owningbusinessunit>{86288A0C-367B-DC11-9029-
0003FF8A2B47}</q1:owningbusinessunit>
      </RetrieveResult>
    </RetrieveResponse>
  </soap:Body>
</soap:Envelope>
```

Listing 10.5   SOAP-XML-Antwort für das Beispiel zum Abrufen eines Microsoft Dynamics CRM-Kontakts

Eine Anforderung senden und das Ergebnis verarbeiten

Nach einer gewissen Einarbeitungsphase dürften Sie mit Fiddler soweit vertraut sein, dass Sie damit die verschiedenen SOAP-Anforderungen konstruieren können, um sie an Microsoft Dynamics CRM zu senden. Außerdem können Sie Fiddler einsetzen, um die Antwort zu analysieren, die Microsoft Dynamics CRM zurücksendet.

Das Beispiel in Listing 10.6 zeigt, wie Sie das SOAP-XML in JavaScript einsetzen.

```
var serverUrl = "/mscrmservices/2007/crmservice.asmx"; var xmlhttp = new
ActiveXObject("Microsoft.XMLHTTP"); xmlhttp.open("POST", serverUrl, false);
xmlhttp.setRequestHeader("Content-Type", "text/xml; charset=utf-8")
xmlhttp.setRequestHeader("SOAPAction",
"http://schemas.microsoft.com/crm/2007/WebServices/Retrieve")

var message =
[
  "<?xml version='1.0' encoding='utf-8'?>",
  "<soap:Envelope xmlns:soap='http://schemas.xmlsoap.org/soap/envelope/'
xmlns:xsi='http://www.w3.org/2001/XMLSchema-instance'
xmlns:xsd='http://www.w3.org/2001/XMLSchema'>",
  "   <soap:Header>",
  "      <CrmAuthenticationToken
xmlns='http://schemas.microsoft.com/crm/2007/WebServices'>",
  "         <AuthenticationType
xmlns='http://schemas.microsoft.com/crm/2007/CoreTypes'>0</AuthenticationType>",
  "         <OrganizationName
xmlns='http://schemas.microsoft.com/crm/2007/CoreTypes'>Prod72840rg01</OrganizationName>
",
  "         <CallerId xmlns='http://schemas.microsoft.com/crm/2007/CoreTypes'>00000000-0000-
0000-0000-000000000000</CallerId>",
  "      </CrmAuthenticationToken>",
  "   </soap:Header>",
  "   <soap:Body>",
  "     <Retrieve xmlns='http://schemas.microsoft.com/crm/2007/WebServices'>",
  "        <entityName>contact</entityName>",
  "        <id>b07be4aa-f87b-dc11-8276-0003ff8a2b47</id>",
  "        <columnSet xmlns:q1='http://schemas.microsoft.com/crm/2006/Query'
xsi:type='q1:ColumnSet'>",
  "          <q1:Attributes>",
  "            <q1:Attribute>fullname</q1:Attribute>",
  "          </q1:Attributes>",
  "        </columnSet>",
  "     </Retrieve>",
  "   </soap:Body>",
  "</soap:Envelope>"
].join("");

xmlhttp.send(message);
var result = xmlhttp.responseXML.xml;

var doc = new ActiveXObject("MSXML2.DOMDocument");
doc.async = false;
doc.loadXML(result);
```

```
var returnNode = doc.selectSingleNode(«//fullname»);
if( returnNode != null )
{
  alert( returnNode.text );
}
else
{
  return null;
}
```

Listing 10.6   SOAP-XML in JavaScript verwenden

Für das Codebeispiel in Listing 10.6 sind folgende Punkte zu beachten:

- Für den Parameter *SOAPAction* des Anforderungsheaders geben Sie die SOAP-Aktion an, die Sie im *Header*-Abschnitt von Fiddler ermittelt haben.

- Sie sind dafür zuständig, die Verbindung zum Microsoft Dynamics CRM-Webserver zu authentifizieren. Das entsprechende SOAP-XML ist im Listing enthalten. Für den Knoten *OrganizationValue* müssen Sie nur noch den entsprechenden Organisationsnamen eingeben. Dies lässt sich mit der globalen Methode *GenerateAuthenticationHeader()* von Microsoft Dynamics CRM bewerkstelligen (Listing 10.7 zeigt dazu ein Beispiel).

- Ersetzen Sie die im *<id>*-Knoten angegebene GUID durch die für Sie zutreffende GUID (oder übergeben Sie sie in einer Variablen).

- Eine leichte Leistungsverbesserung ergibt sich, wenn Sie ein Array von Zeichenfolgen verknüpfen, um das SOAP-XML zu speichern, anstatt die Zeichenfolgen zu verketten.

- Das Ergebnis aus dem zurückgegebenen Antwort-XML extrahieren Sie mit XPATH in JavaScript. Es sind auch alternative Methoden denkbar, doch ist dies unserer Ansicht nach der einfachste Weg, den benötigten Wert abzurufen.

Listing 10.7 zeigt, wie Sie mit der globalen Microsoft Dynamics CRM-Methode *GenerateAuthentication-Header()* den geeigneten Authentifizierungsheader für Ihre SOAP-Aufrufe bereitstellen können. Diese Methode ist zwar recht praktisch, um Authentifizierungsinformationen bereitzustellen, doch muss sie in einem Microsoft Dynamics CRM-Formular ausgeführt werden.

```
var message =
[
  "<?xml version='1.0' encoding='utf-8'?>",
  "<soap:Envelope xmlns:soap='http://schemas.xmlsoap.org/soap/envelope/'
xmlns:xsi='http://www.w3.org/2001/XMLSchema-instance'
xmlns:xsd='http://www.w3.org/2001/XMLSchema'>",
  GenerateAuthenticationHeader(),
  "<soap:Body>",
  "<Retrieve xmlns='http://schemas.microsoft.com/crm/2007/WebServices'>",
  "<entityName>contact</entityName>",
  "<id>b07be4aa-f87b-dc11-8276-0003ff8a2b47</id>",
  "<columnSet xmlns:q1='http://schemas.microsoft.com/crm/2006/Query'
xsi:type='q1:ColumnSet'>",
  "<q1:Attributes>",
```

```
  "<q1:Attribute>fullname</q1:Attribute>",
  "</q1:Attributes>",
  "</columnSet>",
  "</Retrieve>",
  "</soap:Body>",
  "</soap:Envelope>"
].join("");
```

Listing 10.7 Authentifizierung mit der Methode GenerateAuthenticationHeader()

Codebeispiele für clientseitiges Skripting

Mittlerweile dürften Sie genügend Kenntnisse über das Framework und die Details des clientseitigen Microsoft Dynamics CRM SDK besitzen. Deshalb können wir nun zum angenehmen Teil übergehen und anhand von Codebeispielen praxisnahe Einsatzfälle für diese Features zeigen. In diesem Abschnitt stellen wir ein ganzes Spektrum von Skriptbeispielen vor – als Referenz und Ausgangspunkt für Ihre eigenen Anpassungsaufgaben. Die folgenden Beispiele verkörpern lediglich Stichproben für die vielen Möglichkeiten, wie Sie benutzerdefinierte Logik mithilfe der Informationen im clientseitigen SDK integrieren können:

- Telefonnummern formatieren und übersetzen
- Benutzerdefinierte Oberfläche für Listen mit Mehrfachauswahl
- Auf API-Befehle über JavaScript zugreifen
- Registerkarten und Felder ausblenden
- Auf externe Skriptdateien verweisen
- Auswahllistenwerte dynamisch ändern

HINWEIS   Aus Platzgründen geben wir den Code mit knappen Kommentaren und manchmal nur auszugsweise an. Die vollständigen Codebeispiele können Sie von der in der Einführung angegebenen Companion-Website zum Buch herunterladen.

Telefonnummern formatieren und übersetzen

Das folgende Skript können Sie dem *onChange*-Ereignis eines Feldes hinzufügen, das für eine Telefonnummer verwendet wird. Das Skript formatiert eine 7- oder 10-stellige Zahl als 555-1212 oder (312) 555-1212. Außerdem übersetzt es eine durch Buchstaben eingegebene Telefonnummer in das numerische Äquivalent. Hat der Benutzer zum Beispiel 866555CODE eingegeben, konvertiert das Skript die Buchstaben in die Telefonnummer (866) 555-2633.

Das Beispiel in Abbildung 10.21 zeigt eine Telefonnummer, wie sie ein Benutzer eingegeben hat.

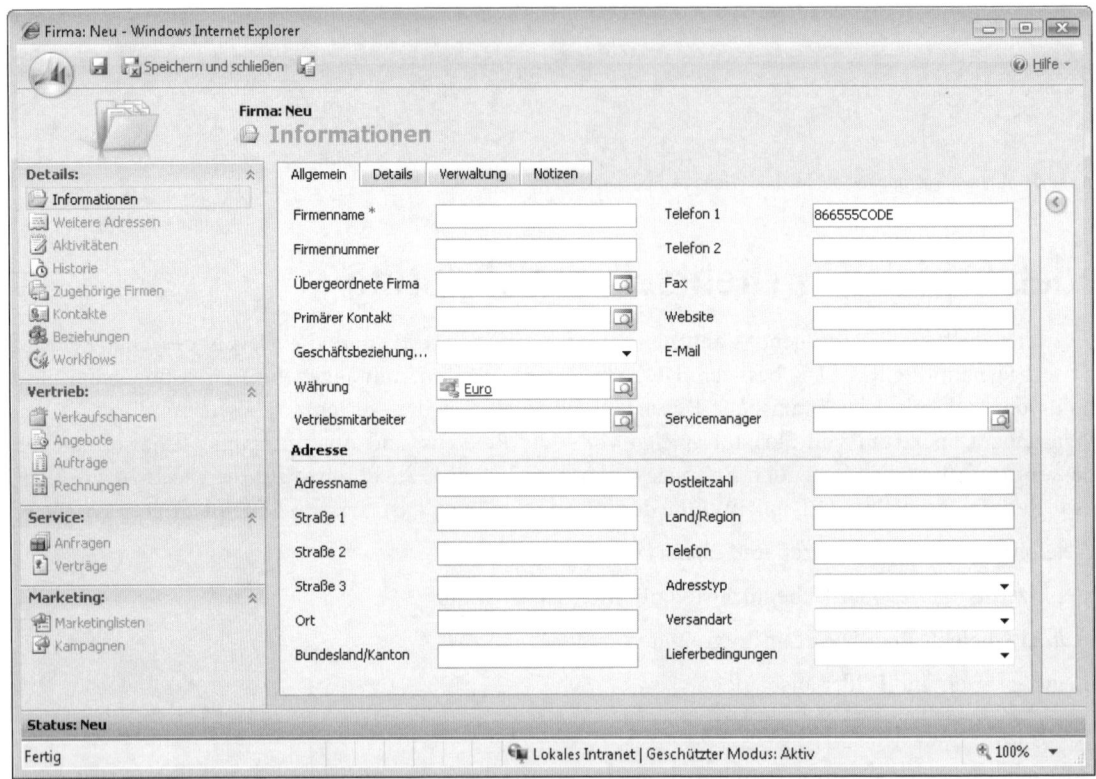

Abbildung 10.21   Eine auf dem Kontakt-Formular vom Benutzer eingegebene Telefonnummer

Abbildung 10.22 veranschaulicht, wie das Skript den Eintrag im Feld *Telefon 1* übersetzt, sobald der Benutzer den Fokus vom Telefonnummernfeld auf ein anderes Element verschiebt.

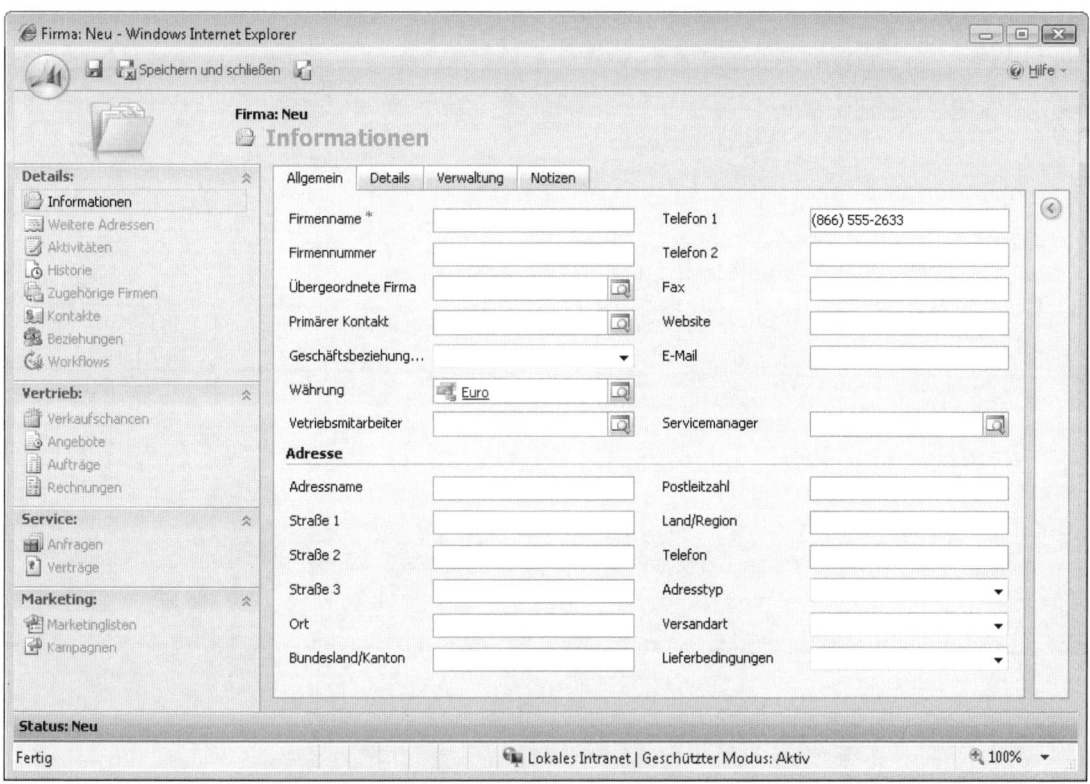

Abbildung 10.22 Die übersetzte und formatierte Telefonnummer

Das Skript startet, wenn der Benutzer eine Telefonnummer eingegeben hat und die Einfügemarke das Feld verlässt – d.h. wenn das Feld den Fokus verliert oder abgibt –, weil der Benutzer entweder an eine andere Stelle auf dem Formular geklickt oder die ⬚-Taste gedrückt hat. Das Skript entfernt zunächst alle Sonderzeichen aus dem eingegebenen Text. Dann übergibt es die ersten Zeichen des bereinigten Texts an eine Übersetzungsfunktion, die jeden Buchstaben durch die zugeordnete Telefonziffer ersetzt. Abschließend wird das Ergebnis formatiert und zurück an das Feld zugewiesen. Um die Möglichkeit zu berücksichtigen, dass der Benutzer Durchwahlnummern eingibt, werden sämtliche Zeichen nach der zehnten Ziffer so ausgegeben, wie sie eingegeben wurden. Listing 10.8 zeigt das Skript für die Formatierung der Telefonnummer.

594   Kapitel 10: Skripting und Erweiterungen für Formulare

```
// Installation: Dieses Skript dem onChange-Ereignis eines Telefonnummernfelds hinzufügen
field. var oField = event.srcElement;

// Prüfen, ob das Feld gültig ist
if (typeof(oField) != "undefined" && oField != null)
{
  if (oField.DataValue != null)
  {
    // Alle Sonderzeichen entfernen
    var sTmp = oField.DataValue.replace(/[^0-9,A-Z,a-z]/g, "");

    // Alle Buchstaben in die äquivalenten Ziffern übersetzen, falls Methode eingebunden ist
    try
    {
      if (sTmp. Length <= 10)
      {
      sTmp = TranslateMask(sTmp);
      }
      else
      {
        sTmp = TranslateMask(sTmp.substr(0,10)) + sTmp.substr(10,sTmp.length);
      }
    }
    catch(e)
    {
    }

    // Hat die Zahl die erwartete und unterstützte Länge,
    // dann die übersetzte Nummer formatieren
    switch (sTmp.length)
    {
    case 1:
    case 2:
    case 3:
    case 4:
    case 5:
    case 6:
    case 8:
    case 9:
      break;
    case 7:
      oField.DataValue = sTmp.substr(0, 3) + "-" + sTmp.substr(3, 4);
      break;
    case 10:
      oField.DataValue = "(" + sTmp.substr(0, 3) + ") " + sTmp.substr(3, 3) + "-" +
sTmp.substr(6, 4);
      break;
    default:
      oField.DataValue = "(" + sTmp.substr(0, 3) + ") " + sTmp.substr(3, 3) + "-" +
sTmp.substr(6, 4) + " " + sTmp.substr(10,sTmp.length);
      break;
    }
  }
}
```

```
function TranslateMask( s )
{
  var ret = "";

  // Alle Zeichen durchlaufen und jeweils an die Übersetzungsmethode übergeben
  for (var i=0; i<s.length; i++)
  {
    ret += TranslatePhoneLetter(s.charAt(i))
  }

  return ret;
}

function TranslatePhoneLetter( s )
{
  ... Code für die Übersetzung von Buchstaben in Telefonziffern ...
}
```

Listing 10.8   Telefonnummern formatieren und übersetzen

HINWEIS   Da es hier vor allem darum geht, ein Prinzip zu vermitteln, wurde das Beispiel für die Formatierung von US-amerikanischen Telefonnummern unverändert übernommen. Deutsche Telefonnummern lassen sich nach einem ähnlichen Schema formatieren, wobei aber etwas mehr Aufwand zu betreiben ist, da die Vorwahlnummern und eigentlichen Telefonnummern variable Längen aufweisen.

Benutzerdefinierte Oberfläche für Listen mit Mehrfachauswahl

Das nächste Beispiel erläutert eine Möglichkeit, eine komfortable Benutzeroberfläche für eine Liste mit Mehrfachauswahl zu erstellen. Von Haus aus können Sie einem Microsoft Dynamics CRM-Formular keine Liste mit Mehrfachauswahl hinzufügen. Allerdings lässt sich eine n:n-Beziehung einrichten. In diesem Beispiel erstellen Sie eine neue Entität *Leadquelle*, um alle möglichen Leadquellen der Firma zu verfolgen. Dann fügen Sie eine n:n-Beziehung zur Entität *Lead* hinzu. Nachdem Sie die Anpassungen veröffentlicht haben, können Sie einem *Lead*-Datensatz über die native Benutzeroberfläche von Microsoft Dynamics CRM mehrere Leadquellen hinzufügen. Klingt toll, oder nicht? Doch obwohl zweifellos die richtigen Datenbeziehungen erfasst werden, ist das Ganze für Ihre Benutzer nicht sehr komfortabel. Anstatt diese Lösung anzubieten, verwenden Sie einen IFRAME, um die Leadquellen in einer Kontrollkästchenliste anzuzeigen. Die Benutzer können dann die Leadquellen direkt auf dem Formular auswählen.

Für dieses Beispiel sind folgende Aufgaben zu realisieren:

- Eine neue Entität *Leadquelle* erstellen und eine Beziehung zu *Lead* einrichten
- Eine benutzerdefinierte *.aspx*-Seite erstellen, um mögliche Leadquellen als Kontrollkästchenliste anzuzeigen
- Dem *Lead*-Formular einen IFRAME hinzufügen
- Ein *onSave*-Ereignis hinzufügen, um den IFRAME zu speichern
- Auf dem Server bereitstellen

Abbildung 10.23 zeigt die fertige Ausgabe der Kontrollkästchenanzeige.

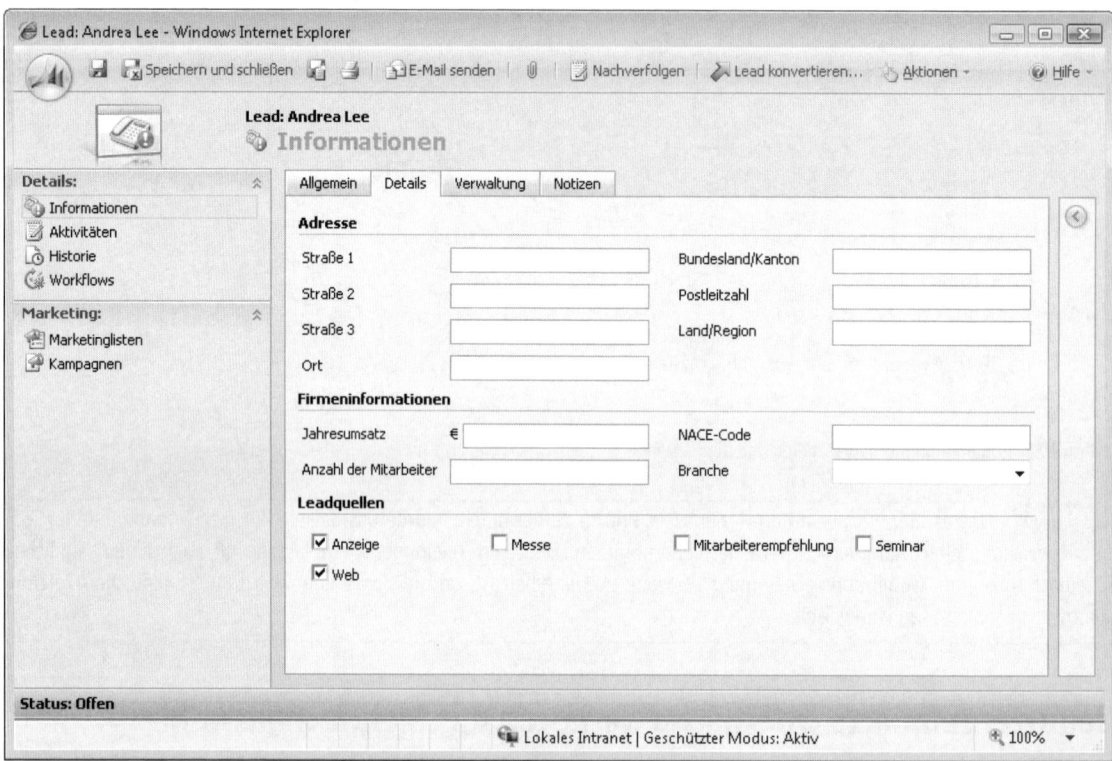

Abbildung 10.23   Kontrollkästchenanzeige für Leadquellen

Eine neue Entität Leadquelle erstellen und eine Beziehung zu Lead einrichten

1. Erstellen Sie eine neue Entität *Leadquelle* (mit dem Schemanamen *new_leadsource*) gemäß Abbildung 10.24.

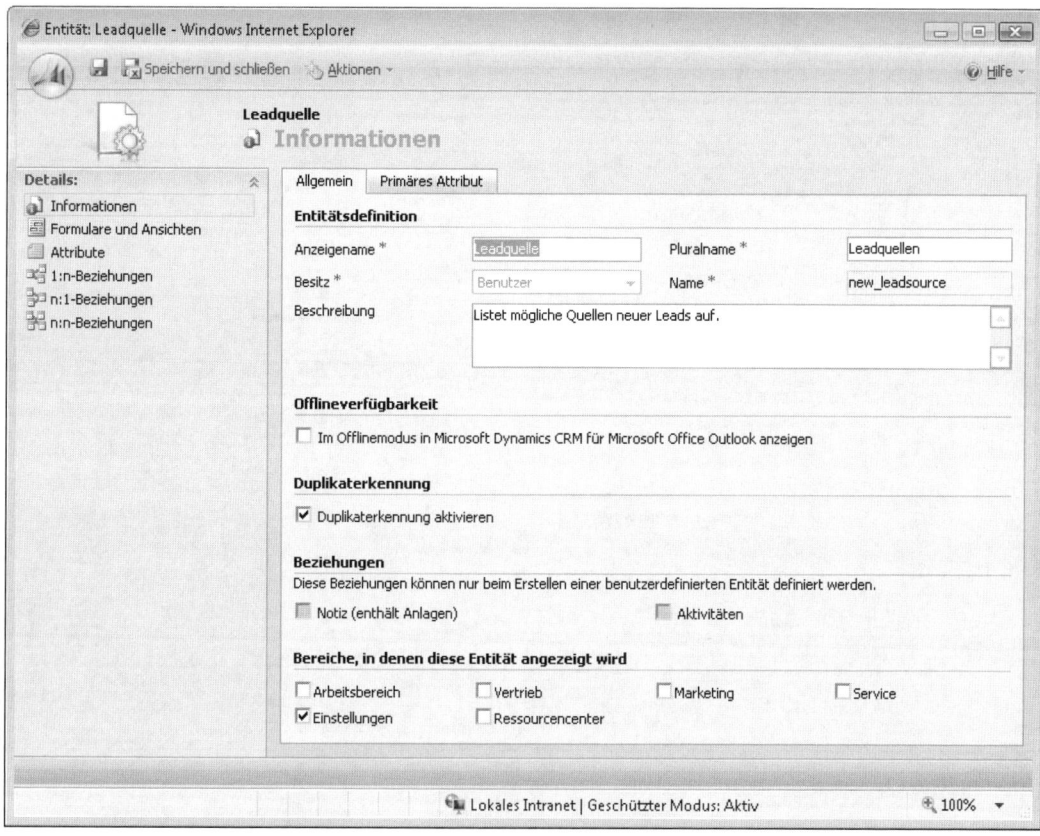

Abbildung 10.24 Neue Entität Leadquelle

2. Fügen Sie eine n:n-Beziehung zur Entität *Lead* hinzu (siehe Abbildung 10.25).

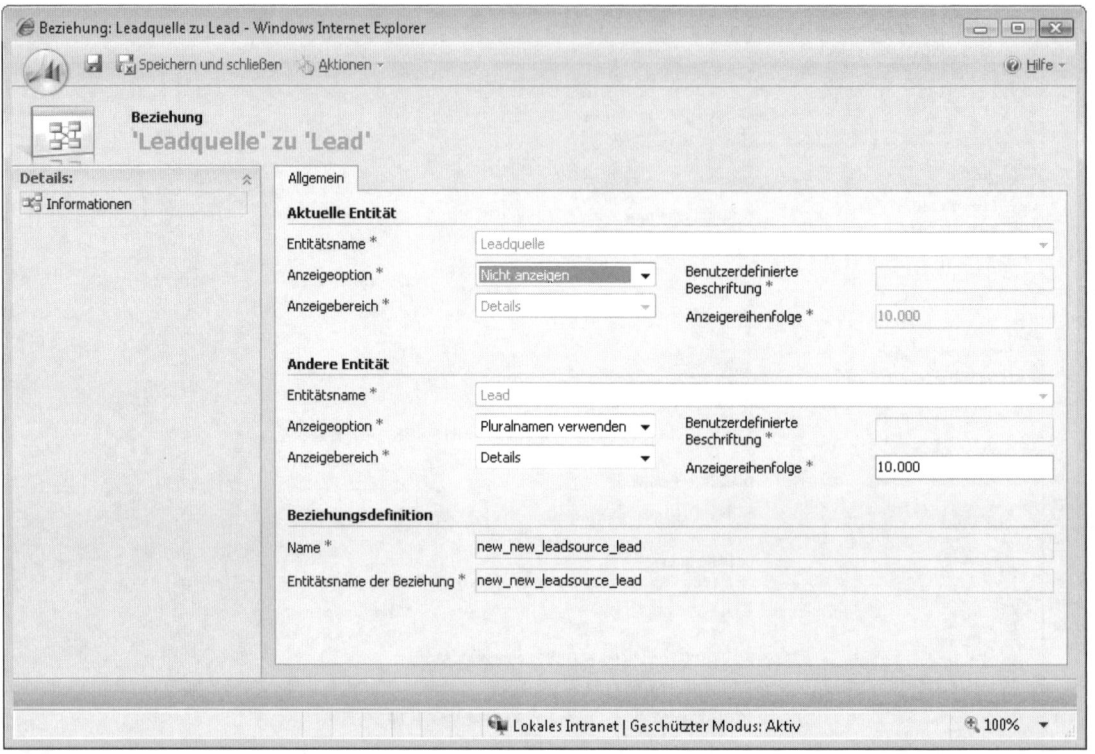

Abbildung 10.25   Eine n:n-Beziehung zur Entität Lead einrichten

3. Veröffentlichen Sie die Entität.

4. Klicken Sie im Bereich *Einstellungen* auf *Leadquellen* und fügen Sie einige neue Leadquellen hinzu (siehe Abbildung 10.26).

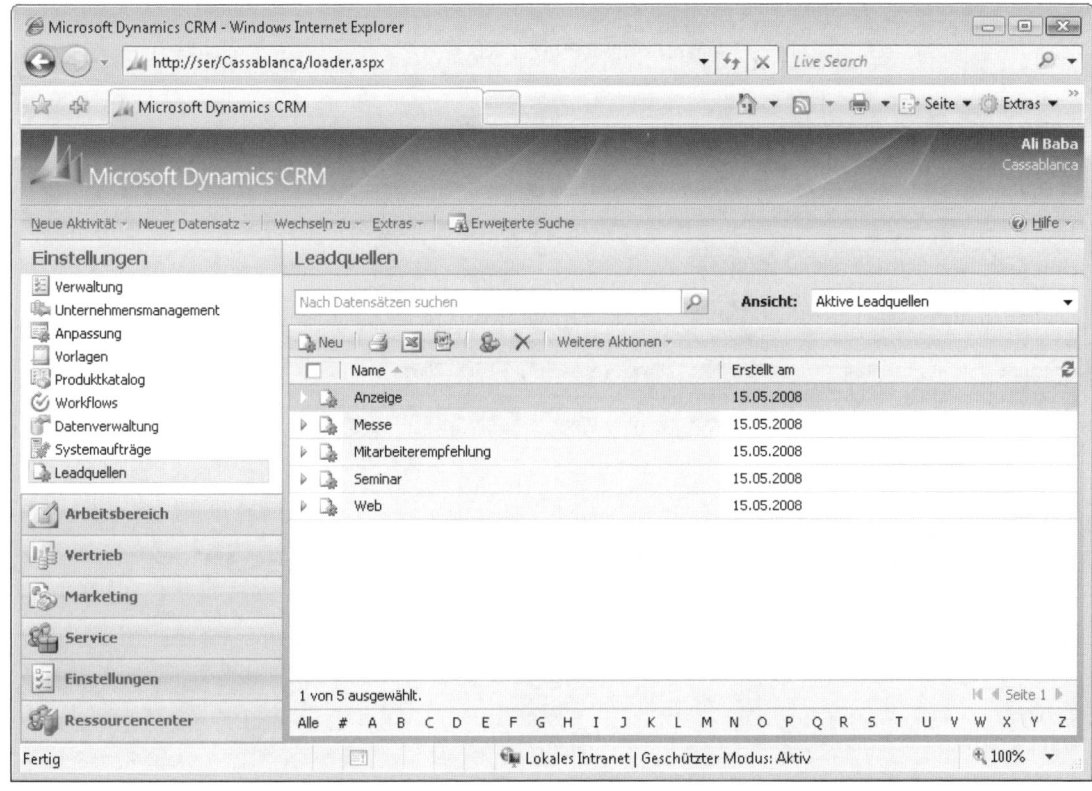

Abbildung 10.26   Neue Leadquellen hinzufügen

Die Entität ist jetzt ordnungsgemäß konfiguriert und Sie haben einige Daten hinzugefügt. Die nächste Aufgabe besteht darin, die benutzerdefinierte IFRAME-Seite zu erstellen, um die Daten für die Leadquelle zweckmäßig anzuzeigen. Anstatt auf die Microsoft Dynamics CRM-API-WSDL zu verweisen, verwenden Sie die SDK-Assemblies und dynamische Entitäten. Die Bereitstellung ist bei diesem Ansatz einfacher.

Eine benutzerdefinierte .aspx-Seite erstellen, um mögliche Leadquellen als Kontrollkästchenliste anzuzeigen

1. Erstellen Sie eine neue Webanwendung und fügen Sie Verweise zu den Assemblies *Microsoft.Crm.Sdk* und *Microsoft.Crm.SdkTypeProxy* hinzu.

2. Erstellen Sie eine neue Web Form-Seite namens **LeadSourceList.aspx.**

3. Ersetzen Sie den Code in *LeadSourceList.aspx* durch den Code in Listing 10.9.

4. Ersetzen Sie den Code in *LeadSourceList.aspx.cs* durch den Code in Listing 10.10.

```
<%@ Page Language="C#" AutoEventWireup="true"
CodeFile="LeadSourceList.aspx.cs" Inherits="LeadSourceList"
EnableViewState="true" %>

<!DOCTYPE html PUBLIC "-//W3C//DTD XHTML 1.0 Transitional//EN"
"http://www.w3.org/TR/xhtml1/DTD/xhtml1-transitional.dtd">

<html xmlns="http://www.w3.org/1999/xhtml" >
<head runat="server">
  <title>Liste der Leadquellen</title>
  <style type="text/css">
    body { font-size:11px; font-family:"Tahoma,Verdana"; margin:0px; border:0px;
background-color:#eaf3ff; cursor:default; }
    td { font-size:11px; font-family:"Tahoma,Verdana"; width:25%; }
    table { table-layout:fixed; width:100%; }
    input { font-size:8pt; width:auto; height:19px; border:0px solid #7b9ebd; }
  </style>
</head>
<body>
  <form id="crmForm" runat="server">
  <asp:Label ID="notificationText" runat="server" Font-Names="Tahoma" Font-Size="8pt"
Visible="false" Text="Bitte zuerst Ihren Datensatz speichern." />
  <asp:CheckBoxList runat="server" ID="checkboxlist" RepeatColumns="4" RepeatLayout="Table"
RepeatDirection="horizontal" EnableViewState="true" Font-Names="Tahoma" Font-Size="X-Small"
/>
  </form>
</body>
</html>
```

Listing 10.9   Der Code für die Datei LeadSourceList.aspx

```
using System;
using System.Collections.Generic;
using System.Data;
using System.Configuration; using System.Collections; using System.Web;
using System.Web.Security;
using System.Web.UI;
using System.Web.UI.WebControls;
using System.Web.UI.WebControls.WebParts;
using System.Web.UI.HtmlControls;
using System.Net;
using Microsoft.Crm.SdkTypeProxy;
using Microsoft.Crm.Sdk;
using Microsoft.Crm.Sdk.Query;

public partial class LeadSourceList : System.Web.UI.Page
{
  protected void Page_Load(object sender, EventArgs e)
  {
    // Werte für Abfragezeichenfolge holen
    string orgName = (Request.QueryString["orgname"] == null) ? "<crmserver>" : Request.
QueryString["orgname"];
    Guid leadId = (Request.QueryString["id"] == null) ? Guid.Empty : new Guid(Request.
QueryString["id"]);
```

```
// Dienstobjekt erstellen
CrmAuthenticationToken token = new CrmAuthenticationToken();
token.AuthenticationType = 0; // AD (lokale) Authentifizierung
token.OrganizationName = orgName;
CrmService service = new CrmService();
service.Credentials = CredentialCache.DefaultCredentials;
service.CrmAuthenticationTokenValue = token;

// In Produktionsumgebung von Registrierung, Discovery-Dienst oder einem anderen
// konfigurierbaren Mechanismus abrufen
service.Url = "http://<crmserver>/MSCrmServices/2007/CrmService.asmx";


if (Page.IsPostBack)
{
  Guid leadSourceId;
  foreach (ListItem listItem in checkboxlist.Items)
  {
    leadSourceId = new Guid(listItem.Value.ToString());

    if (listItem.Selected)
    {
      // geprüfte Werte hinzufügen
      AddLeadSourceList(service, leadId, leadSourceId);
    }
    else
    {
      // Wert entfernen, falls er existiert
      RemoveLeadSourceList(service, leadId, leadSourceId);
    }
  }

  // Um Formular nicht in einem Posted-Back-Zustand verlassen zu müssen,
  // an sich selbst umleiten
  Response.Redirect(Request.Url.ToString(), true);
}
else
{
  if (leadId == Guid.Empty)
  {
    notificationText.Visible = true;
  }
  else
  {
    try
    {
      Dictionary<Guid, DynamicEntity> leadSourceMap;
      leadSourceMap = GetLeadSourceForLead(service, leadId);

      BusinessEntityCollection leadSources = GetLeadSources(service);
      if (leadSources.BusinessEntities.Count > 0)
      {
        for (int i = 0; i < leadSources.BusinessEntities.Count; i++)
        {
          DynamicEntity leadSourceResult = (DynamicEntity)leadSources.
```

```
BusinessEntities[i];
            Key leadSourceId = (Key)leadSourceResult.Properties["new_leadsourceid"];
            string leadSourceName = (string)leadSourceResult.Properties["new_name"];

            ListItem oListItem = new ListItem(leadSourceName.ToString(),
leadSourceId.Value.ToString());
            oListItem.Selected = leadSourceMap.ContainsKey(leadSourceId.Value);
            checkboxlist.Items.Add(oListItem);
          }
        }
      }
      catch (System.Web.Services.Protocols.SoapException ex)
      {
        Response.Write(ex.Detail.InnerText);
      }
    }
  }
}

  public BusinessEntityCollection GetLeadSources(CrmService service)
  {
    ColumnSet cols = new ColumnSet();
    cols.AddColumns(new string[] { "new_leadsourceid", "new_name" });

    QueryExpression query = new QueryExpression();
    query.EntityName = "new_leadsource";
    query.ColumnSet = cols;
    query.AddOrder("new_name", OrderType.Ascending);

    RetrieveMultipleRequest request = new RetrieveMultipleRequest();
    request.ReturnDynamicEntities = true;
    request.Query = query;

    RetrieveMultipleResponse retrieved = (RetrieveMultipleResponse)service.Execute(request);

    return retrieved.BusinessEntityCollection;
  }

public Dictionary<Guid, DynamicEntity> GetLeadSourceForLead(CrmService service, Guid leadId)
  {
    ColumnSet cols = new ColumnSet();
    cols.AddColumns(new string[] { "new_leadsourceid" });

    ConditionExpression condition = new ConditionExpression();
    condition.Operator = ConditionOperator.Equal;
    condition.AttributeName = "leadid";
    condition.Values = new object[] { leadId };

    FilterExpression filter = new FilterExpression();
    filter.FilterOperator = LogicalOperator.And;
    filter.AddCondition(condition);
```

```
    LinkEntity link = new LinkEntity();
    link.LinkToAttributeName = "new_leadsourceid";
    link.LinkToEntityName = "new_new_leadsource_lead";
    link.LinkFromAttributeName = "new_leadsourceid";
    link.LinkFromEntityName = "new_leadsource";
    link.LinkCriteria = filter;

    QueryExpression query = new QueryExpression();
    query.EntityName = "new_leadsource";
    query.LinkEntities.Add(link);

    query.ColumnSet = cols;

    try
    {
      // Die Werte von Microsoft Dynamics CRM als dynamische Entität abrufen
      RetrieveMultipleRequest request = new RetrieveMultipleRequest();
      request.ReturnDynamicEntities = true;
      request.Query = query;

      RetrieveMultipleResponse existingLeadSources = (RetrieveMultipleResponse)service.
Execute(request);

      Dictionary<Guid, DynamicEntity> leadSourceMap = new Dictionary<Guid, DynamicEntity>();
      for (int i = 0; i < existingLeadSources.BusinessEntityCollection.BusinessEntities.Count;
i++)
      {
        DynamicEntity leadSource = (DynamicEntity)existingLeadSources.
BusinessEntityCollection.BusinessEntities[i];
        leadSourceMap[((Key)leadSource.Properties["new_leadsourceid"]).Value] = leadSource;
      }

      return leadSourceMap;
    }
    catch (System.Web.Services.Protocols.SoapException ex)
    {
      throw new Exception(ex.Detail.InnerText);
    }
  }

  public void AddLeadSourceList(CrmService service, Guid leadId, Guid leadSource)
  {
    try
    {
      AssociateEntitiesRequest associate = new AssociateEntitiesRequest();
      associate.RelationshipName = "new_new_leadsource_lead";
      associate.Moniker1 = new Moniker();
      associate.Moniker1.Name = "lead";
      associate.Moniker1.Id = leadId;
      associate.Moniker2 = new Moniker();
      associate.Moniker2.Name = "new_leadsource";
      associate.Moniker2.Id = leadSource;
      service.Execute(associate);
    }
```

```
    catch (Exception ex)
    {
      // Nichts tun
    }
  }

  public void RemoveLeadSourceList(CrmService service, Guid leadId, Guid
leadSource)
  {

    try
    {
      DisassociateEntitiesRequest disassociate = new DisassociateEntitiesRequest();
      disassociate.RelationshipName = "new_new_leadsource_lead";
      disassociate.Moniker1 = new Moniker();
      disassociate.Moniker1.Name = "lead";
      disassociate.Moniker1.Id = leadId;
      disassociate.Moniker2 = new Moniker();
      disassociate.Moniker2.Name = "new_leadsource";
      disassociate.Moniker2.Id = leadSource;
      service.Execute(disassociate);
    }
    catch (Exception ex)
    {
      // Nichts tun
    }
  }
}
```

Listing 10.10   Der Code für die Datei LeadSourceList.aspx.cs

Die Dateien müssen Sie dann auf dem Server bereitstellen, damit Sie auf die Seite von einem IFRAME in Microsoft Dynamics CRM aus zugreifen können.

Benutzerdefinierte Dateien auf dem Server bereitstellen

1. Navigieren Sie auf dem Microsoft Dynamics CRM-Webserver zu den Microsoft Dynamics CRM-Webdateien (normalerweise in *c:\inetpub\wwwroot*).

2. Wechseln Sie in den Ordner *ISV*.

3. Erstellen Sie für Ihre benutzerdefinierten Dateien einen neuen Ordner namens **SonomaPartners** mit dem Unterordner **WorkingWithCrm4**.

4. Kopieren Sie die Dateien *LeadSourceList.aspx* und *LeadSourceList.aspx.cs* in diesen neuen Ordner.

Dem Lead-Formular einen IFRAME hinzufügen

1. Öffnen Sie den Formulareditor für die Entität *Lead*.

2. Klicken Sie auf die Registerkarte *Details* und entfernen Sie das Feld *Leadursprung* (falls es existiert).

3. Ändern Sie den Namen des Abschnitts in **Leadquellen**.

4. Fügen Sie einen neuen IFRAME mit den Eigenschaften gemäß Abbildung 10.27 hinzu. Deaktivieren Sie außerdem auf der Registerkarte *Formatierung* das Kontrollkästchen *Rahmen anzeigen*.

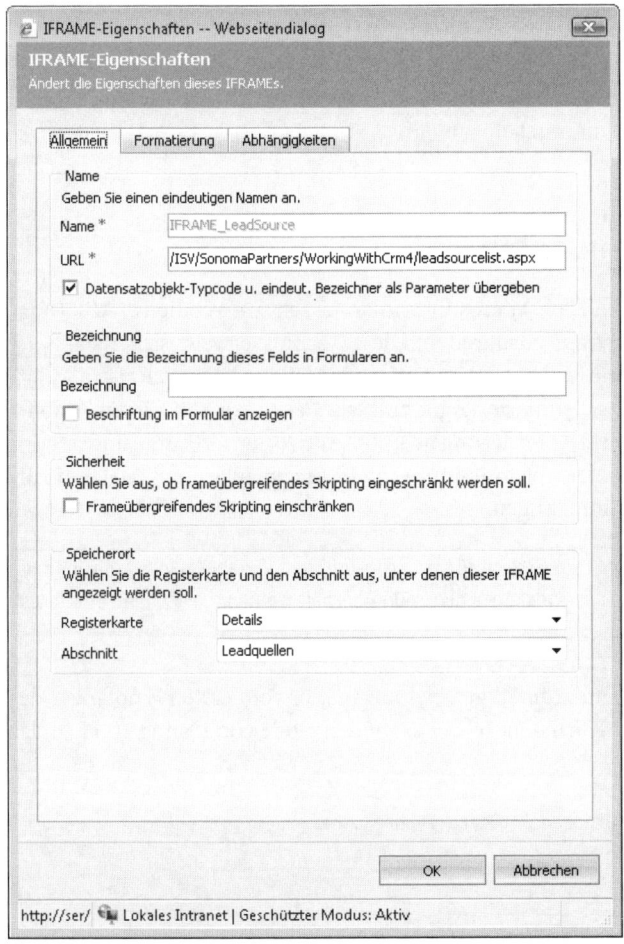

Abbildung 10.27 Die Eigenschaften des neuen IFRAMEs

5. Speichern Sie das Formular.

Ein onSave-Ereignis hinzufügen, um den IFRAME zu speichern

1. Fügen Sie dem *onSave*-Ereignis des *Lead*-Formulars die folgende Codezeile hinzu:

```
document.frames("IFRAME_LeadSource").document.crmForm.submit();
```

2. Veröffentlichen Sie die Entität *Lead*.

Nachdem sich die Dateien auf dem Server befinden und das Formular veröffentlicht ist, können Sie mehrere Leadquellen ganz bequem vom *Lead*-Datensatz selbst aus hinzufügen. Denken Sie dabei trotzdem an die folgenden Punkte:

- Da das *onSave*-Clientereignis auftritt, bevor der Datensatz gespeichert wird, können Benutzer aus der Kontrollkästchenliste erst auswählen, nachdem der Datensatz erstmalig gespeichert wurde.

- Wenn Sie lediglich eine Hand voll von Optionen haben, könnten Sie auch *bit*-Felder für jede Option verwenden. Obwohl diese Lösung aus der Datenmodellperspektive einfacher aussieht, ist sie weniger flexibel und normgerecht.

Auf API-Befehle über JavaScript zugreifen

Gelegentlich ist es komfortabler, auf einen Befehl der Microsoft Dynamics CRM-Webdienst-API (oder prinzipiell jedes Webdiensts) direkt von JavaScript aus zuzugreifen. Diese Technik erweist sich als äußerst praktisch bei Microsoft Dynamics CRM Live, weil Microsoft Dynamics CRM Live derzeit nur JavaScript-Aufrufe von den Formularereignissen für benutzerdefinierte Logik zulässt. Weiter vorn in diesem Kapitel haben Sie gelernt, wie Sie mit Fiddler SOAP-XML-Anforderungen und -Antworten erfassen und rekonstruieren. Wir gehen nun ein Beispiel durch, das das Telefonnummernfeld für einen leeren Telefonanruf-Datensatz aktualisiert, wenn Sie einen Empfänger hinzufügen.

> **HINWEIS**   Der Zugriff auf die Webdienst-API über JavaScript ist zwar für Bereitstellung und Portabilität zweckmäßig, muss aber mit Codefragilität, erhöhtem Wartungsaufwand und aufwendigerer Entwicklung bezahlt werden. Stellen Sie einfach fest, welche Lösung für Sie die beste ist.

Listing 10.11 zeigt den JavaScript-Code, der die standardmäßige Telefonnummer vom ersten Empfänger des Telefonanruf-Formulars übernimmt. Fügen Sie im Formular *Telefonanruf* den Code von Listing 10.11 in das *onChange*-Ereignis des Attributs ein.

```
// Standardtelefonnummer basierend auf erstem Empfänger SetDefaultPhoneNumber();

function SetDefaultPhoneNumber()
{
  var phoneNumberField = document.crmForm.all.phonenumber;
  if (phoneNumberField.DataValue == null)
  {
    var customer = new Array;
    customer = document.crmForm.all.to.DataValue;

    if (customer != null)
    {
      // Den ersten Kunden in der Liste auswerten
      var customerId = customer[0].id;
      var typeName = customer[0].typename;

      var phoneNumber = GetPhoneNumber(customerId, typeName);
      if (phoneNumber  != null)
      {
        phoneNumberField.DataValue = phoneNumber;

      }
    }
  }
}
```

```
function GetPhoneNumber(customerId, typeName)
{
  var serverUrl = "/MSCrmServices/2007/CrmService.asmx";
  var xmlhttp = new ActiveXObject("Microsoft.XMLHTTP");
  xmlhttp.open("POST", serverUrl, false);
  xmlhttp.setRequestHeader("Content-Type", "text/xml; charset=utf-8");
  xmlhttp.setRequestHeader("SOAPAction", "http://schemas.microsoft.com/crm/2007/WebServices/
Retrieve");

  var message =
  [
    "<?xml version='1.0' encoding='utf-8'?>",
    "<soap:Envelope xmlns:soap=\"http://schemas.xmlsoap.org/soap/envelope/\" xmlns:
xsi=\"http://www.w3.org/2001/XMLSchema-instance\" xmlns:xsd=\"http://www.w3.org/2001/
XMLSchema\">",
    GenerateAuthenticationHeader(),
    "<soap:Body>",
    "<Retrieve xmlns='http://schemas.microsoft.com/crm/2007/WebServices'>",
    "<entityName>",
    typeName,
    "</entityName>",
    "<id>",
    customerId,
    "</id>",
    "<columnSet xmlns:q1='http://schemas.microsoft.com/crm/2006/Query' xsi:type='q1:
ColumnSet'>",
    "<q1:Attributes><q1:Attribute>telephone1</q1:Attribute></q1:Attributes>",
    "</columnSet></Retrieve>",
    "</soap:Body></soap:Envelope>"
  ].join("");

  xmlhttp.send(message);
  var result = xmlhttp.responseXML.xml;
  var doc = new ActiveXObject("MSXML2.DOMDocument");
  doc.async = false;
  doc.loadXML(result);
  var telephone1Node = doc.selectSingleNode("//q1:telephone1");
  if( telephone1Node != null )
  {
    return telephone1Node.text;
  }
  else
  {
    return null;
  }
}
```

Listing 10.11 Standardmäßige Telefonnummer auf Telefonanruf-Datensatz eintragen

Registerkarten und Felder ausblenden

Leider erlaubt es Microsoft Dynamics CRM von Haus aus nicht, Formulare basierend auf der Sicherheitsrolle eines Benutzers oder benutzerdefinierter Logik zu erstellen – jeder sieht das gleiche Formular. Manche

Kunden möchten andere Informationen auf dem Entitätsformular anzeigen, und zwar abhängig von der Sicherheitsrolle des Benutzers, der sich das Formular ansieht. Um dies zu realisieren, kommt eine – wenn auch nicht unterstützte – Technik infrage: Implementieren Sie Ihre eigene Geschäftslogik und verwenden Sie DHTML, um Registerkarten und / oder Felder von Formularen basierend auf der Sicherheitsrolle des Benutzers auszublenden.

ACHTUNG   Diese Technik wird von Microsoft nicht unterstützt. Die Formularelemente sollen Sie nicht direkt über das DOM referenzieren, weil sich diese Elemente in einem zukünftigen Release ändern könnten. Verwenden Sie diese Technik auf eigenes Risiko.

Eine Registerkarte ausblenden

Bevor wir das fertig gestellte Produkt enthüllen, wollen wir im ersten Schritt eine komplette Registerkarte mit Daten ausblenden. Hierfür bietet sich die *display*-Eigenschaft des *style*-Attributs des Elements an. Zum Beispiel lässt sich mit dem folgenden JavaScript-Code eine Registerkarte ausblenden:

```
tabnTab.style.display = 'none';
```

Das Objekt *tabnTab* verweist auf die ID der Registerkarte. Das *n* steht für die Nummer der Registerkarte, wobei die Zählung von links mit 0 beginnt. Demnach wird die Registerkarte *Verwaltung* in Abbildung 10.28 mit *tab2Tab* bezeichnet.

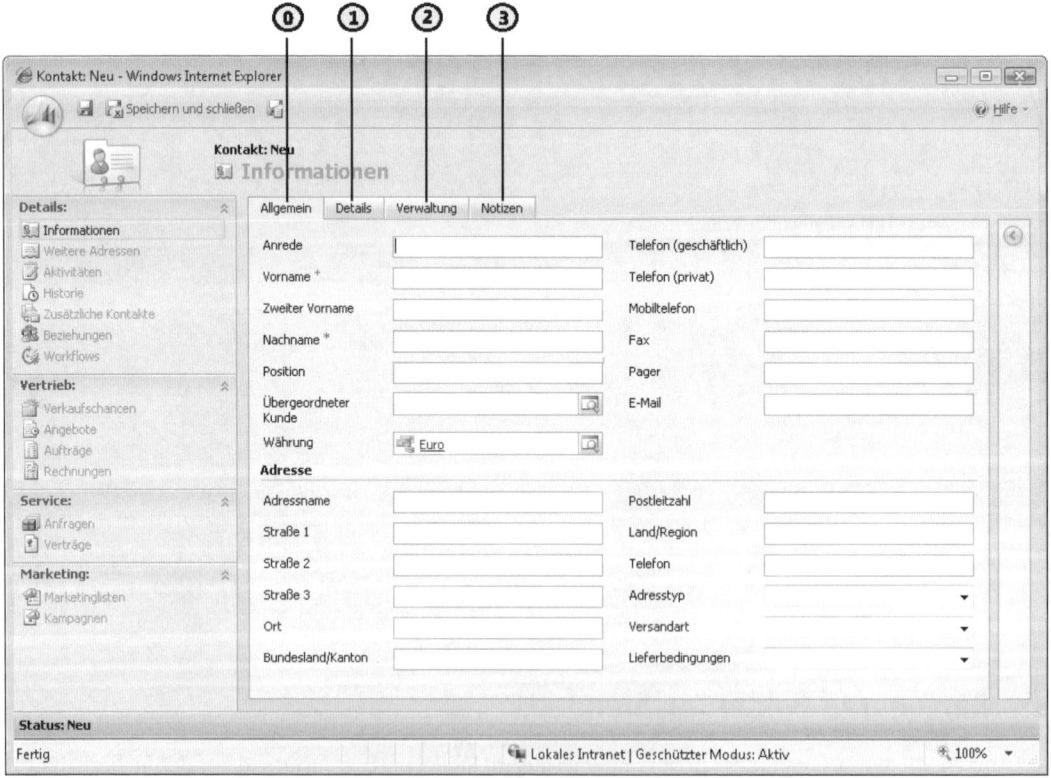

Abbildung 10.28   Die ID einer Registerkarte auf dem Formular Kontakt ermitteln

Eine ausgeblendete Registerkarte zeigen Sie mit dem folgenden Skriptcode wieder an:

```
tabnTab.style.display = 'inline';
```

ACHTUNG Dieses Verfahren geht davon aus, dass sich die Anordnung der Registerkarten in der Zukunft nicht ändert. Fügt beispielsweise jemand eine weitere Registerkarte zwischen der ersten und zweiten Registerkarte ein, blenden Sie am Ende die falsche Registerkarte aus!

Ein Feld und eine Bezeichnung ausblenden und anzeigen

Nach dem gleichen Verfahren wie bei einer Registerkarte können Sie auch ein Feld und seine Beschriftung ausblenden und anzeigen. Im Unterschied zum Beispiel der Registerkarte werden Sie allerdings den Bereich nicht reduzieren und die Elemente verschieben wollen. Deshalb kommt hier die *visibility*-Eigenschaft des Stils zum Einsatz. Genau wie bei der Registerkarte müssen Sie die ID des Elements ermitteln, das Sie ein- bzw. ausblenden möchten, und seine *visibility*-Eigenschaft entsprechend auf *hidden* oder *visible* setzen.

Mit dem folgenden Skript lässt sich ein Feld und seine Beschriftung ausblenden. Ersetzen Sie *attributname* durch den Namen des Attributs, das Sie ausblenden wollen:

```
crmForm.all.attributname_c.style.visibility = 'hidden'; // Beschriftung
crmForm.all.attributname_d.style.visibility = 'hidden'; // Daten
```

Das nächste Skript zeigt ein Feld und seine Beschriftung an. Ersetzen Sie auch hier *attributname* durch den Namen des anzuzeigenden Attributs:

```
crmForm.all.attributname_c.style.visibility = 'visible'; // Beschriftung
crmForm.all.attributname_d.style.visibility = 'visible'; // Daten
```

Die CSS-Eigenschaften display und visibility

Die Eigenschaften *display* und *visibility* werden gern verwechselt. Ist die Eigenschaft *display* auf *none* gesetzt, entfernt der Browser bei der Wiedergabe das gesamte Element von der Seite und verschiebt entsprechend alle verbleibenden Elemente. Mit der Eigenschaft *visibility* lässt sich ein Element ebenfalls ausblenden, nur belegt das Element weiterhin seinen entsprechenden Platz auf der Seite.

Registerkarten sollten Sie mithilfe der Eigenschaft *display* ausblenden, damit die anderen Registerkarten nach der Zielregisterkarte nach vorn rücken und sich für den Benutzer ein normales Aussehen ergibt. Mit der *visibility*-Variante bleibt letztlich eine Lücke, wenn sich die ausgeblendete Registerkarte in der Mitte befindet. Abbildung 10.29 zeigt das Ergebnis der Anweisung *tab2Tab.style.visibility = 'hidden';*.

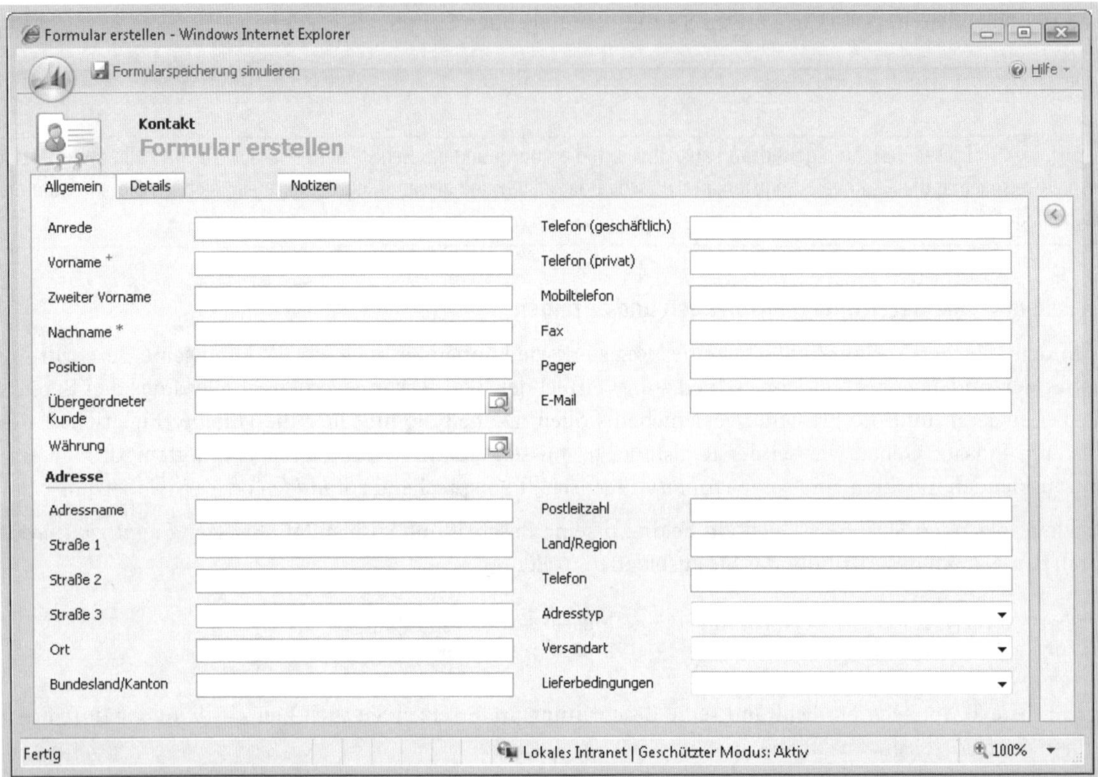

Abbildung 10.29   Eine Registerkarte mithilfe der visibility-Eigenschaft ausblenden

Bei Feldern und Beschriftungen liegt es bei Ihnen, welche CSS-Variante Sie wählen. Im Allgemeinen verwenden Sie die *visibility*-Eigenschaft, wenn Sie das Layout des Feldes bzw. der Beschriftung bewahren möchten.

> **TIPP**   Denken Sie daran, dass ein ausgeblendetes Element keinerlei Ereignisse empfängt.

Eine Registerkarte basierend auf Benutzersicherheit ausblenden

Nachdem Sie die Technik beherrschen, eine Registerkarte, ein Feld und eine Beschriftung auszublenden, vertiefen wir dieses Thema und zeigen, wie sich diese Elemente basierend auf der Sicherheitsrolle des Benutzers, der den Datensatz anzeigt, aus- oder einblenden lassen. Für dieses Beispiel blenden Sie die Registerkarte *Verwaltung* (die dritte von links) auf dem *Kontakt*-Formular für alle Benutzer aus, außer wenn dem Benutzer die Sicherheitsrollen *Systemadministrator* oder *Vertriebsmanager* zugewiesen sind.

Fügen Sie den Code von Listing 10.12 in das *onLoad*-Ereignis des *Kontakt*-Formulars ein. Anschließend speichern und veröffentlichen Sie die Entität *Kontakt*.

```
HideTab();

function HideTab()
{
  var allowedRoles = [ "System Administrator", "Sales Manager" ];
  var roleAllowed = IsRoleAllowed(allowedRoles);

  if (! roleAllowed)
  {
    // Registerkarte 'Verwaltung' ausblenden
    tab2Tab.style.display = 'none';
  }
}

function IsRoleAllowed(allowedRoles)
{
  var result = RetrieveUserRoles();
  var foundResult = false;

  for (i=0;i<=allowedRoles.length;i++)
  {
    if (result.indexOf(allowedRoles[i]) > -1 )
    {
      foundResult = true;
      break;
    }
  }
  return foundResult;
}

function RetrieveUserRoles()
{
  var serverUrl = "/mscrmservices/2007/crmservice.asmx";
  var xmlhttp = new ActiveXObject("Microsoft.XMLHTTP");
  xmlhttp.open("POST", serverUrl, false);
  xmlhttp.setRequestHeader("Content-Type", "text/xml; charset=utf-8");
  xmlhttp.setRequestHeader("SOAPAction", "http://schemas.microsoft.com/crm/2007/WebServices/
RetrieveMultiple");

  var message =
  [
  "<?xml version='1.0' encoding='utf-8'?>",
  "<soap:Envelope xmlns:soap=\"http://schemas.xmlsoap.org/soap/envelope/\"
xmlns: xsi=\"http://www.w3.org/2001/XMLSchema-instance\"
xmlns:xsd=\"http://www.w3.org/2001/ XMLSchema\">",
  GenerateAuthenticationHeader(),
    "<soap:Body>",
    "<RetrieveMultiple xmlns='http://schemas.microsoft.com/crm/2007/WebServices'>",
    "<query xmlns:q1='http://schemas.microsoft.com/crm/2006/Query' xsi:type='q1:
QueryExpression'>",
    "<q1:EntityName>role</q1:EntityName>",
    "<q1:ColumnSet xsi:type='q1:ColumnSet'><q1:Attributes><q1:Attribute>name</q1:
Attribute></q1:Attributes></q1:ColumnSet>",
```

```
      "<q1:Distinct>false</q1:Distinct>",
      "<q1:LinkEntities><q1:LinkEntity>",
      "<q1:LinkFromAttributeName>roleid</q1:LinkFromAttributeName>",
      "<q1:LinkFromEntityName>role</q1:LinkFromEntityName>",
      "<q1:LinkToEntityName>systemuserroles</q1:LinkToEntityName>",
      "<q1:LinkToAttributeName>roleid</q1:LinkToAttributeName>",
      "<q1:JoinOperator>Inner</q1:JoinOperator>",
      "<q1:LinkEntities><q1:LinkEntity>",
      "<q1:LinkFromAttributeName>systemuserid</q1:LinkFromAttributeName>",
      "<q1:LinkFromEntityName>systemuserroles</q1:LinkFromEntityName>",
      "<q1:LinkToEntityName>systemuser</q1:LinkToEntityName>",
      "<q1:LinkToAttributeName>systemuserid</q1:LinkToAttributeName>",
      "<q1:JoinOperator>Inner</q1:JoinOperator>",
      "<q1:LinkCriteria><q1:FilterOperator>And</q1:FilterOperator>",
      "<q1:Conditions><q1:Condition>",
      "<q1:AttributeName>systemuserid</q1:AttributeName>",
      "<q1:Operator>Equal</q1:Operator>",
      "<q1:Values>",
      "<q1:Value xmlns:q2='http://microsoft.com/wsdl/types/' xsi:type='q2:guid'>",
      GetUserId(),
      "</q1:Value></q1:Values></q1:Condition></q1:Conditions>",
      "</q1:LinkCriteria></q1:LinkEntity></q1:LinkEntities>",
      "</q1:LinkEntity></q1:LinkEntities></query></RetrieveMultiple>",
      "</soap:Body></soap:Envelope>"
  ].join("");

  xmlhttp.send(message);
  return xmlhttp.responseXML.text;
}

function GetUserId()
{
  var serverUrl = "/mscrmservices/2007/crmservice.asmx";
  var xmlhttp = new ActiveXObject("Microsoft.XMLHTTP");
  xmlhttp.open("POST", serverUrl, false);
  xmlhttp.setRequestHeader("Content-Type", "text/xml; charset=utf-8");
  xmlhttp.setRequestHeader("SOAPAction", "http://schemas.microsoft.com/crm/2007/WebServices/
Execute");

  var message =
  [
    "<?xml version='1.0' encoding='utf-8'?>",
    "<soap:Envelope xmlns:soap=\"http://schemas.xmlsoap.org/soap/envelope/\" xmlns:
xsi=\"http://www.w3.org/2001/XMLSchema-instance\" xmlns:xsd=\"http://www.w3.org/2001/
XMLSchema\">",
    GenerateAuthenticationHeader(),
    "<soap:Body>",
    "<Execute xmlns='http://schemas.microsoft.com/crm/2007/WebServices'>",
    "<Request xsi:type='WhoAmIRequest' />",
    "</Execute>",
    "</soap:Body>",
    "</soap:Envelope>"
  ].join("");
```

```
xmlhttp.send(message);
var result = xmlhttp.responseXML.xml;
var doc = new ActiveXObject("MSXML2.DOMDocument");
doc.async = false;
doc.loadXML(result);
var returnNode = doc.selectSingleNode("//UserId");

if( returnNode != null )
{
  return returnNode.text;
}
else
{
  return null;
}
}
```

Listing 10.12   Eine Registerkarte ausblenden

Auf externe Skriptdateien verweisen

Wie bereits weiter vorn erwähnt, können Sie für das *onLoad*-Ereignis Code hinzufügen, der auf eine externe Skriptdatei verweist. Das geschieht vor allem deshalb, weil sich die Skriptverwaltung vereinfacht und Code wieder verwenden lässt. Wenn Sie zum Beispiel das weiter vorn gezeigte Skript zum Formatieren der Telefonnummer zu 20 oder 30 verschiedenen Telefonnummernfeldern in den Entitäten *Lead*, *Firma* und *Kontakt* hinzufügen und dann das Skript modifizieren müssen, wäre das Skript an allen 20 oder 30 Stellen manuell zu aktualisieren. Indem Sie auf ein externes Skript verweisen, ersparen Sie sich diese umständliche Prozedur, weil die Aktualisierung lediglich ein einziges Mal vorzunehmen ist. Allerdings unterstützt Microsoft das Referenzieren von externen Skripts aus folgenden Gründen nicht:

- **Bereitstellungsoverhead:** Skriptcode, der den Ereignissen direkt hinzugefügt wird, lässt sich mit den integrierten Import- / Exportmechanismen bereitstellen. Wenn Sie auf eine externe Datei verweisen, sind Sie zuständig für Bereitstellung und Aktualisierung der Verweise in den Microsoft Dynamics CRM-Formularereignissen, was auch für die Offline-Clients gilt.

- **Zugriffsprobleme:** Wenn Sie eine externe Website referenzieren und diese Site nicht verfügbar ist oder Verzögerungen beim Laden auftreten, sind die für Ihren Code erforderlichen Methoden eventuell nicht verfügbar und können Fehler verursachen.

- **Zwischenspeichern im Webbrowser:** Der Webbrowser kann externe Dateien zwischenspeichern. Nachdem Sie eine Modifikation in einer externen Datei bereitstellen, müssen Benutzer gegebenenfalls den Cache ihres Browsers löschen, um die Änderungen zu laden.

HINWEIS   Microsoft betrachtet dieses Verfahren als nicht unterstützt. Verwenden Sie es auf eigenes Risiko.

Mit dem Code in Listing 10.13 können Sie DHTML verwenden, um einen externen Skriptverweis hinzuzufügen. Passen Sie den Wert der Variablen *url* an den Pfad Ihrer Skriptdatei an und fügen Sie dann das Skript in das *onLoad*-Ereignis des Formulars ein.

```
// Ihre Skript-URL definieren
var url = "/ISV/SonomaPartners/custom/scripts/script.js";

// Das script-Element erstellen
var scriptElement = document.createElement("<script src='" + url + "' language='javascript'>");
document.getElementsByTagName("head")[0].insertAdjacentElement("beforeEnd",
scriptElement);
```

Listing 10.13   Auf eine einfache externe Skriptdatei verweisen

---

HINWEIS   Der folgende Code funktioniert nicht, wenn Sie ihn dem *onLoad*-Ereignis direkt hinzufügen:

```
<script language="JavaScript"
src="http://<crmserver>/ISV/SonomaPartners/custom/scripts/script.js"></script>
```

Die Ausführung dieser Codezeile wird durch die Art und Weise verhindert, wie Microsoft Dynamics CRM den *onLoad*-Skriptcode in die Ausgabe des Formulars einfügt.

Wie bereits erwähnt, ist es bei derartigen Dateiverweisen sehr ungünstig, dass der Browser die JavaScript-Dateien asynchron lädt. Müssen Sie also im *onLoad*-Ereignis des Formulars Logik ausführen, die sich auf eine Methode in Ihrem externen Skript stützt, erhalten Sie letztlich einen Fehler, wenn dieses Skript nicht rechtzeitig geladen wurde.

Es gibt verschiedene Möglichkeiten, das Problem des asynchronen Ladens zu mildern. Zum Beispiel lässt sich der Umstand nutzen, dass der Webbrowser die Dateien sequenziell liest (d.h. von oben nach unten). Platzieren Sie alle Logik, die eine Methode von der externen JavaScript-Datei benötigt, an das Ende dieser Datei. Damit ist sichergestellt, dass die abhängige Logik korrekt geladen wird.

Eine andere Option bietet das *onreadystatechange*-Ereignis, wenn Sie Ihr Skript laden. Dieses Ereignis wird ausgelöst, sobald das Skript vollständig geladen ist. Dann lässt sich zusätzlicher Code sicher ausführen. Das nachstehende Codebeispiel zeigt, wie Sie eine benutzerdefinierte Funktion *Script_OnLoad* in Verbindung mit dem Ereignis *onreadystatechange* verwenden können:

```
// Das Skriptelement erstellen
var scriptElement = document.createElement("<script
type='text/javascript'>");
scriptElement.src = "/ISV/SonomaPartners/custom/scripts/script.js";
scriptElement.attachEvent("onreadystatechange", Script_OnLoad);
document.getElementsByTagName("head")[0].insertAdjacentElement("beforeEnd",
scriptElement);

function Script_OnLoad()
{
  if (event.srcElement.readyState == "loaded" || event.srcElement.readyState ==
"complete")
  {
    // Hier können Sie Funktionen, die in Ihrer externen Skriptdatei definiert sind,
    // sicher aufrufen.
  }
}
```

Auswahllistenwerte dynamisch ändern

Beim Standardverhalten von Auswahllistenattributen in Microsoft Dynamics CRM funktioniert jedes Feld vollkommen unabhängig von anderen Werten auf dem Formular. In der Praxis ist es möglicherweise erforderlich, die Auswahllistenwerte eines Datensatzes basierend auf anderen im Datensatz ausgewählten Werten zu ändern. Wenn zum Beispiel der Benutzer die Option *Selbstabholer* als Versandart für einen Kontakt auswählt, ist es nicht sinnvoll, den Benutzer *Frei an Bord* (FOB) als Lieferbedingung für diesen Kontakt auswählen zu lassen.

Dieses Beispiel zeigt, wie Sie Werte im Auswahllistenfeld *Lieferbedingungen* je nach der in der Auswahlliste *Versandart* gewählten Option dynamisch ändern können. Wählt der Benutzer *Selbstabholer* als Lieferbedingung, entfernen Sie mithilfe des clientseitigen SDKs die Optionen wie zum Beispiel *Frei an Bord* (FOB) aus der Liste *Lieferbedingungen* und setzen automatisch die Option *Kostenfrei*. (Fügen Sie die Option *Kostenfrei* der Auswahlliste für das Attribut *Lieferbedingungen* hinzu, falls die Option in der Liste noch nicht vorhanden ist. Verwenden Sie 200.000 als Wert für die Option.) Ändert dann der Benutzer die Versandart in einen neuen Wert, müssen Sie programmgesteuert die Optionen *Frei an Bord* wieder in die Liste *Lieferbedingungen* aufnehmen.

TIPP   Mit dem Code und den Konzepten aus diesem Beispiel können Sie die Microsoft Dynamics CRM-Bereitstellung Ihrer Firma erweitern, um verschiedene Sätze von Auswahllistenwerten je nach den Anforderungen Ihrer Organisation dynamisch zu aktualisieren.

Wie Sie bereits weiter vorn gesehen haben, stellt Microsoft Dynamics CRM zwei Routinen für die Verwaltung von Auswahllistenoptionen bereit: *AddOption()* und *DeleteOption()*. Mit *DeleteOption()* entfernen Sie die Option *Frei an Bord* (FOB), *Kosten und Fracht* und *Abholung*, wenn *Selbstabholer* (Will Call) ausgewählt ist. Wenn irgendein anderer Wert ausgewählt ist, fügen Sie die drei Optionen wieder hinzu (falls sie entfernt worden sind). Dieses Beispiel demonstriert, wie Sie auf Auswahllistenfelder zugreifen und damit arbeiten. Abbildung 10.30 zeigt die Ergebnisse auf dem Formular.

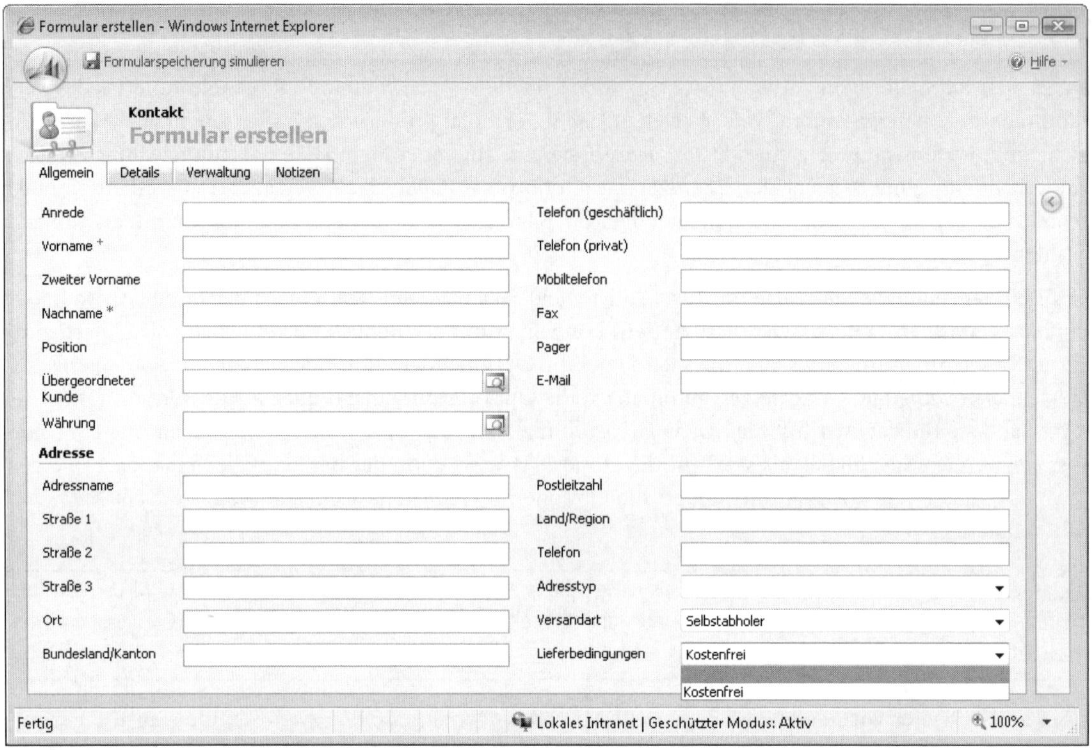

Abbildung 10.30   Formularvorschau für das Skript zur Auswahlliste Versandart

---

WICHTIG   Fügen Sie einer Auswahlliste per Programm keine Optionen hinzu, die in Microsoft Dynamics CRM nicht existieren. Vom technischen Standpunkt her können Sie mit der Methode *AddOption()* jedes beliebige Name- / Wert-Paar hinzufügen. Doch wenn der Wert über die Formularanpassung nicht konfiguriert wurde, kann Microsoft Dynamics CRM ihn nicht korrekt auf dem Formular anzeigen.

Für dieses Beispiel müssen Sie den Code in das *onChange*-Ereignis des Felds *address1_shippingmethodcode* einfügen. Ähnlicher Code ist zudem im *onLoad*-Ereignis des Kontaktformulars erforderlich, damit der Aktualisierungsmodus des Formulars mit Situationen zurecht kommt, in denen *Selbstabholer* bereits ausgewählt ist. Listing 10.14 gibt das Skript für dieses Beispiel an.

```
// Installation: Dieses Skript auf dem Kontaktformular in das onChange-Ereignis des Felds
// address1_shippingmethodcode einfügen.
// Sicherstellen, dass diese Werte den Codes in Microsoft Dynamics CRM entsprechen
var SHIPPINGMETHODCODE_WILLCALL = 7;
var FREIGHTTERMSCODE_FOB = 1;
var KOSTEN_UND_FRACHT = 3
var ABHOLUNG = 21
var FREIGHTTERMSCODE_NOCHARGE = 200000;
var oShipMethod = event.srcElement;
var oFreightTerms = crmForm.all.address1_freighttermscode;
var freightTerms = oFreightTerms.Options var fobExists = false;
```

```
// Die vorhandenen Optionen durchlaufen und ermitteln, ob die Option
// 'Frei an Bord' (FOB) existiert
for (var i=0; i<freightTerms.length; i++)
{
 if (freightTerms[i].DataValue == FREIGHTTERMSCODE_FOB)
 fobExists = true;
}


if (oShipMethod.DataValue == SHIPPINGMETHODCODE_WILLCALL)
{
 // Standardmäßig auf 'Kostenfrei' setzen
 oFreightTerms.DataValue = FREIGHTTERMSCODE_NOCHARGE;

 // Die anderen Optionen entfernen
 oFreightTerms.DeleteOption(FREIGHTTERMSCODE_FOB);
 oFreightTerms.DeleteOption(KOSTEN_UND_FRACHT);
 oFreightTerms.DeleteOption(ABHOLUNG);
}
else
{
 // Standardmäßig auf 'leer' setzen
 oFreightTerms.DataValue = null;

 // Fehlt die Option FOB, dann die entfernten Optionen wieder hinzufügen
 if (! fobExists)
 oFreightTerms.AddOption("FOB",FREIGHTTERMSCODE_FOB);
 oFreightTerms.AddOption("FOB",KOSTEN_UND_FRACHT);
 oFreightTerms.AddOption("FOB",ABHOLUNG);
}


// Installation: Dieses Skript dem onLoad-Ereignis des Kontaktformulars hinzufügen.

// Die Konstanten einrichten
var CRM_FORM_TYPE_CREATE = "1";
var CRM_FORM_TYPE_UPDATE = "2";
// Sicherstellen, dass diese Werte den Codes in Microsoft Dynamics CRM entsprechen
var SHIPPINGMETHODCODE_WILLCALL = 7;
var FREIGHTTERMSCODE_FOB = 1;
var KOSTEN_UND_FRACHT = 3
var ABHOLUNG = 21
var FREIGHTTERMSCODE_NOCHARGE = 200000;

// Nur prüfen, wenn sich Formular im Aktualisierungsmodus befindet
if (crmForm.FormType == CRM_FORM_TYPE_UPDATE)
{
 if (document.crmForm.all.address1_shippingmethodcode.DataValue == SHIPPINGMETHODCODE_
WILLCALL)
 {
 // FOB usw. als Option entfernen
 document.crmForm.all.address1_freighttermscode.DeleteOption(FREIGHTTERMSCODE_FOB);
 document.crmForm.all.address1_freighttermscode.DeleteOption(KOSTEN_UND_FRACHT);
 document.crmForm.all.address1_freighttermscode.DeleteOption(ABHOLUNG);
 }
}
```

Listing 10.14 Auswahllistenwerte dynamisch ändern

TIPP   Wenn Sie den Wert eines Auswahllistenelements suchen müssen, gehen Sie auf die Seite *Attribute* der Entität. Doppelklicken Sie auf das betreffende Auswahllistenattribut (Typ *picklist*). Auf der rechten Seite finden Sie die Liste der Optionen. Wenn Sie auf einen Optionsnamen doppelklicken, zeigt ein Dialogfeld den entsprechenden Wert an (siehe Abbildung 10.31).

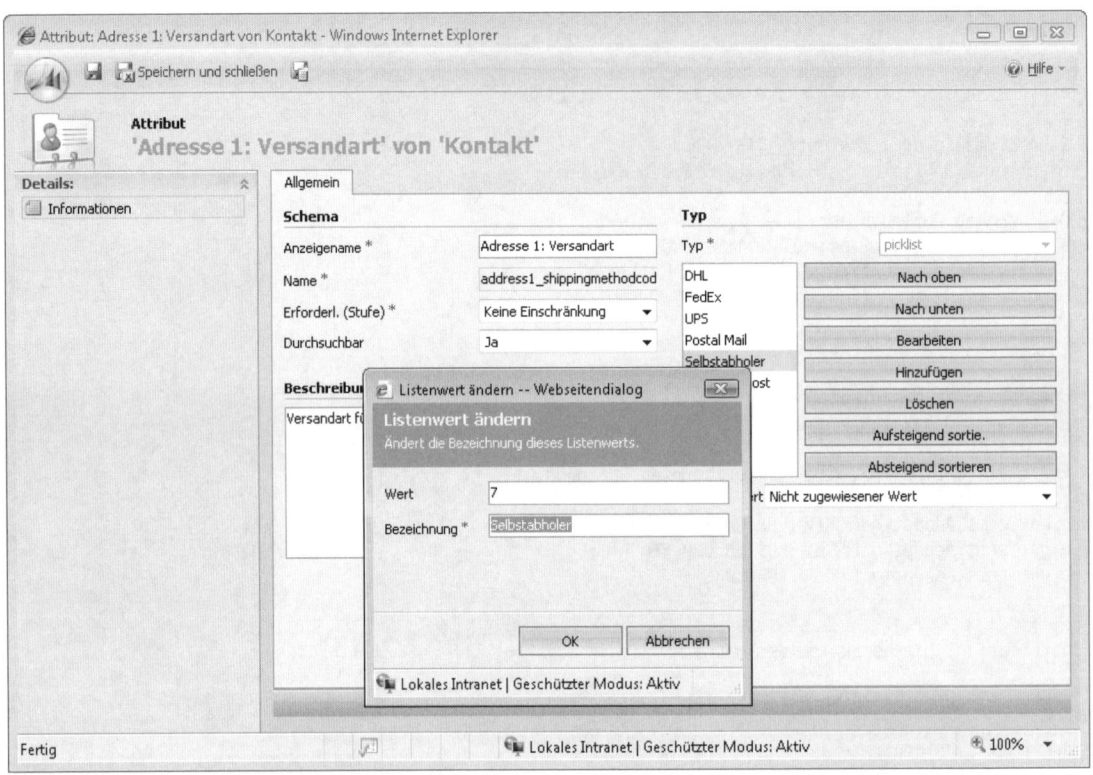

Abbildung 10.31   Auswahllistenwerte abrufen

Zusammenfassung

Dieses Kapitel hat die Methoden und Optionen erläutert, mit denen ein Skriptentwickler die Anwendungsformulare erweitern kann. Neben den in Microsoft Dynamics CRM verfügbaren Ereignissen ist es mit dem IFRAME-Element möglich, benutzerdefinierte Funktionalität hinzuzufügen, ohne dass der Benutzer das Formular verlassen muss. Mit Skripts und den von Microsoft Dynamics CRM eröffneten Integrationspunkten können Sie leicht benutzerfreundliche und komplexe Anwendungsintegration realisieren.

Über die Autoren

Mike Snyder

Mike Snyder ist Mitbegründer und Geschäftsführer von Sonoma Partners, einer in Chicago ansässigen Beratungsfirma, die sich auf Microsoft Dynamics CRM-Implementierungen spezialisiert hat. Sonoma Partners wurde als Top Global Microsoft CRM Partner der Jahre 2003 und 2005 ausgezeichnet. Mike gehört zu den anerkannten Branchenexperten für Microsoft Dynamics CRM, ist Mitglied im Microsoft Dynamics Partner Advisory Council und Autor eines populären Blogs über Microsoft Dynamics CRM.

Vor der Gründung von Sonoma Partners hat Mike mehrere Produktentwicklerteams bei Motorola und Fortune Brands geleitet. Sein Studium an der Northwestern Kellogg Graduate School of Management mit den Hauptfächern Marketing und Unternehmensführung hat er als Master of Business Administration mit Auszeichnung absolviert. Zudem besitzt er einen Bachelor-Abschluss in Ingenieurwissenschaften der University of Notre Dame. Mike lebt in Naperville, Illinois mit seiner Frau und drei Kindern. Seine Freizeit verbringt er mit Eishockey und seiner Familie.

Jim Steger

Jim Steger ist ebenfalls Mitbegründer und Geschäftsführer von Sonoma Partners. Als Microsoft Certified Professional hat er mehrere preisgekrönte Microsoft Dynamics CRM-Bereitstellungen auf den Weg gebracht, einschließlich komplexer Projekte der Unternehmensintegration. Für Microsoft Dynamics CRM entwickelt er seit der Version 1.0 Beta Projekte und Code.

Vor dem Einstieg in Sonoma Partners hat Jim weltweit verschiedene Softwareentwicklungsprojekte bei Motorola und Acco Office Products konzipiert und geleitet. Jim hat an der Northwestern University einen Bachelor-Abschluss in Ingenieurwissenschaften erworben. Derzeit lebt er in Naperville, Illinois, mit seiner Frau und zwei Kindern. Seine Freizeit ist dem Volleyball, Eishockey und seiner Familie gewidmet.

Stichwortverzeichnis

.NET Framework
  Versionen 509
  Ziel 459
<Button> 570
<Connection> 318
<CustomMenu> 567
<Entities> 570
<Entity> 567, 573
<Grid> 573
<MenuBar> 567
<MenuItem> 567
<NavBar> 570
<NavBarAreas> 565
<NavBarItem> 570
<QuerySource> 318
<QueryTable> 318
<Title> 566
<Titles> 566
<ToolBar> 570
<ToolBarSpacer /> 570
<Worksheet> 318
1:n-Beziehungen 245
1031 (Deutsch) 154
1033 (Englisch) 154
3082 (Spanisch) 154
401
  Fiddler 587
  Organisationsname 461

A

Abbilder 491
Abfragen 477
  bearbeiten 321
  FetchXML 480
  Microsoft Query 321
Abfragezeichenfolge 512
Abgeschlossen 172
Abhängigkeiten 189
  Felder 548
  IFRAME 208

Abschließen
  Anfragen 171
Abschnitte 181, 192
  ausblenden 179
  Layout 193
  Layout ändern 194
  Spaltenhöhe 193
Absenden
  Schaltfläche 555
Abstimmung
  Arbeitsweise 8
  IT-Anforderungen 12
  Unternehmen 11
AccessKey 567
Account Overview 203
Active Directory 12, 20
  Anmeldeinformationen 462
  Authentifizierung 463
  Benutzer 90
  CrmDiscoveryService 476
  Entwicklungsumgebung 508
  PrivUserGroup 464
  Small Business Server 2003 16
  systemuserid 465
  Workflowregeln 427
activitypointer 233
AddOption 546, 615
Adressbuch
  Synchronisierung 38
Adressleiste 571
Aktionen
  Anfügen 108
  Anfügen an 108
  asynchrone 391
  benutzerdefinierte Gruppen
    412
  Bericht planen 348
  Berichte verwalten 347
  Beziehungsverhalten 249
  Datensatz aktualisieren 407
  Datensatz zuweisen 407

E-Mail senden 408
  kaskadierende 252
  Kollisionen auflösen 146
  Neuzuweisen 100
  registrieren 412
  Sicherheitskontext 464
  SOAP 587
  Status ändern 412
  synchrone 391
  Untergeordneten Workflow
    starten 411
  Workflow 405
  Workflow beenden 412
  Workflowaufträge 425
  Workflowregel starten 399
Aktivieren
  Anwendungsmodus 510
  Entwicklungsfehler anzeigen
    523
  frameübergreifendes
    Skripting 551
  ISV.config 574
  Nachverfolgung auf
    Plattformebene 522
  websiteübergreifendes
    Skripting 557
Aktivieren / Deaktivieren 108
Aktivität 24
Aktivitäten
  abgeschlossene 172
  anpassen 232
  Ansichten 234
  Attribute 237
  customization.xml 280
  Entitäten 280
  Entitätstypen umbenennen
    150
  Erinnerungen 40
  Formulare 237
  OpportunityClose 530

Aktivitäten (*Fortsetzung*)
  Outlook 40
  schließen 170
  Standardstartseite 235
  stornierte 172
  Telefonanrufe 173
  überfällige 225
Aktivitätsverlauf 211
Aktualisieren
  externe Daten in Excel 310
alert 581
all 544
Allgemeine Aufgaben 181
  Berichts-Assistent 336
  Formulareigenschaften 547
  IFRAME hinzufügen 204
An den Prozess anhängen 493
Anforderungen
  Klassen 470
  modellieren 86
  SOAP 589
Anfrage 24
Anfragen
  abschließen 171
  SDK 471
  übergeordnete 265
  untergeordnete 265
Anfügen 108
Anfügen an 108
Angebotsberechnung
  überschreiben 110
Angleichen
  IFRAME-Webseite 554
Anmeldeinformationen
  Browser 92
Anpassungen
  Aktivitäten 232
  Ansichten 212, 223
  exportieren 113, 140
  Formulare 178
  importieren 114, 140, 574
  IsProfile 294
  Konflikte beim Importieren
    145
  Konzepte 130
  Laptopclient 140
  Microsoft Dynamics CRM 28
  Onlinehilfe 153
  Outlook 140
  persönliche Optionen 294
  Sicherheitsrollen 135

unterstützte / nicht unter-
    stützte 29
  veröffentlichen 114, 136
Anpassungs-XML 216
Ansichten
  Aktivitäten 234
  anpassen 212, 223
  Anpassungs-XML 216
  Berührungspunkte 232
  Datensätze nachschlagen 217
  Datensätze, aktive / inaktive
    444
  Editoren 223
  Entitäten 26, 307
  erstellen 225
  erweiterte Suche 217
  FilteredAccount 371
  gefilterte 363, 481, 514
  gespeicherte 222
  Historie 236
  klonen 537
  Komponenten 212
  kopieren 537
  Offene Verkaufschancen 25
  öffentliche 214
  Schnellsuche 221
  Spaltenbreite 225
  standardmäßige öffentliche
    214
  Suchspalten 219
  systemdefinierte 215
  Typen 214
  überfällige Aktivitäten 225
  Verkaufschancenbeziehungen
    230
  zugeordnete 216, 444
Anwendungen
  ASP.NET 559
  ERP (Enterprise Resource
    Planning) 18
  Menü hinzufügen 568
  Navigation 281
  webbasierte 542
Anwendungsbereich 283
  Berichte 326
Anwendungsmodus 93, 510
  aktivieren 510
  deaktivieren 510
Anzeigebereiche
  Entitäten 280, 300
  Navigationsbereiche 249

Anzeigename
  Attribute 156
  Entitäten 279
API
  (Application Programming
    Interface) 454
  Authentifizierung 462
  Metadaten- 269
  Offline- 456
  Visual Studio 457
  webdienst- 457
Architektur
  erweiterbare 456
  mehrinstanzfähige 13
  Metadaten 130
  Microsoft Dynamics CRM
    455
  Workflow 391
Area 292, 570
Artikel veröffentlichen 111
ASP.NET 559
Assembly Location 491
Assemblies
  API 458
  Debugging 492
  GAC (Globaler
    Assemblycache) 487
  ILMerge 487
  Registrierung 519
  Schlüsseltoken 520
  signieren 483
  Signierung 559
  starke Namen 559
  unterstützte 483
  Verweise 458
  Verweise hinzufügen 460
  Webverweise 516
  Workflow 494
  Workflowbenutzeroberfläche
    498
Assistenten
  Bereitstellung 12
  Berichts- 333
  Datenimport 70
  Datenmigrations-Manager 77
  Duplikaterkennungs- 81
  Erstellen von
    Schnellkampagnen 60
  Formular- 182, 184
asynchron 391

Asynchroner
  Verarbeitungsdienst 421
Asynchroner
  Verarbeitungsdienst von
  Microsoft CRM 498
Attribute 131, 132, 155, 472
  <NavBarItem> 570
  Abschlussdialogfelder 170
  Aktivitäten 237
  ändern 163
  Anzeigename 156
  benutzerdefinierte 132
  benutzerdefinierte hinzufügen
    164
  Berichte 324
  Beschreibung 156
  Beziehungen 248
  Client 296
  crmForm.all.<lookupfield>.Da-
    taValue 546
  crmForm.all.<picklistfield>.Da-
    taValue 546
  Datentypen 134, 157, 166
  deaktivieren 447
  Dropdownlisten 157
  Editor 155
  Eigenschaften 155
  E-Mail-Vorlagen 51
  Erforderlichkeitsstufe 132,
    156
  Erforderlichkeitsstufen 158
  Firmenüberwachung 441
  impersonatinguserid 486
  IntelliSense 516
  IsProfile 294
  Laufzeitzugriff 471
  LCID 566
  löschen 168
  Metadatenbrowser 160
  primäre 280
  Schema überprüfen 159
  Schemaname 156, 165
  schreibgeschützte 443
  Speicherbedarf 134
  Sprachcodes 566
  SQL Server 134
  statuscode 171
  Statusgrund 171
  style 608
  Symbole 168
  System- 132
  Typen 132

Attributeditor
  Anzeigename 198
  Beschreibung 198
Aufträge
  Duplikaterkennungs- 81
Auftragsberechnung
  überschreiben 111
Ausblenden
  Bezeichnung 609
  Felder 607
  Registerkarten 607
Ausführen
  Reporting Services-Berichte
    329
  Workflow 392
Ausnahmen
  nicht vorhandene GUID 464
Auswahllisten
  Abgeschlossen 172
  AddOption 615
  Attribute zuordnen 258
  DeleteOption 615
  Metadaten 473
  Standardwerte 166, 260
  Storniert 172
  Wert hinzufügen 259
  Werte dynamisch ändern 615
  Werte hinzufügen 237
  Werte löschen 164
AuthenticationType 463
Authentifizierung 90
  Active Directory 463
  API-Dienste 462
  Benutzer überprüfen 521
  Dienste 462
  Formular- 94
  gefilterte Ansichten 514
  GenerateAuthenticationHead
    er 590
  integrierte Windows- 90
  Rollen überprüfen 521
  runas 522
  Sicherheitstoken 463
  SQL Server 515
  Testphase 521
  Webdienste 462
  Windows Live ID 96
  Windows Live ID (Passport)
    462
Automatisierung 12
AvailableOffline 567, 570

B

Backoffice 18
Bearbeiten
  Berichtsaktionen 356
  Workflowregeln 394
Bedingungen
  benutzerdefinierte
    Zuordnungen 257
  Parallele Warteverzweigung
    405
  Überprüfungs- 401
  Warte- 404
  Workflows 401
Beispiele
  Aktualisieren dynamischer
    Excel-Dateien 319
  Ansichten erstellen 225
  API-Befehle über JavaScript
    606
  auf sich selbst verweisende
    Beziehung 266
  Auswahllistenwerte
    dynamisch ändern 615
  benutzerdefinierte Entitäten
    271
  clientseitiges Skripting 591
  E-Mail-Vorlagen 55
  Feld mit automatischer
    Nummerierung 524
  Felder auf Gültigkeit prüfen
    528
  Felder ausblenden 607
  Formular anpassen 187
  Herunterladen XXIII
  Hypothekenrechner 552
  ISV.config 574
  Kontaktadresse mit
    übergeordneter Firma
    synchronisieren 533
  Listen mit Mehrfachauswahl
    595
  Newsletter 55
  Plug-In-Assembly-Projekt
    525
  Registerkarten ausblenden
    607
  Reporting Services-Bericht
    per E-Mail zustellen 380
  SDK 524
  Skripting mit IFRAME 552

Beispiele (*Fortsetzung*)
  Symbole aktualisieren 276
  Systemansichten kopieren
    537
  Telefonnummern formatieren
    591
  Verkaufschancenbeziehungen
    230
  verknüpfte Datensätze in
    IFRAME 211
  verweisen auf externe
    Skriptdateien 613
  Workflowassemblies 501
  Workflows 427
  WorkingWithDynamicsCrm4.
    SdkExamples 466
Benachrichtigungen
  Systemaufträge 50
Benutzer 89
  Authentifizierung 90
  benannte 16
  Besitzer 275
  Besitztyp 275
  Datensätze neu zuweisen 98
  deaktivierte Datensätze 98
  eingeschränkte 17
  External Connector-Lizenz 17
  imitierte 323
  löschen 98
  Manager ändern 230
  PrivUserGroup 464
  Sicherheitsrollen 88
  SYSTEM 486
  verwalten 97
Benutzerlizenzen 16
Benutzeroberfläche
  Bereiche 26
  Berichte 325
  Entitätssymbole 276
  Outlook 36
  webbasierte 21
  Webclient 22
  Wechseln zu 286
  Workflow 395, 498
  Workflow ausführen 394
Berechtigungen 107
  Aktivieren / Deaktivieren 108
  Anfügen 108
  Anfügen an 108
  Angebotsberechnung
    überschreiben 110

Anpassungen exportieren 113
Anpassungen importieren
  114
Anpassungen veröffentlichen
  114
Artikel veröffentlichen 111
Auftragsberechnung
  überschreiben 111
Bericht 324
Berichte veröffentlichen 110,
  324
Betriebsferien aktualisieren
  112
CRM-Adressbuch 111
Dem Benutzer ein Gebiet
  zuweisen 112
Drucken 111
Einfluss auf
  Anwendungsnavigation
  115
Einladung senden 113
E-Mail-Vorlagen
  veröffentlichen 110
Entitäts- 108
Erstellen 108
Exportieren nach Excel 107,
  112, 310, 312
Freigeben 108
ISV-Erweiterungen 113, 575
Lesen 108
Löschen 108
Massenbearbeitung 111
Mobil 112, 114
Offline gehen 111
Privilege 297
Rechnungsberechnung
  überschreiben 110
Reporting Services-Berichte
  hinzufügen 110, 324
Rolle zuweisen 111
Schnellkampagne erstellen
  110
Schreiben 108
Seriendruck 107, 112
Seriendruckvorlagen für die
  Organisation
  veröffentlichen 110
Serien-E-Mail 112
Sicherheit 135
Spracheinstellungen 112
Synchronisierung mit
  Outlook 112

Teams 120
Verfügbarkeit durchsuchen
  113
Verfügbarkeit suchen 113
Veröffentlichen Sie Duplikat-
  erkennungsregeln 110
verschiedene 110
Webseriendruck 112
Workflowauftrag ausführen
  113, 392
Zusammenführen 111
Zuweisen 108
Bereiche
  Benutzeroberfläche 26
  Einstellungen entfernen 292
  Outlook 287
Bereitstellen
  Workflowassemblies 498
Bereitstellung
  Anforderungen modellieren
    86
  Assistenten 12
  Authentifizierungstyp 463
  gehostete 13
  globale 12
  Internetzugriff 94, 518
  ISV.config 574
  ISV-Ordner 559
  Lizenzen 13
  lokale 458
  Optionen 12, 13
  Plug-Ins 486
  Serverrollen 13
  virtuelles Verzeichnis 560
  Webdateien 514
Bereitstellungsadministratoren
  486
Bereitstellungs-Manager
  Bereitstellungsadministratoren
    486
Berichte
  Abfragen 321
  Aktionen bearbeiten 356
  Attribute 324
  ausführen 329
  bearbeiten 354
  Benutzeroberfläche 325
  Berechtigungen 324
  Besitzer 353
  Definition 304
  downloadreports.exe 363

Berichte (*Fortsetzung*)
  Drillthroughs 331
  dynamische Excel-Dateien
    308
  Eigenschaften 334
  Entitätsansichten 307
  Entitätsformular 327
  erstellen 333
  erweiterte Suche 307
  Exportformate 332
  exportieren 331
  Fehler 352
  Filter 377
  filtern 329
  Firmenübersicht 328
  Firmenverteilung 330
  für die Organisation zur
    Verfügung stellen 356
  für externe Verwendung
    veröffentlichen 381
  gefilterte Ansichten 363
  herunterladen 356
  hochladen 330
  Kategorien 358
  kontextabhängige 327, 377
  Microsoft Dynamics CRM
    323
  Navigation 330
  offline 35
  Optionen für Rendern 385
  Parameter 331
  Performance 387
  persönlichen Bericht
    wiederherstellen 356
  Reporting Services 306, 365
  Sicherheitsrollen 333
  Sichtbar für 324
  Sitemap 326
  Standardfilter 347
  synchronisieren 362
  Systemeinstellungen 359
  Tipps 386
  Toolübersicht 304
  Unterberichte 331
  vernachlässigte Firmen 348
  veröffentlichen 324
  veröffentlichen für externe
    Verwendung 357
  verwalten 346
Berichte veröffentlichen 110
Berichts-Assistent 333
  Allgemeine Aufgaben 336

Bestätigung 343
Datensätze auswählen 335
Diagramme 341
Diagrammformat anpassen
  342
Eigenschaften 334
Erste Schritte 334
Filter 335
Gruppierung 337
Layout 336
Spalten 337
Zusammenfassung 342
Berichts-Generator 333
Berichts-Manager 379
Berichtssnapshots 348
  Zeitplan aktualisieren 385
Berichts-Viewer 329
Berührungspunkte 232
Beschreibung
  Attribute 156
  Entitäten 279
  Workflow-Assembly 501
Besitz 275
  E-Mail 50
  Entitäten 279
  kaskadierendes Verhalten 254
  Zugriffsebenen 275
Besitzer
  Berichte 353
  Snapshots 353
Betriebsferien aktualisieren 112
Betriebssysteme
  Microsoft Windows Small
    Business Server 15
  Systemanforderungen 20
Bezeichnung
  ausblenden 609
  Felder 195
  IFRAME 206
Beziehungen
  1:n 245
  Attribute 248
  auf sich selbst verweisende
    261
  benutzerdefinierte 261
  Datenbeziehungen 244
  Entitäten 99, 280
  Entitäts- 242
  Entitätszuordnungen 254
  kaskadierende 250

mehrere Benutzerverweise
  262
Mehrfach- 261
n:1 247
n:n 247
Navigation 248
Sicherheitseinstellungen 265
Systementitäten 261
Unternehmenseinheiten 86
Verhalten 249
Verhalten konfigurieren 252
Zum Zuordnen geeignet 255
Bibliotheken
  Workflowaktivitätsbibliothek
    495
Bilder
  E-Mail-Vorlagen 55
Bildlauf 208
bit 134, 157
Bit
  Standardwerte 166
boolesche Typen 157
Browser *siehe* Internet Explorer
  86
  Adressleiste 571
  Anmeldeinformationen 92
  Anwendungsmodus 93
  Internet Explorer-
    Symbolleiste 572
  Menüleiste 571
  Metadaten 160
  Popupblocker 93
  Statusleiste 572
BU (Business Unit) *siehe* Unter-
  nehmenseinheiten 86
Business Intelligence
  Development Studio 366
  Installation 367
BusinessEntity 471

C

CallerId 463
  festlegen 464
Callouts 489
CALs
  (Client Access Licences) 16
CALs
  Device 16
  User 16

Cassini 33, 560
Center 572
Citrix 12
Client 567, 570
   Handbuch 32
   Laptop- 140
   Systemanforderungen XXII
   Zero-Footprint 12
Client Access Licences (CALs)
   16
Clients
   Outlook 23
clientseitig 542
Clientzugriffslizenzen 16
Codebeispiele XXIII
context_info 515
Credentials 463
CRM
   (Customer Relationship
     Management) 6
CRM-Adressbuch 111
CRMAsyncService.exe 498
CrmDiscoveryService 476
   Active Directory 476
crmForm.all 545
   Methoden 545
crmForm.all.<lookupfield>.Data
   Value 546
crmForm.all.<picklistfield> 546
crmForm.all.<picklistfield>.Data
   Value 546
CrmImpersonator 518, 559
CrmSdk 458
CrmSdk.Discovery 458
CrmService 458, 460
CRUD-Operationen 465
CruiseControl .NET 508
CSS
   Eigenschaften 609
CSS (Cascading Style Sheet) 543
Customer Relationship
   Management (CRM) 6
customization.xml
   Aktivitäten 280
   Notizen 280
customizations.xml
   Bearbeitung überprüfen 148
   Seriendruck aktivieren 68
   umbenennen 288
customizations.zip 143

D

Data 546
DataValue 545, 546
Dateien
   customizations.xml 288
   customizations.zip 143
   dynamische Excel- 308
   Exportdateien manuell
     bearbeiten 147
   Global.js 510, 511
   ISV.config 562
   ISV-Ordner 559
   LeadSourceList.aspx 600
   LeadSourceList.aspx.cs 604
   Onlinehilfe 154
   Reporting Services 360
   Sitemap 285
   sitemap.xml 288
   WSDL- 457
Daten
   Duplikaterkennung 79
Datenbanken
   Änderungen 515
   DeploymentProperties 412
   gespeicherte Prozeduren 515
Datenbanksicherung 281
Datenbereichseigenschaften 311
Datenbeziehungen
   Typen 244
Datenfelder
   Kategorien 239
   Unterkategorien 239
Datengruppen
   lokale 34
Datenimport-Assistent 70
Datenkonnektor 357
Datenmigrations-Manager 77
   Fehler 78
Datenquellen
   Bericht veröffentlichen 382
Datensatz aktualisieren
   Aktionen 407
Datensätze
   aktive 444
   Berichts-Assistent 335
   Besitzer 275
   freigeben 119
   importieren 75
   löschen 43

   nachschlagen 217
   neu zuweisen 99
   verknüpfte 211
   verknüpfte in IFRAME 211
   Vorschau 222
   Workflowaufträge
     überwachen 422
Datensatz-ID 530
Datensynchronisierung 41
Datentypen 134, 157
   Attribute 166
   Attributeigenschaften 156
   boolesche 157
   Formate 166
   primäres Attribut 281
Datenverbindung 369
Datenverwaltung 69
Datenzuordnungen
   erstellen 72
datetime 134, 157
   Standardwerte 188
Datum und Uhrzeit
   Fälligkeitsdatum 226
Dauer 418
Deaktivieren
   Anwendungsmodus 510
   frameübergreifendes
     Skripting 551
   websiteübergreifendes
     Skripting 557
debugger 577
Debugging
   alert 581
   Assemblies 492
   clientseitiges Skripting 577
   CRMAsyncService.exe 498
   JavaScript 577
   msvsmon.exe 492
   onChange 578
   Remotedebugmonitor 492
   Visual Studio 493
   W3WP.exe 493
decimal 134, 157
DeleteOption 546, 615
Dem Benutzer ein Gebiet
   zuweisen 112
Deployment 490
DeploymentProperties 412
DHTML
   (Dynamic HTML) 543
   Sicherheit 558

Diagramme
  Berichts-Assistent 341
  PivotTable 314
  Zusammenfassungstyp 341
dialogHeight 572
dialogLeft 572
dialogTop 572
dialogWidth 572
Dienste
  Asynchroner
    Verarbeitungsdienst von
    Microsoft CRM 498
  Authentifizierung 462
  Bereitstellungen mit
    Internetzugriff 518
  Identitätswechsel 486
  rollenbasierte 15
  Websuchdienst 476
Dienstverweise
  hinzufügen 459
Disabled 545
Discovery 476
DiscoveryService 458
  Einsatz 516
display 608, 609
DOM (Document Object
  Model) 543
downloadreports.exe 363
Drillthroughs 331
Dropdownlisten
  Attribute 157
Drucken 111
Duplikaterkennung 79
  Einstellungen 79
  Entitäten 280
  Matchcode 80
  offline 36
  Regeln 79
Duplikaterkennungsaufträge 81
DynamicEntity 471
dynamische Werte 415

E

Edge 572
Editionen 13
Editoren
  Ansichten 223
  Attribute 155
  Berichtseigenschaften 354

clientseitiges Skripting 577
Eingabemethoden (IME) 156
Entitäts- 27, 159
Entitätsbeziehungen 244
externe 577
FrontPage 577
Microsoft Query 321
SQL 322
Versionskontrolle 577
Visual Studio 577
Workflow 401
XML Notepad 2007 289
Eigenschaften
  Attribute 155
  Attributeditor 155
  AuthenticationType 463
  Berichte 334
  CallerId 463, 464
  Credentials 463
  crmForm.all 545
  crmForm.all.<picklistfield>
    546
  CSS 609
  Datenbereichs- 311
  Datenquellen 382
  display 608, 609
  DynamicEntity 471
  Plug-In-Registrierung 489
  Url 461
  visibility 609
  Workflow 397
Eigenschaftsbehälter
  InputParameters 530
Einfügen
  Bilder / Hyperlinks in E-Mail-
    Vorlagen 55
Einladung senden 113
Einschränkungen
  benutzerdefinierte Entitäten
    270
  Workflow für Massen-E-Mail
    61
Einstellungen
  E-Mail 46
  Entfernen aus Navigation 292
  Systemaufträge 423
E-Mail 45
  Anlagen 409
  Berichte planen 379
  Besitz 50
  Einstellungen 46, 48

Korrelation 46
Massen- 57
Nachverfolgung 45
Nachverfolgungstoken 47
Optionen 48
Regel erstellen 436
Schnellkampagnen 60
Serien- 57
Vorlage einfügen 53
Workflow 61
zulassen/nicht zulassen 58
E-Mail-Nachverfolgung: 141
E-Mail-Vorlagen 49
  Bilder 55
  einfügen 53
  Einfügen in E-Mail-
    Nachrichten 49
  erstellen 50
  Formatierung 55
  HTML 55
  Hyperlinks 55
  Serien-E-Mail senden 49
  Verweisen in Workflow 50
E-Mail-Vorlagen veröffentlichen
  110
Endlosschleifen 411
Enterprise Edition 15
Entitäten 23, 131
  Aktivitäten 24, 280
  Aktivitätsansichten 236
  Anfrage 24
  anpassbare 131
  anpassen 132, 159
  Anpassungen veröffentlichen
    136
  Ansichten 26, 307
  Anzeigebereiche 280, 300
  Anzeigename 279
  Attribute 155
  benutzerdefinierte 131, 242,
    268
  Benutzeroberfläche 26
  Bereiche 26
  Beschreibung 279
  Besitz 275, 279
  Beziehungen 99, 280
  Definition 279
  Duplikaterkennung 280
  Einschränkungen 270
  erstellen 131
  exportieren 270

Entitäten (*Fortsetzung*)
  Firma 23
  Firmenüberwachung 439
  Formulare anpassen 178
  Hinweis 24
  IntelliSense 516
  Kampagnenreaktion 174
  Kontakt 23
  Laufzeitzugriff 471
  Lead 23
  löschen 281
  Menü hinzufügen 569
  Metadatenbrowser 160
  Namenpräfix 279
  Objekttypcodes 206
  Offlineverfügbarkeit 279
  Pluralname 148, 279
  primäres Attribut 280
  Schemaname 279
  Seriendruck 68
  Sicherheitsrollen 275
  Symbole 276
  System- 131
  Systemmeldungen 150
  übergeordnete 233
  umbenennen 148
  Verkaufschance 24
  Workflowaktionen
    registrieren 412
  Zugriffsebenen 275
Entitätsberechtigungen 108
  Problembehebung 109
Entitätsbeziehungen 242
Entitätsrollups 270
Entitätszuordnungen 254
Entities 490
Entwicklung
  ASP.NET-Anwendungen 559
  Bereitstellungen mit
    Internetzugriff 518
  Debugmodus 487
  Fehler anzeigen 523
  Hilfsklassen im SDK 472
  Microsoft Dynamics CRM
    Live 582
  Plug-Ins 483
  Staging 507
Entwicklungsumgebung
  Active Directory 508
  clientseitiges Skripting 577
  SDK 507

Entwicklungsziele 8
Ereignisse
  Abhängigkeiten 189
  auslösen 183
  clientseitige 547
  Felder 183, 547, 548
  Formulare 183, 547
  Groß-/Kleinschreibung 183
  Modelle 456
  onChange 198, 548, 558
  onLoad 183, 547
  onreadystatechange 614
  onSave 183, 200, 547
  Skripts 184, 198
  Trigger 399
Erforderlichkeitsstufe 132
  Attribute 156
Erforderlichkeitsstufen 158
Erhöhen um 417
Erneut überordnen 249
ERP (Enterprise Resource
  Planning) 18
Erstellen 108
  benutzerdefinierte
    Beziehungen 261
  benutzerdefinierte Entität 278
  benutzerdefinierte Entitäten
    268
  Berichte 333
  E-Mail-Regel 436
  Entitäten 131
  Workflowregeln 394
  Zuordnungen 257
erweiterte Suche 217, 307
Etiketten 62
Excel
  als anderer Benutzer
    ausführen 322
  Berechtigungen 312
  Daten automatisch
    aktualisieren 312
  Datenbereichseigenschaften
    311
  dynamische Dateien 308
  dynamische Tabellen 315
  externe Daten aktualisieren
    310
  Microsoft Query 321
  PivotTable 314
  Sicherheitswarnung 316

  Verbindungszeichenfolge
    bearbeiten 318
  XML-Datei 317
Execute 460, 469
Exportieren 312
  Anpassungen 113, 140
  benutzerdefinierte Entitäten
    270
  Berechtigungen 312
  Berichte 331
  customizations.zip 143
  Dateien bearbeiten 147
  dynamische Tabelle 315
  E-Mail-Nachverfolgung: 141
  Excel 270, 308
  ISV-Konfiguration 141
  PivotTable 270, 314
  Sicherheitsrollen 141
  Sicherheitswarnung 316
  Sitemap 141, 288
  Snapshots 313
  statische Tabelle 313
  statische / dynamische
    Tabellen 308
  Workflowregeln 426
Exportieren nach Excel 112
  Berechtigung 107, 310
External Connector-Lizenz 17

F

facct 371
Failover 12
Fälligkeitsdatum 226
Fehler
  401 461, 587
  Benachrichtigung
    deaktivieren 581
  Berichte 352
  Datenmigrations-Manager 78
  Entitätsberechtigungen 109
  Entwicklung 523
  Kollisionen auflösen 146
Felder 181, 194
  abhängige 186, 199
  Abhängigkeiten 189, 548
  Anzeige 195
  ausblenden 179, 607
  Bezeichnung 195
  Breite 193

Felder (*Fortsetzung*)
  Datentypen 134
  Dynamische Werte 420
  Ereignisse 183, 547, 548
  Formatierung 196
  Layout 336
  Sicherheit 114
  Sperrung 196
  Verhalten 195
  visibility 609
Festlegen auf 417
Fetch 480
FetchXML 480
Fiddler 584
Filter
  Berichte 329, 377
  Berichts-Assistent 335
  entfernen 444
  Standard- 347
FilteredAccount 371
Firefox
  IEtab 21
FireOnChange 545
Firma 23
Firmen
  vernachlässigte 348
Firmenübersicht 328
  modifizieren 367
Firmenüberwachung 439
Firmenverteilung 330
float 134, 157
fn_FindUserGuid 515
ForceSubmit 545
Format 156
  Attributdatentypen 166
  Berichte exportieren 332
  primäres Attribut 281
Formatierung 196
  E-Mail-Vorlagen 55
  Telefonnummern 591
FormType 544
Formular-Assistent 184
Formularauthentifizierung 94
Formulare 24
  Abschnitte 192
  Aktivitäten 237
  angleichen 554
  anpassen 178
  Assistenten 182
  CRM vs. Outlook 39
  Ereignisse 183, 547

IFRAME 202
Modelle 271
Navigationsbereiche 565
Skripts hinzufügen 183
Tabulatorreihenfolge 200
Typen 189
Vorschau 182
frameübergreifendes Skripting
  207, 551
Frameworks
  .NET 509
  Windows Workflow
    Foundation 496
Freigabe
  Teams 120
  Vererbung 121
Freigabe aufheben 249
Freigeben 108, 249
  Datensätze 119
Frontoffice 18
FrontPage 577

G

GAC
  (Globaler Assemblycache)
    487
  öffentliche Schlüssel ermitteln
    520
  SDK-Assemblies 460
  Webserver 488
gefilterte Ansichten 363
Genauigkeit 156
GenerateAuthenticationHeader
  590
gespeicherte Ansichten 222
GetCrmService 461
GetSelectedOption 546
GetService 497
Global.js 510, 511
Groß-/Kleinschreibung
  Ereignisse 183
Group 293
Gruppe
  Berichts-Assistent 337
Gruppen
  benutzerdefinierte Aktionen
    412
  Bereitstellungsadministratoren
    486

Meine Arbeit 325
Unterbereiche 286
Verknüpfungen 286
GUID
  (Globally Unique Identifier)
    206, 543
  leere 464
Gültigkeitsbereich
  Workflow 398

H

Haltepunkte
  benutzerdefinierte Assemblies
    492
Height 571
Help 572
Herunterladen
  Berichte 356
  Fiddler 584
Hinweis 24
Hinzufügen
  Auswahllistenwert 259
Historie 236
HMTL (Hypertext Markup
  Language) 543
Hochladen
  Berichte 330
  Seriendruckvorlagen 66
HTML
  benutzerdefinierte Seite 555
  E-Mail-Vorlagen 55
Hyperlinks
  E-Mail-Vorlagen 55
  IFRAME 551
  Systemmeldungen 151

I

Icon 570
IContextService 497
Id 206, 546, 570
Identitätswechsel 464
  Dienste 486
  impersonatinguserid 486
  Microsoft Dynamics CRM
    Live 465
  Plug-Ins 486
  Sicherheitsberechtigungen
    testen 114

IEtab 21
IFD (Internet-Facing
    Deployment) 462
IFRAME 181, 202
    Abfragezeichenfolge 205
    Abhängigkeiten 208
    Bezeichnung 206
    Bildlauf 208
    Datensätze, verknüpfte 211
    Eigenschaften 204
    Formular angleichen 554
    frameübergreifendes
        Skripting 207
    Hyperlinks 551
    Layout 207
    Name 205
    Parameter 205
    Protokolle 203
    Rahmen 208
    Sicherheit 207
    Skripting 549
    Speicherort 207
    URL 205
    Zeilenlayout 208
IIS
    Aktualisierung 488
iisreset 488, 522
ILMerge 487
    Plug-In-Verweise 521
    Workflow-Assemblyverweise
        521
Images 491
impersonatinguserid 486
Importieren
    Anpassungen 114, 140, 574
    Assistent 70
    automatisch 72
    Dateien vorbereiten 71
    Datenmigrations-Manager 77
    Datensätze 75
    Datenzuordnungen 72
    ISV.config 574
    Kollisionen 145
    Konflikte 145
    manuell 72
    Workflowregeln 426
    Workflowregeln
        veröffentlichen 427
In Bearbeitung 82
In CRM anzeigen 39

Independent Software Vendors
    (ISVs) 284
Inline Frames 202
Inlineframes 181
Input Method Editor (IME) 156
InputParameters 530
Installation
    Benutzercomputer 20
    Business Intelligence
        Development Studio 367
    Clientcomputer 20
    Fiddler 584
    Handbuch 32
    Reporting Services 361
    rollenbasierte Dienste 15
Instanzen 456
Instanz-ID 530
int 134, 157
Integration
    ISV.config 562
    Microsoft SharePoint 11
    Outlook 9, 36
Integrierte Windows-
    Authentifizierung 90
IntelliSense
    Attribute 516
    Entitäten 516
Internet Explorer *siehe auch*
    Browser 86
    Anwendungsmodus 510
    automatische Anmeldung
        deaktivieren 92
    Benutzeroberfläche 21
    Firefox 21
    IFRAME 551
    Kontextmenüs 510
    Skriptdebugging deaktivieren
        577
    vertrauenswürdige Sites 92
Internet-facing Deployment
    (IFD) 94
Internetoptionen 577
IPlugin 485
IsDirty 544, 545
IsMailMergeEnabled 68
IsOnline 544
IsOutlookClient 544
IsOutlookLaptopClient 544
IsOutlookWorkstationClient
    544

IsProfile 294
ISV
    Webseiten 559
ISV.config 284, 562, 566
    <Button> 570
    <CustomMenu> 567
    <Entities> 570
    <Entity> 567
    <MenuBar> 567
    <MenuItem> 567
    <NavBar> 570
    <NavBarAreas> 565
    <NavBarItem> 570
    <Title> 566
    <Titles> 566
    <ToolBar> 570
    <ToolBarSpacer /> 570
    aktivieren 574
    Beispiele 574
    bereitstellen 574
    Integrationsbereiche 562
    Menüs 567
    Navigationsbereich 570
    Navigationsbereiche anpassen
        564
    QuickInfos 571
    relative Pfade 559
    Sprachcodes 566
    veröffentlichen 567
    Versionsnummer 565
    window.open 571
ISV-Erweiterungen 113, 575
ISV-Konfiguration 141

J

JavaScript 567, 577
    API-Befehle 606
JScript 577

K

Kampagnenreaktion 174
kaskadierende Aktionen 252
Kaskadierung 100
Kategorien
    Berichte 358
    Datenfelder 239
Kerndatensätze
    Berichte 324

Klassen
  Anforderungen 470
  BusinessEntity 471
  CrmImpersonator 518, 559
  Dateien hinzufügen 485
  DynamicEntity 471
  QueryByAttribute 480
  QueryExpression 477
  Request 470
  Response 470
Klonen
  Systemansichten 537
Kollisionen 145
Komponenten
  Ansichten 212
  Server 20
Konfiguration
  benutzerdefiniertes Menü
    568
  Datensynchronisierung 41
  E-Mail-Korrelation 46
  ISV.config 284
  Plug-In-Assembly 519
  Server 20
  Webdateien 514
Konsolenanwendung 466
Kontakt 23
Kontext
  Plug-Ins 485
kontextabhängige Berichte 327
Kontextmenüs
  aktivieren 510
  Global.js 510
  Internet Explorer 510
Konvertieren
  Leads 170
Kopieren
  HTML-Code 55
  Sicherheitsrollen 103
  Systemansicht 537
Kundenbeziehungsmanagement 6
Kundenservicemanager 102
Kundenservicemitarbeiter 102
  Firmendatensatz 116

L

Layout
  Abschnitte 193
  ändern 194

Berichts-Assistent 336
IFRAME 207
Lead 23
Leads
  konvertieren 170
LeadSourceList.aspx 600
LeadSourceList.aspx.cs 604
Left 571
Lesen 108
Limited External Connector 17
Listen
  Mehrfachauswahl 595
Listenwert 156
Lizenzen 13
  CAL-Typen 17
  Clientzugriffs- 16
  External Connector- 17
  freimachen 90
  Server- 16
  überwachen 101
Lizenzierung 16
  Volumen- 18
loader.aspx 510
Location 571
lookup 157
Löschen 108, 249, 417
  Attribute 168
  Auswahllistenwerte 164
  Benutzer 98
  benutzerdefinierte Entitäten
    281
  Datenbanksicherung 281
  Datensätze 43

M

Manager 408
  ändern 230
Marketingleiter 102
Marketingmanager 102
Marketingspezialist 102
Massenbearbeitung 111
Massendatensätze neu zuweisen
  98
Massen-E-Mail 57
  Optionen 62
Matchcode 79, 80
Max 545
Maximale Länge 156
Maximalwert 156

MaxLength 545
Mehrfach-Beziehungen 261
Meine Arbeit 325
  Berichte 325
Meldungen 490
  Entitäten 150
  Gewinnen 530
  Plug-Ins 520
  System- 150
  Verlieren 530
Menubar 571
Menüs
  hinzufügen 568
  ISV.config 567
Messages 490
MetadataItems 475
MetadataSdk 458
MetadataService 458, 473
  Schreibanforderungen 473
Metadaten 130
  Auswahllisten 473
  erweiterte 456
Metadaten-API 269
Metadatenbrowser 160
Methoden
  AddOption 615
  allgemeine 465
  crmForm.all 545
  crmForm.all.<picklistfield>
    546
  DeleteOption 615
  Execute 460, 469
  Fetch 480
  GenerateAuthenticationHead
    er 590
  GetCrmService 461
  GetService 497
  globale 544
  Registrierung 487
  Sicherheitskontext 463
  windows.dialogArguments
    573
Microsoft Dynamics AX 19
Microsoft Dynamics CRM
  Anpassungen 28
  Architektur 455
  Benutzeroberfläche 21
  Bereitstellungsoptionen 13
  Berichte verwalten 346
  clientseitiges Skripting 543
  Editionen 13

Microsoft Dynamics CRM (*Fort-setzung*)
 E-Mail 45
 Entwicklungsziele 8
 erweiterbare Architektur 456
 für Outlook 22
 für Outlook mit Offlinezugriff
  22
 Kernkonzepte 21
 Konnektor für Reporting
  Services 361
 Kontext 513
 Microsoft Windows Small
  Business Server 15
 Provider für virtuelle Pfade
  561
 Systemanforderungen 20
 Terminologie 21
 verweisen auf Assemblies 513
 Webdienst-API-Endpunkte
  458
 Zugreifen auf Berichte 323
Microsoft Dynamics CRM Live
 XXII, 14, 582
 benutzerdefinierte Webseiten
  583
 benutzerdefinierte
  Workflowaktionen 413
 Berichts-Assistent 333
 clientseitiges Skripting 582
 Fiddler 584
 Identitätswechsel 465
 Webdienste 583
 websiteübergreifendes
  Skripting 551, 558
 Websuchdienst 476
Microsoft Dynamics GP 19
Microsoft Dynamics NAV 19
Microsoft Dynamics SL 19
Microsoft Passport Network
 siehe Windows Live ID 86
Microsoft Query 321
Microsoft SharePoint 11
Microsoft Windows Small
 Business Server 15
Microsoft.Crm.Outlook.Sdk.dll
 458
Microsoft.Crm.Sdk.dll 458
Microsoft.Crm.SdkTypeProxy.dll
 458
Min 545

Minimalwert 156
Mitarbeiter, externe 7
Mobil 112
Mode 489
Modelle 271
money 134, 157
Mortgage.htm 555
msvsmon.exe 492
Multiplizieren mit 417

N

n:1-Beziehungen 247
n:n-Beziehungen 247
 Listen mit Mehrfachauswahl
  595
Nachrichten
 Klassen 470
Nachschlagefelder
 Formular-Assistent 184
Nachverfolgung
 E-Mail 45
 Plattformebene 522
Nachverfolgungstoken 47
 Präfix 47
name 546
Name 546
 IFRAME 205
Namen
 Plural- 148
 Präfix 166, 279
 Schema- 165
 starke 559
Namenpräfix 166, 279
Navigation
 Anwendung 281
 Berichte 330
 Siteübersicht 115
Navigationsbereiche
 <NavBarAreas> 565
 anpassen 565
 Anzeigereihenfolge 249
 Bereiche 565
 Formulare 565
 Gruppen 249
 ISV.config 564
 Sitemap 285
 verknüpfte Entitäten 248
 Verknüpfungen 246
Netzwerkdienst 486

neue Features in Version 4.0
 Microsoft Dynamics CRM
  456
Neues Objekt
 Kollisionen auflösen 146
new_ 165, 279
Notfallwiederherstellung 12
Notizen
 customization.xml 280
ntext 134, 157
Nullwerte 468
nvarchar 134, 157

O

ObjectId 544
ObjectTypeName 544
objektbasierte Sicherheit 89
Objekttypcodes 206
Offene Verkaufschancen 25
Offline gehen 22, 111
Offline-API 456
Offlineverfügbarkeit 279
onChange 198, 548
 Debugging 578
 Hypothekenrechner 558
Online gehen 22
Onlinehilfe
 anpassen 153
onLoad 183, 547
 Verweis injizieren 581
onreadystatechange 614
onSave 183, 200, 547
Operatoren 158
 Erhöhen um 417
 Festlegen auf 417
 Löschen 417
 Multiplizieren mit 417
 Verringern um 417
 Workflow 417
OpportunityClose 530
Optionen
 E-Mail 48
 Massen-E-Mail 62
 Outlook 34
 persönliche 34, 294
Options 546
Ordner
 In Bearbeitung 82
 Zugewiesen 82

ORG_LANGUAGE_CODE 544
ORG_UNIQUE_NAME 544
Organisation 89
  abrufen 476
  Besitztyp 275
  Name aus URL entfernen 560
  Sprachcode 570
OrganizationValue 590
orglcid 206
orgname 206
Outlook 22
  Adressbuch 38
  Benutzeroberfläche 36
  Bezug festlegen 37
  Bildschirmbereiche 287
  Cassini-Webserver 560
  Client 32
  Daten automatisch
    aktualisieren 34
  Datengruppen, lokale 34
  Erinnerungen 40
  Formulare 39
  In CRM anzeigen 39
  In CRM nachverfolgen 9, 37
  Integration 9
  Laptopclient 140
  Microsoft Dynamics CRM 32
  mit Offlinezugriff 22
  Offlineeinschränkungen 36
  persönliche Optionen 34
  Plug-Ins 36
  Symbolleisten 575
  Synchronisierung 34, 41, 142
  Webserver 33
  Wissensdatenbank 36
Outlook Web Access 41
OutlookLaptopClient 297
OutlookWorkstationClient 297
owner 157

P

Parameter
  Abfragezeichenfolge 205, 512
  Berichte 331
  Berichterstellung 376
  Entitätsbeziehungen 242
PassParams 567, 570
Passport 462
Performance
  Berichte 387

FetchXML 480
  QueryExpression 480
  SOAP-XMP 590
  Zeichenfolgen verknüpfen
    590
persönliche Optionen 294
Pfade
  virtuelle 561
Phasen 413
  Wartebedingungen 414
picklist 134, 157
PivotTable 270, 314
Pixel
  Spaltenbreite 225
Planer 102
Platzhalter 221
PluginDeveloper 487
Plug-Ins 482
  asynchrone 36
  Bereitstellung 486
  Callouts 489
  Identitätswechsel 486
  Kontext 485
  Meldungen 520
  Netzwerkdienst 486
  Post-Event- 483
  Pre-Event- 483
  Registrierung 487, 519
  Registrierungseigenschaften
    489
  SharedVariables 494
  synchrone 36
  Tipps 494
  vs. Workflow 506
Pluralname
  Entitäten 148, 279
Pluralnamen 248
POP3/SMTP (Post Office
    Protocol 3/Simple Mail
    Transfer Protocol) 45
Popupblocker 93
Post-Event-Plug-Ins 483
Präfix
  Nachverfolgungstoken 47
  Schemanamen 166, 279
Präsenz 225
Precision 545
Pre-Event-Plug-Ins 483
primäres Attribut 280
primarykey 157
Privilege 297

PrivUserGroup 464
Problembehebung
  Entitätsberechtigungen 109
  Importieren von Workflows
    426
  Workflowaufträge
    überwachen 421
Probleme
  Onlinehilfe anpassen 154
Professional Edition 15
Professional Plus Edition 15
Profile
  Roaming 12
Projekte
  Plug-In-Assembly 525
  Plug-Ins 483
  URL-Generator 501
  Verweise hinzufügen 459
  Workflow 495
Property 471
Provider
  virtuelle Pfade 561
Prozeduren
  gespeicherte 515
Prozesse
  W3WP.exe 493
prvCreatePluginAssembly 487
prvCreatePluginType 487
prvCreateSdkMessageProcessing
  Step 487
prvCreateSdkMessageProcessing
  StepImage 487
prvCreateSdkMessageProcessing
  StepSecureConfig 487
publishreports.exe 362

Q

QueryByAttribute 480
QueryExpression 477
QuickInfos 571
  Protokolldetails 424
  Workflow 424

R

Rahmen
  IFRAME 208
Rank 491
Raster *siehe* Tabelle 178

RDL (Report Definition
  Language) 324
Rechnungsberechnung
  überschreiben 110
Regeln
  Duplikaterkennung 79
  Matchcode 80
Registerkarten 181
  ausblenden 179, 607
Registrierung
  Methoden 487
  Nachverfolgung auf
    Plattformebene 522
  Plug-Ins 519
  Tools 487
Remotedebugmonitor 492
Remotedesktopverbindung 486
Rendern 385
Report Definition Language
  (RDL) 324
Report Services
  Konnektor 361
Reporting Services
  bearbeiten 367
  Bericht neu erstellen 373
  Berichte 306, 365
  Berichte planen 379
  Berichts-Generator 333
  Berichts-Manager 379
  Business Intelligence
    Development Studio 367
  Dateien 360
  Datenkonnektor 357
  Datenquellen 382
  downloadreports.exe 363
  Editionen 360
  erstellen 333
  Exportformate 332
  Installation 361
  Interaktion 361
  publishreports.exe 362
  Tipps 386
  Unterberichte 331
  Verbindung 382
Reporting Services-Berichte
  hinzufügen 110, 324
Request 470
RequiredLevel 545
Resizable 571, 572
Response 470
Ressourcencenter
  offline 36

Roaming-Profile 12
Rolle zuweisen 111
Rollen
  ändern 136
  Systemanpasser 135
rollenbasierte Sicherheit 88
Rollups
  Entitäten 270
runas 522

S

Sarbanes-Oxley 439
Save 545
SaveAndClose 545
Schaltflächen
  Absenden 555
  Bild 571
Schemaname
  Attribute 156
  Entitäten 279
Schemanamen 165
Schemas
  Attribute 159
Schleifen
  Tiefenzähler 412
Schließen
  Aktivitäten 170
  Telefonanrufe 173
  Verkaufschancen 170
Schlüsseltoken 520
Schnellkampagne erstellen 110
Schnellkampagnen 60
  Assistenten 60
Schnellsuche 221
Schnittstellen
  IContextService 497
  IPlugin 485
  mobile 10
Schreiben 108
Scroll 572
Scrollbars 572
SDK 454
  (Software Development Kit)
    454
  Abfragen 477
  Anfragen 471
  Assemblies 460
  Assemblyverweise 458

Assemblyverweise hinzufügen
    460
  Attribute 472
  Beispiele 524
  Debugging 492
  Entwicklungsumgebung 507
  Ereignismodell 456
  Execute 460, 469
  Fetch 480
  FetchXML 480
  Instanzen 456
  Klassen 470
  Konsolenanwendung 466
  Metadaten 456
  Methoden, allgemeine 465
  QueryByAttribute 480
  QueryExpression 477
  Sprachen 456
  Statusgrund 174
  systemuserid 515
  Überblick 455
  Webdienste 456
SelectedText 546
Seriendruck 62, 112
  Berechtigung 107
  IsMailMergeEnabled 68
  Vorlagen 66
  Vorlagen hochladen 66
Seriendruckempfänger 64
Seriendruckvorlagen für die
  Organisation veröffentlichen
  110
Serien-E-Mail 49, 57, 112
Server
  Cassini 33, 560
  Komponenten 20
  Lizenzen 17
  Systemanforderungen XXII
SERVER_URL 544
Serverlizenzen 16
Servicekalender
  offline 36
SetFieldReqLevel 545
SetFocus 545
SharedVariables 494
SharePoint 11
Sicherheit
  automatische Anmeldung
    deaktivieren 92
  Benutzer verwalten 97
  Benutzerauthentifizierung 92

Sicherheit (*Fortsetzung*)
  Berechtigungen 135
  Bereitstellungsadministratore
    n 486
  Beziehungen 265
  Datenverbindung 316
  DHTML 558
  Exportieren nach Excel 310
  Felder 114
  Formularauthentifizierung 94
  frameübergreifendes
    Skripting 207
  frameübergreifendes
    Skripting einschränken
    551
  IFRAME 207
  Konzepte 88
  leere GUID 464
  Lokales Intranet 92
  objektbasierte 89
  organisatorische Struktur 89
  Registerkarte ausblenden 610
  rollenbasierte 88
  Skripting 550
  Systemadministrator 135
  Systemanpasser 135
  vertrauenswürdige Sites 92
  Warnung in Excel 316
  Windows Live ID 96
  Workflows 393
Sicherheitskontext 464
Sicherheitsrollen 88
  Bericht Erstellen 333
  Definitionen 104
  Entitäten 275
  exportieren 141
  ISV-Erweiterungen 575
  kopieren 103
  Unternehmenseinheiten 102
  Vererbung 117
  Zugriffsebenen 105
Sicherheitstoken 463
Sichten *siehe* Ansichten 454
Signierung 483
  Assemblies 559
  Strong Name-Tool 484
Sitemap 141, 285
  Berichte 326
  Entitätssymbole ändern 277
  exportieren 288
  Gruppen 286

Navigationsbereiche 285
Unterbereiche 286
Verknüpfungen im
  Navigationsbereich 570
SiteMap 291
sitemap.xml 288
  Area 292
  Group 293
  Privilege 297
  SiteMap 291
  SubArea 295
  Tipps und Tricks zum
    Bearbeiten 298
Sites
  vertrauenswürdige 92
Siteübersicht
  Navigation 115
Skripting 542
  Beispiele 591
  clientseitiges 542
  Debugging 577
  Empfehlungen 576
  Entwicklungsumgebung 577
  Ereigniscode hinzufügen 547
  externe Verweise 581, 583,
    613
  Fehlerbenachrichtigung
    deaktivieren 581
  frameübergreifendes 207, 551
  IFRAME 549
  Listen mit Mehrfachauswahl
    595
  Microsoft Dynamics CRM-
    Elemente 543
  onChange 558
  onreadystatechange 614
  Sicherheit 550
  Sprachen 577
  Terminologie 543
  Tipps 576
  Versionskontrolle 577
  websiteübergreifendes 550
Skripts
  Ereignisse 184
  externe 186
  Formulare anpassen 187
  Formularereignisse 183
  testen 199
Small Business Server 15
Snapshots
  Besitzer 353

exportieren 313
SOAP
  Aktionen 587
  Anforderungen 589
  Authentifizierungsheader 590
Software Assurance 18
Spalten 131
  Berichts-Assistent 337
  Breite 225
  Höhe anpassen 193
  Pixel 225
  Präsenz aktivieren 225
  Such- 219
  Tabellen exportieren 313
Speichern
  abbrechen 547
Speicherort 207
  IFRAME 207
Sperrung 196
Sprachcodes 566
  1031 (Deutsch) 154
  1033 (Englisch) 154
  3082 (Spanisch) 154
  Benutzer 206
  Organisation 206, 570
  URL 206
Spracheinstellungen 112
Sprachen 456
  Skripting 577
SQL
  context_info 515
  SUSER_SNAME 515
SQL Server 20
  Attribute 134
  Authentifizierung 515
  Business Intelligence
    Development Studio 367
  context_info 515
  direkte Verbindung 481
  fn_FindUserGuid 515
  gefilterte Ansichten 481
  Konnektor für Report
    Services 361
  Reporting Services 360, 365
SQL-Editor 322
SSRS (Server Reporting Services)
  360
Stage 490
Staging 507
Standardfilter 347
Standardstartseite 235

Standardwerte
  Attributeigenschaften 156
  Auswahllisten 166
  auto 156
  Bit 166
  datetime 188
  IME-Modus 156
  Status 174
  Workflow 420
state 157
status 157
Status 399, 572
  Standardwerte 174
Statusänderungen aufzeichnen
  399
statuscode 171
Statusgrund 171, 399
  Auswahllistenwerte 260
  nicht bearbeitbar 174
  Systemaufträge 423
  Workflows 423
Statusleiste 572
Storniert 172
Strong Name-Tool 484
style 608
SubArea 295
Suchen
  Platzhalter 221
Suchen nach 418
SUSER_SNAME 515
Symbole
  Attribute 168
  Entitäten 276
Symbolleisten
  Outlook 575
  Tabelle 573
  Webanwendung 575
synchron 391
Synchronisierung
  Adressbuch 38
  automatische 43
  Datensätze löschen 43
  Kontaktadresse mit
    übergeordneter Firma 533
  Outlook 34, 41, 142
Synchronisierung mit Outlook
  112
SYSTEM 486
Systemadministrator 102, 135
Systemanforderungen XXII, 20
Systemanpasser 135

Systemansichten *siehe* Ansichten
  454
Systemaufträge
  Statusgrund 423
  Workflowaufträge 423
Systemeinstellungen
  E-Mail 46
Systementitäten 131
Systemmeldungen 150
  bearbeiten 151
systemuserid 462
  Active Directory 465

T

Tabellen 131
  Berichte (Besonderheiten)
    354
  dynamische 315
  exportieren 313
  mehrere Seiten exportieren
    313
  statische 313
  statische / dynamische 308
  Symbolleiste 573
  Workflowregeln 395
Tabulatorreihenfolge
  Formulare 200
Teams 120
Telefonanrufe
  schließen 173
Telefonnummern
  formatieren 591
Terminologie 21
  Reporting Services-Berichte
    325
  Skripting 543
Testen
  clientseitiges Skripting 577
Testumgebung 507
Textbereiche 193
Tiefenzähler 412
Timeout 418, 420
Tipps
  clientseitiges Skripting 576
  Debugging 581
  Kodieren 509
  Plug-Ins 494
  Testen 509, 581
  Verwendung von Plug-Ins
    506

  Verwendung von Workflow
    507
  Workflow beenden 412
Toolbar 572
Tools
  Account Overview 203
  Allgemeine Aufgaben 181
  Analyse 304
  automatisierte Erstellung 508
  Bereitstellungs-Manager 486
  Berichte 304
  Berichterstellung 365
  CruiseControl .NET 508
  Formularvorschau 182
  ILMerge 487
  PluginDeveloper 487
  publishreports.exe 362
  Registrierung 487
  Strong Name 484
  Übersicht 304
Top 572
TraceEnabled 522
Trigger
  Statusänderungen
    aufzeichnen 399
  Workflow 399
type 206, 546
typename 206

U

Überprüfungsbedingungen 401
Überschreiben
  Kollisionen auflösen 146
Umbenennen
  Entitäten 148
Umschläge 62
Unterbereiche 286
  Outlook 287
Unterberichte 331
Unterkategorien
  Datenfelder 239
Unternehmenseinheiten 87, 89
  Beziehungen 86
  Sicherheitsrollen 102
Url 461, 567, 570
URL
  Abfragezeichenfolge 205
  Organisationsname entfernen
    560

URL (*Fortsetzung*)
  Parameter 205
  relative 560
  Webverweis hinzufügen 459
UrlBuilder 501
USER_LANGUAGE_CODE 544
userlcid 206

V

ValidForCreate 567
ValidForUpdate 567
VBScript 551
Verbindung
  Anmeldeinformationen 382
  Bericht veröffentlichen 382
  Eigenschaften 320
  Zeichenfolge in Excel 318
Vererbung
  Freigabe 121
  Sicherheitsrollen 117
Verfügbarkeit durchsuchen 113
Verfügbarkeit suchen 113
Verhalten
  Beziehungen 249
  Felder 195
  kaskadierendes 250
  konfigurieren 252
  referenzielles 251
  übergeordnetes 250
  Zusammenführen 254
Verkaufschance 24
  konvertieren 528
  schließen 170
Verkaufschancenbeziehungen
  230
Verknüpfungen
  Gruppen 286
Veröffentlichen
  Anpassungen 114, 136
  Anpassungen für Outlook
    140
  Bericht für externe
    Verwendung 357
  Duplikaterkennung 80
  importierte Workflowregeln
    427
  ISV.config 567
  Symbole 277
Veröffentlichen Sie Duplikat-
  erkennungsregeln 110

Verringern um 417
Versionskontrolle 577
Vertriebsleiter 102
Vertriebsmanager 102
Vertriebsmitarbeiter 102
Verwaltung
  Berichtskategorien 359
  Schemanamen 166, 279
Verweise
  Attribute löschen 168
  Entitäten löschen 281
  externe Skriptdateien 613
  WSDL 516
Verzeichnisse
  virtuelle 560
visibility 609
Visual Studio
  Business Intelligence
    Development Studio 366
  Debugging 493
  Konsolenanwendung 466
  SDK 454
  Verweise hinzufügen 459
  Webverweis hinzufügen 457
  zugreifen auf API 457
Volumenlizenzierung 18
Vorlagen
  E-Mail 49
  Seriendruck 66
  Workflow 397
Vorschau 182
  Datensätze 222
Vorstandsvorsitzender 102

W

W3WP.exe 493
Wartebedingungen 404
  Phasen 414
  Timeout 420
Warteschlangen 82
  In Bearbeitung 82
  Zugewiesen 82
web.config
  Fehlermeldungen,
    ausführliche 523
  relative Pfade 560
Webclient 22
Webdienst-API 457
Webdienste 456
  CrmDiscoveryService 476

  CrmService 460
  MetadataService 473
Microsoft Dynamics CRM
  Live 583
  Url 461
Weboberfläche 22
Webseiten
  ASP.NET 559
  bereitstellen 556
  ISV.config 562
  ISV-Ordner 559
Webseriendruck 112
Webserver
  Cassini 33, 560
  Outlook 33
websiteübergreifendes Skripting
  550
Webverweise
  Assemblies 516
  URL in Projekt hinzufügen
    459
  Wechseln zu 286
Werte
  dynamische 415
Width 572
Will Call (Selbstabholer) 615
window.open 571
Windows Live ID 96
Windows Live ID (Passport) 462
Windows Workflow Foundation
  496
windows.dialogArguments 573
WinMode 568
WinParams 568
Wissensdatenbank
  offline 36
Word
  Seriendruck 62
Workflow
  Aktionen 405
  Aktionen für Aufträge 425
  Architektur 391
  Assemblies 494
  Assemblies bereitstellen 498
  asynchrone Aktionen 391
  asynchroner
    Verarbeitungsdienst 391,
    421
  ausführen 392
  Ausführungsoptionen 397
  Beispiele 427

Benutzeroberfläche 395, 498
Berechtigungen 392
Datensatz zuweisen 407
Dauer 418
dynamische Werte 415
Eigenschaften 397
E-Mail senden 408
E-Mail-Nachverfolgung 409
E-Mail-Vorlagen 50
Endlosschleifen 411
exportieren 426
Grundlagen 390
Gültigkeitsbereich 398
importieren 426
Manager 408
offline 36
Operatoren 417
Parallele Warteverzweigung
 405
Phasen 413
Protokolldetails 424
QuickInfos 424
Regeln initiieren 391
Schritteditor 401
Sicherheit 393
Sicherheitskontext 394
Standardwerte 420
Status ändern 412
Statusänderungen
 aufzeichnen 399
Statusgrund 423

Suchen nach 418
synchrone Aktionen 391
Tiefenzähler 412
Timeout 418
Triggerereignisse 399
überfällige Serviceanfragen
 weiterleiten 434
Überprüfungsbedingungen
 401
überwachen 421
Untergeordneten Workflow
 starten 411
UrlBuilder 501
URL-Generator 503
Vorlagen 397
vs. Plug-Ins 506
Wartebedingungen 404, 420
Workflow beenden 412
Zugriffsebenen 398
Workflowaktivitätsbibliothek
 495
Workflowauftrag ausführen 113
Workflow-Manager 507
Workflows 390
Workgroup Edition 15
WorkingWithDynamicsCrm4.Sd
 kExamples 466
WSDL 457
 Verweis in Projekt hinzufügen
 459
 Verweise 516

X

XML
 Anpassungs- 216
 exportierte Excel-Datei 317
XML Notepad 2007 289

Z

Zeilenlayout 208
Zeitablaufsgrenze 412
Zeitplan
 aktualisieren eines
  Berichtssnapshots 385
 Berichte 348
Zero-Footprint Clients 12
Zertifizierung 454
Zugewiesen 82
Zugriffsebenen 105
 Entitäten 275
 Workflow 398
Zuordnungen 254
 benutzerdefinierte 257
 erstellen 257
Zusammenfassungstyp 338
Zusammenführen 111, 254
Zuweisen 108, 249